조경기능사
필기 한권으로 끝내기

Always with you...

사람이 길에서 우연하게 만나거나 함께 살아가는 것만이
인연은 아니라고 생각합니다.
책을 펴내는 출판사와 그 책을 읽는 독자의 만남도 소중한 인연입니다.
시대에듀는 항상 독자의 마음을 헤아리기 위해 노력하고 있습니다.
늘 독자와 함께하겠습니다.

끝까지 책임진다! 시대에듀!
QR코드를 통해 도서 출간 이후 발견된 오류나 개정법령, 변경된 시험 정보, 최신기출문제, 도서 업데이트 자료 등이 있는지 확인해 보세요! **시대에듀 합격 스마트 앱**을 통해서도 알려 드리고 있으니 구글 플레이나 앱 스토어에서 다운받아 사용하세요.
또한, 파본 도서인 경우에는 구입하신 곳에서 교환해 드립니다.

편집진행 윤진영 · 장윤경 | **표지디자인** 권은경 · 길전홍선 | **본문디자인** 정경일 · 심혜림

PREFACE

최근 쾌적한 주거환경 조성에 대한 관심이 점점 증가하고 있고, 정부에서도 자연과 환경을 고려한 여러 가지 주거정책들을 내놓고 있으며, 시민들 또한 자연과 함께하는 삶을 선호하게 되었다. 이에 조경관리에 대한 전문 지식과 기술이 관리주체업무의 중요한 요소로 떠오르면서 조경과 관련된 자격증들의 인기 또한 점차 커지고 있는 추세이다.

조경 관련 자격증을 취득하게 되면 자연·인문환경에 대한 현장조사와 현황분석을 기초로 기본 구상 및 계획을 수립하고, 실시설계를 바탕으로 한 시공 및 감리를 통해 조경결과물을 도출하며, 이를 유지·관리하는 직무를 수행한다. 이러한 전문성을 갖추고 각종 건설 분야에 진출하거나 한국도로공사 같은 공기업에 취직하는 등 취업의 범위도 넓고, 점차 그 수요가 늘고 있어 전망 또한 밝다.

조경기능사는 관련 분야 취업 등에 필수적인 자격증으로 자리매김하였고 해마다 응시인원이 빠르게 늘어 연 만 명 이상이 응시하는 인기 자격증이기에, 시대에듀에서는 미래의 조경기능사가 되고자 하는 수험생들에게 조금이나마 도움이 되고자, 조경기능사 필기 한권으로 끝내기에 이어 필기 기출문제집을 출간하였다. 부디 모두가 좋은 결과를 얻어 조경 분야의 전문가로 거듭날 수 있기를 진심으로 기원한다.

편저자 씀

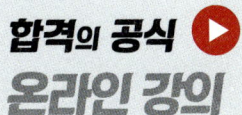

보다 깊이 있는 학습을 원하는 수험생들을 위한
시대에듀의 동영상 강의가 준비되어 있습니다.
www.sdedu.co.kr ➜ 회원가입(로그인) ➜ 강의 살펴보기

시험 안내

개요
급속한 산업화·도시화에 따른 환경의 파괴로 인하여 환경 복원과 주거환경 문제에 대한 관심과 그 중요성이 부각됨으로써 전문인력으로 하여금 생활공간을 아름답게 꾸미고 자연환경을 보호하고자 도입하였다.

수행직무
자연환경과 인문환경에 대한 현장조사를 수행하여 기본구상 및 기본계획, 부분적 실시설계를 이해하고 현장여건을 고려하여 시공을 통해 조경 결과물을 도출하며, 이를 관리하는 직무를 수행한다.

시험일정

구분	필기원서접수 (인터넷)	필기시험	필기합격 (예정자)발표	실기원서접수	실기시험	최종 합격자 발표일
제1회	1월 초순	1월 하순	2월 초순	2월 초순	3월 중순	4월 중순
제2회	3월 중순	4월 초순	4월 중순	4월 하순	5월 하순	7월 초순
제3회	6월 초순	6월 하순	7월 중순	7월 하순	8월 하순	9월 하순
제4회	8월 하순	9월 중순	10월 중순	10월 중순	11월 하순	12월 하순

※ 상기 시험일정은 시행처의 사정에 따라 변경될 수 있으니, www.q-net.or.kr에서 확인하시기 바랍니다.

시험요강

❶ 시행처 : 한국산업인력공단
❷ 시험과목
  ㉠ 필기 : 조경설계, 조경시공, 조경관리
  ㉡ 실기 : 조경기초 실무
❸ 검정방법
  ㉠ 필기 : 객관식 4지 택일형, 60문항(1시간)
  ㉡ 실기 : 작업형(3시간)
❹ 합격기준(필기·실기) : 100점 만점에 60점 이상 득점자

출제기준(필기)

필기과목명	주요항목	세부항목	
조경설계, 조경시공, 조경관리	조경양식의 이해	• 조경일반 • 동양조경 양식	• 서양조경 양식
	조경계획	• 자연, 인문, 사회 환경 조사분석 • 기능분석 • 기본구상	• 조경 관련 법 • 분석의 종합, 평가 • 기본계획
	조경기초설계	• 조경디자인요소 표현 • 적산	• 전산응용도면(CAD) 작성
	조경설계	• 대상지 조사 • 기본계획안 작성 • 조경식재 설계 • 조경설계도서 작성	• 관련 분야 설계 검토 • 조경기반 설계 • 조경시설 설계
	조경식물	• 조경식물 파악	
	기초 식재공사	• 굴취 • 교목 식재 • 지피 · 초화류 식재	• 수목 운반 • 관목 식재
	잔디 식재공사	• 잔디 시험시공 • 잔디 식재	• 잔디 기반 조성 • 잔디 파종
	실내조경공사	• 실내조경기반 조성 • 실내조경시설 · 점경물 설치	• 실내녹화기반 조성 • 실내식물 식재
	조경인공재료	• 조경인공재료 파악	
	조경시설공사	• 시설물 설치 전 작업 • 안내시설 설치 • 놀이시설 설치 • 경관조명시설 설치 • 데크시설 설치 • 수경시설 설치 • 옹벽 등 구조물 설치 • 생태조경(빗물처리시설, 생태못, 인공습지, 비탈면, 훼손지, 생태숲) 설치	• 측량 및 토공 • 옥외시설 설치 • 운동 및 체력단련시설 설치 • 환경조형물 설치 • 펜스 설치 • 조경석(인조암) 설치

시험 안내

필기과목명	주요항목	세부항목	
조경설계, 조경시공, 조경관리	조경포장공사	• 포장기반 조성 • 친환경흙포장공사 • 조립블록포장공사 • 콘크리트포장공사	• 포장경계공사 • 탄성포장공사 • 투수포장공사
	조경공사 준공 전 관리	• 병해충 방제 • 토양관리 • 제초관리 • 수목보호조치	• 관·배수관리 • 시비관리 • 전정관리 • 시설물 보수 관리
	일반 정지·전정 관리	• 연간 정지·전정 관리계획 수립 • 가지 길이 줄이기 • 생울타리 다듬기 • 상록교목 수관 다듬기 • 소나무류 순 자르기	• 굵은 가지치기 • 가지 솎기 • 가로수 가지치기 • 화목류 정지·전정
	관수 및 기타 조경관리	• 관수 관리 • 멀칭 관리 • 장비 유지 관리 • 실내식물 관리	• 지주목 관리 • 월동 관리 • 청결 유지 관리
	초화류 관리	• 계절별 초화류 조성 계획 • 초화류 시공 도면작성 • 식재기반 조성 • 초화류 관수관리 • 초화류 병충해 관리	• 시장 조사 • 초화류 구매 • 초화류 식재 • 초화류 월동 관리
	조경시설 관리	• 급·배수시설 • 놀이시설 • 운동 및 체력단련시설 • 안내시설 • 생태조경(빗물처리시설, 생태못, 인공습지, 비탈면, 훼손지, 생태숲)시설	• 포장시설 • 관리 및 편익시설 • 경관조명시설 • 수경시설

조경기능사 실기는 어떻게 준비해야 할까요?

진정한 조경전문가가 되기 위해서는 이론뿐 아니라 실무에도 능숙해야 합니다. 한국산업인력공단에서는 조경기능사 필기시험에 합격한 이들을 대상으로 실기시험을 통해 다양한 실무능력을 평가하여 최종적인 기능사 자격을 부여하고 있습니다.

조경기능사 실기시험의 평가 과정

❶ 조경설계 - 도면작업
일반적으로 도로변 빈 공간을 설계하는 과정이 주로 출제됩니다. 주어진 시간 안에 요구 설계조건에 맞춘 수작업 제도과정으로 평면도와 단면도를 작성해야 합니다. 제도작업은 실기 준비과정 중 가장 오랜 시간을 필요로 합니다. 또한 혼자서 준비하기 어렵고 전문 교육기관에서 선생님의 지도가 필요합니다. 하지만 조경설계의 기초가 되는 도면 이해와 제도에 대해서 완벽히 숙지하여야 조경관리 업무를 수행할 수 있습니다.

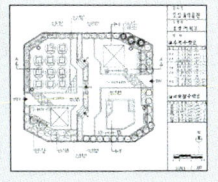

❷ 수목 감별
화면에 제시되는 자료사진(사진과 함께 개화시기, 꽃 크기, 잎 크기가 주어짐)을 보고 수종의 이름을 시험지에 작성하는 방식으로 진행됩니다. 큐넷 홈페이지(www.q-net.or.kr)에 나와 있는 해당 표준목록 범위와 명칭기준을 준수한 120수종의 범위에서 출제되고, 수험자 답안 작성 시 해당 수목명으로 작성하여야 정답으로 인정됩니다.

❸ 조경시공작업 - 작업형 실무
실제와 거의 비슷한 상황에서 식재, 지주목 세우기, 포장, 열식과 군식 등 다양한 시공작업을 수행하게 됩니다. 전문교육기관에서 미리 실습을 통해 각 시공작업의 중요공정을 확실히 익히고 반복연습하는 것이 중요합니다.

조경기능사 실기시험도 시대에듀와 함께!

| 조경실무 전문가 이우설 교수님의 합격 노하우 제공 | 도면 작성의 기초부터 설계도면 작성까지 상세한 설명 | 27개의 출제예상도면, 45개의 기출복원도면 수록 | 자주 출제되는 수목 이미지를 컬러로 수록 | 조경시공작업 순서 및 과년도 기출문제 수록 |

목차

빨리보는 간단한 키워드

PART 01 | 조경설계

Chapter 01	조경양식의 이해	003
Chapter 02	조경계획	056
Chapter 03	조경기초설계	097
Chapter 04	조경설계	139

PART 02 | 조경시공

Chapter 01	조경식물	193
Chapter 02	기초 식재공사	232
Chapter 03	잔디 식재공사	257
Chapter 04	실내조경공사	276
Chapter 05	조경인공재료	283
Chapter 06	조경시설공사	333
Chapter 07	조경포장공사	378

PART 03 | 조경관리

Chapter 01	조경공사 준공 전 관리	411
Chapter 02	일반 정지·전정 관리	454
Chapter 03	관수 및 기타 조경관리	475
Chapter 04	초화류 관리	498
Chapter 05	조경시설 관리	530

부 록 | 과년도+최근 기출복원문제

2016년	제1회 과년도 기출문제	555
2016년	제2회 과년도 기출문제	568
2016년	제4회 과년도 기출문제	581
2017년	제1회 과년도 기출복원문제	594
2017년	제3회 과년도 기출복원문제	607
2018년	제1회 과년도 기출복원문제	619
2018년	제3회 과년도 기출복원문제	631
2019년	제1회 과년도 기출복원문제	643
2019년	제3회 과년도 기출복원문제	655
2020년	제1회 과년도 기출복원문제	668
2020년	제3회 과년도 기출복원문제	681
2021년	제1회 과년도 기출복원문제	693
2022년	제1회 과년도 기출복원문제	705
2022년	제3회 과년도 기출복원문제	718
2023년	제1회 과년도 기출복원문제	731
2023년	제3회 과년도 기출복원문제	744
2024년	제1회 최근 기출복원문제	757
2024년	제3회 최근 기출복원문제	770
2025년	제1회 최근 기출복원문제	782
2025년	제3회 최근 기출복원문제	793

빨간키

빨리보는 간단한 키워드

PART 01 조경설계

- **조경의 의미**
  - 좁은 의미 : 집 주변의 정원을 만드는 일에 중점을 두는 것, 즉 식재 중심의 전통적인 조경기술
  - 넓은 의미 : 집 주변의 정원뿐만 아니라 모든 옥외공간을 포함하는 환경을 조성하고 보존하는 종합과학예술

- **조경의 필요성**
  - 우리나라에서는 1970년대 초 경제개발계획에 의해 국토 훼손이 심각해지면서 자연환경 보호와 경관관리의 필요성을 느껴 조경이라는 용어를 사용하기 시작함
  - 도시화가 진전되면서 환경오염이 증가하고, 기온 또한 상승하였으며, 하천의 범람횟수가 많아짐
  - 건물이나 인간활동의 집중으로 도시 중심부의 온도가 올라가는 열섬현상(Heat Island)이 일어나고 있는 지역 주변의 강우량이 증가하고 있음

- **정원양식의 분류**
  - 정형식 정원 : 서아시아와 유럽지역에서 발달한 양식으로, 건물에서 뻗어 나가는 강한 축을 중심으로 좌우대칭형으로 구성되며, 수목의 전정은 기하학적 형태
  - 자연식 정원 : 동아시아에서 주로 발달한 양식으로, 유럽에서는 18세기경부터 영국에서 발달하여 유럽대륙에 영향을 주었고, 자연을 모방하거나 축소하여 자연적 형태로 정원을 조성하였으며, 연못이나 호수 중심으로 정원을 조성하여 주변을 돌 수 있는 산책로를 만들어 다양한 경관을 즐길 수 있도록 함
  - 절충식 정원 : 한 정원에 정형식과 자연식의 형태적 특징을 동시에 지니고 있는 양식으로, 실용성을 중시한 정형적인 구성 내에 자연적인 요소를 도입하여 실용성과 자연성을 절충함

- **이집트의 주택정원**
  - 무덤, 벽화를 통해 당시의 정원을 추측 : 테베에 있는 아메노피스 3세의 한 신하의 분묘와 아메노피스 4세의 친구인 메리레의 정원
  - 정원은 네모 반듯하고 높은 울담, 담 안에 몇 겹의 수목 열식, 구형 또는 T자형 침상지, 물가의 키오스크 등으로 구성

- **바빌로니아의 공중정원(추장 알리의 언덕)**
  - 신바빌로니아의 네부카드네자르 2세가 왕비 아미티스를 위해 조성한 정원으로 세계 7대 불가사의 중 하나
  - 성벽의 높은 노단 위에 수목과 덩굴식물을 식재하여 만든 최초의 옥상정원
  - 지구라트형의 피라미드가 계단층을 이루고 각 노단의 외부를 화랑으로 두름
  - 각 테라스마다 수목을 식재하고, 강물을 끌어다 저수지에 저장·관수함

- **그리스의 아고라(Agora)**
  - 도시활동의 중심지로서, 시장이나 집회소로 이용
  - 도서관, 의회당, 신전, 야외음악당으로 둘러싸인 중앙공간의 광장
  - 히포데이무스 : 최초의 도시계획가로 아테네에 도시를 건설

- **로마의 주택정원**
  - 폼페이의 주택정원은 2개의 중정과 1개의 후원으로 구성된 내향적인 양식
  - 제1중정(아트리움, Atrium) : 손님 접대나 사무를 위한 공적 공간으로 무열주 중정이며, 돌포장과 화분장식을 함
  - 제2중정(페리스틸리움, Peristylium) : 주정의 역할을 하는 가족을 위한 사적 공간으로 주랑식 정원이고, 바닥은 포장하지 않은 채 탁자와 의자를 배치했으며, 화훼와 분수, 조각, 제단, 돌수반 등을 정형적으로 식재·배치
  - 후원(지스터스, Xystus) : 수로를 축으로 그 좌우에 산책로인 원로와 화단을 대칭적으로 배치

- **포럼(Forum)**
  - 지배계급을 위한 상징적 지역으로 왕의 행진, 집단이 모여 토론할 수 있는 광장의 성격을 지님
  - 둘러싸인 건물군에 의해 일반광장, 시장광장, 황제광장으로 구분

- **그라나다의 알람브라궁전**
  - 13세기 중반 무함마드 1세에 의해 창건되어 14세기 말에 완성되었으며, 무어양식의 극치를 나타냄
  - 알람브라는 아랍어로 '붉은 것'이라는 뜻이며, 주요 건물과 성채를 붉은색 벽돌로 지은 데서 유래
  - 이슬람이 멸망할 때까지 지켜진 최후의 유적지로 4개의 중정이 남아 있음
    - 알베르카(Alberca) 중정 : 궁전의 주정으로 공적 기능을 가지고 있으며, 정확한 비례와 화려함, 장엄미가 뛰어남
    - 사자(Lion)의 중정 : 주랑식 중정으로 가장 화려하고, 12마리의 사자가 수반과 분수를 받치고 있으며, 분수로부터 4개의 수로가 뻗어 중정을 사분

- 린다라하(Lindaraja) 중정 : 중정 가운데에 분수를 시설하여 여성적인 분위기를 연출하였고 가장자리에 회양목을 식재하여 여러 모양의 화단을 만듦
- 창격자(Reja) 중정 : 바닥은 둥근 색자갈로 무늬를 주고 중앙에는 분수를 세워 환상적이면서도 엄숙한 분위기를 연출하며, 중정 네 귀퉁이에 사이프러스를 식재하여 사이프러스 중정이라고도 함

■ 프랑스정원의 특징
- 17세기
  - 산림 내 소로(Allee)를 이용하여 장엄한 경관을 전개
  - 산림에 싸인 내부공간은 다양한 형태와 색채를 도입한 기하학적이고, 장식적인 정원으로 구성하였고, 넓은 평지에는 매크로한 옥외공간을 형성
  - 장식적인 평면상의 구성으로 소택지 등의 평지를 적극 활용
- 18세기
  - 영국의 자연풍경식 조경양식이 유행
  - 에름농빌(Ermenonville), 쁘띠 트리아농(Petit Trianon), 몽소공원(Monceau Park) 등

■ 미국의 센트럴파크(Central Park)
- 영국 최초의 공공공원인 버컨헤드공원의 영향을 받은 최초의 공원
- 미국 도시공원의 효시가 되었고, 국립공원운동에 영향을 주어 1872년 옐로스톤공원(Yellowstone Park)이 최초의 국립공원으로 지정
- 부드러운 곡선의 수법과 폭넓은 원로, 넓은 잔디밭으로 구성

■ 중국정원의 특징
- 못을 파서 섬을 쌓아 선산으로 꾸미는 등 인위적으로 산수를 조성
- 축산기법의 발달로 더욱 압축된 산수경관을 조성
- 풍경식이면서도 경관의 대비에 중점을 두고 있는 것이 특색
- 하나의 정원 속에 부분적으로 여러 비율을 혼합하여 사용
- 기하학적 무늬의 전돌바닥 포장과 기괴한 모양의 괴석 사용으로 바닥면과 대조를 이룸
- 자연의 미와 인공의 미를 함께 사용
- 사실주의보다는 상징주의적 축조가 주를 이루는 사의주의(事意主義)에 입각

- **일본정원의 특징**
  - 무로마치시대(실정시대 : 1336~1573)
    - 조석이 중시되고 전란의 경제적인 제약으로 정원이 축소되어 가는 경향
    - 선(禪) 사상이 정원 축조에 영향을 주었음
    - 고산수식 정원이 발달
  - 에도(江戸)시대(1603~1867)
    - 전기에는 교토 중심이었고, 중기 이후에는 에도 중심
    - 후원은 건물과 독립된 정원으로 지천회유식
    - 서원정원은 건물에 종속되며 회화식으로 옥내에서 조망하도록 조성

- **백제시대 정원의 특징**
  - 대표적인 정원 : 궁남지
  - 임류각(동성왕 22년, 500)
    - 궁 동쪽에 세워 강의 수경과 산야의 조경을 즐김
    - 희귀한 새와 짐승을 길렀으며, 화려한 연못이 존재
  - 궁남지(무왕 35년, 634)
    - 우리나라 최초로 신선사상을 반영한 지원으로 현재는 부여읍 남쪽에 복원되어 있음
    - 궁 남쪽에 연못을 파서 방장선도를 축조하고, 방장지(方狀池)의 물가에 버드나무를 식재
  - 연못 한가운데에 봉래산을 상징하는 섬이 위치

- **월지(안압지)(문무왕 14년, 674) - 임해전 지원**
  - 안압지라는 명칭은 동국여지승람에서 비롯되었으며 궁중에 못을 파고 산을 만들어 진금기수를 길렀다는 기록이 존재
  - 연못의 면적은 약 16,800m^2 정도이며, 그 안에는 삼신도(三神島)를 상징하는 대·중·소 3개 섬이 축조되어 있음
  - 못의 북안과 동안으로 무산 12봉을 상징하는 12개의 인공산이 있으며, 호안은 다듬은 돌로 마감(바른층쌓기)
  - 못의 관배수시설, 반석의 사용, 유속 감소를 위한 수로의 형태 등 조경기술이 매우 정교하고 우수하여 고구려나 백제보다 월등히 발달
  - 임해전은 정원을 바다로 표현하고자 직선과 함께 다양한 곡선으로 처리
  - 월지를 포함한 임해전 지원은 신선사상을 반영하여 조성되었으며, 주로 연회와 관상, 뱃놀이 등에 사용

- **고려시대 정원의 특징**
  - 8대 조경식물 : 소나무, 버드나무, 매화나무, 향나무, 은행나무, 자두나무, 배나무, 복사나무
  - 중국 송시대의 수법을 모방하여 화원과 석가산, 많은 누각 등을 배치한 관상 위주의 화려한 정원을 꾸밈

- **조선시대 정원의 특징**
  - 경복궁
    - 정궁으로 기하학적 형태의 정원이며, 남북으로 연결된 축을 중심으로 각종 시설물이 좌우대칭으로 연결
    - 경회루 : 태종 12년에 창건되었으며, 외국사신의 영접과 왕이 군신들에게 베풀었던 연회장소, 유생들의 시험장소, 무예와 활쏘기의 관람장소
  - 창덕궁
    - 창경궁과 함께 동궐(東闕)이라 불렀고 후원은 비원이라 했으며, 경복궁과 달리 자연지형을 이용하여 후원 조성
    - 낮은 곳에 못을 파고, 높은 곳에 정자를 세워 관상·휴식공간으로 사용
    - 창덕궁 후원의 명칭 변화 : 후원(後園), 후원(後苑), 북원(北園), 금원(禁園), 비원(秘苑)
  ※ 별서정원 : 주로 농장 가까이에 별장처럼 따로 지은 개인정원의 형태

- **제도용구**
  - 제도용 자
    - T자 : T형으로 만들어진 자로, 크기는 모체 길이가 900mm의 것이 가장 널리 쓰이고 있으며 주로 평행선을 긋거나, 삼각자와 조합하여 수직선과 사선을 그을 때 사용
    - 삼각자 : 제도용 삼각자는 45°의 사선과 30°, 60°의 사선을 그을 수 있는 두 종류가 한 세트로 되어 있고 여러 가지 크기가 있는데, 제도에서는 보통 300mm 정도의 것을 많이 사용
  - 필기용구
    - 연필 : 제도용 연필은 경도(Hardness)와 흑도(Blackness)에 따라 여러 종류로 나뉘는데 H의 숫자가 클수록 단단하고 흐리며, B의 숫자가 클수록 무르고 진함
    - 제도용 만년필 : 연필로 그린 도면을 잉크로 제도해야 할 때 사용하며, 최근에는 로트링 펜으로 불리는 여러 가지 굵기의 제도용 만년필이 개발됨

■ 도면표시기호

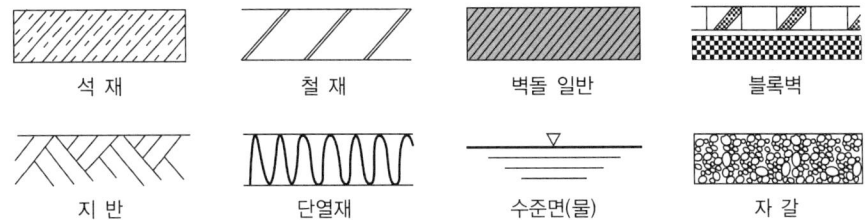

■ 치수 표시
- 치수의 단위는 mm로 하며, 단위 표시는 하지 않음
- 치수를 표시할 때는 치수선과 치수보조선을 사용
- 치수선은 치수보조선에 직각이 되도록 그으며, 화살표나 점으로 경계를 명확히 표시
- 치수의 기입은 치수선에 따라 평행하게 기입
- 도면의 아래로부터 위로, 또는 왼쪽에서 오른쪽으로 읽을 수 있도록 치수선의 윗부분이나 치수선의 중앙에 기입

■ 설계도의 종류
- 평면도 : 물체를 수직방향으로 내려다본 것을 가정하고 작도한 것으로, 모든 설계에 있어 가장 기본이 되는 도면이며 평면을 보고 입체감을 느낄 수 있어야 함
- 입면도와 단면도
  - 입면도 : 평면도와 같은 축척을 이용하여 작성하며 정면도, 배면도, 측면도 등으로 세분
  - 단면도 : 구조물을 수직으로 자른 단면을 보여 주는 도면으로 구조물의 내부구조 및 공간구성을 표현하며, 평면도에 단면 부위를 반드시 표시
- 상세도 : 일반 평면도나 단면도에서 잘 나타나지 않는 세부사항을 시공이 가능하도록 표현한 도면
- 투시도 : 설계안이 완공되었을 경우를 가정하여 설계내용을 실제 눈에 보이는 대로 입체적인 그림으로 나타낸 것

■ 기본설계
- 사업을 확정하여 그 안을 관계자들에게 이해시키고, 최종적인 시행에 필요한 준비작업을 하는 단계
- 기본설계 과정 : 설계원칙의 추출 → 공간구성 다이어그램 → 입체적 공간의 창조(설계도 작성)
  - 설계원칙의 추출 : 설계의 방향, 요건, 부문별 장소의 현황, 인접시설 관계 등을 고려하여 3차원적 공간구성이 필요
  - 공간구성 다이어그램 : 시각적 표현과 설계의도를 정리하는 단계로, 3차원적 공간구성을 위한 전이단계
  - 입체적 공간의 창조 : 평면구성, 입면구성, 스케치

- **배식설계방법**
  - 정형식 배식
    - 단식 : 현관 앞의 중앙이나 시선을 유도하는 축의 종점 등 중요한 위치에, 생김새가 우수하고 중량감을 갖춘 정형수를 단독으로 식재하는 수법
    - 대식 : 시선축의 양쪽에 동형·동종의 나무를 대칭식재하는 방법으로, 정연한 질서감을 표현할 수 있음
    - 집단식재 : 수목을 집단적으로 식재하는 방법으로, 군식 또는 군상식재(무더기식재)라고 함
  - 자연식 배식
    - 부등변삼각형 식재 : 크고 작은 세 그루의 나무를 부등변삼각형의 각 꼭짓점에 해당하는 위치에 식재하는 방법
    - 임의식재 : 대규모의 식재구역에 배식할 경우, 부등변삼각형 식재를 기본단위로 하여 그 삼각망을 순차적으로 확대하면서 연결시켜 나가는 방법
    - 모아심기 : 자연상태의 식생구성을 모방하여 수종·크기·수형이 다른 두 가지 이상의 수목을 모아 무더기로 한 자리에 식재하는 방법

- **실시설계**
  - 개념 : 기본설계를 바탕으로 구체적인 도면 작성, 공사비 및 수량 산출, 공정계획을 수립하는 단계로, 시방서 및 공사비 내역서 작성을 포함
  - 평면도와 단면도
    - 평면도(평면상세도) : 사용된 축척을 알기 쉽게 표기한 것으로 도로, 시설물의 위치와 크기를 정확히 기록하고, 벤치, 휴지통 등의 시설물은 규격과 수량이 포함된 수량표를 작성하여 표제란에 기입
    - 단면도(단면상세도) : 종단면도와 횡단면도가 있으며, 입체적 공간을 가장 잘 설명해 줄 수 있는 장소를 2개소 이상 선정하여 그림
  - 표준시방서 : 조경공사를 적정하게 시행하기 위한 표준을 명시한 것으로 국토교통부에서 발행

- **경관구성의 요소**
  - 경관구성의 우세요소 : 선, 형태, 질감, 색채
  - 경관구성의 가변요소 : 광선, 기상조건, 계절, 시간, 기타(운동, 거리, 관찰위치, 규모 등)

- **단독주택의 정원**
  - 앞 뜰
    - 가족이나 손님이 출입하는 곳으로 대문에서 현관 사이의 공공공간을 말하며, 주 동선이 되는 원로를 설치
    - 실용적인 기능을 부여하기 위해 차고를 설치하기도 하고, 원로를 따라 조명과 좌우에 시선을 끌 수 있는 수목이나 초화류를 심기도 하며, 조각물이나 그 밖의 형상물을 배치하여 경관을 강조하기도 함
  - 안 뜰
    - 응접실이나 거실 쪽에 면한 뜰로 옥외 생활을 즐길 수 있음
    - 인상적인 공간을 조성하여 조망과 정적·동적 이용 및 기능, 식사 등 다목적으로 이용
    - 거실이나 침실로부터의 조망과 다목적 이용을 위해 건물에 면하여 잔디밭을 조성하고, 담장 주변을 따라 수목이나 시설물을 배치
    - 퍼걸러, 정자, 목재 데크, 벤치, 야외탁자, 바비큐장, 연못이나 벽천 등의 수경시설, 놀이 및 운동시설 등을 설치

- **공동주택정원의 공간구성**
  - 면적에 따라 소규모 정원, 중규모 정원, 대규모 정원으로 구분하여 조성
  - 건물의 배치유형은 평행 배치, 위요형 배치, 직교 배치, 방사상 배치 및 기타 유형으로 구분
  - 단지 내 공간은 동선, 녹지공간, 운동공간, 휴게공간, 건축공간 등으로 구성되며, 특히 녹지율은 15% 이상이 되도록 함
  - 특히, 어린이 놀이터는 단지 내의 간선도로를 횡단하지 않는 곳에 설치해야 함

- **도시공원의 종류**
  - 생활권공원 : 소공원, 어린이공원, 근린공원
  - 주제공원 : 역사공원, 문화공원, 수변공원, 묘지공원, 체육공원, 도시농업공원, 기타 공원

- **골프장의 설계**
  - 클럽하우스 중심으로 골프코스구역, 관리시설구역, 위락시설구역, 생산시설구역, 환경보존구역으로 나누고, 아웃(Out)의 9홀과 인(In)의 9홀로 구분
  - 표준코스는 18홀(Hole)로 4개의 짧은 홀, 10개의 중간 홀, 4개의 긴 홀을 지형에 맞추어 흥미 있게 배치
  - 방위는 잔디에 좋은 남사면 또는 남동사면

- **학교정원의 설계**
  - 부지의 형태, 건물의 위치, 부지의 면적 등에 따라 진입공간, 휴게공간, 운동장, 교사 주변 화단, 경계공간 등으로 구분
  - 수목 선정 시 조경수목의 생태적, 경관적, 교육적, 경제적인 특성 등을 고려

- **옥상정원의 시설물 설치**
  - 옥상정원의 시설물로는 분수, 벤치, 퍼걸러, 연못, 벽천, 어린이 놀이시설 등과 휴지통, 조명 등을 설치
  - 바람막이벽과 옥상 가장자리에 안전을 위한 난간을 설치하며, 바닥은 슬래브 위에 방수막을 덮고 그 위에 보호층을 설치하여 마무리한다.

- **적산 및 견적 시 주의사항**
  - 공사현장의 충분한 사전답사, 현장설명서, 도면, 시방서를 검토하여 주어진 조건대로 공사비를 산출
  - 도면에서 제시된 재료의 수량, 면적 및 길이의 축척을 고려하여 산출하되 중복계산은 피함
  - 계산 : 설계도상에 있어서 소계에는 원 단위를 쓰고, 최종단위는 천 단위를 사용하며, 나머지는 버림
  - 조경 적산은 규격 및 표준화가 어렵고, 시공시기의 제한이나 지역성에 의존하는 특성이 있음

- **공사비의 구성**
  - 순공사비와 총공사비

    - 순공사비 = 노무비 + 재료비 + 경비
    - 총공사비 = 도급액 + 관급자재비 + 이전비

  - 노무비

    - 직접노무비 = 시공수량 × 품셈 × 노무단가
    - 간접노무비 = 직접노무비 × 간접노무비율(15% 내외)

  - 재료비

    - 재료비 = 직접재료비 + 간접재료비 − 작업부산물

  - 이 윤

    - 이윤 = (순공사원가 + 일반관리비 − 재료비) × 15% 또는 (노무비 + 경비 + 일반관리비) × 15%

- 경비 : 공사의 시공을 위하여 소요되는 공사원가 중 재료비와 노무비를 제외한 비용
  - 예 전력비, 수도광열비, 운반비, 기계경비, 특허권사용료, 기술료, 연구개발비, 품질관리비, 보험료, 보관비, 외주가공비, 산업안전보건관리비, 폐기물처리비, 도서인쇄비, 안전관리비 등
- 부가가치세

$$부가가치세 = 총원가 \times 10\%$$

- 도급액(시공자가 받는 금액)

$$도급액 = 총원가 + 부가가치세$$

PART 02 조경시공

- **조경수목의 분류**
  - 식물의 형태로 본 분류
    - 나무 고유의 모양 : 교목, 관목, 덩굴성 수목
    - 잎의 모양 : 침엽수, 활엽수
    - 잎의 생태 : 상록수, 낙엽수
  - 관상면으로 본 분류
    - 꽃을 관상하는 나무 : 봄꽃, 여름꽃, 가을꽃, 겨울꽃
    - 열매를 관상하는 나무 : 피라칸타, 낙상홍, 석류나무, 팥배나무, 탱자나무, 모과나무, 살구나무, 자두나무, 마가목, 산수유, 대추나무, 오미자, 감나무, 생강나무, 감탕나무, 사철나무, 화살나무 등
    - 잎을 관상하는 나무 : 주목, 식나무, 벽오동, 단풍나무류, 계수나무, 은행나무, 측백나무, 대나무, 호랑가시나무, 낙우송, 소나무류, 위성류, 회양목, 화백, 느티나무 등
    - 단풍을 관상하는 나무 : 단풍나무류, 붉나무, 화살나무, 마가목, 산딸나무, 낙상홍, 매자나무, 은행나무, 백합나무, 배롱나무, 계수나무, 일본잎갈나무, 담쟁이덩굴 등
  - 이용목적으로 본 분류
    - 경관장식용 : 소나무, 은행나무, 단풍나무 주목, 동백나무 등의 교목류와 철쭉류, 수국, 명자나무, 장미, 조팝나무 등의 관목류
    - 녹음용 : 수관이 크고, 큰 잎이 치밀하고 무성하며, 지하고가 높은 교목으로, 느티나무, 칠엽수, 회화나무, 일본목련, 백합나무, 은행나무 등
    - 가로수용 : 시선유도, 방음, 방화, 도시수식의 목적으로 심는 나무로, 벚나무, 은행나무, 느티나무, 가죽나무, 회화나무 등

- **조경재료의 분류**

식물재료	무생물재료
• 자연성 : 생물로서 호흡하고 성장하는 생명활동을 한다. • 연속성 : 생장과 번식을 통해 계속해서 개체를 유지한다. • 조화성 : 계절에 따라 변화하여 주변과 조화를 이룬다. • 비규격성(개성미) : 생물로서의 소재 특이성을 지닌다.	• 균일성 • 불변성 • 가공성

■ 조경수목의 특성
- 수 형
  - 수관 : 가지와 잎이 뭉쳐서 이루어진 부분으로, 가지의 생김새에 따라 수관의 모양이 달라짐
  - 수간 : 줄기와 뿌리솟음의 2가지 요소로 이루어지며, 줄기의 생김새나 갈라진 수에 따라 수형이 달라짐
  - 나무가 자란 그대로의 수형인 자연수형과 인위적으로 만든 인공수형이 있음
- 환경 : 기온, 광선, 바람, 토양, 수분, 공해, 염해 등
- 조경수목의 규격표시
  - 흉고직경(가슴높이지름) : 줄기의 굵기를 측정하는 것으로, 일반적인 가슴높이(지표면에서부터 1.2m)에서 잰 나무줄기의 지름을 말하는데, 쌍간일 경우 각 간의 흉고직경 합의 70%나 해당 수목의 최대 흉고직경 중 큰 것을 선택
  - 근원직경(근원지름) : 지표면과 접한 줄기의 지름을 말하며, 흉고직경을 측정할 수 없는 관목이나 가슴높이 이하에서 줄기가 여러 갈래로 갈라진 교목, 덩굴성 수목, 묘목 등에 적용

■ 지피식물의 특성
- 지피식물의 조건
  - 지표면을 치밀하게 피복하고, 부드러워야 한다.
  - 식물체의 키가 낮고, 다년생이어야 한다.
  - 번식력이 왕성하고, 생장이 비교적 빨라야 한다.
  - 성질이 강하고, 환경조건에 적응을 잘해야 한다.
  - 병해충에 대한 저항성과 내답압성을 갖추어야 한다.
  - 식물적 특성을 고루 갖추고, 관리가 용이해야 한다.
- 지피식물의 기능 : 미적 효과, 운동 및 휴식공간 제공, 강우로 인한 진땅 방지, 토양유실 방지, 흙먼지 방지, 동결 방지

■ 초화류의 분류
- 한해살이 초화류(1·2년생)
  - 봄뿌림 : 맨드라미, 샐비어, 메리골드, 나팔꽃, 코스모스, 과꽃, 봉선화, 채송화, 분꽃, 페튜니아, 백일홍 등
  - 가을뿌림 : 팬지, 금잔화, 금어초, 패랭이꽃, 안개초, 스위트피 등
- 여러해살이 초화류(다년생) : 국화, 베고니아, 아스파라거스, 카네이션, 부용, 꽃창포, 제라늄, 플록스, 도라지, 샤스타데이지 등
- 알뿌리 초화류(구근 초화류)
  - 봄심기 : 다알리아, 칸나, 아마릴리스, 글라디올러스, 상사화, 투베로즈, 진저 등
  - 가을심기 : 히아신스, 아네모네, 튤립, 수선화, 크로커스, 백합, 아이리스 등

■ 목재의 장단점

장 점	단 점
• 색깔 및 무늬 등 외관이 아름다우며, 재질이 부드럽고 촉감이 좋음 • 가벼워서 운반하거나 다루기가 쉽고, 중량에 비하여 강도가 큼 • 열, 소리, 전기 등의 전도성이 낮음 • 생산량이 많고, 가격이 비교적 저렴하며, 입수가 용이	• 자연소재이므로 내화성이 없고, 부패하기 쉬움 • 함수량의 증감에 따라 팽창·수축하여 변형되기 쉬움 • 부위에 따라 재질이 고르지 못하며, 구부러지고 옹이가 있음 • 강도가 균일하지 못하고, 크기에 제한을 받음

■ 석질재료의 장단점

장 점	단 점
• 외관이 매우 아름다우며, 내구성과 강도가 큼 • 변형되지 않으며, 가공성이 있고, 가공 정도에 따라 다양한 외양을 가질 수 있음 • 산지에 따라 다양한 색조와 질감을 가지며, 압축강도와 내화학성이 크고, 마모성은 작음	• 무거워서 다루기 불편하고, 타 재료에 비해 가공하기가 어려움 • 경제적 부담이 크고, 압축강도에 비해 휨강도나 인장강도가 작음 • 화열을 받을 경우 균열 또는 파괴되기 쉬움

■ 점토질재료의 특성
- 여러 가지 암석이 풍화되어 분해된 물질로 만든 것으로, 가소성이어서 물로 반죽하면 원하는 모양으로 성형할 수 있음
- 건조시키면 굳고, 불에 구우면 더욱 경화되는 성질이 있음
- 벽돌, 도관, 타일, 도자기, 기와 등

■ 벽돌과 타일
- 벽돌 : 담장, 화단의 경계석, 원로의 포장, 테라스 바닥 및 퍼걸러와 같은 시설물의 축조용으로 사용되는 벽돌은 정교하면서도 따뜻한 느낌을 줌
- 벽돌의 종류
  - 표준형 벽돌 : 190×90×57mm의 표준규격 벽돌
  - 보통벽돌(붉은벽돌) : 바닥 포장, 장식벽, 벤치, 퍼걸러 기둥, 계단, 담장 축조, 어린이 유희시설 등에 사용
  - 다공질벽돌 : 점토에 30~50%의 분탄, 톱밥 등을 혼합하여 소성한 것으로 비중은 1.2~1.7 정도
  - 과소품벽돌 : 벽돌을 지나치게 구워 흡수율이 매우 적고, 압축강도는 매우 크지만, 모양이 바르지 않아서 주로 기초쌓기나 특수장식용으로 이용

- 타 일
  - 양질의 점토에 장석, 규석, 석회석 등의 가루를 배합하여 성형한 후 유약을 입혀 건조시킨 다음 1,100 ~ 1,400℃ 정도로 소성한 것
  - 외관에 결함이 없고, 흡수성이 적으며, 휨과 충격에 강함
  - 방화성, 내마멸성이 우수
  - 모양과 크기에 따라 모자이크타일, 외장타일, 내장타일, 바닥타일 등으로 구분

■ 시멘트의 종류
- 포틀랜드 시멘트(Portland Cement)
  - 보통 포틀랜드 시멘트 : 주성분은 실리카(SiO_2), 알루미나(Al_2O_3), 석회(CaO)이며, 건축구조물이나 콘크리트제품 등 여러 방면에 이용되고 있고, 시멘트 세계 총생산량의 90% 이상을 점유
  - 조강(早强) 포틀랜드 시멘트 : 단기에 높은 강도를 내고, 수밀성이 좋으며 저온에서도 강도발현이 우수해 겨울철, 수중, 해중 공사 등에 적합
  - 중용(中庸)열 포틀랜드 시멘트 : 보통 포틀랜드 시멘트와 조강 포틀랜드 시멘트의 중간 성질을 가진 시멘트로 댐, 터널 공사 등 큰 덩어리 콘크리트에 적합
  - 백색 포틀랜드 시멘트 : 산화철(Fe_2O_3)의 함량(0.3%)이 보통 시멘트(3.0%)보다 적어 건축물의 도장, 인조대리석 가공품, 채광용, 표식 등에 사용
- 혼합 시멘트(Blended Cement)
  - 고로(高爐)슬래그 시멘트(Slag Cement) : 보통 포틀랜드 시멘트에 비하여 분말도가 높고 응결 및 강도발현이 약간 느리지만, 화학적 저항성이 크고 발열량이 적어 해수나 기름의 작용을 받는 구조물이나 공장폐수・오수의 배수로 구축 등에 쓰임
  - 실리카 시멘트(Silica Cement) : 동결융해작용에 대한 저항성은 작지만 화학적 저항성은 커서 해수나 공장폐수, 하수 등을 취급하는 구조물이나 광산과 같은 특수목적 구조물에 사용
  - 플라이애시 시멘트(Fly Ash Cement) : 후기강도가 높고, 건조수축이 적으며, 화학적 저항성이 강함
- 알루미나 시멘트(Alumina Cement) : 비중은 보통 포틀랜드 시멘트보다 가볍고 석고를 가하지 않는데, 조강성이 대단하며, 화학적 저항성이 크고, 내화성도 우수하여 내화용 콘크리트에 적합

■ 시멘트벽돌과 포장용 벽돌의 규격

시멘트벽돌 규격(단위 : mm)	포장용 벽돌 규격(단위 : mm)
• A형(기존형) : 210 × 100 × 60 • B형(표준형) : 190 × 90 × 57	• 가로 × 세로(300 × 300) • 보도용(두께 60), 차도용(두께 80), 보차도용(두께 70~80) • S자형, U자형, W자형으로 구분한다.

■ 콘크리트의 장단점

장 점	단 점
• 모양을 임의로 만들 수 있으며, 재료의 채취와 운반이 용이 • 유지관리비가 적게 듦 • 철근을 피복하여 녹을 방지하고, 철근과의 부착력을 높임	• 균열이 생기기 쉽고, 개조 및 파괴가 어려움 • 무게가 무겁고 인장강도 및 휨강도가 작으며, 품질 유지 및 시공 관리가 어려움

■ 혼화재료

- 콘크리트의 성질을 개선하고 공사비 절약을 목적으로 사용
- AE제 : 워커빌리티를 개선하고 동결융해에 대한 저항성이 증가하는 장점이 있지만, 압축강도와 철근과의 부착강도가 감소하는 단점이 있음
- 감수제 : 소정의 컨시스턴시를 얻기 위해 필요한 단위중량을 감소시켜 워커빌리티를 증대
- 급결제 : 겨울철이나 물속 공사, 콘크리트 뿜어붙이기 등에 필요한 조기강도의 발생 촉진을 위하여 첨가하는 것으로, 주로 염화칼슘(시멘트량의 1% 정도)이나 규산나트륨(시멘트량의 3% 정도)을 사용하고 이외에 탄산나트륨, 염화나트륨, 염화마그네슘 등이 있음
- 플라이애시(Fly Ash) : 화력발전소의 미분탄 연소 시 발생하는 미립분으로, 대표적인 인공포졸란이며 포졸란 반응을 통해 콘크리트의 성질을 개량함

■ 미장재료의 장단점

장 점	단 점
• 이음매 없이 바탕을 처리할 수 있으며, 다양한 형태로 성형할 수 있고, 가소성이 큼 • 마무리 방법이 다양하며, 여러 형태로 디자인할 수 있음 • 타 재료와 혼합하여 방수, 차음, 내화, 단열의 효과를 얻을 수 있음	• 물을 사용하므로 재료의 혼합에 있어 경화시간이 길고, 배합 시 시간 경과에 따른 강도 저하의 판단이 어려움 • 배합시간이 있으므로 균일하지 못해 바탕마감 표면의 강도가 일정하지 않음

■ 미장재료의 종류

- 모르타르 : 일반적으로 시멘트와 모래를 섞어서 물로 반죽한 것을 의미하지만, 첨가한 고착제에 따라 다양한 종류로 구분
- 회반죽 : 소석회에 모래, 여물이나 해초풀을 넣어 반죽한 풀 형태의 미장재로 벽이나 천장 등을 미장하는 데 사용
- 벽토(壁土) : 진흙에 고운 모래, 짚여물, 착색안료와 물을 혼합하여 반죽한 것

■ 금속재료의 장단점

장 점	단 점
• 다양한 형상의 제품을 만들 수 있고, 대규모의 공업생산품을 공급할 수 있음 • 각기 고유한 광택이 있고, 하중에 대한 강도가 크며, 재질이 균일하고, 불에 타지 않는 등 물리적 성질이 우수	• 비중이 크고, 가열하면 역학적 성질이 저하 • 녹이 슬고 부식이 되는 등 화학적 결함이 있음 • 색채와 질감이 차가운 느낌을 줌

■ 금속재료의 종류
- 철금속 : 순철, 선철, 강철(탄소강), 특수강 등이 있으며 식수대, 미끄럼대, 그네, 시소, 사다리, 철봉, 복합놀이시설, 잔디보호책 등의 시설물에 사용함
- 비철금속 : 알루미늄, 구리, 납, 동, 아연과 각각의 합금 등이 있고 환경조형물, 유희시설, 수경시설, 가로장치물 등의 시설공사재료로 사용함

■ 금속제품
- 철금속 : 철근, 형강, 강봉, 강판 그 외에 철선, 와이어로프, 긴결철물 등
- 비철금속 : 알루미늄, 구리, 납, 동, 아연 등

■ 플라스틱재료의 특성
- 가벼우면서도 강도와 탄력성이 큼
- 소성・가공성이 좋아 복잡한 모양으로 성형이 가능
- 내산성・내알칼리성이 크고, 녹슬지 않음
- 착색이 자유롭고, 광택이 좋으며, 접착력이 큼
- 절연성이 있어 전기가 통하지 않고, 열에 매우 취약
- 내열성・내후성・내광성이 부족하며, 변색하는 등의 결점이 있음

■ 도장재료의 종류
- 수성페인트
  - 안료를 결합제와 혼합하고 물로 희석하여 사용하는 페인트
  - 에멀견 페인트 : 대표적인 수성페인트로 물에 아스팔트, 유성페인트, 수지성 페인트 등을 현탁시킨 유화액상 페인트이며, 주로 건축물의 내외벽에 도장을 한 후 마감하는 데 사용
- 유성페인트
  - 안료를 건성유와 혼합하고 전용 희석제로 희석하여 사용하는 페인트
  - 에나멜 페인트와 래커 페인트가 많이 쓰임

- 바니시(니스) : 천연수지나 합성수지를 건성유로 용해한 유성 바니시와 휘발성 용제로 용해한 휘발성 바니시로 구분
- 퍼티(Putty) : 석고를 건성유로 반죽한 접합제의 일종

■ 섬유질재료의 종류
- 볏짚 : 줄기를 감싸 해충의 잠복소를 만드는 데 씀
- 새끼줄 : 주로 조경수목을 보호하는 데 사용하며, 10타래를 1속이라 함
- 밧줄 : 마섬유로 만든 섬유로프를 많이 씀

■ 유리재료의 종류
- 강화유리 : 서랭유리를 연화점 이상으로 재가열한 후 급랭하여 만들며, 서랭유리나 반강화유리에 비해 잘게 깨지므로 재가공이 불가능하고, 일반 서랭유리에 비하여 강도가 5배 이상
- 단열유리 : 2장 이상의 판유리를 일정한 간격으로 나란히 두고 외기압에 가까운 건조공기를 채워 주위를 봉착한 것으로 복층유리라고도 하며, 일반적으로 단열효과와 함께 소음 차단효과도 가지고 있음
- 박공유리·스팬드럴유리 : 일반 유리 뒷면에 유색의 세라믹 코팅을 하여 열강화한 플로트유리로 색상이 다양하고, 서랭유리에 비하여 강도가 2배 이상이며, 일종의 열강화유리이므로 열충격에 대한 저항성도 강함

■ 조경시공의 개념
- 정원이나 공원을 만드는 것에서부터 국토 전체를 대상으로 대규모 경관을 조성하는 것까지, 우리들의 일상생활을 보다 편리하고 쾌적하게 만들어 주는 것
- 설계도면과 시방서 그리고 해당 법규와 계약조건을 바탕으로, 각종 자원과 시공기술 및 관리기술을 활용하여 계약한 금액과 기간 안에 조경공사를 완성시키는 것
- 인간의 이용에 적합한 기능과 구조뿐만 아니라 아름다움의 구현이라는 조경 본래의 목적을 성취해야 함

■ 시공계획의 과정
- 시공계획의 순서 : 계약조건 검토 → 설계도서 검토(내역 검토, 현장사전조사) → 가설공사(가설사무소, 숙소, 도로 등) → 작업계획(인원, 자재조달 등) → 자금수주계획 → 안전관리계획 → 공사착수
- 시공계획의 과정 : 사전조사 → 기본계획 → 일정계획 → 가설 및 조달계획

- **시공관리의 기능**
  - 품질관리 : 품질과 재료의 관리, 인원의 수요·공급 등에 대처
  - 원가관리 : 계약된 기간 내에 주어진 예산으로 공사를 완료하기 위해 실행예산과 실제가격을 비교하여 차액의 원인을 분석·검토하고, 원가발생을 통제하며, 원가자료를 작성
  - 공정관리 : 공정관리를 위해 공정표를 사용하며, 공정표에는 횡선식 공정표, 공정곡선 공정표, 네트워크 공정표 등이 있음

- **공정표의 종류**
  - 막대 공정표
    - 전체공사를 구성하는 모든 부분공사를 세로로 열거하고, 이용할 수 있는 공사기간을 가로축에 나열
    - 공사기간 내에 전체공사를 끝낼 수 있도록 부분공사 시공에 필요한 시간을 계획하고, 각 부분공사의 소요기간을 도표 위의 일수에 맞추어 가로막대로 표시한다.
  - 곡선식 공정표
    - 계획과 실적을 한눈에 비교할 수 있어 공사의 전체적인 진척상황을 파악하는 데 가장 유리한 공정표로, 바나나곡선이라고도 한다.
    - 현 공정이 허용한계선 아래에 있을 때는 공정의 촉진이 필요하며, 실시공정곡선이 허용한계선 내에 있도록 유도
  - 네트워크 공정표
    - 공사의 상호관계가 명료하여 복잡한 공사나 대형공사의 전체적인 파악이 쉽고, 컴퓨터의 이용이 용이
    - 작업을 선행작업, 후속작업, 병행작업으로 구분하여 순서를 정하고 도식화하는 방법으로, 작성 및 검사에 특별한 기능이 요구됨
    - 작업리스트 → 흐름도 → 애로우도 → 타임 스케일도 순서로 작성
    - 애로우도(Arrow Diagram), 이벤트도(Event Diagram), 흐름도(Flow Diagram) 등이 있으며 방향, 작업명, 일수 등을 동그라미와 화살표로 표시
    - 네트워크 공정표의 구성요소에는 크리티컬 패스(Critical Path), 더미(Dummy), 여유시간(Float), 결합점(Event) 등이 있음

- **뿌리돌림**
  - 목적 : 이식력이 약한 나무를 대상으로 굴취 전에 미리 잔뿌리를 발달시켜 이식력을 높이거나, 노목이나 쇠약목의 세력 회복을 위한 목적으로도 사용
  - 시 기
    - 뿌리돌림을 하는 시기는 봄의 해토 직후부터 생장이 가장 활발한 시기에 하는 것이 적합하며, 혹서기와 혹한기는 피하는 것이 좋음
    - 일반적으로 뿌리돌림 후 1년 뒤에 이식하는데, 수세가 약하거나 대형목·노목 등 이식이 어려운 나무는 뿌리둘레의 1/2 또는 1/3씩 2~3년에 걸쳐 뿌리돌림을 실시한 후 이식하는 것이 좋음
    - 봄에 뿌리돌림을 한 낙엽수는 당해 가을이나 이듬해 봄에, 상록수는 이듬해 봄이나 장마기에 이식할 수 있음
  - 작업방법
    - 뿌리분의 크기는 굴취 시와 마찬가지로 근원직경의 4~6배로 하는데, 보통 4배 정도를 기준으로 함
    - 큰 나무의 경우 수목을 지탱하기 위해 3~4방향으로 굵은 뿌리를 하나씩 남겨 두고 15cm 정도의 폭으로 환상박피함
    - 작업 시 뿌리분이 깨질 위험이 있으면 새끼로 감아 뿌리분이 깨지는 것을 막음
    - 뿌리돌림을 하면 많은 뿌리가 절단되어 영양과 수분의 수급균형이 깨지므로, 가지와 잎을 적당히 솎아 지상부와 지하부의 균형을 맞추어 줌

- **조경수의 가식방법**
  - 기간이나 시기, 수종 등에 따라 일반적인 이식법에 따라 행하며, 수개월의 짧은 기간인 경우는 뿌리분 주위에 흙을 두텁게 덮어 습도를 유지하는 정도로 관리할 수 있음
  - 세근성(細根性)의 활착이 용이한 수종이나 가끔 이식을 하여 뿌리분이 고정되어 있는 것은 상관없지만, 뿌리가 섬세하지 못한 수종이나 처음으로 이식하는 수목의 가식은 위험할 수 있음

- **지주 세우기의 종류 및 방법**
  - 단각지주 : 수고 1.2m 이하의 관목에 사용하며 카이즈카향나무, 수양버들, 위성류, 수양벚나무 등의 어린 수종 등에 사용
  - 이각지주 : 수고 1.2~2.0m의 소형 가로수에 사용하며 좁은 장소에 깊게 넣음
  - 삼발이지주 : 소형은 높이 4.5~5.0m의 수목에 사용(지주목 규격 : 길이 1.8m)하고, 대형은 높이 5.0m 이상의 수목에 사용(지주목 규격 : 길이 2.7m)
  - 삼각지주 : 일반적으로 가장 많이 사용하며, 가로수와 같이 보행량이 많은 곳에 주로 설치
  - 사각지주 : 설치방법은 삼각지주와 같지만 지주목이 하나 더 들어가 있어 미관상 가장 아름답고 삼각지주보다 견고
  - 연결형지주 : 교목의 군식이나 열식에 사용(대나무 이용)

- **떼심기 방법**
  - 전면떼 붙이기(평떼 붙이기) : 조기에 잔디경관을 조성해야 할 곳에 쓰이지만 떗장이 많이 소요되며, 떗장 사이를 1~3cm 정도로 어긋나게 배열하여 전체 면에 심음
  - 어긋나게 붙이기 : 떗장을 20~30cm 간격으로 어긋나게 놓거나 서로 맞물려 어긋나게 배열하여 심음
  - 줄떼 붙이기 : 줄 사이를 떗장 너비 또는 그 반 너비로 떼어서 10~30cm의 간격을 두고 줄 모양으로 이어 심음

- **화단의 조성방법**
  - 초화류 식재는 종자를 파종하는 방법과 꽃 모종을 심는 방법이 있으나, 대부분은 개화 직전의 꽃 모종을 갈아 심는 방법을 이용
  - 꽃 모종으로는 밭에서 재배한 것과 포트에서 재배한 것을 이용하는데, 밭에서 재배한 꽃 모종은 심기 1~2시간 전에 관수하면 캐낼 때 흙이 많이 붙어 분뜨기에 좋음
  - 꽃 모종을 심을 때에는 초종별 특성에 맞추어 식재 간격을 조정해야 뿌리 활착과 줄기 퍼짐이 좋음
  - 꽃묘는 줄이 바뀔 때마다 어긋나게 심는 것이 좋고, 비교적 큰 면적의 화단은 심부에서 바깥쪽으로 심어 나감
  - 식재할 곳에 1m^{2}당 퇴비 1~2kg, 복합비료 80~120g을 밑거름으로 뿌리고, 20~30cm 깊이로 갈아 줌

- **조경시공의 순서**

  터닦기 → 급배수 및 호안공 → 콘크리트 공사 → 정원시설물 설치 → 식재공사

- **토공사**
  - 부지 정지공사
    - 시공도면에 의거하여 계획된 등고선과 표고대로 부지를 골라 시공기준면(FL ; Formation Level)을 만드는 일
    - 공사부지 전체를 일정한 모양으로 만들거나, 수목 식재에 필요한 식재기반을 조성하는 경우, 또는 구조물이나 시설물을 설치하기 위하여 가장 먼저 시행하는 공사
    - 일반적으로 흙깎기와 흙쌓기 공사를 동반
  - 흙깎기(절토)
    - 용도에 따라, 전체 부지 조성을 위한 부지 정지의 일환으로서의 흙깎기, 연못 등을 조성하기 위한 흙깎기, 각종 시설물의 기초를 다지기 위한 흙깎기 등으로 구분

- 흙깎기를 할 때는 안식각보다 약간 작게 하여 비탈면의 안정을 유지해야 하는데, 보통 토질에서는 흙깎기 비탈면 경사를 1 : 1 정도로 함
- 식재공사가 포함된 경우의 흙깎기에서는 반드시 지표면 30~50cm 정도 깊이의 표토를 보존하여 식물의 생육에 유용하도록 함
- 흙쌓기(성토)
  - 흙쌓기에 사용하는 흙은 입도가 좋아 잘 다져져서 쌓인 흙이 안정될 수 있어야 함
  - 흙쌓기를 할 때는 보통 30~40cm마다 다짐을 해야 하며, 그렇지 못할 경우에는 설계도면에 표시된 계획고를 유지하기 위해서 더돋기를 실시해야 함
  - 일반적인 흙쌓기의 경사는 1 : 1.5
- 마운딩
  - 경관에 변화를 주거나, 방음·방풍·방설 등을 위한 목적으로 작은 동산을 만드는 작업
  - 흙쌓기의 일종으로서, 흙쌓기에 따라 실시하는 것이 원칙
  - 식재기반의 조성이 주된 목적이므로, 식재에 필요한 윗부분이 너무 다져져서 식물뿌리의 활착에 지장을 주는 일이 없도록 유의
- 비탈면의 보호 : 비탈면을 안정시켜 붕괴 예방과 함께 경관적으로 가치가 있도록 하기 위한 공사, 식물 식재에 의한 방법과 콘크리트블록과 같은 인공재료에 의한 방법 등이 있음

■ 관수공사
- 지표 관수법
  - 수동식 방법으로, 식물의 주변에 지형과 경사를 고려해 물도랑 등의 수로나 웅덩이를 이용하여 관수
  - 균일한 관수가 어려우며, 물의 낭비가 많아 용수의 이용에 비효율적
- 살수식 관수법
  - 자동식 방법으로, 고정된 스프링클러를 통해 일정 수량의 압력수를 대기 중에 살수함으로써 자연 강우와 같은 효과를 내는 방법
- 점적식 관수법
  - 자동식 방법으로, 수목의 뿌리 부분의 지표나 지하에 설치한 특수한 구조의 점적기에 연결된 호스를 통해 한 방울씩 서서히 관수하는 방법
  - 용수효율이 가장 높으며 교목과 관목의 관수에 주로 쓰임

- **배수공사**
  - 표면배수
    - 지표수를 배수하는 것으로, 배수를 위해서는 물이 흐를 수 있는 경사면을 부지 외곽에 조성해야 함
    - 경사는 최소한 1 : 20~1 : 30 정도가 되도록 하여 지표수를 배수구 또는 측구로 유입시켜 배출되게 함
    - 배수구는 겉도랑(명거)으로 설치하는데, 도랑에 잔디, 자갈, 호박돌, 화강석, U형 측구 또는 L형 측구를 사용해 토양침식을 방지
  - 지하층배수
    - 토양 내 과잉수를 제거하는 것으로 심토층배수라고도 하는데, 속도랑(암거)을 설치하여 배수
    - 벙어리 암거 : 지하에 도랑을 파고 모래, 자갈, 호박돌 등으로 큰 공극을 만들어 주변의 물이 스며들도록 하는 방법
    - 유공관 암거 : 자갈층에 구멍이 뚫린 관을 설치하는 것으로, 유공관의 설치깊이는 수목에 따라 달리하는 것이 좋은데, 일반적으로 심근성 수목의 경우 1.3~1.8m, 천근성 수목의 경우 0.8~1.1m 정도가 되게 함

- **워커빌리티(Workability)**
  - 콘크리트를 혼합한 후 운반, 타설, 다지기 및 마무리할 때까지 굳지 않은 콘크리트의 성질로, 콘크리트 시공 시 작업 난이도 및 재료분리에 저항하는 정도를 나타냄
  - 일반적으로 단위시멘트량이 많고, 입자가 미세하며, 비빔시간이 길수록 워커빌리티는 개선되지만, 비빔시간이 과도할 경우에는 시멘트의 수화를 촉진시켜 오히려 워커빌리티는 나빠짐
  - 워커빌리티에 영향을 미치는 요인 : 시멘트의 성질(종류·분말도·풍화도), 단위시멘트량, 단위수량, 물-시멘트비, 골재의 입형·입도, 잔골재율, 공기량, 혼화재료, 비빔시간, 온도 등

- **양생(보양, Curing)**
  - 콘크리트를 친 후 응결(Setting)과 경화(Hardening)가 완전히 이루어지도록 보호하는 것
  - 좋은 양생을 위해서는 적당한 수분 공급과 함께 일정한 온도와 절대안정상태를 유지해야 하고, 양생이 좋을수록 콘크리트의 변형, 파괴, 오손 등을 방지할 수 있음
  - 수분을 공급하기 위해서 살수하거나 침수시키는데, 콘크리트를 친 후 수분을 공급하면 수분을 보유하는 한 강도 증진은 계속되고, 건조되면 강도 증진이 중지
  - 대체로 양생온도가 높을수록 수화작용이 빠르게 진행되지만, 적당한 양생온도는 15~30℃임
  - 35℃ 이상이 되면 수화작용이 급속도로 빨라져 조기강도는 좋으나, 시간이 지날수록 강도 증진이 지연되고 균열이 생길 우려가 있음
  - 4℃ 이하에서는 양생기간이 길어지고 강도가 떨어지며, 0℃ 이하에서는 콘크리트가 동결되어 강도는 더욱 떨어지게 됨

- **자연석놓기**
  - 경관석이란 시각의 초점이 되거나 중요하게 강조하고 싶은 장소에, 보기 좋은 자연석을 한 개 또는 여러 개 배치하여 감상효과를 높이는 데 쓰는 돌을 말함
    - 경관석을 단독으로 놓을 때에는 위치, 높이, 길이, 기울기 등을 고려하여 그 경관석의 아름다움이 감상자에게 충분히 느껴지도록 하는 것이 중요
    - 경관석을 여러 개 짝지어 놓을 때에는 중심이 되는 큰 주석과 보조역할을 하는 작은 부석을 잘 조화시켜야 하는데, 수량은 일반적으로 홀수로 하고, 돌 사이의 거리나 크기 등을 조정하여 힘이 분산되지 않고 짜임새가 있도록 함
  - 디딤돌놓기
    - 디딤돌이란 동선을 아름답게 표현하고, 지피식물을 보호하며, 무엇보다 보행자의 편의를 돕기 위해 놓는 돌을 말함
    - 디딤돌은 보통 한 면이 넓적하고 평평한 자연석을 많이 쓰나, 가공한 화강암 판석이나 점판암 판석 또는 통나무 등을 쓰는 경우도 있음
    - 디딤돌의 긴지름은 보행자의 진행방향과 수직을 이루도록 하고, 방향성을 주는 것이 좋으며, 지표보다 3~5cm 정도 높게 함

- **켜쌓기와 골쌓기**
  - 켜쌓기
    - 각 층을 직선으로 쌓는 방법으로, 골쌓기보다 약하기 때문에 높이 쌓기에는 곤란하며 돌의 크기도 균일해야 함
    - 켜쌓기는 시각적으로 좋아 조경공간에 주로 쓰임
  - 골쌓기
    - 줄눈을 파상으로 골을 지어 가며 쌓는 방법
    - 하천공사 등에 견치석을 쌓을 때 많이 이용하고 있으며, 견고하기 때문에 일부분이 무너져도 전체에 파급되지 않는 장점이 있음

- **벽돌쌓기의 종류**

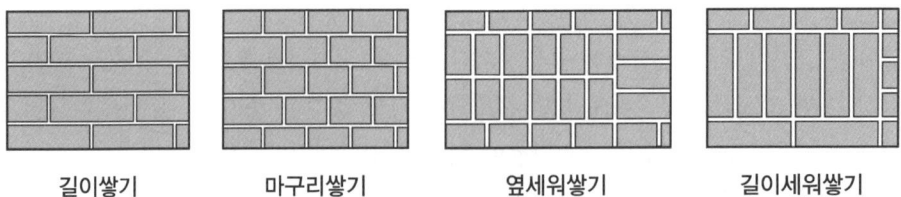

길이쌓기   마구리쌓기   옆세워쌓기   길이세워쌓기

- **기초공사와 포장공사**
  - 기초공사
    - 기초 : 상부 구조물의 무게를 받아 지반에 안전하게 전달하기 위하여 땅속에 만드는 구조물
    - 지정 : 기초를 보강하거나 지반의 지지력을 증가시키는 일
  - 포장공사
    - 보도나 차도에 포장공사를 할 때에는 우선 지반 조건이나 예상 하중 등을 고려하여 포장 보조기층을 만들고, 포장재료를 시공할 때는 배수에 특히 유의하여 물이 고이는 부분이 없도록 해야 함
    - 포장재료가 바뀌는 부분이나 가장자리의 연석 처리에 주의하여 포장면이 침하하거나 변형되는 것을 방지해야 함

- **놀이시설 공사**
  - 모래밭
    - 흔들놀이시설 등 작은 규모의 놀이시설이나 놀이벽·놀이조각을 배치하며, 큰 규모의 놀이시설은 배치하지 않는 것이 좋음
    - 모래밭의 바닥은 빗물의 배수를 위하여 맹암거·잡석깔기 등을 적절하게 설계하고, 모래깊이는 놀이의 안전을 고려하여 30cm 이상으로 설계함
  - 미끄럼틀
    - 미끄럼틀은 북향 또는 동향으로 배치
    - 미끄럼판의 기울기는 30~35°로 재질을 고려하여 설계하고, 1인용 미끄럼판의 폭은 40~50cm를 기준으로 함
  - 그 네
    - 안장은 햇빛을 마주하지 않도록 북향 또는 동향으로 배치
    - 놀이터의 규모나 성격에 어울리는 형상을 배치하고, 안장의 요동운동을 고려하여 주변 시설과 적정거리를 이격시킴

- **휴게시설**
  - 의자(벤치)
    - 긴 휴식이 필요한 곳에는 등의자를, 짧은 휴식이 필요한 곳에는 평의자를 설치하고, 공공공간에는 되도록 고정식을, 정원 등 관리가 쉬운 곳에는 이동식을 배치
    - 앉음판의 높이는 34~46cm, 폭은 38~45cm를 기준으로 물이 고이지 않도록 설계하고, 어린이를 위한 의자는 낮게 하는 것이 좋음
    - ※ 이용자가 사계절 가장 편하게 사용할 수 있는 벤치의 재료는 목재

- 퍼걸러(Pergola, 그늘시렁)
  - 여름에는 그늘을 제공하고 겨울에는 햇빛이 잘 들도록 대지의 조건, 방위, 태양의 고도를 고려하여 배치
  - 조형성이 뛰어난 퍼걸러는 시각적으로 넓게 조망할 수 있는 곳이나 통경선(vista)이 끝나는 곳에 초점요소로서 배치할 수 있음
  - 휴게공간과 건물·보행로·운동장·놀이터 등에 배치하며, 보행흐름과의 마찰을 피함

■ 편익시설
- 공중화장실
  - 화장실 건물은 다른 건물과 식별할 수 있도록 하고, 이용자의 눈에 직접 띄지 않도록 수목 또는 트렐리스와 같은 시설로 적절히 차폐시킴
  - 자연채광을 받고 위생적이어야 하며, 관리하기 쉽고 방범을 충분히 배려
  - 각 단위평면은 창호로 외기와 접하도록 하며, 청소하기 쉽고 오물의 제거가 쉽도록 함
  - 겨울철 동파예방과 시설보호를 위하여 난방용 설비를 반영
  - 지붕녹화를 설치하여 친환경적으로 조성하거나, 에너지 효율을 높이기 위하여 태양광발전시설 도입을 고려
- 음수대
  - 녹지에 접한 포장부위에 배치
  - 배수구는 청소가 쉬운 구조와 형태로 하고, 지수전, 제수밸브와 같은 필요시설을 적정 위치에 제 기능을 충족하도록 설계함

■ 수경시설
- 못(연못)
  - 콘크리트 등의 인공적인 못의 경우에는 바닥에 배수시설을 설계하고, 수위 조절을 위한 월류(Over Flow)를 반영
  - 겨울철 설비의 동파를 막기 위한 퇴수(물빠짐)밸브 등을 반영
- 분 수
  - 분수의 수조너비는 분수높이의 2배, 바람의 영향을 크게 받는 지역은 분수높이의 4배를 기준으로 함
  - 바닥분수의 경우 빗물이나 오염수가 유입되지 않도록 수조에 트렌치를 도입하거나 경사를 조절
- 폭포 및 벽천
  - 설치장소에 따라 동결수경 연출이 가능하므로 검토하여 반영하되, 시설물의 파괴 예방 등 유지관리가 쉬운 곳에 배치
  - 상부수조의 넓이와 연출높이에 비례하여 하부수조의 크기와 깊이를 산정

- **시방서의 종류**
  - 표준시방서 : 시설물의 안전 및 공사시행의 적정성과 품질 확보 등을 위하여 시설물별로 정한 표준적인 시공기준으로, 발주청 또는 건설기술용역업자가 공사시방서를 작성할 때 활용하기 위한 시공기준
  - 전문시방서 : 시설물별 표준시방서를 기본으로 모든 공정을 대상으로 하여 특정한 공사의 시공 또는 공사시방서의 작성에 활용하기 위한 종합적인 시공기준
  - 공사시방서 : 건설공사의 계약도서에 포함된 시공기준으로, 표준시방서 및 전문시방서를 기본으로 하여 작성하되, 공사의 특수성·지역여건·공사방법 등을 고려하여 기본설계 및 실시설계도면에 구체적으로 표시할 수 없는 내용과 공사수행을 위한 시공방법, 자재의 성능·규격 및 공법, 품질시험 및 검사 등 품질관리, 안전관리, 환경관리 등에 관한 사항을 기술함

PART 03 조경관리

- **전정의 종류**
  - 생장을 돕기 위한 전정
  - 생장을 억제하기 위한 전정
  - 개화·결실을 돕기 위한 전정
  - 생리를 조절하기 위한 전정
  - 세력을 갱신하기 위한 전정

- **전정의 시기**
  - 겨울전정 : 12~3월 사이 휴면기에 실시하는 전정으로, 내한성이 강한 낙엽수가 주 대상
  - 봄전정 : 3~5월에 실시하는 전정으로, 나무 높이를 높이거나 상록수의 모양을 정리하고 싶을 때 실시
  - 여름전정 : 6~8월에 실시하는 전정으로, 제1신장기를 마치고 가지와 잎이 무성하게 자라면 수광이나 통풍이 나쁘게 되기 때문에, 웃자란 가지나 너무 혼잡하게 자란 가지를 잘라 주어 수광 및 통풍을 좋게 해 줌
  - 가을전정 : 9~11월에 하는 전정으로, 여름철에 자라난 웃자란 가지나 너무 혼잡한 가지를 가볍게 전정함

- **전정의 순서와 횟수**
  - 전정의 순서
    - 나무 전체를 충분히 관찰하고 만들고자 하는 수형을 결정한 다음, 수형이나 목적에 맞지 않는 큰 가지부터 전정
    - 가지를 자를 때에는 수관의 위에서부터 아래로, 수관의 밖에서부터 안으로 자르고, 굵은 가지를 먼저 자른 후에 가는 가지를 다듬음
  - 전정의 횟수
    - 침엽수 : 1회
    - 상록수 중 맹아력이 큰 나무 : 3회
    - 상록수 중 맹아력이 보통인 나무 : 2회
    - 낙엽수 : 2회

■ 줄기감기(수피감기, 줄기싸기)
- 줄기를 감는 목적은 줄기로부터의 수분 증산을 억제하고, 해충의 침입을 방지하며, 강한 햇빛과 추위로부터 수피를 보호하기 위함
- 줄기감기에는 주로 새끼와 녹화마대가 쓰이지만, 겨울철에는 동해를 방지하기 위해 거적 등으로 감싸 줌
- 감은 줄기나 녹화마대 위에 진흙을 발라 주기도 하는데, 이는 일시적인 나무의 외상 방지, 수분 증산의 억제뿐만 아니라 수피 속에 서식하는 해충의 산란과 번식을 예방하여 구제하기 위함
※ 발라 준 진흙이 건조하고 갈라지면 그 틈을 다시 채워 줌

■ 주요 비료의 역할
- 질소(N) : 광합성작용의 촉진으로 잎이나 줄기 등 수목의 생장에 도움을 주며, 부족하면 생장이 위축되고 성숙이 빨라지나, 많으면 도장(徒長)하고 약해지며 성숙이 늦어짐
- 인(P) : 세포분열 촉진, 꽃·열매·뿌리 발육에 관여하고, 부족하면 꽃과 열매가 나빠지고, 많으면 성숙이 촉진되어 수확량이 감소함
- 칼륨(K) : 꽃·열매의 향기, 색깔을 조절하고, 부족하면 황화현상이 일어남
- 칼슘(Ca) : 단백질 합성, 식물체 유기산 중화의 역할을 하고, 부족하면 생장점이 파괴되어 갈색으로 변함
- 황(S) : 호흡작용, 콩과 식물의 근류 형성에 관여하며, 부족하면 단백질 합성이 늦어지고 침엽수는 잎의 끝부분이 황색이나 적색으로 변함
- 철(Fe) : 산소 운반, 엽록소 생성 촉매작용 등의 역할을 하는데, 부족하면 잎조직에 황화현상이 일어남
- 붕소(B) : 개화 및 과실 형성에 관여하며, 부족하면 잎의 변색, 착화 곤란, 뿌리생장 저하가 나타남

■ 거름주기 방법
- 전면 거름주기 : 수목을 식재하기 전에 토양 표면에 밑거름을 깔고 경운하거나, 수목이 밀식되어 한 그루마다 거름을 줄 수 없는 경우 토양 전면에 거름을 주는 방법
- 윤상 거름주기 : 수관 폭을 형성하는 가지 끝 아래의 수관선을 기준으로 한 환상 모양으로 깊이 20~25cm, 너비 20~30cm 정도로 둥글게 파고 알맞은 양의 거름을 주는 방법
- 격윤상 거름주기 : 윤상 거름주기의 형태이기는 하나 거름 구덩이가 연결되어 있지 않고, 일정한 간격을 두고 해마다 구덩이 위치를 바꾸어 거름을 주는 방법
- 천공 거름주기 : 수관선상에 깊이 20cm 정도의 구멍을 군데군데 뚫고 거름을 주는 방법으로, 물거름을 비탈면에 줄 때 적용
- 선상 거름주기 : 산울타리처럼 수목이 띠 모양으로 군식되었을 때, 식재된 수목을 따라 밑동으로부터 일정한 간격을 두고 도랑처럼 길게 구덩이를 파서 거름을 주는 방법

■ **병원체의 침입경로**
- 각피를 통한 침입 : 잎·줄기 등의 표면에 있는 각피나 뿌리의 표피를 병원체가 자기 힘으로 뚫고 침입하는 것
- 자연개구부를 통한 침입 : 기공, 수공, 피목, 밀선(꿀샘) 등과 같은 식물체에 존재하는 미세한 구멍을 통해 침입하는 것
- 상처를 통한 침입 : 여러 가지 원인에 의해서 만들어진 상처의 괴사조직을 통해 병원체가 침입하는 것

■ **녹병균의 중간기주**
- 배나무 붉은별무늬병(적성병) : 향나무
- 사과나무 붉은별무늬병 : 향나무
- 소나무 혹병 : 졸참나무, 신갈나무
- 잣나무 털녹병 : 송이풀, 까치밥나무
- 포플러잎 녹병 : 일본잎갈나무(낙엽송)

■ **잔디의 효용성**
지표면을 피복하여 바닥 보호, 공간에 푸르름과 아름다움 제공, 먼지 제거 및 공기 정화, 비탈면의 토양침식 방지, 레크리에이션 장소 제공, 기온 조절, 시각적인 해방감 조성

■ **잔디깎기의 장단점**

장 점	단 점
• 균일한 잔디면을 제공하고, 분열을 촉진하여 밀도를 높임 • 잡초의 발생을 줄일 수 있으며, 잔디면을 고르게 하여 경관을 아름답게 함 • 통풍이 잘 되어 병해충을 줄일 수 있음	• 잔디를 깎으면 잎이 절단되므로 탄수화물의 보유가 줄어듦 • 병원균이 침입하기 쉬우며, 물의 흡수능력이 저하됨

■ **조경관리의 구분**
- 운영관리 : 예산, 조직, 재산, 재무제도 등의 관리
- 유지관리 : 잔디, 초화류, 식재수목, 각종 시설물 및 건축물 등의 관리
- 이용관리 : 주민참여 유도, 안전관리, 홍보, 이용지도, 행사프로그램 주도 등의 관리

- **조경시설의 관리**
  - 목재 시설 관리
    - 목재 시설은 감촉이 좋고 외관이 아름다워 사용률이 높지만, 철재보다 부패하기 쉽고 잘 갈라지며, 거스러미가 일어나 정기적으로 보수하고 도료를 칠해 주어야 함
    - 좀 부분이나 땅에 묻힌 부분과 2년이 경과한 것은 부식되기 쉬우므로 정기적인 보수를 하고, 방부 처리하거나 모르타르를 칠해 줌
  - 철재 시설 관리
    - 도장이 벗겨진 곳은 녹막이 칠(광명단, 도료 등)을 두 번 한 다음 유성 페인트를 칠해 주고, 파손이 심한 부분은 교체해 줌
    - 볼트나 너트가 풀어졌을 때에는 충분히 죄어 주고, 심하게 훼손되었을 때에는 용접 또는 교환해 줌
    - 회전 부분의 축에는 정기적으로 그리스를 주입하며 베어링의 마멸 여부를 점검한 후 조치함
  - 콘크리트 시설 관리
    - 자체가 무겁기 때문에 가라앉거나 기울어지고, 균열이 발생할 때에는 위험한 상태가 되기 전에 보수를 하여야 함
    - 도장은 일정 시간이 지나면 벗겨지므로 3년에 1회 정도 다시 해 주어야 함
    - 콘크리트의 균열이 생긴 곳은 실(Seal)재를 주입하여 봉합
  - 수경시설 관리
    - 연못 : 급수구와 배수구의 막힘 여부 수시점검, 겨울 전에 물을 빼 이물질 제거 및 청소
    - 분수 : 고정식 분수의 겨울전 물 빼기, 이동식 분수는 이물질 제거 후 보관

실패하는 게 두려운 게 아니라 노력하지 않는 게 두렵다.

– 마이클 조던 –

PART 01

조경설계

CHAPTER 01	조경양식의 이해
CHAPTER 02	조경계획
CHAPTER 03	조경기초설계
CHAPTER 04	조경설계

합격의 공식 시대에듀 www.sdedu.co.kr

CHAPTER 01 조경양식의 이해

PART 01 조경설계

제1절 조경일반

1 조경의 목적 및 필요성

(1) 조경의 의미
① 좁은 의미의 조경 : 식재 중심의 전통적인 조경기술로, 집 주변의 정원을 만드는 일에 중점을 두는 것을 말한다.
② 넓은 의미의 조경 : 집 주변의 정원뿐만 아니라, 모든 옥외공간을 포함하는 환경을 조성하고 보존하는 종합과학예술이다.

(2) 조경의 목적
① 인간의 생활환경을 편리하고 안정적으로 만들어 즐겁고 쾌적한 분위기를 조성할 수 있다.
② 인간이 이용하는 모든 옥외공간과 토지를 이용하여 개발하고 창조함에 있어서, 보다 기능적이고 경제적이며 시각적인 환경을 조성 및 보존한다.
③ 조경은 유용하고 즐거움을 줄 수 있는 환경 조성에 목표를 두고 자원의 보전 및 관리를 고려하며, 문화적·과학적 지식의 응용을 통해 설계·계획, 토지의 관리 및 자연과 인공요소를 구성하는 기술이다.
④ 국토·도시·경관에 대한 계획이다.
⑤ 도시조경의 목적
  ㉠ 도시환경에서 조경의 역할은 자원과 인공물의 조화를 통하여 건강하고 환경친화적인 도시를 만들고 사회적 교류를 활성화시켜 쾌적하고 인간적인 도시사회를 이룩하는 것이다.
  ㉡ 도시의 정체성 확립을 통하여 개성 있고 아름답고 생태적으로 건강한 도시를 건설하는 것이다.

(3) 조경의 필요성
① 우리나라에서는 1970년대 초 경제개발계획에 의해 국토 훼손이 심각해지면서 자연환경 보호와 경관관리의 필요성을 느껴 조경이라는 용어를 사용하기 시작하였다.
② 도시화가 진전되면서 환경오염이 증가하고, 기온 또한 상승하였으며, 하천의 범람횟수가 많아졌다.

③ 건물이나 인간 활동의 집중으로 도시 중심부의 온도가 올라가는 열섬현상(Heat Island)이 일어나고, 주변의 강우량이 증가하고 있다.

> **더 알아보기**
>
> **조경가의 자격**
> - 자연의 원리를 이해하여 계획을 세울 수 있어야 한다.
> - 예술적 재능을 갖추어 창조력을 발휘할 수 있어야 한다.
> - 조경에 필요한 각종 재료를 다룰 수 있어야 한다.
> - 식물의 생리, 생태, 형태와 재배 및 관리를 할 수 있어야 한다.
> - 풍부한 경험으로 적재적소에 설계할 수 있어야 한다.
> - 상대방의 심리를 파악할 수 있어야 한다.
>
> **조경가의 역할(M. Laurie)**
> - 조경계획 및 평가
>   - 생태학, 자연과학의 기초를 이해해야 한다.
>   - 토지의 체계적 평가와 그에 대한 용도상의 적합도와 능력 판단, 개발이나 토지 이용의 배분 계획, 고속도로의 위치 결정, 레크리에이션시설 개발 등을 기획한다.
> - 단지계획
>   - 대지분석과 종합적인 이용자 분석을 통해 자연요소와 시설물을 기능적으로 대지의 특성에 맞추어 배치하는 것이다.
>   - 가장 일반적인 일 중 하나이다.
> - 조경설계
>   - 식재, 포장, 계단, 분수 등과 같은 한정된 문제를 해결할 수 있어야 한다.
>   - 구성요소, 재료, 수목들을 선정하며, 시공을 위한 세부적인 설계로 발전시키는 것이다.

2 조경과 환경요소

(1) 환경(Environment)

① 인간이 여러 방법으로 인지하고 경험하며 반응하는 외계(外界), 즉 우리를 둘러싼 모든 요소의 총칭이다.
② 환경에는 물리적 환경, 자연적 환경(인간의 이용과 관련), 인공적 환경(조경의 관심 영역, 도시), 사회적 환경(물리적 환경과 결부)이 있다.

(2) 조경 환경요소

① 물리적 환경
② 자연적 환경 : 인간의 이용과 관련된 환경
③ 인공적 환경 : 조경의 관심 영역, 도시 등의 환경
④ 사회적 환경 : 물리적 환경과 결부

3 조경의 범위 및 조경의 분류

(1) 기능별(영역)로 구분한 범위

① 정원 : 주택정원, 아파트 등 공동주거단지정원, 학교정원, 오피스빌딩정원, 옥상정원, 실내정원 등

② 공 원
  ㉠ 도시공원과 녹지 : 소공원, 어린이공원, 근린공원, 역사공원, 문화공원, 수변공원, 묘지공원, 체육공원, 도시농업공원, 완충녹지, 경관녹지, 연결녹지 등
  ㉡ 자연공원 : 국립공원, 도립공원, 군립공원 및 지질공원 등

③ 문화재 : 목조와 석조 건축물, 궁궐 터, 전통민가, 사찰, 성터, 고분 등의 사적지

④ 위락·관광시설 : 골프장, 야영장, 경마장, 스키장, 해수욕장, 낚시터, 관광농원, 유원지, 휴양지, 삼림욕장 등

⑤ 기타 시설 : 도로, 광장, 사무실, 학교, 공장, 항만, 공업단지, 가로 및 고속도로, 자전거도로, 보행자 전용도로 등

> **기출 Point** 조경프로젝트의 수행단계
> - 조경계획 : 자료의 수집, 분석, 종합에 초점을 맞추는 수행단계
> - 조경설계 : 자료를 활용하여 3차원적 공간을 창조해 나가는 수행단계
> - 조경시공 : 공학적 지식과 생물을 다루는 특별한 기술이 필요한 수행단계
> - 조경관리 : 식생과 시설물의 이용에 관한 전체적인 것을 다루는 수행단계

(2) 조경산업의 분류와 업무

수행단계별 구분	업무 내용
조경재료 생산	• 조경수목, 지피식물 등 조경식물 재료의 생산 및 유통 • 자연석, 포장재료, 인공토양재료, 환경친화적인 생태복원재료 등의 자재생산 • 유희시설, 체육시설, 휴게시설 등 조경시설 제품생산
조경설계	• 조경 관련 개발사업의 타당성 조사 및 기본계획 • 조경식재 계획 및 설계 • 기반 조성에 관련된 부지 정지, 배수 등 단지계획 및 설계 • 조경시설물 설계
조경시공	• 조경식재 시공 • 조경시설물 시공 • 법면녹화 및 생태복원 시공
조경관리	• 정원, 주거단지, 공원, 관공서 등의 조경수목 일반 관리 • 자연공원, 유원지, 휴양지 등의 자연자원과 시설 및 이용자 관리 • 천연기념물, 보호수 등의 수목보호 및 관리

4 조경양식 일반

(1) 조경양식의 분류 〈중요〉

① 정형식 정원
- ㉠ 서아시아와 유럽지역에서 발달한 양식이다.
- ㉡ 건물에서 뻗어 나가는 강한 축을 중심으로 좌우대칭형으로 구성된다.
- ㉢ 수목의 전정은 기하학적 형태이다.
- ㉣ 종 류
  - 평면기하식 : 대칭적 구성으로 평야지대에서 발달하였다. 예 프랑스의 베르사유궁원
  - 노단건축식 : 계단식 구성으로 경사지에서 발달하였다. 예 바빌로니아의 공중정원, 이탈리아의 빌라정원 등
  - 중정식 : 건물로 둘러싸인 내부에 소규모 분수나 연못 등을 조성하였다. 예 중세의 수도원 정원, 스페인의 알람브라 등

> **기출 Point** 정형식 정원
> - 서아시아·유럽 형식을 포함한 기하학식 정원
> - 평면기하학식 : 평야지대
> - 노단식 : 경사지
> - 중정식 : 건물로 둘러싸인 내부

② 자연식 정원
- ㉠ 동아시아에서 주로 발달한 양식이며, 유럽에서는 18세기경부터 영국에서 발달하여 유럽대륙에 영향을 주었다.
- ㉡ 자연을 모방하거나 축소하여 자연적 형태로 정원을 조성하였다.
- ㉢ 연못이나 호수 중심으로 정원을 조성하여 주변을 돌 수 있는 산책로를 만들어 다양한 경관을 즐길 수 있도록 하였다.
- ㉣ 종 류
  - 자연풍경식 : 넓은 잔디밭을 이용한 전원적이고 목가적인 자연풍경을 강조하였다(영국, 독일 등).
  - 회유임천식 : 숲과 깊은 굴곡의 수변을 이용하여 곳곳에 다리를 설치하고 주변을 회유하며 정원을 감상하였다.
    - 중국 : 자연과의 대비에 중점
    - 일본 : 자연풍경과의 조화에 중점
  - 고산수식 : 물을 전혀 사용하지 않고 바위(중심), 왕모래, 나무만을 사용하였다(일본 : 불교의 영향).

③ 절충식 정원
- ㉠ 한 정원에 정형식과 자연식의 형태적 특징을 동시에 지니고 있는 양식이다.
- ㉡ 실용성을 중시한 정형적인 구성 내에 자연적인 요소를 도입하여 실용성과 자연성을 절충하였다.
- ㉢ 조선시대의 정원은 기본적으로 자연식 정원(회유임천식)이나 정형적 형태를 포함하였다.

④ 조경양식의 분류

구 분	종 류	내 용
정형식 정원	평면기하학식	평야지대, 평면상의 대칭적 구성(프랑스정원)
	노단건축식	경사지, 계단식 처리(바빌로니아 공중정원, 이탈리아정원)
	중정식	건물로 둘러싸인 내부, 소규모 분수나 연못(중세 수도원정원, 스페인정원)
자연식 정원	자연풍경식	넓은 잔디밭을 이용한 전원적이고 목가적인 자연풍경 강조(영국, 독일)
	회유임천식	숲과 깊은 굴곡의 수변을 이용하여 주변을 회유하며 감상하는 정원 양식(중국, 일본)
	고산수식	물을 전혀 사용하지 않고 바위(중심), 왕모래, 나무만을 사용(일본 : 불교의 영향)
절충식 정원	-	조선시대 [기본성격 = 회유임천식(자연식)+정형적 형태 포용]

(2) 조경양식의 발생 요인 중요

① 자연환경적 요인

㉠ 기 후
- 정원은 인간이 생활하는 데 쾌적한 환경을 제공하기 위하여 비, 바람, 기온 등의 기후적 영향을 바람직한 방향으로 조절해 주는 역할을 해야 한다.
- 사막과 같이 덥고 강우량이 적은 곳에서는 시원한 그늘과 물의 사용이 발달하게 된다.
- 바람이 심한 곳에서는 방풍식재 등의 정원조성이 발달하게 된다.
- 기온이 온화한 곳에서는 수종이 풍부하여 수목의 선택 폭이 넓다.
- 눈이 많이 오는 지역에서는 눈에 견디는 힘이 강한 수종의 선택이 필수적이다.

㉡ 지 형
- 지형은 기후와 더불어 정원 형태에 가장 큰 영향을 끼친다.

  기출 Point 지 형
  경관의 형성에 가장 중요한 역할을 하며, 경관의 골격 형성

- 이탈리아에서는 경사지 지형을 잘 활용하여 노단건축식 정원양식을 발전시켰고, 프랑스에서는 평탄지 지형을 이용하여 평면기하학식 정원양식을 발전시켰다.

㉢ 그 밖의 요인
- 기후나 지형 이외에 식물, 토질, 암석 등의 요인이 있다.
- 식물과 토질은 기후 및 지형과 밀접한 관계가 있는 요소들이고, 암석은 중국 정원이나 일본 정원에서 자연형태 그대로 쓰는 경우가 많다.

② 사회환경적 요인

㉠ 사상과 종교
- 신선사상의 영향 : 신선사상은 한국, 중국, 일본 등의 동양정원에서 뚜렷이 나타나고 있으며 불로장생한다는 신선의 거처를 현실화시키고자 한 것이다.
  예 우리나라 고대정원 중 백제의 궁남지, 신라의 월지(안압지) 등
- 불교사상의 영향 : 일본의 고산수식 정원

- 서양 : 중세 수도원의 정원이 발달하였다.
- 이슬람 국가 : 종교의식을 위해 손을 씻거나 목욕을 위한 물을 도입한 정원이 발달하였다.

 ⓒ 역사성
- 고대·중세 : 고대의 담으로 둘러싸인 주택정원과 중세의 성곽과 해자로 둘러싸인 성곽정원은 외부의 침입으로부터 방어하기 위한 폐쇄적인 정원이다.
- 근대 : 이탈리아에서 싹튼 르네상스시대의 별장정원이나 영국의 자연풍경식 정원 등(개방적 성격)은 자유와 민주주의로 대표되는 그 시대의 역사적·사회적 특성의 영향을 받았다.
- 우리나라 : 삼국시대, 고려시대에는 중국식을 닮은 형태였으나 조선시대에는 방지원도(方池圓島)의 독특한 형태로 전환되었다.

> **더 알아보기**
>
> **해자(垓子)**
> - 성곽을 방어하기 위하여 성벽을 둘러싼 외호(外壕, Moat)를 말한다.
> - 일본은 해자가 발달하여 지금도 이름 있는 성곽에는 대개 해자가 남아 있다.
> - 우리나라에는 수원 성곽·공주 공산성 등에 해자를 설치한 유적이 남아 있다.

 ⓒ 민족성
- 영국의 자연풍경식 정원 : 대부분의 유럽지역에서는 정형식 정원이 발달해 왔으나, 영국에서는 목가적인 전원생활을 좋아하고 전통을 고수하려는 민족성으로 인해 자연풍경식 정원이 발달하였다.
- 일본의 고산수식 정원 : 축소 지향적인 일본의 민족성을 나타낸 것으로, 초기에는 나무를 사용한 축산고산수식이 유행하였으나 이후 나무조차 배제하고 오로지 돌과 모래만을 사용한 평정고산수식이 발달하였다.

 ⓔ 그 밖의 요인 : 정치, 경제, 건축, 예술, 과학기술 등이 조경양식에 영향을 끼쳤다.

> **더 알아보기**
>
> **조경양식에 영향을 준 예술사조**
> - 고전주의(정형식 조경) : 절대왕정 아래 수직적 사회구조를 반영하는 것으로 강력한 축과 대칭기법으로 구성되었다.
> - 낭만주의(자연식 조경) : 고전주의의 지나치게 인위적이고 권위적인 형태에 대한 반발에서 출발하였고, 풍경화와 민주주의의 영향으로 곡선 위주의 전원적인 풍경으로 구성되었다.

제2절 서양조경 양식

1 고대 국가

(1) 이집트 정원

① 개 요
  ㉠ 강수량이 적고 사막으로 둘러싸여 있어 자연적인 녹색 경관이 없으며, 작열하는 태양과 수림의 결핍으로 녹음을 갈망하고 수목을 신성시하여 원예기술과 관개기술이 발달하였다.
  ㉡ 피라미드는 신의 혼을 통해 태양신에 접근하려는 탑이자 현인신 파라오의 권위와 인간의 동경·열망 등을 담아 세운 가장 거대한 심벌이었으며, 최초의 가장 단순하고 추상적이며 기하학적인 형태이다.
  ㉢ 정원은 기후의 영향으로 높은 울담으로 둘러싸고 담 안에 몇 겹으로 수목을 열식하였으며 관개의 편이를 위해 수목 식재 시 바둑판처럼 정연하게 배식하였다.
  ㉣ 파피루스 : 이집트 하(下)대의 상징식물로 주로 연못에 식재되었고, 식물의 꽃은 즐거움과 승리를 의미하여 신과 사자에게 바쳐졌으며, 이집트 건축의 주두(柱頭) 장식에도 사용되었다.
    ※ 이집트 상(上)대의 상징식물은 연꽃이다.
  ㉤ 시카모어(Sycamore) : 고대 이집트의 대표적인 정원수로, 녹음수로 많이 사용되었고, 신성시하여 사자(死者)를 이 나무 그늘 아래에서 쉬게 하는 풍습이 있었다.

② 주택정원 **중요**
  ㉠ 상류층의 주택정원으로, 분묘 벽화를 통해 당시의 정원 형태를 추측할 수 있다.
  ㉡ 중신의 분묘 : 제18왕조 아메노피스 3세의 신하의 분묘(테베 소재)
  ㉢ 아메노피스 4세의 친구인 메리레의 정원(델 엘 아마르나 소재)
  ㉣ 주택정원의 구조
    • 네모반듯하고 높은 담으로 둘러싸임
    • 울타리 안에 몇 겹의 수목 열식
    • 구형 또는 T자형 침상지
    • 물가의 키오스크(Kiosk) : 이집트 정원시설에서 가장 중요하며, 사방으로 통풍이 된다.
    • 입구의 탑문에서 저택 중앙까지 4열 아치형의 포도넝쿨로 그늘지게 했다.

③ 신전정원 **중요**
  ㉠ 강한 종교관에 따라 거대한 예배신전, 장제신전을 건설하고 주위에 신원을 설치하였다.
  ㉡ 데르 엘 바하리(Deir El-Bahari) : 태양신 아몬의 신전이자 하트셉수트(Hatshepsut) 여왕의 장제신전으로, 센누트의 설계로 만들어졌다.
  ㉢ 신전정원의 구조
    • 산중턱을 깎아 만든 계단식 형태이며 3단으로 구성되어 있다.
    • 각 단의 벽면을 열주로 장식하였고, 단과 단 사이는 경사로로 연결하였다.

- 수목 식재를 위한 구덩이와 연못 자리가 남아 있는 현전하는 최고(最古)의 조경유적이다.

※ 펀트(Punt) 보랑 부조 : 데이르 엘 바하리 내 보랑의 벽면에 새겨진 부조, 하트셉수트 여왕의 공적과 함께 홍해를 따라 수목을 교역한 내용이 새겨져 있어 당시 수목을 중요시했음을 확인할 수 있다.

④ 사자(死者)의 정원 - 분묘(묘지)정원
  ㉠ 이집트인의 내세관에서 기인한 것으로 무덤 주변에 영혼의 휴식처를 의미하는 작은 정원을 꾸몄다.
  ㉡ 현세보다 내세를 추구하였으며, 분묘의 벽면에 내세의 이상향을 상징하는 정원을 묘사하였다.

※ 레크미라 무덤벽화 : 방형의 연못을 중심으로 연못 주변에 3겹으로 열식된 수목과 작은 키오스크를 묘사하였으며, 연못 안에는 죽은 이를 실은 배를 연안의 나무에 묶어 둔 두 개의 밧줄과 연결하여 끌거나 수목에 물을 주는 노예들의 모습이 그려져 있다.

(2) 바빌로니아(서아시아) 정원

① 개 요
  ㉠ 유프라테스 강과 티그리스 강 유역의 메소포타미아 지역으로 지형이 개방적이고, 강수량이 적었으며, 기후 차가 심하였다.
  ㉡ 지구라트(Ziggurat) : 도시나 평원 위에 흙벽돌과 진흙을 쌓아 올려 만든 거대한 건축물로 정상에는 신전을 세웠으며, 바벨탑이 가장 유명하다.
  ㉢ 도시를 계획적으로 건설하였고, 도시 주변을 높은 성벽과 해자로 둘러싸 외부의 침입으로부터 보호했으며, 해자의 물을 도시 내부로 연결하여 생활용수로 사용하였다.
  ㉣ 강수량이 적어 관개시설에 의존하여 작물을 재배·수확하고 정원수를 식재하였으며, 관개시설의 설치 편의상 관개수로를 따라 규칙적으로 수목을 식재하였다.

② 수렵원
  ㉠ 어원은 '짐승을 기르기 위해 울타리를 두른 숲'이며 오늘날 공원의 시초가 되었다.
  ㉡ 인공언덕을 만들어 정상에 신전을 세우고, 언덕을 만들 때 생긴 저지대에 인공호수를 만들었으며, 언덕에 소나무, 사이프러스, 종려나무, 향나무 등 각종 수목을 식재하였다.

③ 공중정원(Tel-Amran-Ibn-Ali, 추장 알리의 언덕) **중요**
  ㉠ 기원전 600년 무렵 신바빌로니아의 네부카드네자르 2세가 왕비 아미티스를 위해 조성한 정원으로 세계 7대 불가사의의 하나이다.

> **기출 Point**
> • 공중정원 : 서양 최초의 옥상정원
> • 상림원 : 동양 최초의 정원

  ㉡ 성벽의 높은 노단 위에 수목과 덩굴식물을 식재하여 만든 최초의 옥상정원이다.
  ㉢ 지구라트형의 피라미드가 계단층을 이루고 각 노단의 외부를 회랑으로 둘렀다.
  ㉣ 회랑 주변에 크고 작은 방과 욕실을 배치했다.
  ㉤ 각 노단마다 꽃과 나무를 식재하고, 강물을 끌어다 저수지에 저장·관수하였다.

(3) 그리스 정원

① 개 요

> **기출 Point** 그리스정원
> • 정원 중심이 아닌 건물 중심 조경
> • 아고라 : 건물로 둘러싸여 상업 및 집회에 이용되는 옥외 공간

㉠ 그리스 정원은 '신성한 숲'의 개념으로, 공공조경인 신전 주위의 성림으로 발달하였다.
㉡ 아카데미, 원형극장, 스타디움 등에서 알 수 있듯이 정원을 가꾸는 데 힘을 들이지 않고 도시생활을 즐겼다.
㉢ 신분에 따라 주택 소유에 제한을 둠으로써 공공조경과 도시조경이라는 특성을 창조했다.
㉣ 조경은 정원 중심이 아닌 건물조경으로 이루어졌고, 그 대표적인 것으로 아고라가 있다.
㉤ 주택조경은 왕과 귀족 중심으로 발달하였고, 이에는 궁전정원, 귀족의 주택 중정, 아도니스원 등이 있다.
㉥ 광장과 신전, 주택지를 잘 배열시켜서 최초의 계획적인 도시를 건설했다.
㉦ 장소가 지니는 특질의 표현이나 장소에 대한 이해가 탁월하며, 이는 경관조경에 있어 해박했음을 알게 해준다.
㉧ 부지의 선택 능력이나 건물들을 주변의 자연환경과 조화시키는 탁월한 능력을 보여준다.

② 주택정원

㉠ 프리에네(Priene) 중정
 • 주랑식(기둥이 줄 서 있는 것) 중정을 중심으로 방을 배치한다(중정은 거리로부터 깊이 들어간 곳에 위치).
 • 바닥은 돌로 포장하고 장식화분에 장미, 백합 등의 향기 있는 식물을 식재한다.
 • 조각물과 대리석, 분수로 장식한다.
㉡ 아도니스원(Adonis Garden) : 아도니스의 죽음을 애도하는 제사에서 유래하였고, 포트(Pot)에 밀, 보리 등을 심어 장식하였으며, 후에 일종의 옥상정원과 포트가든(Pot Garden)으로 발달하였다.

③ 성 림

㉠ 수목과 숲을 신성시하여 신전 주위에 수목과 숲을 조성하고, 분수와 꽃으로 장식하여 성스러운 정원을 만들었다.
㉡ 처음부터 시민들이 자유롭게 이용하였다.
㉢ 과수보다 녹음수 위주로 식재하였다.
㉣ 특별한 수목인 떡갈나무, 올리브를 신들에게 바쳤다고 한다.
㉤ 델포이성림, 올림피아성림 등이 있으며 오디세이에 기록되어 있다.

④ 도시계획과 도시조경
  ㉠ 아고라(Agora) 〈중요〉
    • 도시활동의 중심지로서, 시장이나 집회소로 이용되었다.
    • 도서관, 의회당, 신전, 야외음악당으로 둘러싸인 중앙공간의 광장이다.
    • 녹음수와 분수로 장식하였다.
  ㉡ 히포데이무스 : 최초의 도시계획가로 아테네에 도시를 건설하였다.

(4) 로마 정원
① 개 요
  ㉠ 로마의 정원은 3개의 공지(空地)로 구성된 중정(中庭, Patio)식 정원이다.
  ㉡ 대문에 들어서면 첫 번째 중정인 아트리움에 이르고, 중문을 지나면 아름다운 정원인 페리스틸리움이 나타나며, 뒤뜰에는 과수와 채소를 가꾸는 지스터스가 있다.
  ㉢ 지중해의 겨울은 온화하고 여름은 무더워서 구릉지에 별장주택인 빌라가 발달하였다.
  ㉣ 그리스, 헬레니즘, 에투리아, 이집트 등의 문화를 흡수하여 보편적인 문화 형태를 이루고 대지에 관심을 둔 농업과 취미인 원예가 발달하였다.
② **주택정원** 〈중요〉
  ㉠ 폼페이의 주택정원은 2개의 중정과 1개의 후원으로 구성된 내향적인 양식이다.
  ㉡ 제1중정(아트리움, Atrium) : 손님 접대나 사무를 위한 공적 공간으로 무열주 중정이며, 돌포장과 화분장식을 했다.
  ㉢ 제2중정(페리스틸리움, Peristylium) : 주정의 역할을 하는 가족을 위한 사적 공간으로 주랑식 정원이고, 바닥은 포장하지 않은 채 탁자와 의자를 배치했으며, 화훼와 분수, 조각, 제단, 돌수반 등을 정형적으로 식재·배치했다.
  ㉣ 후원(지스터스, Xystus) : 수로를 축으로 그 좌우에 산책로인 원로와 화단을 대칭적으로 배치했으며, 군식 또는 5점 식재를 하였다.
③ 별장(빌라, Villa)
  ㉠ 자연 동경, 피서, 부의 과시 등을 바탕으로 발전하였고, 전원풍 별장과 도시풍 별장이 있다.
  ㉡ 특 징
    • 라우렌티아나장 : 전원풍과 도시풍의 혼합형 별장
    • 토스카나장 : 작은 필리니 소유의 도시풍 별장
    • 하드리아누스장 : 하드리아누스 황제의 대별장
④ 포럼(Forum) 〈중요〉
  ㉠ 그리스의 아고라와 같은 개념의 대화장소이다.
  ㉡ 지배계급을 위한 상징적 지역으로 왕의 행진이나 집단이 모여 토론할 수 있는 광장의 성격을 가지고 있다(아고라는 자생적 공간이며 시민의 도시 형성에 중요한 역할을 함).
  ㉢ 둘러싸인 건물군에 의해 일반광장, 시장광장, 황제광장으로 구분한다.

2 영국

(1) 영국 정원의 개요
  ① 바다로 인한 온난 다습한 기후이며 완만한 구릉이 많고, 강과 소하천이 완만하다.
  ② 17세기 정형식 정원의 기하학적인 형태에 대한 반동으로 영국의 자연 조건에 부합하는 자연풍경식 정원양식이 발생하여 유럽대륙으로 전파되었다.

(2) 11~17세기 영국의 정형식 정원
  ① 축을 중심으로 한 기하학적 구성과 매듭화단, 미원 등이 유행했다.
    ㉠ 매듭화단 : 낮게 깎은 회양목 등으로 화단을 여러 가지 기하학적 문양으로 구획하는 것이다.
    ㉡ 미원 : 수목을 전정하여 정형적인 모양의 미로를 만든 것이다.
  ② 장원 중심의 소규모 정원이 발달했고, 튜더왕조 후기에 이탈리아, 프랑스에 영향을 끼쳤다.
  ③ **정형식 정원의 특징** : 주도로인 곧은 길(Forthright), 축산(Mound : 가산, 인공언덕), 볼링 그린(군사훈련장, 실외경기장), 약초원, 석재 난간 테라스, 정원 장식물[문주(문기둥), 매듭화단(Knot), 토피어리, 해시계, 철제장식물, 분수, 미원 등]

> **더 알아보기**
>
> **튜더왕조의 조경**
> • 소규모 정원이 발달
> • 중세성관이 없어지면서 방어용 해자가 없어지고 정원이 확대
> • 강렬한 색채의 꽃과 원예에 대한 관심 증가

(3) 18세기 영국의 자연(전원)풍경식 정원 중요
  ① 영국의 풍토와 환경 여건에 맞는 조경을 창조하자는 운동이 전개되었다.
  ② 느릅나무와 참나무의 무성한 숲, 넓은 목초지에 드문드문 서 있는 교목들과 목장을 구획하는 산울타리 등으로 이루어진 목가적인 전원풍경이 특징이다.
  ③ **로샴 정원(Rousham Garden)** : 폐허를 그대로 두어 낭만적 분위기를 연출한 정원으로, 찰스 브릿지맨(C. Bridgeman)이 설계하고 윌리엄 켄트(W. Kent)가 수정했다.
  ④ **스토우 정원(Stowe Garden)** : 찰스 브릿지맨과 윌리엄 켄트가 설계한 후 브라운이 개조한 것으로 하하기법을 도입하였다.

> **더 알아보기**
>
> **하하(Ha-Ha)기법의 도입**
> 담장 대신 정원 부지의 경계선에 해당하는 곳에 깊은 도랑을 파서 외부로부터의 침입을 막고, 가축을 보호하며, 목장이나 삼림, 경지 등을 정원풍경 속에 끌어들이자는 의도에서 만들어졌다. 이 도랑의 존재를 모르고 원로를 따라 걷다가 갑자기 원로가 차단되었음을 발견하고 무의식중에 터져 나온 감탄사에서 유래한 이름이다.

⑤ 스투어헤드 정원(Stourhead)
  ㉠ 헨리 호어가 건물을 설계하고 켄트와 브릿지맨이 정원을 설계하였다.
  ㉡ 자연풍경식 정원의 원형이 잘 남아 있으며, 버질의 아이네이스 신화를 형상화하여 정원의 각 부분을 조성하였다.
  ㉢ 호숫가를 따라 설치한 산책로를 주변의 구릉과 연결하였다.
⑥ 대표적 조경가
  ㉠ 찰스 브릿지맨(Charles Bridgeman, 1690~1738) : 치즈윅 하우스, 루스햄, 스투어헤드를 설계하고 하하기법을 도입하였다.
  ㉡ 윌리엄 켄트(Willam Kent, 1685~1748) : 근대 조경의 아버지로 불리며, '자연은 직선을 싫어한다'는 말을 남겼다. 켄싱턴 가든, 치즈윅 하우스, 스토우 정원의 수정, 로샴 정원, 윌슨 하우스(Wilson House), 칼톤 하우스(Calton House), 건너스버리(Gunnersbury) 등을 계획하였다.
  ㉢ 랜슬롯 브라운(Lancelot Brown, 1715~1783) : 일명 캐퍼빌리티 브라운(Capability Brown)이라고도 하며, 스토우정원 등 많은 영국정원을 수정하였다.
  ㉣ 험프리 렙턴(Humphry Repton, 1752~1818) : 자연풍경식 정원을 완성하였고, 랜드스케이프 가든(Landscape Garden)의 호칭을 사용하였다.

> **기출 Point** 영국의 조경
> - 매듭화단 : 낮게 깎은 회양목 등으로 화단 구획
> - 전원풍경식 정원 = 자연풍경식 정원(브릿지맨의 영향, 스토우 정원)
> - 18세기 영국의 자연경관 : 넓은 목초지, 드문드문 서 있는 교목과 목장의 산울타리, 목가적 전원풍경

(4) 19세기 영국정원

① 19세기 영국정원은 사적 조경에서 공적 조경으로 전환하여 공공정원에 대한 기운이 싹트기 시작했다.
② 산업혁명 이후 도시환경 문제의 해결 방안으로 공공정원의 필요성이 대두되었다.
③ 사유정원을 대중에게 개방 : 세인트 제임스파크, 그린파크, 하이드파크, 켄싱턴파크, 리젠트파크
  ㉠ 리젠트파크(Regent Park) : 건축가 존 내시가 런던의 리젠트 거리에 띠 모양의 숲을 만든 후, 1811년 리젠트파크가 되었다.
  ㉡ 세인트 제임스파크(St. James' Park) : 존 내시가 긴 커낼을 물결무늬의 연못으로 개조했다.
  ㉢ 버컨헤드파크(Birkenhead Park) : 1843년 조셉 팩스턴(Joseph Paxton)이 설계하고 시민의 힘으로 설립된 최초의 공원으로, 사적 주택단지와 공적 위락단지로 나누어졌으며, 옴스테드가 설계한 센트럴파크의 공원 개념 형성에 큰 영향을 주었다.

3 프랑스

(1) 16세기 이후 프랑스 정원의 개요
① 지형이 평탄하고 저습지가 많으며, 기후는 낙엽활엽수의 산림 형성에 적당하여 산림이 풍부하다.
② 이탈리아의 영향으로 17세기 말부터 문학과 예술이 발전하였다.

(2) 17세기 프랑스 정원 중요
① 17세기 프랑스 정원의 특징
  ㉠ 산림 내 소로(Allee)를 이용하여 장엄한 경관을 전개했다.
  ㉡ 산림에 싸인 내부 공간은 다양한 형태와 색채를 도입한 기하학적이고 장식적인 정원으로 구성하였고, 넓은 평지에는 매크로한 옥외공간을 형성하였다.
  ㉢ 장식적인 평면상의 구성으로 소택지 등의 평지를 적극 활용했다.
  ㉣ 자연경관을 균형 잡히고 통제된 하나의 예술작품, 자연에 대한 인간의 완전한 지배의 상징으로 변화시켰다.
② 보르비콩트(Vaux-le-Vicomte) 정원
  ㉠ 루이 르 보가 건축하고 샤를 르 브룅이 장식하였으며, 앙드레 르 노트르가 정원을 설계하였다.
  ㉡ 조경이 주요소이고 건물은 정원의 한 장식요소였다.
  ㉢ 건물은 북쪽으로, 정원은 남쪽으로 전개하였다.
  ㉣ 궁전 전면 중앙의 주축선을 중심으로 하여 좌우대칭으로 화단을 장식하고, 수로를 놓았다.
③ 베르사유(Versailles) 궁원
  ㉠ 르 노트르에 의해 조성된 세계 최대 규모의 정형식 정원이다.
  ㉡ 궁원의 모든 구성이 중심축선과 명확한 균형을 이루며, 건물 또는 연못 중심으로 태양광선이 펼쳐지는 듯한 방사상의 축선을 복합적으로 전개하였다.
  ㉢ 주축을 따라 저습지의 배수를 위한 수로를 설치하고 부축들은 주축과 직교하면서 좌우균형을 이루고 있다.

> **기출 Point** 프랑스 정원
> • 평면기하학식 정원
> • 앙드레 르 노트르 : 프랑스 조경의 아버지
> • 비스타 정원 : 주축선이 두드러지게 하는 수법

(3) 18세기 프랑스 정원 중요
① 프랑스의 바로크 정원은 18세기 말부터 19세기 초에 영국의 자연풍경식 정원양식에 밀리기 시작했다.
② 대표적 정원 : 에름농빌(Ermenonville), 쁘띠 트리아농(Petit Trianon), 몽소공원(Parc Monceau), 말메종(Malmaison), 모르트퐁텐(Mortefontaine), 바가텔공원(Parc de Bagatelle)

4 이탈리아(르네상스시대)

(1) 르네상스시대 조경의 개요
① 봉건제도와 교회에 반하여 인간 개성을 발휘, 자연을 객관적으로 바라보고 자연의 아름다움을 향유하였다.
② 르네상스시대에 이르러 비로소 정원이 예술의 한 범주에 속하게 되었다(클리포드).

(2) 이탈리아 정원의 특징
① 이탈리아 정원의 3대 원칙 : 총림, 테라스, 화단
② 르네상스시대 이탈리아 3대 빌라 : 에스테장(Villa d'Este), 랑테장(Villa Lante), 파르네제장(Villa Farnese)
③ 별장형식의 빌라가 유행하였고, 구릉과 경사지가 많은 지형적 제약을 극복하기 위해 계단형의 노단건축식 정원이 발달하였다.
④ 높이가 다른 여러 개의 노단(테라스)을 조화시켜 높은 곳에서 낮은 곳을 내려다보는 인위적인 전망을 살리고자 하였다.
⑤ 수학적 계산을 이용하여 엄격한 고전적 비례를 추구하는 정원을 조성하였다.
⑥ 강한 축선을 중심으로 한 정형적인 대칭을 중시하였고, 대비효과를 강조했으며, 원근법을 적용하였다.
⑦ 명확한 이론에 입각하여 빌라의 부지를 선정·계획하였고(알베르티의 빌라부지 선정과 계획이론), 설계자의 이름이 정식으로 등장하기 시작하였다.

(3) 메디치장(Villa Medici)
① 주변의 전원풍경을 즐길 수 있도록 차경수법을 사용하였다.
② 카레기의 메디치장(Villa Medici de Careggi) : 르네상스시대 최초의 빌라로 미켈로지가 설계했으며, 아치나 로지아와 같은 중세시대 건축물의 특징이 남아 있다.
③ 피에솔레의 메디치장(Villa Medici at Fiesole)
  ㉠ 카레기장과 마찬가지로 미켈로지가 설계하였고, 알베르티의 이론을 도입하여 부지를 선정한 것으로 추정된다.
  ㉡ 언덕에 위치하고 있어 경사지를 노단 처리하였고, 건물의 축과 정원의 축이 직교하는 형태이며, 건물과 정원은 아케이드와 로지아로 연결하였다.

(4) 벨베데레원(Cortile del Belvedere)
① 16세기의 대표적인 정원으로, 브라만테가 바티칸궁전과 교황의 여름 별장인 벨베데레 구릉의 빌라를 연결하기 위해 설계했다.
② 이탈리아의 노단건축식 정원양식의 시초이며, 3개의 노단으로 구성되어 있다.

(5) 파르네제장(Villa Farnese) 중요
① 르네상스시대 이탈리아 3대 빌라 중 하나로, 추기경 파르네제의 의뢰로 비뇰라가 설계하였다.
② 2개의 노단으로 구성되어 있고, 울타리를 만들지 않아 주변 경관과의 조화를 유도하였다.
③ 계단에는 캐스케이드로 수로를 형성하였다.

(6) 에스테장(Villa d'Este)
① 건축과 조경은 리고리오가, 수경은 올리비에가 설계하였고, 이폴리토 에스테(Ippolito d'Este) 추기경의 의뢰로 중세 수도원을 바탕으로 건축하였다.
② 4개의 노단으로 구성되어 있으며, 최저 노단 중앙의 중심축선을 최고 노단까지 연결하였고, 축선과 직교하여 정원의 각 부분을 전개하였다.
③ 아니에네 강을 끌어와 연못, 물 풍금(제1노단), 용의 분수(제2노단), 100개의 분수(제3노단) 등 다양한 수경시설을 조성하여 물의 정원이라고도 불린다.

(7) 랑테장(Villa Lante)
① 비뇰라의 대표작으로 이탈리아 정원의 3대 원칙인 총림, 노단, 화단이 완벽한 조화를 이루고 있다.
② 4개의 노단으로 구성되어 있으며, 수경 축을 중심으로 정원 축을 일치시켜 통일성을 강조하였다.

> **더 알아보기**
>
> **네덜란드정원**
> - 15C 말 채소나 약초를 가꾸기 위한 가사용(家事用) 정원을 시작으로 정원문화가 발달하였고, 16C 정치적 요인으로 인해 이탈리아의 영향을 받으며 뒤늦게 르네상스정원이 도입되었다.
> - 이탈리아의 영향을 받았다고 하더라도, 대부분이 산지인 이탈리아와는 달리 지면이 해면보다 낮고 평평한 네덜란드는 노단건축식 정원이나 분수, 캐스케이드는 배제하였다.
> - 운하가 발달하여 수로를 통해 배수하거나 도시의 구획을 나누었으며, 이와 함께 운하식 정원이 발달하였다.
> - 국토가 좁고 인구집약적이어서 소규모 정원이 발달하였고, 한정된 공간에서 다양한 변화를 추구하기 위해 토피어리, 창살울타리, 서머하우스(Summer House), 조각품, 화분 등을 이용한 장식적 정원이 발달하였다.

5 미 국

(1) 미국 정원의 개요
① 남북전쟁 후 도시 거주자들이 지방에 별장을 지으면서 건축과 함께 조경도 발달하였으며, 영국정원의 기법을 계승하였다.
② 세계 각국으로부터 온 이민자들로 인구가 급격히 증가하여 뉴욕시를 정리할 필요가 생기면서 중앙부에 344ha에 이르는 공원을 축조하는 시조례를 제정하였다.
③ 1854년 뉴욕에 옴스테드가 회화적 수법으로 공원을 축조했다.

(2) 센트럴파크(Central Park) 중요

① 영국 최초의 공공공원인 버컨헤드파크의 영향을 받은 최초의 공원이다.
② 미국 도시공원의 효시로, 국립공원 운동에 영향을 주어 1872년 옐로스톤파크(Yellowstone Park)가 최초의 국립공원으로 지정되었다.
③ 부드러운 곡선의 수변과 폭넓은 원로, 넓은 잔디밭으로 구성되었다.

> **기출 Point** 센트럴 파크
> • 옴스테드가 설계한 최초의 본격적인 도시공원
> • 부드러운 곡선의 수변 구성
> • 영국 버컨헤드파크의 영향을 받음

> **더 알아보기**
> 프레드릭 로 옴스테드(Frederick Law Olmsted)
> 현대 조경의 아버지라 불리며, 조경가(Landscape Architect)라는 용어를 정식으로 사용하였다. 공원설계 응모에서 옴스테드와 보의 '그린스워드'안이 당선되어 1858년 센트럴파크가 탄생되었다.

6 이슬람 국가 및 기타

(1) 이슬람 정원

① 이란의 이슬람 정원
  ㉠ 정원의 특징
  - 지상낙원으로서의 정원을 조영하였다.
  - 연못이나 저수지가 정원의 중심시설이고, 푸른색·회색 조약돌을 사용하여 깊고 푸르게 보이도록 연출하였다.
  - 차하르 바그(Chahar-Bagh) : 4개의 정원이라는 뜻으로, 수로를 이용하여 정원을 같은 면적으로 4등분한 정원양식을 말한다.
  - 정원의 위치 : 주 건물의 동향과 북향에 위치하며, 먼지와 바람을 피하고 외적을 막기 위해 높은 담을 설치하였다.
  - 정원의 관개시설 : 와디(Wadi)라는 인공저수지에서 카나드라고 불리는 명거·암거수로를 통해 정원에 물을 공급하였다.
  - 정원의 수목 : 녹음수(대추야자, 사이프러스), 과수(오렌지, 석류, 무화과, 배), 화훼(백합, 튤립, 자스민, 방향성 식물)
  ㉡ 이스파한(Isfahan)
  - 압바스(Abbas) 1세가 계획하였고, 소정원을 연속적으로 이어가면서 도시 자체를 하나의 거대한 정원으로 전개하였다.
  - 차하르 바그(Chahar-Bagh) : 정원양식을 의미하는 단어와 같지만, 이스파한의 차하르 바그는 7km 길이의 넓은 도로를 말하며, 도로공원의 원형이다.

② 무굴인도의 이슬람 정원
　㉠ 정원의 특징
　　• 바그(Bagh) : 이탈리아의 빌라와 같이 정원과 건물을 하나의 복합체로 생각하였다.
　　• 종교의 영향으로 목욕을 위한 물이 정원의 주요 구성요소였다.
　　• 색채가 강렬한 화훼와 향기로운 과수를 많이 사용하였다.
　㉡ 람바그(Ram Bagh) : 바부르 대제가 수도 아그라에 조성한 무굴 최대의 정원으로 높은 울담으로 둘러싸여 있다.
　㉢ 타지마할(Taj Mahal)
　　• 샤자한 왕이 왕비 뭄타즈마할을 기념하기 위해 세운 묘소로, 아그라의 자무나강 서편에 위치한다.
　　• 중앙에는 수로에 의해 4등분된 정원이 있어 물의 반사성을 이용하였고, 그 뒤로 흰 대리석으로 꾸며진 대분천지가 있다.
　　• 높은 울담으로 둘러싸여 있고, 능묘 앞에는 긴 반사연못을 설치하여 건축물을 더욱 돋보이게 하였다.

(2) 스페인 정원(중세시대)
　① 중세시대 조경의 개요
　　㉠ 중세시대 조경은 중세 전기 기독교 문화를 바탕으로 이탈리아에서 발달한 수도원정원과 중세 후기 심화된 봉건제도로 인해 다수 등장한 봉건영주들의 성관에서 발달한 성관정원으로 구분할 수 있다.
　　㉡ 중세 스페인의 경우 이슬람 문화를 흡수하면서 독특한 양식의 정원이 발달하였다.
　　㉢ 7세기경 아랍민족이 스페인에서부터 인더스 강 유역에 이르는 사라센문명을 창조하여 이란과 서유럽의 스페인, 인도의 무굴시대에 이슬람 문화의 영향을 끼쳤다.
　　㉣ 스페인의 남부지방인 안달루시아에서 번영하기 시작했으며, 코르도바를 수도로 하여 이슬람 문화의 대중심지가 되었다.
　　㉤ 코르도바 지역은 옛 로마의 별장 및 정원 유적의 영향을 받아 파티오(Patio)식 정원이 발달하였다.
　② 스페인 정원의 특징 **중요**
　　㉠ 중정 구성이 독특하고, 물과 분수를 풍부하게 이용
　　㉡ 대리석과 벽돌을 이용한 기하학적 형태
　　㉢ 다채로운 색채를 도입한 섬세한 장식
　　㉣ 스페인의 남부지방인 안달루시아에서 번영
　③ 코르도바의 대모스크
　　㉠ 코르도바는 귀족들의 장원지로 별장과 페리스타일의 정원을 조성하였으며, 파티오와 내정이 발달하였다.

ⓛ 오렌지 중정 : 대연못과 4개의 작은 연못, 오렌지나무와 야자나무, 벽돌로 만든 관개수로를 조성했다(전체 면적의 1/3에 해당).
④ 세비야의 알카사르
 ㉠ 1181년 이슬람 왕 Abu-Yakub Jusuf가 건설한 궁전으로 100여 년 후 Peter The Cruel이 재건하였다.
 ㉡ 원로나 파티오에 타일이나 석재로 포장되어 있고, 연못은 모두 침상지이다.
⑤ 그라나다의 알람브라궁전 〈중요〉
 ㉠ 13세기 중반 무함마드 1세에 의해 창건되어 여러 대에 걸쳐 증축·개수되었고, 14세기말에 궁전의 대부분이 완성되었으며, 무어양식의 극치라고 평가받는다.
 ㉡ 알람브라는 아랍어로 '붉은 것'이라는 뜻이며, 주요 건물과 성채를 붉은색 벽돌로 지은 데서 유래하였다.
 ㉢ 이슬람이 멸망할 때까지 지켜진 최후의 유적지로, 4개의 중정이 남아 있다.

알베르카(Alberca) 중정	• 궁전의 주정으로 공적 기능을 가지고 있으며, 정확한 비례와 화려함, 장엄미가 뛰어나다. • 이슬람의 종교의식에 쓰이던 욕지, 분수대, 사라센양식의 탑, 아치로 된 회랑 등이 있다.
사자(Lion) 중정	• 주랑식 중정으로 가장 화려하다. 12마리의 사자가 수반과 분수를 받치고 있으며, 분수로부터 4개의 수로가 뻗어 중정을 사분하고 있다(1377년 무함마드 5세가 축조).
린다라하(Lindaraja) 중정	• 중정 가운데에 분수를 시설하여 여성적인 분위기를 연출하였고 가장자리에 회양목을 식재하여 여러 모양의 화단을 만들었다.
창격자(레하, Reja) 중정	• 바닥은 둥근 색자갈로 무늬를 주고 중앙에는 분수를 세워 환상적이면서도 엄숙한 분위기를 연출한다. • 중정 네 귀퉁이에 사이프러스를 식재하여 사이프러스 중정이라고도 한다.

⑥ 헤네랄리페(Generalife) 이궁 〈중요〉
 ㉠ 그라나다 왕의 피서를 위한 은둔처로서 경사지의 계단식 처리와 기하학적인 구성으로 되어 있다.
 ㉡ 수로가 있는 중정으로, 연꽃 모양의 수반과 회양목으로 구성하여 3면은 건물이고, 한쪽은 아케이드로 둘러싸여 있다.
 ㉢ 건물 입구까지 길 양쪽의 분수가 아치 모양을 이루고, 좌우에 꽃과 수목이 식재되었다.

(3) 독일 정원
 ① 독일 정원의 특징
  ㉠ 초기에는 프랑스의 평면기하학식 정원의 영향을 받았으나, 이후에는 영국의 자연풍경식 정원의 영향을 받아 독특한 양식을 갖게 되었다.

  > **기출 Point**
  > • 독일 정원의 특징 : 과학적 지식을 이용
  > • 분구원 : 주말농장

  ㉡ 식물생태학과 식물지리학 등의 과학적 지식을 이용한 자연경관의 재생이 목적이었다.
  ㉢ 그 지방의 향토수종을 배식하여 자연스러운 경관을 형성하였으며, 실용적인 형태의 정원이 발달하였다.

② **시뵈베르정원** : 1750년에 축조된 독일 최초의 자연풍경식 조경이다.
③ **무스카우어정원(퓌클러 무스카우 공작의 정원)**
  ㉠ 센트럴파크에 낭만주의적 자연풍경식 정원양식을 옮기는 데 교량적 역할을 하였다.
  ㉡ 강물을 자연스럽게 흐르도록 하는 등 수경시설에 역점을 두었다.
④ **분구원**
  ㉠ 주민의 보건을 위해 200m² 정도 되는 소정원을 시민에게 대여하여 채소, 과수, 꽃 등의 재배와 위락을 위한 공간으로 사용하도록 했다.
  ㉡ 현재까지도 실용적으로 이용되고 있다.

제3절 동양조경 양식

1 한국의 조경

(1) **원시시대**

① 선사시대
  ㉠ 자연계의 모든 사물에는 영적·생명적인 것이 있다고 믿는 애니미즘이 생겨났다.
  ㉡ 주술과 무당을 믿는 샤머니즘과 특정 동식물을 신성시 하거나 자연물인 토템을 숭배하는 토테미즘이 생겨났다.
② 고조선시대 : 고조선시대에 이미 당시의 조경공간이라 할 수 있는 신산과 누대 또는 유(囿)를 조성하거나 대나 각을 만들었다는 기록이 있다.

(2) **삼국시대**

① 고구려의 정원
  ㉠ 대표적인 정원 : 안학궁, 장안성
  ㉡ 기록 : 삼국사기, 삼국유사, 동사강목, 고분·절터 등의 유물을 통해 추측할 수 있다.
  ㉢ 안학궁
    • 장수왕 때 평양(대동강 상류 대성산)에 지은 궁으로 궁내에 자연곡선 형태의 연못과 인공동산(축산)이 있었으며, 연못 안에는 몇 개(3~4개)의 섬이 있었다.
    • 성벽으로 둘러싸여 있고 52개의 집자리가 발견되었고 남궁, 북궁, 중궁 등으로 구분되어 있었다.
    • 고구려정원 유적의 대표적인 것으로 정자터와 경석이 발견되었다.
    • 비정형적 자연풍경식 정원의 특색을 보인다.

      ② 대성산성(장수왕)
        - 여섯 개의 크고 작은 봉우리를 포함한 산성으로 우리나라 성곽 중 가장 많은 연못(170여개)이 있었다.
        - 무기와 식량을 비축한 군사기지로 비상시에는 왕궁의 역할을 했다.
      ⑩ 장안성(평원왕)
        - 평양성이라고도 하며, 양원왕(552)이 축조를 시작하여 평원왕 28년(586)에 천도하였다.
        - 성으로 구분되었다(외성-민가, 중성-관청, 내성-왕궁, 북성-사원 및 군사).
  ② 백제의 정원
    ㉠ 대표적인 정원 : 궁남지
    ㉡ 기록 : 삼국사기, 동사강목, 대동사강
    ㉢ 임류각(동성왕 22년, 500)
      - 궁 동쪽에 세워 강의 수경과 산야의 조경을 즐긴 위락기능을 하였다(웅진시대).
      - 희귀한 새와 짐승을 길렀으며, 화려한 연못이 있었다.
    ㉣ 궁남지(무왕 35년, 634) 중요
      - 우리나라 최초로 신선사상을 반영한 지원으로 현재는 부여읍 남쪽에 복원되어 있다.
      - 궁 남쪽에 연못을 파서 방장선도를 축조하고, 방장지(方狀池)의 물가에 버드나무를 식재하였다.
      - 연못 한가운데에 봉래산을 상징하는 섬이 자리잡고 있다.

> **더 알아보기**
> - 진사왕(391) : 궁궐을 중수하면서 연못을 파고 인공동산을 쌓아 올려 진귀한 새를 키우고 화초를 가꾸었다고 기록(정원에 관한 가장 오래된 기록)되어 있으며, 이것은 당시 중국에서 성행하던 신선정원의 수법을 그대로 받아들인 것으로 볼 수 있다.
> - 노자공(路子工) : 백제의 정원기술은 일본에까지 전해졌는데, 일본에 건너간 백제의 노자공(路子工)이 612년 일본 궁궐 남정에 수미산과 오교를 설치하였다는 기록은 일본정원에 대한 최초의 기록으로 알려져 있다.

  ③ 신라~통일신라시대의 정원
    ㉠ 대표적 정원 : 월지(안압지), 포석정
    ㉡ 기록 : 삼국사기, 문무왕조, 동사강목에 기록
    ㉢ 초기에는 문화가 뒤떨어져 정원에 관한 기록이 거의 없고, 후에 안압지, 포석정 등의 정원유적이 발달하였다.
    ㉣ 월지(안압지)(문무왕 14년, 674) - 임해전 지원 중요
      - 안압지라는 명칭은 동국여지승람에서 비롯되었으며 궁중에 못을 파고 산을 만들어 진금기수를 길렀다는 기록이 있다.
      - 연못 면적은 약 16,800m^2 정도이며, 그 안에는 삼신도(三神島)를 상징하는 대·중·소 3개 섬이 축조되어 있다.

- 못의 북안과 동안으로 무산 12봉을 상징하는 12개의 인공산이 있으며, 호안은 다듬은 돌로 마감하였다(바른층쌓기).
- 못의 관배수시설, 반석의 사용, 유속 감소를 위한 수로의 형태 등 조경기술이 매우 정교하고 우수하여 고구려나 백제보다 월등히 발달했음을 알 수 있다.
- 직선과 함께 다양한 곡선으로 처리하여 안압지를 넓은 바다로 표현하고자 하였다.
- 안압지를 포함한 임해전 지원은 신선사상을 반영하여 조성되었으며, 주로 연회와 관상, 뱃놀이 등에 사용되었다.

ⓜ 포석정
  - 흐르는 물에 술잔을 띄워 곡수연을 즐기던 곳으로, 왕희지의 난정고사를 본 떠 만든 왕과 측근들의 유락공간이었다.
  - 만들어진 시기는 정확하지 않고, 헌강왕(876~886)이 이곳에서 연회를 즐겼다는 기록과 경애왕(927)이 후백제 견훤의 군대에 잡혀 최후를 맞이한 곳이라는 기록이 있다.

ⓗ 만불산 : 경덕왕이 축조한 가산(假山)이다.

ⓢ 석련지(石蓮池) : 화강암으로 만든 작은 연못으로 정원을 장식하기 위한 첨경물이다.

(3) 고려시대 〈중요〉

① 대표적 정원 : 동지, 문수원, 화원 등

② 동 지
  ㉠ 동지에 관한 기록은 5대 경종부터 31대 공민왕까지의 고려사에 기록되어 있다.
  ㉡ 백제의 궁남지나 신라의 안압지와 유사한 기능을 가졌으며, 왕이 친히 진사, 무사, 서경 장사의 시험을 치렀다.
  ㉢ 물가에 누각을 짓고 배를 띄워 주연을 열거나, 무사를 검열하고 여러 신하로부터 시를 짓게 하였다.
  ㉣ 고려의 금원으로 진금기수(거위, 백학, 오리, 산양 등)를 사육하였다.

③ 문수원
  ㉠ 이자현(1061~1125)이 조영한 선 생활을 실천하는 도장으로 강원도 춘천에 있다.
  ㉡ 연못에는 부용봉이라는 산이 투영되었다.
  ㉢ 석가산기법으로 자연석을 인공적이지 않은 형태로 조성하였다.

④ 화 원
  ㉠ 건물로 둘러싸인 네모난 공간 속에 꽃나무와 화초로 꾸민 정원을 말한다.
  ㉡ 송·원나라에서 화훼·화목류를 수입하여 식재했기 때문에 이국적 분위기가 나타났다.
  ㉢ 예종 8년(1113)에 궁의 남쪽과 서쪽에 두 화원을 설치하고 '대'와 '사'를 만들어 높은 담을 설치하였다.

⑤ 석가산
　㉠ 주로 괴석을 이용하여 자연의 기암절벽을 모방하거나 신선세계를 형상화하려는 의도로 만들어졌다.
　㉡ 의종 6년(1152) 수창궁 북원에 괴석을 쌓아 가산을 만들고 만수정을 축조했다.
　㉢ 의종 10년에는 양성정 주위에 괴석을 쌓아올려 가산을 만들고 명화를 식재했다.
⑥ 정자 : 고려시대 조경문화의 중추적인 요소의 하나로 전망 좋은 강변과 언덕에 휴식과 조망을 위해 설치했다.
⑦ 누각 : 궁궐 후원이나 자연 속에 여러 가지 형태로 만들어져 놀이터의 역할을 했다.

> **기출 Point**
> - 고려시대에는 중국 송시대의 수법을 모방하여 화원과 석가산, 많은 누각 등을 배치한 관상 위주의 화려한 정원을 꾸몄다.
> - 고려 8대 조경식물 : 소나무, 버드나무, 매화나무, 향나무, 은행나무, 자두나무, 배나무, 복사나무

(4) 조선시대
① 대표적 정원 : 경복궁, 창덕궁, 창경궁, 별서, 별당, 별장 등
② 조경식물에 관한 문헌
　㉠ 우리나라 최초의 문헌 : 강희안의 양화소록(1474), 화암수록(양화소록의 부록)
　㉡ 이수광의 지봉유설
　㉢ 홍만선의 산림경제(농가생활에 관한 백과사전)
　㉣ 이가환·이재위의 물보(物譜), 유희의 물보
　㉤ 서유구의 임원경제지
　㉥ 신경준의 여암전서 제10권 순원화훼잡설

> **더 알아보기**
> - 궁궐정원 관리관서 : 상림원(태조), 산택사(태종), 장원서(세조), 원유사(연산군)
> - 정원을 다스리는 사람 : 동산바치

③ 경복궁(태조 4년 완공)
　㉠ 정궁으로 기하학적 형태의 정원이며, 남북으로 연결된 축을 중심으로 각종 시설물이 좌우대칭으로 연결되어 있다.
　㉡ 경회루 : 태종 12년(1412)에 창건되었으며, 외국사신 영접과, 왕의 연회 장소, 유생들의 시험 장소, 무예·활쏘기 관람 장소로 이용되었다.
　㉢ 경회루 지원
　　• 128m×110m 크기의 방지와 3개의 방도로 조성되었다.
　　• 못의 동쪽 섬에는 팔각지붕의 누 건물이 있고, 경회루가 있는 큰 섬은 3개의 석교로 연결되어 있으며, 장방형의 소도(小島)가 좌우대칭으로 배치되어 있다.
　　• 못 안의 두 섬에는 소나무를, 서쪽과 북쪽의 못 호안가에는 느티나무, 회화나무를 식재했고 연못가에 만세산이라는 가산을 축조했다(연산군 일기).

ⓔ 아미산원(峨嵋山園)
- 왕과 왕비만이 즐길 수 있는 사적 정원이었던 경복궁 교태전 후정에 조성된 정원으로, 네 개의 단으로 이루어진 화계에 다양한 꽃과 나무를 식재하였다.
- 고종 2년(1861) 경복궁 재건 시 교태전에 온돌을 설치하면서 육각형의 굴뚝 네 개를 세웠고, 굴뚝에는 사군자, 십장생 등 여러 문양들을 조각하였다.

ⓜ 향원정 지원 : 경복궁 후원의 중심을 이루는 연못으로 중앙에 둥근 섬이 있고, 여기에 정육각형의 2층 건물 향원정이 있으며 향원정과 중도 사이에 취향교(翠香橋)가 설치되어 있다.

④ 창덕궁(태종 5년 경복궁의 이궁으로 창건)
㉠ 창경궁과 함께 동궐(東闕)이라 불렀고 후원은 비원이라 했으며, 경복궁과 달리 자연지형을 이용하여 후원을 조성하였다.
㉡ 낮은 곳에 못을 파고, 높은 곳에 정자를 세워 관상·휴식공간으로 사용했다.
㉢ 옥류천(곡수연 터)에는 청의정과 태극정이 있고, 부용지를 중심으로 부용정, 주합루, 어수문, 영화당이 있다.
㉣ 반도지를 중심으로 부채꼴의 관람정과 존덕정, 일영대 등이 있고, 애련지와 연경당을 중심으로 불로문, 장락문, 장양문, 수인문, 농수정, 선향재 등이 있다.
㉤ 낙선재(樂善齋) 후원은 창덕궁에 속한 건물로 단청을 하지 않았으며, 5단의 계단식 화계(花階)가 있어 키 작은 식물을 식재하였다.

> **더 알아보기**
>
> **창덕궁 후원의 명칭 변화**
> 후원(後園, 태종실록) → 후원(後苑, 세종실록, 동국여지승람, 애연정기) → 북원(北苑, 세종실록) → 금원(禁苑, 영조실록) → 비원(秘苑, 순종실록)

⑤ 창경궁의 통명전 지당
㉠ 장방형으로 못을 파 네 벽을 장대석으로 둘러싼 석지(石池)이다.
㉡ 중앙을 가로지르는 다리를 놓고, 다리높이로 하엽동자를 조각한 석재 난간을 설치하였다.
㉢ 지하수를 이용해 작은 샘을 만들고, 샘에서 솟아오른 물이 직선의 석구를 통해 지당으로 유입되었다.
㉣ 지당 속에 괴석을 심은 석분 3개와 기물을 받쳤던 앙련 받침대석 1개를 배치하였다.

> **더 알아보기**
>
> **성락원**
> - 앞뜰에는 쌍류동천(雙流洞天)과 용두가산(龍頭假山)이 있고 소나무, 참나무, 말채나무, 느티나무, 다래나무, 단풍나무 등을 식재하여 안뜰과 성락원 외곽을 구분하였다.
> - 안뜰에는 여러 채의 건물이 있었을 것으로 추정되나 현재 본재누각(本齋樓閣)만이 남아 있고, 인공미와 자연미가 어우러진 연못인 영벽지(影碧池)와 폭포가 있다.
> - 후원의 역할을 했던 뒤뜰에는 노송이 지붕을 뚫고 서 있는 정자가 있다.
> ※ 장빙가(檣氷家) : 성락원 근처 늪의 서쪽 암벽에 추사 김정희가 새긴 글씨

⑥ 주택정원
  ㉠ 궁궐의 정원과 비교해 볼 때 화려함이나 규모면에서는 떨어지나 방지, 경사면의 계단식 처리 등 공통된 조경기법을 사용하고 있다. 입지조건에 따라 민가정원, 별서정원, 산수정원 등으로 구분된다.
  ㉡ 민가정원 : 마당 중심의 건물로 담장으로 둘러싸여 있으며, 소박하고 친근한 분위기이다.
  ㉢ 별서정원
    - 사대부가 본가와 떨어져 농사를 지으며 생활하기 위해 초야에 지은 집이다.
    - 양산보의 소쇄원 : 대, 각, 단, 화계 및 2개의 연못으로 구성되었으며, 공간구성 및 자연과의 조화가 뛰어나다.
    - 윤선도의 부용동 원림 : 낙서재와 곡수당, 동천석실, 세연정 등으로 구성되었고 원림마다 직선형 방지, 화계를 만들어 각종 화훼와 기암괴석을 배치하였다. 울타리가 없으며, 자연 자체에 최소한의 인위적 구성만을 가미했다.
    - 정약용의 다산초당 : 방지원도를 만들고, 괴석으로 석가산을 축조하였으며, 언덕 위쪽에 있는 용천에서 물을 끌어다 폭포를 만들어 못 안에 떨어뜨렸다(다산4경 : 정석, 약천, 다조, 연지석가산).

> **더 알아보기**
>
> **별서(別墅)의 비교**
> - 방지가 없는 별서 : 옥호정, 소한정
> - 정자가 없는 별서 : 부용동 원림
> - 대가 없는 별서 : 다산초당
> - 샘이 있는 별서 : 다산초당의 약천, 옥호정의 혜생천
> - 계곡이 있는 별서 : 소쇄원, 소한정

> **더 알아보기**
>
> **서원조경**
> - 소수서원, 남계서원, 도산서원, 옥산서원, 병산서원 등
> - 서원의 진입공간에는 홍살문을 세웠고, 하마비와 하마석을 놓았다.
> - 주렴계의 애련설의 영향으로 연못에 연꽃을 식재하였다(남계서원의 지당, 도산서원의 정우당).
> - 서원이라는 공간적 성격에 적합한 일부 수목만을 식재하였다(은행나무, 느티나무, 향나무 등).
> - 이황의 도산서원 : 제자들을 가르치던 도산서당(陶山書堂)과 기숙사의 역할을 했던 농운정사(濃雲精舍)를 직접 설계하였으며, 작은 화단에 매화나무, 대나무, 소나무, 국화를 심고 절우사라 이름 붙였다.

⑦ 공 원
  ㉠ 탑골공원 : 우리나라 최초의 근대식 대중공원으로 탑동공원, 파고다공원이라고도 하며, 1897년 영국인 브라운이 고문으로서 참여하였다.
  ㉡ 이 외의 공원 : 장충단공원, 사직공원, 효창공원, 삼청공원, 남산공원(한양공원으로 개원하고, 1930년대 이후 남산공원이라 호칭)

⑧ 덕수궁의 석조전
　㉠ 1910년에 완성된 우리나라 최초의 서양식 건물이다(이오니아양식).
　㉡ 정관헌 : 지붕과 난간은 한국식이고, 기둥과 내부구조는 서양식인 정자이다.
　㉢ 침상원(침상경원) : 석조전 앞뜰에 분수와 연못을 중심으로 조성된 좌우대칭적인 기하학식 정원으로, 우리나라 최초의 유럽식(프랑스) 정원이다.
⑨ 조선시대 정원의 특징
　㉠ 조선시대는 우리나라의 정원양식이 크게 발달한 시기로, 삼국시대부터 받아들여 왔던 중국의 정원양식에서 벗어나 한국 고유의 형태로 변모한 시기이다.
　㉡ 중엽 이후 풍수지리설에 따른 지형적인 제약으로 인해 안채의 뒤쪽에 정원을 조성하는 후원이 발달하였다.
　㉢ 후원은 우리나라의 독특한 정원양식으로, 건물 뒤편의 언덕을 계단 모양으로 다듬어 장대석을 앉혀 평지를 만들고, 키 작은 꽃나무를 심거나 괴석·세심석 또는 장식을 겸한 굴뚝 등을 세워 아름답게 꾸몄다.
　㉣ 경복궁, 경회루의 원지, 교태전 후원인 아미산정원 등 직선적인 윤곽으로 처리하였다.
　㉤ 정원 내 연못의 형태는 방지형이라고 불리는 사각형의 가장 단순한 형태였다.
　㉥ 바위나 시냇물, 그 밖의 지형을 자연 그대로 두고 필요한 만큼의 작은 손질만을 가하여 정원을 조성하였는데, 창덕궁 후원이 그 대표적인 사례이다.

2 중국의 조경

(1) 주(周)시대
① 대표적인 정원
　㉠ 영대 : 정원에 연못을 파고 그 흙을 높이 쌓아 올려 구축한 대(臺)로, 낮에는 조망을 하고 밤에는 밤하늘을 즐겼다.
　㉡ 영유 : 숲과 못을 갖추고 동물을 사육했으며, 왕후가 놀이터로 사용했다.
　㉢ 원유 : 수렵원으로 야생동물을 방사하여 사냥을 즐겼다.
② 기 록
　㉠ 시경 : 영대, 영유, 영소 등의 정원이 소개되어 있다.
　㉡ 맹자의 양혜왕 장구 : 원유에 대한 기록이 있으며, 그 규모가 사방 70리라 하였다.
　㉢ 춘추좌씨전 : 신하의 포(圃)를 징발하여 유(囿)를 삼았다는 기록이 있다(庭 : 마당, 園 : 실과를 심는 곳, 圃 : 채소를 심는 곳, 囿 : 금수를 키우는 곳).
③ 특징 : 중국 역사상 가장 오래된 정원에 대한 기록이 있다.

기출 Point 중국 정원의 특징
경관의 조화보다는 대비를 중시(자연미와 인공미)

(2) 진(秦)·한(漢)시대

① **진시대** : 진의 시황제는 상림원에 아방궁을 만들었고 여산릉(진시황의 묘)과 만리장성을 축조했다.

② **한시대**

  ㉠ 기록 : 설문해자에 과(果), 원(園), 유(囿)에 대한 기록이 있다.

  ㉡ 상림원
  - 중국 최고(最古)의 정원으로 한의 무제가 진시대의 상림원을 대폭 확장하여 휴양지 겸 사냥터의 역할을 하는 정원을 만들었다.
  - 원 내에 70여 채의 이궁을 지었고, 3,000여 종의 화목을 심었으며, 사냥을 위한 동물들을 사육하였다.
  - 곤명지를 비롯한 6개의 인공호수를 축조하여 물고기를 키우고 뱃놀이를 즐기거나 수군을 훈련시켰다.
  - 곤명지 동서 양쪽에 견우직녀의 석상을 배치하여 호수를 은하수로 비유하였고, 호수 속에는 고래의 석상을 설치하였으며, 호반에 예장대를 세워 호수의 경관을 감상하였다.

  ㉢ 태액지원
  - 장안 건장궁 내의 곡지 중 하나이다.
  - 신선사상을 반영하여 삼신산을 의미하는 봉래, 방장, 영주 세 섬을 축조하고, 못가에는 청동이나 대리석으로 만든 조수와 용어의 조각을 배치했다.

(3) 진(晋)·수(隋)시대

① **진시대** : 왕희지의 난정고사에 유상곡수연을 위해 원정에 곡수(曲水)를 돌리는 곡수거를 조성한 기록이 남아 있고, 도연명의 안빈낙도의 철학이 정원양식에 영향을 미쳤다.

② **수시대** : 궁궐 안에 진기한 수목, 기암, 금수를 길렀고, 많은 궁전과 누각을 건축했으며(현인궁), 남북을 연결하는 대운하를 완성했다.

(4) 당(唐)시대(618~907)

① **대표적인 궁**

  ㉠ 대명궁 : 태액지(한나라 때 금원)를 중심으로 정원이 조성되었다.

  ㉡ 이궁(離宮) : 온천궁, 화청궁, 흥경궁, 구성궁 등

  ㉢ 온천궁(溫泉宮) : 당나라 현종과 양귀비의 설화가 있는 이궁으로[후에 화청궁(華淸宮)으로 개명] 백낙천의 장한가와 두보의 시는 화청궁의 아름다움을 노래하고 있다.

> **더 알아보기**
>
> **백거이(백낙천)**
> - 중국 정원의 기본사상이 이 시대에 완성되었으며, 백거이를 중국 정원의 개조(開祖)로 칭하였다.
> - 천축석, 태호석, 백연을 배치해 정원을 조성하였고, 무지개다리를 놓아 못 속에 있는 섬 세 개를 연결하는 등 다양한 방법으로 정원을 장식하였다.
> - 정원에 대나무를 심어 가까이에서 대나무의 군자적 덕성을 배우려 하였다.
> - 다작을 한 시인으로 유명하였으며 백목단, 동파종화 등의 시를 통해 당시대 정원을 묘사하고 예찬하였다.

> **더 알아보기**
>
> **장안의 3원(苑)** : 서내원(西內苑), 동내원(東內苑), 대흥원(大興苑)

② 특 징
  ㉠ 서호와 같은 명승지가 즐겨 묘사되었고, 자연 그 자체보다 인위적인 요소가 많아지기 시작했다.
  ㉡ 중국 정원은 초기부터 신선사상과 우주를 표현, 그 후의 동양 조경양식에 큰 영향을 끼쳤다.
  ㉢ 연못, 괴석을 배치하는 등 중국 정원의 기본적인 양식이 확립되었다.
  ㉣ 불교의 영향으로 온건하고 고상한 분위기가 조성되었다.

(5) 송(宋)시대(960~1279)

① 북송시대
  ㉠ 기록 : 이격비의 낙양명원기, 구양수의 취옹정기, 사마광의 독락원기, 주돈이의 애련설 등이 있다.
  ㉡ 만세산원 : 휘종 때 항주의 봉황산을 닮은 가산을 쌓아올리고 대석가산을 조성했다(석가산의 시초).
  ㉢ 북송 때의 4원 : 경림원, 옥진원, 의춘원, 금명지

② 남송시대
  ㉠ 기록 : 주밀의 오흥원림기, 축목의 사문유취
  ㉡ 항주(수도) : 서호십경으로 유명하고, 자연미가 풍부했다.
  ㉢ 덕수궁(고종의 별궁) : 서호의 풍경을 모방하였고, 태호석을 이용하여 정원 속에 산악이나 호수의 경관과 유사한 구성과 석가산을 쌓아올려 정상부를 비래봉과 유사하게 만들었다.
  ㉣ 오흥과 소주의 정원 : 태호석을 이용한 석가산을 주로 하는 정원이 조성되었다.

> **더 알아보기**
>
> **남송과 북송의 특징**
> 남송은 태호, 심양호, 동정호와 같은 호수가 있어 주변의 자연경관이 수려했으나, 북송은 남송과 자연조건이 달라 명산이나 호수를 모방한 조경양식이 발달했다.

(6) 명(明)시대(1368~1644)

① 기록 : 계성의 원야, 문진형의 장물지, 왕세정의 유금릉제원기, 육소형의 경 등이 있다.
  ㉠ 원야(일명 탈천공, 계성이 지음)
    • 중국 정원을 전문적으로 다룬 유일한 책자로 3권 10항목으로 구성되어 있다.
    • 흥조론(제1권)에서 시공자보다 설계자가 중요함을 강조했다.
    • 원내배치 및 차경수법 설명 : 원차(원경), 인차(근경), 앙차(올려다보기), 부차(내려다보기) 등
    • 원(園)은 원림을 의미하고 야(冶)는 설계·조성을 의미한다.
  ㉡ 장물지(문진형이 저술) : 모두 12권이며, 제1~3권까지 화목, 수석 등 정원에 관해 서술했다.

② 대표적인 정원
  ㉠ 어화원 : 정원과 건축물이 대칭으로 배치되었다(자금성 근처에 위치).
  ㉡ 경산 : 풍수설에 따라 5개의 봉우리를 만들고, 정상에 정자를 건축하여 자금성, 태액지, 북경성을 조망하였다(원시대는 청산, 명시대는 만세산이라 호칭).
  ㉢ 졸정원 : 소주에 위치하며, 3개의 섬을 곡교(다리)로 연결하였고, 반 이상이 수경이다.
  ㉣ 작원 : 명(明)시대의 대표적 정원으로 작약이 정원식물로 널리 사용되었다. 자연곡선을 이용한 큰 연못을 축조하였고, 물가에는 버드나무, 물속에는 흰 연꽃을 식재하였으며, 곳곳에 다리를 가설하고 정자를 세웠다.

> **더 알아보기**
>
> **원(元)시대**
> • 북경의 만류당 : 못 주위에 수백 그루의 버드나무 식재
> • 소주의 사자림 : 예찬과 주덕윤이 공동작업(설계 및 도면작업은 예찬이 함)을 하였고 석가산은 태호석을 이용하여 유명하다.

(7) 청(靑)시대(1644~1911)

① 자금성 금원 및 이궁
  ㉠ 어화원 : 자금성의 신무문과 곤녕궁 사이에 있으며 소나무, 측백나무 등을 식재하였다.
  ㉡ 건륭화원 : 인공미를 강조한 계단식 화원으로 석가산과 건축물이 입체적 공간을 이룬다.
  ㉢ 경산 : 풍수설에 따라 쌓아 올린 인공산이다.
  ㉣ 서원 : 황궁의 외원으로 태액지 호수가 위치해 있다.
  ㉤ 원명원 이궁 : 동양 최초의 서양식 정원으로 프랑스 르 노트르식 정원의 영향을 받았다.
  ㉥ 만수산 이궁(이화원) : 건축물과 자연이 강한 대비를 이루고 있는 청나라의 대표적 정원이다.
  ㉦ 열하 피서산장 : 만리장성 밖에 위치한 황제의 여름별장으로 남방의 명승과 건축물을 모방하였고, 주변에 많은 소나무를 식재하였다.

② **양주명원** : 조경과 건축의 극치를 이룬다. 양자강 북안에 위치하여 빼어난 경관, 온난한 기후, 수목과 화훼류의 다양함 등으로 많은 정원이 전해지고 있다.
③ **소주명원** : 강남문화의 중심 도시로 많은 시인과 묵객이 배출되었고, 성내의 제한된 구획 속에 석가산수법이 효율적으로 적용되었으며, 태호가 동쪽에 자리잡고 있어 태호석의 이용이 편리했다.

> **기출 Point** 소주 4대 명원
> 졸정원, 사자림, 유원, 창랑정

(8) 중국 정원의 성격과 특징 중요

① 중국 정원의 성격
  ㉠ 원시적 공원 : 수려한 경관에 누각, 정자를 지었다(태산, 여산, 아미산 등).
  ㉡ 인위적 조성 : 암석, 수목, 식재, 연못(만수산 이궁, 양주와 항주, 서호의 이궁 등)
  ㉢ 건물 공지에 정원을 조성 : 태호석, 거석을 세워 주경관으로 삼았다(소주와 북경의 정원).
② 중국 정원의 특징
  ㉠ 못을 파서 섬을 쌓아 선산으로 꾸미는 등 인위적으로 산수를 조성하였다.
  ㉡ 축산기법의 발달로 더욱 압축된 산수경관을 조성하였다.
  ㉢ 중국 정원은 자연풍경식이면서도 대비에 중점을 두고 있는 것이 특색이다.
  ㉣ 하나의 정원 속에 부분적으로 여러 비율을 혼합하여 사용하였다. 기하학적 무늬의 전돌바닥 포장과 기괴한 모양의 괴석 사용으로 바닥면과 대조를 이루었다.
  ㉤ 자연의 미와 인공의 미를 함께 사용하였다.
  ㉥ 사실주의보다는 상징적 축조가 주를 이루는 사의주의(事意主義)에 입각하였다.

3 일본의 조경 중요

(1) 야마토(大和)·아스카(飛鳥)시대

① 야마토시대 : 백제인과 신라인이 한인지(韓人池)와 백제지(百濟池)를 조성하였고(276), 신라인이 자전제를 축조하였다(323).
② 아스카시대 : 612년 백제의 노자공(지기마려)이 황궁의 남정에 불교사상의 세계관을 반영한 수미산과 오교(홍교)를 조성하여 일본의 정원양식에 영향을 미쳤으며(일본정원의 효시), 일본의 서기(최초의 기록)에 기록되었다.

(2) 나라(奈良)·헤이안(平安)시대

① 나라시대(710~794)
　㉠ 당의 영향을 받아 수도 평성경(헤이조쿄)을 당의 장안성처럼 격자형으로 구획하였다.
　㉡ 정원석에 관심이 많았고, 가산을 즐겨 축조하였으며, 식물의 생태에 관심을 가지기 시작하였다(만엽집).
　㉢ 평성궁 : 수도에 위치한 궁궐로, 연못을 중심으로 조성한 정원(동원정원)과 곡수연을 위한 S자 모양의 곡지가 발견되었다.

② 헤이안시대(794~1185)
　㉠ 신선사상의 영향으로 지원 안에 연못과 섬을 축조했다(임천식 정원).
　㉡ 침전조 정원양식 : 주 건물을 침전으로 꾸미고 그 앞에 연못 등의 정원을 조성하였다.
　㉢ 동삼조전 : 침전조 양식의 대표적 정원으로 연못에 3개의 섬이 있고, 주변은 자연 그대로의 산과 울창한 나무로 둘러싸여 있으며, 섬과 섬 사이에 평교·홍교를 설치하였고, 꽃나무를 식재했다.
　㉣ 후기부터는 불교의 정토사상이 정원양식에 영향을 주어 정토정원이 발달했다.

> **더 알아보기**
>
> **임천식 정원**
> 자연경관을 인공적으로 축경화(縮景化)하여 산을 쌓고 연못, 계류, 수림을 조성한 정원

(3) 가마쿠라(鎌倉)·무로마치(室町)시대

① 가마쿠라시대(1185~1333)
　㉠ 정토정원과 선종교가 융성하였다.
　㉡ 중엽 이후 정토사상의 영향이 감소하고 선종사상의 영향이 증가하면서 사찰의 개인적 성격이 강화되었다.
　㉢ 초기의 주유식 지천정원의 형태에서 회유식 지천정원으로 변화하다가 후반기에는 회유식 정원이 주를 이루었다(회유임천식 정원).
　㉣ 대표적인 선종정원 : 서방사정원, 서천사정원, 남선원정원
　㉤ 몽창소석(몽창국사) : 선종정원의 창시자로, 가마쿠라·무로마치시대의 대표적 조경가이며 서방사·서천사·천룡사의 정원 등을 조경하였다.

> **더 알아보기**
>
> **서방사(태사)정원**
> 몽창국사 최고의 걸작으로 정원의 상단은 고산수식 정원이고, 하단은 심(心)자형 연못을 중심으로 한 지천회유식 정원이며, 여러 개의 소지 가장자리에 야박석이 배치되어 있다.

[정토정원과 선종정원의 비교]

구 분	특 징
정토정원	• 본당 앞에 풍경적인 원지가 전개 • 평지에 꾸며졌음 • 종교적인 이상향을 지상에 직접 구현한 것으로 사원 전체가 정원경관에 직접 관련 • 남대문-홍교-중도-평교-금당으로 이어지는 직선상 축에 의해 양단되는 터가르기에 의해 구성
선종정원	• 본당 안쪽으로 후퇴하여 앞뜰이 좁고 길며 정형적인 평면구성으로 사찰의 사정원으로서의 성격이 강화 • 내부의 구릉지에 지어 정원에 입체성을 부여 • 일상의 종교생활에 밀접한 관계를 갖는 장소로서 단독으로 계획 • 총문-산문-불전-법당-침당이 일직선에 배치된 정형식 정원

② 무로마치시대(1336~1573) 중요
  ㉠ 조석이 중시되고 전란의 경제적인 제약으로 정원이 축소되어 가는 경향이었다.
  ㉡ 선(禪) 사상이 정원 축조에 영향을 주었다.
  ㉢ 고산수식 정원이 발달하였다.
    • 축산고산수식 정원 : 바위(섬·반도·폭포)를 중심으로 왕모래(물)와 다듬은 수목(산)을 사용해 꾸민 추상적인 정원(대덕사 대선원)
    • 평정고산수식 정원 : 수목도 사용하지 않고 바위와 왕모래만으로 꾸민 정원(용안사 방장정원)

> **더 알아보기**
>
> **고산수식 정원의 특징**
> • 물을 사용하지 않고 산수의 풍경을 상징적으로 나타낸다.
> • 모래 등으로 물결 모양을 표현하고 암석을 세워 폭포를 조성하며, 돌을 배치하여 섬 또는 반도를 표현한다.
> • 방과 마루에서 감상할 수 있도록 주로 작은 마당에 꾸며진다.
> • 초기의 묵화적인 산수를 사실적으로 취급한 것으로부터 점차 추상적으로 변해간다.
> • 상징적이고 회화적이며 신선사상과 북종화에 영향을 받는다.
> • 대표정원으로는 대덕사 대선원, 용안사 방장정원 등이 있다.

(4) 모모야마(桃山)시대(1573~1603)
  ① 특 징
    ㉠ 풍신수길 등이 정치적으로 안정을 시켜 호화로운 성곽과 저택을 축조하는 시대이다.
    ㉡ 정토사상의 경원이 계속되고 고산수정원이 확립되었다.
    ㉢ 무로마치시대 초기의 은각사를 중심으로 동산문화가 발생했다(서원조 건축, 고산수식 정원, 화도 등).

ⓔ 와비와 사비 이념을 바탕으로 하는 다정양식이 발달했다.
- 와비 : 정원에서 미를 찾아 검소하고 한적하게 사는 것(조용하고 맑게 가라앉은 모양을 표현, 주로 다도를 집대성한 센 리큐가 추구한 경지)
- 사비 : 이끼가 끼어 있는 정원석에서 고담과 한아를 느끼는 것(원숙하고 은근한 멋을 추구, 바쇼의 하이쿠에 나타나 있는 이상적인 경지)

② 다정원(茶庭園)
ⓐ 다실과 다실에 이르는 길을 중심으로 좁은 공간에 꾸며지는 일종의 자연식 정원으로 대자연의 운치를 연상시킨다.
ⓑ 뜀돌이나 포석수법을 구사하여 풍우에 씻긴 산길을 나타내고, 수통이나 돌로 만든 물그릇으로 샘을 상징하였다.
ⓒ 오래된 석탑이나 석등을 놓아 수림 속에 쇠퇴해버린 고찰의 분위기를 재현시켰다.
ⓓ 마른 소나무잎을 깔아 지피를 나타내는 등 제한된 공간 속에 깊은 산골의 정서를 표현하였다.
ⓔ 소나무나 삼나무 등을 심고, 담쟁이넝쿨을 올려 가을 단풍이나 낙엽으로 산거(山居)의 분위기를 나타냈다.

(5) 에도(江戶)시대(1603~1867)

① 특 징
ⓐ 전기에는 교토 중심이었고, 중기 이후에는 에도 중심이었다.
ⓑ 후원은 건물과 독립된 정원으로 지천회유식이었다.
ⓒ 서원정원은 건물에 종속되며 회화식으로 옥내에서 조망하도록 조성되었다.

② 정원의 종류
ⓐ 전기의 정원 : 동해사, 금지원, 서원, 소석천 후락원, 낙수원, 계리궁원 등
ⓑ 중기 이후의 정원 : 가나자와의 겸육원, 오카야마의 후락원

(6) 메이지(明治)시대(20세기 전기)

① 특징 : 프랑스의 정형식 정원과 영국의 자연풍경식 정원에 영향을 받아 서양식 화단이나 암석원 등을 이용하여 도시공원을 조성하였다.

② 대표적인 서양식 정원
ⓐ 일비곡(히비야)공원 : 일본 최초의 서양식 도시공원
ⓑ 신숙어원(신주쿠교엔) : 영국식의 넓은 잔디밭, 프랑스식의 식수 대열, 일본식의 지천회유식 정원 등 다양한 정원양식으로 구성되어 있다.
ⓒ 적판이궁(아카사카리큐)

[일본 정원양식의 발달]

시 기	특 징
7세기 초(612)	백제의 노자공이 수미산과 오교를 조성
8~12세기(헤이안시대)	임천식 정원, 침전식 정원
12~14세기(가마쿠라시대)	회유임천식 정원
14세기(무로마치시대)	• 불교의 선 사상과 묵화의 영향 • 건물로부터 독립, 회화적, 축산고산수식 정원
15세기 후반(무로마치시대)	평정고산수식 정원
16세기(모모야마시대)	다정식 정원
17세기(에도시대 초기)	지천임천식 정원(임천식 + 다정식)
19세기(에도시대 후기)	축경식 정원

적중예상문제

PART 01 조경설계

01 다음 중 조경에 관한 설명으로 옳지 않은 것은?
① 주택의 정원만 꾸미는 것을 말한다.
② 경관을 보존·정비하는 종합과학이다.
③ 우리의 생활환경을 정비하고 미화하는 일이다.
④ 국토 전체 경관의 보존·정비를 과학적이고 조형적으로 다루는 기술이다.

해설 조경의 의미
- 좁은 의미의 조경 : 집 주변의 정원을 만드는 일에 중점을 두는 것으로, 식재 중심의 전통적인 조경기술
- 넓은 의미의 조경 : 집 주변의 정원뿐만 아니라, 모든 옥외공간을 포함하는 환경을 조성하고 보존하는 종합과학예술

02 넓은 의미로의 조경을 가장 잘 설명한 것은?
① 기술자를 정원사라 부른다.
② 궁전 또는 대규모 저택을 중심으로 한다.
③ 식재를 중심으로 한 정원을 만드는 일에 중점을 둔다.
④ 정원을 포함한 광범위한 옥외공간 건설에 적극 참여한다.

03 우리나라에서 처음 조경의 필요성을 느끼게 된 가장 큰 이유는?
① 인구증가로 인한 놀이, 휴게시설의 부족 해결을 위해
② 고속도로, 댐 등 각종 경제개발에 따른 국토의 자연훼손 해결을 위해
③ 급속한 자동차의 증가로 인한 대기오염을 줄이기 위해
④ 공장폐수로 인한 수질오염을 해결하기 위해

해설 1970년대 대규모 국토개발사업, 고속도로 개발 등에 의해 국토 훼손이 심각해지면서 자연환경 보호와 경관 관리의 필요성을 느끼게 되고, '조경업'이라는 전문업이 등장하게 되었다.

04 조경이라는 용어는 나라마다 다르게 부른다. 다음 중 틀린 것은?
① 한국 - 조경
② 일본 - 조경
③ 미국 - Landscape Architecture
④ 중국 - 원림

해설 ② 일본은 전통적으로 사용해 오던 '조원(造園)'이란 용어를 그대로 사용하고 있다.

05 다음 중 1858년에 조경가(Landscape architect)라는 말을 처음으로 사용하기 시작한 사람이나 단체는?

① 세계조경가협회(IFLA)
② 옴스테드(E. L. Olmsted)
③ 르 노트르(Le Notre)
④ 미국조경가협회(ASLA)

해설 ② 옴스테드는 뉴욕시의 센트럴 파크를 설계할 당시, 정원사는 정원만을 대상으로 하는 좁은 뜻을 지니고 있어서 다양한 전문성을 대변하는 데 한계가 있다고 생각하여, 경관 건축가, 즉 조경가라는 용어를 사용하였다.

06 훌륭한 조경가가 되기 위한 자질에 대한 설명 중 틀린 것은?

① 건축이나 토목 등에 관련된 공학적인 지식도 요구된다.
② 합리적인 사고보다는 감성적 판단이 더욱 필요하다.
③ 토양, 지질, 지형, 수문(水文) 등 자연과학적 지식이 요구된다.
④ 인류학, 지리학, 사회학, 환경심리학 등에 관한 인문과학적 지식도 요구된다.

해설 ② 조경가에게 예술성, 창조성과 같은 감성적 판단이 필요한 것은 사실이지만, 이는 합리적인 사고를 바탕으로 이루어져야 한다.

07 다음 조경의 효과로 가장 부적합한 것은?

① 공기의 정화
② 대기오염의 감소
③ 소음 차단
④ 수질오염의 증가

해설 ④ 조경을 통해 수질오염을 감소시킬 수 있다.
• 조경의 기상학적 기능 : 태양복사열, 바람, 강수 및 온도조절, 산소 공급
• 조경의 공학적 기능 : 토양침식, 소음, 섬광, 반사 및 통행조절, 대기 정화

08 조경의 직무는 조경설계기술자, 조경시공기술자, 조경관리기술자로 크게 분류할 수 있다. 그 중 조경설계기술자의 직무내용에 해당하는 것은?

① 식재공사
② 시공감리
③ 병해충 방제
④ 조경묘목 생산

해설 설계기술자의 수행직무
• 설계요구사항을 결정하기 위해 고객과 협의한다.
• 지정된 대지를 측량하고 평가하며 전망의 특성, 기후, 앞으로의 용도 및 기타 측면들을 고려하여 디자인을 개발한다.
• 나무, 관목·초화류, 정원, 조명, 산책로, 안뜰, 바닥, 벤치, 울타리, 분수와 같은 특성들을 포함하여 부지의 상세한 도면 작성을 준비·감독한다.
• 비용견적을 내고 명세서를 작성하며 조경건설사업을 위한 제안서를 평가한다.
• 환경평가, 계획, 역사적 유적지의 보존 및 재창조를 포함한 환경설계연구를 수행한다.
• 조경건설작업을 관리하고 감독하기도 한다.

09 조경양식을 형태적으로 분류했을 때 성격이 다른 것은?

① 평면기하학식
② 중정식
③ 회유임천식
④ 노단식

해설 ③은 일본 조경양식으로 자연식 정원이다.
①・②・④는 서양 조경양식으로 정형식 정원이다.
조경양식의 형태적 분류
- 정형식 : 서아시아와 유럽 지역에서 발달
- 자연식 : 동아시아의 발달 양식, 유럽에서는 18세기 경부터 영국에서 발달
- 절충식 : 정형식과 자연식의 형태적 특징을 동시에 지니고 있는 조경양식

10 다음 중 넓은 잔디밭을 이용한 전원적이며 목가적인 정원양식은 무엇인가?

① 전원풍경식
② 회유임천식
③ 고산수식
④ 다정식

해설
① 전원풍경식 : 넓은 잔디밭을 이용한 전원적이고 목가적인 자연풍경 강조(영국, 독일)
② 회유임천식 : 숲과 깊은 굴곡의 수변을 이용하여 정원 회유(중국, 일본)
③ 고산수식 : 물을 전혀 사용하지 않고 바위(중심), 왕모래, 나무만을 사용(일본)
④ 다정식 : 다실에 이르는 길을 중심으로 하여 좁은 공간에 조성(일본)

11 다음 중 가장 오래된 정원은?

① 공중정원(Hanging Garden)
② 알람브라(Alhambra)궁원
③ 베르사유(Versailles)궁원
④ 보르비콩트(Vaux-le-Vicomte)

해설
① 기원전 500년경 네부카드네자르 2세가 왕비 아미티스를 위해 만든 것으로 바빌로니아의 대표적인 정원
② 13세기 중반 무함마드 1세에 의해 창건되어 여러 대에 걸쳐 증축・개수되었고, 14세기 말에 궁전의 대부분이 완성되었으며, 무어양식의 극치라고 평가받는 붉은 궁전
③ 17세기말부터 18세기초까지 여러 번의 증・개축을 거쳐 완성된 궁전으로, 세계 최대 규모의 정형식 정원이 조성되어 있다.
④ 17세기 중반 프랑스의 재무장관 니콜라 푸케가 세운 화려한 성

12 '사자(死者)의 정원'이라는 이름의 묘지정원을 조성한 고대 정원은?

① 그리스정원
② 바빌로니아정원
③ 페르시아정원
④ 이집트정원

해설 사자(死者)의 정원 – 분묘(묘지)정원
- 이집트인의 내세관에서 기인한 것으로 무덤 주변에 영혼의 휴식처를 의미하는 작은 정원을 꾸몄다.
- 현세보다 내세를 추구하였으며, 분묘의 벽면에 내세의 이상향을 상징하는 정원을 묘사하였다.

13 다음 서아시아의 조경 중 오늘날 공원의 시초인 것은?

① 공중정원　② 수렵원
③ 아고라　　④ 묘지정원

해설 ② 기원전 10세기경 서아시아의 왕들이 언덕에 나무를 심고 짐승을 사육했던 수렵원인 Parc가 오늘날 Park의 어원이 되었음을 볼 때, 이미 그때 공원의 개념이 등장하였다고 할 수 있다.

14 서양에서 정원이 건축의 일부로 종속되던 시대에서 벗어나 건축물을 정원양식의 일부로 다루려는 경향이 나타난 시대는?

① 중 세　　② 르네상스
③ 고 대　　④ 현 대

해설 ② 르네상스시대에는 봉건제도와 교회에 대항하여 인간 개성을 발휘하였고, 자연을 객관적으로 바라보았으며, 자연의 아름다움을 향유하였으며, 이 시대에 이르러서야 비로소 정원이 예술의 한 범주에 속하게 되었다.

15 고대 그리스에서 아고라(Agora)는 무엇인가?

① 광 장　　② 성 지
③ 유원지　　④ 농경지

해설 ① 아고라는 고대 그리스 폴리스의 중심에 있던 광장으로, 정치와 사상의 토론장이자 사람들이 물건을 사고파는 시장의 역할을 하였다.

16 아도니스원에 관한 설명 중 틀린 것은?

① 일종의 옥상정원 형태이다.
② 아도니스는 죽음과 사후의 영생을 상징한다.
③ 부인들의 손에 의해 가꾸어졌다.
④ 주택의 지붕이나 창가에 설치하였다.

해설 아도니스원
고대 그리스에서 발달한 양식으로, 아도니스의 죽음을 애도하는 제사를 위해 포트에 밀, 보리 등을 심어 장식하였고, 후에 옥상정원과 포트정원(Pot Garden)의 형태로 발달하였다.

17 로마시대 공공건물과 주랑으로 둘러싸인 다목적의 열린 공간으로 무덤의 전실을 가리키기도 했던 곳은?

① 포 럼　　② 빌 라
③ 테라스　　④ 커 넬

해설 포럼(Forum)
고대 로마의 도시에서 공공건물과 주랑으로 둘러싸인 구역의 한복판에 있는 다목적의 열린 공간으로, 공공집회 장소로 쓰인 포럼은 그리스의 아고라와 아크로폴리스를 질서정연한 공간으로 바꾼 것이다. 12표법에서 포럼은 무덤의 전실(前室)을 가리키는 낱말로 쓰였고, 로마 군대에서는 진영의 정문 옆에 있는 개활지를 가리켰다.

정답　13 ②　14 ②　15 ①　16 ②　17 ①

18 로마의 조경에 대한 설명으로 알맞은 것은?

① 집의 첫 번째 중정(Atrium)은 5점형 식재를 하였다.
② 주택정원은 그리스와 달리 외향적인 구성이었다.
③ 집의 두 번째 중정(Peristylium)은 가족을 위한 사적 공간이다.
④ 겨울 기후가 온화하고 여름이 해안기후로 시원하여 노단형의 별장(Villa)이 발달하였다.

해설 로마의 조경
- 지중해의 겨울은 온화하고 여름은 무더워서 구릉지에 별장주택인 빌라가 발달하였다.
- 고대 로마의 주택정원은 2개의 중정과 1개의 후원으로 구성된 내향적인 양식이다.
- 제1중정인 아트리움은 손님 접대나 사무를 위한 공적 공간이고, 제2중정인 페리스틸리움은 가족을 위한 사적 공간이며, 지스터스는 뒤뜰에 위치한 후원이다.
- 후원은 수로를 축으로 그 좌우에 산책로인 원로와 화단을 대칭적으로 배치했으며, 군식 또는 5점 식재를 하였다.

19 회교문화의 영향을 입은 독특한 정원양식을 보이는 것은?

① 이탈리아 정원
② 프랑스 정원
③ 영국 정원
④ 스페인(에스파냐) 정원

해설 ④ 스페인의 경우 이슬람(회교) 문화를 흡수하면서 독특한 양식의 정원이 발달하였다.
스페인 정원의 특징
- 고온·건조한 기후와 외적의 침입을 방어하기 위해 건물과 다른 건축물이 두꺼운 벽을 공유하여 입구 협소
- 정원은 건물로 둘러싸인 중정(파티오)의 형태
- 이슬람 문화의 영향으로 대리석과 물을 이용한 정원 발달
- 단순한 건축미가 돋보이는 정원 및 정적인 물의 연출

20 조경양식 중 이슬람양식의 스페인 정원이 속하는 것은?

① 평면기하학식
② 노단식
③ 중정식
④ 전원풍경식

해설 정형식 정원
- 평면기하학식 : 평면상에 대칭적 구성, 프랑스정원이 대표적
- 노단식 : 경사지에 계단식 처리, 바빌로니아의 공중정원이나 이탈리아 정원이 대표적
- 중정식 : 소규모 분수나 연못 중심, 중세 수도원정원이나 스페인 정원이 대표적
- 전원풍경식 : 영국의 대표적 조경 정원양식

21 아라비아 지방의 초기 이슬람 정원에 대한 설명 중 맞지 않는 것은?

① 7세기 초엽 이란 지방을 중심으로 한 페르시아 문화가 중심이 되었다.
② 정원에 물이 가장 중요한 요소로 작용했다.
③ 인간이나 동물의 형태를 뜻하는 조각물을 많이 사용했다.
④ 외적 방어와 프라이버시를 위해 높은 울담을 둘렀다.

해설 ③ 코란이 우상숭배를 금했기 때문에 인간이나 동물의 형태를 뜻하는 조각물은 일체 쓰지 않았다.

22 다음 정원의 개념을 잘 나타내고 있는 중정은?

- 무어양식의 극치라고 평가받는 알람브라궁의 여러 정(Patio) 중 하나
- 4개의 수로에 의해 4분되는 파라다이스 정원
- 가장 화려한 정원으로서 물의 존귀성이 드러남

① 사자의 중정
② 창격자 중정
③ 연못의 중정
④ 린다라하 중정

해설 **사자의 중정**
주랑식 중정으로, 열두 마리의 사자가 수반과 분수를 받치고 있으며, 분수로부터 뻗어 나온 네 개의 수로가 중정을 사분하는 형태를 가진 화려한 중정이다.

23 16세기 무굴제국의 인도 정원과 가장 관련이 있는 것은?

① 타지마할 ② 지구라트
③ 지스터스 ④ 알람브라궁원

해설 **타지마할**
무굴제국의 5대 황제 샤자한은 건축광이었으며, 델리의 붉은 요새, 자마 마스지드 등을 건축하였고, 아그라성의 맞은편에 22년 만에 완공한 것이 타지마할이다. 타지마할은 무덤, 사원, 정원, 출입문, 연못 등을 포함한 종합건축물이다.

24 중세 수도원의 전형적인 정원으로 예배실을 비롯한 교단의 공공건물에 의해 둘러싸인 네모난 공지를 가리키는 것은?

① 아트리움(Atrium)
② 페리스틸리움(Peristylium)
③ 클라우스트룸(Claustrum)
④ 파티오(Patio)

해설 ① 아트리움(Atrium) : 고대 로마 주택정원의 제1중정으로, 손님 접대나 사무용 공적 공간
② 페리스틸리움(Peristyrium) : 고대 로마 주택정원의 제2중정으로, 가족용 사적 공간
④ 파티오(Patio) : 중정(中庭)이라고도 하며, 주거에 접해 있고 건물에 부분적으로 둘러싸인 안뜰로 로마의 아트리움을 발전시킨 스페인의 대표적인 정원양식이다.

25 다음 중 이탈리아 정원의 장식과 관련된 설명으로 가장 거리가 먼 것은?

① 기둥, 복도, 열주, 퍼걸러, 조각상, 장식분이 장식된다.
② 계단폭포, 물무대, 정원극장, 동굴 등이 장식된다.
③ 바닥은 포장되어 곳곳에 광장이 마련되어 화단으로 장식된다.
④ 원예적으로 개량된 관목성의 꽃나무나 알뿌리 식물 등이 다량으로 식재된다.

해설 ④ 이탈리아 정원에 식재되었던 나무들은 주로 녹음수와 과실수이다.

정답 22 ① 23 ① 24 ③ 25 ④

26 다음 이탈리아 정원 중 에스테장에서 볼 수 없는 것은?

① 사라센양식의 탑
② 덩굴을 올린 터널
③ 자수화단
④ 사이프러스 군식

해설 ① 사라센양식의 탑은 알람브라궁전의 주정인 알베르카 중정에 있다.

27 이탈리아 르네상스시대의 조경작품이 아닌 것은?

① 빌라 토스카나(Villa Toscana)
② 빌라 란셀로티(Villa Lancelotti)
③ 빌라 메디치(Villa Medici)
④ 빌라 란테(Villa Lante)

해설 ① 토스카나장(Villa Toscana)은 로마시대 작은 필리니 소유의 도시풍 별장이다.

28 르네상스시대 이탈리아 정원의 설명으로 옳지 않은 것은?

① 높이가 다른 여러 개의 노단을 잘 조화시켜 좋은 전망을 살린다.
② 강한 축을 중심으로 정형적 대칭을 이루도록 꾸며진다.
③ 주축선 양쪽에 수림을 만들어 주축선을 강조하는 비스타수법을 이용하였다.
④ 원로의 교차점이나 종점에는 조각, 분천, 연못, 캐스케이드 벽천, 장식화분 등이 배치된다.

해설 ③은 프랑스정원의 특색이다.

29 이탈리아의 노단건축식 정원양식이 생긴 원인으로 가장 적합한 것은?

① 식 물   ② 암 석
③ 지 형   ④ 역 사

해설 ③ 이탈리아는 구릉과 경사지가 많은 지형적 제약을 극복하기 위해 계단형의 노단건축식 정원양식이 발달하였다. 카레기의 메디치장(Villa Medici Careggi), 에스테장(Villa d'Este), 랑테장(Villa Lante) 등이 대표적인 예이다.

30 다음 중 여러 단을 만들어 그 곳에 물을 흘러내리게 하는 이탈리아 정원에서 많이 사용되었던 조경기법은?

① 캐스케이드   ② 토피어리
③ 록 가든   ④ 커 낼

해설 ① 이탈리아 정원에는 캐스케이드(계단폭포), 분수, 물풍금 등의 다양한 수경시설이 사용되었다.

31 정형식 조경 중에서 르네상스시대의 프랑스 정원이 속하는 형식은 무엇인가?

① 평면기하학식
② 중정식
③ 전원풍경식
④ 노단식

해설 ② 중정식 : 스페인
③ 자연(전원)풍경식 : 18C 영국
④ 노단건축식 : 이탈리아

32 주축선 양쪽에 짙은 수림을 만들어 주축선이 두드러지게 하는 비스타(Vista) 수법을 가장 많이 이용한 정원은?

① 영국 정원
② 독일 정원
③ 이탈리아 정원
④ 프랑스 정원

해설 ④ 비스타는 프랑스 평면기하학식 정원양식과 관계가 있다.

33 다음 중 대칭(Symmetry)의 미를 사용하지 않은 것은?

① 영국의 자연풍경식
② 프랑스의 평면기하학식
③ 이탈리아의 노단건축식
④ 스페인의 중정식

해설 ① 영국의 자연풍경식 : 넓은 잔디밭을 이용한 전원적이며 목가적인 자연풍경의 미를 강조한 정원양식

34 앙드레 르 노트르(Andre Le Notre)가 유명하게 된 것은 어떤 정원을 만든 후인가?

① 베르사유(Versailles)
② 센트럴파크(Central Park)
③ 토스카나장(Villa Toscana)
④ 알람브라(Alhambra)

해설 르 노트르에 의해 세계 최대 규모의 정형식 정원이 꾸며졌다. 르 노트르는 이탈리아 여행 중 노단건축식 정원을 배웠으나 귀국한 후에는 프랑스의 지형과 풍토에 알맞은 평면기하학식 정원수법을 고안하였다. 루이 14세와 앙드레 르 노트르는 군주와 신민으로서 왕을 위한 신민의 창작품인 베르사유(Versailles)를 통하여 영원히 결합되었다. 베르사유궁전과 궁원은 르 노트르와 루이 14세의 이름과 가장 밀접한 연관이 있으며, 루이 14세 스스로 그렇게 불리기를 바랐던 위대한 태양왕의 실질적 상징으로 널리 알려져 있다.

35 다음 중 본격적인 프랑스식 정원으로서 루이 14세 당시의 니콜라스 푸케와 관련 있는 정원은?

① 보르비콩트(Vaux-le-Vicomte)
② 베르사유(Versailles)궁원
③ 퐁텐블로(Fontainebleau)
④ 생클루(Saint-Cloud)

해설 보르비콩트정원
루이 14세의 재정 담당이었던 니콜라스 푸케(Nicolas Fouquet)가 유명한 정원가인 앙드레 르 노트르(Andre Le Notre)를 정원사로 임명하여 본인의 부와 권세를 과시하기 위해 만든 최초의 평면기하학식 정원이었다. 그러나 정원에 초대받았던 당시 왕 루이 14세는 자신보다 화려한 성과 정원을 가진 푸케에게 화가 나서 푸케를 체포하여 감옥에 보내고, 그 자신을 위한 궁을 만들도록 지시하여 베르사유궁전과 함께 대표적인 평면기하학식 정원인 베르사이유궁원이 만들어지게 되었다.

36 프랑스의 평면기하학식 정원 등은 자연환경의 요인 중 어떤 요인의 영향을 가장 크게 받아 발생한 것인가?

① 기 후
② 식 물
③ 토 양
④ 지 형

해설 ④ 구릉과 경사지가 많아 계단형의 노단건축식 정원양식이 발달한 이탈리아와는 달리, 평야지대인 프랑스는 평면상의 대칭적 구성을 강조한 평면기하학식 정원양식이 발달하였다.

37 "자연은 직선을 싫어한다"라고 주장한 영국의 낭만주의 조경가는?

① 브릿지맨　② 켄트
③ 챔버　　　④ 렙턴

해설 ② 전원시인 포프의 사상에 영향을 받아 자연스러운 정원을 발전시킨 켄트는 "자연은 직선을 싫어한다"는 것이 입버릇이었고, 렙턴이라는 정원가가 영국식 정원(자연풍경식 정원)을 완성시켰다.

38 영국 정형식 정원의 특징 중 매듭화단이란 무엇인가?

① 낮게 깎은 회양목 등으로 화단을 기하학적 문양으로 구획한 화단
② 수목을 전정하여 정형적 모양으로 만든 미로
③ 가늘고 긴 형태로 한쪽 방향에서만 관상할 수 있는 화단
④ 카펫을 깔아 놓은 듯 화려하고 복잡한 문양이 펼쳐진 화단

해설 ① 매듭화단은 영국 튜더왕조에서 유행했던 화단으로, 낮게 깎은 회양목 등을 여러 가지 기하학적 문양으로 구획지어 식재한 화단이다.

39 다음 중 풍경식 정원에서 요구하는 계단의 재료로 가장 적당한 것은?

① 콘크리트 계단
② 벽돌 계단
③ 통나무 계단
④ 인조목 계단

해설 ③ 정형식 정원에서는 곱게 다듬은 절석(切石)으로 계단을 구축하고, 자연풍경식 정원에서는 자연석과 통나무가 많이 쓰인다.

40 영국의 18세기 낭만주의 사상과 관련이 있는 것은?

① 스토우(Stowe) 정원
② 분구원(分區園)
③ 버컨헤드(Birkenhead) 공원
④ 베르사유궁의 정원

해설 ① 자연풍경식 정원의 전성기에 선도적 역할을 한 '근대 조경의 아버지' 켄트는 완만한 곡선과 그림 같은 전원풍경을 회화적으로 재창조한 작품들을 남겼으며 이러한 양식은 브라운, 렙턴 등에 이르러 완성되었다. 대표작으로는 치즈윅 하우스(Chiswick House), 스토우 정원(Stowe Garden), 스투어헤드(Stourhead) 등을 손꼽을 수 있다.
② 독일
③ 영국에서 1843년 선거법 개정안이 통과되면서 역사상 최초로 시민의 힘으로 이루어진 공원
④ 프랑스

41 19세기 렙턴에 의해 완성된 영국의 정원수법으로 가장 적합한 것은?

① 노단건축식
② 평면기하학식
③ 사의주의 자연풍경식
④ 사실주의 자연풍경식

해설 험프리 렙턴(Humphry Repton, 1752~1818)
• 자연풍경식 정원을 완성하였다.
• Landscape Gardener의 호칭을 사용하였다.
• 정원의 개조 전후의 모습을 스케치(Red Book)하여 비교해 볼 수 있게 하였다.

42 다음 중 정원에 사용되었던 하하(Ha-Ha)기법을 가장 잘 설명한 것은?

① 정원과 외부 사이에 수로를 파서 경계하는 기법
② 정원과 외부 사이를 생울타리로 경계하는 기법
③ 정원과 외부 사이를 언덕으로 경계하는 기법
④ 정원과 외부 사이를 담벽으로 경계하는 기법

해설 하하(Ha-Ha)기법
17세기 프랑스정원에서 시작된 것이나, 영국정원에 도입되어 유행하였다. '하하'는 조망을 확보하기 위하여 정원의 경계부가 시각적으로 드러나지 않도록 감춘 장치를 말한다. 즉, 정원의 경계부에 도랑을 파고 경계부 안쪽에 옹벽을 설치함으로써 정원 내부에서 시각적 장애물 없이 외부를 조망할 수 있도록 한 것이다. 찰스 브릿지맨은 치즈윅 하우스, 루스햄, 스투어헤드를 설계하고 하하기법을 도입하였다.

43 영국에서 1843년에 조성된 버컨헤드공원의 의미로 바람직하지 못한 것은?

① 조셉 팩스턴이 설계하였다.
② 주택단지와 공적 위락용으로 나누었으나 재정적으로 실패하였다.
③ 공원 중앙을 차도가 횡단하고 주택단지가 공원을 향해 배치되었다.
④ 옴스테드에 영향을 미쳐 후에 센트럴파크 설계에 도움을 주었다.

해설 버컨헤드공원
조셉 팩스턴이 설계하고 시민의 힘으로 설립된 최초의 공원으로, 사적 주택단지와 공적 위락단지로 나눠 택지를 분양한 자금으로 시공하여 재정적·사회적으로 성공한 공원이며, 센트럴파크의 공원개념 형성에 큰 영향을 주었다.

44 독일 정원의 특징 중 틀린 것은?

① 실용적 형태의 정원이 발달하였다.
② 과학적 지식을 활용하였다.
③ 그 지방의 향토수종은 되도록 정원에 배식하지 않았다.
④ 식물생태학에 기초한 자연경관의 재생을 위해 노력하였다.

해설 ③ 독일의 정원에는 그 지방의 향토수종을 배식하여 자연스러운 경관을 형성하였다.

45 근대 독일 구성식 조경에서 발달한 조경시설물의 하나로 실용과 미관을 겸비한 시설은?

① 연 못   ② 벽 천
③ 분 수   ④ 캐스케이드

해설 ② 벽천 : 독일에서 발달한 조경시설물로 벽에 붙인 수구(水口)나 조각물의 입에서 물이 나오도록 만든 수경시설이다. 넓은 면적이 필요하지 않아서 작은 공원이나 소광장 등에 잘 어울린다.
④ 캐스케이드 : 고저의 차가 있는 지형에서 단을 지어 흐르는 인공적인 계단폭포 혹은 고저 양면에 있는 정원이나 샘을 상호 연결하는 일종의 수로이다.

46 공공의 조경이 크게 부각되기 시작한 때는?

① 고 대   ② 중 세
③ 근 세   ④ 군주시대

해설 ③ 18세기 이후에 등장하는 대중공원은 영국이 산업혁명을 거치면서 왕족이나 귀족 소유의 정원이 일반 시민에게 개방·양도되는 과정에서 공원으로 전환된 것이다.
※ 세기(C)를 기준으로 한 시대 구분
1C~10C : 고대 / 10C~14C : 중세 / 14C~19C 근세 / 19C~21C : 근대

정답 42 ① 43 ② 44 ③ 45 ② 46 ③

47 센트럴파크(Central Park)에 대한 설명 중 틀린 것은?

① 르 코르뷔지에(Le Corbusier)가 설계하였다.
② 19세기 중엽 미국 뉴욕에 조성되었다.
③ 면적은 약 334헥타르의 장방형 슈퍼블록으로 구성되었다.
④ 모든 시민을 위한 근대적이고 본격적인 공원이다.

[해설] ① 센트럴파크는 프레드릭 로 옴스테드(Frederick Law Olmsted)와 캘버트 보(Calvert Vaux)가 설계한 공원으로, 미국 식민지시대의 사유지 중심의 정원에서 공공적인 성격을 지닌 공원으로 전환되는 전기를 마련하였다.

48 미국 최초의 도시공원과 국립공원이 맞게 연결된 것은?

① 버컨헤드공원 – 옐로스톤
② 센트럴파크 – 요세미티
③ 센트럴파크 – 옐로스톤
④ 그린힐 – 요세미티

[해설] ③ 센트럴파크는 미국 최초의 도시공원이고, 옐로스톤은 1872년에 지정된 최초의 국립공원이다.

49 도시와 정원의 결합을 지향하여 전원도시계획을 제창한 사람은?

① Olmsted ② Howard
③ Taylor   ④ Unwin

[해설] ② 산업혁명 이후 도시의 팽창과 인구집중 등의 도시문제를 해결하기 위해 전원도시계획을 제창한 사람은 영국의 하워드이다.

50 옴스테드와 보가 제시한 그린스워드안의 내용이 아닌 것은?

① 평면적 동선체계
② 차음과 차폐를 위한 주변식재
③ 넓고 쾌적한 마차 드라이브 코스
④ 동적놀이를 위한 운동장

[해설] 옴스테드 작품의 특징
• 입체적 동선 체계
• 산책로
• 마차 드라이브 코스
• 차음·차폐를 위한 외주부 식재
• 아름다운 자연경관 강조
• 넓은 잔디밭
• 비스타(vista) 조성
• 동적 놀이를 위한 경기장
• 정형적 몰(Mall)과 대로
• 넓은 호수(보트 타기, 스케이팅)
• 교육을 위한 화단과 수목원

51 다음과 같은 특징이 반영된 정원은?

• 지역마다 재료를 달리한 정원양식이 생겼다.
• 건물과 정원이 한 덩어리가 되는 형태로 발달했다.
• 기하학적인 무늬가 그려져 있는 원로가 있다.
• 조경수법이 대비에 중점을 두고 있다.

① 중국 정원   ② 인도 정원
③ 영국 정원   ④ 독일 정원

[해설] ① 중국 정원의 또 다른 특징으로는 차경수법 활용, 다양한 괴석 사용, 화려한 꽃나무 식재 등이 있는데, 이는 정연한 아름다움을 추구하는 한국이나 일본의 정원과는 구별되는 점이다.

52 괴석이라고도 불리는 태호석이 특징적인 정원 요소로 사용된 나라는?

① 한 국 ② 일 본
③ 중 국 ④ 인 도

해설 ③ 중국 송시대에 태호석을 사용한 석가산수법이 유행하였다.

53 원명원 이궁과 만수산 이궁은 어느 시대의 대표적 정원인가?

① 명나라 ② 청나라
③ 송나라 ④ 당나라

해설 ② 청시대의 이궁에는 원명원 이궁, 만수산 이궁(이화원), 열하 피서산장 등이 있다.

54 다음 중국의 조경에 대한 설명 중 바르지 않은 것은?

① 원명원 이궁은 서양의 영향을 받아 조성했다.
② 소주에는 졸정원이 있고 북경에는 원명원 이궁이 있다.
③ 소주의 4대 정원은 졸정원, 유원, 사자림, 창랑정이다.
④ 이화원은 태액지의 풍경을 본떠서 조성했다.

해설 ④ 이화원은 항주의 서호와 태호, 동정호, 한무제의 곤명지를 모방하여 조성하였다.

55 다음 중 중국 4대 명원(四大名園)에 포함되지 않는 것은?

① 작 원 ② 사자림
③ 졸정원 ④ 창랑정

해설 소주의 4대 명원 : 졸정원, 사자림, 유원, 창랑정

56 중국 정원의 기원이라 할 수 있는 것은?

① 상림원 ② 원 정
③ 중앙공원 ④ 이화원

해설 상림원
- 중국 최고(最古)의 정원으로 한의 무제가 진시대의 상림원을 대폭 확장하여 휴양지 겸 사냥터의 역할을 하는 정원을 만들었다.
- 원 내에 70여 채의 이궁을 지었고, 3000여 종의 화목을 심었으며, 사냥을 위한 동물들을 사육하였다.
- 곤명지를 비롯한 6개의 인공호수를 축조하여 물고기를 키우고 뱃놀이를 즐기거나 수군을 훈련시켰다.
- 곤명지 동서 양쪽에 견우직녀의 석상을 배치하여 호수를 은하수로 비유하였고, 호수 속에는 고래의 석상을 설치하였으며, 호반에 예장대를 세워 호수의 경관을 감상하였다.

57 다음의 중국 정원을 시대별로 조성할 때 순서에 맞게 나열된 것은?

| ㉠ 상림원 | ㉡ 졸정원 |
| ㉢ 원명원 | ㉣ 금정원 |

① ㉡ → ㉠ → ㉢ → ㉣
② ㉠ → ㉣ → ㉡ → ㉢
③ ㉡ → ㉠ → ㉣ → ㉢
④ ㉣ → ㉠ → ㉡ → ㉢

해설 ㉠ 한나라의 정원 → ㉣ 원나라의 정원 → ㉡ 명나라의 정원 → ㉢ 청나라의 정원

정답 52 ③ 53 ② 54 ④ 55 ① 56 ① 57 ②

58 다음 중 중국에서 가장 오래 전에 큰 규모의 정원으로 만들어졌으나 소실되어 남아 있지 않은 것은?

① 중앙공원
② 북해공원
③ 아방궁
④ 만수산 이궁

해설 ③ 진시황은 생전의 삶을 위해 아방궁을 건설하였고, 사후의 삶을 위해 진시왕릉을 건설하였다. 그러나 아방궁은 소실되었고 현재 유적지만 남아 있다.

59 일본 정원에서 가장 중점을 두고 있는 것은?

① 대 비   ② 조 화
③ 반 복   ④ 대 칭

해설 ② 일본 정원은 대비보다는 조화에 비중을 두었다.
일본 정원의 특징 : 돌과 나무 등을 활용해 섬세하게 자연을 축경화하거나, 정신세계를 상징화하려고 했다.

60 다음 헤이안(平安)시대의 정원에 대한 설명 중 틀린 것은?

① 헤이안시대 전기의 하원원(河原院)은 해안풍경을 본떠 만들었다.
② 신선사상이 조경에 영향을 미쳤다.
③ 지원 안에 섬을 축조하였다.
④ 용안사는 헤이안시대 후기에 조성된 정원이다.

해설 ④ 용안사는 무로마치시대의 정원이고, 헤이안시대 후기의 정원으로는 일승원, 동삼조전 등이 있다.

61 일본의 모모야마(桃山)시대에 새롭게 만들어져 발달한 정원양식은?

① 회유임천식
② 축산고산수식
③ 종교수법
④ 다정식

해설 일본 조경양식의 변화

조경양식	아스카	나라	헤이안	가마쿠라	무로마치	모모야마	에도	메이지
중도식 신선도								
침전식			★					
회유식				★				
고산수식					★			
다정식						★		
축경식							★	★

62 다음 중 일본의 축산고산수식 정원에서 강조의 중심이 될 수 있는 성질이 가장 강한 것은?

① 폭포와 바위돌
② 왕모래
③ 정 자
④ 잔디밭

해설 **축산고산수식 정원** : 바위(섬·반도·폭포)를 중심으로 왕모래(물)와 다듬은 수목(산)을 사용해 꾸민 추상적인 정원

정답 58 ③ 59 ② 60 ④ 61 ④ 62 ①

63 자연경관을 인공으로 축경화(縮景化)하여 산을 쌓고, 연못, 계류, 수림을 조성한 정원은?

① 전원풍경식　② 임천식
③ 고산수식　　④ 중정식

해설 ① 전원풍경식 : 넓은 잔디밭을 이용한 전원적이고 목가적인 자연풍경 강조
③ 고산수식 : 물을 전혀 사용하지 않고 바위(중심), 왕모래, 나무만을 사용
④ 중정식 : 건물로 둘러싸인 내부에 소규모 분수나 연못 등을 조성

64 다음 무로마치시대의 조경에 관한 설명 중 옳지 않은 것은?

① 일본정원에서 고산수식이 유행했던 시대이다.
② 선사상이 정원축조의 의도에 강한 영향을 미쳤다.
③ 천룡사지원, 자조사지원, 대덕사의 취광원, 용안사정원 등이 있다.
④ 용안사 방장정원은 두 개의 거대한 돌을 세워 절벽과 폭포를 표현했다.

해설 ④는 대덕사 대선원에 대한 설명이다.

65 다음 고산수식에 관한 설명 중 맞지 않는 것은?

① 무로마치시대에 고산수정원으로 정착되었다.
② 물과 나무를 이용해서 산수의 풍경을 나타냈다.
③ 모래와 백사를 물결모양으로 표현하고 암석을 세워 폭포를 표현했다.
④ 작은 마당에 설치하여 방과 마루에서 감상했다.

해설 ② 고산수식 정원은 물을 전혀 사용하지 않고 바위, 왕모래, 나무만을 사용한 축산고산수식에서 나무조차 사용하지 않는 평정고산수식으로 발달하였다.

66 강호시대의 동해사(東海寺), 금지원(金地院) 등의 조영에 관여한 일본의 조경가는?

① 노자공　　② 몽창국사
③ 소굴원주　④ 대구보후

해설 소굴원주
에도시대 전기 정원은 교토 중심으로 발달하였으나, 소굴원주 등의 장인을 에도로 불러들여 동해사, 금지원, 소석천, 후락원, 서원, 낙수원, 계리궁원, 수학원, 이궁원 등의 정원을 축조했다.

67 동양식 정원과 관련이 없는 것은?

① 음양오행설　② 자연숭배
③ 신선설　　　④ 인물중심

해설 동양식 정원 : 한국식·중국식·일본식 정원
동양식 정원은 대체로 자연풍경에 순응하여 지형지물을 그대로 이용한 조경이다. 신선설과 음양오행설에 입각하여 정원양식이 발달하였으므로, 낭만적이고 공상적이며 감상적 철학을 담고 있어 사색을 하면서 즐길 수 있다는 점이 특징이다.

정답 63 ②　64 ④　65 ②　66 ③　67 ④

68 우리나라 전통조경의 설명으로 옳지 않은 것은?

① 신선사상에 근거를 두고 여기에 음양오행설이 가미되었다.
② 연못의 모양은 조롱박형, 목숨수(壽)자형, 마음심(心)자형 등 여러 가지가 있다.
③ 연못은 땅, 즉 음을 상징하고 있다.
④ 둥근 섬은 하늘, 즉 양(陽)을 상징하고 있다.

해설 ② 우리나라 연못의 전통적인 형태는 '천원지방(天圓地方)'의 사상을 담아 사각형의 못 가운데에 원형의 섬을 축조한 것이다.

69 다음 설명 중 맞지 않는 것은?

① 우리나라 최초의 정원에 관한 기록은 「동사강목」이다.
② 궁궐 조경에서 신선사상이 나타난 우리나라 최초의 조경작품은 백제의 궁남지이다.
③ 고구려의 고분벽화 중 뜰과 들에 관련된 대표적인 것에는 산악도, 신선도, 사신도, 수렵도, 연지도 등이 있다.
④ 고구려의 장안성은 양원왕이 축조했다.

해설 ① 우리나라 최초의 정원에 관한 기록은 「대동사강」이다.

70 순서가 오래된 것부터 바르게 나열된 것은?

① 궁남지 → 안압지 → 소쇄원 → 안학궁
② 안학궁 → 궁남지 → 안압지 → 소쇄원
③ 안압지 → 소쇄원 → 안학궁 → 궁남지
④ 소쇄원 → 안학궁 → 궁남지 → 안압지

해설 안학궁(고구려 장수왕, 427년) → 궁남지(백제 무왕, 634년) → 안압지(신라 문무왕, 674년) → 소쇄원(조선 양산보, 16세기경)

71 통일신라 문무왕 14년에 중국의 무산 12봉을 본 딴 산을 만들고 화초를 심었던 정원은?

① 비 원   ② 안압지
③ 소쇄원   ④ 향원지

해설 ② 안압지(雁鴨池)는 신라 문무왕 14년(674)에 큰 연못을 파고 못 가운데 3개의 섬과 북쪽과 동쪽으로 12개의 인공산을 축조한 원지로, 동양의 신선사상을 반영한 신라시대의 대표적인 조경유적이다.

72 백제의 노자공에 의해 조경술이 일본에 전해진 시기는?

① 5세기경   ② 6세기경
③ 7세기경   ④ 8세기경

해설 ③ 백제의 유민이었던 노자공은 아스카시대(612년)에 일본으로 건너가 수미산과 오교(홍교)를 축조하였다.

73 다음 중 백제시대의 유적이 아닌 것은?

① 몽촌토성   ② 임류각
③ 장안성   ④ 궁남지

해설 ③ 장안성 : 평양성이라고도 불리는 고구려의 마지막 수도로 양원왕이 축조하였으며, 3개의 성벽으로 둘러싸여 전시에는 산성의 역할을 하고, 평시에는 수도의 역할을 하였다.
① 몽촌토성 : 백제 초기의 중요한 성곽 가운데 하나로, 야산의 지형을 최대한 활용하여 만들었다.
② 임류각 : 동성왕 22년(500)에 웅진(熊津)의 궁성 동쪽에 세운 누각이다.
④ 궁남지 : 무왕 35년(634)에 궁궐의 남쪽에 만들어진 연못으로 신선사상을 반영하였다.

정답 68 ② 69 ① 70 ② 71 ② 72 ③ 73 ③

74 다음 [보기]의 설명은 어느 시대의 정원에 관한 설명인가?

┌ 보기 ┐
- 석가산과 원정, 화원 등이 특징이다.
- 대표적 정원 유적으로 동지(東池), 만월대, 수창궁원, 청평사 문수원 정원 등이 있다.
- 휴식과 조망을 위한 정자를 설치하기 시작하였다.
- 송나라의 영향으로 화려한 관상 위주의 이국적 정원을 만들었다.

① 고구려　　② 백 제
③ 고 려　　④ 통일신라

해설 ③ 고려시대에는 중국 송시대의 수법을 모방하여 화원과 석가산, 많은 누각 등을 배치한 관상 위주의 화려한 정원을 꾸몄다.

75 다음 중 고려시대의 정원에 관한 설명으로 옳지 않은 것은?

① 고려시대의 정원관리는 장원서에서 하였다.
② 문수원은 이자현이 조영한 선 생활을 실천하는 도장이며, 선종불교 사상의 영향을 받았다.
③ 사원조경은 못과 연지가 있었고, 기화이초(奇花異草) 등 관상용 식물을 심었다.
④ 궁원 내의 양이정은 청자기와를 이은 화려한 정자이다.

해설 정원 관리서의 변천
궁원(고구려) → 내원서(고려) → 상림원(조선 태조) → 장원서(조선 세조)
- 고려시대의 정원 관리기관 : 사선서, 내원서
- 조선시대의 정원 관리기관 : 상림원, 장원서

76 우리나라 정원양식이 풍수설에 많은 영향을 받은 시기는?

① 신 라　　② 백 제
③ 고 려　　④ 조 선

해설 ④ 조선시대 중엽 이후 풍수지리설에 따른 지형적인 제약으로 인해 안채의 뒤쪽에 정원을 조성하는 후원이 발달하였다.

77 우리나라의 정원양식인 후원이 형성되는 데 영향을 미친 것이 아닌 것은?

① 불교의 영향
② 음양오행설
③ 유교의 영향
④ 풍수지리설

해설 ① 불교사상은 사찰정원을 중심으로, 극락정토사상에 근거한 극락의 세계관을 현세에 조형시키고자 하였다.

78 다음 중 조선시대 중엽 이후의 정원양식에 가장 큰 영향을 미친 사상은?

① 음양오행설
② 신선설
③ 자연복귀설
④ 임천회유설

해설 ① 조선시대 중엽 이후 우리나라의 독특한 정원양식인 후원은 풍수지리설에 따른 지형적인 제약으로 인해 발달하였고, 음양오행설은 풍수지리설과 깊은 관련이 있다.

79 다음 중 조선시대의 사상적 배경으로 옳지 못한 것은?

① 경주 안압지, 부여 궁남지, 창덕궁 애련지 등은 신선사상의 영향을 받았다.
② 조선왕조를 한양으로 정하는 데 끼친 사상은 도참사상, 풍수지리사상, 음양오행사상이다.
③ 창경궁 내의 통명전의 석란지, 불국사의 구품연지, 통도사의 구룡지는 정토사상이 배경이다.
④ 경복궁 경회루는 유교사상을 배경으로 하는 정원양식이다.

해설 ④ 경복궁 경회루는 신선사상의 영향을 받았다.
※ 유교사상은 조선의 정치이념, 양반의 주택양식, 사원의 위계적 공간분할 등에 영향을 끼친 사상이다.

80 경복궁의 경회루 원지의 형태는?

① 방지형　② 원지형
③ 반달형　④ 노단형

해설 ① 경회루 원지는 방지형이라고 불리는 사각형이다.

81 창경궁에 있는 통명전 지당의 설명으로 틀린 것은?

① 장방형으로 장대석으로 쌓은 석지이다.
② 무지개형 곡선 형태의 석교가 있다.
③ 괴석 2개와 앙련(仰蓮) 받침대석이 있다.
④ 물은 직선의 석구를 통해 지당에 유입된다.

해설 통명전 지당
• 장방형으로 못을 파 네 벽을 장대석으로 둘러싼 석지(石池)이다.
• 중앙을 가로지르는 다리를 놓고, 다리높이로 하엽동자를 조각한 석재 난간을 설치하였다.
• 지하수를 이용해 작은 샘을 만들고, 샘에서 솟아오른 물이 직선의 석구를 통해 지당으로 유입되었다.
• 지당 속에 괴석을 심은 석분 3개와 기물을 받쳤던 앙련 받침대석 1개를 배치하였다.

82 다음 중 경복궁 교태전 후원과 관계없는 것은?

① 화계가 있다.
② 상량전이 있다.
③ 아미산원이라 칭한다.
④ 굴뚝은 육각형이 4개가 있다.

해설 ② 상량전은 낙선재 후원 언덕에 있는 육각형의 정자이다.
아미산원(峨嵋山園)
왕과 왕비만이 즐길 수 있는 사적 정원이었던 경복궁 교태전 후정에 조성된 정원으로, 네 개의 단으로 이루어진 화계에 다양한 꽃과 나무를 식재하였다. 고종 2년(1861) 경복궁 재건 시 교태전에 온돌을 설치하면서 육각형의 굴뚝 네 개를 세웠고, 굴뚝에는 사군자, 십장생 등 여러 문양들을 조각하였다.

83 조선시대 후원양식에 대한 설명 중 틀린 것은?

① 중엽 이후 풍수지리설의 영향을 받아 후원양식이 생겼다.
② 건물 뒤에 자리 잡은 언덕배기를 계단 모양으로 다듬어 만들었다.
③ 각 계단에는 향나무를 주로 한 나무를 다듬어 장식하였다.
④ 경복궁 교태전 후원인 아미산, 창덕궁 낙선재의 후원 등이 그 예이다.

해설 후원은 우리나라의 독특한 정원양식으로, 건물 뒤편의 언덕을 계단 모양으로 다듬어 장대석을 앉혀 평지를 만들고, 키 작은 꽃나무를 심거나 괴석·세심석 또는 장식을 겸한 굴뚝 등을 세워 아름답게 꾸몄다.

84 우리나라의 정원양식이 한국적 색채가 짙게 발달한 시기는?

① 고조선시대 ② 삼국시대
③ 고려시대   ④ 조선시대

해설 ④ 조선시대는 우리나라의 정원양식이 크게 발달한 시기로, 삼국시대부터 받아들여 왔던 중국의 정원양식에서 벗어나 한국 고유의 형태로 변모한 시기이다.

85 다음 창덕궁 후원에 대한 설명 중 맞지 않는 것은?

① 창덕궁 후원은 크게 부용지, 반도지, 옥류천, 애련지의 4개 지역으로 구분할 수 있다.
② 창덕궁 궁궐의 원림 속에 지어진 유일한 모정은 청의정이다.
③ 부용지를 중심으로 부용정, 주합루, 영화당 등이 있다.
④ 창덕궁 후원에는 부용정지, 향원정지 등이 있다.

해설 ④ 향원정지는 경복궁 후원에 있는 정자이다.
창덕궁 후원의 4개 지역 구분
• 부용지를 중심으로 : 부용정, 주합루, 영화당, 사정기비각, 서향각, 희우정, 제월광풍관 등의 건물들이 늘어선 지역
• 반도지를 중심으로 : 관람정, 존덕정, 승재정, 폄우사가 있는 지역
• 옥류천을 중심으로 : 취한정, 소요정, 어정, 청의정, 태극정이 있는 지역
• 애련지를 중심으로 : 애련정, 연경당이 있는 지역

86 다음 중 왕과 왕비만이 즐길 수 있는 사적인 정원이 아닌 곳은?

① 경복궁의 아미산
② 창덕궁 낙선재의 후원
③ 덕수궁 석조전 전정
④ 덕수궁 준명당의 후원

해설 ③ 덕수궁 내 위치한 석조전(石造殿)은 고종황제의 집무실 겸 접견실로 사용하고자 지은 대한제국 황궁의 정전으로, 1900년에 착공하여 1910년에 완공되었으며, 영국인 하딩과 로벨 등이 설계에 참여한 우리나라 최초의 서양식 건물이다.

정답 83 ③ 84 ④ 85 ④ 86 ③

87 다음 정원시설 중 우리나라 전통조경시설이 아닌 것은?

① 취병(생울타리) ② 화 계
③ 벽 천 ④ 석 지

해설 ③ 벽천은 서양에서 만들어져 현대조경에 응용된 것이다.
※ 전통정원에서의 물은 공간구성이나 경관상의 기본 요소로서 계류와 지당이 가장 보편적인 형태였고, 그 외에 석련지(石蓮池), 석간수(石澗水), 천정(泉井) 등이 도입되었다.

88 우리나라 정원양식인 후원에 설치되는 정원시설물이 아닌 것은?

① 장대석
② 괴석이나 세심석
③ 장식을 겸한 굴뚝
④ 둥근 연못

해설 ④ 우리나라 연못의 전통적인 형태는 '천원지방(天圓地方)'의 사상을 담아 사각형의 못 가운데에 원형의 섬을 축조한 것이다.

89 조선시대 후원의 장식용이 아닌 것은?

① 괴 석
② 세심석
③ 굴 뚝
④ 석가산

해설 ④ 후원에는 키 작은 꽃나무를 심거나 괴석·세심석 또는 장식을 겸한 굴뚝 등을 세워 아름답게 꾸몄다.

90 한국의 주택정원의 특징을 설명한 것 중 적절하지 않은 것은?

① 일상 주거생활 공간과 엄격하게 분리되거나 융합되어 있지 않다.
② 수경은 대개 사랑채 앞뜰에 조성했다.
③ 정원의 공간은 사회적 신분과 지위에 따라 나뉘지만 완전히 폐쇄되거나 분리되지 않는다.
④ 연못의 조성은 다분히 추상적이고 관념적이며 현학적인 의미가 내재되어 있다.

해설 ① 한국의 전통 주택정원은 일상 주거생활 공간과 엄격하게 분리되어 있지 않고 융합되어 있다.

91 이격비의 「낙양원명기」에서 원(園)을 가리키는 일반적인 호칭으로 사용되지 않은 것은?

① 원 지 ② 원 정
③ 별 서 ④ 택 원

해설 ③ 조선시대에는 화계를 중심으로 하는 우리나라 고유의 정원양식인 후원과 자연친화적인 별서정원이 발달하였다.

92 사대부나 양반계급들이 꾸민 별서정원은?

① 전주의 한벽루
② 수원의 방화수류정
③ 담양의 소쇄원
④ 의주의 통군정

해설 양산보의 소쇄원 : 은사인 정암 조광조가 기묘사화로 인해 능주로 유배되어 세상을 떠나게 되자 출세의 뜻을 버리고 자연 속에서 숨어 살기 위하여 꾸민 별서정원(別墅庭園)이다.

87 ③ 88 ④ 89 ④ 90 ① 91 ③ 92 ③

93 조선시대 경승지에 세운 누각들 중 경기도 수원에 위치한 것은?

① 연광정   ② 사허정
③ 방화수류정   ④ 영호정

해설 ③ 방화수류정 : 수원성곽을 축조할 때 세운 누각 중 하나로, 성의 동북쪽 모서리에 위치하고 있어 동북각루(東北角樓)라 하였으며, 경관이 매우 뛰어나 방화수류정이라는 당호(堂號)가 붙었다.

94 한국 조경의 특징이 아닌 것은?

① 자연풍경식이다.
② 한국미의 특징은 소박한 형태나 색채의 친근감을 느끼게 하는 아름다움이 있다.
③ 대륙적인 느낌이 없다.
④ 통일신라시대에는 자연과의 조화를 중시하였다.

해설 ③ 지리적으로 중국과 연결되어 있어 중국의 영향을 받았고, 이로 인해 대륙적 특징이 드러난다.

95 우리나라에서 세계문화유산으로 등록되어지지 않은 곳은?

① 독립문
② 고인돌 유적
③ 경주역사유적지구
④ 수원화성

해설 국내 세계문화유산
석굴암, 불국사, 해인사 장경판전, 종묘, 창덕궁, 수원화성, 경주역사유적지구, 고창·화순·강화의 고인돌 유적, 제주 화산섬과 용암동굴, 조선왕릉 40기, 한국의 역사마을(하회와 양동), 남한산성, 백제역사유적지구, 산사, 한국의 산지 승원, 한국의 서원, 한국의 갯벌

96 우리나라에서 최초의 유럽식 정원은?

① 덕수궁 석조전 앞 정원
② 파고다공원
③ 장충공원
④ 구 중앙청사 주위 정원

해설 석조전 앞뜰에 분수와 연못을 중심으로 조성된 좌우대칭적인 기하학식 정원인 침상원(침상경원)이 우리나라 최초의 유럽식(프랑스) 정원이다.

97 우리나라에서 대중을 위해 만들어진 최초의 공원은?

① 장충공원
② 파고다공원
③ 사직공원
④ 남산공원

해설 ② 파고다공원은 우리나라 최초의 근대식 대중공원으로 탑동공원, 탑골공원이라고도 하며, 1897년 영국인 브라운이 고문으로서 참여하였다.

정답 93 ③ 94 ③ 95 ① 96 ① 97 ②

CHAPTER 02 조경계획

PART 01 조경설계

제1절 자연, 인문, 사회환경 조사 분석

분석방법은 크게 자연환경분석과 인문환경분석으로 나눈다.

1 자연생태환경 조사 분석

(1) 조사 항목과 조사 내용

① 무기환경[대기(기상과 기후분석), 물(수문과 수계분석), 토양(토질)환경]과 유기환경[동물(출현 종, 서식지, 이동로 등), 식물(식생상, 식생종 등)]을 조사 분석한다.

② 이들의 총체인 지형과 경관, 기타환경 등을 종합분석하고, 조사항목은 사업의 목적과 성격에 부합하는 항목과 내용을 선별한다.

[조사 항목과 조사 내용]

조사 항목	조사 내용
기상·기후	• 기온, 강수량, 바람, 천기일수 등의 기상개황을 조사 분석 • 대상지 미기후 조사 분석
지형·지세	대상지 내·외의 표고와 경사도를 조사분석
수문·수계	대상지 주변의 하천, 계곡 등의 조사와 집수 구역과 유수 방향을 조사 분석
생태·식생	대상지 내·외의 생태환경과 기존수림, 동·식물 상의 환경을 조사 분석
토질·토양	대상지의 토질 조사 사항과 수목 및 식생의 생육 환경을 위한 토양의 조사 분석
경 관	대상지 근·원경의 경관분석과 우수·불량 경관의 조사 분석
기 타	그 밖의 자연환경과 관련한 모든 내용과 대상을 중심으로 사업의 목적과 성격을 감안한 조사 분석

(2) 지형 및 지질조사

① 지형조사

㉠ 거시적인 파악 : 자연지역보존계획, 지역휴양개발계획, 관광·정비계획 등에 있어서 계획의 단위, 계획지의 윤곽 결정, 지역 내의 자연 조건의 개략적인 조사단계에 필요하다.

㉡ 미시적 파악 : 토지 이용, 교통 동선계획, 시설 적지의 선정에 필요하다.

㉢ 고도 분석 : 계획 구역 내의 높은 곳과 낮은 곳을 쉽게 알아볼 수 있도록 일정 높이마다 점진적으로 짙은 색 또는 옅은 색을 칠한 것, 한 계통의 색을 사용(회색, 갈색계), 높은 곳을 짙게 표시한다.

ⓓ 경사도 분석 : 완·급경사지의 분포를 쉽게 알아볼 수 있도록 경사도에 따라 점진적인 색의 변화를 준 것으로 2개의 인접 등고선의 수직거리는 항상 일정하고 수평거리만 변하게 되며, 일정 경사도는 일정 수평거리를 가진다.

$$경사도(\%) = \frac{수직거리}{수평거리} \times 100(\%)$$

② 지질조사 : 화성암, 퇴적암, 변성암 등을 조사

(3) 기후조사

① 기후 : 기상대 자료, 미기후 조사(직접 조사)
② 지역 기후 : 기존 자료 활용(강우량, 일조시간, 온도, 풍향, 풍속 등)
③ 미기후 : 지형이나 풍향 등에 따른 부분적 장소의 독특한 기상 상태로 태양 복사열의 정도, 공기 유통의 정도, 안개 및 서리해 유무, 지형적 여건에 따른 일조시간, 대기오염 자료 등을 조사한다.
  ㉠ 미기후의 특징
    - 미기후는 자료를 얻기 어렵다.
    - 지하수와는 무관하다.
    - 국부적인 장소에 나타나는 기후가 주변기후와 현저히 다르게 나타난다.
    - 수목, 건물 등의 존재 여부에 영향을 받는다.
    - 지형, 지표면의 재료 등에 영향을 받는다.
    - 지상에서 가까운 공기층에 국지적으로 일어나는 기후상태를 말한다.
  ㉡ 미기후 요소 : 대기 요소, 서리, 안개, 자외선, 이산화황, 이산화탄소
  ㉢ 미기후 인자 : 지형, 지상피복상태 및 특수열원, 태양 복사열의 정도, 공기유통의 정도, 안개 및 서리해 유무, 지형적 여건에 따른 일조시간, 대기오염 자료 등(안개 및 서리의 발생은 지형이 낮고 배수가 불량한 지역일수록 자주 발생함)
  ㉣ 알베도(Albedo) : 표면에 닿는 복사열이 흡수되지 않고 반사되는 정도(%)로 0은 완전히 흡수됨(산림, 잔디)을 표시하고, 모든 열을 반사시키는 경우의 알베도 값은 1.0(거울)이다.

> **기출 Point** 알베도
> 바다 < 산림 < 초지 < 오래된 눈 < 갓내린 눈

    - 바다 : 0.06~0.08
    - 산림 : 0.10~0.20
    - 초지 : 0.15~0.25
    - 검은 흙 : 0.05~0.15
    - 마른 모래 : 0.25~0.55
    - 젖은 모래 : 0.10~0.20
    - 갓내린 눈 : 0.80~0.95
    - 오래된 눈 : 0.40~0.70

(4) 토양조사

① 토양의 기능
  ㉠ 작물이 뿌리를 내리고 생장할 수 있는 기계적 지지 작용
  ㉡ 물과 무기양분을 저장·공급해주는 기능
  ㉢ 뿌리가 호흡을 건강하게 할 수 있도록 해주는 공기의 교환기능

② 토양의 구조
  ㉠ 입단구조 : 여러 개의 입자가 모여서 하나의 큰 입자로 뭉쳐진 것이다.
  ㉡ 단립구조 : 자연적으로 형성된 입단의 단위, 독립 토양입자이다.
  ㉢ 입(구)상 : 입단의 모양은 구형이며 표토에서 볼 수 있다.
  ㉣ 괴상 : 구조단위의 가로, 세로축의 길이가 비슷하고 집적층(Bt층)에서 나타난다.
  ㉤ 판상 : 가로축의 길이가 세로축의 길이보다 길며 E층과 점토반층에서 나타난다.
  ㉥ 주상 : 세로축의 길이가 가로축의 길이보다 길며 모가 있고 Bt층에서 나타난다.

> **더 알아보기**
>
> **토양구조의 중요성**
> 투수성, 보수성, 통기성, 지온, 수식(침식)성, 역학적 강도, 경운의 난이 등의 물리성은 구조와 매우 깊은 관련이 있는 성질이다. 판상구조의 토양에서는 물이 상하, 수직방향으로 이동하기 어렵고 뿌리가 뻗어나가기도 어렵다.

③ 토양의 분류(정밀토양도)
  ㉠ 토양통 : 토양 구분의 기본개념으로서 모재와 퇴적양식이 거의 같으며 토양생성학적으로 거의 같은 단면형태를 가지는 일군(一群)의 토양
  ㉡ 토양군 : 다른 토양통이거나 전혀 다른 토양이 같은 장소에서 섞여서 나타난 것
  ㉢ 토양구 : 같은 토양통 내에서 토성이 같은 토양
  ㉣ 토양상 : 같은 토양통 및 토성 내에서 침식도 및 경사도가 같은 토양

④ 토양단면(층위구성)
  ㉠ 유기물층(O) → 용탈층(A) → 집적층(B) → 모재층(C) → 모암층(R)
  ㉡ 표층(A층, 용탈층) : 미생물과 식물활동이 왕성하여 식물의 뿌리발달에 영향을 미치는 층으로, 외부환경의 영향을 가장 많이 받으며, 기후식생 등의 영향을 받아 가용성 염기류 용탈이다.
  ㉢ 하층(B층, 집적층) : 모래의 풍화가 진행된 상태의 토양으로 부식의 양은 표층보다 적으나, 각종 이온이 이곳에 모이며 토양에 공극이 적고 단단하며, 갈색이나 황갈색을 띠고 있다.
  ㉣ 모재층(C층) : 외부 환경으로부터 토양 생성 작용을 받지 못하고 단지 광물질이 풍화된 층이다.
  ㉤ 토양단면조사는 식물의 생장에 가장 중요한 환경인자인 토양의 수직적 구성 및 형태를 분석한다.

⑤ 토지조사 방법
  ㉠ 입지환경 조사 : 지형, 경사, 표고, 토양침식, 지표형태, 방위 등을 정밀 조사한다.

- ⓛ 토양단면 조사
  - 시료채취, 토양결정을 하기 위해 경사와 관계없이 가로, 세로, 수직으로 각 1m 채굴한다.
  - 시료채취는 A, B층을 각 1kg씩 채취하고, 토양단면조사 인자로는 층위 및 층경을 조사한다.
- ⓒ 보링 조사
  - 대상구간의 지층확인, 시료채취, 각종 원위치시험, 지하수위 관측 등을 목적으로 지반에 구멍을 뚫는 지반조사 행위를 말한다. 종류로는 로터리(회전)식 보링, 충격식 보링, 세척(수세)식 보링, 오거식 보링 등이 있다.
  - 토층보링 : 기계보링 또는 오거보링에 의해 흙의 굳기 정도를 조사, 시료를 채취하여 시험을 통해 흙의 성질을 파악한다.
  - 암반보링 : 기계보링으로 구멍을 뚫고 굴진속도와 코어의 채취율 및 채취한 코어의 관찰을 통해 암질을 판단한다.
- ⓔ 사운딩(Sounding)
  - 깊이 방향으로 연속적인 지반의 저항을 측정하는 방법으로, 그 조작방법에 따라서 정적인 것과 동적인 것으로 구분되는 지질조사방법
  - 종류 : 표준관입시험, 콘관입시험, 베인시험, 측압사운딩 등

⑥ **토양수분**
- ㉠ 결합수 : 어떤 성분과 화학적으로 결합되는 물
- ㉡ 흡습수 : 토양입자 표면에 피막처럼 흡착되는 물
- ㉢ 모관수 : 흡습수의 둘레를 싸고 있는 물, 식물유효수분
- ㉣ 중력수 : 중력에 의해 자유롭게 흐르는 물

(5) 수문조사

① **수문과 수계**
- ㉠ 수문(水文) : 육수의 기원, 분포, 순환, 특성 등을 말하며, 이는 하천·호소 등의 수온, 수질의 변화, 유량을 주로 조사한다.
- ㉡ 수계(水系) : 본류와 지류를 통틀어 일컫는 것으로, 우리나라 4대 수계는 한강수계, 금강수계, 낙동강수계, 영산강수계이다.

② **유수형태 및 집수구역**
- ㉠ 기존 수원(水源)의 변동 및 청정도
- ㉡ 표면배수의 패턴과 양
- ㉢ 자연적·인공적 배수로의 유량 및 수용량
- ㉣ 배수불가능지
- ㉤ 지하수의 깊이와 변동사항

③ 수문조사
　㉠ 지역의 하천정비 기본계획을 검토하여 하천, 소하천의 유무를 광역적으로 파악한다.
　㉡ 측량도와 현지조사를 통해 대상지 내의 수계, 집수구역 및 유수 방향을 조사 분석한다.

(6) 식생(생태)조사

① 개념 : 계획 대상지에 생육하고 있는 식물상을 파악하고 새로 도입할 식물의 종류를 결정하는 데 매우 중요한 역할을 한다. 계획 대상지 주변까지 조사해야 한다.

② 조사 방법
　㉠ 전수조사 : 도시 구역 내 인간의 간섭이 심하여 빈약한 식물상을 이루는 곳이나 면적이 적은 경우에 실시한다.
　㉡ 표본조사 : 구역면적이 넓고, 식물상이 자연 상태의 군락을 이루는 경우에 실시한다.
　　• 쿼드라트법 : 정방향(또는 장방향, 원형)의 조사지역을 설정하고 식생조사를 함
　　　- 경지잡초군락 : $0.1~1m^2$
　　　- 방목초원군락 : $5~10m^2$
　　　- 산림군락 : $200~500m^2$
　　• 접선법 : 군락 내에 일정한 길이의 선을 긋고 그 선 안에 나타나는 식생을 조사하여 측정
　　• 포인트법 : 높이가 낮은 군락에서만 사용
　　• 간격법 : 두 식물 간의 거리 또는 임의의 점과 개체 간의 거리 측정, 교목·아교목에 적용

③ 식생구조 및 식생형
　㉠ 식생구조 : 평면도(교목, 중교목, 관목, 지피류), 입면도(평면도 지점의 수목 높이, 수종의 구성, 지형 등)로 파악한다.
　㉡ 식생형 : 단순림, 혼효림, 천이 초지, 관리 초지, 농경지역, 도시화 지역으로 나눈다.
　㉢ 녹지자연도(DGN ; Degree of Green Naturality)
　　• 정의 : 일정 토지의 자연생태 및 환경적 가치를 판단하는 중요한 지표로, 그 지역의 개발 혹은 보존의 검토를 위한 기초자료로 제공하는 것
　　• 구분 : 1등급에서 10등급, 0등급으로 나누어지며 등급이 높아질수록 보존가치가 높아진다.

④ 기 타
　㉠ 빈도 : 어떤 종이 출현한 사각형 구역의 수 / 조사한 표본수 × 100(%)
　㉡ 밀도 : 단위 면적당 개체수 / 총면적 × 100(%)
　㉢ 평균넓이 : 1/밀도
　㉣ 피도 : 식생이 지표면을 덮는 면적 비율

(7) 경관조사

① 경관조사 항목 및 방법

조사 항목		조사 방법
경관 분석	분석요소	경관의 구성요소(기본요소, 변화요소) 등을 분석대상으로 한다.
	가시권분석	가시권과 비가시권으로 구분하여, 가시권 내에서 주요 이동통로를 선정하여 위치변동에 따른 이동경관을 분석한다.
	조망점 선정	• 예비 조망점 선정 : 다양한 형태와 주변경관을 파악할 수 있도록 네 방향 이상, 다양한 거리별로 각각 최소 한 개소 이상을 선정한다. • 주요 조망점 선정 : 가시권 내에서 대상지역경관을 나타내는 대표성 및 보편성이 있는 지점을 선정한다.
	경관시뮬레이션	사업시행에 따른 경관변화의 전·후 비교 분석이 가능하도록 객관성과 사실성에 근거하여 표현한다.

㉠ 대상지의 근경과 원경에 대한 경관 분석도를 작성한다.
㉡ 현장조사를 통하여 우수한 경관과 불량한 경관을 조사 분석한다.
㉢ 시각적 범위 : 근경(500m 이내), 중경(1,000m 이내), 원경(2,000m 이상)

② **경관분석요소** : 경관 구성요소로는 시각요소인 점·선·면적인 요소, 수평·수직적인 요소, 랜드마크·전망·비스타·기울기 등을 분석하고, 시각적 특성으로는 형태·선·색채·질감의 우세요소와 대조·집중·연속·축·대비·조형의 우세원칙 및 거리·광선·기후조건·계절·시간의 변화요인 등을 분석대상에 포함시킨다.

③ 경관분석 기법

㉠ 케빈 린치(Kevin Lynch)는 도시경관을 분석함에 있어서 기호를 만들어 이를 도시경관분석에 이용하여 도면을 작성하였다. → 경관의 좋고 나쁨을 기호화하여 분석하였다.
㉡ 5가지 기호 : 통로(Path), 모서리(Edges), 지역(District), 결절점(Node), 랜드마크(Landmark)
㉢ 현장조사와 자료조사를 통하여 경관특성을 분류 및 체계화한다.
  • 경관의 기본요소 : 점, 선, 형태, 크기와 위치, 질감, 색채 등
  • 경관의 변화요소 : 광선, 기상조건, 계절, 시간 등

2 인문·사회환경 조사 분석

(1) 조사 항목과 조사 내용

① 인문·사회환경은 경제·사회환경(인구, 주거, 산업, 교통, 문화재 등)과 생활환경(대기질, 악취, 수질, 토지이용, 소음·진동, 폐기물, 위락·경관, 위생·보건, 전파장해, 일조장해 등)을 조사 분석한다.
② 조사 및 분석은 사업의 목적과 성격에 부합하는 항목과 내용을 선별한다.

[조사 항목과 조사 내용]

조사 항목	조사 내용
토지 이용 현황	대지, 임야 등의 지적과 향후 토지 이용 계획에 대한 용도 조사
교통동선	진입, 동선 연계에 직·간접적으로 영향을 줄 수 있는 도로, 접근로, 진입로 등을 조사
시설물	건축물, 공작물, 구조물, 포장 등의 시설 조사
토지 현황	지번, 지목, 면적, 소유자 등에 대한 자료 조사
지역 현황	명칭 유래, 역사, 문화, 인물, 행정구역, 인구, 산업기반의 이해를 위한 조사
기 타	그 밖의 인문환경과 관련한 모든 내용과 대상을 중심으로 사업의 목적과 성격을 감안하여 조사분석

(2) 토지이용조사

① 이용 형태별로 밭, 논, 대지, 임야 등으로 조사하되 등기부상의 법정 지목과 실제 이용 상태를 조사한다.
② 소유별로 국유, 사유 등으로 조사행정관할구역은 어디에 속하는지도 조사한다.
③ 토지 이용에 있어 법률적인 제한 조건을 반드시 확인한다.
④ **토지이용 현황** : 토지이용계획도 및 토지이용계획 확인서를 발급하여 대상지 주변의 주거 지역, 상업 지역 등의 현황을 파악하고 장래 계획을 조사 분석한다.

(3) 교통조사

① 계획부지 내의 교통체계를 조사하고 계획 대상지에 접근할 수 있는 교통수단과 동선 배치 상태를 조사하고, 장래의 확장 계획도 조사한다.
② 교통·동선조사 방법
  ㉠ 출입을 위한 대상지 내의 주요 동선 현황을 조사 분석한다.
  ㉡ 주변의 교통 현황과 체계, 교통수단을 조사 분석한다.
  ㉢ 대상지 내의 부지 여건과 경사 등 현재의 지형을 검토하여 단지 내의 교통·동선 계획을 조사 분석한다.

(4) 시설물 조사

① 각종 건축물의 현황, 부지 내에 가설되어 있는 전력선, 가스관, 상하수도를 조사한다.
  ㉠ 건축물 등 각종 구조물의 구조, 용도와 정주패턴 등을 파악한다.
  ㉡ 전력, 가스, 상하수도 등 기반시설의 현황 및 계획을 조사한다.
② 시설물 조사 방법
  ㉠ 측량도를 이용하여 단지 내의 건축물, 공작물, 구조물, 시설물, 포장 등을 조사하여 도면을 작성한다.
  ㉡ 현장조사를 통하여 시설물의 재료와 크기, 형태 등을 조사 분석하여 존치 여부를 판단하는 자료로 활용한다.

ⓒ 시설물의 규모와 크기 등을 감안하여 별도의 조사를 의뢰하여 시행할 수 있다.
ⓔ 조사된 지장물 도면과 조서를 활용하여 철거 비용과 폐기물 처리비 등을 산출하는 자료로 활용한다.

(5) 지역현황 조사

① 개 요
　㉠ 행정구역과 대상지의 입지 현황을 분석하여 광역적, 지역적, 접근 체계와 주변 현황을 조사 분석한다.
　　• 광역적·지역적 차원의 접근은 통계청 국가통계포털 및 지자체 통계연보를 조사한다.
　　• 대상지 차원의 접근은 각 주민(행정)자치센터 홈페이지를 조사해 비교 분석할 수 있다.
　㉡ 조사지역의 인구 현황을 분석하여 인구의 증감 추세와 유입인구 등을 조사 분석한다.
　㉢ 지역의 산업 기반과 구조를 분석하여 지역 내의 총생산 성장률과 산업종사자의 현황을 파악한다.
　㉣ 대상지의 역사, 문화적으로 보전가치가 있는 건축물, 유적 등과 전설, 설화 등의 유·무형의 역사성을 대표하는 주요 자원을 조사 분석한다.
　　• 통계연보 : 지자체의 인구, 교통, 문화 등 변화를 이해할 수 있는 자료로서, 각 지자체 홈페이지에서 열람 가능하다.
　　• 동네명소, 지명 유래, 연혁, 전설, 설화 등 지역정보 : 동·읍·리 단위의 각 주민(행정)자치센터 홈페이지에서 열람 가능
　　• 지역 주민을 대표하는 이장, 반장 및 지역주민이 모여 있는 노인정 등을 현장 방문 조사한다.

② 인구조사
　㉠ 계획 부지 이외의 주변 지역까지 조사(남녀, 연령, 학력, 직업, 소득 등)
　㉡ 종 류
　　• 비요소모형 : 선형모형, 지수모형, 수정된 지수모형, 곰페르츠모형, 로지스틱모형 등
　　• 요소모형 : 연령집단생존모형, 인구이동모형

③ 역사적 유물조사
　㉠ 유·무형의 역사·문화 유물을 조사하여 보존, 복원, 이전 등의 계획을 수립
　㉡ 종 류
　　• 무형적 : 각종 행사, 예능, 공예 기술 등
　　• 유형적 : 역사적 의미가 있는 사적지, 기타 문화재 등

(6) 기타 조사

① 대상지의 위치와 장소를 감안하여 도로, 공항, 항만 등의 기반 시설 현황과 상하수도 현황, 폐기물 등의 환경 기초 시설 현황 등을 조사 분석한다.
② 이용객 추정은 대상지와 이용권으로 연계된 지역을 포함하여 조사 분석한다.
③ 프로젝트의 목적과 성격에 따라 주거, 주택, 취업 인구 등 대상지 인문환경에 적용되는 사항을 상황에 따라 추가하여 조사 분석한다.

제2절 조경 관련 법

1 도시공원 관련 법

(1) 도시공원 및 녹지 등에 관한 법률·시행령·시행규칙

① 공원시설의 종류 : 도시공원의 효용을 다하기 위하여 설치하는 시설을 말한다.

공원시설	종 류
조경시설	관상용식수대, 잔디밭, 산울타리, 그늘시렁, 못, 폭포
휴양시설	야유회장 및 야영장 그 밖에 이와 유사한 시설, 경로당, 노인복지관, 수목원
유희시설	시소·정글짐·사다리·순환회전차·궤도·모험놀이장, 유원시설, 발물놀이터(도섭지)·뱃놀이터 및 낚시터
운동시설	골프장(6홀 이하), 농구장, 당구장, 배구장, 배드민턴장, 수영장, 스키장, 야구장, 축구장, 테니스장 등의 운동시설, 자연체험장
교양시설	도서관 및 독서실, 온실, 야외극장, 문화예술회관, 미술관 및 과학관, 장애인복지관, 사회복지관, 건강생활지원센터, 청소년수련시설 및 학생기숙사, 국공립어린이집, 직장어린이집, 국립유치원 및 공립유치원, 천체 또는 기상관측시설, 기념비, 옛무덤·성터·옛집, 공연장 및 전시장, 어린이 교통안전교육장, 재난·재해 안전체험장 및 생태학습원, 민속놀이마당 및 정원
편익시설	우체통, 공중전화실, 휴게음식점, 일반음식점, 약국, 수화물예치소, 전망대, 시계탑, 음수장, 제과점, 사진관, 유스호스텔, 선수 전용 숙소, 운동시설 관련 사무실, 대형마트 및 쇼핑센터, 농산물 직매장
공원관리시설	창고·차고·게시판·표지·조명시설·폐쇄회로 텔레비전(CCTV)·쓰레기처리장·쓰레기통·수도, 우물, 태양에너지설비
도시농업시설	도시텃밭, 도시농업용 온실·온상·퇴비장, 관수 및 급수 시설, 세면장, 농기구 세척장, 그 밖에 이와 유사한 시설로서 도시농업을 위한 시설
그 밖의 시설	장사시설, 역사 관련 시설, 동물놀이터, 보훈회관, 무인동력비행장치 조종연습장

② 도시공원의 세분 및 규모(법 제15조)

도시공원은 그 기능 및 주제에 따라 다음과 같이 세분한다.

㉠ 국가도시공원 : 법에 따라 설치·관리하는 도시공원 중 국가가 지정하는 공원
㉡ 생활권공원 : 도시생활권의 기반이 되는 공원의 성격으로 설치·관리하는 공원
- 소공원 : 소규모 토지를 이용하여 도시민의 휴식 및 정서함양을 도모하기 위하여 설치하는 공원
- 어린이공원 : 어린이의 보건 및 정서생활의 향상에 이바지하기 위하여 설치하는 공원
- 근린공원 : 근린거주자 또는 근린생활권으로 구성된 지역생활권 거주자의 보건·휴양 및 정서생활의 향상에 이바지하기 위하여 설치하는 공원
- 주제공원 : 생활권공원 외에 다양한 목적으로 설치하는 공원
- 역사공원 : 도시의 역사적 장소나 시설물, 유적·유물 등을 활용하여 도시민의 휴식·교육을 목적으로 설치하는 공원
- 문화공원 : 도시의 각종 문화적 특징을 활용하여 도시민의 휴식·교육을 목적으로 설치하는 공원
- 수변공원 : 도시의 하천가·호숫가 등 수변공간을 활용하여 도시민의 여가·휴식을 목적으로 설치하는 공원
- 묘지공원 : 묘지 이용자에게 휴식 등을 제공하기 위하여 일정한 구역에 법에 따른 묘지와 공원시설을 혼합하여 설치하는 공원
- 체육공원 : 주로 운동경기나 야외활동 등 체육활동을 통하여 건전한 신체와 정신을 배양함을 목적으로 설치하는 공원
- 도시농업공원 : 도시민의 정서순화 및 공동체의식 함양을 위하여 도시농업을 주된 목적으로 설치하는 공원
- 방재공원 : 지진 등 재난발생 시 도시민 대피 및 구호 거점으로 활용될 수 있도록 설치하는 공원
- 그 밖에 특별시·광역시·특별자치시·도·특별자치도 또는 지방자치법에 따른 서울특별시·광역시 및 특별자치시를 제외한 인구 50만 이상 대도시의 조례로 정하는 공원

③ 도시공원의 규모의 기준과 도시공원 안 공원시설 부지면적(시행규칙 [별표 3], [별표 4])

도시공원의 세분			유치거리	규모	공원시설 부지면적
국가도시공원			-	3,000,000m^2 이상	-
생활권 공원		소공원	제한 없음	제한 없음	20% 이하
		어린이공원	250m 이하	1,500m^2 이상	60% 이하
	근린 공원	근린생활권 근린공원	500m 이하	10,000m^2 이상	40% 이하
		도보권 근린공원	1,000m 이하	30,000m^2 이상	40% 이하
		도시지역권 근린공원	제한 없음	100,000m^2 이상	40% 이하
		광역권 근린공원	제한 없음	1,000,000m^2 이상	40% 이하

도시공원의 세분		유치거리	규 모	공원시설 부지면적
주제공원	역사공원	제한 없음	제한 없음	제한 없음
	문화공원	제한 없음	제한 없음	제한 없음
	수변공원	제한 없음	제한 없음	40% 이하
	묘지공원	제한 없음	100,000m^2 이상	20% 이상
	체육공원	제한 없음	10,000m^2 이상	50% 이하
	도시농업공원	제한 없음	10,000m^2 이상	40% 이하
	방재공원	–	–	–
	인구 50만 이상 대도시의 조례로 정하는 공원(서울특별시·광역시·특별자치시도 제외)	제한 없음	제한 없음	제한 없음

④ 공원녹지기본계획(법 제5조제1항)
  ㉠ 수립권자 : 특별시장·광역시장·특별자치시장·특별자치도지사 또는 대통령령으로 정하는 시의 시장
  ㉡ 10년을 단위로 하여 관할구역의 도시지역에 대하여 공원녹지의 확충·관리·이용 방향을 종합적으로 제시하는 기본계획을 수립하여야한다.
  ㉢ 공원녹지기본계획의 내용 등(법 제6조)
    공원녹지기본계획에는 다음의 사항이 포함되어야 한다.
    • 지역적 특성 및 계획의 방향·목표에 관한 사항
    • 인구, 산업, 경제, 공간구조, 토지이용 등의 변화에 따른 공원녹지의 여건 변화에 관한 사항
    • 공원녹지의 종합적 배치에 관한 사항
    • 공원녹지의 축(軸)과 망(網)에 관한 사항
    • 공원녹지의 수요 및 공급에 관한 사항
    • 공원녹지의 보전·관리·이용에 관한 사항
    • 도시녹화에 관한 사항 등

⑤ 녹지의 세분(법 제35조)
  녹지는 그 기능에 따라 다음과 같이 세분한다.
  ㉠ 완충녹지 : 대기오염, 소음, 진동, 악취, 그 밖에 이에 준하는 공해와 각종 사고나 자연재해, 그 밖에 이에 준하는 재해 등의 방지를 위하여 설치하는 녹지
  ㉡ 경관녹지 : 도시의 자연적 환경을 보전하거나 이를 개선하고 이미 자연이 훼손된 지역을 복원·개선함으로써 도시경관을 향상시키기 위하여 설치하는 녹지
  ㉢ 연결녹지 : 도시 안의 공원, 하천, 산지 등을 유기적으로 연결하고 도시민에게 산책공간의 역할을 하는 등 여가·휴식을 제공하는 선형의 녹지

⑥ 벌칙(법 제53조, 제54조)
  ㉠ 다음의 어느 하나에 해당하는 자는 1년 이하의 징역 또는 1천만원 이하의 벌금에 처한다.
    • 위탁 또는 인가를 받지 아니하고 도시공원 또는 공원시설을 설치하거나 관리한 자
    • 허가를 받지 아니하거나 허가받은 내용을 위반하여 도시공원 또는 녹지에서 시설·건축물 또는 공작물을 설치한 자
    • 거짓이나 그 밖의 부정한 방법으로 허가를 받은 자
    • 도시공원에 입장하는 사람으로부터 입장료를 징수한 자
  ㉡ 다음의 어느 하나에 해당하는 자는 300만원 이하의 벌금에 처한다.
    • 도시공원 또는 공원시설의 유지·수선 외의 관리를 한 자
    • 허가를 받지 아니하거나 허가받은 내용을 위반하여 도시공원, 도시자연공원구역 또는 녹지에서 금지행위를 한 자(허가를 받지 아니하거나 허가받은 내용을 위반하여 도시공원 또는 녹지에서 시설·건축물 또는 공작물을 설치한 자는 제외한다)
    • 공원시설을 훼손한 자
⑦ 과태료(법 제56조)
  ㉠ 신고를 하지 아니하거나 신고한 금액을 초과하여 입장료를 징수한 자에게는 1천만원 이하의 과태료를 부과한다.
  ㉡ 금지행위를 한 자에게는 10만원 이하의 과태료를 부과한다.
  ㉢ 과태료는 대통령령으로 정하는 바에 따라 특별시장·광역시장·특별자치시장·특별자치도지사·시장 또는 군수가 부과·징수한다.

(2) 자연공원법·시행령·시행규칙
  ① 정의(법 제2조)
    ㉠ '자연공원'이란 국립공원·도립공원·군립공원(郡立公園) 및 지질공원을 말한다.
    ㉡ '국립공원'이란 우리나라의 자연생태계나 자연 및 문화경관(이하 '경관')을 대표할 만한 지역으로서 지정된 공원을 말한다.
    ㉢ '도립공원'이란 도 및 특별자치도의 자연생태계나 경관을 대표할 만한 지역으로서 지정된 공원을 말한다.
    ㉣ '광역시립공원'이란 특별시·광역시·특별자치시의 자연생태계나 경관을 대표할 만한 지역으로서 지정된 공원을 말한다.
    ㉤ '군립공원'이란 군의 자연생태계나 경관을 대표할 만한 지역으로서 지정된 공원을 말한다.
    ㉥ '시립공원'이란 시의 자연생태계나 경관을 대표할 만한 지역으로서 지정된 공원을 말한다.
    ㉦ '구립공원'이란 자치구의 자연생태계나 경관을 대표할 만한 지역으로서 지정된 공원을 말한다.
    ㉧ '지질공원'이란 지구과학적으로 중요하고 경관이 우수한 지역으로서 이를 보전하고 교육·관광 사업 등에 활용하기 위하여 환경부장관이 인증한 공원을 말한다.
    ㉨ '공원구역'이란 자연공원으로 지정된 구역을 말한다.

ⓩ '공원기본계획'이란 자연공원을 보전·이용·관리하기 위하여 장기적인 발전방향을 제시하는 종합계획으로서 공원계획과 공원별 보전·관리계획의 지침이 되는 계획을 말한다.
㉠ '공원계획'이란 자연공원을 보전·관리하고 알맞게 이용하도록 하기 위한 용도지구의 결정, 공원시설의 설치, 건축물의 철거·이전, 그 밖의 행위 제한 및 토지 이용 등에 관한 계획을 말한다.
㉡ '공원별 보전·관리계획'이란 동식물 보호, 훼손지 복원, 탐방객 안전관리 및 환경오염 예방 등 공원계획 외의 자연공원을 보전·관리하기 위한 계획을 말한다.
㉢ '공원사업'이란 공원계획과 공원별 보전·관리계획에 따라 시행하는 사업을 말한다.
㉣ '공원시설'이란 자연공원을 보전·관리 또는 이용하기 위하여 공원계획에 따라 자연공원에 설치하는 시설(공원계획에 따라 자연공원 밖에 설치하는 진입도로, 주차시설 또는 공원사무소를 포함한다)로서 대통령령으로 정하는 시설을 말한다.

더 알아보기

자연공원의 지정 등(법 제4조제1항)
국립공원은 환경부장관이 지정·관리하고, 도립공원은 도지사 또는 특별자치도지사가, 광역시립공원은 특별시장·광역시장·특별자치시장이 각각 지정·관리하며, 군립공원은 군수가, 시립공원은 시장이, 구립공원은 자치구의 구청장이 각각 지정·관리한다.

국립공원의 지정 절차(법 제4조의2제1항)
환경부장관은 국립공원을 지정하려는 경우에는 조사 결과 등을 토대로 국립공원 지정에 필요한 서류를 작성하여 다음의 절차를 차례대로 거쳐야 한다. 국립공원의 지정을 해제하거나 구역 변경 등 대통령령으로 정하는 중요 사항을 변경하는 경우에도 또한 같다.
1. 주민설명회 및 공청회의 개최
2. 관할 특별시장·광역시장·특별자치시장·도지사 또는 특별자치도지사(이하 '시·도지사') 및 시장·군수 또는 자치구의 구청장(이하 '군수')의 의견 청취
3. 관계 중앙행정기관의 장과의 협의
4. 제9조에 따른 국립공원위원회의 심의

도립공원·광역시립공원의 지정 절차(법 제4조의3제1항)
시·도지사는 도립공원 또는 광역시립공원(이하 '도립공원')을 지정하려는 경우에는 조사 결과 등을 토대로 도립공원 지정에 필요한 서류를 작성하여 다음의 절차를 차례대로 거쳐야 한다. 도립공원구역을 변경하는 등 대통령령으로 정하는 중요 사항을 변경하는 경우에도 또한 같다.
1. 해당 지역주민과 관할 군수의 의견 청취
2. 관계 중앙행정기관의 장과의 협의
3. 제9조에 따른 도립공원위원회의 심의

군립공원·시립공원·구립공원의 지정 절차(법 제4조의4제1항)
군수는 군립공원·시립공원 또는 구립공원(이하 '군립공원')을 지정하려는 경우에는 조사 결과 등을 토대로 군립공원 지정에 필요한 서류를 작성하여 다음의 절차를 차례대로 거쳐야 한다. 군립공원구역을 변경하는 등 대통령령으로 정하는 중요 사항을 변경하는 경우에도 또한 같다.

지질공원의 인증 등(법 제36조의3제1항)
시·도지사는 지구과학적으로 중요하고 경관이 우수한 지역에 대하여 지역주민공청회와 관할 군수의 의견청취 절차를 거쳐 환경부장관에게 지질공원 인증을 신청할 수 있다.

② 용도지구(법 제18조제1항) : 공원관리청은 자연공원을 효과적으로 보전하고 이용할 수 있도록 하기 위하여 다음의 용도지구를 공원계획으로 결정한다.
  ㉠ 공원자연보존지구 : 다음에 해당하는 곳으로서 특별히 보호할 필요가 있는 지역
    • 생물다양성이 특히 풍부한 곳
    • 자연생태계가 원시성을 지니고 있는 곳
    • 특별히 보호할 가치가 높은 야생 동·식물이 살고 있는 곳
    • 경관이 특히 아름다운 곳
  ㉡ 공원자연환경지구 : 공원자연보존지구의 완충공간(緩衝空間)으로 보전할 필요가 있는 지역
  ㉢ 공원마을지구 : 마을이 형성된 지역으로서 주민생활을 유지하는 데 필요한 지역
  ㉣ 공원문화유산지구 : 지정문화유산 및 천연기념물 등을 보유한 사찰(寺刹)과 전통사찰 보존지 중 문화유산 및 자연유산의 보전에 필요하거나 불사(佛事)에 필요한 시설을 설치하고자 하는 지역

(3) 기타 관련 법
① 건축법
  ㉠ 대지의 조경(법 제42조)
    • 면적이 200m² 이상인 대지에 건축을 하는 건축주는 용도지역 및 건축물의 규모에 따라 해당 지방자치단체의 조례로 정하는 기준에 따라 대지에 조경이나 그 밖에 필요한 조치를 하여야 한다. 다만, 조경이 필요하지 아니한 건축물로서 대통령령으로 정하는 건축물에 대하여는 조경 등의 조치를 하지 아니할 수 있으며, 옥상 조경 등 대통령령으로 따로 기준을 정하는 경우에는 그 기준에 따른다.
    • 국토교통부장관은 식재(植栽) 기준, 조경 시설물의 종류 및 설치방법, 옥상 조경의 방법 등 조경에 필요한 사항을 정하여 고시할 수 있다.

제3절 기능 분석

1 환경심리학

(1) **환경심리학의 개념** : 물리적 환경과 인간행태의 관계성을 연구하는 분야이며, 환경·계획·설계에 관계되는 실질적인 문제의 해결과 과학적으로 접근할 수 있는 기초를 마련하였다.

(2) **Bell의 전통적인 심리학과 구별되는 환경심리학의 특성**
① 환경과 인간형태의 관계성을 종합된 하나의 단위로서 연구한다.
② 경관을 통하여 인간이 느끼는 다양한 느낌, 감정, 이미지를 분석의 대상으로 삼는다.

③ 긍정적인 느낌을 불러일으키는 경관은 질이 높으며, 부정적인 느낌을 주는 경관은 그 질이 낮다고 생각한다.
④ 현실적인 인간행태에 대한 문제 해결을 위한 이론 및 그 응용을 연구한다.
⑤ 환경과 인간행태 상호 간에 영향을 주고받는 상호작용을 연구한다.
⑥ 건축, 조경, 도시계획, 사회학과 관련된 종합 과학이다.
⑦ 사회심리학과 많은 공통성이 있다.
⑧ 정밀치 않더라도 문제해결에 도움이 될 수 있는 가능한 모든 연구 방법을 사용한다.

2 미적 지각 · 반응

(1) 미적 반응

① 환경심리학과 환경미학
 ㉠ 환경심리학 : 일반적 환경지각 및 인지, 그리고 환경적 반응을 종합적으로 연구하는 것으로, 인간환경의 종합적 관계에서 현실문제 해결에 중점을 둔다.
 ㉡ 환경미학 : 전통적 미학에 바탕을 두고 인간환경 전반에 관한 미적 경험 및 반응에 관심을 갖고 보다 응용적이며 문제중심적인 접근을 추구한다.
 ※ 환경심리학과 환경미학의 공통점 : 환경지각과 인지를 기초로 한다.

> **더 알아보기**
>
> **미적 반응의 유형**
> - 감정적 : 즐거움, 두려움, 슬픔
> - 행동적 : 머리나 손의 움직임 등
> - 구술적 : 말로써 감정이나 느낌을 표현
> - 정신 생리적 : 손에 땀이 나거나 맥박이 뛰는 것

(2) 환경 지각 및 인지

① 지각(Perception) : 감각 기관의 생리적 자극을 통하여 외부의 환경적 자극을 받아들이는 과정 혹은 행위이다. 또 환경적 사물을 받아들이는 과정을 강조한다.
② 인지(Cognition) : 과거 및 현재의 외부적 환경과 미래의 인간 행태를 연결시켜 주는 지식(Knowing)을 얻는 다양한 수단이다. 개인의 환경에 대한 지식이 증가되거나 수정되는 과정으로 아는 과정을 강조한다.
③ 지각과 인지는 연속된 하나의 과정이다.
 ※ 물체를 자극으로부터 지각하고 반응하는 과정 : 지각(Perception) → 인지(Cognition) → 판단(Judgement) → 반응(Reaction)

(3) Berlyne의 인간의 미적 반응 과정 4단계
① 자극탐구(Stimuli Seeking) : 호기심이나 지루함 등의 다양한 동기에 대한 자극을 찾는 것으로 다양성 탐구의 동기에 의해 일어난다.
② 자극선택(Stimuli Selecting) : 인간은 자극에 대해 동시에 집중할 수 없으므로 선택적 주의집중을 하게 된다. 자극의 특성이 주의집중을 좌우하기도 한다.
③ 자극해석(Stimuli Processing) : 자극요소의 상호 관련성을 지각하여 인식하고, 자극의 패턴을 받아들인다.
④ 자극에 대한 반응(Response) : 최종 단계인 육체적 혹은 심리적 형태로 나타내는 반응이다.

3 척도와 인간

(1) 경관의 미적반응을 측정하기 위한 척도의 유형
① 명목척도 : 대상의 특성을 분류하거나 확인할 목적으로 고유번호 부여(성별, 운동선수의 등번호, 주민번호, 우편번호 등)
② 서열(순서)척도 : 측정대상 간에 대소나 높고 낮음 등의 순위 비교[키 큰 순서, 학점, 선호도(1순위, 2순위, 3순위), 계급체계(1등급, 2등급, 3등급) 등]
③ 등간척도 : 일정크기의 상대적 비교(온도, IQ지수, 주가지수, 리커트 척도, 어의구별척도 등)
④ 비례척도 : 등간척이 안 되는 것(소득, 무게, 길이, 나이, 부피 등)

제4절 분석의 종합, 평가

1 분석의 종합

(1) 기능분석
교통기능, 설비기능, 이용기능, 경관기능, 토지이용기능, 재해방지기능, 유사시설이나 공공시설과의 기능조절을 동반 종합적으로 분석

(2) 규모분석
공간량 분석, 시간적 분석, 예산 규모 분석, 토목적인 분석

(3) 구조분석
공간 및 경관 구조, 이용 구조, 지역 사회 구조, 토지 이용 구조

(4) 형태분석

구조물이나 시설물의 형태, 토지 조성의 형태, 지표면·수면의 형태, 수목·식재 형태

(5) 상위계획의 수용

① 국토종합개발계획, 지역계획, 도시계획, 관광지개발계획, 경제개발계획, 사회개발계획 등
② 계획 부지를 포함한 상위계획을 파악, 이를 수용
③ 자료 상호 간의 조합을 여러 번 반복하여 최선의 대안 모색

2 영향평가

(1) 영향평가의 개념

① 환경에 미치는 영향평가는 사업시행 전, 사업시행 중, 사업시행 후로 구분하고, 평가항목으로는 동·식물상, 경관, 수질, 대기질, 토양, 지형 등 자연환경과 소음, 진동, 악취 등 생활환경을 포함해야 한다.
② 환경영향평가 : 주로 개발에 따른 생태적·사회적·경관적 영향에 초점을 맞추는 것으로 시행되기 전에 예상되는 악영향을 평가한다.

(2) 이용 후 평가(목적, 대상 등)

① **적용범위** : 이용 후 평가 대상으로 선정된 지역의 조경설계에 포함하며, 별도로 정하지 않은 경우의 평가기간은 준공 후 5년간을 표준으로 한다.
② **조사내용** : 대상지의 물리적 환경, 이용자, 주변환경, 설계과정을 조사한다. 이용 후 평가의 조사내용은 계획과정 시의 분석항목과 동일하나, 기존의 공간을 평가한다는 점에서 포괄적으로 이용자 만족도 및 시공 후의 환경영향평가를 포함한다.
   ㉠ 물리적 환경조사 : 계획안, 설계안에 의해 조성된 공간의 규모, 구성요소, 공간의 특성 등을 포함한다.
   ㉡ 이용자 조사 : 계획가, 이용자, 주변의 이용자 등을 포함하며 이용자는 실제 이용자만을 대상으로 할 수 있다. 이용자의 속성, 이용실태를 조사 항목으로 한다.
   ㉢ 주변환경 : 평가대상지 주변환경의 기후, 지형, 식생 및 토양, 토지이용 등을 조사한다.
   ㉣ 설계과정 : 설계참여자의 역할 및 의사결정과 이용자 행태 및 환경에 대한 가치관, 예산, 법령 등을 조사한다.
   ㉤ 기타 시공 후의 이용자나 관리자에 의한 공간 변경을 조사한다.
③ **조사방법** : 인문·사회 환경조사분석의 조사방법을 따른다.

> **더 알아보기**
>
> **설문조사, 인터뷰 특징**
> - 설문조사의 특징
>   - 설문지는 우편이나 전화를 통해 작성되기도 한다.
>   - 설문에 걸리는 시간은 결과에 영향을 준다. 즉, 설문지 응답에 걸리는 시간이 너무 길면 지루하게 느껴져 응답의 성의가 떨어진다. 응답에 걸리는 시간은 최대 30분이내 정도가 가장 적절하다.
>   - 설문지에 의한 조사는 문제의 성격이 명확할 때 사용하는 것이 좋다.
>   - 설문의 유형으로는 자유응답, 제한응답, 시각적 응답 등의 유형이 있다.
> - 인터뷰(Interview)의 특징
>   - 개인별 또는 일정그룹을 대상으로 한다.
>   - 상황에 대한 사전분석을 통해 어떤 점이 중요한지 조사한다.
>   - 인터뷰 과정에서 보다 확실한 정보를 얻기 위하여 적절한 대응(Probing)이 필요하다.
>   - '누가, 무엇을, 누구에게 어떻게 전달하며 그 효과는 무엇인가'를 조사하는 것은 내용분석법이다.

④ 이용만족도 분석

 ㉠ 분석항목

  • 물리적 특성, 이용자 속성, 이용행태를 중점 항목으로 한다.

  • 물리적 특성은 대상지 공간의 배치, 규모, 입지, 시설 유무, 녹지의 양과 질, 동선, 소음, 재료 등 공간을 설명할 수 있는 물리적 요소를 항목으로 선정한다.

  • 이용자 속성은 성별, 연령, 학력, 직업, 월소득 등을 항목으로 선정한다.

  • 이용자 행태는 대상사업지의 접근수단, 접근시간, 동반자 수, 동반형태, 체류시간, 이용동기, 이용빈도, 이용시간 등을 선정한다.

 ㉡ 만족도 : 이용만족도는 환경과의 조화성, 심미성, 기능성, 이용성, 경관성, 편리성 등 심리적 만족도와 물리적 시설만족도로 구성하여 신뢰성과 타당성을 입증하여 분석하며, 평가결과는 유사 조경공간의 조성 시 적용한다.

제5절 기본구상

1 기본개념의 확정

(1) **개념의 정의와 필요성**

① 개념의 정의 : 개념이란 프로젝트의 요구조건, 설계의 내용, 조경가의 신념 등을 포함한 구체적인 것을 말한다. 개념은 주제와 다르고 아이디어와 다르다. 주제는 설계를 통해 던지고 싶은 메시지를 말하고 아이디어는 보다 작은 또는 확고하게 정리되지 않은 생각의 덩어리를 말한다. 모두 다 개념이 될 수는 있지만 개념이라 칭하기에는 부족한 부분이 있다. 다양한 분석 과정을 거쳐 모은 자료들을 종합적으로 해석하다 보면 해당 공간이 가지는 공간적 문제와 잠재력 등이 드러나게 된다. 이런 문제점과 잠재력을 계획·설계를 통해 어떻게 변화시켜 해결할 것인가가 바로 개념이 된다.

② 개념의 필요성

개념은 설계를 진행함에 있어 공간을 일관성 있고 체계적으로 끌고 가는 방향을 제시할 뿐 아니라 의뢰인과 이용자 등에게 설계안을 확신시키는 힘으로 작용한다. 따라서 개념을 잘 설정하면 설계를 보다 수월하게 이끌어 갈 수 있다.

(2) **개념의 유형**

유 형	특 성	사 례
추상적 개념	추상적 관념이나 추상적 이미지에서 비롯된 관념적 개념	어울림, 맥, 흐름, 도심 속 오아시스, 효(孝)
환경적 개념	부지나 부지 주변의 환경적 특성에서 비롯된 개념	친환경, 여백의 미, 늘 푸른, 바이오 세상
구성적 개념	공간이나 형태의 구성방식을 의미하는 개념	면의 중첩, 씨실과 날실, 유기적 동선, 격자형 녹지
형태적 개념	대상물의 형태를 의미하거나 형태와 연관성이 강한 개념	벌집, 원과 순환, 핸드인 핸드, 제주처럼, 소용돌이, 동심원
기능적 개념	공간의 전체적 또는 부분적 기능을 의미하는 개념	커뮤니티, 실버타운, 정보통신, 5G 세상

2 목표 그리고 프로그램

목표 및 프로그램은 프로젝트의 의도 및 방향을 제시해 준다. 목표는 보통 프로젝트의 장기적이고 포괄적인 의도를 나타낸다. 프로그램은 보다 구체적이며 세분화된 설계의도를 나타내며 설계결과에 대한 보다 명확한 기술을 포함하고 있다. 목표와 프로그램의 관계는 목적-수단의 스펙트럼의 개념으로 설명된다. 목표와 프로그램은 일반적으로 여러 단계의 위계를 형성하게 되는데, 이때 상위 목표는 바로 다음 단계의 하위 위계의 목적이 되며, 하위 목표는 상위 목표의 수단이 된다. 따라서 목표는 프로그램의 목적이 되며 프로그램은 목표를 달성하기 위한 수단이 된다. 목표는 보다 추상적으로 표현되며 프로그램은 프로젝트 수행을 위한 보다 구체적인 사항을 포함한다. 프로그램보다 자세한 형태로는 일반적으로 공간 프로그램과 행위 프로그램이 있다.

3 도입시설의 선정

(1) 도입활동과 시설종류 결정

도입활동은 최소 활동단위로서 자체적 독립기능을 가지고 있어야 한다. 이러한 도입활동을 결정하기 전에 먼저 계획의 목표, 계획의 기본방향을 결정하는 과정에서 어떠한 활동이 개발대상지와 조화를 이룰 것인지에 대해 기본적 방향이 결정되어 있어야 한다.

① 분석적 방법 : 철저히 대상지의 자원조건, 시장조건, 이용현황 등의 자료를 토대로 도입활동과 시설종류를 결정하는 방법
② 창의적 방법 : 개발의 주제와 관련된 이미지 또는 기발한 아이디어 등을 기반으로 도입활동과 시설종류를 결정하는 방법

(2) 시설규모 결정

① 도입활동 및 시설종류가 결정되면 계획 대상지에 어떤 규모의 공간이 만들어져야 할 것인가를 결정하여야 한다.
② 수요를 추정하여 수요에 맞는 적정한 개발 규모를 결정하는 방법과 공급에 의해 수요를 창출하는 방법이 있다.
③ 관광지 개발에서는 공급에 의해 수요를 창출하는 방법이 사용되지만, 공공시설로 조성되는 공원의 경우에는 수요추정에 맞게 적정개발 규모를 결정한다.

(3) 원단위

구 분	개 념	시설의 종류
공간 원단위	옥외 공간에 조성된 자원의 원단위로서 1인당 요구되는 관광자원의 개발 면적	관광지, 수목원, 스키장, 자연 휴양림 등
시설 원단위	건축물 및 구조물로 이루어진 자원의 원단위로서 1인당 요구되는 건축물의 면적	박물관, 미술관, 수족관 등
단위 시설 원단위	관광 시설지 내 도입 시설의 원단위로서 1인당 요구되는 단위 시설의 면적	주차장, 화장실, 취사시설 등

다양한 시설 프로그램들이 구성되어서 계획안이 만들어지는 만큼 도출된 시설프로그램들의 종류도 중요하지만, 개별 도입시설들의 규모를 어떻게 할 것인지가 매우 중요하다. 사람들의 활동을 단순화하고 활동의 기본적 소요 면적을 원단위로 삼을 수 있다. 예를 들어 한 사람이 산책하기 위해서는 최소 0.8m의 노폭이 필요하다거나, 한 사람이 공연을 관람하기 위해서는 대략 $1m^2$의 면적이 필요하다고 산정하는 것이 원단위 개념이다. 여기에 필요한 인원 수 만큼을 곱하게 되면 개별 시설의 필요면적이 나오게 된다.

4 수요측정하기

(1) 수요추정의 개념

① 수요추정은 대상부지와 사업 목적에 부합하는 적정수요의 추정을 말한다. 이는 발주자가 요구하는 이익을 전제한 목표수요 및 잠재수요와 실제 부지가 수용 가능한 수용력 사이의 균형을 잡는 일이며, 보존과 개발의 적정 수위를 조정하기 위한 단계이다. 그러나 모든 프로젝트를 대상으로 수요를 추정하고 개발가능면적을 산출하는 것은 아니다. 일반적으로 규모가 크고, 복잡(복합 리조트 등의 프로젝트)한 프로젝트나 생태적 환경보존이 매우 중요한 프로젝트 등 그 개발 공간규모의 산정을 정교하게 해야 하는 경우에는 반드시 수행해야 한다. 그 외의 경우는 상황에 따라 다를 수 있다.

② 목표수요 및 잠재수요 즉, 사회적 수요량은 통상 사업타당성 분석의 결과로 제시되거나 지침으로 제시되는 경우가 많다. 만일 제시된 것이 없는 경우 유사사례를 분석하거나 공간의 목적 유형에 부합하는 수요량을 추정해야 할 필요가 있다.

③ 추정된 사회적 수요량과 공간의 수용력을 비교해 그 적정한 수준의 이용자 수를 산정해 내는 과정을 수요추정이라 할 수 있다.

(2) 수요추정 및 시설 규모 산정

대상지의 이용 인구 추정을 통해 생태 전략에 맞는 생태적 공간 구성과 이동 통로 그리고 보전 이용 시설의 배치를 구상할 수 있다. 또한 현명한 수요추정을 통해 예산의 낭비와 불필요한 개발을 방지할 수 있으므로 이용객의 추정은 합리적으로 이루어져야 한다.

① 생태적 수용 능력(Carrying Capacity)에 의한 수요추정 방법

생태적 수용 능력은 자연계의 생태적 균형을 깨뜨리지 않는 수준에서의 이용자 수를 포함하는 능력을 말한다. 즉 생태계가 어느 정도 인간의 방해에도 스스로 복원할 수 있는 항상성을 유지할 수 있는 능력에 따라 정하는 방식이다.

㉠ 자연공원과 같은 집단 시설물이 없는 사업 대상지에 적용하는 방법으로 개발 가능 면적을 산정하여 1인당 연간 이용면적(m^2/인/연)으로 나누어 연간 최대 수용 인원(연간 이용자 수)을 구하는 방법이다.

$$연간\ 최대\ 수용\ 인원 = \frac{개발\ 가능\ 면적}{1인당\ 연간\ 이용\ 면적(m^2/인/연)}$$

㉡ 이용 규모(원단위)가 존재하는 집단 시설물 위주의 사업 대상지에 적용하는 방법으로 도입 시설별 이용 가능 면적(예 잔디 광장, 야영장, 주차장 등)을 구하여 이에 비례한 1인당 이용 규모(원단위)로 나누고 도입 시설별로 산정한 이용자 수를 합산하여 동시 최대 이용자 수(최대 시 이용자 수)를 산정하는 방법이 있다.

$$\text{동시 최대 이용자 수} = \frac{\text{이용 가능 면적}}{\text{1인당 이용 규모(원단위)} : m^2/\text{인}}$$

최대 시 이용자 수에 맞추어 동시 최대 수용 인원이 편리하게 사용하도록 규모와 시설을 갖추는 것이 바람직하지만 1년을 통해 최대 시 이용자 수는 2~3일밖에 되지 않으므로 경제적인 상황을 고려하여 최대 시 이용자 수에 60~80%만을 취하는 것이 합리적이다.

② **사회적 수용 능력에 의한 수요추정 방법**

㉠ 주변 지역 자료를 통한 수요추정 : 새로 개발되는 지역과 같이 과거의 이용 추계에 관한 자료가 없을 경우에는 규모와 구상 방향이 유사한 지역의 자료를 이용하여 추정할 수밖에 없다. 이 경우 유사 대상지의 연간 이용자 수를 구해 평균하거나 혹은 이를 이용하여 중력모형을 통해 연간 이용자 수를 추정할 수 있다.

- 최대 일 이용자 수 = 연간 이용자 수 × 최대일률
- 최대 시 이용자 수 = 최대 일 이용자 수 × 회전율

[최대일률]

구 분	1계절형		2계절형		3계절형		4계절형	
	자연공원	관광지	자연공원	관광지	자연공원	관광지	자연공원	관광지
최대일률	1/30	0.034	1/40	0.017	1/60	0.012	1/100	0.010

[회전율]

구 분	회전율		구 분	회전율	
	자연공원	관광지		자연공원	관광지
1시간 체제	1/4.0	0.16	5시간 체제	1/1.5	0.77
2시간 체제	1/2.5	0.31	6시간 체제	1/1.4	0.92
3시간 체제	1/2.0	0.47	7시간 체제	1/1.3	–
4시간 체제	1/1.7	0.62	8시간 체제	1/1.2	–

㉡ 이용자의 추세를 통한 수요 추정 : 대상지의 과거 이용자 수를 통해 등차급수법, 등비급수법, 지수함수식, 최소자승법(회귀식), 로지스틱곡선법 등에 의해 미래 이용자 수를 구할 수 있으나 해당 지역의 외적 여건이 감안되지 않으므로 정확성이 떨어질 수 있다. 또한 과거 자료의 단순한 연장은 개발을 통한 새로운 이용자 유인요인을 부가하지 못하므로 과소 추정될 수 있다.

③ **적정 이용자 수 조정 및 규모 산정** : 생태적 수용 능력과 사회적 수용 능력을 산정하여 이용자수가 산정되면 원칙적으로 사회적 수용이 생태적 수용 능력을 넘지 않을 경우에는 사회적 수용능력으로 기준을 정하고, 사회적 수용 능력이 생태적 수용 능력을 넘을 경우에는 생태적 수용능력을 기준으로 산정한다. 이렇게 산정하여 나온 동시 최대 수용 인원수(최대 시 이용자 수)를 가지고 시설 이용률과 단위 규모(원단위)를 곱해 해당 시설의 규모를 산정한다.

$$\text{시설 규모} = (\text{시설 이용률}) \times (\text{단위 규모}) \times (\text{최대 시 이용자 수})$$

5 다양한 대안의 작성

(1) 대안의 개념

대안이란 목적한 공간을 이룰 수 있고, 개념을 충분히 반영한 여러 가지 선택 가능한 안들을 말한다. 반드시 구상단계에서만 나오는 것은 아니며, 다양한 설계 과정 및 수준에서 대안을 만들어 검증해 볼 수 있다. 각각의 대안은 분명한 특성이 살아 있어야 하며 개념과 목적에 벗어나서는 안 된다. 그리고 너무 많으면 선택에 어려움이 생길 수 있으므로, 의뢰인을 선택 과정에 참여시키고자 할 때는 2~3개 정도의 대안으로 압축하는 것이 바람직하다.

[선택 가능한 대안의 종류]

구 분	설 명
이상안	현재의 여건을 고려하지 않고 찾아내는 안이므로 이론적으로는 가능하나 현재의 제약조건에 비추어 볼 때 실현이 어려운 경우가 많다.
최적안	현재의 주어진 혹은 가정된 여건 내에서 가장 적절한 안을 뜻한다. 즉 여러 현재의 여건을 가정하고 이 테두리 내에서 가능한 여러 안 가운데 모든 요구조건을 최대로 만족시킬 수 있는 안을 말한다.
최선안	주어진 시간 및 비용의 범위 내에서 얻을 수 있는 안을 말한다. 실제로 계획가들이 다루고 있는 많은 프로젝트에서 성공여부는 시간과 비용 내에서 얼마만큼의 최선안을 도출해 낼 수 있는 지에 달려 있다.
창조안	가정된 여건 및 가정된 요구조건을 만족시키는 안을 찾아냈다고 하더라도 무엇인가 불만스러운 경우가 종종 있게 된다. 이러한 경우 계획가는 기존의 가정된 요구조건을 변경시키고 새로운 안을 만들게 된다.

(2) 대안의 필요성

공간을 만드는 일은 정해진 답을 찾는 과정이 아니고 단지 매우 많은 가능성을 지닌 아이디어 중 하나를 선택하는 일이다. 다만, 이 안이 보다 더 목적적이고 현실구현 가능하며 어느 안보다 뛰어나야만 선택될 수 있다. 이를 찾기 위해서 설계단계 중 가장 처음 공간의 골격과 모양새가 드러나는 구상 단계에서 가급적 다양한 안을 검토해 볼 필요가 있다. 대안을 만들어 봄으로써 계획안이 가져야 하는 목적성, 공간의 활용가치, 경제성 등 다양한 측면들을 검토해 볼 수 있다. 이런 과정을 거친 계획안이 선택되어야 구현되었을 때 오류도 적고 의뢰인의 목적에 더 부합할 수 있으며 가치 있는 공간으로 구현될 가능성이 높아진다.

6 대안 평가하기

(1) 대안 평가의 개념

사업목적에 부합하는 안을 만들어 내기 위해서는 대안 평가의 과정을 반드시 거쳐야만 한다. 모든 프로젝트가 다 대안을 만들어서 의뢰인과 검토해야 하는 것은 아니지만, 대안 평가를 통해 설계가가 제시하는 아이디어를 가급적 객관적으로 평가해 보고 의뢰인의 사업 목적에 부합하는지 여부도 검증해야만 다음 단계에서의 오류를 최소화할 수 있다. 대안 평가는 앞서 설정한 2~3개의 대안을 놓고 다양한 측면 및 방법으로 최적의 안을 골라내는 과정이며, 이를 통해 선정된 최적안에 여러 의견들을 담아 최종 계획안으로 만들어 내는 과정이다.

(2) 대안평가의 방법

계획기준에 적합한 대안 평가기준을 작성하고, 해당 평가기준에 준거하여 객관적으로 평가한다.
① **정성적 평가기준** : 대안이 가질 수 있는 특징, 단점, 장점 등을 나열하고 이들 중 강한 특징을 드러내거나, 장점이 많거나, 단점이 적은 안을 고르는 방법을 적용한다. 특히, 작은 공간의 설계나 성격이 분명한 공간의 설계의 경우 적용하기 좋은 방법이다.
② **정량적 평가기준** : 대안을 평가하기 위해 기본 전제, 경제성, 안전성, 창의성, 공공성, 기능성, 유지관리, 공간의 유기적 구성, 환경성 등 타당성 있는 기준을 명시하고 대안별로 점수를 부여해 최적안을 고른다. 정량적 평가의 기준은 정해져 있지 않으나 프로젝트의 목적성 등을 감안해 최적안을 찾을 수 있는 기준을 선정하는 것이 매우 중요하다.

제6절 기본계획

1 토지이용계획

(1) 토지이용계획
① 토지이용계획은 환경조사분석과 조경기본구상에서 언급된 내용을 근간으로 토지가 가지고 있는 잠재력을 파악해야 한다.
② 이용을 위한 기능적 특성을 고려하여 토지이용을 구분해야 한다.
③ 토지이용계획은 일반적으로 토지이용 분류 → 적지분석 → 종합배분 순으로 이루어진다.

(2) 토지이용 분류
① 예상되는 토지이용의 종류를 구분하고 각 토지이용별 이용행태, 기능, 소요면적, 환경적 영향 등을 분석한다.
② **도시계획** : 주거지역(전용·일반·준), 상업지역(중심·일반·유통·근린), 공업지역(전용·일반·준), 녹지지역(보전·생산·자연) 등으로 분류한다.
③ **국립공원계획** : 자연보존지구, 자연환경지구, 집단시설지구, 취락지구 등으로 분류하거나 동적, 정적, 완충, 진입 등 공간의 성격별로 분류한다.

(3) 적지분석
① 각 용도별로 계획구역 내의 어느 장소가 가장 적합한가를 분석하는 것으로 토지의 잠재력, 용도별 특성, 사회적 수요에 기초하여 수행한다.

② 적지분석의 일반적 과정
　㉠ 토지 가치의 분석과 파악 : 공간, 사회, 지역에 살고 있는 사람들이 가지고 있는 토지에 대한 가치를 분석·파악하고, 토지를 바라보는 그들만의 가치를 읽어 낸다. 즉, 가용 토지가 풍부한 지역과 가용 토지가 부족한 곳에서 사는 사람의 토지에 대한 평가지표는 다르다.
　㉡ 기회성과 자연·인문 요소의 관련성 분석(기회성 분석) : 해당 토지이용에 대하여 이용자가 필요로 하는 사항(전망, 일조 등)들이 어떤 자연·인문 요소와 관련 있는지를 분석한다.
　㉢ 바람직한 자연·인문 요소의 추출 및 도면화 : 바람직한 자연·인문 요소들만을 모아서 오버레이 기법(Overlay Method)을 통하여 도면화하고 어느 지역이 토지이용 분류상 적합한지를 파악해 낸다.
　㉣ 제한성과 자연·인문 요소의 관련성 분석(제한성 분석) : 해당 토지이용에 대해 이용자에게 본질적으로 나쁜 영향을 미치는 사항(홍수위험, 배수불량 등)들이 어떤 자연·인문 요소와 관련 있는지를 파악해 낸다.
　㉤ 바람직하지 않은 자연·인문 요소의 추출 및 도면화 : 바람직하지 않은 자연·인문 요소들만을 모아서 오버레이 기법을 통하여 도면화하고 어느 지역이 토지이용 분류상 부적합한지를 파악한다.
　㉥ 기회성과 제한성의 결합 : 바람직한(기회성) 도면에서 바람직하지 않은(제한성) 도면을 제외하면, 나머지 지역은 각 용도별로 적합한 토지이용지역이라고 할 수 있다.

(3) 종합배분

적지분석은 각 토지용도별로 행하여지므로 동일 지역이 몇 개의 용도로 겹치는 경우가 생기게 되는데, 이는 각 토지용도에 대한 미래의 토지수요 예측과 토지의 기능, 토지의 이용형태 등을 고려하여 용도를 결정하도록 한다. 이를 종합하면 최종 토지이용계획안이 작성되는 것이다.

> **더 알아보기**
>
> **적지분석기준**
> - 경관적 기준 : 전망, 선호도, 시각적 영향 등
> - 생태적 기준 : 경사도, 식생밀도, 배수 등
> - 인문적 기준 : 기존의 토지이용, 접근성, 전기·도로·통신 등 기반시설의 확보 용이성

2 교통동선계획

(1) 교통동선의 계획과정

① 통행량 발생 분석 : 토지이용은 보행자와 차량의 통행을 발생시키고, 통행량은 토지이용의 종류와 계절, 요일, 시간대에 영향을 받는다.

② 통행량 배분
  ㉠ 발생된 통행량을 분석하여 토지이용 간의 관계를 파악하고, 토지이용의 종류와 특성 또는 지역 간 거리에 따라 통행량을 분배한다.
  ㉡ 지역 간 통행량이 많을수록 밀접한 관계이고, 기능적으로 최대한 가까이 위치할 수 있도록 통행량을 분배하는 것이 바람직하다.
③ 통행로 선정
  ㉠ 가능한 짧은 거리나 곧은 직선거리가 바람직하지만, 보행로의 경우 우회하더라도 전망이 좋거나 그늘진 쾌적한 분위기의 거리를 선정할 수 있다.
  ㉡ 쾌적한 환경 속에서 통행의 안전을 확보할 수 있고, 자연파괴를 최소화시킬 수 있는 장소를 선정한다.
  ㉢ 보행동선과 차량동선이 만나는 곳은 보행동선을 우선시한다.

(2) 교통동선 체계
① 서로 다른 통행수단(자동차, 자전거, 보행) 상호 간에 연결 혹은 분리가 적절히 이루어져야 한다.
② 간선도로, 집·분산도로, 서비스도로, 몰(Mall, 나무 그늘이 진 산책로) 등을 고려한다.
③ 패턴은 가능한 막힘이 없는 순환체계여야 한다.

3 시설물 배치계획

(1) 시설물 평면계획
① 행위의 종류, 기능, 이용 패턴, 소요면적에 따라 평면을 결정한다.
② 간단한 건축물은 직접 평면계획을 하지만 복잡한 것은 건축가에게 부탁한다.
③ 기본계획에서는 위치, 방향, 면적, 층수, 구조, 재료, 색채, 형태 등의 개요만을 나타낸다.

(2) 시설물의 배치
① 시설물의 형태, 재료, 색채는 주변 경관과의 조화를 고려한다. 단, 랜드마크나 기념적 성격의 경우는 예외로 한다.
② 장방형 건물은 긴 장축이 등고선과 맞게 배치한다.
③ 여러 기능이 공존할 경우에는 유사한 기능의 구조물을 한 곳에 모아서 집단적으로(집단 시설지구) 배치하는 것이 바람직하며, 의자나 휴지통 등은 일정한 간격으로 배치한다.

> **더 알아보기**
>
> **시설물 배치계획의 기본방향**
> - 공원 개발의 목적·목표와 설계개념 및 토지이용계획에 부합되어야 한다.
> - 이용객의 시설 요구도와 도입시설의 공간 요구도를 고려하여야 한다.
> - 각 시설 간의 연계성을 고려하여야 한다.

4 식재계획

(1) 수종 선택
① 자생수종을 활용하고, 식재의 기능 및 분위기에 따른 수종을 선택한다.
② 주거지역에는 화목류 등 친근감을 주는 수종을 선택한다.
③ 계획구역의 기후적 요건에서 생장이 가능한지의 여부를 검토한다.

(2) 배식
① 식물의 생태적 분포패턴을 연구하고 응용하며, 경관적 측면을 고려하여 배식한다.
② 건물 주변이나 기념성이 높은 장소는 정형식으로, 자연에 가까이 접해 있는 장소는 비정형식으로 한다.

(3) 녹지체계
① 녹지가 하나의 체계를 이루게 하고, 교통·통신체계와도 적절히 연결될 수 있도록 한다.
② 녹지의 전체적 분포 및 패턴에 따라 식생의 보호, 관리, 이용 등에 관한 계획을 세워야 한다.

[녹지 계통의 형식]

녹지 계통	특 징
방사식	도시의 중심에서 외부로 방사상의 녹지대가 형성된 형태이며, 도시 내부와 외부의 관련성이 높으며 재난 시 시민들의 빠른 대피에 큰 효과를 발휘하는 녹지 형태이다.
방사환상식	방사식 녹지 형태와 환상식 녹지를 결합한 가장 이상적인 도시녹지 형태
위성식	대도시의 인구 분산을 위해 환상 내부에 녹지대를 조성하고 녹지대 내에 소시가지를 위성적으로 배치한 형태
환상식	도시를 중심으로 5~10km 폭의 환상형 녹지가 조성된 것으로 도시가 확대되는 것을 방지하는 데 효과가 큰 형태
평행식	띠 모양으로 일정한 간격을 두고 평행하게 녹지대가 조성된 형태
분산식	녹지대가 여러 가지 형태로 불규칙하게 조성된 형태

5 하부구조계획

(1) 전기, 전화, 상하수도, 가스 등은 가능한 한 지하로 매설하여 경관성을 살린다.

(2) 공동구를 설치하여 안전성을 높이고 보수가 용이하도록 계획한다.

6 집행계획

(1) 프로젝트 안이 결정된 후 실행하기 위한 계획이다.

(2) **투자계획**
    주어진 예산의 범위에서 실현 가능하도록 계획하고, 자금의 출처와 단계별 투자액을 계산하며 시공비, 자금조달방법, 사업성 등을 경제적 측면에서 검토한다.

(3) **법규검토**
    토지개발에 관련되는 법규를 검토하고 이에 준하여 계획, 설계한다.

(4) **유지관리계획**
    유지관리의 효율성, 편의성, 경제성을 고려하고, 유지관리의 지침, 허용 행위, 규제행위 등 연중관리 일지를 작성한다.

CHAPTER 02 적중예상문제

PART 01 조경설계

01 지질도에서 다음 그림과 같이 나타났을 경우 암석층 A의 경사각 표현으로 가장 적절한 것은?

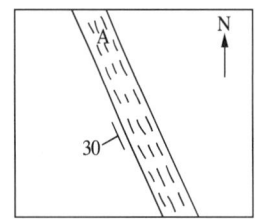

① 수평면으로부터 30° 기울어졌다.
② 수직면으로부터 좌측으로 30° 기울어졌다.
③ 지표면으로부터 30° 기울어졌다.
④ 정북(北)으로부터 좌측으로 30° 기울어졌다.

해설 지질도에서 30의 의미는 암석층 A의 수평면에 대한 경사각이 30°라는 뜻이다.

02 범람원(Flood Plain)의 개발 특성과 가장 관련이 깊은 것은?

① 지하수위가 비교적 낮아서 개발이 용이하다.
② 지하암반이 높게 형성되어 토지의 굴착이 어렵다.
③ 자갈층이 두텁게 충적되어 골재의 이용도가 높다.
④ 표토의 유기질 함량도가 높다.

해설 범람원(氾濫原, Flood Plain)
홍수로 하천이 범람, 토사가 퇴적함으로써 생긴 평야로 토지가 비옥해 농경지로 이용된다.

03 대지(垈地)조건에 가장 적합한 토지의 용도를 찾고 정지 작업하기 위한 절·성토량을 계산하여 적절한 사면 처리 방법을 강구하기 위한 대지 조사 작업은?

① 토지이용 조사
② 경사도 분석
③ 토양조사
④ 인공구조물 조사

해설 경사도 분석
- 대지(垈地) 조건에 가장 적합한 토지의 용도를 찾고 정지 작업하기 위한 절·성토량을 계산하여 적절한 사면 처리방법을 강구하기 위한 대지 조사 작업
- 완·급경사지의 분포를 쉽게 알아볼 수 있도록 경사도에 따라 점진적인 색의 변화를 준 것으로 2개의 인접 등고선의 수직거리는 항상 일정하고 수평거리만 변하게 되며, 일정 경사도는 일정 수평거리를 가진다.

04 축척이 1/50,000인 지형도의 어떤 사면경사를 알기 위해 측정한 계곡선 간의 도상 수평 최단거리가 1.4cm이었을 때 이 두 점의 사면 경사도는?

① 약 8%   ② 약 10%
③ 약 14%   ④ 약 20%

해설
경사도(%) = $\dfrac{수직거리}{수평거리} \times 100(\%)$

1/50,000에서는 계곡선 간의 높이차가 100m이다.
수평거리는 $1.4 \times 50,000 = 700m$

$\therefore \dfrac{100}{700} \times 100(\%) \fallingdotseq 14\%$

정답 1 ① 2 ④ 3 ② 4 ③

05 지상피복조건에 따른 알베도의 값이 틀리게 연결된 것은?

① 바다 : 0.6~0.8
② 검은 흙 : 0.05~0.15
③ 산림 : 0.10~0.20
④ 초지 : 0.15~0.25

해설 ① 바다 : 0.06~0.08

06 옥외휴양 행동을 좌우하는 지배인자로서 영향력이 가장 약한 기상조사 항목은?

① 강우 일수
② 연평균 강설량
③ 기온의 변동량(최고·최저 기온)
④ 생물 기후의 각종 데이터(벚꽃의 개화일 등)

해설 옥외휴양지의 계획에 있어서 기상조건을 조사할 때 중요인자는 월평균 강우량보다는 연평균 강우량이 중요하다.

07 대상지역의 기후에 관한 조사는 계획구역이 속한 지역의 전반적인 기후에 관한 조사와 계획구역 내에 국한된 미기후에 관한 조사로 나누어진다. 다음 중 '미기후'에 관한 조사 사항이 아닌 것은?

① 강우량
② 태양열
③ 공기 유통
④ 안개·서리 피해지역

해설 미기후 인자
지형, 지상피복상태 및 특수열원, 태양 복사열의 정도, 공기 유통의 정도, 안개 및 서리해 유무, 지형적 여건에 따른 일조 시간, 대기오염 자료 등

08 다음 중 미기후 현상 중 안개 및 서리는 주로 어느 지역에서 발생하는가?

① 경사가 완만하고 수목이 밀생한 지역
② 지하수위가 낮고 사질양토인 지역
③ 수목이 없고 겨울철 북서풍에 노출되는 지역
④ 지형이 낮고 배수가 불량한 지역

해설 안개 및 서리의 발생은 지형이 낮고 배수가 불량한 지역일수록 자주 발생한다.

09 다음 중 미기후(Micro Climate)에 영향을 가장 적게 끼치는 것은?

① 보차포장 재료
② 대상지 주변의 식재 현황
③ 주변 건물의 배치
④ 운행 중 차량 소음

해설 미기후(Micro-Climate)
건물이 위치하는 대지 및 주변의 기후로서 주변의 식재나 인공구조물과 같은 지표면 상태에 영향을 받는다.

정답 5 ① 6 ③ 7 ① 8 ④ 9 ④

10 야생동물의 조사와 관련된 설명 중 틀린 것은?

① 식생도면은 야생동물의 서식처에 관한 기초자료이다.
② 상대적으로 중요한 희귀종을 조사한다.
③ 주민의 안전을 위협하는 위험종을 조사한다.
④ 야생동물이 만나는 곳을 에코톤(Ecotone) 이라 한다.

해설 ④ 에코톤 : 성질이 다른 두 환경이 인접하고 그 사이에 환경 제반조건이나 식물군락, 동물군집의 이동이 보이는 부분

11 방형구를 이용한 식생조사방법의 설명으로 옳지 않은 것은?

① 지형의 고저차에 따른 식생분포상태를 조사할 때 적용한다.
② 조사를 위한 최소 면적은 종류-면적곡선(Species-Area Curve)에서 구한다.
③ 조사구의 크기는 조사목적 및 대상으로 하는 식물군락의 성질에 따라 다르다.
④ 방형구 조사법은 식물군집을 대표하는 식분 내에서의 방형구 배치방법에 따라 무작위 방형구법과 주관적 방형배치법이 있다.

해설 방형구법
일정한 면적의 방형구 등에 구획을 설정한 후 그 내부에서 개체수, 생물체량, 종수 등을 조사하는 방법으로, 동식물의 개체군밀도나 분포양식 또는 군집의 종류구성을 조사하기 위해 널리 사용하고 있다.

12 다음 중 가장 파괴가 빠르며 회복이 어려운 생태계 유형은?

① 삼림생태계(森林生態系)
② 경작지생태계(耕作地生態系)
③ 호소생태계(湖沼生態系)
④ 도시생태계(都市生態系)

해설 호소(흐르지 않는 물이 저장된 내륙 웅덩이의 총칭)는 바다와 하천 등에 면하고 있기 때문에 인위적으로 변화와 제어를 가하기 어렵거나 불가능하다는 자연·환경적인 특성을 가지고 있다.
※ 호소생태계 : 생물군집과 물리화학적 환경의 생태학적 단위로 보이는 연못이나 호수

13 어떤 물체나 표면에 도달하는 광(光)의 밀도(密度)를 무엇이라 하는가?

① 휘도(Brightness)
② 조도(Illuminance)
③ 촉광(Candle-Power)
④ 광도(Luminous Intensity)

해설 ① 휘도 : 일정한 넓이를 가진 광원 또는 빛의 반사체 표면의 밝기를 나타내는 양(量)
③ 촉광 : 촉으로 나타낸 광도이다. 기호는 I, 단위는 캔들, 길이에 비유한다면 광도는 길이, 촉은 미터, 촉광은 미터의 수에 해당됨
④ 광도 : 광원으로부터 어느 방향으로 얼마만큼의 빛의 양이 나오고 있는가를 나타내는 것

14 경관을 디자인하는 데 있어서 개념을 형태로 발전시키는 주제로서 크게 기하학적인 형태의 주제와 자연적인 형태의 주제로 나눌 수 있는데 다음 중 자연적인 형태인 것은?

① 원 위의 원
② 90° 직각 주제
③ 불규칙한 다각형
④ 동심원과 반지름

해설　자연적 형태 : 자연적으로 발생하는 것으로 항상 변화하는 운동의 성질을 가진다.
• 유기체적 모서리형(Organic Edge)
• 집합과 분열형(Clustering and Fragmentation)
• 불규칙 다각형(Irregular Polygon)

15 동질적인 성격을 가진 비교적 큰 규모의 경관을 구분하는 것으로 주로 지형 및 지표 상태에 따라 구분하는 것을 무엇이라고 하는가?

① 경관 요소
② 경관 유형
③ 토지 형태
④ 경관 단위

해설　경관 단위
• 동질적인 성격을 가진 비교적 큰 규모의 경관을 구분하는 것
• 주로 지형 및 지표 상태에 의하여 좌우
• 계곡, 경사지 고원, 평탄지 고원, 구릉지 등으로 구분
• 시각자원의 개발, 관리, 보존의 방침을 설정하기 위함

16 다음 중 조경계획을 분석과정 중 경관 분석방법의 분류 형태에 포함되지 않는 것은?

① 생태학적 접근
② 사회학적 접근
③ 형식미학적 접근
④ 경제학적 접근

해설　경관분석방법 분류 형태
생태학적 접근, 형식미학적 접근, 정신물리학적 접근, 심리학적 접근, 기호학적 접근, 현상학적 접근, 경제학적 접근

17 경관의 변화 요인(Variable Factors)에 해당하는 것은?

① 질 감
② 색 채
③ 선
④ 시 간

해설
• 경관의 우세요소 : 형태, 선, 색채, 질감
• 경관의 우세원칙 : 대조, 연속성, 축, 집중, 상대성, 조형
• 경관의 변화요인 : 운동, 빛, 기후조건, 계절, 거리, 관찰위치, 규모, 시간

18 경관의 요소를 변화시키는 데 가변인자가 될 수 없는 것은?

① 빛(Light), 계절(Season)
② 운동(Motion), 거리(Distance)
③ 축(Axis), 연속(Sequence)
④ 규모(Scale), 관찰위치(Observation Position)

해설　경관의 변화요인 : 빛, 계절, 운동, 거리, 기후조건, 시간, 규모, 관찰위치
※ 경관 우세 원칙 : 대조, 연속, 축, 집중, 상대성, 조형

정답　14 ③　15 ④　16 ②　17 ④　18 ③

19 경관의 우세요소를 좀 더 미학적으로 부각시키고 주변의 다른 대상과 비교가 될 수 있는 우세원칙에 해당하지 않는 것은?

① 대비(Contrast)
② 연속(Sequence)
③ 축(Axis)
④ 운동(Motion)

해설 경관의 우세원칙
대비, 연속성, 축, 집중, 상대성, 조형

20 다음 중 경관분석의 기법에 해당하지 않는 것은?

① 기호화 방법
② 군락측도 방법
③ 메시(Mesh)에 의한 방법
④ 게슈탈트(Gestalt)에 의한 방법

해설 경관분석 기법
- 기호화 방법
- 심미적 요소의 계량화 방법
- 사진에 의한 방법
- 메시(Mesh)에 의한 분석 방법
- 시각 회랑에 의한 방법
- 게슈탈트에 의한 방법

21 경관분석에 있어서 시각적 효과 분석 방법에 대한 설명 중 옳은 것은?

① 린치(Lynch)는 도시 이미지 형성에 기여하는 물리적 요소로 통로, 모서리, 지역, 결절점 및 랜드마크의 5가지를 제시하였다.
② 틸(Thiel)은 인간 행동의 움직임을 표시하는 모테이션 심볼을 고안하였다.
③ 할프린(Halprin)은 개개의 공간 표현보다 부분적 공간의 연결로 형성되는 전체적 공간에 대한 종합적 경험을 더욱 중시하고 있다.
④ 아버나티(Abernathy)는 외부공간을 모호한 공간, 한정된 공간, 닫혀진 공간으로 구분하였다.

해설
② 틸(Thiel)은 외부공간을 모호한 공간, 한정된 공간, 닫힌 공간으로 구분하였다.
③ 할프린(Halprin)은 인간 행동의 움직임을 표시하는 모테이션 심벌을 고안하였다.
④ 아버나티(Abernathy)는 환경설계에서 속도 혹은 움직임의 중요성을 주장하였다.

린치(Lynch)
- 이미지는 인간환경의 전체적인 패턴의 이해 및 식별성을 높이는 데 관계되는 개념이다.
- 도시의 이미지 형성에 기여하는 물리적 요소로 통로(Paths), 모서리(Edges), 지역(Districts), 결절점(Nodes) 및 랜드마크(Landmarks)의 다섯 가지를 제시하였다. 이것들은 사람들이 도시환경에 대한 인지도를 구성하는 데 기본적인 다섯 가지 요소라고 볼 수 있다.
- 물리적 형태의 시각적 이미지에 주안점을 두었다.

22 조경과 관련 있는 분야로 현상학적 접근을 바탕으로 문화경관, 장소성 등에 관심이 많은 학문 분야이며 아이켄, 랠프, 투안 등의 학자들이 대표적인 학문 분야는?

① 인문지리학
② 건축학
③ 도시계획학
④ 인문생태학

해설 인간과 장소를 연결시키고자 하는 장소론적 접근은 인문지리학에서부터 발달되었다.

23 인문환경 분석대상과 관계없는 것은?

① 현존 토지이용
② 주변과의 관계
③ 교통과 도로
④ 자연적 특징

해설 ④는 자연환경 분석대상이다.

24 조경계획을 위한 부지조사 시 인문환경 조사 항목에 속하는 것은?

① 지질
② 경관
③ 토양
④ 토지이용

해설 적지 분석 기준
- 경관적 기준 : 전망, 선호도, 시각적 영향 등
- 생태적 기준 : 경사도, 식생밀도, 배수 등
- 인문적 기준 : 기존의 토지이용, 접근성, 전기·도로·통신 등 기반 시설의 확보 용이성

25 조경계획의 과정에서 기초자료의 분석은 주로 자연환경, 인문사회환경, 시각미학환경 분석으로 대별할 수 있다. 다음 중 인문사회환경의 분석요소가 아닌 것은?

① 인구
② 교통
③ 식생
④ 토지이용

해설 인문사회환경 분석 요소
인구조사, 토지이용, 교통조사, 시설물 조사, 역사적 유물 조사, 인간 행태 분석, 공간의 수요량 산정 등

26 다음 중 현명한 토지이용계획과 자원계획을 수립하는 기본은?

① 우리의 건강과 행복을 지켜주는 자연계를 이해하고 유지하는 것
② 생태적으로 민감한 곳, 생산성이 높은 곳, 빼어난 자연경승을 훼손하는 것
③ 보존 대상 주변을 둘러싸는 보호 구역을 보전하고 보전 목적에 부합하는 용도이외의 것으로 사용하는 것
④ 자연훼손 위험성이 큰 곳만을 개발하고, 주변환경을 무시한 계획

해설 현명한 토지이용계획과 자원계획을 수립하는 기본
- 사람과 사람, 사람과 자연관 사이에 최상의 관계가 이루어지도록 토지이용 계획을 수립하는 것
- 우리의 건강과 행복을 지켜주는 자연계를 이해하고 유지하는 것
- 생태적으로 민감한 곳, 생산성이 높은 곳, 빼어난 자연 경승을 보존(Preserve)하는 것
- 보존대상 주변을 둘러싸는 보호구역을 보전(Conserve)하고, 보전 목적에 부합하는 용도로만 사용하는 것
- 자연훼손 위험성이 적은 곳을 개발(Develop)하되, 주변 환경에 큰 해가 없도록 계획하는 것

27 도시인구예측모델을 비요소모형과 요소모형으로 구분할 때, 다음 중 비요소모형에 해당하지 않는 것은?

① 지수성장모형
② 곰페르츠모형
③ 로지스틱모형
④ 연령집단생존모형

해설 인구예측모델
- 비요소모형 : 선형모형, 지수모형, 수정된 지수모형, 곰페르츠모형, 로지스틱모형 등
- 요소모형 : 연령집단생존모형, 인구이동모형

정답 23 ④ 24 ④ 25 ③ 26 ① 27 ④

28 도시공원 및 녹지 등에 관한 법률에 의한 어린이공원의 기준에 관한 설명으로 옳은 것은?

① 유치거리는 500m 이하로 제한한다.
② 1개소 면적은 1,200m² 이상으로 한다.
③ 공원시설 부지면적은 전체 면적의 60% 이하로 한다.
④ 공원구역 경계로부터 500m 이내에 거주하는 주민 250명 이상의 요청 시 어린이공원조성 계획의 정비를 요청할 수 있다.

해설 ① 유치거리는 250m 이하로 제한한다.
② 1개소 면적은 1,500m² 이상으로 한다.
④ 공원구역 경계로부터 250m 이내에 거주하는 주민 500명 이상의 요청 시 어린이공원조성계획의 정비를 요청할 수 있다.

29 도시공원 및 녹지 등에 관한 법률 시행규칙상 도시의 소공원 공원시설 부지면적기준은?

① 100분의 20 이하
② 100분의 30 이하
③ 100분의 40 이하
④ 100분의 60 이하

30 도시공원 및 녹지 등에 관한 법률에 의한 도시공원의 구분에 해당하지 않는 것은?

① 역사공원   ② 체육공원
③ 도시농업공원 ④ 국립공원

해설 도시공원의 세분 및 규모(도시공원 및 녹지 등에 관한 법률 제15조)
1. 국가도시공원
2. 생활권공원 : 소공원, 어린이공원, 근린공원
3. 주제공원 : 역사공원, 문화공원, 수변공원, 묘지공원, 체육공원, 도시농업공원, 방재공원, 그 밖에 특별시·광역시·특별자치시·도·특별자치도 또는 지방자치법에 따른 서울특별시·광역시 및 특별자치시를 제외한 인구 50만 이상 대도시의 조례로 정하는 공원

31 주거지역에 인접한 공장부지 주변에 공장경관을 아름답게 하고 가스·분진 등의 대기오염과 소음 등을 차단하기 위해 조성되는 녹지의 형태는?

① 차폐녹지   ② 차단녹지
③ 완충녹지   ④ 자연녹지

해설 녹지의 세분(도시공원 및 녹지 등에 관한 법률 제35조)
1. 완충녹지 : 대기오염, 소음, 진동, 악취, 그 밖에 이에 준하는 공해와 각종 사고나 자연재해, 그 밖에 이에 준하는 재해 등의 방지를 위하여 설치하는 녹지
2. 경관녹지 : 도시의 자연적 환경을 보전하거나 이를 개선하고 이미 자연이 훼손된 지역을 복원·개선함으로써 도시경관을 향상시키기 위하여 설치하는 녹지
3. 연결녹지 : 도시 안의 공원, 하천, 산지 등을 유기적으로 연결하고 도시민에게 산책공간의 역할을 하는 등 여가·휴식을 제공하는 선형(線型)의 녹지

32 도시공원 및 녹지 등에 관한 법률에서 정하고 있는 녹지가 아닌 것은?

① 완충녹지   ② 경관녹지
③ 연결녹지   ④ 시설녹지

해설 녹지의 세분 : 녹지는 그 기능에 따라 다음과 같이 세분한다.
① 완충녹지 : 대기오염, 소음, 진동, 악취, 그 밖에 이에 준하는 공해와 각종 사고나 자연재해, 그 밖에 이에 준하는 재해 등의 방지를 위하여 설치하는 녹지
② 경관녹지 : 도시의 자연적 환경을 보전하거나 이를 개선하고 이미 자연이 훼손된 지역을 복원·개선함으로써 도시경관을 향상시키기 위하여 설치하는 녹지
③ 연결녹지 : 도시 안의 공원, 하천, 산지 등을 유기적으로 연결하고 도시민에게 산책공간의 역할을 하는 등 여가·휴식을 제공하는 선형(線型)의 녹지

33 다음 [보기]의 행위 시 도시공원 및 녹지 등에 관한 법률상의 벌칙 기준은?

┌ 보기 ┐
- 법을 위반하여 도시공원에 입장하는 사람으로부터 입장료를 징수한 자
- 허가를 받지 아니하거나 허가받은 내용을 위반하여 도시공원 또는 녹지에서 시설·건축물 또는 공작물을 설치한 자

① 2년 이하의 징역 또는 3,000만원 이하의 벌금
② 1년 이하의 징역 또는 1,000만원 이하의 벌금
③ 1년 이하의 징역 또는 500만원 이하의 벌금
④ 1년 이하의 징역 또는 3,000만원 이하의 벌금

[해설] 벌칙(도시공원 및 녹지 등에 관한 법률 제53조)
다음의 어느 하나에 해당하는 자는 1년 이하의 징역 또는 1천만원 이하의 벌금에 처한다.
1. 위탁 또는 인가를 받지 아니하고 도시공원 또는 공원시설을 설치하거나 관리한 자
2. 허가를 받지 아니하거나 허가받은 내용을 위반하여 도시공원 또는 녹지에서 시설·건축물 또는 공작물을 설치한 자
3. 거짓이나 그 밖의 부정한 방법으로 허가를 받은 자
4. 도시공원에 입장하는 사람으로부터 입장료를 징수한 자

34 조경의 대상을 기능별로 분류해 볼 때 '자연공원'에 포함되는 것은?

① 묘지공원   ② 휴양지
③ 군립공원   ④ 경관녹지

[해설] 정의(자연공원법 제2조제1호)
'자연공원'이란 국립공원·도립공원·군립공원(郡立公園) 및 지질공원을 말한다.

35 다음 중 환경심리학에 관한 설명 중 옳지 않은 것은?

① 환경과 인간행위 상호 간의 관계성을 연구한다.
② 사회심리학과 많은 공동 관심분야를 지니고 있다.
③ 이론적 연구에는 관심이 없고 현실적 문제 해결에만 관심을 둔다.
④ 다소 정밀하지 않더라도 문제해결에 도움이 되는 가능한 모든 연구방법을 사용한다.

[해설] 환경심리학은 일반적 환경지각 및 인지 그리고 환경적 반응을 종합적으로 연구하는 것으로, 인간환경의 종합적 관계에서 현실문제 해결에 중점을 둔다.

36 환경심리학의 특징에 관한 설명 중 적합하지 않은 것은?

① 환경과 인간행태의 관계성을 종합된 하나의 단위로서 연구한다.
② 현실적인 인간행태에 대한 문제 해결을 위한 이론 및 그 응용을 연구한다.
③ 도심지 환경영향평가 시 계량화된 주요 지표로 이용된다.
④ 환경과 인간행태 상호 간에 영향을 주고받는 상호작용을 연구한다.

[해설] 환경심리학적인 접근방법
- 환경과 인간형태의 관계성을 종합된 하나의 단위로서 연구한다.
- 현실적인 인간행태에 대한 문제 해결을 위한 이론 및 그 응용을 연구한다.
- 환경과 인간행태 상호 간에 영향을 주고받는 상호작용을 연구한다.
- 경관을 통하여 인간이 느끼는 다양한 느낌, 감정, 이미지를 분석의 대상으로 삼는다.
- 긍정적인 느낌을 불러일으키는 경관은 질이 높으며, 부정적인 느낌을 주는 경관은 그 질이 낮다고 생각한다.

정답 33 ② 34 ③ 35 ③ 36 ③

37 다음 분석의 항목 중 기능 분석에 포함되는 항목은?

① 자연환경 분석
② 역사성 분석
③ 경관 분석
④ 이용, 형태 분석

해설 기능 분석
현재의 이용실태 파악, 즉 앞으로의 사용목적에 따라 어떤 활동을 얼마만큼 수용할 것인가를 추정하는 분석으로 양적인 수요 파악, 사회심리조사, 설문·관찰조사 분석 등이 있다.

38 조경계획의 한 과정인 기본구상의 설명 중 잘못된 것은?

① 자료의 종합분석을 기초로 하고 프로그램에서 제시된 계획방향에 의거하여 구체적인 계획안의 개념을 정립하는 과정이다.
② 추상적이며 계량적인 자료가 공간적 형태로 전이되는 중간 과정이다.
③ 자료분석 과정에서 제기된 프로젝트의 주요 문제점을 명확히 부각시키고 이에 대한 해결방안을 제시하는 과정이다.
④ 서술적 또는 다이어그램으로 표현하는 것은 의뢰인의 이해를 돕는 데 바람직하지 못하다.

해설 ④ 주요 문제점 및 해결 방안에 관한 개념은 다이어그램으로 표현하였다.

39 프로그램(Program)의 설명으로 부적합한 것은?

① 프로그램은 계획 및 설계를 위한 전제 조건의 일부가 된다.
② 프로그램은 의뢰인이 제공할 수도 있으며, 필요에 따라서는 조경가가 작성할 수도 있다.
③ 프로그램은 조경가와 의뢰인의 대화 혹은 전문적 연구를 통하여 작성된다.
④ 프로그램은 프로젝트에서 기본목표의 상위 개념이 되며 프로그램에 의하여 기본 목표가 설정된다.

해설 프로그램
목표보다 구체적이고 세분화된 설계의도를 나타내며, 설계 결과에 대한 보다 명확한 기술을 포함한다.
※ 목표는 프로젝트의 장기적이며 포괄적인 의도이다.

40 조사 및 분석 내용을 기본도에 표현하는 방법이 아닌 것은?

① 범례로 표현
② 다이어그램(Diagram)으로 표현
③ 그래픽 심벌(Graphic Symbol)로 표현
④ 자세한 문장으로 표현

37 ④ 38 ④ 39 ④ 40 ④ **정답**

41 프로그램이란 설계 시 필요한 요소와 요인들에 대한 목록과 표를 말하는데, 이 프로그램의 구성은 세 가지로 이루어진다. 다음 중 구성요소로 가장 보기 어려운 것은?

① 설계비용
② 설계 목적과 목표
③ 설계상의 특별한 요구사항
④ 설계에 포함되어야 할 요소들의 목록

해설 프로그램 구성의 구성요소
• 설계의 목적과 목표 : 설계과정과 분리된 부분, 설계 프로그램이나 기본적 틀 제시
• 설계상의 특별한 요구사항
• 설계에 포함되어야 할 요소들의 목록 : 활동, 공간, 시설, 요소명, 크기, 재료, 기타 중요 특성 명시

42 조경계획의 목표와 프로그램의 관계에 대한 설명으로 틀린 것은?

① 목표는 구체적이고 세분화된 의도를 나타낸다.
② 목표는 프로그램의 목적이 된다.
③ 프로그램은 결과물에 대한 명확한 기술을 포함한다.
④ 프로그램은 목표를 달성하기 위한 수단이 된다.

해설 ① 목표는 근본적이고 포괄적인 의도를 나타낸다.

43 조경계획의 과정을 기술한 것 중 가장 잘 표현한 것은?

① 자료 분석 및 종합 → 목표 설정 → 기본계획 → 실시설계 → 기본설계
② 목표 설정 → 기본설계 → 자료 분석 및 종합 → 기본계획 → 실시설계
③ 기본계획 → 목표 설정 → 자료 분석 및 종합 → 기본설계 → 실시설계
④ 목표 설정 → 자료 분석 및 종합 → 기본계획 → 기본설계 → 실시설계

해설 조경계획의 과정
목표 설정 → 현황자료 분석(자연환경분석, 인문환경분석) 및 종합 → 기본구상 → 기본계획(토지이용계획, 교통동선계획, 시설물 배치계획, 식재계획, 하부구조계획, 집행계획) → 기본설계 → 실시설계 → 시공 및 감리 → 유지관리

44 좁은 의미의 조경계획으로 볼 수 없는 것은?

① 목표 설정
② 기본계획
③ 자료 분석
④ 기본설계

해설 • 좁은 의미의 조경계획 : 목표 설정, 자료 분석, 기본계획
• 좁은 의미의 조경설계 : 기본설계, 실시설계

정답 41 ① 42 ① 43 ④ 44 ④

45 조경계획의 과정을 나열한 것 중 가장 바른 순서로 된 것은?

① 기초조사 → 식재계획 → 동선계획 → 터가르기
② 기초조사 → 터가르기 → 동선계획 → 식재계획
③ 기초조사 → 동선계획 → 식재계획 → 터가르기
④ 기초조사 → 동선계획 → 터가르기 → 식재계획

해설 조경계획의 과정 : 기초조사 → 터가르기 → 동선계획 → 식재계획

46 조경의 기본계획에서 일반적으로 토지이용 분류, 적지분석, 종합배분의 순서로 이루어지는 계획은?

① 교통동선계획
② 시설물 배치계획
③ 토지이용계획
④ 식재계획

해설 기본계획
- 토지이용계획 : 토지이용 분류, 적지분석, 종합배분
- 교통동선계획 : 교통동선의 계획과정, 교통동선체계
- 시설물 배치계획 : 시설물 평면계획, 시설물의 배치 (시설물의 형태·재료·색채)
- 식재계획 : 수종 선택, 배식, 녹지체계
- 하부구조계획 : 가능한 한 지하로 매설하여 경관을 살리며, 안전성을 높이고 보수가 용이하도록 한다.
- 집행계획 : 투자계획, 법규검토, 유지관리계획

47 조경시설물의 역할로서 틀린 것은?

① 건축 외부환경을 풍부하게 한다.
② 사람의 옥외활동을 유도하거나 통제한다.
③ 사람의 옥외활동을 다양하고 쾌적하게 한다.
④ 건축 내부공간과 외부공간을 적절히 분리한다.

해설 ④ 전체적으로 통일성을 유지하도록 한다.

48 조경계획을 위한 경사분석을 하고자 한다. 다음과 같은 조사항목이 주어질 때 해당지역의 경사도는 몇 %인가?

- 등고선의 간격 : 5m
- 등고선에 직각인 두 등고선의 평면거리 : 20m

① 40%   ② 10%
③ 4%   ④ 25%

해설
$$경사도(\%) = \frac{수직높이}{수평거리} \times 100$$
$$= \frac{5}{20} \times 100$$
$$= 25\%$$

45 ② 46 ③ 47 ④ 48 ④

49 다음 그림의 비탈면 기울기를 바르게 나타낸 것은?

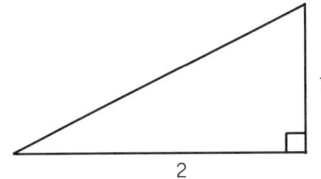

① 경사는 1할이다.
② 경사는 20%이다.
③ 경사는 50°이다.
④ 경사는 1 : 2이다.

해설 경사도의 표현
- 할 : $\dfrac{수직높이}{수평거리} \times 10 = \dfrac{1}{2} \times 10 = 5$할
- 백분율(%) : $\dfrac{수직높이}{수평거리} \times 100 = \dfrac{1}{2} \times 100 = 50\%$
- 각도(°) : $\tan^{-1}(수직높이 \div 수평거리) = \tan^{-1}(1/2) \fallingdotseq 26°$
- 비례식 : 수직높이 : 수평거리 = 1 : 2

50 다음 중 통행로 선정기준으로 옳지 않은 것은?

① 보행인은 우회하더라도 좋은 전망과 그늘을 확보하여 준다.
② 차량은 짧은 직선도로가 바람직하다.
③ 보행동선과 차량동선이 만나는 곳은 차량동선을 우선시한다.
④ 자연파괴를 최소화시킬 수 있는 장소를 선정한다.

해설 보행동선과 차량동선이 만나는 곳은 보행동선을 우선시한다.

51 교통동선을 계획할 때 동선계획 과정의 순서로 알맞은 것은?

① 통행로 선정 → 통행량 분배 → 통행량 발생 분석
② 통행량 분배 → 통행량 발생분석 → 통행로 선정
③ 통행량 분배 → 통행로 선정 → 통행량 발생 분석
④ 통행량 발생분석 → 통행량 분배 → 통행로 선정

해설 교통동선의 계획과정 : 통행량 발생분석 → 통행량 분배 → 통행로 선정

52 배식설계도 작성 시 고려할 사항으로 옳지 않은 것은?

① 배식평면도에는 수목의 위치, 수종, 규격, 수량 등을 표기한다.
② 배식평면도에서는 일반적으로 수목수량표를 표제란에 기입한다.
③ 배식평면도는 시설물평면도와 무관하게 작성할 수 있다.
④ 배식평면도 작성 시 수목의 성장을 고려하여 설계할 필요가 있다.

해설 ③ 일반적으로 시설물평면도를 작성한 후에 배식평면도를 작성한다.

53 다음 중 배식설계에 있어서 정형식 배식설계로 가장 적당한 것은?

① 부등변삼각형 식재
② 대 식
③ 임의(랜덤)식재
④ 배경식재

해설 배식설계방법
- 정형식(整形式) : 단식, 대식, 열식, 교호식재, 집단식재
- 자연식(自然式) : 부등변삼각형 식재, 임의식재, 모아심기, 배경식재
- 절충식

54 자연식 배식법의 설명 중 틀린 것은?

① 정원 안에 자연 그대로의 숲의 생김새를 재생시키려고 하는 수법이다.
② 나무의 위치를 정할 때는 장래 어떠한 관계에 놓일 것인가를 예측하면서 배치한다.
③ 여러 그루의 나무가 하나의 직선 위에 줄지어 서게 되는 것은 절대로 피해야 한다.
④ 공원과 같은 넓은 녹지에 집단미를 나타낼 경우 여러 가지 수종을 밀식하여 빽빽하게 하는 것이 좋다.

해설 ④는 정형식 배식법에 대한 설명이다.
- 정형식 = 이지적(理智的)
- 자연식 = 정서적(情緒的)

55 시공이 가능하도록 시공도면을 작성하는 조경계획 과정은?

① 실시설계
② 기본계획
③ 목표설정
④ 기본설계

해설 ① 공학적 지식, 시설물과 수목의 정확한 크기, 위치, 치수의 표현 위주로 된 시공 가능한 도면작성은 실시설계에서 이루어진다.

정답 53 ② 54 ④ 55 ①

CHAPTER 03 조경기초설계

PART 01 조경설계

제1절 조경디자인요소 표현

1 설계의 기초

(1) 설계와 제도
① 설계 : 설계는 제작 또는 시공을 목표로 아이디어를 도출해 내고, 이를 구체적으로 발전시켜 도면 또는 스케치 등의 형태로 표현하는 일을 말한다.
② 제도 : 설계도를 그려서 표현하는 작업을 말한다.
③ 조경설계를 위해서는 먼저 설계도면을 작성할 수 있는 기본적인 제도방법을 익혀야 한다.
④ 도면은 표현이 간결하고 정확해야 하며 누구나 쉽게 이해할 수 있도록 작성하여야 한다.

(2) 제도용구의 종류와 사용법
제도용구에는 제도용 자, 필기용구, 제도판 등과 그 밖의 여러 가지가 있다. 최근에는 조경설계에 컴퓨터를 이용한 제도(CAD)를 적극 활용하고 있다.
① 제도용 자
㉠ T자 : T형으로 만들어진 자로, 크기는 모체 길이가 900mm의 것이 가장 널리 쓰이며 주로 평행선을 긋거나, 삼각자와 조합하여 수직선과 사선을 그을 때 사용한다.

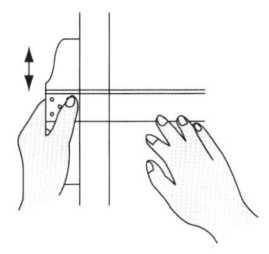 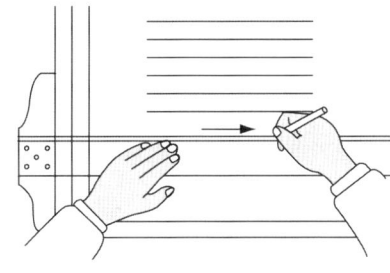

[T자 사용법]

ⓒ 삼각자 : 제도용 삼각자는 45°의 사선과 30°, 60°의 사선을 그을 수 있는 두 종류가 한 세트로 되어 있고 여러 가지 크기가 있는데, 제도에서는 보통 300mm 정도의 것을 많이 사용한다. 각도를 임의로 조절할 수 있는 자유삼각자도 있다.

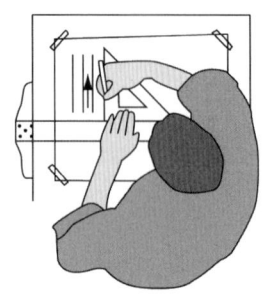
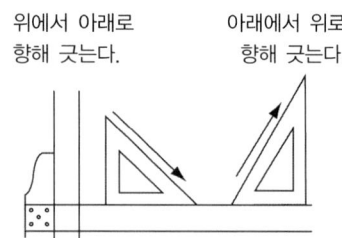

[삼각자 사용법]

ⓒ 삼각축척자 : 단면이 삼각형으로 되어 있으며, 각변에 1/100, 1/200, 1/300, 1/400, 1/500, 1/600의 축척 눈금이 새겨져 있다. 길이는 300mm를 주로 사용하며, 실물의 크기를 도면 내에 축소하여 그릴 때 사용한다.

ⓔ 템플릿 : 셀룰로이드나 아크릴 등 얇은 판에 크기가 다른 원, 사각, 타원 또는 각종 기호 등을 뚫어 놓은 것으로, 수목을 표현할 때는 원형 템플릿을 가장 많이 사용한다.

> **기출 Point** 템플릿
> • 수목을 표시하기 위하여 많이 쓰임
> • 원형 템플릿을 많이 사용

ⓜ 운형자 : 여러 가지 곡선 모양을 본떠 만든 것으로, 컴퍼스로 그리기 어려운 곡선을 그리는 데 사용한다.

ⓑ 자유곡선자 : 납과 합성수지를 이용하여 유연성 있게 만든 것으로 자유롭게 곡선을 그릴 때 사용한다.

② 필기용구
  ⓐ 연 필
    • 제도용 연필은 경도(Hardness)와 흑도(Blackness)에 따라 여러 종류로 나뉜다.
    • H의 숫자가 클수록 단단하고 흐리며, B의 숫자가 클수록 무르고 진하다.
    • 일반적으로 B, HB, H, 2H 등을 많이 사용하며, 도면의 성질에 따라 알맞은 것을 선택해야 한다.
    • 최근에는 선의 굵기를 일정하게 할 수 있고, 심을 깎을 필요가 없어 편리한 0.3mm, 0.5mm 등의 제도용 샤프 연필과 2mm 굵기의 홀더 연필을 더 많이 사용하고 있다.
  ⓑ 제도용 만년필
    • 연필로 그린 도면을 잉크로 제도해야 할 경우에 사용한다.
    • 최근에는 로트링 펜으로 불리는 여러 가지 굵기의 제도용 만년필이 개발되어 많이 이용되고 있다.

③ 그 밖의 용구
  ㉠ 템플릿에 없는 큰 원이나 원호를 그릴 때는 컴퍼스를 사용한다.
  ㉡ 도면의 특정 부분이나 세밀한 부분 등을 지울 시에는 지우개판이 필요하며, 지우개와 제도용 비를 함께 사용한다.
  ㉢ 제도용지로는 모눈종이, 켄트지, 트레이싱 페이퍼(Tracing Paper) 등을 필요에 따라 사용하고, 제도판을 이용하여 고정한다.

2 레터링기법

(1) 레터링의 기본
레터링은 정확한 정보의 전달 및 레터링 자체의 미술적 가치로서 도면을 돋보이게 할 수 있는 중요한 요소이다. 효과적인 레터링은 도면의 가치를 높여주므로 반드시 형태와 배열의 미를 창조해야 하고 표현에 있어서 정확성・균일성・안정성 등이 갖추어지도록 한다.

(2) 레터링의 일반적 사항
① 왼편부터 가로쓰기를 원칙으로 하며, 명확하고 또박또박 쓰는 것이 좋다.
② 숫자는 가능한 아라비아 숫자를 사용한다.
③ 글자의 크기와 높이는 구체적인 적용기준이 있는 것이 아니고 도면의 밀도, 축척, 기입 위치, 도면 효과 등을 조건으로 하여 적당한 크기를 선택하되 레터링의 목적 및 내용의 위상으로 판단하여 크기가 균등해야 한다.
④ 한 도면에 많은 글씨를 쓰지 않도록 하고, 선의 굵기와 기울기 등이 균일해야 한다.
⑤ 수직과 수평의 보조선 긋는 것을 게을리 하지 말아야 한다.
⑥ 특성과 스타일을 일정하게 유지하도록 한다.
⑦ 대부분의 글자는 폭이 길이보다 다소 좁은 직사각형에 맞추도록 한다.
⑧ 필기도구를 힘 있게 잡고 또박또박 쓰면서 끝을 흘리지 말아야 한다.
⑨ 수직선의 끝을 강하게 맺고 가늘게 그린다.

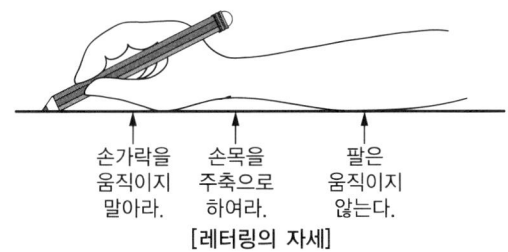

[레터링의 자세]

3 도면기호 표기

도면기호는 수목과 시설물을 위에서 수직으로 내려다본 상태로 표시하며 실제 형태를 극히 단순화시켜 사용하고 있다.

① 수목과 구조물의 표시기호 이외에 도면에 방위와 축척을 표시한다.
② 방위는 화살표의 방향과 북쪽(N)을 표시하며, 축척은 막대축척과 분수로 된 축척을 함께 사용하여 표시한다.
③ 막대축척을 사용하면 도면을 확대·축소할 경우에 같은 비율로 확대·축소가 가능하다.

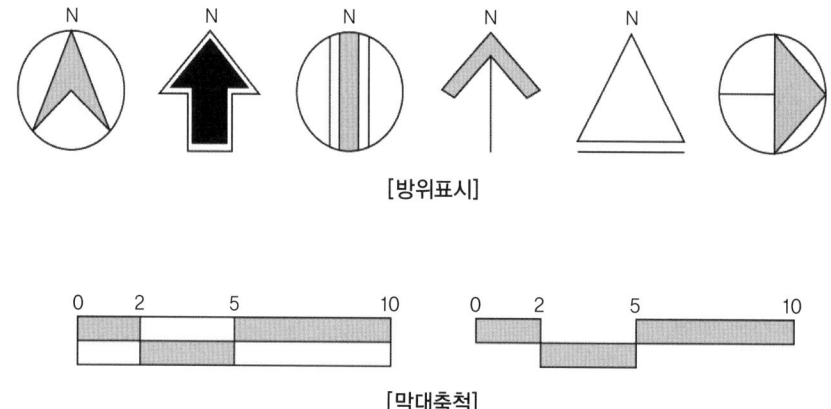

[방위표시]

[막대축척]

> **더 알아보기**
>
> **축척의 표시**
> • 실물을 도면에 나타낼 때의 비율을 축척이라 한다.
> • 축척은 도면마다 기입하는데, 같은 도면 중에 다른 축척을 사용할 경우 그림마다 그 축척을 기입한다.
> • 작은 축척을 쓸 경우에는 막대축척법이 유용하다.

4 조경재료 표현

(1) 수목의 표시기호

조경설계에 이용되는 수목에 대한 정해진 표준표시방법은 없으나, 일반적으로 교목, 관목, 덩굴식물 및 지피식물로 나누어 표시하고 교목과 관목은 다시 침엽과 활엽으로 나누어 표시한다.

① 수목의 평면 표현방법

(a) 외곽선   (b) 가 지   (c) 질 감

② 수목의 표현기호

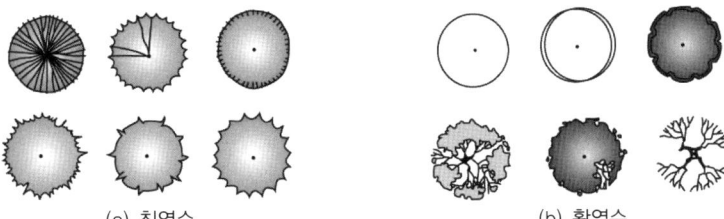

(a) 침엽수　　　　　　　　　　　(b) 활엽수

③ 교목의 표현방법

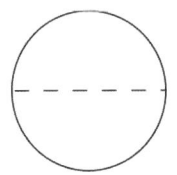 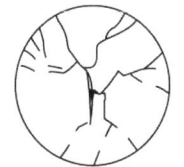 

(a) 원형 템플릿을 사용하여 가는 선으로 원을 그린다.　　(b) 부드러운 연필로 중요한 가지들을 그린다.　　(c) 완전한 가지 패턴을 채운다. 단, 원의 테두리를 넘지 말아야 한다.

④ 산울타리 또는 관목군식의 표현방법

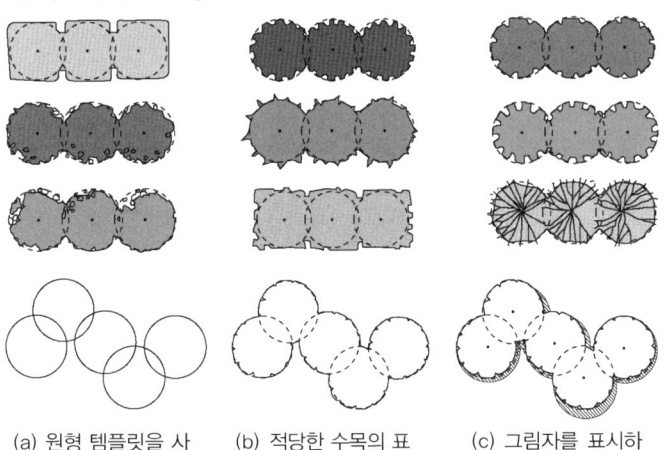

(a) 원형 템플릿을 사용하여 가는 선으로 원을 그려 나무의 위치를 정한다.　　(b) 적당한 수목의 표현기호를 정하여 가는 외곽선을 따라 굵은 선으로 표현한다.　　(c) 그림자를 표시하여 완성한다.

> **더 알아보기**
>
> **윤곽선의 표현**
> - 단순한 원으로 표현하거나 원형의 보조선을 따라 그려 윤곽선이 뚜렷이 나타나도록 한다.
> - 윤곽선의 크기는 나무가 수평으로 퍼진 크기를 나타낸다.
> - 윤곽선의 형태는 수종에 따라 다르나 활엽수의 경우에는 부드러운 질감으로 표현하고, 침엽수의 경우에는 직선이나 톱날로 표현한다.

(2) 조경시설물의 표시기호

표시기호	시설명	표시기호	시설명
	등의자		가로등
	평의자		정원등
	아 치		잔디등
	퍼걸러		투사등
	물 확		수도전
	환경조형물		수목보호대

(3) 도면 표시기호 중요

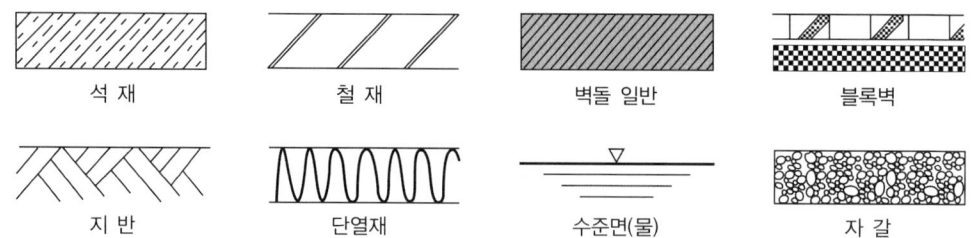

석 재   철 재   벽돌 일반   블록벽

지 반   단열재   수준면(물)   자 갈

5 조경기초도면 작성

(1) 제도의 순서

① 축척과 도면 크기의 결정
  ㉠ 조경설계에 사용하는 축척은 대지의 규모나 도면의 종류에 따라 결정하는데, 일반적으로 배치도와 평면도는 1/100~1/600, 상세도는 1/10~1/50을 사용한다.
  ㉡ 축척을 결정하게 되면 이에 알맞은 도면의 크기를 결정한다. 도면의 크기를 결정할 때는 도면의 정리, 보관의 편리성 등을 고려하는 것이 좋다.

② 도면의 윤곽선과 표제란의 위치 설정
  ㉠ 축척과 도면의 크기를 결정하면 정해진 크기의 도면 용지에 윤곽선을 정한다.
  ㉡ 윤곽선은 용지의 가장자리에서 10mm 정도 떼는 것이 일반적이며, 도면을 철할 때는 대개 왼쪽을 철하게 되므로, 왼쪽은 25mm 정도의 여백을 남긴다.

ⓒ 표제란의 위치는 보통 도면의 오른쪽에 상하로 길게 설정하지만, 도면의 오른쪽 하단 구석에 작게 또는 하단부 좌우로 길게 설정할 수도 있다.
ⓔ 표제란에는 공사명, 도면명, 범례, 축척, 설계자명, 도면 번호, 설계 일시 등의 사항을 기록한다.

③ 도면내용의 배치
ⓐ 균형 있고 질서 있게 배치된 도면은 보기에도 좋고, 도면의 내용을 파악하기 쉽기 때문에 도면 내용을 배치할 때는 세심한 주의가 필요하다.
ⓑ 도면 내용을 배치하면서 도형의 크기와 여백의 배치 등을 조정해야 한다.

④ 제도 : 도면 내용의 배치가 끝나면 연필로 밑그림을 그리고, 다시 연필로 도면을 완성하거나 제도 잉크로 그린 다음, 표제란을 기입하여 완성시킨다.

(2) 선

① 선의 종류와 용도
ⓐ 굵기에 따른 분류

굵은 선	도면의 윤곽선, 건물의 외곽선, 단면선 등 : B, HB, F 연필
중간 선	물체의 외형선, 경계선, 파선 등 : F, H, 2H 연필
가는 선	문자 보조선, 치수선, 지시선, 해칭선, 인출선, 질감 등 : 2H, 3H, 4H 연필

※ 한 장의 도면 내에서 같은 목적으로 사용하는 선의 굵기는 모두 동일해야 한다.

ⓑ 용도에 의한 분류

명 칭		굵 기	구 분	용도에 의한 명칭	용 도
실 선	굵은 실선	전선, 0.3~0.8mm	────────	단면선, 외형선, 파단선	물체의 보이는 부분을 나타내는 선으로서, 단면선과 외형선으로 구별하여 사용하기도 한다.
	가는 실선	가는 선, 0.2mm 이하	────────	치수선, 치수보조선, 지시선, 해칭선	치수선, 치수보조선, 인출선, 각도 설명 등을 나타내는 지시선 및 해칭선으로 사용한다.
허 선	파선	반선, 전선의 약 1/2 가는 선보다 굵게 그린다.	─ ─ ─ ─ ─	숨은선	물체의 보이지 않는 부분의 모양을 나타내는 선으로서, 파선과 구별할 필요가 있을 때는 점선을 쓴다.
	1점 쇄선	가는 선, 0.2mm 이하	─·─·─·─	중심선	물체의 중심축, 대칭축을 표시하는 데 사용한다.
		반선, 전선의 약 1/2 가는 선보다 굵게 그린다.	─·─·─·─	절단선, 경계선, 기준선	물체의 절단한 위치를 표시할 때나 경계선으로 사용한다.
	2점 쇄선	반선, 전선의 약 1/2 가는 선보다 굵게 그린다.	─··─··─··	가상선	물체가 있는 것으로 생각되는 부분을 표시하거나 일점쇄선과 구별할 때 사용한다.

② 제도용구를 이용한 선 그리기

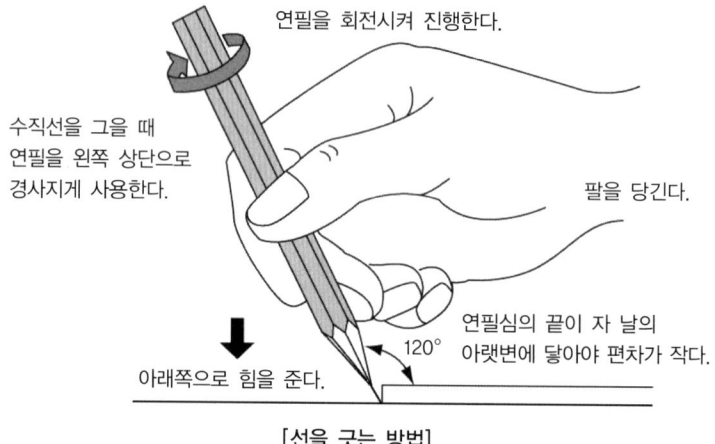

[선을 긋는 방법]

㉠ 선을 처음 긋기 시작할 때는 긋고자 하는 선의 길이를 생각하고 긋는다.
㉡ 선은 일관성과 통일성을 유지하며, 같은 목적으로 사용되는 선의 굵기와 진하기는 같아야 한다.
㉢ 선을 긋는 방향은 왼쪽에서 오른쪽으로, 아래쪽에서 위쪽으로 한다.
㉣ 선의 연결 부분과 교차 부분을 정확하게 작도한다.

(3) 치수 표시 〈중요〉

① 치수의 단위는 mm로 하며, 단위 표시는 하지 않는다.
② 치수를 표시할 때는 치수선과 치수보조선을 사용한다.
③ 치수선은 치수보조선에 직각이 되도록 그으며, 화살표나 점으로 경계를 명확히 표시한다.
④ 치수의 기입은 치수선에 따라 평행하게 기입한다.
⑤ 도면의 아래에서 위로, 또는 왼쪽에서 오른쪽으로 읽을 수 있도록 치수선의 윗부분이나 치수선의 중앙에 기입한다.

(4) 인출선 표시

① 인출선은 도면의 내용물 자체에 설명을 기입할 수 없을 때 사용하는 선이다.
② 조경설계에서는 수목명, 본수, 규격 등을 기입하기 위하여 많이 이용한다.
③ 인출선은 가는 실선을 사용하여 긋는다.
④ 한 도면 내에서 사용하는 모든 인출선의 굵기와 질은 동일하게 유지한다.
⑤ 긋는 방향과 기울기를 통일한다.

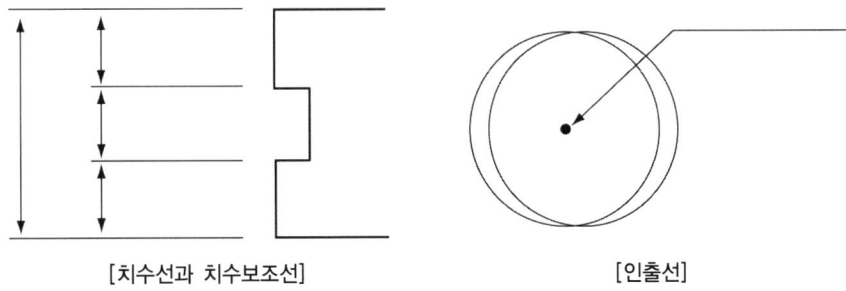

[치수선과 치수보조선]   [인출선]

6　설계도의 종류

(1) **평면도**

① 물체를 수직방향으로 내려다본 것을 가정하고 작도한 것으로, 모든 설계에 있어 가장 기본이 되는 도면이며 평면을 보고 입체감을 느낄 수 있어야 한다.

② 동선의 패턴, 토지이용의 구분, 주요 식재를 표시한다.

③ 식재평면도, 구조물평면도 및 대지 전체의 구성을 보여 주는 배치도 등이 있다.

> **기출 Point** 평면도
> - 조경설계의 가장 기본적인 도면
> - 물체를 위에서 바라본 것을 가정하고 작도하는 설계도
> - 식재평면도를 가장 많이 사용

> **더 알아보기**
>
> **식재평면도**
> - 식재평면도는 수목의 위치, 종류, 수량, 규격 등을 나타낸다.
> - 식재평면도에는 수목을 일정한 기호로 표시하여야 한다.
> - 수목의 규격은 수고(H), 수관폭(W), 흉고직경(B), 근원직경(R) 등으로 나타내며, 누운 향나무와 같은 경우는 수관길이(L)로 나타낸다.
> - 수고와 수관폭의 단위는 m, 수관길이와 지름의 단위는 cm를 사용한다.

(2) **입면도와 단면도** : 입면도와 단면도는 물체의 수직면과 수직적인 구성을 보여 주는 도면으로, 이 도면을 평면도와 관련시켜 보면 입체적인 공간구성을 이해할 수 있다.

① **입면도** : 평면도와 같은 축척을 이용하여 작성하며 정면도, 배면도, 측면도 등으로 세분한다.

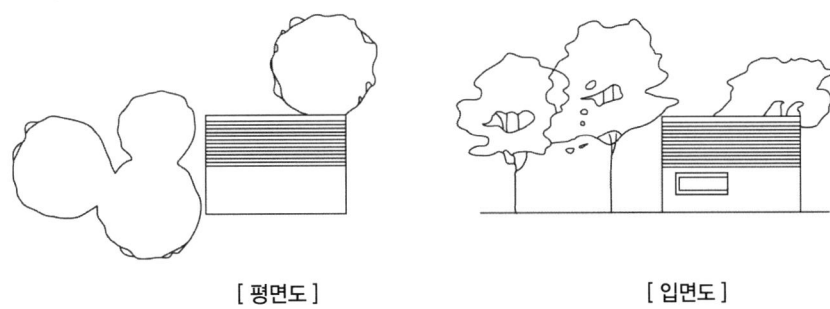

[평면도]   [입면도]

② 단면도 : 구조물을 수직으로 자른 단면을 보여 주는 도면으로 구조물의 내부구조 및 공간구성을 표현하며, 평면도에 단면 부위를 반드시 표시한다. 조경설계에서 대지 단면도로 많이 이용되고 있다.

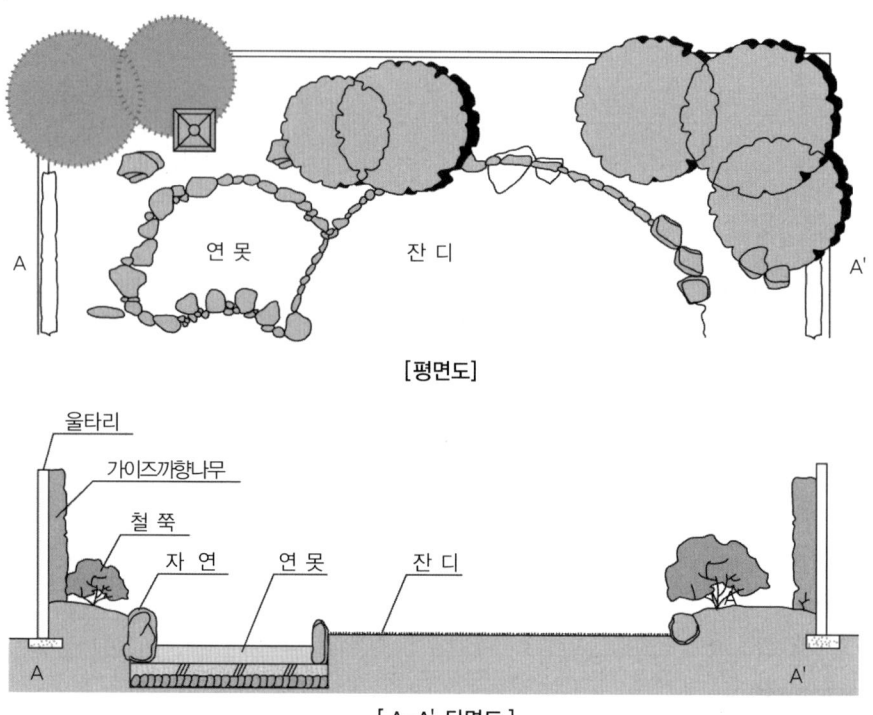

[평면도]

[A-A' 단면도]

(3) 상세도

① 일반 평면도나 단면도에서 잘 나타나지 않는 세부사항을 시공이 가능하도록 표현한 도면이다.
② 평면도나 단면도에 비해 확대된 축척을 사용하며, 재료, 공법, 치수 등을 자세히 기입한다.

(4) 투시도

① 정의 : 설계안이 완성되었을 경우를 가정하여 설계내용을 실제 눈에 보이는 대로 입체적인 그림으로 나타낸 것이다.
② 유리창을 통해 바깥 풍경을 보면서 보이는 그대로를 유리창에 그려 낸 것과 같은 효과를 주는 도면이다.
③ 투시도에는 치수와 치수선을 표시하지 않는다.
④ 보는 눈의 높이에 따른 구분 : 조감도, 투시도, 앙시도
⑤ 보는 눈의 위치에 따른 구분 : 평행투시(1소점 투시), 성각투시(2소점 투시), 경사투시(3소점 투시)

> **더 알아보기**
>
> **투시도 용어**
> - 시점(PS ; Point of Sight) : 물체를 보는 사람의 눈 위치
> - 입점(SP ; Standing Point) : 관찰자가 서 있는 위치
> - 화면(PP ; Picture Plane) : 투시도가 그려진 면
> - 기선(GL ; Ground Line) : 화면과 지면이 만나는 선
> - 지평선(HL ; Horizontal Line) : 눈의 높이와 같은 화면상의 수평선
> - 시선(VL ; Visual Line) : 물체와 시점 간의 연결선
> - 시심(심점, VC ; Visual Center) : 시점의 입면도
> - 족선(FL ; Foot Line) : 지표면에서 물체와 입점 간의 연결선
> - 소점(소실점, VP ; Vanishing Point) : 물체의 각 점이 수평선상에 모이는 점

(5) 스케치

눈높이나 눈보다 조금 높은 높이에서 보이는 공간을 표현하는 그림으로 관찰자가 설계된 공간에 서서 볼 때를 가상하여 투시도 작도법에 의하지 않고 실제 눈에 보이는 대로 자연스럽게 그려 표시한다.

[투시도]   [스케치]

(6) 조감도

하늘에서 새가 내려다본 것처럼 설계 대상지의 완성 후 모습을 공중에서 비스듬히 내려다보았을 때의 모양을 그린 그림으로, 공간 전체를 사실적으로 표현함으로써 공간구성을 쉽게 알 수 있도록 표현한 것이다.

[조감도]

> **더 알아보기**
>
> **설계도서 작성**
> - 형식 : 도면의 외곽 테두리는 오른쪽과 상하는 10mm, 왼쪽은 25mm를 띄운다.
> - 색상 : (변경설계서 작성 시) 원설계서는 적색, 변경설계서는 청색 또는 흑색을 사용한다.
> - 작성순서 : 표지 → 목차 → 설계설명서 → 일반시방서 → 특별시방서 → 예정공정표 → 동원인원 계획표 → 예산서(내역서) → 일위대가표 → 자재표 → 증기사용료 및 잡비계산서 → 수량계산서(토적표) → 설계도면 → 설계지침서(원본) → 산출기초(원본) 순으로 작성한다.
> - 설계도서의 규격 및 지질
>
> | 구 분 | 규격(mm) | 지 질 | 비 고 |
> |---|---|---|---|
> | 기본설계도 | A2(420×594) | 청사진용 감광지 | 투시도, 조감도는 켄트지 사용 |
> | 실시설계도 | A0(841×1,189)
A1(594×841) | 청사진용 감광지 | — |
> | 각종 서류 | 16절지(190×268)
A3(297×420) | 모조지 또는 갱지 | — |

7 모 형

(1) 모형의 종류

① 계획이나 설계의 내용을 쉽게 입체적으로 알아보기 위하여 모형을 만든다.
② 모형은 이용 목적에 따라 설계과정 중에 개략적인 형태를 알아보기 위하여 만드는 스터디모형(Study Model)과 설계가 확정된 후 설계내용을 보여주기 위하여 정교하게 만드는 전시모형(Exhibition Model)으로 구분된다.
③ 조경 분야에서는 조경계획과 설계의 과정에서 설계 대상지의 개략적인 지형을 파악하기 위하여 스터디모형으로 제작한 지형모형이 가장 많이 사용된다.

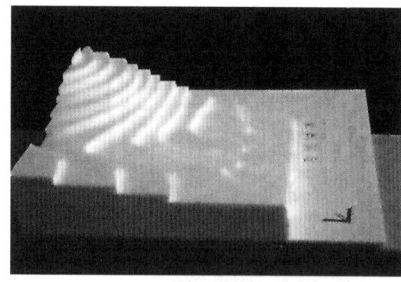
[설계부지의 스터디모형]

[주택정원의 전시모형]

(2) 지형모형

① 지형모형의 재료와 도구
   ㉠ 지형모형의 재료로는 하드보드지, 코르크판, 스티로폼판 등을 사용한다.
   ㉡ 스티로폼판은 가볍고, 가공성이 우수하며, 쉽게 절단하고 접착할 수 있어 가장 많이 사용한다. 스티로폼판의 접착제로는 목공용 본드 또는 스티로폼 풀 등을 이용한다.
   ㉢ 스티로폼판의 분할 및 절단은 칼로 쉽게 할 수 있으나, 니크롬 열선을 이용하면 절단면의 면 처리가 매끄럽고 더욱 편리하다.

품 명	특 징	치수(폭×길이)(mm)	용 도
스티로폼판 (Styrofoam)	판 형태의 스티로폼	600×900 450×450	모형의 지반, 바닥, 벽, 전경 등
스타이렌페이퍼 (Styrene Paper)	스타이렌 수지로 만든 합성종이로, 재질은 스티로폼보다 치밀하고, 표면이 평활하며 광택이 있다.	570×800	• 사용 범위가 넓음 • 모형의 지형, 건물 전반 표현 등
우드락판 (Woodrak Panel)	재질이 치밀하여 세밀한 절단이 가능하다.	570×800	• 사용범위가 넓음 • 모형의 지형, 벽, 지붕, 바닥 등

② 지형모형의 제작과정
   ㉠ 지도에서 지형모형을 제작할 부분의 경계를 확정한다. 경계선은 제작을 편하게 하기 위해 직사각형 또는 정사각형의 단순한 형태로 정한다.
   ㉡ 등고선의 간격을 고려하여 스티로폼판 두께를 정한다. 스티로폼판의 두께는 지형 모형에서 지형의 수직 높이가 된다. 스티로폼판의 두께는 다음과 같이 계산한다.

   > 스티로폼판의 두께(T) = 등고선의 간격(H) × 지도상의 축척(S)

   예 1/5,000 지도상에서 등고선 간격이 5m일 경우
   5m × 1/5,000 = 0.001m = 1mm

   ㉢ 지형의 최고 표고와 최저 표고를 파악하여 등고선 개수만큼의 스티로폼의 판수를 정한다. 판수가 너무 많을 때는 등고선의 간격을 2~5개마다 1판으로 통합하여 제작하는 것이 좋다. 일반적으로 등고선 한 판의 두께가 3mm 또는 5mm 등의 규격화된 스티로폼판 1장이 되도록 조정하여 제작한다.
   ㉣ 스티로폼판 위에 유성 매직펜 또는 볼펜을 사용하여 절단해야 할 등고선을 그린다.
   ㉤ 니크롬 열선 절단기 또는 칼을 사용하여 등고선의 형태로 절단한다. 절단 순서는 지형의 아래에 놓인 판부터 순차적으로 절단하여 차례로 모서리를 맞추어 나간다.
   ㉥ 절단작업이 끝나면 아래쪽에서부터 스티로폼에 접착제를 바르고, 2~3분 정도 건조시켜 접착제가 약간 굳어진 듯할 때 모서리를 정확하게 맞추어 손바닥으로 압박시키면서 접착해 나간다.
   ㉦ 접착작업이 끝나면 칼과 샌드페이퍼를 사용하여 모형의 모서리를 다듬어서 마감한다.

8 조경미

(1) 경관구성의 요소

① 경관구성의 우세요소 중요

㉠ 선

- 직선 : 우뚝 솟아오른 험준한 산봉우리와 절벽의 윤곽선을 표현할 때 사용하며, 직선으로 굳건하고 남성적인 느낌을 준다.
- 곡선 : 구릉지, 하천, 소로를 따라 굽이굽이 뻗어 가는 곡선은 부드럽고 여성적이며 우아한 느낌을 준다.

> **기출 Point** 경관의 우세요소
> 선 > 형태 > 질감 > 색채

수평선 : 평탄, 정숙, 한랭, 피로, 권태, 평화, 제한된 영구(永久)

수직선 : 정적인 고양, 거만, 온난, 준엄, 권위, 완고, 고상, 엄격

직선적, 날카로움, 단단함, 예민함, 남성적

곡선적, 부드러움, 연함, 유쾌함, 여성적

[선의 종류와 느낌]

㉡ 형태
- 기하학적 형태 : 직선적, 규칙적 구성으로 도시경관의 건물, 도로, 분수 등과 수목의 전정 등이 있다.
- 자연적 형태 : 곡선적, 불규칙적 구성으로 자연경관의 바위, 산, 하천, 수목 등이 있다.

㉢ 질감
- 질감이란 물체 표면의 거칠고 매끄러운 정도의 시각적인 특성을 말한다.
- 경관의 분위기 형성에 있어서 질감은 주로 지표 상태에 의해서 결정되는데 잔디밭, 농경지, 숲, 호수 등은 각각 독특한 질감을 가지고 있다.
- 억새와 칡넝쿨로 뒤덮인 들판은 잘 다듬어진 잔디밭에 비해 질감이 거칠며 색다른 느낌을 준다.
- 잎이 큰 버즘나무와 같은 수목의 질감은 잎이 작은 철쭉이나 향나무 등에 비해 거칠게 느껴진다.
- 관찰거리가 멀어질수록 전체의 질감을 고려해야 한다.

㉣ 색채
- 감정을 불러일으키는 가장 직접적인 요소이다.
- 따뜻한 색 계통은 가깝게 보이고 정열적이며 온화하고 친근한 느낌을 준다.

- 차가운 색 계통은 멀게 보이고 지적이며 냉정하고 상쾌한 느낌을 준다.
- 봄철의 노란 개나리꽃이나 가을의 붉은 단풍은 생동적이며 정열적인 느낌을 주지만 울창한 침엽수림이나 깊은 연못의 검푸른 수면은 차분하고 엄숙한 느낌을 준다.
- 질감과 함께 경관의 분위기 조성에 지배적 역할을 한다.

> **더 알아보기**
>
> **리튼(Litton)의 산림경관 유형**
> - 전경관(Panoramic Landscape) : 시야를 가리지 않고 멀리 퍼져 보이는 경관이다.
>   예 넓은 초원, 수평선 등
> - 지형경관(Feature Landscape) : 지형의 특징이 명확히 드러나 관찰자가 강한 인상을 받게 되는 경관이다.
>   예 거대한 계곡, 높은 산봉우리 등
> - 위요경관(Enclosed Landscape) : 평탄한 중심공간이 있고 그 주위는 숲이나 산들로 둘러싸여 있는 경관이다.
>   예 숲속의 호수, 초원 등
> - 초점경관(Focal Landscape) : 시선이 한곳으로 집중되는 경관이다.
>   예 폭포, 기형의 수목이나 암석 등
> - 관개경관(Canopied Landscape) : 수림의 가지와 잎들이 천장을 이루고 나무줄기가 기둥처럼 늘어서 있는 경관이다.
>   예 숲속의 오솔길이나 밀림 속의 도로, 노폭이 좁은 곳의 가로수 등
> - 세부경관(Detail Landscape) : 관찰자가 가까이 접근하여 감상하는 경관이다.
>   예 식물의 꽃, 잎, 열매 등
> - 일시경관(Ephemeral Landscape) : 대기권의 상황 변화에 따라 모습이 달라지는 경관이다.
>   예 수면에 투영된 영상, 동물의 일시적 출현, 안개 등

② 경관구성의 가변요소 **중요**

기출 Point 파노라마 경관
자연의 웅장함과 아름다움을 느끼게 함

㉠ 광 선
- 물체에 그림자를 조성함으로써 형태의 지각을 가능하게 하며, 경관분위기를 조성하는 역할을 한다.
- 자연경관에서 강렬한 태양광선과 조용한 달빛 등에 따라 밝고 명랑한 분위기 또는 음침하고 괴기스러운 분위기를 준다.
- 인공으로 조성한 조경공간에서도 조명등의 밝기와 위치에 따라 경관을 연출할 수 있다.

㉡ 기상조건
- 비가 오거나 안개 낀 상태에서는 새로운 경관으로 느껴진다.
- 비가 온 뒤에 갠 경관에서는 깨끗함과 상쾌함을 느낄 수 있다.

㉢ 계절 : 계절에 따라 변화하는 꽃의 색채와 형태, 녹음이나 단풍은 경관의 분위기를 바꾸어 놓는 요인이 된다.

㉣ 시간 : 시간 변화에 따라 경관도 변화한다.

㉤ 기타 : 운동, 거리, 관찰위치, 규모 등이 있다.

(2) 경관구성의 미적 원리 중요

① **통일성** : 통일성이란 전체를 구성하는 부분적인 요소들이 동일성 또는 유사성을 지니고 있고 각 요소들이 유기적으로 잘 짜여져 있어 전체가 시각적으로 통일된 하나로 보이는 것을 말한다. 조경설계 시 통일성을 부여하면 전체적으로 안정감과 편안함을 주며, 이러한 통일성을 달성하기 위하여 조화, 균형, 강조 등의 수법을 이용한다.

㉠ 조화(Harmony)
- 색채나 형태들이 유사한 시각적 요소들과 서로 잘 어울리는 것을 말한다.
- 전체적인 질서를 잡아 주는 역할을 한다.
- 다양함 속의 통일, 두 가지 극단의 중간 위치와 같은 것이다.
- 구릉지의 곡선과 우리나라의 전통적인 초가지붕의 곡선은 조화를 이룬 좋은 예이다.

㉡ 균형(Balance) : 한쪽으로 치우침 없이 전체적으로 균등하게 분배된 구성을 말한다.

㉢ 대칭(Symmetry)
- 축을 중심으로 좌우 또는 상하로 균등하게 배치하는 것을 말한다.
- 균형의 가장 간단한 형태이다.

㉣ 비대칭(Skew)
- 모양은 다르지만 시각적으로 느껴지는 무게가 비슷하거나 시선을 끄는 정도가 비슷하게 분배되어 균형을 유지하는 것이다.
- 정수비, 급수비, 황금비와 같은 비율과 도형상의 색채라든가 질감의 강약까지 포함하여 비례안정을 찾는 것이다.
- 흥미로운 효과를 줄 수 있다.
- 대칭은 정형식 정원에서, 비대칭은 자연풍경식 정원에서 전체적으로 균형을 잡을 때 쓰인다.

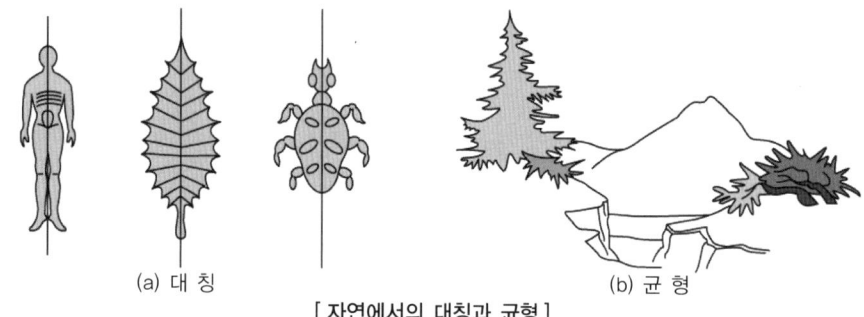

(a) 대 칭   (b) 균 형

[자연에서의 대칭과 균형]

㉤ 반복(Repetition)
- 단순미가 되풀이될 때 반복의 미가 발생한다.
- 조용하고, 변화의 매력이 없다.
- 동양식 정원보다 서양식 정원에서 주로 사용하는 수법이다.
- 획일성 반복과 변화성 반복이 있는데, 특히 변화성 반복은 모든 자연 질서의 근본적이고 보편적인 질서로 모든 예술 형태에서 흥미로운 통일성을 갖는다.

- ⓑ 강조(Accent)
  - 비슷한 형태나 색채들 사이에 이와 상반되는 것을 넣어 강조하면 시각적으로 산만함을 막고 통일성을 조성할 수 있다.
  - 강조하는 것이 수적으로 많고 흩어져 있으면 오히려 통일감을 잃게 된다.
② 다양성 : 통일성과는 떼어 놓을 수 없는 상관성이 있다. 다양성이 과도하게 강조되면 통일성이 낮아져 산만해지고, 통일성이 지나치게 강조되면 다양성이 결여되어 단조롭고 지루한 느낌을 준다. 통일성과 다양성은 상호 보완적으로 적절한 수준에서 유지됨으로써 보다 바람직한 시각적 경관을 조성할 수 있다.
  - ㉠ 비례(Proportion)
    - 길이, 면적 등 물리적 크기의 비례에 규칙적인 변화를 주게 되면 부분과 전체의 관계를 보다 풍부하게 할 수 있다.
    - 식재군이 차지하는 면적, 정원석의 높이와 너비, 산울타리의 길이와 높이 등의 비례를 통하여 다양성을 이룬다.
  - ㉡ 율동(Rhythm)
    - 각 요소들이 강약, 장단의 주기성이나 규칙성을 가지면서 전체적으로 연속적인 운동감을 가지는 것을 의미한다.
    - 동일한 요소나 유사한 요소가 규칙적, 주기적으로 반복하면서 연속적인 운동감을 갖는다.
    - 수목의 규칙적인 배열에 의한 수관의 율동적인 선과 같은 시각적인 율동이 있으며, 단조로운 경관에 크기나 색채의 변화를 통하여 율동감을 부여하면 다양한 경관이 형성된다.
  - ㉢ 대비(Contrast)
    - 상이한 질감, 형태 또는 색채를 서로 대조시킴으로써 변화를 주는 동적 시각구성방법이다.
    - 강한 대조효과를 통하여 특정 경관요소를 더욱 부각시키고 단조로움을 없애고자 할 때 이용된다.

    > **기출 Point** 대 비
    > 잔디밭에 빨간색 사루비아를 심어 변화를 주는 경관요소

  - ㉣ 점이(漸移) : 유사와 반복이 복합되어 자연적인 순서의 질서를 갖게 된 것으로, 동적이고 극적인 분위기를 나타낸다.
  - ㉤ 단순미(Simple) : 질서 유지가 주는 느낌으로, 아무 저항 없이 형태가 순조롭게 머릿속에 들어올 때 편안함이 느껴진다.

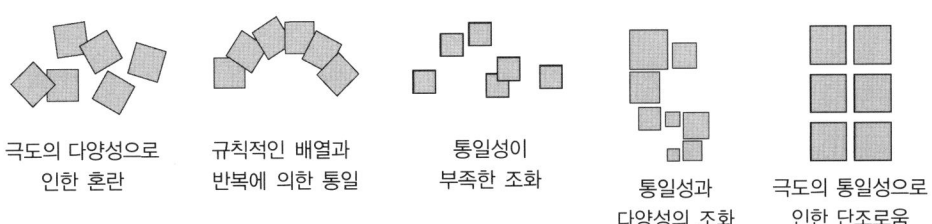

극도의 다양성으로 인한 혼란 / 규칙적인 배열과 반복에 의한 통일 / 통일성이 부족한 조화 / 통일성과 다양성의 조화 / 극도의 통일성으로 인한 단조로움

[경관구성의 미적 원리의 예]

(3) 미학과 환경미학

① 환경미학

  ㉠ 환경미학의 정의 : 예술적 경험 또는 반응을 이해하고 설명하고자 하는 전통적인 미학에 바탕을 둔, 보다 응용적인 방식을 추구하는 미학의 한 분야이다.

  ㉡ 환경미학의 연구 분야 : 종합적인 미적 인지, 지각 및 반응에 관계되는 이론 및 응용 등을 연구한다.

② 미학과 환경미학의 관계

  ㉠ 미학과 환경미학은 예술가와 환경설계가의 관계로 설명할 수 있다.

  ㉡ 미학이란 예술작품 및 이에 대한 경험 및 반응을 연구하는 것이고, 환경미학이란 인간환경 전반에 관한 종합적인 미적 경험 및 반응을 연구하는 것이다.

  ㉢ 색채와 질감에 따라 경관이 주는 느낌이 다르다.

> **더 알아보기**
>
> **현상학적 미학**
> 연역적이고 귀납적인 미학을 의미한다. 현상학적 미학의 주요 테마는 의식과 그 대상과의 상관관계 그리고 겨냥되어진 것을 강조하는 것이다.

③ 환경미학의 유형

  ㉠ 고전적 환경미학

    • 조경설계에서 역사적 양식이라 하면 과거 어떤 종류의 조경설계 특징을 결정짓는 전형적인 미학적 조경양식을 말한다.

    • 베네치아에서 발전한 르네상스 미술은 색보다 형식의 질서를 목표로 하였다.

    • 바우하우스를 창립한 발터 그로피우스는 회화, 조각, 디자인 등 다양한 미술 분야와 공학기술을 통합하고 이를 건축으로서 구현하고자 하였으며, 경직된 상하관계가 아닌 개인의 자유와 창의성을 강조하였다.

  ㉡ 현대적 환경미학

    • 전체적으로 질서 있고 정돈되어야 하며 또한 적당한 변화가 있어야 한다.

    • 주관적이 아닌 객관적인 계획성이 있어야 한다.

    • 명랑하고 깨끗하며 한편 조용한 분위기여야 한다.

    • 형식상으로 어느 정도 그룹이 있는 경우에는 각각의 그룹대로 정돈된 색채계획을 세운다.

    • 화장실의 경우 건물 외부의 색채는 백색 계열 또는 담색 계열이 바람직하고, 오물을 연상시키는 갈색계의 색채는 피하도록 한다. 또한 남자용 화장실은 차가운 색 계열이, 여자용 화장실은 따뜻한 색 계열이 쓰인다.

    • 지피식물은 안정감을 느끼게 한다. 나무를 심을 때 높이와 간격의 변화를 주면서 배치하면 시각적으로 아름답게 보인다.

- 환경조각은 공공성과 기능성, 예술성을 지니고 있어야 한다. 그러한 조각물을 설치할 때는 배경식재로서 잎이 작고 밀생한 것이 적당하다.
- 연못 바닥을 어둡게 하면 깊어 보이고, 밝게 장식하면 반사율이 좋아 물체가 더 선명하게 보인다.
- 비형식주의를 통해 인간의 연상을 다양성과 대비로서 정서와 환상을 자극하고 감정에 직접적으로 호소한다.

> **더 알아보기**
>
> **착시(Optical Illusion)**
> - 시각에 있어서 감각적·시각적으로 사실과 다르게 느껴지는 현상이다.
> - 보편적인 착각현상을 의식하지 못하면 시각신경에 결함이 있다고 할 수 있다.
> - 예상되는 착각현상을 고의적인 역현상을 주어 착각교정을 할 수 있다.
> - 직선은 수직방향으로 놓일 경우 수평으로 놓일 때보다 길게 느껴진다.

제2절 전산응용도면(CAD) 작성

1 전산응용장비 운영

(1) 컴퓨터를 이용한 설계

① 컴퓨터의 구성
  ㉠ 컴퓨터는 컴퓨터 본체, 입력장치, 출력장치, 보조기억장치 등으로 구성된다.
  ㉡ 캐드(CAD) 시스템을 구성하기 위해서는 컴퓨터의 기본 입력장치 외에 디지타이저가 필요하다.
  ㉢ 대형도면의 출력을 위해서 플로터 등의 출력장치가 필요하다.
  ㉣ 사진과 같은 이미지를 컴퓨터에 입력하기 위해서 스캐너 등이 필요하다.

② 조경 분야에서의 컴퓨터 활용 : 조경계획 및 설계에서 컴퓨터를 활용하는 분야로는 워드 프로세서, 캐드(CAD) 시스템, 이미지 프로세싱, 지리정보 시스템(GIS), 랜더링 등을 들 수 있다.

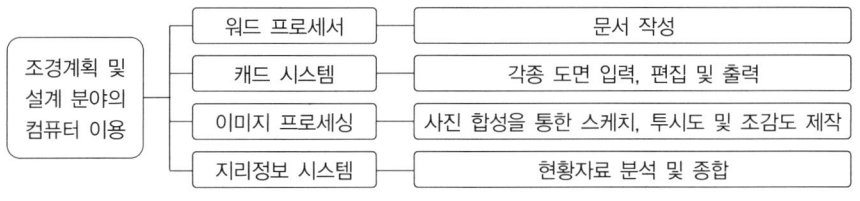

[조경 분야에서의 컴퓨터 이용]

2 CAD 기초지식

(1) 캐드(CAD) 시스템의 효과
① 설계의 최적화가 가능하여 수작업에서 발생하는 데이터 변화에 따른 시간을 줄일 수 있다.
② 설계 변경이 쉽고, 설계의 표준화로 인해 설계시간을 단축할 수 있다.
③ 도면의 수정과 재활용이 용이하고, 오류의 발견이 쉽다.
④ 모델링된 부분과 조립된 부품의 관계를 확대할 수 있으며, 가상제품을 만들 수 있다.
⑤ 설계자료의 데이터베이스 구축이 가능하여 표준화 작업이 용이하고, 기술 축적이 가능하다.

제3절 적 산

1 조경 적산

(1) 적산 및 견적
① 적 산
  ㉠ 공사에 소요되는 재료량 및 품을 산출하는 작업이다.
  ㉡ 단가 적용기준
   • 공정한 가격 책정을 위해 조달청에서 매월 고시하는 가격을 일차적으로 적용한다.
   • 가격정보에 명시되어 있지 않는 가격은 시중에서 발행하는 물가정보, 물가자료, 물가시세 등을 비교하여 이 중 최저가격을 적용한다.
   • 조경수목의 단가 적용은 다양한 수종, 특수한 수종에 대한 일률적인 가격 책정이 곤란하므로 견적가격에 의존하는 경우가 있다.
② 견 적
  ㉠ 적산에서 산출한 수량에 단가를 적용하여 비용을 산출하는 작업이다.
  ㉡ 완성된 설계도서를 바탕으로 조경시공에 소요되는 모든 항목을 세부적으로 계산하여 산출하는 명세견적과, 설계도서가 미완성이거나 명세견적을 산출할 시간이 없을 때 과거 비슷한 규모의 시공실적 통계를 참고하여 개략적으로 산출하는 개산견적으로 구분한다.
  ㉢ 견적서 : 공사의뢰자에게 제출하기 위해 작성한 계산서를 말한다.
③ 적산 및 견적 시 주의사항
  ㉠ 공사현장의 충분한 사전답사, 현장설명서, 도면, 시방서를 검토하여 주어진 조건대로 공사비를 산출한다.
  ㉡ 도면에서 제시된 재료의 수량, 면적 및 길이의 축척을 고려하여 산출하되 중복계산은 피한다.

ⓒ 계산 : 설계도상에 있어서 소계에는 원 단위를 쓰고, 최종단위는 천 단위를 사용하며, 나머지는 버린다.
ⓔ 조경 적산은 규격 및 표준화가 어렵고, 시공시기의 제한이나 지역성 등에 의존하는 특성이 있다.

적산조건 확인	현지 조사, 도면 이해, 설계도서 검토
수량 산출	공정별 수량 산출
일위대가표 작성	단가 조사, 일위대가표 작성
내역서 작성	공사금액 산출

[적산 및 견적의 작업과정]

④ 조경수목의 규격표시 중요

구 분	내 용	주요 수목
교목성	수고(H) × 수관폭(W)	대부분의 침엽수
	수고(H) × 가슴높이지름(B)	대부분의 단간·쌍간 활엽수
	수고(H) × 근원지름(R)	대부분의 다간 활엽수
관목성	수고(H) × 수관폭(W)	대부분의 관목류
	수고(H) × 근원지름(R)	오래되어 줄기가 굵은 관목
	수고(H) × 수관폭(W) × 수관길이(L)	눈향처럼 수관길이가 있는 것
	수고(H) × 가지 수 또는 줄기 수	개나리, 쥐똥나무 등
	수고(H) × 생장연수	장미, 모란 등

⑤ 설계서 단위 및 소수의 표준

종 목	단위수량	
	단 위	소 수
토적(체적)	m^3	2위
모래, 자갈	m^3	2위
벽 돌	개	단위한
시멘트	kg	단위한
모르타르	m^3	2위
콘크리트	m^3	2위
목재(판재)(길이)	m^2	2위
목재(판재)(폭, 두께)	m^3	3위
철 근	kg	단위한
합 판	장	1위
볼트·너트	개	단위한
도 료	L 또는 kg	2위

※ 모르타르, 콘크리트의 경우 대가표에서는 3위까지 이하 버림

(2) 할증률

① 할증률의 개념
  ㉠ 설계수량과 계획수량의 적산량에 운반, 저장, 절단, 가공 및 시공과정에서 발생하는 손실량을 예측하여 부가하는 과정이다.
  ㉡ 재료비 계산

  > 재료비 = 단가 × 할증률을 포함한 총 소요량

② **재료의 할증률** : 공사용 재료의 할증률은 일반적으로 다음의 값 이내로 하되, 품셈의 각 항목에 할증률이 포함 또는 표시되어 있는 것에 대하여는 본 할증률을 적용하지 않는다.

종 류	할증률(%)	종 류	할증률(%)
모 래	6	레미콘(무근 구조물)	2
부순돌, 자갈, 막자갈	4	레미콘(철근 구조물)	1
이형철근	3	현장혼합콘크리트(무근)	3
원형철근	5	현장혼합콘크리트(철근)	2
강 판	10	블 록	4
목재(각재)	5	타 일	3
목재(판재)	10	석재판 붙임용재(정형돌)	10
일반 합판	3	석재판 붙임용재(부형돌)	30
벽돌(붉은벽돌)	3	조경용 수목	10
벽돌(시멘트벽돌)	5	잔디 및 초화류	10

(3) 수량 계산

① 수량의 계산기준
  ㉠ 수량의 단위 및 소수위는 표준품셈 단위표준에 의한다.
  ㉡ 수량의 계산은 지정 소수의 이하 1위까지 구하고, 끝수는 사사오입한다.
  ㉢ 계산에 쓰이는 분도(分度)는 분까지, 원둘레율·삼각함수·호도(弧度)의 유효숫자는 3자리로 한다.
  ㉣ 곱하거나 나눔에 있어서는 기재된 순서에 의하여 계산하고, 분수는 약분법을 쓰지 않으며, 각 분수마다 그의 값을 구한 다음 전부의 계산을 한다.
  ㉤ 면적의 계산은 보통 수학공식에 의하는 외에 삼사법이나 플래니미터(Planimeter, 구적기)로 한다.
    ※ 플래니미터를 사용할 경우에는 3회 이상 측정하여 그중 정확하다고 생각되는 평균값으로 한다.
  ㉥ 체적의 계산은 의사공식(疑似公式)에 의함을 원칙으로 하나 토사체적은 양단면적을 평균한 값에 그 단면 간의 거리를 곱하여 산출하는 것을 원칙으로 한다. 단, 거리평균법으로 고쳐서 산출할 수도 있다.

Ⓢ 성토 및 사석공의 준공토량은 설계도의 양으로 하되, 지반침하량은 지반성질에 따라 가산할 수 있고, 절토량은 자연상태의 설계도의 양으로 한다.

② 금액의 단위표준

품 목	단 위	끝자리	비 고
설계서의 총액	원	1,000	이하 버림(단, 10,000원 이하의 공사는 100원 이하 버림)
설계서의 소계	원	1	미만 버림
설계서의 금액란	원	1	미만 버림
일위대가표의 계금	원	1	미만 버림
일위대가표의 금액란	원	0.1	미만 버림

> **더 알아보기**
>
> **일위대가표**
> - 예산서의 일부로 재료, 노무, 경비 등을 나타내는 단위비용 적산의 근거가 되는 표이다.
> - 일위대가표상에는 할증률이 포함되어 있다.
> - 금액은 0.1위, 총계는 1위까지 쓰고 그 미만은 버린다.

③ 수량의 종류
  ㉠ 설계수량 : 실시설계나 상세설계에 표시된 재료 및 치수에 의하여 산출된 수량이다.
  ㉡ 계획수량 : 설계도에 명시되어 있지 않으나 시공현장 조건에 따라 시공계획 수립상 소요되는 수량이다.
  ㉢ 소요수량 : 설계수량과 계획수량의 산출량에 운반, 저장, 가공 및 시공과정에서 발생되는 손실량을 예측하여 부가한 할증수량이다.

(4) 잔디 및 벽돌의 수량 산출

① 잔디의 수량 산출
  ㉠ 잔디 붙이기에 따른 뗏장 소요량 : 일반적으로 뗏장 소요량의 기준이 되는 전면 붙이기는 잔디밭 면적만큼의 뗏장 수가 필요하고, 이음매 붙이기와 줄떼 붙이기의 경우 간격과 떼는 너비 등에 따라 뗏장 소요량이 달라진다.
  ㉡ 잔디의 규격 : 30cm × 30cm × 3cm
  ㉢ $1m^2$당 필요한 잔디량 : 11장

② 벽돌의 수량 산출
  ㉠ 벽돌의 규격
   - 기존형 : 210mm × 100mm × 60mm
   - 표준형 : 190mm × 90mm × 57mm

ⓒ 면적 산출 : 1m²에 필요한 벽돌의 수(N)

$$N = \frac{1}{(l+n)(d+m)}$$

여기서, l : 벽돌의 길이(m)
d : 벽돌의 두께(m)
m : 가로 줄눈의 너비(m)
n : 세로 줄눈의 너비(m)

ⓒ 체적 산출 : 1m³에 필요한 벽돌의 수(매/m³)

$$N = \frac{1}{(l+n)(b+n)(d+m)}$$

여기서, b : 벽돌의 너비(m)

(5) 토량 계산

① 토량변화율

ⓐ 토량변화율은 토량 배분을 위한 토적 계산과 시공기계의 능력 산정을 위한 기준이다.

• 토량증가율

$$L = \frac{\text{흐트러진 상태의 토량(m}^3)}{\text{자연상태의 토량(m}^3)}$$

• 토량감소율

$$C = \frac{\text{다져진 상태의 토량(m}^3)}{\text{자연상태의 토량(m}^3)}$$

ⓑ L값은 흙의 운반계획 견적에 필요하고, C값은 성토에 필요한 채취토량 견적에 필요하다.
ⓒ 동일 토사에 있어 일반적으로 L값이 C값보다 크다.

[토량변화율]

기준이 되는 Q \ 구하는 Q	자연상태의 토량	흐트러진 상태의 토량	다져진 후의 토량
자연상태의 토량	1	L	C
흐트러진 상태의 토량	$1/L$	1	C/L
다져진 상태의 토량	$1/C$	L/C	1

② 토량의 계산 : 토량을 계산하는 방법에는 양단면평균법, 중앙단면법, 각주공식법(주상체법), 점고법 등이 있다.

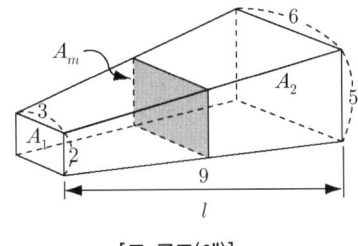
[토 구조(예)]

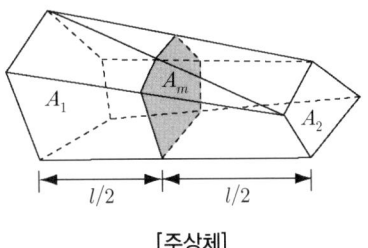
[주상체]

㉠ 양단면평균법

$$V = \frac{A_1 + A_2}{2} \times l$$

㉡ 중앙단면법

$$V = A_m \times l$$

㉢ 각주공식법

$$V = \frac{1}{6}(A_1 + 4A_m + A_2) \times l$$

※ 일반적으로 결과값의 크기는 양단면평균법 > 각주공식 > 중앙단면법 순이다.

(6) 공사비 산출

① 공사비의 정의
  ㉠ 예산회계법령, 예정가격 작성준칙인 회계예규, 계약사무처리규칙, 건설공사표준품셈, 재무부고시 노임단가 기준에 의존한다.
  ㉡ 공사비는 노무비, 재료비, 경비, 이윤 등으로 구성된다.

② 공사비의 구성 <중요>
  ㉠ 순공사비와 총공사비

  - 순공사비 = 노무비 + 재료비 + 경비
  - 총공사비 = 도급액 + 관급자재비 + 이전비

  ㉡ 노무비

  - 직접노무비 = 시공수량 × 품셈 × 노무단가
  - 간접노무비 = 직접노무비 × 간접노무비율(15% 내외)

- 직접노무비 : 직접적 작업의 종사자에 지급하는 비용
- 간접노무비 : 보조적 작업의 종사자에 지급하는 비용 예 경비원, 사무직원 등

ⓒ 재료비

$$재료비 = 직접재료비 + 간접재료비 - 작업부산물$$

- 직접재료비 : 공사 목적물을 구성하는 재료비
- 간접재료비 : 공사에 보조적으로 소비되는 물품비 예 지주목, 거푸집, 동바리, 비계 등

② 이 윤

$$이윤 = (순공사비 + 일반관리비 - 재료비) \times 15\% \text{ 또는 } (노무비 + 경비 + 일반관리비) \times 15\%$$

- 일반관리비 : 기업의 유지를 위한 관리활동 부문에서 발생하는 제비용
- 경비 : 공사의 시공을 위하여 소요되는 공사원가 중 재료비와 노무비를 제외한 비용
  예 전력비, 수도광열비, 운반비, 기계경비, 특허권사용료, 기술료, 연구개발비, 품질관리비, 보험료, 보관비, 외주가공비, 산업안전보건관리비, 폐기물처리비, 도서인쇄비, 안전관리비 등

⑩ 산재보험료

$$산재보험료 = 노무비 \times 보험률$$

ⓗ 부가가치세

$$부가가치세 = 총원가 \times 10\%$$

ⓢ 도급액(시공자가 받는 금액)

$$도급액 = 총원가 + 부가가치세$$

CHAPTER 03 적중예상문제

PART 01 조경설계

01 물체의 절단한 위치 및 경계를 표시하는 선은?
① 실 선 ② 파 선
③ 1점쇄선 ④ 2점쇄선

해설 선의 용도에 의한 분류

명 칭	용도에 의한 명칭 및 용도	굵기(mm)
실 선	• 외형선 : 물체의 보이는 부분을 나타내는 선 • 단면선 : 절단면의 윤곽선	전선 0.3~0.8
	치수선, 치수보조선, 지시선, 해칭선 : 설명, 보조, 지시 및 단면의 표시	가는 선 0.2 이하
파 선	숨은선 : 물체의 보이지 않는 부분의 모양 표시	반선 전선의 1/2
1점쇄선	중심선 : 물체의 중심축, 대칭축 표시	가는 선 0.2 이하
	경계선, 절단선 : 물체의 절단한 위치 및 경계 표시	반선 전선의 1/2
2점쇄선	가상선, 경계선 : 물체가 있을 것으로 생각되는 부분 표시	반선 전선의 1/2

02 정원설계에 주로 많이 사용되는 축척은?
① 1/50~1/100
② 1/300~1/600
③ 1/600~1/1,000
④ 1/1,000~1/1,200

해설 ① 축척은 대지의 규모나 도면의 종류에 따라 결정하는데, 일반적으로 배치도와 평면도는 1/600~1/100, 상세도는 1/50~1/10을 사용하며, 정원설계도는 1/100~1/50을 사용한다.

03 실물을 도면에 나타낼 때의 비율을 무엇이라 하는가?
① 범 례 ② 표제란
③ 평면도 ④ 축 척

해설 ① 범례 : 그래프와 디자인 요소들에 대한 간단한 설명을 표시하는 부분이다.
② 표제란 : 공사명, 도면명, 범례, 축척, 설계자명, 도면 번호, 설계 일시 등의 사항을 기록한다.
③ 평면도 : 물체를 위에서 바라 본 것을 가정하고 수평면상에 투영하여 작도한 것이다.

04 축척 1/50 도면에서 도상(圖上)에 가로 6cm, 세로 8cm 길이로 표시된 연못의 실제 면적은 얼마인가?
① $12m^2$ ② $24m^2$
③ $36m^2$ ④ $48m^2$

해설 정원설계도의 축척이 1/100이라면 실제 1m 크기를 100분의 1로 표시한다는 뜻이다. 1/100 축척의 설계도면에서 1cm는 실제 공사현장에서의 1m를 의미하며, 1/50은 100cm/50이므로 2cm가 실제 1m이다.
즉, $(6 \div 2) \times (8 \div 2) = 12m^2$

정답 1 ③ 2 ① 3 ④ 4 ①

05 단면외형선을 긋거나 문자를 써 넣을 때 굵은 선용으로 적당하지 않은 연필의 무른 정도는?

① H ② F
③ B ④ HB

해설 기준선이나 치수선 등을 그을 때 사용하는 가는 선용 연필은 2H, 3H, 4H가 적당하고, 일반외형선을 그을 때 사용하는 중간 선용 연필은 H, 2H, F가 적당하며, 단면 외형선을 긋거나 문자를 써 넣을 때 사용하는 굵은 선용 연필은 B, HB, F가 적당하다.

06 치수 및 치수선에 대한 기본적인 설명으로 부적합한 것은?

① 단위는 mm로 하고, 단위표시를 반드시 기입한다.
② 치수를 표시할 때는 치수선과 치수보조선을 사용한다.
③ 치수선은 치수보조선에 직각이 되도록 긋는다.
④ 치수의 기입은 치수선에 따라 도면에 평행하게 기입한다.

해설 ① 치수는 mm 단위로 하되, 치수선에는 숫자만 기입한다.

07 도면에 수목을 표시하는 방법으로 잘못된 것은?

① 간단한 원으로 표현하는 방법도 있다.
② 덩굴성 식물의 경우에는 줄기와 잎을 자연스럽게 표현한다.
③ 활엽수의 경우에는 직선이나 톱날형태를 사용하여 표현한다.
④ 윤곽선의 크기는 수목의 성숙 시 퍼지는 수관의 크기를 나타낸다.

해설 ③ 활엽수의 경우에는 부드러운 질감으로 표현하며, 침엽수의 경우에는 직선이나 톱날형태를 사용하여 표현한다.

08 도면상에서 식물재료의 표기방법으로 바르지 않은 것은?

① 덩굴성 식물의 규격은 길이로 표시한다.
② 같은 수종은 인출선을 연결하여 표시하도록 한다.
③ 수종에 따라 규격은 H×W, H×B, H×R 등의 표기방식이 다르다.
④ 수목에 인출선을 사용하여 수종명, 규격, 관목, 교목을 구분하여 표시하고 총수량을 함께 기입한다.

해설 ④ 배식평면도상 인출선에 수종, 규격, 수량을 구체적으로 표기하고, 수량표를 작성한다. 그러나 교목, 관목, 지피의 식재계획도는 별도로 작성한다.

09 다음 중 시설물상세도의 표현기호에 대한 설명이 틀린 것은?

① D : 지름
② H : 높이
③ R : 넓이
④ THK : 두께

해설 도면의 표현기호

L	길이	H	높이
THK	두께	A	면적
R	반지름	V	용적
D, φ	지름	W	폭

10 조경시설물 표시에 있어 반드시 필요한 도면은?

① 상세도 ② 현황도
③ 투시도 ④ 조감도

해설 ① 시설물 표시에는 적절한 상세도가 필요하다.

11 다음에서 설명하는 그림은?

- 눈높이나 눈보다 조금 높은 위치에서 보여지는 공간을 실제 보이는 대로 자연스럽게 표현한 그림
- 나타내고자 하는 의도의 윤곽을 잡아 개략적으로 표현하고자 할 때, 즉 아이디어를 수집, 기록, 정착화하는 과정에 필요
- 디자이너에게 순간적으로 떠오르는 불확실한 아이디어의 이미지를 고정, 정착화시켜 나가는 초기 단계

① 투시도 ② 스케치
③ 입면도 ④ 조감도

해설 ① 투시도 : 설계안이 완공되었을 경우를 가정하여 평면도의 설계내용을 입체적인 그림으로 나타낸 도면
③ 입면도 : 물체를 정면으로 바라보았을 때의 수직적인 구성을 보여 주는 도면
④ 조감도 : 하늘에서 새가 내려다본 것처럼 설계 대상지의 완성 후 모습을 공중에서 비스듬히 내려다보았을 때의 모양을 그린 그림

12 설계도의 종류 중에서 입체적인 느낌이 나지 않는 도면은 무엇인가?

① 상세도 ② 투시도
③ 조감도 ④ 스케치도

해설 ② 투시도 : 설계안이 완공되었을 경우를 가정하여 평면도의 설계내용을 입체적인 그림으로 나타낸 도면
③ 조감도 : 하늘에서 새가 내려다본 것처럼 설계 대상지의 완성 후 모습을 공중에서 비스듬히 내려다보았을 때의 모양을 그린 그림
④ 스케치 : 눈높이나 눈보다 조금 높은 위치에서 보여지는 공간을 실제 보이는 대로 자연스럽게 표현한 그림

13 다음 중 조경에서 제도를 하는 순서가 올바른 것은?

㉠ 축척을 정한다.
㉡ 도면의 윤곽을 정한다.
㉢ 도면의 위치를 정한다.
㉣ 제도를 한다.

① ㉠ → ㉡ → ㉢ → ㉣
② ㉡ → ㉢ → ㉠ → ㉣
③ ㉡ → ㉠ → ㉢ → ㉣
④ ㉢ → ㉡ → ㉠ → ㉣

해설 제도의 순서 : 축척과 도면 크기의 결정 → 도면의 윤곽선과 표제란 설정 → 도면 내용의 배치 → 제도

14 투시도 작성에서 소점이 위치하는 곳은?

① 기 선 ② 화면선
③ 수평선 ④ 시 선

해설 ③ 투시도에서 모서리의 선을 연장시키면 하나의 점에 모이게 되는데 이를 소점이라 하며, 눈높이는 수평선(지평선)의 높이와 같고, 소실점도 눈높이에 위치하게 된다(소실점=눈높이=수평선). 소점의 수에 따라 1점 투시도, 2점 투시도, 3점 투시도 등이 있다.

정답 11 ② 12 ① 13 ① 14 ③

15 다음의 입체도에서 화살표 방향을 정면으로 할 때 평면도를 바르게 표현한 것은?

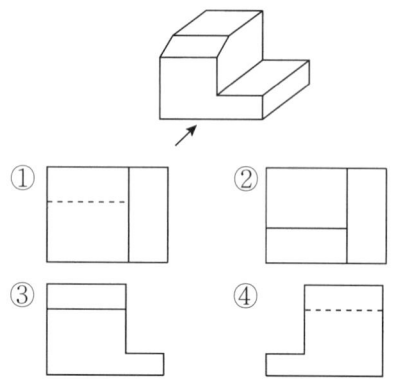

해설 ② 평면도는 물체를 위에서 수직방향으로 내려다본 것을 그린 것이다.

16 다음 설계도면의 종류에 대한 설명으로 옳지 않은 것은?

① 입면도는 구조물의 외형을 보여 주는 것이다.
② 평면도는 물체를 위에서 수직방향으로 내려다 본 것을 그린 것이다.
③ 단면도는 구조물의 내부나 내부공간의 구성을 보여 주기 위한 것이다.
④ 조감도는 관찰자의 눈높이에서 본 것을 가정하여 그린 것이다.

해설 조감도 : 하늘에서 새가 내려다본 것처럼 설계 대상지의 완성 후 모습을 공중에서 비스듬히 내려다보았을 때의 모양을 그린 그림

17 실시설계도면 작성과정에서 요구되는 표현의 특성을 바르게 설명한 것은?

① 색채를 활용하여 표현적인 기법을 사용한다.
② 투시도, 사진, 모형 등을 이용한다.
③ 창조적이고 직관적인 표현력이 요구된다.
④ 명료하고 기계적인 표현력이 요구된다.

해설 실시설계
기본설계를 바탕으로 구체적인 도면 작성, 공사비 및 수량 산출, 공정계획을 수립하는 단계로 시방서 및 공사비 내역서 작성을 포함하며, 실시설계 때 작성한 도면과 공사비 내역은 공사입찰의 기준이 되고, 이 도면대로 공사를 시행하게 되므로 도면 작성 시 명료하고 기계적인 표현력이 요구된다.

18 설계도면과 함께 공사시행의 기초가 되는 자료는 무엇인가?

① 일위대가표 ② 시방서
③ 시설물 상세 ④ 배식설계

해설 ② 시방서란 공사의 진행순서를 적은 문서이자, 도면으로 표현할 수 없는 세부사항을 명시한 것으로, 설계도면과 함께 공사시행의 기초가 되며 시방서를 바탕으로 내역서를 작성한다.

19 경관에 대한 설명 중 바르지 못한 것은?

① 질감, 색채, 형태 등은 경관의 우세요소이다.
② 대비, 연속 등은 경관의 우세원칙이다.
③ 광선, 거리, 색채 등은 경관의 가변인자이다.
④ 강물, 계곡, 분수 등은 초점적 경관이라 할 수 있다.

해설 ③ 색채는 경관의 우세요소이다.
• 경관구성의 우세요소 : 선, 형태, 질감, 색채
• 경관구성의 가변요소 : 광선, 기상조건, 계절, 시간, 기타(운동, 거리, 관찰위치, 규모 등)

20 일정 지점에서 볼 때 광활하게 펼쳐지는 경관요소를 무엇이라 하는가?

① 랜드마크 ② 통경선
③ 전 망 ④ 질 감

해설 ① 상징성을 지닌 지형지물을 의미하며, 주로 식별성이 높은 건물이나 산 등을 랜드마크로 지정한다.
② 비스타(Vista)라고도 하며, 좌우로의 시선을 제한하여 전방의 일정 지점으로 시선을 집중시키는 경관이다.
④ 경관에서 느껴지는 가상의 촉각으로 여러 조건에 따라 같은 경관이라 하더라도 달리 느껴진다.

21 일반도시에서 가장 많이 사용되고 있는 이상적인 녹지 계통은?

① 분산식 ② 방사식
③ 환상식 ④ 방사환상식

해설 그린벨트 녹지계통의 형식
- 방사식 : 도시 중심에서 외부로 내뻗는 형태로 배치
- 분산식 : 여기저기에 여러 형태로 배치
- 환상식 : 도시를 중심으로 한 둥근 띠 모양의 형태로 도시 확대를 방지하는 데 효과적
- 방사분산식 : 분산식 녹지대를 방사 형태로 질서 있게 배치
- 방사환상식 : 방사식과 환상식을 결합한 형태로 가장 이상적인 도시녹지 형태
- 위성식 : 주로 대도시에만 적용되는 형태로 녹지대 안에 시가지 조성
- 평행식 : 도시 형태가 띠 모양일 때 도시를 따라 평행하게 배치

22 점에 대한 설명 중 옳지 않은 것은?

① 점이 공간과 그 위치를 차지하면 우리의 시각은 자연히 그 점에 집중된다.
② 두 개의 점이 있을 때 한 쪽 점이 작은 경우 주의력은 작은 쪽에서 큰 쪽으로 옮겨진다.
③ 광장의 분수나 조각, 독립수 등은 조경공간에서 점적인 역할을 한다.
④ 점이 같은 간격으로 연속적인 위치를 가지면 흔히 선으로 느껴진다.

해설 ② 주의력은 큰 점에서 작은 점으로 옮겨진다.

23 정원 구성재료 중 점적인 요소가 아닌 것은?

① 벤 치 ② 병 목
③ 분 수 ④ 해시계

해설 ② 병목(竝木, 가로수)은 선적 요소이다.

24 정원에서 미적 요소의 구성은 재료의 짝지움에서 나타나는데, 도면상 선적인 요소에 해당되는 것은?

① 분 수 ② 독립수
③ 원 로 ④ 연 못

해설 ③ 원로는 정원이나 공원의 길로, 면적인 요소가 아닌 선적인 요소에 해당한다.

정답 20 ③ 21 ④ 22 ② 23 ② 24 ③

25 다음 중 경관에서 찾아 볼 수 있는 선의 설명으로 틀린 것은?

① 서로 같은 경관요소가 만나는 지점의 윤곽
② 우뚝 솟아오른 험준한 산봉우리의 윤곽
③ 주택의 담장을 구성하는 길고 짧은 선들의 윤곽
④ 강이나 바닷가를 따라 뻗어 가는 물가의 윤곽

해설 ① 서로 다른 경관요소가 만나는 지점의 윤곽이 선적인 요소이다.

26 정원에 소규모 냇물의 흐름을 조성한다면 이는 조경의 어떤 요소에 해당되는가?

① 방 향　② 선
③ 점　　④ 운 동

해설 ② 경관에서 찾을 수 있는 선적인 요소는 주로 대상물의 윤곽으로 이루어지거나, 서로 다른 경관요소가 만나는 지점에서 형성된다.

27 다음 직선에 대한 심리적인 영향을 설명한 것 중 틀린 것은?

① 강직하고 남성적이다.
② 단순하고 안정적이다.
③ 초조하고 불안정하다.
④ 명확하고 직접적이다.

해설 직선의 특성은 남성성, 강건성, 단순성, 중립성, 명확성 등이다.

28 수직선이 뜻하는 내용이 아닌 것은?

① 권태, 피로　② 권위, 완고
③ 엄격, 준엄　④ 거만, 온난

해설 ① 수평선이 뜻하는 내용이다.
수평선 : 직선이 가질 수 있는 가장 순수한 방향으로 여겨지며 평탄, 정숙, 한랭, 피로, 권태, 평화, 제한된 영구(永久) 등을 뜻한다.

29 질감(Texture)이 가장 부드럽게 느껴지는 나무는?

① 태산목　② 칠엽수
③ 회양목　④ 팔손이나무

해설 ③ 질감이 고운 나무로는 철쭉류, 소나무, 편백, 회양목, 쥐똥나무, 꽝꽝나무 등이 있다.

30 경관에서 질감에 대한 설명으로 맞는 것은?

① 잔디보다 억새와 칡덩굴이 더욱 질감이 곱다.
② 경관에 있어서 질감은 주로 지표상태에 의하여 결정된다.
③ 손으로 느껴지는 감각을 말한다.
④ 질감은 관찰거리가 다르더라도 항상 일정한 느낌을 유지한다.

해설 질 감
물체가 본래 가지고 있거나 인위적으로 만들어 낸 물체 표면의 특징으로 물체의 성질을 나타내며, 형태·색채와 더불어 디자인의 필수요소이다. 직접 손으로 만졌을 때 느껴지는 촉각적 질감과 시각을 통해 느껴지는 가상의 촉각인 시각적 질감으로 구분되는데, 시각적 질감은 물체의 색, 빛의 세기나 방향, 대상과의 거리 등에 따라 달리 느껴진다.

31 다음 중 질감의 대비효과가 제일 큰 것은?

① 이끼 – 모래
② 콘크리트 바닥 – 나무 바닥
③ 정원석 – 수석
④ 벽돌담 – 잔디밭

해설 ④ 인공재와 자연재라는 질감의 차이가 있고, 색채가 다르며, 수직과 수평의 공간상에 놓여 있어 질감의 대비효과가 제일 크다.
① 색채는 다르나 입자의 크기가 유사하여 조화를 이룬다.
② 자연재와 인공재로서 질감의 차이가 있지만 같은 공간상에 놓여 있어 대비효과가 작다.
③ 질감과 용도가 같아 대비효과가 거의 없다.

32 대부분의 사람들에게 가장 쾌적한 결과를 가져오는 미적 구상은 어떠한 상태인가?

① 질감이 부드러울 때
② 색채가 화려할 때
③ 질서와 변화가 있을 때
④ 다양성이 높을 때

해설 ③ 통일된 질서와 다양한 변화가 공존할 때 아름다움을 느낄 수 있다.

33 다음 중 색의 3속성에 관한 설명으로 옳은 것은?

① 감각에 따라 식별되는 색의 종명을 채도라고 한다.
② 두 색상 중에서 빛의 반사율이 높은 쪽은 밝은 색이다.
③ 색의 포화상태, 즉 강약을 말하는 것은 명도이다.
④ 그레이 스케일(Gray Scale)은 채도의 기준척도로 사용된다.

해설 ① 감각에 따라 식별되는 색의 종류를 색상이라 한다.
③ 색의 포화상태, 즉 강약을 말하는 것은 채도이다.
④ 그레이 스케일은 명도의 기준척도로 사용된다.

34 어떤 두 색이 맞붙어 있을 때 그 경계 언저리에 대비가 더 강하게 일어나는 현상은?

① 연변대비 ② 면적대비
③ 보색대비 ④ 한난대비

해설 ① 연변대비 : 단계적으로 균일하게 채색되어 있는 색의 경계 부분에서 일어나는 대비현상
② 면적대비 : 같은 색이라도 면적의 넓이에 따라 색의 명도·채도가 다르게 보이는 현상
③ 보색대비 : 보색관계에 있는 두 가지색을 같이 놓았을 때, 서로의 영향으로 더 뚜렷하게 보이는 현상
④ 한난대비 : 색의 차갑고 따뜻함에 따라 색이 다르게 보이는 현상

정답 31 ④ 32 ③ 33 ② 34 ①

35 명암순응(明暗順應)에 대한 설명으로 틀린 것은?

① 눈이 빛의 밝기에 순응해서 물체를 본다는 것을 명암순응이라 한다.
② 맑은 날 색을 본 것과 흐린 날 색을 본 것이 같이 느껴지는 것이 명순응이다.
③ 터널에 들어갈 때와 나갈 때의 밝기가 급격히 변하지 않도록 명암 순응 식재를 한다.
④ 명순응에 비해 암순응은 장시간을 필요로 한다.

해설
- 명순응 : 어두운 곳에서 밝은 곳으로 옮기면 처음에는 눈이 부시나 차차 적응하여 정상 상태로 돌아가는 현상이다.
- 암순응 : 밝은 곳에서 어두운 곳으로 들어가면 처음에는 보이지 않던 것이 시간이 지남에 따라 차차 보이기 시작하는 현상이다.

36 정원의 많은 색의 꽃이 일출 때 적색 계통의 색보다 청색 계통의 색이 일찍 눈에 띈다. 그 원리는?

① 분광반사율이 다르기 때문이다.
② 리브만의 효과(Liebman's Effect)라고 한다.
③ 푸르킨예 현상이라 한다.
④ 맑은 공기로 찬색 계통이 일찍 보이는 현상이다.

해설
- 푸르킨예 현상 : 어둠 속에서 빛의 파장이 긴 적색·황색 등은 흐려지고, 파장이 짧은 녹색·청색 등은 밝게 보이는 현상
- 리브만 효과 : 도형과 바탕색이 채도는 다르나 명도가 비슷할 때, 형태를 알아보기 어렵거나 변형되어 보이는 현상

37 색에 대한 감정이 잘못 설명된 것은?

① 적색 – 적극성, 흥분, 위험, 공포
② 녹황색 – 배반, 질투, 질병
③ 녹색 – 신비, 위엄, 신성, 장엄
④ 회색 – 겸손, 평범, 우울

해설 ③은 보라색의 감정이고, 녹색은 평화, 지성, 안식, 안전, 미숙, 휴식 등을 의미한다.

38 다음 중 어떤 대상 물체가 하늘을 배경으로 이루어진 윤곽선을 가리키는 것은?

① 비스타   ② 스카이라인
③ 영 지   ④ 수목절감

해설 ② 하늘과 맞닿은 것처럼 보이는 산이나 건물 따위의 윤곽선을 스카이라인이라고 한다.

39 시각적 경관요소는 대부분 6가지 요소로 분류된다. 다음 설명은 어느 경관을 말하는 것인가?

> 주위 환경요소와는 달리 특이한 성격을 띤 부분의 경관으로 지형적인 변화, 즉 산속에 높은 절벽과 같은 것

① 파노라마   ② 천연미
③ 초 점   ④ 세부적

해설 ② 지형경관(Feature Landscape) 또는 천연경관이라고 부르는 산림경관 유형이다.

40 안개나 수면에 투영된 영상같이 대기권의 상황변화에 따라 경관의 모습이 달라지는 것을 무엇이라 하는가?

① 지형경관(Feature Landscape)
② 세부경관(Detail Landscape)
③ 초점경관(Focal Landscape)
④ 일시경관(Ephemeral Landscape)

해설 리튼(Litton)의 산림경관 유형
- 전경관(Panoramic Landscape) : 시야를 가리지 않고 멀리 퍼져 보이는 경관이다.
  예 넓은 초원, 수평선 등
- 지형경관(Feature Landscape) : 지형의 특징이 명확히 드러나 관찰자가 강한 인상을 받게 되는 경관이다.
  예 거대한 계곡, 높은 산봉우리 등
- 위요경관(Enclosed Landscape) : 평탄한 중심공간이 있고 그 주위는 숲이나 산들로 둘러싸여 있는 경관이다.
  예 숲속의 호수, 초원 등
- 초점경관(Focal Landscape) : 시선이 한곳으로 집중되는 경관이다.
  예 폭포, 기형의 수목이나 암석 등
- 관개경관(Canopied Landscape) : 수림의 가지와 잎들이 천장을 이루고 나무줄기가 기둥처럼 늘어서 있는 경관이다.
  예 숲속의 오솔길이나 밀림 속의 도로, 노폭이 좁은 곳의 가로수 등
- 세부경관(Detail Landscape) : 관찰자가 가까이 접근하여 감상하는 경관이다.
  예 식물의 꽃, 잎, 열매 등
- 일시경관(Ephemeral Landscape) : 대기권의 상황변화에 따라 모습이 달라지는 경관이다.
  예 수면에 투영된 영상, 동물의 일시적 출현, 안개 등

41 파노라마경관을 바르게 표현한 것은?

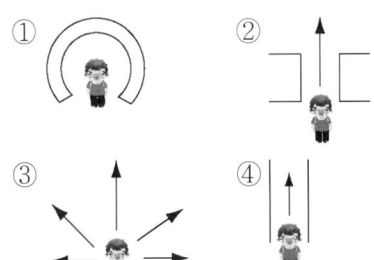

해설 ③ 전경관 또는 파노라마경관은 360°로 조망할 수 있고, 시야의 거리감이나 경계의식이 거의 없는 산림경관 유형이다.

42 린치(K. Lynch)가 주장하는 도시경관의 5대 구성요소가 아닌 것은?

① 매스(Mass)
② 경로(Paths)
③ 경계(Edge)
④ 랜드마크(Landmark)

해설 K. Lynch의 도시경관 5대 구성요소는 경로, 경계, 지역, 결절점, 랜드마크이다.

43 도시의 이미지(Image)에 관한 설명 중 틀린 것은?

① 이미지를 불러내기 위해서는 대상물의 물리적 성질이 마음속의 어느 요소와 관련되어 나타난다.
② 도시의 이미지와 관련된 것은 대체로 개인의 이미지인 경우가 많다.
③ 관찰자에 따라 도시에 대한 이미지가 다를 수 있다.
④ 도시의 이미지 구성에 있어서 랜드마크는 중요한 역할을 한다.

해설 ② 도시경관은 전체적 이미지로서 조망된다.

정답 40 ④ 41 ③ 42 ① 43 ②

44 주변지역의 경관과 비교할 때 지배적이며, 특징을 가지고 있어 지표적인 역할을 하는 것을 무엇이라고 하는가?

① Vista ② Districts
③ Nodes ④ Landmarks

해설
① 통경선이라고도 하며, 좌우로의 시선을 제한하여 전방의 일정 지점으로 시선을 집중시키는 경관이다.
② 린치의 도시경관의 5대 구성요소 중 도시를 구성하는 2차원적 공간(면)을 말한다.
③ 린치의 도시경관의 5대 구성요소 중 통로의 교차점이나 집합점을 말한다.

45 정원의 넓이를 한층 더 크고 변화 있게 하려는 조경기술 중 가장 좋은 방법은?

① 축을 강조 ② 눈가림 수법
③ 명암을 대비 ④ 통경선

해설 ② 변화와 거리감을 강조하는 기법으로 공간의 넓이를 실제 이상으로 넓어 보이게 하는 데 가장 적합하다.

46 조경미의 원리 중 대비가 불러오는 심리적 자극으로 가장 거리가 먼 것은?

① 반 대 ② 대 립
③ 변 화 ④ 안 정

해설 대비(Contrast)
• 구성재료 둘 이상의 색채나 크기, 길이, 너비 등의 성질이나 분량을 달리하여 공간적·시간적으로 접근시켰을 때 나타나는 현상이다.
• 대소, 장단, 명암, 강약, 강연, 원근, 한난 등과 같이 정반대의 분량이나 성질의 것을 늘어놓으면, 자기와는 가장 다른 성질을 상대에게 주는 관계가 생긴다.
• 대비는 반대, 대립, 변화 등의 심리적 자극과 흥분을 촉진시키며 다이내믹한 흥미를 불러일으키는 기본이 된다.

47 다음 중 차경(借景)을 가장 잘 설명한 것은?

① 멀리 보이는 자연풍경을 경관 구성 재료의 일부로 이용하는 것
② 산림이나 하천 등의 경치를 잘 나타낸 것
③ 아름다운 경치를 정원 내에 만든 것
④ 연못의 수면이나 잔디밭이 한눈에 보이지 않게 하는 것

해설 차경(借景)이란 경치를 빌려 온다는 뜻으로, 멀리 바라보이는 자연풍경을 경관 구성재료의 일부분으로 이용하는 수법이다. 전망이 좋은 곳에서 쉽게 적용할 수 있으며, 차경을 이용할 때 정원은 깊이가 있게 된다.
• 원차(遠借) : 먼 곳의 경물을 차용
• 인차(隣借) : 가까운 곳의 경물을 차용
• 앙차(仰借) : 높은 곳의 경물을 차용
• 부차(俯借) : 낮은 곳의 경물을 차용
• 응시이차(應時而借) : 계절에 따라 변하는 경치를 차용

48 정원수의 아름다움의 3가지 요소에 해당되지 않는 것은?

① 색채미 ② 형자미
③ 내용미 ④ 식재미

해설 정원수의 미적 3요소(삼재미) : 색채미, 형태미(형자미), 내용미

정답 44 ④ 45 ② 46 ④ 47 ① 48 ④

49 조경미의 요소에 들지 않는 것은?

① 재료미　② 형식미
③ 내용미　④ 복합미

해설　정원의 구성미에는 재료미, 내용미, 형식미가 있다.
- 재료미 : 여러 가지 소재가 지니고 있는 아름다움을 말하며, 주재료는 식물이다. 그 밖에 분수나 연못, 조각품, 화단 등의 다양한 첨경물이 가지는 고유한 아름다움을 통해 종합미를 표현한다.
- 내용미 : 뜰의 구상과 구성 등 내면적인 아름다움을 말한다. 표면에는 직접적으로 나타나지 않는 성질의 것으로, 설계자의 사상과 개성, 사실과 전설 등 정원이 가지는 내용의 아름다움을 말한다.
- 형식미 : 정원에 여러 가지 재료를 배치함으로써 나타나는 아름다움을 말한다. 표현하는 방법에는 단순미, 통일미, 점층미, 반복미, 대조미, 균형미, 조화미, 대비미, 비례미, 착각의 응용 등이 있다.

50 장식분을 줄지어 배치했을 때의 아름다움은?

① 조화미　② 균형미
③ 반복미　④ 대비미

해설　반복미 : 같은 모양의 조경구성요소를 일정한 거리의 간격을 두고 반복해서 계속 배열했을 때 나타나는 아름다움을 말한다.

51 다음 중 점층(漸層)에 관한 설명으로 가장 적합한 것은?

① 조경재료의 형태나 색깔, 음향 등의 점진적 증가
② 대소, 장단, 명암, 강약
③ 일정한 간격을 두고 흘러오는 소리, 다변화되는 색채
④ 중심축을 두고 좌우대칭

해설　② 대비, ③ 반복, ④ 대칭
점층(그러데이션, 점이) : 조화롭고 일정한 질서를 가진 흐름의 점진적 증감을 통해 유사와 반복이 복합되어 동적이고 극적인 분위기를 나타내는 것

52 대칭구조에 대하여 틀린 것은?

① 파르테논 신전은 대칭구조이다.
② 정숙하고 엄숙한 느낌이 난다.
③ 종교적이다.
④ 현대 건축에 많이 사용되고 있다.

해설　④ 대칭은 균형의 가장 간단한 형태로 고대 건축에서 주로 사용되었다.

53 다음 중 강조(Accent)에 대한 설명으로 적합하지 않은 것은?

① 비슷한 형태나 색감들 사이에 이와 상반되는 것을 넣어 강조함으로 시각적으로 산만함을 막고 통일감을 조성할 수 있다.
② 전체적인 모습을 꽉 조여 변화 없는 단조로움이 나타나기 쉽다.
③ 강조를 위해서는 대상의 외관(外觀)을 단순화시켜야 한다.
④ 자연경관에서는 구조물이 강조의 수단으로 사용되는 경우가 많다.

해설　② 강조하는 것이 수적으로 많고 흩어져 있으면 오히려 통일감을 잃게 된다.

정답　49 ④　50 ③　51 ①　52 ④　53 ②

54 조형미의 원리인 리듬감이 가장 잘 나타난 것은?

①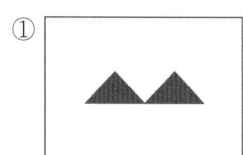

②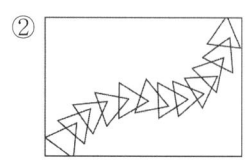

③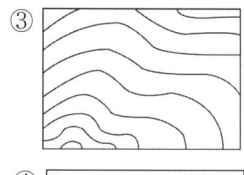

④

[해설] ② 일정하게 반복되는 규칙성으로 리듬감이 느껴진다.

55 나무를 심을 때 시각적으로 아름답게 보이는 배치방법으로 옳은 것은?

① 같은 높이의 나무를 같은 간격으로 규칙 있게 배치한다.
② 같은 높이를 서로 다른 간격으로 적당히 변화 있게 배치한다.
③ 높이의 변화도 간격의 변화도 주면서 배치한다.
④ 높이는 다르지만 간격은 일정하게 처리한다.

[해설] ③ 높이와 간격의 변화를 이용한 배치는 조화를 이루어 아름다움을 창조한다.

56 다음 중 잎의 질감이 약에서 강의 순으로 바르게 된 것은?

① 향나무 → 은행나무 → 플라타너스
② 향나무 → 플라타너스 → 은행나무
③ 은행나무 → 플라타너스 → 향나무
④ 플라타너스 → 향나무 → 은행나무

[해설] 작은 잎일수록 부드러운 질감이 느껴지고, 큰 잎일수록 거친 질감이 느껴진다.

57 CAD의 효과로 바르지 않은 것은?

① 설계 변경이 쉽다.
② 설계의 표준화로 설계시간을 단축할 수 있다.
③ 도면의 수정과 재활용이 용이하다.
④ 오류의 발견이 어렵다.

[해설] ④ CAD 사용 시 오류의 발견이 쉬운 장점이 있다.

58 조경 분야에서 컴퓨터를 활용함에 있어서 설계 대상자의 특성을 분석하기 위해 자료 수집 및 분석에 사용된 것으로 가장 알맞은 것은?

① 워드 프로세서(Word Processor)
② 캐드 시스템(CAD System)
③ 이미지 프로세싱(Image Processing)
④ 지리정보 시스템(Geographic Information System)

[해설] 조경 분야에서의 컴퓨터 활용
- 워드 프로세서 : 문서 작성
- 캐드 시스템 : 각종 도면 입력, 편집 및 출력
- 이미지 프로세싱 : 사진 합성을 통한 스케치, 투시도 및 조감도 제작
- 지리정보 시스템 : 현황자료 분석 및 종합

59 공사예정가격을 산정하기 위한 서류에 포함되지 않는 것은 어느 것인가?

① 수량산출서　② 특기시방서
③ 견적서　　　④ 공정표

해설 견적서란 시설공사나 물품공급 등에 있어서 공급자가 발주자에게 공급 가능한 내용 및 제반비용을 적산(積算) 형태로 기술하여 제출하는 문서이다.

60 설계도서에 포함되지 않는 것은?

① 물량내역서　② 공사시방서
③ 설계도면　　④ 현장사진

해설 설계도서 : 설계도면, 시방서, 설계내역서, 설계설명서, 수량산출서, 일위대가표, 지질조사서, 각종 계산서, 기타 공사에 필요한 서류 등

61 설계도서 중 일위대가표를 작성할 때 일위대가표 금액란의 금액 단위표준은?

① 0.01원　② 0.1원
③ 1원　　 ④ 10원

해설 금액의 단위표준
- 설계서의 총액 : 단위(원), 끝자리(1,000), 이하 버림 (단, 10,000원 이하의 공사는 100원 이하 버림)
- 설계서의 소계 : 단위(원), 끝자리(1), 미만 버림
- 설계서의 금액란 : 단위(원), 끝자리(1), 미만 버림
- 일위대가표의 계금 : 단위(원), 끝자리(1), 미만 버림
- 일위대가표의 금액란 : 단위(원), 끝자리(0.1), 미만 버림

62 다음 중 괄호 안에 알맞은 것은?

> 공사 목적물을 완성하기까지 필요로 하는 여러 가지 작업의 순서와 단계를 (　　)(이)라고 한다. 가장 효과적으로 공사 목적물을 만들 수 있으며 시간을 단축시키고 비용을 절감할 수 있는 방법을 정할 수 있다.

① 공 증　② 검 토
③ 시 공　④ 공 정

63 공사원가 계산체계에서 이윤 산정 시 고려하는 내용이 아닌 것은?

① 재료비　② 노무비
③ 경 비　　④ 일반관리비

해설 이윤 = (노무비 + 경비 + 일반관리비) × 15%

64 다음 설명 중 맞는 것은?

① 지표로부터 줄기 끝가지의 높이를 수고라고 하고 도장지까지 포함한다.
② 지표로부터 줄기 끝가지의 높이를 수고라고 하고 도장지는 2/3까지만 포함한다.
③ 지표로부터 줄기 끝가지의 높이를 수고라고 하고 도장지는 1/2까지만 포함한다.
④ 지표로부터 줄기 끝가지의 높이를 수고라고 하고 도장지는 포함하지 않는다.

해설 ④ 수고는 지표면에서 수관의 맨 위 끝부분까지의 수직 높이로, 수관의 정상에서 돌출된 도장지는 제외한다.

정답　59 ③　60 ④　61 ②　62 ④　63 ①　64 ④

65 다음 중 흉고직경을 측정할 때 지상으로부터 얼마 높이의 부분을 측정하는 것이 이상적인가?

① 60cm ② 90cm
③ 120cm ④ 200cm

해설 흉고직경 : 줄기의 굵기를 측정하는 것으로, 일반적인 가슴높이(지표면에서부터 1.2m)에서 잰 나무줄기의 지름을 말한다. 단, 쌍간일 경우 각 간의 흉고직경 합의 70%나 해당 수목의 최대 흉고직경 중 큰 것을 택한다.

66 조경수목의 규격을 표시할 때 수고와 수관폭으로 표시하는 것은?

① 느티나무 ② 주 목
③ 은사시나무 ④ 벚나무

해설 ② 주목은 교목성 침엽수에 속한다.
조경수목의 규격표시

구 분		내 용	주요수목
교목성		수고(H)×수관폭(W)	대부분의 침엽수
		수고(H)×가슴높이지름(B)	대부분의 단간·쌍간 활엽수
		수고(H)×근원지름(R)	대부분의 다간 활엽수
관목성		수고(H)×수관폭(W)	대부분의 관목류
		수고(H)×근원지름(R)	오래되어 줄기가 굵은 관목
		수고(H)×수관폭(W)×수관길이(L)	눈향처럼 수관 길이가 있는것
		수고(H)×가지 수 또는 줄기 수	개나리, 쥐똥나무 등
		수고(H)×생장연수	장미, 모란 등

67 수목의 식재품 적용 시 흉고직경에 의한 식재품을 적용하는 것이 가장 적합한 수종은 어느 것인가?

① 산수유 ② 은행나무
③ 꽃사과 ④ 백목련

해설 수고와 흉고직경에 의한 품셈을 적용하는 수종
계수나무, 가죽나무, 메타세쿼이아, 벽오동, 수양버들, 벚나무, 은단풍, 은행나무, 자작나무, 백합나무, 층층나무, 플라타너스, 현사시나무 등

68 다음 수목 중 식재 시 근원직경에 의한 품셈을 적용할 수 있는 것은?

① 은행나무 ② 왕벚나무
③ 아왜나무 ④ 꽃사과나무

해설 근원직경에 의한 품셈을 적용하는 수목
소나무, 감나무, 꽃사과나무, 낙우송, 노각나무, 느티나무, 대추나무, 마가목, 매화나무, 모감주나무, 모과나무, 배롱나무, 목련, 산딸나무, 산수유, 이팝나무, 자귀나무, 쪽동백나무, 단풍나무류, 칠엽수, 회화나무, 후박나무, 등나무, 능소화, 참나무류 등 기타 이와 유사한 수종

69 표준품셈에서 포함된 것으로 규정된 소운반거리는 몇 m 이내를 말하는가?

① 10m ② 20m
③ 30m ④ 50m

해설 ② 소운반거리는 수평거리 20m 이내의 운반거리를 말한다.

70 시설물의 기초 부위에서 발생하는 토공량의 관계식으로 옳은 것은?

① 잔토처리 토량 = 되메우기 체적 − 터파기 체적
② 되메우기 토량 = 터파기 체적 − 기초구조부 체적
③ 되메우기 토량 = 기초구조부 체적 − 터파기 체적
④ 잔토처리 토량 = 기초구조부 체적 − 터파기 체적

해설
- 되메우기 토량 = 터파기 체적 − 기초구조부 체적
- 잔토처리 토량 = 터파기 체적 − 되메우기 체적

71 흙은 같은 양이라 하더라도 자연상태(N)와 흐트러진 상태(S), 공적으로 다져진 상태(H)에 따라 각각 그 부피가 달라진다. 자연상태의 흙의 부피(N)를 1.0으로 할 경우 부피가 많은 순서로 적당한 것은?

① H > N > S
② N > H > S
③ S > N > H
④ S > H > N

해설 ③ 자연상태의 토량을 기준으로 흙의 부피를 비교하면 흐트러진 상태의 토량 > 자연상태의 토량 > 다져진 상태의 토량 순이다.

72 자연상태의 토량 $1,000m^3$을 굴착하면, 그 흐트러진 상태의 토량은 얼마가 되는가? (단, 토량변화율을 $L=1.25$, $C=0.9$라고 가정한다)

① $900m^3$
② $1,000m^3$
③ $1,125m^3$
④ $1,250m^3$

해설 $L = \dfrac{\text{흐트러진 상태의 토량}}{\text{자연상태의 토량}}$

$1.25 = \dfrac{x}{1,000m^3}$

$\therefore x = 1,000m^3 \times 1.25 = 1,250m^3$

73 토량변화율 $L=1.2$, 자연상태의 토량이 $3m^3$일 때 흙의 체적은?

① $3.0m^3$
② $3.2m^3$
③ $3.4m^3$
④ $3.6m^3$

해설 $L = \dfrac{\text{흐트러진 상태의 토량}}{\text{자연상태의 토량}}$

$V = L \times \text{자연상태의 토량}$

$\therefore 1.2 \times 3m^3 = 3.6m^3$

정답 70 ② 71 ③ 72 ④ 73 ④

74 수목 식재 시 3m × 4m에 한 본을 심을 때, 1ha에 수목 몇 본의 식재가 가능한가?

① 450본
② 833본
③ 622본
④ 855본

해설 식재면적 1ha는 10,000m²이고,
한 본의 식재면적은 3m × 4m = 12m²/본
∴ 1ha 식재 시 필요 본수 = 10,000m² ÷ 12m²/본
　　　　　　　　　　　≒ 833본

75 가로 1m × 세로 10m의 공간에 H0.4m, W 0.5m 규격의 철쭉으로 생울타리를 만들려고 하면 사용되는 철쭉의 수량은?

① 약 20주
② 약 40주
③ 약 80주
④ 약 120주

해설 식재면적이 10m²이고, 한 주의 식재면적은 수관폭(W)을 기준으로 0.5m × 0.5m = 0.25m²/주
∴ 10m² 식재 시 필요 주수 = 10m² ÷ 0.25m²/본
　　　　　　　　　　　　= 40주

76 다음 중 40m²의 면적에 팬지를 20cm × 20cm 간격으로 심고자 한다. 팬지 묘의 필요 본수로 가장 적당한 것은?

① 100본
② 250본
③ 500본
④ 1,000본

해설 식재면적이 40m²이고, 한 본의 식재면적은
0.2m × 0.2m = 0.04m²/본
∴ 40m² 식재 시 필요 본수 = 40m² ÷ 0.04m²
　　　　　　　　　　　　= 1,000본

77 들잔디(평떼)의 일반적인 뗏장규격으로 옳은 것은?

① 10cm × 10cm
② 20cm × 20cm
③ 30cm × 30cm
④ 40cm × 40cm

해설 일반적인 평떼의 뗏장규격은 30cm × 30cm × 3cm이다.

78 잔디 1m²에 필요한 매수는?

① 10매
② 11매
③ 15매
④ 20매

해설 • 잔디 1매의 규격 = 30cm × 30cm
• 잔디 1매의 식재면적 = 0.3m × 0.3m = 0.09m²/매
∴ 1m²당 필요 잔디량 = 1m² ÷ 0.09m²/매 ≒ 11매

정답 74 ② 75 ② 76 ④ 77 ③ 78 ②

CHAPTER 04 조경설계

PART 01 조경설계

제1절 대상지 조사

1 현장 여건 분석

(1) 설계도서 등 관련 서류를 검토하여 현장 여건을 조사·분석

① 설계도서의 내용이 현장 조건과 일치하는지 여부를 검토한다.
② 설계도서대로 시공할 수 있는지 여부를 검토한다.
③ 그 밖에 시공과 관련된 사항에 대해 검토한다.
④ 하자 발생이 우려되는지 검토한다.
⑤ 설계 변경 사유 및 계약 기간 연장 사유가 있는지 검토한다.
⑥ 품질 향상이나 공사비 절감을 기할 수 있는지 검토한다.
⑦ 설계도면, 공사 시방서, 산출 내역서 등의 내용에 대한 상호 일치 여부를 검토한다.
⑧ 설계도서에 누락, 오류 등 불명확한 부분의 존재 여부를 검토한다.
⑨ 공사 착공과 더불어 관련 법규에 의거하여 신고 또는 허가를 받아야 할 사항에 대해 검토한다.

(2) 관련 서류의 검토 결과를 토대로 현장 여건을 조사·분석

① 현장 주변의 구조물·건물을 조사·분석한다.
② 진입 도로 현황을 조사·분석한다.
③ 인접 도로의 교통 규제 상황을 조사·분석한다.
④ 지하 매설물 및 장애물을 조사·분석한다.
⑤ 부지 경계선 및 지반의 고저차를 조사·분석한다.
⑥ 문화재의 유무를 조사·분석한다.
⑦ 기존 수목의 유무를 조사·분석한다.
⑧ 기타 필요한 사항을 조사·분석한다.

2 설계도서 등 관련 서류를 검토하여 현장 환경 조건을 조사·분석

(1) 설계도서 등 관련 서류를 검토하고 그 결과를 토대로 현장 환경 조건을 조사·분석

① 공사 환경을 조사·분석한다.

② 지형, 지반 및 지질 상태를 조사·분석한다.
③ 기후 및 기상 상태를 조사·분석한다.
④ 수리·수문 상태를 조사·분석한다.
⑤ 소음·진동 발생 정도를 조사·분석한다.
⑥ 대기 오염 발생 정도를 조사·분석한다.
⑦ 수질 오염 발생 정도를 조사·분석한다.
⑧ 폐기물 발생 정도를 조사·분석한다.

(2) 현장 여건 및 환경 조건의 조사·결과를 토대로 피해 방지 대책을 수립

① 주변 구조물·건물 등에 대한 피해 저감 대책을 수립한다.
② 지하 매설물, 인근 도로, 교통 시설물의 손괴 대책을 수립한다.
③ 지장물 철거 및 원상 복구 대책을 수립한다.
④ 통행 지장 대책을 수립한다.
⑤ 주변 지반 침하 대책을 수립한다.
⑥ 문화재 보호 대책을 수립한다.
⑦ 기존 수목 보호 대책을 수립한다.
⑧ 소음, 진동, 분진, 비산 먼지 방지 대책을 수립한다.
⑨ 수질 오염 방지 대책을 수립한다.
⑩ 지하수 보호 대책을 수립한다.
⑪ 우기 중 배수 대책을 수립한다.
⑫ 폐기물 처리 대책을 수립한다.

제2절 관련 분야 설계 검토

1 설계도서와 대상지의 차이점 검토

(1) 설계도서의 검토 기준

① 수급인은 설계도면, 시방서, 구조 계산서, 산출 내역서, 공사 계약서 등의 계약 내용과 해당 공사의 조사 설계 보고서 등의 내용을 완전히 숙지하여 새로운 방향으로의 공법 개선 및 예산 절감에 기하도록 노력하여야 하며, 설계서 등의 공사 계약 문서 상호 간의 모순되는 사항, 현장 실정과의 부합 여부 등 현장 시공을 중심으로 해당 건설공사 시공 이전에 적정성을 검토하여야 한다.

② 검토 내용에 포함되어야 하는 사항
　㉠ 현장 여건과의 부합 여부
　　• 계획고, 시설물, 관로, 배수 여건, 지반 상태 등의 기본 현장 여건
　　• 기존 식생, 식재 지반, 식재 시기, 가식장 등 식재 공사 관련 현장 여건
　　• 장비 이동, 관련 공종 등 공사 실행과 관련한 계획 사항
　㉡ 시공의 실제 가능 여부
　㉢ 공사 착수 전 단계에서 다른 사업 또는 다른 공정과의 상호 부합 여부
　㉣ 설계도면, 시방서, 구조 계산서, 산출 내역서 등의 내용에 대한 상호 일치 여부
　㉤ 설계서에 누락, 오류 등 불분명한 부분의 존재 여부
　㉥ 발주청에서 제공한 공종별 목적물의 물량 내역서와 수급인의 산출 내역서 수량과의 일치 여부
　㉦ 시공 시 예상 문제점 등 : 설계도서 검토 결과 설계 변경 사유가 있는 경우, 협의와 조정을 할 경우가 있는 경우, 설계서와 같이 시공하는 것이 불가능한 경우, 공사 기간 연기를 필요로 하는 경우, 기타 하자 발생이 우려되는 경우 현장 대리인의 의견서를 첨부하여 발주자에 제출하고 감독자의 해석 또는 지시를 서면으로 교부받은 후에 공사를 시행한다.

> **더 알아보기**
>
> **정의(건설산업기본법 제2조)**
> • '발주자'란 건설공사를 건설사업자에게 도급하는 자를 말한다. 다만, 수급인으로서 도급받은 건설공사를 하도급하는 자는 제외한다.
> • '도급'이란 원도급, 하도급, 위탁 등 명칭과 관계없이 건설공사를 완성할 것을 약정하고, 상대방이 그 공사의 결과에 대하여 대가를 지급할 것을 약정하는 계약을 말한다.
> • '하도급'이란 도급받은 건설공사의 전부 또는 일부를 다시 도급하기 위하여 수급인이 제3자와 체결하는 계약을 말한다.
> • '수급인'이란 발주자로부터 건설공사를 도급받은 건설사업자를 말하고, 하도급의 경우 하도급하는 건설사업자를 포함한다.

2 설계도서 검토 결과의 조치 과정

설계도서 변경 사유	보완 방법
설계 내용 불분명	설계자의 의견 및 발주 기관이 작성한 산출 내역서 등의 검토를 거쳐 설계 보완 여부를 결정한다.
설계 누락·오류	설계도서를 보완한다.
설계도면 = 공사 시방서 ≠ 산출 내역서	설계도면과 공사 시방서에 산출 내역서를 맞춘다.
설계도면 ≠ 공사 시방서 ≠ 산출 내역서	설계도면과 공사 시방서 중 최선의 공사 시공을 위하여 우선되어야 할 내용으로 설계도면 또는 공사 시방서를 확정한 후 확정된 내용에 따라 산출 내역서를 맞춘다.
설계와 현장 상태 상이	현장 상태에 따라 설계를 변경한다.

설계도서 변경 사유	보완 방법
신기술·신공법 제안	신기술·신공법을 사용함으로써 공사비 절감 및 시공 기간 단축 등에 효과가 현저할 것으로 인정되는 경우에 한해 제안 내용대로 변경한다.
발주자가 설계를 변경할 경우	계약 상대자는 설계 변경 통보 내용 이행 가능 여부를 계약 담당자에게 통지한다.

제3절 기본계획안 작성

1 기본설계

(1) 기본설계의 개념
사업을 확정하여 그 안을 관계자들에게 이해시키고, 최종적인 시행에 필요한 준비 작업을 하는 단계이다.

(2) 기본설계 과정
설계원칙의 추출 → 공간구성 다이어그램 → 입체적 공간의 창조(설계도 작성)

① **설계원칙의 추출** : 설계의 방향, 요건, 부문별 장소의 현황, 인접시설 관계 등을 고려하여 3차원적 공간구상이 필요하다.

② **공간구성 다이어그램** : 시각적 표현과 설계의도를 정리하는 단계로, 3차원적 공간구성을 위한 전이단계이다.

> **더 알아보기**
>
> **다이어그램**
> 설계자의 의도를 개략적인 형태로 나타낸 일종의 시각 언어로서 단순화시켜 상징적으로 표현한 그림

(3) 입체적 공간의 창조

① **평면구성** : 입체적 공간을 2차원의 평면에 표현한 것으로, 단지설계 및 지형 변경에 관한 기초지식과 도로, 옹벽, 배수 등에 관련된 공학적 지식이 필요하다.

② **입면구성** : 공간의 수직적 변화를 표현한 것으로 지형의 변화, 식생 및 구조물 등에 의해 형성되는 공간 분위기를 확인할 수 있다.

③ **스케치** : 공간의 구성을 일반인이 쉽게 알 수 있도록 사실적으로 표현하고, 투시도법에 의해 그려야 한다.

제4절 조경기반 설계

1 조경설계방법

(1) 동선설계

① 동선의 성격과 기능
   ㉠ 다양한 공간 내에서 사람 또는 차량의 이동경로를 연결시켜 주는 기능을 담당한다.
   ㉡ 동선 양쪽에 접하고 있는 공간 상호 간에 기능적인 관련성이 적거나 없을 때는 동선이 각각의 공간을 분리시키는 기능을 담당하기도 한다.
   ㉢ 동선은 가급적 단순하고 명쾌해야 하며, 성격이 다른 동선은 반드시 분리되어야 한다. 되도록이면 동선의 교차는 피하고, 이용도가 높은 동선은 짧게 한다.

② 원로의 설계과정 : 정원이나 공원에 설치되는 동선을 원로라고 한다. 설계부지 내의 원로를 설계할 때 고려해야 할 중요한 요소들은 진입구의 위치 선정, 동선체계의 수립, 원로 폭의 결정, 회전 반지름, 포장 등이다. 원로설계의 과정을 기술해 보면 다음과 같다.
   ㉠ 진입구의 위치 선정
   • 설계부지의 현황조건들을 고려하여 접근이 용이한 곳을 주진입구 또는 부진입구로 선정한다.
   • 다음 그림은 주택에 접하고 있는 도로조건과 건물 위치에 따라 바람직한 진입구 선정의 예를 보여 주고 있다.

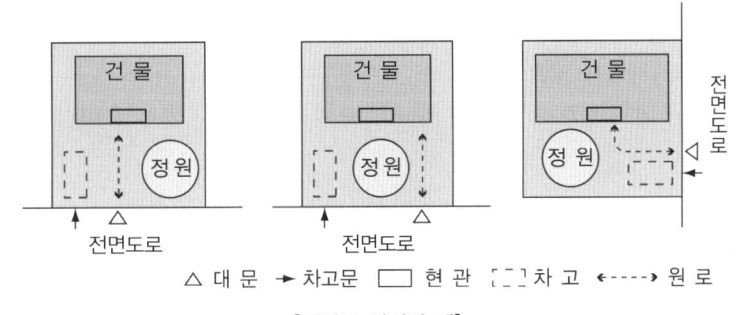

[진입구 선정의 예]

   ㉡ 동선체계의 수립
   • 설계부지 내에 배치되는 동선은 위계를 두어 주동선, 부동선, 산책동선 등으로 구분한다.
   • 차량동선, 보행자동선 등 유형별로 구분하여 동선의 배치를 체계적인 형태로 구상한다.

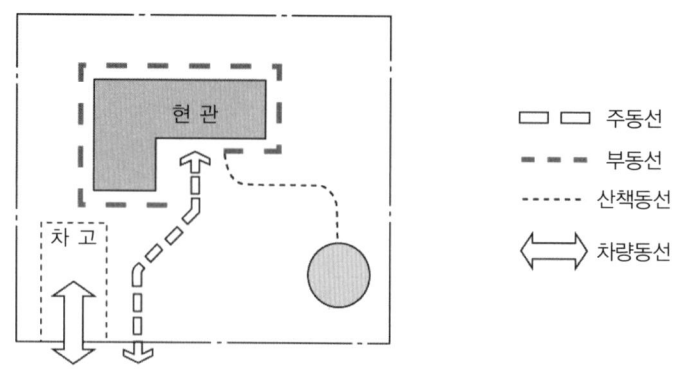

[주택정원에서의 동선체계 수립]

ⓒ 원로 폭의 결정 : 원로 폭은 부지의 규모와 통행량을 고려하여 결정한다. 공원을 설계할 때 적용하는 일반적인 원로 폭의 설계기준은 다음과 같다.

설계기준	폭	비 고
보행자 1인이 통행 가능	0.8~1m	-
보행자 2인이 나란히 통행 가능	1.5~2m	-
관리용 트럭 통행 가능	3m	공원 내 차도의 최소 폭
보행자와 트럭 1대가 함께 통행 가능	6m 이상	회전반지름 : 6m

ⓔ 원로의 배치 및 설계과정
- 원로의 시점과 종점을 정하고, 시점과 종점 사이에 굴곡이 지는 점을 정하여, 이 점들을 연결하는 노선배치 중심선을 작도한다.
- 노선배치 중심선을 기준으로 원로 폭의 1/2로 좌우대칭되는 점을 찍고, 이 점들을 연결하여 원로의 형태를 작도한다.
- 굴곡이 지는 부분에 적당한 회전 반지름을 적용하여 각도를 완화시켜 원로의 형태를 완성한다.
- 콘크리트, 고압블록, 벽돌, 자연석, 판석, 화강암 등의 재료 중에서 선정된 포장재료를 표현하고 재료명을 표기한다.
- ※ 축척 1/100 이하의 경우에는, 원로의 경계부에 경계석을 이중선으로 표기하여 경계를 분명하게 표시하는 것이 좋다.

(2) 공간설계

① 공간설계의 과정
  ㉠ 공간설계와 동선설계는 서로 밀접한 관계를 가지고 있다.
  ㉡ 동선설계 과정에서 부지 내에 원로를 배치하면 원로에 의하여 부지를 여러 세부 공간으로 나누게 된다. 이와 같이 나눈 세부 형태를 고려하여 일차적으로 시설물을 설치할 공간을 확보하고, 부지의 경계 주변을 따라 식재공간을 마련한다.

ⓒ 시설물을 설치할 공간에는 공간의 기능과 유형에 따라 적합한 시설물을 배치하여야 하며, 시설물 배치를 확정한 후에는 공간과 시설물의 성격에 어울리는 수목을 선정하여 배치한다.
ⓔ 공간설계 과정은 설계가의 창의력을 가장 많이 필요로 하는 단계이며, 기능적·미적인 측면을 고려하여 공간 형태의 최선안을 만들어 나가는 과정이다. 이때, 설계가의 경험과 창조적인 사고를 바탕으로 설계안을 완성한다.

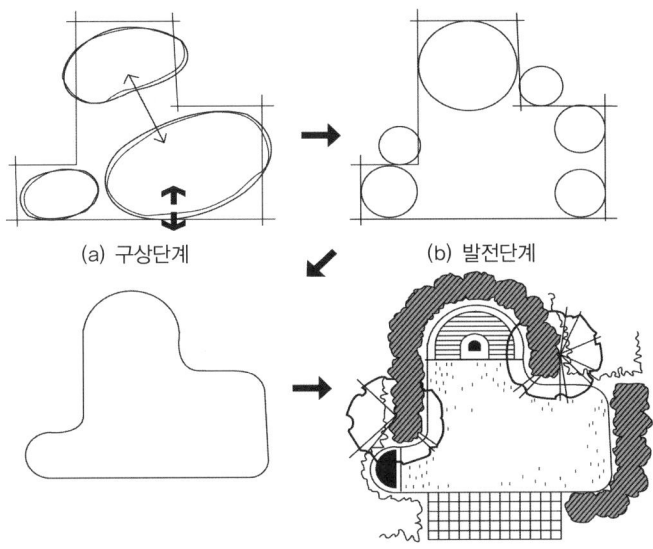

(a) 구상단계   (b) 발전단계

(c) 발전단계를 거쳐 결정한 설계공간   (d) 시설물과 수목을 배치한 최종 설계안

[공간설계의 과정]

② **공간유형별 설계** : 공간기능에 따른 유형 구분은 정적인 휴게공간과 동적인 운동 및 놀이공간으로 구분할 수 있다. 이들 두 공간은 서로 기능적인 측면에서 상충되기 때문에 완충 지역을 사이에 두고 서로 분리시키는 것이 설계상 바람직하다.

ⓐ 휴게공간
- 휴게공간은 보행동선이 합쳐지는 곳이나 눈에 잘 띄는 곳 또는 경관이 양호하거나 전망이 좋은 곳에 설치한다.
- 휴게공간에 설치되는 시설물로는 벤치, 퍼걸러, 정자, 휴지통 등이 있다. 휴게공간의 바닥은 포장을 하고, 녹음수를 식재한 후 수목보호대를 설치하거나 음수로 하목을 군식한다.

ⓑ 놀이공간 및 운동공간 : 놀이공간은 운동공간, 놀이공간, 휴게공간 등 그 기능을 구분하여 배치한다.
- 놀이공간에 배치하는 시설에는 그네, 미끄럼틀, 시소, 정글짐, 사다리, 모래터, 조합 놀이터 등의 유희시설과 철봉, 평행봉과 같은 체력단련시설 등의 운동시설이 포함된다.
- 운동공간에는 어린이들이 주로 이용하는 다목적 운동장과 청소년들이 주로 이용하는 각종 구기 운동장 등을 설계 대상부지의 규모에 맞도록 설치한다.

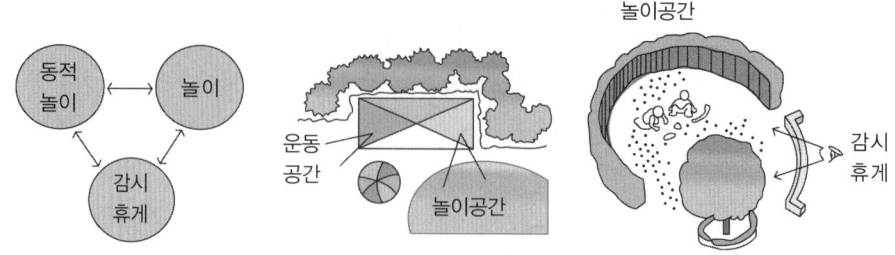

[놀이 및 운동공간의 배치]

(3) 급·배수시설 배치

① 개념 : 배수는 지표수 또는 지하수를 수로를 통해 유출시키는 것이다. 불필요하게 남는 물을 제거함으로써 인간과 식물의 생활환경을 개선하고 토양의 유실을 방지하여 지표면을 보호하기 위한 것이다. 배수의 대상이 지표수인가 지하수인가에 따라 표면배수와 지하층배수로 구분할 수 있으며, 배수시설을 설치하는 공사를 배수공사라 한다.

② 표면배수와 지하층배수
  ㉠ 표면배수
   • 표면배수는 지표수를 배수하는 것으로, 배수를 위해서는 물이 흐를 수 있는 경사면을 부지 외곽에 조성해 주어야 한다.
   • 경사는 최소한 1 : 20~1 : 30 정도가 되도록 하여 지표수(빗물)를 배수구 또는 측구로 유입시켜 배출되게 한다.
   • 배수구는 겉도랑(명거)으로 설치하는데, 도랑에 잔디, 자갈, 호박돌, 화강석, U형 측구 또는 L형 측구를 사용해 토양 침식을 방지한다.
   • 배수구에 흐르는 빗물은 빗물받이에 유입되거나 사방에서 빗물이 흘러 내려 직접 집수받이로 유입되어 지하의 배수관으로 흘러 들어간다.
   • 빗물받이나 집수받이의 크기는 집수량에 따라 결정되며, 뚜껑은 유공으로 하여 빗물이 잘 흘러 들어가도록 하고 교통 안전을 도모한다.
   • 통의 안지름은 30cm 이상 되어야 하며, 바닥에는 15cm 정도의 깊이로 모래나 기타 침적물이 괼 수 있도록 하고, 그 위에서 배수관과 연결한다.
  ㉡ 지하층배수
   • 지하층배수는 지표면 밑의 과잉수를 제거하는 것으로 심토층 배수라고도 하는데, 속도랑(암거)을 설치하여 배수시킨다.

- 속도랑은 벙어리 암거(맹암거)와 유공관 암거로 분류한다.
  - 벙어리 암거 : 지하에 도랑을 파고 모래, 자갈, 호박돌 등으로 큰 공극을 가지도록 하여 주변의 물이 스며들도록 하는 일종의 땅 속 수로이다.
  - 유공관 암거 : 자갈층에 구멍이 있는 관을 설치한 것이다. 이러한 유공관의 깊이는 심근성 수목을 식재하는 경우는 1.3~1.8m, 천근성 수목의 경우는 0.8~1.1m 정도가 되게 한다. 또 종단 기울기는 0.2~1.0% 정도로 한다. 속도랑의 설치간격은 점질토에서는 보다 좁게 하여 5~10m, 보통 토양에서는 10~20m 정도로 하는데, 상황에 따라 조절한다.

제5절 조경식재 설계

1 배식설계 중요

경관구성에서 지형은 기본적인 바탕을 조성해 주며, 수목은 주로 장식적인 역할을 한다. 그러나 국부적인 장소에서는 수목의 배치가 해당 장소의 분위기를 크게 좌우한다. 배식 설계방법에는 정형식 배식과 자연식 배식, 이를 혼합한 절충식 배식이 있다. 조경설계가는 공간의 분위기, 주변 환경, 설계자의 의도 등을 고려하여 배식 설계방법을 택하고, 배식의 기본방향이 설정되면 수목을 배치하여 공간의 분위기를 조성한다.

(1) **정형식 배식**
① **단식** : 현관 앞의 중앙이나 시선을 유도하는 축의 종점 등 중요한 위치에, 생김새가 우수하고 중량감을 갖춘 정형수를 단독으로 식재하는 방법으로, 점식 또는 단독식재 라고도 한다.
② **대식** : 시선축의 양쪽에 동형·동종의 나무를 대칭식재하는 방법으로, 정연한 질서감을 표현할 수 있다.
③ **열식** : 동종·동형의 나무를 일직선상에 일정한 간격으로 식재하는 방법으로, 간격이 좁을수록 차폐효과가 높아진다.
④ **교호식재** : 두 줄의 열식을 서로 어긋나게 식재하는 방법으로, 배식 폭을 넓이는 데 사용되며 지그재그식재라고도 한다.
⑤ **집단식재** : 수목을 집단적으로 식재하는 방법으로, 군식 또는 군상식재(무더기식재)라고 한다. 한 덩어리로서의 질량감을 필요로 하는 경우에 이용된다.

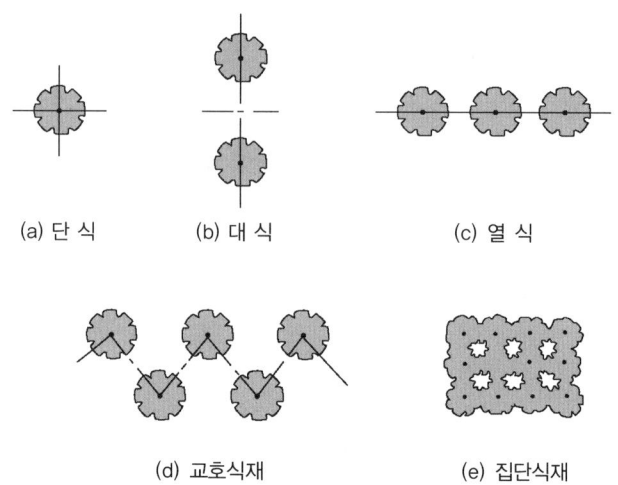

[정형식 배식의 기본양식]

(2) 자연식 배식

① **부등변삼각형 식재** : 크고 작은 세 그루의 나무를 부등변삼각형의 각 꼭짓점에 해당하는 위치에 식재하는 방법이다.
② **임의식재** : 대규모의 식재구역에 배식할 경우, 부등변삼각형 식재를 기본단위로 하여 그 삼각망을 순차적으로 확대하면서 연결시켜 나가는 방법이다.
③ **모아심기** : 자연상태의 식생구성을 모방하여, 수종·크기·수형이 다른 두 가지 이상의 수목을 모아 무더기로 한 자리에 식재하는 방법으로, 이때 평면적인 형태는 자연스럽고 부드러운 유기적 형태를 많이 이용한다.
④ **배경식재** : 의도하는 경관을 두드러지게 보이도록 하기 위하여 그 경관의 후방에 식재군을 조성하여 배경을 구성하는 방법이다.

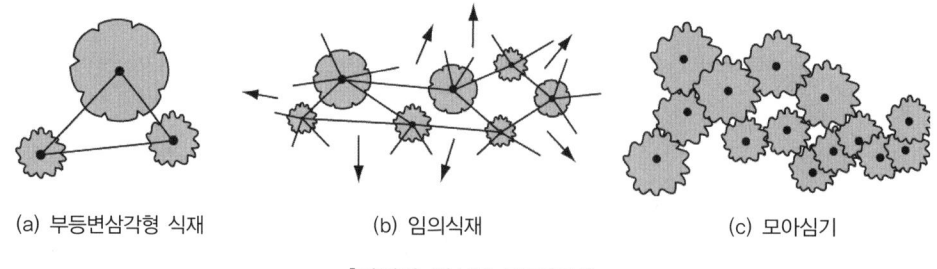

[자연식 배식의 기본양식]

(3) **식재기준** : 수목은 공간을 구획하거나 분할하고, 경관을 조절할 뿐만 아니라, 환경을 조절하는 기능을 가진다. 이러한 기능에 따른 요구 특성을 식재설계에 반영하여 적용 수종을 선정하는데, 그 예는 다음과 같다.

구 분	수종의 요구특성	적용 수종
경계식재	• 정원 경계 부분에 배치 • 정원의 안팎을 구획지음으로써 내부의 아늑한 분위기 조성	• 상록 교목 : 소나무, 잣나무, 전나무, 주목, 구상나무 등 • 낙엽 교목 : 벚나무, 감나무, 대추나무, 단풍나무, 목련 등 • 관목 : 개나리, 철쭉, 수수꽃다리 등
요점식재	• 현관 앞 또는 거실 전면에 눈길이 머무르는 곳에 배치 • 강조용 독립수를 단식	반송, 모과나무, 조형 소나무, 주목, 섬잣나무, 배롱나무 등
경관식재	• 대문에서 현관까지 연결된 원로 주변에 배치 • 전정수와 상록관목 등으로 장식적 처리	• 상록수 : 누운 주목, 주목, 회양목, 조릿대, 반송 등 • 낙엽수 : 철쭉류, 단풍나무 등
차폐식재	불량경관을 가려 주거나, 사생활 보호를 위해 가려 줄 필요가 있는 부분에 배치	• 상록 교목 : 서양측백, 잣나무, 향나무, 가문비나무, 전나무 • 상록 관목 : 옥향(둥근향나무), 눈향나무, 사철나무 등
녹음식재	휴게 공간, 벤치 등에 그늘을 만들 필요가 있는 부분에 배치	• 낙엽교목 : 일본목련, 청단풍, 느티나무, 칠엽수, 가죽(가중)나무 등 • 기타 : 퍼걸러용 등나무

제6절 조경시설 설계

1 조경설계기준(KDS 34 00 00)

조경설계기준이란, 조경공간을 구성할 때 구성요소의 형태, 규격, 품질 및 성능 등에서 일반적으로 적용되는 기준을 말한다. 이러한 조경설계기준은 조경구조물, 조경동선시설, 조경포장 등으로 구분된다.

(1) **조경동선시설**

① 옥외계단
  ㉠ 경사가 18%를 초과하는 경우는 보행에 어려움이 발생되지 않도록 계단을 설치한다.
  ㉡ 기울기는 수평면에서 35°를 기준으로 하고, 폭은 관련 법령(장애인·노인·임산부 등의 편의 증진 보장에 관한 법률 시행규칙 [별표 1])에 따라 설계한다.
  ㉢ 계단의 폭은 연결도로의 폭과 같거나 그 이상의 폭으로 한다. 단높이는 15cm, 단너비는 30~35(cm)를 표준으로 한다. 경사가 심하거나 기타의 이유로 표준높이와 너비를 적용하기 어려울 경우 높이와 너비를 조정하되, 단높이는 12~18cm, 단 너비는 26cm 이상으로 한다.
  ㉣ 높이가 2m를 넘을 경우 2m 이내마다 계단의 유효 폭 이상의 폭으로 너비 120cm 이상인 참을 둔다.

ⓜ 높이 1m를 초과하는 계단으로서 계단 양측에 보행자의 안전을 위한 벽이나 기타 이와 유사한 시설이 없는 경우에는 난간을 설치하고, 계단의 폭이 3m를 초과하면 3m 이내마다 난간을 설치한다.
　　ⓑ 옥외에 설치하는 계단의 단수는 최소 2단 이상으로 하며 계단바닥은 미끄러움을 방지할 수 있는 구조로 설계한다.
　　ⓢ 계단의 경사는 최대 30~35°가 넘지 않도록 한다.
　　※ 단 높이를 h, 단 너비를 b로 할 때 $2h+b = 60~65cm$가 적당하다.
② **경사로** : 평지가 아닌 곳에 보행로를 설치할 때는 경사로를 설계하여 장애인과 같은 이용자가 안전하게 이용할 수 있도록 한다.
　　㉠ 바닥표면은 미끄럽지 않은 재료를 채용하고 평탄한 마감으로 설계한다.
　　㉡ 경사로의 종단기울기, 경사로의 유효 폭, 참 설치를 포함한 기타 규정되지 않은 사항은 관련 규정에 따라 설계한다.

> **더 알아보기**
>
> 편의시설의 구조·재질 등에 관한 세부기준 – 경사로(장애인·노인·임산부 등의 편의증진 보장에 관한 법률 시행규칙 [별표 1])
> 　가. 유효폭 및 활동공간
> 　　(1) 경사로의 유효폭은 1.2m 이상으로 하여야 한다. 다만, 건축물을 증축·개축·재축·이전·대수선 또는 용도변경하는 경우로서 1.2m 이상의 유효폭을 확보하기 곤란한 때에는 0.9m까지 완화할 수 있다.
> 　　(2) 바닥면으로부터 높이 0.75m 이내마다 휴식을 할 수 있도록 수평면으로 된 참을 설치하여야 한다.
> 　　(3) 경사로의 시작과 끝, 굴절부분 및 참에는 1.5×1.5m 이상의 활동공간을 확보하여야 한다. 다만, 경사로가 직선인 경우에 참의 활동공간의 폭은 (1)에 따른 경사로의 유효폭과 같게 할 수 있다.
> 　나. 기울기
> 　　(1) 경사로의 기울기는 12분의 1 이하로 하여야 한다.
> 　　(2) 다음의 요건을 모두 충족하는 경우에는 경사로의 기울기를 8분의 1까지 완화할 수 있다.
> 　　　(가) 신축이 아닌 기존시설에 설치되는 경사로일 것
> 　　　(나) 높이가 1m 이하인 경사로로서 시설의 구조 등의 이유로 기울기를 12분의 1이하로 설치하기가 어려울 것
> 　　　(다) 시설관리자 등으로부터 상시보조서비스가 제공될 것
> 　다. 손잡이
> 　　(1) 경사로의 길이가 1.8m 이상이거나 높이가 0.15m 이상인 경우에는 양측면에 손잡이를 연속하여 설치하여야 한다.
> 　　(2) 손잡이를 설치하는 경우에는 경사로의 시작과 끝부분에 수평손잡이를 0.3m 이상 연장하여 설치하여야 한다. 다만, 통행상 안전을 위하여 필요한 경우에는 수평손잡이를 0.3m 이내로 설치할 수 있다.
> 　　(3) 손잡이에 관한 기타 세부기준은 복도의 손잡이에 관한 규정을 적용한다.
> 　라. 재질과 마감
> 　　(1) 경사로의 바닥표면은 잘 미끄러지지 아니하는 재질로 평탄하게 마감하여야 한다.
> 　　(2) 양측면에는 휠체어의 바퀴가 경사로 밖으로 미끄러져 나가지 아니하도록 5cm 이상의 추락방지턱 또는 측벽을 설치할 수 있다.
> 　　(3) 휠체어의 벽면충돌에 따른 충격을 완화하기 위하여 벽에 매트를 부착할 수 있다.
> 　마. 기타 시설 : 건물과 연결된 경사로를 외부에 설치하는 경우 햇볕, 눈, 비 등을 가릴 수 있도록 지붕과 차양을 설치할 수 있다.
>
> ※ 장애인 등의 통행이 가능한 접근로의 기울기는 18분의 1이하로 하여야 한다. 다만, 지형상 곤란한 경우에는 12분의 1까지 완화할 수 있다.

(2) 포장설계기준

① 포장은 공간의 경계를 구획하거나 통합하는 기능을 가진다.
② 포장재료는 질감에 따라 잘게 쪼갠 돌, 흙, 잔디, 강자갈, 마사토 등의 부드러운 재료와 아스팔트, 콘크리트 및 콘크리트타일과 콘크리트벽돌 등 딱딱한 재료, 그리고 조약돌, 판석, 벽돌, 나무 등 중간 성격의 재료로 나눈다.
③ 포장은 색채, 질감 및 문양에 변형을 줌으로써 특징 있는 공간을 설정할 수 있으므로, 옥외공간 성격에 따른 변화 있는 처리가 바람직하다.
④ 보행을 억제해야 하는 공간에는 판석이나 조약돌 등 거친 표면의 재료를 사용하고, 빠른 보행속도를 유지해야 하는 공간에는 아스팔트나 콘크리트블록과 같은 고운 표면의 재료를 사용한다.
⑤ 주차장이나 차량이 통과하는 곳에는 차량의 하중에 충분히 견디는 재료를 사용하고, 표면배수를 위해 약 2% 정도의 물매를 확보해야 한다.

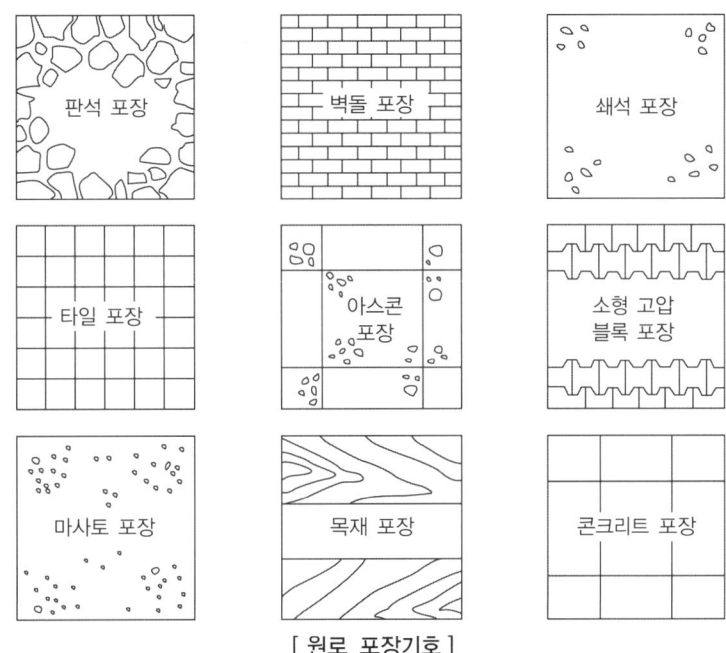

[원로 포장기호]

(3) 시설설계기준

① 조경시설이란, 옥외에 설치되는 시설로서 안내, 표지, 휴식, 편익, 조명, 경계, 관리 등의 기능을 가지고 있는 것을 말한다.
② 시설은 개성 있는 형태와 색채를 가지도록 디자인하여 조경공간 전체의 조화와 통일성을 유지하는 것이 좋다.
③ 인간공학에 근거한 인체 치수를 적용하여 기능적으로 편리하게 사용될 수 있어야 한다.

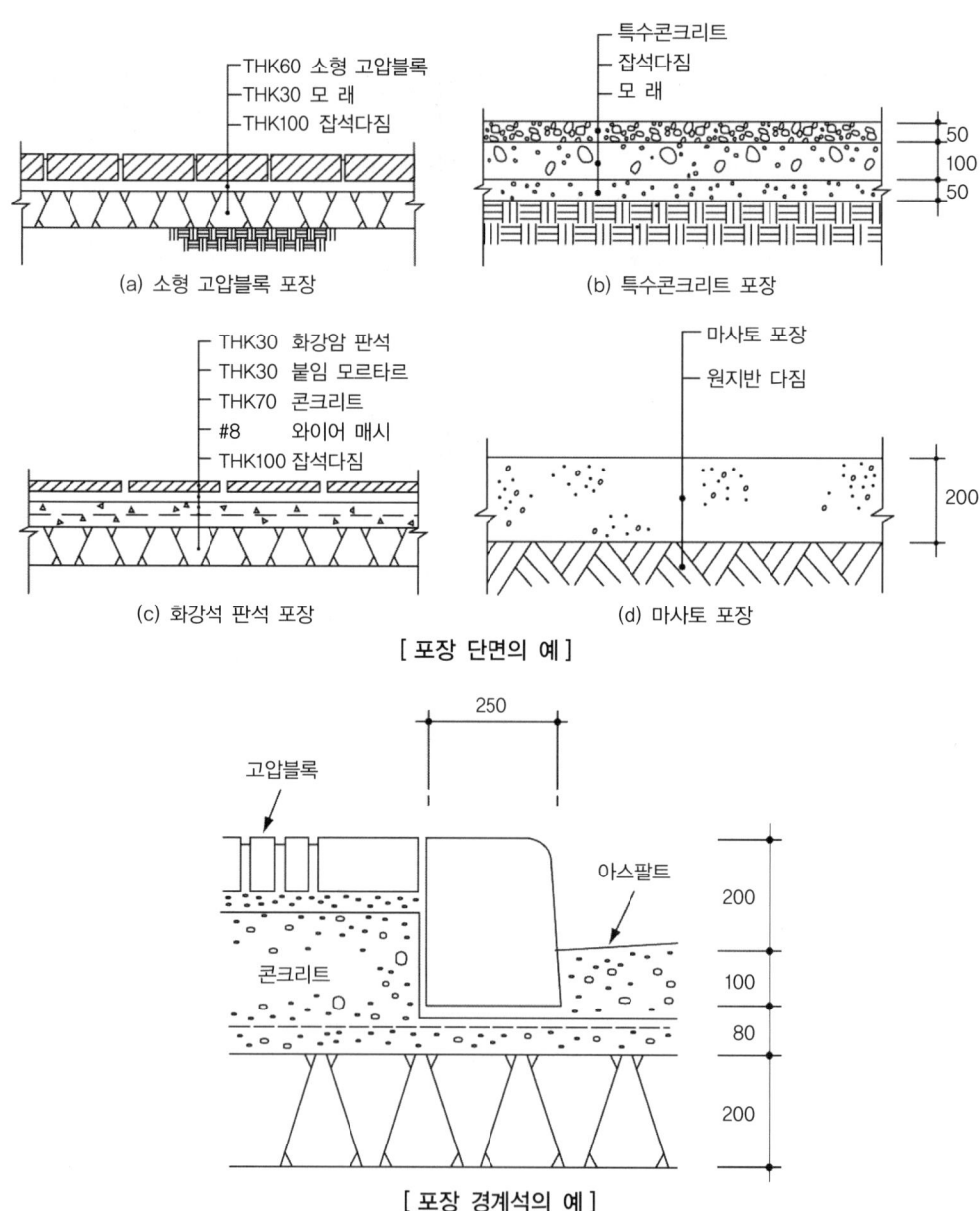

[포장 단면의 예]

[포장 경계석의 예]

2 주택정원 · 공동주택정원 · 공원 계획 및 설계

(1) 주택정원

① 단독주택의 정원

㉠ 앞 뜰
- 가족이나 손님이 출입하는 곳으로 대문에서 현관 사이의 공공공간을 말하며, 주동선이 되는 원로를 설치한다.
- 실용적인 기능을 부여하기 위해 차고를 설치하기도 하고, 원로를 따라 조명과 좌우에 시선을 끌 수 있는 수목이나 초화류를 심기도 하며, 조각물이나 그 밖의 형상물을 배치하여 경관을 강조하기도 한다.
- 설치될 주요 시설로는 대문을 비롯하여 진입공간, 대문에서 현관에 이르는 포장된 원로, 조명등, 차고 등이 있다.

㉡ 안 뜰 **중요**
- 응접실이나 거실 쪽에 면한 뜰로 옥외생활을 즐길 수 있는 곳이며, 인상적인 공간을 조성하여 조망과 정적·동적 이용 및 기능, 식사 등 다목적으로 이용한다.
- 거실이나 침실로부터의 조망과 다목적 이용을 위해 건물에 면하여 잔디밭을 조성하고, 담장 주변을 따라 수목이나 시설을 배치한다.
- 시설로는 퍼걸러, 정자, 목재 데크, 벤치, 야외탁자, 바비큐장, 연못이나 벽천 등의 수경시설, 놀이 및 운동시설 등을 설치할 수 있다.
- 안뜰은 여러 가지 요소의 복합체로서 너무 다양하고 번잡하게 꾸미기보다는, 특별한 주제를 찾아서 강조하고 다른 요소는 종속되도록 단순하게 처리하는 것이 좋다.

㉢ 뒤 뜰
- 사생활이 보장되도록 구성하고, 놀이터나 운동공간으로 이용한다.
- 대지가 넓은 경우에는 건물의 뒤쪽이나 옆에 자리 잡게 되나, 부지가 좁은 경우에는 통로의 기능만을 가지게 된다.
- 이곳에 채소나 과수를 심기도 하고, 어린이 놀이터나 운동공간으로 이용하기도 한다.

㉣ 작업뜰
- 부엌과 장독대, 세탁 장소, 채소밭, 창고 등을 배치할 수 있다.
- 되도록 주택정원 내 다른 공간과 시각적으로 차폐시키는 것이 좋고, 불결해지기 쉬운 건물의 뒤쪽에 자리 잡는 경우가 많으므로 통풍과 채광, 배수가 잘되도록 한다.
- 작업뜰의 바닥은 벽돌이나 타일 등으로 포장하는 것이 좋다.

㉤ 주차공간
- 옥외주차장을 마련할 경우 중형자동차 1대의 주차공간은 2.5×5.0m 이상 확보되어야 한다.
- 경사진 대지에서는 단 차이를 활용한 지하차고를 계획하는 것이 공간 활용상 바람직하다.

- 지하차고를 만들 때는 여유 폭을 고려하여 너비는 3~4m, 길이는 6~7m, 높이는 2.5~3m 정도 확보하는 것이 좋다.

> **더 알아보기**
>
> **주차장의 주차구획(주차장법 시행규칙 제3조)**
> - 주차장의 주차단위구획
>   - 평행주차형식의 경우
>
> | 구 분 | 너 비 | 길 이 |
> |---|---|---|
> | 경 형 | 1.7m 이상 | 4.5m 이상 |
> | 일반형 | 2.0m 이상 | 6.0m 이상 |
> | 보도와 차도의 구분이 없는 주거지역의 도로 | 2.0m 이상 | 5.0m 이상 |
> | 이륜자동차 전용 | 1.0m 이상 | 2.3m 이상 |
>
>   - 평행주차형식 외의 경우
>
> | 구 분 | 너 비 | 길 이 |
> |---|---|---|
> | 경 형 | 2.0m 이상 | 3.6m 이상 |
> | 일반형 | 2.5m 이상 | 5.0m 이상 |
> | 확장형 | 2.6m 이상 | 5.2m 이상 |
> | 장애인 전용 | 3.3m 이상 | 5.0m 이상 |
> | 이륜자동차 전용 | 1.0m 이상 | 2.3m 이상 |
>
> ※ 일반형 : 중형 및 중형SUV, 확장형 : 대형·대형SUV·승합차·소형트럭
> - 주차단위구획은 흰색 실선(경형자동차 전용주차구획의 주차단위구획은 파란색 실선)으로 표시하여야 한다.
> - 둘 이상의 연속된 주차단위구획의 총 너비 또는 총 길이는 주차단위구획의 너비 또는 길이에 주차단위구획의 개수를 곱한 것 이상이 되어야 한다.

② 주택단지의 정원

㉠ 주택단지 조경설계
- 주택단지의 대지는 토지 이용의 용도에 따라 크게 건축용, 교통용, 녹지용 등으로 나뉜다.
- 공동으로 이용하는 정원, 대화와 레크리에이션의 장, 근린사회 형성의 역할을 한다.
- 단지 내의 모든 동선은 보행자 우선으로 계획되어야 한다. 차량의 통행은 간선도로가 아닌 경우에는 비상시를 제외하고 출입을 금지한다.
- 설계의 일반적인 축척은 1/100이다.

㉡ 식재설계
- 단지 내의 도로망에 따라 또는 일정한 지역마다 그 지역의 특징을 나타낼 수 있는 나무를 심는 것이 좋다.
- 건물 가까이에는 상록성 교목의 식재를 피해야 하고, 계절적인 변화를 느낄 수 있는 나무를 선택하는 것이 좋다.
- 단지 입구 부근에는 지표 식재로 대형 수목을 식재하고, 진입로를 따라 가로수를 열식하여 방향을 유도하도록 한다.

- 어린이 놀이터, 휴게소, 노인정 등의 시설 주변에는 그늘을 주기 위한 녹음식재와 경관을 아름답게 할 수 있는 경관식재를 한다.
- 단지의 외곽부에는 주민의 주거환경에 나쁜 영향을 끼치는 소음이나 진동, 대기오염, 불량 경관 등을 차단하거나 완화하기 위한 차폐식재나 완충식재를 한다.

(2) 공동주택정원

① 공동주택정원의 성격
  ㉠ 개성이 다른 여러 사람들이 함께 이용하는 정원이기 때문에 일상생활에 필요한 여러 시설이 적절한 위치에 배치되어 하나의 생활권을 형성하도록 해야 한다.
  ㉡ 입주자의 생활양식, 경제수준, 가족구성 등에 따라 내용이 달라지며, 주민들이 공동으로 이용하는 대화의 장소가 되도록 조성해야 한다.

② 공동주택정원의 설계기준
  ㉠ 인동간격은 일조 조건을 고려해야 하며, 이는 인접한 건물에 의해 발생하는 그림자의 길이에 의해 결정한다.
  ㉡ 공동주택을 건설하는 대지의 최소 너비는 아파트의 경우에 30m, 연립주택인 경우에 10m 이상, 공동주택 1동의 길이는 120m 이하로 규정하고 있다.
  ㉢ 단지의 도로는 간선도로, 지선도로, 접근도로 등으로 구분하여 설계한다.
    - 간선도로는 자동차를 위한 도로로, 단지 내를 관통하지 않는 것이 좋다.
    - 지선도로는 2개의 간선도로를 연결하며, 단지 내 교통을 담당하고, 주요 시설물에 접근을 가능하게 한다.
    - 접근도로는 지선도로와 연결되어 각 건축물과 연결되도록 하며, 특히 보차 분리를 하고 차량통행을 금지하도록 한다.
  ㉣ 건물군의 배치는 입지조건, 주택의 높이와 종류, 조합방식, 그리고 집합형태를 고려하여 적절히 해야 한다.
  ㉤ 주차장은 지상 공동 주차장, 지하 주차장, 도로변 주차장, 건물 측면 주차장 등이 있다.
  ㉥ 녹지공간은 주민들 간의 의사소통과 공통적인 위락활동이 이루어질 수 있도록 도로와 체계적으로 연결하여 배치한다.
  ㉦ 식재기준
    - 그 지역의 특징을 나타낼 수 있는 수종을 선택하며, 특히 단지 입구, 주거동 입구, 보행로 및 공원의 입구 등에 상록수를 지표 식재한다.
    - 건물 앞이나 경관이 뛰어난 곳에는 계절감을 나타낼 수 있는 수종을 선택하고, 상록성 교목은 건물 가까운 곳과 낙엽수와 인접한 곳에는 식재하지 않는다.
    - 진입로 양쪽에는 가로수를 약 8m 간격으로 식재하지만, 커브길에는 차량의 시야를 가리지 않도록 하고, 가로등 및 신호등 주변에는 식재하지 않는다.
    - 군식할 경우에 수림과 수림의 간격을 넓게 하여 군식한 수림이 명료하게 드러나도록 한다.

- 주거동 측면의 불필요한 공간과 모서리의 완화를 위하여 식재하고, 혐오시설, 지하 주차장 램프 등에 차폐식재를 하며, 장소성의 강화를 위해 위요 공간이 되도록 식재한다.

③ 공동주택정원의 공간구성
  ㉠ 공동주택단지의 정원은 면적에 따라 소규모 정원, 중규모 정원, 대규모 정원으로 구분하여 조성한다.
  ㉡ 건물의 배치유형은 평행 배치, 위요형 배치, 직교 배치, 방사상 배치 및 기타 유형으로 구분하며, 단지의 여건에 따라 선택하여 배치한다.
  ㉢ 단지 내 공간은 동선, 녹지공간, 운동공간, 휴게공간, 건축공간 등으로 구성되며, 특히 녹지율은 15% 이상이 되도록 한다.
  ㉣ 특히, 어린이 놀이터는 단지 내의 간선도로를 횡단하지 않는 곳에 설치해야 한다.

④ 공동주택정원에 설치 가능한 시설
  ㉠ 어린이 놀이터와 노인을 위한 노인정 그리고 어린이를 돌보는 어른들의 휴식시설과 이에 따른 부수시설을 설치할 수 있다.
  ㉡ 단지 내 주민들을 위한 운동시설에는 테니스장, 농구장, 배드민턴장, 배구장 등이 있으며, 지역 여건이 갖추어지면 산림욕장을 설치하는 것이 바람직하다.

(3) 자연공원

① 자연공원의 성격
  ㉠ 자연공원이란 국립공원·도립공원·군립공원 및 지질공원을 말한다.
  ㉡ 자연의 풍경, 야생 그대로의 동식물상을 포함한 광대한 자연지역으로 자연을 보호하면서 야외 레크리에이션장으로 활용할 수 있다.
  ㉢ 국립공원은 환경부장관이 지정·관리하고, 도립공원은 도지사 또는 특별자치도지사가, 광역시립공원은 특별시장·광역시장·특별자치시장이 각각 지정·관리하며, 군립공원은 군수가, 시립공원은 시장이, 구립공원은 자치구의 구청장이 각각 지정·관리한다.

> **더 알아보기**
>
> **자연공원의 발생**
> - 미국 최초의 자연공원 : 1864년 캘리포니아의 요세미티 공원
> - 최초의 국립공원 : 1872년 옐로스톤 국립공원
> - 우리나라 최초의 국립공원 : 1967년 지리산 국립공원

② 자연공원의 설계
  ㉠ 공원의 진입부, 집단시설지구, 휴게공간, 편익시설 등으로 구분한다.
  ㉡ 공원의 진입구와 출구에는 식별이 가능한 수목, 석주, 장승, 문주 등을 설치하고, 주도로가 차폐되지 않도록 식재한다.
  ㉢ 도로변과 휴게공간에는 녹음수를 심고 벤치 등 앉는 장소를 마련하고, 화장실은 이용자가 식별할 수 있을 정도로만 차폐식재를 한다.

(4) 도시공원 – 생활권공원

① 소공원

  ㉠ 소공원의 성격 : 소공원은 도시지역 안의 자투리 땅 등 소규모 토지를 이용하여 도시민의 휴식 등을 위하여 설치하는 공원으로 설치 위치 및 성격에 따라 근린소공원(도시형 근린소공원, 전원형 근린소공원)과 도심소공원(광장형 도심소공원, 녹지형 도심소공원)으로 구분할 수 있다.

  ㉡ 소공원의 설계
  - 소규모 토지를 활용하여 설치하는 공원으로서 설치규모에 대하여 제한을 받지 아니하나 근린공원의 설치규모를 감안하여 1만m^2 미만으로 할 수 있다.
  - 소공원에는 필수적인 공원시설인 도로·광장 및 공원관리시설을 설치하지 아니할 수 있다.
  - 소공원의 건폐율은 당해 공원면적의 5% 이내로 하고, 공원시설 부지면적은 당해 공원면적의 20% 이하로 한다.

② 어린이공원

  ㉠ 어린이공원의 성격
  - 어린이공원은 근린에 거주하는 어린이의 보건 및 정서생활의 향상을 목적으로 하는 놀이공간으로서 근린주구의 공원이다.
  - 일률적으로 획일화된 공원이 아니라 지역성 등이 나타날 수 있도록 조성하고, 어린이의 안전을 높이도록 조성한다.
  - 어린이의 생활 및 놀이의 행태 변화를 반영하여 시설의 질을 높이고 어린이의 보건 및 정서함양에 기여하는 풍요로운 공간이 되도록 한다.
  - 주로 어린이가 이용하게 되나 어린이 이외에 보호자 또는 지역주민도 이용할 수 있으므로 보호자 등 가족이나 지역주민의 공간도 고려하도록 한다.
  - 어린이의 보호자를 위한 공간을 조성하는 경우에는 어린이 놀이공간과 멀리 떨어지지 않도록 한다.

  ㉡ 어린이공원의 설계
  - 안전성이 가장 중요하므로 주변으로부터 쉽게 관찰이 되도록 설치하여야 한다.
  - 장소에 관한 설치기준에는 제한이 없으며, 유치거리는 250m 이하, 규모는 1,500m^2 이상으로 한다.
  - 어린이공원의 건폐율은 당해 공원면적의 5% 이내로 하고, 공원시설 부지면적은 당해 공원면적의 60% 이하로 한다.
  - 어린이공원에는 필수적인 공원시설인 도로·광장 및 공원관리시설을 설치하지 아니할 수 있으며, 공원관리시설이 필요한 경우에는 근린생활권 단위별로 1개의 공원관리시설을 설치하여 이를 통합하여 관리할 수 있다.
  - 획일적인 어린이 놀이시설 위주로 설치하기보다는 잔디밭, 레크레이션 장소 등 도시지역 안에서 어린이 정서함양에 도움이 되는 시설과 휴게시설 등이 설치되도록 한다.

- 공원시설은 대상연령에 적합한 시설을 설치하여야 하며, 연령(유아, 유년, 소년)별 이용자 간의 충돌이 최소화되도록 공간적인 구분을 둘 수 있다.
- 공원시설은 어린이의 체형에 맞게 조성되어야 하며, 놀이시설의 경우 재료는 가급적 자연적인 재료를 사용하도록 한다.

> **더 알아보기**
>
> **어린이공원의 시설물 배치**
> - 심는 나무는 병해충에 강하고, 유지관리가 쉬운 것을 선택한다. 특히, 어린이들의 장난에도 견딜 수 있는 튼튼한 나무가 좋다. 그리고 수형, 열매, 꽃 등이 아름다우면서도 독성, 즙액, 가시가 없는 것이 바람직하다.
> - 부지의 경계부에는 수목을 식재하고, 시설지역과의 경계부에는 부분적으로 산울타리를 조성하여 아늑한 느낌을 주도록 한다.
> - 시설지역 내부에도 낙엽성 교목을 식재하여 여름에는 그늘을 이용하고, 겨울에는 햇빛을 충분히 받을 수 있도록 한다.
> - 각 시설물 간에는 연결성을 고려하여 전체적으로 짜임새 있는 복합적인 놀이시설이 좋다.
> - 그네와 미끄럼틀은 외곽에 배치하되, 햇빛과 마주 대하지 않도록 하고, 북향으로 하는 것이 좋으며, 다른 시설물과 안전성을 고려하여 배치한다.
> - 휴게·감독공간은 놀이공간의 시계가 확보되고, 직사광선을 피할 수 있는 장소로 계획한다.

③ 근린공원
　㉠ 근린공원의 성격
　　• 근린공원은 근린거주자 또는 근린생활권으로 구성된 지역생활권 거주자의 보건·휴양 및 정서생활의 향상에 기여함을 목적으로 설치하는 공원이다.
　　• 근린공원은 이용거리 등에 따라 근린생활권, 도보권, 도시지역권, 광역권 근린공원으로 구분할 수 있으며, 공원별로 특성화하여 주변의 유사공원과 차별화를 이루도록 한다.

구 분	이용대상	설치기준	유치거리	설치규모
근린생활권 근린공원	반경 500m 이내	제한 없음	500m 이하	1만m² 이상
도보권 근린공원	반경 1,000m 이내	제한 없음	1,000m 이하	3만m² 이상
도시지역권 근린공원	도시지역 이내	당해 공원의 기능을 충분히 발휘할 수 있는 장소	제한 없음	10만m² 이상
광역권 근린공원	도시지역 초과	당해 공원의 기능을 충분히 발휘할 수 있는 장소	제한 없음	100만m² 이상

　㉡ 근린공원의 설계
　　• 근린공원의 건폐율은 당해 공원면적에 따라 다음의 비율을 초과하여서는 아니 되며, 공원시설 부지면적은 당해 공원면적의 40% 이하로 한다.

3만m² 미만	3만m² 이상~10만m² 미만	10만m² 이상
20/100	15/100	10/100

　　• 설치하는 시설물의 위치는 자연식생을 훼손하지 않는 지역에 설치하도록 한다.
　　• 이용대상을 주변지역 혹은 타 도시지역 주민들까지 포함하게 되는 도시지역권 근린공원과 광역권 근린공원은 주로 주말의 옥외 휴양·오락·학습 또는 체험활동 등에 적합하고, 전체 주민의 종합적인 이용에 제공할 수 있는 공원시설을 설치할 수 있다.

- 근린공원 중 택지개발지구 안의 산림에 설치하는 근린공원의 경우에는 근린공원 시설물을 최소화·집약화하여 설치하여 공원이용으로부터 원래의 식생이 훼손되는 것을 최소화하도록 한다.

> **더 알아보기**
>
> **근린공원의 수목 식재**
> - 주 진입로에는 식별성이 뚜렷한 교목을 식재하고, 진입로 양쪽으로 유도식재를 하며, 휴게공간에는 녹음수와 경관수를 식재하고, 경계지역에는 차폐식재를 한다.
> - 산책로 주변에는 화목류를 중심으로 다양한 경관을 제공하도록 한다.
> - 전체적으로 토양 특성에 알맞은 수종 중에서 병해충에 강하고, 유지관리를 하기 쉬우며 인근 지역에서 쉽게 구할 수 있는 것이 바람직하다.

(5) 도시공원 - 주제공원

① 역사공원

㉠ 역사공원의 성격
- 역사공원은 도시의 역사적 장소나 시설물, 유적·동물 등을 활용하여 도시민의 휴식·교육을 목적으로 설치하는 공원이다.
- 기존의 문화재가 있는 지역 이외에도 문화재가 위치한 외곽 일정 지역을 포함하여 공원으로 지정할 수 있다.
- 유적지 중심의 역사공원은 과거로부터 이어져 내려오는 유적지나 명승지를 중심으로 하는 공원으로서 유적지의 보존·활용에 중점을 두도록 한다.

㉡ 역사공원의 설계
- 설치기준·유치거리·규모의 제한을 받지 아니하나, 문화시설·문화재 등과 같은 주요 시설물의 설치 이외에 이를 이용객이 충분히 이용할 수 있는 공간을 확보하여야 한다.
- 역사공원의 건폐율은 당해 공원면적의 20% 이내로 하며, 공원시설 부지면적에는 제한이 없다.

> **더 알아보기**
>
> **역사공원의 목적별 고려사항**
> - 보존 : 문화유산의 현재 상태의 유지·보호에 중점을 두어 조성하되, 유적이나 유물 등 문화유산의 자체가 변하지 않더라도 시대가 변화함에 따라 그 의미가 변할 수 있음을 고려하도록 한다.
> - 보전 : 문화유산의 급격한 변화와 훼손을 방지하되 자연스러운 변화는 허용하며, 시간과 함께 변해가는 모습 자체를 역사성으로 인정한다.
> - 복원 : 원형이 훼손된 부분을 다시 만들어 넣는 것으로서 현재의 상태를 변화시키는 것이므로 매우 주의가 필요하다.

② 문화공원
　㉠ 문화공원의 성격
　　• 문화공원은 도시의 각종 문화적 특징을 활용하여 도시민의 휴식·교육을 목적으로 설치하는 공원이다.
　　• 지역의 대표적인 인물, 지역축제, 전통문화체험, 자연, 예술 등을 주제로 지역의 문화적 정체성이나 다양한 지역문화활동 등을 활용하여 공원으로 조성할 수 있다.
　　• 일회성 공연이나 행사를 하는 행사장이 아니므로 상설전시, 특별전시 등과 같이 연중 이용객에게 문화공원으로서의 볼거리를 제공할 수 있도록 한다.
　㉡ 문화공원의 설계
　　• 장소에 관한 설치기준·유치거리·규모의 제한을 받지 아니하며, 관련 문화시설이나 문화자원에 따라 소공원 규모에서부터 기존 광역권 근린공원의 규모에 이르기까지 다양하게 조성할 수 있다.
　　• 문화공원의 건폐율은 당해 공원면적의 20% 이내로 하며, 공원시설 부지면적에는 제한이 없다.
　　• 공연장, 야외무대를 설치하는 경우에는 공원의 특성 및 기능, 이용객의 수요 등을 파악한 후 적정규모로 설치하도록 하며, 공연 등으로 인한 소음 및 진동 등의 문제가 최소화되도록 완충녹지 공간 등을 설치하도록 한다.

③ 수변공원
　㉠ 수변공원의 성격
　　• 수변공원은 도시의 하천변·호수변 등 수변공간을 활용하여 도시민의 여가·휴식을 목적으로 설치하는 공원이다.
　　• 하천·호수 등과 같은 생태적 가치가 높은 지역에 공원을 조성할 경우에는 공원조성으로 인하여 받을 수 있는 부정적 영향을 예측하고 이를 최소화하는 저감방안을 마련하여야 한다. 또한, 수용 가능한 정도의 시설을 설치하여 자연환경의 훼손을 최소화하여야 한다.
　　• 인공적으로 호수를 만들어 수변공원을 조성하거나 복개된 하천 등을 개방하여 복원 개념의 수변공원을 조성할 수 있다.
　　• 갯벌, 습지 등에 조성되는 수변공원의 경우 생물종 조사 등에 대한 철저한 조사를 한 후에 이용 가능한 지역을 선정하여 공원을 조성하고 그 외 보전지역에 대한 보전계획을 별도로 수립하도록 한다.
　㉡ 수변공원의 설계
　　• 하천변에 수변공원을 조성할 때는 하천 범람주기를 확인하고 범람의 위험이 없는 지역에 한하여 공원을 조성하여야 한다. 또한, 이용자가 위험을 느끼는 곳에는 설치되어서는 아니되며 기존의 하천의 흐름 등을 바꾸지 아니하도록 한다.
　　• 유치거리·규모의 제한을 받지 아니한다.

- 수변공원의 건폐율은 당해 공원면적의 20% 이내로 하며, 공원시설 부지면적은 당해 공원 면적의 40% 이하로 한다.

> **더 알아보기**
>
> **수변공원 조성 시 주의사항**
> - 가능한 한 넓은 수역을 조망할 수 있도록 수변의 경관을 최대한 활용한다.
> - 이용자들이 수변공간의 개방감을 향유할 수 있도록 휴식을 위한 휴게소, 벤치 등을 설치하는 것이 필요하다.
> - 수면 가까이 다가갈 수 있고, 물과 접촉할 수 있는 친수공간의 확보가 필요하다.
> - 일반적으로 수변공간은 선형으로 조성되므로 물을 바라보며 보행할 수 있는 환경을 조성하는 것이 바람직하다.
> - 수변공간은 레저나 산책, 운동 등의 동적인 활동 이외에 수변을 바라보며 휴식을 취하는 정적인 활동의 기회도 제공할 수 있도록 한다.
> - 공원시설의 설치 시에는 하천·호수 등으로 오염물질이 유입되지 않도록 완충녹지대를 설치하거나 오염원을 막을 수 있는 시설이 함께 설치되도록 한다.
> - 수질에 대한 관리가 정기적으로 이루어지도록 한다.

④ 묘지공원

㉠ 묘지공원의 성격 : 묘지 이용자에게 휴식 등을 제공하기 위하여 일정한 구역 안에 묘지와 공원시설을 혼합하여 설치하는 공원이다.

㉡ 묘지공원의 설계
- 정숙한 장소로 장래 시가화가 예상되지 아니하는 자연녹지지역에 설치하여야 한다.
- 유치거리에 제한을 받지 아니하나, 면적은 10만m^2 이상으로 한다.
- 묘지공원의 건폐율은 당해 공원면적의 2% 이내로 하며, 공원시설 부지면적은 당해 공원면적의 20% 이상으로 한다.

⑤ 체육공원

㉠ 체육공원의 성격 : 체육공원은 주로 운동경기나 야외활동 등 체육활동을 통하여 건전한 신체와 정신을 배양함을 목적으로 설치하는 공원이다.

㉡ 체육공원의 설계
- 당해 공원의 기능을 충분히 발휘할 수 있는 장소에 설치하여야 한다.
- 유치거리에 제한을 받지 아니하나, 면적은 1만m^2 이상으로 한다.
- 체육공원의 건폐율은 당해 공원면적에 따라 다음의 비율을 초과하여서는 아니 되며, 공원시설 부지면적은 당해 공원면적의 50% 이하로 한다.

3만m^2 미만	3만m^2 이상~10만m^2 미만	10만m^2 이상
20/100	15/100	10/100

- 운동시설에는 체력단련시설을 포함한 3종목 이상의 시설을 필수적으로 설치하여야 한다.

⑥ 도시농업공원
　㉠ 도시농업공원의 성격 : 도시농업공원은 도시민의 취미·여가·학습 또는 체험 등을 위하여 공원형 도시농업을 목적으로 설치하는 공원이다.
　㉡ 도시농업공원의 설계
　　• 도시민의 취미·여가·학습 또는 체험 등 도시농업의 특성을 잘 살릴 수 있는 곳에 설치한다.
　　• 설치기준·유치거리에 제한을 받지 아니하나, 면적은 1만m^2 이상이어야 한다.
　　• 도시텃밭은 생태적 성격을 고려하여 공원시설 부지면적 산정 시 포함하지 아니한다.
　　• 도시텃밭의 설치로 인한 도시농업공원의 생태적 기능약화와 경관적 측면을 고려하여 식재하여야 한다.
　　• 동절기 및 휴경기간에는 도시텃밭에 짚단 또는 인공피복재 설치 등을 통하여 공원의 경관이 훼손되지 않도록 한다.
⑦ 기타 공원 : 기타 공원은 장소에 관한 설치기준·유치거리·규모에 제한을 받지 아니하고, 건폐율은 당해 공원면적의 20% 이내로 하며, 공원시설 부지면적은 제한받지 아니한다.

3 공장조경·골프장조경·학교조경·사적지조경 계획 및 설계

(1) 공장조경
① 기 능
　㉠ 지역 주민에게 친근감과 안전감을 제공한다.
　㉡ 녹지 조성으로 공기를 정화하고, 위험을 차단한다.
　㉢ 환경 훼손 및 공해 발생으로 인해 황량하고 딱딱해진 공장 분위기를 개선한다.
　㉣ 근로자를 위한 운동시설과 휴식시설을 제공함으로써 작업능률을 향상시킨다.
② 효 과
　㉠ 미관·쾌적화
　　• 공장 환경에 대한 친근감 조성
　　• 종업원의 정서함양 및 근로의욕 증대
　　• 공장 자체 홍보
　㉡ 차폐·완충
　　• 방음, 방진, 방화, 방풍 등
　　• 재해 시 피난장소 제공
　　• 금속 부식 방지
　　• 비사(飛砂) 방지
　㉢ 주민 및 종업원의 보건증진 및 스포츠와 레크리에이션 효과

③ 공간 구획 및 식재
  ㉠ 공간별 계획
    • 공간 구획 : 녹지지역은 따로 만들고, 완충지역과 예비지역을 설정한다.
    • 앞 뜰
      - 화단과 잔디밭, 수경시설을 설치한다.
      - 밝고 짜임새 있는 공장 분위기를 연출한다.
    • 건물 주변 : 5m 정도의 여유를 두어 녹지공간으로 활용한다.
    • 주변지역
      - 담장 : 투시형 담장을 낮게 설치하고 주민과 통행인에게 친근감을 조성한다.
      - 식재 : 상록교목과 속성수, 비료목을 심고 양 측면에 관목을 배식하며, 공해에 강한 수종을 선택하여 울타리를 따라 2~3줄로 엇갈리게 식재한다.
    • 동선 주변
      - 6~10m 간격마다 가로수를 열식한다.
      - 구내 도로변에 최소 1m 이상의 잔디밭을 조성한다.
    • 확장 예정구역
      - 묘포장 또는 채소원으로 이용한다.
      - 간단한 운동기구와 벤치 등을 설치한다.
      - 잔디를 식재하여 운동장으로 활용한다.
      - 주변에 녹음수를 군식하여 그늘을 조성한다.
  ㉡ 식 재
    • 공해에 대한 저항력이 강한 수목을 식재한다.
    • 손상 회복이 빠른 수목을 식재한다.
    • 관리가 용이한 수목을 식재한다.
④ 공장 조경의 공간 구성
  ㉠ 부지 주변 녹지
    • 종류 : 완충녹지, 방재녹지, 공장미화
    • 기능 : 주변 지역의 환경보존 및 미화
    • 시설 : 수림대조성, 경관조성, 화단, 산울타리
  ㉡ 건물 주변 녹지
    • 종류 : 사무소, 공장 주변 녹지
    • 기능 : 각종 건물과 외부 공간과의 조화 및 미화
    • 시설 : 화단, 연못, 수경시설, 잔디밭

ⓒ 출입 공간
- 종류 : 상징적인 경관수로 녹지 조성 및 시설물 설치
- 기능 : 상징적 효과
- 시설 : 조각, 간판, 화단, 분수, 주차장

ⓔ 이용 녹지
- 종류 : 휴양녹지, 운동녹지
- 기능 : 산책, 휴식, 운동 등의 복지를 위한 녹지
- 시설 : 녹음수, 잔디밭, 원로, 옥외 공간 시설물

ⓜ 도로 및 주차 공간
- 종류 : 보도와 차도 주변 녹지
- 기능 : 주차 공간의 녹음과 차폐, 도로에 따른 선적인 녹지
- 시설 : 산울타리, 가로수, 가로화단, 식재

ⓑ 기 타
- 기능 : 각종 시설 배치 및 보호 녹지
- 시설 : 산울타리 및 군식

(2) 골프장조경

① 골프장의 성격
  ㉠ 자연경관 속 신선한 공기와 쾌적한 환경에서 운동을 할 수 있고, 도심 내 또는 근교에서 시민공원 역할을 한다.
  ㉡ 도시 내에서는 녹지체계의 일부로서의 역할을 한다.
  ㉢ 규모에 따른 분류
    - 실행코스(Executive Course) : 6,000m 이하 거리의 연습코스
    - 정규코스(Regular Course) : 대규모 경기에는 곤란
    - 선수권코스(Champion Course) : 골프시합이 가능한 코스

② 골프장의 설계 〔중요〕
  ㉠ 클럽하우스 중심으로 골프코스구역, 관리시설구역, 위락시설구역, 생산시설구역, 환경보존구역으로 나누고, 아웃(Out)의 9홀과 인(In)의 9홀로 구분한다.
  ㉡ 표준코스는 18홀(Hole)로 4개의 짧은 홀(220m 내외), 10개의 중간 홀(274~430m), 4개의 긴 홀(430m 이상)을 지형에 맞추어 흥미 있게 배치하는 데 전장 6,500야드, 용지 면적 60~80만m²를 필요로 한다.

ⓒ 방위는 잔디에 좋은 남사면 또는 남동사면으로 한다.

> **더 알아보기**
>
> **홀의 구성**
> - 티(Tee) : 출발점 지역
> - 그린(Green) : 종점 지역
> - 페어웨이(Fairway) : 티와 그린 사이에 짧게 깎은 잔디 지역
> - 러프(Rough) : 페어웨이 주변의 깎지 않은 초지로 이루어진 지역
> - 해저드(Hazard) : 장애 지역

(3) 학교조경
  ① 학교정원의 성격
    ㉠ 학생들의 정서적 안정과 교육적 효과를 얻는 데 목적이 있다.
    ㉡ 교재원 또는 실습원으로서의 역할을 담당할 수 있어야 한다.
    ㉢ 면적은 학생 수 변동을 고려해야 하고, 지역계획의 일환으로 근린공원의 역할도 요구된다.
    ㉣ 학교의 교육방법에 따라 다양한 내용을 가지며, 근린공원의 역할도 지역 사회로부터 요구되고 있어 지역적 특수성에 따라 내용과 위치가 달라진다.
  ② 학교정원의 설계
    ㉠ 부지의 형태, 건물의 위치, 부지의 면적 등에 따라 진입공간, 휴게공간, 운동장, 교사 주변 화단, 경계공간 등으로 구분된다.
    ㉡ 수목 선정 시 조경수목의 생태적, 경관적, 교육적, 경제적인 특성 등을 고려한다.
  ③ 세부공간별 식재기준
    ㉠ 진입공간
      - 진입공간은 학교 교문 주변과 학교 내의 차량 동선 및 보행자 도로를 포함한다.
      - 학교의 얼굴에 해당하는 곳이므로 상징적인 수목을 식재하고, 보행자 도로 주변에는 낙엽수를 줄지어 식재하여 아늑한 분위기와 함께 그늘도 제공하는 것이 바람직하다.
    ㉡ 휴게공간
      - 휴게공간은 주로 교사 주변이나 운동장 주변에 위치하며, 벤치, 퍼걸러 등을 설치한다.
      - 학생과 교직원의 휴식을 위한 공간으로, 녹음수를 식재하여 그늘을 제공하는 것이 필요하다. 특히, 퍼걸러에 등나무 등 덩굴성 식물을 식재한다.
    ㉢ 운동장
      - 운동장은 축구, 농구, 배구 등의 체육활동을 위한 공간과 놀이시설물이 위치한 공간이다.
      - 운동장에는 체육활동을 방해하지 않는 곳에 녹음수를 식재한다.
      - 놀이공간 주변에는 교목을 식재하여 나무 그늘을 제공하며, 관목과 초본류 위주로 단순 식재한다.

② 교사 주변의 화단
- 교사 주변의 화단은 교사 전면의 앞뜰 화단과 교사 모서리 부분의 옆뜰 화단, 교사 후면의 뒤뜰 화단으로 구성되어 있으며, 운동장과의 경계 완충 화단 등도 포함한다.
- 교사 주변의 화단들은 학생들이 접근하기 쉬운 곳이므로, 교재원·실습원 등으로 활용할 수 있도록 구성한다. 교사 주변의 화단을 교재원으로 활용하기 위해서는 학생들에게 친근감이 있고 교과서에 나오는 수목, 초화류를 함께 식재하는 것이 바람직하다.
- 교사 전면 앞뜰 화단에 상록 교목을 식재하면 창문을 가리므로 피하고, 그 대신 관목이나 꽃나무류를 심는다.

⑪ 경계공간
- 학교 부지의 경계선에 접한 지역에는 수림대를 조성하여 차폐 역할과 함께 여름철에 시원한 나무 그늘을 제공해 준다.
- 담장은 투시형 담장이나 산울타리를 조성하는 것이 바람직하다.

④ 학교조경의 수목 선정기준
③ 생태적 특성 : 학교가 위치한 지역의 기후, 토양 등의 환경조건에 맞도록 선정한다.
⑥ 경관적 특성 : 학교 이미지 개선에 도움이 되며 계절의 변화를 느낄 수 있도록 개화시기와 꽃, 단풍 등을 고려하여 선정한다.
⑤ 교육적 특성 : 교육적 활용을 고려하여 교과서에 나오는 수목을 선정하되, 학생들과 교직원들이 선호하고 학생들에게 해가 되지 않는 수목이어야 한다.
② 경제적 특성 : 구입하기 쉬운 수목을 선정하며, 병충해가 적고 관리하기 쉬워 관리비 절감이 가능한 수목을 선정한다.

(4) 사적지조경

① 사적지의 유형
③ 유사 이전의 유적 : 패총, 유물포함층, 인류의 거주지, 입석, 고분 등
⑥ 제사·신앙에 관한 유적 : 절터, 사당, 제단, 사고지, 향교지 등
⑤ 정치·국방에 관한 유적 : 성곽, 성지, 망루, 궁전지, 고도, 고궁 등
② 산업·교통·토목에 관한 유적 : 고도(옛길), 교지(다리가 놓였던 자리), 둑, 제방, 도요지, 시장지, 식물 재배지, 석표 등
⑪ 기타 : 분묘, 비, 구택, 원지, 정천, 수성 등

② 설계지침
③ 안내판은 문화재청이 지정하는 규격에 따라 설치한다(유적의 규모에 따라 다름).
⑥ 계단은 화강암이나 넓적한 자연석을 이용한다.
⑤ 모든 시설물에는 시멘트를 노출시키지 않는다.
② 사적의 원형이 절대 변형되지 않도록 주의해야 한다.
⑪ 색채, 질감 등이 그 시대의 것과 같게 해야 하며, 전통적 형식과 감각을 떠나서는 안 된다.

ⓑ 사적 주위의 경사지가 무너지는 것을 방지하기 위해 콘크리트 옹벽이나 견치돌을 높게 쌓아서는 안 된다.
ⓢ 사적지의 분위기를 살릴 수 있도록 휴게소, 벤치 등의 형태나 색채는 사적과 조화를 이룰 수 있게 한다.

③ 식 재
㉠ 사찰 회랑, 경내에는 나무를 심지 않는다.
㉡ 성곽 가까이에는 교목을 심지 않는다.
㉢ 궁이나 절의 건물터에는 잔디를 식재한다.
㉣ 민가의 안마당은 그냥 마당으로 이용하거나 화목류 및 관목류 정도를 극히 제한적으로 이용하고, 유실수를 식재하지 않는다.
㉤ 묘역 안에는 큰 나무를 심지 않는다.
㉥ 건축물 가까이에는 교목류를 식재하지 않는다.
㉦ 보존지역의 경관은 전통미를 표현할 수 있는 식물을 선택해서 식재해야 한다.
㉧ 낙엽 활엽수 및 꽃이 아름답게 피는 나무, 열매 나무를 이용해 계절에 따라 변화하는 풍경을 감상할 수 있게 한다.
㉨ 날카로운 형태의 나무보다는 부드러운 느낌을 주는 나무를 사용한다.

4 생태복원·옥상조경·실내조경 계획 및 설계

(1) 생태복원
① 생태복원 : 도로 등 비탈면 녹화, 생물서식공간 등을 조성하는 것을 말한다.
② 생태복원 재료
㉠ 생태복원을 위한 자생수목 및 자생식물, 향토적 특성을 띠는 자연재료를 사용한다.
㉡ 도입식생은 자연향토경관과 조화되고, 미적 효과가 높으며, 생태적 특성에 대한 교육적 가치 등을 종합적으로 고려하여 선정한다.
③ 식생복원
㉠ 훼손으로 인한 식생복원이 필요한 지역을 대상으로 한다.
㉡ 훼손지 주변의 현존 식생조사를 토대로 추정되는 원식생을 복원한다.
㉢ 야생풀 포기심기를 위주로 하고, 파종공법을 병행한다.
㉣ 표토가 유실된 훼손지에는 기반안정공사 후 주변 식생지역의 토양수준으로 개량한 표토를 깐다.
㉤ 토양이 오염된 경우에는 별도의 오염처리 공사를 먼저 시행한 후 양질의 토양을 반입하여 식생기반을 조성한다.
㉥ 해당 지역의 식생조사를 거쳐 대상지 내의 식물개체와 같은 종의 개체를 활용한다.

ⓐ 주변 생태계와 자연스럽게 연결될 기간 동안 주기적인 유지관리를 통해 식재 후 귀화식물의 침입과 생육을 억제한다.
ⓑ 생물의 이동통로 연결을 위한 생태통로는 환경조건과 목표생물의 이동습성에 맞추어 교량형, 암거형, 지하통로형 등을 선택해 조성한다.

④ 생물 서식공간 조성
  ㉠ 가능한 한 본래 자연현상에 가깝도록 조성하고, 기존의 향토식생이나 토석류 등을 적극 활용한다.
  ㉡ 현장 여건에 적합한 생태복원 방안을 채택하여 획일적인 인조경관이 발생하지 않도록 시공한다.
  ㉢ 생물이 서식하기에 좋은 생태조건을 갖추어 자연환경과 같은 분위기가 조성되도록 한다.

(2) 옥상조경
  ① 옥상정원의 성격
    ㉠ 옥상에 만들어지는 조경 외에 자연지반과 분리된 인공지반 위에 설치하는 모든 조경을 말한다.
    ㉡ 새로운 유형의 도시녹지, 토지이용의 효율성을 기한다.
    ㉢ 옥상정원은 새로운 형태의 도시녹지로, 고층건물에서 활동하는 사람들에게 녹음을 제공함으로써 육체적인 휴식과 심리적인 쾌적함을 제공하고 환경오염의 피해를 감소시키는 효과가 있다.
    ㉣ 넓은 의미의 옥상정원은 인공식재지반 위에 설치하는 모든 정원을 포함한다.
  ② 옥상정원의 기능
    ㉠ 주거환경에 부족한 녹지공간을 확보하고 미관을 증진시킨다.
    ㉡ 여가공간의 확보, 지역사회의 환경 개선에 도움을 준다.
    ㉢ 건물의 단열재 역할을 하며, 장기적으로 도시의 열섬현상 완화에 기여한다.
  ③ 옥상정원 설계 시 유의사항
    ㉠ 하중, 옥상바닥 보호와 배수문제를 고려해야 한다.
    ㉡ 자연재해 시 안전성을 고려해야 한다.
    ㉢ 토양층의 깊이와 구성성분, 시비, 식생의 유지관리 및 적절한 수종의 선택이 중요하다.
  ④ 옥상정원의 시설물 설치
    ㉠ 옥상정원의 시설물로는 분수, 벤치, 퍼걸러, 연못, 벽천, 어린이 놀이시설, 휴지통, 조명 등을 설치한다.
    ㉡ 바람막이벽과 옥상 가장자리에 안전을 위한 난간을 설치하며, 바닥은 슬래브 위에 방수막을 덮고 그 위에 보호층을 설치하여 마무리한다.

⑤ 토양의 조성과 두께
　㉠ 옥상은 인공구조물이기 때문에 그 위에 얹혀지는 하중이 문제가 될 수 있다. 따라서 옥상조경에 필요한 흙은 가볍고 비옥하며, 배수가 잘되면서도 보수력이 있어야 한다. 이러한 흙을 만들기 위해 사양토에 여러 가지 경량재료를 혼합하여 사용한다.
　㉡ 경량재로는 버미큘라이트(Vermiculite), 펄라이트(Perlite), 피트모스(Peatmoss), 화산재 등이 있다.
　㉢ 혼합 방법은 사양토에 부엽토나 두엄을 같이 넣고 경량재를 3:1~5:1의 비율로 섞어 배합토를 만든다.
　㉣ 옥상정원 토양의 두께는 식물이 잘 자랄 수 있는 수분과 양분, 호흡에 필요한 공기 확보, 또 뿌리의 보존이 가능한 최소한의 깊이를 확보하여야 한다.

(3) 실내조경

① 의 의
　㉠ 건물이 거대화됨에 따라 정원을 실내로 도입한 것을 의미한다.
　㉡ 아파트, 호텔, 공공공간에 실내 오픈스페이스를 설정하여 정원적 요소를 도입한다.

② 기 능
　㉠ 생명력이 있는 식물재료를 이용, 미적 배치로 시각적 즐거움을 준다.
　㉡ 일의 능률을 높이고 긴장감을 완화시켜 안정감을 가지게 하는 심리적 효과가 있다.
　㉢ 실내공간을 분할하고 경계를 구분해 줌으로써 이용자의 동선을 유도하여 흐름을 자연스럽게 하고, 질서를 유지시키는 기능을 한다.
　㉣ 실내공간의 공중습도를 높여 주고, 산소를 공급하며 정화하는 효과가 있다.

③ 설 계
　㉠ 광선 도입에 유의한다.
　㉡ 식물의 성장에 필요한 습도 유지 및 관수에 의한 수분 공급이 가능해야 한다.
　㉢ 건물 내부의 동선과 이용 패턴 등을 고려하여 위치를 선정한다.
　㉣ 열대식물을 식물재료로 선택하는 것이 좋고, 교목류 사용 시 인공적으로 식물이 자랄 수 있도록 환경을 조성하도록 한다.

제7절 조경설계도서 작성

1 조경설계도면 작성

(1) 기본설계의 개념

기본설계를 바탕으로 구체적인 도면 작성, 공사비 및 수량 산출, 공정계획을 수립하는 단계로 시방서 및 공사비 내역서 작성을 포함하며, 실시설계 때 작성한 도면과 공사비 내역은 공사입찰의 기준이 되고, 이 도면대로 공사를 시행하게 되므로 도면 작성 시 명료하고 기계적인 표현력이 요구된다.

(2) 평면도와 단면도

① 평면도(평면상세도) : 사용된 축척을 알기 쉽게 표기한 것으로 도로, 시설물의 위치와 크기를 정확히 기록하고, 벤치·휴지통 등의 시설물은 규격과 수량이 포함된 수량표를 작성하여 표제란에 기입한다.
② 단면도(단면상세도) : 종단면도와 횡단면도가 있으며, 입체적 공간을 가장 잘 설명해 줄 수 있는 장소를 2개소 이상 선정하여 그린다.

(3) 표준시방서

조경공사를 적정하게 시행하기 위한 표준을 명시한 것으로 국토교통부에서 발행한다.

> **더 알아보기**
>
> **특기시방서**
> - 표준시방서에 명기되지 않은 사항을 보충하며 해당 공사만의 특별한 사항 및 전문적인 사항을 기재한다.
> - 표준시방서에 우선하며, 독특한 공법, 새로운 재료의 시공, 현장 사정에 맞추기 위한 특별한 배려 등을 포함한다.

(4) 내역서

공사비, 즉 순공사원가, 일반관리비, 수량원가, 품셈 등이 포함된다.

> **더 알아보기**
>
> **기본설계와 실시설계**
> - 기본설계 : 사업계획 및 기본방침, 대략의 공정, 시공법, 공사비 등 기본적인 내용을 작성하는 것으로, 기초설계를 토대로 공사 시행 시 발생할 수 있는 문제점과 타 공사와의 연관성, 예산확보 등을 검토하고 확인할 수 있다.
> - 실시설계 : 기본설계를 바탕으로 구체적인 도면 작성, 공사비 및 수량 산출, 공정계획을 수립하며, 실시설계 때 작성한 도면과 공사비 내역은 공사입찰의 기준이 되고, 이 도면대로 공사를 시행하게 되므로 도면 작성 시 명료하고 기계적인 표현력이 요구된다.

2 조경 공사비 산출

(1) 공사비의 정의

① 하나의 공사를 진행할 때 얼마나 많은 비용을 들여야 하는 지를 가늠한 금액을 말한다.
② 재료의 비용(재료비)과 이를 만들어 내는 사람의 비용(노무비) 그리고 기계 및 기타 비용(경비)를 합한 금액이다.
③ 예산회계법령, 예정가격 작성준칙인 회계예규, 계약사무처리규칙, 건설공사표준품셈, 재무부고시 노임단가 기준에 의존한다.

(2) 공사비의 구성 중요

① 순공사비와 총공사비

> • 순공사비 = 노무비 + 재료비 + 경비
> • 총공사비 = 도급액 + 관급자재비 + 이전비

② 노무비

> • 직접노무비 = 시공수량 × 품셈 × 노무단가
> • 간접노무비 = 직접노무비 × 간접노무비율(15% 내외)

㉠ 직접노무비 : 직접적 작업의 종사자에 지급하는 비용
㉡ 간접노무비 : 보조적 작업의 종사자에 지급하는 비용 예 경비원, 사무직원 등

③ 재료비

> 재료비 = 직접재료비 + 간접재료비 – 작업부산물

㉠ 직접재료비 : 공사 목적물을 구성하는 재료비
㉡ 간접재료비 : 공사에 보조적으로 소비되는 물품비 예 지주목, 거푸집, 동바리, 비계 등

④ 이 윤

> 이윤 = (순공사비 + 일반관리비 – 재료비) × 15% 또는 (노무비 + 경비 + 일반관리비) × 15%

㉠ 일반관리비 : 기업의 유지를 위한 관리활동 부문에서 발생하는 제비용
㉡ 경비 : 공사의 시공을 위하여 소요되는 공사원가 중 재료비와 노무비를 제외한 비용
  예 전력비, 수도광열비, 운반비, 기계경비, 특허권사용료, 기술료, 연구개발비, 품질관리비, 보험료, 보관비, 외주가공비, 산업안전보건관리비, 폐기물처리비, 도서인쇄비, 안전관리비 등

⑤ 산재보험료

> 산재보험료 = 노무비 × 보험률

⑥ 부가가치세

> 부가가치세 = 총원가 × 10%

⑦ 도급액(시공자가 받는 금액)

> 도급액 = 총원가 + 부가가치세

3 조경공사 시방서 작성

(1) 시방서
① 의의 : 시방서란 공사의 진행순서를 적은 문서이자 설계도면으로 표현할 수 없는 세부사항을 명시한 것으로, 설계도면과 함께 공사시행의 기초가 된다.
② 내용 : 공사의 순서 및 개요, 시공조건, 재료의 종류·규격 및 품질, 시공방법의 정도 및 완성도, 시공에 필요한 각종 설비, 재료 및 시공에 대한 검사, 시공 시 주의사항 등
※ 단위공사의 공사량, 입찰방법 및 입찰금액, 경제성 등은 기재하지 않는다.

(2) 시방서의 종류
① 표준시방서 : 표준시방서는 시설물의 안전 및 공사시행의 적정성과 품질 확보 등을 위하여 시설물별로 정한 표준적인 시공기준으로, 발주청 또는 건설기술용역업자가 공사시방서를 작성할 때 활용하기 위한 시공기준으로 한다.
② 전문시방서 : 시설물별 표준시방서를 기본으로 모든 공종을 대상으로 하여 특정한 공사의 시공 또는 공사시방서의 작성에 활용하기 위한 종합적인 시공기준을 말한다.
③ 공사시방서
  ㉠ 건설공사의 계약도서에 포함된 시공기준으로, 표준시방서 및 전문시방서를 기본으로 하여 작성한다.
  ㉡ 공사의 특수성·지역여건·공사방법 등을 고려하여 기본설계 및 실시설계도면에 구체적으로 표시할 수 없는 내용과 공사수행을 위한 시공방법, 자재의 성능·규격 및 공법, 품질시험 및 검사 등 품질관리, 안전관리, 환경관리 등에 관한 사항을 기술한다.

> **더 알아보기**
>
> **특기시방서**
> 특수재료, 특수자재, 가설시설 및 중장비, 기타 표준시방서에 포함되지 않은 사항을 기술한다.

(3) 시방서의 구성
　① 시방서의 내용
　　㉠ 재료에 관한 사항
　　㉡ 공법·공사 순서에 관한 사항
　　㉢ 시공에 대한 주의 사항
　　㉣ 보양·청소·정리에 관한 사항
　② 시방서의 형식
　　㉠ 시방서에 치중하고 도면을 간략히 하는 경우 : 공사가 아주 단순한 경우
　　㉡ 시방서를 간략히 하고 도면에 치중하는 경우 : 비교적 공사가 소규모인 경우
　　㉢ 시방서와 도면에 모두 치중하는 경우 : 중요한 공사인 경우로 가장 많이 사용
　③ 시방서와 설계도면의 우선순위
　　집행되는 공사의 설계도면과 시방서 내용에 차이가 발생된 경우 상호 보완적인 효력을 지니는데 적용순서는 현장설명서 → 공사시방서 → 설계도면 → 표준시방서 → 물량내역서가 되며 모호한 경우 발주자(감독자) 지시에 따르도록 규정하는 것이 보통이다.
　④ 시방서 작성 시 주의사항
　　㉠ 공사 전체에 걸쳐 빠짐없이 기록한다.
　　㉡ 서술법으로 간명하게 뜻을 전달할 수 있게 기술한다.
　　㉢ 설계도면과 시방서 내용이 일치하여 중복 기재 사항이 없게 한다.
　　㉣ 재료의 품질은 명확하게 규정하고 그 지정은 신중을 기한다.
　　㉤ 불충분한 설계도면의 부분을 충분히 보충 설명한다.
　　㉥ 오자·오기 없이 띄어쓰기로 한다.
　　㉦ 공사 범위를 명시하고, 공법과 마감상태 등 정밀도를 명확하게 규정한다.
　　㉧ 실행되지 못한 일 또는 필요 없는 것은 기재하지 않도록 한다.
　　㉨ 시방서의 작성순서는 공사 진행 순서와 일치하도록 한다.

CHAPTER 04 적중예상문제

PART 01 조경설계

01 생물을 직접 다루며 전체적으로 공학적인 지식을 가장 많이 필요로 하는 수행단계는?
① 계획단계　② 시공단계
③ 관리단계　④ 설계단계

02 다음 자연환경분석 중 자연형성과정을 파악하기 위해서 실시하는 분석내용이 아닌 것은?
① 지형　② 수문
③ 토지이용　④ 야생동물

[해설] 환경분석대상
- 자연환경분석 : 지형, 토양, 수문, 식생, 야생동물, 기후, 경관 등
- 인문환경분석 : 인구, 토지이용, 교통, 시설물, 역사적 유물, 인간행태, 공간의 수요량 등

03 계단을 설치해야 하는 원로의 경사는?
① 3%　② 6%
③ 9%　④ 18%

[해설] ④ 경사가 18%를 초과하는 경우에는 보행에 어려움이 발생되지 않도록 계단을 설치한다.

04 보행자 2인이 나란히 통행하는 원로의 폭으로 가장 적합한 것은?
① 0.5~1.0m
② 1.5~2m
③ 3.0~3.5m
④ 4.0~4.5m

[해설] 원로 폭의 설계기준
- 보행자 1인이 통행 가능 : 0.8~1m
- 보행자 2인이 나란히 통행 가능 : 1.5~2m
- 관리용 트럭 통행 가능 : 3m
- 보행자와 트럭 1대가 함께 통행 가능 : 6m 이상

05 신체장애인을 위한 경사로(Ramp)를 만들 때 가장 적당한 종단기울기는?
① 1/3　② 1/6
③ 1/9　④ 1/18

[해설] ④ 장애인의 통행이 가능한 경사로의 종단기울기는 1/18 이하로 한다. 다만, 지형조건이 합당하지 않을 때는 종단기울기를 1/12까지 완화할 수 있다.

정답　1② 2③ 3④ 4② 5④

06 식재, 포장, 계단, 분수 등과 같은 한정된 문제를 해결하기 위해 구성요소, 재료, 수목들을 선정하여 기능적이고 미적인 3차원적 공간을 구체적으로 창조하는 데 초점을 두어 발전시키는 것은?

① 조경설계
② 평 가
③ 단지계획
④ 조경계획

해설
- 조경설계 : 식재, 포장, 계단, 분수 등을 시공하기 위한 세부적인 설계로 발전시키는 일
- 조경계획에 있어서는 논리적이고 객관성 있게, 조경설계에 있어서는 창조적 구상과 합리적 사고가 필요함
- 단지계획 : 자연요소나 시설물을 대지의 특성과 기능에 맞게 배치하는 것

07 조경설계 시 가장 먼저 시작해야 하는 작업은?

① 현장측량
② 배식설계
③ 구조물설계
④ 토공설계

해설 ① 조경설계 시 가장 먼저 시작해야 하는 작업은 현장측량이다.

08 식생조사를 하는 목적 중 가장 거리가 먼 것은?

① 토지이용계획을 위한 진단
② 식재계획을 위한 진단
③ 자연보호지역의 설정에 필요한 진단
④ 지하수위의 측정을 위한 진단

해설 식생조사를 하는 목적은 대상 계획지의 식물상을 파악하여 새로 도입해야 할 식물의 종류를 결정하기 위함이다.

09 이용행태를 조사하기 위한 방법으로 적절한 조사방법은 무엇인가?

① 설문조사
② 면담조사
③ 사례조사
④ 현장관찰법

해설 ④ 현장관찰법은 실제 이용행태를 조사하여 설문을 통한 태도조사의 보완책으로 사용한다.

10 계획구역 내에 거주하고 있는 사람과 이용자를 이해하는 데 목적이 있는 분석방법은?

① 자연환경분석
② 인문환경분석
③ 시각환경분석
④ 청각환경분석

해설 조경계획의 과정에서 자료 분석은 주로 자연환경분석과 인문환경분석으로 대별할 수 있는데, 인문환경이란 자연환경에 대비되는 개념으로 인구, 토지이용, 교통, 시설물, 역사적 유물, 인간행태, 공간의 수요량 등을 대상으로 하는 분석이다.
조경계획의 3대 분석과정
- 자연환경분석 : 물리 · 생태적 분석
- 인문환경분석 : 사회 · 행태적 분석
- 시각환경분석 : 시각 · 미학적 분석

11 조경 설계과정에서 가장 먼저 이루어져야 하는 것은?

① 구상개념도 작성
② 실시설계도 작성
③ 평면도 작성
④ 내역서 작성

해설 ① 조경 설계도면을 작성하기 위해서는 구상개념도를 작성하거나 혹은 이해할 수 있어야 한다. 직접적으로 작성하여 제출하는 경우도 있으며, 그렇지 않더라도 전체적인 설계 개념을 이끌어내는 데 매우 필요한 단계이다.

정답 6 ① 7 ① 8 ④ 9 ④ 10 ② 11 ①

12 지형도에서 U재(字)모양으로 그 바닥이 낮은 높이의 등고선을 향하면 이것은 무엇을 의미하는가?

① 계 곡 ② 능 선
③ 현 애 ④ 동 굴

해설 등고선의 형태(계곡에서 볼 때)
- U자형 : 능선을 횡(橫)으로 그어진 등고선 형태로 U자가 종(縱)으로 나열된 형태가 능선이다. 이 능선들은 밑으로 갈수록 여러 갈래로 나누어지다가 산기슭에 가서는 대등한 위치에 나열된다(정상이나 봉우리에서 볼 때 ∩형).
- V자형 : 계곡(하천)의 형태로 능선(U자형)과 반대방향으로 나열된 형태이다. 중첩된 V자의 뾰족한 부분을 따라가면 산정(山頂)이 나온다(정상이나 봉우리에서 볼 때 V자형).
- M자형 : 계곡과 계곡이 합류되는 지역, 즉 계곡의 교차점을 횡단하는 등고선이다(정상이나 봉우리에서 볼 때 W형).

13 지형을 표시하는 데 가장 기본이 되는 등고선의 종류는?

① 조곡선 ② 주곡선
③ 간곡선 ④ 계곡선

해설 ② 지형표시의 기본이 되는 선은 주곡선이다.
등고선의 종류
- 계곡선 : 고도 0m에서부터 다섯 번째 선마다 굵게 표시한 등고선
- 주곡선 : 계곡선과 계곡선 사이의 4개의 선으로 가장 기본이 되는 등고선
- 간곡선 : 주곡선 간격으로는 나타낼 수 없는 경사가 완만한 지형을 표현하기 위해 주곡선 간격의 1/2지점에 긋는 긴 점선
- 조곡선 : 간곡선 간격으로도 나타낼 수 없는 선상지나 평탄지를 표현하기 위해 주곡선과 간곡선 간격의 1/2지점에 긋는 짧은 점선

14 등고선에 관한 설명 중 틀린 것은?

① 등고선상에 있는 모든 점들은 같은 높이로서 등고선은 같은 높이의 점들을 연결한다.
② 등고선은 급경사지에서는 간격이 좁고, 완경사지에서는 넓다.
③ 높이가 다른 등고선이라도 절벽, 동굴에서는 교차한다.
④ 모든 등고선은 도면 안 또는 밖에서 만나지 않고, 도중에 소실된다.

해설 등고선의 성질
- 등고선상의 모든 점은 같은 높이이다.
- 등고선은 도면 안팎에서 반드시 만나며, 사라지지 않는다.
- 등고선이 도면 안에서 만나는 지점은 산꼭대기나 요지(凹地)이다.
- 높이가 다른 등고선은 절벽이나 동굴을 제외하고는 교차하거나 만나지 않는다.
- 급경사지는 간격이 좁고, 완경사지는 간격이 넓다.
- 경사가 같으면 간격도 같다.

15 축척이 1/5,000의 지도상에서 구한 수평면적이 5cm²라면 지상에서의 실제면적은 얼마인가?

① 1,250m²
② 12,500m²
③ 2,500m²
④ 25,000m²

해설 실제면적 = 도상면적 × 축척²
= 0.0005m² × 5,000² = 12,500m²
※ 10,000cm² = 1m²

16 설계도면에서 표제란에 위치한 막대축척이 1/200이다. 도면에서 1cm는 실제 몇 m인가?

① 0.5m   ② 1m
③ 2m   ④ 4m

해설 도상길이 = 축척 × 실제거리
∴ 실제거리 = 도상길이 ÷ 축척
= 1cm ÷ (1/200) = 200cm = 2m

17 실제 길이 3m는 축척 1/30 도면에서 얼마로 나타나는가?

① 1cm   ② 10cm
③ 3cm   ④ 30cm

해설 도상길이 = 축척 × 실제거리
= (1/30) × 300cm = 10cm

18 다음 식의 'A'에 해당하는 것은?

$$용적률 = \frac{A}{대지면적}$$

① 건축면적   ② 건축연면적
③ 1호당 면적   ④ 평균층수

해설 용적률이란 대지면적에 대한 건축연면적의 비율을 말하며, 건축연면적은 건축물 각 층의 바닥면적을 합친 면적이다. 다만, 지하층이나 부속용도에 한하는 지상주차용으로 사용되는 면적은 용적률 산정에서 제외한다.

19 마스터플랜(Master Plan) 작성이 위주가 되는 설계과정은?

① 기본계획   ② 기본설계
③ 실시설계   ④ 상세설계

해설 ① 구상개념도를 발전시켜 구체적으로 공간형태를 확정한 최종안을 기본계획도 또는 마스터플랜이라고 한다.

20 다음 중 기본설계과정에 대하여 올바르게 나타낸 것은?

① 설계원칙의 추출 → 입체적 공간의 창조 → 공간구성 다이어그램 순으로 진행된다.
② 공간별 배치 및 공간 상호 간의 관계를 보여 주는 것이 입체적 공간의 창조과정이다.
③ 평면도 작성을 위해서는 단지설계 및 지형변경에 관한 기초지식이 많이 요구된다.
④ 공간구성 다이어그램은 설계의 표현적 창의력이 가장 많이 작용하는 단계이다.

해설 ③ 평면도 작성을 위해서는 단지설계 및 지형변경에 관한 기초지식과 도로, 옹벽, 배수 등에 관한 공학적 지식이 필요하다.
① 설계원칙의 추출 → 공간구성 다이어그램 → 입체적 공간의 창조 순으로 진행된다.
② 공간별 배치 및 공간 상호관계를 보여 주는 것은 공간구성 다이어그램이다.
④ 설계의 표현적 창의력이 가장 많이 작용하는 단계는 입체적 공간의 창조과정이다.

21 비탈면 경사의 표시에서 1 : 2.5에서 2.5는 무엇을 뜻하는가?

① 수직고   ② 수평거리
③ 경사면의 길이   ④ 안식각

정답 16 ③ 17 ② 18 ② 19 ① 20 ③ 21 ②

22 다음 중 경사도가 가장 큰 것은?

① 100% 경사   ② 45° 경사
③ 1할 경사   ④ 1 : 0.7

해설 ④ 1 : 0.7이므로 수직높이는 1이고 수평거리는 0.7이다. 따라서 $\tan^{-1}(1/0.7) ≒ 55°$
① 경사도가 100%이므로 수직높이와 수평거리가 같다는 의미이다. 따라서 $\tan^{-1}(1/1) ≒ 45°$
③ 1할의 의미는 1/10이므로 수직높이가 1이면 수평거리는 10이다. 따라서 $\tan^{-1}(1/10) ≒ 5.7°$

23 경관구성의 기법 중 [보기]가 설명하는 수목 배치 기법은?

┌보기┐
한 그루의 나무를 다른 나무와 연결시키지 않고 독립하여 심는 경우를 말하며, 멀리서도 눈에 잘 띄기 때문에 랜드마크의 역할도 한다.

① 점 식   ② 열 식
③ 군 식   ④ 부등변삼각형 식재

해설 ② 열식 : 동종·동형의 나무를 일직선상에 일정한 간격으로 식재하는 방법
③ 군식 : 수목을 집단적으로 식재하는 방법
④ 부등변삼각형 식재 : 크고 작은 세 그루의 나무를 부등변삼각형의 각 꼭짓점에 해당하는 위치에 식재하는 방법

24 설계단계에 있어서 시방서 및 공사비 내역서 등을 포함하고 있는 설계는?

① 기본구상   ② 기본계획
③ 기본설계   ④ 실시설계

해설 실시설계
기본설계를 바탕으로 구체적인 도면 작성, 공사비 및 수량 산출, 공정계획을 수립하는 단계로 시방서 및 공사비 내역서 작성을 포함하며, 실시설계 때 작성한 도면과 공사비 내역은 공사입찰의 기준이 되고, 이 도면대로 공사를 시행하게 되므로 도면 작성 시 명료하고 기계적인 표현력이 요구된다.

25 조경식재 설계도를 작성할 때 수목명, 규격, 본수 등을 기입하기 위한 인출선 사용의 유의사항으로 올바르지 않는 것은?

① 가는 선으로 명료하게 긋는다.
② 인출선의 수평 부분은 기입사항의 길이와 맞춘다.
③ 인출선간의 교차나 치수선의 교차를 피한다.
④ 인출선의 방향과 기울기는 자유롭게 표기하는 것이 좋다.

해설 인출선의 표시방법
• 가는 실선을 사용하여 긋는다.
• 한 도면 내에서 사용하는 모든 인출선의 굵기와 질은 동일하게 유지한다.
• 긋는 방향과 기울기를 통일한다.

26 식재설계에서의 인출선과 선의 종류가 동일한 것은?

① 단면선   ② 숨은선
③ 경계선   ④ 치수선

해설 굵기에 따른 선의 종류
• 굵은 선 : 도면의 윤곽선, 건물의 외곽선, 단면선 등
• 중간 선 : 물체의 외형선, 경계선, 파선 등
• 가는 선 : 문자 보조선, 치수선, 지시선, 해칭선, 인출선, 질감 등
※ 한 장의 도면 내에서 같은 목적으로 사용하는 선의 굵기는 모두 동일해야 한다.

정답 22 ④ 23 ① 24 ④ 25 ④ 26 ④

27 개인적 공간에 대한 설명으로 옳지 않은 것은?

① 개인의 주변에 형성되고 보이지 않는 경계를 지닌다.
② 타인이 침해하면 불쾌감을 느낀다.
③ 모든 사람이 똑같지 않다.
④ 개인적 공간은 상황 변화에 따라 공간의 크기가 변하지 않는다.

해설 ④ 개인적 공간은 상황 변화에 따라 공간의 크기가 변한다.

28 주택정원의 세부공간 중 가장 공공성이 강한 성격을 갖는 공간은?

① 안 뜰   ② 앞 뜰
③ 뒤 뜰   ④ 작업뜰

해설 주택정원의 공간
- 앞뜰 : 가족이나 손님이 출입하는 곳으로 대문에서 현관 사이의 공공공간을 말하며, 주 동선이 되는 원로를 설치한다.
- 안뜰 : 응접실이나 거실 쪽에 면한 뜰로 옥외 생활을 즐길 수 있는 곳이며, 인상적인 공간을 조성하여 조망과 정적·동적 이용 및 기능, 식사 등 다목적으로 이용한다.
- 뒤뜰 : 사생활이 보장되도록 구성하고, 놀이터나 운동공간으로 이용한다.
- 작업뜰 : 되도록 주택정원 내 다른 공간과 시각적으로 차폐시키는 것이 좋고, 불결해지기 쉬운 건물의 뒤쪽에 자리 잡는 경우가 많으므로 통풍과 채광, 배수가 잘되도록 한다.

29 건물과 정원을 연결시키는 역할을 하는 시설은?

① 아 치   ② 트렐리스
③ 퍼걸러   ④ 테라스

해설 ④ 실내(방)에서 실외(정원)로 나갈 수 있도록 건물에 잇대어 뻗쳐 나온 공간
① 석재로 쌓아 만든 곡선형의 구조물
② 격자울타리란 뜻을 가진 다이아몬드나 격자 모양으로 뚫려 있는 벽면
③ 편평한 지붕 위에 나무를 종횡으로 얹어 놓고 등나무 따위의 덩굴성 식물을 올려 만든 서양식 정자

30 퍼걸러, 벤치, 수경시설, 놀이 및 운동시설을 배치할 수 있는 공간으로 적당한 것은?

① 안 뜰   ② 뒤 뜰
③ 작업뜰   ④ 앞 뜰

해설 ① 안뜰에서는 정적·동적 이용이 모두 가능하다.

31 주택정원에 설치하는 시설물 중 수경시설에 해당하는 것은?

① 퍼걸러   ② 미끄럼틀
③ 정원등   ④ 벽 천

해설 벽천 : 독일에서 발달한 조경시설물로 벽에 붙인 수구(水口)나 조각물의 입에서 물이 나오도록 만든 수경시설이다. 넓은 면적이 필요하지 않아서 작은 공원이나 소광장 등에 잘 어울린다.

정답 27 ④ 28 ② 29 ④ 30 ① 31 ④

32 주택단지의 정원 설계에 관한 사항으로 알맞은 것은?

① 녹지율은 50% 이상이 바람직하다.
② 건물 가까이에 상록성 교목을 식재한다.
③ 단지의 외곽부에는 차폐 및 완충식재를 한다.
④ 공간효율을 높이기 위해 차도와 보도를 인접 및 교차시킨다.

해설 단지의 외곽부에는 주민의 주거환경에 나쁜 영향을 끼치는 소음이나 진동, 대기오염, 불량경관 등을 차단하거나 완화시키기 위한 차폐식재나 완충식재를 하는 것이 좋다.

33 주택단지 안의 건축물 또는 옥외에 설치하는 계단의 경우 공동으로 사용할 목적이라면 최소 얼마 이상의 유효폭을 가져야 하는가? (단, 단높이는 18cm 이하, 단너비는 26cm 이상으로 한다)

① 100cm ② 120cm
③ 140cm ④ 160cm

해설 계단(주택건설기준 등에 관한 규정 제16조 제1항)
(단위 : cm)

계단의 종류	유효 폭	단 높이	단 너비
공동으로 사용하는 계단	120 이상	18 이하	26 이상
건축물의 옥외계단	90 이상	20 이하	24 이상

34 조경설계기준상 공동으로 사용되는 계단의 경우 높이가 2m를 넘는 계단에는 2m 이내마다 해당 계단의 유효 폭 이상의 폭으로 너비 얼마 이상의 참을 두어야 하는가?(단, 단의 높이는 18cm 이하, 단의 너비는 26cm 이상이다)

① 70cm ② 80cm
③ 100cm ④ 120cm

해설 계단(주택건설기준 등에 관한 규정 제16조 제2항)
계단은 다음에서 정하는 바에 따라 적합하게 설치하여야 한다.
1. 높이 2m를 넘는 계단(세대 내 계단은 제외)에는 2m(기계실 또는 물탱크실의 계단의 경우에는 3m) 이내마다 해당 계단의 유효 폭 이상의 폭으로 너비 120cm 이상인 계단참을 설치할 것. 다만, 각 동 출입구에 설치하는 계단은 1층에 한정하여 높이 2.5m 이내마다 계단참을 설치할 수 있다.
2. 계단의 바닥은 미끄럼을 방지할 수 있는 구조로 할 것

35 계단의 설계 시 고려해야 할 기준으로 옳지 않은 것은?

① 계단의 경사는 최대 30~35°가 넘지 않도록 해야 한다.
② 단 높이를 h, 단 너비를 b로 할 때 $2h + b = 60~65cm$가 적당하다.
③ 진행 방향에 따라 중간에 1인용일 때 단 너비 90~110cm정도의 계단참을 설치한다.
④ 계단의 높이가 5m 이상이 될 때에만 중간에 계단참을 설치한다.

36 지면보다 1.5m 높은 현관까지 계단을 설계하려 한다. 답면(踏面)을 30cm로 적용할 때 필요한 계단수는?(단, $2h+b$=60cm으로 지정한다)

① 10단 정도
② 20단 정도
③ 30단 정도
④ 40단 정도

해설 $2h+b=60$cm이고, $2h+30=60$이므로, $h=15$cm이다.
∴ 150 ÷ 15 = 10단

37 일반적으로 원로에 설치되는 계단의 축상(蹴上)의 높이를 h, 답면(踏面)의 너비를 b라고 할 때 $2h+b$가 갖는 적당한 수치범위는?

① 30~40cm
② 60~65cm
③ 90~100cm
④ 115~125cm

해설 단 높이를 h, 너비를 b로 할 때 $2h+b=60$~65cm가 적당하다.

38 노외주차장의 구조설비기준으로 틀린 것은?

① 노외주차장의 출구와 입구에서 자동차의 회전을 쉽게 하기 위하여 필요한 경우에는 차로와 도로가 접하는 부분을 곡선형으로 하여야 한다.
② 노외주차장의 출구 부근의 구조는 해당 출구로부터 2m를 후퇴한 노외주차장의 차로의 중심선에 직각으로 향한 왼쪽·오른쪽 각각 45°의 범위에서 해당 도로를 통행하는 자를 확인할 수 있도록 하여야 한다.
③ 노외주차장의 출입구 너비는 3.5m 이상으로 하여야 하며, 주차대수 규모가 50대 이상인 경우에는 출구와 입구를 분리하거나 너비 5.5m 이상의 출입구를 설치하여 소통이 원활하도록 하여야 한다.
④ 노외주차장에서 주차에 사용되는 부분의 높이는 주차바닥면으로부터 2.1m 이상으로 하여야 한다.

해설 ② 노외주차장의 출구 부근의 구조는 해당 출구로부터 2m(이륜자동차 전용출구의 경우에는 1.3m)를 후퇴한 노외주차장의 차로의 중심선상 1.4m의 높이에서 도로의 중심선에 직각으로 향한 왼쪽·오른쪽 각각 60°의 범위에서 해당 도로를 통행하는 자를 확인할 수 있도록 하여야 한다(주차장법 시행규칙 제6조 제1항 제2호).

39 주차장법 시행규칙상 주차장의 주차단위구획 기준은?(단, 평행주차형식 외의 장애인 전용 방식이다)

① 2.0m 이상×4.5m 이상
② 3.0m 이상×5.0m 이상
③ 2.3m 이상×4.5m 이상
④ 3.3m 이상×5.0m 이상

해설 주차장의 주차구획 – 주차단위구획(주차장법 시행규칙 제3조 제1항)
• 평행주차형식의 경우

구 분	너 비	길 이
경 형	1.7m 이상	4.5m 이상
일반형	2.0m 이상	6.0m 이상
보도와 차도의 구분이 없는 주거지역의 도로	2.0m 이상	5.0m 이상
이륜자동차 전용	1.0m 이상	2.3m 이상

• 평행주차형식 외의 경우

구 분	너 비	길 이
경 형	2.0m 이상	3.6m 이상
일반형	2.5m 이상	5.0m 이상
확장형	2.6m 이상	5.2m 이상
장애인 전용	3.3m 이상	5.0m 이상
이륜자동차 전용	1.0m 이상	2.3m 이상

※ 일반형 : 중형 및 중형SUV, 확장형 : 대형·대형SUV·승합차·소형트럭

40 다음 중 몰(Mall)에 대한 설명으로 옳지 않은 것은?

① 도시환경을 개선하는 한 방법이다.
② 차량은 전혀 들어갈 수 없게 만들어진다.
③ 보행자 위주의 도로이다.
④ 원래의 뜻은 나무그늘이 있는 산책길이란 뜻이다.

해설 몰(Mall)
'나무그늘이 있는 산책로'란 뜻이지만 최근에는 단순히 통행을 위한 도로만이 아닌 광장·벤치·분수 등 가로장치물 등을 배치하여 휴식, 놀이, 모임 등의 기능을 부여한 것을 가리킨다. 상점가 등에 설치되어 있는 보행자 전용의 쇼핑몰(Pedestrian-Mall)을 말할 때가 많으며, 일반 자동차의 교통을 배제하고 버스, 노면전차 등 공공교통수단을 배치하여 보행자의 안전과 교통수단을 모두 확보한 것을 트랜짓몰(Transit-Mall)이라 한다.

41 도시공원 및 녹지 등에 관한 법률에서 정하고 있는 녹지가 아닌 것은?

① 완충녹지   ② 경관녹지
③ 연결녹지   ④ 시설녹지

해설 녹지의 세분(도시공원 및 녹지 등에 관한 법률 제35조)
녹지는 그 기능에 따라 다음과 같이 세분한다.
1. 완충녹지 : 대기오염, 소음, 진동, 악취, 그 밖에 이에 준하는 공해와 각종 사고나 자연재해, 그 밖에 이에 준하는 재해 등의 방지를 위하여 설치하는 녹지
2. 경관녹지 : 도시의 자연적 환경을 보전하거나 이를 개선하고 이미 자연이 훼손된 지역을 복원·개선함으로써 도시경관을 향상시키기 위하여 설치하는 녹지
3. 연결녹지 : 도시 안의 공원, 하천, 산지 등을 유기적으로 연결하고 도시민에게 산책공간의 역할을 하는 등 여가·휴식을 제공하는 선형(線型)의 녹지

42 도시공원 및 녹지 등에 관한 법규상 도시공원 설치 및 규모의 기준에서 어린이공원의 최소규모는 얼마인가?

① 500m²
② 1,000m²
③ 1,500m²
④ 2,000m²

해설 도시공원의 설치 및 규모의 기준 – 생활권공원(도시공원 및 녹지 등에 관한 법률 시행규칙 제6조 관련 [별표 3])

공원 구분		설치기준	유치 거리	규 모
가. 소공원		제한 없음	제한 없음	제한 없음
나. 어린이공원		제한 없음	250m 이하	1,500m² 이상
다. 근린공원	(1) 근린생활권 근린공원	제한 없음	500m 이하	10,000m² 이상
	(2) 도보권 근린공원	제한 없음	1,000m 이하	30,000m² 이상
	(3) 도시지역권 근린공원	해당 도시공원의 기능을 충분히 발휘할 수 있는 장소에 설치	제한 없음	100,000m² 이상
	(4) 광역권 근린공원	해당 도시공원의 기능을 충분히 발휘할 수 있는 장소에 설치	제한 없음	1,000,000m² 이상

43 다음 [보기]에서 괄호에 들어갈 적당한 공간 표현은?

보기
서오능 시민 휴식공원 기본계획에는 왕릉의 보존과 단체이용객에 대한 개방이라는 상충되는 문제를 해결하기 위하여 ( )를(을) 설정함으로써 왕릉과 공간을 분리시켰다.

① 진입광장 ② 동적공간
③ 완충녹지 ④ 휴게공간

해설 조경설계기준 – 근린공원
환경정화, 도시경관 조성 및 완충녹지로서의 기능과 문화재 혹은 사적의 보존기능 및 장래의 시설 확장 후보지로서의 활용까지도 겸할 수 있는 환경보존공간을 배치한다.
※ 완충녹지 : 대기오염, 소음, 진동, 악취, 그 밖에 이에 준하는 공해와 각종 사고나 자연재해, 그 밖에 이에 준하는 재해 등의 방지를 위하여 설치하는 녹지

44 도시공원의 설치 및 규모의 기준상 어린이공원의 최대 유치거리는?

① 100m
② 250m
③ 500m
④ 1,000m

정답 42 ③ 43 ③ 44 ②

45 다음 중 어린이공원의 설계 시 공간구성 설명으로 옳은 것은?

① 동적인 놀이 공간에는 아늑하고 햇빛이 잘 드는 곳에 잔디밭, 모래밭을 배치하여 준다.
② 정적인 놀이공간에는 각종 놀이시설과 운동시설을 배치하여 준다.
③ 감독 및 휴게를 위한 공간은 놀이공간이 잘 보이는 곳으로 아늑한 곳으로 배치한다.
④ 공원 외곽은 보행자나 근처 주민이 들여다 볼 수 없도록 밀식한다.

해설 ③ 휴게·감독공간은 놀이공간의 시계가 확보되고, 직사광선을 피할 수 있는 장소로 계획한다.

46 어린이공원에 심을 경우 어린이에게 해를 가할 수 있기 때문에 식재하지 말아야 할 수종은?

① 느티나무
② 음나무
③ 일본목련
④ 모 란

해설 ② 음나무(엄나무)는 줄기에 가시가 많아 어린이에게 해를 가할 수 있으므로 어린이공원에는 식재하지 않는다.

47 도시공원에 대한 설명으로 가장 올바르지 않은 것은?

① 레크리에이션을 위한 자리를 제공해 준다.
② 그 지역의 중심적인 역할을 한다.
③ 도시환경에 자연을 제공해 준다.
④ 주변 부지의 생산적 가치를 높게 해 준다.

해설 도시공원의 기능에 따른 분류
- 어린이공원 : 어린이들의 건강과 정서생활을 위해 설치하는 공원
- 도시자연공원 : 도시 내 자연경관이 우수한 곳을 보호하고 시민의 건강, 휴양 그리고 정서생활을 위해 설치하는 공원
- 근린공원 : 인근 주민의 건강, 휴양, 정서생활을 위해 설치하는 공원
- 묘지공원 : 묘지와 공원시설을 혼합하여 묘지를 찾는 이용객에게 휴식을 제공하기 위해 설치하는 공원
- 체육공원 : 체육시설과 공원시설을 동시에 설치하여 가벼운 운동과 휴식을 위해 설치하는 공원

48 도시공원 및 녹지 등에 관한 법률 시행규칙상 도시의 소공원 공원시설 부지면적 기준은?

① 100분의 20 이하
② 100분의 30 이하
③ 100분의 40 이하
④ 100분의 60 이하

해설 도시공원 안 공원시설 부지면적 – 생활권공원(도시공원 및 녹지 등에 관한 법률 시행규칙 제11조 관련 [별표 4])

공원구분	공원면적	공원시설 부지면적
가. 소공원	전부 해당	100분의 20 이하
나. 어린이공원	전부 해당	100분의 60 이하
다. 근린공원	30,000m² 미만	100분의 40 이하
	30,000m² 이상 100,000m² 미만	100분의 40 이하
	100,000m² 이상	100분의 40 이하

45 ③ 46 ② 47 ④ 48 ①

49 묘지공원의 설계지침으로 가장 올바른 것은?

① 장제장 주변은 기능상 키가 작은 관목만을 식재한다.
② 산책로는 이용하기 좋게 주로 직선화한다.
③ 묘지공원 내는 경건한 분위기를 위해 어린이놀이터 등 휴게시설 설치를 일체 금지시킨다.
④ 전망대 주변에는 큰 나무를 피하고, 적당한 크기의 화목류를 배치한다.

해설 ④ 놀이터와 묘역 사이에는 큰 나무로 차폐식재하여 주변과 경계를 짓고 아늑한 분위기를 조성한다.

50 관상에 중점을 두는 조경물은?

① 환경조각
② 광 장
③ 가로수
④ 건축물

해설 환경조각에는 공공조각, 분수조각, 설치조각, 기념비, 조형문 등이 있으나, 넓은 의미로는 옥외공간에 설치된 모든 조각과 구조물을 통칭한다. 환경조각에 대한 정의는 명확치 않으나 일반적으로 다음의 구성요소를 갖춘 조각물을 환경조각이라 한다.
• 공공의 생활환경을 구성하는 조형적인 환경요소를 만들어 생활을 풍요롭게 하는 조각물
• 모든 사람들이 공유하는 공공장소(Public Space)에 위치한 조각물

51 근린공원의 설명 중 틀린 것은?

① Perry의 근린주구의 개념 설정에 따라 형성된 공원이다.
② 우리나라의 도시공원 및 녹지 등에 관한 법률에는 800m 이하를 근린생활권 근린공원의 유치거리로 삼고 있다.
③ 현대에 와서는 주민들이 일상생활에서 행하는 여러 활동들이 중첩되어 형성되는 생활권에서 주로 이용되는 공원으로 해석하는 것이 옳다.
④ 해당 도시공원의 기능을 발휘할 수 있는 다양한 시설을 설치하기에 적합한 수준의 지형을 입지하는 것이 좋다.

해설 ② 근린생활권 근린공원의 유치거리는 500m 이하이다(도시공원 및 녹지 등에 관한 법률 시행규칙 제6조 관련 [별표 3]).

52 자연공원 집단시설지구 내의 토지이용 계획 시 고려해야 할 사항 중 옳지 않은 것은?

① 진입로의 입구에 주차장을 배치
② 동선의 흐름이 원활한 지역에 상업시설을 배치
③ 지구의 중앙부에 숙박시설을 배치
④ 상업시설, 광장, 숙박시설 중간에 공공시설을 배치

해설 ③ 집단시설지구의 중앙부에는 공공시설을 배치한다.

정답 49 ④ 50 ① 51 ② 52 ③

53 정원의 구성요소 중 점적인 요소로 구별되는 것은?

① 원로
② 생울타리
③ 냇물
④ 음수대

해설 정원의 구성요소
- 점적 요소 : 벤치, 휴지통, 음수대, 조각품, 독립수, 분수 등
- 선적 요소 : 원로, 계단, 캐스케이드, 생울타리, 냇물 등
- 면적 요소 : 잔디밭, 화단, 연못, 테라스, 플랜터, 데크 등

54 오피스 빌딩 주변 정원설계로 틀린 것은?

① 환경 조형물, 수경시설 등을 배치한다.
② 수목은 그 건물을 상징할 수 있는 종류로 선택한다.
③ 수목은 계절에 상관없는 종류를 선택한다.
④ 휴게공간에는 녹음수를 식재한다.

해설 ③ 수목은 계절감을 잘 나타낼 수 있는 종류로 선정한다.

55 국립공원의 발달에 기여한 최초의 미국 국립공원은?

① 옐로스톤
② 요세미티
③ 센트럴파크
④ 보스턴공원

해설 옐로스톤
1872년 세계 최초의 국립공원으로서 미국 서부의 아이다호와 몬태나주의 일부 그리고 와이오밍주에 걸친 가장 크고 오래된 공원이다. 우리나라 최초의 국립공원은 지리산공원으로 1967년 12월에 지정되었다.

56 국립공원은 누가 지정하여 관리하는가?

① 국토교통부장관
② 행정안전부장관
③ 환경부장관
④ 농림축산식품부장관

해설 자연공원의 지정 등(자연공원법 제4조 제1항)
국립공원은 환경부장관이 지정·관리하고, 도립공원은 도지사 또는 특별자치도지사가, 광역시립공원은 특별시장·광역시장·특별자치시장이 각각 지정·관리하며, 군립공원은 군수가, 시립공원은 시장이, 구립공원은 자치구의 구청장이 각각 지정·관리한다.

57 조경의 대상을 기능별로 분류해 볼 때 자연공원에 포함되는 것은?

① 묘지공원
② 휴양지
③ 군립공원
④ 경관녹지

해설 ③ 자연공원이란 국립공원·도립공원·군립공원 및 지질공원을 말한다(자연공원법 제2조 제1호).

58 자연공원의 설계지침으로 틀린 것은?

① 산책로 주변은 시야가 트이게 하여 경관을 감상할 수 있게 한다.
② 건물, 간판 등은 주위 경관과 대조되게 원색을 사용한다.
③ 공원 진입부는 자연공원을 상징할 수 있는 특유 수종을 식재한다.
④ 공원 진입부에는 식별성이 높은 장승, 문주 등의 시설을 설치한다.

해설 ② 주위 경관과 조화를 이루어야 한다.

정답 53 ④ 54 ③ 55 ① 56 ③ 57 ③ 58 ②

59 공장을 중심으로 한 주변의 녹지대 조성에 대한 설명 중 틀린 것은?

① 내륙지방과 임해공장, 매립지와 산지 및 평지, 도시지역과 농촌지역 등의 위치에 따라 수종 선정을 구분하여야 하고 공장의 규모에 따라 수종 선정을 달리한다.
② 공장녹화용수로 사용되는 수목은 침엽수류가 상록활엽수류보다 내연성이 크다.
③ 임해공장의 경우 내조성을 가진 수종을 배식한다.
④ 배식수종은 녹지 조성 후 유지관리에 손이 적게 드는 것으로 식재 뒤에도 가급적 천연갱신을 도모할 수 있는 것이 좋다.

해설 ② 일반적으로 내연성은 침엽수류보다 상록활엽수류가 강하다.

60 골프장의 설계기준으로 틀린 것은?

① 아웃(Out)의 9홀과 인(In)의 9홀로 구분한다.
② 방위는 잔디를 위해 남사면 또는 남동사면이 좋다.
③ 관개용 용수가 풍부하고 구하기 쉬워야 한다.
④ 표준코스는 16홀이다.

해설 ④ 표준코스는 18홀(Hole)이고, 4개의 짧은 홀과 10개의 중간 홀 그리고 4개의 긴 홀로 이루어진다.

61 골프장 코스 중 출발지점을 말하는 것은?

① 티(Tee)
② 그린(Green)
③ 페어웨이(Fairway)
④ 해저드(Hazard)

해설 홀의 구성
- 티(Tee) : 출발점
- 그린(Green) : 도착점
- 페어웨이(Fairway) : 티와 그린 사이에 짧게 깎은 잔디로 이루어진 구역
- 러프(Rough) : 페어웨이 주변의 깎지 않은 초지로 이루어진 구역
- 해저드(Hazard) : 장애구역

62 6,000m 이하의 거리로 골프를 즐기고 연습하는 코스는 무엇인가?

① 선수권 코스
② 정규 코스
③ 실행 코스
④ 비정규 코스

해설 골프장 코스의 종류
- 선수권 코스 : 종합연습장이 있고 골프시합이 가능한 코스
- 챔피언 코스(Champion Course) : 챔피언십시합 개최가 가능한 시설. 즉, 연습장이 있고 갤러리 및 경기 개최에 대응할 수 있는 시설이 있으며, 근대 골프기술을 겨루는 내용으로 건설된 코스(토너먼트 코스)로, 얼마 전까지는 18홀의 길이가 6,5500야드 이상으로 권장되어 왔으나 오늘날은 6,800야드 이상으로 요구되고 있다.
- 정규 코스(Regular Course) : 골프의 기술을 겨룰 수 있는 코스이지만 대규모 경기에 대응할 수 없는 시설의 코스
- 실행 코스(Executive Course) : 6,000m 이하의 거리로 내용이 빈약하고 단지 골프를 즐기며 연습하는 코스로, 파는 72 이하인 60 정도까지이고 연습시설도 완비하지 못한 코스이다. 오늘날 외국에서는 이런 코스가 증가일로에 있는데 대부분 3,000~4,000야드의 18홀 코스로 홀 대부분이 파3이고 파4가 4~6개 섞여 있다.

정답 59 ② 60 ④ 61 ① 62 ③

63 다음 골프와 관련된 용어 설명으로 옳지 않은 것은?

① 에프론칼라(Apron Collar) : 임시로 그린의 표면을 잔디가 아닌 모래로 마감한 그린을 말한다.
② 코스(Course) : 골프장 내 플레이가 허용되는 모든 구역을 말한다.
③ 해저드(Hazard) : 벙커 및 워터 해저드를 말한다.
④ 티샷(Tee Shot) : 티그라운드에서 제1타를 치는 것을 말한다.

해설 ① 에프론칼라(Apron Collar) : 그린 가장자리의 풀을 말하며 보통 프린지(Fringe)라고 한다.

64 골프장 코스를 구성하는 요소 중 페어웨이와 그린 주변에 모래 웅덩이를 조성해 놓은 곳은?

① 티
② 벙커
③ 헤저드
④ 러프

해설 벙커(Bunker)
모래를 깔아 놓은 요지(凹地)로서 골프장 코스 내에 있는 장애물의 일종이다. 그린 근처에 있는 그린벙커(Green Bunker)와 페어웨이 중간에 있는 크로스벙커(Cross Bunker)로 나뉜다.

65 다음 중 학교조경에 관한 사항으로 틀린 것은?

① 교실을 중심으로 한 정적 부분과 운동장을 중심으로 한 동적 부분으로 명확하게 구분하여 차폐와 방음이 이루어지도록 한다.
② 학교원에는 교재원적 부분과 작업원적 부분으로 나뉘며 교재원은 식물교재원, 운동 부분이 포함된다.
③ 수목은 가급적 외래수종을 많이 심고, 수종도 가능한 한 다양하게 심는다.
④ 통행구분을 명확하게 하는 것이 좋다.

해설 ③ 교육적·기능적 차원을 고려하여 학생들에게 친근감을 줄 수 있는 식생상태를 조성하는 것이 바람직하므로 가급적 국내수종을 심도록 한다.

66 다음 중 학교조경의 수목 선정기준에 가장 부적합한 것은?

① 생태적 특성
② 경관적 특성
③ 교육적 특성
④ 조형적 특성

해설 학교조경의 식물재료 선정에 있어서 고려해야 할 사항
- 교과서에서 취급된 식물
- 학생들의 기호
- 향토식물
- 관상가치가 있는 식물
- 학교를 상징하고 수심 양성의 지표가 될 식물
- 관리가 용이한 식물
- 야생동물의 먹이가 풍부한 식물
- 주변 환경에 내성이 강한 식물
- 생장속도가 빠른 식물

67 사적지조경의 종류별 조경계획 중 올바르지 않은 것은?

① 건축물 가까이에는 교목류를 식재하지 않는다.
② 민가의 안마당에는 유실수를 주로 식재한다.
③ 성곽 가까이에는 교목을 심지 않는다.
④ 묘역 안에는 큰 나무를 심지 않는다.

해설 ② 민가의 안마당은 그냥 마당으로 이용하거나 화목류 및 관목류 정도를 극히 제한적으로 식재한다.

68 일반적으로 옥상정원 설계 시 고려할 사항으로 가장 관계가 적은 것은?

① 토양층 깊이
② 방수문제
③ 잘 자라는 수목 선정
④ 하중문제

해설 옥상정원 설계 시 고려할 사항
• 하 중
• 배수 및 방수
• 자연재해로부터의 안전성
• 토양층의 깊이와 구성성분
• 시비 및 식생의 유지
• 수종의 적절한 선택

69 옥상정원에 대한 설명 중 적합하지 않은 것은?

① 햇볕이 강한 곳이므로 건물구조가 견딜 수 있는 한 큰 나무를 심어 그늘을 만든다.
② 잔디를 입히는 곳의 흙의 두께는 30cm 정도를 표준으로 한다.
③ 건물구조가 약할 때는 큰 화분에 심은 나무를 이용하는 것이 좋다.
④ 배수에 특히 유의하여 바닥에 관암거를 설치하고 10cm 정도의 왕모래를 깔도록 한다.

해설 ① 옥상정원은 토양 두께가 얇고 바람이 많이 불기 때문에 키가 지나치게 크게 자라지 않고, 바람·추위·건조에 강하며, 잔뿌리가 잘 발달하는 관목류나 초화류 또는 잔디를 심는 것이 좋다.

70 옥상정원의 인공지반 상단의 식재 토양층 조성 시 사용되는 경량재가 아닌 것은?

① 버미큘라이트
② 펄라이트
③ 피트모스
④ 석 회

해설 경량재 : 버미큘라이트(Vermiculite), 펄라이트(Perlite), 피트모스(Peatmoss), 화산재 등이 있다.

71
토양의 물리성과 화학성을 개선하기 위한 유기질 토양개량제는 어떤 것인가?
① 펄라이트
② 버미큘라이트
③ 피트모스
④ 제올라이트

해설 ③ 피트모스는 알갱이 사이에 공간이 많아 함수성(含水性)과 통기성이 우수하고 유기질이 풍부한 용토이다.

72
옥상정원에서 식물을 심을 자리는 전체 면적의 얼마를 넘지 않도록 하는 것이 좋은가?
① 1/2
② 1/3
③ 1/4
④ 1/5

해설 ② 옥상정원의 녹지공간은 전체 면적의 1/3 이하로 하고, 되도록 휴게공간을 넓게 잡는 것이 좋다.

73
설계도면과 함께 공사시행의 기초가 되는 자료는 무엇인가?
① 일위대가표
② 시방서
③ 시설물 상세
④ 배식설계

해설 ② 시방서란 공사의 진행순서를 적은 문서이자, 도면으로 표현할 수 없는 세부사항을 명시한 것으로, 설계도면과 함께 공사시행의 기초가 되며 시방서를 바탕으로 내역서를 작성한다.

74
다음 중 시방서에 포함되어야 할 내용으로 가장 부적합한 것은?
① 재료의 종류 및 품질
② 시공방법의 정도
③ 재료 및 시공에 대한 검사
④ 계약서를 포함한 계약 내역서

해설 시방서 : 공사의 진행순서를 적은 문서이자 설계도면으로 표현할 수 없는 세부사항을 명시한 것으로, 설계도면과 함께 공사시행의 기초가 되며, 일반적으로 다음의 내용을 포함한다.
• 공사의 순서 및 개요
• 시공조건
• 재료의 종류·규격 및 품질
• 시공방법의 정도 및 완성도
• 시공에 필요한 각종 설비
• 재료 및 시공에 대한 검사
• 시공 시 주의사항
※ 단위공사의 공사량, 입찰방법 및 입찰금액, 경제성 등은 기재하지 않는다.

75
공사원가 계산체계에서 이윤 산정 시 고려하는 내용이 아닌 것은?
① 재료비
② 노무비
③ 경 비
④ 일반관리비

해설 이윤 = (노무비 + 경비 + 일반관리비) × 15%

71 ③ 72 ② 73 ② 74 ④ 75 ①

PART 02

조경시공

CHAPTER 01	조경식물
CHAPTER 02	기초 식재공사
CHAPTER 03	잔디 식재공사
CHAPTER 04	실내조경공사
CHAPTER 05	조경인공재료
CHAPTER 06	조경시설공사
CHAPTER 07	조경포장공사

합격의 공식 **시대에듀** www.**sdedu**.co.kr

CHAPTER 01 조경식물

PART 02 조경시공

제1절 조경식물 파악

1 조경식물의 성상별 종류

구 분	주요 수종
상록침엽교목	소나무, 전나무, 개잎갈나무(히말라야시다), 잣나무, 측백나무, 곰솔(해송), 서양측백나무, 화백, 주목, 스트로브잣나무, 향나무, 섬잣나무, 반송, 카이즈카(가이즈까)향나무
상록침엽관목	개비자나무, 눈향나무, 눈주목, 둥근측백나무, 옥향(둥근향나무)
상록활엽교목	소귀나무, 붉가시나무, 동청목, 가시나무, 참가시나무, 녹나무, 후박나무, 조록나무, 굴거리나무, 감탕나무, 먼나무, 담팔수, 동백나무, 비쭈기나무, 아왜나무
상록활엽관목	광나무, 피라칸타, 다정큼나무, 자금우, 회양목, 사철나무, 차나무, 호랑가시나무, 협죽도, 치자나무, 팔손이나무, 돈나무, 서향, 섬쥐똥나무, 만병초, 꽝꽝나무
낙엽침엽교목	메타세쿼이아, 은행나무, 일본잎갈나무(낙엽송), 낙우송, 잎갈나무
낙엽활엽교목	느티나무, 대추나무, 감나무, 포플러, 갈참나무, 매실(화)나무, 목련, 자두나무, 개오동, 느릅나무, 중국단풍나무, 당단풍, 칠엽수, 때죽나무, 산수유, 떡갈나무, 오동나무, 이팝나무, 회화나무, 백합나무, 자귀나무, 팽나무, 버즘나무, 물푸레나무
낙엽활엽관목	박태기나무, 명자나무, 수국, 진달래, 개나리, 화살나무, 조팝나무, 나무수국, 산철쭉, 수수꽃다리, 싸리류, 쥐똥나무, 장미, 황매화, 해당화, 무궁화, 낙상홍, 좀작살나무
만경류	능소화, 칡, 등나무, 덩굴장미, 담쟁이덩굴, 인동덩굴, 송악

2 조경식물의 분류

(1) 식물의 형태로 본 분류 중요

① 나무 고유의 모양
  ㉠ 교목 : 곧은 줄기가 있고 줄기와 가지의 구별이 명확하며, 줄기의 길이생장이 현저하여 키가 큰 나무로 대개 8m 이상인 나무를 말한다.
  ㉡ 관목 : 뿌리 부근에서 여러 줄기가 나와 줄기와 가지의 구별이 뚜렷하지 않은 키가 작은 나무로 대개 2~3m 이하의 나무를 말한다.
  ㉢ 덩굴성 수목 : 만경목이라고도 하며 등나무나 담쟁이덩굴과 같이 스스로 서지 못하고 다른 물체를 감아 올라가는 수목을 말한다.

[나무 고유의 모양상 분류]

구 분	주요 수종
교 목	주목, 잣나무, 소나무, 전나무, 향나무, 개잎갈나무, 동백나무, 은행나무, 자작나무, 밤나무, 느티나무, 계수나무, 백목련, 모과나무, 왕벚나무, 살구나무, 팥배나무, 단풍나무, 배롱나무, 버즘나무, 산수유, 감나무, 대추나무, 회화나무, 후박나무 등
관 목	옥향(둥근향나무), 돈나무, 피라칸타, 회양목, 사철나무, 팔손이나무, 협죽도, 모란, 수국, 명자나무, 장미, 조팝나무, 박태기나무, 탱자나무, 낙상홍, 진달래, 철쭉, 개나리, 쥐똥나무, 수수꽃다리, 무궁화, 매자나무 등
덩굴성 수목	등나무, 으름덩굴, 담쟁이덩굴, 인동덩굴, 포도나무, 송악, 머루, 오미자 등

② 잎의 모양
  ⊙ 침엽수 : 겉씨식물, 나자식물에 속하는 나무들로 일반적으로 잎이 좁다.
  ⓒ 활엽수 : 속씨식물, 피자식물에 속하는 나무들로 일반적으로 잎이 넓다.

[잎의 모양상 분류]

구 분	주요 수종
침엽수	소나무, 곰솔, 잣나무, 전나무, 구상나무, 비자나무, 편백, 화백, 낙우송, 메타세쿼이아, 일본잎갈나무, 삼나무, 측백나무, 카이즈카(가이즈까)향나무, 개잎갈나무, 독일가문비나무, 눈향나무 등
활엽수	태산목, 먼나무, 사철나무, 동백나무, 능수버들, 회양목, 단풍나무, 층층나무, 굴거리나무, 호두나무, 서어나무, 상수리나무, 느티나무, 칠엽수, 벽오동, 버즘나무, 자작나무, 왕벚나무, 팔손이나무, 가죽(가중)나무, 무화과나무, 해당화, 산철쭉, 수수꽃다리 등

> **더 알아보기**
>
> **은행나무와 위성류**
> 은행나무는 침엽수이면서도 활엽수처럼 잎이 넓고, 위성류는 활엽수이면서도 침엽수처럼 잎이 좁다. 조경설계를 할 때는 잎의 생김새의 용도대로 은행나무는 활엽수처럼, 위성류는 침엽수처럼 표현한다.

③ 잎의 생태
  ⊙ 상록수 : 항상 푸른 잎을 가지고 있는 나무로 시각적으로 보기 흉한 것을 가리어 주거나 겨울철 바람막이로 유용하게 쓰인다.
  ⓒ 낙엽수 : 가을철 생리현상으로 잎이 모두 떨어지거나 고엽이 일부 붙어 있는 나무로 겨울에는 햇빛을, 여름에는 시원한 그늘을 얻는 데 적합하므로 주로 가로수용으로 많이 쓰인다.

[잎의 생태상 분류]

구 분	주요 수종
상록교목	주목, 잣나무, 섬잣나무, 소나무, 전나무, 서양측백, 향나무, 먼나무, 가시나무, 태산목, 후박나무, 동백나무, 아왜나무 등
상록관목	눈향나무, 남천, 다정큼나무, 피라칸타, 회양목, 호랑가시나무, 꽝꽝나무, 사철나무, 식나무, 광나무, 목서, 협죽도, 치자나무 등
낙엽교목	은행나무, 낙우송, 메타세쿼이아, 자작나무, 느티나무, 일본목련, 모과나무, 꽃사과나무, 매화나무, 마가목, 복자기, 층층나무, 말채나무, 산수유 등
낙엽관목	생강나무, 나무수국, 황매화, 앵두나무, 화살나무, 보리수나무, 흰말채나무, 미선나무, 개나리, 쥐똥나무, 좀작살나무, 병꽃나무 등

(2) 관상면으로 본 분류

① 꽃을 관상하는 나무
　㉠ 봄꽃 : 진달래, 벚나무, 철쭉, 동백나무, 목련, 조팝나무, 산사나무, 매화나무, 개나리, 산수유, 등나무, 수수꽃다리, 모란, 박태기나무 등
　㉡ 여름꽃 : 배롱나무, 협죽도, 자귀나무, 석류나무, 능소화, 치자나무, 마가목, 백정화, 산딸나무, 층층나무, 수국, 무궁화 등
　㉢ 가을꽃 : 부용, 협죽도, 은목서, 호랑가시나무 등
　㉣ 겨울꽃 : 팔손이나무, 비파나무 등
② 열매를 관상하는 나무 중요 : 피라칸타, 낙상홍, 석류나무, 팥배나무, 탱자나무, 모과나무, 살구나무, 자두나무, 마가목, 산수유, 대추나무, 오미자, 감나무, 생강나무, 감탕나무, 사철나무, 화살나무, 포도나무 등
③ 잎을 관상하는 나무 : 주목, 식나무, 벽오동, 단풍나무류, 계수나무, 은행나무, 측백나무, 대나무, 호랑가시나무, 낙우송, 소나무류, 위성류, 회양목, 화백, 느티나무 등
④ 단풍을 관상하는 나무 : 단풍나무류, 붉나무, 화살나무, 마가목, 산딸나무, 낙상홍, 매자나무, 은행나무, 백합나무, 배롱나무, 계수나무, 일본잎갈나무, 담쟁이덩굴 등

> **더 알아보기**
>
> **단풍나무류**
> 단풍나무과에 속하는 나무로서 단풍나무, 고로쇠나무, 중국단풍, 신나무, 네군도단풍, 복자기, 은단풍 등이 있다.

⑤ 수피를 관상하는 나무 : 백송, 자작나무, 배롱나무, 곰솔, 독일가문비나무, 소나무, 모과나무 등

(3) 이용 목적으로 본 분류 중요

① 경관장식용
　㉠ 공원 잔디밭, 건물이나 구조물 주위에 식재되어 그것을 보다 아름답게 보이게 하는 구실을 한다.
　㉡ 꽃이나 열매 또는 잎이 아름다운 나무들로 이루어지며, 주로 독립수나 군식의 형태로 경관을 장식한다.
　㉢ 교목류 : 소나무, 은행나무, 단풍나무, 주목, 동백나무, 자작나무, 목련, 모과나무, 꽃사과, 왕벚나무, 자귀나무, 배롱나무, 산수유 등
　㉣ 관목류 : 철쭉류, 수국, 명자나무, 장미, 조팝나무, 낙상홍, 수수꽃다리, 옥향(둥근향나무), 피라칸타, 무궁화, 병꽃나무, 진달래, 개나리 등

② 녹음용
  ㉠ 강한 햇빛을 조절하기 위해 식재하는 나무이다.
  ㉡ 여름에는 그늘을 제공해 주지만 낙엽이 져서 겨울에는 햇빛을 가리지 않아야 한다.
  ㉢ 적용 수종 : 수관이 크고, 큰 잎이 치밀하고 무성하며, 지하고가 높은 교목이 바람직하다.
  ㉣ 수목의 종류 : 느티나무, 칠엽수, 회화나무, 일본목련, 백합나무, 은행나무, 버즘나무, 벽오동, 녹나무, 굴거리나무, 층층나무, 플라타너스(양버즘나무) 등이 있다.

③ 가로수용
  ㉠ 자동차나 보행자에게 녹음을 제공한다.
  ㉡ 시선유도, 방음, 방화, 도시수식의 목적으로 심는 나무이다.
  ㉢ 적용 수종 : 수형, 잎모양 및 색깔이 아름다운 낙엽교목이어야 하고, 다듬기작업이 용이하며, 병해충 및 공해에 강한 수종으로 불량 토양에서도 생육이 강하고 밟혀도 잘 견디는 수종이 알맞다.
  ㉣ 수목의 종류 : 벚나무, 은행나무, 느티나무, 가죽(가중)나무, 회화나무, 은단풍, 칠엽수, 메타세쿼이아, 플라타너스 등이 있다.

④ 산울타리 및 은폐용
  ㉠ 산울타리 : 살아 있는 수목을 이용해서 도로나 옆집과의 경계 또는 담장 역할을 하는 수목이다.
  ㉡ 은폐용 : 시각적으로 아름답지 못하거나 불쾌감을 주는 장소를 가려 주는 역할을 하는 수목이다.
  ㉢ 적용 수종 : 주로 상록수로서 지엽이 치밀해야 하고, 적당한 높이로 아랫가지가 오래도록 말라죽지 않으며, 맹아력이 크고 불량한 환경 조건에도 잘 견디는 수종으로 외관이 아름답고 번식이 용이해야 한다.
  ㉣ 수목의 종류 : 측백나무, 화백, 편백, 사철나무, 개나리, 명자나무, 피라칸타, 무궁화, 회양목, 탱자나무, 꽝꽝나무, 향나무, 호랑가시나무, 쥐똥나무 등이 있다.

⑤ 방음용
  ㉠ 시가지 또는 도로변 등 소음이 많이 발생하는 곳에서의 소음차단 및 감소를 위한 수목이다.
  ㉡ 적용 수종 : 잎이 치밀한 상록교목이 바람직하며, 지하고가 낮고 자동차 배기가스에 견디는 힘이 강한 수종이 좋다.
  ㉢ 수목의 종류 : 구실잣밤나무, 녹나무, 식나무, 아왜나무, 후피향나무, 동백나무 등이 있다.

⑥ 방화용
  ㉠ 화재 시 옆집으로 번지는 것을 막고, 연소시간을 지연시키는 역할을 한다.
  ㉡ 적용 수종 : 가지가 많고 잎이 무성한 수종으로 수분이 많은 상록활엽수가 좋다.
  ㉢ 수목의 종류 : 가시나무, 굴거리나무, 후박나무, 감탕나무, 아왜나무, 사철나무, 주목, 편백, 화백, 은행나무 등이 있다.

⑦ 방풍용
  ㉠ 바람을 막거나 약화시킬 목적으로 식재하는 수목이다.
  ㉡ 적용 수종 : 강한 풍압에 잘 견딜 수 있는 심근성이면서 줄기와 가지가 강인해야 한다.
  ㉢ 수목의 종류 : 곰솔, 삼나무, 편백, 전나무, 가시나무, 녹나무, 구실잣밤나무, 후박나무, 아왜나무, 동백나무, 은행나무, 느티나무, 팽나무 등이 있다.

> **더 알아보기**
>
> **조경재료의 분류**
> - 기능에 따른 분류
>   - 생물재료 : 식물재료(조경수목, 지피식물, 초화류 등)
>   - 무생물재료 : 물, 석질재료, 점토질재료, 시멘트재료, 콘크리트재료, 미장재료, 금속재료, 플라스틱재료, 도장재료, 섬유질재료, 유리재료, 역청재료 등
> - 특성에 따른 분류
>   - 자연재료 : 식물재료, 목질재료, 석질재료, 물 등 자연에서 산출되는 재료
>   - 토목건축재료 : 부지, 원로, 유희시설, 휴게시설, 급배수시설, 전기시설, 장식물 등 토목과 건축에 사용되는 재료
> - 용도에 따른 분류
>   - 평면적 재료 : 바닥을 덮는 지피식물(잔디류, 조릿대류, 토끼풀 등)
>   - 입체적 재료 : 조경수목, 담장, 정원석, 퍼걸러, 조각상 등
>   - 구획재료 : 땅을 가르거나 선으로 효과를 내는 회양목, 경계석 등

(4) 학명에 따른 분류

과 명	한국명	학 명
은행나무과	은행나무	*Ginkgo biloba*
주목과	주 목	*Taxus cuspidata*
	비자나무	*Torreya nucifera*
소나무과	잣나무	*Pinus koraiensis*
	눈잣나무	*Pinus pumila*
	섬잣나무	*Pinus parviflora*
	스트로브잣나무	*Pinus strobus*
	백 송	*Pinus bungeana*
	소나무	*Pinus densiflora*
	곰솔(해송·흑송)	*Pinus thunbergii*
	리기다소나무	*Pinus rigida*
	방크스소나무	*Pinus banksiana*
	유럽적송	*Pinus sylvestris*
	테다소나무	*Pinus taeda*

과 명	한국명	학 명
소나무과	개잎갈나무(히말라야시다) 잎갈나무 일본잎갈나무 가문비나무 종비나무 솔송나무 전나무 분비나무 구상나무	*Cedrus deodara* *Larix olgensis* *Larix kaempferi* *Picea jezoensis* *Picea koraiensis* *Tsuga sieboldii* *Abies holophylla* *Abies nephrolepis* *Abies koreana*
낙우송과	삼나무 금 송 낙우송 메타세쿼이아	*Cryptomeria japonica* *Sciadopitys verticillata* *Taxodium distichum* *Metasequoia glyptostroboides*
측백나무과	측백나무 서양측백 눈측백 편 백 화 백 향나무 카이즈카(가이즈까)향나무 연필향나무 노간주나무	*Thuja orientalis* *Thuja occidentalis* *Thuja koraiensis* *Chamaecyparis obtusa* *Chamaecyparis pisifera* *Juniperus chinensis* *Juniperus chinensis* var. *kaizuka* *Juniperus virginiana* *Juniperus rigida*
버드나무과	사시나무 은백양 황철나무 물황철나무 양버들 미루나무 은사시나무 당버들 왕버들 버드나무 수양버들 능수버들 호랑버들 갯버들 새양(채양)버들	*Populus davidiana* *Populus alba* *Populus maximowiczii* *Populus koreana* *Populus nigra* var. *italica* *Populus deltoides* *Populus tomentiglandulosa* *Populus simonii* *Salix glandulosa* *Salix koreensis* *Salix babylonica* *Salix pseudolasiogyne* *Salix hulteni* *Salix gracilistyla* *Chosenia bracteosa*
참나무과	너도밤나무 밤나무 상수리나무 졸참나무 갈참나무 떡갈나무 종가시나무 가시나무 참가시나무 개가시(돌가시)나무	*Fagus engleriana* *Castanea crenata* *Quercus acutissima* *Quercus serrata* *Quercus aliena* *Quercus dentata* *Quercus glauca* *Quercus myrsinaefolia* *Quercus salicina* *Quercus gilva*

과 명	한국명	학 명
기 타	가죽(가중)나무	*Ailanthus altissima*
	고로쇠나무	*Acer pictum*
	골담초	*Caragana sinica*
	구상나무	*Abies koreana*
	귀룽나무	*Prunus padus*
	능소화	*Campsis grandifolia*
	마로니에	*Aesculus hippocastanum*
	마삭줄	*Trachelospermum asiaticum*
	모감주나무	*Koelreuteria paniculata*
	물푸레나무	*Fraxinus rhynchophylla*
	미선나무	*Abeliophyllum distichum*
	복수초	*Adonis amurensis*
	복자기	*Acer triflorum*
	사철나무	*Euonymus japonicus*
	서 향	*Daphne odora*
	소 철	*Cycas revoluta*
	수수꽃다리	*Syringa oblata* var. *dilatata*
	인동덩굴	*Lonicera japonica*
	칠엽수	*Aesculus turbinata*
	팥배나무	*Sorbus alnifolia*
	피라칸다	*Pyracantha angustifolia*
	해당화	*Rosa rugosa*
	회양목	*Buxus koreana* Nakai
	흰말채나무	*Cornus alba*

3 조경수목 · 지피식물 · 초화류의 특성

(1) 조경수목의 특성

① **수형** : 나무 전체의 생김새로 수관과 수간에 의해 이루어진다.
   ㉠ 수관 : 가지와 잎이 뭉쳐서 이루어진 부분으로, 가지의 생김새에 따라 수관의 모양이 달라진다.
   ㉡ 수간 : 줄기와 뿌리솟음의 2가지 요소로 이루어지며, 줄기의 생김새나 갈라진 수에 따라 수형이 달라진다.
   ㉢ 자연수형과 인공수형
      • 자연수형 : 나무가 자란 그대로의 수형이다.
      • 인공수형 : 인위적으로 만든 수형이다.

[자연수형과 주요 수종]

구 분	주요 수종
원추형	낙우송, 삼나무, 전나무, 메타세쿼이아, 독일가문비나무, 일본잎갈나무, 주목, 구상나무 등
우산형	편백, 화백, 반송, 층층나무, 왕벚나무, 복사(복숭아)나무 등
구 형	졸참나무, 가시나무, 녹나무, 수수꽃다리, 화살나무 등
난 형	백합나무, 측백나무, 동백나무, 태산목, 계수나무, 목련, 버즘나무, 모과나무, 꽃사과나무, 목서 등
원주형	포플러류, 무궁화, 부용, 자작나무, 미루나무 등
배상형	느티나무, 가죽(가중)나무, 단풍나무, 배롱나무, 산수유, 자귀나무, 석류나무, 회화나무, 매화나무 등
능수형	능수버들, 용버들, 능수벚나무, 실편백, 능수단풍나무 등
만경형	능소화, 담쟁이덩굴, 등나무, 으름덩굴, 인동덩굴, 송악, 줄사철나무, 다래나무 등
포복형	눈향나무, 눈잣나무, 눈주목 등

② **계절적 현상** : 수목의 싹틈, 개화, 결실, 단풍, 낙엽 등은 계절적 변화와 깊은 관계가 있고 경관의 변화와 계절감을 준다.
   ㉠ 싹 틈
      • 눈은 지난해 여름에 형성되어 겨울을 나고 봄에 기온이 올라감에 따라 싹이 튼다.
      • 일반적으로 낙엽수가 상록수보다 일찍 싹이 트며 남부 지방은 중부 지방보다 10~15일 정도 빠르다.
   ㉡ 개 화
      • 나무가 성숙하는 결실을 위한 전 단계를 말한다.
      • 봄에 꽃이 피는 나무의 꽃눈은 개화 전년도의 6월부터 8월 사이에 분화하며, 일조량이 많고 기온이 높아야 꽃눈의 분화가 잘된다.
      • 초여름부터 가을에 걸쳐 꽃이 피는 나무는 개화하는 그해에 자란 가지에서 꽃눈이 분화하여 그해 안에 꽃이 피는 성질을 가지게 된다(능소화, 무궁화, 배롱나무, 장미, 찔레나무 등).

ⓒ 결 실
- 열매를 맺는 것을 말한다.
- 붉은 색채가 가장 많고 10~11월에 결실하는 나무가 많다.
- 주로 가을에 열매가 성숙하며, 결실량이 지나치게 많을 때는 다음 해의 개화, 결실이 부실해지므로 꽃이 진 후 열매를 적당히 솎아 주는 것이 좋다.

ⓓ 단풍 : 기온이 낮아짐에 따라 잎 속에서 생리현상이 일어나 푸른 잎이 다홍색, 황색 또는 갈색으로 변하는 현상이다.

[단풍의 분류] 중요

구 분	주요 수종
다홍색	단풍나무, 마가목, 감나무, 화살나무, 붉나무, 담쟁이덩굴, 옻나무, 산딸나무 등
황 색	은행나무, 일본잎갈나무, 메타세쿼이아, 느티나무, 백합나무, 갈참나무, 칠엽수, 벽오동, 배롱나무, 자작나무, 계수나무, 고로쇠나무 등

ⓔ 낙 엽
- 잎이 낡아서 동화작용이 쇠약해지거나 환경조건, 영양상태가 나빠지면 생긴다.
- 봄에 잎이 나서 가을이 되면 떨어진다.
- 상록수는 1년 이상 묵은 잎이 낙엽이 되며 잎이 떨어지는 기간도 낙엽수에 비해 훨씬 길다.

> **더 알아보기**
>
> **반낙엽성, 반상록성 수종**
> 가을이 되어도 잎의 일부만 떨어지는 수종으로 쥐똥나무, 댕강나무, 백정화 등이 있다.

③ 수 세
ⓐ 생장속도
- 양지에서 잘 자라는 나무는 어릴 때 생장이 빠르지만 음지에서 잘 자라는 나무는 생장이 비교적 느리다(배식계획을 세우는 데 꼭 필요하다).
- 생장속도가 빠른 수종 : 양수, 원하는 크기까지 빨리 자라지만 수형이 흐트러지고 바람에 약하다(배롱나무, 쉬나무, 자귀나무, 층층나무, 개나리, 무궁화 등).
- 생장속도가 느린 수종 : 음수, 수형이 거의 일정하고 바람에 꺾이는 일도 거의 없지만 원하는 크기까지 자라는 데 시간이 많이 걸린다(구상나무, 금송, 백송, 독일가문비나무, 감탕나무, 때죽나무, 산사나무, 위성류 등).

ⓒ 맹아성 **중요**
- 줄기나 가지가 꺾이거나 다치면 그 부분에 있던 숨은 눈이 자라 싹이 나오는 것이다.
- 맹아력이 강한 나무는 전정에 잘 견디므로 산울타리나 형상수로 많이 쓰인다.

구 분	주요 수종
맹아력이 강한 나무	주목, 화백, 향나무, 모과나무, 층층나무, 낙우송, 사철나무, 탱자나무, 회양목, 능수버들, 미루나무, 플라타너스(양버즘나무), 무궁화, 쥐똥나무, 개나리, 가시나무, 철쭉 등
맹아력이 약한 나무	백송, 소나무, 잣나무, 자작나무, 살구나무, 감나무, 칠엽수, 태산목, 비자나무, 녹나무, 굴거리나무, 왕벚나무 등

ⓒ 이식에 대한 적응성

구 분	주요 수종
이식이 쉬운 수종	편백, 측백나무, 낙우송, 메타세쿼이아, 향나무, 꽝꽝나무, 사철나무, 쥐똥나무, 철쭉류, 벽오동, 미루나무, 은행나무, 플라타너스(양버즘나무), 수양버들, 은백양, 무궁화, 명자나무, 등나무 등
이식이 어려운 수종	소나무, 전나무, 주목, 백송, 독일가문비나무, 섬잣나무, 가시나무, 굴거리나무, 호랑가시나무, 굴참나무, 떡갈나무, 느티나무, 목련, 백합나무, 칠엽수, 감나무, 자작나무, 맹종죽, 일본잎갈나무(낙엽송) 등

> **더 알아보기**
>
> **이식(移植, Transplantation)**
> 식물을 이전의 생육지에서 다른 장소로 자리를 바꾸어 심는 작업. 이식 후에 다시 옮겨 심을 필요가 있는 것을 가식(假植)이라 하고, 그대로 수확까지 두는 것을 정식(定植, 아주심기)이라고 한다. 초화류는 뿌리를 자르기에 따라 뿌리내림이 과밀해지므로 육묘 중에 옮겨심기를 하는데, 이 경우의 옮겨심기를 이식이라고 하며 일시적으로 심어놓는 것을 가식이라고 한다.

④ 색 채
  ㉠ 잎의 색채
   - 일반적으로 짙은 녹색은 침엽수와 상록활엽수, 밝은 녹색은 낙엽활엽수이다.
   - 색채가 특이한 수종으로 금테사철, 은테사철, 은단풍, 홍가시나무, 황금공작편백, 은백양, 홍단풍 등이 있다.
  ㉡ 줄기의 색채
   - 줄기의 색채가 뚜렷한 것도 잎의 색채와 더불어 경관에 변화와 리듬감을 준다.
   - 백색계 : 자작나무, 백송, 플라타너스(양버즘나무), 동백나무 등
   - 청록색계 : 황매화, 벽오동, 식나무 등
   - 갈색계 : 배롱나무, 철쭉, 동백나무, 편백 등
  ㉢ 꽃과 열매의 색채
   - 꽃 : 포기마다의 꽃을 감상할 수 있도록 식재하는 것도 중요하지만, 계절마다 색채 변화나 집단적인 아름다움에도 중점을 두어야 한다.
   - 열매 : 가을부터 겨울에 걸쳐 느낄 수 있는 열매의 아름다움도 꽃의 아름다움 못지않게 관상 가치가 높다(낙상홍, 사철나무, 작살나무, 식나무 등).

[꽃과 열매의 색채] 중요

구 분		주요 수종
봄	적색 계통	홍매, 겹벚나무, 명자나무, 동백나무, 박태기나무, 진달래, 철쭉 등
	백색 계통	백매, 백목련, 산사나무, 백철쭉, 왕벚나무 등
	황색 계통	개나리, 생강나무, 산수유, 황매, 풍년화 등
	자색 계통	수수꽃다리, 등나무, 자목련 등
여름	적색 계통	장미, 배롱나무, 자귀나무, 석류나무, 무궁화, 협죽도, 모란 등
	백색 계통	산딸나무, 층층나무, 불두화, 백정화, 말발도리 등
	황색 계통	장미, 황매, 황색철쭉, 능소화 등
	자색 계통	무궁화, 수국, 모란, 정향나무, 멀구슬나무 등
가을	적색 계통	싸리, 부용, 낙상홍(열매), 사철나무(열매) 등
	백색 계통	백정화, 호랑가시나무, 은목서 등
	황색 계통	금목서, 산국 등
	자색 계통	싸리, 작살나무(열매), 피라칸타(열매), 개머루(열매), 누리장나무(열매) 등
겨울	적색 계통	남천(열매), 개머루(열매), 자금우(열매), 식나무(열매) 등
	백색 계통	팔손이나무, 구골나무, 비파나무 등
	황색 계통	갯고들빼기, 참식나무 등

⑤ 향 기

㉠ 꽃 향기를 풍기는 나무 : 매화나무(3월), 수수꽃다리(4~5월), 장미(5~10월), 일본목련(6월), 함박꽃나무(6월), 인동덩굴(7월), 목서류(10월) 등

㉡ 열매에서 향기를 풍기는 나무 : 녹나무, 모과나무 등

㉢ 잎에서 향기를 풍기는 나무 : 녹나무, 서양측백, 백동백나무, 생강나무, 월계수 등

⑥ 질 감

㉠ 물체의 외형을 보거나 만졌을 때 느껴지는 감각이다.

㉡ 질감요소 : 꽃이나 잎의 생김새, 착색 밀도, 열매
- 거친 나무 : 큰 건물이나 서양식 건물에 잘 어울리며 칠엽수, 벽오동, 태산목, 팔손이나무, 버즘나무 등이 있다.
- 고운 나무 : 한옥이나 좁은 정원에 잘 어울리며 철쭉류, 소나무, 편백 등이 있다.

[조경재료의 특성] 중요

식물재료	무생물재료
• 자연성 : 생물로서 호흡하고 성장하는 생명활동을 한다. • 연속성 : 생장과 번식을 통해 계속해서 개체를 유지한다. • 조화성 : 계절에 따라 변화하여 주변과 조화를 이룬다. • 비규격성(개성미) : 생물로서의 소재 특이성을 지닌다.	• 균일성 • 불변성 • 가공성

⑦ 조경수목과 환경

　㉠ 기 온
　　• 우리나라에서 식물의 천연분포를 결정짓는 가장 주된 요인은 기후 인자이며, 그중에서도 온도조건이 식물의 천연분포를 결정한다.
　　• 식물의 천연분포는 위도와 고도에 따라 다르고 수종분포도 띠에 따라 변한다.
　　• 산림대는 온도조건에 의해서 난대림, 온대림, 한대림으로 나뉘며 온대림은 그 범위가 넓어 남부, 중부, 북부로 나뉜다.

[우리나라 산림대별 주요 수종]

산림대		주요 수종
난 대		녹나무, 동백나무, 사철나무, 가시나무류, 멀구슬나무, 아왜나무 등
온 대	남 부	대나무류, 곰솔, 서어나무, 팽나무, 굴피나무, 사철나무, 단풍나무 등
	중 부	신갈나무, 졸참나무, 전나무, 향나무, 밤나무, 때죽나무, 소나무 등
	북 부	박달나무, 신갈나무, 사시나무, 전나무, 물푸레나무, 잣나무, 거제수나무 등
한 대		잣나무, 전나무, 주목, 분비나무, 가문비나무, 잎갈나무, 종비나무 등

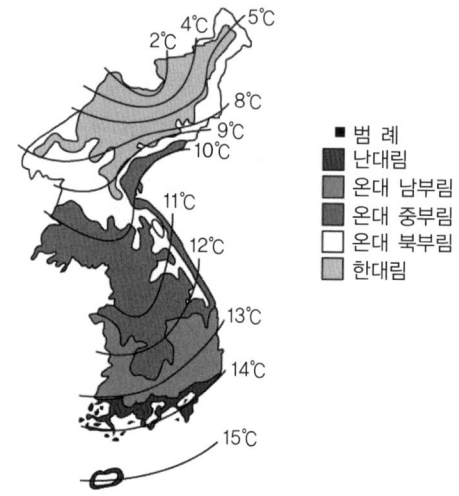

[우리나라의 수평적 산림대]

　㉡ 광선 : 녹색 식물의 엽록소에서 일어나는 탄소 동화작용의 한 형식인 광합성의 주 요인으로 식물이 생장해 나가는 데 매우 중요한 요소이다. 수종의 고유 특성에 따라 음수와 양수, 중성수로 분류된다.

- 음수 : 전 광선량의 10% 이하의 약한 광선으로도 비교적 좋은 생육을 하는 나무
- 양수 : 전 광선량의 60% 내외의 충분한 광선을 받아야 좋은 생육을 하는 나무
- 중성수 : 양지바른 곳은 물론 그늘진 곳에서도 생육할 수 있는 나무로, 대부분의 수종이 중성수에 속한다.

[조경수목의 음양성] 중요

구 분	주요 수종
음 수	주목, 전나무, 비자나무, 독일가문비나무, 가시나무, 녹나무, 후박나무, 동백나무, 호랑가시나무, 팔손이나무, 회양목, 목란 등
양 수	소나무, 곰솔, 측백나무, 일본잎갈나무(낙엽송), 향나무, 은행나무, 철쭉류, 삼나무, 느티나무, 포플러류, 가죽(가중)나무, 무궁화, 백목련, 모과나무, 두릅나무, 산수유 등
중성수	잣나무, 섬잣나무, 화백, 목서, 회화나무, 칠엽수, 벚나무류, 단풍나무, 쪽동백나무, 수국, 담쟁이덩굴, 목련류, 진달래, 개나리 등

> **더 알아보기**
>
> **내음성(耐陰性)**
> 양수와 음수는 광선을 좋아하는 정도로 구분하는 것이 아니라 내음성을 기준으로 구분하는데, 내음성이란 광선이 부족한 곳에서도 광합성을 할 수 있는 정도를 의미한다. 따라서 내음성이 강한 음수는 양수에 비해 그늘진 곳에서도 잘 자랄 수 있고, 반대로 양수는 생육을 위해 양지바른 곳에 식재하는 것이 좋다. 다만 음수라 할지라도 유묘(幼苗) 시기를 지나 생장을 계속하기 위해서는 광선을 필요로 하므로 관리 시 주의해야 한다.

ⓒ 바 람 중요
- 방풍림
  - 바람의 속도를 감소시켜 농작물의 수확량을 증가시킨다.
  - 바닷가의 염분이나 모래의 비산을 막고, 마을의 경관을 향상시킨다.
  - 수림대의 구조는 수고를 높게 하고 너비를 넓게 해야 효과적이다.
- 방풍림 조성에 알맞은 수종
  - 심근성이고, 줄기나 가지가 바람에 강하며, 잎이 치밀한 상록수가 좋다.
  - 가시나무류, 구실잣밤나무, 녹나무, 후박나무, 곰솔, 편백, 화백, 삼나무, 느티나무, 오리나무, 떡갈나무, 소나무, 버즘나무, 일본잎갈나무 등이 있다.

ⓔ 토 양
- 토양의 단면 : 모든 환경요소 중에서도 가장 중요한 요소로 자연상태의 산림토양을 수직방향으로 파 보면, 맨 위에는 유기물이 쌓여 있는 유기물층이 나타나고 그 아래로 표층, 집적층, 모재층 및 기암층이 나온다.

구 분		특 징
A0층 (O층, 유기물층)	L층	낙엽이 분해되지 않고 원형 그대로 쌓여 있는 층
	F층	낙엽이 작은 동물이나 미생물에 의해 분해되지만 다소 원형을 유지하고 있고, 식물의 조직을 육안으로 식별 가능한 층
	H층	육안으로 낙엽의 기원을 전혀 알 수 없는 유기물층으로, 흑갈색을 띤다.
A층(표층)		외계(기후, 식생, 생물 등)의 영향을 직접적으로 받는 층으로, 식물에 필요한 양분이 풍부하다.
B층(집적층)		외계의 영향을 간접적으로 받는 층으로, 표층에 비해 부식 함량이 적고 모래의 풍화가 충분히 진행되어 갈색을 띤다.
C층(모재층)		토양화가 거의 진행되지 않은 거친 모래 형태의 토양모질물로 구성된 층
D층(R층, 기암층)		주로 바위로 구성된 층

- 토양의 분류
  - 토양은 식토, 식양토, 양토, 사양토, 사토, 사력지로 구분된다.
  - 수목의 생육에는 식양토, 양토, 사양토가 알맞다.
- 뿌리의 깊이에 따른 분류
  - 수목의 뿌리는 주로 표층에서 발달한다.
  - 천근성 수종 : 일반적으로 뿌리가 얕게 뻗는 것으로, 토양층이 얕은 곳에도 식재할 수 있다.
  - 심근성 수종 : 일반적으로 뿌리가 깊게 뻗는 것으로, 토양층이 깊은 곳에 식재하는 것이 좋다.

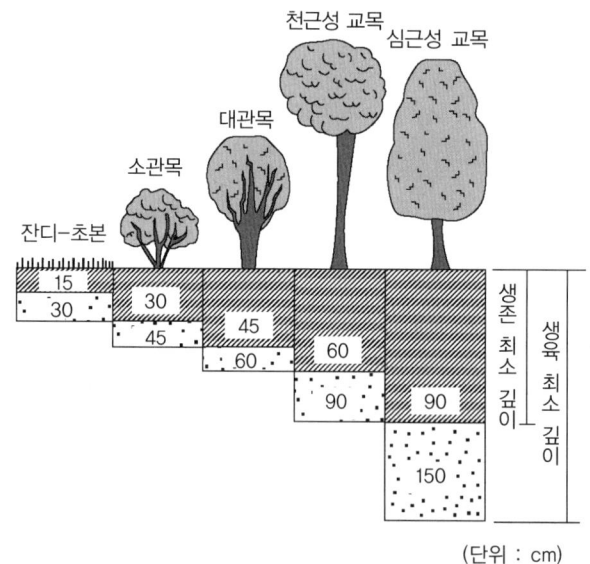

[식물 생육에 필요한 토양의 깊이]

[천근성 수종과 심근성 수종] 중요

구 분	주요 수종
천근성 수종	독일가문비나무, 일본잎갈나무(낙엽송), 편백, 버드나무, 자작나무, 아까시나무, 포플러류, 현사시나무, 매화나무, 황철나무 등
심근성 수종	소나무, 곰솔, 전나무, 주목, 동백나무, 일본목련, 느티나무, 백합나무, 상수리나무, 은행나무, 칠엽수, 백목련, 낙우송 등

- 토양산도
  - 한국의 토양은 비교적 강한 산성 반응을 나타낸다.
  - 밭토양은 pH 5.0~6.5, 산림토양은 pH 4.5~6.5 정도이다.
  - 식토에는 모래를, 사토나 사력지에는 점토 등을 섞어 물리적 성질을 개량해 주어야 한다.
  - pH 4.0 미만의 강산성 토양은 탄산석회나 소석회를 넣어 토양산도를 높여 주어야 한다.

구 분	주요 수종
강산성에 견디는 수종	지의류, 선태류, 키가 작은 관목류, 열대지방의 식물 등
산성에 견디는 수종	소나무, 잣나무, 해송, 전나무, 상수리나무, 밤나무, 일본잎갈나무(낙엽송), 편백, 아까시나무, 진달래 등
약산성 또는 중성에 견디는 수종	녹나무, 가시나무, 떡갈나무, 느티나무, 백합나무, 피나무, 졸참나무 등
알칼리성에 견디는 수종	낙우송, 개나리, 가래나무, 단풍나무, 물푸레나무, 서어나무, 비술나무, 조팝나무, 남천, 회양목, 고광나무 등

- 토양양분

구 분	주요 수종
척박지에 견디는 수종	소나무, 오리나무, 버드나무, 자작나무, 등나무, 아까시나무, 자귀나무, 보리수나무, 다릅나무 등
비옥지를 좋아하는 수종	주목, 철쭉, 측백나무, 회양목, 벽오동, 벚나무, 불두화, 장미, 부용, 모란 등

ⓜ 수분 : 미세한 흙일수록 유기물과 수분 보유에 유리하여 식물의 생장을 이롭게 한다.

구 분	주요 수종
습지에 견디는 수종	낙우송, 계수나무, 주엽나무, 수양버들, 위성류, 오동나무, 수국 등
건조지에 견디는 수종	소나무, 노간주나무, 사시나무, 자작나무, 오리나무류, 아까시나무, 가죽나무 등
습지·건조지에 견디는 수종	사철나무, 꽝꽝나무, 플라타너스(양버즘나무), 보리수나무, 자귀나무, 명자나무, 박태기나무 등

ⓗ 공 해 중요
- 대기오염물질
  - 아황산가스(SO_2), 일산화탄소(CO), 질소산화물(NO_X), 탄화수소(CH), 황화수소(H_2S), 염소(Cl_2) 등이 있다.
  - 아황산가스(SO_2)가 가장 큰 피해를 주며 자동차 배기가스, 분진과 옥시던트 및 산성비도 식물의 생육에 피해를 준다.

- 피해증상
  - 식물의 잎 끝이나 엽맥 사이에 회백색 또는 갈색반점으로 시작된다.
  - 광합성, 호흡·증산작용이 곤란해진 낙엽에서 다시 새싹이 나오므로 체내 영양분이 크게 감소된다.
  - 결국 나무 끝이 말라 죽기 시작하고, 수관이 한쪽으로 기울거나 기형이 되어 수형이 망가진다.
- 식물의 저항성 : 상록활엽수가 낙엽활엽수보다 비교적 강하다.

구 분	주요 수종
대기오염(아황산가스)에 강한 수종	은행나무, 편백, 화백, 향나무, 비자나무, 태산목, 아왜나무, 가시나무, 녹나무, 사철나무, 벽오동, 능수버들, 플라타너스(양버즘나무), 쥐똥나무, 돈나무, 호랑가시나무, 갈참나무, 무궁화, 칠엽수, 종려나무, 백합나무 등
대기오염(아황산가스)에 약한 수종	독일가문비나무, 삼나무, 소나무, 전나무, 개잎갈나무(히말라야시다), 느티나무, 감나무, 벚나무, 단풍나무, 매화나무, 오엽송, 반송, 일본잎갈나무(낙엽송), 고로쇠나무 등

(ㅅ) 염 해 [중요]
- 피해증상 : 염분이 잎에 붙어 기공을 막아 호흡작용을 방해하고, 공중습도가 높으면 염분이 엽육에 침투하여 세포의 원형질로부터 수분을 빼앗아 생리기능을 저하시킨다.
- 염분의 한계농도 : 수목은 0.05% 정도이고, 잔디는 0.1% 정도이다.

구 분	주요 수종
내염성이 큰 수종	해송, 눈향나무, 해당화, 비자나무, 사철나무, 동백나무, 유카, 찔레나무, 회양목 등
내염성이 작은 수종	독일가문비나무, 일본잎갈나무(낙엽송), 소나무, 목련, 단풍나무, 오리나무, 개나리, 왕벚나무, 양버들, 피나무, 죽도화 등

⑧ 조경수목의 구비조건과 규격
  ㉠ 조경수목의 구비조건
   - 관상가치와 실용적 가치가 높아야 한다.
   - 이식이 용이하고, 이식 후에도 잘 자라야 한다.
   - 불리한 환경에서도 견딜 수 있는 적응성이 커야 한다.
   - 병해충에 대한 저항성이 강해야 한다.
   - 번식이 잘되고, 손쉽게 다량으로 구입할 수 있어야 한다.
   - 다듬기작업 등의 유지관리가 용이해야 한다.
   - 사용목적에 적합해야 하고, 주변 경관과의 조화가 잘 이루어져야 한다.
  ㉡ 조경수목의 규격
   - 필요성
     - 배식설계 시 정확한 설계개념을 이해하기 위하여 필요하다.
     - 시공을 위해 수목을 구입하거나 인수할 경우 설계도의 규정에 의한 수목의 규격을 갖추고 있는지 확인하기 위해서도 규격의 지정은 필요하다.

• 규격표시

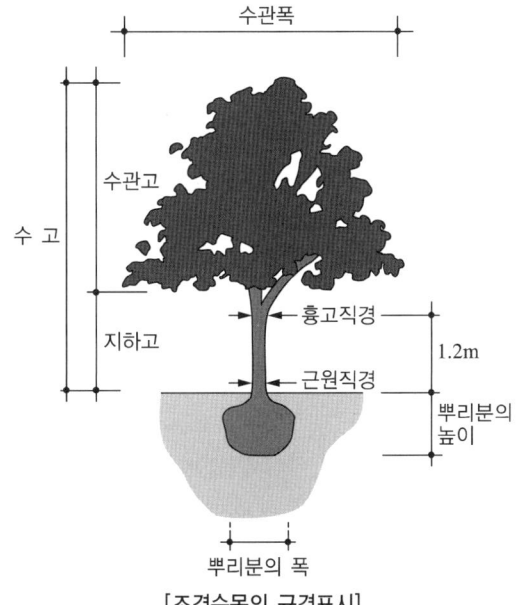

[조경수목의 규격표시]

- 수고(기호 H : Height, 단위 : m) : 지표면으로부터 수관의 상단부까지의 수직 높이를 수고라 하며, 이때 웃자란 가지는 제외한다. 소철이나 야자류는 줄기의 높이를 측정하고 퍼걸러나 아치 등에 사용되는 덩굴성 수목은 줄기의 길이를 측정한다.
- 지하고 : 지표면에서부터 수관의 맨 아래 가지까지의 수직높이를 말한다. 녹음수나 가로수와 같이 지하고를 규정할 필요가 있는 수목에만 적용한다.
- 수관고 : 수고에서 지하고를 뺀 수관의 높이를 말한다.
- 수관폭(기호 W : Width, 단위 : m) : 수관 투영면 양단의 직선거리로, 전정을 한 정형수나 형상수는 수관의 최대 폭을 측정하지만, 타원형의 일반 수형은 최소 폭과 최대 폭을 합한 평균값으로 결정한다.
- 흉고직경(가슴높이지름, 기호 B, DBH ; Diameter at Breast Height, 단위 : cm) : 줄기의 굵기를 측정하는 것으로, 일반적인 가슴높이(지표면에서부터 1.2m)에서 잰 나무 줄기의 지름을 말한다. 단, 쌍간일 경우 각 간의 흉고직경 합의 70%나 해당 수목의 최대 흉고직경 중 큰 것을 택한다.
- 근원직경(근원지름, 기호 R : Root, 단위 : cm) : 지표면과 접한 줄기의 지름을 말하며, 흉고직경을 측정할 수 없는 관목이나 가슴높이 이하에서 줄기가 여러 갈래로 갈라진 교목, 덩굴성 수목, 묘목 등에 적용한다.
- 수관길이(L : Length, 단위 : m) : 수관이 수평으로 생장하는 특성을 가진 수목이나 조형된 수관에 적용하며, 수관의 최대 길이를 수관길이로 측정한다.
- 줄기 수 : 줄기의 개수로, 주로 관목에 적용한다.

[교목성과 관목성]

교목성	관목성
• 수고×수관폭 : 일반 침엽수 • 수고×근원직경 : 흉고직경 측정이 곤란한 수종, 소나무, 감나무, 꽃사과나무, 낙우송, 느티나무, 대추나무, 모과나무, 배롱나무, 목련, 산수유, 자귀나무, 단풍나무 등 대부분의 교목 • 수고×흉고직경 : 계수나무, 가죽(가중)나무, 메타세쿼이아, 벽오동, 수양버들, 벚나무, 은단풍, 은행나무, 자작나무, 백합나무, 층층나무, 플라타너스(양버즘나무), 현사시나무	• 수고×수관폭 : 일반 관목류 • 수고×근원직경 : 노박덩굴, 능소화 • 수고×수관폭×수관길이 : 눈향나무 • 수고×가지의 수 : 개나리, 덩굴장미 ※ 묘목 : 간장×근원직경×근장 ※ 만경목(등나무 등) : 수고×근원직경(또는 흉고직경)

(2) 지피식물의 특성

① 지피식물의 분류

㉠ 지피식물의 개념

- 지면을 낮게 덮으면서 자라는 키가 작은 식물이다.
- 대표적으로 잔디와 같이 주로 지면을 피복하기 위해 사용되는 식물을 말한다.
- 지표면에 생육하면서 지면을 피복하거나 수목의 하부에 식재하여 경관을 조성할 때 또는 경사면에 지피식물을 심어 표토 유실의 보호조치로 이용된다.
- 평탄지, 바닥 및 기타 목적을 위하여 지표면을 조밀하게 녹화 피복하기 위하여 군식하여 사용하는 식물을 말하는데 지피식물과 초화류는 구분하기도 하나 초화류의 많은 종류가 지피식물로 이용되기 때문에 용도의 측면에서는 지피식물로 묶는 것이 일반적이다.
- 사계절 내내 관상 효과를 노리는 곳에는 겨울에도 푸르름을 유지하는 상록성 지피식물을 이용해야 한다.

㉡ 지피식물의 분류

구 분	주요 식물
한국잔디류	들잔디, 금잔디, 빌로드잔디 등
서양잔디류	켄터키블루그래스(Kentucky Bluegrass), 버뮤다그래스(Bermuda Grass), 페스큐(Fescue), 벤트그래스(Bent Grass) 등
소관목류	눈향나무, 회양목, 둥근향나무, 철쭉, 눈주목 등
초본류	맥문동, 비비추, 꽃잔디, 원추리, 클로버, 질경이 등
덩굴성 식물류	송악, 헤데라, 돌나물, 칡, 등나무, 담쟁이덩굴 등
기 타	조릿대류, 고사리류, 선태류 등

② 지피식물의 조건
　㉠ 지표면을 치밀하게 피복하고, 부드러워야 한다.
　㉡ 식물체의 키가 낮고, 다년생이어야 한다.
　㉢ 번식력이 왕성하고, 생장이 비교적 빨라야 한다.
　㉣ 성질이 강하고, 환경조건에 적응을 잘해야 한다.
　㉤ 병해충에 대한 저항성과 내답압성을 갖추어야 한다.
　㉥ 식물적 특성을 고루 갖추고, 관리가 용이해야 한다.

기출 Point 지피식물의 조건
- 키가 낮고 다년생일 것
- 번식력과 생장이 빠를 것
- 내답압성이 클 것
- 치밀한 지표 피복력

③ 지피식물의 효과
　㉠ 미적 효과
　　• 지표면을 아름답게 만들어 준다.
　　• 직선과 곡선 또는 그밖의 불규칙한 선과도 조화를 잘 이룬다.
　　• 녹색의 바탕을 제공함으로써 그 위의 꽃, 나무, 암석 또는 인조구조물과의 경관을 좀 더 자연스럽게 만들어 준다.

기출 Point 지피식물의 기능과 효과
- 미적효과
- 운동 및 휴식공간 제공
- 강우로 인한 진땅 방지
- 토양유실 방지
- 흙먼지 방지
- 동결 방지

　㉡ 운동 및 휴식공간 제공
　　• 잔디는 아름다울 뿐만 아니라 표면에 탄력이 있고 감촉이 좋아 운동이나 휴식할 때 쾌적한 상태를 만들어 준다.
　　• 넘어져도 나지(裸地)에 비해 상처가 가벼우므로 운동 및 휴식을 위한 장소로 널리 이용된다.
　㉢ 강우로 인한 진땅 방지 : 축구장, 야구장, 골프장, 럭비장 같이 우천 시에 사용할 때도 땅이 질어지는 것을 감소시킨다.
　㉣ 토양유실 방지
　　• 빗방울에 의해 토양입자가 튀는 것을 방지한다.
　　• 유수로 인한 침식작용과 세굴현상을 방지한다.
　　• 도로나 택지 조성 등에 의해 인위적으로 만들어진 경사지는 지피식물로 보호해야 한다.
　㉤ 흙먼지 방지
　　• 작은 토양입자는 무게가 가벼우므로 건조해지면 바람에 날리기 쉽다.
　　• 지피식물을 심어 주면 비산되는 흙 입자의 양이 감소한다.
　　• 육상경기장, 병원, 공항, 전자기계공장, 식품공장 등에서는 지표를 모두 지피식물로 심도록 하는 것이 통례이다.
　㉥ 동결 방지 : 기온의 저하를 완화시켜 서릿발 현상을 방지한다.

(3) 초화류의 특성

① 초화류의 개념
  ㉠ 초화류란 풀종류의 화초 또는 그 꽃을 가리킨다.
  ㉡ 조경에서는 일반 원예에서 취급하지 않는 야생초류와 수생초류 중에서 관상가치가 높은 것을 초화류에 포함하여 이용하고 있다.
  ㉢ 정원, 공원, 도로변, 학교, 관공서, 공장, 주택단지 등에 이용하며, 초화 하나하나의 아름다움 보다는 집단적인 아름다움이나 색채로서의 효과가 요구된다.

② 초화류의 분류 〈중요〉
  ㉠ 한해살이 초화류(1・2년생 초화류)
    • 봄뿌림 : 맨드라미, 샐비어, 메리골드, 나팔꽃, 코스모스, 과꽃, 봉선화(봉숭아), 채송화, 분꽃, 페튜니아, 백일홍 등
    • 가을뿌림 : 팬지, 금잔화, 금어초, 패랭이꽃, 안개초, 스위트피 등
  ㉡ 여러해살이 초화류(다년생 초화류) : 국화, 베고니아, 아스파라거스, 카네이션, 부용, 꽃창포, 제라늄, 플록스, 도라지, 샤스타데이지 등
  ㉢ 알뿌리 초화류(구근 초화류)
    • 봄심기 : 다알리아, 칸나, 아마릴리스, 글라디올러스, 상사화, 투베로즈, 진저 등
    • 가을심기 : 히아신스, 아네모네, 튤립, 수선화, 크로커스, 백합, 아이리스 등
  ㉣ 수생 초류 : 수련, 연꽃, 붕어마름, 부평초, 창포류, 마름 등

③ 화단용 초화류의 조건
  ㉠ 모양이 아름답고, 가급적 키가 작아야 한다.
  ㉡ 가지가 많이 갈라져서 꽃이 많이 달려야 한다.
  ㉢ 꽃의 색깔이 선명하고, 개화기간이 길어야 한다.
  ㉣ 바람, 건조, 병해충에 견디는 힘이 강해야 한다.
  ㉤ 성질이 강하고, 나쁜 환경에서도 잘 자라야 한다.

[화단의 종류] 〈중요〉

구 분	화단의 종류
평면화단	• 화문화단 : 양탄자 무늬와 같다고 하여 양탄자화단 또는 자수화단, 모전화단이라고 한다. • 리본화단 : 통로, 담장, 산울타리, 건물 주변에 좁고 길게 만든 화단으로 대상화단이라고도 한다. • 포석화단 : 연못, 통로 주위에 돌을 깔고 돌 사이에 키 작은 초화류를 식재하여 돌과 조화시켜 관상하는 화단이다.
입체화단	• 기식화단 : 중앙에는 키 큰 직립성의 초화를 심고 주변부로 갈수록 키 작은 종류를 심어 사방에서 관상할 수 있게 만든 화단으로 잔디밭 중앙, 광장의 중앙, 축의 교차점에 위치한다. • 경재화단 : 전면 한쪽에서만 관상하는데 앞쪽은 키 작은 것, 뒤쪽은 키 큰 것을 배치하여 입체적으로 구성한 것으로 건물, 도로, 산울타리, 담장을 배경으로 폭이 좁고 길게 만든다. • 노단화단 : 테라스화단, 즉 경사지를 계단 모양으로 돌을 쌓고 축대 위에 초화를 심는다.
특수화단	• 침상화단 : 지면보다 1m 정도 낮게 하여 기하학적인 땅가름을 하고 초화식재가 한눈에 내려다보이도록 한다. • 재화단 : 물에서 자라는 수생식물(수련, 꽃창포, 마름 등)을 물고기와 함께 길러 관상한다.

CHAPTER 01 적중예상문제

PART 02 조경시공

01 다음 중 조경재료를 분류할 때 생물재료에 속하지 않는 것은?
① 수 목 ② 지피식물
③ 초화류 ④ 목질재료

해설
- 생물재료 : 식물재료(조경수목, 지피식물, 초화류 등)
- 무생물재료 : 물, 석질재료, 점토질재료, 시멘트재료, 콘크리트재료, 미장재료, 금속재료, 플라스틱재료, 도장재료, 섬유질재료, 유리재료, 역청재료 등

02 다음 조경용 소재 및 시설물 중에서 평면적 재료에 가장 적합한 것은?
① 잔 디 ② 조경수목
③ 퍼걸러 ④ 분 수

해설
- 평면적 재료 : 바닥을 덮는 지피식물(잔디류, 조릿대류, 토끼풀 등)
- 입체적 재료 : 조경수목, 담장, 퍼걸러, 조각상 등
- 구획재료 : 땅을 가르거나 선에 효과를 내는 회양목, 경계석 등

03 다음 중 난대림의 대표 수종인 것은?
① 녹나무 ② 주 목
③ 전나무 ④ 분비나무

해설 우리나라 산림대별 특징 수종

산림대		주요 수종
난 대		녹나무, 동백나무, 사철나무, 가시나무류, 멀구슬나무, 아왜나무 등
온 대	남 부	대나무류, 곰솔, 서어나무, 팽나무, 굴피나무, 사철나무, 단풍나무 등
	중 부	신갈나무, 졸참나무, 전나무, 향나무, 밤나무, 때죽나무, 소나무 등
	북 부	박달나무, 신갈나무, 사시나무, 전나무, 물푸레나무, 잣나무, 거제수나무 등
한 대		잣나무, 전나무, 주목, 분비나무, 가문비나무, 잎갈나무, 종비나무 등

04 우리나라에서 식물의 천연분포를 결정짓는 가장 주된 요인은?
① 광 선 ② 온 도
③ 바 람 ④ 토 양

해설 ② 지구상의 식생분포는 기온과 강수량에 의해 구분되며, 온도는 삼림의 분포에 절대적으로 영향을 미치고 있다.

정답 1 ④ 2 ① 3 ① 4 ②

05 식물의 분류와 해당 식물들의 연결이 옳지 않은 것은?

① 한국잔디류 : 들잔디, 금잔디, 빌로드잔디
② 소관목류 : 회양목, 이팝나무, 원추리
③ 초본류 : 맥문동, 비비추, 원추리
④ 덩굴성 식물류 : 송악, 칡, 등나무

해설 ② 회양목(소관목류), 이팝나무(교목류), 원추리(초본류)

06 상록활엽수이며, 교목인 수종으로 가장 적당한 것은?

① 눈주목
② 녹나무
③ 히말라야시다
④ 치자나무

해설
① 눈주목 : 상록침엽관목
③ 히말라야시다 : 상록침엽교목
④ 치자나무 : 상록활엽관목
상록활엽교목
소귀나무, 붉가시나무, 동청목, 가시나무, 참가시나무, 녹나무, 후박나무, 조록나무, 굴거리나무, 감탕나무, 먼나무, 담팔수, 동백나무, 비쭈기나무, 아왜나무 등

07 다음 중 교목에 해당하는 수종은?

① 꼬리조팝나무
② 꽝꽝나무
③ 녹나무
④ 명자나무

해설 **교목(Arbor)**
소나무, 향나무, 감나무, 녹나무 등 줄기가 곧고 굵으며 8m가 넘는 나무로서, 수간(樹幹)과 가지의 구별이 뚜렷하고, 수간은 1개이며, 가지 밑부분까지의 수간길이가 긴 나무를 가리킨다.

08 조경수목의 분류 중 상록관목에 해당되지 않는 것은?

① 피라칸타
② 꽝꽝나무
③ 호랑가시나무
④ 보리수나무

해설
• 상록관목 : 눈향, 옥향, 눈주목, 사철나무, 회양목, 영산홍, 돈나무, 꽝꽝나무, 남천, 피라칸타, 다정큼나무, 호랑가시나무 등
• 낙엽관목 : 보리수나무, 생강나무, 나무수국, 황매화, 앵두나무, 화살나무, 개나리 등

09 잎의 모양과 착생 상태에 따른 조경수목의 분류로 맞는 것은?

① 상록침엽수 - 후박나무
② 낙엽침엽수 - 잎갈나무
③ 상록활엽수 - 독일가문비나무
④ 낙엽활엽수 - 감탕나무

해설
② 낙엽침엽수 : 잎갈나무, 낙엽송, 낙우송, 메타세쿼이아, 은행나무 등
① 상록침엽수 : 독일가문비나무, 소나무, 전나무, 가문비나무, 주목, 향나무 등
③ 상록활엽수 : 후박나무, 감탕나무, 사철나무, 회양목, 꽝꽝나무, 구실잣밤나무, 담팔수 등
④ 낙엽활엽수 : 참나무, 느티나무, 버드나무 등

10 구상나무(*Abies koreana*)와 관련된 설명으로 틀린 것은?

① 한국이 원산지이다.
② 측백나무과(科)에 해당한다.
③ 원추형의 상록침엽교목이다.
④ 열매는 구과로 원통형이며 길이 4~7cm, 지름 2~3cm의 자갈색이다.

해설 ② 소나무과(科)에 해당한다.

11 다음 수종 중 상록활엽수가 아닌 것은?

① 사철나무   ② 꽝꽝나무
③ 동백나무   ④ 플라타너스

해설 ④ 플라타너스는 버즘나무과로 낙엽활엽교목에 속한다.
상록활엽수
녹나무, 월계수, 굴거리나무, 감탕나무, 먼나무, 후피향나무, 동백나무, 비쭈기나무, 태산목, 소귀나무, 목서, 종가시나무, 붉가시나무, 가시나무, 돈나무, 회양목, 꽝꽝나무, 사철나무, 사스레피나무, 서향, 식나무, 광나무, 치자나무, 다정큼나무, 피라칸타, 팔손이나무

12 다음 인동과(科) 수종에 대한 설명으로 맞는 것은?

① 백당나무는 열매가 적색이다.
② 아왜나무는 상록활엽관목이다.
③ 분꽃나무는 꽃향기가 없다.
④ 인동덩굴의 열매는 둥글고 6~8월에 붉게 성숙한다.

해설 ② 아왜나무는 상록활엽교목이다.
③ 분꽃나무는 꽃향기가 무척 좋다.
④ 인동덩굴의 열매는 둥글고 9~10월에 검게 성숙한다.

13 호랑가시나무(감탕나무과)와 목서(물푸레나무과)의 특징 비교 중 옳지 않은 것은?

① 목서의 꽃은 백색으로 9~10월에 개화한다.
② 호랑가시나무의 잎은 마주나며 얇고 윤택이 없다.
③ 호랑가시나무의 열매는 지름 0.8~1.0cm로 9~10월에 적색으로 익는다.
④ 목서의 열매는 타원형으로 이듬해 10월경에 암자색으로 익는다.

해설 ② 호랑가시나무의 잎은 어긋나기하고 두꺼우며 윤택이 있다.

14 다음 중 물푸레나무과에 해당되지 않는 것은?

① 미선나무   ② 광나무
③ 이팝나무   ④ 식나무

해설 ④ 식나무는 층층나무과에 속한다.

정답   10 ②   11 ④   12 ①   13 ②   14 ④

15 이팝나무와 조팝나무에 대한 설명으로 옳지 않은 것은?

① 이팝나무의 열매는 타원형의 핵과이다.
② 환경이 같다면 이팝나무가 조팝나무보다 꽃이 먼저 핀다.
③ 과명은 이팝나무는 물푸레나무과(科)이고, 조팝나무는 장미과(科)이다.
④ 성상은 이팝나무는 낙엽활엽교목이고, 조팝나무는 낙엽활엽관목이다.

해설 ② 조팝나무는 4~5월에 개화하므로 5월경에 개화를 하는 이팝나무에 비하면 약간 이른 셈이다.

16 다음 중 한발이 계속될 때 짚깔기나 물주기를 제일 먼저 해야 될 나무는?

① 소나무 ② 향나무
③ 가중나무 ④ 낙우송

해설 ④ 낙우송은 무릎뿌리라고 하여 뿌리가 땅위로 노출되어 있어 관리에 주의가 필요하다.
※ 짚깔기 : 수분의 증발, 뿌리의 동해 및 잡초의 발생을 방지하기 위해 조경수목의 뿌리 주변에 짚을 깔아 덮어 주는 것

17 다음 중 멜루스(Malus)속에 해당되는 식물은?

① 아그배나무 ② 복사나무
③ 팥배나무 ④ 쉬땅나무

해설 ① 아그배나무 : *Malus sieboldii*
② 복사나무 : *Prunus persica*
③ 팥배나무 : *Sorbus alnifolia*
④ 쉬땅나무 : *Sorbaria sorbifolia*

18 다음 중 백목련에 대한 설명으로 옳지 않은 것은?

① 낙엽활엽교목으로 수형은 평정형이다.
② 열매는 황색으로 여름에 익는다.
③ 향기가 있고 꽃은 백색이다.
④ 잎이 나기 전에 꽃이 핀다.

해설 ② 열매는 갈색으로 9월경에 성숙한다.

19 다음 중 자작나무과(科)의 물오리나무 잎으로 가장 적합한 것은?

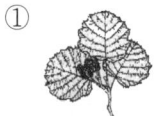 

해설 물오리나무 잎은 길이 약 5~12cm 정도의 원형 또는 난형으로 어긋나기하며, 가장자리가 5~8로 얕게 갈라져 겹톱니가 발달한다. 잎의 표면은 녹색으로 매끈하며 가을이 되면 노랗게 물들고, 뒷면은 회백색으로 갈색 털이 있다.

정답 15 ② 16 ④ 17 ① 18 ② 19 ①

20 다음 [보기]가 설명하고 있는 수종은?

┌─보기─────────────────────┐
- 7세기 체코 선교사를 기념하는 데서 유래되었다.
- 상록활엽소교목으로 수형은 구형이다.
- 꽃은 한 개씩 정생 또는 액생, 꽃받침과 꽃잎은 5~7개이다.
- 열매는 삭과, 둥글며 3개로 갈라지고, 지름 3~4cm 정도이다.
- 짙은 녹색의 잎과 겨울철 붉은색 꽃이 아름다우며, 음수로서 반음지나 음지에 식재, 전정에 잘 견딘다.
└──────────────────────┘

① 생강나무   ② 동백나무
③ 노각나무   ④ 후박나무

해설 ② 동백나무는 우리나라의 대표적인 상록활엽수이다.

21 꽃을 관상하는 나무로만 짝지어진 것은?

① 박태기나무, 주목, 느티나무
② 배롱나무, 동백나무, 백목련
③ 소나무, 대나무, 산수유
④ 매화나무, 개나리, 단풍나무

해설 ② 배롱나무(여름꽃), 동백나무(봄꽃), 백목련(봄꽃)

22 개화기가 가장 빠른 것끼리 나열된 것은?

① 풍년화, 꽃사과, 황매화
② 조팝나무, 미선나무, 배롱나무
③ 진달래, 낙상홍, 수수꽃다리
④ 생강나무, 산수유, 개나리

해설 나무의 개화시기
- 2월 : 풍년화, 오리나무
- 3월 : 매화나무, 생강나무, 올벚나무, 개나리, 산수유, 동백나무
- 4월 : 자목련, 개나리, 겹벚나무, 꽃산딸나무, 꽃아그배나무, 목련, 백목련, 산벚나무, 아그배나무, 왕벚나무, 이팝나무, 갯버들, 명자나무, 미선나무, 박태기나무, 산수유, 산철쭉, 수수꽃다리, 조팝나무, 진달래, 철쭉, 황철쭉, 동백나무, 소귀나무, 월계수, 만병초, 호랑가시나무, 남천, 등나무, 으름덩굴
- 5월 : 귀룽나무, 때죽나무, 백합나무, 산딸나무, 오동나무, 일본목련, 쪽동백나무, 채진목, 가막살나무, 모란, 병꽃나무, 장미, 쥐똥나무, 다정큼나무, 돈나무, 인동덩굴
- 6월 : 모감주나무, 층층나무, 치자나무, 개쉬땅나무, 수국, 아왜나무, 태산목, 클레마티스
- 7월 : 노각나무, 배롱나무, 자귀나무, 무궁화, 부용, 협죽도, 능소화
- 8월 : 배롱나무, 자귀나무, 부용, 싸리나무
- 9월 : 배롱나무, 부용, 싸리나무
- 10월 : 장미, 은목서, 금목서
- 11월 : 팔손이나무

정답 20 ② 21 ② 22 ④

23 다음 설명에 가장 적합한 수종은?

- 교목으로 꽃이 화려하다.
- 전정을 싫어하고 대기오염에 약하며, 토질을 가리는 결점이 있다.
- 매우 다방면으로 이용되며, 열식 또는 군식으로 많이 식재된다.

① 왕벚나무 ② 수양버들
③ 전나무   ④ 벽오동

해설
② 수양버들 : 낙엽활엽교목으로, 내한성과 공해에 대한 저항성이 크다.
③ 전나무 : 상록침엽교목으로, 추위에 강하여 노지월동이 가능하고, 서늘하고 다습한 고산지대에서 잘 자란다.
④ 벽오동 : 낙엽활엽교목으로, 내한성이 약해 1년생 지상부는 종종 동해를 입지만 연수가 경과하면 추위에 강해지고, 대기오염에 강해 도심지 식재가 가능하다.

24 다음 중 녹나무과(科)로 봄에 가장 먼저 개화하는 수종은?

① 치자나무   ② 호랑가시나무
③ 생강나무   ④ 무궁화

해설
③ 생강나무 : 녹나무과, 3월, 황색 꽃
① 치자나무 : 꼭두서니과, 6~7월, 백색 꽃
② 호랑가시나무 : 감탕나무과, 4~5월, 백색 꽃
④ 무궁화 : 아욱과, 7~10월, 분홍색 또는 백색 꽃

25 다음 중 백색 계통의 꽃이 피는 수종들로 짝지어진 것은?

① 박태기나무, 개나리, 생강나무
② 쥐똥나무, 이팝나무, 층층나무
③ 목련, 조팝나무, 산수유
④ 무궁화, 매화나무, 진달래

해설
① 박태기나무(담홍색), 개나리(황색), 생강나무(황색)
③ 목련(백색), 조팝나무(백색), 산수유(황색)
④ 무궁화(분홍색·백색), 매화나무(백색·분홍색), 진달래(분홍색)

26 줄기가 아름다우며 여름에 개화하여 꽃이 100여일 간다는 나무는?

① 백합나무   ② 불두화
③ 배롱나무   ④ 이팝나무

해설 배롱나무
부처꽃과에 속하는 낙엽활엽교목으로, 여름 내 장마와 무더위를 거뜬히 이겨 내면서 백일 동안이나 꽃을 피우기 때문에 나무백일홍(木百日紅)이라고 부른다. 배롱나무는 7~9월에 빨갛게 피는 꽃도 좋지만 담갈색의 매끄러운 줄기가 인상적이다.

27 다음 중 개화기가 길며, 줄기의 수피 껍질이 매끈하고, 적갈색 바탕에 백반이 있어 시각적으로 아름다우며 한여름에 꽃이 드문 때 개화하는 부처꽃과(科)의 수종은?

① 배롱나무   ② 벚나무
③ 산딸나무   ④ 회화나무

28 다음 중 황색 꽃을 갖는 나무는?
① 모감주나무   ② 조팝나무
③ 박태기나무   ④ 산철쭉

해설 ② 조팝나무(백색)
③ 박태기나무(홍자색)
④ 산철쭉(홍자색)

29 다음 중 꽃이 먼저 피고, 잎이 나중에 나는 수목이 아닌 것은?
① 개나리   ② 산수유
③ 수수꽃다리   ④ 백목련

해설 ①·②·④는 잎보다 꽃이 먼저 핀다.
수수꽃다리 : 잎은 마주나고 넓은 달걀꼴이며, 가장자리가 밋밋하여 털이 없고, 꽃은 연한 자주색으로 4~5월에 핀다.

30 봄에 강한 향기를 지닌 꽃이 피는 나무는?
① 치자나무   ② 서 향
③ 불두화   ④ 백합나무

해설 서향(*Daphne odora*) : 향기가 천리를 가기 때문에 천리향(千里香)이라는 별칭으로 불린다.

31 가을에 그윽한 향기를 가진 등황색 꽃이 피는 수종은?
① 금목서   ② 남 천
③ 팔손이나무   ④ 생강나무

해설 ① 깊은 향기가 나는 금목서의 등황색 꽃은 가을에 피는 꽃 중에 가장 향기가 강하다.

32 다음 중 성목의 수간 질감이 가장 거칠고, 줄기는 아래로 처지며 수피가 회갈색으로 갈라져 벗겨지는 것은?
① 배롱나무   ② 개잎갈나무
③ 벽오동   ④ 주 목

해설 개잎갈나무 : 소나무과에 속하는 상록침엽교목으로 가지에 털이 있고, 수피가 회갈색으로 갈라져 벗겨지며, 10~11월에 개화한다.

33 다음 중 줄기의 색채가 백색 계열에 속하는 수종은?
① 모과나무   ② 자작나무
③ 노각나무   ④ 해 송

해설 줄기가 백색 계열인 수종 : 자작나무, 동백나무, 백송, 분비나무, 서어나무 등

정답 28 ① 29 ③ 30 ② 31 ① 32 ② 33 ②

34 감상하는 부분이 주로 줄기가 되는 나무는?

① 자작나무　② 자귀나무
③ 수양버들　④ 위성류

해설 자작나무
자작나무과에 속하는 낙엽활엽교목으로 4~5월에 개화하고, 백색 수피가 종이같이 옆으로 벗겨진다. 눈처럼 하얀 껍질과 시원스럽게 뻗은 키가 인상적이어서 서양에서는 '숲속의 여왕'으로 부른다.
※ 수피를 관상하는 나무 : 백송, 자작나무, 배롱나무, 곰솔, 독일가문비, 벽오동, 소나무, 모과나무 등

36 다음 중 조경수목의 계절적 현상 설명으로 옳지 않은 것은?

① 싹틈 : 눈은 일반적으로 지난해 여름에 형성되어 겨울을 나고, 봄에 기온이 올라감에 따라 싹이 튼다.
② 개화 : 능소화, 무궁화, 배롱나무 등의 개화는 그 전년에 자란 가지에서 꽃눈이 분화하여 그해에 개화한다.
③ 결실 : 결실량이 지나치게 많을 때는 다음 해의 개화, 결실이 부실해지므로 꽃이 진 후 열매를 적당히 솎아 준다.
④ 단풍 : 기온이 낮아짐에 따라 잎 속에서 생리적인 현상이 일어나 푸른 잎이 다홍색, 황색 또는 갈색으로 변하는 현상이다.

해설 ② 초여름부터 가을에 걸쳐 꽃이 피는 나무는, 그해 자란 가지에 꽃눈이 분화하여 그해 안에 꽃을 피우는데 능소화, 무궁화, 배롱나무, 장미, 찔레나무 등이 이에 속한다.

35 흰말채나무의 설명으로 옳지 않은 것은?

① 층층나무과로 낙엽활엽관목이다.
② 노란색의 열매가 특징적이다.
③ 수피가 여름에는 녹색이나 가을, 겨울철의 붉은 줄기가 아름답다.
④ 잎은 대생하며 타원형 또는 난상타원형이고, 표면에 작은 털, 뒷면은 흰색의 특징을 갖는다.

해설 ② 열매가 하얗게 익어서 흰말채나무라고 한다.

37 단풍의 색깔이 선명하게 드는 환경을 올바르게 설명한 것은?

① 날씨가 추워서 햇빛을 보지 못할 때
② 비가 자주 올 때
③ 바람이 세게 불고 햇빛을 적게 받을 때
④ 가을의 맑은 날이 계속되고 밤낮의 기온차가 클 때

해설 ④ 단풍의 선명한 색은 낮에는 따뜻한 햇볕이 들고, 밤이면 추운 날씨가 계속될 때 나타난다.

38 다음 조경식물 중 생장속도가 가장 느린 것은?

① 배롱나무　② 쉬나무
③ 눈주목　　④ 층층나무

해설　눈주목 : 일본 원산으로 주목보다 생장속도가 느리고, 너비가 높이의 2배 정도로 퍼져 자란다.
① 배롱나무의 새순은 세력이 좋아 도장하려는 경향이 있으므로, 일찍 아래로 구부려 생장을 억제한다.
② 쉬나무는 수형이 아름답고, 대기오염에 강하며, 생장속도가 빠른 속성수이다.
④ 층층나무는 그늘진 곳에서도 잘 자라고, 생장속도가 빠르며, 병충해·공해·추위에 강하다.

39 다음 중 1속에서 잎이 5개 나오는 수종은?

① 백 송　　② 소나무
③ 리기다소나무　④ 잣나무

해설　잎의 개수에 따른 분류
• 2엽 속생 : 소나무, 해송(곰솔, 흑송), 방크스소나무
• 3엽 속생 : 백송, 리기다소나무, 대왕송, 테다소나무
• 5엽 속생 : 잣나무, 눈잣나무, 섬잣나무, 스트로브잣나무

40 다음 [보기]의 설명에 해당하는 수종은?

┌보기─────────────────┐
• 어린가지의 색은 녹색 또는 적갈색으로 엽흔이 발달하고 있다.
• 수피에서는 냄새가 나며 약간 골이 파여 있다.
• 단풍나무 중 복엽이면서 가장 노란색 단풍이 든다.
• 내조성, 속성수로서 조기녹화에 적당하며 녹음수로 이용가치가 높으며 폭이 없는 가로에 가로수로 심는다.
└──────────────────────┘

① 복장나무　② 네군도단풍
③ 단풍나무　④ 고로쇠나무

해설　② 네군도단풍은 단풍나무과에 속하는 낙엽활엽교목으로, 소엽이 5매 내외인 복엽이고, 생장이 빨라 공원의 속성조경에 가장 적합한 수종이다.

41 다음 중 단풍나무류에 속하는 수종은?

① 신나무　　② 낙상홍
③ 계수나무　④ 화살나무

해설　단풍나무류
• 단엽(잎이 한 개) : 신나무, 중국단풍, 산겨릅나무, 시닥나무, 은단풍, 고로쇠나무, 단풍나무, 당단풍
• 복엽(잎이 여러 개) : 복자기, 네군도단풍

42 다음 중 붉은색(홍색)의 단풍이 드는 수목들로 구성된 것은?

① 낙우송, 느티나무, 백합나무
② 칠엽수, 참느릅나무, 졸참나무
③ 감나무, 화살나무, 붉나무
④ 잎갈나무, 메타세쿼이아, 은행나무

해설
• 홍색(안토시안 색소) : 감나무, 옻나무, 단풍나무류, 담쟁이덩굴, 붉나무, 화살나무, 산딸나무, 산벚나무 등
• 황색(카로티노이드 색소) : 갈참나무, 고로쇠나무, 낙우송, 느티나무, 백합나무, 은행나무, 일본잎갈나무, 칠엽수 등

43 관상적인 측면에서 본 분류 중 열매를 감상하기 위한 수종으로 가장 적합한 것은?

① 은행나무　② 모과나무
③ 반 송　④ 낙우송

해설
• 열매를 관상하는 나무 : 피라칸타, 모과나무, 홍자단, 낙상홍, 자금우, 산사나무, 애기사과나무, 배나무, 팥배나무, 감나무, 석류나무, 포도나무 등
• 잎을 관상하는 나무 : 주목, 식나무, 벽오동, 단풍나무류, 계수나무, 은행나무, 낙우송, 소나무류, 대나무 등

44 홍색(紅色) 열매를 맺지 않는 수종은?

① 산수유　② 쥐똥나무
③ 주 목　④ 사철나무

해설 ② 쥐똥나무 열매는 흑색이다.

45 남부지방에서 새가 좋아하는 열매를 맺어 들새들의 유치에 효과적인 나무는?

① 백합나무　② 층층나무
③ 감탕나무　④ 벽오동

해설
① 단풍을 관상하는 나무
② 여름꽃을 관상하는 나무
④ 잎을 관상하는 나무

46 조경수목의 구비조건이 아닌 것은?

① 관상 가치와 실용적 가치가 높아야 한다.
② 이식이 어렵고, 한 곳에서 오래도록 잘 자라야 한다.
③ 불리한 환경에서도 견딜 수 있는 적응성이 커야 한다.
④ 병해충에 대한 저항성이 강해야 한다.

해설 조경수목의 구비조건
• 관상가치와 실용적 가치가 높아야 한다.
• 이식이 용이하고, 이식 후에도 잘 자라야 한다.
• 불리한 환경에서도 견딜 수 있는 적응성이 커야 한다.
• 병해충에 대한 저항성이 강해야 한다.
• 번식이 잘 되고, 손쉽게 다량으로 구입할 수 있어야 한다.
• 다듬기작업 등의 유지관리가 용이해야 한다.
• 사용목적에 적합해야 하고, 주변 경관과의 조화가 잘 이루어져야 한다.

47 대나무를 조경재료로 사용 시 어느 시기에 잘라서 쓰는 것이 좋은가?

① 봄 철
② 여름철
③ 가을이나 겨울철
④ 장마철

해설 ③ 대나무의 이식시기는 5월, 절단시기는 가을이나 겨울철이 가장 좋다.

48 다음 중 차폐식재에 적용 가능한 수종의 특징으로 옳지 않은 것은?

① 지하고가 낮고 지엽이 치밀한 수종
② 전정에 강하고 유지관리가 용이한 수종
③ 아랫 가지가 말라죽지 않는 상록수
④ 높은 식별성 및 상징적 의미가 있는 수종

해설 ④는 경관식재용 수목의 조건이다.

49 경계식재로 사용하는 조경수목의 조건으로 옳은 것은?

① 지하고가 높은 낙엽활엽수
② 꽃, 열매, 단풍 등이 특징적인 수종
③ 수형이 단정하고 아름다운 수종
④ 잎과 가지가 치밀하고 전정에 강하며, 아랫 가지가 말라 죽지 않는 상록수

해설 경계식재용 수목의 조건
• 지엽이 치밀하고, 전정에 강한 수종
• 성장이 빠르고, 유지관리가 용이한 수종
• 아랫 가지가 말라 죽지 않는 상록수

50 고속도로식재 중 사고방지 기능식재에 속하지 않는 것은?

① 명암순응식재   ② 차광식재
③ 녹음식재   ④ 진입방지식재

해설 고속도로식재의 기능

기 능	식재의 종류
주 행	시선유도식재, 지표식재
사고방지	차광식재, 명암순응식재, 진입방지식재, 완충식재
방 재	비탈면식재, 방풍식재, 방설식재, 비사방지식재
휴 식	녹음식재, 지피식재
경 관	차폐식재, 수경식재, 조화식재
환경보존	방음식재, 임연보호식재

51 고속도로의 시선유도식재는 주로 어떤 목적을 갖고 있는가?

① 위치를 알려 준다.
② 침식을 방지한다.
③ 속력을 줄이게 한다.
④ 전방의 도로 형태를 알려준다.

해설 ④ 시선유도식재는 곡선반경이 극히 작은 종단철형(從斷凸形)의 노선이나 평면선형(平面線形)의 노선에서, 한쪽으로 회전하는 곡선구간 등에 교통안전을 위하여 일반적으로 열식(列植)하는 도로기능용 식재이다.

52 다음 중 방화식재로 사용하기 적당한 수종으로 짝지어진 것은?

① 광나무, 식나무
② 피나무, 느릅나무
③ 태산목, 낙우송
④ 아까시나무, 보리수

해설 방화식재용 수목으로는 잎이 두껍고 함수량이 많은 수종이나, 잎이 넓으며 밀생하는 수종이 좋다.
방화식재용 수목 : 가시나무, 아왜나무, 동백나무, 후박나무, 식나무, 사철나무, 광나무 등

정답 48 ④ 49 ④ 50 ③ 51 ④ 52 ①

53 방풍용 수종에 관한 설명으로 가장 거리가 먼 것은?

① 심근성이면서 줄기나 가지가 강인할 것
② 녹나무, 참나무, 편백, 후박나무 등이 주로 사용된다.
③ 실생보다는 삽목으로 번식한 수종일 것
④ 바람을 막기 위해 식재되는 수목은 잎이 치밀할 것

해설 방풍식재용 수목의 조건
• 강한 풍압에 견딜 수 있어야 한다.
• 심근성 수종이어야 한다.
• 줄기나 가지가 강해야 한다.
• 잎이 치밀하여야 한다.
• 겨울철 방풍을 위해서 상록수여야 한다.
※ 방풍식재용 수목 : 곰솔, 삼나무, 편백, 전나무, 가시나무, 녹나무, 구실잣밤나무, 후박나무, 아왜나무, 동백나무, 은행나무, 느티나무, 팽나무 등이 있다.

54 방풍림의 조성은 바람이 불어오는 주풍방향에 대해서 어떻게 조성해야 가장 효과적인가?

① 30° 방향으로 길게
② 직각으로 길게
③ 45° 방향으로 길게
④ 60° 방향으로 길게

해설 ② 방풍림의 배치는 주풍과 직각이 되는 방향으로 하고, 방풍림의 길이는 수고의 12배 이상으로 한다.

55 조경수목의 이용목적으로 본 분류 중 [보기]의 설명에 해당하는 것은?

┌─ 보기 ─┐
수형이나 잎의 모양 및 색깔이 아름다운 낙엽교목이어야 하며, 다듬기작업이 용이해야 하고, 병충해 및 공해에 강한 수목
└────┘

① 가로수　　② 방음수
③ 방풍수　　④ 생울타리

해설 가로수용 수목 : 벚나무, 은행나무, 느티나무, 가죽나무, 회화나무, 은단풍, 칠엽수, 메타세쿼이아, 플라타너스 등

56 교목으로 꽃이 화려하고, 공해에 약하나 열식 또는 강변가로수로 많이 심는 나무는?

① 왕벚나무　　② 수양버들
③ 전나무　　　④ 벽오동

해설 ① 왕벚나무는 한계수명이 짧고, 병해충의 발생밀도가 높으며, 공해에도 약해 관리하기 가장 어려운 조경수목 중 하나이지만, 수형과 꽃이 아름다워 가로수로 흔히 쓰이고 있다.

57 쾌적한 가로환경과 환경보전, 교통제어, 녹음과 계절성, 시선유도 등으로 활용하고 있는 가로수로 적합하지 않은 수종은?

① 이팝나무　　② 은행나무
③ 메타세쿼이아　④ 능소화

해설 ④ 능소화는 덩굴식물로 가로수로는 적합하지 않다.

정답 53 ③　54 ②　55 ①　56 ①　57 ④

58 다음 중 차량 소통이 많은 곳에 녹지를 조성하려고 할 때 가장 적당한 수종은?

① 조팝나무　② 향나무
③ 왕벚나무　④ 소나무

해설 ② 향나무는 맹아력이 좋고, 대기오염 등의 각종 공해에 견디는 힘이 강하여 도심지식재에 적합하다.

59 가로수는 키큰나무(교목)의 경우 식재간격을 몇 m 이상으로 할 수 있는가?(단, 도로의 위치와 주위 여건, 식재수종의 수관폭과 생장속도, 가로수로 인한 피해 등을 고려하여 식재간격을 조정할 수 있다)

① 6m　② 8m
③ 10m　④ 12m

해설 가로수 식재기준
- 교목(키큰나무) : 식재간격은 8m를 기준으로 한다.
- 관목(키작은나무) : 식재간격은 식재수종의 특성에 따라 경관조성과 교통장애가 없는 범위 내에서 식재할 수 있다.

60 다음 중 방음용 수목으로 사용하기 부적합한 것은?

① 아왜나무
② 녹나무
③ 은행나무
④ 구실잣밤나무

해설 방음식재용 수목으로는 잎이 치밀한 상록교목이 바람직하며, 지하고가 낮고, 자동차의 배기가스에 견디는 힘이 강한 것이 좋다.
방음식재용 수목 : 구실잣밤나무, 녹나무, 식나무, 아왜나무, 후피향나무, 동백나무 등

61 다음 중 산울타리 수종이 갖추어야 할 조건으로 틀린 것은?

① 전정에 강할 것
② 아랫가지가 오래갈 것
③ 지엽이 치밀할 것
④ 주로 교목활엽수일 것

해설 산울타리용 수목의 조건
- 주로 상록수로서 지엽이 치밀해야 한다.
- 적당한 높이로 아랫가지가 오래 살아야 한다.
- 맹아력이 크고, 불량한 환경에서도 잘 견뎌야 한다.
- 외관이 아름답고, 번식이 용이해야 한다.

62 일반적으로 수종 요구특성은 그 기능에 따라 구분되는데, 녹음식재용 수종에서 요구되는 특징으로 가장 적합한 것은?

① 생장이 빠르고 유지관리가 용이한 관목류
② 지하고가 높고 병충해가 적은 낙엽활엽수
③ 아랫가지가 쉽게 말라 죽지 않는 상록수
④ 수형이 단정하고 아름다운 상록침엽수

해설 녹음식재용 수목의 조건
- 지하고가 높고, 수관이 커야 한다.
- 잎이 크고 무성하며 치밀해야 한다.
- 병해충에 잘 견뎌야 한다.
- 겨울에는 낙엽이 지는 것이 좋다.

정답 58 ② 59 ② 60 ③ 61 ④ 62 ②

63 맹아력이 강한 나무로 짝지어진 것은?

① 잣나무, 무궁화
② 쥐똥나무, 가시나무
③ 느티나무, 해송
④ 미루나무, 소나무

해설 맹아력이 강한 수목 : 낙우송, 사철나무, 탱자나무, 회양목, 능수버들, 미루나무, 플라타너스, 무궁화, 쥐똥나무, 개나리, 가시나무, 향나무

64 다음 중 녹음용 수종에 관한 설명으로 가장 거리가 먼 것은?

① 여름철에 강한 햇빛을 차단하기 위해 식재되는 나무를 말한다.
② 잎이 크고 치밀하며 겨울에는 낙엽이 지는 나무가 녹음수로 적당하다.
③ 지하고가 낮은 교목이며 가로수로 쓰이는 나무가 많다.
④ 녹음용 수종으로는 느티나무, 회화나무, 칠엽수, 플라타너스 등이 있다.

해설 녹음식재용 수목은 그늘을 제공할 수 있는 지하고가 높은 낙엽활엽교목이 좋다.
녹음식재용 수목 : 녹나무, 굴거리나무, 은행나무, 회화나무, 느티나무, 칠엽수, 층층나무, 일본목련, 백합나무, 플라타너스 등

65 모래터 위에 심을 녹음수로 가장 적합한 나무는?

① 백합나무　② 가문비나무
③ 수양버들　④ 낙우송

해설 모래터 위 녹음식재에 적합한 나무로는 백합나무, 플라타너스 등이 있다.

66 다음에서 설명하는 수종은?

- 학명은 "*Betula schmidtii Regel*"이다.
- Schmidt Birch 또는 단목(壇木)이라 불리기도 한다.
- 곧추 자라나 불규칙하며, 수피는 흑회색이다.
- 5월에 개화하고 암수 한 그루이며, 수형은 원추형, 뿌리는 심근성, 잎의 질감이 섬세하여 녹음수로 사용 가능하다.

① 오리나무　② 박달나무
③ 소사나무　④ 녹나무

해설
① 오리나무 : *Alnus japonica* (Thunb.) Steud.
③ 소사나무 : *Carpinus turczaninowii* Hance
④ 녹나무 : *Cinnamomum camphora* (L.) J.Presl

정답 63 ② 64 ③ 65 ① 66 ②

67 마로니에와 칠엽수에 대한 설명으로 옳지 않은 것은?

① 마로니에와 칠엽수는 원산지가 같다.
② 마로니에와 칠엽수의 잎은 장상복엽이다.
③ 마로니에는 칠엽수와는 달리 열매 표면에 가시가 있다.
④ 마로니에와 칠엽수 모두 열매 속에는 밤톨같은 씨가 들어 있다.

해설 ① 마로니에는 유럽 남동부, 칠엽수는 일본이 원산지이다.

68 다음 중 곰솔(해송)에 대한 설명으로 옳지 않은 것은?

① 동아는 붉은색이다.
② 수피는 흑갈색이다.
③ 해안지역의 평지에 많이 분포한다.
④ 줄기는 한해에 가지를 내는 층이 하나여서 나무의 나이를 짐작할 수 있다.

해설 ① 동아(冬芽, 겨울눈)가 붉은색인 소나무와 달리 곰솔의 동아는 회백색이다.

69 다음 중 은행나무의 설명으로 틀린 것은?

① 분류상 낙엽활엽수이다.
② 나무껍질은 회백색이고 아래로 깊이 갈라진다.
③ 양수로 적윤지 토양에 생육이 적당하다.
④ 암수딴그루이고, 5월 초에 잎과 꽃이 함께 개화한다.

해설 ① 은행나무는 낙엽침엽교목이다.

70 다음 [보기]에서 설명하는 수종은?

┌보기┐
• 낙엽활엽교목으로 부채꼴형 수형이다.
• 야합수(夜合樹)라 불리기도 한다.
• 여름에 피는 꽃은 분홍색으로 화려하다.
• 천근성 수종으로 이식에 어려움이 있다.

① 자귀나무
② 치자나무
③ 은목서
④ 서 향

해설 ② 치자나무 : 상록활엽관목, 백색 꽃
③ 은목서 : 상록활엽관목, 백색 꽃
④ 서향 : 상록활엽관목, 백색 또는 주황색 꽃

71 다음 조경수 중 '주목'에 관한 설명으로 틀린 것은?

① 9~10월 붉은색의 열매가 열린다.
② 수피가 적갈색으로 관상가치가 높다.
③ 맹아력이 강하며, 음수이나 양지에서 생육이 가능하다.
④ 생장속도가 매우 빠르다.

해설 ④ 주목은 생장속도가 매우 느려 10년 동안 1m 남짓 자란다.

정답 67 ① 68 ① 69 ① 70 ① 71 ④

72 양수 수종만으로 짝지어진 것은?

① 향나무, 가죽나무
② 가시나무, 아왜나무
③ 회양목, 주목
④ 사철나무, 독일가문비나무

해설 조경수목의 음양성
- 음수 : 주목, 전나무, 비자나무, 독일가문비나무, 가시나무, 녹나무, 후박나무, 동백나무, 호랑가시나무, 팔손이나무, 회양목 등
- 양수 : 소나무, 곰솔, 측백나무, 일본잎갈나무, 향나무, 은행나무, 철쭉류, 삼나무, 느티나무, 포플러류, 가죽나무, 무궁화, 백목련, 모과나무, 두릅나무, 산수유 등

73 건물 주위에 식재 시 양수와 음수의 조합으로 되어 있는 수종들은?

① 눈주목, 팔손이
② 사철나무, 전나무
③ 자작나무, 개비자나무
④ 일본잎갈나무, 향나무

74 음지에서 견디는 힘이 강한 수목으로 짝지어진 것은?

① 소나무, 향나무
② 회양목, 주목
③ 태산목, 가중나무
④ 자작나무, 느티나무

75 다음 중 내풍성이 약하여 바람에 잘 쓰러지는 수종은?

① 느티나무
② 갈참나무
③ 가시나무
④ 미루나무

해설
- 내풍력이 강한 수종 : 갈참나무, 떡갈나무, 느티나무, 상수리나무, 밤나무, 가시나무 등
- 내풍력이 약한 수종 : 미루나무, 버드나무, 아까시나무, 양버들 등

76 토양의 단면 중 낙엽이 대부분 분해되지 않고 원형 그대로 쌓여 있는 층은?

① L층
② F층
③ H층
④ C층

해설
- A0층(O층, 유기물층)
  - L층 : 낙엽이 분해되지 않고 원형 그대로 쌓여 있는 층
  - F층 : 낙엽이 작은 동물이나 미생물에 의해 분해되지만 다소 원형을 유지하고 있고, 식물의 조직을 육안으로 식별 가능한 층
  - H층 : 육안으로 낙엽의 기원을 전혀 알 수 없는 유기물층으로, 흑갈색을 띤다.
- A층(표층) : 외계(기후, 식생, 생물 등)의 영향을 직접적으로 받는 층으로, 식물에 필요한 양분이 풍부하다.
- B층(집적층) : 외계의 영향을 간접적으로 받는 층으로, 표층에 비해 부식 함량이 적고 모래의 풍화가 충분히 진행되어 갈색을 띤다.
- C층(모재층) : 토양화가 거의 진행되지 않은 거친 모래 형태의 토양 모질물로 구성된 층
- D층(R층, 기암층) : 주로 바위로 구성된 층

77 토양단면 중 식물에 필요한 양분이 풍부한 층은?

① A층
② B층
③ C층
④ D층

78 토양 통기성에 대한 설명으로 틀린 것은?

① 기체는 농도가 낮은 곳에서 높은 곳으로 확산작용에 의해 이동한다.
② 토양 속에는 대기와 마찬가지로 질소, 산소, 이산화탄소 등의 기체가 존재한다.
③ 토양생물의 호흡과 분해로 인해 토양 내에는 대기에 비하여 산소가 적고 이산화탄소가 많다.
④ 건조한 토양에서는 이산화탄소와 산소의 이동이나 교환이 쉽다.

[해설] ① 기체는 농도가 높은 곳에서 낮은 곳으로 확산작용에 의해 이동한다.

79 수목 식재에 가장 적합한 토양의 구성비(토양 : 수분 : 공기)는?

① 30% : 40% : 20%
② 40% : 40% : 20%
③ 50% : 10% : 40%
④ 50% : 25% : 25%

[해설] ④ 사질양토는 토심이 깊고, 배수와 보수력이 좋아 재배에 적합한 토양으로, 구성비는 토양 50%, 수분 25%, 공기 25%이다.

80 생육환경 중 건조한 지역에 잘 견디는 수종은?

① 삼나무
② 가죽나무
③ 수 국
④ 주엽나무

[해설] 건조지에 견디는 수종 : 소나무, 노간주나무, 사시나무, 자작나무, 오리나무류, 아까시나무, 가죽나무 등

81 다음 중 비옥지를 가장 좋아하는 수종은?

① 소나무
② 아까시나무
③ 사방오리나무
④ 주 목

[해설] 비옥지를 좋아하는 수종 : 주목, 철쭉, 측백나무, 회양목, 벽오동, 벚나무, 불두화, 장미, 부용, 모란 등

82 토양수분과 조경수목과의 관계 중 습지에 잘 견디는 수종은?

① 주엽나무
② 소나무
③ 신갈나무
④ 노간주나무

[해설] 습지에 견디는 수종 : 낙우송, 계수나무, 주엽나무, 수양버들, 위성류, 오동나무, 수국 등

[정답] 77 ① 78 ① 79 ④ 80 ② 81 ④ 82 ①

83 건조한 땅이나 습지에 모두 잘 견디는 수종은?

① 향나무　② 계수나무
③ 소나무　④ 꽝꽝나무

해설 ④ 꽝꽝나무는 중용수로서 기후와 토질에 따라 음수도 되고 양수도 된다. 토질은 가리지 않고 잘 자란다.
습지·건조지에 견디는 수종 : 사철나무, 꽝꽝나무, 플라타너스, 보리수나무, 자귀나무, 명자나무, 박태기나무 등

84 산성 토양에서 가장 잘 견디는 수종은?

① 조팝나무　② 진달래
③ 낙우송　④ 회양목

해설 산성에 견디는 수종 : 소나무, 잣나무, 해송, 전나무, 상수리나무, 밤나무, 낙엽송, 편백, 아까시나무, 진달래 등

85 염분에 약한 수종으로 짝지어진 것은?

① 해송, 사철나무
② 찔레나무, 낙엽송
③ 목련, 오리나무
④ 동백나무, 사철나무

해설
• 내염성이 큰 수종 : 해송, 눈향나무, 해당화, 비자나무, 사철나무, 동백나무, 유카, 찔레나무, 회양목 등
• 내염성이 작은 수종 : 독일가문비나무, 낙엽송, 소나무, 목련, 단풍나무, 오리나무, 개나리, 왕벚나무, 양버들, 피나무, 죽도화 등

86 임해공업단지의 조경용 수종으로 적합한 것은?

① 소나무　② 목련
③ 사철나무　④ 왕벚나무

87 자동차 배기가스에 강한 수목으로만 짝지어진 것은?

① 화백, 향나무
② 삼나무, 금목서
③ 자귀나무, 수수꽃다리
④ 산수국, 자목련

해설
• 자동차 배기가스에 강한 수종 : 비자나무, 편백, 가이즈까향나무, 향나무, 눈향나무, 화백, 굴거리나무, 녹나무, 태산목, 후피향나무, 아왜나무, 졸가시나무, 협죽도, 벽오동, 참느릅나무, 버드나무류, 석류나무, 가중나무, 등나무, 송악, 대나무류, 종려나무
• 자동차 배기가스에 약한 수종 : 삼나무, 소나무, 젓나무, 금목서, 은목서, 단풍나무, 고로쇠나무, 왕벚나무, 목련, 백합(튤립)나무, 팽나무, 감나무, 매실나무, 무궁화, 수수꽃다리, 무화과나무, 자목련, 자귀나무, 고광나무, 명자꽃, 산수국, 화살나무

88 다음 중 대기오염에 강한 수종은?

① 은행나무　② 독일가문비
③ 소나무　④ 단풍나무

해설 대기오염(아황산가스)에 강한 수종 : 은행나무, 편백, 화백, 향나무, 비자나무, 태산목, 아왜나무, 가시나무, 녹나무, 사철나무, 벽오동, 능수버들, 플라타너스, 쥐똥나무, 돈나무, 호랑가시나무, 갈참나무, 무궁화, 칠엽수, 종려나무, 백합나무 등

정답　83 ④　84 ②　85 ③　86 ③　87 ①　88 ①

89 다음과 같은 기능을 가진 가장 적합한 수종으로만 구성된 것은?

> 차량의 왕래가 빈번하여 소음이 많이 발생되는 곳에서 소음을 차단하거나 감소시키기 위하여 나무를 심어 녹지 공간을 만든다. 방음용 수목으로는 잎이 치밀한 상록교목이 바람직하며, 지하고가 낮고 자동차의 배기가스에 견디는 힘이 강한 것이 좋다.

① 은행나무, 느티나무
② 녹나무, 아왜나무
③ 산벚나무, 수국
④ 꽃사과나무, 단풍나무

해설
① 은행나무는 낙엽침엽교목이고, 느티나무는 낙엽활엽교목이다.
③ 산벚나무는 낙엽활엽교목이고, 수국은 낙엽활엽관목이다.
④ 꽃사과나무는 낙엽활엽소교목이고, 단풍나무는 낙엽활엽교목이다.

90 다음 [보기]가 설명하는 식물명은?

> 보기
> • 홍초과에 해당된다.
> • 잎은 넓은 타원형이며 길이 30~40cm로서 양끝이 좁고 밑부분이 엽초로 되어 원줄기를 감싸며 측맥이 평행하다.
> • 삭과는 둥글고 잔돌기가 있다.
> • 뿌리는 고구마 같은 굵은 근경이 있다.

① 히아신스 ② 튤 립
③ 수선화   ④ 칸 나

해설
① 히아신스 : 백합과
② 튤립 : 백합과
③ 수선화 : 수선화과

91 알뿌리 초화류로 짝지어진 것은?

① 패랭이꽃, 칸나
② 금붕어꽃, 라넌큘러스
③ 튤립, 데이지
④ 다알리아, 수선화

해설 알뿌리 초화류(구근 초화류)
• 봄심기 : 다알리아, 칸나, 아마릴리스, 글라디올러스, 상사화, 투베로즈, 진저 등
• 가을심기 : 히아신스, 아네모네, 튤립, 수선화, 크로커스, 백합, 아이리스 등

92 여름부터 가을까지 꽃을 감상할 수 있는 알뿌리 화초는?

① 금잔화   ② 수선화
③ 색비름   ④ 칸 나

해설 계절에 따른 초화류 식재

계절별	구 분	종 류
봄화단	한 해	팬지, 데이지, 프리뮬러, 금잔화, 알리섬
	다년생	꽃단지, 은방울꽃, 며느리밥풀꽃, 붓꽃
	구 근	튤립, 크로커스, 수선화, 히아신스
여름화단	한 해	페튜니아, 색비름, 천일홍, 맨드라미
	다년생	붓꽃, 옥잠화, 작약
	구 근	글라디올러스, 칸나
가을화단	한 해	메리골드, 맨드라미, 페튜니아, 코스모스, 샐비어
	다년생	국화, 루드베키아, 숙근플록스
	구 근	다알리아
겨울화단	-	꽃양배추

정답 89 ② 90 ④ 91 ④ 92 ④

CHAPTER 02 기초 식재공사

PART 02 조경시공

제1절 굴 취

1 분뜨기

(1) 굴 취

① 굴취의 개념 : 수목을 이식하기 위해 캐내는 작업을 말한다.
② 굴취의 방법 : 뿌리감기 굴취법, 나근 굴취법이 있고 그 외에 흙털어내기, 동토법, 흙붙인채 파내기 등이 있다.
　㉠ 뿌리감기 굴취법
　　• 뿌리를 절단한 후 뿌리 주위에 기존의 흙을 붙이고 짚과 새끼 등으로 뿌리감기를 하여 뿌리분을 만드는 방법이다.
　　• 교목류, 상록수, 이식력이 약한 나무, 희귀한 나무, 부적기 이식 때 쓰인다.
　㉡ 나근 굴취법
　　• 뿌리를 절단한 후 뿌리에 기존 흙을 붙이지 않고 맨뿌리로 캐내는 방법으로 이 경우는 가능한 뿌리의 절단 부위를 적게 하는 것이 좋다.
　　• 캐낸 직후 젖은 거적, 짚, 수태, 비닐 등으로 감싸 주어 뿌리의 건조를 막는 것이 중요하다.
　　• 이식이 잘되는 낙엽수를 낙엽 기간 중에 이식할 때와 이식이 용이한 작은 나무나 묘목 등을 캐낼 때 사용한다.

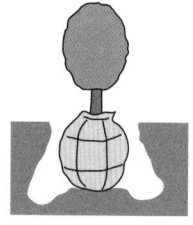 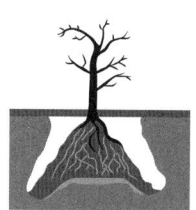

(a) 뿌리감기 굴취법　　(b) 나근 굴취법

[굴취법의 종류]

③ 뿌리분의 크기 〈중요〉
　㉠ 수목을 이식할 때는 뿌리 부분을 어느 정도 크기를 가진 반구형으로 굴취하는데, 이처럼 흙과 합해진 뿌리 덩어리를 뿌리분이라 한다.

ⓒ 뿌리분의 크기는 일반적으로 근원직경의 4~6배로 하는데, 보통 4배 정도를 기준으로 한다.
ⓒ 뿌리분의 깊이는 잔뿌리의 밀도가 현저히 감소하는 부위까지 하는 것이 원칙이다.
② 뿌리분의 둘레는 원형 수직으로 하고, 밑면은 둥글게 다듬어 팽이 모양이 되게 한다.
⑩ 뿌리분의 모양은 크게 세 가지로 나뉜다.
- 접시분 : 자작나무, 편백나무, 독일가문비나무, 향나무 등의 천근성 수종
- 보통분 : 벚나무, 측백나무 등 일반적 수종
- 조개분 : 느티나무, 소나무, 회화나무, 주목 등 심근성 수종

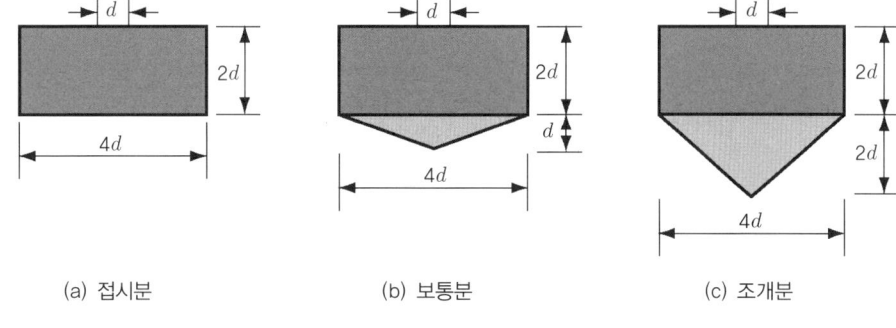

(a) 접시분　　　(b) 보통분　　　(c) 조개분

[뿌리분의 모양]

④ 뿌리분 뜨기
  ㉠ 뿌리분 뜨기에 앞서 고사지, 쇠약지, 밀생한 가지 등을 수형이 상하지 않는 범위 내에서 전정하고, 아랫가지가 많아 작업이 불편한 경우에는 수관을 모아서 매어 놓고 작업을 한다.
  ㉡ 뿌리분 범위에 있는 잡초나 오물을 제거하고 다진 다음, 뿌리분 크기를 표시하고 삽이나 곡괭이를 사용하여 수직으로 파내려 간다.
  ㉢ 뿌리분 감기할 때의 굴취 폭은 분 크기보다 30cm 이상 크게 하여 분감기작업을 할 수 있도록 하고, 굵은 뿌리는 톱이나 전정가위로 깨끗이 절단한다.

⑤ 뿌리분 감기
  ㉠ 뿌리분 감기는 뿌리분 깊이만큼 파낸 다음 실시하지만, 모래 등이 있어 뿌리분만 들기가 어려운 경우에는 뿌리분 주위를 1/2 정도 파내려 갔을 때부터 시작하고, 나머지 흙을 파다시 분감기를 실시해야 분흙이 분리되지 않는다.
  ㉡ 뿌리분의 모양을 깨끗이 정리하고 절단한 뿌리는 가위나 칼로 깨끗이 다듬은 다음 방부제를 발라 주는 것이 좋다.
  ㉢ 준비한 끈으로 뿌리분의 측면을 위에서 아래로 감아 내려간다.
  ② 허리감기를 한 후 땅속 곧은 뿌리만 남긴 채 뿌리분 밑부분의 흙을 조금씩 파내며, 밑면과 윗면을 석줄, 넉줄 그리고 다섯줄 감기를 한다.
  ⑩ 최근에는 끈으로 허리감기하는 대신 녹화마대나 녹화테이프로 뿌리분의 측면을 감고, 끈으로 위아래를 감아 주는 방법도 많이 쓴다.
  ㉥ 마지막으로 남은 곧은 뿌리를 잘라 내는데 이때 수목이 넘어가지 않도록 주의해야 한다.

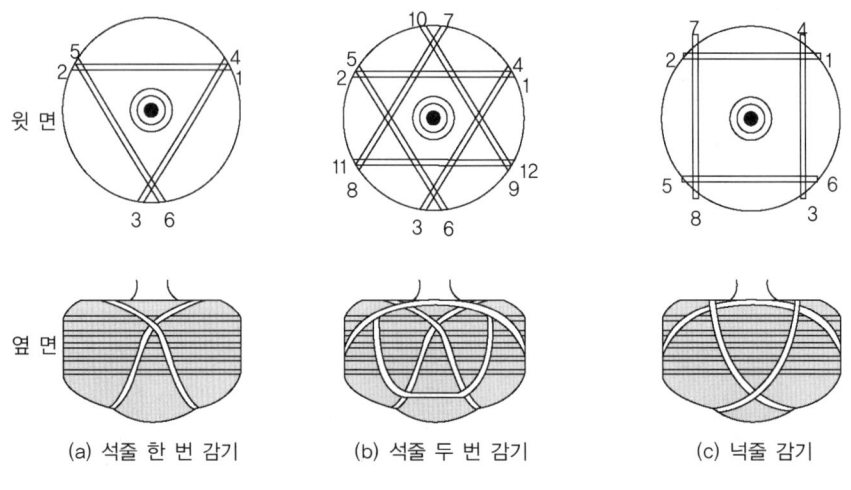

(a) 석줄 한 번 감기   (b) 석줄 두 번 감기   (c) 넉줄 감기

[각종 새끼감기 방법]

⑥ 뿌리분 들어내기 중요
  ㉠ 뿌리분을 뜬 후 뿌리분을 들어낼 때는 무엇보다 안전을 고려해 조심성 있게 작업하여 수목 자체와 뿌리분의 손상을 막을 수 있도록 한다.
  ㉡ 대형목인 경우 잘못하여 나무가 쓰러지게 되면 작업자가 다칠 수 있으므로 각별히 조심해야 한다.
  ㉢ 뿌리분을 들어내는 방법에는 인력에 의한 방법과 장비에 의한 방법이 있다.

> **더 알아보기**
>
> **뿌리분의 지름**
> $24+(N-3) \times D$
> 여기서, N : 줄기의 근원 지름, D : 상수(상록수 : 4, 낙엽수 : 5)

(2) 뿌리돌림 중요

① 목 적
  ㉠ 이식력이 약한 나무를 대상으로 굴취 전에 미리 잔뿌리를 발달시켜 이식력을 높이기 위한 것이다.
  ㉡ 노목이나 쇠약목의 세력 회복을 위한 목적으로도 사용한다.
② 시 기
  ㉠ 뿌리돌림을 하는 시기는 봄의 해토 직후부터 생장이 가장 활발한 시기에 하는 것이 적합하며, 혹서기와 혹한기는 피하는 것이 좋다.

[뿌리돌림 작업 모습]

ⓒ 일반적으로 뿌리돌림 후 1년 뒤에 이식하는데, 수세가 약하거나 대형목·노목 등 이식이 어려운 나무는 뿌리둘레의 1/2 또는 1/3씩 2~3년에 걸쳐 뿌리돌림을 실시한 후 이식하는 것이 좋다.
ⓒ 봄에 뿌리돌림을 한 낙엽수는 당해 가을이나 이듬해 봄에, 상록수는 이듬해 봄이나 장마기에 이식할 수 있다.
③ **작업방법**
㉠ 뿌리돌림은 굴취작업과 유사하다.
㉡ 뿌리분의 크기는 굴취 시와 마찬가지로 근원직경의 4~6배로 하는데, 보통 4배 정도를 기준으로 한다.
㉢ 큰 나무의 경우 수목을 지탱하기 위해 3~4방향으로 굵은 뿌리를 하나씩 남겨 두고 15cm 정도의 폭으로 환상박피한다.
㉣ 굵은 뿌리는 톱으로 깨끗이 절단하며, 바람에 쓰러지지 않게 지주목을 설치한 후 작업하는 것이 좋다.
㉤ 작업 시 뿌리분이 깨질 위험이 있으면 새끼로 감아 뿌리분이 깨지는 것을 막는다.
㉥ 잘 부식된 퇴비를 섞어 흙을 되묻은 후 관수를 실시하고 지주목을 설치한다.
㉦ 뿌리돌림을 하면 많은 뿌리가 절단되어 영양과 수분의 수급균형이 깨지므로, 가지와 잎을 적당히 솎아 지상부와 지하부의 균형을 맞추어 준다.

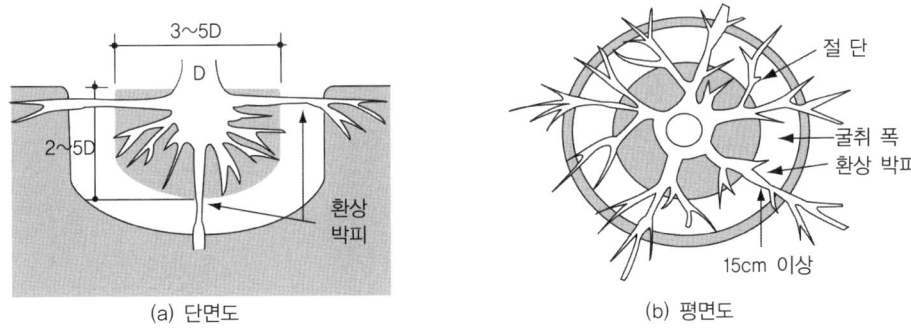

[뿌리돌림 방법]

2 굴취 후 운반

① 운반 전에 뿌리의 절단면은 예리한 칼로 다듬어 잔뿌리를 형성할 수 있도록 하며, 절단면이 클 때에는 콜타르 등을 발라 건조를 방지한다.
② 굴취에서 이식에 이르는 시간은 짧을수록 좋으며, 현장에 도착하면 바로 식재하는 것이 좋지만 불가능할 경우 직사광선이 닿지 않도록 서늘한 곳에 옮겨놓고 뿌리분을 젖은 거적 등으로 덮어 수분의 증발을 억제한다.

③ 뿌리분이 깨지거나 마르지 않도록 뿌리분의 보토를 철저히 하고, 세근이 절단되지 않도록 충격을 주지 않아야 하며 이중 적재는 금지한다.
④ 식재지까지 운반 경로를 사전에 충분히 조사하는 한편, 비포장도로로 운반할 때는 뿌리분이 충격을 받지 않도록 완충재를 깐다.
⑤ 비교적 큰 가지가 상차와 운반에 지장이 있을 때 가지치기를 하며, 봄철에는 가지가 상처가 나기 쉬우므로 주의한다. 가지는 원줄기를 중심으로 무리가 가지 않는 범위 내에서 간편하게 결박하는데, 굵은 가지나 강하게 뻗어 있는 가지, 부러지기 쉬운 가지 등은 새끼줄을 약 3cm 정도 감아서 수간 쪽으로 당겨 묶어 놓는다.
⑥ 운반도중 바람에 의한 수분 증산을 억제하기 위해 거적이나 시트 등으로 덮어주고, 증산억제제를 엽면 살포하며, 강우로 인한 뿌리분 토양의 유실을 방지하기 위한 조치를 한다.
⑦ 굴취한 순서대로 운반하며, 차량의 용량에 따라 적정 수량만을 적재한다.

3 이식과 가식

(1) 이식(移植, Transplantation)
① 식물을 이전의 생육지에서 다른 장소로 자리를 바꾸어 심는 작업(옮겨심기)을 말하며 이식 후에 다시 옮겨 심을 필요가 있는 것을 가식(假植)이라 하고, 그대로 수확까지 두는 것을 정식(定植, 아주심기)이라고 한다.
② 초화류는 뿌리를 자르기에 따라 뿌리내림이 과밀해지므로 육묘중에 옮겨심기를 하는데, 이 경우의 옮겨심기를 이식이라고 하며 일시적으로 심어 놓는 것을 가식이라고 한다.
③ 이식시기
  ㉠ 수목은 어느 계절에 이식하느냐에 따라 활착 가능성이 크게 좌우된다.
  ㉡ 수목의 활착 가능한 이식적기는 수종별·성상별로 다르지만, 일반적으로 낙엽수는 수분증산량이 가장 적은 휴면으로 접어드는 가을철이나 이른 봄이 가장 좋다.
  ㉢ 상록침엽수는 3월 중순부터 4월 중순과 9월 하순이 안전하다.
  ㉣ 포장에서 이식하여 잔뿌리가 잘 발달한 나무와 분에 심어 재배한 나무는 혹서기와 혹한기만 피하면 이식이 가능하다.

(2) 조경수의 가식(假植)
① 식수현장의 상황이나 기타 사정에 의해 일단 굴취한 수목을 제자리에 심을 때까지 어느 일정기간 동안 대기시키는 경우가 있는데, 이때 이식하는 것을 가식이라 한다.
② 가식 방법
  ㉠ 기간이나 시기, 수종 등에 따라 일반적인 이식법에 따라 행하며, 수개월의 짧은 기간인 경우는 뿌리분 주위에 흙을 두텁게 덮어 습도를 유지하는 정도로 관리할 수 있다.

ⓒ 세근성(細根性)의 활착이 용이한 수종이나 가끔 이식을 하여 뿌리분이 고정되어 있는 것은 상관없지만, 뿌리가 섬세하지 못한 수종이나 처음으로 이식하는 수목의 가식은 위험할 수 있다.

제2절 수목 운반

1 수목 운반 방법

(1) 목도에 의한 운반

① 개념 : 뿌리분이 작고 이동하는 위치가 비교적 가까울 경우 수간이나 뿌리분을 밧줄 등으로 걸어 사람 어깨에 짊어지고 운반하는 방법이다.

② 방법 : 1인이 가지의 근원을 직접 손으로 들거나 근원에 밧줄을 걸어서 어깨에 메는 방법부터 16인이 함께 운반하는 등 여러 가지 방법이 있다.

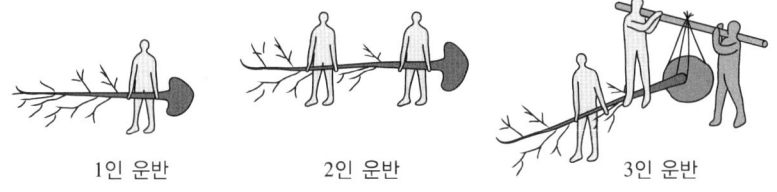

1인 운반　　2인 운반　　3인 운반

[사람 수에 따른 목도 방법]

㉠ 매달아 운반
  - 체인블록에 의한 이동의 경우 이각이나 삼각의 발을 조금씩 진행 방향으로 이동하는 작업을 되풀이하는 것이다.
  - 삼각의 경우 적당히 벌어져 있지 않으면 넘어지게 되어 위험하며, 달아 올릴 수 있는 수목의 전 중량을 미리 산정해서 기계의 능력 이상의 것을 달아 올리지 않도록 주의한다.

㉡ 흙메워 올리기와 눕혀 끌기 : 파올린 나무를 운반하기 위해서는 우선 뿌리분을 지표의 높이까지 올려놓아야 하는데 다음과 같은 방법이 사용된다.
  - 말뚝 또는 입목을 주변에 박아 이를 지지하여 뿌리분을 돌리면서 끌어올리는 방법
  - 파헤친 구덩이 속에 흙을 조금씩 채워 가면서 나무를 이리저리 돌려 뿌리분이 차츰 지표까지 올라오도록 하는 방법
  - 구덩이 가장자리의 일부를 뿌리분 지름의 1.5배 정도 아궁이 모양으로 파헤쳐 뿌리분을 지표까지 끌어올리는 방법

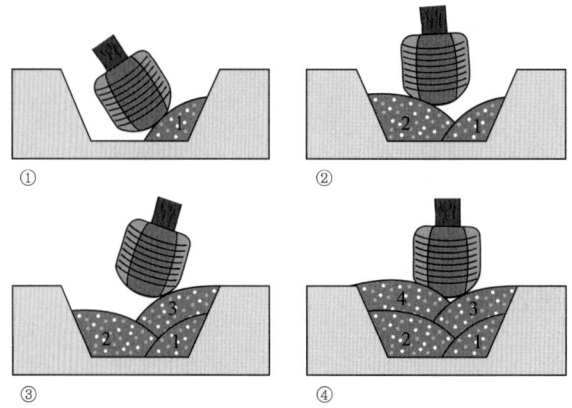

[뿌리분 흙메워 올리기]

ⓒ 세워 끌기 : 수목을 서 있는 그대로 끄는 방법으로 안전하고 이식 후의 활착률도 매우 높다. 그러나 중심이 불안정하고 넘어지기 쉽기 때문에 상당한 토량의 굴취가 필요하고 사용 도구도 많이 소요된다.

ⓔ 눕혀 끌기 : 수목의 높이가 높아서 세워 끌기를 할 경우 넘어질 위험성이 있을 때 맡구와 굴림대를 깔고 그 위에 나무를 넘어뜨려 운반하는 방법이다.

(2) 기계에 의한 운반

① 수목의 운반에 필요한 반입로가 확보되어 있는 경우에는 크레인차를 이용하여 상차한 뒤 트럭으로 운반한다.

② 분을 떨어뜨리거나, 다른 부위에 부딪히지 않도록 주의해야 하며, 중량에 대한 판단을 명확하게 하여 중량으로 인한 큰 사고를 피해야 한다.

③ 수목을 달아 올릴 때에는 전체 가지의 양과 줄기 상태를 고려하여 운반 중 수목이 돌아 수피가 벗겨지지 않도록 밧줄이나 쇠줄을 확실히 걸어야 한다.

④ 굵고 죽은 가지를 잘라낸 자리가 길게 남아 있는 경우에는 큰 사고가 발생하기 쉽기 때문에 사용되지 않는 이러한 가지는 미리 잘라내도록 한다.

2 수목 운반 순서

(1) 수목의 운반 준비

① 운반 시에는 수목에 손상을 주지 않도록 조치한다.
  ㉠ 뿌리분의 보토를 철저히 한다.
  ㉡ 세근이 절단되지 않도록 충격을 주지 않아야 한다.
  ㉢ 가지는 간편하게 결박한다.

② 산지 등에서 작업을 할 때에는 운반을 위한 임시 작업로 및 차량 진입로를 설계도 및 수목 이식 계획에 따라 개설하여야 한다.
③ 근원 지름이 40cm 이상인 대형수목을 이식할 때에는 상·하차 및 운반 작업을 설계도서에 명시된 바에 따라 H빔이나 판자 등으로 가설 운반틀을 제작·설치하여야 한다.
④ 운반로의 장애물을 운반 전까지 제거하여야 한다.

(2) 수목의 상차

① 운반 여건 및 수목의 중량에 따라 인력이나 크레인 등으로 적절히 상·하차하며, 적재할 때 또는 하차 뒤에는 반드시 받침목을 고여 수목의 손상을 방지하여야 한다.
② 운반도중 흔들리거나 전복되지 않도록 굴취 수목은 상차 후 차체에 긴밀하게 결속하여야 하며, 잔가지나 밑으로 처지는 가지 등은 줄로 묶어 도로에 끌리지 않도록 하여야 한다.
③ 뿌리분은 차의 앞쪽을 향하고 수관은 뒤쪽을 향하도록 적재한다.
④ 운반 중 바람에 의한 증산을 억제하며 강우로 인한 뿌리분의 토양유실을 방지하기 위하여 덮개를 씌우는 등 조치를 취한다.
⑤ 도로 교통 법규에 적법하게 적재한다.
　㉠ 적재 중량은 그 적재정량의 10%를 초과할 수 없다.
　㉡ 적재 용량에 있어서 자동차 길이의 1/10을 더한 길이, 너비는 자동차의 후사경으로 방향을 확인할 수 있는 범위, 높이는 지상으로부터 3.5m의 높이를 초과할 수 없다.
　㉢ 분할할 수 없는 화물로서 그 기준에 맞출 수 없는 사유가 있는 경우 안전운행 상 필요한 허가를 받아야 하며, 그 길이 또는 폭의 양 끝에 너비 30cm, 길이 50cm 이상의 빨간 헝겊으로 된 표지를 달아야 한다(야간 운행 시에는 반사체로 된 표시를 달아야 한다).

> **더 알아보기**
> • 수목을 옮길 때 장갑과 허리 보호대를 착용하여 안전사고를 방지한다.
> • 운반 과정에서 뿌리분과 세근, 수피, 주지 등이 손상되지 않도록 주의한다.

(3) 수목을 식재지로 운반

① 차량의 용량과 수목의 무게 및 부피에 따라 적정 수량만을 적재하며 이중적재를 금한다.
② 가까운 거리는 수목을 선채로 이동하는 것을 원칙으로 한다.
③ 운반 속도는 뿌리분의 충격을 방지하고 수목을 보호할 수 있는 속도여야 한다.
④ 운반 시 뿌리분이 충격을 받아 깨지거나 세근이 절단되지 않도록 하여야 하며, 필요시 완충재를 바닥에 깔거나 뿌리분 또는 수목과 접촉하는 사이에 끼워 충격을 받지 않게 한다.
⑤ 운반 시간이 장시간 소요될 경우 바람에 의한 증산과 강우로 인한 뿌리분의 토양 유실 방지를 위해서 필요시 물에 적신 거적이나 천막지 등으로 뿌리분을 덮어주어야 한다.

⑥ 운반 중 회복 불능한 손상을 입거나 가지가 부러져 원형이 심하게 손상된 수목은 동종 규격품으로 교체하고, 경미한 가지 부러짐 등에 대해서는 감독자의 지시에 따라 조치한다.

> **더 알아보기**
> - 수목을 운반하기 위해서는 적재 수목의 중량을 경험 또는 계산에 의해 산출하여 적절한 장비를 활용하여 적재하고 운반해야 한다.
> - 수목 운반 시 도로 교통 법규에 위배되는 경우 분할 할 수 없는 내용이므로 사전에 운반 허가를 얻어야 한다.

(4) 수목 하차 후 식재지 가식장 또는 정식 장소로 반입

제3절 교목 및 관목 식재

1 식 재

(1) **식재지반의 조성**
① 이식 수목의 식재지반은 자연지반과 인공지반으로 나눈다.
② 인공지반은 옥상 정원 등과 같이 인위적으로 조성하는 것으로 지반을 형성하는 토양환경은 식물의 생육에 가장 중요한 인자이므로, 토양의 구조, 토성, 양분, 산도(pH) 등이 적절히 조성되어 있어야 한다.
③ 토양환경이 조성되지 않은 경우, 토양개량을 통하여 식물생육에 적합하도록 개선하거나, 완전히 객토를 실시해서 수목의 생육 토심을 확보할 수 있도록 해주어야 한다.
④ 비탈면에 교목을 식재하려면 1 : 3보다 완만해야 하며, 관목을 식재하려면 1 : 2보다 완만해야 한다. 비탈면의 잔디를 기계로 깎으려면 비탈면의 경사가 1 : 3보다 완만한 것이 좋다.

(2) **식재** : 식재 예정지에 도착한 수목은 가능한 한 빨리 심는 것이 좋다.
① 식재준비
  ㉠ 공정표 및 시공도면, 시방서를 검토한다.
  ㉡ 수목 및 양생제 반입 여부를 재확인한다.
  ㉢ 식재지역을 사전조사하여, 시공가능 여부를 재확인한다.
  ㉣ 수목의 배식, 규격, 지하 매설물을 고려하여 식재 위치를 결정한다.
② **구덩이 파기** : 식재할 구덩이는 토질, 경도, 배수성을 확인하고, 뿌리분 크기의 1.5배 이상으로 파고 불순물을 제거한다.

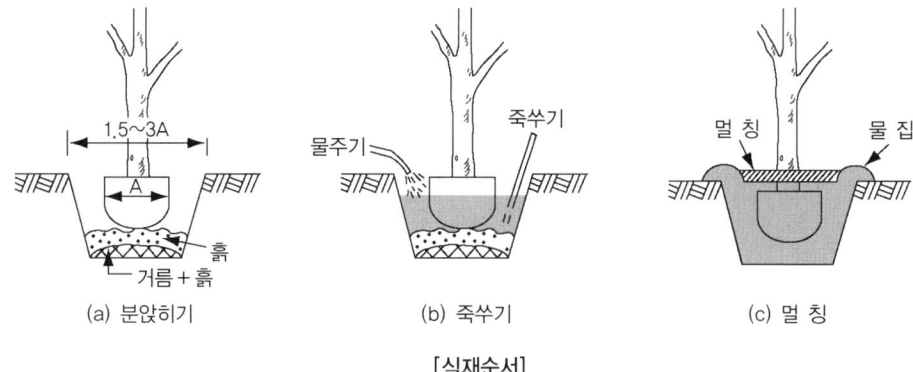

[식재순서]

③ 운반 : 수목을 손상하지 않도록 주의하면서 식재 구덩이까지 운반한다.
④ 심기
　㉠ 운반한 수목의 불필요한 가지를 전정한다.
　㉡ 뿌리분 상태와 식재 토양을 재확인한다.
　㉢ 완숙된 유기질 거름을 부드러운 흙과 섞어 구덩이 바닥에 놓고, 그 위에 다시 흙을 얇게 덮는데, 중앙 부분이 약간 볼록하도록 한다.
　㉣ 구덩이에 수목의 뿌리분을 놓는데 식재 깊이와 방향은 해당 수목의 원래 깊이와 방향을 맞추어 준다. 그러나 경관상 수형을 고려하여 방향을 잡기도 한다.
　㉤ 뿌리분 주변에 표토나 부식질이 풍부하고 불순물이 섞이지 않은 토양을 넣으며 구덩이를 채우는데, 2/3~3/4 정도 채운 다음 물을 충분히 주고 나무 막대기 등으로 쑤셔(죽쑤기) 뿌리분과 흙을 밀착시키고 기포가 없어지도록 한다.
　㉥ 물이 스며든 다음 흙을 덮고 물집을 만든 후 다시 관수하고 멀칭한다.

[죽쑤기]

⑤ 지주 세우기 중요
　㉠ 지주란, 수목을 식재한 후 바람으로 인한 뿌리의 흔들림이나 강풍에 의해 쓰러지는 것을 방지하고 활착을 촉진시키기 위해 목재, 철재 파이프, 철선, 와이어 로프, 플라스틱 등을 수목에 견고하게 부착시켜 수목을 고정시키는 것을 말한다.
　㉡ 지주는 수목이 정상적으로 활착하고, 그 후 생육이 충분해질 때까지 설치해 놓아야 하는데, 수목의 모양, 크기, 풍향, 입지 조건 등을 고려해 수목과 조화를 이루는 형식과 재료를 선정해야 하며 무엇보다도 견고하고 아름다워야 한다.

ⓒ 지주를 설치할 때는 지주가 닿는 부분의 수피가 상하지 않도록 새끼, 마닐라 로프, 고무호스 등으로 보호조치를 해주어야 하며 땅속에 깊이 고정시켜야 하는데, 이때 뿌리가 상하지 않도록 조심해야 한다.
ⓔ 지주는 방부 처리한 것을 사용해야 한다.
ⓜ 수고 1.2m 이하의 수목 식재 시 지주가 필요하다고 인정된 때는 단각형을 사용한다.
ⓗ 수고 4.5m 이하의 수목 식재 시 지주의 경사각은 70°를 표준으로 한다.
ⓢ 수고 4.5m 이상의 독립목은 당김줄형으로 설치하거나 삼각형으로 지주목을 세운다.

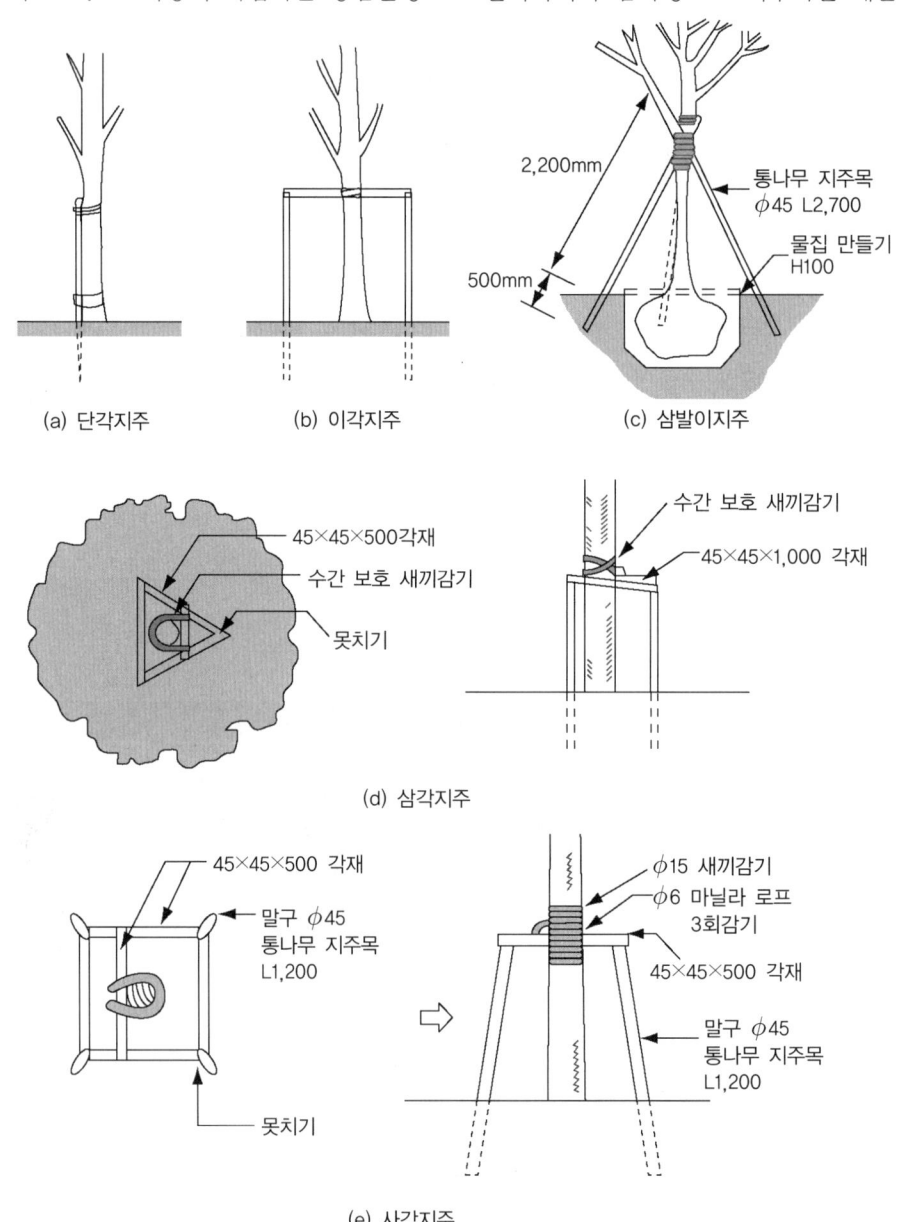

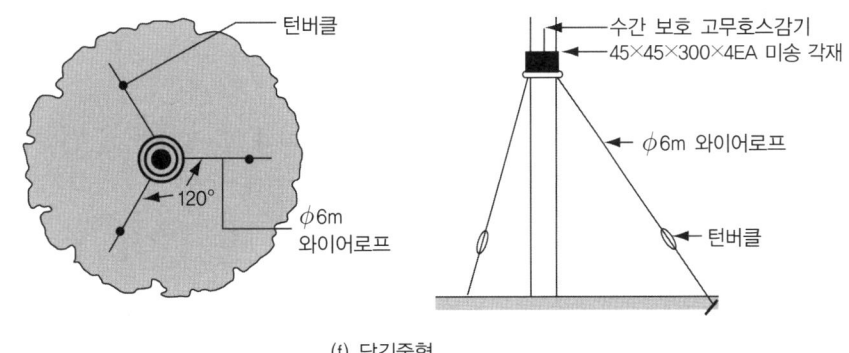

(f) 당김줄형

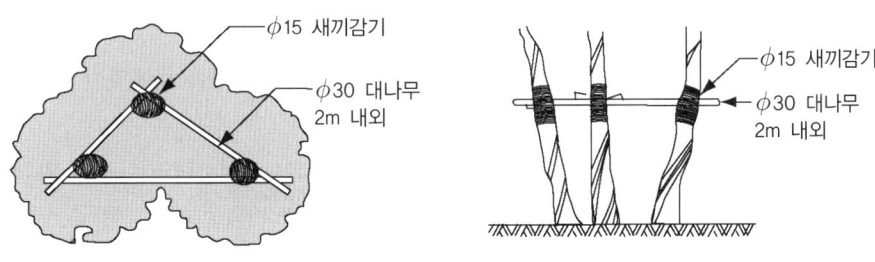

(g) 연결형

[지주 세우기]

> **더 알아보기**
>
> **지주 세우기의 종류 및 방법**
> - 단각지주 : 수고 1.2m 이하의 관목과 카이즈카(가이즈까)향나무, 수양버들, 위성류, 수양벚나무 등의 어린 수종 등에 사용한다.
> - 이각지주 : 수고 1.2~2.0m의 소형 가로수에 사용하며 좁은 장소에 깊게 넣는다.
> - 삼발이지주 : 소형은 높이 4.5~5.0m의 수목에 사용(지주목 규격 : 길이 1.8m)하고, 대형은 높이 5.0m 이상의 수목에 사용(지주목 규격 : 길이 2.7m)한다.
> - 삼각지주 : 일반적으로 가장 많이 사용하며, 가로수와 같이 보행량이 많은 곳에 주로 설치한다.
> - 사각지주 : 설치방법은 삼각지주와 같지만 지주목이 하나 더 들어가 있어 미관상 가장 아름답고 삼각지주보다 견고하다.
> - 울타리식지주 : 지주목을 군데군데 박고 대나무나 철선을 가로로 대서 사용한다.
> - 윤대지주 : 멋있게 하기 위해 대작용 국화를 재배하는 것처럼 만든 것으로 포도덩굴, 덩굴장미, 수양벚나무, 수양버들, 등나무 등에 사용한다.
> - 당김줄형지주 : 대형 교목(5m 이상)에 사용하며, 시각적으로 양호하다.
> - 매몰형지주 : 경관상 중요한 위치에 사용한다.
> - 연결형지주 : 교목의 군식이나 열식에 사용한다(대나무 이용, 규격 : 지름 30mm, 길이 2,000mm).
> - 피라미드형지주 : 말뚝 3개 정도를 위로 좁혀 가며 세우고 덩굴식물을 올린다(덩굴장미, 클레마티스 등).

2 식재 후 조치

(1) 가지솎기

① 식재 전에 전정을 하였으나 식재 과정에서 손상된 가지나 잎, 밀생한 가지 등을 다시 적당히 솎아 내어 수분 증산 면적을 감소시킨다.
② 이 경우, 전체 수형이 상하지 않도록 하는데 특별한 수형을 위한 경우에는 새로운 수형에 맞도록 전정한다.

(2) 줄기감기(수피감기, 줄기싸기)

① 줄기를 감는 목적은 줄기로부터의 수분 증산을 억제하고, 해충의 침입을 방지하며, 강한 햇빛과 추위로부터 수피를 보호하기 위해서이다.
② 줄기감기에는 주로 새끼와 녹화마대가 쓰이지만, 겨울철에는 동해를 방지하기 위해 거적 등으로 감싸 준다.
③ 감은 줄기나 녹화마대 위에 진흙을 발라 주기도 하는데, 이는 일시적인 나무의 외상 방지, 수분 증산의 억제뿐만 아니라 수피 속에 서식하는 해충의 산란과 번식을 예방하여 구제하기 위함이다.
※ 발라 준 진흙이 건조하고 갈라지면 그 틈을 다시 채워 준다.

(3) 멀칭(Mulching)

① 멀칭은 뿌리분 부위에 자갈, 분쇄목, 짚, 비닐 등을 5~10cm 두께로 덮어주는 작업을 말한다.
② 멀칭 재료로 뿌리분 지름의 3배 정도되는 면적을 원형으로 덮는다.
③ 멀칭의 목적은 토양 경화 방지, 습도 유지, 건조 방지, 잡초 발생 방지, 적당한 지온 유지, 비료의 분해 촉진 등 다양하다.

[멀 칭]

(4) 약제 살포

① 식 수목은 뿌리 및 가지나 잎이 손상되어 쇠약한 상태로서 수분공급과 증산의 균형이 깨져 있으므로 수분 증산 억제제와 영양제를 뿌려 주는 것이 좋다.
② 상태가 나쁜 수목은 차광시설을 설치해 주고 영양제로 수간 주사를 준다.

(5) 뒷정리 : 식재의 모든 과정이 끝나면 쓰레기, 잔여물 등을 깨끗이 청소하고 제거한다.

(6) 시 비
① 과습하거나 건조한 시기는 피하여 시비한다.
② 뿌리의 활착기는 7월 하순까지이므로 7월 이후에는 칼륨과 인산만 시비한다.
③ 질소질 비료는 생장을 계속시켜 세포조직을 연약하게 하고 월동 시 동해를 입힐 수 있다.

3 수목 식재 보조 재료

(1) 지 주

수목 보호용 지주는 3년 이상 식재 수목을 지지할 수 있을 정도의 내구성이 있어야 하며, 재료·색채·외양 등에서 목재 등 자연 친화적인 재료를 사용해야 한다.

① 원주 지주목
  ㉠ 사 각
  - 간선도로변 가로수, 상가, 광장 등 미관을 고려하는 지역에 설계도서에 따라 설치하여야 한다.
  - 가로수에 설치 시 수목 보호판의 형태에 부합하여야 한다. 즉, 수목 보호판이 직사각형인 경우 지주목의 상부 연결용 목재의 가로, 세로 길이를 조정하여 수목보호판과 상부 연결용 부재의 형태를 동일하게 하여 입면 형태는 사다리꼴이 되어야 안정된다.
  ㉡ 삼발이
  - 수목의 규격에 따라 소형, 중형 및 대형으로 구분되며, 설계도서에 따라 설치하여야 한다.
  - 지주목 부재 간 결속을 위한 철선은 아연 도금 철선 1종(SWMGS-1), 선지름 4mm를 2줄로 꼬아서 사용하여야 한다.
  - 삼발이 지주의 경사각은 70°를 기준으로 한다.

② 당김줄형 : 수목 주위에 일정한 간격으로 고정 말뚝을 박고, 이를 수목 높이의 1/2 지점과 연결하여 고정하며, 수목과 접하는 부위에는 고무나 플라스틱 호스 등의 마찰 방지재를 사용하여 수간을 보호하고, 팽팽하게 당겨주기 위하여 당김줄 중간에는 턴버클(Turnbuckle)을 부착한다.

③ 가로 지지대
  ㉠ 군식 수목에 대한 수목 지주대로 규격에 따른 원주 지주목(삼발이 소·중·대형)와 대나무 가로 지지대를 혼합하여 설계도서에 따라 시공하여야 한다.
  ㉡ 대나무 가로 지지대는 일정 간격으로 절단하여 반입하지 말고 수목 식재 후 식재 거리에 맞춰 절단하면서 사용하고, 연속된 한 개의 대나무에 3주 이상의 수목을 연결하여 '―'자 배치하거나, 짧은 대나무를 연결하여 사용되는 일이 없도록 한다.

ⓒ 대나무 가로 지지대 결속 부위에는 대나무 마디가 오도록 절단하거나 칼집을 내어 결속 후 움직임이 방지되도록 하여야 한다.
　　ⓔ 가로 지지대 설치 높이는 원주 지주목 결속부 상부, 식재 수목 수고의 중간 지점을 기준으로 하되, 수종 및 성상에 따라 조정하여 시공하여야 한다.
　　ⓜ 동일 장소의 가로 지지대 설치 시 대나무 가로 지지대의 굵기와 설치 높이를 일정하게 유지하고, 결속부의 두께 또한 일정한 두께를 유지하여 미려하게 시공한다.

(2) 뿌리 보호 덮개
① 식재지의 공간 특성·이용 특성·장식 효과·유지 관리 등을 고려하여 재료·색채·외양 등에서 자연 친화적인 재료를 선정한다.
② 식재 수목의 토양 환경을 양호한 상태로 유지시킬 수 있는 것이어야 한다.
③ 수목의 근원직경 및 장래의 생장도 등을 충분히 검토하여 여유 있는 크기를 선택한다.

(3) 멀칭재
① 장식적인 면과 지역에서의 입수 용이성 등을 고려하여 선정하되, 바크·왕겨·색자갈·볏짚·분쇄목·모래·톱밥·낙엽 등 병충해에 감염되지 않은 자연 친화적 자재로서 자연 상태에서 분해 가능한 재료를 우선 선정한다.
② 멀칭재(우드칩 등)는 소나무, 잣나무 등 국내산 자연목을 이용하여 생산된 것으로 하며, 우드칩 입자가 고르고 깨끗해야 한다.

(4) 결속재
① 녹화마대는 황마(Jute)로 만든 천연섬유시트를 사용한다.
② 녹화테이프는 고무액을 바른 중간 또는 거친 정도의 두께 5mm 이상이 되는 코코넛섬유(Coconut Fiber) 시트 또는 얇게 타르를 바른 사이잘삼실(Sisal Yarn) 시트로 한다.
③ 녹화끈은 황마로 만든 직경 6mm의 천연섬유 노끈을 사용한다.
④ 고무 밴드는 폐튜브를 폭 30mm가 되도록 6등분하여 사용하거나 시판용 고무 밴드를 사용한다.

(5) 농약(살충제, 살균제)
농약은 농약관리법에 따라 등록된 제조업자의 제조 품목 중 파프분제 등 속효성이며 접촉성 유기인제 살충제를 사용한다.

(6) 증산 억제제, 토양 개량제, 발근 촉진제, 상처 유합제 등
증산 억제제는 크라우드커버, 그리너 등 표면에 막을 형성하는 유제로, 식물에 유해하지 않아야 한다.

제4절 지피 · 초화류 식재

1 식재 방법

(1) 초화류 화단

① 조경 공간에서의 주요 식물재료는 교목, 관목 등의 수목과 잔디이지만, 초화류를 이용하여 만든 화단은 조경공간을 훨씬 부드럽고 화사하게 만들어 주어 보는 이에게 즐거움을 준다.
② 화단 조성에 가장 많이 쓰는 초화류는 1년생 초화류이며, 1년 중 꽃을 계속적으로 감상하기 위해서는 3~5회 정도 모종을 갈아 심어야 한다.
③ 알뿌리나 숙근류 등은 꽃이 화려하고 탐스러운 것이 많으나, 1년생 초화류에 비해 종묘비가 많이 들고 개화기까지의 화단 점유 기간이 길다는 단점이 있다.
④ 칸나는 개화 전에 잎을 감상할 수 있으며, 서리가 내릴 때까지 장기간 꽃이 피므로 많이 이용하고 있다.
⑤ 화단의 설치조건
  ㉠ 햇빛이 잘 들고 통풍이 잘되어야 한다.
  ㉡ 토양은 배수가 잘되고 비옥한 사질양토이어야 화초가 건강히 자라 좋은 꽃을 볼 수 있다.
  ㉢ 토양이 불량할 때는 개량하거나 알맞은 토양으로 완전히 객토해야 한다.
⑥ 화단의 조성방법
  ㉠ 초화류 식재는 종자를 파종하는 방법과 꽃 모종을 심는 방법이 있으나, 대부분은 개화 직전의 꽃 모종을 갈아 심는 방법을 이용한다.
  ㉡ 꽃 모종으로는 밭에서 재배한 것과 포트에서 재배한 것을 이용하는데, 밭에서 재배한 꽃 모종은 심기 1~2시간 전에 관수하면 캐낼 때 흙이 많이 붙어 분뜨기에 좋다.
  ㉢ 꽃 모종을 심을 때는 초종별 특성에 맞추어 식재간격을 조정해야 뿌리 활착과 줄기 퍼짐이 좋아진다.
  ㉣ 꽃묘는 줄이 바뀔 때마다 어긋나게 심는 것이 좋고, 비교적 큰 면적의 화단은 중심부에서 바깥쪽으로 심어 나간다.
  ㉤ 식재할 곳에 $1m^2$당 퇴비 1~2kg, 복합비료 80~120g을 밑거름으로 뿌리고, 20~30cm 깊이로 갈아 준다.

> **더 알아보기**
>
> **종자 뿜어붙이기**
> - 종자 뿜어붙이기는 분사 파종공법이라고도 한다.
> - 급한 경사면이나 암반이 많은 절개면을 녹화하기 위해 개발된 공법이다.
> - 단시간에 많은 면적을 시공할 수 있는 방법으로 주로 비탈면의 안정과 녹화를 위해 시공한다.
> - 하이드로시더(Hydroseeder)나 모르타르건(Mortar Gun) 등의 기구를 이용하여 종자, 피복제, 접착제, 거름, 양생제, 색소, 물 등을 함께 섞어 압축공기나 압력수로 경사면에 분사한다.

2 공간별 지피 식물의 적용

(1) 개울과 샛강의 식재
뿌리가 강건하여 유속에 의한 토사 유출을 방지할 수 있어야 하며, 수위에 따라 습지와 건조가 상종하는 지역이므로 내습성, 내건성을 동시에 지니고 수질을 정화시킬 수 있는 식물이어야 한다.

(2) 경관석과 정원석의 식재
주변의 경관석과 조화되게 식물의 높이를 잘 파악하여 식재한다. 돌 틈은 돌과 토양, 대기와의 주·야간 온도의 차이로 건조할 것 같으면서도 적당한 습도가 유지되어 식물이 잘 생장한다. 키가 너무 큰 식물은 주위의 경관석을 가리게 되므로 잘 고려하여 식재해야 한다.

(3) 둔치 마당과 둑길의 식재
강물의 범람으로 침수가 우려되므로 습해에 강한 식물을 선택한다. 이곳의 토양은 사질토가 많으므로 건조기에는 가뭄의 피해를 견딜 수 있는 강한 식물을 이용한다.

(4) 공간이 넓은 잔디밭 위 화단의 식재
양지에서 잘 자라는 식물이 좋으며, 특히 건조에 비교적 강한 식물이어야 한다. 개화 기간이 길고 오래도록 잎이 지지 않아서 지피 효과가 좋은 식물을 선택한다.

(5) 낙엽수 아래의 식재
겨울과 봄에는 햇볕이 드는 양지지만 여름 등 녹음이 짙은 계절에는 햇볕이 잘 들지 않는 음지 또는 반음지 환경이다. 개화기에는 양지성, 개화 후에는 음지성의 식물을 선택한다.

(6) 도로 분리대와 도로 녹지대의 식재
차량 통행이 많아 먼지와 티끌로 이루어진 분진(粉塵), 매연, 바람 등에 강한 식물을 선택한다. 음지와 양지가 공존하는 지역이므로 식물 선택을 신축성 있게 하여야 한다.

(7) 보행섬과 가로 화단의 식재
교통량이 많은 지역으로 운전자의 시각 장애를 주지 않는 키가 작은 식물을 선택한다. 주변에 포장도로가 많아 복사열로 무더위가 우려되므로 더위를 싫어하는 식물은 제외한다. 복사열로 인하여 식재한 식물이 조기 개화할 수 있다는 점을 고려해야 한다.

(8) 상록수 아래의 식재
상록수 중 소나무 군식 지역에서는 건조에 강한 식물을 선택한다. 소규모 소나무 군식 지역과 대규모 소나무 군식 지역으로 나누어 선택한다.

3 초화류 식재 패턴

(1) 독립형 초화원 혼합식재

① 교목, 관목 및 초화 등 다양한 식물의 화색, 화기, 초장, 엽색 등 특성을 고려하여 혼합 배치함으로써 연중 감상 포인트를 제공한다.
② 꽃색과 계절, 상록식물의 비율을 계절별 3종 이상 개화되도록 한다.
③ 겨울철 경관을 고려하여 잎, 줄기 등이 아름다운 상록성의 그라스류와 관목을 뼈대로 점적 식재하고 여백 부분에 계절별 야생화를 반복 식재한다.
④ 키 작은 식물은 앞쪽에 식재하고 키 큰 식물은 원경으로 배치한다.
⑤ 계절별 도면을 별도로 작성하여 해당 계절의 개화종 위치 및 색상을 표시하여 식물식재의 적정성을 확인한다.

(2) 건물 전후면 선형 녹지 공간 초화류 식재

① 건물 전면 초화류 식재(양지성, 반음지성) : 감국, 구절초, 꼬리조팝, 꼬리풀, 꽃범의 꼬리, 금불초, 벌개미취, 범부채, 비비추, 삼색조팝, 상록패랭이, 섬기린초, 수호초 등
② 건물 후면 초화류 식재(음지성, 반음지성) : 두메부추, 둥글레, 맥문동, 벌개미취, 비비추, 옥잠화, 수호초, 아주가, 삼색조팝, 지피말발도리, 상록사초 등
③ 암석원 조성
　㉠ 키와 부피가 크지 않고 빨리 자라거나 퍼지지 않는 초화종과 멀칭재료로 조성한다.
　㉡ 식물에 의한 피복률 50% 이하로 식물의 양을 많지 않게 하며 멀칭재로 피복한다.

> **더 알아보기**
>
> **지피·초화류 식재 장비**
> - 기록장비 : 카메라, 비디오 촬영기
> - 안전장비 : 안전모, 안전조끼, 안전화, 안전벨트, 랜턴, 무전기
> - 기타 : 농기구(삽, 가래, 곡괭이, 갈퀴, 레이크), 관수자재(호스, 노즐), 이동용 관수장비, 물조리개, 전정도구(전정가위, 고지가위, 전정톱), 농약살포기, 사다리
> - 운반 도구 : 리어카 등
> - 시비용 거름 : 유기질, 무기질 비료 등
> - 보호 재료 : 수간보호재료, 월동보호재료, 멀칭재료, 차광막

CHAPTER 02 적중예상문제

01 수목 뿌리의 역할이 아닌 것은?

① 저장근 : 양분을 저장하여 비대해진 뿌리
② 부착근 : 줄기에서 새근이 나와 다른 물체에 부착하는 뿌리
③ 기생근 : 다른 물체에 기생하기 위한 뿌리
④ 호흡근 : 식물체를 지지하는 기근

해설 특수한 형태와 기능에 따른 뿌리의 구분
- 저장근 : 많은 양분을 저장한다.
- 부착근 : 줄기에서 부정근을 내어 나무와 바위에 부착한다.
- 기생근 : 기주식물의 조직 속에 침입하여 물과 양분을 흡수한다.
- 호흡근 : 뿌리의 일부가 공기 중에 노출되어 공기를 흡수한다.
- 기근 : 뿌리가 공기 중에 노출되어 식물체를 고착시키고, 수분을 흡수 및 저장한다.
- 지주근 : 줄기의 아래쪽 마디에서 많은 부정근을 내어 식물체를 지탱시킨다.

02 다음 중 일반적인 토양의 상태에 따른 뿌리 발달의 특징 설명으로 옳지 않은 것은?

① 비옥한 토양에서는 뿌리목 가까이에서 많은 뿌리가 갈라져 나가고 길게 뻗지 않는다.
② 척박지에서는 뿌리의 갈라짐이 적고 길게 뻗어 나간다.
③ 건조한 토양에서는 뿌리가 짧고 좁게 퍼진다.
④ 습한 토양에서는 호흡을 위하여 땅 표면 가까운 곳에 뿌리가 퍼진다.

해설 건조한 토양의 뿌리
- 흙이 메마르면 뿌리를 깊게 뻗어 최대한 물을 흡수하려한다.
- 적은 양의 물도 흡수하기 위해 실뿌리가 발달한 반면 습한 토양의 실뿌리는 상대적으로 발달이 미약하다.

03 수목의 굴취방법에 대한 설명으로 틀린 것은?

① 옮겨 심을 나무는 그 나무의 뿌리가 퍼져 있는 위치의 흙을 붙여 뿌리분을 만드는 방법과 뿌리만을 캐내는 방법이 있다.
② 일반적으로 상록수, 크기가 큰 수종, 이식이 어려운 수종, 희귀한 수종 등은 뿌리분을 크게 만들어 옮긴다.
③ 일반적으로 뿌리분의 크기는 근원반지름의 4~6배를 기준으로 하며, 보통분의 깊이는 근원반지름의 3배이다.
④ 뿌리분의 모양은 심근성 수종은 조개분 모양, 천근성인 수종은 접시분 모양, 일반적인 수종은 보통분으로 한다.

해설 ③ 뿌리분의 크기는 일반적으로 근원반지름이 아닌 근원지름의 4~6배로 하는데, 보통 4배 정도를 기준으로 하고, 뿌리분의 깊이 또한 근원지름을 기준으로 접시분은 2배, 보통분은 3배, 조개분은 4배 정도로 한다.

04 조경식재 공사에서 뿌리돌림의 목적으로 가장 부적합한 것은?

① 뿌리분을 크게 만들려고
② 이식 후 활착을 돕기 위해
③ 잔뿌리의 신생과 신장도모
④ 뿌리 일부를 절단 또는 각피하여 잔뿌리 발생촉진

해설 뿌리돌림의 목적 : 이식력이 약한 나무를 대상으로 굴취 전에 미리 잔뿌리를 발달시켜 이식력을 높이거나, 노목이나 쇠약목의 세력 회복을 위한 목적으로도 사용한다.

정답 1 ④ 2 ③ 3 ③ 4 ①

05 다음 중 수목의 뿌리돌림에 대한 작업방법으로 올바른 것은?

① 한 자리에 오래 심겨져 있을 나무를 옮길 경우에만 실시한다.
② 뿌리돌림을 실시하는 시기는 반드시 4계절 중 수액이 이동하기 전 봄철에 실시한다.
③ 뿌리돌림을 할 때 노출되는 뿌리는 모두 잘라버린다.
④ 수종의 특성에 따라 가지치기, 잎 따주기 등을 하고 필요시 임시 지주를 설치한다.

해설 ① 뿌리돌림은 이식이 어려운 나무, 노목이나 큰 나무, 부적당한 시기에 이식할 경우에 미리 잔뿌리를 발달시키기 위한 사전 작업이다.
② 뿌리돌림을 하는 시기는 봄의 해토 직후부터 생장이 가장 활발한 시기에 하는 것이 적합하며, 혹서기와 혹한기는 피하는 것이 좋다.
③ 큰 나무의 경우 수목을 지탱하기 위해 3~4방향으로 굵은 뿌리를 하나씩 남겨 두고 15cm 정도의 폭으로 환상박피한다.

06 큰 나무의 뿌리돌림에 대한 설명 중 옳지 못한 것은?

① 굵은 뿌리를 3~4개 정도 남겨둔다.
② 굵은 뿌리 절단 시는 톱으로 깨끗이 절단한다.
③ 뿌리돌림을 한 후에 새끼로 뿌리분을 감아 두면 뿌리의 부패를 촉진하여 좋지 않다.
④ 뿌리돌림을 하기 전 지주목을 설치하여 작업하는 것이 좋다.

해설 ③ 작업 시 뿌리분이 깨질 위험이 있으면 새끼로 감아 뿌리분이 깨지는 것을 막는다.

07 다음은 보통분을 나타낸 그림이다. ㉠, ㉡, ㉢, ㉣에 알맞은 것은?

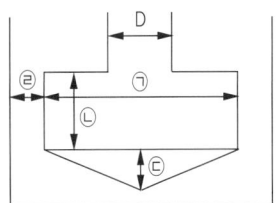

① ㉠ 4D, ㉡ 2D, ㉢ D, ㉣ 2D
② ㉠ 6D, ㉡ 2D, ㉢ 2D, ㉣ 2D
③ ㉠ 4D, ㉡ D, ㉢ 2D, ㉣ D
④ ㉠ 6D, ㉡ D, ㉢ D, ㉣ 2D

해설 뿌리분의 모양 – 보통분

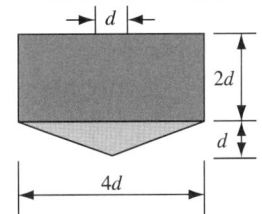

08 느티나무의 수고가 4m, 흉고지름이 6cm, 근원지름이 10cm인 뿌리분의 지름크기는 대략 얼마로 하는 것이 좋은가?[단, A = 24+(N −3) × d, d : 상수(상록수 : 4, 낙엽수 : 5)]

① 29cm ② 39cm
③ 59cm ④ 99cm

해설 뿌리분의 지름(A) = 24+(N−3) × d
= 24+(10−3)×5
= 59

정답 5 ④ 6 ③ 7 ① 8 ③

09 일반적으로 수목을 뿌리돌림할 때, 분의 크기는 근원지름의 몇 배 정도가 적당한가?

① 2배　　② 4배
③ 8배　　④ 12배

해설 ② 뿌리분의 크기는 굴취 시와 마찬가지로 근원직경의 4~6배로 하는데, 보통 4배 정도를 기준으로 한다.

12 새끼줄로 뿌리분을 감는 방법 중 석줄 두 번 걸기를 표현한 것은?

① 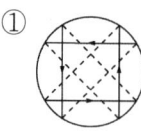　②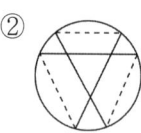
③ 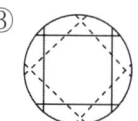　④

해설 ① 넉줄 1번 감기, ② 석줄 1번 감기, ③ 넉줄 2번 감기

10 근원직경이 15cm인 수목의 뿌리분은 직경이 얼마인가?

① 30cm　　② 60cm
③ 90cm　　④ 120cm

해설 뿌리분의 직경($4D$) = 4 × 15cm = 60cm

11 절토하고자 하는 곳에 수목이 있다. 그 수목을 보호하려면 수목의 중심에서 직경을 얼마나 남겨 둬야 하는가?(단, D = 근원직경)

① 수관의 중심에서 $2D$만큼 남겨 둔다.
② 수관의 중심에서 $3D$만큼 남겨 둔다.
③ 수관의 중심에서 $4D$만큼 남겨 둔다.
④ 수관의 중심에서 D만큼 남겨 둔다.

해설 ③ 수목 보호를 위해 수관 중심에서 $4D$만큼 직경을 남긴다.

13 나무를 옮겨 심었을 때 잘려진 뿌리로부터 새 뿌리가 나오게 하여 활착이 잘 되게 하는데 가장 중요한 것은?

① 호르몬과 온도
② C/N율과 토양의 온도
③ 온도와 지주목의 종류
④ 잎으로부터의 증산과 뿌리의 흡수

해설 뿌리의 절단면으로부터 새로운 뿌리가 돋아나는 데 가장 중요한 영향을 미치는 것은 T/R률, 즉 뿌리와 상부 가지의 비율이다. 뿌리를 잘라 주었으면 상부가지도 그만큼 정리해 주어야만 뿌리에서 흡수하는 수분과 잎, 줄기에서 증산작용으로 날아가는 수분의 비율이 맞아 활착이 원활하게 된다.

14 단풍나무를 식재적기가 아닌 여름에 옮겨 심을 때 실시해야 하는 작업은?

① 뿌리분을 크게 하고, 잎을 모조리 떼 내고 식재
② 뿌리분을 적게 하고, 가지를 잘라낸 후 식재
③ 굵은 뿌리는 자르고, 가지를 솎아 내고 식재
④ 잔뿌리 및 굵은 뿌리를 적당히 자르고 식재

해설 ① 일반적으로 크기가 큰 수종, 상록수, 이식이 어려운 수종, 희귀한 수종 등은 뿌리분을 크게 만들어 옮긴다.

15 조경공사에서 이식적기가 아닌 때 식재공사를 하는 방법으로 틀린 것은?

① 가지의 일부를 쳐 내서 증산량을 줄인다.
② 뿌리분을 작게 만들어 수분 조절을 해 준다.
③ 증산 억제제를 나무에 살포한다.
④ 봄철의 이식적기보다 늦어질 경우 이른 봄에 미리 굴취하여 가식한다.

16 수목의 생리상 이식시기로 가장 적당한 시기는?

① 뿌리활동이 시작되기 직전
② 뿌리활동이 시작된 후
③ 새 잎이 나온 후
④ 한창 생장이 왕성한 때

해설 ① 수목의 이식시기로는 뿌리의 활동이 시작되기 직전이 좋으며, 활착이 어려운 하절기나 동절기는 피한다.

17 상록활엽수의 이식적기로 옳은 것은?

① 눈이 생긴 직후
② 가을 생장 휴지기
③ 신엽 발아기
④ 발아 전

해설 ④ 상록활엽수의 이식은 발아 전에 하는 것이 좋고, 눈이 틔는 것이 낙엽활엽수에 비해 느리며 내한성이 약하기 때문에 봄철 이식이 가을철 이식보다 유리하다.

18 다음 중 모란의 이식적기는?

① 2월 상순~3월 상순
② 3월 상순~4월 상순
③ 6월 상순~7월 중순
④ 9월 중순~10월 중순

해설 ④ 낙엽활엽관목인 모란의 이식은 9~10월에 하는 것이 좋고, 봄철 이식은 생육과 개화에 좋지 않다.

19 다음 중 조경수의 이식에 대한 적응이 가장 쉬운 수종은?

① 벽오동
② 전나무
③ 섬잣나무
④ 가시나무

해설
• 이식이 쉬운 수종 : 편백, 측백나무, 메타세쿼이아, 향나무, 사철나무, 쥐똥나무, 철쭉류, 벽오동, 은행나무, 플라타너스, 수양버들, 무궁화, 명자나무 등
• 이식이 어려운 수종 : 소나무, 전나무, 주목, 독일가문비, 섬잣나무, 가시나무, 굴거리나무, 느티나무, 목련, 백합나무, 칠엽수, 감나무, 자작나무, 맹종죽, 낙우송, 태산목, 구상나무 등

정답 14 ① 15 ② 16 ① 17 ④ 18 ④ 19 ①

20 수종에 따라 또는 같은 수종이라도 개체의 성질에 따라 삽수의 발근에 차이가 있는데 일반적으로 삽목 시 발근이 잘 되지 않는 수종은?

① 오리나무　② 무궁화
③ 개나리　　④ 꽝꽝나무

해설
- 삽목의 발근이 쉬운 수종 : 버드나무류, 사철나무, 개나리, 주목, 측백나무, 꽝꽝나무, 향나무, 무궁화
- 삽목의 발근이 어려운 수종 : 소나무, 해송, 잣나무, 전나무, 참나무류, 오리나무, 밤나무
- ※ 삽목(揷木, Cuttings) : 모수의 유전성에 따른 발근 정도

21 소나무류를 옮겨 심을 경우 줄기를 진흙으로 이겨 발라 놓은 주요한 이유가 아닌 것은?

① 해충을 구제하기 위해
② 수분의 증산을 억제
③ 겨울을 나기 위한 월동 대책
④ 일시적인 나무의 외상을 방지

해설 줄기감기(수피감기, 줄기싸기)
- 줄기를 감는 목적은 줄기로부터의 수분 증산을 억제하고, 해충의 침입을 방지하며, 강한 햇빛과 추위로부터 수피를 보호하기 위해서이다.
- 줄기감기에는 주로 새끼와 녹화마대가 쓰이지만, 겨울철에는 동해를 방지하기 위해 거적 등으로 감싸 준다.
- 감은 줄기나 녹화마대 위에 진흙을 발라 주기도 하는데, 이는 일시적인 나무의 외상 방지, 수분 증산의 억제뿐만 아니라 수피 속에 서식하는 해충의 산란과 번식을 예방하여 구제하기 위함이다.
- ※ 발라 준 진흙이 건조하고 갈라지면 그 틈을 다시 채워 준다.

22 수피가 얇은 나무에서 수피가 타는 것을 방지하기 위하여 실시해야 할 작업은?

① 수간주사주입
② 낙엽깔기
③ 줄기싸기
④ 받침대 세우기

23 다음 중 바람에 대한 이식 수목의 보호조치로 가장 효과가 없는 것은?

① 큰 가지치기
② 지주목 세우기
③ 수피감기
④ 방풍막 치기

24 다음 중 줄기의 수피가 얇아 옮겨 심은 직후 줄기감기를 반드시 하여야 되는 수종은?

① 배롱나무　② 소나무
③ 향나무　　④ 은행나무

해설 줄기감기를 해 주어야 하는 나무
- 나무의 나이가 많고 상당한 굵기를 가진 나무
- 일본목련이나 느티나무, 배롱나무와 같이 수피가 밋밋하고 얇은 나무
- 거의 모든 가지를 쳐서 이식한 나무
- 추위에 약한 나무와 식재지보다 따뜻한 고장으로부터 옮겨진 나무
- 쇠약한 나무와 뿌리가 적은 나무
- ※ 줄기감기를 한 것은 3~4년 정도 그대로 두고, 심은 나무가 완전히 활착한 후에는 되도록 빨리 제거한다.

25 일반적으로 높이 10m의 방풍림에 있어서 방풍효과가 미치는 범위를 바람 위쪽과 바람 아래쪽으로 구분할 수 있는데, 바람 아래쪽은 약 얼마까지 방풍효과를 얻을 수 있는가?

① 100m ② 300m
③ 500m ④ 1,000m

해설 방풍효과
- 방풍효과의 범위는 수고와 비례하고, 바람의 감속은 밀도와 비례한다.
- 방풍효과가 미치는 범위는 바람 위쪽으로 수고의 6~10배, 바람 아래쪽으로 수고의 25~30배에 해당하는 지점이다.
- 가장 효과가 큰 지점은 아래쪽으로 수고의 3~5배에 해당하는 지점이며, 풍속의 65% 정도가 감소한다.

26 이식할 수목의 가식장소와 그 방법의 설명으로 잘못된 것은?

① 공사의 지장이 없는 곳에 감독관의 지시에 따라 가식 장소를 정한다.
② 그늘지고 배수가 잘 되지 않는 곳을 선택한다.
③ 나무가 쓰러지지 않도록 세우고 뿌리분에 흙을 덮는다.
④ 필요한 경우 관수시설 및 수목 보양시설을 갖춘다.

해설 ② 공사시방서에 정하는 바가 없을 때의 가식장소는 사질양토로서 배수가 잘되는 곳으로 하여야 하며, 배수가 불량할 때는 배수시설을 설치하여야 한다.

27 다음 중 교목의 식재공사 공정으로 옳은 것은?

① 구덩이파기 → 물 죽쑤기 → 묻기 → 지주세우기 → 수목방향 정하기 → 물집만들기
② 구덩이파기 → 수목방향 정하기 → 묻기 → 물 죽쑤기 → 지주세우기 → 물집 만들기
③ 수목방향 정하기 → 구덩이파기 → 물 죽쑤기 → 묻기 → 지주세우기 → 물집 만들기
④ 수목방향 정하기 → 구덩이파기 → 묻기 → 지주세우기 → 물 죽쑤기 → 물집 만들기

28 수목 식재 시 수목을 구덩이에 앉히고 난 후 흙을 넣는데 수식(물죔)과 토식(흙죔)이 있다. 다음 중 토식을 실시하기에 적합하지 않은 수종은?

① 목련
② 전나무
③ 서향
④ 해송

해설
- 수식 : 물죔이라고도 하며, 뿌리분의 1/3~1/2까지 흙을 넣고 물을 부어 반죽한 후 나머지 흙을 채워서 심는 방법으로, 대부분의 수목에 적용한다.
- 토식 : 흙죔이라고도 하며, 마른 흙으로 채워서 심은 후 물집을 만들어 물을 주는 방법으로, 주로 소나무에 적용한다.

정답 25 ② 26 ② 27 ② 28 ①

29 식물 생육에 필요한 토양의 생존최소토심과 생육최소토심이 바르게 연결된 것은?

① 잔디 및 초화류 – 15, 30
② 대관목 – 30, 45
③ 천근성 교목 – 45, 60
④ 심근성 교목 – 60, 90

해설 식물 생육에 필요한 최소 토양깊이

식물의 종류	생존토심(cm)		생육토심(cm)			배수층의 두께
	인공토	자연토	혼합토(인공토 50% 기준)	토양등급 중급 이상	토양등급 상급 이상	
잔디·초화류	10	15	13	30	25	10
소관목	20	30	25	45	40	15
대관목	30	45	38	60	50	20
천근성 교목	40	60	50	90	70	30
심근성 교목	60	90	75	150	100	30

30 자연토양을 사용한 인공지반에 식재된 대관목의 생육에 필요한 최소식재토심은?(단, 배수구배는 1.5~2.0%이다)

① 15cm
② 30cm
③ 45cm
④ 70cm

31 식재를 위한 표토 복원두께의 연결이 옳지 않은 것은?

① 초화류 식재지 – 5~10cm
② 관목 식재지 – 40~50cm
③ 교목 식재지 – 60cm 이상
④ 지피류 식재지 – 20~30cm

해설 ① 표토 복원두께는 식재수목의 종류에 따라 결정되는데, 초화류 식재지의 경우 15~30cm이다.

32 비탈면에 교목과 관목을 식재하기에 적합한 비탈면 경사로 모두 옳은 것은?

① 교목 1:2 이하, 관목 1:3 이하
② 교목 1:3 이상, 관목 1:2 이상
③ 교목 1:2 이상, 관목 1:3 이상
④ 교목 1:3 이하, 관목 1:2 이하

해설 ④ 비탈면에 교목을 식재하려면 1:3보다 완만해야 하고, 관목을 식재하려면 1:2보다 완만해야 한다.

33 화단에 초화류를 식재하는 방법으로 옳지 않은 것은?

① 식재할 곳에 1m²당 퇴비 1~2kg, 복합비료 80~120g을 밑거름으로 뿌리고 20~30cm 깊이로 갈아 준다.
② 큰 면적의 화단은 바깥쪽부터 시작하여 중앙부위로 심어 나가는 것이 좋다.
③ 식재하는 줄이 바뀔 때마다 서로 어긋나게 심는 것이 보기에 좋고 생장에 유리하다.
④ 심기 한나절 전에 관수해 주면 캐낼 때 뿌리에 흙이 많이 붙어 활착에 좋다.

해설 ② 비교적 큰 면적의 화단은 중심부에서 바깥쪽으로 심어 나간다.

CHAPTER 03 잔디 식재공사

PART 02 조경시공

제1절   잔디 시험 시공

1   잔디의 개념

(1) 잔디의 뜻과 효용성

① 잔디의 뜻 : 여러해살이 풀로서, 지표면 피복능력과 밟힘에 견디는 힘이 강하고, 회복능력이 큰 지피식물이다.

② 잔디의 효용성
  ㉠ 지표면을 피복하여 바닥을 보호하는 역할을 한다.
  ㉡ 공간에 푸르름과 아름다움을 제공하고, 먼지를 제거하여 공기를 맑게 한다.
  ㉢ 비탈면에서는 토양 침식을 막아 주고, 아름다운 공간에서 레크리에이션을 즐길 수 있도록 한다.
  ㉣ 표면이 탄력이 있고 부드러워 운동 중에 넘어져도 상처가 생기지 않게 한다.
  ㉤ 기온을 조절하며, 특유의 녹색으로 사람들에게 시각적인 해방감을 느끼게 한다.

(2) 잔디의 종류와 특성 〈중요〉

> **더 알아보기**
>
> - 난지형 잔디 : 한국잔디(들잔디, 금잔디, 갯잔디, 빌로드잔디), 버뮤다그래스 등
> - 한지형 잔디 : 벤트그래스, 켄터키블루그래스, 이탈리안라이그래스 등

① 한국잔디
  ㉠ 조이시아속 잔디로 들잔디, 금잔디, 갯잔디, 빌로드잔디 등이 있다.
  ㉡ 한국잔디는 우리나라에서 자생하는 난지형 잔디로, 가는 줄기와 땅속 줄기에 의해 옆으로 퍼지는 특성이 있다.
  ㉢ 5~9월 사이에 잎이 푸른 상태로 있어 녹색기간이 짧고, 그늘에서 잘 자라지 못한다.
  ㉣ 추위, 더위, 건조, 병해충에 아주 강하고, 산성 토양이나 답압(밟는 압력)에도 강하여 축구장, 공항, 공원, 묘지 등에 많이 쓰인다.
  ㉤ 잔디밭 조성에 많은 시간이 소요되고, 손상을 받은 후 회복속도가 느리며, 겨울 동안 황색 상태로 남아 있는 단점이 있다.

② 서양잔디
　㉠ 서양잔디의 특징
　　• 켄터키블루그래스, 벤트그래스, 파인페스큐, 톨 페스큐, 라이그래스류 등이 있다.
　　• 한지형 잔디로 그늘에서도 비교적 잘 견딘다.
　　• 서양에서 목초로 사용하던 것을 잔디로 개발하여 전 세계적으로 이용하고 있으며, 대부분 상록성 다년초이고, 일반적으로 종자로 번식한다.
　　• 여름 고온기를 제외하고는 언제라도 파종할 수 있는 이점이 있다.
　　• 일반적으로 겨울철에 상록이며, 자주 깎아 주어야 한다.
　㉡ 벤트그래스(Bentgrass)
　　• 대표적인 한지형 잔디로, 고온에서 생육이 불량하고 병충해가 발생하기 쉽다.
　　• 양지성이라 그늘에서 잘 자라지 않고, 답압에 약하지만 회복력이 강해 피해는 크지 않다.
　　• 질감이 좋고 생장이 균일하여 주로 골프장 그린에 사용된다.
　㉢ 켄터키블루그래스(Kentucky Bluegrass)
　　• 한지형 잔디 중에서 가장 많이 쓰이며, 다양한 조건에서도 관수만 확보되면 식재할 수 있다.
　　• 봄철의 녹색화가 빠르고, 회복력이 좋으며, 내습성·내마모성도 좋지만, 잔디깎기에 약하다.
　㉣ 이탈리안라이그래스(Italian Ryegrass)
　　• 주로 경사지의 토양침식 방지용으로 사용된다.
　　• 조성속도가 매우 빨라 다른 한지형 잔디를 일시적으로 피복하는 용도로도 사용된다.

2 잔디 파종 후 관리

(1) 잔디의 생육 환경
① 온 도
　㉠ 온도는 잔디의 생육을 결정짓는 중요한 요인이다.
　㉡ 온도 차이에 따라 난지형 잔디와 한지형 잔디로 구분할 수 있다.
　㉢ 보편적으로 한지형 잔디종자의 발아적온은 20~30℃이고, 난지형 잔디종자의 발아적온은 30~35℃이며, 한지형은 가을과 봄에 파종하고 난지형은 여름에 파종한다.
② 일 조
　㉠ 한국잔디와 버뮤다그래스 같은 난지형 잔디는 일조가 부족하면 생육에 지장을 받는다.
　㉡ 켄터키블루그래스, 페스큐, 라이그래스 등과 같은 한지형 잔디는 그늘에서도 비교적 잘 견딘다.
　㉢ 일반적으로 봄부터 가을 사이에는 하루 일조시간이 5시간 이상 되는 곳이어야 생육이 잘 된다.

③ 토양 : 잔디의 종류에 따라 차이가 있으나 대체적으로 알맞은 토양은 참흙이며, 토양산도는 pH 5.5~7.0이 알맞다.
④ 토양수분과 배수
   ㉠ 토양수분은 온도 다음으로 중요한 요소이다.
   ㉡ 25% 정도의 수분을 함유한 토양이 알맞으며, 물이 고여 있다든지 지하수위가 50cm 이상 높은 곳은 배수를 해야 한다.
   ㉢ 운동경기장, 골프장, 정원 등은 관수가 필수적이며, 관수시간은 새벽이 가장 좋으나 편의상 저녁에도 무방하다.

(2) 배토(뗏밥주기)
① 목적 : 노출된 지하줄기를 보호하고 지표면을 평탄하게 하며 잔디의 표층 상태를 좋게 한다. 또 부정근, 부정아를 발달시켜 잔디의 생육을 원활하게 한다.
② 시기 : 한지형 잔디는 봄과 가을에, 난지형 잔디는 생육이 왕성한 5~7월에 주는 것이 좋다.
③ 배토방법
   ㉠ 뗏밥은 가는 모래 2, 밭흙 1, 유기물 약간을 섞어 사용한다.
   ㉡ 뗏밥은 일반적으로 가열하여 사용하며, 증기소독이나 화학약품소독을 하기도 한다.
   ㉢ 뗏밥의 두께는 보통 2~4mm 정도로 주고, 다시 줄 때는 15일이 지난 후에 주며, 연 1~2회 주는데, 골프장의 경우는 3~7mm 정도로 연 3~5회 준다.

(3) 대취(Thatch)
① 대취의 뜻 : 지표면과 잔디 사이에 형성되는 것으로, 이미 죽었거나 살아 있는 뿌리, 줄기 그리고 가지 등이 서로 섞여 있는 유기층을 말하며, 잔디의 생육을 불량하게 하는 요인으로 작용한다.
② 대취의 특징
   ㉠ 대취는 공기와 비료의 효율적인 이동을 방해하고, 잔디의 생육을 약화시킨다.
   ㉡ 병원균 및 해충에게 서식지를 제공하여 피해를 발생시킨다.
   ㉢ 화학적으로는 리그닌 함량이 높기 때문에 물을 배척하는 소수성(Hydrophobic)이 있어 잔디밭에 부분적으로 건조피해를 일으키기도 한다.
   ㉣ 잔디밭에 살포되는 살충제나 살균제의 약효를 저하시킨다.
   ㉤ 잔디의 뿌리, 지하경의 성장이 대취층에서 이루어져 토양에 의한 보호력을 상실하여 고온장해, 동해, 건조해 등에 대한 내성이 약화된다.
   ㉥ 대취의 축적이 많을수록 잔디의 스캘핑현상이 잘 일어나며, 지렁이의 발생이 증가한다.

> **더 알아보기**
>
> **스캘핑(Scalping)**
> 지나친 잔디깎기로 인해 줄기나 죽은 잎들이 노출되어 누렇게 보이는 현상으로, 생장점의 일부가 제거되어 일시적으로 생육이 억제되거나 심하면 고사한다.

(4) 잔디깎기 중요

① 목적 : 이용 편리, 잡초 방제, 잔디분얼 촉진, 통풍 양호, 병충해 예방 등

② 시기 : 한국잔디는 6~8월, 서양잔디는 5~6월과 9~10월에 깎는다.

③ 깎는 높이 : 한번에 초장의 1/3 이상을 깎지 않는다.
  ㉠ 공원, 주택정원 : 25~40mm
  ㉡ 축구경기장 : 10~20mm
  ㉢ 골프장 : 그린(10mm 이하), 티(10~12mm), 페어웨이(20~25mm), 러프(45~50mm)

④ 잔디깎기의 장단점
  ㉠ 장 점
    • 잔디깎기는 균일한 잔디면을 제공한다.
    • 분얼을 촉진하여 밀도를 높인다.
    • 잡초의 발생을 줄일 수 있다.
    • 잔디면을 고르게 하여 경관을 아름답게 한다.
    • 통풍이 잘 되어 병해충을 줄일 수 있다.
    • 편평한 잔디밭을 만들어 경기력을 향상시킬 수 있다.
  ㉡ 단 점
    • 잔디를 깎으면 잎이 절단되므로 탄수화물의 보유량이 줄어든다.
    • 병원균이 침입하기 쉽다.
    • 물을 흡수하는 능력이 저하된다.

⑤ 잔디깎기기계
  ㉠ 로타리모어(Rotary Mower) : 프로펠러 날이 수평으로 회전하여 잔디를 깎는데, 깎이는 면이 거칠어 보통 50평 이상의 골프장 러프(Rough), 공원의 수목지역 등 잔디의 품질이 거칠어도 상관없는 곳에 사용한다.
  ㉡ 핸드모어(Hand Mower) : 잔디 깎는 날과 연결된 바퀴를 인력으로 돌려 가며 잔디를 깎는 기계로, 주로 50평 미만의 잔디밭관리에 사용한다.
  ㉢ 그린모어(Green Mower) : 골프장 그린, 테니스 코트 등 잔디면이 섬세한 곳을 깎는데 사용한다.
  ㉣ 갱모어(Gang Mower) : 골프장, 운동장, 경기장 등 5,000평 이상의 잔디밭을 깎는 기계로 트럭, 짚차나 기타 견인차에 달아 사용하며, 경사지나 잔디면이 평탄치 않은 곳도 균일하게 깎을 수 있고, 잔디도 양호하게 깎인다.

> **기출 Point** 잔디깎기
> • 가정, 공원, 공장 : 2.0~3.0cm
> • 페어웨이 : 2.0~2.5cm

더 알아보기

잔디밭에 통기가 잘되도록 구멍을 뚫는 기계
포크(Fork), 그린셰어(Green Saire), 론스파이크(Lawn Spike)

(5) 병해방제

① 한국잔디의 병

 ㉠ 녹병(Rust)
- 한국잔디에 가장 많이 발병하고, 잎에 적갈색 반점과 가루가 나타난다.
- 5~6월 또는 9~10월 정도의 기온에서 습윤 시 다발하고, 영양불량, 시비의 불균형, 과도한 답압 및 배수불량 등의 원인으로도 발생하기 쉽다.
- 예방 및 방제약으로는 다이젠 400~800배액이나, 디니코나졸수화제 등이 있다.

 ㉡ 라지패치(Large Patch)
- 라이족토니아균(Rhizoctonia Solani)에 의한 토양전염병으로 잔디에 매우 치명적인 피해를 입힌다.
- 4월 하순부터 낮 기온이 올라가고, 강우가 잦아지면 병원균의 밀도가 높아져 5월 중순 이후부터 본격적으로 발생한다. 특히 5월 하순~6월 상·중순에 내리는 비는 라지패치의 발생을 급격히 증가시킨다.
- 발병의 최적조건은 평균기온 20~23℃, 상대습도 80% 이상으로, 강우 후 혹은 흐린 일수가 2~3일 지속되면 발병된다. 병반은 둥근 원모양을 이루고 점차로 큰 모양을 형성한다.
- 방제약제로는 몬세렌, 몬카트, 이프로 등이 있다.

 ㉢ 푸사리움패치(Fusarium Patch)
- 이른 봄 30~50cm 직경의 원형으로 황화현상이 나타난다.
- 질소비료 과용지역에서 많이 나타나며, 한국잔디에 주로 발생한다.

② 서양잔디의 병

 ㉠ 브라운패치(Brown Patch)
- 서양잔디의 대표적인 병으로 잔디의 잎에 갈색 병반이 동그랗게 생긴다.
- 6월 하순부터 7월 사이에 기온이 20℃ 이상 다습할 때 발생한다.
- 고온다습, 질소과다, 대취축적 등이 원인이며, 엽부병이라고도 한다.
- 한국잔디에는 거의 나타나지 않는다.

 ㉡ 옐로패치(Yellow Patch)
- 10월 하순부터 3월까지 발병하고, 직경 20~50cm인 황색의 원형 병반이 나타나면서 잎이 적갈색으로 변하는데, 심할 경우 고사한다.
- 봄에 생리활성제를 시용하거나 10월 하순에 약제 처리하는 등 예방 위주의 방제를 하는 것이 좋다.

 ㉢ 면부병(Pythium Blight)
- 따뜻하고 습한 기후 조건이 되면 지름 2~3cm의 원형 병반이 나타난다.
- 병에 걸린 잎은 물에 젖은 것처럼 땅에 누우며, 미끈미끈한 느낌을 주고 토양에서 썩은 냄새가 난다.
- 방제를 위해서는 잔디의 지상부를 건조한 상태로 유지해야 한다.

② 탄저병(Anthracnose)
- 6월 하순부터 10월까지의 고온다습한 시기에 발생하며, 초기에는 잎이 담황색을 띠지만 이후 적갈색으로 변하여 말라 죽고, 죽은 잎에 수많은 초승달 모양의 포자를 형성한다.
- 인이나 칼륨의 적절한 시비와 살수(야간살수 금지)를 통해 발병을 줄일 수 있고, 약제 사용 시에는 발병 후 치료방제보다 발병 전 예방방제가 효과적이다.
- 한국잔디에서도 많이 발병한다.
⑤ 달러 스폿(Dollar Spot)
- 밤낮의 기온차가 심할 때, 비료(질소)가 부족할 때 지름 15cm 이하의 병반이 나타나 고사한다.
- 아침에 이슬 제거와 적절한 시비가 병 발생 확률을 줄일 수 있다.
⑥ 설부병
- 겨울철 눈이 쌓인 지역이나 습한 곳에서 주로 발생한다.
- 발병 시 잔디가 썩는다. 늦가을 또는 눈이 내리기 전에 질소시비를 줄여 예방하는 것이 효과적이다.

제2절 잔디 기반 조성

1 잔디 식재기반 조성

(1) 잔디밭 조성과 STM(Soil-Turfgrass Management) 콘셉트
① STM이란 지반(Soil), 잔디 초종(Turfgrass), 잔디 관리(Management)를 의미한다.
② 잔디 식재 시 양질의 잔디밭 시공을 원할 경우 조성 초기 단계부터 STM 콘셉트로 설계, 시공 및 관리를 하는 것이 중요하다.
③ 설계 단계부터 지반·잔디·관리 3요소를 동시에 종합적으로 고려해서 적절한 지반 설계, 적합한 초종 식재, 그리고 과학적인 관리를 해야만 수준 높은 잔디밭을 유지할 수 있다.

(2) 잔디 식재와 선행 작업 공정
① 양질의 잔디밭을 조성해서 지속적으로 관리하기 위해서는 식재 지반 시공 전에 기본 인프라 작업 공정을 수행해야 한다.
② 기본 인프라 작업 공정에는 배수공사, 관수용 배관작업 및 자동 스프링클러 설치 작업 등이 있다.
③ 선행 공정을 충분히 파악하고 이러한 공정이 유기적으로 적기에 원활하게 진행되도록 해야 한다.

(3) 잔디밭 조성과 식재 지반
  ① 동일한 초종으로 조성하더라도 잔디 품질은 지역, 지형, 식재 지반, 생육 환경, 관수, 예초, 시비, 갱신 작업, 관리자, 예산, 장비 등의 여러 가지 요인에 따라 다르게 나타난다.
  ② 잔디밭 조성 후 대상 잔디밭에 요구되는 기대 품질의 70~80% 정도는 설계 및 시공 과정에서 결정될 정도로 잔디 관리 이전의 조성 단계는 대단히 중요하다.
  ③ 잔디밭 조성 단계에서 가장 중요한 부분은 잔디 식재 후 잔디가 생장하는 토양 환경, 즉 잔디밭 식재 지반을 잘 조성하는 것이다.
  ④ 잔디밭 식재 지반 조성 시 파악해야 할 토양 환경에는 물리적·화학적·생물적 특성이 있다.
    ㉠ 물리적 특성 : 토양 공기, 토양 수분, 보수성 및 배수성 등
    ㉡ 화학적 특성 : 토양 산도, 전기 전도도, 염류 집적, 양이온 치환용량 등
    ㉢ 생물적 특성 : 토양 미생물(세균, 사상균 등), 토양 소동물(개미, 지렁이, 두더지 등)

(4) 잔디밭 식재 지반의 유형
  ① 잔디밭의 지반은 크게 원지반과 개량 지반으로 구분할 수 있다.
    ㉠ 원지반 : 잔디밭 조성 지역에 있는 현장 토양을 그대로 활용해서 식재하는 방식이다.
    ㉡ 개량 지반 : 원지반의 토양 일부 또는 전부를 다른 골재로 대체하면서 식재층 토양 환경을 개선해서 식재하는 방식이다.
  ② 원지반과 개량 지반은 다시 지반을 구성하는 식재층, 중간층, 배수층 등의 포설하는 골재층 종류에 따라 단층 및 다층 구조로 나눌 수 있다.

더 알아보기

잔디밭 식재 지반의 종류

구 분	구 조	종 류	내 용
원지반	단 층	기존토 지반	중장비로 원래 기존 토양을 정리해서 표면구배 및 지형을 잡은 후 잔디를 식재하는 방식
개량 지반	단 층	배합토 지반	기존양토+모래+토양개량제를 일정한 비율로 혼합하여 만든 배합토를 잔디밭 식재 지역에 포설하고 잔디를 식재하는 방식
		모래 식재층 지반	원토양을 걷어 낸 바닥에 지선과 간선의 지하 배수 시설을 설치한 후 모래 골재 위주의 식재층을 만들어 잔디를 식재하는 방식
		모래층 셀 지반	잔디밭 식재는 모래 식재층 지반과 유사한 방식으로 조성한 지반에 식재하지만, 전체 지반 바닥과 옆면에 수분이 투과되지 못하도록 플라스틱 시트를 깔아 수분 이동을 통제하고, 배수는 배수관을 통해서만 배수되는 방식이 다름
	다 층	다층 USGA 지반	USGA(United States Golf Association)에서 개발한 방식으로 원래 토양을 걷어낸 바닥에 지선과 간선의 지하 배수 시설을 설치한 후 콩자갈, 왕사 및 모래로 각각 배수층 → 중간층 → 식재층을 조성한 후 잔디를 식재하는 방식

출처 : 김경남(2013c). 『STM 총서 Ⅲ : 최신잔디조성론』. 삼육대학교 출판부. p.103.

(5) 잔디밭 조성과 배수공사
① 배수공사는 잔디밭 조성 후 뿌리 생육에 필요한 토양의 통기성 환경과 밀접한 연관이 있다.
② 배수공사는 크게 표면배수 작업과 지하배수 시설 설치 작업으로 구분할 수 있다.

2 자동 관수 시설 설치

(1) 잔디 관수 시설의 특징
① 잔디밭 조성 후 양질의 잔디밭 유지 및 관리를 위해서는 적합한 관수 시설 설치가 중요하다.
② 자동 관수 시스템을 설치하기 전 선행 공정인 관수 배관 공사를 적합하게 추진해야 한다.
③ 잔디밭 관수 프로그램에서 관수 설비는 비용이 저렴하면서 균일하게 살포할 수 있는 관수 장비가 좋다.
④ 골프장과 같이 대규모 면적의 관수 시설은 필요한 시기에 적절한 양의 물을 충분히 공급할 수 있어야 한다.
⑤ 가장 많이 사용하고 있는 관수 장비는 잔디밭 위에서 살수되는 오버헤드(Overhead) 방식으로 팝업 타입과 로터리 타입이 있다.

(2) 잔디 관수 시설의 종류
① 팝업 타입 스프링클러
　㉠ 관수 방식은 스프레이 시스템으로 작동된다.
　㉡ 로터리 타입에 비해 작동 수압이 상대적으로 낮기 때문에, 살수 반경도 6~12m 정도로 다소 짧다.
　㉢ 분사되는 물방울이 가늘고 골고루 분사됨으로 살수 패턴이 균일하다.
　㉣ 지표면에 떨어지는 물방울의 수압이 낮기 때문에 파종 직후 잔디밭에 효율적이다.
　㉤ 주로 중·고관리 수준으로 유지되고 있는 잔디밭에 활용된다.
② 로터리 타입 스프링클러
　㉠ 관수 방식은 회전형으로 작동된다.
　㉡ 팝업 타입 방식에 비해 작동 수압이 강하기 때문에, 보통 살수 반경이 24~60m 정도로 더 멀리 살포할 수 있다.
　㉢ 팝업 타입에 비해 내구성이 강한 편이다.
　㉣ 주로 중·고관리 수준의 잔디밭에 활용된다.
　㉤ 로터리 타입 시스템은 분사 작동 방식에 따라 기어식과 충격식으로 구분된다.
③ 이동식 QC(Quick-Coupling) 스프링클러
　㉠ 회전형으로 작동되는 관수 방식이다.
　㉡ 관수 헤드는 충격식 로터리 헤드를 이용하며 내구성은 강한 편이다.

ⓒ 탈부착식으로 사용에 다소 불편하다.
ⓔ 저관리 수준으로 유지되고 있는 잔디밭 또는 정기적인 관수관리 외에 보조적으로 관수가 필요한 지역에 효율적으로 사용할 수 있다.

3 잔디 기반조성 장비의 종류

기록 장비	카메라, 비디오 촬영기
안전 장비	안전모, 안전조끼, 안전화, 안전벨트, 랜턴, 무전기
측량 장비	레벨, 광파기, 줄자, 스타프, GPS 측정기, 비이커, 메스실린더
기계 장비	굴삭기, 콤팩터, 미니 로더
공구 및 기타	삽, 곡괭이, 갈퀴, 레이크, 호스, 노즐, 스프링클러 시스템, 레인건 시스템, 이동용 관수 장비, 물 조리개, 수평계

제3절 잔디 식재

1 잔디밭 조성과 영양 번식 방법

(1) 영양 번식 방법의 특징

① 대부분의 잔디 초종은 종자 및 영양 번식이 모두 가능하지만 하이브리드 버뮤다그래스나 세엽형 들잔디인 '중지'의 경우 영양 번식만 가능하다.
② 영양 번식으로 조성할 경우 신속하게 피복할 수 있다는 장점이 있다.
③ 영양 번식으로 조성할 경우 시공 비용이 많이 들고 두께가 불균일하다는 단점이 있다.
④ 실무적으로 이용할 수 있는 영양 번식 방법에는 뗏장 식재, 플러그 식재 및 스프릭 식재 등이 있다.

(2) 영양 번식 방법에 활용할 수 있는 소재

① 뗏 장
ⓐ 이식 목적으로 수확한 잔디를 의미한다.
ⓑ 실무 현장에서는 떼, 뗏장, 소드(Sod)로 알려져 있다.
ⓒ 국내에서는 난지형 잔디밭 조성 시 실무적으로 가장 많이 이용하고 있는 초종인 들잔디 식재 등에 많이 이용되고 있다.
ⓓ 미리 재배한 잔디를 수확해서 사용하기 때문에 조기 녹화가 가능하다.
ⓔ 공사 기간을 단축할 수 있고 시공성이 간단하여 쉽게 활용할 수 있다.

② 플러그(Plug)
  ㉠ 이식 목적으로 수확한 뗏장 조각이다.
  ㉡ 주로 외국에서 버뮤다그래스나 크리핑 벤트그래스 초종 식재 등에 활용되고 있다.
③ 스프릭(Sprig)
  ㉠ 분얼경, 포복경 및 지하경 등의 잔디 줄기 조각을 의미한다.
  ㉡ 하이브리드 버뮤다그래스 식재 등에 많이 이용되고 있다.
  ㉢ 실무 현장에서 스프릭 식재 공법은 잔디 풀어 심기 방법이라고도 한다.
④ 스톨론
  ㉠ 생육형이 포복경형 또는 포복·지하경형인 잔디밭에서 지면 위 수평으로 자라는 줄기인 포복경을 의미한다.
  ㉡ 크리핑 벤트그래스, 하이브리드 버뮤다그래스 및 들잔디 식재 등에 활용되고 있다.
⑤ 런너(Runner)
  ㉠ 잔디밭에서 관찰되는 잔디줄기 중 수평으로 자라는 줄기를 의미한다.
  ㉡ 지표면 위로 자라는 포복경과 지표면 아래 토양 속에서 뻗어나가는 지하경 줄기인 라이좀(Rhizome)을 모두 런너라고 한다.

> **더 알아보기**
>
> **잔디밭의 조성 방법**
> 잔디밭의 조성은 크게 파종과 떼심기의 두 가지 공정으로 나뉜다. 일반적으로 서양 잔디는 파종으로, 한국 잔디는 떼심기로 한다.

2 잔디 소요량 산출

(1) 잔디의 소요량 산출 방법
  ① 잔디 붙이기에 따른 뗏장 소요량
    ㉠ 이음매 붙이기 : 4cm 간격을 잡을 때 잔디밭 면적의 70%에 해당하는 양이다.
    ㉡ 전면 붙이기 : 잔디밭 면적만큼의 뗏장 수이다.
    ㉢ 줄 붙이기 : 뗏장 너비와 같은 너비로 떼어 붙일 때는 피복면적의 50%, 반너비를 뗄 때는 75%에 해당하는 양이다.
  ② 잔디의 규격 : 30cm × 30cm × 3cm
  ③ $1m^2$당 필요한 잔디량 : 11장

3 떼심기

(1) 떼의 요건

① 떼심기에 사용하는 잔디는 땅속 줄기가 굵고 생육이 왕성하여 발근력이 좋아야 한다.
② 떼의 규격은 사방 30cm에 3cm 두께로 흙을 붙인 흙잔디와 흙을 턴 흙털이잔디가 있다.
③ 흙털이잔디는 운반이 어렵거나 중요하지 않은 장소 등에 쓰인다.
④ 떼심기는 연중 가능하나 여름과 겨울은 피하는 것이 좋다.

(2) 떼심기 방법과 주의점

① 떼심기의 방법
  ㉠ 전면 떼 붙이기(평떼 붙이기) : 조기에 잔디 경관을 조성해야 할 곳에 쓰이지만 뗏장이 많이 소요된다. 뗏장 사이를 1~3cm 정도로 어긋나게 배열하여 전체 면에 심는다.
  ㉡ 어긋나게 붙이기 : 뗏장을 20~30cm 간격으로 어긋나게 놓거나 서로 맞물려 어긋나게 배열하여 심는다.
  ㉢ 줄떼 붙이기 : 줄 사이를 뗏장 너비 또는 그 반 너비로 떼어서 10~30cm의 간격을 두고 줄 모양으로 이어 심는다.

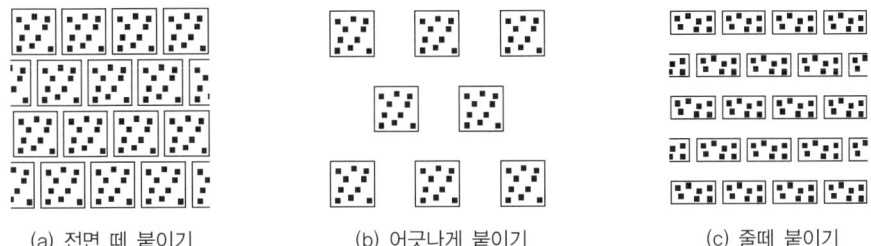

(a) 전면 떼 붙이기   (b) 어긋나게 붙이기   (c) 줄떼 붙이기

[떼심기의 종류]

② 떼심기의 주의점
  ㉠ 뗏장의 이음새와 뗏장의 가장자리 부분에 흙이 충분히 채워져야 하며 뗏장 위에도 뗏밥을 뿌려 주어야 한다. 특히, 흙털이잔디는 뗏밥이 잔디 사이사이에 잘 채워지도록 해야 한다.
  ㉡ 뗏장을 붙인 다음에는 잔디면을 110~130kg 정도 무게의 롤러로 전압하거나 달구로 다져 주고 관수를 충분히 하여 흙과 밀착되도록 한다.
  ㉢ 경사면 시공 때는 뗏장 1매당 2개의 떼꽂이를 받아 뗏장을 고정해야 하며 경사면의 아래쪽부터 위쪽으로 심어 나간다.

제4절 잔디 파종

1 잔디 파종 시기와 파종 방법

(1) 잔디 파종 시기

① 난지형 잔디(한국잔디 등)는 늦은 봄이나 초여름(5~6월)이 좋다.
② 한지형 잔디는 늦여름과 초가을(8월 말~9월경)이 좋다.

(2) 잔디 파종 방법

① 파종 때의 발아 적온 : 난지형 잔디는 30~35℃, 한지형 잔디는 20~25℃ 정도이다.
② 토양조건
  ㉠ 잔디밭을 조성할 경우, 토양은 배수가 양호하고 비옥한 사질 양토로서 토양 산도(pH)가 5.5 이상이 되어야 한다.
  ㉡ 대부분의 잔디들은 pH 6.0~7.0 사이에서 가장 잘 생육하고 발병률도 적으며 미생물 활동도 왕성하다.
③ 일반적인 파종 순서 : 경운 → 시비 → 정지 → 파종 → 전압 → 멀칭 → 관수 작업 순으로 진행한다.

2 잔디 파종 장비와 유의 사항

(1) 잔디 파종 장비

① 기록 장비 : 카메라, 비디오 촬영기
② 안전 장비 : 안전모, 안전조끼, 안전화, 안전벨트, 랜턴, 무전기
③ 시험 장비 : 온도계, 토양 경도계, 토양 pH 측정기, 토양 습도기, 경사 측정기
④ 기계 장비 : 파종 장비[취부기(유압식, 모노식), 발전기, 컴프레서, 취부용 호스], 물탱크
⑤ 공구 및 기타 : 삽, 곡괭이, 갈퀴, 레이크, 호스, 노즐, 이동용 관수 장비, 물 조리개, 농약 살포기, 수평계

(2) 잔디 파종 시 유의 사항
① 종자 파종 시 파종량은 초종별 적정 기준 파종량을 참조해서 조성 목적, 발아세, 조성 속도, 치사율, 잡초 출현 및 관리 시스템 등 다양한 요인을 종합적으로 검토해서 결정한다.
② 조기 녹화 목적으로 잔디 종자를 적정 기준량 이상으로 파종 시 유묘 발생이 과밀해져 발병 가능성이 높아지면서, 양분 및 수분의 경합으로 인해 정상적인 크기의 유식물 발달을 기대할 수 없다. 즉, 밀파 시 전체적인 잔디밭 품질이 저하되기 때문에 초종별 적정 기준 범위의 파종량을 준비해서 수행하는 것은 대단히 중요하다.
③ 초종별 적정 기준의 파종량은 잔디밭 이용 목적에 따라 같은 초종이라도 법사면용 < 관상용 < 스포츠용 잔디로 갈수록 파종량이 높아진다.
④ 양질의 잔디밭 조성을 위해서는 적정 파종량 콘셉트 및 균일 파종과 함께 롤링, 배토 및 멀칭 등 일련의 작업을 적합하게 실시한다.

적중예상문제

PART 02 조경시공

01 잔디밭을 조성하려 할 때 뗏장 붙이는 방법으로 틀린 것은?

① 뗏장 붙이기 전에 미리 땅을 갈고 정지(整地)하여 밑거름을 넣는 것이 좋다.
② 뗏장 붙이는 방법에는 전면 붙이기, 어긋나게 붙이기, 줄 붙이기 등이 있다.
③ 줄 붙이기나 어긋나게 붙이기는 뗏장을 절약하는 방법이지만, 아름다운 잔디밭이 완성되기까지에는 긴 시간이 소요된다.
④ 경사면에는 평떼 전면 붙이기를 시행한다.

02 다음 뗏장을 입히는 방법 중 줄 붙이기 방법에 해당하는 것은?

① ② ③ ④

해설) 줄떼 붙이기
줄 사이를 뗏장 너비 또는 그 반 너비로 떼어서 10~30cm의 간격을 두고 줄 모양으로 이어 심는다.

03 일반적인 주택정원의 잔디를 깎는 높이로 가장 적합한 것은?

① 1~5mm
② 5~15mm
③ 15~25mm
④ 25~40mm

해설) ④ 잔디를 깎는 높이는 종에 따라 다르지만 일반적으로 주택정원의 경우 25~40mm 높이로 깎는 것이 가장 적합하다.

04 다음 중 잔디의 종류 중 한국잔디(Korean Lawngrass or Zoysiagrass)의 특징 설명으로 옳지 않은 것은?

① 우리나라의 자생종이다.
② 난지형 잔디에 속한다.
③ 뗏장에 의해서만 번식 가능하다.
④ 손상 시 회복 속도가 느리고 겨울 동안 황색 상태로 남아 있는 단점이 있다.

해설) ③ 발아가 잘 되지 않아서 주로 영양 번식에 의존한다.
한국잔디
- 조이시아속 잔디로 들잔디, 금잔디, 갯잔디, 빌로드잔디 등이 있다.
- 한국잔디는 우리나라에서 자생하는 난지형 잔디로, 가는 줄기와 땅속 줄기에 의해 옆으로 퍼지는 특성이 있다.
- 5~9월 사이에 잎이 푸른 상태로 있어 녹색 기간이 짧고, 그늘에서 잘 자라지 못한다.
- 추위, 더위, 건조, 병해충에 아주 강하고, 산성 토양이나 답압(밟는 압력)에도 강하여, 축구장, 공항, 공원, 묘지 등에 많이 쓰인다.
- 잔디밭 조성에 많은 시간이 소요되고, 손상을 받은 후 회복 속도가 느리며, 겨울 동안 황색 상태로 남아 있는 단점이 있다.

정답 1 ④ 2 ④ 3 ④ 4 ③

05 재래종 잔디의 특성이 아닌 것은?

① 양지를 좋아한다.
② 병해충에 강하다.
③ 뗏장으로 번식한다.
④ 자주 깎아 주어야 한다.

해설 ④ 한국잔디는 서양잔디에 비해 덜 깎아 주는 편이다.

06 다음 중 난지형 잔디에 해당되는 것은?

① 레드톱
② 버뮤다그래스
③ 켄터키블루그래스
④ 톨 페스큐

해설
- 난지형 잔디 : 한국잔디(들잔디, 금잔디, 갯잔디, 빌로드 잔디), 버뮤다그래스 등
- 한지형 잔디 : 벤트그래스, 켄터키블루그래스, 이탈리안라이그래스 등

07 난지형 한국잔디의 발아 적온으로 맞는 것은?

① 15~20℃
② 20~23℃
③ 25~30℃
④ 30~33℃

해설 보편적으로 한지형 잔디 종자의 발아 적온은 20~30℃이고, 난지형 잔디 종자의 발아 적온은 30~35℃이며, 한지형은 가을과 봄에 파종하고 난지형은 여름에 파종한다.

08 서양잔디의 특성 설명으로 가장 부적합한 것은?

① 그늘에서도 비교적 잘 견딘다.
② 대부분 숙근성 다년초로 병충해에 강하다.
③ 일반적으로 씨뿌림으로 시공한다.
④ 상록성인 것도 있다.

해설 ② 서양잔디는 대부분 상록성 다년초이다.

09 다음 설명에 해당되는 잔디는?

- 한지형 잔디이다.
- 불완전 포복형이지만, 포복력이 강한 포복경을 지표면으로 강하게 뻗는다.
- 잎의 폭이 2~3mm로 질감이 매우 곱고 품질이 좋아서 골프장 그린에 많이 이용한다.
- 짧은 예취에 견디는 힘이 가장 강하나, 병충해에 가장 약하여 방제에 힘써야 한다.

① 버뮤다그래스
② 켄터키블루그래스
③ 벤트그래스
④ 라이그래스

10 다져진 잔디밭에 공기 유통이 잘 되도록 구멍을 뚫는 기계는?

① 소드바운드(Sod Bound)
② 론모어(Lawn Mower)
③ 론스파이크(Lawn Spike)
④ 레이크(Lake)

해설 잔디밭에 통기가 잘 되도록 구멍을 뚫는 기계 포크(Fork), 그린셰아(Green Saire), 론스파이크(Lawn Spike)

11 다음 중 잔디밭의 넓이가 50평 이상으로 잔디의 품질이 아주 좋지 않아도 되는 골프장의 러프(Rough) 지역, 공원의 수목 지역 등에 많이 사용하는 잔디 깎는 기계는?

① 핸드모어(Hand Mower)
② 그린모어(Green Mower)
③ 로타리모어(Rotary Mower)
④ 갱모어(Gang Mower)

해설
③ 로타리모어 : 프로펠러 날이 수평으로 회전하여 잔디를 깎는데, 깎이는 면이 거칠어 보통 50평 이상의 골프장 러프(Rough), 공원의 수목 지역 등 잔디의 품질이 거칠어도 상관없는 곳에 사용한다.
① 핸드모어 : 잔디 깎는 날과 연결된 바퀴를 인력으로 돌려가며 잔디를 깎는 기계로, 주로 50평 미만의 잔디밭 관리에 사용한다.
② 그린모어 : 골프장 그린, 테니스 코트 등 잔디면이 섬세한 곳을 깎는 데 사용한다.
④ 갱모어 : 골프장, 운동장, 경기장 등 5,000평 이상의 잔디밭을 깎는 기계로 트럭, 짚차나 기타 견인차에 달아 사용하며, 경사지나 잔디면이 평탄치 않은 곳도 균일하게 깎을 수 있고, 잔디도 양호하게 깎인다.

12 잔디깎기의 목적으로 옳지 않은 것은?

① 잡초 방제
② 이용 편리 도모
③ 병충해 방지
④ 잔디의 분얼 억제

해설 잔디깎기는 이용 편리, 잡초 방제, 잔디 분얼 촉진, 통풍 양호, 병충해 예방 등을 위함이다.

13 잔디깎기의 설명이 잘못된 것은?

① 잘려진 잎은 한곳에 모아서 버린다.
② 가뭄이 계속 될 때는 짧게 깎아 준다.
③ 일정한 주기로 깎아 준다.
④ 일반적으로 난지형 잔디는 고온기에 잘 자라므로 여름에 자주 깎아 주어야 한다.

해설 잔디깎기 작업
• 잔디를 깎은 뒤에는 거름을 준다.
• 잔디가 지나치게 길게 자라도록 방치하지 않는다.
• 잔디를 깎는 높이와 빈도는 규칙적이어야 하며, 불규칙한 잔디깎기는 오히려 해롭다.
• 잔디깎기 기계의 방향이 계획적이고 균일해야 하며, 날이 잘 안 들어서 잎이 찢어지는 일이 없도록 해야 한다.
• 잘려진 잎은 작업이 끝나는 대로 갈퀴로 긁어모아 걷어낸다. 다만, 가뭄이 심할 때는 그대로 방치하여 건조 방지에 도움이 되게 한 후 걷어 낸다.

14 다음 [보기]의 잔디 종자 파종 작업들을 순서대로 바르게 나열한 것은?

|보기|
㉠ 기비 살포   ㉡ 정지 작업
㉢ 파 종   ㉣ 멀 칭
㉤ 전 압   ㉥ 복 토
㉦ 경 운

① ㉦ → ㉠ → ㉡ → ㉢ → ㉥ → ㉤ → ㉣
② ㉠ → ㉢ → ㉡ → ㉥ → ㉣ → ㉤ → ㉦
③ ㉡ → ㉢ → ㉤ → ㉥ → ㉠ → ㉣ → ㉦
④ ㉢ → ㉠ → ㉡ → ㉥ → ㉤ → ㉦ → ㉣

해설 잔디 종자 파종 작업의 순서
경운 → 기비 살포 → 정지 작업 → 파종 → 복토 → 전압 → 멀칭

15 잔디 뗏밥주기의 방법으로 옳지 않은 것은?

① 흙은 5mm 체로 쳐서 사용한다.
② 난지형 잔디의 경우는 생육이 왕성한 6~8월에 준다.
③ 잔디포지 전면을 골고루 뿌리고 레이크로 긁어 준다.
④ 일시에 많이 주는 것이 효과적이다.

해설 ④ 뗏밥을 일시에 다량으로 줄 경우 황화 현상이나 병해를 유발할 수 있으므로, 소량으로 자주 주는 것이 좋다.

16 잔디밭의 관수 시간으로 가장 적당한 것은?

① 오후 2시경에 실시하는 것이 좋다.
② 정오경에 실시하는 것이 좋다.
③ 오후 6시 이후 저녁이나 일출 전에 한다.
④ 아무 때나 잔디가 타면 관수한다.

해설 ③ 관수 시간은 주로 이른 아침이나 늦은 오후가 좋고, 초저녁이나 늦은 저녁에는 잔디의 잎에 묻은 물이 마르지 않기 때문에 가급적 피하는 것이 좋다.

17 우리나라 들잔디의 종자 처리 방법으로 가장 적합한 것은?

① KOH 20~25% 용액에 10~25분간 처리 후 파종한다.
② KOH 20~25% 용액에 20~30분간 처리 후 파종한다.
③ KOH 20~25% 용액에 30~45분간 처리 후 파종한다.
④ KOH 20~25% 용액에 1시간 처리 후 파종한다.

해설 들잔디의 종자 처리 방법
자연 상태에서 채취한 원 종자를 그대로 파종하면 45일이 지나도 100알 중에서 5~6알 정도만 발아되지만, 수산화칼륨(KOH) 20~25% 용액에 30~45분간 처리한 후 파종하면 단시일(5~10일) 내에 더 많이 발아한다.

18 잔디의 거름주기 방법으로 적합하지 않은 것은?

① 질소질 거름은 1회 주는 양이 $1m^2$당 10g 이상이어야 한다.
② 난지형 잔디는 하절기에, 한지형 잔디는 봄과 가을에 집중해서 준다.
③ 화학 비료인 경우 연간 2~8회 정도로 나누어 거름주기를 한다.
④ 가능하면 제초 작업 후 비오기 전에 실시한다.

해설 ① 질소질 거름의 1회 주는 양은 $1m^2$당 4g을 넘지 않도록 한다.

19 잔디의 생육 상태가 쇠약하고, 잎이 누렇게 변할 때는 어떤 비료를 주는 것이 가장 효과적인가?

① 요 소
② 과인산석회
③ 용성인비
④ 염화칼륨

해설 잔디가 영양결핍인 경우에는 요소 엽면시비를 하거나 고형 비료, 영양제 등을 주어 수세를 회복시켜야 한다.

20 잔디밭 관리에 대한 설명으로 옳은 것은?

① 1년에 1~3회만 깎아 준다.
② 겨울철에 뗏밥을 준다.
③ 여름철 물주기는 한낮에 한다.
④ 질소질 비료의 과용은 라지패치(Large Patch)를 유발한다.

21 대취(Thach)란 지표면과 잔디(녹색 식물체) 사이에 형성되는 것으로 이미 죽었거나 살아 있는 뿌리, 줄기 그리고 가지 등이 서로 섞여 있는 유기층을 말한다. 다음 중 대취의 특징으로 옳지 않은 것은?

① 한겨울에 스캘핑이 생기게 한다.
② 대취층에 병원균이나 해충이 기거하면서 피해를 준다.
③ 탄력성이 있어서 그 위에서 운동할 때 안전성을 제공한다.
④ 소수성(Hydrophobic)의 대취의 성질로 인하여 토양으로 수분이 전달되지 않아서 국부적으로 마른 지역을 형성하며 그 위의 잔디가 말라 죽게 된다.

해설 대취(Thach)의 영향
- 대취는 공기와 비료의 효율적인 이동을 방해하고, 잔디의 생육을 약화시킨다.
- 병원균 및 해충에게 서식지를 제공하여 피해를 발생시킨다.
- 화학적으로는 리그닌 함량이 높기 때문에 물을 배척하는 소수성(Hydrophobic)이 있어 잔디밭에 부분적으로 건조 피해를 일으키기도 한다.
- 잔디밭에 살포되는 살충제나 살균제의 약효를 저하시킨다.
- 잔디의 뿌리, 지하경의 성장이 대취층에서 이루어져 토양에 의한 보호력을 상실하여 고온 장해, 동해, 건조해 등에 대한 내성이 약화된다.
- 대취의 축적이 많을수록 잔디의 스캘핑현상이 잘 일어나며, 지렁이의 발생이 증가한다.

22 잔디의 잎에 갈색 병반이 동그랗게 생기고, 특히 6~9월경에 벤트 그래스에 주로 나타나는 병해는?

① 녹 병   ② 황화병
③ 브라운패치   ④ 설부병

해설 ③ 브라운패치(Brown Patch)는 서양잔디의 대표적인 병으로, 6월 하순부터 7월 사이에 기온이 20℃ 이상 다습할 때 발생하며, 한국잔디에는 거의 나타나지 않는다.

23 다음 설명과 관련이 있는 잔디의 병은?

- 17~22℃ 정도의 기온에서 습윤 시 잘 발생
- 질소질 비료 성분이 부족한 지역에서 발생하기 쉬움
- 담자균류에 속하는 곰팡이로서 연 2회 발생
- 디니코나졸수화제를 살포하여 방제

① 흰가루병
② 그을음병
③ 잎마름병
④ 녹 병

해설 ① 흰가루병 : 식물의 잎·줄기에 흰가루 형태의 반점이 생기는 식물병이다.
② 그을음병 : 식물의 잎·가지·열매 등의 표면에 그을음 같은 것이 발생하는 식물병으로, 한국에서는 주로 감귤 나무에 많이 발생한다.
③ 잎마름병 : 잎이 시들어 가는 증상을 나타내는 식물병이다.

24 한국잔디의 해충으로 가장 큰 피해를 주는 것은?

① 풍뎅이 유충
② 거세미나방
③ 땅강아지
④ 선 충

해설 ① 한국잔디의 해충 중 하나인 풍뎅이류는 유충과 성충 모두 큰 피해를 준다.

25 잔디의 상토소독에 사용하는 약제는?

① 디캄바
② 에테폰
③ 메티다티온
④ 메틸브로마이드

해설 ④ 토양살균제인 메틸브로마이드, 클로로피크린 등은 살균 효과는 좋으나, 독성이 강하고 가스 상태여서 취급이 곤란하며 비선택적으로 유용한 미생물까지 사멸시키는 단점이 있다.

26 다음 중 가뭄에 잔디보다 강하며, 토양산도의 영향이 적어 잔디밭에 발생되는 잡초는?

① 쑥
② 매자기
③ 벗 풀
④ 마디꽃

27 잔디밭에서 많이 발생하는 잡초인 클로버(토끼풀)를 제초하는 데 가장 효율적인 것은?

① 베노밀 수화제
② 캡탄 수화제
③ 디코폴 수화제
④ 디캄바 액제

해설 ④ 클로버를 방제하는 데 효과적인 제초제에는 디캄바 액제, 메코프로프 액제, 메코프로프-피 액제 등이 있으며, 트리클로피르티이에이 액제도 살초력이 높은 편이다.

정답 24 ① 25 ④ 26 ① 27 ④

CHAPTER 04 실내조경공사

1 실내조경(Indoor Landscape)

(1) 실내공간에 경관을 연출한다는 뜻으로, 실내에서 녹색식물을 중심으로 아름답게 공간을 창출하는 종합예술이다.

(2) 건물 내에 다양한 녹색식물과 정원 소재를 이용하여 아름다운 모습을 표현하는 하나의 예술작품으로 실내경관 조형디자인이라고 할 수 있다.

(3) 실내정원(Indoor Garden)의 개념
실내정원이란 실내에서 원예식물을 이용하여 인간생활을 보다 풍요롭게 해 주는 활동공간이다.

2 실내조경의 기능

(1) 장식적 기능
① 생명력이 있는 식물재료를 이용하여 실내공간을 아름답게 장식하는 기능이다.
② 건축재료의 면(面)이나 직선(直線), 그리고 색채(色彩)에서 느낄 수 있는 경직된 분위기를 식물의 푸름으로 하여금 완충시켜 준다.
③ 보다 아름다운 실내경관을 연출하여 건물 자체를 더욱 특색 있고, 아름답게 꾸밀 수 있다.

(2) 환경적 기능
① 실내오염 물질(폼알데하이드나 휘발성 유기화합물 등) 제거로 인한 새집증후군 완화 효과와 음이온, 향 발생으로 실내 환경을 쾌적하게 만드는 기능이다.
② 식물의 증산작용과 분수(噴水) 또는 분천(噴泉)에서 증발되는 수분으로 건조하기 쉬운 실내공간에 공중습도를 높여 주는 역할을 한다.

(3) 심리적 기능

① 녹색식물 공간에서 α파(편안할 때 많이 발생하는 인간의 뇌파)가 많이 발생하여 피로회복 및 심리적 안정감을 준다.
② 일부 허브식물의 향 등은 스트레스 호르몬인 코르티솔(Cortisol)의 농도를 낮추고 심장박동수를 낮춰 스트레스 완화효과를 나타낸다.
③ 제한된 공간에서 물과 돌, 기타 재료들이 어우러져 연출하는 정적 또는 동적 경관 요소는 심리적 효과를 일으켜서 일의 능률성과 산업 활동을 촉진시켜 준다.

(4) 건축적 기능

① 실내조경은 실내공간을 분할하고 경계를 구분 지어 줌으로써 특정한 공간이 고유의 기능을 가지도록 한다(휴게실, 대기실 등).
② 이용자의 동선이 자연스럽게 유도되어 질서를 유지시켜 준다.
③ 식물을 이용하여 시계(視界)를 부분적으로 차단시켜 사생활의 노출을 막아준다(차폐 기능). 최근 레스토랑이나 고급 서양식 음식점에서 많이 이용한다.

(5) 정신치료기능

① 아름다운 실내조경을 즐기며, 여러 식물을 기르면서 여가활동을 즐길 수 있는 기회를 제공해 준다.
② 건전한 여가활동은 정신적 스트레스를 해소하고 자아를 실현할 수 있다.
③ 정신질환자에게 이용되고 있는 원예치료(Horticultural Therapy)는 일부 선진국은 물론 우리나라에서도 많이 이용되고 있는 효과적인 치료방법 중 하나이다.

(6) 광장기능

① 대형 공공건물(호텔, 백화점, 컨벤션센터 등)에 있어서 실내조경공간은 휴식과 만남, 담소의 장(場)이 되기도 한다.
② 소규모 공연장이나 상업적 공간으로 활용되기도 하는 등 다목적 실내광장의 역할을 한다.

3 실내조경의 분류

(1) 장소에 따른 분류
① 주거공간
  ㉠ 일상생활이 이루어지는 아파트나 주택의 거실, 베란다, 침실, 공부방 등을 말한다.
  ㉡ 주거공간의 실내조경이 일반 생활원예의 관심대상이다.
② 공공공간
  ㉠ 외부공간의 광장(Plaza)기능을 실내공간으로 도입한 것으로, 일반적으로 아트리움(Atrium) 형태의 공간에 놓인 실내정원을 말한다.
  ㉡ 공공공간의 실내조경은 대체로 규모가 크고 전문가에 의해서 설치 및 관리된다.

(2) 식물생태에 따른 분류
① 연못형 : 수생식물을 활용한다.
② 습지형 : 실내조경의 일부공간을 수공간으로 활용한다.
③ 적습형 : 일반적인 실내식물의 재배조건을 이용한다.
④ 사막형 : 물관리를 최소화할 수 있다.

(3) 이동 여부에 따른 분류
바퀴를 달아 이동이 가능하도록 한 이동식 실내조경과 고정식 실내조경으로 분류할 수 있다.

4 실내조경식물

(1) 실내조경식물의 선정기준
① 저광도·저조도에 견디는 식물
② 내건성과 내습성이 강한 식물
③ 온도 변화에 둔감한 식물
④ 가시나 독성이 없는 안전한 식물
⑤ 병해충에 잘 견디는 식물
⑥ 유해가스에 잘 견디는 식물

(2) 실내조경식물의 식재
　① 중심식물
　　㉠ 시각적으로나 기능적으로 실내정원의 중심이 되는 소재로 잎이 아름답고 풍성하며, 비교적 큰 식물을 말한다.
　　㉡ 아레카야자, 드라세나, 쉐플레라, 아라우카리아, 파키라, 벤자민고무나무, 종려죽 등이 있다.
　② 중간식물
　　㉠ 중심나무와 지피식물 사이를 메꿔줄 수 있는 중간 크기의 식물을 말한다.
　　㉡ 키가 큰 식물들에 의해 가려져 광량이 부족해도 자랄 수 있는 식물이다.
　　㉢ 디펜바키아, 관음죽, 치자나무, 남천, 코르딜리네, 스파티필룸, 백량금, 산세비에리아, 크로톤, 포인세티아 등이 있다.
　③ 지피식물
　　㉠ 지표면을 피복할 수 있는 식물로서, 키가 작고 잎이 밀생하는 종류가 많으며, 주로 실내정원 조성 시 최종적으로 마무리할 때 심는 식물이다.
　　㉡ 부처손, 애기맥문동, 페페로미아, 이끼류 등이 있다.

5　공기정화식물의 배치

(1) 현 관
　① 선정기준 : 실외 공기오염물질 제거능력이 우수한 식물
　② 식물명 : 벤자민고무나무, 스파티필룸 등

(2) 거 실
　① 선정기준 : 휘발성 유기화합물 제거능력이 우수한 식물로 빛이 적어도 잘 자라는 식물
　② 식물명 : 아레카야자, 왜성대추야자(피닉스야자), 대나무야자(세이브리치야자), 인도고무나무, 보스턴고사리, 드라세나, 디펜바키아 등

(3) 베란다
　① 선정기준 : 휘발성 유기화합물 제거능력이 우수한 식물 중에서 특히 햇볕을 많이 필요로 하는 식물로 꽃이 피는 식물
　② 식물명 : 팔손이, 분화국화, 시클라멘, 꽃베고니아, 허브류, 자생식물 등

(4) 침 실
　① 선정기준 : 밤에 공기 정화능력이 우수한 식물
　② 식물명 : 호접란, 선인장, 다육식물 등

(5) 공부방
　① 선정기준 : 음이온이 많이 발생하고, 이산화탄소 제거능력이 뛰어나며, 기억력 향상에 도움을 주는 물질을 배출하는 식물
　② 식물명 : 팔손이, 필로덴드론, 파키라, 로즈마리, 개운죽 등

(6) 주 방
　① 선정기준 : 요리 시 발생한 일산화탄소와 이산화탄소의 제거능력이 우수한 식물
　② 식물명 : 스킨답서스, 산호수, 아펠란드라, 안스리움 등

(7) 화장실
　① 선정기준 : 냄새, 특히 암모니아가스 제거능력이 우수한 식물
　② 식물명 : 관음죽(암모니아가스 흡수력 우수), 스파티필룸, 안스리움, 호말로메나, 맥문동, 테이블야자 등

> **더 알아보기**
>
> **공기 오염물질**
> - 실내공기 오염물질 : 폼알데하이드(Formaldehyde), BTX(Benzene, Toluene, Xylene) 등의 휘발성 유기화합물(VOC)이 주된 오염물질이고, 그 외에도 이산화탄소(CO_2), 일산화탄소(CO), 미세먼지 등도 실내공기 오염물질이다. 특히 폼알데하이드나 VOC 등은 새집증후군을 일으키는 원인물질로 알려져 있다.
> - 실외공기 오염물질 : 아황산가스(SO_2), 오존(O_3), 질소산화물(NO_x) 및 분진과 같은 입자상 물질 등이 주된 오염물질이다.

CHAPTER 04 적중예상문제

PART 02 조경시공

01 실내조경식물의 선정기준이 아닌 것은?

① 가스에 잘 견디는 식물
② 낮은 광도에 견디는 식물
③ 내건성과 내습성이 강한 식물
④ 온도 변화에 예민한 식물

해설 실내조경식물의 선정기준
- 저광도·저조도에 견디는 식물
- 내건성과 내습성이 강한 식물
- 온도 변화에 둔감한 식물
- 가시나 독성이 없는 안전한 식물
- 병해충에 잘 견디는 식물
- 유해가스에 잘 견디는 식물

02 실내조경계획에 있어 실내식물의 중요한 환경적 고려요소가 아닌 것은?

① 광선의 도입
② 습도의 유지
③ 실내공간의 규모
④ 토양력의 유지

해설 실내조경의 환경적 고려요소 : 수분, 광, 온도, 습도, 시비, 토양 등

03 실내식물의 환경조건에 대한 설명으로 옳지 않은 것은?

① 실내에서는 건축적 제약으로 인하여 하루 12~18시간 정도 빛을 공급받아야 한다.
② 실내정원의 낮 온도는 21~24℃, 밤에는 15~18℃로 유지시켜야 한다.
③ 식물에 있어서 최적습도는 70~90%인데, 상대습도가 30% 이상이면 대부분의 식물은 적응할 수 있다.
④ 실내조경용 토양은 배수가 양호하고 양분이 많은 순수토양을 사용해야 한다.

해설 실내조경용 토양
- 악취나 병충해를 방지하기 위해서는 유기물 함량이 적고, 깨끗한 것을 사용하여야 한다.
- 가벼워야 시공 시 운반이 편리하고, 건축물에 하중부담이 적다.
- 실내에서는 인공적으로 관수를 행하므로 통기성이 좋고, 배수가 잘되며, 보수력이 있어야 한다.

04 아랍어로 자이툰이라고 하며, 2002년 그리스 올림픽 때 메달수여자의 월계관에 이용된 나무로 우리나라는 실내조경식물로 이용하기도 하는 것은?

① 계수나무　② 올리브나무
③ 월계수　　④ 파피루스

해설 ② 자이툰은 이라크어로 '올리브'라는 뜻인데, 중동지방에서는 올리브가 평화의 상징이다.

정답 1 ④　2 ③　3 ④　4 ②

05 실내의 내음성 식물에 빛의 강도가 너무 강하였을 때의 현상은?

① 잎이 황색으로 변한다.
② 점차적으로 잎이 떨어진다.
③ 잎의 두께가 얇아지고 줄기가 가늘어진다.
④ 잎이 마르고 희게 되며 나중에는 죽게 된다.

06 다음 중 관엽식물에 대한 설명으로 틀린 것은?

① 잎이 넓거나 독특한 무늬가 있어 주로 잎을 감상하는 식물이다.
② 대부분 열대지방이 원산으로 추위에 약하다.
③ 그늘에서 잘 자라고, 연중 푸른 잎을 감상할 수 있다.
④ 공기가 건조해도 잘 자라며, 시기적으로 휴면이 있는 특징이 있다.

해설 실내식물로 이용되는 관엽식물의 일반적 특성
- 잎이 넓거나 독특한 무늬가 있어 주로 잎을 감상하는 식물이다.
- 대부분 열대지방이 원산으로 추위에 약하다.
- 그늘에서 잘 자라고(내음성), 연중 푸른 잎을 감상할 수 있다.
- 생장이 빠르지만, 수분을 많이 필요로 하고 건조에 약하다.
- 주로 포기나누기나 꺾꽂이에 의해 번식된다.
- 겨울철에 동해나 저온장해를 입지 않도록 주의해야 한다.
- 잎 청소를 해 주지 않으면 병충해가 발생하기 쉽다.

07 건조 등 환경적응력이 강한 식물로 독특한 모양으로 인해 실내 분식물 장식에서 관엽식물 다음으로 많이 이용되는 식물은?

① 고산식물
② 구근류
③ 화목류
④ 다육식물

해설 다육식물 : 비가 자주 오지 않는 덥고 건조한 기후에 적응하기 위하여 잎이나 줄기 또는 뿌리에 많은 양의 수분을 저장하는 식물로, 선인장과 식물들이 대표적인 다육식물에 속한다.

CHAPTER 05 조경인공재료

PART 02 조경시공

제1절 목질재료

1 목재 및 목재부산물

(1) 목재의 특징

① 조경에서 목재의 용도
  ㉠ 조경시설 중 의자, 퍼걸러, 탁자, 정자, 조합놀이대, 게시판, 계단, 디딤목, 울타리, 체력단련시설 등에 쓰인다.
  ㉡ 목재는 금속재·콘크리트재·플라스틱재 등의 재료가 따를 수 없는 특성이 있어 널리 이용되고 있다.

② 목재의 장점 〈중요〉
  ㉠ 색깔 및 무늬 등 외관이 아름답다.
  ㉡ 재질이 부드럽고, 촉감이 좋다.
  ㉢ 무게가 가벼워서 운반하거나 다루기가 쉽다.
  ㉣ 중량에 비하여 강도가 크다.
  ㉤ 열, 소리, 전기 등의 전도성이 낮다.
  ㉥ 생산량이 많고, 가격이 비교적 저렴하며, 입수가 용이하다.

③ 목재의 단점
  ㉠ 자연소재이므로 내화성이 없고, 부패하기 쉽다.
  ㉡ 함수량의 증감에 따라 팽창·수축하여 변형되기 쉽다.
  ㉢ 부위에 따라 재질이 고르지 못하다.
  ㉣ 구부러지고 옹이가 있다.
  ㉤ 강도가 균일하지 못하고, 크기에 제한을 받는다.

(2) 목재의 종류

① 원 목
  ㉠ 거친 질감을 가지고 있으면서도 덜 가공되었다는 점 때문에 조경에서 많이 쓰인다.
  ㉡ 주로 계단 용재, 원로의 디딤판, 화단의 경계목, 작은 울타리에 거의 가공하지 않은 원목이 쓰인다.

② 제재목
　㉠ 원목을 가공한 제품이다.
　㉡ 두께, 폭 및 형상에 따라 각재와 판재로 구분한다.
　　• 각재 : 폭이 두께의 3배 미만인 것으로 구조재로 쓰인다.
　　• 판재 : 두께가 7.5cm 미만이고 폭이 두께의 4배 이상인 것으로 마무리 재료로 쓰인다.
③ 가공재(합판)
　㉠ 특수한 목적으로 가공한 목재이다.
　㉡ 합판은 목재를 얇은 판으로 깎은 단판에 접착제를 바른 다음, 나무의 결이 엇갈리게 여러 겹으로 붙여서 만든 판상의 가공재이다.
　㉢ 합판의 특징
　　• 제품이 규격화되어 있어 능률적으로 사용 가능하다.
　　• 나뭇결이 아름답고, 균일한 크기로 제작이 가능하다.
　　• 수축·팽창 등에 의한 변형이 거의 없다.
　　• 고른 강도를 유지하며, 넓은 면적을 이용할 수 있다.
　　• 내구성과 내습성이 크다.

> **더 알아보기**
>
> **합판의 제조방법**
> • 로터리 베니어 : 원목을 회전시켜 넓은 대팻날로 두루마리처럼 연속적으로 벗기는 방식으로, 일반적으로 가장 널리 사용되는 방식
> • 슬라이스 베니어 : 상하·수평으로 이동하면서 얇게 절단하는 방식
> • 소드 베니어 : 띠톱으로 얇게 쪼개어 단면을 만드는 방식

④ 대나무
　㉠ 외측이 내측보다 우수하다.
　㉡ 조경에 사용되는 대나무는 맹종죽, 왕대 등으로 일본식 정원이나 실내 조경재로 많이 쓰인다.
　㉢ 건조는 대기건조 시 10~20일, 통재는 4~6개월이다.
　㉣ 외관이 아름답고 탄력이 있는 반면에, 잘 쪼개지고 썩기 쉬우며 병해충에 약하다.
⑤ 섬유재 : 볏짚, 새끼줄, 밧줄 등이 조경에 사용된다(새끼줄 10타래가 1속).

(3) 목재의 구조 중요

① **침엽수** : 가볍고 목질이 연하며 탄력 있고 질겨, 건축이나 토목시설의 구조재용으로 많이 쓰인다.
② **활엽수** : 무늬가 아름답고 단단하며 재질이 치밀하여, 가구 제작과 실내장식을 위한 건축 내장용으로 많이 쓰인다.
③ 목재의 구조
　㉠ 목재는 수심, 목질부, 수피부, 부름켜 등으로 구성되어 있다.

ⓛ 춘재와 추재
- 춘재(春材) : 봄과 여름에 자란 부분으로, 성장속도가 빠르므로 세포가 크고 세포막이 얇으며, 색이 연하고 유연한 목질부이다.
- 추재(秋材) : 가을과 겨울에 자란 부분으로, 성장속도가 느리므로 세포가 작고 세포막이 두꺼우며, 색이 진하고 단단한 목질부이다.

ⓒ 심재와 변재
- 심재(心材) : 나무줄기를 잘랐을 때 한복판에 짙게 착색된 부분으로, 생식기능이 줄어든 세포로 이루어져 있다. 성장이 거의 멈춘 부분으로 목질이 단단하다.
- 변재(邊材) : 심재 바깥쪽에 비교적 옅은 색을 가진 부분으로, 수액의 통로이자 양분의 저장소이다. 성장을 계속하는 부분으로 목질이 연하다.

(4) 목재의 건조 중요

① 건조목적
  ㉠ 갈라짐·뒤틀림 방지
  ㉡ 변색·부패 방지
  ㉢ 탄성·강도 증가
  ㉣ 가공·접착·칠 용이
  ㉤ 단열·전기절연 효과 증가

> **더 알아보기**
>
> **목재와 수분의 관계**
> - 기건상태(Air-dry Condition) : 목재를 공기 중에 오래 건조하여 목재 내 온습도와 대기의 온습도가 평형을 이룬 상태를 말한다.
> - 기건함수율 : 기건상태의 목재가 가지는 함수율로, 온대지방에서는 대개 12~18% 정도이고, 우리나라에서는 15% 정도이다.

② 건조방법
  ㉠ 자연건조법 : 공기건조법, 침수법
  ㉡ 인공건조법 : 자비법(찌는 법), 증기법, 열기법, 훈연법, 진공법, 고주파건조법

(5) 목재의 방부

① 목재의 부식요인
  ㉠ 부패 : 균류의 균사에서 분비되는 각종 효소에 의한 화학적인 변화(변색과 곰팡이)이다.
  ㉡ 풍화 : 기온변화나 비바람에 의한 자연적 변화이다.
  ㉢ 충해 : 흰개미, 하늘소, 왕바구미, 가루나무좀 등이 연한 춘재부를 침색하여 표면만 남기고 내부가 텅 비게 되는 현상이다.

② 방부제의 종류
- ㉠ 수용성 방부제(실내용제)
  - 침투성이 좋고 화기에 안정적이지만, 물에 녹으며 철을 부식시킨다.
  - CCA방부제, 황산구리용액, 염화아연용액, 염화제2수은용액, 플루오린화나트륨용액 등이 있다.
- ㉡ 유용성 방부제(실외용제)
  - 방수성과 침투성이 좋고 값이 싸지만, 화기에 약하고 냄새와 색깔이 좋지 않다.
  - 펜타클로로페놀(PCP), 유기주석 화합물, 나프텐산 금속염 등이 있다.
- ㉢ 유성(상) 방부제 : 크레오소트유, 콜타르, 목타르 등이 있다.

③ 방부제 처리방법
- ㉠ 도장법
  - 방수용 도장제 : 페인트, 니스, 오일스테인 등
  - 수용성 방부제, 유용성 방부제, 유상 방부제 등
- ㉡ 표면탄화법 : 목재 표면을 일정 깊이로 태워 탄화시키는 방법으로, 흡수성이 증가하는 단점이 있다.
- ㉢ 침투법 : 상온에서 CCA방부제, 크레오소트유 등에 목재를 담가 방부제를 침투시키는 방법이다.
  ※ CCA방부제 : 크롬·구리·비소 화합물로 수용성 방부제이며, 중금속 위해성으로 인해 2007년부터 생산 및 사용이 금지되었다.
- ㉣ 가압주입법 : 밀폐된 공간에서 건조된 목재에 방부제를 가압하여 주입시키는 방법으로, 목재의 방부 처리법 중 가장 침투 깊이가 깊어 방부효과가 크고 내구성도 양호하다.

④ 기타 목재의 방부제 처리방법
- ㉠ 입목주입법 : 살아 있는 나무의 뿌리 근처 수간에 구멍을 뚫고 수용성 방부제를 주입하여 수액유동에 따라 나무 전체에 고루 분포되도록 하는 방법이다.

  기출 Point 주입법
  목재 방부제 처리방법 중 가장 효과적이다.

- ㉡ 낙차식 주입법 : 벌채 직후 생목의 원구에 낙차의 압력을 이용하여 방부제의 수용액이 주입되도록 하는 방법으로, 전주의 방부 처리에 사용된다. 주로 황산구리를 사용하며 $1m^3$당 15~20kg 정도를 주입한다.
- ㉢ 확산법 : 생재 및 젖은 목재 표면에 고농도의 수용성 방부제를 발라 목재 속으로 확산시키는 방법으로, 방부 처리를 한 목재는 건조하지 않도록 해야 한다. 소경재는 3~4주간, 대경재는 5~8주간 정도의 기간이 소요된다.
- ㉣ 도포법(살포법) : 건조재의 표면에 방부제를 바르거나 뿌려서 목재부후균의 침입을 방지하는 가장 간단한 처리방법이지만 효과는 상당히 크다.
- ㉤ 침지법 : 방부제 용액에 목재를 담가서 처리하는 방법으로, 보통 상온에서 실시하지만 가온 처리를 할 때도 있다.

ⓗ 개조식 온냉용법 : 90~110℃의 고온 방부제 용액에 목재를 넣고 적당시간 가열한 후 5℃ 이하의 저온 방부제 용액에 옮겨 목재를 냉각시키는 방법으로, 주로 유성 방부제의 주입에 많이 사용된다.

> **더 알아보기**
>
> **목재의 단위 등**
> - 단 위
>   - 1자 = 1척(尺) = 10치(寸) = 30.30cm
>   - 1사이(才) = 1치(寸) × 1치(寸) × 12자(尺)
> - 함수율 : 가구 및 수장재는 10% 이하이고, 구조재는 15% 이하이다.
> - 목재의 내구성을 저해하는 요인
>   - 사용으로 인한 마모 혹은 충격
>   - 균 또는 박테리아에 의한 부식
>   - 곤충 또는 해충에 의한 피해

제2절 석질재료와 점토질재료

1 석질재료

(1) 석질재료의 특징

① 석재의 성질

  ㉠ 일반적으로 압축강도는 강하지만 휨강도나 인장강도는 약하다.

  ㉡ 석재에 포함된 수분이 동결, 융해를 반복하여 조직의 재질을 약화시킴으로써 붕괴된다.

② 석질재료의 장단점 〈중요〉

장 점	• 외관이 매우 아름답다. • 내구성과 강도가 크다. • 변형되지 않으며, 가공성이 있다. • 가공 정도에 따라 다양한 외양을 가질 수 있다. • 산지에 따라 다양한 색조와 질감을 갖는다. • 압축강도와 내화학성이 크고, 마모성은 작다.
단 점	• 무거워서 다루기 불편하다. • 타 재료에 비해 가공하기가 어렵다. • 경제적 부담이 크다. • 압축강도에 비해 휨강도나 인장강도가 작다. • 화열을 받을 경우 균열 또는 파괴되기가 쉽다.

③ 석질재료의 조경적 이용

  ㉠ 자연석 : 경관용, 석조용, 축석용, 동양식 정원 등

  ㉡ 가공석 : 도로포장, 계단, 화단, 계단폭포, 식재대, 조각물, 석탑, 서양식 정원 등

(2) 석질재료의 종류 〈중요〉

① **화성암**(火成岩, Igneous Rock) : 지구 내부에서 생성된 규산염의 용융체인 마그마가 지표면이나 땅속 깊은 곳에서 냉각하여 굳어진 암석으로, 대체로 큰 덩어리이며 대형 석재 채취에 적당하다. 화성암에 속하는 암석으로는 화강암, 안산암, 현무암, 섬록암 등이 있다.

  ㉠ 화강암 : 내구성·내마모성이 강하고 견고하며 외관이 아름답지만, 내화도가 적어서 고열을 받는 곳에는 부적합하다.
   - 마그마가 지하 10km 정도의 깊이에서 서서히 굳어진 암석이다.
   - 구성광물은 석영, 장석, 운모 등이며 광물 결정은 1~7mm의 크기로 대체로 고르고 치밀한 편이다.
   - 색깔은 흰색 또는 담회색이며 단단하고 내구성이 강하다.
   - 외관이 아름답고 조직에 방향성이 없으며 균열이 적어서 큰 석재를 얻을 수 있다.
   - 산출량이 많고 가공성이 크며 용도가 다양하다.
   - 자연석은 경관석, 디딤돌 등으로 이용된다.
   - 가공석은 건축재, 바닥포장, 계단, 조각물, 경계석, 석탑, 석등, 묘석 등에 이용된다.

[화강암으로 만들어진 음수대]

  ㉡ 안산암
   - 마그마가 지표로 분출하여 급격히 굳어진 암석이다.
   - 주요 구성광물은 장석, 휘석, 각섬석, 운모 등이다.
   - 색깔은 담회색, 담적갈색, 암회색이 많다.
   - 석질은 치밀하고 단단하며 내화성이 크다.
   - 판상, 주상절리가 있어 채석이 쉬우나 큰 돌을 얻기는 어렵다.
   - 자연석은 경관석, 돌쌓기, 디딤돌 등으로 이용된다.
   - 가공석은 바닥포장, 계단, 조각물, 구조재, 골재 등으로 쓰인다.

  ㉢ 현무암
   - 지구상에 가장 널리 분포하고 있는 암석이다.
   - 주요 구성광물은 사장석, 휘석, 감람석 등이다.
   - 색깔은 회색 또는 검은색이다.
   - 세립질이고 치밀해서 단단하지만 다공질인 것도 있다.
   - 주상절리가 있어 기둥모양으로 갈라지는 것이 많다.

- 자연석은 경관석, 디딤돌, 돌쌓기 등에 이용된다.
- 가공석은 문기둥, 석등, 바닥포장, 건축재 등에 쓰인다.
- 우리나라 제주도의 돌은 대부분 현무암 계통이다.

② **퇴적암**(堆積岩, Sedimentary Rock) : 기존 암석의 분쇄물 또는 분해물질 등이 물이나 바람에 의하여 한곳에 퇴적되고, 깊은 곳에 있는 부분이 오랫동안 지열과 지압으로 다시 굳어진 암석으로, 대체로 층을 이루어 형성된다. 퇴적암에 속하는 암석으로는 응회암, 사암, 점판암, 혈암, 석회암 등이 있다.

※ 퇴적작용의 대부분이 물속에서 이루어졌기 때문에 수성암(水成巖, Aqueous Rock)이라고도 한다.

㉠ 응회암 : 재질이 부드러워 가공이 쉽고 열에 강하며 가볍다. 포장용, 깔돌, 실내장식용으로 사용된다.

㉡ 점판암 : 이판암이 다시 지압으로 동결된 것으로 층상으로 되어 있어 막판 채취가 가능하다. 일반적으로 천연슬레이트라 한다.

> **기출 Point** 점판암
> 판 모양으로 떼어 낼 수 있어 바닥포장용, 계단설치용, 디딤돌, 지붕재료로 쓰이는 퇴적암의 일종

- 찰흙이나 진흙이 물속 깊숙이 침전되어 지압에 의해 층상으로 굳어진 암석이다.
- 주요 구성광물은 석영, 장석, 운모 등이다.
- 색깔은 회갈색, 청회색, 암회색으로 불에 강하다.
- 쉽게 떨어지는 성질이 있어 판 모양으로 떼어 내어 사용된다.
- 디딤돌, 바닥포장, 계단, 지붕재, 장식재, 비석 등에 쓰인다.

③ **변성암**(變成岩, Metamorphic Rock) : 화성암, 퇴적암이 지각변동이나 지열을 받아서 화학적 또는 물리적으로 성질이 변한 암석이다. 변성암에는 편마암, 대리석, 사문암, 결정편암 등이 있다.

㉠ 대리암
- 석회암이나 백운암이 변성된 암석이다.
- 색채와 무늬가 화려하고 석질이 치밀하고 연해 가공하기 쉽다.
- 산과 열에 약하고 풍화되기 쉬워 외장용으로는 부적당하다.
- 내장용으로 쓰인다.
- 산지에서 큰 덩이 원석을 공장에 반입하여 톱켜기를 한 다음 붙임돌로 사용된다.
- 내화학성, 내마모성이 약해서 바닥재나 외장재로는 부적합하다.

㉡ 편마암
- 화강암이 변성된 암석이다.
- 운모가 조각 모양으로 섞이고 다른 광물도 줄무늬를 이룬다.
- 줄무늬가 아름다워서 조경장식(정원석)에 사용된다.

㉢ 사문암
- 주로 감람석이나 섬록암 등의 심성암이 변질된 암석이다.

- 암녹색 바탕에 흑백색의 아름다운 무늬가 있다.
- 경질이나 풍화성이 있어 외장재보다는 내장재 마감용 석재로 이용된다.

> **더 알아보기**
>
> **암석의 분류**
> - 화성암 : 화강암, 안산암, 현무암, 섬록암 등
> - 퇴적암 : 응회암, 사암, 점판암, 혈암, 석회암 등
> - 변성암 : 편마암, 대리암, 사문암, 결정편암 등

(3) 석질재료의 가공

석재는 자연석 그대로 사용하기도 하지만 대부분 일정한 모양으로 가공한 상태로 쓰이며, 모양, 크기 및 용도에 따라 규격재, 골재, 석재 가공제품으로 나뉜다.

① 가공방법
  ㉠ 혹두기 : 쇠망치로 석재 표면의 큰 돌출 부분만 대강 떼어 내는 정도의 거친 면을 마무리하는 작업이다.
  ㉡ 정다듬 : 혹두기한 면을 정으로 비교적 고르고 곱게 다듬는 작업으로 거친다듬, 중다듬, 고운다듬으로 구분된다.
  ㉢ 도드락다듬 : 정다듬한 표면을 도드락망치를 이용하여 1~3회 정도 두드려 곱게 다듬는 작업이다.
  ㉣ 잔다듬 : 외날망치나 양날망치로 정다듬 면 또는 도드락다듬 면을 일정 방향, 주로 평행하게 나란히 찍어 평탄하게 마무리하는 작업이며, 다듬횟수는 1~5회 정도이다.
  ㉤ 물갈기 : 필요에 따라 잔다듬 면을 연마기나 숫돌로 매끈하게 갈아 내는 방법으로 화강암, 대리석 등을 최종적으로 마무리하는 작업이다. 갈 때 물을 사용하므로 물갈기라 하며, 광내기까지 한 것을 정갈기라 한다.

거 침 ──────────────────────► 부드러움
혹두기 → 정다듬 → 도드락다듬 → 잔다듬 → 물갈기

[석재의 가공방법]

② 규격재 **중요**
  ㉠ 각 석
    - 폭이 두께의 3배 미만이고, 폭보다 길이가 긴 직육면체의 석재이다.
    - 용도 : 쌓기용, 기초용, 경계석 등으로 사용된다.
  ㉡ 판 석
    - 두께가 15cm 미만이고, 폭이 두께의 3배 이상인 판 모양의 석재이다.

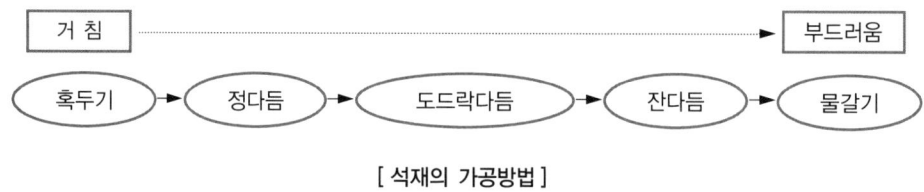
기출 Point 판석의 최대 두께
15cm 미만

- 용도 : 디딤돌, 원로 포장용, 계단 설치용 등으로 사용된다.

ⓒ 마름돌
- 채석장에서 떼어 낸 돌을 지정된 규격에 따라 직육면체가 되도록 각 면을 다듬은 석재이다.
- 용도 : 석재 중에서 가장 고급품이며, 시공비가 많이 들고, 미관과 내구성이 요구되는 구조물이나 쌓기용으로 사용된다.

ⓓ 견치돌
- 돌을 뜰 때 앞면, 길이, 뒷면, 접촉부 등의 치수를 지정하여 마름모꼴이나 사각형 뿔 모양으로 깨낸 석재로, 면에서 직각으로 잰 길이가 최소변의 1.5배 이상이고, 접촉부의 너비는 1/10 이상이다.
- 용도 : 주로 흙막이용 돌쌓기에 사용된다.

ⓔ 잡석(깬돌)
- 엄격한 규격에 맞추어 만들지 않고 견치돌과 비슷하게 막 깨낸 석재이다.
- 용도 : 견치돌보다 값이 싸며, 흙막이용 돌쌓기 또는 붙임돌용으로 사용된다.

> **더 알아보기**
>
> **사괴석**
> 15~25cm 정도의 정방형 돌로서, 궁궐이나 사대부의 집 등 고건축의 담장에 사용했고, 길이는 최소 변의 1.2배 이상이다.

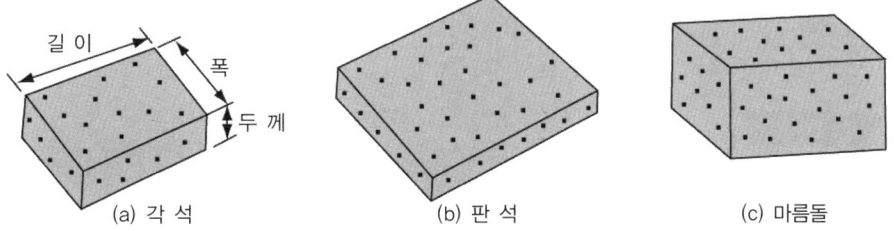

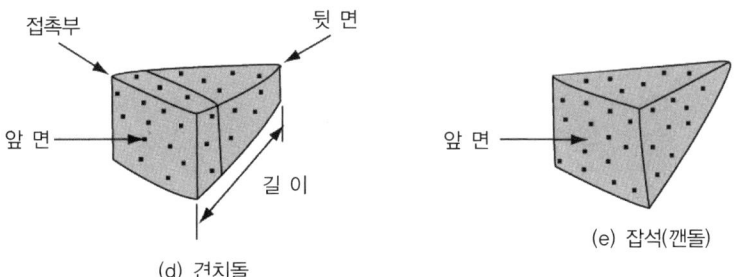

[여러 가지 규격재 모양]

③ 골 재
  ㉠ 입자 크기에 따른 구분
    - 잔골재(세골재, 모래) : 10mm체를 전부 통과하고 No. 4체(5mm)를 거의 통과하는 골재
    - 굵은골재(조골재, 자갈) : No. 4체(5mm)에 거의 남는 골재
  ㉡ 생산수단에 따른 구분
    - 천연골재 : 강골재, 바다골재, 산골재
    - 인공골재 : 부순모래, 부순돌, 인공경량골재

④ 석재 가공제품
  ㉠ 석재를 여러 가지 모양으로 다듬어 예술적인 조각물을 만든 후 정원의 첨경물로 이용하거나 실용품으로 만들어진 것
  ㉡ 종류 : 해시계, 분수대, 벤치, 테이블, 비석, 음수대, 표지석, 석탑, 석등, 석교, 조각물 등

(4) 자연석

① 이용상의 분류
  ㉠ 경관석 : 시선이 집중되는 곳이나 중요한 자리에 한 개 또는 몇 개를 짜임새 있게 놓고 감상하는 돌이다.
  ㉡ 디딤돌 : 보행을 위해서 잔디밭, 자갈 또는 맨땅 위에 설치하는 돌로, 넓적하고 편평해야 하며 석질이나 돌 색깔이 비슷한 것이 바람직하다.
  ㉢ 호박돌 : 하천에 있는 지름 20~30cm 정도의 둥근 자연석으로, 주로 자연스럽고 부드럽게 멋을 내고자 할 때 장식용으로 사용하지만, 포장용이나 기초용으로도 쓰인다.

> **더 알아보기**
>
> **돌틈식재**
> 돌틈에 비옥한 토양을 채워 관목류, 화훼류, 야생초 등을 식재하면 토사유출을 방지하고 석정의 느낌을 부드럽게 완화시킬 수 있다.
> - 관목류 : 반송, 회양목, 철쭉, 사계장미, 눈향, 옥향, 산수유, 명자나무, 싸리나무, 화살나무, 매자나무, 좀작살나무, 피라칸타, 매화나무, 황매화, 조팝나무 등
> - 화훼류 : 꽃잔디, 국화, 꽃해바라기, 접시꽃, 꽃양배추, 분꽃, 채송화, 다알리아, 함박꽃, 모란, 유카, 튤립, 칸나, 안개꽃, 꽃베고니아 등
> - 야생초 : 맥문동, 고사리류, 각시붓꽃, 감국(산국), 개미취, 관중, 골잎원추리, 구절초, 금불초, 기절초, 청고비, 꽃창포, 비비추, 노루귀, 돌나물, 둥굴레, 민들레 등

② 산출장소에 따른 분류
  ㉠ 산 석
    - 산지나 땅속에서 산출한 돌로 일명 산돌이라고도 한다.
    - 모가 난 것이 많고, 지상에 있는 돌은 이끼나 뜰녹이 생긴 것이 많다.
    - 경관석으로 이용하는 산석은 화강암, 안산암, 현무암 등이 있다.

ⓒ 강 석
- 물에 깎여서 자갈 모양처럼 모가 없는 돌로 하석 또는 강돌이라고도 한다.
- 일반적으로 흰색에 가까운 회색, 흑회색으로 무겁게 보이며 돌의 결이 아름답다.
- 산지가 물가이므로 물을 이용한 조경공간에 이용하면 더욱 효과적이다.

ⓒ 해 석
- 해안가 또는 바닷물 속에서 산출된 돌로 바닷돌이라고도 한다.
- 바다의 조수에 의해 오랫동안 갈려서 모가 없으나, 연질부가 깎여서 괴석의 모양이 나타나기도 한다.
- 일반적으로 적색계통, 흑색계통으로 무겁게 보이며, 연못 한가운데의 섬인 중도(中島)를 만드는 데 이용된다.

③ 자연석의 모양

입 석	세워 쓰는 돌로 어디서나 관상할 수 있고, 키가 높아야 효과가 있음
횡 석	눕혀 쓰는 돌로 안정감이 있음
평 석	윗부분이 평평한 돌로 안정감을 주며, 주로 앞부분에 배석함
환 석	둥근 모양의 돌
각 석	각이 진 3각 또는 4각의 돌
사 석	비스듬히 세워서 쓰는 돌로 해안절벽의 표현 등에 사용함
와 석	소가 누운 형태로 횡석보다 안정감이 더 있음
괴 석	태호석, 제주도나 흑산도의 현무암 등

2 점토질재료

(1) 점토질재료의 특성

① 점토는 여러 가지 암석이 풍화되어 분해된 물질로 만든 것이다.
② 점토는 가소성이어서 물로 반죽하면 원하는 모양으로 성형할 수 있다.
③ 건조시키면 굳고, 불에 구우면 더욱 경화되는 성질이 있다.
④ 점토제품에는 벽돌, 도관, 타일, 도자기, 기와 등이 있다.
⑤ 소성(燒成)의 공정순서 : 예비처리 → 원료조합 → 반죽 → 숙성 → 성형 → 시유(施釉) → 소성

(2) 제품별 특성과 용도

① 벽 돌
  ㉠ 담장, 화단의 경계석, 원로의 포장, 테라스 바닥 및 퍼걸러와 같은 시설물의 축조용으로 사용되는 벽돌은 정교하면서도 따뜻한 느낌을 준다.
  ㉡ 종 류
  - 표준형 벽돌 : 190mm × 90mm × 57mm의 표준규격 벽돌이다.

- 보통벽돌(붉은벽돌) : 바닥 포장, 장식벽, 벤치, 퍼걸러 기둥, 계단, 담장 축조, 어린이 유희시설 등에 사용한다.
- 다공질벽돌 : 점토에 30~50%의 분탄, 톱밥 등을 혼합하여 소성(굽기)한 것으로 비중은 1.2~1.7 정도이며, 벽돌의 크기는 보통벽돌의 크기와 같고(내화벽돌은 보통벽돌보다 크다), 톱질과 못박음이 가능하다.
- 과소품벽돌 : 벽돌을 지나치게 구워 흡수율이 매우 적고 압축강도는 매우 크지만, 모양이 바르지 않아서 주로 기초쌓기나 특수장식용으로 이용한다.
- 이형벽돌 : 처음부터 특수한 용도에 맞는 모양으로 만들기 때문에 기존의 벽돌과 달리 다양한 형태를 지닌다.

② 도관과 토관

㉠ 도관(Earthenware Pipe)
- 도관(陶管)은 점토 또는 내화점토를 주 원료로 하여 내외면에 유약을 칠하여 구운 것으로 불침투성이며 내압력이 크다.
- 표면이 매끄럽고 단단하다.
- 흡수성과 투수성이 없어 배수관, 상·하수도관, 전선 및 케이블관으로 사용된다.

㉡ 토관(Earthen Pipe)
- 논밭의 하층토와 같은 저급점토를 원료로 모양을 만든 후 유약을 바르지 않고 그대로 구운 것이다.
- 토관은 잘 구워져 있어서 금속성 청음을 내는 것이어야 하며, 유해한 균열이나 깨진 곳 등의 흠이 없이 견고하고, 흡수율이 20% 이하인 것이어야 한다.
- 표면이 거칠고 투수율이 커서 연기나 공기 등의 환기관으로 사용된다.

③ 타 일

㉠ 양질의 점토에 장석, 규석, 석회석 등의 가루를 배합하여 성형한 후 유약을 입혀 건조시킨 다음 1,100~1,400℃ 정도로 소성한 제품이다.
㉡ 외관에 결함이 없고, 흡수성이 적으며, 휨과 충격에 강하다.
㉢ 방화성·내마멸성이 우수하다.
㉣ 모양과 크기에 따라 모자이크타일, 외장타일, 내장타일, 바닥타일 등으로 구분한다.
㉤ 건축 및 조경장식의 마무리재로 많이 사용된다.
㉥ 테라코타

기출 Point 테라코타
석재 조각물 대신 사용하고 있는 장식용 점토제품

- 입체타일로 석재보다 색이 자유롭다.
- 일반 석재보다 가볍고, 압축강도는 화강암의 1/2 정도이다.
- 화강암보다 내화력이 강하고, 대리석보다 풍화에 강하므로 외장에 적당하다.
- 한 개의 크기는 제조와 취급상의 이유로 보통 $0.5m^3$ 이하로 한다.

ⓢ 클링커타일 : 타일 중 요철무늬를 넣어 바닥 등에 붙이는 저급타일이다.

> **더 알아보기**
>
> **흡수율 등**
> - 흡수율이 가장 낮은 타일 : 자기질 타일
> - 흡수율이 가장 높은 타일 : 토기질 타일
>   ※ 흡수율 정도 : 토기 > 도기 > 석기 > 자기
> - 소성된 점토제품의 색깔에 가장 큰 영향을 주는 성분 : 산화철
> - 점토를 한 번 소성하여 분쇄한 것으로 점성 조절재로 사용하는 것 : 샤모트

④ 도자기제품

　㉠ 특 징
- 돌을 빻아 빚은 후 1,000℃ 이상의 고온에서 구운 것을 말한다.
- 내수성이 뛰어나고, 마찰과 충격에 강하여 흠집이 잘 생기지 않는다.
- 주로 그릇이나 타일로 만들어 사용하지만 야외탁자, 스툴(원형의자) 등에도 쓰인다.

　㉡ 종 류
- 토기(土器) : 진흙을 반죽하여 유약을 바르지 않은 채 700~1,000℃ 정도에서 구운 그릇이다.
- 도기(陶器) : 도토(진흙)를 반죽하여 1,000℃ 전후에서 구운 그릇으로, 유약을 바르거나 바르지 않을 때도 있지만 대부분 유약이 시유된 것을 말한다. 강도가 자기보다 약하고 불투명하며 흡수율이 높은 편이다.
- 자기(磁器) : 자토(고령토)와 돌가루를 섞어 반죽하고 유약을 발라 1,200~1,400℃에서 고온소성한 그릇으로, 태토가 치밀하여 흡수율이 매우 낮고 두드렸을 때 맑은 소리가 나며 투광성이 있다.

제3절 　시멘트재료와 콘크리트재료

1　시멘트 · 콘크리트 · 골재 · 혼화재료 · 미장재료

(1) 시멘트

① 시멘트의 개요

　㉠ 석회암과 점토(질흙), 광석찌꺼기 등을 혼합하여 구운 다음 가루로 만든 일종의 결합제이다.
　㉡ 포틀랜드 시멘트, 혼합 시멘트, 특수 시멘트로 분류한다.
　㉢ 우리나라에서 생산되는 시멘트의 90%는 보통 포틀랜드 시멘트이다.

② 일반적으로 포틀랜드 시멘트는 수경성이고 강도가 크며, 비중은 대체로 3.05~3.15이고, 무게는 1,500kg/m³ 정도이다.
⑩ 시멘트는 그 응결시간의 길고 짧음에 따라 급결 시멘트와 완결 시멘트로 구분하며, 시멘트를 제조할 때 탄산칼슘($CaCO_3$)이나 탄산나트륨(Na_2CO_3)을 넣으면 급결성이 되고, 석고를 넣으면 완결성이 된다.
⑪ 시멘트가 공기 중의 수분을 흡수하여 일어나는 수화작용을 풍화(Aeration)라 한다.
⑫ 수중공사 또는 추운 곳에서 공사할 때는 조강 시멘트를 사용해야 한다. 그러나 조강 시멘트는 수축이 크므로 시공 양생에 주의하여 틈이 생기지 않도록 해야 한다.

② 시멘트의 종류
  ㉠ 포틀랜드 시멘트(Portland Cement)
   • 보통 포틀랜드 시멘트 : 주 성분은 실리카(SiO_2), 알루미나(Al_2O_3), 석회(CaO)이며, 건축구조물이나 콘크리트제품 등 여러 방면에 이용되고 있고, 시멘트 세계 총생산량의 90% 이상을 점유하고 있다.
   • 조강(早强) 포틀랜드 시멘트 : 보통 포틀랜드 시멘트 원료와 거의 같으나 급경성(急硬性)을 갖게 한 고급 시멘트로서 단기에 높은 강도를 내고, 수밀성이 좋으며, 저온에서도 강도발현이 우수해 겨울철, 수중, 해중 공사 등에 적합하다. 수화열의 축적으로 콘크리트에 균열이 가기 쉬운 것이 단점이다.
   • 중용(中庸)열 포틀랜드 시멘트 : 보통 포틀랜드 시멘트와 조강 포틀랜드 시멘트의 중간성질을 가진 시멘트로 댐, 터널 공사 등 큰 덩어리 콘크리트에 적합하다.
   • 백색 포틀랜드 시멘트 : 산화철(Fe_2O_3)의 함량(0.3%)이 보통 시멘트(3.0%)보다 적어 건축물 도장, 타일 및 인조대리석 가공, 조각품이나 표식 등에 주로 쓰인다.
  ㉡ 혼합 시멘트(Blended Cement)
   • 고로(高爐)슬래그 시멘트 : 보통 포틀랜드 시멘트에 비하여 분말도가 높고 응결 및 강도발현이 약간 느리지만, 화학적 저항성이 크고 발열량이 적어 해수나 기름의 작용을 받는 구조물이나 공장폐수·오수의 배수로 구축 등에 쓰인다.
   • 실리카 시멘트(Silica Cement) : 동결융해작용에 대한 저항성은 작지만 화학적 저항성은 커서 해수나 공장폐수, 하수 등을 취급하는 구조물이나 광산과 같은 특수목적 구조물에 사용된다.
   • 플라이애시 시멘트(Fly Ash Cement) : 클링커(Clinker)와 플라이애시에 적당량의 석고를 가하여 혼합 분쇄해서 만든다. 실리카 시멘트와 유사하지만 후기강도가 높고, 건조수축이 적으며, 화학적 저항성이 강하다.
  ㉢ 특수 시멘트(알루미나 시멘트, Alumina Cement) : 회갈색 또는 회흑색을 나타내고 비중은 보통 포틀랜드 시멘트보다 가벼우며, 석고를 가하지 않는다. 조강성(조기강도)이 대단하며, 화학적 저항성이 크고, 내화성도 우수하여 내화용 콘크리트에 적합하다.

③ 시멘트 강도에 영향을 미치는 요인
　㉠ 증 가
　　• 분말도와 수화도가 높으면 강도가 증가한다.
　　• 양생온도 30℃까지는 온도가 높을수록 강도가 커지며, 재령(28일)이 경과함에 따라 강도가 증가한다.
　㉡ 저 하
　　• 표준밀도가 높으면 강도가 저하된다.
　　• 제조 직후 강도가 가장 크고, 시간이 지날수록 점차 저하된다.

④ 용어 정리
　㉠ 수화(Hydration) : 시멘트에 물을 가하여 비빈 풀과 같은 상태인데, 시간이 경과함에 따라 수경성 화합물이 화학반응을 일으켜서 차츰 유동성을 잃고 고화되는 과정이다.
　㉡ 응결(Setting) : 수화작용에 의해 고결된 상태이다.
　㉢ 경화(Hardening) : 응결을 끝마친 시멘트 고결체의 조직이 더욱 치밀해지고 강도가 커지는 과정이다.
　㉣ 수축(Shrinking) : 경화한 시멘트풀을 건조시키면 체적이 감소하는데 이러한 과정을 수축이라고 하며, 수축에는 경화에 동반한 수축, 건조에 의한 수축, 탄산화에 의한 수축 등이 있다.
　㉤ 풍화(Aeration) : 저장 중에 공기의 수분을 흡수하여 가벼운 수화작용을 일으키고, 그 결과 생긴 수산화칼슘이 공기 중의 탄산가스와 결합하여 탄산칼슘을 만드는 작용으로, 강도의 발현성을 저하시킨다.
　㉥ 시멘트는 수화 → 응결 → 경화 → 수축의 단계를 거친다.

⑤ 시멘트의 배합 및 보관
　㉠ 시멘트의 배합비율 **중요**
　　• 시멘트와 모래의 비는 1 : 3으로 하고, 중요한 곳은 1 : 2로 한다.

$$\text{물-시멘트비(W/C)} = \frac{\text{물 무게}}{\text{시멘트 무게}} \times 100$$

　　• 미장용 마감바르기 및 쌓기줄눈에는 시멘트와 모르타르의 비를 1 : 3으로 한다.
　　• 콘크리트블록을 만들 경우 시멘트와 골재의 비는 1 : 5나 1 : 7로 한다.
　㉡ 시멘트 창고의 기준과 보관방법
　　• 창고의 바닥높이는 지면에서 30cm 이상으로 한다.
　　• 지붕은 비가 새지 않는 구조로 하고, 벽이나 천장은 기밀하게 한다.
　　• 창고 주위는 배수도랑을 두고 우수의 침입을 방지한다.
　　• 출입구 채광창 이외의 환기창은 두지 않는다.
　　• 반입구와 반출구를 따로 두어 먼저 쌓는 것부터 사용하도록 한다.
　　• 시멘트쌓기의 높이는 13포(1.5m) 이내로 하고, 장기간 쌓아 두는 것은 7포 이내로 한다.
　　• 저장 중에 약간이라도 굳은 시멘트는 공사에 사용하지 않아야 한다.

- 3개월 이상 장기간 저장한 시멘트는 사용하기에 앞서 재시험을 실시하여 그 품질을 확인하여야 한다.
- 시멘트의 온도가 너무 높을 때는 그 온도를 낮추어서 사용하여야 하고, 일반적으로 50℃ 정도 이하의 시멘트를 사용하는 것이 좋다.

[시멘트벽돌과 포장용 벽돌의 규격] 중요

시멘트벽돌 규격(단위 : mm)	포장용 벽돌 규격(단위 : mm)
• A형(기존형) : 210×100×60 • B형(표준형) : 190×90×57	• 가로×세로(300×300) • 보도용(두께 60), 차도용(두께 80), 보차도용(두께 70~80) • S자형, U자형, W자형으로 구분한다.

(2) 콘크리트

① 콘크리트의 개요

  ㉠ 콘크리트(Concrete)는 시멘트와 모래·자갈 또는 부순 돌 등을 골고루 섞은 것을 물로 개어 굳힌 인조석(Artificial Stone)을 말하며 만드는 방법이 간단하고, 형상을 임의로 변형시킬 수 있으며, 내구성과 내수성이 크므로 그 용도가 매우 넓다.

  ㉡ 시멘트와 물을 혼합한 것을 시멘트 풀(Cement Paste)이라 하고, 시멘트, 잔골재, 물을 비벼 혼합한 것을 모르타르(Mortar)라고 한다.

  ㉢ 보통 콘크리트의 용적 구성은 약 70%가 골재이고 나머지는 시멘트 풀이다.

  ㉣ 콘크리트의 배합은 시멘트·잔골재·굵은골재(종전에는 부피비를 사용하였지만 최근에는 일반적으로 무게비를 사용)를 보통 콘크리트는 1:3:6, 철근콘크리트는 1:2:4, 그다지 중요하지 않은 것은 1:4:8의 비로 한다.

② 콘크리트의 장단점 중요

  ㉠ 장 점
  - 모양을 임의로 만들 수 있으며, 재료의 채취와 운반이 용이하다.
  - 유지관리비가 적게 든다.
  - 철근을 피복하여 녹을 방지하고, 철근과의 부착력을 높인다.

  ㉡ 단 점
  - 균열이 생기기 쉽고, 개조 및 파괴가 어렵다.
  - 무겁고, 인장강도 및 휨강도가 작다.
  - 품질 유지 및 시공관리가 어렵다.

③ 콘크리트제품

  ㉠ 인조목(콘크리트 의목) : 콘크리트를 사용하여 인공적으로 나무의 형태와 질감(나뭇결)을 만든 것으로, 실제 나무재료보다 목면·목피의 색상이나 무늬를 더욱 다양하고 아름답게 만들 수 있다. 견고하고 튼튼해서 여러 가지 자연현상에 노출되어도 마모되거나 부패하지 않아 유지관리의 수고를 덜 수 있을 뿐만 아니라, 벌목으로 인한 자연훼손을 줄이고 고가인 목재를 대체할 수 있어 가격 절감에도 도움이 된다.

ⓒ 경계블록 : 단위길이는 1m이고, A형·B형·C형의 3종류가 있다.
ⓓ 보도블록 : 무근콘크리트판으로 300×300×60mm의 정방형과 장방형, 6각형 등이 있다.
ⓔ 강력압축 보도블록 : 고압·고열 처리하여 내구성이 크고 압축강도가 높아 차량통행이 가능하다.
ⓕ 인조석 보도블록 : 천연석을 분쇄하여 시멘트와 색소를 혼합한 것으로, 부드러운 질감을 가지고 있고 크기와 색상이 다양하다.
ⓖ 측구용 블록 : L형과 U형이 있고, 배수를 위해 길 가장자리에 설치한다.

(3) 골 재

① 골재의 정의 및 기능
  ㉠ 콘크리트나 모르타르를 만들 때 모래나 자갈, 부순 모래 등을 섞어서 만드는데, 이처럼 혼합용으로 쓰이는 입자형의 모든 재료를 골재라 한다.
  ㉡ 풍화나 침식 등의 작용에 저항하는 구조로 되어 있고, 콘크리트에서 골재가 차지하는 비율은 60~80%이며, 결합체의 변화에 따른 변형을 방지한다.
  ㉢ 골재의 필요조건
    • 물리적·화학적으로 안정해야 한다.
    • 표면이 깨끗하고 유해물질이 없어야 한다.
    • 납작하거나 길지 않고, 구형에 가까워야 한다.
    • 시멘트풀과 부착력이 큰 표면조직을 가져야 한다.
    • 치밀하고 단단하며, 입도가 적절해야 한다.
    • 소정의 중량을 가지고, 밀도와 비중이 커야 한다(표준비중 2.60).
    • 굳은 시멘트풀보다 강해야 한다.
    • 내화성이 있어야 한다.

② 골재의 분류
  ㉠ 입경에 의한 분류
    • 잔골재 : KS A 5101(표준체)에 규정되어 있는 10mm체를 전부 통과하고, 5mm체를 거의 통과하는 골재로, 보통 모래를 말한다.
    • 굵은골재 : 5mm체에 거의 남는 골재로, 자갈에 해당한다.
  ㉡ 생산지에 의한 분류
    • 천연골재 : 강모래, 강자갈, 산모래, 산자갈, 바다모래, 바다자갈, 천연경량골재 등을 말한다.
    • 인공골재 : 원석을 쇄석기로 부순 것, 부순모래, 부순자갈, 부순돌, 인공경량골재, 인공중량골재 등이 해당한다.
  ㉢ 골재는 용도에 따라 댐 콘크리트용(150mm 이하), 철근·포장 콘크리트용(50mm 이하), 무근 콘크리트용(100mm 이하)으로 분류한다.

② 골재는 비중에 따라 경량골재(2.50 이하), 보통골재(2.50~2.65), 중량골재(2.70 이상)로 구분하고, 콘크리트용 골재의 비중은 표준비중인 2.60이다.
⑩ 단위용적중량은 잔골재가 1,450~1,700kg/m³, 굵은골재가 1,550~1,850kg/m³, 혼합골재가 1,760~2,000kg/m³ 정도이다.

> **더 알아보기**
>
> **공극률과 실적률**
> - 공극률 : 골재 간 공극의 비율을 백분율로 나타낸 것
>
> $= \left(1 - \dfrac{\text{가비중}}{\text{진비중}}\right) \times 100$
>
> $= \dfrac{\text{골재의 비중} - \text{단위용적중량}}{\text{골재의 비중}} \times 100$
>
> - 실적률 : 골재의 실적 부분을 백분율로 나타낸 것
> $= 100 - \text{공극률}$

(4) 혼화재료 〈중요〉

① 콘크리트의 성질을 개선하거나 공사비를 절약할 목적으로 사용한다.
② AE제 : 워커빌리티를 개선하고 동결융해에 대한 저항성이 증가하는 장점이 있지만, 압축강도와 철근과의 부착강도가 감소하는 단점이 있다.
③ 감수제 : 소정의 컨시스턴시를 얻기 위해 필요한 단위중량을 감소시켜 워커빌리티를 증대시킨다.
④ 급결제 : 겨울철이나 물속 공사, 콘크리트 뿜어붙이기 등에 필요한 조기강도의 발생 촉진을 위하여 첨가하는 것으로, 주로 염화칼슘(시멘트량의 1% 정도)이나 규산나트륨(시멘트량의 3% 정도)을 사용하고 이외에 탄산나트륨, 염화나트륨, 염화마그네슘 등이 있다.
⑤ 지연제 : 레미콘의 원거리 이동 시나 응결 지연이 필요할 때, 또는 슬럼프 저하를 적게 하거나 연속해서 다량의 콘크리트를 타설할 때 수화작용을 지연시켜 응결시간을 늘린다.
⑥ 방수제
  ㉠ 발수성(물이 잘 스며들지 않는 성질)을 가지도록 하는 방수제 : 지방산 비누, 명반, 수지 등
  ㉡ 콘크리트 속의 공극을 충전시키는 방수제 : 소석회, 점토, 규산백토, 돌가루 등
  ㉢ 도료를 사용해 콘크리트가 물에 직접적으로 접촉하는 것을 막는 방수제 : 아스팔트, 타르, 파라핀 유제 등
⑦ 플라이애시(Fly Ash)
  ㉠ 화력발전소의 미분탄 연소 시 발생하는 미립분으로, 대표적인 인공포졸란이며 포졸란 반응을 통해 콘크리트의 성질을 개량한다.
  ㉡ 콘크리트에 혼합 시 워커빌리티를 개선하고, 수화열이 감소하며, 내구성·수밀성·저항성이 증가하지만 조기강도를 저하시키는 단점이 있다.

ⓒ 고분말일수록 포졸란 반응을 크게 활성화시켜 콘크리트의 내구성을 향상시키지만, 중성화를 촉진하는 단점이 있다.

> **더 알아보기**
>
> **포졸란의 종류**
> - 천연포졸란 : 화산재, 규조토, 응회암 등
> - 인공포졸란 : 플라이애시, 소성점토, 실리카겔 등
>
> **워커빌리티(Workability)**
> - 콘크리트를 혼합한 후 운반, 타설, 다지기 및 마무리할 때까지 굳지 않은 콘크리트의 성질로, 콘크리트 시공 시 작업 난이도 및 재료분리에 저항하는 정도를 나타낸다.
> - 측정법 : 슬럼프시험(Slump Test), 플로시험(Flow Test), 리몰딩시험(Remolding Test), 컨시스턴시시험(Consistency Test), 낙하시험 등
>
> **블리딩(Bleeding)**
> 타설 후 골재나 시멘트가 침강하여 콘크리트 표면에 물이 뜨는 현상으로 일종의 재료분리현상이다. 약간의 블리딩은 콘크리트 타설 시 불가피하나 블리딩이 크면 내구성과 수밀성, 부착력 등이 저하되므로 주의해야 한다.
>
> **혼화재와 혼화제**
> - 혼화재 : 시멘트의 성질을 개량할 목적으로 사용하는 재료로서, 시멘트량의 5% 이상을 첨가하므로 그 부피가 배합계산에 포함되는 것
>   예 고로슬래그, 천연포졸란, 플라이애시 등
> - 혼화제 : 혼화재와 같이 시멘트의 성질 개량을 목적으로 사용하지만, 시멘트량의 1% 이하만 첨가하므로 그 부피가 배합계산에 포함되지 않는 것
>   예 AE제, 감수제, 급결제, 지연제, 방수제 등

(5) 미장재료

① 미장재료의 정의

ⓐ 미장재료란 건축물에 있어서의 내외벽, 바닥, 천정 등의 구체부위를 대상으로 미화, 보호, 보온, 방음, 방습, 내화를 위해 적절한 두께로 발라 마감하는 재료를 말한다.

ⓑ 넓은 면적을 이음매 없이 마무리할 수 있으며 주로 습식재료이다.

ⓒ 경화 후 마감층의 성능을 결함 없이 발휘하기 위하여 복합재료로 주로 사용된다.

ⓓ 구조재의 부족한 요소를 감추고 외벽을 아름답게 나타내 준다.

② 미장재료의 장단점

ⓐ 장 점
- 이음매 없이 바탕을 처리할 수 있다.
- 다양한 형태로 성형할 수 있고, 가소성이 크다.
- 마무리 방법이 다양하며, 여러 형태로 디자인할 수 있다.
- 타 재료와 혼합하여 방수, 차음, 내화, 단열의 효과를 얻을 수 있다.

ⓒ 단 점
- 물을 사용하므로 재료의 혼합에 있어 경화시간이 길다.
- 배합 시 시간경과에 따른 강도 저하의 판단이 어렵다.
- 배합시간이 있으므로 균일하지 못해 바탕마감 표면의 강도가 일정하지 않다.

③ 미장재료의 종류
ⓐ 모르타르
- 일반적으로 시멘트와 모래를 섞어서 물로 반죽한 것을 의미하지만, 첨가한 고착제에 따라 다양한 종류로 구분된다.
- 보통 벽돌, 블록, 석재를 접합하거나 벽, 바닥, 천장 등을 마감하는 데 쓰인다.
- 비교적 값이 싼 재료로 시공도 간단하여 건설공사 전반에 광범위하게 사용된다.

ⓑ 회반죽
- 소석회에 모래, 여물이나 해초풀을 넣어 반죽한 풀 형태의 미장재로, 벽이나 천장 등을 미장하는 데 사용한다.
- 값이 싸고, 작업이 용이하며, 바르고 나면 흰색의 매끄러운 표면을 얻을 수 있다.

ⓒ 벽토(壁土)
- 진흙에 고운 모래, 짚여물, 착색안료와 물을 혼합하여 반죽한 것이다.
- 목조 외벽에 바름으로써 자연스러운 분위기를 살릴 수 있다.
- 전통성을 강조하는 고유 토담집의 흙벽, 울타리, 담 등에 사용한다.

④ 기경성 미장재료와 수경성 미장재료
ⓐ 기경성 미장재료
- 공기 중의 이산화탄소와 결합하여 굳는다.
- 경화시간이 길어 시공이 용이하고 균열 발생이 적지만, 경화 시 통풍이 필요하고 강도가 작다.
- 진흙, 회반죽, 돌로마이트 플라스터 등

ⓑ 수경성 미장재료
- 물과 결합하여 굳는다.
- 경화시간이 짧고 경화 후 강도가 크지만, 시공이 불편하고 건조수축이 커서 균열이 발생한다.
- 시멘트 모르타르, 석고 플라스터 등

> **더 알아보기**
>
> **돌로마이트 플라스터**
> - 기경성 미장재료로 경화시간이 길어 시공이 용이하다.
> - 회반죽보다 강도가 크고, 점성이 좋아 해초풀을 넣을 필요가 없다.
> - 건조수축이 커서 균열이 생기기 쉬우며 물에 약하다.

제4절 금속재료

1 철금속·비철금속

(1) 금속재료의 종류
① 철금속 : 순철, 선철, 강철(탄소강), 특수강 등이 있으며 식수대, 미끄럼대, 그네, 시소, 사다리, 철봉, 복합놀이시설, 잔디보호책 등의 시설물에 사용한다.
② 비철금속 : 알루미늄, 구리, 납, 동, 아연과 각각의 합금 등이 있고 환경조형물, 유희시설, 수경시설, 가로장치물 등의 시설공사재료로 사용한다.

(2) 금속재료의 특성
① 대부분 상온에서 고체이고, 비중이 크다.
② 입자배열이 규칙적이며, 일정한 결정구조를 가진다.
③ 소재 고유의 광택이 우수하고, 고유한 색깔을 지닌다.
④ 연성 및 전성이 우수하고, 합금이 다양하다.
⑤ 열과 전기가 잘 통하고, 산·알칼리와 크게 반응한다.

(3) 금속재료의 장단점 중요
① 장 점
  ㉠ 다양한 형상의 제품을 만들 수 있고, 대규모의 공업생산품을 공급할 수 있다.
  ㉡ 각기 고유한 광택이 있고, 하중에 대한 강도가 크며, 재질이 균일하고, 불에 타지 않는 등 물리적 성질이 우수하다.
② 단 점
  ㉠ 비중이 크고, 가열하면 역학적 성질이 저하된다.
  ㉡ 녹이 슬고 부식이 되는 등 화학적 결함이 있다.
  ㉢ 색채와 질감이 차가운 느낌을 준다.

(4) 금속제품
① 철금속 : 철근, 형강, 강봉, 강판 그 외에 철선, 와이어로프, 긴결철물 등이 조경재료로 사용된다.
  ㉠ 형 강
    • 각종 단면형상을 가진 봉(棒) 모양 압연재의 총칭으로, 주로 철골 구조용으로 사용된다.
    • 단면형상에 따라 등변(等邊) L형강, 부등변(不等邊) L형강, H형강, I형강, ㄷ형강, Z형강, T형강 등으로 나뉜다.
    • 일반 구조용 압연강재로 사용되는 형강의 인장강도는 약 $40 \sim 60 kg/mm^2$이다.

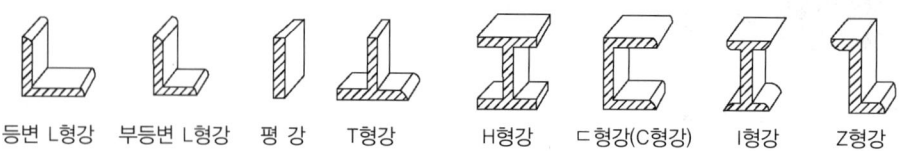

[형강의 여러 가지 종류]

ⓛ 강봉(봉강)
- 주로 철근콘크리트 옹벽을 구축하는 데 쓰인다.
- 원형 및 이형단면의 강봉은 철근콘크리트의 강재에 쓰이고, 각형단면의 강봉은 철문, 철창 등 철제 세공물 등에 사용된다.

ⓒ 강 판
- 강편을 롤러에 넣어 압연한 것
- 박판 : 판 두께 3mm 이하로 철제 거푸집, 지붕재에 사용된다.
- 후판 : 판 두께 3mm 이상인 것으로 구조용, 기계제품용으로 사용된다.
- 양철 : 박판에 주석도금한 것
- 함석 : 박판에 아연도금한 것

ⓔ 철 선
- 보통철선, 어닐링철선, 못용 철선 등이 있고, 철선을 이용해 만든 와이어라스(Wire Lath), 용접철망(Welded Wire Mesh), 그림프철망(Crimped Wire Cloth), 6각철망(Hexagonal Wire Netting) 등의 철사망이 있다.

기출 Point 철 선
거푸집이나 철근을 묶는 데 사용

- 연강의 강선을 아연도금한 것으로, 일반적으로 철사라고도 한다.
- 주로 철근콘크리트, 거푸집, 철근 등을 잡아매거나 묶는 데 사용한다.
- 각종 철사망은 낙석방지망이나 시멘트 모르타르·콘크리트 뿜어붙이기 공사에 쓰인다.
- 철선 또는 합성수지 피복철선을 육면체 형태로 만든 철사돌망태(Wire Gabion)는 그 속에 굵은 자갈이나 잡석을 넣어 비탈면에 쌓기용이나 붙이기용으로 사용한다.

ⓜ 와이어로프 : 지름 0.26~5.0mm인 가는 철선을 몇 개 꼬아 기본 로프를 만들고, 이를 다시 여러 개 꼬아 만든 것으로 케이블, 공사용 와이어로프 등이 있다.

ⓗ 긴결철물 : 볼트, 너트, 리벳, 앵커볼트, 듀벨, 꺽쇠, 못 등

> **더 알아보기**
>
> **철의 종류**
> 철은 탄소함유량에 따라 크게 순철, 선철, 강철로 구분한다.
> - 순철 : 탄소함유량이 0.035% 이하인 철로, 800~1,000℃ 내외에서 가단성(可鍛性)이 강한 연질이다.
> - 선철 : 주철이라고도 하는 탄소함유량이 1.7% 이상인 철로, 주조성이 강한 경질이며 취성이 크다.
> - 강철(탄소강) : 탄소함유량이 0.03~1.7% 정도인 철로, 가단성과 함께 주조성도 강하기 때문에 자동차, 건축, 기계 등 다양한 분야에서 가장 많이 쓰인다.
> ※ 특수강(합금강) : 탄소강에 특수한 원소를 첨가하여 성질을 개선시킨 것으로, 대표적인 특수강에는 니켈강, 니켈크롬강(스테인리스강) 등이 있다.

> **더 알아보기**
>
> **열처리**
> - 풀림 : 강을 연화하거나 강의 응력을 제거하기 위한 열처리로, 일정 온도로 가열유지한 후 노(爐) 내에서 냉각하는 작업
> - 불림 : 강의 입자를 미세화하고 조직을 균일하게 하여 강의 성질을 개선하기 위한 열처리로, 적당한 온도로 가열한 후 대기 중에서 냉각하는 작업
> - 담금질 : 강의 경도와 강도를 최고점까지 높이기 위한 열처리로, 가열유지한 후 물이나 기름으로 급속냉각하는 작업
> - 뜨임질 : 담금질한 강의 취성을 제거하고 인성을 부여하기 위한 열처리로, 담금질한 강을 다시 적당한 온도까지 가열한 후 냉각하는 작업

② 비철금속
  ㉠ 알루미늄
    • 원광석인 보크사이트에서 순수한 알루미나를 추출한 후 전기분해를 통해 산소를 제거하고 얻어진 은백색의 금속이다.
    • 알루미늄의 특징
      - 비중이 비교적 작고, 강도도 낮다.
      - 연질이며, 전성 및 연성이 우수하다.
      - 열전도율이 높고, 산·알칼리에 약하다.
    • 지붕재, 섀시, 경량구조재, 피복재, 설비, 기구재, 벽재, 울타리 등을 만들 때 이용된다.
    ※ 두랄루민(Duralumin) : 알루미늄 합금의 일종으로 내식성과 내구성이 좋다.
  ㉡ 구 리
    • 단독으로 쓰이기도 하지만 구리와 아연의 합금 형태로 많이 이용된다.
    • 내식성이 강하고 외관이 아름다워 외부장식재(장식철구, 공예재료, 동상 등)로 이용된다.
    • 놋쇠는 구리와 아연의 합금이고, 청동은 구리와 주석의 합금이다.
  ㉢ 납 : 비중이 크고, 연질이며, 전성 및 연성이 우수하다.
  ㉣ 동 : 상온의 건조한 환경에서는 변화하지 않으나, 다습환 환경에서는 광택을 소실하고 녹청색이 된다.

㉤ 아연 : 산·알칼리에 약하고, 공기 중이나 수중에서의 내식성이 강하여 철재의 내식도금재로 많이 쓰인다.

(5) 금속재료의 활용
① 표지판 : 철판재, 강관재, 스테인리스재
② 환경조형물 : 주로 청동을 사용
③ 유희시설 : 강관재, 강판재, 스테인리스재

> **더 알아보기**
>
> **재료의 역학적 성질**
> - 취성 : 재료에 외력을 가했을 때 작은 변형만으로도 파괴되는 성질
> - 탄성 : 재료에 외력을 가한 후 제거하면 원래의 형태로 돌아가는 성질
> - 소성 : 재료에 외력을 가한 후 제거하여도 원래의 형태로 돌아가지 않는 성질
> - 인성 : 재료가 외력을 받으면 크게 변형되지만 파괴되지는 않는 성질
> - 강성 : 재료가 외력을 받아도 변형되지 않고 파괴되지도 않는 성질
> - 연성 : 재료에 외력을 가하면 파괴되지 않고 길게 늘어나며 연구변형되는 성질
> - 전성 : 재료에 외력을 가하면 파괴되지 않고 얇게 펴지며 영구변형되는 성질
> - 경도 : 재료의 단단한 정도를 의미하며, 외력에 의한 마모에 저항하는 성질

제5절 기타 재료

1 플라스틱재료 · 도장재료

(1) 플라스틱재료 중요

① 플라스틱재료의 특성
  ㉠ 플라스틱이란 합성수지에 가소제, 채움제, 착색제, 안정제 등을 넣어서 성형한 고분자 물질이다.
  ㉡ 특 성
   - 가벼우면서도 강도와 탄력성이 크다.
   - 소성·가공성이 좋아 복잡한 모양으로 성형이 가능하다.
   - 내산성·내알칼리성이 크고, 녹슬지 않는다.
   - 착색이 자유롭고, 광택이 좋으며, 접착력이 크다.
   - 절연성이 있어 전기가 통하지 않고, 열에 매우 취약하다.
   - 내열성·내후성·내광성이 부족하며, 변색하는 등의 결점이 있다.

② 플라스틱재료의 종류
　㉠ 열가소성 수지 : 성형 후 열이나 용제를 가하면 소성변형하고, 냉각하면 고결하는 고체상의 고분자 물질로 구성된 수지
　　예 폴리에틸렌수지, 폴리프로필렌수지, 폴리스타이렌수지, 폴리염화비닐수지, 아크릴수지, 불소수지, 폴리아미드수지(나일론, 아라미드), 폴리에스테르수지, 아세탈수지 등
　㉡ 열경화성 수지 : 성형 후 열이나 용제를 가해도 형태가 변하지 않는, 비교적 저분자 물질로 구성된 수지
　　예 페놀수지, 멜라민수지, 불포화폴리에스테르수지, 에폭시수지, 우레아(요소)수지, 실리콘수지, 푸란수지 등
　㉢ 유리섬유 강화플라스틱(FRP ; Fiberglass Reinforced Plastic)
　　• 최근 가장 많이 쓰이는 플라스틱재료로, 강도가 약한 플라스틱에 강화제인 유리섬유를 넣어 성질을 개량한 플라스틱이다.
　　• 벤치, 미끄럼대의 미끄럼판, 인공폭포, 인공암, 화분대, 수목보호판 등에 사용된다.
　　• FRP의 제조과정에서 발생하는 원료기체는 대기를 오염시키고, FRP로 만든 저수탱크와 상하수도 파이프는 수질을 오염시키며, FRP 폐기물 역시 주 환경오염원이기 때문에 취급에 주의하여야 한다.

(2) 도장재료

① 도장재료의 정의
　㉠ 도료(塗料)를 칠하거나 바르는 재료를 말한다.
　㉡ 바탕재료의 부식을 방지하고, 미적 효과를 증대시키기 위한 목적으로 사용한다.
② 도장재료의 특징
　㉠ 구조재의 내식성, 방부성, 내마멸성, 방수성, 강도 등이 높아진다.
　㉡ 광택, 미관을 높여 주는 효과가 있다.
　㉢ 물체의 보호, 전도성 조절 등의 역할을 한다.
　㉣ 바탕재료의 종류에 알맞은 화학적 성질을 지닌 것을 선택하여야 한다.
③ 도장재료의 종류 중요
　㉠ 수성페인트
　　• 안료를 결합제와 혼합하고 물로 희석하여 사용하는 페인트이다.
　　• 취급이 용이하고, 건조속도가 빠르며, 냄새가 적게 난다.
　　• 내구성과 내수성이 약하고, 지속력이 부족하여 수명이 짧다.
　　• 내부용과 외부용으로 구분되어 있어 용도에 맞게 사용해야 한다.
　　• 에멀젼 페인트 : 대표적인 수성페인트로 물에 아스팔트, 유성페인트, 수지성 페인트 등을 현탁시킨 유화액상 페인트이며, 주로 건축물의 내외벽에 도장을 한 후 마감하는 데 사용한다.

ⓒ 유성페인트
- 안료를 건성유와 혼합하고 전용 희석제로 희석하여 사용하는 페인트이다.
- 내구성과 내수성이 강하고, 접착력이 뛰어나며, 물체의 손상이나 변형을 방지한다.
- 건조속도가 느리고, 특유의 냄새가 강하게 나기 때문에 시공 후 환기가 필요하다.
- 에나멜페인트와 래커페인트가 많이 쓰인다.
- 에나멜페인트
  - 시너(Thinner)를 희석제로 사용하며, 도막이 견고하고 접착력이 뛰어나 목재나 철제 등 다양한 재질에 사용 가능하다.
  - 다양한 색깔의 제품이 많지만 투명색은 없고, 수성페인트뿐만 아니라 유성페인트 위에도 덧칠할 수가 있다.
  - 특유의 냄새가 강하고 인체에 유해하므로 취급에 주의가 필요하다.
- 래커페인트
  - 에나멜과 마찬가지로 시너를 희석제로 사용하며, 주로 표면을 보호하거나 부패를 막아주는 마감용 코팅제로 사용한다.
  - 다양한 색과 함께 투명색도 있어 나무 표면에 사용하면 나무의 무늬와 질감을 그대로 표현할 수 있다.
  - 다른 페인트를 녹일 만큼 독하기 때문에 덧칠할 시에는 기존의 페인트를 제거하는 것이 좋다.

> **더 알아보기**
>
> **녹막이 페인트**
> - 강제의 표면에 칠하여 외기와의 접촉을 막아 부식을 방지하는 방청용 페인트이다.
> - 취급 시 충격, 낙하, 마찰 등에 의한 스파크가 발생하지 않도록 주의해야 한다.
> - 방청안료
>   - 광명단 : 사삼산화납을 주성분으로 한 오렌지색 방청안료로 철재 녹막이에 사용된다.
>   - 징크로메이트 : 크롬산아연을 주성분으로 한 방청안료로 알루미늄 녹막이에 사용된다.

ⓒ 바니시(니스)
- 천연수지나 합성수지를 건성유로 용해한 유성 바니시와 휘발성 용제로 용해한 휘발성 바니시로 구분한다.
- 유성 바니시에는 물 바니시와 기름 바니시가 있고, 휘발성 바니쉬에는 래크(Lake, 천연수지 사용)와 래커(Lacquer, 합성수지 사용)가 있다.
- 무색 또는 담갈색의 투명도료로 장판이나 나무, 가구 등에 칠하여 광택을 내고, 부식을 방지한다.

② 퍼티(Putty)
- 석고를 건성유로 반죽한 접합제의 일종이다.
- 창유리 장착, 판자 도장(塗裝), 철관 이음매 고정 등에 주로 사용하고, 목공품의 균열 방지, 못질 마무리작업 시 구멍 메우기 등에도 사용한다.

⑩ 합성수지도료
- 장 점
  - 일반적으로 투광성이 양호하여 이용가치가 크다.
  - 가공이 용이하며, 강도가 큰 데 비해 비중이 작다.
  - 건축물의 경량화에 적합하다.
  - 페인트나 바니시보다 방화성이 우수하고, 건조시간이 빠르다.
  - 내산성·내알칼리성이 있어 콘크리트나 석고면에 사용 가능하다.
- 단 점
  - 열에 의한 변형과 신축성이 크다.
  - 경도 및 내마모성이 약하고 내화성, 내열성, 내인화성이 없다.

> **더 알아보기**
>
> **각종 도료의 특징**
> - 유성페인트는 바탕의 재질을 감춘다.
> - 바니시는 바탕의 재질을 그대로 나타낸다.
> - 광명단은 철재의 부식을 방지한다.
> - 에나멜페인트는 도막이 견고하고 광택이 좋다.

2 섬유질재료·유리재료·역청재료

(1) 섬유질재료

① 섬유재의 종류
  ㉠ 볏짚 : 줄기를 감싸 해충의 잠복소를 만드는 데 쓰인다.
  ㉡ 새끼 : 주로 조경수목을 보호하는 데 사용하며, 10타래를 1속이라고 한다.
  ㉢ 밧줄 : 마섬유로 만든 섬유로프가 많이 쓰인다.

② 새끼의 용도
  ㉠ 볏짚, 풀 등 수목 주위의 토양을 덮음으로써 수분의 증발 억제, 잡초의 발생 방지, 가뭄해 방지, 겨울철 지온 보호, 동해 방지 등을 한다.
  ㉡ 옮겨 심는 나무의 뿌리분이 상하지 않도록 감아 주거나, 줄기감기를 하는 데 사용한다.

③ 녹화마대
　㉠ 특 성
　　• 천연 식물섬유재로 환경친화적
　　• 수목 굴취 시 뿌리분을 감는 데 사용
　　• 통기성, 흡수성, 보온성, 부식성이 우수
　　• 사용이 간편하고 미관이 수려
　　• 수분 증산, 동해 방지, 수목 활착에 도움
　㉡ 효 과
　　• 줄기감기 시 새끼를 사용할 때보다 시간과 품 절약
　　• 인장강도가 새끼의 5배
　　• 미적 효과가 증대되고, 가격이 저렴
　　• 천연소재의 우수성으로 인한 하자율 감소
　　• 포트(Pot) 역할을 하여 잔뿌리 형성에 도움

(2) 유리재료
　① 유리의 성질
　　㉠ 열전도율 및 열팽창률이 작다.
　　㉡ 약산에는 침식되지 않지만, 염산·황산·질산 등 강산에는 서서히 침식된다.
　　㉢ 광선에 대한 성질은 유리의 성분, 두께, 표면의 평활도 등에 따라 다르다.
　　㉣ 유리의 굴절률은 1.5~1.9이며, 굴절률을 크게 하기 위해서는 납이나 바륨을 가하고, 작게 하기 위해서는 철을 가한다.
　② 유리의 특성
　　㉠ 광학적 특성 : 가시광선의 투과성이 있다.
　　㉡ 역학적 특성 : 내압성이 좋으나, 휨·긁힘·충격에 약하다.
　　㉢ 화학적 특성 : 불활성, 내구성, 비침투성, 비흡수성이 있고 풍화와 부식에 강하다.
　　㉣ 열(熱)성 : 절연유리, 반사처리유리, 색유리 등은 태양열을 흡수하여 투과열을 상당량 줄일 수 있다.
　③ 유리재료의 용도
　　㉠ 유리는 건물의 내부공간과 외부공간을 이어 줄 수 있어 온실, 수족관의 수조, 동물 전시공간과 같은 각종 전시시설 등에 다양하게 사용된다.
　　㉡ 최근에는 환경조형물이나 안내판 등에도 널리 사용되고 있다.
　　㉢ 유리블록제품이 발달하여 입체적인 벽면구성이나 특수지역의 바닥 포장용 재료로도 사용된다.

④ 유리재료의 종류
　㉠ 강화유리(Tempered Glass)
　　• 서랭유리를 연화점 이상으로 재가열한 후 급랭하여 만든다.
　　• 서랭유리나 반강화유리에 비해 잘게 깨지므로 재가공이 불가능하다.
　　• 강화유리는 일반 서랭유리에 비하여 강도가 5배 이상이다.
　　• 용도 : 테라스의 문, 출입문, 외벽용 유리 등 충격 혹은 압력에 대한 위험요소가 존재하는 유리시공 부위에 사용된다.
　㉡ 단열유리(Insulating Glass)
　　• 2장 이상의 판유리를 일정한 간격으로 나란히 두고 외기압에 가까운 건조공기를 채워 주위를 봉착한 것이다.
　　• 복층유리(Double Glazing)라고도 하며, 일반적으로 단열효과와 함께 소음 차단효과도 가지고 있다.
　　• 용도 : 주거용 건축물이나 기차·항공기·선박 등의 창유리 또는 단열이 필요한 시설의 외장재로 사용된다.
　㉢ 박공유리·스팬드럴유리(Spandrel Glass)
　　• 일반 유리 뒷면에 유색의 세라믹 코팅을 하여 열강화한 플로트유리이다.
　　• 색상이 다양하고, 서랭유리에 비하여 강도가 2배 이상이며, 일종의 열강화유리이므로 열충격에 대한 저항성도 강하다.
　　• 용도 : 유리와 유리 사이의 콘크리트나 철근 구조물을 가리기 위한 외벽재 또는 바닥재로 사용된다.

> **더 알아보기**
>
> **유리의 일반사항**
> • 유리의 주 원료 : 천연규사(SiO_2)
> • 보통유리의 연화점 : 600~750℃
> • 유리강도 측정기준 : 휨강도
> • 기타 유리의 종류
> 　- 가장 일반적인 유리 : 소다석회유리
> 　- 자외선 투과율이 낮은 유리 : 소다석회유리(Fe_2O_3 성분이 자외선 차단)
> 　- 도난 방지와 파손 시 파편을 막아 주는 유리 : 망입유리

(3) 역청재료
① 역청재료의 정의 : 일반적으로 이황화탄소에 용해되는 탄화수소의 혼합물로서 고체 또는 반고체 물질이며, 이 역청을 주성분으로 하는 것을 역청재료라 한다.
② 역청재료의 종류 및 용도
  ㉠ 천연 아스팔트, 석유 아스팔트, 타르, 피치 등이 있다.
  ㉡ 도로용 역청재료에는 포장용 아스팔트, 유화 아스팔트 및 포장 타르 등이 있으며, 그 밖에 개질 아스팔트가 있다.
  ㉢ 방수재료, 호안재료, 토질 안정재료, 도료, 줄눈재료, 절연재료, 주입재료 등으로 사용한다.

> **더 알아보기**
>
> **방수재료**
> - 아스팔트, 방수지포, 콜타르, 피치 등이 있다.
> - 기능에 따른 분류
>   - 바탕 표면에 층을 만들어 방수 : 아스팔트, 콜타르, 피치 등
>   - 바탕 표면에 도포하여 방수 : 도포 방수제 등
>   - 바탕에 혼합하여 방수 : 시멘트 방수제 등

PART 02 조경시공

CHAPTER 05 적중예상문제

01 다음 중 목재의 장점이 아닌 것은?

① 가격이 비교적 저렴하다.
② 온도에 대한 팽창, 수축이 비교적 작다.
③ 생산량이 많으며 입수가 용이하다.
④ 크기에 제한을 받는다.

해설 목질재료의 장단점

장점	• 색깔 및 무늬 등 외관이 아름답다. • 재질이 부드럽고, 촉감이 좋다. • 무게가 가벼워서 운반하거나 다루기 쉽다. • 중량에 비하여 강도가 크다. • 열, 소리, 전기 등의 전도성이 낮다. • 생산량이 많고, 가격이 비교적 저렴하며, 입수가 용이하다.
단점	• 자연소재이므로 내화성이 없고, 부패하기 쉽다. • 함수량의 증감에 따라 팽창·수축하여 변형되기 쉽다. • 부위에 따라 재질이 고르지 못하다. • 구부러지고, 옹이가 있다. • 강도가 균일하지 못하고, 크기에 제한을 받는다.

02 합판의 특징에 대한 설명으로 옳은 것은?

① 팽창, 수축 등으로 생기는 변형이 크다.
② 목재의 완전 이용이 불가능하다.
③ 제품이 규격화되어 사용에 능률적이다.
④ 섬유방향에 따라 강도의 차이가 크다.

해설 합판(Plywood)의 특징
• 제품이 규격화되어 있어 능률적으로 사용 가능하다.
• 나뭇결이 아름답고, 균일한 크기로 제작이 가능하다.
• 수축·팽창 등에 의한 변형이 거의 없다.
• 고른 강도를 유지하며, 넓은 면적을 이용할 수 있다.
• 내구성과 내습성이 크다.

03 목재의 구조에는 춘재와 추재가 있는데 추재를 바르게 설명한 것은?

① 세포는 막이 얇고 크다.
② 빛깔이 옅고 재질이 연하다.
③ 빛깔이 짙고 재질이 치밀하다.
④ 춘재보다 자람의 폭이 넓다.

해설 • 춘재 : 봄과 여름에 자란 부분으로, 성장속도가 빠르므로 세포가 크고 세포막이 얇으며, 색이 연하고 유연한 목질부이다.
• 추재 : 가을과 겨울에 자란 부분으로, 성장속도가 느리므로 세포가 작고 세포막이 두꺼우며, 색이 진하고 단단한 목질부이다.

04 다음 목재 중 무른 나무에 속하는 것은?

① 참나무 ② 향나무
③ 포플러 ④ 박달나무

해설 • 단단한 나무(Hard Wood) : 느티나무(괴목), 박달나무, 단풍나무, 장미목, 흑단, 참나무, 향나무 등
• 무른 나무(Soft Wood) : 피나무, 은행나무, 오동나무, 벚나무, 소나무, 라왕, 미루나무, 포플러 등

정답 1 ④ 2 ③ 3 ③ 4 ③

05 목재의 심재와 변재에 관한 설명으로 옳지 않은 것은?

① 심재는 수액의 통로이며 양분의 저장소이다.
② 심재의 색깔은 짙으며 변재의 색깔은 비교적 옅다.
③ 심재는 변재보다 단단하여 강도가 크고 신축 등 변형이 적다.
④ 변재는 심재 외측과 수피 내측 사이에 있는 생활세포의 집합이다.

해설
- 심재 : 나무줄기를 잘랐을 때 한복판에 짙게 착색된 부분으로, 생식기능이 줄어든 세포로 이루어져 있다. 성장이 거의 멈춘 부분으로 목질이 단단하다.
- 변재 : 심재 바깥쪽에 비교적 옅은 색을 가진 부분으로, 수액의 통로이자 양분의 저장소이다. 성장을 계속하는 부분으로 목질이 연하다.

06 원목의 4면을 따낸 목재를 무엇이라 부르는가?

① 통나무   ② 가공재
③ 조각재   ④ 판 재

해설 ③ 제재 전에 4면을 따내고 그 최소 단면에 있어서 결면을 보완한 사면의 합계에 대하여 경변의 합계가 80% 미만인 사각의 목재
① 제재하지 않은 나무
② 특수한 목적으로 가공한 목재
④ 두께가 7.5cm 미만이고, 폭이 두께의 4배 이상인 제재목

07 다음 중 목재 내 할렬(Checks)은 어느 때 발생하는가?

① 목재의 부분별 수축이 다를 때
② 건조 초기에 상태습도가 높을 때
③ 함수율이 높은 목재를 서서히 건조할 때
④ 건조응력이 목재의 횡인장강도보다 클 때

해설 할렬(Checks) : 건조응력이 횡인장강도보다 클 때 섬유방향으로 터지는 현상으로 횡단면할렬, 표면할렬, 내부할렬이 있다.

08 조경시설 재료로 사용되는 목재는 용도에 따라 구조용 재료와 장식용 재료로 구분된다. 다음 중 강도 및 내구성이 커서 구조용 재료에 가장 적합한 수종은?

① 단풍나무   ② 은행나무
③ 오동나무   ④ 소나무

해설 목재의 종류

침엽수	활엽수
소나무, 잣나무, 낙엽송 등	오동나무, 느티나무, 참나무, 단풍나무 등
재질이 연하고 탄력적	무늬가 아름답고 단단함
건축·토목시설의 구조용 재료	가구나 실내장식용 재료

09 통나무로 계단을 만들 때의 재료로 가장 적합하지 않은 것은?

① 소나무   ② 편 백
③ 수양버들   ④ 떡갈나무

정답 5① 6③ 7④ 8④ 9③

10 목재를 가공해 놓으면 무게가 있어서 보기 좋으나 쉽게 썩는 결점이 있다. 정원 구조물을 만드는 목재재료로 가장 좋지 못한 것은?

① 소나무 ② 밤나무
③ 낙엽송 ④ 나 왕

해설 나왕(Lauan) : 플라이우드, 건축재, 가구재로 쓰이며, 일반적으로 표면재로는 잘 사용하지 않는다.

11 목재를 방부제 속에 일정 기간 담가 두는 방법으로 크레오소트(Creosote)를 많이 사용하는 방부법은?

① 표면탄화법 ② 직접유살법
③ 상압주입법 ④ 약제도포법

해설 상압주입법 : 침지법과 유사하나, 가열한 약액에 방부할 목재를 일정 시간 담가 둔 후 다시 상온의 약액에 담가 침지시키는 방법
※ 크레오소트 : 방부효과가 크고, 철재류의 부식이 작으며, 침투성이 양호하다.

12 목재의 방부 처리방법 중 일반적으로 가장 효과가 우수한 것은?

① 침지법 ② 도포법
③ 생리적 주입법 ④ 가압주입법

해설
④ 가압주입법 : 밀폐된 공간에서 건조된 목재에 방부제를 가압하여 주입시키는 방법으로, 목재의 방부 처리법 중 가장 침투 깊이가 깊어 방부효과가 크고 내구성도 양호하다.
① 침지법 : 방부제 용액에 목재를 담가서 처리하는 방법으로, 보통 상온에서 실시하지만 가온 처리를 할 때도 있다.
② 도포법 : 건조재의 표면에 방부제를 바르거나 뿌려서 목재부후균의 침입을 방지하는 가장 간단한 처리방법이지만 효과는 상당히 크다.
③ 생리적 주입법 : 살아 있는 나무의 뿌리 근처 수간에 구멍을 뚫고 수용성 방부제를 주입하여 수액유동에 따라 나무 전체에 고루 분포되도록 하는 방법

13 목재에 수분이 침투되지 못하도록 하여 부패를 방지할 수 있는 방법은?

① 표면탄화법
② 니스도장법
③ 약제주입법
④ 비닐포장법

해설 ② 도장법은 표면에 페인트, 니스, 콜타르 등의 방수용 도장제를 발라 목재에 수분이 침투되지 못하도록 하여 목재의 부패를 방지하는 방법이다.

14 목재 방부제에 요구되는 성질로 부적합한 것은?

① 목재에 침투가 잘되고 방부성이 큰 것
② 목재에 접촉되는 금속이나 인체에 피해가 없을 것
③ 목재의 인화성, 흡수성에 증가가 없을 것
④ 목재의 강도가 커지고 중량이 증가될 것

해설 목재 방부제에 요구되는 성질
• 목재에 침투가 잘되고 방부성이 큰 것
• 목재에 접촉되는 금속이나 인체에 피해가 없을 것
• 악취가 나거나 목재를 변색시키지 않을 것
• 방부 처리 후 표면에 페인트를 칠할 수 있을 것
• 목재의 인화성과 흡수성의 증가가 없을 것
• 목재의 강도 저하나 중량 증가가 되지 않을 것
• 목재의 가공에 불편하지 않을 것
• 값이 싸고, 방부 처리가 용이할 것

정답 10 ④ 11 ③ 12 ④ 13 ② 14 ④

15 목재의 CCA방부 처리에 관한 설명 중 옳지 않은 것은?

① 목재의 수분함수율을 30% 이하로 건조시킨 후 방부처리한다.
② 1차 가공 후 방부 처리한다.
③ 흡수율은 목재 $1m^2$당 3kg이 되어야 한다.
④ 침윤도는 변재 부위에 90% 이상 침투되어야 한다.

[해설] ③ 흡수율은 목재 $1m^2$당 6kg이 되어야 한다.
※ CCA방부제 : 크롬·구리·비소 화합물로 수용성 방부제이며, 중금속 위해성으로 인해 2007년부터 생산 및 사용이 금지되었다.

16 다음 중 목재가 대기 중의 온습도에 대해 평형상태를 이루고 있을 때의 함수율로 가장 적당한 것은?

① 평행함수율
② 표준함수율
③ 기건함수율
④ 법정함수율

[해설]
• 함수율 : 목재에 함유된 수분량을 말한다.
• 기건함수율 : 목재를 공기 중에 오래 건조하여 목재 내 온습도와 대기의 온습도가 평형을 이룬 상태를 기건상태라고 하며, 기건상태의 목재가 가지는 함수율을 기건함수율이라고 한다. 온대지방에서는 대개 12~18% 정도이고, 우리나라에서는 15% 정도이다.

17 목재 유희시설물을 보수하려고 한다. 방충효과를 알아보기 위해 함수율을 계산하려 할 때 맞는 것은?(목재의 건조 전 중량은 120kg, 건조 후 중량은 80kg)

① 20%   ② 40%
③ 50%   ④ 60%

[해설] 목재함수율 = $\dfrac{건조\ 전\ 중량 - 건조\ 후\ 중량}{건조\ 후\ 중량} \times 100\%$

∴ $\dfrac{120-80}{80} \times 100(\%) = 50\%$

18 목재의 강도에 관한 설명 중 가장 거리가 먼 것은?

① 휨강도는 전단강도보다 크다.
② 비중이 크면 목재의 강도는 증가하게 된다.
③ 목재는 외력이 섬유방향으로 작용할 때 가장 강하다.
④ 섬유포화점에서 전건상태에 가까워짐에 따라 강도는 작아진다.

[해설] ④ 목재의 강도는 섬유포화점 이하에서는 함수율이 낮을수록 강도가 크다.

19 다음 중 압축강도(kgf/cm^2)가 가장 큰 목재는?

① 삼나무   ② 낙엽송
③ 오동나무   ④ 밤나무

[해설] 수종별 압축강도(kgf/cm^2)
낙엽송(638) > 삼나무(400) > 오동나무(372) > 밤나무(353)

20 다음 중 목재의 건조에 관한 설명으로 틀린 것은?

① 건조기간은 자연건조 시는 인공건조에 비해 길고, 수종에 따라 차이가 있다.
② 인공건조법에는 증기건조, 공기가열건조, 고주파건조법 등이 있다.
③ 자연건조 시 두께 3cm의 침엽수는 약 2~6개월 정도 걸리고 활엽수는 그보다 짧게 걸린다.
④ 목재의 두꺼운 판을 급속히 건조할 경우에는 고주파건조법이 효과적이다.

해설 ③ 자연건조 시 두께 3cm의 침엽수는 약 1~3개월 이상 걸리고, 활엽수는 침엽수의 2배 정도가 필요하나, 건조에 필요한 시간은 두께와 지름이 클수록 위의 값 이상으로 길게 할 필요가 있다.
목재의 건조방법
• 자연건조법 : 공기건조법, 침수법
• 인공건조법 : 자비법, 증기법, 열기법, 훈연법, 진공법, 고주파건조법

21 다음 중 목재의 방화제(防火劑)로 사용될 수 없는 것은?

① 염화암모늄
② 황산암모늄
③ 제2인산암모늄
④ 질산암모늄

해설 암모늄염으로는 제2인산암모늄, 제1인산암모늄, 브롬화암모늄, 붕산암모늄, 염화암모늄, 설파민산암모늄, 황산암모늄 등이 있고 목재의 방화제로 사용한다.

22 다음 중 목재공사에서 구멍뚫기, 홈파기, 자르기, 기타 다듬질하는 일을 가리키는 것은?

① 마름질
② 먹매김
③ 모접기
④ 바심질

해설 ④ 먹매김이 끝난 부재를 자르고 깎아 버리거나 파내는 일
① 필요한 길이로 잘라내는 일
② 먹통과 먹칼을 써서 치수금을 긋는 일
③ 석재나 목재 등의 모서리를 깎아 좁은 면을 내거나 둥글게 하는 일

23 목재를 연결하여 움직임이나 변형 등을 방지하고, 거푸집의 변형을 방지하는 철물로 사용하기 가장 부적합한 것은?

① 볼트, 너트
② 못
③ 꺾쇠
④ 리벳

해설 ④ 리벳은 철재끼리 접합시킬 때 사용하며, 보통 연성이 큰 리벳용 압연강재를 사용한다.

24 다음 중 목재에 유성페인트 칠을 할 때 가장 관련이 없는 재료는?

① 건성유
② 건조제
③ 방청제
④ 희석제

해설 ③ 방청제는 금속이 부식하기 쉬운 상태일 때 첨가하여 녹을 방지하기 위해 사용하는 물질이다.

정답 20 ③ 21 ④ 22 ④ 23 ④ 24 ③

25 다음 중 조경시공에 활용되는 석재의 특징으로 부적합한 것은?

① 내화성이 뛰어나고 압축강도가 크다.
② 내수성, 내구성, 내화학성이 풍부하다.
③ 색조와 광택이 있어 외관이 미려하고 장중하다.
④ 천연물이기 때문에 재료가 균일하고 갈라지는 방향성이 없다.

해설 ④ 천연물이기 때문에 재료가 불균일하고 갈라지는 방향성이 있다.

26 석질재료의 장점이 아닌 것은?

① 외관이 매우 아름답다.
② 내구성과 강도가 크다.
③ 가격이 저렴하고 시공이 용이하다.
④ 변형되지 않으며 가공성이 있다.

해설 ③ 석질재료는 경제적 부담이 크고, 타 재료에 비해 가공하기가 어렵다는 단점이 있다.

27 석재의 분류방법 중 가장 보편적으로 사용되는 방법은?

① 화학성분에 의한 방법
② 성인에 의한 방법
③ 산출상태에 의한 방법
④ 조직구조에 의한 방법

해설 ② 석재는 세계각지에서 생산되며 성인(成因), 조직구조, 화학성분, 강도, 용도 등에 의해서 분류될 수 있으나, 가장 일반적인 분류방법은 성인에 의한 방법으로 화성암계, 퇴적암계, 변성암계로 나누어진다.

28 석재의 형성원인에 따른 분류 중 퇴적암에 속하지 않는 것은?

① 사 암
② 점판암
③ 응회암
④ 안산암

해설 암석의 분류
• 화성암 : 화강암, 안산암, 현무암, 섬록암 등
• 퇴적암 : 응회암, 사암, 점판암, 혈암, 석회암 등
• 변성암 : 편마암, 대리석, 사문암, 결정편암 등

29 석재의 비중에 대한 설명으로 틀린 것은?

① 비중이 클수록 조직이 치밀하다.
② 비중이 클수록 흡수율이 크다.
③ 비중이 클수록 압축강도가 크다.
④ 석재의 비중은 2.0~2.7이다.

해설 ② 비중이 클수록 석질의 조직이 치밀하므로 흡수율이 작고 압축강도가 크다. 석재는 휨강도나 인장강도보다는 압축강도를 위주로 사용한다.

30 다음 석재 중 일반적으로 내구연한이 가장 짧은 것은?

① 석회암
② 화강석
③ 대리석
④ 석영암

해설 내구연한 : 화강석(200년) > 석영암(75~200년) > 대리석(100년) > 석회암(40년)

31 퇴적암의 일종으로 판 모양으로 떼어낼 수 있어 디딤돌, 바닥포장재 등으로 쓸 수 있는 것은?

① 화강암 ② 안산암
③ 현무암 ④ 점판암

해설
① 견고하고 내구성·내마모성이 강하며 외관이 아름답지만, 내화성이 약하다(건축재, 조각물, 석탑 등).
② 마그마가 지표로 분출하여 급격히 굳어진 암석으로, 석질이 치밀하고 단단하며 내화성이 강하다(구조재, 골재, 조각물 등).
③ 세립질이고 치밀하여 단단하지만, 주상절리가 있어 기둥 모양으로 갈라지는 것이 많다(문기둥, 석등, 건축재 등).

32 다음 중 트래버틴(Travertine)은 어떤 암석의 일종인가?

① 화강암 ② 안산암
③ 대리암 ④ 응회암

해설 ③ 트래버틴(Travertin)은 대리암의 일종으로 석질이 불균일하고 다공질이다.

33 마그마가 지하 10km 정도의 깊이에서 서서히 굳어진 화강암의 주요 구성광물이 아닌 것은?

① 석 회 ② 석 영
③ 장 석 ④ 운 모

해설 화강암의 주요 구성광물 : 석영, 장석, 운모

34 화강암(Granite)의 특징 설명으로 옳지 않은 것은?

① 조직이 균일하며 내구성 및 강도가 크다.
② 내화성이 우수하여 고열을 받는 곳에 적당하다.
③ 외관이 아름답기 때문에 장식재로 쓸 수 있다.
④ 자갈·쇄석 등과 같은 콘크리트용 골재로도 많이 사용된다.

해설 ② 화강암은 석질이 치밀하고 경질이어서 내구성과 내마모성이 좋아 조경공사 시 가장 보편적으로 많이 사용하는 석재이지만, 화염에 닿으면 균열이 생기고 석회암이나 대리암과 같이 분해가 일어나기도 한다.

35 화강암 중 회백색 계열을 띠고 있는 돌은?

① 진안석 ② 포천석
③ 문경석 ④ 철원석

해설
• 회백색 계열 : 포천석, 신북석, 일동석, 거창석 등
• 담홍색 계열 : 진안석, 운천석, 문경석, 철원석 등

36 화강석의 크기가 20cm × 20cm × 100cm 일 때 중량은?(단, 화강석의 비중은 평균 2.60이다)

① 약 50kg ② 약 100kg
③ 약 150kg ④ 약 200kg

해설 $20cm \times 20cm \times 100cm \times \dfrac{2.60}{1,000} = 104kg$

정답 31 ④ 32 ③ 33 ① 34 ② 35 ② 36 ②

37 석재를 조성하고 있는 광물의 조직에 따라 생기는 눈의 모양을 말하며, 돌결이라는 의미로 사용되기도 하고, 조암광물 중에서 가장 많이 함유된 광물의 결정벽면과 일치하므로 화강암에서는 장석의 분리면에 해당하는 것은?

① 층 리　② 편 리
③ 석 목　④ 석 리

해설 석재의 특징
- 절리 : 돌을 구성하고 있는 여러 가지 광물의 배열상태를 말한다.
- 층리 : 퇴적암 및 변성암에 나타나는 평행의 절리를 특히 층리라 한다.
- 석리 : 암석을 구성하고 있는 조암광물의 집합상태에 따라 생기는 모양으로, 암석조직상의 갈라진 금이다.
- 편리 : 변성암에 생기는 절리로서, 그 방향이 불규칙하고 엽편상의 암석이 얇은 판자 또는 편도 모양으로 갈라지는 성질이 있다.
- 석목 : 암석이 가장 쪼개지기 쉬운 면을 말하는데, 절리보다 불분명하지만 절리와 비슷하며 방향이 대체로 일치되어 있다.

38 돌이 풍화·침식되어 표면이 자연적으로 거칠어진 상태를 뜻하는 것은?

① 돌의 뜰녹
② 돌의 절리
③ 돌의 조면
④ 돌의 이끼바탕

해설 ③ 아면이라고도 하며 돌이 비나 바람, 다른 돌 등에 의하여 풍화·침식되어 그 표면이 삭아서 거칠어진 상태이다.
① 돌이 장구한 세월을 거쳐 풍화작용을 받으면 조면에 고색을 띤 뜰녹이 생기는데, 뜰녹이 훌륭한 경관석은 관상가치가 매우 높다.
② 돌을 구성하고 있는 여러 가지 광물의 배열상태를 절리라 한다. 절리로 인하여 돌에는 선이나 무늬가 생겨 방향감을 주고 예술적 가치가 생기는데, 절리는 섬세하면서도 조잡스럽지 않은 것이 좋다.
④ 이끼가 낀 돌은 자연미를 한층 더해 준다. 경관석을 놓은 곳이 음지라면 음지에서 이끼 낀 돌을 고르고, 양지라면 양지에서 이끼 낀 돌을 고르는 것이 좋다.

39 다음 돌의 가공방법에 대한 설명으로 잘못된 것은?

① 혹두기 – 표면의 큰 돌출부분만 떼어 내는 정도의 다듬기
② 정다듬 – 정으로 비교적 고르고 곱게 다듬는 정도의 다듬기
③ 잔다듬 – 도드락다듬면을 일정 방향이나 평행선으로 나란히 찍어 다듬어 평탄하게 마무리하는 다듬기
④ 도드락다듬 – 혹두기한 면을 연마기나 숫돌로 매끈하게 갈아내는 다듬기

해설 ④ 도드락다듬은 정다듬한 표면을 도드락망치를 이용하여 1~3회 정도 두드려 곱게 다듬는 작업이다.
석재의 가공순서 : 혹두기 → 정다듬 → 도드락다듬 → 잔다듬 → 물갈기

40 정원에 사용되는 자연석의 특징과 선택에 관한 내용 중 옳지 않은 것은?

① 정원석으로 사용되는 자연석은 산이나 개천에 흩어져 있는 돌을 그대로 운반하여 이용한 것이다.
② 경도가 높은 돌은 기품과 운치가 있는 것이 많고 무게가 있어 보여 가치가 높다.
③ 부지 내 타 물체와의 대비, 비례, 균형을 고려하여 크기가 적당한 것을 사용한다.
④ 돌에는 색채가 있어서 생명력을 느낄 수 있고 검은색과 흰색은 예로부터 귀하게 여겨지고 있다.

해설 ④ 돌의 색은 돌의 질에 의해 좌우되며, 질이 좋으면 생동감이 느껴지고, 질이 나쁘면 죽은 색으로 흉하게 보인다.

41 크기가 지름 20~30cm 정도의 것이 크고 작은 알로 고루고루 섞여져 있으며 형상이 고르지 못한 큰 돌이라 설명하기도 하며, 큰 돌을 깨서 만드는 경우도 있어 주로 기초용으로 사용하는 석재의 분류명은?

① 산 석
② 야면석
③ 잡 석
④ 판 석

[해설] 잡석(雜石) : 지름 20~30cm 정도의 돌로 큰 돌을 깨어 만드는 일이 많다. 주로 기초용이나 뒤채움용으로 많이 사용한다.

42 자연석 중 눕혀서 사용하는 돌로, 불안감을 주는 돌을 받쳐서 안정감을 갖게 하는 돌의 모양은?

① 입 석   ② 평 석
③ 환 석   ④ 횡 석

[해설] 자연석의 모양

입 석	세워 쓰는 돌로 어디서나 관상할 수 있고, 키가 높아야 효과가 있음
횡 석	눕혀 쓰는 돌로 안정감이 있음
평 석	윗부분이 평평한 돌로 안정감을 주며, 주로 앞부분에 배석함
환 석	둥근 모양의 돌
각 석	각이 진 3각 또는 4각의 돌
사 석	비스듬히 세워서 쓰는 돌로 해안절벽의 표현 등에 사용함
와 석	소가 누운 형태로 횡석보다 안정감이 더 있음
괴 석	태호석, 제주도나 흑산도의 현무암 등

43 우리나라의 조선시대 전통정원을 꾸미고자 할 때 다음 중 연못시공으로 적합한 호안공은?

① 자연석 호안공
② 사괴석 호안공
③ 편책 호안공
④ 마름동 호안공

[해설]
• 사고석(사괴석) : 한식건물의 벽체나 돌담을 쌓는 데 주로 사용하는 15~25cm의 각진 돌로, 네 덩어리를 한 짐에 질만한 돌이라는 뜻에서 유래하였다.
• 호안공 : 물이 흐르는 계곡의 기슭이 침식되는 것을 막기 위해 돌이나 콘크리트를 이용하여 계곡의 기슭을 막는 공작물을 말한다.

44 자연석 공사 시 돌과 돌 사이에 붙여 심는 것으로 적합하지 않은 것은?

① 회양목   ② 철 쭉
③ 맥문동   ④ 향나무

[해설] 돌틈식재
돌틈에 비옥한 토양을 채워 관목류, 화훼류, 야생초 등을 식재하면 토사유출을 방지하고 석정의 느낌을 부드럽게 완화시킬 수 있다.
• 관목류 : 반송, 회양목, 철쭉, 사계장미, 눈향, 옥향, 산수유, 명자나무, 싸리나무, 화살나무, 매자나무, 좀작살나무, 피라칸타, 매화나무, 황매화, 조팝나무 등
• 화훼류 : 꽃잔디, 국화, 꽃해바라기, 접시꽃, 꽃양배추, 분꽃, 채송화, 다알리아, 함박꽃, 모란, 유카, 튤립, 칸나, 안개꽃, 꽃베고니아 등
• 야생초 : 맥문동, 고사리류, 각시붓꽃, 감국(산국), 개미취, 관중, 골잎원추리, 구절초, 금불초, 기절초, 청고비, 꽃창포, 비비추, 노루귀, 돌나물, 둥굴레, 민들레 등

45 두께 15cm 미만이며, 폭이 두께의 3배 이상인 판 모양의 석재를 무엇이라고 하는가?

① 각 석　　② 판 석
③ 마름돌　　④ 견치돌

해설 규격재의 종류
- 각석 : 폭이 두께의 3배 미만이고, 폭보다 길이가 긴 직육면체의 석재로 쌓기용, 기초용, 경계석 등으로 사용된다.
- 판석 : 두께가 15cm 미만이고, 폭이 두께의 3배 이상인 판 모양의 석재로 디딤돌, 원로 포장용, 계단 설치용 등으로 사용된다.
- 마름돌 : 채석장에서 떼어 낸 돌을 지정된 규격에 따라 직육면체가 되도록 각 면을 다듬은 석재로, 석재 중에서 가장 고급품이며, 시공비가 많이 들고, 미관과 내구성이 요구되는 구조물이나 쌓기용으로 사용된다.
- 견치돌 : 돌을 뜰 때 앞면, 길이, 뒷면, 접촉부 등의 치수를 지정하여 마름모꼴이나 사각형 뿔 모양으로 깨낸 석재로, 면에서 직각으로 잰 길이가 최소변의 1.5배 이상이고, 접촉부의 너비는 1/10 이상이다. 주로 흙막이용 돌쌓기에 사용된다.
- 잡석(깬돌) : 엄격한 규격에 맞추어 만들지 않고 견치돌과 비슷하게 막 깨낸 석재로, 견치돌보다 값이 싸며, 흙막이용 돌쌓기 또는 붙임돌용으로 사용된다.

46 형태가 정형적인 곳에 사용하나, 시공비가 많이 드는 돌은?

① 산 석　　② 강석(하천석)
③ 호박돌　　④ 마름돌

47 돌을 뜰 때 앞면, 길이, 뒷면, 접촉부 등의 치수를 지정해서 깨낸 돌로 앞면은 정사각형이며, 흙막이용으로 사용되는 재료는?

① 각 석　　② 판 석
③ 마름돌　　④ 견치돌

48 다음 중 수로의 사면 보호, 연못바닥, 벽면 장식 등에 주로 사용되는 자연석은?

① 산 석　　② 호박돌
③ 잡 석　　④ 하천석

해설 ② 호박돌은 하천에 있는 지름 20~30cm 정도의 둥근 자연석으로, 주로 자연스럽고 부드럽게 멋을 내고자 할 때 장식용으로 사용하지만, 포장용이나 기초용으로도 쓰인다.

49 점토제품 중 돌을 빻아 빚은 것을 1,300℃ 정도의 온도로 구웠기 때문에 거의 물을 빨아들이지 않으며, 마찰이나 충격에 견디는 힘이 강한 것은?

① 벽돌제품
② 토관제품
③ 타일제품
④ 도자기제품

해설
- 토관제품 : 논밭의 하층토와 같은 저급점토를 원료로 모양을 만든 후 유약을 처리하지 않고 그대로 구운 제품
- 타일제품 : 양질의 점토에 장석, 규석, 석회석 등의 가루를 배합하여 성형한 후 유약을 입혀 건조시킨 다음 1,100~1,400℃ 정도로 소성한 제품

정답　45 ②　46 ④　47 ④　48 ②　49 ④

50 점토, 석영, 장석, 도석 등을 원료로 하여 적당한 비율로 배합한 다음 높은 온도로 가열하여 유리화 될 때까지 충분히 구워 굳힌 제품으로서, 대개 흰색 유리질로서 반투명하여 흡수성이 없고 기계적 강도가 크며, 때리면 맑은 소리를 내는 것은?

① 토 기　　② 자 기
③ 도 기　　④ 석 기

해설 도자기제품의 종류
- 토기(土器) : 진흙을 반죽하여 유약을 바르지 않은 채 700~1,000℃ 정도에서 구운 그릇이다.
- 도기(陶器) : 도토(진흙)를 반죽하여 1,000℃ 전후에서 구운 그릇으로, 유약을 바르거나 바르지 않을 때도 있지만 대부분 유약이 시유된 것을 말한다. 강도가 자기보다 약하고 불투명하며 흡수율이 높은 편이다.
- 자기(磁器) : 자토(고령토)와 돌가루를 섞어 반죽하고 유약을 발라 1,200~1,400℃에서 고온소성한 그릇으로, 태토가 치밀하여 흡수율이 매우 낮고 두드렸을 때 맑은 소리가 나며 투광성이 있다.

51 표면이 거칠고 투수율이 크므로 연기나 공기의 환기통으로 사용하는 관은?

① 테라코타　　② 토 관
③ 강 관　　④ 콘크리트관

해설 ② 토관은 표면이 거칠고 투수율이 커서 연기나 공기 등의 환기관으로 사용된다.

52 속빈 시멘트벽돌을 압축강도에 따라 구분한 것으로 옳은 것은?

① 1급블록 - 30kg/cm² 이상
② 2급블록 - 70kg/cm² 이상
③ 3급블록 - 90kg/cm² 이상
④ 중량블록 - 비중이 1.8 이상인 블록

해설 속빈 시멘트블록의 압축강도 : A종(3급) 40kg/cm², B종(2급) 60kg/cm², C종(1급) 80kg/cm²

53 시멘트의 종류 중 혼합 시멘트에 속하는 것은?

① 팽창 시멘트
② 알루미나 시멘트
③ 고로슬래그 시멘트
④ 조강 포틀랜드 시멘트

해설 시멘트의 종류
- 포틀랜드 시멘트 : 보통 포틀랜드 시멘트, 중용열 포틀랜드 시멘트, 조강 포틀랜드 시멘트, 백색 포틀랜드 시멘트
- 혼합 시멘트 : 슬래그 시멘트(고로 시멘트), 플라이애시 시멘트, 포졸란 시멘트(실리카 시멘트)
- 특수 시멘트 : 알루미나 시멘트, 백색 시멘트, 팽창질석을 사용한 단열 시멘트, 팽창성 수경 시멘트, 메이슨리 시멘트, 초조강 시멘트, 초속경 시멘트, 방통 시멘트, 유정 시멘트

54 겨울철 또는 수중 공사 등 빠른 시일에 마무리해야 할 공사에 사용하기 편리한 시멘트는?

① 보통 포틀랜드 시멘트
② 중용열 포틀랜드 시멘트
③ 조강 포틀랜드 시멘트
④ 슬래그 시멘트

해설 조강 포틀랜드 시멘트
보통 포틀랜드 시멘트 원료와 거의 같으나 급경성(急硬性)을 갖게 한 고급 시멘트로서 단기에 높은 강도를 내고, 수밀성이 좋으며, 저온에서도 강도발현이 우수해 겨울철, 수중, 해중 공사 등에 적합하다. 수화열의 축적으로 콘크리트에 균열이 가기 쉬운 것이 단점이다.

정답 50 ② 51 ② 52 ④ 53 ③ 54 ③

55 한국산업규격에서 정하고 있는 포틀랜드 시멘트가 상온에서 응결이 끝나는 시간은?

① 1시간 이후에 시작하여 10시간 이내에 끝난다.
② 1~2시간 이후에 시작하여 3~4시간 이내에 끝난다.
③ 3시간 이후에 시작하여 일주일 이내에 끝난다.
④ 일주일 이후에 시작하여 3주일 이내에 끝난다.

해설 ① 포틀랜드 시멘트의 응결은 1시간 이후부터 굳기 시작하여 10시간 이내에 끝난다.

56 시멘트의 응결을 빠르게 하기 위하여 사용하는 혼화제는?

① 지연제 ② 발포제
③ 급결제 ④ 기포제

해설 급결제
겨울철이나 물속 공사, 콘크리트 뿜어붙이기 등에 필요한 조기강도의 발생 촉진을 위하여 첨가하는 것으로, 주로 염화칼슘(시멘트량의 1% 정도)이나 규산나트륨(시멘트량의 3% 정도)을 사용하고 이외에 탄산나트륨, 염화나트륨, 염화마그네슘 등이 있다.

57 시멘트 액체 방수제(防水劑)의 종류가 아닌 것은?

① 염화칼슘계 ② 지방산계
③ 비소계 ④ 규산소다계

해설 시멘트 액체 방수제의 종류
• 무기질계 : 염화칼슘계, 규산소다계, 규산질 분말계 등
• 유기질계 : 지방산계, 파라핀계, 고분자 에멀전계 등
• 폴리머계 : 합성고무 라텍스계, 아크릴 에멀전계 등

58 비파괴검사에 의하여 검사할 수 없는 것은?

① 콘크리트 강도
② 콘크리트 배합비
③ 철근부식 유무
④ 콘크리트 부재의 크기

해설 콘크리트 구조물 비파괴검사
콘크리트 구조체를 파괴하지 않고 압축강도, 내구성, 균열치나 철근위치 등을 파악하여 사용수명을 예측하기 위한 검사이다.

59 다음 중 콘크리트의 장점이 아닌 것은?

① 재료의 획득 및 운반이 용이하다.
② 인장강도와 휨강도가 크다.
③ 압축강도가 크다.
④ 내구성, 내화성, 내수성이 크다.

해설 콘크리트재료의 장단점

장 점	단 점
• 모양을 임의로 만들 수 있으며, 재료의 채취와 운반이 용이하다. • 유지관리비가 적게 든다. • 철근을 피복하여 녹을 방지하고, 철근과의 부착력을 높인다.	• 균열이 생기기 쉽고, 개조 및 파괴가 어렵다. • 무겁고, 인장강도 및 휨강도가 작다. • 품질 유지 및 시공관리가 어렵다.

60 다음 중 콘크리트제품은 어느 것인가?

① 보도블록 ② 타 일
③ 적벽돌 ④ 오지토관

해설 콘크리트제품 : 경계블록, 보도블록, 강력압축 보도블록, 인조석 보도블록, 측구용 블록 등

55 ① 56 ③ 57 ③ 58 ② 59 ② 60 ①

61 일반적으로 추운 지방이나 겨울철에 콘크리트가 빨리 굳어지도록 주로 섞어 주는 것은?

① 석 회 ② 염화칼슘
③ 붕 사 ④ 마그네슘

해설 급결제
겨울철이나 물속 공사, 콘크리트 뿜어붙이기 등에 필요한 조기강도의 발생 촉진을 위하여 첨가하는 것으로, 주로 염화칼슘(시멘트량의 1% 정도)이나 규산나트륨(시멘트량의 3% 정도)을 사용하고 이외에 탄산나트륨, 염화나트륨, 염화마그네슘 등이 있다.

62 콘크리트 혼화제 중 내구성 및 워커빌리티(Workability)를 향상시키는 것은?

① 감수제 ② 경화촉진제
③ 지연제 ④ 방수제

해설 ① 콘크리트 혼화제 중 AE제, 감수제, AE감수제, 고성능 감수제, 고성능 AE감수제는 콘크리트의 워커빌리티를 개선하는 효과가 있다.

63 좋은 콘크리트를 만들려면 좋은 품질의 골재를 사용해야 하는데, 좋은 골재에 관한 설명으로 옳지 않은 것은?

① 골재의 표면이 깨끗하고 유해물질이 없을 것
② 굳은 시멘트 페이스트보다 약한 석질일 것
③ 납작하거나 길지 않고 구형에 가까울 것
④ 굵고 잔 것이 골고루 섞여 있을 것

해설 골재의 필요조건
• 물리적·화학적으로 안정해야 한다.
• 표면이 깨끗하고 유해물질이 없어야 한다.
• 납작하거나 길지 않고, 구형에 가까워야 한다.
• 시멘트풀과 부착력이 큰 표면조직을 가져야 한다.
• 치밀하고 단단하며, 입도가 적절해야 한다.
• 소정의 중량을 가지고, 밀도와 비중이 커야 한다(표준비중 2.60).
• 굳은 시멘트풀보다 강해야 한다.
• 내화성이 있어야 한다.

64 다음 중 괄호 안에 들어갈 말로 옳게 나열된 것은?

> 콘크리트가 단단히 굳어지는 것은 시멘트와 물의 화학반응에 의한 것인데, 시멘트와 물이 혼합된 것을 ( )라 하고, 시멘트와 모래 그리고 물이 혼합된 것을 ( )라 한다.

① 콘크리트, 모르타르
② 모르타르, 콘크리트
③ 시멘트 페이스트, 모르타르
④ 모르타르, 시멘트 페이스트

해설
• 시멘트 페이스트(Cement Paste, 시멘트풀) : 시멘트에 물을 넣어 혼합한 것
• 모르타르(Mortar) : 시멘트와 모래를 섞어서 물로 반죽한 것

65 미장재료 중 혼화재료가 아닌 것은?

① 방수제 ② 방동제
③ 방청제 ④ 착색제

해설 미장재료 중 혼화재료
• 결합재 : 시멘트 플라스터, 소석회 등 다른 미장재료를 결합하여 경화
• 혼화재 : 결합재의 결점 보완, 응결경화시간 조절
• 해초풀 : 점성·부착성 증진, 보수성 유지, 바탕흡수 방지
• 여물 : 강도 보강, 수축·균열 방지
• 기타 : 방수제, 방동제, 착색제, 안료, 지연제, 촉진제

정답 61 ② 62 ① 63 ② 64 ③ 65 ③

66 다음 중 금속재료의 특성이 바르게 설명된 것은?

① 소재 고유의 광택이 우수하다.
② 소재의 재질이 균일하지 않다.
③ 재료의 질감이 따뜻하게 느껴진다.
④ 일반적으로 산에 부식되지 않는다.

해설 금속재료의 특성
- 대부분 상온에서 고체이고, 비중이 크다.
- 입자배열이 규칙적이며, 일정한 결정구조를 가진다.
- 소재 고유의 광택이 우수하고, 고유한 색깔을 지닌다.
- 연성 및 전성이 우수하고, 합금이 다양하다.
- 열과 전기가 잘 통하고, 산·알칼리와 크게 반응한다.

67 탄소함유량이 약 1.7~6.6%이고, 용융점은 1,000~1,200℃으로 복잡한 형상의 제작 시 품질도 좋고 작업이 용이한 것은?

① 동합금
② 주 철
③ 중 철
④ 강 철

해설 철의 종류
- 순철 : 탄소함유량이 0.035% 이하인 철로, 800~1,000℃ 내외에서 가단성(可鍛性)이 강한 연질이다.
- 선철 : 주철이라고도 하는 탄소함유량이 1.7% 이상인 철로, 주조성이 강한 경질이며 취성이 크다.
- 강철(탄소강) : 탄소함유량이 0.03~1.7% 정도인 철로, 가단성과 함께 주조성도 강하기 때문에 자동차, 건축, 기계 등 다양한 분야에서 가장 많이 쓰인다.
- ※ 특수강(합금강) : 탄소강에 특수한 원소를 첨가하여 성질을 개선시킨 것으로, 대표적인 특수강에는 니켈강, 니켈크롬강(스테인리스강) 등이 있다.

68 스테인리스강이라고 하면 최소 몇 % 이상의 크롬이 함유된 것을 말하는가?

① 4.5%
② 6.5%
③ 8.5%
④ 10.5%

해설 스테인리스강 : 최소 10.5% 이상의 크롬(Cr)을 함유한 특수강으로, 표면이 미려하고 내식성이 우수하여 별도의 도장·도색 등의 표면 처리 없이 다양한 용도로 사용할 수 있는 금속재료이다.

69 강을 적당한 온도(800~1,000℃)로 가열하여 소정의 시간까지 유지한 후에 노(爐) 내부에서 천천히 냉각시키는 열처리법은?

① 풀림(Annealing)
② 불림(Normalizing)
③ 뜨임질(Tempering)
④ 담금질(Quenching)

해설 열처리
- 풀림 : 강을 연화하거나 강의 응력을 제거하기 위한 열처리로, 일정 온도로 가열유지한 후 노(爐) 내에서 냉각하는 작업
- 불림 : 강의 입자를 미세화하고 조직을 균일하게 하여 강의 성질을 개선하기 위한 열처리로, 적당한 온도로 가열한 후 대기 중에서 냉각하는 작업
- 담금질 : 강의 경도와 강도를 최고점까지 높이기 위한 열처리로, 가열유지한 후 물이나 기름으로 급속냉각하는 작업
- 뜨임질 : 담금질한 강의 취성을 제거하고 인성을 부여하기 위한 열처리로, 담금질한 강을 다시 적당한 온도까지 가열한 후 냉각하는 작업

70 다음 중 공기 중에 환원력이 커서 산화가 쉽고, 이온화 경향이 가장 큰 금속은?

① Pb ② Fe
③ Al ④ Cu

해설 금속의 이온화 경향
K > Ca > Na > Mg > Al > Zn > Fe > Ni > Sn > Pb > (H^+) > Cu > Hg > Ag > Pt > Au

71 재료의 역학적 성질 중 "탄성"에 관한 설명으로 옳은 것은?

① 재료가 작은 변형에도 쉽게 파괴되는 성질
② 물체에 외력을 가한 후 외력을 제거시켰을 때 영구변형을 낳는 성질
③ 물체에 외력을 가한 후 외력을 제거하면 원래의 모양과 크기로 돌아가는 성질
④ 재료가 하중을 받아 파괴될 때까지 높은 응력에 견디며 큰 변형을 나타내는 성질

해설 재료의 역학적 성질
- 취성 : 재료에 외력을 가했을 때 작은 변형만으로도 파괴되는 성질
- 탄성 : 재료에 외력을 가한 후 제거하면 원래의 형태로 돌아가는 성질
- 소성 : 재료에 외력을 가한 후 제거하여도 원래의 형태로 돌아가지 않는 성질
- 인성 : 재료가 외력을 받으면 크게 변형되지만 파괴되지는 않는 성질
- 강성 : 재료가 외력을 받아도 변형되지 않고 파괴되지도 않는 성질
- 연성 : 재료에 외력을 가하면 파괴되지 않고 길게 늘어나며 연구변형되는 성질
- 전성 : 재료에 외력을 가하면 파괴되지 않고 얇게 펴지며 영구변형되는 성질
- 경도 : 재료의 단단한 정도를 의미하며, 외력에 의한 마모에 저항하는 성질

72 다음 괄호 안에 들어갈 용어로 맞게 연결된 것은?

> 외력을 받아 변형을 일으킬 때 이에 저항하는 성질로서 외력에 대해 변형을 적게 일으키는 재료는 (㉠)가(이) 큰 재료이다. 이것은 탄성계수와 관계가 있으나 (㉡)와(과)는 직접적인 관계가 없다.

① ㉠ 강도(Strength), ㉡ 강성(Stiffness)
② ㉠ 강성(Stiffness), ㉡ 강도(Strength)
③ ㉠ 인성(Toughness), ㉡ 강성(Stiffness)
④ ㉠ 인성(Toughness), ㉡ 강도(Strength)

73 비금속재료의 특성에 관한 설명 중 옳지 않은 것은?

① 납은 비중이 크고 연질이며 전성, 연성이 풍부하다.
② 알루미늄은 비중이 비교적 작고 연질이며 강도도 낮다.
③ 아연은 산 및 알칼리에 강하나 공기 중 및 수중에서는 내식성이 작다.
④ 동은 상온의 건조공기 중에서 변화하지 않으나 습기가 있으면 광택을 소실하고 녹청색을 띤다.

해설 ③ 아연은 산·알칼리에 약하고, 공기 중이나 수중에서의 내식성이 강하여 철재의 내식도금재로 많이 쓰인다.

정답 70 ③ 71 ③ 72 ② 73 ③

74 플라스틱제품의 특성이 아닌 것은?

① 비교적 산과 알칼리에 견디는 힘이 강하다.
② 접착시키기가 간단하다.
③ 저온에서도 파손이 안 된다.
④ 60℃ 이상에서 연화된다.

해설 플라스틱제품의 특성
- 가벼우면서도 강도와 탄력성이 크다.
- 소성·가공성이 좋아 복잡한 모양으로 성형이 가능하다.
- 내산성·내알칼리성이 크고, 녹슬지 않는다.
- 착색이 자유롭고, 광택이 좋으며, 접착력이 크다.
- 절연성이 있어 전기가 통하지 않고, 열에 매우 취약하다.
- 내열성·내후성·내광성이 부족하며, 변색하는 등의 결점이 있다.

75 다음과 같은 특징을 가진 재료는?

- 성형, 가공이 용이하다.
- 가벼운 데 비하여 강하다.
- 내화성이 없다.
- 온도의 변화에 약하다.

① 목질재료
② 플라스틱제품
③ 금속재료
④ 흙

76 플라스틱제품 제작 시 첨가하는 재료가 아닌 것은?

① 가소제　　② 안정제
③ 충진제　　④ AE제

해설 플라스틱이란 합성수지에 가소제, 채움제, 착색제, 안정제 등을 넣어서 성형한 고분자 물질이다.

77 플라스틱재료 중 흙 속에서도 부식되지 않는 제품은?

① 식생호안블록
② 유리블록제품
③ 콘크리트 격자블록
④ 경질 염화비닐관

해설 ④ 경질 염화비닐관(PVCP)은 흙 속에서도 부식되지 않으며, 유수마찰이 적고, 이음이 용이하다.

78 다음의 경계석재료 중 잔디와 초화류의 구분에 주로 사용하며 곡선 처리가 가장 용이한 경제적인 재료는?

① 콘크리트제품　　② 화강석재료
③ 금속재제품　　　④ 플라스틱제품

해설 ④ 플라스틱은 소성·가공성이 좋아 복잡한 모양으로 성형이 가능하다.

79 합성수지에 관한 설명 중 잘못된 것은?

① 기밀성, 접착성이 크다.
② 비중에 비하여 강도가 크다.
③ 착색이 자유롭고 가공성이 크므로 장식적 마감재에 적합하다.
④ 내마모성이 보통 시멘트콘크리트에 비교하면 극히 작아 바닥재료로는 적합하지 않다.

해설 ④ 합성수지는 내마모성과 탄력성이 커서 바닥재료 등에 적합하다.

74 ③　75 ②　76 ④　77 ④　78 ④　79 ④

80 인공폭포나 인공동굴의 재료가 가장 일반적으로 많이 쓰이는 경량소재는?

① 복합 플라스틱 구조재(FRP)
② 레드 우드(Red Wood)
③ 스테인레스 강철(Stainless Steel)
④ 폴리에틸렌(Polyethylene)

해설 인공폭포의 외장재료로는 자연석, 복합 플라스틱 구조재(FRP), 기와, 토관(土管), 인조목 등이 주로 사용되며, 물에 변색되지 않고 수압에 강하며 폭포가 설치될 장소의 주위경관과 조화를 이룰 수 있는 재료를 선택하는 것이 좋다.

81 열경화성 수지의 설명으로 틀린 것은?

① 축합반응을 하여 고분자로 된 것이다.
② 다시 가열하는 것이 불가능하다.
③ 성형품은 용제에 녹지 않는다.
④ 불소수지와 폴리에틸렌수지 등으로 수장재로 이용된다.

해설 ④ 불소수지와 폴리에틸렌수지는 열가소성 수지이다.
합성수지의 분류
• 열가소성 수지 : 성형 후 열이나 용제를 가하면 소성 변형하고, 냉각하면 고결하는 고체상의 고분자 물질로 구성된 수지
  예 폴리에틸렌수지, 폴리프로필렌수지, 폴리스타이렌수지, 폴리염화비닐수지, 아크릴수지, 불소수지, 폴리아미드수지(나일론, 아라미드), 폴리에스테르수지, 아세탈수지 등
• 열경화성 수지 : 성형 후 열이나 용제를 가해도 형태가 변하지 않는, 비교적 저분자 물질로 구성된 수지
  예 페놀수지, 멜라민수지, 불포화폴리에스테르수지, 에폭시수지, 우레아(요소)수지, 실리콘수지, 푸란수지 등

82 다음 설명하는 합성수지의 종류는?

• 특히 내수성, 내열성이 우수하다.
• 내연성, 전기적 절연성이 있고 유리섬유판, 텍스, 피혁류 등의 접착이 가능하다.
• 용도는 방수제, 도료, 접착제 등이다.
• 500℃ 이상 견디는 수지다.
• 용도는 방수제, 도료, 접착제로 사용된다.

① 실리콘수지
② 멜라민수지
③ 푸란수지
④ 폴리에틸렌수지

해설 ② 멜라민수지 : 경도가 크고 내열성·내수성이 강하며 마감재, 가구재, 전기부품 등에 사용된다.
③ 푸란수지 : 내약품성·접착성이 양호하며 금속도료, 금속접착제 등으로 사용된다.
④ 폴리에틸렌수지 : 전기절연성·내열성·내약품성이 좋고, 가압성형이 가능하며, 유리섬유를 보강재로 한 것은 대단히 강하다. 창틀, 덕트, 파이프, 욕조, 큰 성형품 등에 사용된다.

83 투명도가 높으므로 유기유리라는 명칭이 있으며, 착색이 자유롭고 내충격 강도가 크고, 평판, 골판 등의 각종 형태의 성형품으로 만들어 채광판, 도어판, 칸막이벽 등에 쓰이는 합성수지는?

① 요소수지
② 아크릴수지
③ 에폭시수지
④ 폴리스티렌수지

해설 아크릴수지 : 유기(有機)유리라고도 부르는데, 유리 이상의 투명도가 있고 성형가공이 쉬우며, 보통 유리에 비하여 무게는 약 반이다. 각종 강도·굳기·내열성은 작지만, 물·산·알칼리에 강하고, 유리 대신으로 쓰이는 경우가 많다.

84 합성수지 중에서 파이프, 튜브, 물받이통 등의 제품에 가장 많이 사용되는 열가소성 수지는?

① 페놀수지
② 멜라민수지
③ 염화비닐수지
④ 폴리에스테르수지

해설 염화비닐수지(PVC) : 주로 파이프, 튜브, 물받이통, 비닐포, 비닐망 등에 사용되는 합성수지로, 성형이 용이하고 착색이 자유로우며 강도와 투명성이 우수하지만, 내열성이 낮아 온도에 의한 신축성이 크다.

85 비닐포, 비닐망 등은 어느 수지에 속하는가?

① 아크릴수지
② 염화비닐수지
③ 폴리에틸렌수지
④ 멜라민수지

86 다음 중 열경화성 수지의 종류와 특징 설명이 옳지 않은 것은?

① 페놀수지 : 강도·전기전열성·내산성·내수성 모두 양호하나 내알칼리성이 약하다.
② 멜라민수지 : 요소수지와 같으나 경도가 크고 내수성이 강하다.
③ 우레탄수지 : 투광성이 크고 내후성이 양호하며 착색이 자유롭다.
④ 실리콘수지 : 열절연성이 크고 내약품성·내후성이 좋으며 전기적 성능이 우수하다.

해설 우레탄수지 : 열에 대한 절연성이 있어 내열성이 크고, 내약품성이 우수하다.
※ 요소수지 : 무색투명하여 착색이 용이하지만, 내수성·내열성은 페놀수지나 멜라민수지에 비해 약하다.

87 다음 [보기]에서 설명하는 수지의 종류는?

┤보기├
• 상온에서 유백색의 탄성이 있는 열가소성 수지
• 얇은 시트, 벽체 발포 온판 및 건축용 성형품으로 이용

① 폴리에틸렌수지　② 멜라민수지
③ 페놀수지　　　　④ 아크릴수지

해설 폴리에틸렌수지 : 기계적 강도와 투명성·내수성은 좋지만, 내충격성이 약하다. 발포제를 사용하여 넓은 판으로 만들어 단열재로 사용되고 있으며, 장식품과 일용품으로도 사용된다.

88 다음 접착제로 사용되는 수지 중 접착력이 제일 우수한 것은?

① 요소수지　　② 에폭시수지
③ 멜라닌수지　④ 페놀수지

해설 에폭시수지 : 금속과의 접착성이 크고, 내약품성이 양호하며, 내열성이 우수하다.

89 다음 중 목재 접착제 중 내수성이 큰 순서대로 바르게 나열된 것은?

① 요소수지 > 아교 > 페놀수지
② 아교 > 페놀수지 > 요소수지
③ 페놀수지 > 요소수지 > 아교
④ 아교 > 요소수지 > 페놀수지

해설 목재 접착제
• 페놀수지 접착제 : 페놀과 폼알데하이드를 주재로 하는 합성수지로, 페놀수지로 만든 액상 접착제는 무색투명하고, 내수성·내약품성·내열성이 가장 우수하며, 이종재 간의 접착에 사용된다.
• 요소수지 접착제 : 경화제로 염화암모늄을 사용하며, 가격이 싸고, 접착력이 우수하다. 상온에서 경화되어 합판, 집성목재, 파티클보드, 가구 등에 널리 쓰인다.
• 아교 : 비교적 접착성능이 우수하나, 내수성이 떨어지고, 단시간의 접착조작을 요하며, 가격이 비교적 비싸다.

90 종류로는 수동형, 몸체형, 분말형 등이 있으며 목재, 금속, 플라스틱 및 이들 이종재(異種材) 간의 접착에 사용되는 합성수지 접착제는?

① 페놀수지 접착제
② 카세인 접착제
③ 요소수지 접착제
④ 폴리에스테르수지 접착제

91 도료의 성분에 의한 분류로 틀린 것은?

① 수성페인트 : 합성수지 + 용제 + 안료
② 유성바니시 : 수지 + 건성유 + 희석제
③ 합성수지도료(용제형) : 합성수지 + 용제 + 안료
④ 생칠 : 옻나무에서 채취한 그대로의 것

해설 ① 수성페인트는 안료를 결합제와 혼합하고 물로 희석하여 사용하는 페인트이다.
※ 유성페인트 : 안료를 건성유와 혼합하고 전용 희석제로 희석하여 사용하는 페인트

92 다음 중 페인트에 관한 설명으로 틀린 것은?

① 수성페인트 도장은 1회만 한다.
② 녹막이 페인트는 연단 페인트이다.
③ 합성수지 페인트는 콘크리트용이다.
④ 합성수지 페인트는 유성페인트보다 건조시간이 빠르다.

해설 ① 수성페인트는 외부의 경우 믹싱작업을 포함하여 3회 도장하고, 내부의 경우 2~3회 도장한다.

93 녹막이 페인트가 갖추어야 할 성질에 해당하는 것은?

① 탄력성이 가급적 적을 것
② 내구성이 작을 것
③ 투수성일 것
④ 마찰 충격에 견딜 수 있을 것

해설 녹막이 페인트
강제의 표면에 칠하여 외기와의 접촉을 막아 부식을 방지하는 방청용 페인트이다. 수분의 통과를 막는 것으로는 광명단 페인트, 흑연 페인트, 알루미늄 페인트 등이 있고, 수분을 비활성화시키는 것으로는 징크 더스트(Zinc Dust)계 도료가 있으며, 취급 시 충격·낙하·마찰 등에 의한 스파크가 발생하지 않도록 주의해야 한다.

94 도료(塗料) 중 바니시와 페인트의 근본적인 차이점은?

① 안료(顔料)
② 건조과정
③ 용 도
④ 도장방법

해설 ① 바니시와 페인트의 근본적인 차이점은 안료의 첨가 여부에 있다. 바니시는 무색 또는 담갈색의 투명도료로 재료의 질감을 그대로 드러내지만, 페인트는 안료가 첨가되어 있어 다양한 색을 표현할 수 있다.

95 바탕재료의 부식을 방지하고 아름다움을 증대시키기 위한 목적으로 사용하는 재료는?

① 니 스
② 피 치
③ 벽 토
④ 회반죽

해설 ① 니스는 바니시의 별칭으로 장판이나 나무, 가구 등에 칠하여 광택을 내고, 부식을 방지하며, 고급스러움을 유지시켜 준다.

96 수목 이식 후에 수간보호용 자재로 부피가 가장 적고 운반이 용이하며 도시미관 조성에 가장 적합한 재료는?

① 짚
② 새 끼
③ 거 적
④ 녹화마대

해설 녹화마대의 특성과 효과

특 성	효 과
• 천연 식물섬유재로 환경친화적	• 줄기감기 시 새끼를 사용할 때보다 시간과 품 절약
• 수목 굴취 시 뿌리분을 감는 데 사용	• 인장강도가 새끼의 5배
• 통기성, 흡수성, 보온성, 부식성이 우수	• 미적 효과가 증대되고, 가격이 저렴
• 사용이 간편하고 미관이 수려	• 천연소재의 우수성으로 인한 하자율 감소
• 수분 증산, 동해 방지, 수목 활착에 도움	• 포트(Pot) 역할을 하여 잔뿌리 형성에 도움

97 생태복원용으로 이용되는 재료로 거리가 먼 것은?

① 식생매트
② 식생자루
③ 식생호안블록
④ FRP

해설 ④ 유리섬유 강화플라스틱(FRP ; Fiberglass Reinforced Plastic)의 제조과정에서 발생하는 원료기체는 대기를 오염시키고, FRP로 만든 저수탱크와 상하수도 파이프는 수질을 오염시키며, FRP 폐기물 역시 주 환경오염원이기 때문에 취급에 주의하여야 한다.

98 유리의 주성분이 아닌 것은?

① 규 산
② 소 다
③ 석 회
④ 수산화칼슘

해설 일반적으로 유리라고 하면 소다석회유리(Soda-lime Glass)를 의미하는데, 주성분은 규산(이산화규소)·소다(산화나트륨)·석회(산화칼슘)이며, 건축물의 창유리부터 주방에서 사용하는 식기류까지 광범위한 용도로 사용된다.

99 다음 중 유리의 제성질에 대한 일반적인 설명으로 옳지 않은 것은?

① 열전도율 및 열팽창률이 작다.
② 굴절률은 2.1~2.9 정도이고, 납을 함유하면 낮아진다.
③ 약한 산에는 침식되지 않지만 염산, 황산, 질산 등에는 서서히 침식된다.
④ 광선에 대한 성질은 유리의 성분, 두께, 표면의 평활도 등에 따라 다르다.

해설 ② 유리의 굴절률은 1.5~1.9이며, 굴절률을 크게 하기 위해서는 납이나 바륨을 가하고, 작게 하기 위해서는 철을 가한다.

CHAPTER 06 조경시설공사

PART 02 조경시공

제1절 시설 설치 전 작업

1 시설의 수량과 위치 파악

(1) 조경시설의 종류

현장 시공 과정에서 조경시설은 안내시설, 옥외시설, 놀이시설, 운동 및 체력단련시설, 경관 조명, 환경조형물, 데크 시설, 펜스 등으로 구분할 수 있다.

(2) 조경시설의 재료

① 목 재

목재를 주재료로 하는 조경 시설 공사에 적용하며 외부 공간에 설치되는 조경 시설의 시공에 사용되는 원목, 각재, 판재, 합판 등의 목재 가공품은 부패 방지를 위한 방부, 방충처리 및 표면 보호를 위한 조치를 해야 한다. 목재는 천연목재, 합성목재, 방부목으로 구분된다.

㉠ 천연 목재 : 천연 목재는 생산지에 따라 남양재(Hard Wood)와 북양재(Soft Wood)로 구분되며 남양재는 주로 활엽수이고, 북양재는 침엽수로 이루어져 있다.

㉡ 합성 목재 : 목분과 천연 목재 등을 합성수지와 결합하여 목재와 유사하게 만든 제품을 말한다.

㉢ 방부목 : 천연 목재 중 1차 가공을 하여 방부처리를 한 목재를 말한다.

㉣ 천연 목재의 보관 : 목재의 보관은 변형, 오염, 손상, 변색, 부패, 습기 등을 방지할 수 있도록 하기 위해 직접 지면에 접촉하지 않도록 하고 습기 및 직사광선에 직접 노출되지 않으며 통풍이 잘되는 곳에 보관해야 한다.

② 철재 : 철강재 시설은 공장 제작 후 현장 조립 설치를 원칙으로 하며 감독자의 요청이 있을 때는 공장 제작에 대한 검사를 해야 한다. 조경시설로 사용되는 철강재는 도금 및 녹막이처리를 해야 하며 그림(도안)을 도입할 때에는 사전에 그림의 형태와 색채에 대하여 견본품을 제출하고 감독자의 승인을 얻은 후 시행하여야 한다.

③ 합성수지 제품 : 합성수지를 주재료 및 보조 재료로 사용하는 조경 시설 공사에 적용한다. 외국 제품 시설인 경우 ISO의 규정, 지역표준, 해당 국가의 표준에 적합한 것이어야 하며 한국산업표준에 공통된 사항이 있는 경우 이를 준수해야 한다. 합성수지 제품은 기능과 미관, 재료의 물리성・화학성・기계성・전기성 등의 특성과 내구성에 대한 사전 검토를 해야 하고, 이를 위해 제품시방 및 견본품을 제출하여 감독자의 승인을 얻어야 한다. 공장 제작에 의한 현장 조립 설치를 원칙으로 하며 현장 조립은 제시된 설치기준에 의해 시행되어야 한다.

(3) 시설의 설치 방법
① 기초 : 각 시설은 매몰된 구조의 기초로 지지되어 있으며 각 시설의 이용 형태 및 구조적 안정성을 기반으로 한 기초를 설치하여야 한다.
② 마감재 : 마감재는 이용자와 직접적으로 접촉하는 부분의 재료로서 일반적으로 천연 재료를 사용하며 마감 손질이 이용자의 편익성, 쾌적성을 고려한 재료이어야 한다.
③ 결합부 : 결합부는 다른 재료간의 연결 부위에 발생되는 부분으로서 각 재료의 성질이 다르므로 강도, 부식 정도 등의 물리적 성질 차이에 의하여 시설 설치 후 유지관리 및 이용자의 안정성을 위하여 설치 전 충분한 검토를 하여야 한다.

2 현장상황과 설계도서 확인

(1) 시설의 상세 도면을 검토한다.
시공은 도면을 중심으로 시공되어야 한다. 도면은 상세 도면과 수량 산출서 그리고 일위대가를 검토하여 차이가 없어야 한다.
① 상세 도면의 검토 : 상세 도면의 검토는 시공 가능 여부 검토와 수량 산출서와 비교하여 누락된 재료에 대해 파악하기 위하여 필요한 절차이다.
② 수량 산출서의 확인 : 수량 산출서와 상세 도면을 비교 검토하여 누락된 것이 있는지 확인한다.
③ 일위대가를 확인 : 수량 산출서와 일위대가를 비교 검토하여 누락된 것이 있는지 확인한다.

(2) 기초 공사에 대해 검토한다.
기초 공사는 터파기 → 원지반 다짐 공사 → 잡석포설 및 다짐 공사의 토공사와 콘크리트 공사를 위한 거푸집 공사 → 철근 배근 공사 → 콘크리트 타설과 양생 → 거푸집 해체 공사로 이어진다.

(3) 마감 공사를 이해한다.
마감 공사는 벽체의 외부 미장 및 석재 마감 공사 등이 이루어진다.

(4) 결합부를 점검한다.
플랜터의 설치 공사에 있어서 결합부는 호피석, 화강석 붙임 공정에서의 모르타르와 붙임 이후 마감 줄눈 공정에 사용되는 줄눈재이다.

> **더 알아보기**
>
> **조경시설 설치 공사의 공통 사항**
>
> | 터파기 | 토공사는 터파기 → 되메우기 → 잔토 처리의 순으로 공사가 이루어지며 잔토 처리량에 따라서 운반 및 기계 공사가 동시에 행하여진다. |
> |---|---|
> | 기초 공사 | 터파기 후 기초 공사로서 원지반 다짐 공사 → 잡석 포설 → 잡석 다짐 공사와 콘크리트 공사를 위한 거푸집 공사 → 철근 배근 공사 → 콘크리트 타설과 양생 → 거푸집 해체 공사로 이어진다. |
> | 구조물 설치 | 기초 위에 축조되는 시설로서 일반적으로 거푸집 공사 → 철근 배근 공사 → 콘크리트 타설과 양생 → 거푸집 해체 공사로 이루어진다. |
> | 미 장 | 마감 전 공정으로서 모르타르를 이용한 미장 공사가 주를 이루나 건식 마감 공사의 경우는 미장 공사가 이루어지지 않고 고정 플레임을 설치하는 앵커 고정 공사를 하게 된다. |
> | 마감 공사 | 마감 공사는 시설의 마지막 공정으로서 페인팅 작업, 석재 또는 목재 마감 공사 등 여러 가지로 나눌 수 있다. |
> | 결합부 | 각 다른 자재가 이어지는 부분의 결합 공사는 같은 강도 또는 특성을 지닌 경우는 재료의 물리성에 따라서 수축·팽창 계수를 고려한 여유폭을 확보한 후 결합재로 연결하면 되지만 각 재료의 특성이 다를 경우는 결합부가 사용 중 하자 발생 요인이 될 수 있으므로 가장 중요한 부분이다. |

제2절 측량 및 토공

1 지형도

(1) 지형 묘사

① 지형도 : 지표면 위의 지물과 지모를 측정하여 그 결과를 일정한 축척과 도식에 의하여 평면도에 나타낸 것

② 지형도의 분류

㉠ 표현 방법에 따른 분류
- 일반도 : 자연, 인문, 사회 사항을 정확하고 상세히 표현하는 지도(1/5,000, 1/25,000, 1/50,000, 국토 기본도 등)
- 주제도 : 일반도를 기초로 특정한 주제를 강조·표현한 지도(토지 이용도, 산림도 등)
- 특수도 : 특수한 목적에 사용되는 지도(항공도, 천기도 등)

㉡ 축척에 따른 분류
- 대축척 : 1/1,000 이상
- 중축척 : 1/1,000~1/10,000
- 소축척 : 1/10,000 이하

※ 대축척 및 중축척 지도는 지구 표면의 곡률을 무시하고 평면으로 생각하여 작도하고, 소축척 지도는 측량 지역이 넓고 지구의 곡률을 고려한 대지 측량에 의해 제작된다.

③ 지형도 표시법
  ㉠ 자연적 도법
    • 음영법(Shading) : 광선이 서북 방향의 수평면으로부터 45°에서 비쳤다고 가정했을 때 생기는 그림자로써 지표면의 기복 상태를 나타내는 방법이다. 입체감을 주므로 대체적인 지형의 윤곽은 알 수 있으나, 숫자적인 고저는 알 수 없고 제도도 쉽지 않으므로 별로 사용되지 않고 있다. 이것을 등고선과 함께 사용하는 경우도 있다.
    • 우모법(Hachuring, 영선법) : 지표면의 경사면에 따라 급경사는 굵고 짧게, 완경사는 가늘고 길게 선으로 나타내는 방법으로 새털 같은 모양이 된다. 숫자적인 고저는 없으나 음영법보다 그리기 쉽다.
  ㉡ 부호적 도법
    • 채색법(Layer System, 단채법) : 등고선의 테두리를 같은 색으로 칠하는 방법으로 지형이 높을수록 진하게, 낮을수록 연하게 칠하며, 대개 등고선과 같이 사용된다.
    • 점고법(Spot Height System) : 하천, 항만, 해양 등에서 일정한 간격으로 표고 또는 수심을 측정하여 도상에 숫자로 기입하는 방법이다.
    • 등고선법(Contour System) : 높이가 같은 여러 지점을 연결하는 선을 지도상에 그려서 그 선에 의해 지형의 모양과 해발고도를 알아낼 수 있게 하는 방법이다. 등고선 위의 모든 점의 표고는 같고, 숫자적으로 알 수 있으며, 또 임의의 방향 경사도를 쉽게 산출할 수 있고 제도하기도 편리하다.

(2) 등고선
  ① 등고선의 종류
    ㉠ 주곡선 : 지형을 나타내는 데 기본이 되는 곡선(가는 실선)
    ㉡ 계곡선 : 표고를 읽기 쉽게 하기 위해 주곡선 5개마다 1개씩 굵은 실선으로 표시
    ㉢ 간곡선 : 산정 경사가 고르지 못한 완만한 경사지, 그 외에 주곡선만으로는 지모의 상태를 상세하게 나타낼 수 없는 경우에 표시하며, 주곡선 간격의 1/2 간격에 가는 긴 파선으로 나타낸다.
    ㉣ 조곡선 : 간곡선 간격의 1/2 거리로 간곡선만으로는 지형의 상태를 충분히 나타낼 수 없는 불규칙 지형에 가는 짧은 파선으로 표시한다.
  ② 등고선의 간격
    ㉠ 등고선의 간격은 등고선 사이의 연직 거리, 즉 높이차를 말한다.
    ㉡ 간격은 측량의 목적, 지형 및 지도의 축척 등에 따라 적당히 정한다.
    ㉢ 간격을 좁게 취하면 지형을 정밀하게 표시할 수 있으나, 소축척에서는 지형이 너무 밀집되어 확실하게 도면을 나타내기가 어렵다.
    ㉣ 대축척에서 등고선 간격은 대략 축척 분모의 1/2,000 정도로 한다.

ⓜ 지형의 변화가 많거나 완경사지에서는 간격을 넓게, 지형의 변화가 작거나 급경사지에서는 간격을 좁게 한다.
　　ⓗ 구조물의 설계나 토공량 산출에서는 간격을 좁게, 저수지 측량, 노선의 예측, 지질도 측량의 경우에는 넓은 간격으로 한다.
　③ 등고선의 성질
　　㉠ 같은 등고선 위의 점은 모두 같은 높이이다.
　　㉡ 등고선은 도면 내, 도면 외에서 반드시 폐합한다.
　　㉢ 지표면상의 경사가 급한 경우 간격이 좁고, 경사가 완만한 경우 간격이 넓다.
　　㉣ 높이가 다른 등고선은 절벽・동굴을 제외하고는 교차하거나 합치지 않는다.
　　㉤ 등고선 사이의 최단거리 방향은 그 지표면의 최대경사의 방향을 가리키므로 최대 경사방향은 등고선에 수직방향이다.
　　㉥ 등고선이 계곡을 통과할 때는 한쪽을 따라 거슬러 올라가서 계곡을 직각방향으로 횡단한 다음 능선 다른 쪽을 따라 내려간다.
　　㉦ 등고선이 능선을 통과할 때는 능선 한쪽을 따라 내려가서 그 능선을 직각방향으로 횡단한 다음 능선 다른 쪽을 따라 올라간다.
　　㉧ 등고선이 도면 내에서 폐합되는 경우는 산정이나 오목지형으로 나타내나, 소사나 물이 없는 곳인 경우 화살표를 그려 구분한다.
　　㉨ 등고선은 같은 경사에서 등간격이며, 등경사 평면인 지표에서는 등간격의 평행선으로 된다.
　　㉩ 한 쌍의 등고선의 오목형부가 서로 마주 서 있고, 다른 한 쌍이 바깥쪽을 향하여 내려갈 때 그곳은 고갯마루를 가리킨다.

(3) 지성선(Topographical Line, 지세선)

① 경사 변환선 : 동일 방향의 경사면에서 경사의 크기가 다른 두 면의 접합선을 경사 변환선이라 한다.
② 凹선(계곡선) : 지표면이 낮거나 움푹 패인 점을 연결한 선으로 합수선 또는 합곡선이라고도 한다.
③ 凸선(능선) : 지표면의 높은 곳의 꼭대기 점을 연결한 선으로 빗물이 이것을 경계로 하여 좌우로 흐르게 되므로 분수선 또는 능선이라고 한다.
④ 최대 경사선 : 지표의 임의의 1점에 있어서 그 경사가 최대로 되는 방향을 표시한 선을 말하며 등고선과 직각으로 교체한다. 이것을 물이 흐르는 방향이라는 의미에서 유하선이라고도 한다.

(4) 토량변화율

① 다져진 상태의 토량을 자연상태의 토량으로 나눈 값이다.
② 성토에 소요되는 토량을 구하는 데 사용된다.

2 기초 측량

(1) 측량의 정의
지구 표면상에 있는 모든 점들 사이의 상대적 위치 또는 절대적 위치를 측정하여 지도·도면을 만들고 면적이나 체적을 정하는 기술이다.

(2) 측량 지역의 대·소에 의한 분류
① 소지 측량(평면 측량)
　㉠ 지구의 곡률을 고려하지 않은 측량
　㉡ 허용 정밀도가 1/1,000,000일 경우 반경 11km 이내, 면적 400km^2 이내의 지역에서 실시하는 측량
　㉢ 높은 정확도를 요구하지 않는 소지역에서의 측량
② 대지 측량(측지 측량, 기준점 측량)
　㉠ 지구의 곡률을 고려한 측량
　㉡ 지표면을 곡면으로 보고 행하는 정밀 측량으로 허용 정밀도가 1/1,000,000일 경우 반경 11km 이상, 면적 400km^2 이상인 넓은 지역의 측량

3 토공사

(1) 토공사의 뜻과 종류
① 토공사란 조경 계획의 목적에 맞도록 흙을 다루는 모든 작업을 뜻한다.
② 조경 공사의 토공사는 전체 부지의 조성과 조경시설을 시공하기 위한 토공사가 있으며, 식물의 생육을 위한 식재기반을 조성하는 토공사가 있다. 또, 기계를 사용한 토공사와 사람 손을 이용한 인력 토공사가 있다.

(2) 토량의 균형
① 정지 작업 때 흙쌓기양과 흙깎기양의 균형을 맞추는 일은 경제적으로 매우 중요하다.
② 균형을 위해서는 정확한 토량 계산이 필요하며, 가능한 한 흙깎기양을 흙쌓기양에 맞추는 것이 가장 경제적이다.
③ 흙깎기 지역이 너무 멀어 흙쌓기 지역까지 운반 거리가 증가하면 공사 비용의 상승 요인이 된다.

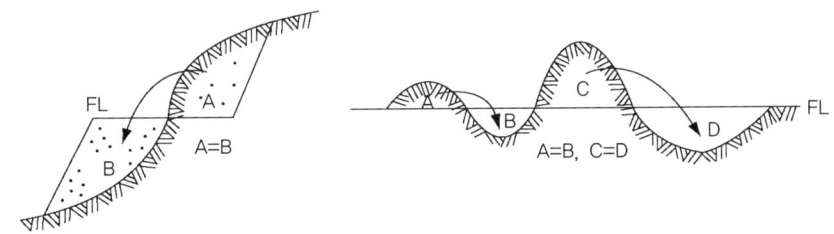

[토량의 균형]

(3) 토공사의 안정

① 흙이 가라앉거나 무너져 토공사의 안정이 깨지는 현상은 흙 자체의 무게와 흙에 작용하는 압력에 의하여 생기기 쉽다. 이러한 부작용을 방지하고 안정을 유지하기 위해서는 비탈면의 경사가 안식각보다 작도록 시공해야 한다.

② 보통 흙의 안식각은 30~35°이다.

③ 비탈면의 경사는 수직고를 1로 보고, 이에 대한 수평 거리의 비율로 나타낸다. 또, 각도나 %로 나타내기도 한다.

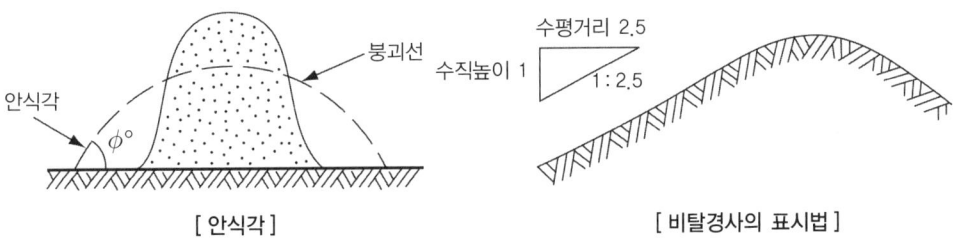

[안식각]　　　　　　　　　　　[비탈경사의 표시법]

(4) 토공사의 종류

① 부지 정지공사

　㉠ 부지 정지공사는 시공 도면에 의거하여 계획된 등고선과 표고대로 부지를 골라 시공 기준면 (FL ; Formation Level)을 만드는 일이다.

　㉡ 부지 정지공사는 공사부지 전체를 일정한 모양으로 만들거나, 수목 식재에 필요한 식재기반을 조성하는 경우, 또는 구조물이나 시설을 설치하기 위하여 가장 먼저 시행하는 공사이다.

　㉢ 부지 정지공사는 일반적으로 흙깎기와 흙쌓기를 동반하게 된다.

② 흙깎기(절토)

　㉠ 흙깎기는 용도에 따라, 전체 부지 조성을 위한 부지 정지의 일환으로서의 흙깎기, 연못 등을 조성하기 위한 흙깎기, 각종 시설의 기초를 다지기 위한 흙깎기 등으로 구분할 수 있다.

　㉡ 흙깎기는 흙의 중력을 고려하여 깎는 순서를 정한 후 실시한다.

　㉢ 흙깎기를 할 때는 안식각보다 약간 작게 하여 비탈면의 안정을 유지해야 한다. 보통 토질에서는 흙깎기 비탈면 경사를 1 : 1 정도로 한다.

㉣ 식재 공사가 포함된 경우의 흙깎기에서는 반드시 지표면 30~50cm 정도 깊이의 표토를 보존하여 식물의 생육에 유용하도록 한다.
㉤ 표토를 제거하는 이유는 첫째 미끄러짐을 방지하고, 둘째 추후의 식재 작업에 활용하기 위해서이다.

③ 흙쌓기(성토)
㉠ 흙쌓기에 사용하는 흙은 입도가 좋아 잘 다져져서 쌓인 흙이 안정될 수 있어야 한다.
㉡ 흙에는 도시 쓰레기, 콘크리트 덩어리 등 시공 잔재물 및 수목 등의 잡물질이 혼합되지 않도록 유의해야 한다.
㉢ 흙쌓기를 할 때는 보통 30~40cm마다 다짐을 해야 하며, 그렇지 못할 경우에는 설계도면에 표시된 계획고를 유지하기 위해서 더돋기를 실시해야 한다.
㉣ 일반적인 흙쌓기의 경사는 1:1.5로 한다.
㉤ 경사지 흙쌓기 때는 층따기를 해주는 것이 안정적이며, 평지에서도 원 지반에 요철을 만들고 표토를 제거한 후 흙쌓기를 하는 것이 좋다.
㉥ 배수에 유의하여 다짐층에서 배수가 안 되는 일이 없도록 해야 한다. 또, 작업 중과 작업 후에도 배수를 고려하여 토양 침식이 발생하지 않도록 유의해야 한다.

> **더 알아보기**
>
> **여성토(Extra Banking)**
> 흙쌓기 시 압축과 침하에 의해 성토 높이가 계획 높이보다 줄어들 것을 예상하여 이를 방지하고자 미리 더 쌓는 흙을 여성토라 하고, 이러한 작업을 더돋기라 한다. 토질, 성토 높이, 시공 방법 등에 따라 다르지만 일반적으로 계획 높이의 10~15% 미만으로 쌓아 올린다.

④ 마운딩 중요

[마운딩 - 곡선으로 부드러운 분위기 조성]

㉠ 경관에 변화를 주거나, 방음·방풍·방설 등을 위한 목적으로 작은 동산을 만드는 작업을 마운딩(Mounding)이라고 하며, 가산 조성 또는 조산, 축산 작업이라고도 한다.
㉡ 마운딩은 흙쌓기의 일종으로서, 흙쌓기에 따라 실시함이 원칙이다.
㉢ 마운딩은 식재기반의 조성이 주된 목적이므로, 식재에 필요한 윗부분이 너무 다져져서 식물 뿌리의 활착에 지장을 주는 일이 없도록 유의해야 한다.
㉣ 마운딩의 기능
• 흙쌓기에 의해 지면 형상을 변화시켜 수목의 생장에 필요한 유효토심을 확보한다.
• 배수 방향을 조절하고, 자연스러운 경관을 조성하며, 토지 이용상 공간을 분할한다.

(5) 표토의 채취, 보관, 복원
① 표토는 지표면의 토양으로 토층의 A층이며, 일반적으로 암색 내지 흑갈색을 띠고 있다.
② 토양미생물이나 다량의 유기물이 포함되어 있어 식물 생육에 매우 적합한 토양이다.
③ 표토는 일반적으로 넓은 범위에 걸쳐 고른 두께로 분포하는 법은 없기 때문에, B층도 포함될 수 있다.
④ 표토의 채취, 보관, 복원 과정 : 표층 식생의 제거, 표토의 모으기 및 보관, 개략적인 정지, 침식방지 시설의 설치, 표토의 복원 및 상세한 정지 마감으로 진행이 된다.

4 기계장비의 활용

(1) 작업종별 적정 기계
① 굴착 : 파워셔블, 백호, 클램셸, 트랙터셔블, 불도저, 리퍼 등
② 적재 : 파워셔블, 백호, 클램셸, 트랙터셔블 등
③ 운반 : 불도저, 덤프트럭, 벨트컨베이어, 케이블크레인 등
④ 다짐 : 로드롤러, 타이어롤러, 탬핑롤러, 진동롤러, 진동콤팩터, 레버 등

제3절 안내시설 설치

1 안내시설의 종류

(1) 공동 주택에서의 안내 표지판(주택건설기준 등에 관한 규정 제31조)
① 300 세대 이상의 주택을 건설하는 주택 단지와 그 주변에는 다음의 기준에 따라 안내 표지판을 설치하여야 한다. 다만, ㉠에 따른 표지판은 해당 사항이 표시된 도로 표지판 등이 있는 경우에는 설치하지 아니할 수 있다.
㉠ 단지의 진입 도로변에 단지의 명칭을 표시한 단지입구 표지판을 설치할 것
㉡ 단지의 주요 출입구마다 단지안의 건축물·도로·기타 주요 시설의 배치를 표시한 단지종합 안내판을 설치할 것
② 주택 단지에 2동 이상의 공동 주택이 있는 경우에는 각동 외벽의 보기 쉬운 곳에 동번호를 표시하여야 한다.
③ 관리사무소 또는 그 부근에는 거주자에게 공지 사항을 알리기 위한 게시판을 설치하여야 한다.

(2) 도로 교통 안내 표지판
① '안전 표지'란 교통 안전에 필요한 주의·규제·지시 등을 표시하는 표지판이나 도로의 바닥에 표시하는 기호·문자 또는 선 등을 말한다(도로교통법 제2조 제16호).
② 설치 기준은 교통 안전 표지 설치·관리 매뉴얼에 따라야 한다.

(3) 공원 시설 안내 표지판
① 공원 안내 표지판에 대한 규정은 자연공원법과 도시공원 및 녹지에 관한 법률에는 별도의 규정 사항이 없으며 일반적으로 각 시·도의 기준에 준하여 설치한다.
② 단, 도시공원 및 녹지에 관한 시행규칙의 공원 시설의 종류 중 공원 관리 시설로서의 게시판의 설치 내용이 있다.

2 안내 표지

(1) 배 치
① 기능 및 내용이 중복되지 않도록 하고, 한 곳에 여러 개의 표지를 배치할 경우에는 혼동을 주지 않도록 고려한다.
② 보행 동선이나 차량의 움직임을 고려한 배치 계획으로 가독성과 시인성을 확보한다.

(2) 형 태
① 도로의 교통 표지판 등 기존 사인과의 혼란을 피하면서 가독성을 높이고, 정보성과 장식성을 수용한다.
② 시각적으로 명료한 전달을 하기 위한 시인성에 중점을 두고 주변 환경과 차별화한다.

(3) 안내 표지의 설계 요소
① 서 체
  ㉠ 안내 표지는 문자와 다른 표현 요소들을 조합하여 사용하되, 문자는 한글과 아라비아 숫자 및 영문을 조합하여 사용하며, 현대적이면서 간결하고 시인도가 높은 기능적인 서체를 채택한다.
  ㉡ 서체는 다른 요소들과 조화되도록 하며, 성격이나 요소에 따라 장체, 정체, 평체를 사용한다.
② 방향 표시 : 화살표는 가독성이 높은 끝이 날카로운 화살표형을 적용하며, 상하좌우 45° 등의 각도 변환으로 방향을 유도한다.
③ 그림 문자(픽토그램) : 정보의 체계화와 식별성 고양을 위하여 이용자에게 평상시 익숙한 픽토그램을 사용하되, 주 내용 이외에 부가적인 내용을 시각화하여 표현한다.
④ 색채 : 사인에 적용되는 색상은 일관된 이미지를 형성하는 기본 요소의 하나이므로 색상을 사용 목적에 따라 효과적으로 대비·조화시켜 주목성과 시인성을 높이도록 배색한다.

3 안내시설의 설치위치 선정

(1) 일반 기준
① 많은 사람들이 이용하는 공간에 설치한다.
② 높이는 성인을 기준으로 하여 시각적으로 불편함이 없도록 해야 한다.
③ 설치 이후에 주변 시설물의 추가 설치 등으로 인한 장애가 없는 위치를 선정해야 한다.

(2) 교통 안내 표지판의 위치
① 도로교통법에 규정한 도로에 설치하는 교통안전 표지의 설치는 도로교통법 등에서 정한 기준에 따라 설치한다.
② 교통 안전 표시의 설치 장소를 선정할 때는 도로 이용자의 행동 특성, 표지의 시인성, 도로 이용에 장애 여부, 도로 관리상의 편리성을 고려하여 적정의 장소에 설치한다.

(3) 집합 주택 단지의 안내 표지판
① 단지 안내판의 설치 위치는 내용 전달 및 인지도를 높힐 수 있는 적정 위치에 설치되어야 한다.
② 이용자가 전방을 주시 하였을 때 안내도와 건물 배치나 방향이 일치되도록 한다.

제4절 옥외시설 설치

1 휴게시설(KDS 34 50 15)

(1) 의자(벤치)
① 규 격
　㉠ 체류 시간을 고려하여 설계하는데, 긴 휴식에 이용되는 의자일수록 앉음판의 높이가 낮고 등받이를 길게 설계한다.
　㉡ 등받이의 각도는 95~110°를 기준으로 하고, 휴식 시간이 길어질수록 각도를 크게 한다.
　㉢ 앉음판의 높이는 34~46cm, 폭은 38~45cm를 기준으로 물이 고이지 않도록 설계하고, 어린이를 위한 의자는 낮게 하는 것이 좋다.

> **더 알아보기**
>
> **의자의 형태**
> - 크기에 따른 형태 : 1인용, 2인용, 3인용, 4인용
> - 조합 형태에 따른 형태 : 일렬형, 병렬형, ㄱ형, ㄷ형, 사각형, 원형, 자연형, 시설연계형
> - 집합도에 따른 형태 : 단식형, 연식형
> - 이동성에 따른 형태 : 고정식, 이동식
> - 등받이 유무에 따른 형태 : 등의자, 평의자

② 배 치

기출 Point 벤 치
목재는 이용자가 사계절 가장 편하게 사용할 수 있는 벤치의 재료이다.

③ 여름철에는 그늘이 지고, 겨울철에는 햇빛이 들도록 주변 수목과의 관계를 고려하여 배치한다.
ⓒ 긴 휴식이 필요한 곳에는 등의자를, 짧은 휴식이 필요한 곳에는 평의자를 설치하고, 공공 공간에는 되도록 고정식을, 정원 등 관리가 쉬운 곳에는 이동식을 배치한다.
ⓒ 장애인을 위한 의자를 배치할 경우 측면에 120×120cm, 전면에 180×180cm의 휠체어 공간을 확보한다.

(2) 퍼걸러(Pergola, 그늘시렁)

① 규 격

③ 일반적으로 높이에 비해 길이가 길도록 설계하고, 공간 규모와 이용자의 시각적 반응을 고려하여 결정하되 균형감과 안정감이 있도록 한다.
ⓒ 퍼걸러의 높이는 팔 뻗은 높이나 신장 등을 고려하여 결정하고, 220~260cm를 기준으로 하되 그늘 시렁의 면적이 넓거나 조형상의 이유로 높이를 키울 경우에는 300cm까지 가능하다.

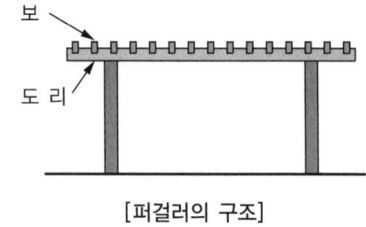

[퍼걸러의 구조]

② 배 치

③ 여름에는 그늘을 제공하고 겨울에는 햇빛이 잘 들도록 대지의 조건, 방위, 태양의 고도를 고려하여 배치한다.
ⓒ 비교적 긴 휴식에 이용되므로 휴지통이나 음수대 등의 관리시설을 함께 배치한다.
ⓒ 조형성이 뛰어난 퍼걸러는 시각적으로 넓게 조망할 수 있는 곳이나 통경선(Vista)이 끝나는 곳에 초점 요소로서 배치할 수 있다.

2 조경관리시설(KDS 34 50 55)

(1) 공중 화장실
  ① 규 격
    ㉠ 설계 대상 공간의 종류, 성격, 규모, 이용자 수 등을 고려하여 화장실의 규격을 결정한다.
    ㉡ 자연 채광을 받고 위생적이어야 하며, 관리하기 쉽고 방범을 충분히 배려한다.
    ㉢ 장애인, 어린이와 같은 신체 부자유인들이 이용할 수 있도록 관련 법규에 적합한 접근로, 변기, 기타 편의 시설로 설계한다.
  ② 배 치
    ㉠ 화장실 건물은 다른 건물과 식별할 수 있도록 한다.
    ㉡ 이용자의 눈에 직접 띄지 않도록 수목 또는 트렐리스와 같은 시설로 적절히 차폐시킨다.

(2) 관리사무소
  ① 형태 : 설계 대상 공간의 입구 부분 또는 공원의 주도로에 면하여 설치해서 사무소로서의 기능뿐만 아니라 해당 공간과 조화를 이루는 상징물이 되도록 설계한다.
  ② 배 치
    ㉠ 관리사무소는 설계 대상 공간의 관리 목적에 따라 관리 중심으로서의 기능을 꾀하기 위하여 이용자에 대한 서비스 기능과 조경 공간의 관리 기능을 갖추어야 한다.
    ㉡ 이용자를 위해 편리하고 알기 쉬운 위치나 자동차의 출입이 가능한 곳에 배치한다.
    ㉢ 부상환자 발생과 같은 긴급 시의 연락과 공원시설의 이용 및 접수에 관한 정보제공기능이 쉽도록 배치한다.

(3) 음수대
  ① 규 격
    ㉠ 성인, 어린이, 장애인 등 이용자의 신체적 특성을 고려하여 적정 높이로 설계하되, 하나의 설계 대상 공간에는 최소한 모든 이용자가 이용 가능하도록 한다.
    ㉡ 겨울철의 동파를 방지하기 위한 보온용 설비와 퇴수용 설비를 반영한다.
    ㉢ 설계 시 배수구는 청소가 용이한 구조와 형태로 하고, 지수전과 제수밸브 등 필요 시설을 적정 위치에 제 기능을 충족하도록 한다.
  ② 배 치
    ㉠ 관광지, 공원, 휴게공간, 체육시설과 같은 공간에는 설계대상 공간의 성격과 이용 특성을 고려하여 필요한 곳에 음수대를 배치한다.
    ㉡ 녹지에 접한 포장 부위에 배치한다.

(4) 휴지통

① 규 격

    ㉠ 이용하거나 수거하기에 적합한 구조 및 규격으로 설계한다.

    ㉡ 내구성이 있는 재질을 사용하거나, 내구성 있는 표면마감방법으로 설계한다.

    ㉢ 분리수거가 편리한 쓰레기통을 설치한다.

② 배 치

    ㉠ 각 단위공간의 의자와 같은 휴게시설에 근접시키되, 보행에 방해되지 않도록 하고 수거하기 쉽게 배치한다.

    ㉡ 단위공간마다 1개소 이상 배치한다.

제5절 놀이시설 설치

1 놀이시설의 종류와 놀이시설 설치의 중요성

(1) 놀이시설의 종류

① 놀이 시설에는 모래밭, 미끄럼대, 그네, 시소, 정글짐, 철봉 등 많은 종류가 있다.

② 최근에는 여러 가지의 놀이 형태를 수용할 수 있는 복합 놀이 시설을 많이 설치하고 있다.

(2) 놀이시설 설치의 중요성

① 유희는 어린이들의 생활 그 자체이다.

② 놀이 시설은 어린이의 신체 발육, 사회성 배양, 창작력 고양, 협동 정신 배양에 있어 매우 중요한 부분을 차지한다.

2 놀이시설의 설치(KDS 34 50 25)

(1) 모래밭

① 규 격

    ㉠ 모래막이의 마감면은 모래면보다 5cm 이상 높게 하고, 폭은 12~20cm를 표준으로 하며, 모래밭 쪽의 모서리는 둥글게 마감한다(모따기).

    ㉡ 모래밭의 바닥은 빗물의 배수를 위하여 맹암거나 잡석깔기 등 적절한 배수 시설을 설계하고, 모래밭의 깊이는 안전을 고려하여 30cm 이상으로 한다.

② 배 치
- ㉠ 유아들의 놀이를 위하여 확보하는 모래밭의 크기는 30m²를 기준으로 하되, 설계 조건에 따라 달리 확보한다.
- ㉡ 모래밭은 휴게 시설 가까이에 배치하고, 작은 규모의 놀이 시설이나 놀이벽·놀이 조각을 배치하며, 큰 규모의 놀이시설은 배치하지 않는 것이 좋다.

(2) **미끄럼틀**

① 규 격
- ㉠ 미끄럼판
  - 미끄럼틀을 북향 또는 동향으로 배치한다.
  - 미끄럼판의 기울기는 30~35°로 재질을 고려하여 설계하고, 1인용 미끄럼판의 폭은 40~50cm를 기준으로 한다.
  - 미끄럼판과 상계판의 연결부는 틈이 생기지 않도록 밀착·연속되어야 하고, 미끄럼판 출입구의 폭은 미끄럼판의 폭과 같은 크기로 한다.
- ㉡ 착지판
  - 미끄럼판의 높이가 90cm 이상인 경우에는 미끄럼판의 끝부분에 감속용 착지판을 설계하여야 한다.
  - 착지판의 길이는 50cm 이상으로 하고, 물이 고이지 않도록 수평면에서 바깥쪽으로 10° 또는 5° 이하의 기울기를 주어 설계한다.
  - 미끄럼판 출구에서 직립 자세로 전환하기 쉽도록 착지판에서 놀이터 바닥의 답면까지의 높이는 20cm 이하로 설계한다.
  - 급속한 감속으로 몸이 넘어가지 않도록 착지판과 미끄럼판의 연결부는 곡면으로 설계한다.
- ㉢ 날개벽 : 미끄럼판의 높이가 1.2m 이상인 경우에는 미끄럼판의 양옆으로 높이 15cm 이상의 날개벽을 전 구간에 걸쳐 연속으로 설치한다.
- ㉣ 안전손잡이 : 미끄럼판의 높이가 1.2m 이상인 경우에는 미끄럼판과 상계판 사이에 균형 유지를 위한 안전 손잡이를 설치하되 높이 15cm를 기준으로 한다.

② 배 치
- ㉠ 오르내리는 동작이 반복되므로 미끄럼판의 끝에서 계단까지는 최단거리로 움직일 수 있도록 하고, 이 동선에는 다른 시설이 설치되지 않도록 빈 공간으로 설계한다.
- ㉡ 미끄럼틀 위에서의 조망 등으로 인근 세대의 사생활이 침해되지 않도록 설치한다.

(3) 그 네
  ① 규 격
    ㉠ 지지대
      • 2인용을 기준으로 높이 2.3~2.5m, 길이 3.0~3.5m, 폭 4.5~5.0m를 표준 규격으로 한다.
      • 지지용 수직 및 수평 구조물은 어린이가 오르기 어려운 구조로 설계한다.
      • 수평 파이프와 그넷줄을 연결하는 베어링은 좌우로 흔들리지 않고, 회전에 의해 풀리지 않도록 풀림 방지 너트로 설계하며, 마모 시 교체가 쉬운 기성 제품 구동구로 설계한다.
    ㉡ 그넷줄이 강선일 경우에는 표면을 폴리우레탄 등의 부드러운 재료로 피복하는 등 보호막이 있는 형태로 설계한다.
    ㉢ 안 장
      • 그네의 안장과 안장 사이에는 통과 동선이 발생하지 않도록 한다.
      • 안장과 모래밭과의 높이는 35~45cm가 되도록 하며, 이용자의 나이를 고려하여 결정한다.
      • 유아용일 경우 안장과 모래밭과의 높이는 25cm 이내가 되도록 하고, 신체를 붙들어 맬 수 있는 안전형 안장이어야 하며, 그넷줄의 길이도 150cm 이내로 설계한다.
      • 안장은 고무 등 탄성이 있는 재료를 우선 사용하며, 발판이 잘 휘어져서 서기에 불편하거나 너무 딱딱하여 부딪혔을 때 다치지 않도록 배려한다. 목재를 사용할 경우에는 모서리를 둥글게 마감한다.
    ㉣ 그네 보호책
      • 그네와 통과 동선 사이에는 그네 보호책 등 보호 시설을 설계한다.
      • 그네의 회전 반경을 고려하여 그네 길이보다 최소 1m 이상 멀리 배치한다.
      • 보호책의 높이는 60cm를 기준으로 한다.
  ② 배 치
    ㉠ 그네는 햇빛을 마주하지 않도록 북향 또는 동향으로 배치한다.
    ㉡ 놀이터의 규모나 성격에 어울리는 유형을 배치하고, 그네의 요동 운동을 고려하여 주변 시설과 적정 거리를 이격시킨다.
    ㉢ 놀이터 중앙이나 출입구 주변을 피하여 모서리나 외곽에 배치하되, 집단적인 놀이가 활발한 자리 또는 통행량이 많은 곳에는 배치하지 않는다.
    ㉣ 맹암거 등의 배수 시설을 안장의 아래 부분에 배치한다.

제6절 운동 및 체력단련시설 설치

1 운동 및 체력단련시설의 종류

(1) 옥외 수영장

① 규 격
- ㉠ 25m와 50m가 있는데 25m 수영장은 7코스, 50m 수영장은 9코스로 하며, 1코스의 폭은 2.0m 이상으로 한다.
- ㉡ 출발대의 높이는 수면상 0.5~0.75m, 평면은 0.5×0.5m 이상, 경사각은 10° 이내로 한다.
- ㉢ 수심은 최대 2.0m를 넘기지 않고, 수온은 20℃ 정도가 적당하며 탈의실, 샤워장 등의 부대시설을 설치한다.
- ㉣ 부대 시설을 포함한 수영장의 면적은 이용객 1인당 최소 $2m^2$를 기준으로 한다.

② 배치 : 태양광선을 충분히 받는 곳으로 수영장의 장축이 남북 방향으로 자리잡을 수 있고, 가까운 곳에서 맑은 물을 얻을 수 있어야 한다.

(2) 공인 운동시설

① 규 격
- ㉠ 축구장
  - 일반 경기장 : 120~90m × 90~45m
  - 국제 경기장 : 110~100m × 75~64m
- ㉡ 농구장 : 28m × 15m
- ㉢ 배드민턴장 : 13.4m × 6.1m
- ㉣ 테니스장
  - 단식 : 8.23m × 23.77m
  - 복식 : 10.97m × 23.77m

② 배 치
- ㉠ 이용자들의 나이·성별·이용 시간대와 선호도 등을 고려하여 도입할 시설의 종류를 결정한다.
- ㉡ 주택 등이 인접한 공간에는 농구장 등 밤의 이용이 예상되는 시설의 배치를 피한다.
- ㉢ 하나의 설계 대상 공간에는 되도록 서로 다른 운동시설로 배치한다.

> **더 알아보기**
>
> **시설의 배치**
> - 야외 극장 : 무대 – 북·북동 방향
> - 야구장 : 홈플레이트 – 서남 방향
> - 다이빙풀 : 다이빙 – 남북 방향
> - 정구장 : 장축 – 남북 방향
> - 골프장 : 페어웨이 – 남북 방향

2 안전사고 예방을 고려하여 운동시설 설치하기

(1) 설치 안전 기준 검토
① 운동시설에 사용되는 재료는 체육 시설의 설치·이용에 관한 법률과 해당 종목별 경기 규칙에서 규정한 재료와 규격을 사용하여야 한다.
② 운동시설의 재료는 내구성, 유지 관리성, 경제성, 안전성, 쾌적성 등 다양한 기능을 발휘할 수 있어야 한다.

(2) 운동시설 설치 시 주의 사항
① 시공 전에 전체 놀이 구역을 구획하고 시설의 이용 특성에 따라 안전거리를 확보한 후 설치해야 한다.
② 이동식 시설의 고정 장치는 사용하지 않을 때에는 지상으로 돌출되지 않도록 해야 한다.
③ 운동시설 중 관련 규정에 명시된 재료 및 제품은 반드시 공인된 제작 업체의 제품을 사용해야 한다.
④ 이용의 안전을 고려하여 부재 접속과 표면 마감처리에 유의하여야 한다.
⑤ 뾰족한 부분이나 돌출된 부위는 둥글게 마감한다.

제7절 경관조명시설 설치

1 경관조명시설의 개념

(1) 경관조명시설의 정의
① 경관조명은 옥외 공간에 설치되는 조명시설로서 환경성, 안정성, 쾌적성 그리고 분위기 연출 등의 목적과 옥외 공간의 경관 구성 요소로 연출되는 조명 시설이다.
② 공원, 주택 단지, 광장, 보행자 도로, 리조트 시설 등 조경 설계 대상 공간의 옥외 공간에 설치되는 조명 시설이다.

(2) 경관조명시설의 구분
① 설치 장소의 기능·형태에 따라 : 보행등, 정원등, 수목등, 잔디등, 공원등, 수조등, 투광등 등으로 구분된다.
② 광원이 발광하는 방법에 따라 : 백열등, 방전등(형광등, 수은등, 할로겐등, 나트륨등 등), 튜브조명 등으로 구분된다.

2 조명시설의 종류

(1) 보행등과 정원등

　① 보행등

　　㉠ 설치 목적 : 밤에 이용하는 보행인의 안전과 보안을 위하여 설치한다.

　　㉡ 배치 및 시설 기준

- 설계 대상 공간의 진입로, 광장, 산책로 또는 도로나 주차장과 만나는 보행 공간, 놀이 공간, 운동 공간, 휴게 공간 등의 옥외 공간 및 소로, 산책로, 계단, 구석진 길, 출입구, 장식벽 등에 설치한다.
- 배치 간격은 설치 높이의 5배 이하 거리로 하되, 등주의 높이와 연출할 공간의 분위기를 고려하며 보행의 연속성이 끊어지지 않도록 배치해야 한다.
- 보행로 경계에서 50cm 정도의 거리에 배치한다.
- 보행인의 이용에 불편함이 없는 밝기를 확보하며, 보행로의 경우 3lux 이상의 밝기를 적용한다.

　② 정원등

　　㉠ 설치 목적 : 정원의 아름다움을 밤에 선명하게 보여줌으로써 매력적인 분위기를 연출하기 위하여 설치한다.

　　㉡ 배치 및 시설 기준

- 정원의 어귀나 구석 등 조명이 취약한 부위 또는 주요 첨경물 주변 등에 배치한다.
- 광원은 이용자의 눈에 띄지 않는 곳에 배치한다.
- 광원이 이용자의 눈에 띌 경우에는 정원의 장식물을 겸하도록 조형성을 갖추어 디자인한다.
- 야경의 중심이 되는 대상물의 조명은 주위보다 몇 배 높은 조도 기준을 적용하여 중심감을 부여한다.
- 광원이 노출될 때는 휘도를 낮추거나 광원의 위치를 높여 광원에 의한 눈부심을 피한다.
- 광원은 고압 수은 형광등을 적용하고, 등주의 높이는 2m 이하로 설계·선정한다.

(2) 잔디등과 공원등

　① 잔디등

　　㉠ 설치 목적 : 주택 단지, 공원 등의 잔디밭에 매력적인 밤 분위기를 연출하기 위하여 설치한다.

　　㉡ 배치 및 시설 기준

- 잔디밭의 경계를 따라 배치한다.
- 잔디등의 높이는 1.0m 이하로 설계하고, 하향 조명 방식을 적용한다.
- 잔디밭을 전반적으로 조명하고자 할 때는 주두형 기구와 투명형 고압 수은등이나 메탈할라이드등을 적용한다.

② 공원등
　㉠ 설치 목적 : 도시 공원이나 자연 공원 이용자에게 야간의 매력적인 분위기 제공과 이용의 안전을 위하여 설치한다.
　㉡ 배치 및 시설 기준
　　• 공원의 진입부, 보행 공간, 놀이 공간, 운동 공간, 광장 등의 휴게 공간 및 공원 관리사무소나 공중 화장실 등의 건축물 주변에 배치한다.
　　• 설치 공간의 분위기에 어울리는 형태로 하되, 보행인의 안전한 이용을 방해해서는 안된다.
　　• 공원의 어귀나 화단에는 연색성이 좋은 메탈할라이드등, 백열등, 형광등을 적용한다.
　　• 광원은 원칙적으로 메탈할라이드등 또는 LED등을 적용한다.
　　• 식물의 종류와 특성에 맞는 광원의 사용과 조명의 개시 시간을 고려한다.

제8절 환경 조형물 설치

1 환경 조형물의 종류 및 설치준비

(1) 환경 조형물의 종류

① 재료에 따라 석재 첨경물, 목재 조형물 등이 있다.
② 기념비, 환경 조각, 석탑, 상징탑, 부조, 환경 벽화 등 예술적인 작품성이 있는 것들을 환경 조형 설치 공사에 적용한다.

(2) 환경 조형물 설치 준비

① 환경 조형물을 설치하는 수급인 및 설치자는 사전에 시공 및 작품 경력을 입증하기 위한 서류와 사용 자재 및 제작 시방 등 작품 제작을 위한 제작 도면을 제출하여 감독자의 승인을 얻은 후 시행해야 한다.
② 환경 조형물과는 개념의 차이는 있으나 문화예술진흥법 제9조에 건축물에 대한 미술 장식품 설치 내용을 명기하고 있다.

> **더 알아보기**
>
> **건축물에 대한 미술 작품의 설치 등(문화예술진흥법 제9조)**
> ① 대통령령으로 정하는 종류 또는 규모 이상의 건축물을 건축하려는 자(이하 '건축주')는 건축 비용의 일정 비율에 해당하는 금액을 사용하여 회화·조각·공예 등 건축물 미술작품(이하 '미술작품')을 설치하여야 한다.
> ② 건축주(국가 및 지방자치단체는 제외한다)는 건축 비용의 일정 비율에 해당하는 금액을 미술 작품의 설치에 사용하는 대신에 문화예술진흥기금에 출연할 수 있다.
> ③ 미술작품의 설치 또는 문화예술진흥기금에 출연하는 금액은 건축 비용의 100분의 1 이하의 범위에서 대통령령으로 정한다.
> ④ 미술작품에 사용하여야 하는 금액, 제2항에 따른 건축비용, 기금 출연의 설치 절차 및 방법, 그 밖에 필요한 사항은 대통령령으로 정한다.

2 환경 조형물의 설치

(1) 환경 조형물 설치 위치 선정하기
① 환경 조형물의 위치를 선정할 때에는 기능과 미관을 고려하여야 한다.
② 환경 조형물은 주 출입구 또는 동선이 합쳐지는 공간, 뒷면의 벽체가 미관상 양호한 장소에 위치하게 된다.

(2) 설계자의 작품 의도를 파악하며 설치하기
① 설계자의 의도와 설치하고자 하는 위치와의 연계성을 파악한다.
② 설계자와의 협의 결과에 따라 작품 제작을 위한 제작 도면을 제출받아 감독자의 승인을 얻은 후 설치해야 한다.
③ 설계자나 작가가 직접 수행하지 않는 조형물을 설치할 경우 작품성을 감안하여 설계자나 작가의 설계 도면 및 제작 시방 등을 따르되, 현장 여건에 따라 변경할 경우에는 설계자나 작가와 사전에 협의한다.

제9절 데크 시설 설치

1 데크 시설의 종류

(1) 데크 시설의 종류와 재료
① 전망대, 보행 데크, 계단, 고공 데크, 수변 무대 등의 데크 시설이 있다.
② 데크는 사용 용도에 따라 여러 형태로 설치·시공되며, 일반적으로 보행 데크를 가장 많이 설치한다.

(2) 데크 시설의 재료
① 목 재
  ㉠ 외부 공간에 설치되는 원목, 각재, 판재, 합판 등의 목재 가공품은 부패 방지를 위한 방부·방충 처리 및 표면 보호를 위한 조치를 해야 한다.
  ㉡ 천연 목재 외 합성 목재도 부패에 대한 내성을 가지고 있으므로 수변 또는 해안가에서 많이 사용된다.
  ㉢ 합성 목재는 재활용이 가능한 환경 친화적 소재로 연속적인 압출 가공 및 특수 표면 처리 공정을 거쳐 제조되는 제품이다.
② 철재 : 조경시설로 사용되는 철강재는 도금 및 녹막이 처리를 해야 한다.

2 데크 시설 설치하기

(1) 시설 설치 지역의 특성 파악하기
① 데크 시설은 대부분 목재로 구성되어 있어서 외부 환경에 의하여 부패 현상이 발생하게 되므로 설치 지역의 특성을 파악해야 한다.
② 철재로 만든 데크 시설은 부식 현상이 발생하기 쉬우므로 설치 지역의 특성을 파악해야 한다.
③ 설치 지역의 특성에 따라 부패 및 부식에 의한 시설물의 내구성과 안전성에 차이가 나게 된다.

(2) 공법의 선택
① 기초 공사
  ㉠ 데크의 기초 공사는 독립 기초와 줄기초로 구분한다.
  ㉡ 줄기초는 독립 기초에 비하여 구조적 안정성이 높다.
② 하부 구조 공사
  ㉠ 상판을 설치하기 위한 구조체로서 데크 공사 중 가장 중요한 공사이며, 실제로 보행자들의 안전을 확보하는 부분이다.
  ㉡ 상판을 받치는 하부 구조는 일반적으로 장선과 멍에로 구분하며, 장선과 멍에에는 각 다른 규격의 구조용 각관(또는 목재)으로 설치한다.
③ 상부 설치 공사
  ㉠ 데크 시설의 마감 공사로서 목재의 가공, 절단, 고정 작업으로 이루어진다.
  ㉡ 고정 작업에 사용하는 못(또는 볼트)은 스테인리스 못을 사용하여 녹의 발생을 방지한다.
  ㉢ 외부 기온의 차이에 의한 목재의 수축·팽창 현상으로 돌출되어 올라오는 것을 방지하기 위하여 스테인리스 나사 못(고장력 볼트)을 사용한다.
  ㉣ 상판의 목재는 방부 처리된 상태로 시공이 되며 시공 후 침투성 방부 도료를 덧칠하여 주면 효과가 더 좋다.

(3) 데크의 구조적 안정성 검토
① 데크는 이용자의 통행 및 동선의 유도 기능을 하는 시설이다.
② 천연 목재 데크는 옥외 환경에 의하여 수축과 팽창을 하게 되고, 허용 함수율에 의하여 부패의 요인이 발생하여 초기 설치 시의 강도를 유지하기가 어렵다.
③ 데크의 하부 구조가 목재일 경우에는 데크 시설의 내구성이 짧아지므로 수시로 점검·보수해야 한다.
④ 보행 데크의 경우는 특히 이용자 수가 많을 경우 휨 강도의 약함으로 위험할 수 있으므로 장선과 멍에의 보강 작업으로 강도를 유지해야 한다.

제10절 펜스 설치

1 펜스의 규격 및 설치

(1) 펜스의 규격
   ① 단순한 경계 표시 기능 : 0.5m 이하의 높이
   ② 소극적 출입 통제 기능 : 0.8~1.2m의 높이
   ③ 적극적 침입 방지 기능 : 1.5~2.1m의 높이

(2) 펜스의 설치
   ① 기초 공사
      ㉠ 독립 기초와 줄기초로 구분될 수 있으며 매립으로 시공된다.
      ㉡ 펜스의 기초 공사는 일반적으로 독립 기초로 이루어진다.
      ㉢ 펜스의 기초는 흔들리지 않도록 견고하게 설치하고 기초가 노출되지 않도록 하여야 한다.
   ② 주주의 설치
      ㉠ 주주는 펜스의 기둥으로서, 경간을 구성하는 역할을 하며 펜스를 지지한다.
      ㉡ 기초와 주주를 결합할 때에는 수직으로 작업하여야 한다.
   ③ 횡대(가로재)와 종대(세로재)의 설치
      ㉠ 주주 사이(경간 당)에 가로, 세로로 형성되는 울타리의 살 부분을 설치한다.
      ㉡ 가로재와 세로재의 설치 작업은 수직과 수평을 원칙으로 설치한다.

2 펜스의 이용 특성과 구조적 안정성 검토

(1) 펜스의 이용 특성
   ① 펜스는 경계를 구분하는 기능과 이용의 공간을 제한하는 기능을 겸하고 있다.
   ② 펜스는 이용자들이 기대거나 걸터앉는 시설물로도 이용한다.

(2) 펜스의 구조적 안정성 검토
   ① 기능이나 규모에 따라 요구되는 강도를 확보하여야 하며, 내구성 있는 재질이나 마감 방법으로 시공하여야 한다.
   ② 강풍에 노출되는 장소에는 안전성을 높이기 위하여 하중·허용 강도 등을 고려하여야 한다.

제11절 수경시설 설치

1 수경시설의 개념

(1) 수경시설의 정의

① 물을 이용한 시설은 이용자에게 신선함과 청량감을 줄 뿐만 아니라, 온도 감소 효과와 함께 시각적으로 아름다워 수목, 돌 등과 함께 매우 중요한 조경 재료가 된다.
② 물의 여러 특성을 고려하여 연못, 분수, 폭포 및 벽천 등 다양한 시설을 만드는 것을 수경시설공사라 한다.

(2) 조경 요소로서 물의 특성

① **조형성** : 물은 액체로 구성되어 있기 때문에 물을 담고 있는 용기의 모양에 따라 형태가 좌우된다.
② **유동성** : 높은 곳에서 낮은 곳으로 흐르는 유동성을 이용한 조경에는 인공 폭포, 벽천, 캐스케이드, 개울 등이 있다.
③ **음향성** : 물은 움직이거나 다른 물체와 부딪치면 소리를 낸다.
④ **반영성** : 물은 주위 환경을 투영한다.
⑤ **수평성** : 어느 곳에서나 절대적인 수평을 유지하려 하고, 수평성을 유지하기 위하여 유동한다.
⑥ **투명성** : 빛이나 색채를 투과시키기 때문에 맑고 깨끗한 느낌을 준다.
⑦ **변화성** : 온도에 따라 액체, 고체, 기체 상태로 변하므로 계절에 따라 다양한 연출이 가능하다.

> **더 알아보기**
>
> **물의 연출**
> 수경시설의 연출은 물을 내뿜는 분수, 물이 흐르는 유수, 물이 떨어지는 낙수, 물을 머금는 유수, 겨울철 동결 수경으로 나누어진다.

(3) 수경시설의 적용 범위

① 건축물, 공원, 광장, 주택 단지 등 설계 대상 공간의 수경시설 설계에 적용하며, 수경시설에는 수조, 급배수 설비, 순환 설비, 전기, 제어 등이 포함된다.
② 수경시설은 물의 연출을 효과적으로 표현할 수 있도록 수경시설 및 관련 설계 요소 전체가 하나의 시스템으로 취급되어야 한다.

2 수경시설의 종류

(1) 못(연못)

① 배 치
  ㉠ 설계 대상 공간 배수 시설을 겸하도록 지형이 낮은 곳에 배치한다.
  ㉡ 주변의 하천이나 계곡의 물, 지표면의 빗물 등 자연 급수와 지하수, 상수, 정화된 물(중수) 등 인공 급수를 여건에 맞게 반영한다.

② 구조 및 설비
  ㉠ 물의 공급과 배수를 위한 유입구와 배수구를 설계하고, 쓰레기 거름용 철망을 적용한다.
  ㉡ 콘크리트 등의 인공적인 못의 경우에는 바닥에 배수 시설을 설계하고, 수위 조절을 위한 월류(Over Flow)를 반영한다.
  ㉢ 물고기를 키울 경우에는 겨울철의 동면에 쓰일 물고기집을 고려하거나, 수위를 동결심도 이상으로 설계한다.
  ㉣ 겨울철 설비의 동파를 막기 위한 퇴수 밸브 등을 반영한다.

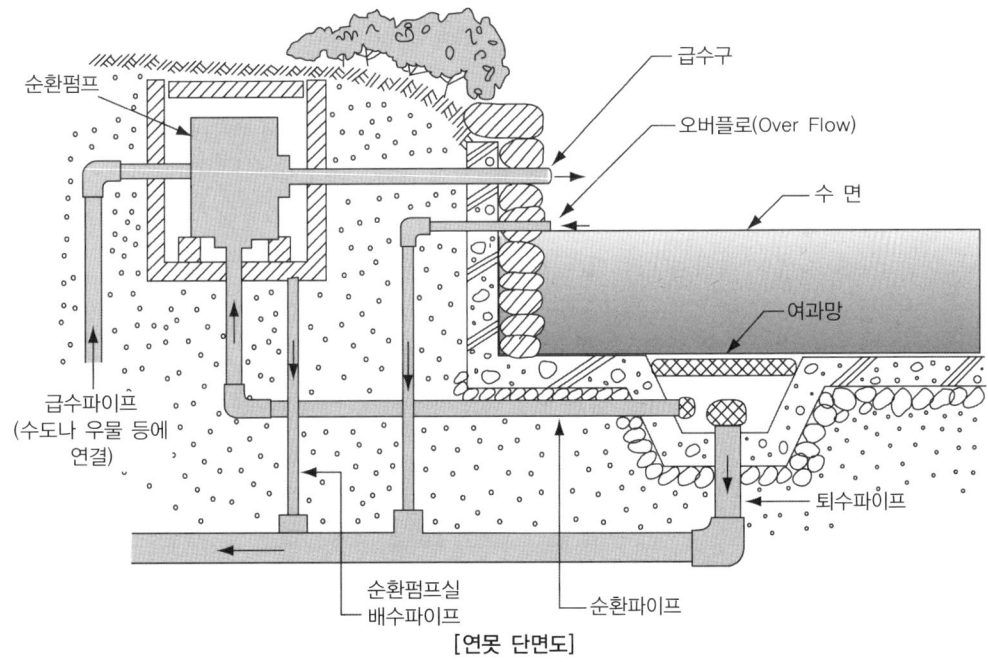

[연못 단면도]

(2) 분 수

① 배 치
  ㉠ 설계 대상 공간의 어귀나 중심 광장, 주요 조형 요소, 결절점의 시각적 초점 등 경관 효과가 큰 곳에 배치한다.
  ㉡ 주변 빗물이나 오염수가 유입되지 않는 곳에 배치한다.

② 구조 및 설비
  ㉠ 주변의 지형적 특성이나 공간의 크기에 어울리는 형태로 하고, 물이 없을 때의 경관을 고려한다.
  ㉡ 분수의 수조 너비는 분수 높이의 2배, 바람의 영향을 크게 받는 지역은 분수 높이의 4배를 기준으로 한다.
  ㉢ 빗물이나 오염수가 유입되지 않도록 수조에 턱을 주거나 경사를 조절한다.
  ㉣ 바닥 분수의 상부인 바닥은 미끄러짐이 없도록 마감한다.
  ㉤ 친수형 수경 시설의 경우 인체에 직접 접촉되므로 정수 시설에 특히 유의하고, 수질 기준에 적합하도록 한다.

(3) 폭포 및 벽천
① 배 치
  ㉠ 폭포 및 벽천은 설계 대상 공간 지형의 높이 차를 이용하여 물이 중력 방향으로 떨어지는 특성을 활용할 수 있는 등 자연 자원의 이용에 효과적인 곳에 배치한다.
  ㉡ 설계 대상 공간의 어귀나 중심 광장, 주요 조형 요소, 결절점의 시각적 초점 등으로 경관 효과가 큰 곳에 배치한다.
  ㉢ 설치 장소에 따라 동결 수경 연출이 가능하므로 검토하여 반영하되, 시설물의 파괴 예방 등 유지 관리가 쉬운 곳에 배치한다.

② 구조 및 설비
  ㉠ 자연 지형의 특성과 어울리는 형태로 설계한다.
  ㉡ 상부 수조의 넓이와 연출 높이에 비례하여 하부 수조의 크기와 깊이를 산정한다.
  ㉢ 상부 수조나 하부 수조에 노즐 및 조명을 설치하여 연출을 다양화할 수 있다.
  ㉣ 폭포의 규모와 효율성을 감안하여 별도의 저수조 및 기계실을 설치한다.

제12절 조경석(인조암) 설치

1. 조경석의 종류

(1) 산지에 따른 석재 구분
① 자연석 : 산지에 따라 산석, 수석, 해석으로 구분한다.
  ㉠ 산석(山石) : 비바람에 마모되고 돌에 이끼가 끼어 있다.
  ㉡ 강석(江石) : 물의 흐름에 의하여 표면이 마모되어 그 생김새가 다양하다.
  ㉢ 해석(海石) : 파도의 작용으로 연질부는 마모되고 결질부만 남아 외모와 무늬가 아름답고, 염분을 제거한 후에 사용하여야 한다.

② 가공석 : 산지에 따라 포천석, 온양석, 상주석 등이 있으며, 현재 조경 재료로 사용되는 대부분의 가공석은 중국산이다.

(2) 공사용 석재의 구분
① 모암 : 석산에 자연 상태로 있는 암을 말한다.
② 원석 : 모암에서 1차 파쇄된 암석을 말한다.
③ 건설 공사용 석재 : 석재의 품질은 그 용도에 적합한 강도를 갖고 균열이나 결점이 없고 질이 좋은 치밀한 것이며 풍화나 동결의 해를 받지 않는 것이라야 한다.
④ 다듬돌 : 일정한 규격으로 다듬어진 것으로서 건축이나 포장 등에 쓰이는 돌이다.
⑤ 견치돌 : 형상은 재두각추체(裁頭角錐體)에 가깝고 전면은 거의 평면을 이루며 대략 정사각형으로서 뒷길이, 접촉면의 폭, 뒷면 등이 규격화된 돌이다.
⑥ 야면석(野面石) : 천연석으로 표면을 가공하지 않은 것으로서 운반이 가능하고 공사용으로 사용될 수 있는 비교적 큰 석괴이다.
⑦ 호박돌(玉石) : 호박형의 천연석으로 가공하지 않은 지름 18cm 이상의 크기의 돌이다.
⑧ 조약돌(栗石) : 가공하지 않은 천연석으로서 지름 10~20cm 정도의 계란형의 돌이다.

2 돌쌓기와 놓기

(1) 자연석 쌓기
자연석 쌓기란 비탈면, 연못의 호안이나 정원의 필요 장소에 자연석을 쌓아 흙의 붕괴를 방지하여 경사면을 보호할 뿐만 아니라 주변 경관과 시각적으로 조화를 이룰 수 있도록 하는 일을 말한다.
① **자연석 무너짐 쌓기** : 암석이 자연적으로 무너져 내려 안정되게 쌓여 있는 것을 그대로 묘사하는 가장 일반적인 쌓기 방법이다. 자연석은 주로 강석이나 산석을 사용하며, 쌓는 방법은 다음과 같다.
  ㉠ 기초 부분은 터파기한 후 잘 다지거나 콘크리트 기초를 한다.
  ㉡ 기초석을 놓고 중간석과 상석을 쌓아 나가며 크고 작은 돌이 잘 어울리도록 배치한다.
  ㉢ 안전을 고려하여 상부에 놓는 돌은 하부보다 작은 돌을 쓴다.
  ㉣ 돌이 서로 맞닿는 면은 잘 맞물리는 돌을 골라 쓴다.
  ㉤ 뒷부분에는 굄돌과 뒤채움돌을 써서 구조적으로 안정되도록 한다.
  ㉥ 필요에 따라 중간에 뒷길이가 60~90cm 정도인 돌을 맞물려 쌓아 붕괴를 방지한다.
  ㉦ 돌과 돌 사이의 빈 공간에 양질의 흙을 채워 넣고, 회양목, 철쭉 등의 관목류나 초화류 등으로 돌틈식재를 한다.

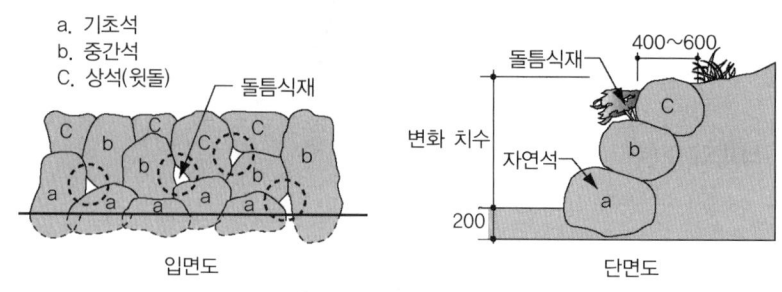

[자연석 무너짐 쌓기]

② 호박돌 쌓기
  ㉠ 호박돌은 깨지지 않고 표면이 깨끗하며 크기가 비슷한 것으로 선택하여 사용한다.
  ㉡ 호박돌은 크기가 작아 안전성이 부족하므로 찰쌓기를 하는데, 이때 뒷길이가 긴 것을 쓰고 굄돌을 잘 해야 한다.
  ㉢ 호박돌쌓기는 불규칙하게 쌓는 것보다 규칙적인 모양을 갖도록 쌓는 것이 보기에 좋고 안전성이 있으며, 돌을 서로 어긋나게 놓아 十자 줄눈이 생기지 않도록 한다.
  ㉣ 쌓기 중에 모르타르가 돌의 표면에 붙지 않도록 하며, 돌틈 사이에서 흘러나온 모르타르는 굳기 전에 깨끗이 제거한다.

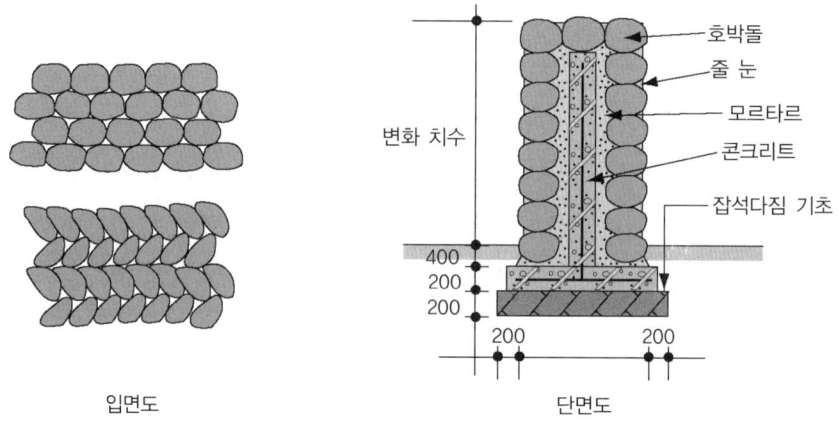

[호박돌 쌓기]

(2) 자연석 놓기 〈중요〉

① 경관석 놓기
㉠ 경관석이란 시각의 초점이 되거나 중요하게 강조하고 싶은 장소에, 보기 좋은 자연석을 한 개 또는 여러 개 배치하여 감상 효과를 높이는 데 쓰는 돌을 말한다.
㉡ 경관석은 크기, 중량감, 외형, 색상, 질감 등이 배치 장소와 어우러지는 것을 선택해야 한다.
㉢ 경관석을 단독으로 놓을 때는 위치, 높이, 길이, 기울기 등을 고려하여 그 경관석의 아름다움이 감상자에게 충분히 느껴지도록 하는 것이 중요하다.
㉣ 경관석을 여러 개 짝지어 놓을 때는 중심이 되는 큰 주석과 보조역할을 하는 작은 부석을 잘 조화시켜야 하는데, 수량은 일반적으로 홀수로 하고, 돌 사이의 거리나 크기 등을 조정하여 힘이 분산되지 않고 짜임새가 있도록 한다.
㉤ 경관석을 놓은 후에는 주변에 적당한 관목류, 초화류 등을 심어 경관석이 한층 돋보이도록 한다.

② 디딤돌 놓기
㉠ 디딤돌이란 동선을 아름답게 표현하고, 지피식물을 보호하며, 무엇보다 보행자의 편의를 돕기 위해 놓는 돌을 말한다.
㉡ 디딤돌은 보통 한 면이 넓적하고 평평한 자연석을 많이 쓰나, 가공한 화강암 판석이나 점판암 판석 또는 통나무 등을 쓰는 경우도 있다.
㉢ 디딤돌의 크기는 30cm 정도가 적당하지만, 동선의 시작과 끝이나 길이 갈라지는 부분에는 보다 큰 것을 사용한다.
㉣ 디딤돌은 크고 작은 것을 섞어 직선보다는 어긋나게 놓는 것이 좋으며, 간격은 보폭을 고려하여 빠른 동선이 필요한 곳은 보폭과 비슷하게, 느린 동선이 필요한 곳은 간격을 줄여 배치한다.
㉤ 디딤돌의 긴지름은 보행자의 진행 방향과 수직을 이루도록 하고, 방향성을 주는 것이 좋으며, 지표보다 3~5cm 정도 높게 한다.
㉥ 디딤돌은 크기에 따라 지하 부분을 적당히 파고 잘 다진 후 윗면이 수평이 되도록 놓아야 하며, 불안정한 경우에는 굄돌을 고이거나 모르타르, 콘크리트 등을 사용해 안정되게 한다.

(3) 마름돌 쌓기

① 메쌓기
㉠ 모르타르나 콘크리트를 사용하지 않고, 뒤틈 사이에 굄돌을 고인 후 뒤채움 골재로 채우며 쌓는 방법이다.
㉡ 배수가 잘 되어 토압을 증대시키지 않는 장점이 있으나, 견고하지 못하므로 높이에 제한을 받게 된다.
㉢ 전면 기울기는 1 : 0.3 이상을 표준으로 한다.

② 찰쌓기
  ㉠ 쌓아 올릴 때 줄눈에는 모르타르를 사용하고 뒤채움에는 콘크리트를 사용하는 방법으로, 뒤채움을 할 때는 조약돌을 쓰는 경우도 있다.
  ㉡ 뒷면의 배수를 위하여 배수관을 설치해 주어야 하며, 배수구의 배치는 별도의 지시가 없는 한 2m²당 1개의 비율로 한다.
  ㉢ 찰쌓기는 견고하다는 장점이 있으나, 배수가 불량하면 토압이 증가하여 붕괴할 우려가 있다.
  ㉣ 전면 기울기는 1 : 0.2 이상을 표준으로 한다.
  ㉤ 시공 방법
    • 쌓기 전에 돌에 붙은 오물이나 먼지 등을 씻어 내고 물을 충분히 흡수시켜 모르타르의 부착력을 높인다.
    • 줄눈은 통줄눈이 되지 않도록 하고, 찰쌓기 때의 줄눈 너비는 9~12mm 정도로 한다.
    • 모르타르의 배합비는 1 : 2~1 : 3 정도로 하되, 특히 중요한 곳은 1 : 1로 한다.
    • 모르타르가 경화하기 전에 너무 높이 쌓아 올리면 하중으로 인하여 모르타르가 밀려 내려올 염려가 있으므로 하루 1.2m 이상은 쌓지 않아야 한다.
    • 안전도를 높이기 위해 큰 돌일수록 아래쪽에 놓고, 뒤채움을 꼼꼼히 한다.
    • 작업 종료 후 남은 부분은 계단식으로 처리한다.

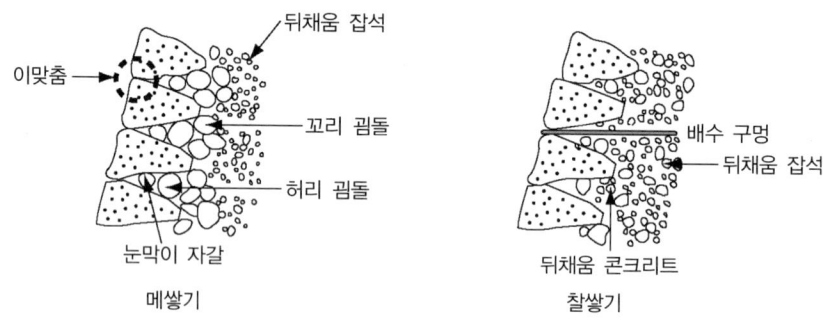

[견치돌 메쌓기와 찰쌓기의 단면도]

③ 켜쌓기
  ㉠ 각 층을 직선으로 쌓는 방법으로, 골쌓기보다 약하기 때문에 높이 쌓기에는 곤란하며 돌의 크기도 균일해야 한다.
  ㉡ 켜쌓기는 시각적으로 좋아 조경공간에 주로 쓰인다.

> **기출 Point** 켜쌓기
> 돌의 크기가 균일하고 시각적으로 좋아 조경 공간에 많이 쓰이는 마름돌 쌓기 방법

④ 골쌓기
  ㉠ 줄눈을 파상으로 골을 지어 가며 쌓는 방법이다.
  ㉡ 하천공사 등에 견치돌을 쌓을 때 많이 이용하고 있으며, 견고하기 때문에 일부분이 무너져도 전체에 파급되지 않는 장점이 있다.

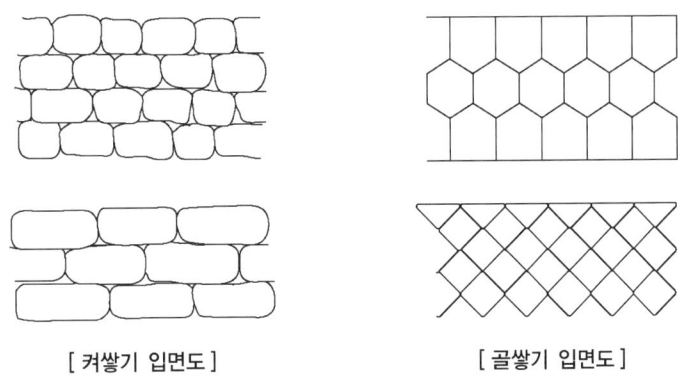

[켜쌓기 입면도]　　　　[골쌓기 입면도]

(4) 벽돌 쌓기

① 규격 중요
  ㉠ 기존형 : 210mm × 100mm × 60mm
  ㉡ 표준형 : 190mm × 90mm × 57mm

② 줄 눈
  ㉠ 통줄눈 : 가로 줄눈과 세로 줄눈이 교차하는 十자 형태로, 하중이 분포되지 않아 붕괴 위험이 크다.
  ㉡ 막힌 줄눈 : 통줄눈과는 다르게 위아래 세로 줄눈이 서로 어긋난 형태로, 하중이 고르게 분포되어 안전하며, 가장 일반적인 줄눈이다.
  ㉢ 치장 줄눈 : 줄눈을 여러 형태로 아름답게 처리하여 벽돌을 쌓은 면 전체가 미관상 보기 좋도록 할 수 있다.

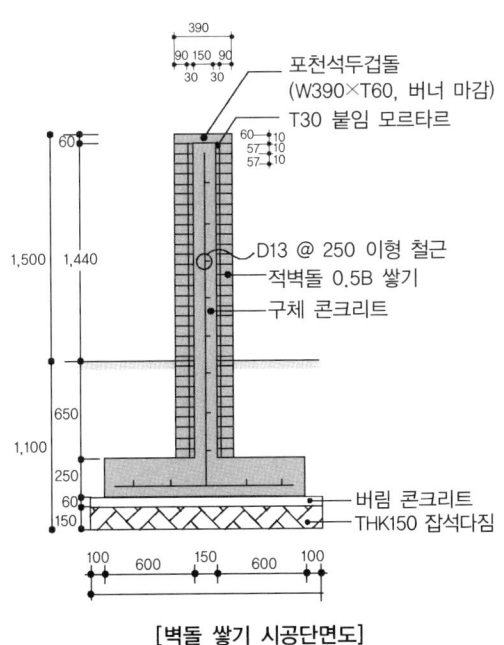

[벽돌 쌓기 시공단면도]

③ **벽돌의 두께** : 벽돌을 쌓는 두께는 벽돌의 길이를 기준으로 하여 0.5B 쌓기(반 장), 1.0B 쌓기(한 장), 1.5B쌓기(한 장 반) 등으로 나타낸다.

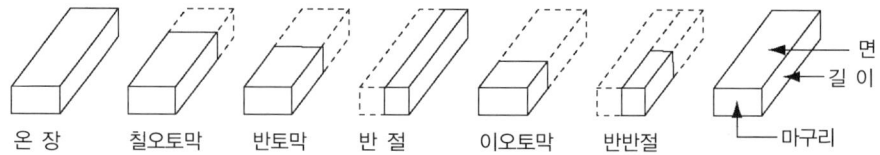

[벽돌의 형상에 따른 명칭]

④ **벽돌 쌓기의 종류 및 방법** 중요
　㉠ 길이 쌓기 : 벽면에 벽돌의 길이만 나타나게 쌓는 방법이다. 0.5B 쌓기에 쓰이며 끝 부분에는 반토막 벽돌이 들어간다.
　㉡ 마구리 쌓기 : 벽면에 벽돌의 마구리만 나타나도록 쌓는 방법으로, 1.0B 이상 쌓기에 쓰이며 끝 부분에는 반절짜리 벽돌이 들어간다.
　㉢ 옆세워 쌓기 : 벽면에 마구리를 세워 쌓는 방법이다.
　㉣ 길이 세워 쌓기(세워 쌓기) : 벽면에 길이를 세워 쌓는 방법이다.

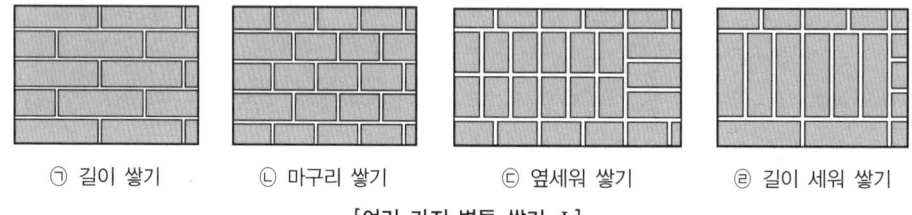

[여러 가지 벽돌 쌓기 Ⅰ]

　㉤ 영국식 쌓기 : 길이 쌓기 켜와 마구리 쌓기 켜를 반복하여 쌓고, 모서리의 벽 끝에는 이오토막을 쓰는 방법으로, 매우 견고하다.
　㉥ 프랑스식 쌓기 : 켜마다 길이와 마구리가 번갈아 나오는 방법으로, 영국식 쌓기보다 아름다우나 견고성은 떨어진다.
　㉦ 미국식 쌓기 : 5켜까지 길이 쌓기로 하고, 그 위 1켜는 마구리 쌓기로 하는 방법이다.
　㉧ 네덜란드식 쌓기 : 영국식 쌓기와 같으나, 시공이 편리하고 쌓을 때 모서리 끝에 칠오토막을 써서 안정감을 준다. 우리나라에서는 대부분 이 방식을 쓰고 있다.

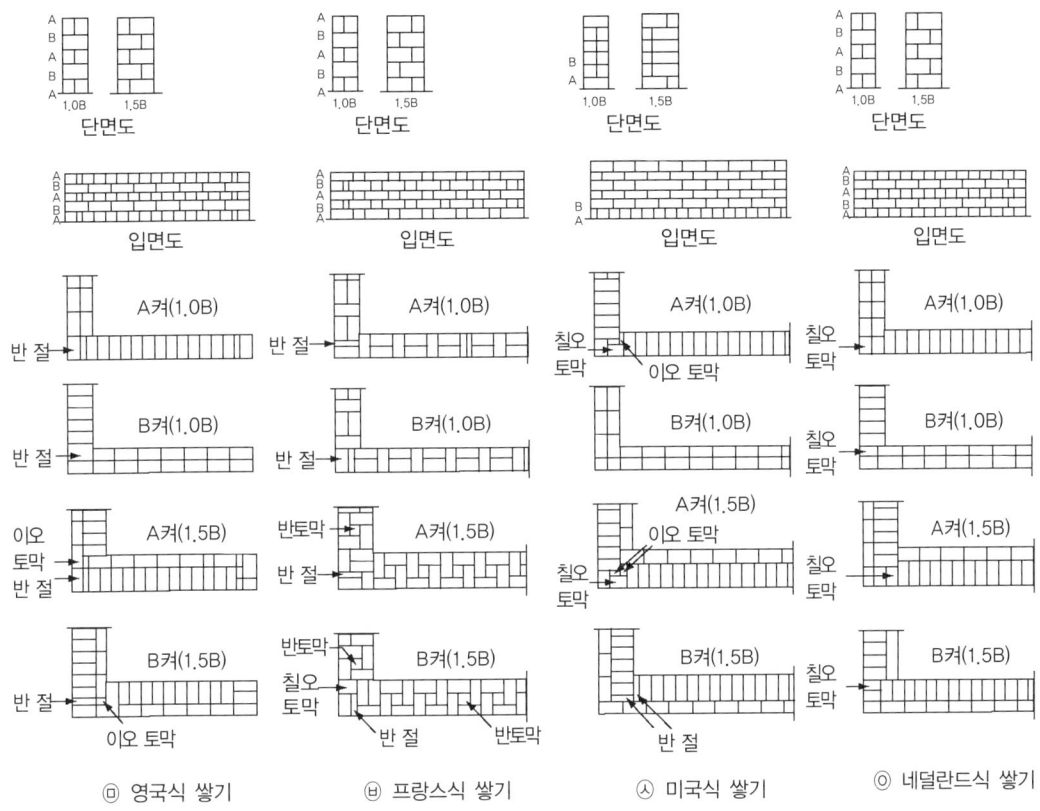

[여러 가지 벽돌 쌓기 Ⅱ]

제13절 옹벽 등 구조물 설치

1 경관 구조물 공사

(1) 경관 구조물의 종류

경관 구조물은 석축, 소옹벽(벽돌 옹벽, 보강토 옹벽 등), 경관 조성을 목적으로 하는 장식벽, 담장(출입문 포함) 및 난간, 옥외 계단 및 경사로, 야외 무대 및 스탠드, 인조암, 전망대, 보도교 및 이와 유사한 경관 조성을 목적으로 야외에 제작되는 조경 구조물을 포함한다.

(2) 구조물의 안정

① 기초의 안정 : 구조물의 안정은 구조물을 지지하는 기초부의 안정이 무엇보다 중요하다. 기초의 안정을 저해하는 요인은 상부의 하중에 의한 기초의 파괴, 침하, 전도 등이 있다.

② 토 압
  ㉠ 흙을 높이 쌓아 두면 미끄러져 내려와 일정한 경사면을 이루게 된다. 이때 역학적으로는 흙입자 간의 인력 및 마찰력과 중력이 평형 상태를 이루게 된다. 이때 수평면과 흙의 경사면이 이루는 각도를 안식각이라 하는데, 토사의 종류에 따라 안식각의 크기는 상이하다.
  ㉡ 옹벽과 같은 구조물의 경우 옹벽 안쪽의 안식각 이상에 있는 부분의 토압이 구조물에 작용하여 일으키는 침하, 활동, 전도 등에 대해 안정성을 가지도록 설계된다. 따라서 설계와 다르게 시공되지 않도록 하여야 하며, 조건이 달라질 경우 안정에 대한 검토를 실시하여야 한다.

2 옹벽 쌓기

(1) 옹벽의 개념

① 옹벽이란 토공사로 인해 생긴 급격한 경사면이 토압에 의해 붕괴되는 것을 막기 위한 구조물이다.
② 옹벽은 재료나 구조, 설치 높이에 따라 여러 종류로 구분된다.

(2) 옹벽의 종류

① 중력식 옹벽 : 옹벽 자체의 자중으로 토압에 저항하고, 주로 무근콘크리트로 만들며, 일반적으로 3~4m 높이의 경사면에 설치한다.
② 반중력식 옹벽 : 중력식 옹벽과 캔틸레버 옹벽의 중간 형태로, 중력식 옹벽에 사용되는 콘크리트량을 절약하기 위해 소량의 철근을 넣어 만들며, 6m 정도 높이의 경사면에 설치한다.
③ 캔틸레버 옹벽 : 형태를 본 따 이름을 지은 L형 옹벽과 역T형 옹벽이 있으며, 벽체와 밑판으로 구성된 가장 일반적인 형태의 철근콘크리트 옹벽이다. 캔틸레버를 이용해 옹벽의 재료를 절약하는 방식으로, 자중이 적어 배면의 뒷채움을 충분히 보강해 주어야 한다. 3~8m 높이의 다양한 경사면에 설치한다.
④ 부벽식 옹벽 : 캔틸레버 옹벽에 부벽을 설치하여 보강한 옹벽으로, 주로 8m 높이의 경사면에 설치하고, 부벽을 설치한 위치에 따라 앞부벽식 옹벽과 뒷부벽식 옹벽으로 구분한다.

제14절 생태 조경(빗물처리시설, 생태못, 인공습지, 비탈면, 훼손지, 생태숲) 설치

1 생태복원

(1) 생태복원의 개념과 재료
① 생태복원의 개념 : 도로 등 비탈면 녹화, 생물 서식 공간 등을 조성하는 것을 말한다.
② 생태복원 재료
  ㉠ 생태복원을 위한 자생 수목 및 자생 식물, 향토적 특성을 띠는 자연 재료를 사용한다.
  ㉡ 도입 식생은 자연 향토경관과 조화되고, 미적 효과가 높으며, 생태적 특성에 대한 교육적 가치 등을 종합적으로 고려하여 선정한다.

(2) 식생복원과 생물 서식 공간 조성
① 식생복원
  ㉠ 훼손으로 인한 식생복원이 필요한 지역을 대상으로 한다.
  ㉡ 훼손지 주변의 현존 식생조사를 토대로 추정되는 원식생을 복원한다.
  ㉢ 야생풀 포기심기를 위주로 하고, 파종 공법을 병행한다.
  ㉣ 표토가 유실된 훼손지에는 기반 안정 공사 후 주변 식생 지역의 토양 수준으로 개량한 표토를 깐다.
  ㉤ 토양이 오염된 경우에는 별도의 오염 처리 공사를 먼저 시행한 후 양질의 토양을 반입하여 식생 기반을 조성한다.
  ㉥ 해당 지역의 식생조사를 거쳐 대상지 내의 식물 개체와 같은 종의 개체를 활용한다.
  ㉦ 주변 생태계와 자연스럽게 연결될 기간 동안 주기적인 유지 관리를 통해 식재 후 귀화식물의 침입과 생육을 억제한다.
  ㉧ 생물의 이동통로 연결을 위한 생태 통로는 환경 조건과 목표 생물의 이동 습성에 맞추어 교량형, 암거형, 지하 통로형 등을 선택해 조성한다.
② 생물 서식 공간 조성
  ㉠ 가능한 한 본래 자연현상에 가깝도록 조성하고, 기존의 향토식생이나 토석류 등을 적극 활용한다.
  ㉡ 현장 여건에 적합한 생태복원 방안을 채택하여 획일적인 인조경관이 발생하지 않도록 시공한다.
  ㉢ 생물이 서식하기에 좋은 생태조건을 갖추어 자연환경과 같은 분위기가 조성되도록 한다.

2 비탈면 생태복원 및 생태숲 조성

(1) 비탈면 생태복원

① 비탈면 생태복원의 방법
  ㉠ 현장 시공 전에 설계서에 나타난 인근 지역의 식물 군락 및 생태 조사 자료를 토대로 설계서의 적합성 여부를 확인해야 한다.
  ㉡ 비탈면 생태복원 공법의 안정성 및 경제성을 비롯하여 선정된 녹화 식물의 생육과 식물 군락 형성에 가장 적합한 공법을 선정하되, 동일 비탈면에는 동일 공법을 적용한다.
  ㉢ 양호한 육상 생태 환경을 갖고 있었으나, 이용 및 개발 등의 행위로 훼손된 자연임상 내의 보행로, 도로 개설로 발생된 절개지 및 성토지 등의 생태복원 및 복구에 적용한다.
  ㉣ 훼손된 지역을 안정화시켜 추가적인 환경오염을 방지하고, 토사 유실 방지 및 경관미 향상을 복원 목표로 한다.

② 식 생
  ㉠ 도입 식생은 번식이 용이하고 어린묘의 대량 생산이 가능하며, 척박한 환경에서도 잘 적응할 수 있어야 한다.
  ㉡ 도입 식생은 인근의 자연 군락과 생태적으로 조화를 이루며 경관적으로 미적 가치가 높은 것을 사용한다.
  ㉢ 복원 목표에 맞는 종자를 배합하여 사용할 수 있으며, 생태적 천이 과정과 복원 목표를 명확하게 제시할 수 있어야 한다.
  ㉣ 도입 식생은 정착되기까지의 시간이 짧고, 근계가 치밀하여 토양 안정 효과가 높아야 하며, 초본류는 매년 자연적으로 출현하는 자생 능력이 있어야 한다.

(2) 생태숲 조성

① 생태숲의 개념
  ㉠ 생태숲 조성이란 인위적인 영향으로 훼손된 숲을 복원하는 것, 기존 숲의 자연성을 높이고 다양한 생물이 서식·가능하도록 조성·관리하는 것을 말한다.
  ㉡ 보통 생태원을 조성하기 위한 시설 설치까지 포함한다.

② 생태숲 조성 시 고려 사항
  ㉠ 생태숲을 조성할 때에는 기본적으로 생태적 천이를 고려한다.
  ㉡ 식물 생육을 위한 최소 유효 표토층 깊이를 30cm 이상으로 확보하여야 한다.
  ㉢ 현지 내 보전을 위한 방안으로 자생종 훼손을 지양하고 원래의 상태를 유지·보완하도록 한다.

ⓔ 식생의 공간적 배치는 식생의 생태적 습성과 식생학적 위치에 따라 지역의 잠재 자연식생으로 재창조가 가능하도록 복원 지역의 가장자리 중 일부를 완충 지역으로 확보하여 식생 정착을 유도하여야 한다.

ⓜ 기존에 이미 형성된 숲 구조를 기반으로 자생 식물의 자원화와 타 지역으로부터 보호 가치가 높은 종들을 도입하여 생물 다양성을 증진시켜야 한다.

ⓗ 야생동물 유치를 위한 군락 조성의 경우 조류, 곤충류, 양서·파충류 등 목표종에 따라 적합한 식생을 계획한다.

ⓢ 생태적으로 배식 조성되는 수림은 다층 구조로 조성하며, 귀화종이나 외래종은 특별한 목적으로 식재된 것을 제외하고는 모두 제거한다.

CHAPTER 06 적중예상문제

PART 02 조경시공

01 흙쌓기 시에는 일정 높이마다 다짐을 실시하며 성토해 나가야 하는데, 그렇지 않을 경우에는 나중에 압축과 침하에 의해 계획 높이보다 줄어들게 된다. 그러한 것을 방지하고자 하는 행위를 무엇이라 하는가?

① 정지(Grading)
② 취토(Borrow-Pit)
③ 흙쌓기(Filling)
④ 더돋기(Extra Banking)

해설
① 시공 도면에 의거하여 계획된 등고선과 표고대로 부지를 골라 시공기준면을 만드는 일을 말한다.
② 필요한 흙을 채취하는 일을 말한다.
③ 일정한 장소에 흙을 쌓는 일을 말한다.

02 마운딩(Maunding)의 기능으로 옳지 않은 것은?

① 유효 토심 확보
② 배수 방향 조절
③ 공간 연결의 역할
④ 자연스러운 경관 연출

해설 마운딩의 기능
• 흙쌓기에 의해 지면 형상을 변화시켜 수목의 생장에 필요한 유효 토심을 확보한다.
• 배수 방향을 조절하고, 자연스러운 경관을 조성하며, 토지 이용상 공간을 분할한다.

03 옹벽 중 캔틸레버(Cantilever)를 이용하여 재료를 절약한 것으로 자체 무게와 뒤채움한 토사의 무게를 지지하여 안전도를 높인 옹벽으로 주로 5m 내외의 높지 않은 곳에 설치하는 것은?

① 중력식 옹벽
② 반중력식 옹벽
③ 부벽식 옹벽
④ L자형 옹벽

해설
④ 캔틸레버 옹벽 : 형태를 본 따 이름을 지은 L형 옹벽과 역T형 옹벽이 있으며, 벽체와 밑판으로 구성된 가장 일반적인 형태의 철근 콘크리트 옹벽이다. 캔틸레버를 이용해 옹벽의 재료를 절약하는 방식으로, 자중이 적어 배면의 뒷채움을 충분히 보강해주어야 한다. 3~8m 높이의 다양한 경사면에 설치한다.
① 중력식 옹벽 : 옹벽 자체의 자중으로 토압에 저항하고, 주로 무근 콘크리트로 만들며, 일반적으로 3~4m 높이의 경사면에 설치한다.
② 반중력식 옹벽 : 중력식 옹벽과 캔틸레버 옹벽의 중간 형태로, 중력식 옹벽에 사용되는 콘크리트량을 절약하기 위해 소량의 철근을 넣어 만들며, 6m 정도 높이의 경사면에 설치한다.
③ 부벽식 옹벽 : 캔틸레버 옹벽에 부벽을 설치하여 보강한 옹벽으로, 주로 8m 높이의 경사면에 설치하고, 부벽을 설치한 위치에 따라 앞부벽식 옹벽과 뒷부벽식 옹벽으로 구분한다.

04 자연석 쌓기의 설명으로 옳지 않은 것은?

① 크고 작은 자연석을 이용하여 잘 배치하고, 견고하게 쌓는다.
② 사용되는 돌의 선택은 인공적으로 다듬은 것으로 가급적 벌어짐이 없이 연결될 수 있도록 배치한다.
③ 자연석으로 서로 어울리게 배치하고 자연석 틈 사이에 관목류를 이용하여 채운다.
④ 맨 밑에는 큰 돌을 기초석으로 배치하고, 보기 좋은 면이 앞면으로 오게 한다.

[해설] ② 자연석은 주로 가공하지 않은 강석이나 산석 등을 사용한다.

05 돌쌓기 공사에서 4목도 돌이란 무게가 몇 kg 정도의 것을 말하는가?

① 약 100kg   ② 약 150kg
③ 약 200kg   ④ 약 300kg

[해설] 1목이란 무게가 50kg의 돌을 말하므로, 4목이란 4×50 = 200kg이다.

06 다음 그림과 같은 돌쌓기에 가장 적합한 재료는?

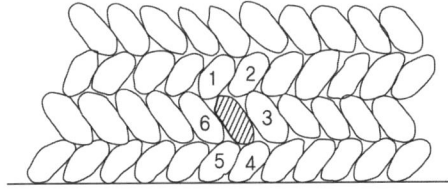

① 견치돌
② 마름돌
③ 잡 석
④ 호박돌

[해설] 호박돌 쌓기
• 호박돌은 깨지지 않고 표면이 깨끗하며 크기가 비슷한 것으로 선택하여 사용한다.
• 호박돌은 크기가 작아 안전성이 부족하므로 찰쌓기를 하는데, 이때 뒷길이가 긴 것을 쓰고 굄돌을 잘 해야 한다.
• 호박돌 쌓기는 불규칙하게 쌓는 것보다 규칙적인 모양을 갖도록 쌓는 것이 보기에 좋고 안전성이 있으며, 돌을 서로 어긋나게 놓아 十자 줄눈이 생기지 않도록 한다.
• 쌓기 중에 모르타르가 돌의 표면에 붙지 않도록 하며, 돌틈 사이에서 흘러나온 모르타르는 굳기 전에 깨끗이 제거한다.

07 돌쌓기의 종류 중 찰쌓기에 대한 설명으로 옳은 것은?

① 뒤채움에 콘크리트를 사용하고, 줄눈에 모르타르를 사용하여 쌓는다.
② 돌만을 맞대어 쌓고 잡석, 자갈 등으로 뒤채움을 하는 방법이다.
③ 마름돌을 사용하여 돌 한 켜의 가로 줄눈이 수평적 직선이 되도록 쌓는다.
④ 막돌, 깬 돌, 깬 잡석을 사용하여 줄눈을 파상 또는 골을 지어 가며 쌓는 방법이다.

[해설] ② 메쌓기, ③ 켜쌓기, ④ 골쌓기

08 설계도면에서 특별히 정한 바가 없는 경우에 옹벽 찰쌓기 시 배수구는 3m²당 몇 개가 적당한가?

① 1개　　② 2개
③ 3개　　④ 4개

[해설] ① 찰쌓기 시 뒷면의 배수를 위하여 배수관을 설치해 주어야 하며, 배수구의 배치는 별도의 지시가 없는 한 3m² 당 1개의 비율로 한다.

09 정원석을 쌓을 면적이 60m², 정원석의 평균 뒷길이 50cm, 공극률이 40%라고 할 때 실제적인 자연석의 체적은 얼마인가?

① 12m³　　② 16m³
③ 18m³　　④ 20m³

[해설] 60m² × 0.5m × 0.6(실적률) = 18m³

10 원로의 디딤돌 놓기에 관한 설명으로 틀린 것은?

① 디딤돌은 주로 화강암을 넓적하고 둥글게 기계로 깎아 다듬어 놓은 돌만을 이용한다.
② 디딤돌은 보행을 위하여 공원이나 정원에서 잔디밭, 자갈 위에 설치하는 것이다.
③ 징검돌은 상하면이 평평하고 지름 또한 한 면의 길이가 30~60cm, 높이가 30cm 이상인 크기의 강석을 주로 사용한다.
④ 디딤돌의 배치 간격 및 형식 등은 설계도면에 따르되 윗면은 수평으로 놓고 지면과의 높이는 5cm 내외로 한다.

[해설] ① 디딤돌은 보통 한 면이 넓적하고 평평한 자연석을 많이 쓰나, 가공한 화강암 판석이나 점판암 판석 또는 통나무 등을 쓰는 경우도 있다.

11 경석(景石)의 배석(配石)에 대한 설명으로 옳은 것은?

① 원칙적으로 정원 내에 눈에 띄지 않는 곳에 두는 것이 좋다.
② 차경(借景)의 정원에 쓰면 유효하다.
③ 자연석보다 다소 가공하여 형태를 만들어 쓰도록 한다.
④ 입석(立石)인 때는 역삼각형으로 놓는 것이 좋다.

[해설] ② 경관석이란 시각의 초점이 되거나 중요하게 강조하고 싶은 장소에, 보기 좋은 자연석을 한 개 또는 여러 개 배치하여 감상 효과를 높이는 데 쓰는 돌을 말한다.

12 표준형 벽돌을 사용하여 1.5B로 시공한 담장의 총 두께는?(단, 줄눈의 두께는 10mm이다)

① 210mm　　② 270mm
③ 290mm　　④ 330mm

[해설] ③ 1.5B 쌓기는 벽돌 한 장은 길이로, 다른 한 장은 마구리로 나란히 쌓아 그 사이에 줄눈이 하나 들어가는 구조이다. 따라서 담장의 두께는 길이 + 줄눈의 두께 + 마구리이고, 표준형 벽돌의 크기는 190mm × 90mm × 57mm이므로 190 + 10 + 90 = 290mm이다.

13 표준형 벽돌로 시공 시 1m²를 0.5B의 두께로 쌓으면 소요되는 벽돌량은?(단, 줄눈은 10mm으로 한다)

① 75매　　② 85매
③ 130매　　④ 149매

해설　1m² 당 벽돌의 소요 매수

구 분	0.5B	1.0B	1.5B	2.0B
기존형	65	130	195	260
표준형	75	149	224	298

14 다음 중 벽돌 쌓기에 관한 설명으로 틀린 것은?

① 시공 시 가능하면 통줄눈으로 쌓는다.
② 벽돌은 쌓기 전에 충분히 물을 축여 쌓는다.
③ 가급적 어느 부분이든 동일한 높이로 쌓아 올린다.
④ 치장줄눈은 되도록 짧은 시일에 하는 것이 좋다.

해설　① 가능하면 막힌줄눈으로 쌓는다.

15 한 켜는 마구리 쌓기, 다음 켜는 길이 쌓기로 하고 모서리 벽 끝에 이오토막을 사용하는 벽돌 쌓기는?

① 미국식 쌓기
② 영국식 쌓기
③ 프랑스식 쌓기
④ 마구리 쌓기

해설
② 영국식 쌓기 : 길이 쌓기 켜와 마구리 쌓기 켜를 반복하여 쌓고, 모서리의 벽 끝에는 이오토막을 쓰는 방법으로, 매우 견고하다.
① 미국식 쌓기 : 5켜까지 길이 쌓기로 하고, 그 위 1켜는 마구리 쌓기로 하는 방법이다.
③ 프랑스식 쌓기 : 켜마다 길이와 마구리가 번갈아 나오는 방법으로, 영국식 쌓기보다 아름다우나 견고성은 떨어진다.
④ 마구리 쌓기 : 벽면에 벽돌의 마구리만 나타나도록 쌓는 방법으로, 주로 1.0B 이상의 쌓기에 쓰이며 끝부분에는 반절짜리 벽돌이 들어간다.

16 벽돌 쌓기에 사용되는 모르타르의 배합비 중 가장 부적합한 것은?

① 1 : 1　　② 1 : 2
③ 1 : 3　　④ 1 : 4

해설　모르타르 배합비(시멘트 : 모래)
• 조적용 모르타르 = 1 : 3
• 아치쌓기용 모르타르 = 1 : 2
• 치장줄눈용 모르타르 = 1 : 1

17 전통 가옥의 담장에서 사괴석이나 호박돌을 쌓을 때 가장 많이 볼 수 있는 줄눈은?

① 민줄눈　　② 내민줄눈
③ 평줄눈　　④ 빗살줄눈

해설　② 문화재 보수공사 시 담장에 가장 많이 사용되는 줄눈은 내민줄눈이다.

18 어린이 놀이시설 설치에 대한 설명으로 옳지 않은 것은?

① 시소는 출입구에 가까운 곳, 휴게소 근처에 배치하도록 한다.
② 미끄럼대의 미끄럼판의 각도는 일반적으로 30~40° 정도의 범위로 한다.
③ 그네는 통행이 많은 곳을 피하여 동서 방향으로 설치한다.
④ 모래판은 하루 4~5시간의 햇볕이 쬐고 통풍이 잘 되는 곳에 위치시킨다.

해설 ③ 그네는 햇빛을 마주하지 않도록 북향 또는 동향으로 배치하고, 그네의 요동 운동을 고려하여 주변 시설과 적정 거리를 이격시킨다.

19 모래밭 조성에 관한 설명이다. 가장 옳지 않은 것은?

① 하루에 4~5시간의 햇볕이 쬐고 통풍이 잘 되는 곳에 설치한다.
② 모래밭은 가능한 한 휴게 시설에서 멀리 배치한다.
③ 모래밭의 깊이는 놀이의 안전을 고려하여 30cm 이상으로 한다.
④ 가장자리는 방부처리한 목재를 사용하여 지표보다 높게 모래막이 시설을 해준다.

해설 ② 모래밭은 휴게 시설 가까이에 배치하여 보호자가 어린이들을 관찰할 수 있도록 한다.

20 어린이를 위한 운동시설로서 모래밭의 깊이는 어느 정도가 가장 알맞은가?

① 5~10cm ② 10~15cm
③ 15~20cm ④ 30cm 이상

해설 ④ 모래밭의 깊이는 안전을 고려하여 30cm 이상으로 한다.

21 조경설계기준상 휴게시설의 의자에 관한 설명으로 틀린 것은?

① 체류 시간을 고려하여 설계하며, 긴 휴식에 이용되는 의자는 앉음판의 높이가 낮고 등받이를 길게 설계한다.
② 등받이 각도는 수평면을 기준으로 85~95°를 기준으로 한다.
③ 앉음판의 높이는 34~46cm를 기준으로 하되 어린이를 위한 의자는 낮게 할 수 있다.
④ 의자의 길이는 1인당 최소 45cm를 기준으로 하되, 팔걸이 부분의 폭은 제외한다.

해설 ② 등받이 각도는 95~110°를 기준으로 하고, 휴식 시간이 길어질수록 각도를 크게 한다.

22 옥외 장치물에서 벤치, 퍼걸러, 정자 등은 무슨 시설인가?

① 휴게시설 ② 안내시설
③ 편익시설 ④ 관리시설

23 벤치 설치 기준에 부적합한 것은?
① 앉음판의 높이는 약 34~46cm 정도이다.
② 앉음판의 너비는 38~45cm 정도로 한다.
③ 긴 휴식이 필요한 곳에는 평의자를 설치한다.
④ 앉음판과 등받이의 각도는 95~110° 정도이다.

해설 ③ 긴 휴식이 필요한 곳에는 등의자를, 짧은 휴식이 필요한 곳에는 평의자를 설치하고, 공공공간에는 되도록 고정식을, 정원 등 관리가 쉬운 곳에는 이동식을 배치한다.

24 퍼걸러에 관한 설명으로 틀린 것은?
① 휴지통이나 음수대 등의 편익시설을 함께 배치한다.
② 일반적으로 높이에 비해 길이가 길도록 설계한다.
③ 겨울철 햇빛이 들지 않는 곳에 배치한다.
④ 퍼걸러의 높이는 팔 뻗은 높이나 신장 등을 고려하여 결정한다.

해설 ③ 여름에는 그늘을 제공하고 겨울에는 햇빛이 잘 들도록 대지의 조건, 방위, 태양의 고도를 고려하여 배치한다.

25 조경공간에서의 휴지통에 대한 설명 중 틀린 것은?
① 단위공간마다 1개소 이상 배치한다.
② 내구성 있는 재질을 사용한다.
③ 쓰레기를 수거하기 쉽게 배치한다.
④ 지저분하므로 눈에 잘 띄지 않는 장소에 설치한다.

해설 ④ 보행동선 중 이용량이 많은 지점의 적정위치에 배치한다.

26 휴지통의 배치 간격으로 적당한 것은?
① 20~30m   ② 30~40m
③ 40~50m   ④ 50~60m

해설 ① 보행 공간의 결절점이나 휴게 공간, 상점 등과 같이 이용량이 많은 지점의 적정 위치에 20~30m 정도의 간격을 두고 배치한다.

27 다음 중 음수대에 관한 설명으로 옳지 않은 것은?
① 표면 재료는 청결성, 내구성, 보수성을 고려한다.
② 양지 바른 곳에 설치하고, 가급적 습한 곳은 피한다.
③ 유지 관리상 배수는 수직 배수관을 많이 사용하는 것이 좋다.
④ 음수전의 높이는 성인, 어린이, 장애인 등 이용자의 신체 특성을 고려하여 적정 높이로 한다.

해설 ③ 배수구는 청소가 쉬운 구조와 형태로 설계한다.

28 조경시설 중 관리시설로 분류되는 것은?

① 분수, 인공폭포
② 그네, 미끄럼틀
③ 축구장, 철봉
④ 조명 시설, 표지판

해설 ① 수경시설
② 유희시설
③ 운동시설

29 관리사무소 설치 기준에 적합하지 않은 것은?

① 이용자를 위해 편리하고 알기 쉬운 위치에 설치하고 자동차의 출입은 배제한다.
② 통합 관리가 가능할 때는 인접하는 2~3개소의 공간에 1개소를 설치한다.
③ 사무소로서의 기능뿐만 아니라 해당 공간과 조화를 이루는 상징물이 되도록 설계한다.
④ 이용자에 대한 서비스 기능과 조경 공간의 관리 기능을 갖추어야 한다.

해설 ① 이용자를 위해 편리하고 알기 쉬운 위치나 자동차의 출입이 가능한 곳에 배치한다.

30 가로등 조명 중 가장 수명이 긴 것은?

① 수은등   ② 할로겐등
③ 형광등   ④ 백열등

해설 조명의 수명
① 수은등 : 10,000hr
② 할로겐등 : 2,000~3,000hr
③ 형광등 : 7,500hr
④ 백열등 : 1,000~1,500hr

31 설치비는 비싸나 유지 관리비가 싸며 열효율이 높고 투시성이 뛰어난 등은?

① 나트륨등
② 금속할로겐등
③ 수은등
④ 형광등

해설 나트륨등의 특징
• 설치비는 비싸지만, 유지 관리비가 싸고 수명이 비교적 길다.
• 빛의 조절이나 통제가 용이하고, 색채의 연출이 우수하다.
• 녹색과 푸른색을 제외한 색채의 연출이 불량하여 이를 보완하기 위해 인을 코팅한 전등을 사용한다.
• 변동하는 기온이나 조건하에서 발광 및 효율을 일정하게 유지하기 어렵다.

32 다음 중 밝기가 적절한 것은?

① 주택가, 도로 : 200~500lux
② 공원 : 100~200lux
③ 경기장 : 100~300lux
④ 주차장 : 5~100lux

해설 ① 주택가, 도로 : 1~10lux
② 공원 : 2~20lux
③ 경기장 : 20~5,000lux

33 옥외 조명 설계 시 중요 사항이 아닌 것은?

① 반사율의 처리
② 전력의 처리
③ 빛의 균형
④ 색의 연출

해설 옥외 조명 설계 시 중요 사항은 반사율의 처리, 현휘의 처리, 빛의 균형, 색의 연출 등이다.

34 연못 공사에서 오버플로에 대한 설명으로 잘못된 것은?

① 연못 수면의 높이를 조절하는 장치이다.
② 연못의 수질을 조절하는 장치이다.
③ 가급적 눈에 띄지 않도록 한다.
④ 연못 수면의 최대 높이는 오버플로의 상부 높이와 같다.

해설 ② 콘크리트 등의 인공적인 못의 경우에는 바닥에 배수 시설을 설계하고, 수위 조절을 위한 월류(Over Flow)를 반영한다.

35 정적인 수경 경관을 연출하고자 할 때 바른 것은?

① 하 천
② 계단 폭포
③ 연 못
④ 분 수

해설 수경관
- 자연적 수경관 : 바다, 해안, 호수, 강, 하천 등
- 인공적 수경관
  - 정적 수경관 : 물의 반영성을 표현하기 위해 조성하는 수경관
  - 동적 수경관 : 물의 연속성과 역동성을 표현하기 위해 조성하는 수경관

36 주위 환경을 투영하는 물의 특성은?

① 반영성
② 조형성
③ 투명성
④ 유동성

해설
② 조형성 : 물은 액체로 구성되어 있기 때문에 물을 담고 있는 용기의 모양에 따라 형태가 좌우된다.
③ 투명성 : 빛이나 색채를 투과시키기 때문에 맑고 깨끗한 느낌을 준다.
④ 유동성 : 높은 곳에서 낮은 곳으로 흐르는 유동성을 이용한 조경에는 인공 폭포, 벽천, 캐스케이드, 개울 등이 있다.

37 창살 울타리(Trellis)는 설치 목적에 따라 높이 차이가 결정되는데 그 목적이 적극적 침입 방지의 기능일 경우 최소 얼마 이상으로 하여야 하는가?

① 2.5m
② 1.5m
③ 1m
④ 50cm

해설 설치 목적에 따른 창살 울타리의 높이
- 단순한 경계 표시 : 0.5m 이하
- 소극적 출입 통제 : 0.8~1.2m 이하
- 적극적 침입 방지 : 1.5~2.1m 이하

정답 33 ② 34 ② 35 ③ 36 ① 37 ②

CHAPTER 07 조경포장공사

제1절 포장기반 조성

1 포장기반 조성공사 종류

일반적으로 조경 포장의 기반 조성 시에는 건식 공법으로 골재(모래, 혼합골재, 쇄석자갈 등) 기반 공사를, 습식 공법으로 시멘트 콘크리트 기반공사를 한다.

(1) 골재 기반(건식 공법)
블록포장 구간, 투수성포장 구간, 보행 구간, 안정된 지반, 인공지반 등

(2) 콘크리트·아스콘 기반(습식 공법)
석재포장 구간, 불투수성포장 구간, 합성수지계포장 구간, 차량 구간, 침하가 우려되는 구간 등

2 원지반 및 골재 다짐도

(1) 입상 재료와 다짐
① 입상 재료(粒狀 材料, Granular Material)로 구성된 노상이나 보조 기층과 같은 포장의 하부구조는 상부의 하중을 지지할 수 있어야 한다.
② 입상 재료들이 느슨한 상태로 배열되어 있으면 하중에 대한 지지력이 약해서 상부의 하중을 견뎌낼 수가 없으며, 상부의 하중을 지지하기 위해서는 입상 재료들이 촘촘한 상태로 배열되어야 한다.
③ 다짐을 통해서 입상 재료 사이의 공극의 부피를 감소시켜 입자 간의 간격을 촘촘하게 하고 단위 부피당 밀도를 증가시켜야 한다.
④ 다짐을 하게 되면 단위 중량이 증가하여 전단 강도가 증진되고, 아울러 침하 감소로 투수성, 압축성이 감소하며, 반면에 지지력은 증대하게 된다.

(2) 다짐 시 함수비
① 노상 다짐 시 함수비가 증가함에 따라 흙 속의 물이 윤활제 역할을 하여 다짐 효과가 높아져 단위 부피당 무게가 높아지다가, 어떤 측정 함수비를 초과하게 되면 입자들로 채워져 있던 공간을 물이 차지함으로써 단위 부피당 무게가 낮아진다.

② 따라서 다짐 시 함수비에 따라 단위 부피당 무게가 최대로 되는 함수비가 있으며, 이를 최적함수비(最適含水比, Optimum Moisture Content)라 한다.

③ 최적함수비는 시험실에서 흙의 다짐 시험 방법으로 결정하고, 현장에서 최적함수비로 다진 노상의 현장밀도(들밀도) 시험에 의한 건조밀도를 실내에서 구한 최대건조밀도의 백분율(다짐도)로 노상의 다짐관리를 하여야 한다.

④ 일반적으로 현장의 다짐도는 시험실에서 구한 최대건조밀도의 90~95% 이상을 요구하고 있다.

(3) 다짐두께

다짐두께가 두꺼우면 두꺼울수록 하중의 분산 효과 때문에 다짐효과는 감소되므로 요구되는 다짐도를 달성하기 위해 적정한 다짐두께를 기준으로 다지면서 설계도 상의 두께를 확보하는 층다짐을 하여야 한다.

(4) 다짐관리 방법

① 포장 하부구조 다짐관리 방법에는 밀도, 평판재하시험에 의한 재료의 강도, 탄성계수를 기준으로 하는 다짐관리 방식이 있다.

② 일반적으로 노상의 다짐도는 현장밀도시험으로, 보조 기층과 같이 입자가 큰 경우는 현장밀도시험이 곤란하므로 평판재하시험으로 다짐도를 평가한다.

(5) 배 수

① 노상과 보조 기층으로 침투한 물이 배수가 되지 않으면 전단강도가 약해져 포장의 평탄성을 확보하기 힘들어서 노상이나 보조 기층의 다짐 시에 배수를 위한 기울기를 주어야 한다.

② 기층 또는 원지반 다짐 시 표면배수 방향으로 설계에 따른 2% 포장면 기울기를 주어야 한다.

3 지반 성토 시 부등 침하 방지 방법

(1) 부등 침하 발생의 원인

지반 성토 시 부등 침하는 재료의 고유 특성의 차이, 노상 또는 보조 기층의 지지력 부족, 다짐 공간 협소로 인한 다짐의 취약부 발생, 배수시설 불충분으로 인한 노상의 연약화, 동계의 동결 융해로 인한 지지력 부족 등으로 발생한다.

(2) 부등 침하 방지 방법

포장기반 조성 시에 동일한 특성을 가진 재료를 사용하고, 노상 또는 보조 기층 다짐 시, 또는 다짐 공간이 협소할 때는 얇은 두께의 층다짐 후 현장 밀도 시험을 실시하여 합격으로 판정된 경우에만 상부층을 시공한다. 또한, 양호한 배수 시설로 노상의 연약화를 방지하고, 동결방지층의 설치 등으로 부등 침하를 방지할 수 있다.

4 토사 및 도입 골재의 품질기준

(1) 흙쌓기(원지반)에 사용되는 흙 재료

쌓기에 사용할 재료는 활성이 없는 무기질의 흙으로 유해물질이 없고 살수하여 간극이 최소가 되게 충분히 다질 수 있는 입도라야 한다.

(2) 동상 방지층 및 보조 기층 등에 사용되는 재료

견고하고 내구적인 쇄석·하천골재(자갈, 모래)·슬래그·스크리닝스 기타 공사감독자가 승인한 재료 또는 이들의 혼합물로서, 점토질·실트·유기불순물 기타 유해물을 함유하여서는 안 된다.

5 치환공법 중요

(1) 치환공법은 연약층의 일부 또는 전부를 양질의 재료로 치환하여 양호한 지지 지반을 얻는 공법이다.

(2) 치환공법에는 굴착치환공법, 강제치환공법(또는 활동치환공법) 및 폭파치환공법 등이 있다.
   ① 조경 포장 하부 지반의 치환공법으로는 굴착치환공법을 주로 이용한다.
   ② 굴착치환공법은 굴착 때문에 연약층을 제거하고 양질토로 치환하는 공법이며, 연약층이 비교적 얕은 경우에 이용된다.

> **더 알아보기**
>
> **용어의 정의**
> - 골재 : 모래, 자갈, 부순돌 및 그 밖의 이와 비슷한 재료
> - 노상 : 포장층 아래 두께 약 1.0m의 거의 균일한 토층을 말한다. 노상은 포장층의 기초로서, 포장에 작용하는 모든 하중을 최종적으로 지지하여야 하는 층이다.
> - 보조 기층 : 노반이라고도 한다. 노상 위에 놓이는 층으로 상부에서 전달되는 교통하중을 충분히 분산시켜 노상에 전달할 수 있어야 한다. 따라서, 보조 기층은 노상의 허용지지력 이하로 저감, 분포하기에 충분한 강도와 두께를 갖는 내구성이 풍부한 재료를 잘 다진 것이어야 한다.
> - 기층 : 기층은 보조 기층 위에 있어 표층에 가하여지는 하중을 분산시켜 보조 기층에 전달함과 동시에 교통하중에 의한 전단에 저항하는 역할을 하여야 한다. 기층에는 입도조정, 시멘트 안정처리, 아스팔트 안정처리, 침투식 등의 공법을 사용할 수 있다. 침투식 공법을 제외하고는 재료의 최대입경은 40mm 이하이다.
> - 동상 방지층 : 포장을 동결로부터 보호하기 위하여 설치하며 주로 자갈과 모래와 같은 비동결 재료를 사용하여 동결에 의한 분리 현상이 생기지 않도록 한다.
> - 다짐도 : 최대건조밀도에 대한 현장 건조밀도의 비율, 단위는 %를 사용한다.

6 포장기반공사의 공정 순서

(1) 골재 기반 공정

원지반(노상) 고르기 – 원지반(노상) 다짐 – 보조 기층(골재) 포설 – 보조 기층 다짐

(2) 콘크리트 기반 공정

보조 기층 다짐 – 비닐 및 용접철망 깔기 – 레미콘 반입 – 레미콘 타설 – 콘크리트 면 정리 – 보양 및 양생

> **더 알아보기**
>
> **콘크리트 기반 공정**
> - 콘크리트 타설 시 용접철망(와이어매쉬)이 밀리거나 돌출되지 않도록 주의한다.
> - 콘크리트 타설 시 물구배를 고려한 면 정리를 한다.

7 포장기반공사의 장비와 도구

(1) 재료 및 자료

① 기반재 : 흙쌓기(원지반) 흙재료, 동상 방지층 재료, 보조 기층 재료, 입도 조정 기층 재료
② 보조재 : 용접철망, 분리막, 거푸집, 줄눈판, 실링재
③ 포장재 : 콘크리트
④ 기타 : 마스킹테이프
⑤ 국가건설기준(KCS 34 00 00, KDS 34 00 00), 조경공사 적산기준
⑥ 설계도서(도면, 시방서, 내역서, 일위대가, 산출서 및 관련 도서)

(2) 장비 및 공구

① 전산 장비 : 컴퓨터 및 주변기기, 측량기, 계산기 등
② 기계 장비 : 굴삭기 및 진동롤러, 펌프카, 램머, 평면진동기, 인력다짐기 등
③ 안전 장비 : 안전조끼, 안전로프, 신호수, 안전모, 안전화, 안전테이프 등
④ 기타 : 수평밀대, 거친면 마무리기, 드릴, 둥근톱, 삽, 곡괭이, 레이크, 줄자 등

제2절 포장경계 공사

1 포장경계 공사의 종류

(1) 포장경계의 유형

조경 포장경계의 유형은 경계블록과 경계재(Edge)로 구분된다. 재료별로 경계블록은 콘크리트, 화강석, 인터로킹, 인조화강석, 점토벽돌 등이 있으며, 경계재, 즉 경계분리재는 합성수지, 플라스틱 또는 알루미늄 소재 등이 있다.

(2) 경계블록과 경계재의 특성

구 분	목 적	적용 장소
경계블록	안전성 확보	보도, 차도
경계재	미관성 확보	정원 내 포장재 변경부

2 포장경계별 시공 방법

(1) 현장 타설형

① 기초터파기 후 다짐을 한 다음 거푸집을 설치한다.
② 콘크리트를 타설한 후 상부를 평탄하게 다지고, 줄눈 절단강도가 되면 줄눈을 설치하고 줄눈재를 주입한다.

(2) 블록 설치형

① 기초터파기 후 다짐을 한 다음 거푸집을 설치한다.
② 경계석 하부에 콘크리트를 1차 타설한 후 경계석을 설치하고, 경계석 측면에 2차 타설한 후 뒤채움을 한다.
③ 줄눈부에 시멘트 모르타르를 채운다.

(3) 경계재 설치형

① 설치 부위의 흙 또는 잔디의 뿌리를 제거한 후 경계재의 머리 부분이 지표면에서 높이 1cm 정도가 되도록 묻어 준다.
② 곡선부 시공 시에는 직선부와 동일하게 진행하면서 설계도상의 곡선에 맞추어 휘어서 묻어 준다.

3 포장경계 공사 공정순서

(1) 경계석 공사

자재 반입 – 자재 소운반 – 터파기 – 원지반 다짐 – 경계석 배열 – 거푸집 설치 – 최종 레벨 확인 – 경계석 설치 전 검측 – 기초 레미콘 타설 – 경계석 설치 – 줄눈 모르타르 작업 후 완료

(2) 경계분리재 공사

작업 준비 – 다짐 – 설치 부위 먹줄 표시 – 직선 구간 배열 – 직선 구간 모서리 시설 고정 – 곡선 구간 배열 – 곡선 구간 모서리 시설 고정(마감 레벨 확인) – 포장재 마무리 – 블록 설치 후 다짐

4 포장경계 공사 장비 및 도구

① 레벨 및 측량 장비(광파기는 임차 가능)
② 굴삭기(임차 가능)
③ 램머 및 콤팩터
④ 수평계
⑤ 안전 장비
⑥ 농기구(삽, 곡괭이, 레이크), 먹줄, 그라인더, 솔 등

제3절 친환경흙포장 공사

1 흙경화포장 공사의 시공 방법

(1) 건식 공법

① 건식 공법은 고화제, 화강풍화토(마사토), 업체 요구 수분함수비를 맞추어 교반 장치로 혼합 교반하여 포설 지점으로 운반, 포설 전압, 다짐한 후 2~3시간 안에 사용이 가능한 공법이다.
② 건식 공법은 습식 방법에 비해 강도, 내구성이 떨어지며, 기상 작용에 따른 균열 피해 발생 가능성이 높고, 시공 후 표면 비산 먼지가 발생할 수 있다.

(2) 습식 공법
　① 습식 공법은 마사토와 고화제, 시멘트, 물을 레미콘 플랜팅 방식으로 콘크리트 포장과 동일한 습윤 양생 과정을 거쳐 2~7일의 양생 기간 동안 필요한 강도가 나오면 이용이 가능한 공법이다.
　② 시멘트를 다량(200~400kg/m^3) 혼합함으로써 2차 환경오염 발생 가능성이 높으며, 투과성이 낮아 원지반과 차단되는 경우가 생긴다. 강성 경향에 따른 보행감이 저하되며, 주변 자연환경과의 조화가 부족하다.

2 친환경흙포장 공사 공정순서

(1) 화강풍화토(마사토) 포장의 공정

부스러기 제거/원지반 다짐 – 쇄석 부설 – 보조 기층 다짐 – 부직포 깔기 – 마사토 포설 – 화강풍화토 다짐

(2) 경화토포장(건식) 공정

재료 배합 – 자재 운반 – 1차 포설 – 1차 다짐 – 2차 포설 – 신축줄눈 – 2차 다짐 – 양생

> **더 알아보기**
>
> **경화토포장(건식) 공정**
> - 포설은 겉흙이 마르지 않은 상태에서 완료한다.
> - 1차 포설 후 수분이 증발되기 전에 2차 포설하고, 재료 분리가 생기지 않도록 시공한다.
> - 합판을 이용한 줄눈 설치는 1차 다짐이 끝난 후 적용한다.
> - 겨울철 동해 예방을 위한 배수 시설을 검토한다.

(3) 황토포장(습식) 공정

재료 배합 – 포설(타설) – 표면 마무리 – 표면 마무리(흙손작업) – 선형 마무리 – 절단 및 양생

(4) 자갈, 모래 포장(습식) 공정

터파기 – 다짐 – 자갈 및 모래막이 설치 – 맹암거 설치 – 바닥 정리 – 자갈 및 모래 깔기

제4절 탄성포장 공사

1 탄성포장재별 단면

(1) 어린이 놀이시설용 현장 포설형 충격흡수바닥재의 단면

① 충격흡수바닥재의 포장 방법에 따른 종류는 상부층(포설형)·하부층(포설형)으로 구성된 1종과, 상부층(포설형)·하부층(공장성형제품)으로 구성된 2종, 상부층(포설형)·중간층(포설형)·충격흡수보강층으로 구성된 복합 구조형의 3종으로 구분한다. 충격흡수보강층은 공장성형제품을 사용할 수 있다.

② 상부층·하부층·중간층의 두께는 각각 최소 15mm 이상이어야 한다.

2 탄성포장 재료

(1) 재료의 구성과 사용 시 유의 사항

충격흡수바닥재의 재료는 고무 분말(EPDM 분말, 우레탄 분말, SBR 분말, NBR 분말, 자원 순환용 재활용고무 분말 등)을 주체로 하여 우레탄 접합제와 안료 등을 첨가한 것으로서, 제조과정상 사용되는 접합제·안료 등과 같은 화학물질은 인체에 무해하고 사용상 불편이 없어야 하며, 물질안전보건자료(MSDS) 및 품질관리 내역을 기록하여 지속적으로 관리하여야 한다.

(2) 품질 기준

① 충격흡수보조재란 합성고무 SBR(스티렌·부타디엔계 합성고무)을 고형 폴리우레탄 접합제로 접착하여 탄성과 침투성을 갖도록 한 것을 말한다.

② 충격흡수보조재의 합성고무 SBR은 두께 0.5~2mm에 길이 3~20mm를 표준으로 하고, 접합제는 고무 중량의 12~16%로 하여 입자 전체를 코팅해야 한다.

③ 직시공용 고무바닥재란 EPDM(에틸렌·프로필렌·디엔계 합성고무) 입자를 폴리우레탄 접합제로 접착시켜 과산화수소나 유황으로 경화한 것을 말한다.

※ EPDM(Ethylene-Propylene-Diene-Monomer)은 에틸렌-프로필렌-디엔을 삼원 공중합시켜 만든 유기화합물로서 이 고무를 판상형으로 분쇄한 것이 도로용 탄성포장에 사용되는 합성고무칩(EPDM chip)이다.

④ 직시공용 고무바닥재의 고무 입자는 각각이 1mm 미만, 서로 교차했을 때 3mm 미만으로 하고, 접합제는 고무 중량의 16~20%로 한다.

⑤ 고무블록이란 충격흡수보조재에 내구성 표면재를 접착시키거나 균일 재료를 이중으로 조밀하게 하고, 표면을 내구적으로 처리하여 충격을 흡수할 수 있도록 성형·제작한 것으로 일반 고무블록과 고무칩이나 우레탄칩을 입힌 블록 등을 말한다.

3. 탄성포장공사 시공 순서

(1) 고무칩포장(탄성재포장 포설형) 공정

표면 정리 – 프라이머 도포 – 고무칩 배합 – 고무칩 포설 – 고무칩 고르기 – 항온롤러 다짐 – 고무칩 면 정리 – 모서리 면 정리 – 양생 작업(24시간 통행 제한)

> **더 알아보기**
>
> **고무칩포장(탄성재포장 포설형) 공정**
> - 프라이머의 과다한 사용은 소지표면에 충분히 흡수되지 않고, 도막을 형성하는 경우 층간 박리가 발생하므로 주의하여 도포한다.
> - 프라이머의 불균형한 도포와 도포 후 장시간이 경과하면 탄성층과 하지층의 접착력이 약화되어 하자 발생의 여지가 있으므로 프라이머 도포 전 탄성층 재료의 준비 여부를 확인하고 시공한다.
> - 작은 컬러 패턴을 다양하게 설치할 경우 벌어짐 등의 하자 발생율이 높으므로 디자인과 시공의 적정성을 검토한다.

(2) 우레탄포장 공정

콘크리트 면 정리 – 콘크리트 기계 미장 – 면 청소(레이턴스 제거) – 프라이머 도포 – 반경질 우레탄 층 도포 – 경질 우레탄 층 도포 – 탑코팅 – 양생 작업 – 라인마킹

(3) 고무블록포장 공정

매트 깔기 – 매트 재단 – 매트 절단 – 절단 결합(틈새가 없도록 결합) – 완료

> **더 알아보기**
>
> **보양(양생)의 유의사항**
> - 표면 마무리가 끝난 후 교통이 개방될 때까지 건조, 온도 변화, 하중 충격 등의 나쁜 영향을 받지 않도록 보호한다. 특히 양생 기간 동안 습도 유지를 위해 피막양생을 할 수 있다.
> - 우천 시 굳지 않은 포장면은 즉시 비닐, 시트, 방수지 등으로 덮어서 포장면 손상을 방지한다.
> - 시공 후 경화 시간은 48시간 내 자연 양생을 표준으로 한다.

제5절 | 조립블록 포장 공사

1 조립블록의 종류 및 특성 〈중요〉

조립블록포장재에는 소형고압블록, 점토벽돌, 인조화강석블록, 우드블록, 잔디블록, 투수블록, 화강석 판석, 석재타일, 사고석 등이 있다.

구 분	특 성
소형고압블록	• 고압으로 성형된 소형의 콘크리트블록 • 형상과 치수에 따라 I형, O형, U형, B형 등으로 구분 • 구조적으로 견고, 질감과 색채 다양, 다양한 포장 패턴을 구성할 수 있지만 시간이 경과 함에 따라 퇴색 • 포장의 해체 및 재포장 용이, 유지관리비 저렴
점토벽돌	• 황토, 점토 등을 주원료로 고온에서 소성 제작 • 부드럽고 미려한 황토 색상의 환경친화적 소재 • 미끄럼 방지를 위한 표면처리에 적합 • 자외선 등에 의한 열화나 퇴색이 매우 적음 • 벽돌끼리의 부딪힘 등으로 모서리가 쉽게 깨짐
인조화강석 블록	• 소형고압블록에 비해 시멘트나 색소를 많이 첨가 • 블라스트가공 등의 2차 가공으로 자연석 질감 연출 • 미끄럼 방지를 위한 표면처리에 적합 • 자연석 재질의 부드러운 색상으로 자연스러운 경관과 보행성 확보 가능
우드블록	• 자연 소재인 목재를 블록형태로 가공하여 고정상자(P.E. Base Box)에 담아 조립 • 목재의 부드러움과 고급스러운 느낌 제공. 시공비가 고가임 • 폭 방향으로 기후 조건에 따라 ±3% 정도 크기 변화가 올 수 있음
잔디블록	• 투수와 잔디 식재 가능한 콘크리트 또는 다공성 합성수지 블록. 투수성이 높음 • 녹의 창출, 경관의 향상, 우수의 일시저류 효과, 열환경의 개선 등의 효과는 있으나 가격이 고가임
투수블록	• 빗물에 의한 투과기능으로 인하여 미끄럼을 방지함 • 색상이 선명하고 기존 블록보다 면질감이 우수하여 미관과 보행성이 좋음 • 정기적인 관리를 하지 않으면 공극 막힘 현상이 나타남
화강석 판석	• 화강석을 판석으로 가공한 블록 • 고급스러운 느낌을 가지나 시공비가 고가임 • 경도가 높아 깨지기 쉬움
석재타일	• 석분을 소성하여 만든 타일 • 화강석 포장 대용으로 사용하는 경우가 많음 • 콘크리트 기초에 모르타르 붙임으로 시공함으로써 탈락하는 경우가 있음
사고석	• 석재를 한 변이 15~25cm 정도의 정방형 각석(角石)으로 가공한 블록 • 중후하고 고급스러운 느낌을 가지나 시공비가 고가임

2 조립블록 포장 공사 방법 및 특성

조립블록 포장 공법에는 혼합골재층인 보조 기층 위에 모래를 포설한 후 펴서 고르고 다진 뒤 블록을 까는 건식 공사 방법과 콘크리트 기층 위에 모르타르를 깐 후 블록을 부착시키는 습식 공사 방법이 있다.

구 분	건식 공법	습식 공법
표면 공극	많 음	거의 없음
포장재 단위 규격	작 음	큼
포장재 포설 방법	모래층 위에 깔기	부분 또는 전면 모르타르 위에 부착
관리 요구도	높 음	낮음. 이끼나 조류에 저항성을 가짐
포장재의 질감, 크기, 색상	한정된 적용	다양한 적용 가능
적용 장소	보도, 차도	파티오, 풀 포장

3 조립블록 포장 공사 공정순서

(1) 점토벽돌 포장 공정

선형 및 레벨 측정 - 원지반 다짐 - 골재 포설 및 다짐 - 모래 포설 및 다짐 - 블록 반입 - 블록 깔기(마감부부터 시작) - 줄눈 모래 포설 - 다짐 - 뒷정리

(2) 콘크리트 잔디블록 포장 공정

쇄석골재 포설 - 기층 다짐 - 모래 포설 및 고르기 - 블록포장 - 토사와 부엽토 혼합 - 혼합토 채움 - 잔디 절단 - 잔디 식재 - 양생(식재 후 관수, 2주간 통행 제한)

(3) 잔디블록 포장 공정

기초 토공사 - 유공관 설치 - 골재 포설 - 잡석층 포설 - 잡석층 다짐 - 부직포 깔기 - 유기질 비료 배합 - 식생층 포설 및 고르기 - 식생층 다짐 - 블록 조립 - 점적관수시설 설치 - 자동타이머 설치 - 블록 내 식생토 포설(블록 내에 1/3미만의 식생토 포설) - 잔디 식재 - 잔디면 다지기

> **더 알아보기**
>
> **잔디블록 포장 공정**
> - 식생 생육에 적합한 토양 사용, 토사와 천연 부엽토를 5:1의 비율로 혼합하여 블록 사이에 빈틈없이 충진한다.
> - 잔디 식재 시 뿌리의 흙이 떨어지지 않도록 하여 약간의 압력을 가해 조밀하게 식재한다.
> - 양생·식재 완료 후 잔디 뿌리가 마르지 않도록 살수한다.
> - 시공 후 블록 안착과 잔디 뿌리 활착 시간 등을 고려하여 약 2주간은 차량 주행을 금지한다.

(4) 석재포장 공정

선형 및 레벨 측량 – 골재 포설 및 다짐 – 콘크리트 분리막 설치 – 기초 콘크리트 타설 – 모르타르 배합 및 포설 – 석재 붙임 – 보양

(5) 석재타일포장 공정

바탕 고름 모르타르 다지기 – 고르기 – 관수(물축임, 압착 모르타르가 잘 붙도록) – 압착 모르타르 바르기 – 타일 붙이기 – 줄눈 넣기 – 양생

(6) 자갈박기포장 공정

기층 조성 – 모르타르 배합 – 모르타르 바르기 – 자갈박기(모르타르가 굳기 전 마감) – 양생

제6절 투수포장 공사

1 포장 단면

(1) 투수콘크리트 단면 구성 중요

① 투수성 포장 공법의 적용 시에는 원지반의 투수계수, 즉 노상의 투수 정도를 고려해야 한다. 또한 노상은 충분한 지지력을 확보하여야 하며, 물이 침투되더라도 쉽게 연약화되는 지반은 곤란하다. 노상이 연약할 경우에는 양질의 재료로 치환하는 등의 개량 작업이 필요하다. 그리고 노상의 배수 성능이 좋지 않을 경우 침투된 우수에 의해 동해의 가능성이 있으므로 동해 방지층을 추가로 설치하여 이에 대비해야 한다. 동해 방지층은 보통 보조 기층으로 구성된다.

② 필터층은 노상토가 노반으로 침투하는 것과 미세 입도의 불순물이 노상에 침투하여 연약화 하는 것을 방지하고, 노반에 미치는 하중을 등분포로 노상에 전달할 목적으로 설치하여야 한다.

③ 기층은 상부의 표층을 지지하고, 하중을 분산하며, 표층 시공을 위한 작업대 역할을 제공하는 중요한 부분이다. 그리고 표층에서 침투된 우수가 머물러 있지 않도록 기층에서 원활한 구배를 확보해 주어야 한다. 이러한 물리적 기능 외에 기층은 침투된 우수를 노상으로 전달하는 중간 역할을 하게 되므로, 투수계수의 확보라는 기본적인 기능을 지니고 있다. 이러한 이유로 투수성 포장에서 기층은 일반 포장과 달리 기층의 재료로 막부순돌, 입도조정쇄석, 재생 콘크리트 등의 입상 재료를 주로 사용하고 있다.

④ 표층은 외부 하중을 직접 받는 층으로서 적용하고자 하는 지역에 따라 평탄성, 안정성, 보행감 등을 고려하여 요구되는 투수 성능 및 물리적 성능을 만족해야 한다. 일반적으로 투수성 포장은 일반 포장에 비해 휨 강도가 약하기 때문에 보행로, 자전거도로, 광장, 주차장, 공원길 등으로만 한정되어 적용되고 있다.

⑤ 투수 성능을 가진 포설형 포장재로 투수 콘크리트, 투수 아스팔트, 세골재다짐포장, 화강토포장 등이 있다. 각 층은 시공에 있어서 투수 성능을 해치지 않도록 고려하여 작업이 진행되어야 한다.

(2) 투수 콘크리트 포장 두께

구 분	보도용	차도용
표 층	T=6cm	T=10cm
기 층	T=7cm	T=10cm

(3) 투수 콘크리트 포장의 투수계수

① 투수 콘크리트 포장은 1×10^{-1}cm/sec 이상의 높은 투수계수를 갖는 투수성 콘크리트이다.
② 보도 포장의 경우 횡단구배는 주변 환경 및 용도에 따라 2~3% 정도를 주고, 차도의 경우 횡단구배는 2~3%로 설치하며 롤러에 의한 다짐을 주는 콘크리트이다.

2 투수포장 공사 공정순서

(1) 투수 시멘트 콘크리트포장 공정

투수콘 반입 – 장비 포설 – 인력 포설 – 다짐(텐더롤러) – 다짐(핸드롤러) – 습윤 양생 – 줄눈 절단 – 백업재 설치 – 실런트 주입 – 유색에폭시 도포 – 양생 시공완료

(2) 투수 아스팔트 콘크리트포장 공정

아스콘 반입 – 장비 포설 – 인력 포설 – 다짐(텐더롤러) – 다짐(핸드탬퍼) – 투수 시험(투수계수 확인)

> **더 알아보기**
>
> **조경 투수 아스팔트 콘크리트포장 공정**
> • 전압 시 보도 좌우측의 경계석이 파손되지 않도록 유의한다.
> • 주변 녹지와 접한 경우 원활한 배수 처리를 위하여 녹지보다 약간 높여 시공한다.
> • 표층의 마감 입자는 균일하고 치밀하게 다져야 하며 입자가 크고 밀도가 낮은 상태에서 다짐할 경우 포설된 입자의 탈락 등으로 인한 하자 발생율이 높다.

제7절 콘크리트포장 공사

1 콘크리트 강도

(1) 강성포장(콘크리트 포장)

① 콘크리트 포장은 콘크리트 슬래브, 보조 기층, 노상으로 구성된다. 이중 콘크리트 슬래브가 교통 하중을 받으며 보조 기층과 노상은 탄성 기초의 역할을 담당한다.
② 콘크리트 슬래브와 보조 기층을 합한 층 두께가 동결 깊이보다 작을 경우에는 부족한 만큼 노상층 상부에 동상 방지층을 설치한다.
③ 콘크리트 포장은 콘크리트 슬래브의 휨 저항에 의해 대부분의 하중을 지지하는 포장이다. 이는 포장 슬래브의 재료로 사용되고 있는 콘크리트의 탄성계수가 지지층 재료가 가지고 있는 탄성계수에 비하여 크기 때문이다. 상대적으로 큰 강성을 가지고 있는 슬래브가 대부분의 하중을 지지하게 된다. 그러므로 슬래브의 두께는 하중에 충분히 저항할 수 있을 정도로 결정되어야 하며 하중에 대하여 발생하는 슬래브의 응력 발생 정도와 분포도는 포장 구조체 자체의 성능에 매우 큰 부분을 차지한다고 할 수 있다.

(2) 연성포장(아스팔트 포장)

① 아스팔트 포장이란 역청재료(Bituminous Material)로 결합시켜서 만든 표층을 가진 포장을 말한다.
② 아스팔트 포장은 상부층으로 갈수록 탄성계수가 큰 재료를 사용하여 교통 하중 작용 시 상부층에서 전달되는 하중을 하층으로 넓게 분산시켜 발생한 수직응력과 전단응력을 노상이 지지토록 한 구조이다.

2 콘크리트포장 공사 공정순서

(1) 콘크리트포장 공정

보조 기층 다짐 – 비닐 및 용접철망(와이어매쉬) 깔기 – 레미콘 반입 – 레미콘 타설 – 콘크리트 면 정리 – 보양 및 양생

(2) 아스팔트 콘크리트포장 공정

아스콘 운반(출하시 온도 160℃) – 유제 살포 및 도포 – 아스콘 포설(포설 시 온도 120℃ 이상, 1층 포설 두께 7cm 이하) – 1차 다짐(머케덤 롤러, 110~140℃) – 2차 다짐(타이어 롤러, 70~90℃) – 교통 개방(표면온도가 40℃ 이하 시 개방)

(3) 컬러무늬 콘크리트(스탠실, 건식)포장 공정

표면 손질 - 스텐실 작업 및 무늬 만들기 - 티타늄 컬러 혼합 - 컬러 도포(스패건 이용) - 스텐실 무늬 제거 - 침투식 강화 실러 코팅

(4) 컬러무늬 콘크리트(스탬프, 습식)포장 공정

콘크리트 타설 및 고르기 - 프라이머 도포(콘크리트 표면 젖어있을 때 골고루 도포) - 바탕 색소 도포(콘크리트 표면 젖어있을 때 골고루 도포) - 스탬프 처리 - 릴리스 오일 살포 - 릴리스 제거 및 물청소 - 탑 코트 도포

(5) 컬러세라믹포장 공정

프라이머 도포 - 에폭시(중도) 혼합 - 세라믹+에폭시 혼합(혼합 후 30분 이내로 시공) - 포설 - 고르기 - 양생

> **더 알아보기**
>
> **컬러세라믹포장 공정**
> - 시공 시 온도에 직접적인 영향을 받아 경화 속도 및 작업성에 영향을 받으므로 촉진제 및 지연제를 첨가하여 작업 시간을 조절한다.
> - 표면백화현상을 보이는 곳은 솔로 물청소를 하고 표면을 완전 건조시킨 후 탑코팅을 한다.
> - 보양 시 통풍이 원활하도록 해서 습기 생성을 방지한다.

CHAPTER 07 적중예상문제

PART 02 조경시공

01 조경용 포장재료는 보행자가 안전하고, 쾌적하게 보행할 수 있는 재료가 선정되어야 한다. 다음 선정기준 중 옳지 않은 것은?
① 내구성이 있고, 시공·관리비가 저렴한 재료
② 재료의 질감·색채가 아름다운 것
③ 재료의 표면 청소가 간단하고, 건조가 빠른 재료
④ 재료의 표면이 태양광선의 반사가 많고, 보행 시 자연스런 매끄러운 소재

해설 보행로 바닥 포장재료의 선정기준
- 시공이 용이하고 견고할 것
- 자연배수와 세척 및 보수가 용이할 것
- 질감이 부드럽고 잘 미끄러지지 않는 재료일 것
- 포장의 색채와 형태, 평면 또는 경사면에서의 적합성, 내구성, 내마모성, 내열성, 투수성 등을 고려할 것
- 가능하면 현장의 특수한 요구조건에 부합하는 향토적인 재료일 것

02 주 보행도로로 이용되는 보행공간의 포장재료로 선택 시 부적합한 것은?
① 변화가 적은 재료
② 질감이 좋은 재료
③ 질감이 거친 재료
④ 밝은 색의 재료

03 바닥 포장재료인 판석시공에 관한 설명으로 틀린 것은?
① 판석은 점판암이나 화강암을 잘라서 쓴다.
② Y형의 줄눈은 불규칙하므로 통일성 있게 十자형의 줄눈이 되도록 한다.
③ 기층은 잡석다짐 후 콘크리트로 조성한다.
④ 가장자리에 놓는 것은 선에 맞춰 판석을 절단한다.

해설 ② 줄눈의 폭은 설계도면에 의하는데 보통 10~20mm 정도로 하고, 깊이는 5~10mm 정도로 하거나 깊이를 없애기도 하며, 줄눈의 형태는 十자형보다는 Y자형이 시각적으로 보기 좋다.

04 포장재료 중 광장 등 넓은 지역에 포장하며, 바닥에 색채 및 자연스런 문양을 다양하게 할 수 있는 소재는?
① 벽돌
② 우레탄
③ 자기타일
④ 고압블록

해설 ② 우레탄 포장은 광장뿐만 아니라 야외 경기장, 놀이터 등 다양한 곳에 포장할 수 있으며, 바닥에 색이나 문양을 넣기 용이하고, 무릎과 발목의 피로를 줄여 준다.

05 다음 중 토사 포장의 개량공법에 속하지 않는 것은?
① 지반치환공법
② 노면치환공법
③ 배수처리공법
④ 패칭공법

해설 ④ 패칭(Patching)공법은 아스팔트 포장의 보수공법이다.

정답 1 ④ 2 ③ 3 ② 4 ② 5 ④

06 조경시공에서 콘크리트 포장을 할 때, 와이어메시(Wire Mesh)는 콘크리트 하면에서 어느 정도의 위치에 설치하는가?

① 콘크리트 두께의 1/4 위치
② 콘크리트 두께의 1/3 위치
③ 콘크리트 두께의 1/2 위치
④ 콘크리트의 밑바닥

해설 ② 콘크리트의 인장강도를 높일 필요가 있는 경우에는 철근이나 와이어메시로 보강하는데, 와이어메시는 콘크리트 하면에서 콘크리트 두께의 1/3 위치에 설치한다.

07 다음은 콘크리트 포장의 보수에 대한 설명이다. 이 중 옳지 않은 것은?

① 줄눈이나 균열이 생긴 부분은 더 이상 수축·팽창하지 않도록 시멘트 모르타르로 채워 넣는다.
② 기층 재료를 보강하기 위해서는 포장면에 구멍을 뚫고 시멘트나 아스팔트를 주입해 넣는다.
③ 포장 슬래브가 불균일할 때는 모르타르 주입에 의해 포장면을 들어 올린다.
④ 콘크리트 포장 슬래브의 균열이 많아져서 전면적으로 파손될 염려가 있는 경우에는 덧씌우기를 한다.

해설 ① 줄눈이나 균열이 생긴 부분에는 충전재를 주입한다.

08 토사 포장 보수용 노면자갈의 배합비율로 가장 부적당한 것은?

① 자갈 70%, 모래 25%, 점토 5%
② 자갈 65%, 모래 25%, 점토 10%
③ 자갈 60%, 모래 30%, 점토 10%
④ 자갈 50%, 모래 30%, 점토 20%

해설 ④ 일반적으로 모래는 30% 이하, 점토는 10% 이하로 하는 것이 좋다.

09 소형 고압블록 포장의 시공방법에 대한 설명으로 옳은 것은?

① 차도용은 보도용에 비해 얇은 두께 6cm의 블록을 사용한다.
② 지반이 약하거나 이용도가 높은 곳은 지반 위에 잡석으로만 보강한다.
③ 블록깔기가 끝나면 반드시 진동기를 사용해 바닥을 고르게 마감한다.
④ 블록의 최종 높이는 경계석보다 조금 높아야 한다.

해설 ③ 블록이 단단하게 수평으로 결속되도록 기계식 평면진동다짐기로 포장면을 다지고 고른다.

10 세라믹 포장의 특성이 아닌 것은?

① 융점이 높다.
② 상온에서의 변화가 적다.
③ 압축에 강하다.
④ 경도가 낮다.

해설 ④ 열처리된 세라믹볼은 높은 내화성과 내충격성을 가지고 있어 균열이나 충격에 아주 강하다.

11 바닥포장용 석재로 가장 우수한 것은?
   ① 화강암   ② 안산암
   ③ 대리석   ④ 석회암

   해설 화강암의 용도
   • 자연석 : 경관석, 디딤돌 등
   • 가공석 : 건축재, 바닥 포장, 계단, 조각물, 경계석, 석탑, 석등 등

12 다음 석재 중 흡수율이 가장 큰 것은?
   ① 화강암   ② 안산암
   ③ 응회암   ④ 대리석

   해설 석재의 흡수율
   응회암 > 사암 > 안산암 > 사문암 > 화강암 > 점판암 > 대리석

13 다음 석재 중 압축강도(kgf/cm^2)가 가장 큰 것은?
   ① 화강암   ② 응회암
   ③ 안산암   ④ 사문암

   해설 석재의 압축강도
   화강암 > 대리석 > 안산암 > 점판암 > 사문암 > 사암 > 응회암

14 다음 중 점토에 대한 설명으로 옳지 않은 것은?
   ① 암석이 오랜 기간에 걸쳐 풍화 또는 분해되어 생긴 세립자 물질이다.
   ② 가소성은 점토입자가 미세할수록 좋고 또한 미세부분은 콜로이드로서의 특성을 가지고 있다.
   ③ 화학성분에 따라 내화성, 소성 시 비틀림 정도, 색채의 변화 등의 차이로 인해 용도에 맞게 선택된다.
   ④ 습윤상태에서는 가소성을 가지고 고온으로 구우면 경화되지만 다시 습윤상태로 만들면 가소성을 가진다.

   해설 ④ 습윤상태에서는 가소성을 가지지만, 고온으로 구우면 경화되는 동시에 가소성을 잃는다.

15 점토제품 제조를 위한 소성(燒成) 공정순서로 맞는 것은?
   ① 예비처리 → 원료조합 → 반죽 → 숙성 → 성형 → 시유(施釉) → 소성
   ② 원료조합 → 반죽 → 숙성 → 예비처리 → 소성 → 성형 → 시유
   ③ 반죽 → 숙성 → 성형 → 원료조합 → 시유(施釉) → 소성 → 예비처리
   ④ 예비처리 → 반죽 → 원료조합 → 숙성 → 시유 → 성형 → 소성

   해설 소성(燒成)이란 가마에서 벽돌 따위를 구워 만드는 것을 말한다.

16 흡수성과 투수성이 거의 없으므로 배수관, 상하수도관, 전선 및 케이블관 등에 쓰이는 점토제품은?

① 벽 돌
② 도 관
③ 플라스틱
④ 타 일

해설 도관(Earthenware Pipe)
- 점토 또는 내화점토를 주원료로 내외면에 유약을 칠하여 구운 것으로, 표면이 매끄럽고 단단하다.
- 흡수성과 투수성이 없는 불침투성이며 내압력이 커서 배수관, 상하수도관, 전선 및 케이블관으로 사용된다.

17 벽돌의 특성과 관련 없는 것은?

① 축조용 벽돌은 정교하면서도 시원한 느낌을 준다.
② 보통벽돌은 어린이 유희시설 및 바닥포장에 쓰인다.
③ 이형벽돌은 특수한 용도와 모양으로 처음부터 만들어진 것이다.
④ 다공질벽돌은 톱질과 못박음이 가능하다.

해설 ① 담장, 원로 포장, 테라스 바닥 등과 같은 시설물의 축조용으로 사용되는 벽돌은 정교하면서도 따뜻한 느낌을 준다.

18 속빈 시멘트벽돌을 압축강도에 따라 구분하였다. 옳은 것은?

① 1급블록 – 30kg/cm² 이상
② 2급블록 – 70kg/cm² 이상
③ 3급블록 – 90kg/cm² 이상
④ 중량블록 – 비중이 1.8 이상인 블록

해설 속빈 시멘트블록의 압축강도
A종(3급) : 40kg/cm²
B종(2급) : 60kg/cm²
C종(1급) : 80kg/cm²

19 우리나라에서 사용하고 있는 표준형 벽돌의 규격은?

① 200mm × 100mm × 50mm
② 150mm × 100mm × 50mm
③ 210mm × 90mm × 50mm
④ 190mm × 90mm × 57mm

해설 벽돌의 규격 (단위 : mm)

벽 돌	길 이	마구리	높 이
기존형	210	100	60
표준형	190	90	57

20 시멘트의 주재료에 속하지 않는 것은?

① 화강암
② 석회암
③ 질 흙
④ 광석찌꺼기

해설 시멘트는 석회암과 점토(질흙), 광석찌꺼기 등을 혼합하여 구운 다음 가루로 만든 일종의 결합제이다.

16 ② 17 ① 18 ④ 19 ④ 20 ①

21 용광로에서 선철을 제조할 때 나온 광석찌꺼기를 석고와 함께 시멘트에 섞은 것으로서 수화열이 낮고, 내구성이 높으며, 화학적 저항성이 큰 한편, 투수가 적은 특징을 갖는 것은?

① 실리카 시멘트
② 고로 시멘트
③ 알루미나 시멘트
④ 조강 포틀랜드 시멘트

해설
① 실리카 시멘트 : 동결융해작용에 대한 저항성은 작지만 화학적 저항성은 커서 해수나 공장폐수, 하수 등을 취급하는 구조물이나 광산과 같은 특수목적 구조물에 사용된다.
③ 알루미나 시멘트 : 조강성(조기강도)이 대단하며, 화학적 저항성이 크고, 내화성도 우수하여 내화용 콘크리트에 적합하다.
④ 조강 포틀랜드 시멘트 : 단기에 높은 강도를 내고, 수밀성이 좋으며, 저온에서도 강도발현이 우수해 겨울철, 수중, 해중 공사 등에 적합하다.

22 다음과 같은 특징을 갖는 시멘트는?

- 조기강도가 크다(재령 1일에 보통 포틀랜드 시멘트의 재령 28일 강도와 비슷함).
- 산, 염류, 해수 등의 화학적 작용에 대한 저항성이 크다.
- 내화성이 우수하다.
- 한중 콘크리트에 적합하다.

① 알루미나 시멘트
② 실리카 시멘트
③ 포졸란 시멘트
④ 플라이애시 시멘트

해설
③ 토목·건축 공사의 구조용 시멘트나 도장 모르타르용 등으로 사용된다.
④ 화력발전소의 미분탄 연소 시 발생하는 미립분인 플라이애시를 포틀랜드 시멘트 클링커와 함께 분쇄하여 혼합한 시멘트이다.

23 시멘트 보관 및 창고의 구비조건 설명으로 옳은 것은?

① 간단한 나무구조로 통풍이 잘되게 한다.
② 시멘트를 쌓을 마루높이는 지면에서 10cm 정도로 유지한다.
③ 창고 둘레 주위에는 비가 내릴 때 물을 담아 공사 시 이용할 장소를 파 놓는다.
④ 시멘트 쌓기는 최대 높이 13포대로 한다.

해설 시멘트 창고의 기준과 보관방법
- 창고의 바닥높이는 지면에서 30cm 이상으로 한다.
- 지붕은 비가 새지 않는 구조로 하고, 벽이나 천장은 기밀하게 한다.
- 창고 주위는 배수도랑을 두고 우수의 침입을 방지한다.
- 출입구 채광창 이외의 환기창은 두지 않는다.
- 반입구와 반출구를 따로 두어 먼저 쌓는 것부터 사용하도록 한다.
- 시멘트쌓기의 높이는 13포(1.5m) 이내로 하고, 장기간 쌓아 두는 것은 7포 이내로 한다.
- 저장 중에 약간이라도 굳은 시멘트는 공사에 사용하지 않아야 한다.
- 3개월 이상 장기간 저장한 시멘트는 사용하기에 앞서 재시험을 실시하여 그 품질을 확인하여야 한다.
- 시멘트의 온도가 너무 높을 때는 그 온도를 낮추어서 사용하여야 하고, 일반적으로 50℃ 정도 이하의 시멘트를 사용하는 것이 좋다.

24 시멘트의 응결을 빠르게 하기 위하여 사용하는 혼화제는?

① 지연제   ② 발포제
③ 급결제   ④ 기포제

해설 급결제
겨울철이나 물속 공사, 콘크리트 뿜어붙이기 등에 필요한 조기강도의 발생 촉진을 위하여 첨가하는 것으로, 주로 염화칼슘(시멘트량의 1% 정도)이나 규산나트륨(시멘트량의 3% 정도)을 사용하고 이외에 탄산나트륨, 염화나트륨, 염화마그네슘 등이 있다.

정답 21 ② 22 ① 23 ④ 24 ③

25 시멘트 액체 방수제(防水劑)의 종류가 아닌 것은?

① 염화칼슘계 ② 지방산계
③ 비소계   ④ 규산소다계

해설 시멘트 액체 방수제의 종류
• 무기질계 : 염화칼슘계, 규산소다계, 규산질 분말계 등
• 유기질계 : 지방산계, 파라핀계, 고분자 에멀전계 등
• 폴리머계 : 합성고무 라텍스계, 아크릴 에멀전계 등

26 시멘트의 각종 시험과 연결이 옳은 것은?

① 비중시험 - 길모아 장치
② 분말도시험 - 루사델리 비중병
③ 응결시험 - 블레인법
④ 안정성시험 - 오토클레이브

해설 ① 비중시험 - 르 샤틀리에 비중병
② 분말도시험 - 블레인법
③ 응결시험 - 길모아 장치

27 다음 일반적인 콘크리트의 특징을 설명한 것 중 잘못된 것은?

① 형상 및 치수의 제한이 없고 임의의 형상, 크기의 부재나 구조물을 만들 수 있다.
② 재료의 입수 및 운반이 용이하다.
③ 압축강도가 크고 내구성, 내화성, 내수성 및 내진성이 우수하다.
④ 압축강도에 비하여 인장강도, 휨강도가 크기 때문에 취성적 성질은 없다.

해설 콘크리트의 압축강도는 일반적으로 180~300kg/cm² 정도이고, 인장강도는 압축강도의 1/10 이하이다.

28 AE 콘크리트의 성질 및 특징 설명으로 틀린 것은?

① 수밀성이 향상된다.
② 콘크리트 경화에 따른 발열이 커진다.
③ 입형이나 입도가 불량한 골재를 사용할 경우에 공기연행의 효과가 크다.
④ 일반적으로 빈배합의 콘크리트일수록 공기연행에 의한 워커빌리티의 개선효과가 크다.

해설 AE(Air-Entrained) 콘크리트
콘크리트를 비빌 때 AE제를 혼합하여 내부에 미세한 기포를 포함시킨 것으로 공기연행 콘크리트라고도 한다. 동일 조합·수량의 보통 콘크리트에 비해 워커빌리티가 좋고, 내구성이 크며, 발열·증발·수축균열이 적지만, 압축강도 및 철근과의 부착강도는 상당히 약하다.

29 미리 골재를 거푸집 안에 채우고 특수 혼화제를 섞은 모르타르를 펌프로 주입하여 골재의 빈틈을 메워 콘크리트를 만드는 형식은?

① 서중 콘크리트
② 프리팩트 콘크리트
③ 프리스트레스트 콘크리트
④ 한중 콘크리트

해설 프리팩트 콘크리트
거푸집에 골재를 넣고 그 골재 사이의 공극에 모르타르를 채워 만든 콘크리트로, 자갈이 촘촘하게 차 있어서 시멘트가 적게 든다. 치밀하여 곰보현상이 적고, 내수성·내구성이 뛰어나며, 골재를 먼저 넣으므로 중량 콘크리트 시공을 할 수도 있다.

30 한중 콘크리트의 양생에 관한 설명으로 옳지 않은 것은?

① 골재가 동결되어 있거나 골재에 빙설이 혼입되어 있는 정도의 골재는 그대로 사용할 수 있다.
② 하루의 평균 기온이 4℃ 이하가 예상되는 조건일 때는 콘크리트가 동결할 염려가 있으므로 한중 콘크리트를 시공하여야 한다.
③ 한중 콘크리트에는 공기연행 콘크리트를 사용하는 것을 원칙으로 한다.
④ 물 – 결합재비는 원칙적으로 60% 이하로 하여야 한다.

해설 한중 콘크리트
평균기온 4℃ 이하에서는 콘크리트 응결경화반응이 몹시 지연되어 한밤중이나 새벽뿐만 아니라 낮에도 콘크리트가 어는 경우가 있는데, 이러한 동결현상을 막기 위해 한중 콘크리트를 사용한다. 콘크리트가 채 굳기 전에 얼게 되면 콘크리트 내의 수분이 얼어서 팽창하고, 얼음이 녹아도 그대로 공극으로 남아 양생기간을 길게 해도 강도가 회복되지 않으므로 콘크리트가 얼지 않도록 주의해야 하고, 추운 날씨에도 원하는 품질이 얻어지도록 재료·배합·비비기·운반 등을 적절히 조치해야 한다. 또한 양생과정 중에는 소요압축강도가 얻어질 때까지 타설 콘크리트를 5℃ 이상으로 유지하여야 하며, 물의 사용량을 적게 하고, 물과 시멘트 비율을 60% 이하로 하여 계면활성제를 사용하도록 한다.

31 콘크리트에 사용되는 재료의 저장에 관한 설명으로 틀린 것은?

① 시멘트의 온도가 너무 높을 때는 그 온도를 65℃ 정도 이하로 낮춘 다음 사용한다.
② 잔골재 및 굵은골재에 있어 종류와 입도가 다른 골재는 각각 구분하여 따로 따로 저장한다.
③ 혼화제는 방습적인 사일로 또는 창고 등에 품종별로 구분하여 저장하고 입하된 순서대로 사용하여야 한다.
④ 혼화제는 먼지, 기타의 불순물이 혼입되지 않도록, 액상의 혼화제는 분리되거나 변질되거나 동결되지 않도록, 또 분말상의 혼화제는 습기를 흡수하거나 굳어지는 일이 없도록 저장하여야 한다.

해설 ① 시멘트의 온도가 너무 높을 때는 그 온도를 낮추어서 사용하여야 한다. 일반적으로 50℃ 이하의 온도를 갖는 시멘트를 사용하는 것이 좋다.

32 콘크리트의 응결경화 조절의 목적으로 사용되는 혼화제에 대한 설명 중 틀린 것은?

① 콘크리트용 응결경화 조정제는 시멘트의 응결경화속도를 촉진시키거나 지연시킬 목적으로 사용되는 혼화제이다.
② 촉진제는 그라우트에 의한 지수공법 및 뿜어붙이기 콘크리트에 사용된다.
③ 지연제는 조기경화현상을 보이는 서중 콘크리트나 수송거리가 먼 레디믹스트 콘크리트에 사용된다.
④ 급결제를 사용한 콘크리트의 조기강도 증진은 매우 크나 장기강도는 일반적으로 떨어진다.

해설 ② 그라우트에 의한 지수공법 및 뿜어붙이기 콘크리트에 사용되는 것은 급결제이다.

33 콘크리트용 혼화재료로 사용되는 플라이애시에 대한 설명 중 틀린 것은?

① 포졸란 반응에 의해서 중성화 속도가 저감된다.
② 플라이애시의 비중은 보통포틀랜드 시멘트보다 작다.
③ 입자가 구형이고 표면조직이 매끄러워 단위수량을 감소시킨다.
④ 플라이애시는 이산화규소(SiO_2)의 함유율이 가장 많은 비결정질 재료이다.

해설 플라이애시(Fly Ash)
- 화력발전소의 미분탄 연소 시 발생하는 미립분으로, 대표적인 인공포졸란이며 포졸란 반응을 통해 콘크리트의 성질을 개량한다.
- 콘크리트에 혼합 시 워커빌리티를 개선하고, 수화열이 감소하며, 내구성·수밀성·저항성이 증가하지만 조기강도를 저하시키는 단점이 있다.
- 고분말일수록 포졸란 반응을 크게 활성화시켜 콘크리트의 내구성을 향상시키지만, 중성화를 촉진하는 단점이 있다.

34 콘크리트용 혼화재로 실리카흄(Silica Fume)을 사용한 경우 효과에 대한 설명으로 잘못된 것은?

① 내화학약품성이 향상된다.
② 단위수량과 건조수축이 감소된다.
③ 알칼리 골재반응의 억제효과가 있다.
④ 콘크리트의 재료분리 저항성, 수밀성이 향상된다.

해설 혼화재 실리카흄의 특성
- 구상 입자인 실리카흄의 볼베어링작용으로 인한 분산성 및 감수효과 향상
- 시멘트 입자 사이를 채우는 공극충진효과로 인한 수밀성 향상 및 고강도화
- 숏크리트의 부착성 향상으로 인한 리바운드량 감소
- 알칼리실리카반응 억제 및 화학적 저항성 향상

35 콘크리트용 혼화재료로 사용되는 고로슬래그 미분말에 대한 설명으로 틀린 것은?

① 고로슬래그 미분말을 사용한 콘크리트는 보통 콘크리트보다 콘크리트 내부의 세공경이 작아져 수밀성이 향상된다.
② 고로슬래그 미분말은 플라이애시나 실리카흄에 비해 포틀랜드시멘트와의 비중차가 작아 혼화재로 사용할 경우 혼합 및 분산성이 우수하다.
③ 고로슬래그 미분말을 혼화재로 사용한 콘크리트는 염화물이온 침투를 억제하여 철근부식 억제효과가 있다.
④ 고로슬래그 미분말의 혼합률을 시멘트 중량에 대하여 70% 혼합할 경우 중성화 속도가 보통 콘크리트의 2배 정도 감소된다.

해설 ④ 고로슬래그 미분말을 사용한 콘크리트는 시멘트의 수화반응 시 발생하는 수산화칼슘[$Ca(OH)_2$]이 고로슬래그의 성분과 반응하여 콘크리트의 알칼리성을 저하시키기 때문에 보통 콘크리트에 비해 중성화가 빠르게 진행된다.

36 혼화재(混和材)의 설명 중 옳은 것은?

① 혼화재는 혼화제와 같은 것이다.
② 종류로는 포졸란, AE제 등이 있다.
③ 종류로는 슬래그, 감수제 등이 있다.
④ 혼화재료는 그 사용량이 비교적 많아서 그 자체의 부피가 콘크리트의 배합계산에 관계된다.

해설 혼화재와 혼화제
- 혼화재 : 시멘트의 성질을 개량할 목적으로 사용하는 재료로서, 시멘트량의 5% 이상을 첨가하므로 그 부피가 배합계산에 포함되는 것
  예 고로슬래그, 천연포졸란, 플라이애시 등
- 혼화제 : 혼화재와 같이 시멘트의 성질 개량을 목적으로 사용하지만, 시멘트량의 1% 이하만 첨가하므로 그 부피가 배합계산에 포함되지 않는 것
  예 AE제, 감수제, 급결제, 지연제, 방수제 등

37 콘크리트 혼화제 중 내구성 및 워커빌리티(Workability)를 향상시키는 것은?

① 감수제 ② 경화촉진제
③ 지연제 ④ 방수제

해설 콘크리트 혼화제 중 AE제, 감수제, AE감수제, 고성능 감수제, 고성능 AE감수제는 콘크리트의 워커빌리티를 개선하는 효과가 있다.

39 콘크리트의 골재, 석축의 메움(채움)돌 등으로 주로 사용되는 것은?

① 잡 석 ② 호박돌
③ 자 갈 ④ 견치돌

해설 ③ 주로 지름 2~3cm 정도의 자갈을 콘크리트의 골재나 석축의 메움돌 등으로 사용한다.

40 표면건조 내부포수상태의 골재에 포함하고 있는 흡수량의 절대건조상태의 골재 중량에 대한 백분율은 다음 중 무엇을 기초로 하는가?

① 골재의 함수율
② 골재의 흡수율
③ 골재의 표면수율
④ 골재의 조립률

해설 골재의 흡수율
$= \dfrac{\text{표면건조 내부포수상태} - \text{절대건조상태}}{\text{절대건조상태}} \times 100$

38 다음 그림과 같은 콘크리트 제품의 명칭으로 가장 적합한 것은?

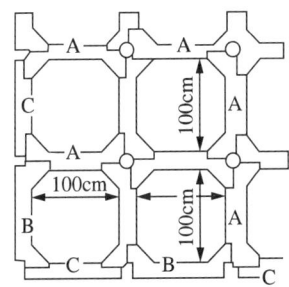

① 견치블록 ② 격자블록
③ 기본블록 ④ 힘줄블록

41 흙에 시멘트와 다목적 토양개량제를 섞어 기층과 표층을 겸하는 간이포장재료는?

① 우레탄 ② 콘크리트
③ 카 프 ④ 칼라세라믹

42 해초풀 물이나 기타 전접착제를 사용하는 미장 재료는?

① 벽토 ② 회반죽
③ 시멘트 모르타르 ④ 아스팔트

해설 회반죽
- 소석회에 모래, 여물이나 해초풀을 넣어 반죽한 풀 형태의 미장재로 벽이나 천장 등을 미장하는 데 사용한다.
- 값이 싸고, 작업이 용이하며, 바르고 나면 흰색의 매끄러운 표면을 얻을 수 있다.

43 토공작업 시 지반면보다 낮은 면의 굴착에 사용하는 기계로 깊이 6m 정도의 굴착에 적당하며, 백호(Back Hoe)라고도 불리는 기계는?

① 클램셸
② 드래그라인
③ 파워셔블
④ 드래그셔블

해설
① 클램셸: 기계를 장치한 위치보다 낮은 데를 굴삭하는 데 적합하고, 조개껍질처럼 양쪽으로 열리는 버킷이 특징이다.
② 드래그라인: 기계를 장치한 위치보다 낮은 데를 굴삭하는 데 적합하고, 굴삭반경이 크지만, 단단한 토질을 굴삭할 수 없어 수중굴삭이나 모래 채취에 주로 사용된다.
③ 파워셔블: 기계를 장치한 위치보다 높은 데를 굴삭하는 데 적합하고, 비교적 단단한 토질을 굴삭할 수 있으며, 파기와 싣기 모두 가능하다.

44 다음 중 무거운 돌을 놓거나, 큰 나무를 옮길 때 신속하게 운반과 적재를 동시에 할 수 있어 편리한 장비는?

① 체인블록
② 모터그레이더
③ 트럭크레인
④ 콤바인

해설
① 체인블록: 무거운 물건을 들어 올리는 데 쓰이는 도르래형 장비
② 모터그레이더: 주로 넓은 면적의 땅을 고르는 정지 작업 등에 사용되는 토공기계
④ 콤바인: 농경지를 주행하면서 수확물의 탈곡과 선별을 동시에 수행하는 수확기계

45 배수공사 중 지하층 배수와 관련된 내용으로 틀린 것은?

① 지하층 배수는 속도랑을 설치해 줌으로써 가능하다.
② 암거배수의 배치형태는 어골형, 줄치형, 차단법, 자연형 등이 있다.
③ 속도랑의 깊이는 심근성보다 천근성 나무를 식재할 때 더 깊게 한다.
④ 큰 공원에서는 자연 지형에 따라 배치하는 자연형 배수방법이 많이 이용된다.

해설 ③ 일반적으로 심근성 수목의 경우 1.3~1.8m, 천근성 수목의 경우 0.8~1.1m 정도가 되게 한다.

46 암거배수의 설명으로 옳은 것은?

① 강우 시 표면에 떨어진 물을 처리하기 위한 배수 시설
② 땅 밑에 돌이나 관을 묻어 배수시키는 시설
③ 지하수를 이용하기 위한 시설
④ 돌이나 관을 땅에 수직으로 뚫어 설치하는 것

해설 암거배수 : 토양 내 과잉수를 제거하기 위해 지하에 모래, 자갈, 호박돌 등으로 큰 공극을 만들어 주변의 물이 스며들도록 하거나, 투수성을 지닌 유공관을 설치해 배수하는 시설을 말한다.

47 지하층 배수에 이용되는 암거의 배치방법 중 어골형의 형태는?

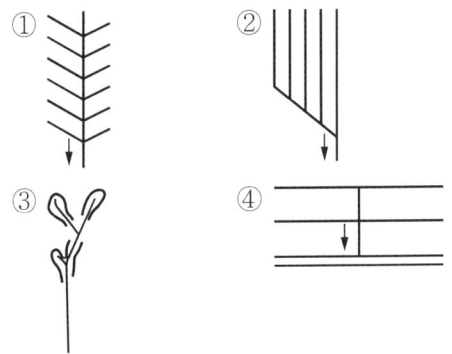

해설 암거배수의 배치형태
- 어골형 : 경기장과 같이 전 지역의 배수가 균일하게 요구되는 곳이나 대규모의 평탄한 지역에 주로 설치
- 줄치형 : 평행형 또는 빗살형이라고도 하며, 비교적 좁은 면적의 전 지역을 균일하게 배수할 때 이용
- 자연형 : 전면배수가 요구되지 않는 지역에 적합
- 차단법 : 경사면 위나 자체의 유수를 막기 위해 사용

48 지역이 광대해서 하수를 한 개소로 모으기가 곤란할 때 배수지역을 수개 또는 그 이상으로 구분해서 배관하는 배수방식은?

① 직각식 ② 차집식
③ 방사식 ④ 선형식

해설 하수도의 배수계통
- 직각식 : 도시 중앙에 큰 강이 흐르거나 해안을 따라 개발된 도시에서 강이나 바다에 직각으로 연결된 하수관거를 통해 하수를 배출시키는 형식
- 차집식 : 토구가 많은 직각식의 결점을 보완한 방법으로, 하천을 따라서 차집거를 설치하여 간선하수거로 유하한 하수를 차집거에서 집수한 후 하수종말처리장으로 유하되도록 하는 형식
- 선형식 : 지형이 한 방면으로 규칙적이게 경사를 이루거나 혹은 하수처리 관계상 전 지역의 하수를 한 개의 한정된 장소로 집수시킬 경우에 그 배수계통을 나뭇가지 형태로 배치하는 형식
- 방사식 : 지역이 방대해서 하수를 한 장소에 모으기가 곤란할 때 배수지역을 여러 개로 구분하여 중앙으로부터 방사형으로 배관하고 각 장소별로 처분하는 방식
- 평형식(고저식) : 지형상 고지대와 저지대가 공존할 때 고지대는 자연유하로 처리하고, 저지대는 펌프를 이용하여 배수하는 등 각각 적합한 방법으로 처리장까지 하수를 유입시키는 방법
- 집중식 : 사방에서 한 지점을 향해 집중적으로 유하시킨 하수를 간선하수거나 처리장 등으로 펌프압송하는 방식

49 옥외조경공사 지역의 배수관 설치에 관한 설명으로 잘못된 것은?

① 경사는 관의 지름이 작은 것일수록 급하게 한다.
② 배수관의 깊이는 동결심도 바로 위쪽에 설치한다.
③ 관에 소켓이 있을 때는 소켓이 관의 상류쪽으로 향하도록 한다.
④ 관의 이음부는 관 종류에 따른 적합한 방법으로 시공하며, 이음부의 관 내부는 매끄럽게 마감한다.

해설 ② 옥외배관은 동결심도 이하의 깊이에 설치한다.

정답 46 ② 47 ① 48 ③ 49 ②

50 표면배수 시 빗물받이는 몇 m마다 설치하는가?

① 1~10m　② 20~30m
③ 40~50m　④ 60~70m

해설 ② 표면배수 시 빗물받이는 최대 20~30m 이내마다 설치한다.

51 일정한 응력을 가할 때, 변형이 시간과 더불어 증대하는 현상을 의미하는 것은?

① 탄 성
② 취 성
③ 크리프
④ 릴랙세이션

해설 ① 탄성 : 재료에 외력을 가한 후 제거하면 원래의 형태로 돌아가는 성질
② 취성 : 재료에 외력을 가했을 때 작은 변형만으로도 파괴되는 성질
④ 릴랙세이션 : PS강재를 긴장시킨 채 일정 길이로 유지시킬 경우 시간이 경과할수록 인장응력이 감소하는 현상

52 해사 중 염분이 허용한도를 넘을 때 철근콘크리트의 조치 방안으로서 옳지 않은 것은?

① 아연도금 철근을 사용한다.
② 방청제를 사용하여 철근의 부식을 방지한다.
③ 살수 또는 침수법을 통하여 염분을 제거한다.
④ 단위시멘트량이 적은 빈배합으로 하여 염분과의 반응성을 줄인다.

해설 염해 방지대책
• 콘크리트의 밀실화
  - 물-시멘트비 감소
  - 단위시멘트량 증가
  - 골재 크기 감소
• 염해에 유용한 혼화재료 사용 : 플라이애시, 고로슬래그 첨가
• 철근 피복의 두께 증가, 아연도금 철근 사용
• 콘크리트의 표면 처리 : 침투성 부식억제제, 방수제 사용
• 방청제 사용 : 에폭시 코팅제 도포

53 콘크리트의 재료분리현상을 줄이기 위한 방법으로 옳지 않은 것은?

① 플라이애시를 적당량 사용한다.
② 세장한 골재보다는 둥근 골재를 사용한다.
③ 중량골재와 경량골재 등 비중차가 큰 골재를 사용한다.
④ AE제나 AE감수제 등을 사용하여 사용수량을 감소시킨다.

해설 ③ 비중차가 큰 골재는 운반이나 타설과정에서 재료분리현상을 발생시킬 수 있다.
작업 중 재료분리현상이 발생할 수 있는 경우
• 굵은골재의 최대 치수가 지나치게 큰 경우
• 입자가 거친 잔골재가 있는 경우
• 단위골재량이 많은 경우
• 단위수량이 많은 경우
• 배합이 적절치 않은 경우

54 콘크리트를 친 후 응결과 경화가 완전히 이루어지도록 보호하는 것을 가리키는 용어는?

① 타 설 ② 파 종
③ 다지기 ④ 양 생

해설 양생(보양, Curing)
콘크리트를 친 후 응결(Setting)과 경화(Hardening)가 완전히 이루어지도록 보호하는 것을 말하며, 좋은 양생을 위해서는 적당한 수분 공급과 함께 일정한 온도와 절대 안정상태를 유지해야 하고, 양생이 좋을수록 콘크리트의 변형, 파괴, 오손 등을 방지할 수 있다.

55 콘크리트 다지기에 대한 설명으로 틀린 것은?

① 진동다지기를 할 때는 내부진동기를 하층 콘크리트 속으로 작업이 용이하도록 사선으로 0.5m 찔러 넣는다.
② 내부진동기의 1개 소당 진동시간은 다짐할 때 시멘트 페이스트가 표면 상부로 약간 부상하기까지 한다.
③ 거푸집에 접하는 콘크리트는 되도록 평탄한 표면이 얻어지도록 타설하고 다져야 한다.
④ 콘크리트 다지기에는 내부진동기의 사용을 원칙으로 하나, 얇은 벽 등 내부진동기의 사용이 곤란한 장소에서는 거푸집 진동기를 사용해도 좋다.

해설 ① 진동다지기를 할 때는 내부진동기를 하층 콘크리트 속으로 0.1m 정도 연직으로 찔러 넣는다.

56 주로 수량의 다소에 따라서 반죽이 되고 진 정도를 나타내는 굳지 않은 콘크리트의 성질은?

① Workability(시공성)
② Plasticity(성형성)
③ Consistency(반죽질기)
④ Finishability(마감성)

해설 ① Workability(시공성) : 콘크리트를 혼합한 후 운반, 타설, 다지기 및 마무리할 때까지 굳지 않은 콘크리트의 성질로, 콘크리트 시공 시 작업 난이도 및 재료분리에 저항하는 정도를 나타낸다.
② Plasticity(성형성) : 거푸집 등의 형상에 순응하여 채우기 쉽고, 분리가 일어나지 않는 굳지 않은 콘크리트의 성질
④ Finishability(마감성) : 굵은골재의 최대 치수, 잔골재율, 잔골재의 입도, 반죽질기 등에 따른 마무리하기 쉬운 정도를 말하는 굳지 않은 콘크리트의 성질

57 굳지 않은 모르타르나 콘크리트에서 물이 분리되어 위로 올라오는 현상은?

① 워커빌리티(Workability)
② 블리딩(Bleeding)
③ 피니셔빌리티(Finishability)
④ 레이턴스(Laitance)

해설 블리딩(Bleeding)
타설 후 골재나 시멘트가 침강하여 콘크리트 표면에 물이 뜨는 현상으로 일종의 재료분리현상이다. 약간의 블리딩은 콘크리트 타설 시 불가피하나 블리딩이 크면 내구성과 수밀성, 부착력 등이 저하되므로 주의해야 한다.

58 콘크리트를 혼합한 다음 운반해서 다져넣을 때까지 시공성의 좋고 나쁨을 나타내는 성질 즉, 콘크리트의 시공성을 나타내는 것은?

① 슬럼프시험(Slump Test)
② 워커빌리티(Workability)
③ 물-시멘트비(Water Cement Ratio)
④ 양생(Curing)

해설
① 슬럼프시험 : 슬럼프란 굳지 않은 콘크리트의 반죽질기를 의미하며, 일반적으로 워커빌리티는 슬럼프값으로 표시하는데, 반죽질기를 측정하는 방법으로 슬럼프 시험이 가장 많이 쓰이고 있다.
③ 물-시멘트비(W/C) : 콘크리트 배합 시 시멘트 중량에 대한 물 중량의 비율을 말하며, 시멘트풀의 농도를 의미하고, 배합 시 콘크리트의 강도, 내구성 및 수밀성을 좌우하는 가장 중요한 요소이다.
④ 양생 : 콘크리트를 친 후 응결과 경화가 완전히 이루어지도록 보호하는 것을 말한다.

59 콘크리트 슬럼프값 측정순서로 옳은 것은?

① 시료 채취 → 다지기 → 콘에 채우기 → 상단 고르기 → 콘 벗기기 → 슬럼프값 측정
② 시료 채취 → 콘에 채우기 → 콘 벗기기 → 상단 고르기 → 다지기 → 슬럼프값 측정
③ 시료 채취 → 콘에 채우기 → 다지기 → 상단 고르기 → 콘 벗기기 → 슬럼프값 측정
④ 다지기 → 시료 채취 → 콘에 채우기 → 상단 고르기 → 콘 벗기기 → 슬럼프값 측정

60 다음 콘크리트와 관련된 설명 중 옳은 것은?

① 콘크리트의 굵은골재 최대 치수는 20mm이다.
② 물-시멘트비는 일반적으로 65% 정도로 한다.
③ 콘크리트는 원칙적으로 공기연행제를 사용하지 않는다.
④ 강도는 일반적으로 표준양생을 실시한 콘크리트 공시체의 재령 30일 때 시험값을 기준으로 한다.

해설
② 일반적으로 물-시멘트비는 60~70% 정도로 한다.
① 콘크리트의 굵은골재 최대 치수는 40mm이다.
③ AE제는 대표적인 콘크리트의 혼화제이다.
④ 콘크리트의 강도라 하면 주로 재령 28일 압축강도를 말한다.

61 콘크리트 1m³에 소요되는 재료의 양을 L로 계량하여 1 : 2 : 4 또는 1 : 3 : 6 등의 비율로 표시하는 배합을 무엇이라 하는가?

① 표준계량배합
② 용적배합
③ 중량배합
④ 시험중량배합

해설 용적배합
• 콘크리트 1m³ 제작에 필요한 시멘트, 모래, 자갈을 부피로 계량하여 1 : 2 : 4 또는 1 : 3 : 6과 같은 비율로 나타낸다.
• 중량배합보다 정확하지 못하나 시공상 간편하여 많이 쓰인다.
※ 중량배합
• 콘크리트 1m³ 제작에 필요한 각 재료를 무게(kg)로 표시하는 방법이다.
• 측정상 오차가 거의 없어 주로 쓰이며 공장 생산이나 대규모 공사에 많이 사용된다.

정답 58 ② 59 ③ 60 ② 61 ②

62 콘크리트의 측압은 콘크리트 타설 전에 검토해야 할 매우 중요한 시공요인이다. 다음 중 콘크리트 측압에 영향을 미치는 요인에 대한 설명으로 틀린 것은?

① 콘크리트의 타설높이가 높으면 측압은 커지게 된다.
② 콘크리트의 타설속도가 빠르면 측압은 커지게 된다.
③ 콘크리트의 슬럼프가 커질수록 측압은 커지게 된다.
④ 콘크리트의 온도가 높을수록 측압은 커지게 된다.

해설 ④ 콘크리트의 온도가 높을수록 측압은 작아진다.
거푸집에 작용하는 콘크리트 측압에 영향을 주는 요인
• 증가요인
 - 콘크리트 타설속도가 빠를수록
 - 반죽이 묽은 콘크리트일수록
 - 콘크리트 비중이 클수록
 - 다짐이 많을수록
 - 대기습도가 높을수록
 - 거푸집 단면이 클수록
 - 부배합일수록
 - 수평부재보다는 수직부재일수록
• 감소요인
 - 응결시간이 빠를수록
 - 철골 또는 철근의 양이 많을수록
 - 온도가 높을수록(경화가 빠를수록)

63 다음 중 콘크리트 내구성에 영향을 주는 아래 화학반응식의 현상은?

$$Ca(OH)_2 + CO_2 \rightarrow CaCO_3 + H_2O \uparrow$$

① 콘크리트 염해
② 동결융해현상
③ 콘크리트 중성화
④ 알칼리 골재반응

해설 중성화의 화학반응식
$Ca(OH)_2 + CO_2 \rightarrow CaCO_3 + H_2O \uparrow$
※ 수화작용 : $CaO + H_2O \rightarrow Ca(OH)_2$

64 콘크리트의 균열발생 방지법으로 옳지 않은 것은?

① 물-시멘트비를 작게 한다.
② 단위시멘트량을 증가시킨다.
③ 콘크리트의 온도 상승을 작게 한다.
④ 발열량이 적은 시멘트와 혼화제를 사용한다.

해설 ② 단위시멘트량을 감소시킨다.

65 콘크리트 공사 중 거푸집 상호 간의 간격을 일정하게 유지시키기 위한 것은?

① 캠버(Camber)
② 긴장기(Form Tie)
③ 스페이서(Spacer)
④ 세퍼레이터(Seperator)

해설 ① 캠버(Camber) : 처짐을 고려하여 보나 슬래브의 중앙부를 $L/300 \sim L/500$ 정도 치켜 올려 주는 높이 조절용 쐐기(솟음)
② 긴장기(Form Tie) : 거푸집의 간격을 유지하며 벌어지는 것을 방지하는 긴장재
③ 스페이서(Spacer) : 철근이 거푸집에 밀착되는 것을 방지하여 피복간격을 확보하기 위한 간격재(굄재)

정답 62 ④ 63 ③ 64 ② 65 ④

66 진비중이 2.6이고, 가비중이 1.2인 토양의 공극률은 얼마인가?

① 36.2% ② 46.5%
③ 53.8% ④ 66.4%

[해설] 공극률 = $(1 - \dfrac{\text{가비중}}{\text{진비중}}) \times 100$

= $(1 - \dfrac{1.2}{2.6}) \times 100$

= 53.8%

67 단위용적중량이 1.65t/m²이고 굵은골재의 비중이 2.65일 때, 이 골재의 실적률(A)과 공극률(B)은 각각 얼마인가?

① A : 62.3%, B : 37.7%
② A : 69.7%, B : 30.3%
③ A : 66.7%, B : 33.3%
④ A : 71.4%, B : 28.6%

[해설]
- 공극률(B) = $\dfrac{(2.65-1.65)}{2.65} \times 100$ = 37.7%
- 실적률(A) = 100 - 37.7 = 62.3%

66 ③ 67 ①

PART 03

조경관리

- **CHAPTER 01** 조경공사 준공 전 관리
- **CHAPTER 02** 일반 정지전정 관리
- **CHAPTER 03** 관수 및 기타 조경관리
- **CHAPTER 04** 초화류 관리
- **CHAPTER 05** 조경시설 관리

합격의 공식 시대에듀 www.sdedu.co.kr

CHAPTER 01 조경공사 준공 전 관리

PART 03 조경관리

제1절 병해충 방제

1 전염성 병관리

(1) 병징과 표징

① 병징(Symptom) : 식물체가 어떤 원인에 의하여 그 식물체의 세포, 조직, 기관에 이상이 생겨 외부형태에 어떤 변화가 나타나는 반응으로 상대적인 개념이다.

② 표징(Sign) : 병환부에 존재하여 외부로 드러난 병원체이다. 곰팡이가 원인이 될 경우 대체로 표징의 식별이 가능하지만, 세균 또는 바이러스의 경우에는 병원체의 크기가 미세하기에 광학현미경 또는 전자현미경을 통해서 병원체를 확인할 수 있으며, 곰팡이류에 의한 주요한 표징의 종류는 다음과 같다.

  ㉠ 병원체의 영양기관 : 균사체, 균사속, 균사막, 근사균사속, 균핵, 자좌, 흡기 등
  ㉡ 병원체의 생식기관 : 분생포자, 분생자경, 포자층, 분생자경속, 포자낭, 병자각, 자낭각, 자낭반, 포자 누출 등

> **더 알아보기**
>
> **코흐의 원칙**
> 어떤 미생물이 병원임을 증명하기 위해서는 다음의 조건을 충족해야 한다.
> • 미생물이 언제나 병환부에 존재하여야 한다.
> • 미생물은 분리되어 배지 위에서 순수배양되어야 한다.
> • 순수배양한 미생물을 접종하여 동일한 병이 발생되어야 한다.
> • 발병된 피해부에서 접종에 사용한 미생물과 동일한 성질을 가진 미생물이 재분리되어야 한다.

(2) 전염성 병의 원인 – 생물적 원인 〔중요〕

① 진균(眞菌, Fungi) : 사상균 또는 곰팡이라고 불리며 조균, 담자균, 자낭균, 불완전균의 네 가지로 분류된다.

  ㉠ 조균이 병원균인 수병 : 포도노균병, 모잘록병
  ㉡ 담자균이 병원균인 수병 : 잣나무 털녹병, 소나무 혹병, 동백나무 역병, 포플러 자주빛날개무늬병, 향나무 녹병, 포플러 잎녹병, 소나무 잎녹병, 사과나무 붉은별무늬병
  ㉢ 자낭균이 병원균인 수병 : 장미 등의 흰가루병과 그을음병, 배나무 검은별무늬병, 벚나무 빗자루병, 복숭아・밤나무 줄기마름병, 소나무 잎떨림병, 낙엽송 잎떨림병

ⓔ 불완전균이 병원균인 수병 : 복숭아 탄저병, 사과나무 갈색무늬병, 묘포의 삼나무 붉은마름병, 묘포의 오리나무 갈색무늬병, 측백나무 잎마름병
② 세균(Bacteria) : 천공병, 근두암종병, 세균성 혹병, 점무늬병, 부패병, 눈마름병(아고병), 위축병, 궤양병, 화상병
③ 바이러스(Virus) : 포플러 모자이크병(포플러류가 기주)
④ 파이토플라스마(마이코플라스마) : 대추나무 빗자루병, 오동나무 빗자루병, 뽕나무 오갈병
⑤ 점균류(Slime Molds)
⑥ 기생성 선충(Parasitic Nematodes) : 소나무재선충
⑦ 기생성 종자식물(Parasitic Flowering Plants) : 새삼, 겨우살이

(3) 수병의 발생
① 병원체의 월동 장소
　　ⓐ 기주의 체내에 잠재해서 월동하는 병균 : 털녹병균, 빗자루병균, 각종 식물성 바이러스병균
　　ⓑ 병환부 또는 죽은 기주체에서 월동하는 병균 : 줄기마름병균, 탄저병균, 잎떨림병균
　　ⓒ 종자에서 월동하는 병균 : 갈색무늬병균, 묘목입고병균
　　ⓓ 토양에서 월동하는 병균 : 입고병균, 근두암종병균, 자줏빛날개무늬병균, 각종 토양서식병균
② 전반 : 병원체가 기주식물에 운반되는 것을 전반이라 하는데, 기주식물이란 병든 식물, 즉 병원체가 침입하여 정착한 상태의 식물을 말한다.
　　ⓐ 바람에 의한 전반 : 배나무 붉은별무늬병, 잣나무 털녹병, 밤나무 줄기마름병, 밤나무 흰가루병균
　　ⓑ 물에 의한 전반 : 향나무적성병, 근두암종병, 묘목의 입고병
　　ⓒ 곤충에 의한 전반 : 참나무 시들음병(광릉긴나무좀), 오동나무 빗자루병(담배장님노린재), 대추나무 빗자루병·뽕나무 오갈병(마름무늬매미충)
　　ⓓ 묘목에 의한 전반 : 잣나무 털녹병, 근두암종병 등
　　ⓔ 종자에 의한 전반 : 오리나무 갈색무늬병, 호두나무 갈색부패병
　　ⓕ 토양에 의한 전반 : 묘목의 입고병, 근두암종병
③ 병원체의 침입 경로
　　ⓐ 각피를 통한 침입 : 잎·줄기 등의 표면에 있는 각피나 뿌리의 표피를 병원체가 자기 힘으로 뚫고 침입하는 것
　　ⓑ 자연개구부를 통한 침입 : 기공, 수공, 피목, 밀선(꿀샘) 등과 같은 식물체에 존재하는 미세한 구멍을 통해 침입하는 것
　　ⓒ 상처를 통한 침입 : 여러 가지 원인에 의해서 만들어진 상처의 괴사조직을 통해 병원체가 침입하는 것

(4) 녹병균의 기주교대

① 녹병균은 살아 있는 생물체에만 기생하는 순활물기생균이자, 기주교대를 하며 생활하는 이종기생균이다.
② 이종기생균이란 기주교대, 즉 생활환을 이어가기 위해 전혀 다른 두 종류의 기주식물을 옮겨 가며 생활하는 병원체이고, 이와 달리 한 종류의 식물에서 생활환을 이어가는 병원체는 동종기생균이라 한다.
③ 기주교대 시 서로 다른 기주식물 중 경제적 가치가 적은 쪽을 중간기주라 하고, 녹병균은 기주식물에서 녹병포자(녹포자) 세대를, 중간기주에서 여름포자나 겨울포자 세대를 거친다.

> **더 알아보기**
>
> **녹병균의 중간기주**
> - 배나무 붉은별무늬병 → 향나무
> - 사과나무 붉은별무늬병 → 향나무
> - 소나무 혹병 → 졸참나무, 신갈나무
> - 잣나무 털녹병 → 송이풀, 까치밥나무
> - 포플러 잎녹병 → 일본잎갈나무(낙엽송)

(5) 주요 조경수목병 방제 〈중요〉

① 침엽수의 병해와 방제
  ㉠ 잎마름병
   - 피해 : 주목, 소나무, 곰솔, 잣나무 등에 발생하며, 병원균이 잎을 침해한다. 병든 잎이 갈색으로 변하여 일찍 떨어지므로 생장이 뚜렷하게 떨어진다. 곰솔과 소나무는 주로 1~2년생 묘목에 많이 발생한다.
   - 병징 : 봄철에 띠 모양의 황색 반점들이 침엽의 윗부분에 형성되고, 나중에 갈색으로 변하면서 반점들이 합쳐진다.
   - 방제 : 병든 묘목은 발생 초기에 태운다. 5월 하순부터 8월까지 2주 간격으로 구리제를 살포하면 방제 효과가 크다.

[잎마름병 - 은행나무]

ⓒ 잣나무 털녹병
- 피해 : 주로 15년생 이하의 잣나무에서 발생하며, 나무 줄기의 형성층을 파괴하여 병든 부위가 부풀면서 윗부분이 말라 죽는다.
- 병징 : 병원균이 잎의 기공으로 침입하여 줄기로 전파하며, 잎에는 황색의 미세한 반점을 형성한다. 균사가 침입한 줄기에는 수피가 황색으로 변하고, 2년 후에는 적갈색으로 변하며 부풀고, 8월 이후에는 점질상 물방울이 나타나며, 이듬해 봄에 수피를 파괴한다.
- 방제 : 중간기주인 송이풀과 까치밥나무류를 제거하고, 잣나무 높이의 1/3까지 가지치기를 하며, 잣나무 묘포에 8월 하순부터 10일 간격으로 구리제를 2~3회 살포한다.

② 활엽수의 병해와 방제
  ㉠ 흰가루병 중요
  - 피해 : 밤나무, 참나무류, 느티나무, 감나무, 배롱나무, 단풍나무, 개암나무, 붉나무, 오리나무, 장미 등에 발생하며, 어린눈이나 새순이 침해를 받으면 위축되어 기형이 되고, 나무의 생육이 위축된다. 주로 늦가을에 심하게 발생하며, 수목에 치명적인 병은 아니지만 조경수목의 미관을 많이 해친다.
  - 병징 : 장마철 이후부터 잎 표면과 뒷면에 흰색의 반점이 생기며, 점차 확대되어 가을이 되면 잎을 하얗게 덮는다. 그 후 갈색을 띤 작은 알갱이가 흰 분말 사이에 형성된다.
  - 방제 : 병든 낙엽을 모아 태우거나 땅속에 묻어 전염원을 차단하는 것이 필요하고, 봄에 새눈이 나오기 전에는 석회황합제를 1~2회 살포하며, 여름에는 만코지 수화제, 지오판 수화제, 베노밀 수화제 등을 2주 간격으로 살포한다.

[흰가루병 - 갈참나무]

  ㉡ 녹 병
  - 피해 : 장미과 중에서 특히 배나무, 사과나무에 피해를 주어 과일의 질과 생산량을 저하시키며 적성병을 일으키는 포자를 형성한다. 향나무 줄기 및 가지의 수피를 뚫고 겨울포자를 형성하는 균은 향나무의 가지 및 줄기를 말라 죽게 한다.
  - 병징 : 봄에 향나무의 잎과 줄기에 갈색의 돌기가 형성되며, 비가 와서 수분이 많아지면 황색의 한천 모양으로 부푼다. 이때 겨울포자는 발아하여 장미과 식물로 옮겨 간다. 6~7월에 장미과 식물의 잎과 열매 등에 노란색 작은 반점이 나타나고, 그 중앙에 흑색점이 생긴다.
  - 방제 : 향나무 부근에 장미과 나무를 심지 않도록 하며, 향나무에 만코지 수화제, 폴리옥신 수화제 4-4식 보르도액 등을 살포하고, 중간기주에는 4월 중순부터 6월까지 티디폰 수화제, 훼나리 수화제, 마이탄 수화제 등을 10일 간격으로 살포한다.

[녹병 – 향나무]

ⓒ 그을음병 중요
- 피해 : 소나무류, 주목, 대나무, 배롱나무, 감나무, 쥐똥나무, 감귤 등에 피해를 주며, 나무가 말라 죽는 일은 없으나 동화작용 부족으로 수세가 쇠약해지며, 미관이 손상되어 관상가치가 떨어진다.
- 병징 : 가지, 줄기, 과일 등에 그을음을 발라 놓은 것처럼 보이며, 깍지벌레, 진딧물 등 흡즙성 해충의 배설물에 2차적으로 기생하는 부생성 그을음병균에 의한 경우가 대부분이다.
- 방제 : 휴면기에 기계유 유제를 살포하고, 발생기에는 메티온 유제를 살포하여 깍지벌레를 구제한다. 질소질 거름의 과다도 발병 원인의 하나이므로 질소질 거름의 과용을 삼간다. 그을음병의 직접 방제에는 만코지 수화제, 티오판 수화제를 살포한다.

[그을음병 – 쥐똥나무]

③ 기타 병해와 방제
㉠ 갈색무늬병
- 개나리, 라일락, 굴거리, 무궁화, 식나무, 오리나무, 피라칸타, 황매화 등에 피해를 준다.
- 주로 봄부터 가을 사이에 발생하며, 발생 전 농약을 예방·살포하는 것이 바람직하다.
- 보르도액, 만코지 수화제, 마네브 수화제, 동 수화제 500~600배액을 살포한다.

[갈색무늬병 – 오리나무]

㉡ 잘록병(立枯病)
- 나무의 지체부가 침해되어 갈색으로 실처럼 넘어지며, 토양에서 감염된다.

- 씨뿌림상을 씨뿌림 1개월 전에 클로로피크린으로 소독하여 예방한다.
- 종자는 우스프름이나 메르크론 1,000배액으로 1시간 정도 소독하여 예방한다.
- 발병 시 우스프름이나 메르크론 1,000배액을 발생한 씨뿌림상에 물뿌리개로 흠뻑 관주한다.

ⓒ 빗자루병 중요
- 벚나무, 오동나무, 대추나무 등에 감염된다.
- 가지의 일부에 잔가지가 많이 생겨 빗자루 모양으로 변형된다.
- 7~9월에 파라티온 수화제, 메타 유제 1,000배액을 2주 간격으로 살포한다.

[조경수목의 주요 병해와 병징]

병 명	피해수종	주요 병징
잎마름병	소나무, 곰솔, 잣나무, 주목 등	봄철에 침엽 윗부분에 띠 모양의 황색 반점이 형성된 후 갈색으로 변하면서 반점이 합쳐짐
털녹병	잣나무	4월 중하순경 줄기에 흰색 또는 황백색의 주머니가 형성되고, 6월 하순 이후에는 나무껍질이 파열됨
흰가루병	밤나무, 참나무류, 느티나무, 물푸레나무, 감나무, 장미, 배롱나무 등	• 잎과 새 가지에 흰 가루가 생겨 위축됨 • 참나무류는 가을에 검은색 미립점이 형성됨
잎녹병	잣나무, 소나무, 전나무 등	4월 상순부터 1개월 동안 침엽에 황색 또는 황백색 주머니가 나란히 형성됨
그을음병	소나무류, 주목, 감귤, 배롱나무, 감나무 등	• 깍지벌레, 진딧물 등의 배설물에서 발생함 • 생육이 불량한 나무의 잎, 가지, 줄기에 그을음이 퍼짐
부란병	사과나무, 꽃아그배나무 등	나무껍질이 갈색으로 부풀어오르고, 쉽게 벗겨지며, 알코올 냄새가 남
줄기마름병	밤나무, 포플러류, 자작나무, 벚나무, 은행나무 등	• 나무껍질이 파열되고, 환부 표면에 균체가 형성됨 • 밤나무는 나무껍질 밑에 부채꼴 균사체가 형성됨
탄저병	오동나무, 호두나무, 물푸레나무, 감나무, 대추나무	• 5~6월경 잎맥, 잎자루, 어린 줄기에 담갈색 또는 회갈색의 둥근 점무늬가 형성됨 • 성숙과의 표면에 검은 반점이 나타나고 움푹 들어감
빗자루병	전나무, 오동나무, 대추나무, 벚나무, 대나무, 살구나무 등	• 균이 잎과 줄기에 침입하여 피해를 줌 • 연약한 가는 가지와 잎이 총생하고, 잎이 담황록색으로 변색됨 • 대나무는 마디 수가 많고, 바늘 모양의 소엽이 착생됨
갈색무늬병	포플러류, 오리나무, 사과나무, 느티나무, 자작나무, 밤나무, 대나무 등	• 7월 상순부터 늦가을에 잎에 갈색 무늬가 생기고, 병든 잎은 8월 중순에 일찍 떨어짐 • 지면에서 가까운 잎에 발생함
자줏빛날개무늬병	호두나무, 은행나무 등	뿌리에 자갈색 균사가 망상으로 형성되고, 표피와 줄기 사이가 부패함
검은점무늬병	살구나무, 벚나무 등	• 잎과 열매에 검은 점무늬가 생김 • 열매의 감염 부위는 함몰되고, 푸른색으로 착색됨
세균성구멍병	벚나무, 살구나무, 자두나무 등	• 5~6월경에 발생하여 8~9월에 피해가 극심함 • 잎에 원형의 갈색 점무늬가 형성된 후 환부가 탈락하여 구멍이 형성됨
뿌리썩음병	소나무류, 삼나무, 잎본잎갈나무(낙엽송), 전나무, 밤나무, 오동나무 등	• 뿌리 및 줄기에 발생함 • 나무껍질 속에 흰색 균사가 형성됨 • 가을에는 환부에 버섯이 형성됨

> **더 알아보기**
>
> **발병 부위에 따른 병해의 분류**
> - 잎·꽃·과일에 발생하는 병 : 흰가루병, 탄저병, 회색곰팡이병, 붉은별무늬병, 녹병, 균핵병, 갈색무늬병
> - 줄기에 발생하는 병 : 줄기마름병, 가지마름병, 암종병
> - 뿌리에 발생하는 병 : 흰빛날개무늬병, 자줏빛날개무늬병, 뿌리썩음병, 근두암종병
> - 나무 전체에 발생하는 병 : 흰비단병, 시들음병, 세균성 연부병, 바이러스 모자이크병

2 주요 수목의 해충

(1) 잎을 갉아먹는 해충

① 솔나방

㉠ 피해 : 애벌레를 보통 송충이라고 하여 예부터 소나무의 대표적인 해충이다. 애벌레 한 마리가 한 세대 동안 갉아먹는 솔잎의 길이는 수컷이 약 50m, 암컷이 약 78m 정도이다.

㉡ 생활사 : 연간 1회 발생하고 제5령충으로 월동한다. 수피나 지피물 밑에서 월동한 애벌레는 4월경에 나와 솔잎을 먹고 자라 3회의 탈피를 거쳐 8령충이 되며, 이 노숙 애벌레는 7월 초·중순 솔잎 사이에 실을 토하여 고치를 만들고 번데기가 된다. 20일 내외의 번데기 기간을 거쳐 7월 하순에서 8월 중순 사이에 어미벌레로 우화한다.

㉢ 방제 : 월동한 애벌레 가해시기는 4월 중순부터 6월 중순이나, 어린 애벌레 시기인 9월 상순부터 10월 하순에 살충제를 살포하고, 가해하는 애벌레나 고치를 직접 잡아 죽인다. 7월 하순부터 8월 중순까지는 피해수목 주위에 등불을 밝혀 유살시키며, 10월 중에는 잠복소를 설치하고 유인하여 태워 죽인다.

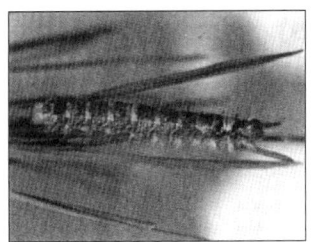

[솔나방 유충]

② 미국흰불나방

㉠ 피해 : 포플러류, 버즘나무 등 160여 종의 활엽수를 가해하며, 먹이가 부족하면 초본류도 먹는다. 애벌레는 4령기까지 거미줄로 잎을 싸고 그 속에서 무리지어 잎살만 먹으며, 5령부터는 분산하여 잎맥만 남기고 먹는다. 애벌레 한 마리가 $100 \sim 150 cm^2$의 잎을 갉아먹는다. 몇 개의 잎이나 작은 가지를 거미줄 같은 것으로 감아 놓기 때문에 발견하기 쉽다.

ⓒ 생활사 : 1년에 2회 발생하며, 1화기 어미벌레는 5월 중순에서 6월 상순에, 2화기 어미벌레는 7월 하순에서 8월 중순에 우화한다. 잎 뒷면에 600~700개의 알을 무더기로 낳는다. 알 기간은 7~9일, 애벌레 기간은 40~50일이며, 4령충까지 무리지어 생활하고 6회 탈피한다.

ⓒ 방제 : 애벌레 가해기에 살충제 디프를 수관에 살포하며, 무리지어 살고 있는 애벌레를 피해 잎과 함께 채취하여 태워 버리고 8월 중순에 피해 나무줄기에 잠복소를 설치하고 유인하여 태워 죽인다.

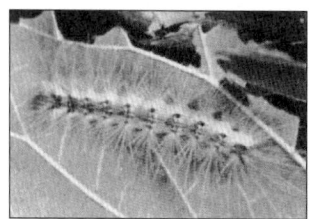

[미국흰불나방 유충]

(2) 즙액을 빨아먹는 해충

① 진딧물류

ⓐ 피해 : 진딧물 종류에 따라 활엽수 및 침엽수의 대부분 수종에 기생하는 해충으로 월동한 알에서 부화한 애벌레(약충)가 나무의 줄기 및 가지에 부착하여 즙액을 빨아먹으므로 잎이 말리고 수세가 약해진다. 2차적인 피해로 각종 바이러스병을 유발시킨다.

ⓑ 생활사 : 진딧물은 유성세대와 무성세대로 구분하며, 난생에서 난태생으로 그리고 날개가 있는 때와, 날개가 없는 때 등으로 형태가 다양하다. 생활환도 완전 생활환과 불완전 생활환으로 분리되며, 완전 생활환은 이주형과 비이주형으로 되어 있다. 일반적으로 진딧물은 1년에 10회 내외로 발생하며 대부분 나무의 가지나 눈에서 월동한다.

ⓒ 방제 : 발생 초기에 마라톤 유제, 메타시스톡스 유제를 수관에 살포하고 무당벌레류, 꽃등에류, 풀잠자리류, 기생벌 등 천적을 보호한다.

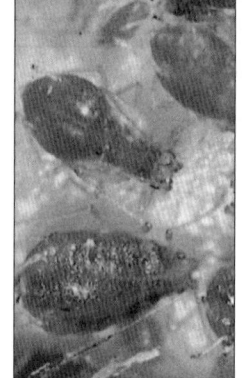

[진딧물]

② 응애류

ⓐ 피해 : 진딧물과 같이 대부분의 수종을 가해한다. 응애는 바늘과 같이 끝이 뾰족한 입틀로 잎의 즙액을 빨아 먹어 잎에 황색의 반점을 만들고, 이 반점이 많아지면 잎 전체가 황갈색으로 변한다. 응애의 피해를 받은 나무는 처음 1~2년간은 생장에 큰 지장이 없으나, 계속 피해를 받으면 생장이 감퇴되고 수세가 약해지며, 피해가 심할 경우 말라 죽는다.

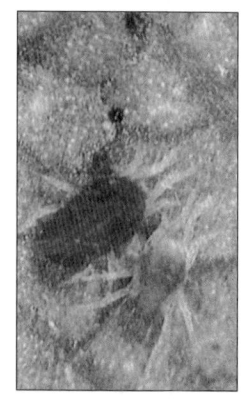

[응 애]

ⓒ 생활사 : 1년에 5~10회 발생하며, 종류에 따라 알 또는 어미벌레로 월동한다.
ⓔ 방제 : 응애 발생기인 4월 중하순에 7~10일 간격으로 수관에 살비제를 2~3회 살포한다.

③ 깍지벌레류
ⓐ 피해 : 대부분의 수종에 피해를 주는 해충으로 수목의 잎, 가지에 붙어서 즙액을 빨아먹는다. 번식력이 강하여 다수가 기생한 나무는 점차 쇠약해져서 심하면 고사한다. 깍지벌레는 나무에 직접적인 피해뿐 아니라, 그을음병, 고약병 등을 유발시켜 간접적 피해도 준다.
ⓒ 생활사 : 1년에 1~3회 발생하며, 암컷은 불완전변태를 하고, 수컷은 완전변태를 한다. 부화 약충은 잎, 줄기에 붙어 즙액을 빨아먹는다. 깍지벌레는 즙액을 빨아먹기 시작하면서 밀랍을 분비하여 깍지를 만든다.
ⓔ 방제 : 5월 중하순에 1주일 간격으로 수프라사이드 유제를 2~3회 살포하고 무당벌레, 풀잠자리 등의 천적을 보호한다.

(3) 구멍을 뚫는 해충

① 향나무하늘소
ⓐ 피해 : 애벌레가 향나무나 측백나무의 형성층 부위에 구멍을 뚫고 먹어 나무를 급속히 말려 죽인다. 주로 쇠약한 나무를 먹으며, 배설물을 밖으로 내보내지 않기 때문에 발견하기 어렵다.
ⓒ 생활사 : 1년에 1회 발생하는데, 어미벌레로 목질부 속에서 월동하며, 2월 하순 사이에 탈출한다. 탈출한 어미벌레는 수피 틈에 2mm 정도의 황갈색 알을 낳고 부화애벌레는 형성층에 갱도를 만들고 먹는다. 9월경 노숙 애벌레는 목질부로 들어가 번데기가 되며, 10월에 우화하나 그대로 월동한다.
ⓔ 방제 : 피해를 받은 가지나 줄기를 10월부터 이듬해 2월 가지 사이에 벌채목을 소각하고, 나무가 쇠약해지지 않도록 관리한다. 3월 중순에서 4월 중순 사이에 줄기에 메프제를 2~3회 살포하여 부화 애벌레를 죽인다.

② 소나무좀
ⓐ 피해 : 월동한 어미벌레가 소나무, 곰솔, 잣나무, 리기다소나무 등 쇠약한 나무의 형성층 부위에 갱도를 만들어 수분과 양분의 이동을 막아 나무를 말려 죽인다. 새로 나온 어미벌레는 새순에 구멍을 뚫고 나무의 진을 먹으므로 가지가 부분적으로 말라 죽어 수형이 나쁘게 된다. 이때는 건전한 나무에도 피해를 주며, 인근 지역에 소나무 벌채지나 원목을 집재한 곳이 있으면 피해가 증가한다.
ⓒ 생활사 : 1년에 1회 발생하며, 소나무류의 지표 부근 수피에 구멍을 뚫고 월동하며, 3월 중순에서 4월 중순 사이에 기온이 15℃ 정도 2~3일 계속될 때 활동 장소에서 탈출한다. 탈출한 어미벌레가 쇠약목에 침입하여 갱도를 만들어 그 속에서 교미를 마치고 60개 정도의 알을 낳으며, 알은 12~20일 정도 후에 부화한다. 유충은 2회 탈피하며, 유충기간은 약 20일이다.
ⓔ 방제 : 수세가 약한 나무를 미리 제거하거나 벌채목의 껍질을 벗겨 번식처를 제거한다. 벌채한 유인용 소나무에 어미벌레가 알을 낳게 한 후 껍질을 벗겨 태운다.

3 해충 방제 방법의 분류

(1) 기계적 방제
① 간단한 기계나 또는 손으로 해충을 방제하는 방법이다.
② 잡아 죽이는 방법, 찔러 죽이는 방법, 터는 방법, 차단법, 경운법 등이 있다.

(2) 화학적 방제
① 화학물질을 이용하여 해충을 방제하는 방법이다.
② 분무법, 살분법, 살입법, 미스트법, 연무법, 훈증법, 관주법, 토양 처리법, 침적법, 분의법, 도포법, 수간 주입법 등이 있다.

(3) 생물적 방제
① 천적(포식 동물, 기생 또는 포식 곤충, 병원 미생물 등)을 이용한 해충 개체군의 억제를 말한다.
② 외지에서 유력한 천적을 도입하는 방법, 그 지방에 존재하고 있는 토착 천적의 세력을 강화하는 방법이 있다.

(4) 임업적 방제(조경학적 방제)
① 일반적으로 산림을 해충 발생에 불리하게 만들기 위한 여러 가지 조치로, 산림 생태계 내의 구성 요인 간의 균형을 유지하고 교란 및 파괴를 피하는 데 중점을 둔다.
② 수목의 구성, 수목의 밀도 조절, 입지 및 품종 선택과 같은 방법이 있다.

4 농약의 사용 및 취급

(1) 농약의 종류
농약이란 농작물에 피해를 주는 균, 곤충, 응애, 선충, 바이러스, 잡초, 기타 동식물의 방제에 사용되는 살균제, 살충제, 제초제 등의 약제와 농작물의 생리기능을 증진하거나 억제하는 데 사용하는 약제를 말한다.

① 살충제
  ㉠ 해충을 방제할 목적으로 쓰이는 약제로 살충작용에 따라 독제, 접촉제, 침투성 살충제, 훈증제, 유인제, 기피제, 불임제 등이 있으며, 상표의 색깔이 녹색이다.
  ㉡ 살충 성분에 따라 식물성 살충제와 광물성 살충제로 구분한다.

식물성 살충제	제충국제, 황산니코틴, 데리스제가 있으며, 잎말이나방, 진딧물, 응애 방제에 효과가 있다.
광물성 살충제 (기계유 유제)	해충의 몸체 또는 알에 피막을 형성하여 질식시킨다.

② 살균제 : 병원균을 죽이는 목적으로 쓰이는 약제로, 사용방법에 따라 식물체에 직접 살포하는 살포용 살균제와 종자 살균제, 토양 살균제 등으로 분류한다.
③ 살비제 : 응애만을 죽이는 농약이다.
④ 살선충제 : 식물체 내에 기생한 선충을 죽이는 유기인제와 토양 중의 선충을 죽이는 토양훈증제가 있다.
⑤ 제초제 : 잡초를 제거하는 데 쓰이는 약제로 살초제라고도 하며, 선택성 제초제와 비선택성 제초제가 있다.
⑥ 생장조절제 : 식물의 병해충 방제와는 관계없이 식물 생육을 촉진 또는 억제시켜서 이상발육을 유발시키는 데 쓰이는 약제이다. 비에이액제, 도마도톤액제, 인돌비액제 등이 있다.

(2) 농약살포액의 조제

① 살포액의 희석

> - 필요 약량 = 수량 ÷ 희석배수
> - 필요 수량 = 약량 × 희석배수

예 물 100L를 가지고 1,000배액을 만들 경우 얼마의 약량이 필요한가?
  필요 약량 = 수량 ÷ 희석배수 = 100L ÷ 1,000 = 0.1L = 100mL
예 농약 20mL를 가지고 1,000배액을 만들 경우 물의 양은 얼마가 필요한가?
  필요 수량 = 약량 × 희석배수 = 20mL × 1,000 = 20,000mL = 20L

② 살포액 조제 시 유의사항
  ㉠ 살포액을 조제할 때는 복장을 갖추고 노즐 부분을 적게 한 후 조제해야 한다.
  ㉡ 약액을 물에 부을 때는 손이나 약병 표면에 약액이 묻지 않도록 주의하고, 약액을 닦은 걸레는 소각해야 한다.
  ㉢ 유제는 먼저 소량의 물에 희석한 후 필요량의 물을 서서히 부어 골고루 혼합하고, 수화제는 소량의 물에 죽과 같은 상태로 푼 뒤에 필요량의 물을 부으면서 완전히 섞이도록 해야 한다.
  ㉣ 약액이 엎질러졌을 때는 즉시 오염된 부분의 흙을 긁어모아 땅속 깊숙이 묻어 오염이 되지 않도록 해야 한다.

(3) 농약의 사용법

① 농약 살포 시 유의사항
  ㉠ 살균제를 살포할 경우, 보호 살균제는 병원균이 침입하기 이전에, 직접 살균제는 발병 초기에 살포하는 것이 효과적이다.
  ㉡ 살충제를 살포할 경우, 독제는 유충이 발생된 초기에 살포하고 접촉제는 유충이 전부 나타난 다음 몸체에 직접 살포하는 것이 효과적이다.

ⓒ 제초제는 발아 전 처리제와 발아 후 경엽 처리제로 구분되어 있으므로, 각각 적기에 처리해야 한다.
ⓓ 약제 살포량은 약제별로 명시된 사용량을 정확히 지켜야 하는데, 눈짐작이나 약병 뚜껑에 의한 약제의 계량보다는 메스실린더를 이용하는 것이 보다 정확하다.

② 농약의 살포방법

분무법	• 분무기를 이용하여 다량의 약제를 살포하는 방법으로, 분무액에 압력을 주어 노즐로 분출시킨다. • 압력이 강하고 노즐의 구멍이 작을수록 분출되는 입자가 작아져 병해충이나 식물체에 골고루 묻힐 수 있다. • 노즐구멍의 크기는 오래 사용할수록 마멸되어 커지므로, 때때로 바꾸어야 한다.
살분법	• 분제를 살포하는 방법으로, 인력 살분기를 사용하는 경우 분당 회전수를 50~80회 정도로 하여 천천히 걸어가면서 뿌린다. • 분제는 매우 미세한 가루로 공중에 비산하기 쉬우므로 약간의 기류 이동에도 약해가 발생하기 쉽고 손실량도 많다. • 살포 시기는 상승기류가 없는 이른 아침이나 저녁 때가 적합하지만, 큰 나무에 살포할 때는 한 낮의 상승기류를 이용하여 수관부에 침투시키는 것이 좋다.
살립법	• 입제를 살포하는 방법으로, 살립기를 이용하여 살포하기도 하나 보통 손으로 뿌린다. • 균일하게 살포해야 약해를 줄이고 약효를 제대로 나타나게 한다.
토양처리법	• 토양 표면이나 토양 속에 서식하는 병해충 및 잡초를 방제할 목적으로 처리하는 방법이다. • 약제로는 액제, 분제, 훈증제 등이 이용된다.
도포법	수간과 줄기 표면의 상처에 침투성 약액을 발라 조직 내로 약효성분이 흡수되도록 하는 방법이다.
도말법	종자 소독을 위해 분제나 수화제를 건조한 종자에 입혀 살균·살충하는 방법이다.

> **더 알아보기**
>
> 농약의 물리적 성질
> • 고착성 : 약제가 이슬이나 빗물에 씻기지 않고 식물체 표면에 부착되어 있는 성질
> • 부착성 : 약제가 식물체나 충체에 붙는 성질
> • 침투성 : 약제가 식물체나 충체에 스며드는 성질
> • 수화성 : 수화제가 물에 고르게 혼합되는 성질
> • 현수성 : 수화제 현탁액의 고체 미립자가 균일하게 분산하여 부유하는 성질

(4) 농약의 안전 사용

① 식물별로 적용 병해충에 적합한 농약을 선택하여 사용 농도, 사용 횟수 등을 안전사용기준에 따라 살포한다.
② 기관, 호스 등 농약 살포장비는 사용 전에 점검하여 분출구의 이상 여부 등을 확인한다.
③ 농약을 살포할 때는 주변 인가에 알려 가축이나 물고기, 양봉 등에 피해가 없도록 한다.
④ 적용 병해충에 사용할 수 있는 농약이 여러 가지가 있을 경우 번갈아 가면서 사용한다.
⑤ 제초제를 살포할 때는 약이 날려 다른 농작물에 묻지 않도록 노즐을 낮추어 살포한다.

⑥ 살포작업은 비가 오지 않고 바람이 불지 않는 맑은 날, 한 낮의 뜨거운 때를 피해 아침이나 저녁 등 서늘하고 바람이 적을 때 실시한다.
⑦ 농약은 바람을 등지고 살포하며, 피부가 노출되지 않도록 마스크와 보호용 옷을 착용한다.
⑧ 피로하거나 몸의 상태가 나쁠 때는 작업을 하지 않으며, 혼자서 3시간 이상 장시간의 작업은 피하도록 한다.
⑨ 작업 중에 음식 먹는 일을 삼가고, 작업이 끝나면 노출 부위를 비누로 씻고 옷을 갈아입는다.
⑩ 살포 후에 살포장비를 물로 깨끗이 씻어 보관하고, 사용한 빈 병은 일정한 장소에 모아 처리한다.
⑪ 쓰고 남은 농약은 표시를 해 두어 혼동하지 않도록 하고, 서늘하고 어두운 곳에 농약전용 보관상자를 만들어 보관한다.
⑫ 농약 중독 증상이 느껴지면 즉시 의사의 진찰을 받는다.

제2절 관·배수 관리

1 관수 관리

(1) 관수가 필요한 경우
① 이식한 수목
② 꽃이 핀 수목
③ 어린 수목
④ 이례적 가뭄
⑤ 물을 좋아하는 수목 : 수국이나 국화 등
⑥ 화분에 식재된 수목

(2) 관수 적기의 판단
① 잎이 축 쳐져 있거나 말라 있을 때 수목의 상태를 보고 관수 시기를 판단한다. 잎이 축 늘어지거나 시들기 시작할 때, 수목의 잎이 윤기가 없어지거나 색이 퇴색할 때, 잎이 일찍 떨어지거나 어린잎이 죽을 때 관수가 필요한 상태이다.
② 흙을 손가락 한 마디만큼 푹 찔러 보고 흙 속이 말랐을 때 토양의 20cm 깊이에서 탁구공 모양으로 토양을 떼어 2~3회 주먹을 쥐어 뭉쳐 보고 감촉과 육안으로 관수시기를 판단한다.
③ 화분에 있을 경우 들어 보고 가벼울 때

(3) 기계의 측정값을 활용한 관수시기 판단 방법

① 수분 장력계 : 수분이 토양 입자에 의하여 붙잡혀 있는 장력을 측정하여 토양이 건조한 정도를 판단하는 기계이다. 0~80cb에서부터 정확하게 읽을 수 있으며, 영구위조점은 1,500cb 이다.
② 전기 저항계 : 토양에 매설된 두 전극 간의 전기저항을 측정하여 수분의 함량을 계산한다. 범위는 100~1,500cb이며, 식물 가용수분은 100cb 정도부터 이루어진다.
③ 토양수분 측정기 : 토양 함수율 기준으로 5%가 되면 관수를 실시하고, 30%가 되면 정지한다.

(4) 관수 요령

① 햇볕이 뜨겁지 않을 때 준다. 잎에 물방울이 맺히면 렌즈효과에 의해 잎이 탈 수 있으므로 가능하면 아침·저녁 또는 흐리거나 서늘한 날에 물을 주는 것이 좋다.
② 흙이 모두 젖을 때까지 준다. 흙이 충분히 젖지 않으면 뿌리 발달이 부실해진다.
③ 흙에 직접 조금씩 여러 번 준다. 꽃에 물이 바로 닿으면 꽃이 빨리 시들고, 센 물줄기로 인해 흙이 패일 수 있다.
④ 겨울철 한파예보 전에는 물을 주지 말아야 한다. 추운 날에는 물주는 것을 최소화하고 하루 중 기온이 높은 낮에 준다.
⑤ 비오는 날은 빗물을 받아 둔다. 산성토양을 좋아하는 진달래과 식물에게 주면 좋다. 수국은 산성토양에서 파란 꽃, 알칼리 토양에서 분홍 꽃을 피우는데 빗물은 약산성이라서 파란 꽃을 볼 수 있다.

2 배수 관리

(1) 배수의 형태

수목 식재지의 표면 유수가 계획된 집수시설로 잘 흘러 들어갈 수 있도록 일정한 기울기로 조성하는 표면 배수와 식물의 생육심도에 비해 지하수가 높은 지역의 정체수를 배수하기 위한 심토층 배수가 있다.

(2) 배수 방법 결정

① 표면 배수 : 비탈면 상부 및 중간참, 도로, 보도, 광장, 운동장, 포장 지역, 잔디밭, 식재지역 이외 우수의 영향을 받는 곳
② 심토층 배수 : 천연잔디구장, 골프장, 테니스장, 다목적운동장, 불량 식재기반 개량지, 임해 매립지, 쓰레기 매립장, 옥상정원, 실내정원, 지하수위가 높은 곳, 배수 불량 지반

제3절　토양 및 시비관리

1　토양관리

(1) 토양의 성질과 수목

대부분의 식물은 약산성(pH 6.5~7.0)을 좋아하지만 식물마다 좋아하는 흙의 산도가 달라 흙이 산성이냐 알칼리성이냐에 따라 잘 사는 식물이 나뉜다. 산도를 알고 조절할 수 있다면 식물이 더 잘 살 수 있는 환경을 만들 수 있다.

(2) 산성을 좋아하는 대표적인 수목

동백나무, 호랑가시나무, 목련, 때죽나무, 진달래, 철쭉, 정금나무, 노루발, 치자나무, 은방울꽃, 꽃창포, 개옥잠화, 블루베리, 아젤리아, 금잔화 등

(3) 알칼리성을 좋아하는 대표적인 수목

초롱꽃, 금낭화, 섬개야광나무, 미국능소화, 영춘화 등

2　시비관리

(1) 거름주기(시비)의 목적

① 조경수목이 건전하게 생육하여 본래의 아름다움을 유지하도록 한다.
② 병해충, 추위, 건조, 바람, 공해 등에 대한 저항력을 증진시킨다.
③ 건강한 꽃을 피우게 하고, 과일의 결실을 좋게 한다.
④ 토양 미생물의 번식을 돕고, 식물이 토양 양분을 이용하기 쉽게 해 준다.

(2) 비료의 의의와 양분 흡수

① 비료란 식물에 영양을 공급하거나 식물의 재배를 돕기 위하여 토양이나 식물에 공급하는 물질을 말한다.
② 식물체가 토양 양분을 흡수하는 부분은 뿌리털이며, 뿌리털의 길이는 1~8mm이고 수명은 수일 내지 수주로 짧지만, 뿌리가 신장함에 따라 계속 발생하므로 양분과 수분의 흡수는 계속된다.

(3) 양분 흡수에 미치는 환경 조건

① 온 도
  ㉠ 뿌리의 양분 흡수 속도는 5℃에서부터 35℃까지 지온이 상승함에 따라 빨라진다.
  ㉡ 광합성 작용은 20~30℃ 정도에서 가장 왕성하고, 그 이하나 그 이상의 온도에서는 감퇴하기 시작한다.

② 광 선
  ㉠ 직접적 : 잎에서 이루어지는 광합성 작용과 증산 작용에 관계가 있다.
  ㉡ 간접적 : 뿌리의 호흡과 대사 작용에 관계가 있다.

③ 토양 공기 : 토양 내 통기를 좋게 하기 위해서는 경운을 하거나 유기물, 토양개량제, 뿌리보호판, 분쇄목 등을 사용한다.

④ 토양 수분
  ㉠ 토양이 지나치게 습하거나 건조하면 뿌리의 기능이 저하되어 양분과 수분의 흡수에 지장을 준다.
  ㉡ 건조 상태가 오래 지속되면 잎의 팽압이 낮아져 기공이 좁아지고, 이산화탄소의 흡수량이 적어져 광합성 작용이 저하되므로 수목은 잘 자라지 않게 되며, 어느 한계점이 지나면 물을 공급하더라도 회복하지 못하고 말라 죽게 된다.

(4) 양분 원소와 역할

① 식물의 생육에는 16가지의 필수원소가 있는데, 식물이 다량 흡수하는 9가지 원소를 다량원소(C, H, O, N, P, K, Ca, Mg, S)라 하고, 소량흡수하며 식물체의 생리기능을 돕는 7가지 요소를 미량원소(Fe, B, Mn, Cu, Zn, Mo, Cl)라 한다.
② 이 중 탄소와 산소는 공기 중에서, 수소는 물에서, 그 밖의 원소는 토양 성분에서 공급받는다.
③ 다량원소 중에서도 식물의 생육에 특히 많이 이용하는 질소(N), 인(P), 칼륨(K)을 비료의 3요소라 하고, 칼슘(Ca)을 포함하여 비료의 4요소라고 한다.

> **더 알아보기**
>
> **식물 생육과 관련된 16가지 필수원소**
> - 다량원소 : C, H, O, N, P, K, Ca, Mg, S
> - 미량원소 : Fe, B, Mn, Cu, Zn, Mo, Cl
> - 비료의 3요소[4요소] : 질소(N), 인(P), 칼륨(K), [칼슘(Ca)]

(5) 비료의 분류

① 비료는 반응, 성분, 모양, 제조방법, 용도 등에 따라 분류할 수 있으며, 비료를 성분에 따라 분류하면 다음과 같다.

[비료 성분에 따른 분류]

구 분		성 분	비료의 종류
무기질 비료	단식비료 (단비)	질소질 비료	황산암모늄(유안), 요소, 질산암모늄, 석회질소
		인산질 비료	용성인비, 과인산석회, 중과인산석회, 용과인
		칼륨질 비료	염화칼륨, 황산칼륨
		석회질 비료	재생석회, 소석회
		고토질 비료	황산마그네슘, 수산화마그네슘, 고토석회
		망간질 비료	황산망간
		붕소질 비료	붕 사
	복합비료 (복비)	제1종 복합비료	화성비료, 배합비
		제2종 복합비료	고형비료
		제3종 복합비료	흡착비료
		제4종 복합비료	액체비료
유기질 비료		동물질 비료	쇠똥, 돼지똥, 닭똥, 뼛가루
		식물질 비료	콩깻묵, 퇴비

② 주요 비료의 역할 중요

㉠ 질소(N) : 광합성 작용의 촉진으로 잎이나 줄기 등 수목의 생장에 도움을 주며, 부족하면 생장이 위축되고 성숙이 빨라지나, 많으면 도장(徒長)하고 약해지며 성숙이 늦어진다.

㉡ 인(P) : 세포분열 촉진, 꽃·열매·뿌리 발육에 관여하고, 부족하면 꽃과 열매가 나빠지고, 많으면 성숙이 촉진되어 수확량이 감소한다.

㉢ 칼륨(K) : 꽃·열매의 향기, 색깔을 조절하고, 부족하면 황화현상이 일어난다.

㉣ 칼슘(Ca) : 단백질 합성, 식물체 유기산 중화의 역할을 하고, 부족하면 생장점이 파괴되어 갈색으로 변한다.

㉤ 황(S) : 호흡작용, 콩과 식물의 근류 형성에 관여하며, 부족하면 단백질 합성이 늦어지고 침엽수는 잎의 끝부분이 황색이나 적색으로 변한다.

㉥ 철(Fe) : 산소 운반, 엽록소 생성 촉매작용 등의 역할을 하는데, 부족하면 잎조직에 황화현상이 일어난다.

㉦ 붕소(B) : 개화 및 과실 형성에 관여하며, 부족하면 잎의 변색, 착화 곤란, 뿌리생장 저하가 나타난다.

(6) 거름 주는 시기와 분량 중요

① 거름 주는 시기
  ㉠ 질소질 비료와 같은 속효성 비료는 덧거름으로 주고, 지효성의 유기질 비료는 밑거름으로 준다.

속효성 비료	효력이 빠른 비료로, 3월경 싹이 틀 때와 꽃이 졌을 때 그리고 열매를 땄을 때 주며 7월 이후에는 주지 않는다.
지효성 비료	효력이 늦은 비료로, 늦가을에서 이른 봄 사이에 준다.

  ㉡ 밑거름(두엄, 계분)이나 덧거름(N, P, K 등 복합비료)을 수목의 생장과 관련하여 준다.
  ㉢ 화목류의 인산비료는 7~8월에 준다.
  ㉣ 조경수목의 시비 시기는 일반적으로 낙엽이 진 후가 가장 좋다.

② 거름 주는 분량

(단위 : g/그루)

구 분		밑거름			덧거름
		두 엽	깻 묵	과인산석회	황산암모늄
5년생 이하	낙엽교목	750	40	20	25
	낙엽관목	650	25	30	25
	상록교목	1,300	40	35	25
	상록관목	900	25	35	25
5년생 이상	낙엽교목	7,500	350	50	40
	낙엽관목	3,500	225	55	25
	상록교목	7,500	225	55	30
	상록관목	4,000	175	55	25

(7) 시비 방법

① 전면 거름주기 : 수목을 식재하기 전에 토양 표면에 밑거름을 깔고 경운하거나, 수목이 밀식되어 한 그루마다 거름을 줄 수 없는 경우 토양 전면에 거름을 주는 방법이다.
② 윤상 거름주기 : 수관 폭을 형성하는 가지 끝 아래의 수관선을 기준으로 한 환상 모양으로 깊이 20~25cm, 너비 20~30cm 정도로 둥글게 파고 알맞은 양의 거름을 주는 방법이다.
③ 격윤상 거름주기 : 윤상 거름주기의 형태이기는 하나 거름구덩이가 연결되어 있지 않고, 일정한 간격을 두고 해마다 구덩이 위치를 바꾸어 거름을 주는 방법이다.
④ 방사상 거름주기 : 수목의 밑동을 기준으로 한 방사상 모양으로 땅을 파고 거름을 주는 방법으로, 파는 도랑의 깊이는 바깥쪽일수록 깊고 넓게 파야 하며, 깊이는 수관 폭의 1/3 정도로 한다.

기출 Point 거름주기
- 천공 거름주기 : 몇 군데에 구멍을 뚫고 거름을 줌(흙과 거름을 섞어 줌 – 6개월 후 효과)
- 선상 거름주기 : 군식된 수목을 따라 도랑을 파 거름을 줌(장미, 철쭉, 벚나무에 효과)

⑤ 천공 거름주기 : 수관선상에 깊이 20cm 정도의 구멍을 군데군데 뚫고 거름을 주는 방법으로, 주로 비탈면에 물거름을 줄 때 적용하고, 물거름이 아닌 것은 거름을 넣고 가볍게 덮어 준다.
⑥ 선상 거름주기 : 산울타리처럼 수목이 띠 모양으로 군식되었을 때, 식재된 수목을 따라 밑동으로부터 일정한 간격을 두고 도랑처럼 길게 구덩이를 파서 거름을 주는 방법이다.
⑦ 관목 거름주기 : 소규모 군식인 경우에는 윤상 거름주기 또는 천공 거름주기를 하고, 대규모 군식인 경우에는 무기질 거름을 균일하게 전면 살포한다.

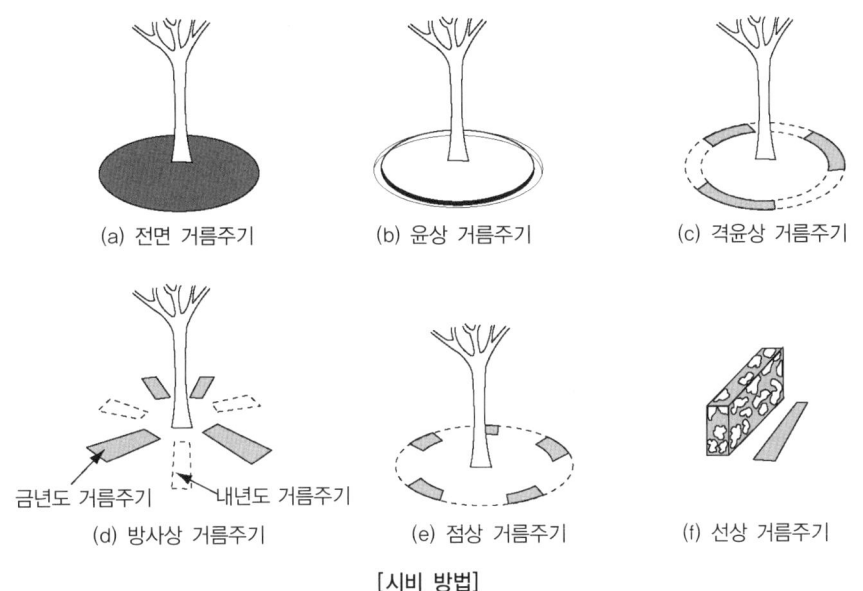

[시비 방법]

제4절 제초 관리

1 잡초의 종류 및 피해

(1) 형태적 특성에 따른 잡초의 분류

① 화본과 잡초 : 화본과 잡초는 전체 잡초의 22%를 차지하며, 직립형, 굴곡형 및 포복형 등이 있다. 강아지풀, 피, 바랭이, 뚝새풀 등이 있다.
② 사초과 잡초 : 사초과 잡초의 형태적 특성은 화본과와 비슷하지만, 줄기 모양 및 줄기 속 등 일부 특성이 다르며, 피대가리, 방동사니, 향부자 등이 있다.
③ 광엽계 잡초 : 광엽계 잡초의 형태적 특성은 잎이 둥글고 크며, 편편하고 잎맥이 그물처럼 얽혀 있다. 클로버, 피막이 등이 있다.

(2) 번식법에 따른 잡초의 분류

① 종자번식잡초 : 뚝새풀, 명아주, 바랭이, 피 등
② 영양번식잡초 : 가래, 미나리, 올방개 등
③ 종자·영양번식잡초 : 너도방동사니, 산딸기, 쑥 등

> **더 알아보기**
>
> **일년생 잡초의 종류 및 특성 비교**
> - 여름형 잡초 : 봄에 발아해서 여름 고온기에 왕성하게 생장한다. 가을에 온도가 내려가면서 종자 결실 후 일생을 마감한다. 예 피, 바랭이, 쇠비름 등
> - 겨울형 잡초 : 가을 또는 겨울에 발아하여 겨울을 지나면서 이른 봄에 온도가 상승하면서 왕성하게 생장한다. 초여름에 종자 결실 후 일생을 마감한다. 예 냉이, 뚝새풀, 새포아풀 등

(3) 잡초의 피해

① 양분과 수분을 빼앗아 잔디의 생육에 지장을 준다.
② 태양광선의 차단으로 광합성 작용이 방해를 받는다.
③ 바람을 막아 증산 작용을 방해한다.
④ 여러 가지 병이나 해충의 발생을 조장한다.
⑤ 잔디밭의 미관을 해친다.

2 잡초의 방제

(1) 잡초의 방제 방법

① **인력에 의한 방법** : 잔디를 상하지 않고 확실히 방제할 수 있는 방법이나, 인건비로 인하여 경영적인 측면에서 불리하다.
② **재배적 방제법** : 잔디밭을 조성하기 전에 잡초를 완전히 제거하거나, 잔디깎기 등의 관리를 통하여 잡초 발생을 억제한다. 특히 잡초의 씨앗이 맺히기 전에 잔디깎기를 하여야 방제의 효과가 크다.
③ **제초제에 의한 방법** : 제초제는 토양처리제와 경엽처리제, 선택성과 비선택성, 접촉성과 이행성, 호르몬형과 비호르몬형, 싹트기 전 처리제와 싹튼 후 처리제 등으로 나눈다.
  ⊙ 잔디의 상토소독에 사용하는 약제 : 토양살균제인 클로로피크린, 메틸브로마이드 등
  ⊙ 잡초인 클로버(토끼풀) 제초제 : 디캄바 액제(반벨), 메코프로프 액제(영일엠시피피), 메코프로프-피 액제(초병) 등

(2) 제초제 방제 시 사용상 주의사항

① 기상과의 관계 : 날씨 좋은 날에 살포하여야 빨리 고착된다. 비가 오거나 가뭄이 계속되는 경우는 약해가 나타나기 쉽고, 바람이 부는 날은 살포한 약제가 날아가기 쉬우므로 주의한다.
② 혼용할 수 없는 농약 : 대부분의 농약은 다른 농약과 혼용하면 약해가 일어나거나 분해되어 효력이 없어질 수 있으므로 주의한다.
③ 식물에 대한 약해 : 식물의 종류 및 품종, 생육상태, 기상조건에 따라 약해가 발생할 수 있다.
④ 농약에 대한 해충의 저항성 : 같은 농약을 반복적으로 사용하면 해충에 저항성이 생겨 살충력이 저하된다.
⑤ 천적과 방화곤충 : 천적과 방화곤충이 활동하는 지역과 시기에는 농약살포를 피하거나 주의해서 사용한다. 방화곤충은 매개곤충이라고도 하며 곤충에 의해 꽃가루가 운반되어 수분에 도움을 주는 벌이나 나비와 같은 곤충을 말한다.

(3) 잡초 방제 시기

잡초 방제 시기는 잡초 발생 상태를 확인하면서 잡초 방제 시기를 결정하는데 준공 전 1회 정도 시행한다.

① 일년생 화본과 잡초 방제
발아 전 처리제 및 경엽 처리제를 모두 사용할 수 있으며, 광엽 계통의 잡초방제는 봄보다 가을에 처리하는 것이 더 효과적이다.

기출 Point

봄에 발생하는 바랭이 및 일년생 화본과 잡초 방제를 위해서는 동절기 또는 이른 봄 발아 전 처리제를 사용할 수 있으며, 생육 과정 중에 발생한 잡초는 발아 후 처리제로 방제할 수 있다. 고질적인 새포아풀 방제를 위해서는 9~10월 경 새포아풀이 발생하기 전에 발아 전 처리제로 처리한다.

[일년생 화본과 잡초의 방제 방법]

종 류	처리 부위	살포 시기	살포 횟수
발아 전 처리제	토 양	잡초 발생 10~20일 전	1회
발아 후 처리제	경 엽	잡초 본엽 2~3매 발생	2~3회

② 다년생 화본과 잡초 방제
다년생 화본과 잡초방제는 가장 어렵기 때문에 단기적인 선택적 방제 대신 장기적으로 기계적 방제 및 화학적 방제를 포함한 종합적 방제 전략으로 접근해야 한다.
㉠ 물리적 방법
• 화학약제를 사용하여 덩굴을 제거할 경우 입목(立木)이나, 임지, 야생 동·식물, 산림 이용객, 수자원 등에 피해가 예상되는 지역을 대상으로 하고, 작업 횟수는 작업 대상지 덩굴의 종류와 양을 고려하여 2~3회 실시한다.
• 인력으로 덩굴의 줄기를 제거하거나 뿌리를 굴취하며, 칡뿌리의 경우 '발근식 칡 채취기'를 활용할 수 있다.
㉡ 화학적 방법 : 대상지는 화학약제를 사용하여 덩굴을 제거하여도 입목이나, 임지, 야생 동·식물, 산림 이용객, 수자원 등에 피해가 없는 지역으로 작업 횟수는 작업 대상지 덩굴의 종류와 양을 고려하여 2~3회 실시한다.

제5절 전정관리

1 수목별 정지전정 특성

(1) 수목 유형에 따른 전정 시기

① 수목의 생육 절기를 고려할 때, 수목의 건강에 가장 좋은 시기가 있다. 그러나 그 외 기간에도 일정 정도의 전정은 가능하며 필요하다.

> **기출 Point** 전정 시기
> 대부분의 조경 수목은 겨울에 전정한다.

- ㉠ 화목류 : 개화가 끝난 직후
- ㉡ 유실수 : 싹트기 전 이른 봄
- ㉢ 상록 활엽수 : 어느 때나 가능(6~7월에 유의)
- ㉣ 상록 침엽수 : 5월 초순~중순
- ㉤ 낙엽 활엽수 : 6월 이전 또는 낙엽 후

② 가장 좋은 전정 시기 이외의 기간에는 약전정 즉 줄기, 가지 및 잎을 상대적으로 적은 양만을 잘라 내는 것이 수목의 건강을 위하여 바람직하다.

2 정지전정 도구

도 구	기능과 특성
사다리	• 손이 닿지 않는 큰 나무의 윗부분의 전정을 위해 사용한다. • 마대, 크레인을 이용하기도 한다.
톱	• 큰 가지 또는 썩거나 병충해를 입은 노목을 갱신하기 위해 제거할 때 사용한다. • 대지용 : 길이(36~45cm), 날의 폭(6cm) • 소지용 : 길이(25~30cm), 날의 폭(4~5cm) • 고지톱 : 지름(2~10cm), 톱을 대나무에 묶어서 자른다. • 엔진톱 : 썩거나 병충해를 입은 10cm 이상 가지 → 엔진톱 이용한다.
전정가위	• 조경 수목, 분재 전정, 지름 3cm 정도의 가지에는 길이가 18~20cm 정도가 편리하다. • 사용법 : 지름 1cm 이하인 가지는 전정가위 날 사이에 넣어 단번에 자른다. 날을 비틀거나 비집어 흔들지 않는다. • 1cm 이상(두꺼운 가지) : 날을 크게 벌려 받쳐 주는 날 쪽으로 수직으로 돌리면서 자르고, 앞으로 끌어당기면서 자른다.
적심 가위, 순치기 가위	연하고 부드러운 가지나 끝순, 햇순, 수관 내의 가늘고 약한 가지를 자를 때 사용한다.
적과 가위, 적화 가위	꽃눈, 열매를 솎을 때, 과일의 수확에 사용한다.
고지 가위	높은 곳의 가지나 열매를 채취하기 위해(갈고리 전정가위) 사용한다.
긴 자루 전정가위	자르기 힘든 지름 3cm 이상의 굵은 가지를 자를 때 사용한다.
산울타리 전정가위	• 전장(50~100cm), 날의 길이(15~20cm)가 적당 • 수관을 둥글게 하려면 날의 방향을 하향으로 전정
동력식 산울타리 전정기	엔진식, 전동식 2가지가 있다.
혹 가위 및 보조용 칼	자른 부위를 병충해와 썩음으로부터 방지하거나 상처 부위를 빨리 아물게 하기 위해 그 부분을 도려내서 접을 붙인다.

3 정지전정 시기와 방법

시 기	수 종	시기 및 요령
봄 전정 (3~5월)	상록 활엽수 : 참나무류, 녹나무 등	잎이 떨어지고 새잎이 날 때
	낙엽 활엽수 : 느티나무, 벚나무 등	신장 생장이 최대인 시기
	침엽수 : 소나무, 반송, 섬잣나무	순꺾기(순지르기 : 적심) - 5월 상순
	봄 꽃나무 : 철쭉류, 목련, 벚나무, 진달래	꽃이 진 직후 전정
	여름 꽃나무 : 무궁화, 배롱나무, 싸리	눈이 움직이기 전 이른 봄에 전정
	산울타리 : 향나무류, 회양목, 사철나무	5월 말(회양목은 겨울 전정 지양)
	유실수 : 복숭아, 꽃사과 등	이른 봄
	동백나무, 목련	눈의 바로 위를 전정
여름 전정 (6~8월)	수목 생장 활발기로 수형이 흐트러지고 도장지 발생, 통풍, 일조 불량으로 병충해 피해가 많다.	비대 생장, 화아 생성, 동화 물질 저장 시기로 약전정을 실시함
	낙엽 활엽수 : 단풍나무, 자작나무 등	강전정 피함
	일반 수목	도장지, 도복지, 맹아지 제거
가을 전정 (9~11월)	낙엽 활엽수 일부	강전정은 동해 유발(약전정 실시)
	상록 활엽수 일부	남부 지방만 전정
	침엽수 일부	묵은 잎 적심(털어 주기)
	산울타리	2회 전정
겨울 전정 (12월~2월)	낙엽 활엽수	굵은 가지 강전정(수형을 잡기 위함)
	상록수	동계 전정 지양(내한성이 약함)
	무궁화	다음 해의 신초가 나기 전(10~12월, 2월)
	기 타	해토 무렵 실시
기 타	장미류	눈이 부풀어 오를 때 실시

제6절 수목보호조치

1 수목의 생리적 피해 및 양상

병원	세부 원인	주요 증상	피해 양상
수분 과·부족	침·배수 불량	잎의 위조, 뿌리변색, 손상	증상은 서서히 나타난다.
	수분 부족	잎의 위조	햇빛과 바람에 노출된 개체에서 심하며 피해는 급속히 나타난다.
염해	높은 염분 함량	잎의 위조, 황화, 뿌리 위축	고사는 오래된 잎에서 심하며 수관 전체에 서서히 나타난다.
영양 장애	붕소 과다	잎 가장자리 괴사	고사는 오래된 잎에서 심하며 수관 전체에 서서히 나타난다.
	철분 결핍	잎 가장자리 괴사	오래된 잎에서 증상이 심하며 수관 전체에서 서서히 나타난다.
		엽맥 사이 조직의 황화	어린 잎에서 가장 심하게 나타나며 백화 현상이 심해지면 고사한다.
	망간 결핍	엽맥 사이 조직의 괴사	오래된 잎과 어린잎에서 서서히 나타나며 알칼리 토양에 예민한 수종에서 심하게 발생한다.
		엽맥 사이 조직의 황화	엽맥 주변에 철 결핍 때보다 더 넓은 녹색 띠가 나타나며 고사 반점으로 진전된다.
	질소 결핍	잎 전체의 황화	노엽에서 심하게 나타난다.
	아연 결핍	잎 얼룩(모자이크) 반점	어린잎에서 먼저 발생. 잎이 비정상적으로 적고 마디가 짧아지며 알칼리 토양에서 나타난다.
대기 및 토양오염	가스 유출	잎 전체의 황화	수관 전체에서 서서히 황화 현상이 나타나다가 생장 둔화 및 고사가 진행된다.
기상 피해	서리 피해	잎 전체 괴사, 시듦, 고사	갑자기 증상이 나타난다.
	동해	잎 전체의 괴사	늦겨울 초봄의 상록수에서 나타나고 바람에 노출된 부위에서 심하게 관찰된다.
		가지와 수간에 유상 조직 형성	빙점 이하의 온도에서 수피가 갈라져 틈의 가장자리에서 유상 조직이 융기하고 부패된다.
	낙뢰	수피가 벗겨짐	수고가 높은 고립목에서 나타나며 피해 가지는 고사한다.
약해	제초제 피해	잎 괴사, 반점, 황화, 기형	제초제 살포지역 주위에서 심하게 나타난다.

2 동절기 수목보호

(1) 피해 방지 및 예방 방법

① 토양관리 : 급격한 기온 하강과 건조함이 지속되는 동절기에도 토양이 수목의 뿌리를 보호할 수 있으려면 충분한 양분과 수분이 필요하다.

② 동절기 시비

  ㉠ 동절기 시비(施肥)는 수목 주변에 분뇨나 계분 등 유기질 비료를 땅에 묻어 겨울철 눈과 토양 수분을 이용, 흡수하도록 하는 것이다.

  ㉡ 뿌리의 활동이 멈춰진 동절기에 서서히 효과를 주는 비료분을 주면 조직이 충실해져 다음해 열매나 꽃이 잘 성장한다.

③ 유기질 재료
  ㉠ 동절기에는 유기질 비료가 가장 크게 효과를 나타낸다. 보통 화학비료는 물을 타면 곧 뿌리에 흡수되므로 효과가 빠르게 나타나는 장점이 있으나 그다지 오래 지속되지는 않는데 이는 비나 눈이 내리면 대부분의 양이 유실되기 때문이다.
  ㉡ 흔히 쓰이는 유기질 비료로는 계분, 우분, 어분, 골분, 깻묵 등이 있는데 동절기에는 퇴비를 기본으로 하고 여러 가지 종류의 유기질 비료를 혼합해서 사용하는 것이 좋다.
④ 시비 장소
  ㉠ 비료성분은 생장이 왕성한 뿌리의 끝부분에 가까운 곳에서 흡수된다는 사실을 기억하고 세근이 많이 모여 있는 곳에 실시하는 것이 가장 효과적이다.
  ㉡ 수목은 뿌리가 퍼지는 것과 가지가 퍼지는 것이 거의 일치하기 때문에 수관부 끝부분 바로 아래를 둥글게 파고 시비하는 것이 가장 효과적인 방법이다.
  ㉢ 뿌리가 사방으로 뻗어 있는 경우에는 수목과 수목 사이의 비료주기 적정한 곳에 구덩이를 파고 시비하는 것이 좋다. 하지만 뿌리는 비료가 있는 곳을 찾아 자라기 때문에 매년 정해진 곳에만 주게 되면 뿌리가 한쪽으로 기울어 노화될 수 있으므로 해마다 위치를 바꾸어 주는 것이 효과적이다.
⑤ 충분한 수분 공급
  ㉠ 침엽수와 상록활엽수 등 우리나라에서 생장하고 있는 대부분의 조경수목은 겨울에도 증산작용을 하므로 충분한 수분 공급이 필요하다.
  ㉡ 다만 중부지방에서 토양이 동결되는 혹한기 전인 11월~12월 초까지 실시하는 것이 효과적인데 점점 가을이 짧아지고 있으므로 약간 이른 감이 있을 때 관수를 실시하는 것이 좋다.

(2) 동절기 조경관리 중요
① 동해방지 대책
  ㉠ 성토법(피복법) : 장미류와 같이 월동에 약한 관목류는 지상으로부터 수간을 약 30~50cm 높이로 흙을 덮어서 묻힌 부분이 보호되게 하거나 짚이나 왕겨, 낙엽 등으로 뿌리 부분을 겨울 내내 피복시켜 월동한다.
  ㉡ 포장법 : 내한성이 약한 낙엽화목류를 짚으로 촘촘하게 감싸는 것으로 배롱나무, 모과나무, 장미, 감나무, 벽오동 등에 가장 많이 쓰이는 월동방법이다.
  ㉢ 방풍법 : 내한성이 약한 어린 상록수는 수목 주위에 대나무나 철사로 지주를 세우고 짚, 비닐 등으로 찬바람이나 눈이 수목에 동해를 입히지 못하도록 막는 방법이다. 찬바람이 부는 북서쪽에 방풍벽을 만드는 것도 효과적이다.
  ㉣ 훈연(熏煙)법 : 서리에 의한 피해를 예방하거나 싹이 나온 후 갑자기 하강하는 온도를 조절하기 위해 쓰이는 방법이다. 낙엽이나 기름, 타이어 등을 태워서 발생한 연기로 열의 기류를 순환시켜 수목의 온도를 조절하는 방법이다.

ⓜ 기타 방법 : 이외에도 건물이나 수목 주위의 채광상태를 살펴서 양지바른 곳은 낮에 토양온도의 상승을 유도하는 방법이 있다.

② 동절기 수목보호 조치
  ㉠ 보온막을 설치한다.
    • 내한성이 약한 배롱나무, 벽오동, 장미 등은 지제부와 수간을 볏짚이나 새끼끈으로 싸 줘야 한다.
    • 여러해살이 초본인 숙근 초화류는 겨울 동안에는 땅 위의 부분이 죽어 없어졌더라도 봄이 되면 다시 새순이 돋아나므로, 땅 위에 비닐 등을 덮어 피복해 주면 지하부를 보호할 수 있다.
  ㉡ 관수와 배수
    • 침엽수와 상록활엽수는 동절기에도 증산 작용을 하므로 토양 중에 충분한 수분이 있어야 한다. 따라서 토양이 동결되기 전에 충분히 관수하여 겨울철 수분부족으로 인한 피해를 입지 않도록 한다. 특히 우리나라는 가을부터 건조한 기후가 계속되므로 미리 충분히 관수하는 것이 필요하다.
    • 관수만큼 식물의 생장에 영향을 미치는 요인은 배수이다. 배수가 잘 되고 통기성이 좋은 토양에서는 토양의 동결 현상이 적게 일어나므로 관수와 함께 배수도 신경써야 한다.
  ㉢ 토양멀칭과 증산억제제를 살포한다.
    • 토양표면을 유기물로 덮어주면 보온효과가 있어 토양이 깊게 동결하지 않으며, 수분부족으로 인한 동절기 건조 현상도 방지할 수 있다.
    • 초겨울에 영산홍이나 회양목 등에 증산억제제를 살포해 주면 잎이 갈색으로 변하는 것을 방지할 수 있다.

③ 기타 겨울철 수목보호 관리
  ㉠ 외부상처 수술을 한다.
    • 수목은 생리상태에 따른 내적인 영양관리를 떠나 병균이나 해충, 기상의 해를 받거나 외부의 물체로부터 충격을 받아 피해를 입을 수 있다.
    • 수간 부분에 상처를 입어서 수간이 썩거나 고목이 되어 동공이 뚫리면 외부상처 수술을 통해 수목을 원상태로 치료해줘야 한다.
    • 수목 외과 수술의 적정시기는 수액의 유동이 정지되는 겨울부터 유동하기 직전까지가 가장 좋다.
  ㉡ 해충을 예방한다.
    • 해충예방을 위한 약제 살포 시에는 깍지벌레, 진드기, 진딧물 등의 예방을 위해서는 메치온 유제, 석회유황합제 8~10배액 등 강한 액제를 산포한다.
    • 낙엽이 완전히 진 곳에서의 해충은 유충, 성충, 번데기 등이 토양 속이나 낙엽의 밑, 줄기 수피의 벌어진 틈에서 월동하므로 이때 방제하는 것이 효과적이다.

ⓒ 병균을 예방한다.

고약병의 예방	• 수간 또는 큰 가지에 둥글거나 불규칙한 형태의 두꺼운 피막을 형성하며 마치 고약을 바른 것과 같이 보인다. • 초기에는 흰색이었다가 시간이 지나면서 회갈색으로 변하는데 가느다란 가지의 경우 새로운 눈까지 균이 무더기로 쌓여 가지의 생장을 방해할 수 있으므로 균의 무더기를 칼이나 낫으로 베어 내고, 석회유황합제를 붓이나 솔로 바른다.
빗자루병의 예방	• 낙엽기가 되면 쉽게 발견할 수 있는 병이다. 가지 끝이 조그마한 혹처럼 되어 그곳으로부터 작은 가지들이 빗자루처럼 많이 나오기 때문에 멀리서 보면 빗자루 모양을 하고 있다. • 이 병에 걸린 가지는 정상적인 가지보다 빨리 눈이 나오지만 꽃이 피지 않는다. • 포자가 바람에 날려 병을 옮기며 약제에 의한 방제는 불가능하기 때문에 발생한 부위(정상적인 부분을 약간 포함)를 잘라 태워 버린다. • 이 방제도 겨울철에 실시한다.

제7절 시설물 보수 관리

1 조경시설물 보수 관리

(1) 조경시설물

① 조경시설물이란 도시공원, 자연공원, 관광지, 상업시설, 유원지, 공장, 학교, 정원에 이르기까지 조경 공간에 설치된 모든 시설물을 말한다.
② 그 종류에는 유희시설, 운동시설, 경관시설, 수경시설, 휴양시설, 교양시설, 편익시설, 관리시설, 기반시설 등이 있다.
③ 시설물 관리 작업 시기는 식물처럼 일정한 적기가 있는 것이 아니라 손상 부위가 발견되면 즉시 보수하여야 하며, 장마철 또는 추울 때를 피하여 이용자가 적을 때 실시하는 것이 좋다.
④ 같은 종류의 시설물은 종합해서 실시하는 것이 좋다.

(2) 조경시설물 보수 관리 목적

① 시설물의 종류에 따라 설치목적이 유지되어야 하며 청결하고 안전한 상태에서 이용자가 항상 적절하게 이용할 수 있도록 관리하여야 한다.
② 시설물 관리가 처음부터 정상적으로 이루어지지 않으면 시설물 자체의 수명이 짧아지고 시설물 수리나 교체에 드는 비용이 더욱 커지게 되므로 불필요한 예산을 낭비하는 결과를 가져오게 된다.

(3) 도면지식의 이해

조경 준공도면과 공사 내역서를 보고 설치된 조경시설물의 종류를 파악할 수 있어야 한다.

(4) 플로우 차트의 이해 〈중요〉

① 플로우 차트는 문제나 작업의 범위를 결정하고 분석하며, 그 해석 방법이 명확하도록 통일된 기호와 도형을 사용하여 필요한 작업과 처리순서를 도식적으로 표시한 것이다.
② 여러 가지 발생할 수 있는 문제 또는 그 과정을 작성한 흐름에 따라 분석하여 해결할 수 있다.
③ 수많은 작업 과정을 쉽게 나타내기 때문에 흐름도 또는 순서도라고도 하며, 필수로 거쳐야 하는 작업이다.

[연간 관리계획 플로우 차트]

목표 설정
⇩
시설물 종류 파악
⇩
시설물 재료 파악
⇩
손상 부위 점검
⇩
작업 방식 결정
⇩
투입 장비 및 인력 산정
⇩
관리 비용 산출
⇩
손상 부위 보수 및 교체

(5) 보수관리 작업 방식

① 도급 방식과 직영 방식의 특성을 알고 있어야 한다.
② 보수 관리의 매뉴얼에 맞게 작업하는 방법을 알고 있어야 한다.

2 시설물 유지관리 점검 리스트

(1) 놀이시설물 점검 항목

① 금속재 : 곡선부의 상태, 충격에 의해 비틀린 곳, 충격에 의한 파손 상태, 사용에 의한 마모 상태, 체인의 곡선부 상태, 접합 부분(앵커볼트, 볼트, 리벳, 엘보, 티, 용접 등)의 상태, 지면과 접한 곳의 부식 상태, 지상부 등의 부식 상태, 축 및 축수의 베어링 마모·이완 상태
② 목재 : 충격에 의한 파손, 사용에 의한 마모 상태, 갈라진 부분, 뒤틀린 부분, 부패된 부분, 충해에 의해 손상된 부분

③ 콘크리트재 : 기초 콘크리트의 노출된 부분·파손된 부분·침하된 부분, 충격에 의해 파손된 부분, 갈라진 부분, 안정성
④ 합성수지재 : 금이 간 곳, 파손된 곳, 흠이 생긴 곳
⑤ 기타 : 회전 부분 윤활유 유무, 도장이 벗겨진 곳, 퇴색된 부분, 접전 부분(앵커볼트, 볼트, 리벳, 엘보, 티, 용접 등)의 상태

(2) 편의시설물 점검 항목
① 목재 : 접합 부분, 갈라진 부분, 부패된 부분, 파손된 부분 등
② 금속재 : 용접 등의 접합 부분, 충격에 의해 비틀리거나 파손된 부분, 부식된 부분 등
③ 콘크리트재 : 파손된 부분, 갈라진 부분, 침하된 부분, 마감 부분 처리 상태 등
④ 합성수지재 : 갈라진 부분, 파손된 부분, 변형된 부분, 도장이 벗겨진 부분, 퇴색된 부분 등

(3) 경관조명시설 점검 항목
① 광 원
  ㉠ 조도·휘도량 : 계획대로 필요한 빛을 내고 있는지 점검한다.
  ㉡ 조도·휘도 분포량 : 전반적으로 조도 및 휘도분포가 균형적인지 점검한다.
  ㉢ 빛의 질 : 빛의 양보다 질이 강조되었는지 점검한다.
② 심미성
  ㉠ 시각적 즐거움 : 조명이 시각적으로 즐거움을 주고 있는지 점검한다.
  ㉡ 색조분포 : 전반적으로 색조의 분포가 조화로운지 점검한다.
③ 주변 환경 조화성
  ㉠ 조형미 : 낮과 밤에 계획된 조형미를 정상적으로 창출하고 있는지 점검한다.
  ㉡ 경관 기여도 : 랜드마크로써 계획대로 도시경관에 기여하고 있는지 점검한다.
  ㉢ 주변과의 조화 : 조명이 주변 환경과 조화를 이루고 있는지 점검한다.
④ 친환경성
  ㉠ 광공해(Light Pollution) 유무 : 광공해는 일어나지 않는지 점검한다.
  ㉡ 광원 간 간섭 : 서로 다른 광원들 사이에서 간섭이 일어나는지 점검한다.
  ㉢ 현휘(휘도비) : 각 시선 방향에서 현휘(눈부심)가 많은지 점검한다.

(4) 수경시설물 점검 항목
① 구조체
  ㉠ 지반과 접합된 부분의 안정성을 검토한다.
  ㉡ 콘크리트, 자연석, 인공 폭포 구조체, 수조 등의 훼손 부분을 확인한다.
② 외부 마감 재료 : 화강석, 자연석, 인조석, 타일 등 마감 재료의 파손 및 유실을 점검한다.

③ 설비계통
  ㉠ 급·배수를 위한 기구와 배관을 점검한다.
  ㉡ 수중 모터 펌프 등 기계실 상황을 확인한다.
④ 노즐 : 분수 시설의 노즐 작동 여부를 정기 점검한다.
⑤ 전기, 조명 : 전기 배선 및 수중등, 외부 투사등의 원활한 작동을 위한 점검을 한다.
⑥ 여과, 소독장치 : 여과와 소독을 위한 배관, 밸브 방청 및 누수, 소독살조 농도 등을 점검한다.

CHAPTER 01 적중예상문제

PART 03 조경관리

01 식물병의 발병에 관여하는 3대 요인과 가장 거리가 먼 것은?
① 일조 부족
② 병원체의 밀도
③ 야생동물의 가해
④ 기주식물의 감수성

해설 식물병의 발병에 관여하는 3대 요인 : 병원체(주인), 환경(유인), 기주(소인)

02 이종기생균이 그 생활사를 완성하기 위하여 기주를 바꾸는 것을 무엇이라고 하는가?
① 기주교대   ② 중간기주
③ 이종기생   ④ 공생교환

해설
② 중간기주 : 서로 다른 기주식물 중 경제적 가치가 적은 것
③ 이종기생 : 전혀 다른 두 종류의 기주식물을 옮겨가며 생활환을 이어가는 것
④ 공생교환 : 둘 또는 그 이상의 종이 어떤 형태로든지 서로 이익을 교환하며 생활하는 것

03 오늘날 세계 3대 수목병에 속하지 않는 것은?
① 잣나무 털녹병
② 느릅나무 시들음병
③ 밤나무 줄기마름병
④ 소나무류 리지나뿌리썩음병

04 배나무 붉은별무늬병의 겨울포자 세대의 중간기주 식물은?
① 잣나무   ② 향나무
③ 배나무   ④ 느티나무

해설 붉은별무늬병의 중간기주는 향나무이다.

05 다음 중 파이토플라즈마에 의한 수목병은?
① 뽕나무 오갈병
② 잣나무 털녹병
③ 밤나무 뿌리혹병
④ 낙엽송 끝마름병

해설 파이토플라즈마(마이코플라즈마)에 의한 수목의 전염성 병 : 대추나무 빗자루병, 오동나무 빗자루병, 뽕나무 오갈병

정답 1 ③ 2 ① 3 ④ 4 ② 5 ①

06 일반적으로 빗자루병이 가장 발생하기 쉬운 수종은?

① 향나무 ② 대추나무
③ 동백나무 ④ 장 미

해설 빗자루병의 피해수종 : 전나무, 오동나무, 대추나무, 벚나무, 대나무, 살구나무 등

07 사철나무 탄저병에 관한 설명으로 틀린 것은?

① 관리가 부실한 나무에서 많이 발생하므로 거름주기와 가지치기 등의 관리를 철저히 하면 문제가 없다.
② 흔히 그을음병과 같이 발생하는 경향이 있으며 병징도 혼동될 때가 있다.
③ 상습발생지에서는 병든 잎을 모아 태우거나 땅속에 묻고, 6월경부터 살균제를 3~4회 살포한다.
④ 잎에 크고 작은 점무늬가 생기고 차츰 움푹 들어가면서 진전되므로 지저분한 느낌을 준다.

해설
- 그을음병 : 깍지벌레, 진딧물 등의 배설물에서 발생하며, 생육이 불량한 나무의 잎, 가지, 줄기에 그을음이 퍼진다.
- 탄저병 : 5~6월경 잎맥, 잎자루, 어린 줄기에 담갈색 또는 회갈색의 둥근 점무늬가 형성되며, 성숙과의 표면에 검은 반점이 나타나고 움푹 들어간다.

08 수목에 피해를 주는 병해 가운데 나무 전체에 발생하는 병은?

① 흰비단병, 근두암종병
② 암종병, 가지마름병
③ 시들음병, 세균성 연부병
④ 붉은별무늬병, 갈색무늬병

해설 발병 부위에 따른 병해의 분류
- 잎·꽃·과일에 발생하는 병 : 흰가루병, 탄저병, 회색곰팡이병, 붉은별무늬병, 녹병, 균핵병, 갈색무늬병
- 줄기에 발생하는 병 : 줄기마름병, 가지마름병, 암종병
- 뿌리에 발생하는 병 : 흰빛날개무늬병, 자줏빛날개무늬병, 뿌리썩음병, 근두암종병
- 나무 전체에 발생하는 병 : 흰비단병, 시들음병, 세균성 연부병, 바이러스 모자이크병

09 다음 중 오리나무 갈색무늬병균의 전반에 대한 설명으로 옳은 것은?

① 곤충 및 소동물에 의해서 전반된다.
② 물에 의해서 전반된다.
③ 종자의 표면에 부착해서 전반된다.
④ 바람에 의해서 전반된다.

해설 ③ 오리나무 갈색무늬병균은 종피에 붙어 전반된다.

10 참나무 시들음병에 대한 설명으로 옳지 않은 것은?

① 매개충은 광릉긴나무좀이다.
② 피해목은 초가을에 모든 잎이 낙엽이 된다.
③ 매개충의 암컷등판에는 곰팡이를 넣는 균낭이 있다.
④ 월동한 성충은 5월경에 침입공을 빠져나와 새로운 나무를 가해한다.

해설 ② 참나무 시들음병의 피해목은 겨울에도 잎이 지지 않고 붙어 있어 경관을 해친다.

11 다음 병원체의 월동방법 중 토양 중에서 월동하는 병원균은?

① 자줏빛날개무늬병균
② 소나무 잎떨림병균
③ 밤나무 줄기마름병균
④ 잣나무 털녹병균

해설 병원체의 월동장소
- 기주의 체내에 잠재해서 월동하는 병균 : 털녹균, 빗자루병균, 각종 식물성 바이러스병균
- 병환부 또는 죽은 기주체에서 월동하는 병균 : 줄기마름병균, 탄저병균, 잎떨림병균
- 종자에서 월동하는 병균 : 갈색무늬병균, 묘목입고병균
- 토양에서 월동하는 병균 : 입고병균, 근두암종병균, 자줏빛날개무늬병균, 각종 토양서식병균

12 다음 [보기]에서 설명하고 있는 병은?

┤보기├
- 수목에 치명적인 병은 아니지만 발생하면 생육이 위축되고 외관을 나쁘게 한다.
- 장미, 단풍나무, 배롱나무, 벚나무 등에 많이 발생한다.
- 병든 낙엽을 모아 태우거나 땅속에 묻음으로써 전염원을 차단하는 것이 필수적이다.
- 통기 불량, 일조 부족, 질소 과다 등이 발병유인이다.

① 흰가루병　② 녹 병
③ 빗자루병　④ 그을음병

13 오리나무잎벌레의 천적으로 가장 보호되어야 할 곤충은?

① 벼룩좀벌　② 침노린재
③ 무당벌레　④ 실잠자리

해설 오리나무잎벌레의 천적은 무당벌레로 오리나무잎벌레의 개체밀도를 줄이는 생물적 방제법에 널리 이용된다.

14 다음 중 식엽성(食葉性) 해충이 아닌 것은?

① 솔나방
② 텐트나방
③ 복숭아명나방
④ 미국흰불나방

해설 ③ 복숭아명나방은 종실 해충에 속한다.

15 다음 해충 중 성충의 피해가 문제되는 것은?

① 솔나방
② 소나무좀
③ 뽕나무하늘소
④ 밤나무혹벌

해설 ② 소나무좀의 성충은 지제부의 수피 틈에서 월동을 하다가 3~4월경에 소나무의 체관부 깊숙이 알을 까고, 유충이 부화되는 6월 말까지 본격적인 피해를 준다.

정답　11 ①　12 ①　13 ③　14 ③　15 ②

16 솔수염하늘소의 성충이 최대로 출연하는 최성기로 가장 적합한 것은?

① 3~4월　② 4~5월
③ 6~7월　④ 9~10월

해설 솔수염하늘소 : 연 1회 발생하며 5월 하순부터 7월까지 성충으로 지내는데 우화탈출의 최성기는 6월 중하순이다.

17 다음 중 솔잎혹파리의 구제방법으로 틀린 것은?

① 먹좀벌을 방사하여 구제한다.
② 10~11월에 피해목을 벌목하여 태워 구제한다.
③ 6월 상순~7월 중순에 다이진(다이아톤) 50% 유제 등을 수간에 주사한다.
④ 성충 우화 최성기에 메프수화제(스미치온) 500배액을 수관에 주사한다.

해설 ② 9월 이전에 피해목을 벌채한다.

18 솔나방의 생태적 특성으로 옳지 않은 것은?

① 식엽성 해충으로 분류된다.
② 줄기에 약 400개의 알을 낳는다.
③ 1년에 1회로 성충은 7~8월에 발생한다.
④ 유충이 잎을 가해하며, 심하게 피해를 받으면 소나무가 고사하기도 한다.

해설 ② 솔나방은 우화 2일 후부터 약 500개의 알을 솔잎에 무더기로 나눠 낳으며, 알덩어리 하나의 알 수는 100~300개이다.

19 잎응애(Spider Mite)에 관한 설명으로 옳지 않은 것은?

① 절지동물로서 거미강에 속한다.
② 무당벌레, 풀잠자리, 거미 등의 천적이 있다.
③ 5월부터 세심히 관찰하여 약충이 발견되면, 다이아지논 입제 등 살충제를 살포한다.
④ 육안으로 잘 보이지 않기 때문에 응애 피해를 다른 병으로 잘못 진단하는 경우가 자주 있다.

해설 ③ 5월부터 세심히 관찰하면 약충을 발견할 수 있는데, 발견 시에는 아카루짓 유제 등 살비제를 살포한다.
※ 응애는 짧은 시간 내에 약제에 대한 저항성이 생기므로 같은 약제를 계속해서 사용하지 않는 것이 좋다.

20 다음 설명하는 해충으로 가장 적합한 것은?

- 유충은 적색, 분홍색, 검은색이다.
- 끈끈한 분비물을 분비한다.
- 식물의 어린잎이나 새가지, 꽃봉오리에 붙어 수액을 빨아먹어 생육을 억제한다.
- 점착성 분비물을 배설하여 그을음병을 발생시킨다.

① 응 애　② 솜벌레
③ 진딧물　④ 깍지벌레

해설 ① 응애 : 흡즙성 해충으로 초봄부터 한여름까지의 고온건조기에 소나무, 감나무, 사철나무 등에 많이 발생한다.
② 솜벌레 : 솜의 둥근 꼬투리 속에 있는 씨를 먹으며, 아시아에서 전 세계로 퍼져 나갔다.
④ 깍지벌레 : 감나무, 벚나무, 사철나무 등에 많이 발생하고, 콩 꼬투리 모양의 보호깍지로 싸여 있으며, 왁스 물질을 분비하기도 한다.

16 ③　17 ②　18 ②　19 ③　20 ③

21 수확한 목재를 주로 가해하는 대표적 해충은?

① 흰개미 ② 매 미
③ 풍뎅이 ④ 흰불나방

해설 ① 흰개미는 습하고 어두운 곳을 좋아하며, 주로 목재 내부만을 가해하므로 피해를 확인하기 어렵다.

22 해충 중에서 잎에 주사바늘과 같은 침으로 식물체 내에 있는 즙액을 빨아 먹는 종류가 아닌 것은?

① 응 애 ② 깍지벌레
③ 측백하늘소 ④ 매미

해설 ③ 측백하늘소는 천공성 해충이다.
가해 습성에 따른 해충의 분류
• 식엽성 해충 : 회양목명나방, 풍뎅이, 잎벌, 집시나방, 느티나무벼룩바구미 등
• 흡즙성 해충 : 응애, 진딧물, 깍지벌레, 방패벌레 등
• 천공성 해충 : 소나무좀, 노랑무늬송마구미, 하늘소, 박쥐 나방 등
• 충영형성 해충 : 솔잎혹파리, 밤나무혹벌, 혹응애, 혹진딧물 등
• 종실 해충 : 밤바구미, 복숭아명나방 등

23 8월 중순경에 양버즘나무의 피해 나무줄기에 잠복소를 설치해 가장 효과적인 방제가 가능한 해충은?

① 진딧물류
② 미국흰불나방
③ 하늘소류
④ 버들재주나방

해설 ② 미국흰불나방이 피해를 주는 나무는 플라타너스, 미루나무, 버드나무이며 디플루벤주론 수화제, 비티쿠르스타키 수화제, 카바릴 수화제 등의 약제를 이용하여 방제한다.

24 계절적 휴면형 잡초종자의 감응조건으로 가장 적합한 것은?

① 온 도 ② 일 장
③ 습 도 ④ 광 도

해설 ② 계절적 휴면형 잡초종자의 가장 큰 감응조건은 일장, 즉 빛의 길이로 여름의 장일조건과 겨울의 단일조건으로 구분된다.

25 다음 설명하는 잡초로 옳은 것은?

• 일년생 광엽잡초
• 논 잡초로 많이 발생할 경우는 기계수확이 곤란
• 줄기 기부가 비스듬히 땅을 기며 뿌리가 내리는 잡초

① 메 꽃 ② 한련초
③ 가막사리 ④ 사마귀풀

해설 사마귀풀
종자로 번식하는 닭의장풀과의 일년생 잡초로 논둑 옆에서 많이 발생하며, 4월부터 11월까지 피해를 주고, 줄기의 재생력이 강하여 제초 시 줄기가 남아 있으면 마디로부터 뿌리가 내려 재생한다.

26 다음 중 밭에 많이 발생하여 우생하는 잡초는?

① 바랭이
② 올 미
③ 가 래
④ 너도방동사니

해설 잡초의 종류
• 논 잡초 : 올미, 가래, 너도방동사니, 올방개, 벗풀, 피, 물달개비 등
• 밭 잡초 : 바랭이, 참방동사니, 쇠비름, 강아지풀, 망초, 토끼풀, 여뀌 등

정답 21 ① 22 ③ 23 ② 24 ② 25 ④ 26 ①

27 주로 종자에 의하여 번식되는 잡초는?

① 올 미 ② 가 래
③ 피   ④ 너도방동사니

해설 번식법에 따른 잡초의 분류
- 종자번식잡초 : 피, 뚝새풀, 바랭이, 마디꽃
- 영양번식잡초 : 가래, 올방개, 미나리
- 종자영양번식잡초 : 너도방동사니, 산딸기
- 괴경 및 종자번식 : 올미

28 작물-잡초 간의 경합에 있어서 임계 경합기간(Critical Period of Competition)이란?

① 경합이 끝나는 시기
② 경합이 시작되는 시기
③ 작물이 경합에 가장 민감한 시기
④ 잡초가 경합에 가장 민감한 시기

29 소량의 소수성 용매에 원제를 용해하고 유화제를 사용하여 물에 유화시킨 액을 의미하는 것은?

① 용 액   ② 유탁액
③ 수용액 ④ 현탁액

해설
① 용액 : 두 종류 이상의 물질이 고르게 섞여 있는 혼합물
③ 수용액 : 용매로 물을 사용한 용액
④ 현탁액 : 미소한 고체 입자가 분산되어 있는 액체

30 농약의 혼용사용 시 장점이 아닌 것은?

① 약해 증가
② 독성 경감
③ 약효 상승
④ 약효 지속기간 연장

해설 농약의 혼용사용 시 장단점
- 장 점
  - 농약의 살포횟수를 줄일 수 있어 방제비용이 절감된다.
  - 서로 다른 병해충을 동시에 방제할 수 있다.
  - 동일 약제의 연용에 의한 내성과 저항성의 발달을 억제할 수 있다.
  - 약제 간 상승작용에 의해 약효가 증진된다.
- 단 점
  - 약제에 따라서는 다른 약제와 혼용 시 농약 성분이 분해되어 약효가 저하될 수 있다.
  - 농작물이 농약에 의한 피해를 받을 수 있다.

31 두 종류 이상의 제초제를 혼합하여 얻은 효과가 단독으로 처리한 반응을 각각 합한 것보다 높을 때의 효과는?

① 부가효과(Additive Effect)
② 상승효과(Synergistic Effect)
③ 길항효과(Antagonistic Effect)
④ 독립효과(Independent Effect)

해설 약물의 상호작용
- 상승효과 : 독립사용 시보다 혼용사용 시 약물의 효과 증가
- 부가효과 : 독립사용 시와 혼용사용 시 약물의 효과 동일
- 길항효과 : 독립사용 시보다 혼용사용 시 약물의 효과 감소

32 농약 살포 시 주의할 점이 아닌 것은?

① 바람을 등지고 뿌린다.
② 정오부터 2시경까지는 뿌리지 않는 것이 좋다.
③ 마스크, 안경, 장갑을 착용한다.
④ 약효가 흐린 날이 좋으므로 흐린 날 뿌린다.

해설 농약의 안전사용
- 식물별로 적용 병해충에 적합한 농약을 선택하여 사용농도, 사용횟수 등을 안전사용기준에 따라 살포한다.
- 기관, 호스 등 농약 살포장비는 사용 전에 점검하여 분출구의 이상 여부 등을 확인한다.
- 농약을 살포할 때는 주변 인가에 알려 가축이나 물고기, 양봉 등에 피해가 없도록 한다.
- 제초제를 살포할 때는 약이 날려 다른 농작물에 묻지 않도록 노즐을 낮추어 살포한다.
- 살포작업은 비가 오지 않고 바람이 불지 않는 맑은 날, 한 낮의 뜨거운 때를 피해 아침이나 저녁 등 서늘하고 바람이 적을 때 실시한다.
- 농약은 바람을 등지고 살포하며, 피부가 노출되지 않도록 마스크와 보호용 옷을 착용한다.
- 피로하거나 몸의 상태가 나쁠 때는 작업을 하지 않으며, 혼자서 3시간 이상 장시간의 작업은 피하도록 한다.
- 작업 중에 음식 먹는 일을 삼가고, 작업이 끝나면 노출 부위를 비누로 씻고 옷을 갈아입는다.
- 살포 후에 살포장비를 물로 깨끗이 씻어 보관하고, 사용한 빈 병은 일정한 장소에 모아 처리한다.
- 쓰고 남은 농약은 표시를 해 두어 혼동하지 않도록 하고, 서늘하고 어두운 곳에 농약전용 보관상자를 만들어 보관한다.
- 농약 중독증상이 느껴지면 즉시 의사의 진찰을 받는다.

33 농약 보관 시 주의하여야 할 사항으로 옳은 것은?

① 농약은 고온보다 저온에서 분해가 촉진된다.
② 분말제제는 흡습되어도 물리성에는 영향이 없다.
③ 유제는 유기용제의 혼합으로 화재의 위험성이 있다.
④ 고독성 농약은 일반 저독성 약제와 혼적하여도 무방하다.

해설 ① 농약은 저온보다 고온에서 분해가 촉진된다.
② 분말제제는 흡습되면 물리성이 변화한다.
④ 고독성 농약은 그 표시를 분명히 하여야 하며, 보통 독성 농약이나 저독성 농약과는 구분하여 보관한다.

34 다음 중 농약의 보조제가 아닌 것은?

① 증량제　　② 협력제
③ 유인제　　④ 유화제

해설 ③ 유인제는 흡즙성 해충을 구제하는 살충제에 속하며, 약제를 식물의 잎이나 뿌리에 살포하면 식물체 내로 흡수되어 각 부위로 분포된다.
※ 농약의 보조제 : 증량제, 협력제, 유화제, 용제 등

정답 32 ④　33 ③　34 ③

35 내충성이 강한 품종을 선택하는 것은 다음 중 어느 방제법에 속하는가?

① 물리적 방제법
② 화학적 방제법
③ 생물적 방제법
④ 재배학적 방제법

해설 ④ 재배적 방제법 : 경종적 방제라고도 하며, 수목 식재지의 환경을 개선하거나 내병성·내충성이 강한 품종을 이용하여 병해충 및 잡초 등의 발생을 억제하여 피해를 감소시키는 방제법
① 물리적 방제법 : 피해수목이나 해충에 직접적인 물리력을 가하는 방제법
② 화학적 방제법 : 농약 등을 사용하는 방제법
③ 생물적 방제법 : 해충의 천적을 이용하는 방제법

36 다음 중 살충제에 해당하는 것은?

① 아토닉 액제
② 옥시테트라사이클린 수화제
③ 시마진 수화제
④ 포스파미돈 액제

해설 ① 아토닉 액제 : 생장조절제
② 옥시테트라사이클린 수화제 : 살균제
③ 시마진 수화제 : 제초제

37 다음 중 생장조절제가 아닌 것은?

① 비에이 액제
② 토마토톤 액제
③ 인돌비 액제
④ 파라코 액제

해설 ④ 파라코 액제는 제초제이다.
생장조절제 : 식물의 병해충 방제와는 관계없이 식물 생육을 촉진 또는 억제시켜서 이상발육을 유발시키는 데 쓰이는 약제이다.

38 다음 중 루비깍지벌레의 구제에 가장 효과적인 농약은?

① 메타 유제(메타시스톡스)
② 티디폰 수화제(바라톡)
③ 디프 수화제(디프록스)
④ 메티온 유제(수프라사이드)

해설 ④ 깍지벌레 방제약제로는 메티온 유제, 이카롤 유제, 디메토 유제, 비오킬 등이 있다.

39 관상용 열매의 착색을 촉진시키기 위하여 살포하는 농약은?

① 지베렐린 수용제(지베렐린)
② 비나인 수화제(비나인)
③ 말레이 액제(액아단)
④ 에테폰 액제(에스렐)

해설 에테폰 액제(Ethephone, 39%) : 에테폰 액제는 생장조절제로 물에 희석하여 살포하면 에틸렌 가스가 발생하여 관상용 열매의 착색을 촉진시킬 수 있다.
※ 에틸렌 : 식물의 노화, 과일의 성숙, 낙엽·착색 등에 관여하는 식물 호르몬

40 소나무에 많이 발생하는 솔나방의 구제에 가장 효과적인 농약은?

① 만코지 수화제
② 캡탄 수화제
③ 폴리옥신디 티오파네이트메틸 수화제
④ 트리클로르폰 수화제

해설 ④ 트리클로르폰 수화제는 솔나방, 흰불나방, 복숭아명나방 등을 구제하는 데 효과적이다.

41 비중이 1.15인 이소푸로치오란 유제(50%) 100mL로, 0.05% 살포액을 제조하는 데 필요한 물의 양은?

① 104.9L ② 110.5L
③ 114.9L ④ 124.9L

해설 살포액의 희석

필요 수량 = 약량 $\times \left(\dfrac{원액농도}{희석농도} - 1\right) \times$ 원액 비중

$= 100\text{mL} \times \left(\dfrac{50\%}{0.05\%} - 1\right) \times 1.15$

$= 114,885\text{mL}$

∴ 114.9L

42 농약 살포작업을 위해 물 100L를 가지고 1,000배액을 만들 경우 얼마의 약량이 필요한가?

① 50mL ② 100mL
③ 150mL ④ 200mL

해설 살포액의 희석

필요 약량 = 수량 ÷ 희석배수
= 100L ÷ 1,000 = 0.1L

∴ 100mL
※ 1L = 1,000mL

43 거름을 주는 목적으로 볼 수 없는 것은?

① 조경수목을 아름답게 유지하기 위함이다.
② 병해충에 대한 저항력을 증진시키기 위함이다.
③ 토양미생물의 번식을 억제시키기 위함이다.
④ 열매 성숙을 돕고, 꽃을 아름답게 하기 위해서이다.

해설 ③ 토양미생물의 번식을 돕고, 식물이 토양 내 양분을 이용하기 쉽게 해 준다.

44 비료의 3요소가 아닌 것은?

① 질소(N) ② 인산(P)
③ 칼슘(Ca) ④ 칼륨(K)

해설 비료의 구성
• 비료의 3요소 : 질소(N), 인(P), 칼륨(K)
• 비료의 4요소 : 질소, 인, 칼륨, 칼슘(Ca)
• 비료의 5요소 : 질소, 인, 칼륨, 칼슘, 마그네슘(Mg)

45 식물의 아래 잎에서 황화현상이 일어나고 심하면 잎 전면에 나타나며, 잎이 작지만 잎수가 감소하며 초본류의 초장이 작아지고 조기 낙엽이 비료 결핍의 원인이라면 어느 비료 요소와 관련된 설명인가?

① P ② N
③ Mg ④ K

해설 비료의 역할
• 질소(N) : 광합성작용을 촉진하여 수목의 잎이나 줄기 등의 생장에 도움을 주는데, 부족하면 생장이 위축되고 성숙이 빨라진다.
• 인(P) : 세포분열을 촉진하거나 꽃·열매·뿌리의 발육에 관여하는데, 부족하면 성숙이 빨라져 수확량이 감소한다.
• 칼륨(K) : 꽃과 열매의 향기나 색깔을 조절하는데, 부족하면 황화현상이 나타나고 잎이 고사한다.
• 칼슘(Ca) : 단백질을 합성하고 식물체 유기산을 중화하는데, 부족하면 생장점이 파괴되어 갈변한다.
• 마그네슘(Mg) : 엽록소의 구성성분이며 각종 효소를 활성화하는데, 부족하면 잎이 얇아지고 황백화현상이 나타난다.

46 세포분열을 촉진하여 식물체의 각 기관들의 수를 증가, 특히 꽃과 열매를 많이 달리게 하고, 뿌리의 발육, 녹말 생산, 엽록소의 기능을 높이는 데 관여하는 영양소는?

① N ② P
③ K ④ Ca

정답 41 ③ 42 ② 43 ③ 44 ③ 45 ② 46 ②

47 개화를 촉진하는 정원수 관리에 관한 설명으로 옳지 않은 것은?

① 햇빛을 충분히 받도록 해 준다.
② 물을 되도록 적게 주어 꽃눈이 많이 생기도록 한다.
③ 깻묵, 닭똥, 요소, 두엄 등을 15일 간격으로 시비한다.
④ 너무 많은 꽃봉오리는 솎아 낸다.

[해설] ③ 너무 잦은 간격으로 시비하면 오히려 영양생장이 과도해져 꽃눈의 형성을 방해하고 개화가 지연되거나 꽃이 적게 필 수 있다.

48 과습지역 토양의 물리적 관리방법이 아닌 것은?

① 암거배수 시설설치
② 명거배수 시설설치
③ 토양 치환
④ 석회 시용

[해설] ④ 석회를 시용하는 것은 화학적 관리방법이다.

49 다음 중 조경수목의 꽃눈분화, 결실 등과 가장 관련이 깊은 것은?

① 질소와 탄소비율
② 탄소와 칼륨비율
③ 질소와 인산비율
④ 인산과 칼륨비율

[해설] 탄소 성분의 비율이 높으면 꽃눈이 많이 형성되고 질소 성분의 비율이 높으면 영양생장, 즉 포기번식이 왕성하게 일어난다.
 ※ C/N율 : 식물 내에서 광합성에 의하여 만들어진 탄소(C)와 뿌리 등에서 흡수한 질소(N)와의 비율

50 곁눈 밑에 상처를 내어 놓으면 잎에서 만들어진 동화물질이 축적되어 잎눈이 꽃눈으로 변하는 일이 많다. 어떤 이유 때문인가?

① C/N율이 낮아지므로
② C/N율이 높아지므로
③ T/R율이 낮아지므로
④ T/R율이 높아지므로

[해설] ② C/N율이 높다는 것은 탄소 성분의 비율이 증가하여 꽃눈이 많이 형성된다는 의미이고, 반대로 C/N율이 낮다는 것은 질소 성분의 비율이 증가하여 영양생장, 즉 포기번식이 왕성하게 일어난다는 의미이다.
 ※ 삽목 시 C/N율이 높은 경우 발근이 잘 된다.

51 식물이 필요로 하는 양분요소 중 미량원소로 옳은 것은?

① O   ② K
③ Fe   ④ S

[해설] 식물 생육에 필요한 원소
• 다량원소 : C, H, O, N, P, K, Ca, Mg, S
• 미량원소 : Fe, B, Mn, Cu, Zn, Mo, Cl

52 양분결핍 현상이 생육초기에 일어나기 쉬우며, 새잎에 황화현상이 나타나고 엽맥 사이가 비단무늬 모양으로 되는 결핍 원소는?

① Fe   ② Mn
③ Zn   ④ Cu

[해설] ① 철(Fe)은 엽록소의 합성을 촉진하는 역할을 하는데, 부족하면 새잎부터 황백화되고 심할 경우에는 엽맥의 색도 연해진다.

53 다음 복합비료 중 주성분 함량이 가장 많은 비료는?

① 0-40-10
② 11-21-11
③ 21-21-17
④ 18-18-18

해설 ③ 질소 21%, 인 21%, 칼륨 17%
※ 복합비료의 성분은 질소-인-칼륨 순으로 표시한다.

54 복합비료의 표시가 21-17-18일 때 설명으로 옳은 것은?

① 인산 21%, 칼륨 17%, 질소 18%
② 칼륨 21%, 인산 17%, 질소 18%
③ 질소 21%, 인산 17%, 칼륨 18%
④ 인산 21%, 질소 17%, 칼륨 18%

55 다음 중 질소질 속효성 비료로서 주로 덧거름으로 쓰이는 비료는?

① 황산암모늄
② 두 엄
③ 생석회
④ 깻 묵

해설 ① 황산암모늄은 대표적인 질소질 속효성 비료로, 비료 성분 중 암모니아, 칼륨 등은 식물에 흡수되고, 황산기(基)와 염소이온은 토양에 흡착되어 토양을 산성화시킨다.

56 거름을 줄 때 지켜야 할 점으로 잘못된 것은?

① 흙이 몹시 건조하면 맑은 물로 땅을 축이고 거름주기를 한다.
② 두엄, 퇴비 등으로 거름을 줄 때는 다소 덜 썩은 것을 선택하여 사용한다.
③ 속효성 거름주기는 7월 말 이내에 끝낸다.
④ 거름을 주고 난 다음에는 흙으로 덮어 정리작업을 실시한다.

해설 ② 덜 썩은 두엄이나 퇴비는 나무뿌리에 해로우므로 충분히 썩힌 것을 사용한다.

57 수목에 거름을 주는 요령 중 맞는 것은?

① 효력이 늦은 거름은 늦가을부터 이른 봄 사이에 준다.
② 효력이 빠른 거름은 3월경 싹이 틀 때, 꽃이 졌을 때, 그리고 열매따기 전 여름에 준다.
③ 산울타리는 수관선 바깥쪽으로 방사상으로 땅을 파고 거름을 준다.
④ 속효성 거름주기는 늦어도 11월 초 이내에 이루어지도록 한다.

해설 ② 효력이 빠른 거름은 3월경 싹이 틀 때, 꽃이 졌을 때, 그리고 열매를 땄을 때 준다.
③ 산울타리는 수목이 띠 모양으로 군식되어 있으므로 시비 시 선상 거름주기를 한다.
④ 속효성 거름주기는 7월 말 이내에 끝낸다.

정답 53 ③ 54 ③ 55 ① 56 ② 57 ①

58 생울타리처럼 수목이 대상으로 군식 되었을 때 거름을 주는 방법으로 가장 적당한 것은?

① 전면 거름주기
② 방사상 거름주기
③ 천공 거름주기
④ 선상 거름주기

해설 ④ 선상 거름주기 : 산울타리처럼 수목이 띠 모양으로 군식되었을 때, 식재된 수목을 따라 밑동으로부터 일정한 간격을 두고 도랑처럼 길게 구덩이를 파서 거름을 주는 방법
① 전면 거름주기 : 수목을 식재하기 전에 토양 표면에 밑거름을 깔고 경운하거나, 수목이 밀식되어 한 그루마다 거름을 줄 수 없는 경우 토양 전면에 거름을 주는 방법
② 방사상 거름주기 : 수목의 밑동을 기준으로 방사상 모양으로 땅을 파고 거름을 주는 방법으로, 파는 도랑의 깊이는 바깥쪽일수록 깊고 넓게 파야 하며, 깊이는 수관 폭의 1/3 정도로 한다.
③ 천공 거름주기 : 수관선상에 깊이 20cm 정도의 구멍을 군데군데 뚫고 거름을 주는 방법으로, 주로 비탈면에 물거름을 줄 때 적용하고, 물거름이 아닌 것은 거름을 넣고 가볍게 덮어 준다.

59 다음 중 수관 폭을 형성하는 가지 끝 아래의 수관선을 기준으로 환상으로 깊이 20~25cm, 나비 20~30cm 정도로 둥글게 파서 거름을 주는 방법은?

① 윤상 거름주기
② 격윤상 거름주기
③ 천공 거름주기
④ 전면 거름주기

해설 ① 윤상 거름주기 : 수관 폭을 형성하는 가지 끝 아래의 수관선을 기준으로 한 환상 모양으로 깊이 20~25cm, 너비 20~30cm 정도로 둥글게 땅을 파고 알맞은 양의 거름을 주는 방법이다.
※ 격윤상 거름주기 : 윤상 거름주기의 형태이기는 하나 윤상의 거름구덩이가 연결되어 있지 않고, 일정한 간격을 두고 해마다 구덩이 위치를 바꾸어 거름을 주는 방법이다.

60 엽면시비에 관한 설명 중 틀린 것은?

① 이식 후나 뿌리에 장애를 받았을 경우에 사용한다.
② 비료의 농도는 가급적 진하게 하고 한 번에 충분한 양을 하는 것이 효과적이다.
③ 약액이 고루 살포되도록 전착제를 사용하는 것이 효과적이다.
④ 살포 시기는 한낮을 피해 맑은 날 아침이나 저녁때가 좋다.

해설 ② 엽면시비는 물 100L당 약액 60~120L의 비율로 묽게 희석하여 여러 차례 실시하는 것이 바람직하며, 미량원소의 부족 시 그 효과가 빠르게 나타난다.

61 전정 시기에 따른 전정 요령에 대한 설명 중 틀린 것은?

① 진달래, 목련 등 꽃나무는 꽃이 충실하게 되도록 개화 직전에 전정해야 한다.
② 하계 전정 시는 통풍과 일조가 잘되게 하고, 도장지는 제거해야 한다.
③ 떡갈나무는 묵은 잎이 떨어지고, 새잎이 나올 때가 전정의 적기이다.
④ 가을에 강전정을 하면 수세가 저하되어 역효과가 난다.

해설 ① 진달래, 목련, 철쭉 등의 화목류는 개화가 끝나고 꽃이 진 후 바로 전정하되, 화아 분화 시기와 분화 후 꽃 피는 습성에 따라 전정 시기를 달리한다.

62 다음 중 봄에 꽃이 피는 진달래 등의 꽃나무류 전정 시기로 가장 적당한 것은?

① 꽃이 진 직후
② 여름의 도장지가 무성할 때
③ 늦가을
④ 장마 이후

63 전정 도구 중 주로 연하고 부드러운 가지나 수관 내부의 가늘고 약한 가지를 자를 때와 꽃꽂이를 할 때 흔히 사용하는 것은?

① 대형 전정가위
② 적심가위 또는 순치기가위
③ 적화·적과가위
④ 조형 전정가위

해설 전정 도구의 종류
- 전정가위 : 일반적으로 가장 많이 사용되는 가위로 가볍고 튼튼하며 날이 쉽게 무뎌지지 않는다.
- 적심가위 또는 순치기가위 : 주로 연하고 부드러운 가지나 끝순, 햇순 또는 수관 내부의 가늘고 약한 가지를 자를 때와 꽃꽂이를 할 때 흔히 사용된다.
- 적화(摘心)가위 또는 적과(摘果)가위 : 꽃눈이나 결실된 열매를 솎을 때나 과일의 수확에 주로 사용되며, 오이와 같이 적심을 요하는 채소작물 이외에는 별로 사용되지 않는다.
- 대형 전정가위 : 자르기 힘든 굵은 가지를 자를 때 쓰는 가위이다.
- 조형 전정가위 : 회양목이나 사철나무 등의 산울타리의 수관을 빨리 다듬기 위하여 만들어진 가위이다.
- 갈고리 전정가위 : 고지가위라고도 하며 기다란 대 끝에 가위를 달아 만든 것으로, 높은 곳의 열매를 수확할 때 사용된다.

64 전정가위의 사용법에 대한 설명으로 잘못된 것은?

① 전정가위의 날을 가지 밑으로 가게 한다.
② 전정가위를 가지에 비스듬히 대고 자른다.
③ 잘려지는 부분을 잡고 밑으로 약간 눌러 준다.
④ 가위를 위쪽에서 몸 앞쪽으로 돌리는 듯 자른다.

해설 ② 전정가위 사용 시 받는 가윗날을 제거할 가지 밑에 대고 직각으로 자르는데, 이때 잘라야 할 가지를 손으로 약간 누르면서 전정가위를 위에서 아래로 수직으로 돌리면 가위도 상하지 않고 힘도 덜 든다.

CHAPTER 02 일반 정지전정 관리

PART 03 조경관리

제1절 연간 정지전정 관리 계획 수립

1 조경 수목의 정지전정 관리

(1) 전정의 의미

① 전정이란 목적에 알맞은 수형으로 만들기 위해 나무의 일부분을 잘라 주는 것을 말한다.
   ※ 수형 : 수목의 뿌리, 줄기, 가지, 잎 등이 종합적으로 나타내는 외형
② 수목의 기능을 발휘할 수 있도록 하기 위해서는 전정을 하여 모양을 유지시켜 주고 생장을 조절해 주어야 한다.
③ 약전정과 강전정
   ㉠ 개념 : 조경 수목은 관상이 주목적이기 때문에 장소에 알맞도록 크기나 수형을 조절해야 한다. 일반적으로 잘라 내는 양이 적으면 약전정이라 하고, 많으면 강전정이라 한다.
   ㉡ 전정의 강약 고려조건
      • 어린 나무와 생육이 왕성하여 새 가지의 발생이 잘되는 나무는 강전정을 해도 되지만, 늙고 쇠약하며 새 가지의 발생이 나쁜 나무는 전정량을 적게 한다.
      • 강전정을 하면 인접한 눈에서 세력이 강한 가지가 나오게 되므로, 능수버들이나 단풍나무와 같이 부드러운 느낌을 주는 나무는 약전정을 하여 가는 가지의 발생을 유도하는 것이 좋다.
      • 활엽수류는 일반적으로 강전정을 해도 막눈이 잘 나오지만, 침엽수류는 막눈이 나오기 어렵기 때문에 잎을 꼭 남기고 전정하는 약전정을 해야 한다.
      ※ 부정아[不定芽, 막눈] : 보통 싹이 나지 않는 곳에서 나는 눈

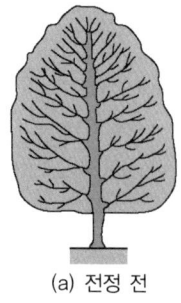 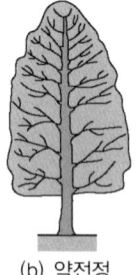 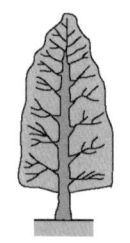 

(a) 전정 전   (b) 약전정   (c) 다소 강한 전정   (d) 강전정

[약전정과 강전정]

(2) 전정의 목적

① 미관(나무의 모양 감상)에 중점을 두는 경우
  ㉠ 수목 본래의 수형이나 자연미를 유지할 필요가 있는 나무는 불필요한 줄기나 가지만을 제거하여 원래의 자연 수형이 유지되도록 전정한다.
  ㉡ 형상수(Topiary, 토피어리)나 산울타리 등과 같이 강한 전정에 의해 인공적으로 만든 수형은 직선 또는 곡선의 아름다움을 나타내기 위하여 불필요한 줄기나 가지, 잎을 전정한다.
    ※ 형상수 : 자연 그대로의 식물을 여러 가지 모양으로 자르고 다듬어 보기 좋게 만드는 기술 또는 작품
  ㉢ 수목의 식재 장소나 식재 목적에 적합하도록 모양, 높이, 폭 등을 조절하여 전정한다.

② 실용적인 면에 중점을 두는 경우
  ㉠ 차폐, 방음, 방풍, 산울타리 등의 용도로 식재한 수목은 불필요한 가지를 잘라 가지와 잎이 밀생하도록 하여 본래의 목적을 이루도록 한다.
  ㉡ 가로수, 독립수 등은 태풍에 의해 가지가 부러지거나 쓰러지는 것을 막기 위하여 불필요한 가지나 잎을 제거한다.
  ㉢ 식재한 수목이 교통 표지판이나 간판, 송전선, 인접 건물 등에 방해가 될 때는 줄기나 가지를 적당히 잘라 준다.

③ 생리적인 면에 중점을 두는 경우
  ㉠ 나무의 생육이나 결실을 좋게 하기 위하여 전정하는 경우를 말한다.
  ㉡ 이식한 나무는 흡수하는 수분량과 증산량의 균형을 이루기 위하여 가지와 잎의 모양을 고려하여 전정한다.
  ㉢ 꽃나무나 과수는 개화·결실을 촉진시키고, 병해충을 방제하며, 수광과 통풍을 좋게 하고자 밀생한 가지를 정리하여 전정한다. 특히, 과수는 꽃눈 형성을 조절하여 해거리 현상을 막아 준다.
    ※ 해거리 현상 : 열매가 많이 열리는 해와 적게 열리는 해가 교대로 일어나는 현상
  ㉣ 늙거나 쇠약한 나무의 수세를 회복시키기 위하여 새 가지로 갱신할 필요가 있을 때 전정을 한다.

(3) 전정의 종류 중요

① 생장을 돕기 위한 전정
  ㉠ 묘목의 키가 빨리 자라도록 하기 위해 곁가지를 적당히 자르거나, 과일나무나 오동나무 등 세력이 약한 묘목 밑동을 베어 강한 곁가지를 발생시켜 새로 기르기 위한 전정이다.
  ㉡ 뿌리목에서 나오는 많은 곁움을 그대로 두게 되면 나무의 세력이 약해지므로 제거해야 본줄기가 건강하게 자란다.
  ㉢ 병해충의 피해를 입은 가지, 말라 죽은 가지, 부러진 가지 등을 잘라 내는 것도 이에 속한다.

② 생장을 억제하기 위한 전정
- ㉠ 녹음수가 좁은 정원에서 필요 이상으로 자라지 않도록 줄기나 가지를 자르거나, 향나무, 회양목 등 산울타리처럼 나무를 일정한 모양으로 유지시키기 위한 전정이다.
- ㉡ 소나무의 순지르기, 활엽수의 잎따기도 생장을 억제하는 전정의 한 방법이다.

③ 개화·결실을 돕기 위한 전정
- ㉠ 과일나무의 개화와 결실을 촉진하기 위하여 실시하는 전정과 꽃나무류의 개화를 촉진하기 위하여 실시하는 전정이 있다.
- ㉡ 감나무 등 과일나무는 그냥 놓아두면 해거리 현상이 심하지만, 매년 알맞게 전정을 해 주면 열매가 해마다 고르게 잘 맺는다.
- ㉢ 장미와 같은 꽃나무류에서 한 가지에 너무 많은 꽃봉오리가 있을 때 솎아 내거나 열매가 열리지 않게 잘라 냄으로써 다음 꽃이 빨리 피게 하는 것도 이에 속한다.

④ 생리를 조절하기 위한 전정
- ㉠ 나무를 옮길 때 가지와 잎을 그대로 둔 상태로 식재하면 지하부와 지상부의 생리적 균형이 깨지기 쉬우므로 가지와 잎을 알맞게 잘라 주는 방법이다.
- ㉡ 이 목적으로 전정할 때는 수목의 맹아력을 고려해야 한다.
  - ※ 맹아력 : 식물에 새로 싹이 트는 힘
- ㉢ 느티나무, 버즘나무 등과 같이 맹아력이 강한 나무는 상당히 큰 가지를 잘라도 훌륭한 새 가지가 생기지만, 소나무와 같이 맹아력이 약한 나무는 주의해야 한다.

⑤ 세력을 갱신하기 위한 전정
- ㉠ 맹아력이 강한 나무가 늙어서 생기를 잃거나 꽃맺음이 나빠지는 겨울에 줄기나 가지를 잘라 내어 새 줄기나 가지로 갱신하는 것을 말한다.
- ㉡ 늙은 과일나무, 장미, 배롱나무, 팔손이나무 등의 밑동을 자르면 새로운 줄기가 나와 새로운 형태의 나무를 만들 수 있다.

> **더 알아보기**
>
> **수목 전정의 원칙**
> - 무성하게 자란 가지는 자른다.
> - 수목이 균형을 잃을 정도의 도장지(지나치게 자란 가지)는 제거한다.
> - 수목의 역지, 중하지, 난지는 제거한다.
> - 뿌리의 성장 방향과 가지의 유인을 고려한다.
> - 평행지(다른 가지와 평행하게 자라는 가지)를 만들지 않는다.

(4) 수목의 생장 및 개화 습성

① 수목의 생장 습성

㉠ 1회 신장형
- 새싹이 나온 후 계속해서 자라다가 5~6월에 최고가 되고, 이후 신장을 멈추고 내년을 위한 양분의 축적을 시작하는 신장 형태이다.
- 소나무, 곰솔, 잣나무, 은행나무, 너도밤나무 등과 일반적으로 재배되는 낙엽 과수들이 있다.

㉡ 2회 신장형
- 6~7월 또는 8~9월에 한 차례 더 신장한 후 양분의 축적을 시작하는 신장 형태이다.
- 철쭉류, 사철나무, 쥐똥나무, 편백나무, 화백나무, 삼나무 등이 있다.

② 수목의 개화 습성

㉠ 꽃 피는 나무는 나무 고유의 개화 습성을 가지고 있다.

㉡ 장미, 무궁화 등은 꽃눈이 당년에 자란 가지에 분화하여 그 해에 꽃 피는 형이다.

㉢ 매화나무, 개나리 등은 다음 해에 꽃 피는 형이다.

㉣ 사과나무, 배나무 등은 3년생 가지에 꽃 피는 형이다.

㉤ 꽃눈도 가지 끝에 부착하는 경우, 곁눈에 부착하는 경우, 겨드랑눈에 부착하는 경우 등 다양하다.

[조경 수목의 개화 생리]

구 분	주요 수종
당년에 자란 가지에 꽃 피는 수종	장미, 무궁화, 배롱나무, 나무수국, 능소화, 대추나무, 포도, 감나무, 등나무, 불두화, 싸리나무, 협죽도, 목서, 아까시나무 등
2년생 가지에 꽃 피는 수종	매화나무, 수수꽃다리, 개나리, 박태기나무, 벚나무, 수양버들, 목련, 진달래, 철쭉류, 복사(복숭아)나무, 생강나무, 산수유, 앵두나무, 살구나무, 모란, 등나무 등
3년생 가지에 꽃 피는 수종	사과나무, 배나무, 명자나무(산당화) 등

③ 수목의 생장 원리

㉠ 곁눈보다 정상부 쪽의 눈이 우세하게 신장한다. 가지 끝눈의 새싹이 나오는 것도 빠르고, 나온 가지도 굵고 우세하며, 교목성의 나무가 관목성의 나무보다 성질이 강하게 나타난다. 상부의 가지를 자르면 남은 눈 중 맨 위의 눈에서 강한 새싹이 나온다.

※ 교목성과 관목성
- 교목성 : 나무줄기가 땅 위로 하나만 나와 자라는 키가 큰 나무
- 관목성 : 나무줄기가 땅 위로 여러 개 나와 자라는 키가 작은 나무

㉡ 줄기의 밑부분 가지가 윗부분보다 굵게 자라며, 위쪽 부분의 가지는 약하게 자라는 성질이 있다.

㉢ 나무의 수분과 양분은 수평이동보다 수직이동이 강하게 나타난다.

㉣ 뿌리에서 흡수하는 물의 양과 잎에서 증산하는 물의 양을 같게 해 주어야 정상 생육을 하므로, 뿌리를 많이 자르면 가지도 잘라 주어야 한다.

2 수형 만들기

(1) 정형의 수형 만들기

① 나무는 수관의 모양에 따라 원추형, 우산형, 원정형, 난형, 원주형, 배상형, 부정형, 반구형, 포복형, 구형, 능수형 등의 수형이 있다.

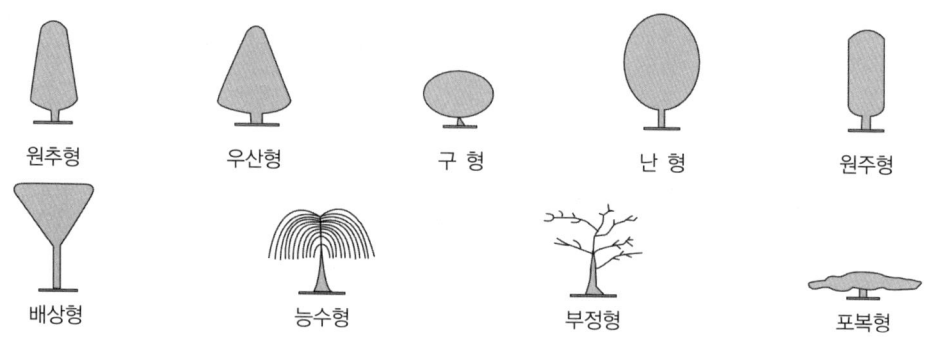

[수관 모양에 따른 여러 가지 자연 수형]

② 나무를 자연 수형 그대로 가꾸고자 할 때는 수형 만들기를 할 필요가 없지만, 전정을 통해 원하는 자연 수형을 만들고자 할 때는 약간의 손질을 가하여 다듬는다.

(2) 형상수(Topiary, 토피어리) 만들기

① 형상수 : 수관을 다듬어 여러 가지 형태를 모방하거나 기하학적인 모양의 수형을 만드는 기술이나 수목을 일컫는다.

② 전정 시기 : 상처를 아물게 하는 유합 조직이 잘 생기는 3월 중에 실시한다.

[형상수의 여러 가지 모양]

3 수종별 정지전정 계획

구 분	시 기
화목류	개화가 끝난 직후
유실수	싹트기 전 이른 봄
상록 활엽수	어느 때나 가능(6~7월에 유의)
상록 침엽수	5월 초순~중순
낙엽 활엽수	6월 이전 또는 낙엽 후

(1) 전정의 시기와 요령

전정은 휴면기 전정과 생육기 전정으로 구분하는데, 온대지방의 경우는 전정의 시기를 계절에 따라 봄 전정, 여름 전정, 가을 전정 및 겨울 전정으로 나눈다. 그러나 전정은 계절마다 하는 것이 아니고, 나무의 생리적 상태와 나무 본연의 목적과 기능에 따라 필요한 계절을 택하여 실시한다.

① 겨울 전정
  ㉠ 12~2월 사이 휴면기에 실시하는 전정으로, 내한성이 강한 낙엽수가 주 대상이다.
  ㉡ 휴면 기간 중이므로 막눈이 발생하지 않고, 병해충 피해를 입은 가지를 발견하기 쉬우며, 굵은 가지를 잘라 내어도 전정의 영향을 거의 받지 않는다.
  ㉢ 낙엽이 진 후이기 때문에 가지의 배치나 수형이 잘 드러나므로 전정하기가 쉽고, 새 가지가 나오기 전까지 전정한 아름다운 수형을 오래도록 감상할 수 있다.

② 봄 전정
  ㉠ 3~5월에 실시하는 전정이다.
  ㉡ 이 계절은 생장기이므로 자르거나 솎아 내는 등의 강한 전정을 하면 수세가 약해진다.
  ㉢ 나무 높이를 높이거나, 상록수의 모양을 정리하고 싶을 때가 알맞다.
  ㉣ 봄에 꽃이 피는 꽃나무류는 꽃이 진 후에 전정을 해야 한다. 소나무의 순지르기도 이 시기에 한다.

③ 여름 전정
  ㉠ 6~8월에 실시하는 전정이다.
  ㉡ 제1신장기를 마치고 가지와 잎이 무성하게 자라면 수광이나 통풍이 나쁘게 되기 때문에, 웃자란 가지나 너무 혼잡하게 자란 가지를 잘라 주어 수광 및 통풍을 좋게 해 준다.
  ㉢ 꽃나무의 꽃눈 분화는 대부분 6~8월에 집중되어 있으므로, 꽃나무별로 꽃눈 습성을 알아 꽃눈 분화 이전에 전정을 끝내야 한다.
  ㉣ 덩굴성인 등나무는 너무 신장하면 꽃눈 분화가 안 되고 광합성도 잘 이루어지지 않으므로, 필요에 따라 두세 마디 정도 남기고 자르거나 끝을 자른다.
  ㉤ 바람의 피해가 우려되는 생장이 빠른 교목은 가지를 솎거나 잘라 주어야 한다.

④ 가을 전정
  ㉠ 9~11월에 하는 전정이다.
  ㉡ 여름철에 자라난 웃자란 가지나 너무 혼잡한 가지를 가볍게 전정하는 정도로 한다.
  ㉢ 상록 활엽수는 이 시기에 전정하는 것이 적기이다. 그러나 수세가 약해지지 않을 정도로 적당한 전정을 한다.
  ㉣ 낙엽수 가운데 휴면 시기가 빠른 수종은 10월 이후에 휴면기가 되므로 겨울 전정과 같은 전정을 한다.

> **기출 Point** 전정 횟수
> - 침엽수 : 1회
> - 상록수(맹아력이 큰 나무) : 3회
> - 상록수(맹아력이 보통인 나무) : 2회
> - 낙엽수 : 2회

> **더 알아보기**
>
> **전정하지 않는 수종**
> - 낙엽 활엽수 : 느티나무, 회화나무, 참나무류, 푸조나무, 수국, 떡갈나무 등
> - 상록 활엽수 : 동백나무, 애기(늦)동백나무, 치자나무, 녹나무, 태산목, 월계수, 만병초, 남천, 다정큼나무 등
> - 침엽수 : 나한백, 독일가문비, 금송, 개잎갈나무(히말라야시다) 등

(2) 전정의 순서와 잘라 주어야 할 가지

① 전정의 순서

　㉠ 나무 전체를 충분히 관찰하고 만들고자 하는 수형을 결정한 다음, 수형이나 목적에 맞지 않는 큰 가지부터 전정한다.

　㉡ 가지를 자를 때는 수관의 위에서부터 아래로, 수관의 밖에서부터 안으로 자르고, 굵은 가지를 자른 후에 잔가지를 다듬는다.

> **기출 Point** 전정의 순서
> - 전체적인 수형 결정
> - 위 → 아래, 밖 → 안
> - 굵은 가지 → 잔가지

② 잘라 주어야 할 가지

　㉠ 웃자란 가지 : 일반 가지에 비하여 자라는 힘이 강해 위를 향하여 굵고 길게 자라는 가지로, 나무의 수형이나 통풍, 수광에 나쁜 영향을 준다.

> **기출 Point** 전정할 가지
> 도장지(웃자란 가지), 안으로 향한 가지, 고사지, 움돋은 가지, 교차한 가지, 평행지 등

　㉡ 말라 죽은 가지 : 말라 죽은 가지는 전혀 쓸모가 없을 뿐만 아니라, 병해충의 잠복 장소를 제공하므로 모두 잘라 버린다. 굵은 가지일 경우 자른 면에서부터 썩어 들어가는 일이 있으므로 자른 면에 방부제를 발라 주는 것이 좋다.

　㉢ 병해충의 피해를 입은 가지 : 잘라 태워 버리는 것이 우선이지만, 나무의 생김새로 보아 잘라서는 안 될 가지는 가급적 회복시키도록 한다.

　㉣ 밑에서 움돋은 가지와 줄기에서 돋은 가지 : 땅에 접해 있는 줄기 밑부분에서 움돋은 가지와 줄기의 중간 부분에서 돋아난 가지를 그대로 방치하면, 나무의 생김새가 흐트러지고 나무가 쇠약해지므로 잘라 버린다.

　㉤ 아래로 향한 가지 : 가지는 비스듬히 위를 향하여 자라는 성질을 가지고 있으나, 아래를 향해 자라는 가지는 나무 모양을 나쁘게 하고 가지를 혼잡하게 하므로 잘라 버린다.

　㉥ 안으로 향한 가지 : 수관의 안쪽을 향해 자란 가지는 나무의 모양과 통풍을 나쁘게 하므로 잘라 버린다.

　㉦ 얽힌 가지와 교차한 가지 : 다른 가지와 서로 얽혀 있는 가지나, 주가 되는 굵은 가지와 서로 교차하는 가지는 부자연스러운 느낌을 주므로 잘라 버린다.

◎ 그 밖의 가지
- 같은 부위에 같은 방향으로 평행하게 나 있는 가지는 둘 중 하나를 잘라 버린다.
- 나무 맨 위의 새 가지가 둘 이상이 나온 경우 하나만 남기고 나머지는 잘라 버린다.
- 건실하게 자라고 있는 가지라도 나무의 모양을 고르게 하는 데 도움이 되지 않는 가지는 잘라 버린다.

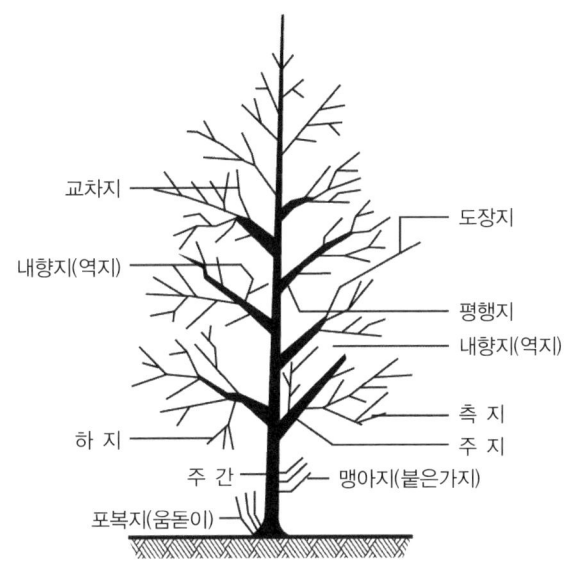

[전정 대상 수목의 각 부위도]

4 정지전정 관리 소요예산

(1) 낙엽수 및 상록수 전정 시 투입되는 인부 품

흉고 직경		10cm 미만		10cm 이상		20cm 이상	
		조경공	보통 인부	조경공	보통 인부	조경공	보통 인부
낙엽수	겨 울	0.05	0.015	0.12	0.036	0.20	0.06
	여 름	0.025	0.007	0.065	0.019	0.12	0.036
상록수		0.065	0.019	0.100	0.030	0.18	0.048

※ 전정 후 뒷정리는 포함되었다.
※ 수종, 수고, 장소에 따라 20%까지 가산할 수 있다.
※ 이식 후 전정 작업의 경우에는 별도로 계상한다.
※ 전정이라 함은 가지치기와 수형의 조절을 말한다.

(2) 정원수 전정 시 투입되는 인부 품

(주당)

흉고 직경(cm)	조경공(인)	보통 인부(인)	고소 작업차(hr)
20 이하	0.21	0.65	0.95
21~25	0.28	0.82	0.97
26~30	0.35	1.06	1.15
31~35	0.50	1.51	2.21
36~40	0.53	1.59	3.33
41~45	0.55	1.71	3.40
46~50	0.64	1.84	3.80
51 이상	0.71	2.05	4.27

※ 본 품은 낙엽수의 기본 전정(강전정)을 기준으로 것이다.
※ 약전정은 본 품의 50%를 적용한다.
※ 상록수는 본 품의 30%를 가산한다.
※ 공구손료는 인력 품의 3%로 계상한다.
※ 고소 작업차는 트럭 탑재형 크레인(5ton)을 적용한다.
※ 본 품은 교통정리 등 안전 관리와 전정 후 뒷정리가 포함된 것이다.
※ 폐기물 처리비는 별도 계상한다.

제2절 굵은 가지자르기, 마디 위 자르기, 가지 솎기

1 굵은 가지자르기

(1) 굵은 가지자르기 방법

줄기에서 10~15cm 떨어진 곳에 밑에서 위쪽으로 굵기의 1/3 정도 깊이까지 톱질을 하여 톱자국을 낸 다음, 톱질한 곳에서 가지 끝 쪽으로 약간 떨어진 곳을 위에서 아래쪽으로 톱질을 하면 스스로의 무게에 의해 떨어져 나가며 가지는 쪼개지지 않는다. 이후 남은 가지의 밑동을 손칼로 깨끗이 다듬어 그림과 같은 모양이 되도록 한다.

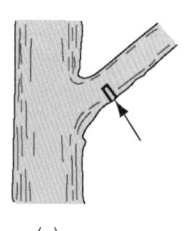 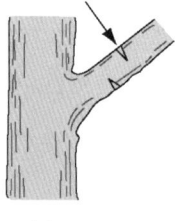 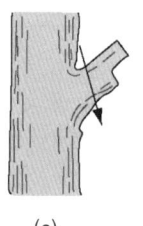 

(a)　　　　(b)　　　　(c)　　　　(d)

[굵은 가지를 치는 요령]

(2) 상처 부위 보호

벚나무, 자귀나무, 목련류, 단풍나무류는 자른 부위에 방부제를 발라 병원균의 침입을 방지하도록 한다.

2 마디 위 자르기

(1) 마디 위 자르기의 의미

나무의 생장 속도 억제나 수형의 균형을 위하여 필요 이상으로 길게 자란 가지를 줄여 주는 것이다.

(2) 마디 위 자르는 시기

낙엽수는 휴면기에, 상록수는 4월경부터 장마 전까지가 알맞으며, 가지를 자를 때는 바깥눈 바로 위에서 자르는 것이 좋다.

(3) 마디 위 자르기 방법

마디 위 자르기는 그림과 같이 바깥눈 7~10mm 위쪽에서 눈과 평행한 방향으로 비스듬히 자르는 것이 가장 좋다.

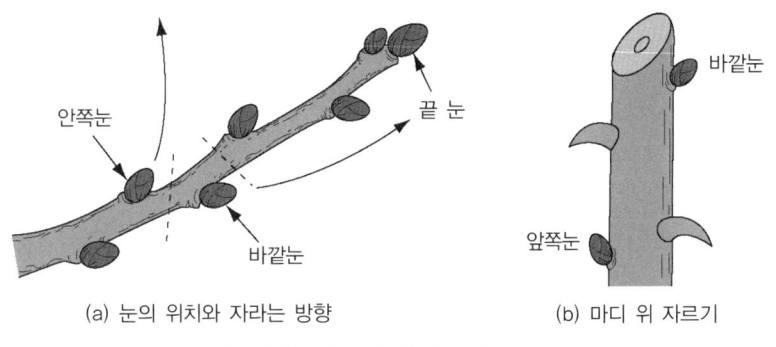

[눈의 위치와 마디 위 자르기]

3 가지 솎기

(1) 가지 솎기의 의미

굵은 가지자르기와 마디 위 자르기 작업이 끝난 후 채광이나 통풍을 좋게 하기 위하여 밀생해 있는 가지를 잘라 내는 작업을 말한다.

(2) 가지자르는 방법

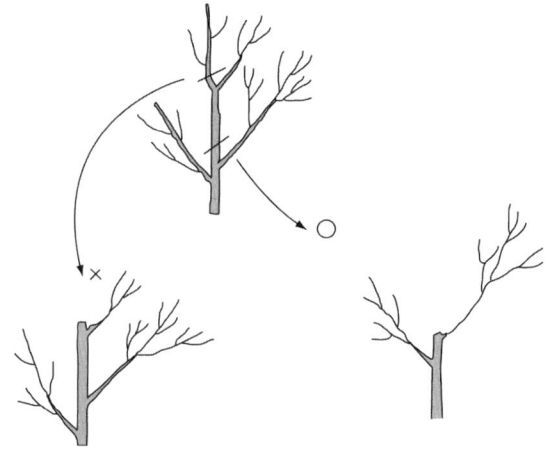

[가지자르는 방법]

제3절 산울타리 다듬기와 가로수 가지치기

1 산울타리 다듬기

(1) 산울타리 다듬기의 의미

　회양목, 주목, 향나무, 은화백, 화살나무, 개나리, 쥐똥나무 등의 잔가지와 좁은 잎이 밀생하고 맹아력이 강한 특성을 활용하여 경계, 차폐 목적과 미관, 소음 저하 목적으로 울타리 형태로 전정하는 작업이다.

(2) 산울타리 다듬기의 적정 시기

① 전정의 횟수와 시기는 수종에 따라 다르나, 일반적으로 상록수의 경우에는 1차 생장기가 끝난 5~6월경과 2차 생장기가 끝난 9~10월이 적기이다.
② 일부 생장이 빠르고 맹아력이 좋은 수종은 1년에 3~4회 실시하며, 화목류는 꽃이 진 직후에 실시한다. 더불어 덩굴성 수목은 가을에 실시한다.

(3) 산울타리 다듬기의 방법

　생장 속도를 고려하여 아래쪽은 약하게, 위쪽은 강하게 사다리 모양으로 정지전정하되 고사된 가지, 병든 가지 등을 제거하고, 밀생된 가지는 솎아 준 다음 정지전정 작업을 한다.

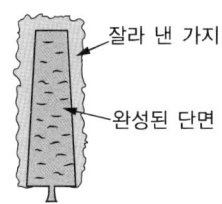

> **더 알아보기**
> • 한 번에 깎아 다듬어 수형을 만들려고 하지 말고 멀리서 확인하면서 여러 번 나누어 수형을 만든다.
> • 5~6월 전정 시 통기를 위하여 솎아 주기와 안쪽의 죽은 가지를 제거한다.

2 가로수 가지치기

(1) 수형 모델의 기본 방향
① 수형의 고유미를 최대한 유지한다.
② 가로수의 기능이 최대한 발휘되도록 조형한다.
③ 전선과의 경합지에 대한 문제가 해결될 수 있는 수형을 개발한다.
④ 상가, 농경지, 생육 제한지에 대한 문제가 해결될 수 있는 수형을 개발한다.
⑤ 도로 표지판 시계 제한 문제 해결 방안을 제시한다.

(2) 가로수의 경관미
① 가로수는 녹음, 안전성, 식별성 등 기능을 갖추어야 하며 동시에 경관미도 높여야 한다.
② 도로가 선형을 이루고 있어 이 도로를 따라 식재되는 가로수는 통경미를 이루어야 가장 아름다운 경관미를 연출할 수 있다.
③ 통경미는 정연성, 반복성, 심미성이 있어야 한다.

(3) 수형 모델
① 자연형 : 수목 자체가 가지고 있는 고유형을 그대로 유지한다.
② 준자연형 : 수목 자체의 고유형을 유지하면서 가로수 기능을 극대화할 수 있는 수형으로 한다. 준자연형은 수목의 직간을 절단하여 가지의 발달을 유도하는 것을 전제로 한다.
③ 인공형 : 수목의 고유형과는 무관하게 기하학적인 선형으로 수형을 조형한다.

④ 비대칭형
　㉠ 비대칭 A형 : 보도의 폭이 3m 이하인 경우 보도 쪽 가지를 현장 실정에 부합하도록 전정한다.
　㉡ 비대칭 B형 : 보도 폭은 충분하나 가로수로 인하여 상가 간판이 가려 민원이 발생하는 곳은 가로수와 가로수 사이의 수관 폭을 정상 수관 폭보다 1/2로 좁게 관리하여 시계 차단의 피해를 방지할 수 있다. 이 비대칭 B형은 지방의 농경지에 일조권 피해를 유발하여 민원이 발생할 경우에도 적용한다.
　㉢ 비대칭 C형 : 보도 폭도 좁고 상가 건물의 간판을 가려 민원이 발생하는 경우, 가로수와 가로수 사이의 수관 폭을 1/2로 줄이고 아울러 보도 쪽의 수관 폭도 현장 여건에 부합하도록 축소한다.

제4절 상록교목 수관 다듬기와 소나무류 순지르기

1 상록교목 수관 다듬기

(1) 수관 다듬기의 의미와 적정 시기
① 회양목, 주목, 둥근향나무, 명자나무, 화살나무, 개나리 등 산울타리와 같이 잔가지와 좁은 잎이 밀생한 나무의 수관을 전정가위로 일률적으로 잘라 버리는 작업을 말한다.
② 상록수의 수관 다듬기는 1차 생장이 끝난 5~6월경과 2차 생장이 끝난 9~10월경이 적기이며, 꽃나무는 꽃이 진 직후에 해 주는 것이 좋다.

(2) 수관 다듬기의 방법
① 높은 산울타리는 수관 아랫부분은 약하게 다듬고, 윗부분은 강하게 다듬어 사다리 모양으로 전정한다.
② 전정하는 깊이는 지난해에 전정한 면보다 약간 높여서 전정한다.

> **더 알아보기**
>
> **수관 다듬기의 적기**
> • 봄 새싹이 자랐다 일시 멈추는 5~6월경
> • 여름에 새싹이 생장한 이후의 9월경
> • 상록수는 1차 생장이 끝난 5~6월경과 2차 생장이 끝난 9~10월경
> • 꽃나무는 꽃이 진 직후

2 소나무류 순지르기

(1) 소나무류 순지르기의 의미

① 소나무류는 가지 끝에 여러 개의 눈이 있어, 봄에 그대로 두면 중심의 눈이 길게 자라고 나머지 눈은 사방으로 뻗어 마치 바퀴살과 같은 모양을 이루어 운치가 사라진다.
② 원하는 모양을 만들기 위해서는 5~6월에 새순이 5~10cm 길이로 자랐을 때 1~2개의 순을 남기고 중심순을 포함한 나머지는 다 따 버리는 것이 좋다. 이를 순지르기 또는 적심이라고도 한다.
③ 남긴 순의 자라는 힘이 지나치다고 생각될 때는 1/3~1/2 정도만 남겨 두고 끝부분을 따 준다.

(2) 소나무류 순지르기의 방법

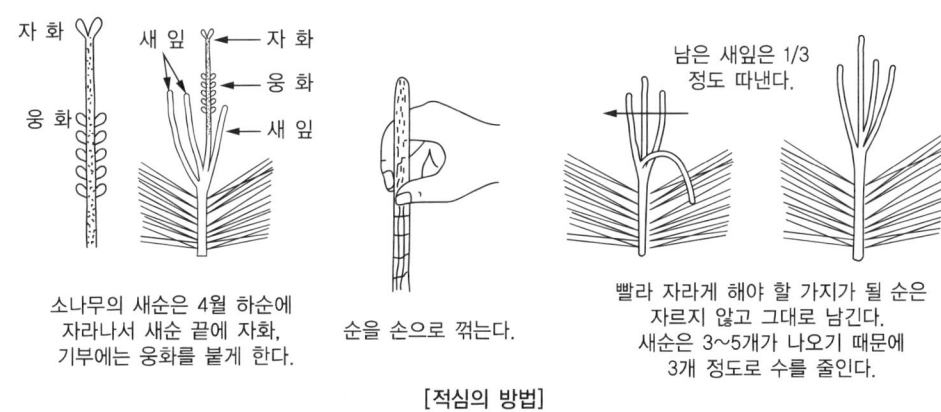

[적심의 방법]

제5절 화목류 정지전정

1 화목류 정지전정 시기

(1) 화목류의 의미

꽃을 관상의 대상으로 하는 수목을 일컫는다.

(2) 화목류의 전정 시기

① 꽃을 가장 많이 볼 수 있도록 전정의 시기를 적절히 선택하여야 한다.
② 식물이 꽃을 피우기 전에는 반드시 꽃눈을 만드는데 이를 화아 분화라고 한다. 화아 분화 시기와 개화 시기는 수목의 종류별로 매우 다르다.
③ 일반적으로 꽃이 진 직후에 전정을 하면 화아의 수에 영향을 주지 않을 수 있다.

(3) 화목류 마디 전정하기

① 화목류 마디 전정은 수목의 생장 속도를 억제하고 수형의 균형을 잡아 주기 위하여 필요하다.
② 마디 전정은 가지를 중간에 잘라 남은 부분에서 새로운 가지를 원하는 방향으로 자라게 하기도 한다.
③ 이 작업을 통해 화목의 개화량을 적절하게 유지하고 유실수의 과육 크기와 적절한 수량을 조절할 수 있다.
④ 마디 전정 시기는 낙엽 활엽수의 경우 가을철 낙엽 직후부터 싹이 트기 전 봄철까지이며, 상록 활엽수와 침엽수는 4월부터 장마 전까지 실시한다.

2 전정 후 사후 관리

(1) 상처의 치료
자연적인 재해나 인공적인 재해로 상처가 생기므로 이 상처를 치료하여 유합 조직이 잘 이루어지도록 한다.

(2) 상처의 보호
상처를 보호하고 절단 부위에 병원균이 침입하지 못하도록 살균용 방부제를 사용한다.

(3) 부패균 처리
부후균이 발생되면 알맞은 외과 수술을 해 주어야 한다. 이때 나무의 부패 정도를 예찰하고 목질부와 심재부에 부패 정도를 진단하여 잘 수술한 후 치료하고 보호제를 발라 주고 영양 주사를 공급하여 생육이 원활히 될 수 있도록 해 준다.

CHAPTER 02 적중예상문제

PART 03 조경관리

01 정지·전정의 효과 중 틀린 것은?
① 병해충 방제
② 뿌리 발달의 조절
③ 수형 유지
④ 도장지 등을 제거함으로써 수목의 왜화 단축

[해설] ④ 도장지 등을 제거함으로써 수목의 왜화가 증대된다.

02 개화·결실을 목적으로 실시하는 정지·전정의 방법 중 옳지 못한 것은?
① 약지(弱枝)는 길게, 강지(强枝)는 짧게 전정하여야 한다.
② 묵은 가지나 병해충 가지는 수액 유동 전에 전정한다.
③ 작은 가지나 내측(內側)으로 뻗은 가지는 제거한다.
④ 개화 결실을 촉진하기 위하여 가지를 유인하거나 단근 작업을 실시한다.

[해설] ① 약지는 짧게, 강지는 길게 전정하되 수세를 보아 가면서 적당한 길이로 전정한다.

03 다음 가지다듬기 중 생리 조절을 위한 가지다듬기는?
① 병해충 피해를 입은 가지를 잘라 내었다.
② 향나무를 일정한 모양으로 깎아 다듬었다.
③ 늙은 가지를 젊은 가지로 갱신하였다.
④ 이식한 정원수의 가지를 알맞게 잘라 내었다.

[해설] ① 생장을 돕기 위한 전정
② 생장을 억제하기 위한 전정
③ 세력을 갱신하기 위한 전정

04 꽃이 피고 난 뒤 낙화할 무렵 바로 가지다듬기를 해야 좋은 수종은?
① 철 쭉
② 목 련
③ 명자나무
④ 사과나무

정답 1 ④ 2 ① 3 ④ 4 ①

05 제1신장기를 마치고 가지와 잎이 무성하게 자라면 통풍이나 채광이 나쁘게 되기 때문에 도장지나 너무 혼잡하게 된 가지를 잘라 주어 수광·통풍을 좋게 하기 위한 전정은?

① 봄 전정
② 여름 전정
③ 가을 전정
④ 겨울 전정

해설 ② 여름 전정은 6~8월에 실시하며, 도장지를 제거하여 제1신장기를 마친 가지와 잎의 수광과 통풍을 좋게 한다.

06 수목의 전정에 관한 다음 사항 중 틀린 것은?

① 가로수의 밑가지는 2.5m 이상 되는 곳에서 나오도록 한다.
② 이식 후 활착을 위한 전정은 본래의 수형이 파괴되지 않도록 한다.
③ 봄 전정(4~5월) 시 진달래, 목련 등의 화목류는 개화가 끝난 후에 하는 것이 좋다.
④ 여름 전정(6~8월)은 수목의 생장이 왕성한 때이므로 강전정을 해도 나무가 상하지 않아서 좋다.

해설 ④ 여름 전정은 수목이 상할 수 있으므로 되도록이면 약전정을 하는 것이 좋다.

07 다음 중 수목의 가지에서 마디 위 다듬기의 요령으로 가장 좋은 것은?

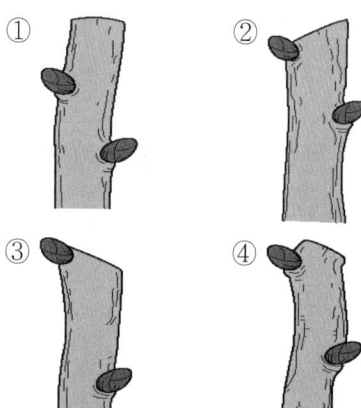

해설 일반적으로 눈에서 7~10mm 위쪽을 눈과 평행한 방향으로 비스듬히 자른다.

 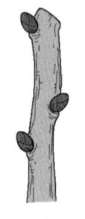

나쁘다(×)   좋다(○)

08 전정 시기와 방법에 관한 설명 중 옳지 않은 것은?

① 상록 활엽수는 겨울 전정 시에 강전정을 하여야 한다.
② 화목류의 봄 전정은 꽃이 진 후 하는 것이 좋다.
③ 여름 전정은 수광(受光)과 통풍을 좋게 할 목적으로 행한다.
④ 상록 활엽수는 가을 전정이 적기이다.

해설 ① 상록 활엽수는 5~6월 또는 9~10월에 약전정을 하고, 겨울에는 강전정은 하지 않는다.
수종별 전정 적기
• 침엽수 : 10~11월, 이른 봄
• 상록 활엽수 : 5~6월, 9~10월
• 낙엽 활엽수 : 11~3월, 7~8월
• 꽃나무 : 화아 분화 1~2개월 전, 꽃이 진 직후

09 겨울(冬期) 전정의 설명으로 틀린 것은?

① 12~2월에 실시한다.
② 상록수는 동계에 강전정하는 것이 가장 좋다.
③ 제거 대상 가지를 발견하기 쉽고 작업도 용이하다.
④ 휴면 중이기 때문에 굵은 가지를 잘라 내어도 전정의 영향을 거의 받지 않는다.

해설 ② 겨울 전정 시 상록 활엽수는 추위에 약하므로 강전정을 피한다.
겨울 전정의 장점
- 12~2월 사이 휴면기에 실시하는 전정으로, 내한성이 강한 낙엽수가 주 대상이다.
- 휴면 기간 중이므로 막눈이 발생하지 않고, 병해충 피해를 입은 가지를 발견하기 쉬우며, 굵은 가지를 잘라 내어도 전정의 영향을 거의 받지 않는다.
- 낙엽이 진 후이기 때문에 가지의 배치나 수형이 잘 드러나므로 전정하기가 쉽고, 새 가지가 나오기 전까지 전정한 아름다운 수형을 오래도록 감상할 수 있다.

10 다음 중 산울타리의 다듬기 방법으로 옳은 것은?

① 전정 횟수와 시기는 생장이 완만한 수종의 경우 1년에 5~6회 실시한다.
② 생장이 빠르고 맹아력이 강한 수종은 1년에 8~10회 실시한다.
③ 일반 수종은 장마 때와 가을에 2회 정도 전정한다.
④ 화목류는 꽃이 피기 바로 전 실시하고, 덩굴식물의 경우 여름에 전정한다.

11 조경수의 전정 방법으로 옳지 않은 것은?

① 전체적인 수형의 구성을 미리 정한다.
② 충분한 햇빛을 받을 수 있도록 가지를 배치한다.
③ 병해충 피해를 받은 가지는 제거한다.
④ 아래에서 위로 올라가면서 전정한다.

해설 전정의 순서 : 전체적인 수형을 결정한 다음, 수형이나 목적에 맞지 않는 큰 가지부터 전정하는데, 가지를 자를 때는 수관의 위에서부터 아래로, 수관의 밖에서부터 안으로 자르고, 굵은 가지를 자른 후에 잔가지를 다듬는다.

12 다음 중 나무의 가지다듬기에서 다듬어야 하는 가지가 아닌 것은?

① 밑에서 움돋는 가지
② 아래를 향해 자란 가지
③ 위를 향해 자라는 가지
④ 교차한 가지

해설 잘라 주어야 할 가지
- 웃자란 가지(도장지)
- 말라 죽은 가지(고사지)
- 병해충의 피해를 입은 가지
- 밑에서 움돋은 가지와 줄기에서 돋은 가지
- 아래로 향한 가지
- 안으로 향한 가지
- 얽힌 가지와 교차한 가지
- 그 밖의 가지
  - 같은 부위에 같은 방향으로 평행하게 나 있는 두 가지 중 하나
  - 나무 맨 위의 새 가지가 둘 이상 나온 경우 하나만 남긴 나머지

정답 9 ② 10 ③ 11 ④ 12 ③

13 수목의 전정 작업 요령에 관한 설명 중 틀린 것은?

① 전정 작업을 하기 전 나무의 수형을 살펴 이루어질 가지의 배치를 염두에 둔다.
② 우선 나무의 정상부로부터 주지의 전정을 실시한다.
③ 주지의 전정은 주간에 대해서 사방으로 고르게 굵은 가지를 배치하는 동시에 상하(上下)로도 적당한 간격으로 자리 잡도록 한다.
④ 상부는 가볍게, 하부는 약하게 한다.

해설 ④ 전정 시 상부는 강하게, 하부는 약하게 한다.

14 수목의 키를 낮추려면 다음 중 어떠한 방법으로 전정하는 것이 가장 좋은가?

① 수액이 유동하기 전에 약전정을 한다.
② 수액이 유동한 후에 약전정을 한다.
③ 수액이 유동하기 전에 강전정을 한다.
④ 수액이 유동한 후에 강전정을 한다.

15 산울타리를 정지·전정하려고 한다. 태양의 광선을 골고루 받게 하여 산울타리의 밑가지 생육을 건전하게 하려면 산울타리의 단면 모양은 어떻게 하는 것이 가장 적합한가?

① 삼각형   ② 사각형
③ 팔각형   ④ 원 형

16 수목의 굵은 가지치기 요령 중 가장 거리가 먼 것은?

① 잘라 낼 부위는 먼저 밑둥으로부터 10~15cm 부위를 위에서부터 아래까지 내리 자른다.
② 잘라 낼 부위는 아래쪽에 가지 굵기의 1/3 정도 깊이까지 톱자국을 먼저 만들어 놓는다.
③ 톱을 돌려 아래쪽에 만들어 놓은 상처보다 약간 높은 곳을 위에서부터 내리 자른다.
④ 톱으로 자른 자리의 거친 면은 손칼로 깨끗이 다듬는다.

해설 굵은 가지자르기
줄기에서 10~15cm 떨어진 곳에 밑에서 위쪽으로 굵기의 1/3 정도 깊이까지 톱질을 하여 톱자국을 낸 다음, 톱질한 곳에서 가지 끝 쪽으로 약간 떨어진 곳에 위에서 아래쪽으로 톱질을 하면 스스로의 무게에 의해 떨어져 나가며 가지는 쪼개지지 않는다. 이후 남은 가지의 밑둥을 손칼로 깨끗이 다듬는다.

17 바람의 피해로부터 보호하기 위해 굵은 가지치기를 실시하지 않아도 되는 수종으로 가장 적합한 것은?

① 독일가문비나무
② 수양버들
③ 자작나무
④ 느티나무

해설 ④ 느티나무는 바람의 피해로부터 보호하기 위한 굵은 가지치기를 하지 않아도 된다.

18 다음 중 전정을 할 때 큰 줄기나 가지자르기를 삼가야 하는 수종은?

① 벚나무　　② 수양버들
③ 오동나무　④ 현사시나무

해설 ① 벚나무는 가지를 자르면 상처가 잘 아물지 않아서 병해충에 의한 피해를 입을 수 있으므로 가급적 전정을 하지 않는 것이 좋으며, 부득이하게 전정할 때는 방부 처리가 필요하다.

19 다음 중 인공적 수형을 만드는 데 적합한 수종이 아닌 것은?

① 꽝꽝나무　② 아왜나무
③ 주 목　　　④ 벚나무

해설 ④ 벚나무는 맹아력이 약해 형상수에 적합하지 않다.

20 형상수(Topiary)를 만들 때 유의사항이 아닌 것은?

① 망설임 없이 강전정을 통해 한 번에 수형을 만든다.
② 형상수를 만들 수 있는 대상 수종은 맹아력이 좋은 것을 선택한다.
③ 전정 시기는 상처를 아물게 하는 유합 조직이 잘 생기는 3월 중에 실시한다.
④ 수형을 잡는 방법은 통대나무에 가지를 고정시켜 유인하는 방법, 규준틀을 만들어 가지를 유인하는 방법, 가지에 전정만을 하는 방법 등이 있다.

해설 ① 형상수를 만들 때는 연차적으로 원하는 수형을 만들어 간다.
※ 형상수(Topiary) : 수관을 다듬어 여러 가지 형태를 모방하거나 기하학적인 모양의 수형을 만드는 기술이나 수목

21 인공적인 수형을 만드는 데 적합한 수목의 특징으로 틀린 것은?

① 자주 다듬어도 자라는 힘이 쇠약해지지 않는 나무
② 병이나 벌레 등에 견디는 힘이 강한 나무
③ 되도록 잎이 작고 잎의 양이 많은 나무
④ 다듬어 줄 때마다 잔가지와 잎보다는 굵은 가지가 잘 자라는 나무

해설 ④ 다듬어 줄 때마다 굵은 가지보다 잔가지와 잎가지가 잘 자라는 나무가 형상수에 적합하다.
※ 작은 잎을 가진 상록수는 잠아를 많이 가지고 있어 전정 후에 옆가지가 많이 발생하므로 형상수에 가장 알맞고, 회양목이나 향나무, 주목, 호랑가시나무 같은 상록수나 쥐똥나무 등도 형상수에 적합하다.

22 다음 조경수 가운데 자연적인 수형이 구형인 것은?

① 배롱나무　② 백합나무
③ 회화나무　④ 은행나무

해설 ① 배롱나무 : 배상형
② 백합나무 : 난형
④ 은행나무 : 원추형

23 수목을 전정한 뒤 수분 증발 및 병균 침입을 막기 위하여 상처 부위에 칠하는 도포제로 사용할 수 있는 것은?

① 유 황　　　② 석 회
③ 톱신페스트　④ 다이센 M

해설 ③ 방부제로는 살균제를 함께 섞어 만든 아스팔트 바니시 페인트나 톱신페스트(지오판 도포제) 등을 주로 이용한다.

24 눈이 트기 전 가지의 여러 곳에 자리 잡은 눈 가운데 필요로 하지 않은 눈을 따 버리는 작업을 무엇이라 하는가?

① 순지르기 ② 열매따기
③ 눈따기   ④ 가지치기

25 소나무의 순따기에 관한 설명 중 바르지 못한 것은?

① 해마다 5~6월경 새순이 6~9cm 자라난 무렵에 실시한다.
② 손끝으로 따 주어야 하고, 가을까지 끝내면 된다.
③ 노목이나 약해 보이는 나무는 다소 빨리 실시한다.
④ 순따기를 한 후에는 토양이 과습하지 않아야 한다.

해설 소나무의 순지르기(순따주기)
- 소나무류는 가지 끝에 여러 개의 눈이 있어, 봄에 그대로 두면 중심의 눈이 길게 자라고 나머지 눈은 사방으로 뻗어 마치 바퀴살과 같은 모양을 이루어 운치가 사라진다.
- 원하는 모양을 만들기 위해서는 5~6월에 새순이 5~10cm 길이로 자랐을 때 1~2개의 순을 남기고 중심순을 포함한 나머지는 다 따 버리는 것이 좋다.
- 남긴 순의 자라는 힘이 지나치다고 생각될 때는 1/3~1/2 정도만 남겨 두고 끝부분을 따 준다.

26 소나무류의 순자르기는 어떤 목적을 위한 가지다듬기인가?

① 생장을 돕는 가지다듬기
② 생장을 억제하는 가지다듬기
③ 세력을 갱신하는 가지다듬기
④ 생리를 조절하는 가지다듬기

27 소나무류의 잎솎기는 어느 때 하는 것이 가장 좋은가?

① 12월경   ② 2월경
③ 5월경   ④ 8월경

28 한여름에 뿌리분을 크게 하고 잎을 모조리 따 낸 후 이식하면 쉽게 활착할 수 있는 나무는?

① 소나무   ② 목련
③ 단풍나무 ④ 섬잣나무

해설 잎따기
낙엽수류의 단풍을 아름답게 하고 잔가지를 많이 나오게 하기 위해 잎자루만 남기고 잎을 따는 작업으로, 단풍나무의 경우 잎따기 후 이식하면 쉽게 활착할 수 있지만 반드시 건강한 나무에만 해 주어야 하고, 잎따기를 할 나무에는 한 달 전에 충분한 거름을 주어야 한다.

29 적심(摘心 ; Candle Pinching)에 대한 설명으로 틀린 것은?

① 고점생장하는 수목에 실시한다.
② 참나무과(科) 수종에서 주로 실시한다.
③ 수관이 치밀하게 되도록 교정하는 작업이다.
④ 촛대처럼 자란 새순을 가위로 잘라 주거나 손끝으로 끊어 준다.

해설 적심(摘心) : 새순이 목질화되어 굳어지기 전에 새순을 따는 작업으로, 많이 자라는 가지의 신장을 억제할 수 있다.

CHAPTER 03 관수 및 기타 조경관리

PART 03 조경관리

제1절 관수 관리

1 관수 시기

(1) 관수 시기

① 봄 관수
  ㉠ 일 년 중 수목이 가장 많은 물을 필요로 하는 계절이다.
  ㉡ 봄에 가뭄이 들면 수목의 활착이 불량하고 생육이 좋지 않다.
  ㉢ 중부 지방에서는 봄에 불어오는 북서풍으로 수목이 건조해지고 수분 부족으로 인한 고사목이 발생하기 쉬우므로 건조 상태를 점검하고 집중적으로 관수한다.

② 여름 관수
  여름철에 30℃ 이상으로 혹서기가 계속되는 경우에는 고압 호스를 이용하여 수관부 전체까지 직접 관수하면 수목의 체온을 내려주는 데 효과적이다.

③ 가을 관수
  가을 이식 후 그 해 겨울 온도가 높을 경우 수목은 계속 증산 작용을 하게 되어 건조한 상태가 되므로 이식목의 경우에는 뿌리가 활착되어 안정화될 때까지 3년 정도는 정기적인 관수를 하여 수분 스트레스를 받지 않도록 한다.

④ 기온이 5℃ 이상이며, 토양의 온도가 10℃ 이상인 날이 10일 이상 지속될 때 관수한다.

(2) 관수 시간
  ① 하루 중 관수 시간은 한낮을 피해 아침 10시 이전이나 일몰 즈음이 좋다.
  ② 기온이 낮은 시간대에 관수를 하면 뿌리가 썩는 원인이 되므로 하루 중 기온이 상승한 이후에 관수하는 것이 좋다.

(3) 관수 빈도
  ① 일반적인 수목류의 관수는 가물 때 실시하되 연 5회 이상, 3~10월경의 생육 기간 중에 관수한다.
  ② 점적 관수의 경우 2~3일 간격으로 물을 주는 것이 좋다.
  ③ 수목의 뿌리가 활착될 때까지 매일 관수하는 것을 원칙으로 하되, 다량의 강우로 토양에 충분한 수분이 함유되어 있을 경우는 제외한다.

㉠ 관수 기준 : 교목 1회/4일, 관목 1회/2일
㉡ 관수 중지 : 20~30mm/일 이상 강우 시 4일간, 30mm/일 이상 강우 시 7일간 중지

> **더 알아보기**
> 관수량은 수목의 크기, 토질에 따라 다르나 한 번 관수할 때 뿌리분 전체에 스며들 정도로 충분히 관수를 실시한다.

2 관수의 종류

관수 공사는 식물의 생장에 가장 중요한 습기가 유지될 수 있도록 토양 속에 알맞은 양의 수분을 인위적으로 공급하는 시설 공사이다. 관수 방법은 크게 수동식인 지표 관수법, 자동식인 살수식 관수법과 점적식 관수법으로 나눈다.

(1) 지표 관수법

① 수동식 방법으로, 식물의 주변에 지형과 경사를 고려해 도랑 등의 수로나 웅덩이를 이용하여 관수하는 손쉽고 간단한 방법이다.
② 균일한 관수가 어려우며, 물의 낭비가 많아 용수의 이용이 비효율적이다.
③ 시공 현장에서 상수관이나 물차에 호스를 연결하여 관수하는 것도 지표 관수법의 일종으로 가장 많이 쓰는 방법이다.

(2) 살수식 관수법

① 자동식 방법으로, 고정된 스프링클러를 통해 일정 수량의 압력수를 대기 중에 살수함으로써 자연 강우와 같은 효과를 내는 방법이다.
② 살수식 관수법의 이점
　㉠ 스프링클러를 이용한 관수법은 균일한 관수로 용수의 효율이 높아 물이 절약된다.
　㉡ 살수할 때 농약과 거름을 동시에 살포할 수 있다.
　㉢ 경사지에서도 균일한 살수가 가능해 표토의 유실을 방지할 수 있다.
　㉣ 식물에 부착된 먼지나 공해물질을 씻어 주는 세척 효과가 있어 식물 생육에 좋다.
　㉤ 살수하는 모양 자체도 아름다워 경관미 향상에 기여하는 등 많은 이점이 있다.
　㉥ 설치비가 많이 들지만 지표 관수법보다 효율이 높다.
③ 살수기
　㉠ 살수식 관수에 쓰는 기본적인 장비에는 살수기, 밸브, 조절 장치, 관, 부속품 및 펌프 등이 있다.
　㉡ 살수기는 일정한 수압에 의해 물을 뿜어내는 노즐로서 헤드라고도 한다.

ⓒ 살수기의 분류
- 고정식은 회전 장치가 없으며 낮은 수압으로 작동하므로 반지름 6m 미만 정도의 소규모 지역에 사용 가능하고, 살수 각도가 45°, 60°, 90°, 180°, 360° 등으로 정해져 있다.
- 회전식은 수압에 의해서 회전 장치가 돌면서 살수하는 것인데 회전 각도는 360°까지 임의로 조절이 가능하다.

ⓓ 팝업 살수기
- 대부분의 살수 장치는 지상부에 항상 노출되어 있는 경우가 많지만, 팝업 살수기는 지하부에 위치하고 있던 회전 장치가 수압에 의해 지상부로 10cm 정도 상승하여 작동하며, 물 공급이 중단되면 다시 원위치로 돌아간다.
- 팝업 살수기는 평소에는 시각적으로 보이지 않으며, 잔디깎기에도 방해를 주지 않는 장점이 있다.

(3) 점적식 관수법

① 자동식 방법으로, 수목 뿌리 부분의 지표나 지하에 설치한 특수한 구조의 점적기에 연결된 호스를 통해 한 방울씩 서서히 관수하는 방법이다.
② 용수 효율이 가장 높으며 교목과 관목의 관수에 주로 쓰인다.

> **더 알아보기**
> - 물받이를 만들어 관수하고 죽쑤기를 할 때는 뿌리분이 깨지지 않도록 주의한다.
> - 관수를 위한 유공관을 통해 식물의 호흡을 도울 수 있다.
> - 비가 온 후 5일이 지나도 물이 빠지지 않으면 과습으로 진단한다.
> - 과습의 경우 산소 부족으로 뿌리 호흡이 불량해져 뿌리가 서서히 죽어간다.

제2절 지주목 관리

1 지주목의 역할

(1) 지주(支柱)

① 지주란 수목을 식재한 후 바람으로 인한 뿌리의 흔들림이나 강풍에 의해 쓰러지는 것을 방지하고 활착을 촉진시키기 위해 목재, 철재 파이프, 철선, 와이어 로프, 플라스틱 등을 수목에 견고하게 부착시켜 수목을 고정시키는 것을 말한다.

② 지주는 수목이 정상적으로 활착하고, 그 후 생육이 충분해질 때까지 설치해 놓아야 하는데, 수목의 모양, 크기, 풍향, 입지 조건 등을 고려해 수목과 조화를 이루는 형식과 재료를 선정해야 하며, 무엇보다도 견고하고 시각적으로도 경관 장식의 효과를 가져야 한다.

(2) 지주목의 장단점

① 장 점
  ㉠ 수목 생장에 도움을 주고 수간의 굵기가 균일하게 생육될 수 있도록 한다.
  ㉡ 바람에 의한 피해를 줄이고 내인력이 증대된다.

② 단 점
  ㉠ 지지된 부분에 수피가 벗겨져 상처를 줄 수 있다.
  ㉡ 수목이 비대 성장함에 따라 철사나 끈 등의 결속재가 줄기를 파고 들어가 수목 생장에 장애가 되기도 한다.
  ㉢ 지주목 설치를 위한 인력 소모 및 수형의 가치를 떨어뜨린다.

2 지주목의 크기와 종류

(1) 수고 2m 이상의 교목류에는 수목뿌리의 활착을 도모하기 위하여 수목보호용 지주를 설치하여야 하며, 2m 미만의 교목이나 단독 식재하는 관목의 경우에도 필요에 따라 지주를 설치한다.

(2) 지주는 식재지의 자연환경과 수목의 생태적·형태적 특성 등을 고려하여 적합한 유형 및 규격을 선정해야 하며, 일반적으로 다음의 기준을 적용한다.
  ① 단각지주는 주간이 서지 못하는 묘목 또는 수고 1.2m 미만의 수목에 적용한다.
  ② 2각지주는 도로변과 같이 특별히 2각지주가 필요한 수목과 수고 1.2~2.5m의 수목에 적용한다.
  ③ 삼각지주는 도로변, 광장의 가로수 등 포장지역에 식재하는 수고 1.2~4.5m의 수목에 적용하되, 크기에 따라 선택적으로 사용한다.
  ④ 삼발이(버팀형)는 견고한 지지를 해야 하는 수목이나 근원직경 20cm 이상의 수목에 적용한다.
  ⑤ 연계형은 교목 군식지에 적용한다.
  ⑥ 매몰형은 경관상 매우 중요한 곳이나 지주목이 통행에 지장을 많이 초래하는 곳에 적용한다.
  ⑦ 당김줄형은 거목이나 경관적 가치가 특히 요구되는 곳에 적용하고, 주간 결박지점의 높이는 수고의 2/3가 되도록 한다.

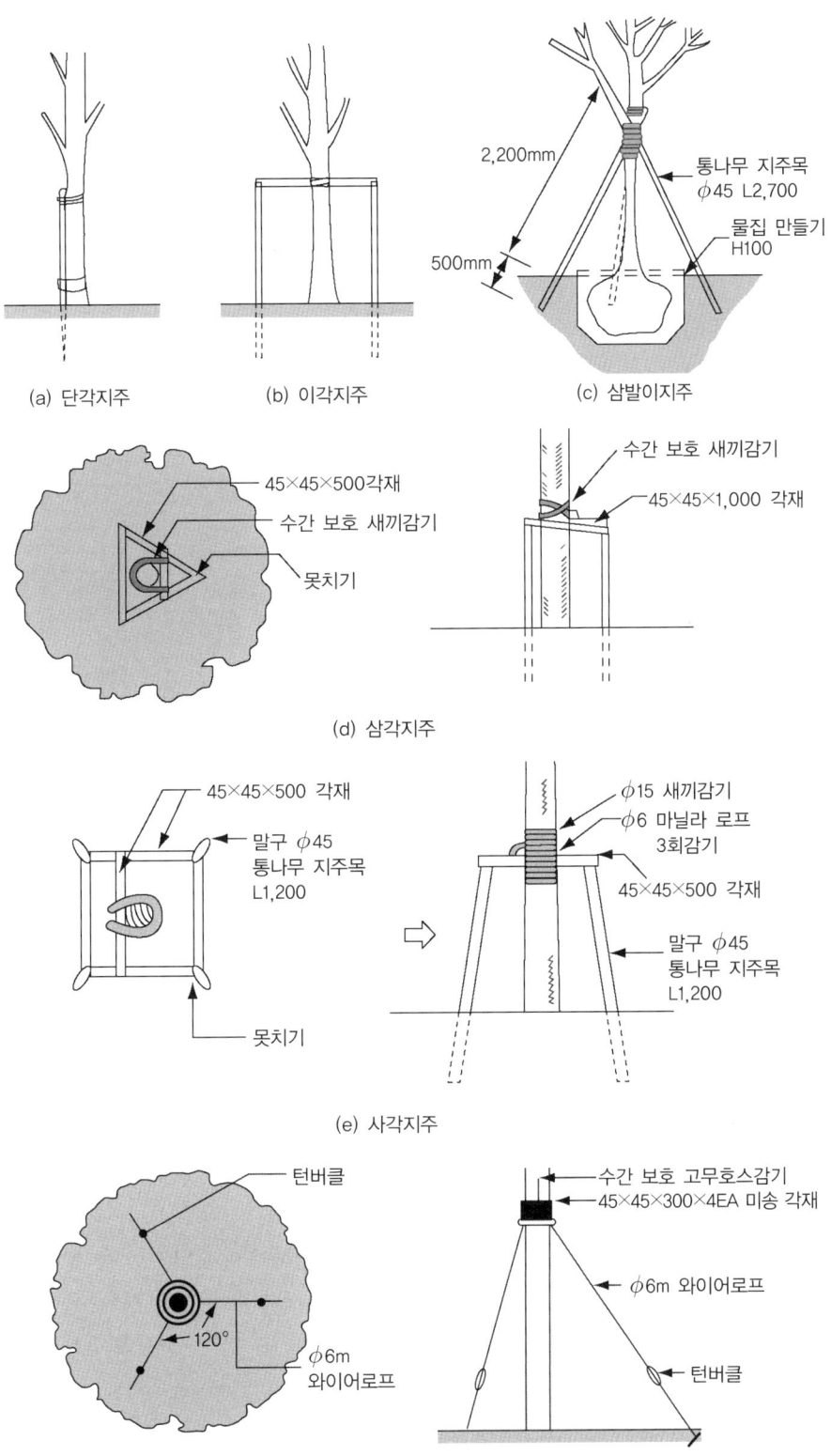

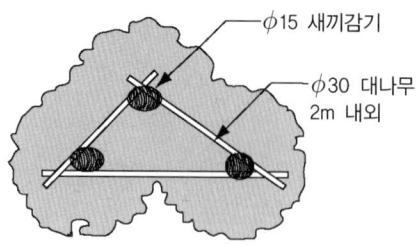
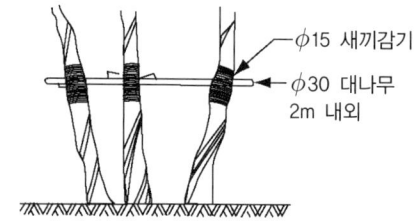

(g) 연결형

[지주 세우기]

3 지주목의 점검 및 보수와 해체

(1) 지주목의 점검
① 대상지의 지주 점검표를 작성하여 정기적으로 점검한다.
② 지주목의 노후 및 결속 상태를 점검하고 재결속 작업을 한다.

(2) 지주목의 보수와 해체
① 수목의 완전한 활착 전에 자연적 또는 인위적 손상에 의해 결속 상태가 느슨해졌거나 지주목 자체가 훼손되어 제 기능을 발휘하지 못했을 경우 이를 부분 보수하거나 재결속한다.
② 지주목 설치 후 가능하면 최소 1년에 한 번 수목의 비대기인 여름이 되기 전에 지주목의 위치를 바꿔 주고 다시 묶어 주어야 한다. 또한 수종에 따라 다르지만 보통 식재한 지 3년 정도 후에 제거해 주어야 수목의 성장에도 좋으며 미관에도 좋다.
③ 대형 수목의 경우에는 지주목을 정기적으로 점검하여 태풍이나 강풍의 피해를 입지 않도록 느슨해지거나 망가진 지주목은 즉시 보수한다.
④ 지주목을 묶는 소재도 잘 늘어나는 밴드나 끈, 테이프 등의 종류를 사용해야 하고, 피복된 전선과 철사 종류는 사용하지 않는 게 좋다.
⑤ 수간과 지주 사이의 결속 방법은 8자형 고리를 사용한다. 8자형 결속은 수간을 안전하게 붙잡을 수 있을 뿐만 아니라 유연성도 지닐 수 있다.
⑥ 지주목을 재설치할 때는 주 풍향을 고려하여 배치한다.
⑦ 지주목과 수목의 결속 부위는 반드시 완충재를 삽입하여 수목의 손상을 방지한다.
⑧ 버팀목의 결속 불량으로 전도 우려가 있거나 버팀용 목재가 부패한 경우, 태풍이나 강풍으로 인하여 수목의 전도가 예상되는 경우에는 결속 부위를 수선하되 수피에 손상을 주면 안 된다.

제3절 멀칭 관리

1 멀칭 재료의 종류와 특성

(1) 멀칭(Mulching)

① 멀칭은 뿌리분 부위에 자갈, 분쇄목, 짚, 비닐 등을 5~10cm 두께로 덮어 주는 작업을 말한다.
② 멀칭 재료로 뿌리분 지름의 3배 정도 되는 면적을 원형으로 덮는다.
③ 멀칭의 목적은 토양 경화 방지, 습도 유지, 건조 방지, 잡초 발생 방지, 적당한 지온 유지, 비료의 분해 촉진 등 다양하다.

[멀 칭]

(2) 멀칭 재료의 종류

구 분	종 류
유기질 재료	쌀겨, 옥수수 속, 땅콩 껍질, 볏짚, 잔디 깎은 풀, 솔잎, 솔방울, 톱밥, 나무껍질(수피), 우드 칩, 펄프, 이탄 이끼 등
광물질 재료	왕모래, 마사, 돌조각, 자갈, 조약돌 등
합성 재료	토목 섬유, 폴리프로필렌 부직포, 폴리에틸렌 필름(비닐), 폴리에스터 직물 등

① 광물질이나 합성 재료는 토양보호나 유기물 멀칭을 보완할 수 있는 편익성은 있지만, 토양 유기물을 보충해 주지는 못한다.
② 어떤 재료를 사용하든 간에 값이 비싸지 않고 사용하기 쉬워야 하며, 투수성이 좋아야 한다.
③ 학교 녹지의 경우 유기질 재료의 활용이 바람직하다.

(3) 멀칭 재료의 특성

① 바크(나무껍질) : 나무줄기의 코르크 형성층보다 바깥 조직을 말하며, 소나무 껍질을 찌거나 소독 처리하여 토양 환경에 유해한 성분이 없는 제품을 사용한다.
② 우드 칩 : 소나무, 잣나무 등 국내산 자연목을 이용하여 생산된 것으로 입자가 얇지 않으며 고르고 깨끗하여야 한다.
③ 돌조각, 자갈, 조약돌 등 : 다양한 색과 형태로 식물의 특징을 강조할 수 있어 정원의 경관 조성용으로 좋다.

> **더 알아보기**
> - 수목의 뿌리는 호흡을 해야 하므로 공기 유통이 가능하고 물이 통과될 수 있는 투수성 멀칭 재료를 사용해야 한다.
> - 이미 식재된 수목에 복토를 할 경우 뿌리의 원활한 호흡을 방해해서 고사의 위험이 있으므로 수목 이식 전에 성토나 복토는 하지 않는다.
> - 멀칭의 범위는 적어도 물집까지는 덮어 주어야 한다.
> - 멀칭으로 인해 잔디와의 수분 및 양분 경쟁을 줄여 주며 잔디 깎는 기계로부터 발생할 수 있는 손상을 막아 줄 수 있다.
> - 대상 장소에 적합한 멀칭 재료의 선택으로 경관의 향상 효과를 얻을 수 있다.

2 멀칭의 효과와 방법

(1) 멀칭의 효과

① 멀칭은 지표면을 어떤 물질로 덮어 두는 것으로 잡초의 발생을 최소화한다.
② 토양으로부터의 수분 증발을 억제하고, 표토가 유실되는 것을 막아 준다.
③ 여름철 토양 온도의 상승을 억제하고, 겨울철 토양의 동결을 완화한다.
④ 토양이 다져지는 것을 방지하고, 토양의 입단화를 촉진하여 공극률을 높인다.
   ※ 입단화 : 토양 입자가 뭉쳐서 조그만 덩어리가 되는 현상
⑤ 유익한 토양미생물의 생장을 촉진한다.
⑥ 썩어서 양분을 공급하여 토양비옥도를 높인다.
⑦ 건조 시 먼지 발생을 막아 주고, 비 온 후 산책 시 질퍽거림을 막아 준다.

(2) 멀칭 방법

① 멀칭 재료를 바닥에 균일하게 깔되 최소한 5cm 깊이로 하고, 15cm가 넘지 않도록 한다.
② 새로 이식한 교목의 경우에는 최소한 근분과 근분 주변에 깔아 주고, 관목의 경우에는 주변을 모두 멀칭한다.

제4절 월동 관리

1 수목의 저온 피해

(1) 여름철 냉온에 의해 발생되는 냉해(冷害)

생육 기간 동안에 빙점 이상의 온도에서 나타나는 저온 피해로 이른 봄 개화기에 저온으로 수정이 이루어지지 않은 경우나 목서, 팔손이 등과 같은 남부 수종이 가을철 개화 후 수정이 되지 않은 경우에 발생된다.

(2) 월동 중 발생되는 동해

① 동해(凍害)
  ㉠ 오목한 지형에 있는 수목에서 많이 발생한다.
  ㉡ 늦가을과 이른 봄, 몹시 추운 겨울에 많이 발생한다.
  ㉢ 맑고 바람 없는 날에 많이 발생한다.
  ㉣ 북쪽 경사면보다는 일교차가 심한 남쪽 경사면에서 더 많이 발생한다.
  ㉤ 성목보다는 어린 유목(유령목)에서 많이 발생한다.
  ㉥ 건조한 토양보다는 과습한 토양에서 더 많이 발생한다.
  ㉦ 북서쪽이 터진 곳이나 북서쪽 경사면이 높은 지역, 토양이 어는 응달에서 강우나 강설이 적고 북서계절풍이 심한 엄동일 때 수형에 관계없이 발생한다.
  ㉧ 찬바람의 해는 9부 능선이나 들판 가운데 고립된 임야에서 발생한다.
  ㉨ 동해의 예방
    • 짚싸기 : 내한성이 약하거나 이식하여 세력이 떨어진 나무를 보호하기 위해 실시한다.
    • 짚덮어주기 : 추위에 약한 관목류와 지피식물을 보호하는 방법으로, 지표면에 짚이나 낙엽을 덮어 주면 지표면이 어는 것을 어느 정도 완화시킬 수 있다.
    • 흙묻이
      – 추위에 약한 나무가 얼어 죽는 것을 방지하기 위하여, 가지를 묶은 다음 지상으로부터 40~50cm 정도 높이를 흙으로 묻는 방법이다.
      – 추위에 약한 나무가 얼어 죽는 것은 추위로 인한 직접적인 피해보다는, 기온의 변화에 따라 줄기가 얼었다 녹았다 하는 현상이 되풀이되면서 세포가 파괴되기 때문이다.

② 서리해(상해)
  ㉠ 첫서리는 늦가을 목질화가 채 이루어지지 않은 연약한 가지에 피해를 주고, 늦서리는 이른 봄 자라기 시작한 새순과 잎에 손상을 준다.
  ㉡ 서리의 종류
    • 만상(晚霜, Spring Frost) : 봄에 식물의 발육이 시작된 후 기온이 갑작스럽게 0℃ 이하로 떨어지면서 수목에 피해를 주는 현상을 말한다.

- 조상(早霜, Autumn Frost) : 초가을에 계절에 맞지 않게 추운 날씨가 계속되어 수목에 피해를 주는 현상을 말한다.

③ 상렬(霜裂, Frost Cracks)
  ㉠ 추위에 의하여 나무의 줄기 또는 수피가 수선 방향으로 갈라지는 현상을 말한다.
  ㉡ 상렬은 늦겨울이나 이른 봄 남서면의 얼었던 수피가 햇빛을 받아 조직이 연해진 다음, 밤중에 기온이 급속히 내려감으로써 수분이 세포를 파괴하여 껍질이 갈라져 생긴다.
  ㉢ 상렬의 피해가 많이 나타나는 수종은 수피가 얇은 단풍나무, 배롱나무, 일본목련, 벚나무, 밤나무 등이며, 지상으로부터 0.5~1m 정도 높이의 수간에서 피해가 많이 발생한다.

2 월동 관리 대상식물 선정

(1) 내한성

※ 내한성 : 겨울철 극히 낮은 온도에 견디는 능력

① 내한성이 강한 수종 : 한대림에서 자라는 수종으로 자작나무, 오리나무, 사시나무, 버드나무류, 소나무, 잣나무, 전나무 등이 해당된다.

② 내한성이 약한 수종
  ㉠ 삼나무, 편백, 해송, 금송, 히말라야시다, 배롱나무, 파라칸타 등 주로 남부 지역에서 자라는 수종
  ㉡ 자목련, 사철나무, 가이즈까향나무, 능소화, 벽오동, 오동나무 등
  ㉢ 내한성이 약한 수종은 수간을 볏짚이나 새끼 끈으로 싸 주고, 상열을 막기 위하여 유지나 녹화 마대로 수간 전체를 감싼다.

(2) 내음성

① 높은 식재 밀도로 인접한 나뭇가지가 서로 맞닿아 있을 경우 햇빛 투과량이 부족한 겨울철에는 수목의 내음성 정도에 따라 가지가 말라죽는 정도에 차이가 있다.
② 수목은 오래될수록 그늘에 견디는 내음성이 약해지므로 가지를 솎아주거나 햇빛이 잘 들어오도록 환경을 조성해 주어야 잘 자랄 수 있다.
③ 음수 : 내음성은 부족한 광량에서도 죽지 않고 생존할 수 있는 저항성을 말하며 내음성이 강해 약한 광선 조건에서도 자랄 수 있는 수종을 음수라고 한다.
  ㉠ 대체적으로 색깔이 짙고 두께가 얇으며 줄기는 길게 뻗는 수종이다.
  ㉡ 비자나무, 독일가문비, 전나무, 가시나무, 후박나무 등
④ 양수 : 충분한 광선 조건이 충족되어야 좋은 생장을 하는 수종을 양수라 한다.
  ㉠ 양수는 잎의 폭이 좁고 미세한 털이 있어 체내의 수분 증발을 억제하거나 해충으로부터 잎을 보호할 수 있다.
  ㉡ 소나무, 측백나무, 향나무, 은행나무, 철쭉류, 느티나무, 백목련, 개나리 등

(3) 내풍성

① 심근성 수종을 활용하여 방풍림을 조성하고 풍해에 대비한다.
② 관리 대상 지역의 북서쪽에 상록수로 된 방풍림이나 인공 방풍벽을 조성하여 한랭한 바람을 차단하면 중부 지방에 식재된 영산홍이나 상록 활엽수의 월동에 도움이 된다.
③ 방풍림으로 적합한 심근성 조경 수목은 곰솔, 소나무, 은행나무, 전나무, 주목 등의 침엽수와 가시나무류, 굴거리나무, 녹나무, 동백나무, 후박나무 등의 상록 활엽수, 단풍나무류, 모과나무, 목련류, 소귀나무, 참나무류, 칠엽수, 튤립나무 등이 해당된다.

3 월동 관리방법

(1) 월동 관리재료

새끼줄, 볏짚 거적, 씨 거적, 이엉, 섬피, 가마니, 왕골 바람막이, 잠복소, 끈, 분쇄목 등

(2) 월동 관리방법

① 겨울철 관수와 배수
  ㉠ 상록 활엽수와 침엽수는 겨울철에도 증산 작용을 하므로, 토양 중에 충분한 수분이 있어야 한다. 토양이 동결되기 전에 충분히 관수하여 겨울철 수분 부족을 대비한다.
  ㉡ 배수가 잘되고 통기성이 좋은 토양에서는 토양 동결이 적게 일어나서 겨울철 저온에 견디는 능력이 향상되므로 배수를 철저히 한다.
② 비료와 멀칭의 효과를 줄 수 있는 유기물 멀칭 : 수목 뿌리 주변 지표면에 볏짚, 왕겨, 나뭇잎, 우드 칩, 바크 등의 유기물로 멀칭하면 토양이 깊게 동결하지 않아서 수분 부족으로 인한 동계 건조를 방지할 수 있다.
③ 증산 억제제 살포
  ㉠ 겨울철 증산을 억제시켜 건조에 의한 피해를 방지하기 위해 유통되는 제품의 용량과 사용 방법에 맞게 희석하여 식물에 피막이 생기도록 살포한다.
  ㉡ 초겨울에 영산홍이나 회양목에 증산 억제제를 뿌려 주면 잎이 갈색으로 변하는 것을 방지할 수 있다.
④ 수간 보호 조치
  ㉠ 내한성이 약한 배롱나무, 벽오동, 히말라야시다의 지면에 접한 부위와 수간을 볏짚이나 새끼 끈으로 싸 준다.
  ㉡ 특히 이런 수종의 어린 나무는 수피가 얇아서 내한성이 작으므로 상렬을 막기 위해 녹화마대 등으로 수간 전체를 감싸는 것이 좋다.
⑤ 방풍림, 방풍벽 설치 : 상록수로 된 방풍림이나 인공 방풍벽을 북서향에 조성하면 상록 활엽수의 월동에 도움이 된다.

(3) 월동 관리재료의 사후처리

해체된 월동 재료는 병해충 발생의 전염원이 될 수 있으므로 관리 지역 밖으로 반출하거나 소각 처리해야 한다.

제5절 장비 및 청결 유지 관리

1 장비 유지 관리

(1) 조경관리 장비의 용도별 분류

조경관리 장비는 시간과 노력을 절약시킨다. 그러나 장비를 잘못 사용하거나 적절한 예방 및 정비를 하지 않을 경우 사용해야 할 시기에 고장으로 인해 작업의 적기를 놓칠 수 있다.
① 수목 이식 장비 : 굴착기, 동력 이식기, 윈치, 도르래와 로프
② 전정 장비 : 톱, 고절기, 전정가위
③ 토양관리 장비 : 토양 채취기, 토양 천공기, 관수 장치, 토양 관주기, 토양산도 측정기, 토양 수분 측정기, 토양 경도계, 염류 농도계, 토양체
④ 잔디관리 장비 : 잔디 깎기, 예초기, 낙엽 불기(Blower)
⑤ 일반 관리 장비 : 측고기, 윤척, 직경 테이프, 생장추, 광도계, 가지 파쇄기, 근주 제거기, 뿌리 절단기
⑥ 수목 보호 장비 : 확대경, 해부 현미경, 공동 식별기, 나무 망치
⑦ 약제 처리 장비 : 손 분무기, 배부식 분무기, 동력 분무기, 충전식 천공기, 계량 컵과 저울
⑧ 등목 장비 : 사다리, 연결 사다리, 등목 안장, 밧줄과 고리
⑨ 외과수술 장비 : 칼, 끌, 긁기와 깎기, 도끼, 망치, 마모기, 분무기 등
⑩ 작업부 보호 장비 : 두꺼운 작업복, 긴 작업화, 보호 장갑, 연장 혁대, 전기톱 보호대(나일론), 안전모, 보호 안경, 청각 보호 장비(귀마개, 방음 헤드셋), 방독면
⑪ 차량 장비 : 수목 운반 장비, 버킷(바구니), 고가 사다리차, 유압식 고가 사다리차, 수목가지 분쇄기, 그루터기 분쇄기

(2) 보유 장비 점검
① 장비의 점검은 문제점이 발생한 장비를 수리하는 목적과 사용 전 예방 관리 위주로 분리하여 점검하고 해결한다.
② 일상 점검(사용 전 점검, 사용 중 점검, 사용 후 점검)과 정기 점검(주간, 월간, 분기, 연간 점검), 장기 보관 시 점검으로 나누어 작성하고 실제 점검한 날짜와 실시한 내용을 기재한다.
③ 연간 점검 후 장비의 수리는 특별한 사유가 없는 한 동절기를 이용하여 관리한다.

(3) 기본 사용법 및 정비법

① 톱, 가위 등은 언제든지 사용할 수 있도록 날이 무뎌지지 않도록 관리하고, 성능 이상의 가지 절단은 하지 않는다.
② 작업자가 톱날 등에 의해 부상을 입지 않도록 사용하지 않을 때는 톱 집 안에 넣어 보관한다.
③ 전정 도구 사용 후에는 잔재물을 잘 털어 내고 녹슬지 않도록 기름 헝겊으로 깨끗이 닦은 후 건조한 곳에 보관한다.
④ 사다리 설치 시 평탄한 지형에 설치하여 사다리의 수평성 및 안전성을 확보하고 사다리 설치 후 반드시 1명 이상이 지상에서 사다리를 붙잡아 흔들리지 않도록 한다.

> **더 알아보기**
> - 병균이 다른 수목으로 전파되는 것을 줄이기 위해 10% 정도의 표백제나 알코올로 소독하기도 한다. 부스러기나 먼지를 제거한 도구를 1분 정도 담가 둔다.
> - 체인 톱은 소독, 살균할 수 없으므로 도구로 인해 전염될 수 있는 병에 감염된 수목을 전정할 때는 손톱을 이용하는 것이 좋다.
> - 표백제는 도구의 부식을 유발할 수 있으므로 사용에 유의해야 한다.
> - 현장 보수나 정비가 불가능한 것은 관리 본부에 보고하도록 하고, 많은 시간이 소요되거나 상당한 장비가 필요한 작업은 현장에서 임시방편으로 정비하지 않도록 지시한다.

2 청결 유지 관리

(1) 청소 도구의 보관, 사용 및 관리 방법

① 청소 도구의 보관
   도구의 파손과 수리비 증가를 막기 위해 적절하고 충분한 보관 장소가 미리 확보되어야 한다.
② 청소 도구 사용 및 관리 방법
   ㉠ 도구 구입 시 다용도로 쓸 수 있는 것을 고려한다.
   ㉡ 솔, 빗자루, 청소 기계 등은 가격대 성능을 고려하여 경제성이 큰 것으로 구비한다.
   ㉢ 규격화된 도구를 사용함으로써 교체나 수리를 용이하게 한다.
   ㉣ 여분의 도구를 미리 비축함으로써, 주문하고 기다리는 시간을 절약하고 정비나 보수가 신속하게 이루어지도록 한다.
   ㉤ 도구의 보존 상태나 재고를 항상 점검하고 파악하여 계획성 있는 사용이 되도록 한다.

(2) 청소 작업의 분담

① 구역별 분담 방법

일정 구역을 개인에게 분담시키는 방법으로 작성된 작업 명세서는 책임 업무 한계가 된다.

㉠ 장점 : 담당자가 해당 대상지를 완전히 책임지므로 세세한 부분까지 완전 점검과 관리가 이루어져 문제 발생을 예방하기 쉽고, 현장에서의 처리가 용이하여 작업과 왕래에 소요되는 시간이 절약된다.

㉡ 단점 : 개인의 각 분야별 능력에 한계가 있으므로 단순 작업의 범위를 넘어서면 해당 분야의 전문가를 불러야 하는 일이 생길 수 있다.

② 분야별 분담 방법

분야별로 기술자들을 나누어 비교적 넓은 지역을 담당할 수 있다. 감독관은 작업 목록을 작성하고 필요한 물품 구비, 작업자의 현장 배치, 작업 결과의 평가 등을 하면서 전체적인 청결 관리 업무 전반을 통솔하는 역할을 한다.

㉠ 작업의 규모와 성격에 따라 필요한 인력을 적재적소에 배치할 수 있다.

㉡ 넓은 지역을 담당해야 하므로 관리 대상에 대한 친숙도가 떨어지고 여러 명을 공동으로 관리하기 때문에 책임 한계가 불분명하여 작업 배치 인력의 불균형과 과다 인력을 배치할 수도 있다.

> **더 알아보기**
>
> - 염화칼슘과 같은 해빙염을 사용할 때는 수목이 식재된 토양 위에 비닐을 덮어 주어 수목 피해를 방지하고 눈이 온 뒤에는 수목을 깨끗한 물로 씻어 준다.
> - 빌딩 외벽 및 유리창 청소에 사용되는 세척제 및 세탁기 배출 오수가 수목 잎에 닿으면 갈변 후 고사하게 되므로 청소 시에는 중성 세제를 사용하고 세척제가 닿은 부위는 물로 씻겨 낸다.

제6절 실내식물 관리

1 실내식물 점검

(1) 실내식물 관리계획

① 실내 조경 설계 도면과 설계 사례를 보며 식재된 실내 식물을 파악한다.

② 식재된 실내 식물의 특성과 관리 방법을 조사하여 표로 정리한다.

③ 식재된 식물의 정지와 전정, 시비, 병충해 방제, 관수, 식물 교체, 고사 식물 제거, 흙 바꾸기, 배수 시설 점검 등의 연간 작업 계획을 세우고 관리한다.

(2) 점검표 작성
   ① 실내 식물의 위치, 생육 상태를 파악한다.
      ㉠ 식재된 위치의 광량이 부족하여 다음과 같은 증상이 발생할 경우 밝은 장소로 옮긴다.
         • 식물이 성장을 멈춘다.
         • 식물의 잎이 아래에서부터 누렇게 뜨면서 떨어진다.
         • 식물의 신초가 해가 드는 쪽으로 길어지며 휘어진다.
         • 줄무늬가 있거나 화려한 잎의 색상이 녹색으로 변한다.
         • 꽃봉오리가 맺지 않고 맺었더라도 피지 못하고 떨어진다.
      ㉡ 식물에 나타나는 여러 가지 증세를 관찰하고 조치를 취한다.
         • 잎 가장자리가 갈색으로 변하는 것은 용토가 건조하기 때문이다.
         • 잎과 줄기의 회색곰팡이는 과습과 통풍이 잘 안되기 때문에 생긴다.
         • 새순이 연약한 것은 용토의 영양이 부족하기 때문이다.
         • 화분의 외벽이 이끼처럼 녹색으로 변하는 것은 물을 많이 주었거나 비료의 과다 때문이다.
         • 고광도의 상태가 오래 지속되어도 잎 가장자리가 갈색으로 변할 수 있다.
         • 잎이 누렇게 변하면서 떨어지는 것은 물이 부족하기 때문이다.
         • 뿌리와 잎이 썩는 것은 물을 너무 많이 주었기 때문이다.
         • 꽃잎과 봉오리가 떨어지는 것은 과습이거나 물을 너무 적게 주었을 때 생기는 현상이다.
         • 점토 화분의 외벽이 하얗게 되는 것은 분갈이를 오랫동안 하지 않아서 용토의 염기 성분이 높아졌기 때문이다.
      ㉢ 분에 식재된 식물의 경우 다음과 같은 상황이 생길 때 분갈이를 한다.
         • 지상부가 너무 발달해 지하부와의 균형이 맞지 않을 때
         • 분흙 표면으로 새로운 어린 식물체가 발생할 때
         • 뿌리가 배수 구멍 밑으로 나올 때
   ② 실내 식물의 관리 점검표를 작성하고 주기적으로 확인한다.

2 실내식물 유지관리방법

(1) 물의 조건 및 관리
   ① 손가락으로 흙 표면의 약 1cm 깊이를 만져서 물기가 만져지면 물을 주지 않는 것이 좋다.
   ② 물을 줄 때는 물이 밑으로 줄줄 새어 나올 만큼 흠뻑 준다. 이는 식물에 물 공급, 토양 내의 산소 교체 그리고 뿌리 유출물 등의 노폐물 제거를 위해서이다.
   ③ 배수시설이 없는 실내정원의 경우에는 흠뻑 줄 수가 없으므로 흙 표면에 골고루 물을 주도록 하며, 물뿌리개를 한 식물에 고정시키지 말고 한 번 준 후 토양 내로 물이 스며들면 다시 주는 것이 좋다.

④ 물의 온도는 실내온도와 비슷한 것이 좋다.

관수과다	관수부족
• 잎이 생기가 없고 물컹거리며 썩는다. • 잎이 말리고 황화되거나 잎끝이 갈변한다. • 어린잎과 늙은잎 모두 동시에 떨어진다. • 꽃에 곰팡이가 생긴다.	• 잎이 생기가 없고 시들며 거의 생장하지 않는다. • 아래 잎이 말리고 황화되면서 가장자리가 갈변하며 마른다. • 늙은 잎이 먼저 떨어진다. • 꽃이 떨어지거나 색깔이 바래진다.

(2) 광(光)의 조건 및 관리

① 자연광선
  ㉠ 태양광에는 여러 가지 파장을 가진 광선이 혼합되어 있는데, 그중 가시광선이 식물에 가장 큰 영향을 미친다.
  ㉡ 가시광선의 종류에는 자색, 청색, 녹색, 적색 등이 있는데, 탄소 동화작용에 유리한 광선은 적색광선이다.
  ㉢ 꽃이 피는 국화, 튤립 등의 식물이나 허브식물은 많은 광이 요구되므로 반드시 창가나 베란다에 배치하여야 한다.

② 인공광선
  ㉠ 실내조경용 관엽식물에 대하여 보조광선의 역할을 하기 위한 유효파장은 500~800nm 범위이나 최소한의 유효광도는 500Lux 이상은 되어야 하고, 조명 시간은 1일 12~18시간 정도가 바람직하나 최소한 4시간 이상은 되어야 한다.
  ㉡ 모든 인공조명기구들은 식물재배용 광원으로 이용이 가능한데, 그 종류로는 백열등, 형광등, 수은등, 할로겐등, 나트륨등이 있다.
  ㉢ 고압나트륨등은 식물 생리학적으로 유효한 광선을 많이 방사하지만, 너무 밝아서 개인 주택이나 소규모 실내조경에는 어울리지 않는다.
  ㉣ 천장높이 3.5m 이하인 실내조경 공간에서는 형광등이 가장 알맞은 보조광원으로서 활용된다.

> **더 알아보기**
>
> **실내식물로 이용되는 관엽식물의 일반적 특성**
> • 잎이 넓거나 독특한 무늬가 있어 주로 잎을 감상하는 식물이다.
> • 대부분 열대지방이 원산으로 추위에 약하다.
> • 그늘에서 잘 자라고(내음성), 연중 푸른 잎을 감상할 수 있다.
> • 생장이 빠르지만, 수분을 많이 필요로 하고 건조에 약하다.
> • 주로 포기나누기나 꺾꽂이에 의해 번식된다.
> • 겨울철에 동해나 저온장해를 입지 않도록 주의해야 한다.
> • 잎 청소를 해 주지 않으면 병충해가 발생하기 쉽다.

③ 보상점과 식물의 생장

보상점보다 약한 빛	보상점	보상점보다 강한 빛
광합성량 < 호흡량	광합성량 = 호흡량	광합성량 > 호흡량
잎이 황변하고, 오래 지속되면 고사	외관상 CO_2와 O_2의 출입이 없는 것처럼 보임, 현상 유지	식물 생육의 최적 환경, 잘 자람

㉠ 광포화점 : 수분, 양분, 온도 등이 이상적으로 제공되었을 때 조도가 올라가면 광합성 작용이 증가하지만 어느 한계에 이르면 더 이상 증가하지 않고 잎 조직이 파괴되는데, 그 한계점이 광포화점이다.

㉡ 실내식물은 광선의 세기가 광보상점 이상, 광포화점 이하인 환경에서 건강하게 생육할 수 있다.

※ 광보상점 : 식물에 의한 이산화탄소의 흡수량과 방출량이 같아져서 식물체가 외부 공기 중에서 실질적으로 흡수하는 이산화탄소의 양이 0이 되는 빛의 강도. 이 이상으로 빛이 공급되어야 식물의 생장이 가능하다.

④ 광도와 식물의 생장

㉠ 광도가 너무 약하면 일어나는 현상 : 잎이 황색으로 변하고, 새로 생긴 잎이 점차 떨어지며, 기존 잎의 두께가 얇아지거나 줄기가 가늘어진다.

㉡ 광도가 너무 강하면 일어나는 현상 : 잎이 그을리거나 탈색되고, 내음성 식물의 경우에는 잎이 마르고 흰색으로 변하며 결국에는 죽게 된다.

(3) 온도의 조건 및 관리

① 온도는 동화작용이나 호흡작용, 흡수작용 등 식물에 큰 영향력을 미친다.

② 실내 온도가 25℃ 이상의 고온이면 식물이 도장할 우려가 있고, 너무 저온이면 식물의 생육이 중지되며, 치사 온도에 달하여 죽게 된다.

③ 실내 정원의 낮 온도는 21~24℃, 밤 온도는 15~18℃로 관리하여 주야 온도차를 10℃ 내외로 유지시켜야 한다.

④ 실내 식물은 대부분 열대나 아열대가 원산지이므로 겨울철에도 12℃ 이하로 내려가지 않도록 관리하는 것이 좋다.

⑤ 35℃를 넘지 않도록 유지하는 것이 원칙이며, 냉난방장치 가까이 두지 않아야 한다.

(4) 습도의 조건 및 관리

① 식물에 있어서 최적 습도는 70~90%인데, 상대 습도가 30% 이상이면 대부분의 식물은 적응할 수 있다.

② 공중 습도

㉠ 공중 습도는 실내 온도가 올라가면 더욱 낮아진다. 특히 겨울철 난방으로 인해 온도가 올라갈 경우 습도는 더욱 낮아진다.

㉡ 습도가 너무 낮으면 자주 스프레이 해 주어 습도를 높이고, 항상 35% 이상 유지하는 것이 좋다.

ⓒ 공중 습도가 과다하면 식물의 도장과 낙화, 증산작용 감소, 동화작용 저지, 개화 방해, 결실작용 부진, 줄기의 연화로 인한 병충해 저항력 약화 등의 결과를 낳는다.
ⓓ 다습 환경을 좋아하는 양란이나 식충식물, 야자류, 관엽식물은 공중 습도가 건조하면 잎끝이 말라서 보기 흉하게 된다.
ⓔ 다육식물이나 선인장은 다습하면 썩거나 곯아 버리기 쉬우므로 습도 20% 정도의 건조 환경을 조성해야 잘 생육한다.
③ 토양 습도가 너무 과다할 때는 토양 내 미생물의 활동을 약화시키고, 뿌리의 흡수 작용을 저해시켜 심하면 질식 상태로 이끌어 뿌리를 썩게 한다.

(5) 시비의 조건 및 관리
① 시비는 1년에 1~2번 정도 생육이 활발해지는 시기에, 시중에서 판매되고 있는 막대 형태의 고형비료를 주며, 너무 자주 주지 않는 것이 좋다.
② 스프레이 형태로 판매되고 있는 액비는 생육이 불량하거나, 건조나 고온 또는 저온에 스트레스를 받았을 때 준다.

(6) 토양의 조건 및 관리
① 악취나 병충해를 방지하기 위해서는 유기물 함량이 적고, 깨끗한 것을 사용하여야 한다.
② 가벼워야 시공 시 운반이 편리하고, 건축물에 하중부담이 적다.
③ 실내에서는 인공적으로 관수를 행하므로 통기성이 좋고, 배수가 잘되며, 보수력이 있어야 한다.
④ 토양산도는 pH 6~7 범위가 적당하다.
⑤ 실내 조경용 인공 토양
ⓐ 버미큘라이트(Vermiculite) : 화강암 속의 흑운모를 1,100℃ 정도의 고온에서 수증기를 가하여 팽창시킨 것이다.
ⓑ 하이드로볼(Hydro Ball) : 황토와 톱밥을 섞어서 둥글게 뭉쳐 고온 처리한 것이다.
ⓒ 펄라이트(Perlite) : 진주암을 870℃ 정도의 고온으로 가열하여 팽창시켜 만든 백색의 가벼운 입자로 만든 것으로, 무균 상태이다.
ⓓ 피트모스(Peatmoss) : 습지의 수태가 퇴적하여 만들어진 것으로 유기질 용토이다.

01 관수공사에 대한 설명으로 옳지 못한 것은?

① 관수방법은 지표 관개법, 살수 관개법, 낙수식 관개법으로 나눌 수 있다.
② 살수 관개법은 설치비가 많이 들지만, 관수효과가 높다.
③ 수압에 의해 작동하는 회전식은 360°까지 임의 조절이 가능하다.
④ 회전장치가 수압에 의해 지상 10cm로 상승 또는 하강하는 팝업(Pop-Up) 살수기는 평소 시각적으로 불량하다.

해설 ④ 팝업 살수기는 평소에는 시각적으로 보이지 않으며, 잔디깎기에도 방해를 주지 않는 장점이 있다.

02 다음 중 관수공사에 사용되는 재료가 아닌 것은?

① 펌프
② 유공관
③ 검사밸브
④ 스프링클러

해설 유공관 : 배수구 내에 매설하는 구멍이 있는 배수용 관

03 다음 중 조경공간의 관수(灌水) 관리를 위한 설명으로 가장 적합한 것은?

① 봄철 하루 중 관수의 시기는 식물의 생육이 왕성한 정오에 하는 것이 바람직하다.
② 스프링클러에서 물이 흐르는 파이프는 헤드의 원활한 작동을 위해 가능하면 큰 직경에 유속은 변화를 주어 빨리 공급되어야 한다.
③ 관의 토양 중 깊이는 다른 관리작업에 의해 파손되지 않도록 충분히 깊어야 하며, 겨울철에는 물을 빼서 동파의 가능성을 줄여야 한다.
④ 점적관수(Drip Irrigation)는 개별 식물체에 연결된 호스의 작은 구멍을 통해 소량의 물이 나오는 것으로서 많은 수분이 일시에 대기 중에 배출된다.

해설 ① 관수 시간은 한낮을 피해 아침 10시 이전이나 일몰 즈음이 좋다.
② 스프링클러 관수 시는 토양 내로의 정상적인 침수 속도보다 빠르기 때문에 유량을 조절해야 한다.
④ 점적관수(Drip Irrigation)는 각 수목이나 지정된 지역에 작은 낙수구멍(Emitter Outlet)을 통해 낮은 압력수를 일정비율로 서서히 관개하는 방법으로, 관개효율이 가장 높은 방법이다.

정답 1 ④ 2 ② 3 ③

04 지주목 설치 요령 중 적합하지 않은 것은?

① 지주목을 묶어야 할 나무줄기 부위는 타이어 튜브나 마대 혹은 새끼 등의 완충재를 감는다.
② 지주목의 아래는 뾰족하게 깎아서 땅속으로 30~50cm 정도의 깊이로 박는다.
③ 지상부의 지주는 페인트칠을 하는 것이 좋다.
④ 통행인이 많은 곳은 삼발이형, 적은 곳은 사각지주와 삼각지주가 많이 설치된다.

해설 ④ 통행인이 많은 곳은 삼각 및 사각지주, 적은 곳은 삼발이지주를 많이 설치한다.

지주설치방법
- 단각형 지주 : 1.2m의 소형수목에 적용된다.
- 이각형 지주 : 2.0m 이하의 수목 또는 소형의 가로수에 적용한다.
- 삼발이지주 : 중대형의 수목에 적용된다. 경관상 중요한 지역이 아닌 곳, 통행인이 없는 곳에서 적용된다.
- 삼각 및 사각지주 : 중대형 수목에 적용된다. 경관상 중요한 지역이나 통행인이 많은 곳에서 적용된다.
- 당김줄형 지주 : 거목에 적용된다. 경관적으로 가치가 요구되는 곳에 적용된다.
- 매몰형 지주 : 수목이 매우 중요한 위치에 있어 지주가 시각상 문제가 있다고 판단되는 경우와 통행인에게 불편을 초래한다고 판단되는 경우에 적용된다.
- 연결형 지주 : 산울타리의 열식 또는 가까운 거리에 여러 주의 나무를 모아 심었을 때 인접한 나무끼리 연결하는 방법이다.

05 지주목 설치에 대한 설명으로 틀린 것은?

① 수피와 지주가 닿는 부분은 보호조치를 취한다.
② 지주목을 설치할 때는 풍향과 지형 등을 고려한다.
③ 대형목이나 경관상 중요한 곳에는 당김줄형을 설치한다.
④ 지주는 뿌리 속에 박아 넣어 견고히 고정되도록 한다.

해설 ④ 지주는 아래를 뾰족하게 깎아서 땅속으로 30~50cm 정도의 깊이로 박는다.

06 다음 중 약한 나무를 보호하기 위하여 줄기를 싸주거나 지표면을 덮어주는 데 사용되기에 가장 적합한 것은?

① 볏 짚   ② 새끼줄
③ 밧 줄   ④ 바크(Bark)

해설 멀칭 : 식재면의 식물 건조를 막고, 밟히지 않게 하며, 지표면의 침식 방지나 잡초의 번식 억제를 위해 짚, 수피조각, 톱밥, 마른 풀, 주트(Jute), 플라스틱 필름 등을 까는 것

07 멀칭재료는 유기질, 광물질 및 합성재료로 분류할 수 있다. 유기질 멀칭재료에 해당하지 않는 것은?

① 볏 짚   ② 마 사
③ 우드칩 ④ 톱 밥

해설 멀칭재료의 종류
- 유기질재료 : 쌀겨, 옥수수속, 땅콩껍질, 볏짚, 잔디 깎기한 풀, 솔잎, 솔방울, 톱밥, 나무껍질(수피), 우드칩, 펄프, 이탄이끼 등
- 광물질재료 : 왕모래, 마사, 돌조각, 자갈, 조약돌 등
- 합성재료 : 토목섬유, 폴리프로필렌 부직포, 폴리에틸렌 필름(비닐) 등

08 분쇄목인 우드 칩(Wood Chip)을 멀칭재료로 사용할 때의 효과가 아닌 것은?

① 미관효과 우수
② 잡초억제 기능
③ 배수억제 효과
④ 토양개량 효과

해설 우드 칩의 멀칭효과
- 잡초의 발생을 방지한다.
- 수목에 양분을 공급한다.
- 토양에 수분 및 적정온도를 유지한다.
- 토사유실, 분진·비산먼지 및 흙튀김을 방지한다.

09 다음 중 멀칭의 기대효과가 아닌 것은?

① 표토의 유실을 방지
② 토양의 입단화를 촉진
③ 잡초의 발생을 최소화
④ 유익한 토양미생물의 생장을 억제

해설 멀칭의 효과
- 멀칭은 잡초의 발생을 최소화하고, 토양으로부터의 수분 증발을 감소시키며, 토양의 공극률을 높인다.
- 토양의 비옥도를 높이고, 미생물의 생장을 촉진시켜 산성화된 토양을 중성화시키며, 겨울철 수목의 동결을 방지한다.

10 다음 중 상렬의 피해가 많이 나타나지 않는 수종은?

① 소나무 ② 단풍나무
③ 일본목련 ④ 배롱나무

해설 상렬(霜裂, Frost Cracks)
- 추위에 의하여 나무의 줄기 또는 수피가 수선 방향으로 갈라지는 현상을 말한다.
- 상렬은 늦겨울이나 이른 봄 남서면의 얼었던 수피가 햇빛을 받아 조직이 연해진 다음, 밤중에 기온이 급속히 내려감으로써 수분이 세포를 파괴하여 껍질이 갈라져 생긴다.
- 상렬의 피해가 많이 나타나는 수종은 수피가 얇은 단풍나무, 배롱나무, 일본목련, 벚나무, 밤나무 등이며, 지상으로부터 0.5~1m 정도 높이의 수간에서 피해가 많이 발생한다.

11 저온의 해를 받은 수목의 관리 방법으로 적당하지 않은 것은?

① 멀 칭
② 바람막이 설치
③ 강전정과 과다한 시비
④ Wilt-Pruf(시들음 방지제) 살포

해설 ③ 저온해를 입은 수목은 강전정을 하지 않고, 시비를 자제한다.

12 수목의 월동작업 시 동해의 우려가 있는 수종과 온난한 지역에서 생육 성장한 수목을 한랭한 지역에 시공하였거나 지형·지세로 보아 동해가 예상되는 장소에 식재한 수목은 일반적으로 기온이 몇 ℃ 이하로 하강하면 방한조치를 하여야 하는가?

① 10 ② 7
③ 5 ④ 0

해설 방한 : 동해의 우려가 있는 수종과 온난한 지역에서 생육 성장한 수목을 한랭지역에서 시공하였을 때 지형·지세로 보아 동해가 예상되는 장소에 식재한 수목은 기온이 5℃ 이하로 하강하면 다음과 같은 조치를 취하여야 한다.
- 한랭기온에 의한 동해방지를 위한 짚 싸주기
- 토양동결로 인한 뿌리 동해방지를 위한 뿌리덮개
- 관목류의 동해방지를 위한 방한덮개
- 한풍해를 방지하기 위한 방풍조치

13 동해(凍害) 발생에 관한 설명 중 틀린 것은?

① 난지산(暖地産) 수종, 생육지에서 멀리 떨어져 이식된 수종일수록 동해에 약하다.
② 건조한 토양보다 과습한 토양에서 더 많이 발생한다.
③ 바람이 없고 맑게 개인 밤의 새벽에는 서리가 적어 피해가 드물다.
④ 침엽수류와 낙엽활엽수류는 상록활엽수류보다 내동성이 크다.

해설 동해의 발생
- 오목한 지형에 있는 수목에서 많이 발생한다.
- 늦가을과 이른 봄, 몹시 추운 겨울에 많이 발생한다.
- 맑고 바람 없는 날에 많이 발생한다.
- 북쪽 경사면보다는 일교차가 심한 남쪽 경사면에서 더 많이 발생한다.
- 성목보다는 어린 유목에서 많이 발생한다.
- 건조한 토양보다는 과습한 토양에서 더 많이 발생한다.
- 북서쪽이 터진 곳이나 북서쪽 경사면이 높은 지역, 토양이 어는 응달에서 강우나 강설이 적고 북서계절풍이 심한 엄동일 때 수형에 관계없이 발생한다.
- 찬바람의 해는 9부 능선이나 들판 가운데 고립된 임야에서 발생한다.

정답 9 ④ 10 ① 11 ③ 12 ③ 13 ③

14 모과, 감나무, 배롱나무 등의 수목에 사용하는 월동방법으로 가장 적당한 것은?

① 흙묻기
② 짚싸기
③ 연기 씌우기
④ 시비 조절하기

해설 짚싸기 : 배롱나무, 장미 등과 같은 내한성이 약한 나무의 지상부를 보호하기 위하여 쓰이는 월동방법이다.
※ 내한성이 약한 배롱나무, 벽오동, 히말라야시다는 수목의 지제부와 수간을 볏짚이나 새끼끈으로 싸주고, 상열을 막기 위해 유지나 녹화마대로 수간 전체를 감싸는 것이 바람직하다.

15 잠복소를 설치하는 목적으로 가장 적합한 것은?

① 동해의 방지를 위해
② 월동벌레를 유인하여 봄에 태우기 위해
③ 겨울의 가뭄 피해를 막기 위해
④ 동해나 나무의 생육조절을 위해

해설 ② 잠복소는 월동장소를 제공하여 월동벌레를 유인하기 위해 수간에 감은 짚이나 수목 주변에 깔아 놓는 짚 등을 말하는데, 보통 월동을 끝내기 전 봄에 이를 모아 태운다.

16 식물의 동해 방지를 위한 방법 중 옳지 않은 것은?

① 철쭉류에 시들음방지제(Wilt-Pruf)를 잎에 살포한다.
② 근원경의 5~6배 넓이로 수목 주위에 피트모스 또는 낙엽을 깔아준다.
③ 전나무 주변 토양은 0℃ 이하로 내려가기 전 흠뻑 젖도록 충분히 관수한다.
④ 소나무의 경우 계속된 추위로 토양이 얼었을 때 미지근한 물로 1주일 간격으로 토양을 녹여준다.

해설 땅이 얼었을 경우에는 물주기를 실시하여도 물이 스며들지 않는 경우가 있으므로 따뜻해졌을 때 물주기를 실시하는 것이 좋다.

17 월동작업 중 줄기싸주기(나무감기)를 실시하여 주는 이유가 아닌 것은?

① 충해 잠복소 제공
② 수분증산 감소
③ 잡목 침해 방지
④ 수피일소현상 억제

해설 줄기싸주기
수분의 증산을 억제하고 태양의 직사광선으로부터 줄기의 피소 및 수피의 터짐을 보호하며, 월동중인 유충을 포살하기 위하여 짚이나 새끼 등으로 줄기에 잠복소를 설치하여 병해충을 방제할 수 있다.

18 식재 후 수목관리작업 중 멀칭의 효과가 아닌 것은?

① 토양염분 농도를 조절한다.
② 수목 병충해 발생을 억제한다.
③ 토양의 온도를 조절한다.
④ 지상부에 비해 근부의 생육을 직접적으로 돕는다.

해설 멀칭의 효과
토양수분 유지, 토양온도 조절, 토양비옥도 증진, 토양구조의 개선, 복사열 감소, 염분 조절, 잡초발생 억제, 병충해 방지 억제, 지표면 개선효과, 토양의 굳어짐 방지

19 실내식물은 광선의 세기가 광보상점 이상 광포화점 이하라야 건강하게 생육할 수 있는데, 빛의 세기가 너무 약하면 나타나는 현상은?

① 잎이 황색으로 변한다.
② 잎이 마르고 희게 된다.
③ 잎의 두께가 굵어진다.
④ 잎의 가장자리가 마르게 된다.

해설 광도와 식물의 생장
- 광도가 너무 약하면 일어나는 현상 : 잎이 황색으로 변하고, 새로 생긴 잎이 점차 떨어지며, 기존 잎의 두께가 얇아지거나 줄기가 가늘어진다.
- 광도가 너무 강하면 일어나는 현상 : 잎이 그을리거나 탈색되고, 내음성 식물의 경우에는 잎이 마르고 흰색으로 변하며 결국에는 죽게 된다.

20 실내정원을 구성할 때 사용되는 인공토양에 관한 설명으로 옳은 것은?

① 펄라이트(Perlite)는 화강암 속의 흑운모를 1,100℃ 정도의 고온에서 수증기를 가하여 팽창시킨 것이다.
② 버미큘라이트(Vermiculite)는 황토와 톱밥을 섞어서 둥글게 뭉쳐 고온 처리한 것이다.
③ 하이드로볼(Hydro Ball)은 진주암을 870℃ 정도의 고온으로 가열하여 팽창시켜 만든 백색의 가벼운 입자로 만든 것으로 무균상태이다.
④ 피트모스(Peatmoss)는 습지의 수태가 퇴적하여 만들어진 것으로 유기질 용토이다.

해설
① 버미큘라이트(Vermiculite)는 화강암 속의 흑운모를 1,100℃ 정도의 고온에서 수증기를 가하여 팽창시킨 것이다.
② 하이드로볼(Hydro Ball)은 황토와 톱밥을 섞어서 둥글게 뭉쳐 고온 처리한 것이다.
③ 펄라이트(Perlite)는 진주암을 870℃ 정도의 고온으로 가열하여 팽창시켜 만든 백색의 가벼운 입자로 만든 것으로 무균상태이다.

21 실내조경 식물의 잎이나 줄기에 백색 점무늬가 생기고 점차 퍼져서 흰 곰팡이 모양이 되는 원인으로 옳은 것은?

① 탄저병   ② 무름병
③ 흰가루병 ④ 모자이크병

해설 흰가루병
- 수목에 치명적인 병은 아니지만 발생하면 생육이 위축되고 외관을 나쁘게 한다.
- 장미, 단풍나무, 배롱나무, 벚나무 등에 많이 발생한다.
- 병든 낙엽을 모아 태우거나 땅속에 묻음으로써 전염원을 차단하는 것이 필수적이다.
- 통기불량, 일조부족, 질소과다 등이 발병유인이다.

정답 18 ④ 19 ① 20 ④ 21 ③

CHAPTER 04

PART 03 조경관리

초화류 관리

제1절 계절별 초화류 조성 계획

1 초화류 조성 준비

(1) 조경용 초화류의 개념
① 초화류는 종류에 따라 생육 특성뿐만 아니라 크기도 다르고 화색이 다양하며 개화 시기와 기간도 다양하다.
② 조경용 초화류는 생육 특성에 따라 일년초와 다년초(숙근초)로 나누어 구분한다.
③ 다년초는 특성이 다른 구근류, 암석원 식물, 그래스류, 고사리류, 수생 식물을 분리하여 다루고, 나머지를 일반적으로 좁은 의미의 다년초라 한다.

[조경용 초화류 생육 특성별 분류] 중요

일년초 (이년초 포함)	춘파일년초	꽃베고니아, 메리골드, 과꽃, 아게라텀, 샐비어, 베고니아, 제라늄, 바이올렛, 백일홍, 맨드라미, 해바라기, 콜레우스, 디몰포세카, 물망초, 가자니아, 네메시아, 꽃향유 등
	추파일년초	페튜니아, 팬지, 금잔화, 꽃양배추, 데이지, 마가렛데이지, 프리뮬러, 금어초, 포피, 디기탈리스, 수레국화, 이소토마, 스토크, 알리섬, 안젤로니아, 꽃담배, 로벨리아, 루피너스, 아레나리아 등
다년초		샤스타데이지, 델피니움, 원추리, 작약, 모나르다, 긴산꼬리풀, 옥잠화, 노루오줌, 매발톱꽃, 플록스, 꽃범의꼬리, 승마, 등골나물, 톱풀, 구절초, 헬레니움, 개미취, 가우라, 에키나세아, 벌개미취, 루드베키아, 붓꽃, 복수초 등
구근류	춘식구근	다알리아, 아마릴리스, 글라디올러스, 칸나 등
	추식구근	백합, 튤립, 수선화, 무스카리, 크로커스, 콜키쿰, 히아신스, 아네모네, 라넌큘러스, 스파락시스, 알리움, 스노우드롭, 상사화, 석산, 백양꽃, 산부추 등
암석원 식물		용담, 아레나리아, 세라스티움, 유포르비아, 큰꿩의비름, 세덤, 기린초, 돌나물, 땅채송화, 바위솔 등
그래스류		억새, 갈풀, 털수염풀, 수크령, 사초, 대사초, 홍띠, 달뿌리풀, 하코네클로아, 산조풀, 가는그늘사초 등
고사리류		관중, 청나래고사리, 고비, 속새, 부처손, 미역고사리 등
수생식물		동의나물, 노랑무늬꽃창포, 고랭이, 석창포, 노랑무늬석창포, 벗풀, 보풀, 수련, 연, 개연꽃, 네가래, 도루박이, 부들 등

(2) 화단용 초화류의 조건
① 모양이 아름답고, 가급적 키가 작아야 한다.
② 가지가 많이 갈라져서 꽃이 많이 달려야 한다.
③ 꽃의 색깔이 선명하고, 개화기간이 길어야 한다.
④ 바람, 건조, 병해충에 견디는 힘이 강해야 한다.
⑤ 성질이 강하고, 나쁜 환경에서도 잘 자라야 한다.

(3) 초화류 조성 위치
① 조성 의도 및 목적 설정
  ㉠ 단지 전체에 대한 조경 기본 계획 도면을 기반으로 실제 조경 공간과 대조하고, 단지 활용 현황을 조사한다.
  ㉡ 조경 관리 책임자와 대화를 통해 새롭게 조성될 초화류 식재 공간의 조성 의도를 파악한다.

조성 목적	설 명	초화류 사례
도시 미관	• 아름다운 거리를 조성 • 부정적인 경관 막음	산국, 포피, 안개꽃 등
휴식 공간	안식처를 제공	상사화, 라벤더, 꽃창포, 붓꽃 등
생태 도시	친환경적 자연도시를 조성	수레국화, 쑥부쟁이 등
관광 자원	• 외부 관광객을 유치 • 박람회, 축제 개발	백합, 구절초, 상사화, 꽃무릇 등
테마 공원	건강, 문화, 관광, 레저, 예술, 청소년 등	구절초, 포피, 국화 등
토양 정화	납 오염 등 중금속 오염된 토양을 정화	해바라기, 유채 등
공기 정화	• 도심의 악취를 감소시킴 • 향기를 제공	허브류 등

② 조성 공간 선정 방법
  ㉠ 조성 목적에 적합한지, 초화류가 생육할 수 있는 환경인지 등을 조사·검토하여 위치를 선정하고 크기를 결정한다.
  ㉡ 꽃의 화려한 색이 전체 공간 내에서 장식 또는 강조의 역할을 하므로 다른 경관 요소 및 전체 공간과 조화되도록 위치와 크기를 결정한다.
  ㉢ 조성 위치에서 초화류가 충분한 햇빛과 수분을 공급 받을 수 있어야 하며 바람이 심하지 않아야 한다.
  ㉣ 지속적인 수분 공급이 중요하므로 관수에 어려움이 없는 위치여야 한다.

③ 초화류 공간 결정 시 주의사항
  ㉠ 화려한 초화류는 식재 공간의 크기가 너무 크면 전체 공간과의 시각적인 균형이 깨지고, 자주 교체해야 하는 번거로움이 발생한다.
  ㉡ 초화류의 특성상 구매, 교체 비용, 관수, 제초 관리 등의 예산 문제를 감안한다.
  ㉢ 겨울에는 빈 공간이 되기 쉬우므로 주위의 공간을 압도하지 않을 정도의 크기로 결정한다.

2 초화류 연간 관리 계획

(1) 연간 관리 계획 특징
① 영속적인 공간 구성 요소로의 사용이 어렵다.
② 연중 관상 가치를 유지해야 한다.
③ 전시 의도와 예산에 맞춰 교체해야 한다.
④ 조경의 필요에 따라 다년초와 일년초를 혼식할 수 있다.

(2) 연간 관리 계획의 수립
① 초화류 조성 예비 설계
  ㉠ 계획에 따라 초화류 식재지의 위치, 성격, 전시 의도, 가용한 재원 규모 등을 포함한 초화류 조성 예비 설계를 한다.
  ㉡ 단지 전체에 대한 조경 기본 계획도가 있는 CAD 파일을 출력하여 제도판을 이용하거나 컴퓨터를 이용한다.
  ㉢ 전시 목적과 전체 공간의 시각적 효과를 높여 줄 수 있는 위치에 적절한 크기와 형태의 식재 공간을 축척에 맞추어 그린다.

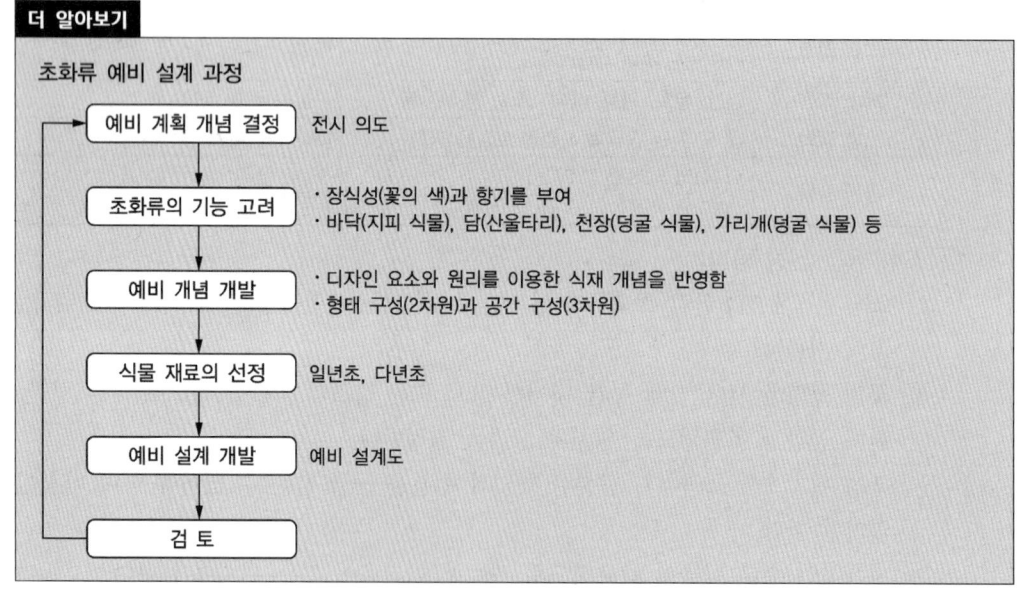

② 식재 공간의 형태 설정
  ㉠ 초화류 식재 공간은 전체 단지 조경의 형태 주제와 조화로운 형태를 구성한다.
    예) 정사각형, 직사각형, 원형, 타원형 등의 형태와 당초무늬 등과 같은 부정형으로 형태로 구성
  ㉡ 형태별 식재 시에는 한 방향에서 바라보는 일방형과 사방에서 바라보는 사방형에 따라 전체 초장에 변화를 준다.

ⓒ 초장 식재 시에는 일방형은 후면에 큰 초장 식물, 전면에 작은 초장 식물을 배치한다.
　　　ⓔ 사방형은 중심에 가장 큰 초장의 식물을 배치한다.
　③ 식재 공간의 조성 방법
　　　㉠ 봄, 여름, 가을, 겨울 중 한 계절에 화색의 효과를 최대화하고 나머지 기간에는 배경 역할을 하도록 한다.
　　　㉡ 계절별로 개화기가 다른 초화류를 같은 식재 공간에 배치하여 교대로 시각적 효과를 올릴 수 있도록 한다.
　　　㉢ 자주 교체할 초화류를 혼식할 때는 주로 일년초만으로 배치하는 데 내년에도 비슷하게 유지할 계획이면 다년초와 일년초를 적절히 혼합한다.
　④ 식재 관리 일정 계획
　　　예비 설계 도면이 완성되면 초화류 식재 및 관리 일정 계획을 수립한다.
　⑤ 예산 편성
　　　㉠ 예비 설계 도면과 일정 계획이 수립되면 예산 편성을 한다.
　　　㉡ 예산 편성 시 초화류 가격은 초화류 생산 농원의 판매 자료를 참고한다.

제2절　시장조사

1　초화류 시장조사 계획과 가격조사

(1) 계획 수립
　① 연간 초화류 조성 계획이 수립되면 예산 규모에 따라 시장조사 계획을 수립한다.
　② 계절별로 초화류의 개화기를 맞추어 개화기가 끝나면 교체하거나 다년초는 시든 잎과 꽃을 제거하는데, 필요에 따라 더 자주 월별로 교체해야 한다면 시장조사를 자주 계획할 수도 있다.

(2) 시장조사 중요
　① 각 지역별 대표 생산 농원, 화훼 집하장의 상호와 전화번호, 주소, 인터넷 사이트를 조사하여 가까운 지역별로 목록을 만들고, 구할 수 있는 카탈로그, 인터넷 자료를 정리한다.
　② 카탈로그, 인터넷 사이트, 전화 상담 등을 통해 생산 농원이나 화훼 집하장에 따라 주요 초화류 생산 품목을 체크한다.
　③ 필요한 기본 자료를 수집하면 직접 방문하여 초화류 조성 계획(예 초화류 종류, 가격, 확보 수량 등)과 예산에 따라 조사하여 기록 정리한다.
　④ 초화류 감별과 선정을 위해 가능한 한 많은 참고 자료를 수집하거나 정리한다.

> **더 알아보기**
>
> **시장조사 시 유의 사항**
> - 식재지와 가까운 시장이나 가장 규모가 큰 시장을 우선으로 조사한다.
> - 초화류 구매처의 초화류 가격과 식재지까지의 운송비를 비교한다.
> - 초화류의 이름은 일반명과 학명을 동시에 조사하고 기록한다.
> - 시장조사 시 초화류를 만져 보거나 판에서 화분을 들어 올려 손상시키지 않도록 한다.

(3) 초화류 선정

① 예산 및 초화류 조성 목적, 예비 설계한 초화류와 대체 가능 초화류의 가격과 확보 가능 물량 등을 고려하여 초화류 조성 목적을 효율적으로 달성할 수 있는 초화류를 선정한다.

② 초화류를 선정 시 크게 세 가지 조건을 고려해야 한다.
  ㉠ 식재지 환경 조건에 적합한 식물인가
  ㉡ 전시 의도와 관련한 일년초인지 다년초(예 다년초, 구근류, 암석원 식물, 그래스류, 고사리류, 수생 식물)인가
  ㉢ 필요한 시각적 요소(예 초장, 화색, 개화기)를 가지고 있는가

③ 세 가지 조건을 한 번에 표기할 수 있는 초화류 선정 체크리스트를 이용한다.

④ 초폭과 관련하여 m^2당 몇 개의 식물이 필요한 지 표기하도록 한다.

2 초화류의 유통 구조

(1) 초화류의 생산현황

① 국내 2013년 기준 화훼 재배현황 통계에 이름이 기재된 주요 초화류는 18종류이며 대부분 일년초 이고, 이 중 페튜니아와 팬지의 판매량과 판매 금액이 가장 많다.

② 초화류 재배 농가수의 52%, 재배 면적의 31%가 경기도에 있으며, 경기도의 초화류 판매량은 전국 판매량의 67%, 판매 금액의 59%를 차지하고 있다.

(2) 초화류의 유통 특징

① 국내 최대 초화류 생산지가 경기도인 만큼 성남, 용인, 하남, 고양 등의 초화류 생산 농원에서 직접 구매하거나, 과천 등의 화훼 집하장에서 구매할 수 있다.

② 다량 구매 시나 소량 다품목 구매일 경우 미리 화훼 작목반 등을 통한 주문 생산을 해야 한다.

③ 국내에서 생산되는 초화류 품목은 다양하지 않아 원하는 초화류를 식재하고자 한다면 미리 주문 생산을 해야 한다.
④ 규모가 큰 몇몇 초화류 생산업체는 인터넷을 통해 생산 품목과 가격을 공시하고 있으므로 인터넷을 통한 시장 조사와 구매를 할 수도 있다.
⑤ 여러 지역의 초화류 생산 농원을 일일이 찾아다닐 수 없어 구매처는 가까운 식재지와 생산 농원을 찾게 되므로 초화류의 식재 디자인이 단순해지는 경향이 있다.
⑥ 생산되는 초화류의 품목과 가격이 정확하지 않아 시장 조사에 큰 어려움이 있다.
⑦ 신품종에 대한 학명이 명시되어 유통되지 않으므로 전화 주문 시 정확한 종류의 조사 및 구매가 어렵다.

제3절 초화류 시공 도면작성

1 초화류 식재 소요량 산정

(1) 초화류의 선정

① 용도상 분류 : 초화류는 화단, 화분, 목본 식물의 하부 식재, 지피 식물 등 다양한 양식과 목적의 정원 조성을 목적으로 분류된다.

② 식재지 환경별 분류

토 양	질감, 비옥도, 산도 기준으로 적합한 식물 선정
광(光)	햇빛이 잘 드는 곳, 그늘진 곳 구분
수 분	건조한 곳, 적습한 곳, 습한 곳 구분
바 람	• 바닷가, 바람이 많이 부는 곳 구분 • 산울타리나 바람막이벽 설치 여부 결정
온 도	• 위도와 지형에 따라 형성되는 요소 • 중부와 남부 지역을 기준으로 월동 유무 선정 • 내한성대 지도(1월 평균 최저 온도를 10단계 구분)의 지역별 월동 온도에 따라 선정

③ 생육 특성별 분류
  ㉠ 조경용 초화류는 일년초와 다년초(숙근초)로 구분한다.
  ㉡ 다년초는 구근류, 암석원 식물, 그래스류, 고사리류, 수생 식물을 분리하기도 한다.
  ㉢ 그래스류는 대나무, 사초류, 골풀류 등을 포함한다.

④ 시각적 특성별 분류
  ㉠ 형태 및 초장
    • 식물 선정 시 개별적인 형태보다는 초장을 중심으로 선정한다.
    • 초장은 대체로 고, 중, 저로 나누는데 그 기준은 자료마다 다르다.
    • 일년초, 다년초, 구근류에 따라 기준이 달라지므로 설계자의 의도에 따라 정할 수 있다.
  ㉡ 초 폭
    • 초폭은 초장과 함께 형태와 크기를 알 수 있게 한다.
    • 선정된 초화류의 초폭으로 식재 간격을 결정하고 식재 면적에 따른 수량을 산출한다.
    • 어린 묘 단계의 초화류를 많이 식재하는 우리나라의 식재 간격은 6단계(예 10, 12.5, 15, 20, 25, 30cm)나 m^2당 식재 수량(예 100, 64, 49, 25, 16, 11개)을 6단계로 나누어 식재한다.
    • 식재 간격은 완성형, 반완성형, 미래 완성형으로 구분하여 예산에 따라 식재 수량을 조정하고 있다.

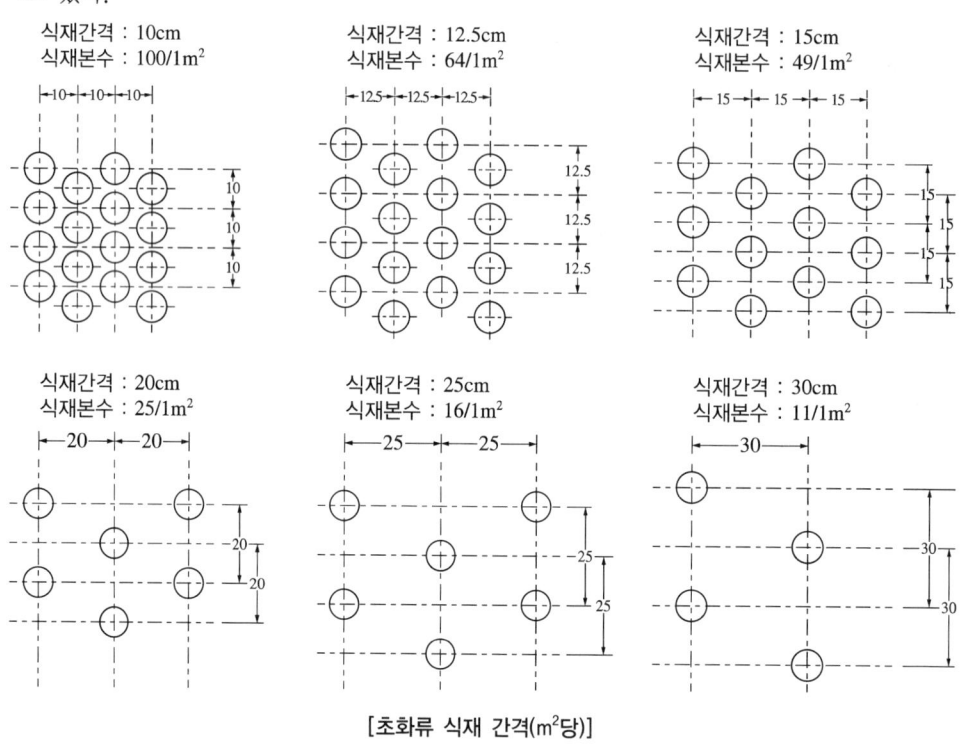

[초화류 식재 간격(m^2당)]

  ㉢ 질 감
    • 질감은 식물의 특유한 재질적 표정으로 시각 및 촉각을 통해 느낄 수 있으며 정서를 느끼게 하는 요소이다.
    • 초화류의 질감은 섬세한 차이를 보이며 식재지에 다양성과 변화감을 주는 요소이다.
    • 식물을 선정할 때 질감은 거침, 중간, 부드러움의 3가지로 나눌 수 있다.
    • 질감이 중심이 되는 디자인에서는 설계자의 시각적 선택에 따라 구체적으로 질감 요소를 체크한다.

ㄹ 화색 및 개화기

화 색	• 화색은 꽃의 색을 중심으로 잎의 색까지 포함한다. • 화색은 흰색, 분홍, 빨강, 보라, 파랑, 은색(회색), 녹색, 노랑, 주황색의 9개 색으로 나누어진다. • 은색은 잎의 색이고 녹색과 노랑, 보라는 꽃뿐만 아니라 잎의 색을 포함한다. • 식재지의 화색은 12색상환을 기준으로 동일 색상, 유사 색상, 보색, 삼색 배합 등으로 배색할 수 있다.
개화기	• 봄, 여름, 가을, 겨울 4계절로 나누지만, 개화 기간이 3개월이 되는 종류는 많지 않아 월별로 개화기를 체크하는 것이 좋다. • 겨울에 꽃피는 초화류는 드물기 때문에 꽃양배추나 상록 다년초를 이용한다.

ㅁ 향 기
- 시각적 효과뿐만 아니라 향기가 있는 식물을 선정하는 것이 유리하다.
- 식물의 향기는 식물체 전체 또는 꽃, 잎, 줄기, 뿌리 등에서 발산된다.
- 향기를 발산하는 초화류의 종류를 체크한다.

(2) 초화류 배치

① 식재 공간의 위치와 크기, 형태, 위치별 성격과 전시 의도에 따라 계절별로 확보 가능한 초화류를 도면에 배치하여 시각화한다.
② 동일 식재지 내에서 단일 종류 식재, 여러 종류 이웃 식재, 여러 종류 혼식 등 3가지 방식으로 배치한다.
③ 단지 내 여러 개의 식재 공간을 같은 방식으로 식재하여 시각적 통일감을 주거나 식재 공간별로 다르게 식재하여 변화감을 주도록 한다.
④ 식재 공간별 초화류의 색 배치(일년초, 다년초 포함)

계 절	구 분	단일 종 식재	여러 종의 이웃 식재	여러 종의 혼식
봄	배 색	파 랑	노랑/보라	분홍+파랑
	종 류	팬 지	산괴불주머니/무스카리	꽃잔디+무스카리
여 름	배 색	흰 색	분홍/빨강	흰색+분홍+주황
	종 류	샤스타데이지	오레가노/플록스/모나르다	백합+백합+원추리
가 을	배 색	보 라	주황/파랑	노랑+파랑
	종 류	쑥부쟁이	메리골드/블루샐비어	천인국+블루샐비어
겨 울	배 색	보 라	보라(잎)/녹색(잎)	노랑(잎)+녹색(잎)
	종 류	꽃양배추	꽃양배추/맥문동/속새	노랑무늬석창포+맥문아재비

(3) 식재 소요량 산정

① 초화류가 배치되면 설계 도서에 따라 식재 소요량을 산정하고 이를 종합하여 전체 소요량을 산정한다.
② 식재 소요량을 산정 시에는 초화류의 종류에 따라 m^2당 초화류를 식재 단위를 정한다.
③ 같은 종의 초화류가 전체에 배치되는 면적을 계산하여 목록표를 만든다.

④ 초화류의 종류에 따른 전체 수량을 계산한다.
⑤ 초화류는 성숙한 식물체를 기준으로 초폭 만큼 간격을 띄워 식재한다.
⑥ 초화류의 종류별 초폭 산출을 위해 국내 초화류 도감이나 생산 농원 카탈로그를 수집하여 초폭이나 화분의 크기에 따른 식재 간격 자료를 정리한다.
⑦ 식재 수량을 산정하기 위해 초폭이나 화분의 크기 외에 식재 간격을 조절하는 방법을 체크한다.

[다년초 분 크기 및 분얼 수 규격과 식재 수량]

다년초 종류	생산용 분의 크기	분얼 수	식재 수량(m²당)
구절초	3인치(8cm)		30-65
노랑원추리		2-3	25-44
노루오줌	4인치(10cm)		25-44
독일붓꽃		2-3	16-25
동의나물	4인치(10cm)		25-44
옥잠화	3인치(8cm)	2-3	25-44

[식재 소요량 산정(m²당)]

생육 정도	식재 간격	식재 후 미관 완성도	성숙 시
다 자란 식물	초 폭	완 성	유 지
반 정도 자란 식물	초폭보다 좁게	어느 정도 완성	솎아냄
반 정도 자란 식물	초 폭	미완성	유 지
어린 묘	초 폭	미완성	유 지

2 초화류 식재 설계도 작성

(1) 식재 시공 도면의 개요

① 초화류 식재 시공 도면은 기본 계획에 설계된 초화류 식재지에 식재할 수 있도록 상세하게 그린 계획도(Planting Plan)이다.
② 식재 계획도에는 초화류를 식재할 위치가 표시되고 식재할 모든 초화류의 일반명, 학명, 크기, 수량, 상태 등을 나타낸다.
③ 초화류는 같은 종에서도 품종이 매우 많고, 계속 신품종이 생산되고 있으므로 학명을 표기하지 않으면 잘못 구매할 수도 있어 주의해야 한다.
④ 초화류 식재 시공 도면은 설계자의 성향이나 통용되는 표현 방법에 따라 다르게 표현할 수 있다.
⑤ 초화류 식재 도면은 대부분 평면도로 표현하는 경우가 많으나 초장을 고려한 입체적인 디자인 시에는 입면도를 같이 작성할 필요가 있다.

(2) 시공 도면의 작성 〈중요〉
① 산정된 초화류별 식재 소요량에 따라 시공 도면을 작성한다.
② 초화류의 종류와 규격, 수량을 인출선으로 표기하거나, 도면이 복잡할 때에는 도면 한쪽에 목록표를 만든다.
③ 초화류를 쉽게 구분할 수 있도록 화색에 따라 식재 면적을 색칠한다.

(3) 초화류 시공 도면 이해
① 초화류 식재 시공 도면을 보고 종류별 초화류의 식재 위치를 찾고 구매를 위해 필요한 초화류의 종류와 규격, 수량을 파악하여 목록으로 작성할 수 있어야 한다.
② 초화류는 품종이 다양해 시공 도면에서 정확한 종류를 파악하는 것이 중요하며, 시장 조사에 의해 시공 도면이 완성되어도 주문 생산이 아니라면 구매 시 원하는 식물이 없을 수 있다.
③ 초화류의 종류에 따른 화색, 개화기와 초장, 초폭 등을 알고 있어야 구매 시 다른 식물로 대체할 수 있다.

제4절 초화류 구매

1 구매 전 준비상황

(1) 초화류 생육 특성
① 초화류의 크기는 초장과 초폭으로 결정되고 종류와 생육 정도에 따라 크기에 큰 차이를 보이기도 한다.
② 식물의 성숙 정도에 따라 식재지 완성도에 차이가 있기 때문에 식재 계획에 따라 필요한 생육 단계에 있는 식물을 구매하여야 한다.
③ 어린 묘를 구매할 것인지 이미 개화가 시작된 식물을 구매할 것인지 잘 파악하여 구매 시 성숙 정도에 대한 오류를 범하지 않도록 한다.
④ 필요한 생육 단계의 식물을 구하지 못할 상황에 대비한 대책을 미리 세워두어야 한다.
⑤ 원하는 종류의 식물이 없거나 수량이 부족할 경우, 같은 색과 개화기의 식물을 구하지 못할 경우, 색과 개화기는 맞아도 초장이 맞지 않을 경우 등의 대안을 준비해야 한다.

(2) 종류 및 수량 파악

① 초화류 시공 도면을 근거로 필요한 초화류의 종류와 수량을 파악한다.
② 구매해야 할 초화류의 종류와 크기, 수량 목록을 작성하고 비용을 계산한다.
③ 초화류의 종류, 색, 개화기, 초장 등을 목록에 기록하여 구매할 수 없을 경우 대체할 수 있는 종류를 빠르게 파악할 수 있도록 한다.
④ 시공 도면에 학명이 없는 경우 일반명 만으로는 정확한 초화류를 구매하기 어려우므로 일반명만 기재되어 있다면 설계자의 의도를 조사한 후에 구매한다.

> **더 알아보기**
> - 재료 및 자료 : 초화류 식재 시공 도면, 초화류 구매 목록, 구매처 주소 목록
> - 기기(장비·공구) : 선반이 있는 운반 트럭, 일륜차, 장갑
> - 안전 및 유의사항
>   - 초화류 운반 시 초화류가 손상되지 않도록 조심스럽게 다룬다.
>   - 초화류가 식재지에 도착하면 초화류를 내린 후 정리하고 관수한다.
>   - 초화류를 식재할 때까지 초화류가 마르지 않도록 충분히 관수한다.

2 초화류 구매 및 반입 계획

(1) 초화류 구매방법 `중요`

① 초화류 조성 계획에 따라 시장을 방문해서 초화류를 구매한다.
② 반입 계획에 따라 구매한 초화류를 적기에 손상되지 않도록 반입한다.
③ 초화류는 식재 전에 구매해야 하는데 너무 이르거나 늦지 않게 미리 주문하여 구매해야 한다.
④ 초화류는 생산용 화분에 재배된 것을 구매한다.
⑤ 구매하는 초화류는 지정된 초장, 초폭, 화분 크기, 분얼 규격이어야 한다.
⑥ 필요한 크기의 생육 단계인지, 전체 식물체의 생육 상태가 고르고 활력이 넘치고 손상이 없는 식물인지, 병충해가 없는지 등을 꼼꼼하게 확인한다.
⑦ 줄기, 잎, 꽃눈의 발달이 양호하며 뿌리 발달이 충실하여 흙이 충분히 붙어 있어야 하며, 뿌리분 상태가 양호해야 한다.

(2) 초화류의 반입 계획 `중요`

① 일반적으로는 생산용 화분에 담긴 것을 구매하지만 크기가 큰 초화류를 굴취해 판매하는 것을 구매할 수도 있다. 이 경우에는 굴취한 지 오래되어 시들지 않았는지 확인한다.
② 상차·운반·하차 시에 초화류가 손상되지 않도록 포장, 적재 방법을 검토하고 세심하게 주의해야 한다.

③ 키가 작은 초화류는 판에 담긴 상태로 트럭의 선반에 올리고, 키가 큰 초화류는 판채로 종이상자에 담거나 신문지로 포장하여 묶어 준다.
④ 운반 트럭은 운반 시 햇빛과 바람에 노출되지 않도록 해야 하지만 어느 정도 통풍이 되는지는 확인한다.
⑤ 식재지에 도착하면 하차하여 포장을 풀어 햇빛을 볼 수 있도록 하고 운반 시 손상된 부분이 있었는지 확인한다.
⑥ 초화류 종류에 따라 식재지를 확인하여 식재지 부근에 배치하고 일하는 사람들에 의해 방해가 되거나 밟히지 않도록 한쪽에 적당한 간격으로 모아 충분한 관수를 한다.
⑦ 초화류를 구매할 때는 여분을 구매해야 한다. 대량으로 구매하기 때문에 꼼꼼하게 살펴도 손상된 것이 있을 수 있고 운반 시 손상되는 경우가 있기 때문이다.
⑧ 여름에 초화류를 구매하면 식재 전에 토양이 빨리 마르기 때문에 수시로 관찰하여 관수를 해준다.

제5절 식재기반 조성

1 객토 등 배양토 혼합

(1) 식재기반 토양
① 초화류 식재기반 조성 토양은 물리성과 화학성이 균형잡힌 양질의 사질 양토가 좋다.
② 토양은 흙 알갱이인 고체와 흙 알갱이 사이의 빈 공간인 공극으로 이루어지고 공극은 물과 공기로 채워진다.
③ 식물의 생육에 좋은 토양은 토양 입자 50%, 수분 25%, 공기 25%의 구성비로 배수성과 통기성, 보수성이 좋고 적절한 양분 요소를 함유하면 좋다.

(2) 토양조사
① 눈으로 관찰하거나 손으로 만져 보고 물 빠짐을 체크하는 간단한 방법으로 알 수 있는 토양조사를 한다.
② 토양 양분과 산도를 조사하기 위해 국가 또는 공공 기관이 인정하는 토양조사 기관을 조사하여 본다.
③ 토양조사 전문 기관의 지침에 따라 식재지 토양을 대표할 수 있는 몇 군데 장소에서 토양을 퍼 혼합하거나 장소별로 조사할 수 있도록 비닐 봉투에 넣어 토양조사 기관에 보낸다.
④ 토양조사 결과 통보에 의해 식재 부적합 토양일 경우 제시된 방법으로 토양 개량을 한다.

(3) 토양 개량과 경운

① 토지 개량
  ㉠ 토양조사 결과 초화류 생육에 부적합한 토양이면 토양 개량을 수행한다.
  ㉡ 입단 형성을 위한 경운과 질감 개선을 위한 토양 개량제 첨가, 비료 또는 보비력 개선과 산도 교정의 토양 개량을 한다.
  ㉢ 토양 개량은 식재하기 며칠 전에 미리 한다.

② 경운
  ㉠ 토양 성분이 좋은 토양이더라도 답압이 심해 딱딱해진 토양이면 경운한다.
  ㉡ 흙이 지나치게 건조해 단단하면 물을 충분히 뿌린 후 무른 상태로 만들고, 흙이 지나치게 젖어 있다면 적당한 상태로 건조시킨 후 경운한다.
  ㉢ 흙의 수분 함유 상태는 손으로 흙을 쥐어 뭉쳐지고 부서지는 정도로 판단할 수 있다.
  ㉣ 점토질이 많은 흙이 말라 있을 경우에는 경운하기 2~3일 전에 물을 뿌려 충분히 흙을 적신 다음 작업을 한다.
  ㉤ 토양 표토 아래쪽에 경질 지층이 있어 배수가 매우 불량할 경우에는 유공관을 매설하는 암거 배수 시설을 한다.
  ㉥ 식재지 규모와 진입 가능성에 따라 경운기나 삽으로 하며, 삽으로 경운 시에는 둥근 삽을 이용해 흙을 파서 옆으로 밀어 놓는다.
  ㉦ 초화류 식재지는 20~30cm로 흙 파기를 한다.
  ㉧ 토양이 단단하거나 한 번에 원하는 깊이로 경운할 수 없을 때는 경운기 날의 깊이를 조정하여 몇 차례로 나누어 경운한다.
  ㉨ 한 방향으로 전체 면을 경운하고 난 후, 직각으로 방향을 바꾸어 다시 경운한다.
  ㉩ 경운 후에는 돌과 이물질을 제거하고 토양을 평평하게 고른다.

(4) 객토 등 배양토 혼합 중요

① 객토
  ㉠ 물 빠짐이 좋지 않은 점질 토양이면 모래나 마사, 펄라이트 등으로 객토해 준다.
  ㉡ 물이 너무 쉽게 빠져버리는 사질 토양은 점질 토양 또는 양토로 객토하여 사질 양토로 만든다.

② 토지 개량
  ㉠ 토양 물리성 개량
    - 통기성, 배수성, 보수성이 좋은 사질 양토로 개량하기 위해서는 부족한 입도의 재료나 유기물을 첨가하고 경운한다.
    - 점질 토양을 개량할 경우 입자가 굵은 재료로는 주로 모래와 마사를 혼합한다.
    - 인공 지반이나 화분일 경우에는 펄라이트나 버미큘라이트와 같은 인공토양을 첨가하며, 유기물로는 잘 부숙된 퇴비나 피트모스를 첨가한다.
    - 사질 토양이면 점질 토양, 유기물로 객토한다.

㉡ 토양 화학성 개량
- 토양의 화학성을 개량하기 위해서는 부족한 양분을 공급하고 보비력을 개선하며 토양산도를 교정한다.
- 토양이 척박할 때는 잘 썩은 퇴비와 같은 유기물을 첨가하면 양분 공급뿐만 아니라 토양의 물리적·화학적 성질을 개선하고 토양 미생물의 활동과 보비력을 증가시켜 토양산도 변화를 줄일 수 있다.
- 보비력 개선제인 벤토나이트나 제올라이트를 사용하기도 하지만 퇴비와 같은 유기물이 여러 가지로 효과적이다.
- 강수로 인한 염기류의 용탈과 과다한 산성 비료의 사용으로 토양이 산성화되므로 유기질 비료를 사용하고 칼슘과 같은 염기류를 보충해 주면 좋다.
- 알칼리성 토양은 분말 황을 뿌려 토양을 개량할 수 있고 물을 다량으로 공급하여 배수시키면 토양 내의 과잉 염류를 용탈하는 데 효과적이다.

㉢ 토양 개량제 혼합
- 옥상정원이나 인공 지반일 경우 무게를 생각하여 모래나 마사보다는 가벼운 펄라이트나 버미큘라이트를 첨가한다.
- 토양 개량제를 첨가한 후 잘 섞기 위해 경운한다.

③ 비 료
㉠ 너무 척박한 토양이면 유기질 비료(예 퇴비, 부엽, 이탄토 등)를 첨가한다.
㉡ 정확한 토양검사를 하지 않을 경우에는 대략적으로 퇴비를 소량 첨가한다.
㉢ 토양조사 전문 기관에 검사를 의뢰했을 경우에는 받은 결과를 참고하여 적절한 비료를 흙 위에 뿌린다.
㉣ 흙 위에 유기질 비료를 뿌리고 갈퀴로 평평하게 고른다.

④ 산도 교정제
㉠ 토양조사 결과 토양산도가 부적합하면 토양산도를 교정한다.
㉡ 초화류는 약산성에서부터 중성 토양에서 잘 생육하므로 산성 토양이면 석회나 유기질을 첨가한다.
㉢ 알칼리성 토양이면 황을 첨가하거나 토양 내의 과잉 염류를 용탈하기 위해 관수하여 배수시킨다.
㉣ 첨가해야 할 정확한 산도 교정제의 양은 토양검사 결과에 의해 파악한다.

> **더 알아보기**
>
> **토양 관리 및 시비 관리**
>
> | 토양 관리 | 시비 관리 |
> |---|---|
> | • 통기성, 배수성, 보수성, 보비성 등을 좋게 유지해야 하며, 병충해와 잡초가 방제되어야한다.
• 1~2년생 초화류 : 표토가 깊고 건습의 차이가 심하지 않으며 비료분의 부족이 없도록 해야 한다.
• 숙근류 : 토층이 깊고 메마르지 않아야 한다.
• 구근류 : 하층은 자갈이 섞여서 배수가 좋고 상층은 토층이 깊고 비옥하여야 한다. | • 가을이나 겨울에 토성을 개량시키고 영양분을 공급하기 위하여 퇴비를 넣고 땅을 일구어서 섞어 준다.
  – 유기물 : 토탄류, 짚, 왕겨, 줄기, 목재 부산물, 동식물 노폐물
  – 굵은골재 : 모래와 자갈, 펄라이트, 버뮤큘라이트, 소성 점토
• 정지 시 밑거름으로 속효성 유기질비료에 속효성 화학비료를 넣어 흙과 혼합한다.
• 개화기간이 긴 초화는 덧거름을 주어 꽃의 색깔이 변하지 않도록 한다. |
>
> **초화류 시비시기·방법 및 표준시비량(g/m³/년)**
>
> | 종 류 | 시비시기·방법 | 질소 / 인 / 칼륨 |
> |---|---|---|
> | 1~2년생 초화류 | • 부숙퇴비 : 파종, 이식 1개월 전
• 기비 : 유기질 비료
• 추비 : 연한 물거름(1~2회/월) | 5~15 / 5~15 / 10~20 |
> | 숙근류 | • 유기질, NPK : 심기 10일 전(60~70%)
• 속효성 비료(뒷거름, 깻묵 등) : 식물이 생육할 때 | 5~10 / 5~10 / 10~15 |
> | 구근류 | • 기비(두엄, 깻묵, 과석, 짚재)
• 추비 : 불필요 | 10~30 / 20~30 / 20~40 |

2 식재기반 구획 경계

(1) 정 지

① 토양 조성 계획에 따라 표면이 평평하거나 불룩한 경사지의 모양에 따라 정지한다.

② 토양 정지 시에는 계획된 토양의 높이보다 약간 더 높게 만들어 식재를 한 후 관수할 때 토양이 가라앉지 않도록 한다.

③ 비가 많이 올 경우 물이 배수로가 있는 방향으로 흐르도록 토양 표면의 높이를 조절하고 장마기에 배수가 잘 되도록 배수로를 만든다.

> **더 알아보기**
>
> 여러 특성의 초화류를 혼식 또는 이웃에 식재하게 되는 경우 생육 특성이 비슷한 초화류를 선정해야 하지만, 경우에 따라 화색이나 개화기를 맞추다 보면 특성이 다른 종류를 식재할 수 있다. 특히, 암석원 식물의 배수에 주의한다.

(2) 경운과 토양 정리

① 토양 개량을 할 필요가 없는 식재지였다면 토양의 정지 작업과 경운을 동시에 한다.
② 경운은 경운기 등의 장비를 사용하여 최소 20~30cm 깊이로 한다.
③ 토양을 갈퀴로 고르게 정지하면서 흙덩어리는 잘게 부수고 돌이나 잡물질을 제거한다.
④ 식재기반 조성 순서
　㉠ 불필요한 식물이나 쓰레기를 제거한다.
　㉡ 부족한 토양을 보충한다.
　㉢ 경운기로 토양을 갈아 준다.
　㉣ 갈퀴로 고르게 정지하면서 흙덩어리는 잘게 부순다.

(3) 구획 경계 중요

① 식재지의 경계가 정해져 있지 않은 곳은 시공 도면대로 경계를 정하기 위해 길이를 줄자로 잰다.
② 경계는 말뚝을 박아 끈으로 연결하거나 모래, 회토 등을 뿌려 경계를 표시한다.

> **더 알아보기**
>
> 초화류 식재 시 가장 중요한 점은 잘 정지된 토양이다. 정지가 잘 되지 않으면 식재 시 불편하고 식재 후에도 모양이 나쁘며 골고루 관수가 되지도 않는다.

제6절　초화류 식재

1　시공도면에 따른 초화류 배치

(1) 시공도면의 해석

① 초화류 식재자는 시공 도면을 보고 구매한 초화류를 정해진 식재지에 식재할 수 있어야 한다.
② 초화류 시공 도면은 인출선으로 초화류의 종류를 표시한다.
③ 인출선으로 표시하기에 종류가 많고 복잡할 때는 식재 종류에 따라 색이나 무늬 또는 번호를 표기하여 도면 한 쪽에 목록표를 만든다.
④ 초화류 시공 도면 표기 방식에 따라 식재 간격을 쉽게 파악할 수 있는 도면도 있고 계산을 해야 하는 도면도 있다.
⑤ 시공 도면을 보고 면적과 초화류 수량과의 관계를 이해하여 초화류 종류에 따른 경계 내 면적과 초화류 수량을 계산하여 식재 간격을 파악한다.

(2) 초화류 배치 〈중요〉

① 초화류 시공 도면에 따라 식재지에 명시된 종류와 수량의 초화류를 배치한다.
② 시공 도면에 표시된 대로 초화류 종류가 다르게 식재되는 경계를 모래, 회토 등을 뿌려 표시한다.
③ 1m² 면적에 몇 개가 배치되는지 계산한 자료를 기준으로 간격을 조절하여 초화류를 배치한다.

> **더 알아보기**
> 식재하기 하루 전에 토양에 물을 뿌려 식재 시 토양을 다루기 편하고, 또 식재 후 관수 전까지 너무 마르지 않도록 한다. 물을 뿌려 너무 젖으면 작업하기 어려우니 주의한다.

(3) 식재하기

① 식재 구덩이 크기
　㉠ 식재 구덩이는 삽이나 호미를 이용하여 판다.
　㉡ 구매한 초화류가 담긴 생산용 화분의 크기보다 1.5배 정도 크게 판다.
　㉢ 크기가 큰 초화류는 모종삽보다 큰 삽으로 구덩이를 판다.

② 식재 깊이
　㉠ 식물체의 뿌리분 토양 표면이 식재지 토양 표면의 높이와 같도록 식재 깊이를 정한다.
　㉡ 싹이 나지 않은 구근을 심을 때는 구근 직경의 2~3배 깊이로 심는다.
　㉢ 구근을 심을 때는 구근의 위아래가 뒤집어지지 않도록 주의한다.

> **더 알아보기**
> 식재지 토양 표면이 잘 정지되어 있지 않으면 식재 깊이가 잘못 정해질 수 있다. 식물체를 너무 높이 심게 되면 보기에 어색하고 관수 시 물이 옆으로 흘러버려 초화류가 시들게 될 수 있고, 너무 깊게 심을 경우에는 장마기에 물이 고여 썩을 수도 있다.

③ 식재 방법
　㉠ 생산용 화분에서 뿌리분이 흐트러지지 않도록 조심스럽게 식물체를 뽑아 흙이 떨어지지 않게 구덩이로 옮긴다.
　㉡ 구덩이에 초화류의 근원 부위를 잡고 약간 들어 올리는 듯하면서 토양이 뿌리 사이에 빈틈없이 채워지도록 하고, 또 초화류가 똑바로 설 수 있도록 가볍게 손으로 토양 표면을 눌러 준다.
　㉢ 흙을 다져질 정도로 지나치게 누르거나 밟아 통기성이 떨어지지 않도록 주의한다.
　㉣ 초화류 식재 후 토양 표면이 울룩불룩하지 않고 가지런하도록 식재한다.
　㉤ 초화류를 식재할 때는 줄기가 똑바로 서도록 방향을 잡으나 가장자리나 경사지에는 줄기의 방향을 약간 기울여 자연스럽게 식재한다.
　㉥ 초화류를 식재할 때는 꽃의 방향이 어느 쪽을 보는지를 살펴 꽃을 사람들이 볼 수 있는 방향으로 돌려 식재한다.

ⓢ 식재된 초화류 근원부의 토양 표면을 약간 낮게 하여 관수 시 물을 잡아 둘 수 있도록 물받이를 만든다.
ⓞ 뿌리 사이로 토양이 골고루 들어차지 않아 큰 공극이 생기면 관수를 해도 뿌리가 마를 수 있으므로 주의한다.
ⓩ 식재 시간이 너무 길어지면 일정을 맞추지 못할 수 있고, 인건비 지출이 많아질 뿐 아니라 식물이 식재 전에 마를 수 있으므로 적절한 시간 내에 식재하고 관수한다.

④ 관수 및 관리
㉠ 식재 후 착근을 고려하여 식재 묘가 쓰러지지 않도록 호스를 이용해 물을 흠뻑 준다.
㉡ 수압으로 식재 묘가 쓰러지거나 흙이 튀어 더럽혀지면 병충해 감염의 위험이 높아질 수 있으므로 호스 끝에 살수기를 연결하여 관수한다.
㉢ 토양이 골고루 정지되어 있지 않을 경우 관수 시 토양이 가라앉는 경우가 생기므로, 식물체가 아래로 내려앉았을 경우 식물체를 위로 살짝 들어 올리면서 토양을 보충해 준다.
㉣ 식재지와 묘 생산지의 온도와 일사량의 변화가 큰 경우, 식재 묘의 상태가 나빠질 수 있으므로 초화류 식재 후 초화류의 상태를 수시로 체크한다.
㉤ 여름에는 임시로 해가림을 해 줄 필요가 있는지 체크한다.

> **더 알아보기**
>
> 초화류 묘 생산은 노지보다는 비닐하우스나 온실 내에서 이루어진다. 구매한 초화류를 온도가 낮고 직사일광인 노지에 식재할 경우 갑작스러운 환경 변화로 식물체의 상태가 나빠져 회복될 때까지 미관을 해칠 수 있다. 또한, 비닐하우스에서 재배된 초화류의 묘를 여름에 식재 시 일사량과 온도가 높아 초화류가 시들 수 있음에 유의해야 한다.

2 초화류 식재도구

(1) 식재 장비 [중요]

초화류 식재 장비에는 호미, 모종삽, 삽, 줄자, 말뚝, 갈퀴, 일륜차, 레이크, 관수 호스, 살수기, 정지 전정가위, 괭이 등이 있다.

(2) 장비 이용 시 유의사항

① 갈퀴나 삽 등을 잘못 밟아 튀어 오르지 않도록 한쪽으로 잘 모아 두거나 갈퀴나 삽이 아래로 향하도록 둔다.
② 초화류를 운반하면서 손상되지 않도록 한다.

제7절 초화류 관수 관리

1 초화류 관수시기

(1) 수분 요구도 조사

① 식물도감을 통해 초화류 종류별에 따른 수분 요구도를 조사한다.
② 식물의 크기, 생육 단계, 환경에 따라 수분 요구도에 차이가 있다.
③ 초화류 식재지에 관수 횟수와 관수량을 다르게 관수하면서 초화류의 생육 반응을 관찰한다.
④ 종류별 수분 요구도

수분 요구도	종 류
수분 요구도가 높은 초화류	관중, 속새, 부처꽃, 동의나물, 꽃창포, 억새, 석창포, 부들, 노랑줄무늬석창포 등
중간 정도인 초화류	데이지, 국화, 팬지, 페영국튜니아 등 대부분 초화류
건조에 잘 견디는 초화류	큰꿩의비름, 돌나물, 기린초, 세덤, 바위솔, 띠, 억새, 에키놉스, 사초 등

(2) 관수 시기 및 요령 중요

① 식물의 토양 수분 상태에 따라 잎과 줄기의 팽압이 어떻게 달라지는지 눈으로 관찰하거나 손으로 만져 촉감으로 차이를 구분한다.
② 식물이 시들고 난 후 관수를 하면 회복하더라도 생육이 더디거나 회복하지 못하는 것을 관찰할 수 있다.
③ 관수할 때 물이 토양 표면만 적시지 않고 뿌리까지 내려갈 수 있도록 물을 충분히 주었는지 손가락으로 토양을 찔러 토양 수분 상태를 관찰한다.
④ 식물의 팽압이 유지되고 있는 상태, 관수 횟수와 관수 시간에 따라 식물이 자라는 모습 등을 관찰하면서 초화류의 종류에 따라 계절별 관수량을 파악한다.

> **더 알아보기**
> - 관수 간격은 관리자의 의도에 따라 선택한다. 식물을 좀 더 단단하게 생육시키려면 시들기 전까지 관수시기를 늦추고, 빨리 크게 생육시키려면 관수시기를 당긴다.
> - 자주 관수하면 식물이 빨리 자라지만 약해지고 토양이 과습해 산소 공급 부족으로 생육이 나빠질 수 있다.
> - 관수 시간은 일출이나 일몰 시에 하는 것을 원칙으로 하며, 관수는 토양 표면 관수와 엽면 관수로 구분한다.
> - 여름 햇빛이 강한 한낮에 엽 면을 관수하면 물방울이 돋보기 역할을 하여 그 부위가 탈 수 있다.

2 초화류 관수방법 중요

(1) 수동 관수

① 상수도나 지하수의 수원에 호스를 연결하고 호스 끝에 살수기를 부착하여 식물을 직접 보면서 토양 표면에 관수한다.

② 식물을 씻어 줄 필요가 있거나 온도를 낮추어 줄 필요가 있으면 엽면 관수를 한다.
③ 식재지 내부로 호스를 끌고 들어가야 할 경우 호스에 의해 식물체가 손상되지 않도록 하고 젖은 토양을 밟아 땅이 가라앉지 않도록 주의한다.
④ 초화류의 식재 면적 전체를 골고루 관수한다.
⑤ 호스 길이가 길어 수압이 부족하면 펌프를 연결한다.
⑥ 수원이 멀리 있는 경우에는 카트나 소형 트럭에 물통을 실어 물뿌리개로 관수하거나, 엔진 분사기를 연결하여 적절한 수압으로 관수한다.

(2) 점적식 관수
① 점적식 관수를 할 경우 상수도나 지하수의 수원과 연결된 펌프의 용량을 점검한다.
② 점적식 관수 호스를 설치하는 간격, 모양, 규격, 길이 등의 관수 호스와 연결 장치를 구매하여 식재 공간에 점적식 관수 호스를 배치하고 고정한다.
③ 식재된 초화류의 열에 맞추어 식물체와 식물체 사이에 점적식 관수 호스를 깐다.
④ 가벼운 호스는 들뜨지 않도록 고정핀을 박고 관수 타이머를 수원에 연결한다.
⑤ 관수 시에는 토양 전체를 다 적시도록 관수 상황을 관찰하면서 관수 시간을 조절한다.

(3) 스프링클러 관수
① 수원이 가깝고 점적식 관수 호스가 불편하면 스프링클러 살수기를 이용해 관수한다.
② **스프링클러 관수 방법** : 초화류와 식재지 상황에 맞게 선택한다.
   ㉠ 기본 관수 호스를 지면에 고정시키고 기본 관수 호스에 작은 스프링클러를 여러 개 분지시키는 방법
   ㉡ 자유롭게 이동할 수 있는 호스 끝에 달린 살수 공간이 넓은 스프링클러 분사기를 이용 방법
③ 정해진 살수 반경만큼 살수되도록 펌프의 수압과 스프링클러의 살수력을 점검한다.
④ 관수 타이머를 수원에 연결한다.
⑤ 스프링클러 관수가 토양 전체를 다 적시지 못하거나 관수가 중복되는 것을 줄이기 위해 관수 상황을 관찰하면서 이동 가능한 스프링클러는 옮겨 주고 관수 시간을 조절한다.

(4) 자동 관수 타이머 조절
① 계절별로 관수 타이머의 관수 시작 시간, 관수 시간, 일주일 중 관수 횟수를 다르게 조정하는 방법 등을 습득한다.
② 시중에 판매되는 관수 타이머의 제품에 따라 조정하는 방법을 익힌다.
③ 점적식 관수와 스프링클러 관수 시 필요한 시간을 조사하여 타이머를 조정한다.

3 초화류 관수장비

(1) 관수 방법에 따른 장비 중요

구 분	관수 방법	비 고
수동관수	호스 끝에 연결된 살수기 이용	• 상수도나 지하수의 수도꼭지에 펌프 연결 • 카트나 트럭에 실은 물통과 엔진 분무 살수기 이용 • 살수차 이용
	물뿌리개	카트에 실은 물통 이용
자동관수	점적식 관수	• 수동 조작
	스프링클러 관수	• 관수 타이머로 조정
기 타	고랑에 물대기	

(2) 관수 장비

① 수동 관수는 수원이 멀 경우 카트나 트럭에 실은 물통이나 살수차를 이용할 수 있다.
② 자동 관수는 관수뿐만 아니라 수원에 관수 타이머를 연결하여 관수 시작과 종료를 자동으로 조정할 수 있다.
③ 초화류 식재지 규모가 클 경우에는 점적식 관수나 스프링클러 관수와 같은 자동 관수를 해야 인건비를 절감할 수 있다.
④ 수원이 멀 경우 새로운 수원을 만들기 어려우면 자동 관수가 불가능하고 자동 관수 장치로 인한 연결선으로 식물 교체나 제초에 불편함이 따를 수 있다.
⑤ 동일한 수량으로 공급되는 자동 관수는 식물 선정 시 수분 요구도가 비슷한 식물을 선정해야 하므로 장단점을 잘 살펴 상황에 맞게 이용해야 한다.

제8절 초화류 월동관리

1 초화류 월동관리

(1) 한해(寒害)

① 냉해(冷害, Chilling Injury)
　㉠ 냉해는 열대 또는 난대 식물이 0℃ 이상의 저온을 겪을 때 받는 피해이다.
　㉡ 냉해는 저온으로 인해 세포막의 투과성이 저하되어 용질 유출과 기능 저하 등이 일어나는데 온도가 상승하면 회복된다.

ⓒ 냉해를 받은 정도와 기간, 횟수에 따라 잎이 시들고 구부러지는 등 외형에 이상 증세가 일어나고 생육이 더디어지거나 정지될 수 있다.
　　ⓔ 초화류는 봄의 저온, 늦봄의 서리, 가을 저온, 겨울 첫서리 등에 의해 부분적으로 또는 식물체 전체에 피해를 입을 수 있다.
　② 동해(凍害, Freezing Injury)
　　㉠ 동해는 주로 온대 및 한대 식물에 있어 영하의 온도에 의하여 일어나는 피해이다.
　　㉡ 세포 내 물이 동결하여 생긴 얼음 결정에 의하여 세포막과 효소 단백질이 파괴되어 피해가 일어난다.
　　㉢ 추위에 비교적 강한 초화류라도 한겨울 한파에 의해 어린 싹이나 뿌리가 동해를 입어 부분적으로 또는 식물체 전체가 얼어 죽을 수 있다.

(2) 초화류 월동 특성

① 초화류는 생육 특성에 따라 겨울을 보내는 각기 방식이 다르다.
② 춘파 일년초와 열대성 초화류는 첫서리가 오면 대부분 동해를 입고 시들어 죽는다.
③ 추파 일년초는 가을에 파종하거나 식재하지만, 너무 추우면 월동하지 못하는 것들이 있으므로 겨울에 보온 처리를 해 주거나 이듬해 봄에 다시 식재한다.
④ 다년초는 첫서리가 온 후에도 늦게까지 꽃이 피는 종류가 있지만, 몇몇 상록 다년초를 제외하곤 대부분 온도가 떨어지는 겨울에 지상부가 마르게 된다.
⑤ 지면 가까이 어린 새싹이 올라 온 채로 겨울을 보내는 다년초들도 있다.
⑥ 춘식 구근은 겨울에 죽는 종류가 많아 구근을 파내어 보관했다가 이듬해 봄에 심는다.
⑦ 추식 구근은 수선화와 같이 월동이 잘 되는 종류도 있고, 튤립이나 히아신스처럼 월동하지만 그대로 토양 속에 둘 경우 개체 수가 점점 적어지는 종류들도 있다.
⑧ 털머위나 도깨비고비와 같은 남부 지방 다년초는 겨울철에 중부 지방에서는 살 수 없다.
⑨ 라벤다와 센톨리나는 원산지에서는 저관목이지만, 우리나라 중부 지방에서는 겨울에 지상부가 죽는 경우가 많아 다년초의 특성을 보이는데 추위가 심하면 뿌리도 죽게 된다.
⑩ 속새, 맥문동, 석창포, 맥문아재비, 헬레보러스 등 몇몇 상록 다년초를 제외하면 대부분 11월 말이면 초화류의 생육이 끝난다.
⑪ 초화류의 특성을 이해하여 뿌리 부근의 토양을 따뜻하게 유지해 주면 겨울에 동해를 입지 않고 이듬해 봄에 생육이 빠르게 재개된다.
⑫ 초화류의 특성에 맞는 월동 대책을 수립하고 실시하기 위하여 초화류의 종류별 월동 특성을 이해해야 한다.

[초화류의 종류와 월동 특성]

구 분		종 류	월동 특성
일년초	춘파 일년초	맨드라미, 메리골드, 제라늄, 꽃베고니아 등	대부분 첫서리가 내리면 겨울에 죽는다.
	추파 일년초	포피, 팬지, 페튜니아, 프리뮬러 등	가을 파종 또는 식재 시 한파에 겨울 싹이 동해를 받을 수 있다.
다년초	대부분 다년초	샤스타데이지, 톱풀, 안젤리카, 달맞이꽃, 초롱꽃 등	지상부가 마르고 지면에 어린 싹이 올라와 월동하는 종류가 많다.
	상록 다년초	속새, 맥문동, 석창포, 맥문아재비, 헬레보러스, 수호초 등	녹색 잎을 가진 상태로 월동하지만 종류에 따라 한파에 죽을 수 있다.
	춘식 구근	다알리아, 칸나 등	겨울에 죽는 종류가 많아 구근을 파내어 실내에 보관한다.
	추식 구근	튤립, 히아신스, 수선화, 무스카리 등	가을에 식재하나 한파 시 죽는 경우도 있다.

(3) 월동 대책과 관리

① 월동 대책

㉠ 초화류 특성별 월동 대책을 수립하기 위해 실제 식재지의 환경과 초화류의 종류를 파악하고 조사한다.

㉡ 지형 특성상 겨울바람이 심하거나 음지여서 기온이 떨어지고 토양수분이 동결할 경우 초화류의 뿌리가 동사할 수 있으므로 월동 대책이 필요한 환경인지를 우선 확인한다.

㉢ 배수가 잘 되지 않는 토양도 토양 동결이 일어날 수 있으므로 배수 여부를 조사한다.

㉣ 옥상이나 벽면 녹화, 화분 등에 식재되어 바람과 찬 기온의 영향을 받는 초화류는 적극적인 월동 대책을 세운다.

㉤ 초화류의 종류 중 별다른 월동 대책 없이 중부 지방에서 월동하는 종류와 남부 지방이 원산이라 저온에 약한 종류를 각각 구분한다.

㉥ 대부분의 다년초가 중부 지방에서 월동한다 해도 한파 시에 부분적으로 뿌리가 동해를 입거나 죽는 경우가 있기 때문에 다년초 전체에 대한 월동 대책을 세운다.

㉦ 주어진 식재지의 환경과 기상 예보, 초화류의 종류와 특성에 따라 각각 월동 대책을 수립한다.

② 월동관리

㉠ 지상부가 제거된 초화류는 짚, 왕겨, 낙엽 등으로 멀칭하거나 거적 등으로 뿌리덮개를 하는 방식으로 월동 대책을 세운다.

㉡ 라벤더와 센톨리나와 같은 저관목은 가림막을 해 준다.

㉢ 구근류는 구근을 캐어 실내(온실)에 보관하고 이동이 곤란한 것은 짚이나 거적, 비닐 등으로 덮어 주어야 한다.

㉣ 투명한 피복재료는 상관이 없으나 짚 등의 불투명한 피복재료는 해가 비치는 낮 동안에는 걷어 주어서 채광으로 인해 온도가 상승되도록 해 준다.

2   초화류 월동관리재료와 설치 〈중요〉

(1) 마른 식물체 베어내기
① 초화류가 시들면 겨울 경관을 위해 일부러 남기는 것 외는 베어낸다.
② 미관을 상하지 않는다면 베어낸 식물체로 뿌리 위를 덮어 준다.
③ 식물체를 벨 때는 낫으로 베거나 전동 전정기를 이용한다.

(2) 춘식구근류 파내어 보관하기
다알리아, 칸나와 같은 춘식구근류는 파내어 약간 말린 뒤 종이 상자 속에 넣어 실내에 보관한다.

(3) 멀칭하기
① 지상부를 제거한 초화류의 뿌리 부위를 얼지 않도록 멀칭하기 위해 어떤 재료들이 있는지 가격과 구입 편의성 등을 조사한다.
② 미관을 상하지 않도록 깔끔하고 편리한 방법을 선택한다.
③ 멀칭을 위해 삭초, 낙엽, 생가지, 나무 부스러기 등 주위에서 구할 수 있는 재료와 왕겨, 짚, 월동 거적 등 구매한 재료 또는 퇴비로 뿌리 주위를 덮어 준다.
④ 겨울 저온이 심할 경우에는 비닐이나 짚으로 덮은 후, 그 위에 또 다른 피복 재료를 덮는다.
⑤ 멀칭 재료들이 심한 바람에 날아가지 않도록 고정핀으로 고정한다.

(4) 방풍 가림막 설치
① 추위가 심하면 뿌리도 동사하는 라벤더나 센톨리나와 같은 저관목은 뿌리 부위를 멀칭해 준다.
② 옥상이나 겨울 북풍이 심한 식재지에는 가림막을 설치해 주어 온도가 내려가는 것을 막는다.
③ 가림막을 설치할 곳의 경계와 중간 중간에 말뚝을 박고 볏짚이나 부직포, 비닐 등을 세워 막는다.
④ 말뚝에 볏짚이나 부직포, 비닐이 흘러내리지 않도록 중간 중간 묶어주거나 스테이플러로 고정한다.

(5) 고깔 씌우기
옥상의 찬바람이 많이 부는 곳이나 음지에 식재된 상록 다년초는 짚으로 식물체 전체를 둘러싸거나 실내로 이동할 수 없는 큰 화분일 경우에는 고깔을 만들어 씌워준다.

(6) 초화류 화분의 무가온 온실 이동
정원에 배치된 작은 화분에 식재된 다년초는 무가온 실내 공간으로 옮긴다.

> **더 알아보기**
> • 초화류 월동을 위해 가장 편리하고 저렴한 재료를 조사한다.
> • 초화류 월동을 위해 거적으로 토양을 덮으면 미관이 나빠지므로 월동 멀칭은 최소한으로 하도록 한다.

제9절 초화류 병충해 관리

1 초화류 병충해 관리 작업지시서 이해

(1) 초화류의 병충해

① 조경 식재지의 초화류는 여러 가지 원인에 의해 정상적인 생육을 하지 못하는 경우가 있다.
  ㉠ 병해 : 따뜻하고 습한 환경에서 곰팡이, 세균, 파이토플라스마, 바이러스 등 미생물에 의해 발생
  ㉡ 충해 : 식물체의 잎을 뜯어먹거나 흡즙하는 등의 작은 벌레들에 의해 발생
② 적절한 환경을 조성하고 관수와 시비 관리를 적절하게 하여 건전하게 생육시키면 식물의 면역력이 높아 대체로 병충해를 막을 수 있다.
③ 병충해 예방을 위해 미리 약제를 살포하거나 병충해 발병 초기에 약제를 살포하여 구제한다.
④ 전염이 강한 병에 걸렸을 경우에는 초화류를 뽑아내어 소각해야 한다.
⑤ 초화류의 피해 원인

원 인	내 용
기후적 원인	고온, 저온, 바람, 한발, 홍수 등
토양적 원인	배수와 통기 불량, 영양 결핍, 부적합한 토양 산도 등
인위적 원인	오염, 약제, 기계, 답압, 복토 등
생물적 원인	병균, 해충, 야생 동물, 기생 및 착생 식물, 사람의 상해 등

⑥ 초화류의 전염성 병원체 중요

병원체 종류	병의 종류
곰팡이	시들음병, 탄저병, 흰가루병, 녹병, 잿빛곰팡이병 등
세 균	무름병, 반점세균병, 뿌리혹병 등
바이러스	모자이크바이러스병 등
파이토플라스마	페튜니아 플랫 스템병, 파이토플라즈마 릴리병 등
기생성 선충	뿌리혹선충병 등
기생 식물	실새삼 등

⑦ 초화류 주요 해충 및 소형 동물의 가해 습성에 따른 분류 중요

가해 습성	분류군	내 용
식엽성	나비목	나방류(아스타털날개나방, 거세미나방, 뒷흰도둑나방 등)
	딱정벌레목	바구미류(흰띠길쭉바구미 등), 잎벌레류(오이잎벌레 등)
	파리목	꽃등에(알뿌리꽃등에 등)
	달팽이(소동물)	달팽이류(민달팽이, 명주달팽이 등)
흡즙성	매미목	진딧물류(진딧물 등), 깍지벌레류(이세리아깍지벌레 등)
	총채벌레목	총채벌레류(볼록총채벌레, 꽃노랑총채벌레 등)
	응애목(거미강)	응애류(차먼지응애, 차응애 등)
	선충(소동물)	선충류(뿌리혹선충, 국화잎선충, 뿌리썩이선충 등)

(2) 주요 병충해 식별 방법

① 병 해

　㉠ 잎에 반점이 생겼다거나 말라 들어가는 것과 같은 비정상적인 형태의 모습을 발견하면 병이 들었는지 살펴본다.

　㉡ 대부분의 감염 부위는 병징이 보이는 곳에 국한되나 식물체 전체에 이상 병징이 보이면 뿌리나 지제부일 가능성이 높다.

　　※ 지제부(地際部) : 식물체 지상부와 토양 사이의 경계 부위로 줄기가 땅에 접한 부분이다.

　㉢ 병징 부위에서 포자, 흑색소립자, 곰팡이, 돌기, 버섯 등 병원체를 직접 확인할 수 있는 표징이 있는지 관찰한다.

② 충 해

　㉠ 초화류의 비정상적인 모습이 해충에 의한 피해 현상인지 살펴본다.

　㉡ 갉아 먹거나 흡즙하는 해충의 가해습성 따라 피해 흔적 또는 증상이 결정된다.

　㉢ 주변에서 가해 해충을 찾아봄으로써 해충의 종류를 판단한다.

③ 병충해 식별법

　㉠ 병징이나 피해 현상을 병해충 도감과 비교하여 식별한다.

　㉡ 인터넷 사이트를 조사하거나 작물 보호제 판매상이나 초화류 생산자 등 전문가의 도움을 구한다.

　㉢ 병충해 피해가 있는 초화류를 조사하여 피해 날짜별로 피해 증상과 병충해명, 방제법을 정리한다.

[초화류 병해 증상 및 방제] 중요

병 해	대상 식물	피해 증상	방제법
녹 병	팬지, 아이리스, 프리뮬러 등	잎 뒷면에 회백색, 갈색, 흑색 등의 작은 병반을 만든다.	• 시린지 과대에 주의, 밀식을 피한다. • 질소 비료를 피한다. • 다이센이나 마네브다이센 500배액 살포한다.
흰가루병	꽃향유, 스위트피, 국화, 작약, 다알리아, 개미취, 해바라기, 봉선화, 백일초, 양귀비 등	• 잎에 백색 반점이 나타나고 점차 퍼져서 흰곰팡이가 된다. • 줄기나 꽃봉오리에도 붙는다.	• 일조 및 통풍을 좋게 한다. • 페나리 1000배액, 마네브 다이센 500배액 살포, 황합제의 살분도 좋다.
노균병	해바라기, 팬지 등	잎 표면에 불명료한 회백색 반점이 생기고 뒷면에는 흰 곰팡이가 생겨 낙엽이 된다.	• 병든 잎을 빨리 떼어내고 낮에는 통풍을 좋게 한다. • 다이센, 바네브다이센 500배액이나 보르도액을 살포한다.
탄저병	코스모스, 팬지, 스토크, 백합, 스위트피, 봉선화 등	잎, 줄기, 꽃, 열매에 흑갈색의 약간 움푹한 반점이 생기며 병반의 중심은 회백색을 띤다.	• 병든 부위를 제거한다. • 다이센 500배액이나 보르도액을 살포한다.
흑반병	팬지, 국화, 아이리스 등	원형, 부정형의 흑갈색 병반이 주로 하엽에서 생겨 낙엽의 원인이 된다.	다이센, 마네브다이센 500배 살포, 다이센스레스 1000배액도 유효하다.

병해	대상 식물	피해 증상	방제법
회색곰팡이병 (보토리티스)	팬지, 앵초, 스토크, 튤립, 백합 등	• 잎, 꽃, 줄기에 담황색의 작고 둥근 반점이 생기다가 마르거나 구부러지거나 한다. • 피해부는 들어가고 회황색 분생 포자가 보이며 4~6월에 흔하다.	• 연작하지 않는다. • 병 포기는 흙과 함께 제거 • 마네브다이센 500~800배, 드리아진 수화제 500배액을 여러 차례 살포한다.
바이러스병 (모자이크병)	대부분의 초화류	잎에 모자이크 무늬의 반점이나 주름이 생기고 모양은 부정형 및 위축형이 되고 생육 불량이 되어 꽃이 기형으로 핀다.	• 바이러스에 의한 병해로서 유효한 약은 없다. • 진딧물의 매개로 인한 것이 많으므로 살충제를 살포한다. • 병해 입은 즉시 제거하고 주위를 습하게 한다.
돌림병	작약, 백합 등	• 뿌리, 줄기, 잎, 과실 등에 발생하다. • 암갈색의 병반이며, 썩어서 곰팡이가 생긴다.	• 병 주위 제거, 토양 소독(클로로피크린 등)을 한다. • 다이센 500배액, 캡탄제, 보르도액 등이 유효하다.

[초화류 충해의 피해 증상 및 방제] 중요

충해	대상 식물	피해 증상	방제법
진딧물	튤립, 백합 등	• 뿌리, 줄기, 잎, 과실 등에 발생한다. • 암갈색의 병반이며, 썩어서 곰팡이가 생긴다.	• 일조 및 통기를 좋게 한다. • 무당벌레 등의 천적 보호, 말라티온, 스미티온 1000배액 살포, 개미는 진딧물의 번식을 도우므로 구제한다.
총채 벌레	백합, 국화, 스토크 등	• 성충은 1mm 정도의 담황갈색 벌레로서 유충은 날개가 없으며 먼지가 붙은 것처럼 보인다. • 주로 잎을 갉아 먹어 기형잎을 만든다.	• 습기를 싫어하므로 강력한 시린지를 한다. • 제충국 유제 100배액을 살포한다.
잎응애(붉은 응애)	카네이션, 국화, 스토크, 팬지 등	잎뒷면, 생장점, 꽃봉우리 등에서 즙액을 빠는데 엽록소가 없어져서 흰 반점이 생기고 곧 황갈색으로 변한다. 아주 작은 먼지 모양의 붉은 응애류도 있다.	• 말라티온 2000배액이나 메타 시스톡스 1000배액을 살포한다. • 켈세인 유제가 유효하다. • 강력한 시린지를 반복한다.
하늘소류의 유충	국화 등	각종 하늘소의 유충이 줄기 속에 침입하여 식해한다.	• 성충은 발견 즉시 포살한다. • 비산납을 가용한 석회유를 발라서 산란을 방지한다.

더 알아보기

병충해 식별 시 유의사항
- 발생된 병충해 식별을 못할 경우 작물 보호제를 잘못 사용할 수 있으므로 정확하게 식별해야 한다.
- 병충해 발생 식별을 위해 관찰하면서 다른 식물체로 전염시키지 않도록 주의한다.

2 초화류 농약의 구분과 안전관리

(1) 작물 보호제의 구분

① 화학적 작물 보호제(농약) 중요

㉠ 화학적 작물 보호제는 용도에 따라 살충제와 살균제, 살비제, 제초제 등이 있으며 라벨의 색으로 구분한다.

구 분	설 명	라벨 색
살충제	식물 해충 방제	녹 색
살균제	식물 병원균 방제	분 홍
살비제	응애류 방제	녹 색
제초제	잡초 방제	노 랑
생장 조절제	식물의 생리 기능을 증진 또는 억제	파 랑
유인제	해충이 좋아하는 화학 물질을 이용해 해충을 유인하여 방제	
기피제	해충이 싫어하는 화학 물질을 이용해 해충의 접근을 막아 방제	

㉡ 제형에 따라 물에 녹여 사용하는 수용제, 수화제, 액상 수화제, 유제, 액제와 그대로 살포하는 분제 등이 있다.

구 분		설 명
물과 혼합사용	수용제	물에 잘 녹는 재료를 분제로 만들어 물에 녹여 사용
	수화제	물에 녹지 않는 재료를 증량제와 계면 활성제를 가하여 가루로 만들어 물에 희석시켜 사용
	액상 수화제	수화제를 물에 섞어 농축된 액체로 만들어 물에 희석시켜 사용
	유 제	물에 녹지 않는 재료를 유기 용매에 녹인 후 유화제를 혼합하여 액체 상태로 만든 것으로 물에 희석시켜 사용
	액 제	물에 잘 녹는 재료를 물 또는 메탄올에 녹인 후 동결 방지제를 첨가하여 물에 희석시켜 사용
그대로 사용	분 제	고운 가루로 된 작물 보호제로서 제품 그대로 살포
	입 제	작은 입자 상태로 된 작물 보호제로서 제품 그대로 살포
	도포제	점성이 큰 액상으로 붓으로 필요한 부위에 바르는 제품

② 친환경 작물 보호제 : 조경용으로는 아직 많이 이용되지 않지만, 다음 두 가지 외 여러 가지 재료를 이용하여 만든 친환경 작물 보호제가 있다.

구 분	이용 방법	방제 병해충
목초액	목초액을 100~200배 물에 희석시켜 살포	진딧물, 토양선충, 흰가루병, 노균병 등
난황유	계란 노른자 1개(15mL)를 식용유 60mL에 잘 저어 유화시켜 만든 것으로 예방 시 0.3%, 방제 시 0.5%로 물에 희석시켜 살포	흰가루병, 노균병, 진딧물, 점박이응애 등

③ 천적을 이용한 생물학적 방제 : 조경용으로는 아직 많이 이용되지 않지만 천적을 이용하여 해충을 방제하는 생물학적 방제 방법이 있다.

해 충	천적 곤충
진딧물	무당벌레, 칠성풀잠자리, 풀잠자리, 진디혹파리 등
깍지벌레	깍지무당벌레, 기생벌 등
흰파리	담배장님노린재 등
응애류	칠레이리응애, 꼬마무당벌레 등
총채벌레	미끌애꽃노린재, 오리이리응애 등

(2) 작물 보호제(농약)의 안전관리

① 작물 보호제를 사용하기 전 병에 부착된 라벨의 내용 및 색(예 분홍색은 살균제, 녹색은 살충제 등)을 반드시 숙지한다.
② 작물 보호제 살포 시에는 보호구(예 모자, 안경, 마스크, 고무장갑)와 보호 의복 등을 반드시 착용해 피부에 노출되는 것을 방지하고, 살포기 노즐을 깨끗이 세척한 후 사용한다.
③ 작물 보호제를 물과 섞을 때 작물 보호제가 피부에 직접 닿거나 작물 보호제 가루를 코로 흡입하게 되면 작물 보호제를 뿌릴 때보다 더 위험하기 때문에 반드시 방진 마스크를 비롯한 보호 장구를 착용한다.
④ 작물 보호제를 뿌리기 전 살포액을 만들 때는 수화제 → 유제 → 액제 순으로 희석하고, 분제나 훈연제와 같이 공중에 비산되는 양이 많은 작물 보호제를 뿌릴 때는 피부에 닿을 우려가 있기 때문에 특히 주의한다.
⑤ 작물 보호제를 뿌릴 때는 음식물 섭취를 삼가고, 살포가 끝나면 보호구와 몸을 깨끗이 세척한다.
⑥ 작물 보호제는 작물이나 토양에서 빠른 속도로 분해되어 독성이 없어지는 특성을 갖고 있지만, 인체에 독성이 미치지 않도록 작물 보호제마다 설정해 놓은 작물 보호제 안전 사용 기준을 철저히 지킨다.

3 초화류 농약조제와 살포

(1) 작물 보호제(농약) 조제

① 작물 보호제 설명서의 정량과 살포 횟수 등에 관한 안전 기준을 철저히 지킨다.
② 작물 보호제를 조제할 때는 계량기를 이용하여 정확한 용량을 계량한다.
③ 필요한 작물 보호제의 용량을 관수 시 필요한 수량과 비교하여 $1m^2$ 면적당 어느 정도의 물이 필요한지 체크하고 적합한 물통을 준비한다.
④ 선택한 작물 보호제를 설명서의 정량에 따라 저울, 계량 비커, 계량 스푼, 계량 실린더, 20L 물통 등을 이용하여 정확하게 계량하여 물에 희석하여 잘 저어 준다.

(2) 작물 보호제(농약) 조제 사례 및 방법

① 조제 사례

구 분	조제 사례
액제(액상 수화제, 유제, 액제)	20mL/물 20L(1,000배액)
분제(수용제 또는 수화제)	60g/물 20L, 약량 300g/10a → 살포량 100L
분제, 입제(그대로 살포)	3kg/10a

※ 참고 : 1L = 1,000mL, 20L = 1말, 10a = 1,000m^2 = 300평

② 계량 도구 : 매스 실린더, 계량 비커, 다목적 소분용기(20L) 주사기, 전자저울, 계량 스푼 등

③ 조제 방법
  ㉠ 물통에 계량 비커로 적당량의 물을 담는다.
  ㉡ 액제는 메스 실린더로 용량을 측정한다.
  ㉢ 분제는 전자 저울로 용량을 측정한다.
  ㉣ 물에 작물 보호제를 넣어 저어준다.
  ㉤ 희석한 작물 보호제를 필요한 용량의 분무기에 담는다.
  ㉥ 적은 용량이 필요할 때는 소형 분무기로 살포한다.

(3) 작물 보호제(농약)의 살포

① 초화류 식재지의 규모와 조성 공간의 진입 여부에 따라 작물 보호제 살포 방법을 선정한다.
② 초화류 식재지의 규모가 크고 차량이 진입할 수 있다면 바퀴가 달린 엔진 분무기나 소독차를 이용하거나 엔진식 동력 분무기와 물통을 카트나 차량에 실어 살포한다.
③ 규모가 작고 차량이 진입할 수 없다면 사람이 어깨에 맨 배부식 압축 분무기를 이용하거나 소형 연무 연막기를 이용한다.
④ 물에 희석한 작물 보호제를 분무기나 물통에 담고 식물을 잘 보면서 살포한다.
⑤ 살포 압력으로 초화류가 넘어지거나 물리적 손상을 받지 않도록 거리를 조종한다.
⑥ 살포 시 호스가 끌려 식물체를 상하지 않도록 하며, 빠트리는 식물이 없도록 주의한다.
⑦ 작물 보호제의 살포 장비

구 분	살포 장비
수동 살포	분무기, 배부식 압축 분무기, 소형 연무 연막기
기계식 살포	엔진 분무기, 전기식 동력 분무기, 소독차

CHAPTER 04 적중예상문제

PART 03 조경관리

01 화단에 심겨지는 초화류가 갖추어야 할 조건으로 가장 부적합한 것은?

① 가지 수는 적고 큰 꽃이 피어야 한다.
② 바람, 건조 및 병·해충에 강해야 한다.
③ 꽃의 색채가 선명하고 개화기간이 길어야 한다.
④ 성질이 강건하고 재배와 이식이 비교적 용이해야 한다.

해설 화단용 초화류의 조건
- 모양이 아름답고, 가급적 키가 작아야 한다.
- 가지가 많이 갈라져서 꽃이 많이 달려야 한다.
- 꽃의 색깔이 선명하고, 개화기간이 길어야 한다.
- 바람, 건조, 병해충에 견디는 힘이 강해야 한다.
- 성질이 강하고, 나쁜 환경에서도 잘 자라야 한다.

02 화단에 알맞은 알뿌리 화초는?

① 베고니아   ② 수선화
③ 샐비어   ④ 데이지

해설 수선화는 가을에 심고, 이른 봄에 피는 꽃을 즐긴다.
구근 초화류(알뿌리 초화류)
- 봄심기 : 다알리아, 칸나, 아마릴리스, 글라디올러스, 상사화, 투베로즈, 진저 등
- 가을심기 : 히아신스, 아네모네, 튤립, 수선화, 크로커스, 백합, 아이리스 등

03 가을에 씨뿌림해야 하는 1년 초화류로 가장 적당한 것은?

① 팬 지   ② 메리골드
③ 샐비어   ④ 채송화

해설 1년생 초화류
- 봄에 파종하는 1년초 : 봄에 씨를 뿌리고 여름~가을에 걸쳐 꽃피는 초화로 맨드라미, 메리골드, 샐비어 등
- 가을에 파종하는 1년초 : 가을에 파종하고 월동시키면 이듬해 봄~여름에 걸쳐 꽃피는 초화로 팬지, 데이지 등

04 상록성 지피용으로 사용할 수 있는 초본 식물은?

① 잔 디   ② 누운향
③ 클로버   ④ 맥문동

해설 맥문동은 여름에는 연보라 꽃과 초록의 잎을, 가을에는 검은 열매를 감상하기 위한 백합과 지피식물로 뿌리가 보리(麥)와 닮았고 겨울에도 얼어죽지 않는다고 하여 '맥문동(麥門冬)'이란 이름이 붙었다.

정답 1 ① 2 ② 3 ① 4 ④

05 초화류의 식재간격(cm)이 가장 큰 것은?

① 팬 지 ② 맨드라미
③ 샐비어 ④ 꽃양배추

해설 초화류의 식재간격

일년초		
구 분	종 류	식재간격(cm)
소 형	메리골드	10×15
	데이지	12×15
중 형	팬 지	15~20
	맨드라미	20
	페튜니아	25
	샐비어	30
대 형	꽃양배추	50~60

06 초화류의 관수(灌水, Irrigation) 요령으로 틀린 것은?

① 겨울철에는 이른 아침에 충분히 관수하여야 한다.
② 식물이 활착을 한 후에는 자주 관수할 필요가 없다.
③ 어린 모종일 때는 건조하지 않을 정도로 관수해야 한다.
④ 파종 후에는 씨가 이동하지 않도록 고운 물뿌리개나 분무기로 관수한다.

해설 초화류의 관수시기
- 자연석을 쌓은 곳은 자주 관수
- 봄, 가을 : 오전 9~10시에 관수
- 여름 : 건조상태를 보아 오전, 오후에 관수
- 겨울 : 물을 데워서 10~11시에 관수

07 초화류의 월동관리 요령 중 틀린 것은?

① 내한성이 강한 작물이나 품종을 선택한다.
② 노지상태의 경우, 식물체를 비닐이나 짚 등으로 감싸준다.
③ 지상부가 제거된 초화류는 가림막을 해 준다.
④ 온실을 만들 경우, 가능하면 땅속으로 깊이 들어가게 건설한다.

해설 초화류 월동관리
- 내한성이 강한 식물이나 품종을 이용하거나, 내한성을 증진시킨다.
- 비닐이나 짚 등으로 보온막을 설치해 준다.
- 지대가 가장 낮고, 움푹 들어간 지역을 선택한다.
- 인공적으로 난방을 해 준다.
- 지상부가 제거된 초화류는 짚, 왕겨, 낙엽 등으로 멀칭하거나 거적 등으로 뿌리덮개를 한다.

08 병해충 방제를 목적으로 쓰이는 농약의 포장지 표기형식 중 색깔이 분홍색을 나타내는 농약의 종류는?

① 살충제 ② 살균제
③ 제초제 ④ 살비제

해설 농약제의 포장지 색깔
- 살균제 : 분홍색
- 살충제·살비제 : 초록색
- 살균·살충제 : 위쪽 – 분홍색, 아래쪽 – 초록색
- 제초제 : 노란색
- 비선택성 제초제 : 빨간색
- 생장조절제 : 파란색

09 다음 제초제 중 잡초와 작물 모두를 살멸시키는 비선택성 제초제는?

① 디캄바 액제 ② 글리포세이트 액제
③ 펜티온 유제 ④ 에테폰 액제

해설 글리포세이트 액제 : 글리포세이트 액제 살포 시 약액이 땅에 떨어져도 유효성분은 토양에 흡수되어 불활성화되므로 사용 후에 작물을 파종하거나 이식하여도 피해가 없다.

CHAPTER 05 조경시설 관리

PART 03 조경관리

1 조경관리계획

(1) 조경관리의 의의와 목적

① 조경관리의 의의

조경관리는 조경이 이루어진 공간의 모든 시설과 식물이 설계자의 설계의도에 따라 운영되고, 이용하는 사람들이 요구하는 기능을 항상 유지하면서 충분히 발휘될 수 있도록 관리하는 것을 말한다.

② 조경관리의 목적
   ㉠ 조경공간의 질적인 수준을 향상시키고 유지하기 위한 것이다.
   ㉡ 이용자의 안전하고 쾌적한 이용과 최소한의 경비와 인원으로 효율적인 운영 및 관리를 하기 위한 것이다.

③ 조경관리의 범위
   ㉠ 일반 주택정원부터 대규모 국립자연공원까지 조경공간에 형성되는 모든 조경시설물과 자연물이 대상이 된다.

   > **기출 Point** 화훼단지
   > 조경관리에 포함되지 않는다.

   ㉡ 개인정원, 학교정원, 자연공원, 도시공원, 공공건물뿐만 아니라 도로, 철도, 공업단지의 시설 내 조경공간도 대상이 될 수 있다.
   ㉢ 화훼단지는 조경관리의 대상공간에 포함되지 않는다.

④ 조경관리의 과정 : 서비스 개시 → 기능의 유지·확보 → 개선(개선요인, 기능의 감소요인 제거, 기능의 증대) → 개조

(2) 조경관리의 내용

① 운영관리
   ㉠ 주택정원 : 주택은 개인생활의 확보와 최상의 주거조건을 유지할 수 있도록 하여야 한다.
      • 주택과 정원이 일체가 되도록 수목이나 시설물을 관리한다.
      • 주택정원의 기능은 주거조건의 확보가 최우선이 되도록 관리한다.
      • 도시에서는 이웃 주민의 환경 확보도 고려하여 통풍, 채광, 녹음, 방재 및 소규모의 개인휴식공간으로서의 역할 등에 신경을 써야 한다.

ⓛ 공동주택단지의 정원 : 개인생활의 주거공간 확보보다는 공동의 휴식처로서의 뜻을 더 크게 두어야 하는 곳이 공동주택단지이므로, 시설물이나 잔디, 수목류의 보전에 우선해야 한다.
- 시설물이나 식물들이 훼손되지 않도록 주민들에게 여러 방법을 통하여 계도한다.
- 모든 시설물에 이용수칙을 정하여 이용자가 이를 알고 지킬 수 있도록 알린다.
- 모든 시설물은 주민 전체가 고루 이용할 수 있도록 이용계획을 세워 관리한다.

ⓒ 도시공원 : 국가 또는 지방공공단체가 국민에게 제공하는 공원으로서 도시자연공원, 묘지공원 등이 있다.
- 화단 및 잔디밭에 출입하지 못하도록 제한한다.
- 방범 및 풍기문란 방지를 위해 야간시간의 이용을 제한한다.
- 특정 시설이나 공원 이용에 대해 입장료를 징수하여 조경을 유지관리한다.

> **더 알아보기**
>
> **도시공원 이용자들을 위한 바람직한 서비스**
> - 이용자가 불편하지 않도록 공원 내 안내방송 및 각종 표지판 등을 마련한다.
> - 사고 예방을 위해 경비업무를 강화한다.
> - 공원 내 공간의 청결 유지를 위해 청소 및 제초작업을 한다.
> - 시설의 안전점검을 통한 파손 부분의 신속한 복원 등 모든 조치를 충분히 취해야 한다.
> - 어린이공원은 놀이시설의 안전성에 최우선을 두어야 한다.
> - 산울타리의 경우 어린이들이 다칠 염려가 있는 수종은 피해야 한다.
>
> **공원의 운영·관리를 위한 준수사항**
> - 도시공원대장, 재산대장, 비품대장, 수목대장의 정리
> - 시설배치도, 상세도 등의 공원에 관련된 도면의 정리
> - 경제표시 등의 방법을 통한 공원 내 토지재산의 관리

ⓔ 자연공원
- 아름다운 경관과 많은 야생 동식물이 서식하고 있는 곳으로, 넓은 지역의 환경을 보호하면서 레크리에이션 등의 공간으로 이용할 수 있도록 조성한 공원이다.
- 국립공원, 도립공원, 군립공원, 지질공원 등이 이에 해당하며, 국립공원관리공단과 지방자치단체가 운영하고 있다.
- 우리나라는 1967년 지리산을 시작으로 산악형 18개소, 해상·해안형 3개소, 사적형 1개소 총 22곳의 국립공원을 지정하여 운영하고 있다.
- 그 밖에 전국에는 29개소의 도립공원이 지정되어 지방자치단체에서 관리·운영하고 있으며, 수많은 시립공원, 군립공원 등을 지정하여 운영하고 있다.
- 자연공원은 자연보호를 위하여 각종 개발행위를 제한할 수 있고, 자연공원 이용을 방해하는 오물이나 폐기물의 투기금지, 소음규제 등의 조치를 취할 수 있다.

> **더 알아보기**
>
> **자연공원 내에서의 규제 내용**
> - 건축물과 공작물의 신축, 개축 및 증축 등의 금지
> - 임산물의 채취행위 금지
> - 토지형질의 변경 금지
> - 매립, 간척 등을 통한 수면의 변경 금지
> - 야생동물의 수렵, 포획 및 가축의 방목 규제
> - 물건 야적, 자연풍경 훼손행위 등의 금지

② 유지관리 _{중요}

기출 Point	조경관리의 범위
운영관리, 유지관리, 이용관리	

  ㉠ 유지관리란, 조경식물과 시설물을 이용하기에 적합한 상태로 유지할 수 있도록 점검·보수하여 공공을 위한 서비스를 제공하는 것이다.
  ㉡ 좁은 의미의 조경관리란 유지관리를 말한다.
  ㉢ 휴양시설, 놀이시설, 운동시설, 편익시설, 조명시설 등을 관리내용으로 한다.

③ 이용관리
  ㉠ 조경식물 및 시설물의 보전이라는 차원에서 이용자의 행위를 규제하여 적정한 이용이 되도록 지도·감독한다.
  ㉡ 이용자에게 서비스를 제공하여 편리한 이용이 되도록 한다.

> **더 알아보기**
>
> **조경관리의 구분**
> - 운영관리 : 예산, 조직, 재산, 재무제도 등의 관리
> - 유지관리 : 잔디, 초화류, 식재수목, 각종 시설물 및 건축물 등의 관리
> - 이용관리 : 주민참여 유도, 안전관리, 홍보, 이용지도, 행사프로그램 주도 등의 관리
>
> **옥외 레크리에이션 관리체계의 3요소**
> - 이용자관리 : 레크리에이션 경험의 수요를 창출하는 주체로, 관리체계에 있어 가장 중요한 요소
> - 자연자원기반관리 : 레크리에이션 활동 및 이용이 발생하는 근거이자, 이용자의 만족도를 좌우하는 요소
> - 서비스관리 : 이용자의 관심과 요구에 부응하여 가용한 자원의 활동을 조정하는 행위이자, 자연자원기반의 원형을 보호하는 요소

(3) 연간관리계획

① 작업계획의 수립
  ㉠ 작업의 중요도에 따라 우선순위를 정하고, 그에 따른 예산을 계획단계에서 세운다.
  ㉡ 작업 내용에 따라 직접 인부를 고용하여 일을 추진하거나 용역회사에 의뢰해야 하는데, 경비의 절감과 일의 성과가 나타날 수 있는 방향으로 선택한다.

ⓒ 정기적 관찰, 점검, 청소와 연간계획을 실시하면서 생기는 변화에 단기적 유지관리계획을 세우고, 시설물, 나무 등에는 2~30년간의 중·장기계획 수립이 필요하다.

- 단기계획 : 2~3년 간격, 페인트칠, 보수계획
- 장기계획 : 15~30년, 시설구조물 등
- 연간계획 : 식물관리(병충해 방제, 전정 등)

> **기출 Point** 조경수목의 연간관리작업
> - 낙엽수 전정 : 12~2월
> - 상록수 이식 : 5~6월
> - 추비 : 생육 도중에 실시
> - 제초제 : 6월 중순~9월

② 작업의 종류
  ㉠ 정기작업 : 청소, 점검, 수목의 전정, 병충해 방제, 페인트칠 등
  ㉡ 부정기작업 : 죽은 나무 제거 및 보식, 시설물의 보수 등
  ㉢ 임시작업 : 태풍, 홍수 등 기상 재해로 인한 피해 시의 보수 등

③ 조경관리방법
  ㉠ 직영방식 : 관리주체가 직접 운영·관리하는 방식이다.

장 점	단 점
• 책임소재 명확 • 긴급한 대응 가능 • 관리 실태의 정확한 파악 • 양질의 서비스 제공 • 임기응변적 조처 가능	• 필요 이상의 인건비 소요 • 인사 정체 • 업무의 타성화

  ㉡ 도급방식 : 관리전문 용역회사나 단체에 의뢰하는 방식이다.

장 점	단 점
• 관리비 저렴 • 장기적으로 안정 • 번잡한 노무관리의 단순화 • 대규모 시설물의 효율적 관리 • 전문가의 합리적 이용	• 책임소재나 권한의 범위가 불분명 • 서비스의 질적 저하 가능성

④ 작업시기 및 내용
  ㉠ 조경식물은 계절에 따라 작업내용이 달라지고, 일정한 시기에 작업을 하여야 하기 때문에, 이를 고려하여 계획을 세워야 한다.
  ㉡ 낙엽수와 상록수의 전정시기가 다르고, 제초, 병해충 방제, 거름주기, 월동관리 등은 일정한 시기에 실시해야 한다.
  ㉢ 잔디의 경우는 깎기, 제초, 거름주기, 뗏밥넣기, 보식, 병해충 방제 등이 작업계획에 들어가야 하며, 초화류는 사계절 감상할 수 있는 화단이 조성되도록 계획을 세워야 한다.

(4) 시설물의 종류

구 분	주요 시설물
휴게시설	의자, 그늘시렁, 그늘막, 원두막, 야외탁자, 평상, 정자 등
놀이시설물	모래밭, 미끄럼대, 그네, 정글짐, 회전시설, 조합놀이시설 등
운동시설	육상경기장, 축구장, 테니스장, 배구장, 농구장, 야구장, 수영장 등
수경시설	폭포, 벽천, 낙수천, 실개울, 연못, 분수 등
관리시설	관리사무소, 공중화장실, 전망대, 상점, 쓰레기통, 울타리, 안전난간, 음수대, 식수대, 시계탑 등

2 급·배수시설

(1) 급수시설의 관리

① 급수를 필요로 하는 장소의 급수전에 대해서는 일정한 압력과 사용상 필요한 수량을 유지하기 위하여 물탱크 등의 적정한 용량과 급수펌프의 성능이 정상이 되도록 관리한다.
② 급수방법에 따라 수도법에 준하여 안전위생을 확보하여야 한다.
③ 배관계통 및 각종 기구의 누수, 파손 등의 정기적인 점검 및 보수를 실시한다.
④ 물탱크의 정기적인 청소 및 점검을 실시한다.
⑤ 정기적인 수질검사를 실시한다.
⑥ 사용수량을 확인하고, 수도미터기의 점검을 실시한다.

(2) 배수시설의 관리

① 표면 배수시설의 관리
　㉠ 표면 배수시설은 지표면을 따라 흐르는 물이나 공원 내로 유입해 들어오는 물의 처리에 관련된 배수시설을 말한다.
　㉡ 토사나 낙엽 등이 쌓이지 않도록 청소해야 하며, 경사면의 경우 횟수를 늘리고, 노면의 집수구나 맨홀이 솟은 곳은 포장 덧씌우기(Overlay)나 패칭으로 조치한다.

② 비탈면 배수시설의 관리
　㉠ 정기적으로 점검하며, 배수구의 무너져 내린 흙이나 낙석, 잡초 등을 수시로 제거하고, 파손 부위는 즉시 보수한다.
　㉡ 배수구는 성토비탈면의 소단이나 절토비탈면에 설치하며, 배수구로 유도되는 시설(맹암거 등)을 설치한다.

③ 지하 배수시설의 관리
　㉠ 설치 연월과 배치위치, 구조 등을 기록해 놓거나 도표로 작성해 둔다.
　㉡ 정기적으로 물을 흘려 내림으로써 토사의 퇴적 상황과 불량지점을 조사한다.
　㉢ 비나 큰 장마 뒤에는 유출구를 통해 조사하고 항상 정기적인 검사를 해 준다.

④ 흙으로 된 배수시설의 관리
  ㉠ 토사 측구는 잘 메워지므로 준설하여 배수가 잘 되게 하고, 정기적인 벌초와 제초작업을 실시한다.
  ㉡ 단면 및 저면 구배를 일정하게 유지하되, 침식이나 퇴적이 뚜렷한 지점은 콘크리트 측구로 개조한다.
  ㉢ 유속이 빨라 세굴되거나 단면적이 적을 때는 석축이나 콘크리트로 보강하고, 단면적을 크게 해 준다.

> **더 알아보기**
>
> **배수시설 관련 용어**
> - 슬리브(Sleeve) : 도로 및 도로하부로 관로가 통과할 때 관의 보수, 교체 등을 위한 보호시설
> - 밸브(Valve)와 컨트롤러(Controller) : 제어장치
> - 래머(Rammer) : 다짐용 장구
> - 집수구 : 배수되는 물을 한곳에 모아 다시 배수계통으로 보내는 배수시설
> - 측구 : 다른 배수처리지점(집수구)으로 물을 이동시키는 배수도랑
> - 암거배수 : 지표수를 지하로 처리

(3) 배수시설의 종류
  ① 표면배수시설 : 측구, 집수구, 맨홀, 배수관 및 구거
  ② 지하배수시설 : 배수관거, 유공관 배수시설 및 모래, 자갈 등의 맹암거 배수시설

[맨홀의 관경별 최대간격]

관경(mm)	300 이하	600 이하	1,000 이하	1,500 이하	1,650 이하
최대간격(m)	50	75	100	150	200

3 포장시설

(1) 콘크리트 포장의 관리
  ① 파손원인 : 시공 불량, 노상 및 보조기층의 결함(지지력 부족, 배수시설 불량) 등
  ② 파손상태 : 균열, 융기, 단차, 박리, 침하, 마모에 의한 바퀴자국 등
  ③ 보수공법
    ㉠ 충전법 : 줄눈이나 균열이 생긴 부분에 충전재를 주입한다.
    ㉡ 모르타르 주입공법
      - 기층재료 보강 : 포장면에 구멍을 뚫고 시멘트나 아스팔트를 주입한다.
      - 포장슬래브의 불균일 : 모르타르를 주입하여 포장면을 들어 올린다.
    ㉢ 덧씌우기(Overlay)공법 : 콘크리트 포장에 균열이 많아 전면적으로 파손될 염려가 있는 경우에 한다.

ㄹ 꺼진 곳 메우기공법 : 균열부를 청소한 후 아스팔트 유제를 도포하고 아스팔트 모르타르(균열폭 2cm 이하) 또는 아스팔트 혼합물(균열폭 3~5cm)로 메운다.

(2) 아스팔트 포장의 관리

① 균열원인 : 아스팔트의 노화, 아스콘 화합물의 배합 불량, 기층의 지지력 부족, 포장 두께 부족, 부등침하, 이음새 불량 등
② 파손원인 : 균열, 국부침하, 요철, 연화, 박리 등
③ 보수공법
   ㉠ 패칭(Patching)공법 : 균열이나 국부침하, 부분박리에 적용하며, 파손 부위의 표층을 제거한 후 정리하고 새 아스팔트를 채워 롤러, 래머, 콤팩터 등으로 다진 다음, 표면에 모래 석분을 살포한다.
   ㉡ 표면처리공법 : 자동차 통행량이 적고, 균열의 정도나 범위가 심하지 않을 때 덮어씌우거나 메워서 재생시킨다.
   ㉢ 덧씌우기(Overlay)공법 : 기존 포장을 재생하거나 새 포장을 한다.
④ 아스팔트량의 과잉, 골재의 입도불량 등 아스팔트 침입도가 부적합한 역청재료 사용 시 도로에서 나타나는 표면연화는 발생지역에 석분 또는 모래를 균등하게 살포하여 전압한다.

(3) 토사 포장의 관리

① 파손원인 : 배수 불량, 연약지반, 자동차 통행량 등
② 보수공법
   ㉠ 지반치환공법 : 연약층이나 동상(凍上) 등이 문제인 지반의 일부 또는 전부를 질이 좋은 재료로 치환하여 양호한 지반을 구축하는 공법으로, 굴착치환공법(전면치환, 부분치환)과 압출치환공법(성토자중공법, 폭파공법)으로 크게 구분할 수 있다.
   ㉡ 노면치환공법 : 노상이 연약할 경우에 CBR 3 이상의 양질토로 치환하는 공법이다.
   ㉢ 배수처리공법 : 지하수를 배제하거나 지하수위를 저하시키는 공법의 총칭으로, 자연적으로 침출되어 나온 지하수를 굴착저면 부근의 여러 곳에 모아 배출하는 중력배수법과 펌프 등에 의하여 지반 중의 물을 강제적으로 배출하는 강제배수법이 있다.
③ 흙먼지의 방지 : 살수, 약제살포법(염화칼슘, 염화마그네슘, 식염 등 $0.4~0.5kg/m^2$ 살포), 역청재료(아스팔트류) 혼합법 등을 써서 방지할 수 있다.
④ 토사의 성분 : 점토질 10% 이하, 모래질 30% 이하로 하는 것이 좋다.

(4) 블록 포장의 관리

① 파손형태 : 블록 모서리 파손(소요강도 부족, 무거운 하중의 물건 운반, 블록의 부등침하 등), 블록 자체 파손(재료배합비·양생 등의 불량), 블록 포장의 요철, 단차, 만곡 등

② 이음새 폭 : 3~5mm, 보통 5mm로 하고, 이용이 빈번한 곳은 노반층에 6cm 정도의 쇄석을 추가 설치한다.
③ 보수방법 : 모래층을 수평고르기 한 다음 블록을 기존 형태로 깔고, 가는 모래가 블록 이음새에 들어가도록 한다.
④ 블록 포장 보수 시 주의사항
  ㉠ 노반층이나 모래층은 부설 후 기계장비로 가압한다.
  ㉡ 침하된 블록 중 모양이 온전한 것은 재사용한다.

4 놀이시설

놀이시설이란 어린이들의 신체적·정신적 발달과 함께 협동심, 창조력, 모험심 등을 심어 줄 수 있는 모든 어린이 놀이시설을 말하며, 유형에 따라 다음 표와 같이 분류한다.

구 분	내 용	놀이시설 명칭
고정식	동적 놀이시설	그네, 시소, 회전시설
	정적 놀이시설	정글짐, 철봉, 미끄럼대, 수평대, 늑목
	조합놀이시설	조합놀이대, 미로, 놀이벽
이동식	구성 놀이	어린이의 창의력과 구성력에 의해 조립하고 제작하는 종류의 놀이

(1) 목재 놀이시설의 관리
① 관리 일반
  ㉠ 목재 시설은 감촉이 좋고 외관이 아름다워 사용률이 높지만, 철재보다 부패하기 쉽고 잘 갈라지며, 거스러미가 일어나 정기적으로 보수하고 도료를 칠해 주어야 한다.
  ㉡ 죔 부분이나 땅에 묻힌 부분과 2년이 경과한 것은 부식되기 쉬우므로 정기적인 보수를 하고, 방부 처리하거나 모르타르를 칠해 준다.
② 방충제와 방균제
  ㉠ 방충제 : 유기염소계통, 유기인계통, 붕소계통, 불소계통 등
  ㉡ 방균제
    • 수용성 방부제 : CCA방부제, 황산구리용액, 염화아연용액, 염화제2수은용액, 플루오린화나트륨용액 등
    • 유용성 방부제 : 펜타클로로페놀(PCP), 유기주석 화합물, 나프텐산 금속염 등
    • 유상 방부제 : 크레오소트유, 콜타르, 목타르 등
③ 손상의 종류에 다른 보수방법
  ㉠ 인위적인 힘에 의한 파손 : 파손 부분은 교체한다.
  ㉡ 온도와 습도에 의한 파손 : 파손 부분을 제거한 후 나무못을 박거나 퍼티를 채운다.

ⓒ 충류·균류에 의한 피해
- 부패된 부분을 제거한 후 나무못을 박거나 퍼티를 채운다.
- 충류에 의한 피해인 경우 방충제를 살포하고, 균류에 의한 피해인 경우 방균제를 살포한다.
- 피해 부분이 심한 경우에는 교체한다.

④ 보수 및 교체
ⓐ 부패된 경우 : 부패된 부분을 제거한 후 나무못을 박거나 퍼티를 채워 건조시킨다.
ⓑ 갈라졌을 경우 : 목재의 이물질을 제거하고 갈라진 사이에 퍼티를 채워 건조시킨 후 샌드페이퍼로 문지르고 마무리한다.
ⓒ 교체 : 교체 시에는 충분히 건조된 재료를 사용하며 매끈하게 대패질한 후 주위 재료와 동일하게 마감 처리한다.

(2) 철재 놀이시설의 관리

① 도장이 벗겨진 곳은 녹막이 칠(광명단, 도료 등)을 두 번 한 다음 유성 페인트를 칠해 주고, 파손이 심한 부분은 교체해 준다.
② 볼트나 너트가 풀어졌을 때는 충분히 죄어 주고, 심하게 훼손되었을 때는 용접 또는 교환해 준다.
③ 오래 된 부품은 심한 충격이나 압력에 의하여 갈라지기 쉬우므로 교체한다.
④ 회전부분의 축에는 정기적으로 그리스를 주입하며 베어링의 마멸 여부를 점검한 후 조치한다.
⑤ 기초 콘크리트와의 접합 부분이 흔들릴 경우에는 기초 콘크리트 부분을 제거하고 용접을 한 다음 기초 콘크리트를 한다.

(3) 합성수지 놀이시설의 관리

① 주로 이용하는 재료는 FRP이며 시설물의 몸체, 미끄럼판, 계단, 벽막이, 벤치, 안내판 등에 이용한다.
② 합성수지재는 겨울철 저온일 때 충격에 의한 파손을 주의해야 한다.

(4) 콘크리트 놀이시설의 관리

① 관리 일반
ⓐ 자체가 무겁기 때문에 가라앉거나 기울어지고, 균열이 발생할 때는 위험한 상태가 되기 전에 보수를 하여야 한다.
ⓑ 도장은 일정 시간이 지나면 벗겨지므로 3년에 1회 정도 다시 해 주어야 한다.
ⓒ 콘크리트의 균열이 생긴 곳은 실(Seal)재를 주입하여 봉합한다.
ⓓ 콘크리트가 부식되고 페인트가 퇴색된 곳은 솔로 문질러 페인트를 벗겨 낸 다음, 수성 페인트를 칠한다.
ⓔ 파손된 부분은 처음의 콘크리트 배합비율과 같게 하여 보수하고, 3주 이상 건조시킨 후 수성 페인트를 칠한다.

② 균열 부위의 보수공법
  ㉠ 표면실링공법 : 주로 0.2mm 이하의 균열부에 적용하며, 표면을 청소한 후 공기펌프로 먼지를 제거하고 에폭시계 재료를 도포한다.
  ㉡ V자형 절단공법 : V자형으로 잘라 낸 후 충전제를 채워 넣는 공법으로, 누수가 있는 곳에 사용하며 표면실링보다 효과적이다.
  ㉢ 고무유압식 주입공법 : 주입구와 주유파이프 중간에 고무튜브를 설치하여 시멘트 반죽이나 고무액을 혼입한다.

(5) 석재 놀이시설의 관리

석재 놀이시설은 파손 부위와 균열 부위로 나누어 보수를 실시한다.

① 파손 부위의 보수
  ㉠ 접착시킬 양면을 에틸알코올로 깨끗이 세척한 후 에폭시계 또는 아크릴계 접착제로 접착한다.
  ㉡ 접착이 끝난 후에는 접착제가 완전히 경화될 때까지 약 24시간 동안 고무로프를 사용해 견고하게 잡아맨다.
  ㉢ 접착이 완료된 후 외부로 노출된 접착제는 메틸에틸케톤(M.E.K) 세척제로 닦아 내고 면을 다듬어 준다.
  ㉣ 접착제는 반드시 7℃ 이상의 온도에서 사용한다.

② 균열 부위의 보수
  ㉠ 균열 폭이 작은 경우 : 표면실링공법 적용
  ㉡ 균열 폭이 큰 경우 : 고무유압식 주입공법 적용

(6) 모래밭의 관리

① 모래가 바람에 날리지 않도록 입자의 크기가 1~3mm 정도 되는 굵은 것을 사용하는 것이 좋다.
② 이물질인 유리조각, 나뭇조각, 쇳조각, 못, 돌 등이 없도록 해야 한다.
③ 모래밭 안에 설치된 기구들의 기초가 노출되지 않도록 주의하여야 한다.
④ 미끄럼대나 그네 밑에 모래가 부족하여 어린이들이 다치는 일이 없도록 해야 한다.

(7) 복합놀이시설의 관리

놀이공간의 규모가 클 경우에는 일반적이고 단순한 놀이시설의 배치를 피하고, 복합적·연속적 놀이가 가능하도록 여러 개의 놀이시설을 배치하여, 개별 놀이시설의 고유 형태를 유지하되 조형적인 아름다움을 갖추도록 구성하고, 각각의 놀이시설에 적합한 관리를 한다.

5 편의시설

(1) 벤치 및 야외탁자의 관리
① 이용자 수가 많은 경우에는 증설한다.
② 노인, 주부 등이 오랜 시간 머무는 곳의 시설은 가능한 목재로 설치하고, 그늘이나 습기가 많은 곳의 시설은 콘크리트재나 석재로 설치한다.
③ 바닥에 물이 고일 경우에는 배수시설을 설치한 후 흙으로 덮어 충분히 다지거나 지면을 포장한다.
④ 여름철에 그늘이 지지 않는 곳이나 겨울철에 햇빛이 들지 않는 곳은 녹음수를 식재하거나 옮긴다.
⑤ 이용자의 사용빈도가 높은 곳의 접합 부분은 충분히 조여 놓거나 풀리지 않게 용접을 한다.
⑥ 기초의 노출 부분은 흙으로 덮어 다지고, 담뱃불이나 화재 등으로 그을은 부분은 보수를 하고 재도장한다.
⑦ 벤치나 야외탁자 등의 주변은 쓰레기나 담배꽁초가 많이 발생하므로 설치 개수나 장소를 재검토하고 청결한 환경을 유지한다.

(2) 휴지통의 관리
① 휴지통은 벽면, 가로등, 기둥 등에 고정한다.
② 공공장소나 도로와 인접한 곳에는 대용량을 설치한다.
③ 수거빈도는 일주일에 2~3회, 주말이나 휴일은 하루에 2~3회 수거한다.
④ 일시에 다량으로 발생하면 드럼통을 이용하여 소각하거나, 봉지를 그대로 수거한다.

(3) 음수대의 관리
① 배수구가 모래, 낙엽, 오물 등에 의해 막히지 않게 정기적으로 제거한다.
② 배수관이 파손되면 배수구로 오물이 들어가 막힐 수 있으므로 항상 완전한 상태를 유지하도록 한다.
③ 겨울철 빙점 이하로 온도가 내려가면 지하부의 배관체계로부터 물을 빼고 동파 방지에 유의한다.
④ 음수대의 받침은 물때, 손때, 먼지 등이 묻어 불결해지기 쉬우므로 정기적으로 청소하고 파손 시에는 즉시 보수한다.

6 운동 및 체력단련시설

(1) 운동 및 체력단련시설의 관리
① 각 시설별로 효율적인 관리를 위하여 제작 및 설치도면, 시방서, 보증서 및 유지관리지침서 등을 통하여 체계적인 유지관리방안을 제시해야 한다.

② 공해, 습기, 자외선 등에 견디고 구조적으로 안정되어야 하며, 부분보수가 용이하고 유지관리비가 적게 드는 재료를 선택하여 시공한다.
③ 시설의 동작 및 안전성 확보를 위하여 제조자가 제시한 점검횟수에 준하는 검사 및 관리가 이행되어야 한다.
④ 유지관리나 운영을 위해 필요한 여러 종류의 차량이 출입할 수 있도록 시설과의 기능적인 결합 및 필요공간의 확보에 대해서도 배려한다.

(2) 개별 운동시설의 관리
① 트랙에는 관리용 차량의 출입이 가능한 규모의 출입구가 1개소 이상 필요하며, 창고나 모래저장고 등에는 유지관리를 위하여 경기장 바깥으로부터의 출입이 가능하도록 배려한다.
② 각종 구기장의 포장이 완료된 다음 강우 시 표면에 우수가 고인 상태를 검사하여 물이 고이는 곳은 표면높이를 조정해야 한다.
③ 체력단련시설의 경우 이용빈도가 매우 높고 안전사고의 위험성이 있으므로 내구성이 뛰어나 유지보수가 용이한 시설물을 배치한다. 특히 각 시설의 부품별 교환주기를 파악하여 즉각적인 교체가 이루어지도록 한다.
④ 고정용 운동시설은 녹이 슬지 않도록 유지·보호해야 하며, 페인트 도장 부분이 훼손되거나 벗겨짐이 없는지 확인하고, 전용 보수재로 일정 기간마다 도색을 실시한다.

7 경관조명시설

(1) 조명시설의 관리
① 1년에 1회 이상 청소하고, 조명의 오염이 약한 곳은 마른 헝겊을 사용하고, 심한 곳은 물이나 중성세제를 사용한다.
② 철재를 등주의 재료로 사용할 경우에는 부식을 막기 위한 방부 처리를 한다.
③ 해안지방이나 교통량이 많은 지역의 등주는 도장의 주기를 짧게 해 주거나 플라스틱 피막을 한 등주로 교체하도록 한다.
④ 어두울 때는 필라멘트 전압이나 2차 전압을 조사하고 안정기를 교체한다.

(2) 조도의 관리
조명시설은 일정한 조도를 유지하고, 눈부심이 없도록 간접조명 방식을 사용하며, 전구를 교체하거나 등기구를 청소하기가 용이하도록 시설한다.

[조명등의 비교]

광원	소비전력 (W)	효율 (lm/W)	수명 (hr)	광색	색채 연출효과	특성
백열등	2~1,500	7~22	750 ~2,000	따뜻한 적색	우수	• 부드러운 분위기의 연출이 가능 • 휘도가 높고 열방사가 많음 • 배광제어가 용이 • 수명이 짧고 효율이 낮음 • 비교적 좁은 장소의 전반조명 및 방조조명에 사용
수은등	40~1,000	30~55	10,000 ~24,000	청백색	양호	• 고휘도이고 배광제어가 용이 • 도로조명 및 투광조명에 적합
할로겐등	175~1,000	75~100	7,500 ~10,500	주광에 가까운 백광색	양호	• 고휘도이고 배광제어가 용이 • 광장의 투광조명에 적합
나트륨등	20~1,000	80~150	6,000 ~15,000	따뜻한 등황색	불량	• 연색성 낮음 • 교량 및 터널조명에 이용
형광등	6~215	48~80	7,500 ~15,000	청량한 백색	우수	• 물체 강조에 이용 불가능하며, 기온이나 외기환경에 약하여 사용장소 제한 • 빛의 확산이 고르며, 설치 및 유지비가 저렴 • 형광색의 조정에 따라 청색이나 적색의 연출이 가능
메탈 할라이드등	175~1,000	70~80	6,000 ~15,000	따뜻한 등황색	우수	• 고휘도이며 배광제어 용이 • 연색성이 뛰어남 • 옥외조명에 적합

8 안내시설

(1) 청소 및 도장

① 포장도로나 공원 등의 안내시설은 월 1회 청소하도록 하며, 강판이나 강관의 청소 시 녹이 슬지 않도록 강한 클리너는 사용하지 않는다.
② 도장이 퇴색된 곳은 재도장하되, 도장은 2~3년에 1회씩 칠한다.

(2) 보수 및 교체

① 앵커볼트, 볼트, 너트 등 접합 부분이 이완되었을 경우에는 잘 조이며, 부품이 마모되거나 녹이 심하게 슨 경우에는 교체한다.
② 지주의 기초가 약하여 움직일 때는 기초를 보강한다.
③ 표지판의 글자, 그림, 기호 등이 손상되었거나, 외부환경 조건에 의하여 보이지 않거나, 희미하게 보일 경우에는 보수한다.

9 수경시설

(1) 수질관리

① 물은 고여 있으면 미생물의 활동으로 더러워지므로 물속의 유기물은 제거하고, 일정한 간격으로 물을 교체해 주어야 한다.
② 맑은 물을 계속 공급하면 스스로의 정화작용을 통하여 물이 맑아지고, 물속의 산소량도 증가한다.
③ 물속의 산소량을 증가시키기 위해서는 분수나 폭포를 설치하거나, 물이 유입되는 곳에 여과장치 또는 정화조를 설치한다.
④ 연못 같은 수경시설의 급수구는 수면보다 높게, 월류구는 수면과 같게 해 주고, 입구에 이물질이 막히지 않게 하여 항상 물이 조금씩 흐르게 해 준다.
⑤ 수경시설에 수중동물이나 수초를 기르면 관상가치를 높일 수 있으며 물의 혼탁 여부도 예측할 수 있다.
⑥ 급수구와 배수구의 막힘 여부는 수시로 점검하고, 겨울 전에 물을 빼 연못에 가라앉았던 이물질을 제거하고 청소한다.

> **더 알아보기**
>
> **분수의 관리**
> 고정식 분수는 겨울철에 동파되는 것을 방지하기 위하여 물을 완전히 빼고, 이동식 분수는 이물질을 제거한 후 보관한다.
> • 정기점검 보수사항 : 펌프 및 밸브의 교체와 절연성 점검 등
> • 계획 보수사항 : 전기 및 기계의 조정·점검, 물 교체, 낙엽 제거 및 청소, 파이프류의 도장 등

(2) 급수관리

수경시설의 급수방법에는 상수도관에 직접 연결하여 급수하는 방법과 높은 곳에 물탱크를 설치하여 중력에 의해 급수하는 방법이 있다.

① 급수관의 관리
　㉠ 급수관은 지하에 깊게 매설하여 통행하는 차량이나 작업 중에 파손되지 않게 한다.
　㉡ 겨울철 급수관의 동파 방지를 위해 정기적으로 관리하고, 관을 얕게 매설한 경우에는 보온재를 사용하며, 규격에 맞는 것을 사용한다.
　㉢ 녹이 스는 부분은 녹막이 칠을 정기적으로 해 주고, 녹이 부식되어 녹물이 나오는 경우에는 교환해 준다.
　㉣ 땅속으로 물이 새는 경우에는 누수 탐지기를 이용하여 위치를 확인하고 보수해 준다.

② 급수탱크의 관리
　　㉠ 철제 물탱크는 정기적으로 청소해 주고, 녹을 제거해야 하며, 녹막이 칠을 해 깨끗한 물이 유지되도록 한다.
　　㉡ 겨울철에는 급수탱크가 얼지 않도록 보온재를 덮어 주거나 그 밖의 보온장치를 해 준다.
③ 펌프의 관리
　　㉠ 급수관과 급수관 사이에 물이 샐 경우에는 패킹을 살펴본다.
　　㉡ 펌프에서 소리가 나거나 열이 나는 경우에는 각 부위의 볼트를 죄어 주고 윤활유를 보충해 준다.

(3) 배수관리
① 연못, 분수, 벽천 등의 수경시설은 많은 물을 필요로 하기 때문에 순환시켜 사용하고 있다.
② 배수관이나 침전소에 가라앉은 흙, 모래, 낙엽 등의 이물질을 자주 제거하여 막히지 않도록 한다.

(4) 수조관리
① 못, 폭포, 실개울 등의 청소주기는 정화시설이 있는 경우 연 4회, 정화시설이 없는 경우 월 1회로 한다.
② 친수형 수공간일 경우 현장 상황에 따라 월 1회 이상 청소 및 물 교환을 한다.

(5) 설비관리
① 정기점검 및 정비를 고려해야 하는 설비는 다음과 같다.
　　㉠ 수중조명기구 : 케이블, 누전, 램프단선, 기구의 누수
　　㉡ 수중펌프 : 전류계 지침에 의한 부하, 절연저항, 모터의 봉수, 케이블
　　㉢ 육상펌프 : 펌프의 부하, 축수부, 커플링, 볼트·너트, 누수, 모터의 절연저항
　　㉣ 정수설비 : 여과재, 배관·밸브, 물
　　㉤ 소독시설 : 소독소재, 소독 농도 및 강도, 배관·밸브
② 제어반(Control Panel)은 일상점검 및 정기점검을 한다.

10 생태조경시설

(1) 비탈면의 관리
① 비탈면의 변형과 붕괴를 예방하기 위해 정기적으로 점검하고 보수 및 유지관리를 하여야 한다.
② 비탈면의 식생관리를 위해 연 1회 이상 화학비료 또는 액상비료를 약한 농도로 여러 번 준다.

③ 풀베기 작업은 6~10월 사이에 인력 또는 기계로 여러 번 시행하는데, 너무 짧게 하면 생육이 약화되어 침식되기 쉬우므로 10cm 이상 남겨 두고 자른다.
④ 가뭄이 심할 때는 물자동차로 물을 뿌려 주어 고사되지 않게 하고, 병충해 발생 시에는 즉시 약제를 살포한다.
⑤ 비탈면의 식생은 비탈면 하단부보다 비탈 어깨 부분의 상태가 나쁘기 때문에 상단부의 관리에 중점을 두어야 한다.
⑥ 비탈면의 보호를 위해 돌, 블록, 콘크리트, 모르타르 등을 사용하여 공사한 경우, 이러한 보호공 자체의 노후화에 의한 변형과 비탈면 자체의 변형이 일어날 수 있다. 보호공 자체가 노후화된 경우에는 발견 즉시 보수하면 좋아지나, 비탈면 자체에 변형이 일어난 경우에는 붕괴의 위험이 있기 때문에 충분히 조사하여 대책을 세워야 한다.
⑦ 비탈면의 파괴는 배수 처리가 불량하여 일어나는 경우가 많으므로 배수시설이 매몰되지 않도록 유지관리한다.

(2) 빗물처리시설

① 침투시설이 파손되거나 기능이 저하되지 않도록 지속적인 유지관리계획을 통하여 기능을 확보한다.
② 연도별 정기점검계획을 세우고 청소 및 준설한다.
　㉠ 침투정, 침투도랑과 같은 침투시설은 연 1회 이상 협잡물 제거필터를 점검하고 청소한다.
　㉡ 투수성 포장시설은 연 1회 이상 고압수 살수, 진공흡입과 같은 방법으로 표층을 씻는다.

[시설물 연간 작업계획표 예]

구 분		항 목	월별 작업내용												비 고
			1	2	3	4	5	6	7	8	9	10	11	12	
정기적 관리작업	점검	순회점검													매일 또는 정기적, 경미한 수선 포함
		안전점검					■			■					태풍 전
	계획 수선	전면도장		■	■	■									일시적
		도로의 보수					■				■				봄 또는 가을
	청소	청 소													매일 또는 정기적
비정기적 관리작업	일반 수선	부분수선 교체			■	■	■				■	■			시설 또는 공정별
	개량	개량, 신설			■	■	■				■	■			봄 또는 가을
	재해대책	방제공사						■	■	■					안전점검 직후
		재해복구공사							■	■					재해 직후
	하자대책	하자조사									■	■			준공 1~2년 후
		하자공사			■	■						■	■		하자조사 후

[시설물 점검 및 보수내용 예]

시설의 종류	구조	내용연수	계획보수	보수 사이클	정기점검보수	보수의 목표
벤치	목재	7년	도장	2~3년	좌판 보수	전체의 10% 이상 파손, 부식이 생길 때(5~7년)
	플라스틱				• 좌판 보수 • 볼트·너트 조이기	• 전체의 10% 이상 파손, 부식이 생길 때 (3~5년) • 정기점검 시 처리
	콘크리트	20년	도장	3~4년	파손장소 보수	파손장소가 눈에 띌 때(5년)
그네	철재	15년	도장	2~3년	• 좌판 교체 • 볼트 조이기 • 고리 교체	• 부식도에 따라 조속히(3~5년) • 정기점검 시 처리 • 마모도에 따라 조속히(5~7년)
미끄럼틀	콘크리트 철재	15년	도장	2~3년	미끄럼판 보수	마모도에 따라(5~7년)
원로, 광장	아스팔트 포장	15년	도장	2~3년	균열	• 전 면적의 5~10% 균열, 함몰이 생길 때 (3~5년) • 전반적인 노화(10년)
	평탄포장				• 평판 고쳐놓기 • 평판 교체	• 전 면적의 10% 이상 이탈(3~5년) • 파손장소가 특히 눈에 띌 때(3~5년)
	모래자갈 포장	10년	노면 수정	반년~1년	배수정비	배수가 불량할 때 진흙청소(2~3년)
			자갈 보충	1년		
분수	-	15년	전기 및 기계 조정·점검	1년	• 펌프, 밸브 등의 교체 • 절연성 점검	수중펌프의 내용연수(5~10년)나 마모에 따라(연못·계류의 순환펌프에도 적용)
			물 교체, 낙엽 제거	반년~1년		
			파이프류 도장	3~4년		
퍼걸러	철재	20년	도장	3~4년	서까래 보수	서까래의 부식도에 따라 • 목재 : 5~10년 • 철재 : 10~15년 • 갈대밭 : 2~3년
	목재	10년				
모래사장	콘크리트	20년	모래 보충	1년	모래 경운	모래 보충 시 적당히
			연석 도장	2~3년	배수 정비	
정글짐	철재	15년	도장	2~3년	볼트·너트 조이기	정기점검 시 처리
시소	-	10년	도장	2~3년	• 베어링 보수 • 좌판 보수	• 베어링 마모(삐걱소리) 시(3~4년) • 부식도에 따라
목재 놀이기구	-	10년	도장	2~3년	• 볼트·너트 조이기 • 부품 교체	• 정기점검 시 처리 • 마모도, 부식도에 따라

CHAPTER 05 적중예상문제

PART 03 조경관리

01 조경시설의 관리원칙으로 옳지 않은 것은?

① 여름철 그늘이 필요한 곳에 차광시설이나 녹음수를 식재한다.
② 노인, 주부 등이 오랜 시간 머무는 곳은 가급적 석재를 사용한다.
③ 바닥에 물이 고이는 곳은 배수시설을 하고 다시 포장한다.
④ 이용자의 사용빈도가 높은 것은 충분히 조이거나 용접한다.

해설 ② 노인, 주부 등이 오랜 시간 머무는 곳의 시설은 가능한 목재로 교체하고, 그늘이나 습기가 많은 곳의 목재 시설은 콘크리트재나 석재로 교체한다.

02 시설 관리에 대한 설명으로 옳지 않은 것은?

① 배수관의 유입, 유출구를 깨끗이 청소한다.
② 정기적인 청소를 실시한다.
③ 포장면의 수평면을 확인한다.
④ 파손된 토사 포장은 오버레이공법을 적용한다.

해설 ④ 덧씌우기(Overlay)는 콘크리트나 아스팔트 포장의 보수공법이다.
※ 토사 포장의 보수공법 : 지반치환공법, 노면치환공법, 배수처리공법 등

03 조경수목의 연간관리 작업계획표를 작성하려고 할 때 작업내용에 포함되지 않는 것은?

① 병해충 방제
② 시 비
③ 뗏밥주기
④ 수관 손질

해설 ③ 뗏밥주기는 잔디관리 작업계획표에 포함되는 사항이다.

04 조경시설 관리를 위한 연간 작업계획표를 작성하려 할 때 작업내용에 포함되지 않는 것은?

① 하자공사
② 안전점검
③ 전면도장
④ 수관손질

해설 시설물 연간 작업계획표
• 정기적 관리작업
 - 점검 : 순회점검, 안전점검
 - 계획수선 : 전면도장, 도로의 보수
 - 청 소
• 비정기적 관리작업
 - 일반수선 : 부분수선 교체
 - 개량 : 개량 · 신설
 - 재해대책 : 방제공사, 재해복구공사
 - 하자대책 : 하자조사, 하자공사

정답 1 ② 2 ④ 3 ③ 4 ④

05 다음 도시공원 시설 중 유희시설에 해당되는 것은?(단, 도시공원 및 녹지 등에 관한 법률 시행규칙을 적용한다)

① 야영장
② 잔디밭
③ 도서관
④ 낚시터

해설 공원시설의 종류 - 유희시설(도시공원 및 녹지 등에 관한 법률 시행규칙 [별표 1])
시소·정글짐·사다리·순환회전차·궤도·모험놀이장, 유원시설(「관광진흥법」에 따른 유기시설 또는 유기기구), 발물놀이터, 뱃놀이터 및 낚시터 그 밖에 이와 유사한 시설로서 도시민의 여가선용을 위한 놀이시설

06 공원 내에 설치된 목재 벤치 좌판(座板)의 도장보수는 보통 얼마 주기로 실시하는 것이 좋은가?

① 계절이 바뀔 때
② 6개월
③ 매 년
④ 2~3년

해설 ④ 도장이 퇴색된 곳은 재도장하되, 도장은 2~3년에 1회씩 칠한다.

07 다음 중 야외용 조경시설물의 재료로서 가장 내구성이 낮은 재료는?

① 미 송
② 나왕재
③ 플라스틱재
④ 콘크리트재

해설 ② 나왕은 강도가 무난하여 일반적으로 가공이 용이하나, 내구성이 낮고 병충해에 약한 편이다.

08 테니스장에 소금을 뿌리는 이유는?

① 배수를 위하여
② 흙의 뭉침 방지
③ 답압을 위하여
④ 표층의 분리 방지

해설 ④ 테니스장의 표층 건조 시 소금 속에 포함된 습기가 갈라짐을 방지하고, 물의 어는점을 낮춰 늦가을과 겨울에 땅이 어는 것을 막아 주며, 습기를 머금은 소금이 먼지가 날리는 것을 억제한다.

09 다음은 도로, 간판, 표지판의 점검 및 보수에 관한 사항이다. 옳지 않은 것은?

① 연결 부위 및 볼트, 너트의 탈락 유무를 확인한다.
② 지주의 매립 부분 및 볼트, 너트 붙임 부분의 도장부위를 주의해서 점검한다.
③ 콘크리트 중에 지주를 매입했을 때 앵커플레이트 및 앵커볼트의 붙임 여부를 확인한다.
④ 도장 부분이 배기가스나 매연 등으로 더러워졌을 경우에는 묽은 염산이나 황산 등으로 닦아 내도록 한다.

해설 ④ 도로, 간판, 표지판이 배기가스나 매연 등으로 더러워졌을 경우에는 물이나 중성세제 등으로 닦아낸다.

10 기름을 뺀 대나무로 등나무를 올리기 위한 시렁을 만들면 윤기가 나고 색이 변하지 않는다. 대나무의 기름을 빼는 방법으로 옳은 것은?

① 불에 쬐어 수세미로 닦아 준다.
② 알코올 등으로 닦아 준다.
③ 물에 오래 담가 놓았다가 수세미로 닦아 준다.
④ 석유, 휘발유 등에 담근 후 닦아 준다.

11 조경시설의 유지관리를 위해 시설물을 점검할 때 유의할 사항이 아닌 것은?

① 시설물의 당초 목적에 대해 충분한 기능을 발휘하는가?
② 시설물의 수량, 형태에 변화는 없는가?
③ 시설물의 구조, 강도에 변화는 없는가?
④ 시설에 대한 이용자의 선호도는 어떤가?

해설 ④ 시설물 점검에 있어 이용자의 안전도에 대해서는 유의해야 하지만, 선호도는 유의사항이 아니다.

12 조경공사 후 벤치나 야외탁자의 유지관리방법으로 적절하지 않은 것은?

① 목재 부분이 부패되었을 때는 방충제나 방균제를 살포한다.
② 콘크리트재 부분의 경미한 균열은 실(Seal)재를 주입한다.
③ 철재 부분의 부식은 사포로 닦고 도장한다.
④ 석재 부분의 균열폭이 큰 경우에는 고무압식 주입공법을 적용하여 보수한다.

해설 ② 콘크리트재 부분의 경미한 균열에는 에폭시계 재료를 주입한다.

13 철재 시설물의 손상부분을 점검하는 항목으로 가장 부적합한 것은?

① 용접 등의 접합부분
② 충격에 비틀린 곳
③ 부식된 곳
④ 침하된 것

해설 ④ 침하된 것은 콘크리트 시설물의 점검항목으로 적합하다.

14 시설물하자의 보수방법이 아닌 것은?

① 벤치의 기초부위가 파괴되었을 때, 기초 콘크리트를 파내어 부수고 난 뒤 다시 철부재에 보조철근을 용접한 후 거푸집을 설치하고 기초 콘크리트를 재타설한다.
② 철제품의 도색이 벗겨진 곳에는 방청 처리 후 수성 페인트를 칠한다.
③ 철재 놀이시설의 회전부분 축부에 기름이 떨어지면 동요나 잡음이 생기므로 정기적으로 글리스를 주입한다.
④ 앵커볼트, 볼트, 너트 등이 이완되었을 경우에는 스패너, 드라이브, 망치 등을 사용하여 조인다.

해설 ② 철제품의 도색이 벗겨진 곳에는 방청 처리 후 유성 페인트를 칠한다.

15 다음 조경시설 중 보수사이클이 가장 짧은 것은?

① 분수의 전기, 기계 등의 조정·점검
② 벤치의 도장
③ 시계탑의 분해점검
④ 분수의 물 교체, 청소, 낙엽 등의 제거

해설 ①·②·③은 단기계획이고, ④는 수시계획으로 보수사이클이 가장 짧다.

16 시설 관리를 위한 페인트 칠하기의 방법으로 가장 거리가 먼 것은?

① 목재의 바탕칠을 할 때는 먼저 표면상태 및 건조상태를 확인해야 한다.
② 철재의 바탕칠을 할 때는 별도의 작업 없이 불순물을 제거한 후 바로 수성 페인트를 칠한다.
③ 목재의 갈라진 구멍, 홈, 틈은 퍼티로 땜질하여 24시간 후 초벌칠을 한다.
④ 콘크리트, 모르타르면의 틈은 석고로 땜질하고 유성 또는 수성 페인트를 칠한다.

해설 ② 철재의 바탕칠을 할 때는 먼저 용제를 사용하여 표면의 기름때를 제거하고, 방청 페인트로 초벌칠을 한 후 그 위에 다시 페인트를 칠한다.

17 수성 페인트칠의 공정에 관한 순서가 바르게 된 것은?

┌─────────────────┐
│ ㉠ 바탕 만들기   │
│ ㉡ 퍼티 먹임   │
│ ㉢ 초벌 칠하기   │
│ ㉣ 재벌 칠하기   │
│ ㉤ 정벌 칠하기   │
│ ㉥ 연마작업   │
└─────────────────┘

① ㉠ – ㉢ – ㉡ – ㉤ – ㉥ – ㉣
② ㉠ – ㉢ – ㉡ – ㉥ – ㉣ – ㉤
③ ㉠ – ㉡ – ㉢ – ㉥ – ㉣ – ㉤
④ ㉠ – ㉡ – ㉢ – ㉤ – ㉥ – ㉣

해설 수성 페인트칠의 공정순서 : 바탕 만들기 → 초벌 칠하기 → 퍼티 먹임 → 연마작업 → 재벌 칠하기 → 정벌 칠하기

18 철의 부식을 막기 위해 제일 먼저 칠하는 페인트는?

① 에나멜 페인트
② 카세인
③ 광명단
④ 바니시

해설 ③ 철재 시설물은 녹을 방지하기 위해 광명단 등으로 녹막이 칠을 해 준다.
광명단
• 연단(鉛丹), 적연(赤鉛) 또는 사삼산화연(四三酸化鉛)이라 부르기도 하는 오렌지색 안료이다.
• 가장 오랜 역사를 가진 방청도료로, 일반적으로 녹막이 페인트라 하면 광명단을 말한다.

19 아스팔트량의 과잉, 골재의 입도불량 등 아스팔트 침입도가 부적합한 역청재료 사용 시 도로에서 나타나는 파손현상은?

① 균 열
② 국부침하
③ 표면연화
④ 박 리

해설 ③ 표면연화에 대한 설명으로, 표면연화 발생 시 발생 지역에 석분이나 모래를 균등하게 살포하여 전압해야 한다.

20 다음 중 완충층의 기능이 아닌 것은?

① 보도블록 높이를 같이 하는 데 편리하다.
② 요철면을 조절한다.
③ 보도블록에 어느 정도 탄성을 준다.
④ 겨울에 동상현상을 막아 준다.

해설 완충층 : 보도블록 포장은 일반적으로 기층, 완충층, 표층의 구조로 구성되는데, 모래와 모르타르 등을 1~2cm 두께로 깔아 만든 완충층은 보도블록의 높이와 요철면을 조절하고 보도블록에 탄성을 부여한다.

21 조경프로젝트의 수행단계 중 식생의 이용 및 시설물의 효율적 이용, 유지, 보수 등 전체적인 것을 다루는 단계는?

① 조경관리   ② 조경설계
③ 조경계획   ④ 조경시공

해설 조경프로젝트의 수행단계
• 조경계획 : 자료의 수집, 분석, 종합에 초점을 맞추는 수행단계
• 조경설계 : 자료를 활용하여 3차원적 공간을 창조해 나가는 수행단계
• 조경시공 : 공학적 지식과 생물을 다루는 특별한 기술이 필요한 수행단계
• 조경관리 : 식생과 시설물의 이용에 관한 전체적인 것을 다루는 수행단계

22 일반적인 조경관리에 해당되지 않는 것은?

① 운영관리
② 유지관리
③ 이용관리
④ 생산관리

해설 조경관리의 구분
• 운영관리 : 예산, 조직, 재산, 재무제도 등의 관리
• 유지관리 : 잔디, 초화류, 식재수목, 각종 시설물 및 건축물 등의 관리
• 이용관리 : 주민참여 유도, 안전관리, 홍보, 이용지도, 행사프로그램 주도 등의 관리

23 유지관리 시 크게 영향을 미치는 요인이 아닌 것은?

① 계획·설계목적
② 이용빈도와 이용실태
③ 유지관리금액
④ 재료와 시공방법

해설 ① 운영관리의 요인, ②·③·④ 유지관리의 요인

정답 19 ③ 20 ④ 21 ① 22 ④ 23 ①

24 연간 유지관리에 포함시키는 것은?

① 공원지역 내의 손질계획
② 건물의 갱신계획
③ 수목의 전정 잔디관리계획
④ 도로포장계획

해설 ③ 유지관리사항, ①·②·④ 운영관리사항

26 조경수목과 시설물관리를 위한 예산·재무 조직 등의 업무기능을 수행하는 조경관리에 해당하는 것은?

① 유지관리
② 운영관리
③ 이용관리
④ 사후관리

해설 ② 운영관리는 예산, 조직, 재산, 재무제도 등을 관리하는 것을 말한다.

25 다음 중 유지관리의 일반적인 원칙으로 옳지 않은 것은?

① 유지관리비용은 가능한 한 최소가 되도록 한다.
② 그 지역의 생태적 특성을 반드시 고려할 필요가 있다.
③ 유지관리비용을 최소화하려면 시공비용도 최소로 해야 한다.
④ 유지관리상의 문제는 설계 및 시공단계에서도 고려되어야 한다.

해설 ③ 유지관리비용은 경제성을 고려하여 가능한 한 최소가 되도록 하는 것이 좋지만, 시공비용은 반드시 적절하게 책정되어야 한다.

27 조경관리의 범위에 포함되지 않는 것은?

① 주택정원
② 도시공원
③ 학교정원
④ 화훼단지

해설 조경관리의 범위
- 일반 주택정원부터 대규모 국립자연공원까지 조경공간에 형성되는 모든 조경시설물과 자연물이 대상이 된다.
- 개인정원, 학교정원, 자연공원, 도시공원, 공공건물뿐만 아니라 도로, 철도, 공업단지의 시설 내 조경공간도 대상이 될 수 있다.
- 화훼단지는 조경관리의 대상공간에 포함되지 않는다.

부록
과년도 + 최근 기출복원문제

2016년	과년도 기출문제
2017~2024년	과년도 기출복원문제
2025년	최근 기출복원문제

합격의 공식 시대에듀 www.sdedu.co.kr

2016년 제1회 과년도 기출문제

01 고대 로마의 대표적인 별장이 아닌 것은?

① 빌라 투스카니
② 빌라 감베라이아
③ 빌라 라우렌티아나
④ 빌라 아드리아누스

해설 ② 감베라이아장은 후기 르네상스시대의 별장이다.

02 중세 유럽의 조경 형태로 볼 수 없는 것은?

① 과수원
② 약초원
③ 공중정원
④ 회랑식 정원

해설 공중정원(Tel-Amran-Ibn-Ali, 추장 알리의 언덕)
- 기원전 600년 무렵 신바빌로니아의 네부카드네자르 2세가 왕비 아미티스를 위해 조성한 정원으로 세계 7대 불가사의의 하나이다.
- 성벽의 높은 노단 위에 수목과 덩굴식물을 식재하여 만든 최초의 옥상정원이다.
- 지구라트형의 피라미드가 계단층을 이루고 각 노단의 외부를 회랑으로 둘렀다.
- 회랑 주변에 크고 작은 방과 욕실을 배치했다.
- 각 노단마다 꽃과 나무를 식재하고, 강물을 끌어다 저수지에 저장·관수하였다.

03 프랑스 평면기하학식 정원을 확립하는 데 가장 큰 기여를 한 사람은?

① 르 노트르   ② 메이너
③ 브릿지맨   ④ 비니올라

해설 ① 평면기하학식 정원은 앙드레 르 노트르가 창안한 프랑스 고유의 정원양식이다.

04 미국 식민지 개척을 통한 유럽 각국의 다양한 사유지 중심의 정원양식이 공공적인 성격으로 전환되는 계기에 영향을 끼친 것은?

① 스토우정원
② 보르비콩트정원
③ 스투어헤드정원
④ 버컨헤드공원

해설 버컨헤드공원 : 조셉 팩스턴이 설계하고 시민의 힘으로 설립된 최초의 공원으로, 사적 주택단지와 공적 위락단지로 나눠 택지를 분양한 자금으로 시공하여 재정적·사회적으로 성공한 공원이며, 센트럴파크의 공원개념 형성에 큰 영향을 주었다.

05 다음 중 중국 정원의 양식에 가장 많은 영향을 끼친 사상은?

① 선사상   ② 신선사상
③ 풍수지리사상   ④ 음양오행사상

해설 ② 중국 북부지방은 신선사상이, 남부지방은 노장사상이 발달하여 중국의 정원양식에 많은 영향을 끼쳤다.

정답 1 ② 2 ③ 3 ① 4 ④ 5 ②

06 다음 후원양식에 대한 설명 중 틀린 것은?

① 한국의 독특한 정원양식 중 하나이다.
② 괴석이나 세심석 또는 장식을 겸한 굴뚝을 세워 장식하였다.
③ 건물 뒤 경사지를 계단모양으로 만들어 장대석을 앉혀 평지를 만들었다.
④ 경주 동궁과 월지, 교태전 후원의 아미산원, 남원시 광한루 등에서 찾아 볼 수 있다.

해설 ④ 경주 동궁과 월지는 신라시대의 후원이고, 아미산원과 광한루는 조선시대의 후원이다.

07 다음 중 서양식 전각과 서양식 정원이 조성되어 있는 우리나라의 궁궐은?

① 경복궁
② 창덕궁
③ 덕수궁
④ 경희궁

해설 ③ 덕수궁 내 위치한 석조전(石造殿)은 고종황제의 집무실 겸 접견실로 사용하고자 지은 대한제국 황궁의 정전으로, 1900년에 착공하여 1910년에 완공되었으며, 영국인 하딩과 로벨 등이 설계에 참여한 우리나라 최초의 서양식 건물이다. 또한 석조전 앞뜰에 분수와 연못을 중심으로 조성된 좌우대칭적인 기하학식 정원인 침상원(침상경원)은 우리나라 최초의 유럽식(프랑스) 정원이다.

08 일본 고산수식 정원의 요소와 상징적인 의미가 바르게 연결된 것은?

① 나무 – 폭포
② 연못 – 바다
③ 왕모래 – 물
④ 바위 – 산봉우리

해설 고산수식 정원
- 축산고산수식 정원 : 바위(섬·반도·폭포)를 중심으로 왕모래(물)와 다듬은 수목(산)을 사용해 꾸민 추상적인 정원
- 평정고산수식 정원 : 수목도 사용하지 않고 바위와 왕모래만으로 꾸민 정원

09 형태와 선이 자유로우며, 자연재료를 사용하여 자연을 모방하거나 축소하여 자연에 가까운 형태로 표현한 정원양식은?

① 건축식
② 풍경식
③ 정형식
④ 규칙식

해설 정원양식의 분류
- 정형식 정원 : 서아시아와 유럽지역에서 발달한 양식으로, 건물에서 뻗어 나가는 강한 축을 중심으로 좌우대칭형으로 구성되며, 수목의 전정은 기하학적 형태이다.
- 자연식 정원 : 동아시아에서 주로 발달한 양식으로, 유럽에서는 18세기경부터 영국에서 발달하여 유럽대륙에 영향을 주었고, 자연을 모방하거나 축소하여 자연적 형태로 정원을 조성하였으며, 연못이나 호수 중심으로 정원을 조성하여 주변을 돌 수 있는 산책로를 만들어 다양한 경관을 즐길 수 있도록 하였다.
- 절충식 정원 : 한 정원에 정형식과 자연식의 형태적 특징을 동시에 지니고 있는 양식으로, 실용성을 중시한 정형적인 구성 내에 자연적인 요소를 도입하여 실용성과 자연성을 절충하였다.

10 다음 설명의 괄호 안에 들어갈 시설물은?

시설지역 내부의 포장지역에도 ( )을/를 이용하여 낙엽성 교목을 식재하면 여름에도 그늘을 만들 수 있다.

① 볼라드(Bollard)
② 펜스(Fence)
③ 벤치(Bench)
④ 수목보호대(Grating)

해설
④ 수목보호대(Grating) : 도로와 보도를 경계하고, 도시미관을 미려하게 유지하며, 보도에 식재되어 있는 수목을 보호하기 위해 설치한다.
① 볼라드(Bollard) : 차량과 보행인들의 동행을 조절하거나 차량공간과 보행공간을 분리시키기 위하여 설치하는 시설로, 30~70cm 정도 높이의 기둥 모양 가로장치물
② 펜스(Fence) : 울타리라는 뜻으로, 구역을 나누기는 하나 안팎을 훤히 들여다볼 수 있으며, 공간을 배타적으로 구별하지 않는다.
③ 벤치(Bench) : 많은 사람들이 모여 있는 장소나 오고 가는 곳에 편하게 앉아서 쉴 수 있도록 하는 편의를 제공하기 위한 의자를 말한다.

11 현대 도시환경에서 조경 분야의 역할과 관계가 먼 것은?

① 자연환경의 보호 유지
② 자연 훼손지역의 복구
③ 기존 대도시의 광역화 유도
④ 토지의 경제적이고 기능적인 이용계획

해설 ③ 조경은 인공화·획일화로 인하여 자연과의 불균형, 지역성의 상실, 휴먼스케일의 파괴가 일어나고 있는 현대 도시사회에서 인간에게 바람직한 환경디자인을 실현시키는 데 그 의의가 있다.

12 주택정원의 시설구분 중 휴게시설에 해당되는 것은?

① 벽천, 폭포
② 미끄럼틀, 조각물
③ 정원등, 잔디등
④ 퍼걸러, 야외탁자

해설 ① 벽천·폭포(수경시설물)
② 미끄럼틀(유희시설물), 조각물(환경조형시설물)
③ 정원등·잔디등(조명시설물)

13 기존의 레크리에이션 기회에 참여 또는 소비하고 있는 수요(需要)를 무엇이라 하는가?

① 표출수요
② 잠재수요
③ 유효수요
④ 유도수요

해설 레크리에이션 수요(Demand)의 종류
• 유도수요 : 광고, 선전, 교육 등을 통해 이용을 유도시킬 수 있는 수요
• 잠재수요 : 사람들에게 내재되어 있는 수요로 적당한 시설, 접근수단, 정보가 제공되면 참여가 기대되는 수요
• 표출수요 : 기존의 레크리에이션 기회에 참여 또는 소비하고 있는 수요
• 유효수요 : 재화에 대한 욕구가 실제로 그 재화를 구입할 만큼 구매력의 뒷받침이 있을 경우의 수요

14 조경계획·설계에서 기초적인 자료의 수집과 정리 및 여러 가지 조건의 분석과 통합을 실시하는 단계를 무엇이라고 하는가?

① 목표 설정
② 현황 분석 및 종합
③ 기본계획
④ 실시설계

해설 현황자료 분석 및 종합 : 목표를 설정한 후 주어진 목표를 달성하기 위해 관련된 현황자료를 수집하고 분석하는 과정으로, 분석방법에는 자연환경분석과 인문환경분석이 있다.
※ 조경계획의 과정 : 목표 설정 → 현황자료 분석(자연환경분석, 인문환경분석) 및 종합 → 기본구상 → 기본계획(토지이용계획, 교통동선계획, 시설물 배치계획, 식재계획, 하부구조계획, 집행계획) → 기본설계 → 실시설계 → 시공 및 감리 → 유지관리

15 좌우로 시선이 제한되어 일정한 지점으로 시선이 모이도록 구성하는 경관요소는?

① 전 망
② 통경선(Vista)
③ 랜드마크
④ 질 감

해설 통경선 : 비스타라고도 하며, 좌우로의 시선을 제한하여 전방의 일정 지점으로 시선을 집중시키는 경관이다.

16 모든 설계에서 가장 기본적인 도면은?

① 입면도
② 단면도
③ 평면도
④ 상세도

해설 평면도
• 물체를 수직방향으로 내려다본 것을 가정하고 작도한 것으로, 모든 설계에 있어 가장 기본이 되는 도면이며 평면을 보고 입체감을 느낄 수 있어야 한다.
• 동선의 패턴, 토지이용의 구분, 주요 식재를 표시한다.
• 식재평면도, 구조물평면도 및 대지 전체의 구성을 보여 주는 배치도 등이 있다.

정답 11 ③ 12 ④ 13 ① 14 ② 15 ② 16 ③

17 조경 시공 재료의 기호 중 벽돌에 해당하는 것은?

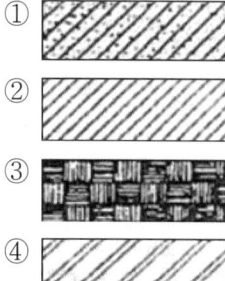

해설 ① 석재, ② 벽돌, ④ 철재

18 다음 채도대비에 관한 설명 중 틀린 것은?
① 무채색끼리는 채도대비가 일어나지 않는다.
② 채도대비는 명도대비와 같은 방식으로 일어난다.
③ 고채도의 색은 무채색과 함께 배색하면 더 선명해 보인다.
④ 중간색을 그 색과 색상은 동일하고 명도가 밝은 색과 함께 사용하면 훨씬 선명해 보인다.

해설 ④ 중간색을 그 색과 색상은 동일하고 명도가 밝은 색과 함께 사용하면 원래의 색보다 훨씬 탁해 보인다.
채도대비 : 색상, 명도와 함께 색의 주요 속성이며, 색이 선명할수록 채도가 높고, 무채색(흰색, 회색, 검정색)일수록 채도가 낮다. 채도 차가 큰 두 색을 인접하여 배치하면 채도가 높은 색은 더욱 선명하게 보이고, 채도가 낮은 색은 더욱 탁해 보이는데, 이를 채도대비라고 한다.

19 다음 중 곡선의 느낌으로 가장 부적합한 것은?
① 온건하다. ② 부드럽다.
③ 모호하다. ④ 단호하다.

해설 ④ 직선은 강직, 명확, 단순, 남성적이고 단호해 보이며, 곡선은 유연, 활동, 부드러움, 여성적이고 모호해 보인다.

20 조경 실시설계 단계 중 용어의 설명이 틀린 것은?
① 시공에 관하여 도면에 표시하기 어려운 사항을 글로 작성한 것을 시방서라고 한다.
② 공사비를 체계적으로 정확한 근거에 의하여 산출한 서류를 내역서라고 한다.
③ 일반관리비는 단위작업당 소요인원을 구하여 일당 또는 월급여로 곱하여 얻어진다.
④ 공사에 소요되는 자재의 수량, 품 또는 기계사용량 등을 산출하여 공사에 소요되는 비용을 계산한 것을 적산이라고 한다.

해설 ③ 일반관리비는 기업의 유지를 위한 관리활동 부분에서 발생하는 제비용을 말한다.

21 알루미나 시멘트의 최대 특징으로 옳은 것은?
① 값이 싸다.
② 조기강도가 크다.
③ 원료가 풍부하다.
④ 타 시멘트와 혼합이 용이하다.

해설 ② 알루미나 시멘트는 조기강도와 내화성이 커서 긴급을 요하는 공사나 한중공사에 적합한 시멘트이다.

22 레미콘 규격이 25-210-12 표시되어 있다면 a-b-c 순서대로 의미가 맞는 것은?

① a : 슬럼프, b : 골재 최대 치수, c : 시멘트의 양
② a : 물-시멘트비, b : 압축강도, c : 골재 최대 치수
③ a : 골재 최대 치수, b : 압축강도, c : 슬럼프
④ a : 물-시멘트비, b : 시멘트의 양, c : 골재 최대 치수

해설 ③ 레미콘의 규격은 골재 최대 치수(mm)-압축강도(kg/cm^2)-슬럼프(cm) 순으로 표시한다.

23 무근콘크리트와 비교한 철근콘크리트의 특성으로 옳은 것은?

① 공사기간이 짧다.
② 유지관리비가 적게 소요된다.
③ 철근 사용의 주목적은 압축강도 보완이다.
④ 가설공사인 거푸집 공사가 필요 없고 시공이 간단하다.

해설 ① 공사기간이 길다.
③ 인장응력은 철근이 부담하고, 압축응력은 콘크리트가 부담한다.
④ 거푸집 비용이 많이 들고, 강도 계산이 복잡하며, 균일한 시공이 곤란하다.

24 다음 중 목재의 장점에 해당하지 않는 것은?

① 가볍다.
② 무늬가 아름답다.
③ 열전도율이 낮다.
④ 습기를 흡수하면 변형이 잘 된다.

해설 목질재료의 장단점

직영방식	도급방식
• 색깔 및 무늬 등 외관이 아름답다. • 재질이 부드럽고, 촉감이 좋다. • 무게가 가벼워서 운반하거나 다루기가 쉽다. • 중량에 비하여 강도가 크다. • 열, 소리, 전기 등의 전도성이 낮다. • 생산량이 많고, 가격이 비교적 저렴하며, 입수가 용이하다.	• 자연소재이므로 내화성이 없고, 부패하기 쉽다. • 함수량의 증감에 따라 팽창·수축하여 변형되기 쉽다. • 부위에 따라 재질이 고르지 못하다. • 구부러지고, 옹이가 있다. • 강도가 균일하지 못하고, 크기에 제한을 받는다.

25 다음 금속재료에 대한 설명이 틀린 것은?

① 저탄소강은 탄소함유량이 0.3% 이하이다.
② 강판, 형강, 봉강 등은 압연식 제조법에 의해 제조된다.
③ 구리에 아연 40%를 첨가하여 제조한 합금을 청동이라고 한다.
④ 강의 제조방법에는 평로법, 전로법, 전기로법, 도가니법 등이 있다.

해설 ③ 구리에 아연을 첨가하여 제조한 합금은 황동이라 하고, 청동은 구리에 주석을 첨가하여 제조한 합금이다.

정답 22 ③ 23 ② 24 ④ 25 ③

26 견치석에 관한 설명 중 옳지 않은 것은?

① 형상은 재두각추체(裁頭角錐體)에 가깝다.
② 접촉면의 길이는 앞면 4변의 제일 짧은 길이의 3배 이상이어야 한다.
③ 접촉면의 폭은 전면 1변의 길이의 1/10 이상이어야 한다.
④ 견치석은 흙막이용 석축이나 비탈면의 돌붙임에 쓰인다.

해설 견치돌 : 돌을 뜰 때 앞면, 길이, 뒷면, 접촉부 등의 치수를 지정하여 마름모꼴이나 사각형 뿔 모양으로 깨낸 석재로, 면에서 직각으로 잰 길이가 최소변의 1.5배 이상이고, 접촉부의 너비는 1/10 이상이다. 주로 흙막이용 돌쌓기에 사용된다.

27 석재의 성인(成因)에 의한 분류 중 변성암에 해당되는 것은?

① 대리석 ② 섬록암
③ 현무암 ④ 화강암

해설 암석의 분류
• 화성암 : 화강암, 안산암, 현무암, 섬록암 등
• 퇴적암 : 응회암, 사암, 점판암, 혈암, 석회암 등
• 변성암 : 편마암, 대리암, 사문암, 결절편암 등

28 인공폭포, 수목보호판을 만드는 데 가장 많이 이용되는 제품은?

① 유리블록제품
② 식생호안블록
③ 콘크리트격자블록
④ 유리섬유 강화플라스틱

해설 유리섬유 강화플라스틱(FRP ; Fiberglass Reinforced Plastic) : 최근 가장 많이 쓰이는 플라스틱재료로, 강도가 약한 플라스틱에 강화제인 유리섬유를 넣어 성질을 개량한 플라스틱이며 벤치, 미끄럼대의 미끄럼판, 인공폭포, 인공암, 화분대, 수목보호판 등에 사용된다.

29 다음 설명에 적합한 열가소성 수지는?

• 강도, 전기절연성, 내약품성이 양호하고 가소재에 의하여 유연고무와 같은 품질이 되며 고온, 저온에 약하다.
• 바닥용 타일, 시트, 조인트재료, 파이프, 접착제, 도료 등이 주용도이다.

① 페놀수지 ② 염화비닐수지
③ 멜라민수지 ④ 에폭시수지

해설 ① 페놀수지 : 페놀과 폼알데하이드를 주재로 하는 합성수지로, 페놀수지로 만든 액상 접착제는 무색투명하고, 내수성·내약품성·내열성이 가장 우수하며, 이종재 간의 접착에 사용된다.
③ 멜라민수지 : 경도가 크고 내열성·내수성이 강하며 마감재, 가구재, 전기부품 등에 사용된다.
④ 에폭시수지 : 금속과의 접착성이 크고, 내약품성이 양호하며, 내열성이 우수하다.

30 다음 조경시설 소재 중 도로 절·성토면의 녹화공사, 해안매립 및 호안공사, 하천제방 및 급류부위의 법면보호공사 등에 사용되는 코코넛 열매를 원료로 한 천연섬유 재료는?

① 코이어메시 ② 우드칩
③ 테라소브 ④ 그린블록

해설 ② 우드칩 : 목재펄프의 원료
③ 테라소브 : 강력흡수제로, 비가 올 때 빠르게 수분을 흡수하여 간직하고 있다가 수분이 부족할 때 뿌리에 수분을 공급하여 식물의 잔뿌리를 발달시키는 데 도움을 준다.
④ 그린블록 : 차량 및 보행자의 하중을 지지하여 잔디를 보호하며, 개방식 열주구조로 포복형 잔디 생육에도 유리하다.

정답 26 ② 27 ① 28 ④ 29 ② 30 ①

31 서향(*Daphne odora* Thunb.)에 대한 설명으로 맞지 않는 것은?

① 꽃은 청색 계열이다.
② 성상은 상록활엽관목이다.
③ 뿌리는 천근성이고, 내염성이 강하다.
④ 잎은 어긋나기하며 타원형이고, 가장자리가 밋밋하다.

해설 ① 꽃은 백색 또는 홍자색이다.

32 다음 중 조경수의 이식에 대한 적응이 가장 어려운 수종은?

① 편 백
② 미루나무
③ 수양버들
④ 일본잎갈나무

해설 이식에 대한 적응성

분류	주요 수종
이식이 쉬운 수종	편백, 측백나무, 낙우송, 메타세쿼이아, 향나무, 꽝꽝나무, 사철나무, 쥐똥나무, 철쭉류, 벽오동, 미루나무, 은행나무, 플라타너스, 수양버들, 은백양, 무궁화, 명자나무, 등나무 등
이식이 어려운 수종	소나무, 전나무, 주목, 백송, 독일가문비나무, 섬잣나무, 가시나무, 굴거리나무, 호랑가시나무, 굴참나무, 떡갈나무, 느티나무, 목련, 백합나무, 칠엽수, 감나무, 자작나무, 맹종죽, 일본잎갈나무 등

33 팥배나무(*Sorbus alnifolia* K.Koch)의 설명으로 틀린 것은?

① 꽃은 노란색이다.
② 생장속도는 비교적 빠르다.
③ 열매는 조류 유인식물로 좋다.
④ 잎의 가장자리에 이중거치가 있다.

해설 ① 꽃은 흰색이다.

34 다음 중 수관의 형태가 "원추형"인 수종은?

① 전나무
② 실편백
③ 녹나무
④ 산수유

해설 수형과 주요 수종

수 형	주요 수종
원추형	낙우송, 삼나무, 전나무, 메타세쿼이아, 독일가문비나무, 주목 등
우산형	편백, 화백, 반송, 층층나무, 왕벚나무, 매화나무, 복숭아나무, 네군도단풍 등
구 형	졸참나무, 가시나무, 녹나무, 수수꽃다리, 플라타너스, 화살나무, 회화나무 등
난 형	백합나무, 측백나무, 동백나무, 태산목, 계수나무, 목련, 버즘나무 등
원주형	포플러류, 무궁화, 부용 등
배상형	느티나무, 가중나무, 단풍나무, 배롱나무, 산수유, 자귀나무, 석류나무 등
능수형	능수버들, 용버들, 수양벚나무, 실화백 등
만경형	능소화, 담쟁이덩굴, 등나무, 으름덩굴, 인동덩굴, 송악, 줄사철나무 등
포복형	눈향나무, 눈잣나무 등

정답 31 ① 32 ④ 33 ① 34 ①

35 골담초(*Caragana sinica* Rehder)에 대한 설명으로 틀린 것은?

① 콩과(科) 식물이다.
② 꽃은 5월에 피고 단생한다.
③ 생장이 느리고 덩이뿌리로 위로 자란다.
④ 비옥한 사질양토에서 잘 자라나 토박지에서도 잘 자란다.

해설 ③ 잔뿌리가 길게 자라며, 위를 향한 가지는 사방으로 늘어져 자란다.

36 방풍림(Wind Shelter) 조성에 알맞은 수종은?

① 팽나무, 녹나무, 느티나무
② 곰솔, 대나무류, 자작나무
③ 신갈나무, 졸참나무, 향나무
④ 박달나무, 가문비나무, 아까시나무

해설 방풍식재용 수목 : 곰솔, 삼나무, 편백, 전나무, 가시나무, 녹나무, 구실잣밤나무, 후박나무, 아왜나무, 동백나무, 은행나무, 느티나무, 팽나무 등이 있다.

37 *Syringa oblata* var. *dilatata* 는 어떤 식물인가?

① 라일락
② 목 서
③ 수수꽃다리
④ 쥐똥나무

해설 ① 라일락 : *Syringa vulgaris* L.
② 목서 : *Osmanthus fragrans* Lour.
④ 쥐똥나무 : *Ligustrum obtusifolium* Siebold & Zucc.

38 다음 중 인동덩굴(*Lonicera japonica* Thunb.)에 대한 설명으로 옳지 않은 것은?

① 반상록활엽 덩굴성
② 원산지는 한국, 중국, 일본
③ 꽃은 1~2개씩 엽액에 달리며 포는 난형으로 길이는 1~2cm
④ 줄기가 왼쪽으로 감아 올라가며, 소지는 회색으로 가시가 있고 속이 빔

해설 ④ 줄기가 오른쪽으로 감아 올라가며, 일년생 가지는 적갈색으로 속은 비어 있고 황갈색 털이 밀생한다.

39 조경수목은 식재기의 위치나 환경조건 등에 따라 적절히 선정하여야 한다. 다음 중 수목의 구비조건으로 가장 거리가 먼 것은?

① 병충해에 대한 저항성이 강해야 한다.
② 다듬기작업 등 유지관리가 용이해야 한다.
③ 이식이 용이하며, 이식 후에도 잘 자라야 한다.
④ 번식이 힘들고 다량으로 구입이 어려워야 희소성 때문에 가치가 있다.

해설 조경수목의 구비조건
• 관상가치와 실용적 가치가 높아야 한다.
• 이식이 용이하고, 이식 후에도 잘 자라야 한다.
• 불리한 환경에서도 견딜 수 있는 적응성이 커야 한다.
• 병해충에 대한 저항성이 강해야 한다.
• 번식이 잘되고, 손쉽게 다량으로 구입할 수 있어야 한다.
• 다듬기작업 등의 유지관리가 용이해야 한다.
• 사용목적에 적합해야 하고, 주변 경관과의 조화가 잘 이루어져야 한다.

40 미선나무(*Abeliophyllum distichum* Nakai)의 설명으로 틀린 것은?

① 1속1종
② 낙엽활엽관목
③ 잎은 어긋나기
④ 물푸레나무과(科)

해설 ③ 잎은 마주나기

41 잔디공사 중 떼심기 작업의 주의사항이 아닌 것은?

① 뗏장의 이음새에는 흙을 충분히 채워 준다.
② 관수를 충분히 하여 흙과 밀착되도록 한다.
③ 경사면의 시공은 위쪽에서 아래쪽으로 작업한다.
④ 뗏장을 붙인 다음에 롤러 등의 장비로 전압을 실시한다.

해설 ③ 경사면 시공 시 뗏장 1매당 2개의 떼꽂이를 박아 고정시키고, 아래쪽에서 위쪽으로 식재한다.

42 다음 중 철쭉, 개나리 등 화목류의 전정시기로 가장 알맞은 것은?

① 가을 낙엽 후 실시한다.
② 꽃이 진 후에 실시한다.
③ 이른 봄 해동 후 바로 실시한다.
④ 시기와 상관없이 실시할 수 있다.

해설 ② 진달래, 목련, 철쭉 등의 화목류는 개화가 끝나고 꽃이 진 후 바로 전정하되, 화아분화시기와 분화 후 꽃 피는 습성에 따라 전정시기를 달리한다.

43 천적을 이용해 해충을 방제하는 방법은?

① 생물적 방제
② 화학적 방제
③ 물리적 방제
④ 임업적 방제

해설 ② 화학적 방제법 : 농약 등을 사용하는 방제법
③ 물리적 방제법 : 피해수목이나 해충에 직접적인 물리력을 가하는 방제법
④ 임업적 방제법 : 조경수를 식재할 때 수종의 구성·밀도 등을 조절하여 해충에 의한 피해를 줄이는 방제법

정답 40 ③ 41 ③ 42 ② 43 ①

44 양버즘나무(플라타너스)에 발생된 흰불나방을 구제하고자 할 때 가장 효과가 좋은 약제는?

① 디플루벤주론 수화제
② 결정석회황합제
③ 포스파미돈 액제
④ 티오파네이트메틸 수화제

해설 미국흰불나방의 방제약제 : 디플루벤주론 수화제, 비티쿠르스타키 수화제, 카바릴 수화제

45 비탈면의 잔디를 기계로 깎으려면 비탈면의 경사가 어느 정도보다 완만하여야 하는가?

① 1 : 1보다 완만해야 한다.
② 1 : 2보다 완만해야 한다.
③ 1 : 3보다 완만해야 한다.
④ 경사에 상관없다.

해설 ③ 잔디깎기기계 사용 시 경사는 1 : 3보다 완만해야 한다.

46 수목 식재 후 물집을 만드는데, 물집의 크기로 가장 적당한 것은?

① 근원지름(직경)의 1배
② 근원지름(직경)의 2배
③ 근원지름(직경)의 3~4배
④ 근원지름(직경)의 5~6배

해설 물집 : 물받이라고도 하며, 주간을 따라 근원직경의 5~6배의 원형으로 높이 10~20cm의 턱을 만들어 설치한다.

47 조경수목에 공급하는 속효성 비료에 대한 설명으로 틀린 것은?

① 대부분의 화학비료가 해당된다.
② 늦가을에서 이른 봄 사이에 준다.
③ 시비 후 5~7일 정도면 바로 비효가 나타난다.
④ 강우가 많은 지역과 잦은 시기에는 유실 정도가 빠르다.

해설 ② 속효성 비료의 시비는 7월 말 이내에 끝낸다.

정답 44 ① 45 ③ 46 ④ 47 ②

48 다음 설명에 해당하는 것은?

- 나무의 가지에 기생하면 그 부위가 국부적으로 이상비대한다.
- 기생 당한 부위의 윗부분은 위축되면서 말라 죽는다.
- 참나무류에 가장 큰 피해를 주며, 팽나무, 물오리나무, 자작나무, 밤나무 등의 활엽수에도 많이 기생한다.

① 새 삼
② 선 충
③ 겨우살이
④ 바이러스

해설 ③ 겨우살이는 기생식물로 둥지같이 둥글게 자라며, 줄기지름이 1m에 달하는 것도 있다.

49 곰팡이가 식물에 침입하는 방법은 직접 침입, 자연개구로 침입, 상처 침입으로 구분할 수 있다. 다음 중 직접침입이 아닌 것은?

① 피목 침입
② 흡기로 침입
③ 세포 간 균사로 침입
④ 흡기를 가진 세포 간 균사로 침입

해설 병원체의 침입경로
- 각피를 통한 침입 : 잎 · 줄기 등의 표면에 있는 각피나 뿌리의 표피를 병원체가 자기 힘으로 뚫고 침입하는 것
- 자연개구부를 통한 침입 : 기공, 수공, 피목, 밀선(꿀샘) 등과 같은 식물체에 존재하는 미세한 구멍을 통해 침입하는 것
- 상처를 통한 침입 : 여러 가지 원인에 의해서 만들어진 상처의 괴사조직을 통해 병원체가 침입하는 것

50 농약제제의 분류 중 분제(粉劑, Dusts)에 대한 설명으로 틀린 것은?

① 잔효성이 유제에 비해 짧다.
② 작물에 대한 고착성이 우수하다.
③ 유효성분 농도가 1~5% 정도인 것이 많다.
④ 유효성분을 고체증량제와 소량의 보조제를 혼합 분쇄한 미분말을 말한다.

해설 ② 분말 상태의 고운 가루로 된 분제는 수화제, 유제 등에 비해 고착성이 불량하다.

51 다음 설명에 해당하는 공법은?

(1) 면상의 매트에 종자를 붙여 비탈면에 포설, 부착하여 일시적인 조기녹화를 도모하도록 시공한다.
(2) 비탈면을 평편하게 끝손질한 후 떼꽂이 등을 꽂아주어 떠오르거나 바람에 날리지 않도록 밀착한다.
(3) 비탈면 상부 0.2m 이상을 흙으로 덮고 단부(端部)를 흙속에 묻어 넣어 비탈면 어깨로부터 물의 침투를 방지한다.
(4) 긴 매트류로 시공할 때는 비탈면의 위에서 아래로 길게 세로로 깔고 흙쌓기 비탈면을 다지고 붙일 때는 수평으로 깔며 양단을 0.05m 이상 중첩한다.

① 식생대공
② 식생자루공
③ 식생매트공
④ 종자분사파종공

해설
①·② 식생대공·식생자루공 : 종자를 자루에 담아 비탈면에 판 수평구 속으로 넣어 붙여 일시적으로 녹화하는 공법
④ 종자분사파종공 : 종자, 비료, 파이버(Fiber), 침식방지제 등을 물과 교반하여 종자살포기로 살포하는 공법

52 다음 중 콘크리트의 공사에 있어서 거푸집에 작용하는 콘크리트 측압의 증가요인이 아닌 것은?

① 타설속도가 빠를수록
② 슬럼프가 클수록
③ 다짐이 많을수록
④ 빈배합일 경우

해설 거푸집에 작용하는 콘크리트 측압에 영향을 주는 요인
- 증가요인
  - 콘크리트 타설속도가 빠를수록
  - 반죽이 묽은 콘크리트일수록
  - 콘크리트 비중이 클수록
  - 다짐이 많을수록
  - 대기습도가 높을수록
  - 거푸집 단면이 클수록
  - 부배합일수록
  - 수평부재보다는 수직부재일수록
- 감소요인
  - 응결시간이 빠를수록
  - 철골 또는 철근의 양이 많을수록
  - 온도가 높을수록(경화가 빠를수록)

53 건설공사 표준품셈에서 사용되는 기본(표준형) 벽돌의 표준치수(mm)로 옳은 것은?

① 180 × 80 × 57
② 190 × 90 × 57
③ 210 × 90 × 60
④ 210 × 100 × 60

54 다음 중 현장답사 등과 같이 높은 정확도를 요하지 않는 경우에 간단히 거리를 측정하는 약측정방법에 해당하지 않는 것은?

① 목 측   ② 보 측
③ 시각법   ④ 줄자 측정

해설 ④ 약측법이란 기구를 사용하지 않고 개략적인 거리를 측정을 하는 것을 말하며 체인, 테이프, 줄자, 측량기 등의 기구를 이용해 정확한 거리를 측정하는 것은 실측법이라고 한다.
※ 약측법 : 목측, 보측, 음측, 시각법 등

55 다음 [보기]가 설명하는 특징의 건설장비는?

| 보기 |
- 기동성이 뛰어나고, 대형목의 이식과 자연석의 운반, 놓기, 쌓기 등에 가장 많이 사용된다.
- 기계가 서 있는 지반보다 낮은 곳의 굴착에 좋다.
- 파는 힘이 강력하고 비교적 경질지반도 적응한다.
- Drag Shovel이라고도 한다.

① 로더(Loader)
② 백호(Back Hoe)
③ 불도저(Bull Dozer)
④ 덤프트럭(Dump Truck)

해설 ① 상차용 기계
③ 배토정지용 기계
④ 운반용 기계

56 토공사에서 터파기할 양이 100m³, 되메우기량이 70m³일 때 실질적인 잔토처리량(m³)은?(단, $L = 1.1$, $C = 0.8$이다)

① 24　　② 30
③ 33　　④ 39

[해설] 되메우기 후 잔토처리량 = (터파기량 − 되메우기량) × L
= (100 − 70) × 1.1
= 33m³

57 수준측량에서 표고(標高 ; Elevation)라 함은 일반적으로 어느 면(面)으로부터의 연직거리를 말하는가?

① 해면(海面)
② 기준면(基準面)
③ 수평면(水平面)
④ 지평면(地平面)

[해설] ② 지반면의 높이를 비교할 때 기준이 되는 면을 기준면이라고 한다.

58 다음 설명의 괄호 안에 적합한 것은?

> (　　　)란 지질 지표면을 이루는 흙으로, 유기물과 토양미생물이 풍부한 유기물층과 용탈층 등을 포함한 표층 토양을 말한다.

① 표토　　② 조류(Algae)
③ 풍적토　　④ 충적토

[해설]
② 조류 : 물속에서 생육하며 광합성에 의해 독립영양 생활을 하는 체제가 간단한 식물
③ 풍적토 : 암석의 가루 따위가 바람에 의해 옮겨져 퇴적된 토양
④ 충적토 : 흙이나 모래가 물에 의해 흘러 범람원이나 삼각주 따위의 낮은 지역에 퇴적된 토양

59 토양환경을 개선하기 위해 유공관을 지면과 수직으로 뿌리 주변에 세워 토양 내 공기를 공급하여 뿌리호흡을 유도하는데, 유공관의 깊이는 수종, 규격, 식재지역의 토양상태에 따라 다르게 할 수 있으나, 평균깊이는 몇 m 이내로 하는 것이 바람직한가?

① 1m　　② 1.5m
③ 2m　　④ 3m

[해설] ① 유공관의 설치깊이는 평균적으로 1m 이내로 하는 것이 바람직하다.

60 조경시설물 유지관리 연간 작업계획에 포함되지 않는 작업내용은?

① 수선, 교체
② 개량, 신설
③ 복구, 방제
④ 제초, 전정

[해설] ④ 제초나 전정은 식물관리 작업계획에 포함되는 사항이다.

2016년 제2회 과년도 기출문제

01 다음 고서에서 조경식물에 대한 기록이 다루어지지 않은 것은?

① 고려사
② 악학궤범
③ 양화소록
④ 동국이상국집

해설 악학궤범 : 1493년에 왕명에 따라 제작된 악전(樂典)으로, 가사가 한글로 실려 있고 궁중음악은 물론 당악이나 향악에 관한 이론 및 제도, 법식 등을 그림과 함께 설명하고 있다.

02 스페인 정원에 관한 설명으로 틀린 것은?

① 규모가 웅장하다.
② 기하학적인 터 가르기를 한다.
③ 바닥에는 색채타일을 이용하였다.
④ 안달루시아(Andalusia) 지방에서 발달했다.

해설 스페인 정원의 특징
- 중정 구성이 독특하고 물과 분수를 풍부하게 이용
- 대리석과 벽돌을 이용한 기하학적 형태
- 다채로운 색채를 도입한 섬세한 장식
- 스페인의 남부지방인 안달루시아에서 번영

03 경복궁 내 자경전의 꽃담 벽화문양에 표현되지 않은 식물은?

① 매 화
② 석 류
③ 산수유
④ 국 화

해설 ③ 경복궁 내 자경전의 꽃담 벽화문양에는 매화, 복숭아, 모란, 석류, 국화, 진달래, 대나무 등이 표현되어 있다.

04 형태는 직선 또는 규칙적인 곡선에 의해 구성되고 축을 형성하며, 연못이나 화단 등의 각 부분에도 대칭형이 되는 조경양식은?

① 자연식
② 풍경식
③ 정형식
④ 절충식

해설 정형식 정원
- 평면기하학식 : 대칭적 구성으로 평야지대에서 발달(프랑스의 베르사유궁원).
- 노단건축식 : 계단식 구성으로 경사지에서 발달(바빌로니아의 공중정원, 이탈리아의 빌라정원 등).
- 중정식 : 건물로 둘러싸인 내부에 소규모 분수나 연못 등을 조성(중세의 수도원정원, 스페인의 알람브라 등).

05 우리나라 부유층의 민가정원에서 유교의 영향으로 부녀자들을 위해 특별히 조성된 부분은?

① 전 정
② 중 정
③ 후 정
④ 주 정

해설 ③ 후정은 남성 중심의 유교사상으로 인해 전정을 사용하지 못했던 부녀자들을 위하여 안채 뒤쪽에 만들어진 정원으로, 당시 부유층의 주택에만 조성된 독특한 공간이다.

정답 1② 2① 3③ 4③ 5③

06 다음 중 정원에 사용되었던 하하(Ha-Ha)기법을 가장 잘 설명한 것은?

① 정원과 외부 사이 수로를 파 경계하는 기법
② 정원과 외부 사이 언덕으로 경계하는 기법
③ 정원과 외부 사이 교목으로 경계하는 기법
④ 정원과 외부 사이 산울타리를 설치하여 경계하는 기법

해설 하하(Ha-Ha)기법의 도입 : 담장 대신 정원 부지의 경계선에 해당하는 곳에 깊은 도랑을 파서 외부로부터의 침입을 막고, 가축을 보호하며, 목장이나 삼림, 경지 등을 정원풍경 속에 끌어들이자는 의도에서 만들어졌다. 이 도랑의 존재를 모르고 원로를 따라 걷다가 갑자기 원로가 차단되었음을 발견하고 무의식중에 터져 나온 감탄사에서 유래한 이름이다.

07 다음 중 고대 이집트의 대표적인 정원수는?

- 강한 직사광선으로 인하여 녹음수로 많이 사용
- 신성시하여 사자(死者)를 이 나무 그늘 아래 쉬게 하는 풍습이 있었음

① 파피루스　② 버드나무
③ 장 미　　　④ 시카모어

해설 시카모어 : 고대 이집트의 대표적인 정원수로, 녹음수로 많이 사용되었고, 신성시하여 사자(死者)를 이 나무 그늘 아래 쉬게 하는 풍습이 있었다.

08 다음 중 고산식수법의 설명으로 알맞은 것은?

① 가난함이나 부족함 속에서도 아름다움을 찾아내어 검소하고 한적한 삶을 표현
② 이끼 낀 정원석에서 고담하고 한아를 느낄 수 있도록 표현
③ 정원의 못을 복잡하게 표현하기 위해 호안을 곡절시켜 심(心)자와 같은 형태의 못을 조성
④ 물이 있어야 할 곳에 물을 사용하지 않고 돌과 모래를 사용해 물을 상징적으로 표현

해설 ④ 고산수식 정원은 물을 전혀 사용하지 않고 바위, 왕모래, 나무만을 사용한 축산고산수식에서 나무조차 사용하지 않는 평정고산수식으로 발달하였다.

09 다음 중 독일의 풍경식 정원과 가장 관계가 깊은 것은?

① 한정된 공간에서 다양한 변화를 추구
② 동양의 사의주의 자연풍경식을 수용
③ 외국에서 도입한 원예식물의 수용
④ 식물생태학, 식물지리학 등의 과학이론의 적용

해설 독일정원의 특징
- 식물생태학과 식물지리학 등의 과학적 지식을 이용한 자연경관의 재생이 목적이었다.
- 그 지방의 향토수종을 배식하여 자연스러운 경관을 형성하였으며, 실용적인 형태의 정원이 발달하였다.

정답 6 ① 7 ④ 8 ④ 9 ④

10 도시 내부와 외부의 관련이 매우 좋으며, 재난 시 시민들의 빠른 대피에 큰 효과를 발휘하는 녹지 형태는?

① 분산식 ② 방사식
③ 환상식 ④ 평행식

해설 그린벨트 녹지계통의 형식
- 방사식 : 도시 중심에서 외부로 내뻗는 형태로 배치
- 분산식 : 여기저기에 여러 형태로 배치
- 환상식 : 도시를 중심으로 한 둥근 띠 모양의 형태로 도시 확대를 방지하는 데 효과적
- 방사분산식 : 분산식 녹지대를 방사 형태로 질서 있게 배치
- 방사환상식 : 방사식과 환상식을 결합한 형태로 가장 이상적인 도시녹지 형태
- 위성식 : 주로 대도시에만 적용되는 형태로 녹지대 안에 시가지 조성
- 평행식 : 도시 형태가 띠 모양일 때 도시를 따라 평행하게 배치

11 조경계획 및 설계과정에 있어서 각 공간의 규모, 사용재료, 마감방법을 제시해 주는 단계는?

① 기본구상 ② 기본계획
③ 기본설계 ④ 실시설계

해설 기본설계 : 사업계획 및 기본방침, 대략의 공정, 시공법, 공사비 등 기본적인 내용을 작성하는 것으로, 기초설계를 토대로 공사 시행 시 발생할 수 있는 문제점과 타 공사와의 연관성, 예산 확보 등을 검토하고 확인할 수 있다.

12 다음 [보기]의 행위 시 도시공원 및 녹지 등에 관한 법률상의 벌칙 기준은?

| 보기 |
| 위반하여 도시공원에 입장하는 사람으로부터 입장료를 징수한 자
| 허가를 받지 아니하거나 허가받은 내용을 위반하여 도시공원 또는 녹지에서 시설·건축물 또는 공작물을 설치한 자

① 2년 이하의 징역 또는 3,000만원 이하의 벌금
② 1년 이하의 징역 또는 1,000만원 이하의 벌금
③ 1년 이하의 징역 또는 500만원 이하의 벌금
④ 1년 이하의 징역 또는 3,000만원 이하의 벌금

해설 벌칙(도시공원 및 녹지 등에 관한 법률 제53조)
다음의 어느 하나에 해당하는 자는 1년 이하의 징역 또는 1천만원 이하의 벌금에 처한다.
- 위탁 또는 인가를 받지 아니하고 도시공원 또는 공원시설을 설치하거나 관리한 자
- 허가를 받지 아니하거나 허가받은 내용을 위반하여 도시공원 또는 녹지에서 시설·건축물 또는 공작물을 설치한 자
- 거짓이나 그 밖의 부정한 방법으로 허가를 받은 자
- 규정을 위반하여 도시공원에 입장하는 사람으로부터 입장료를 징수한 자

13 주택정원 거실 앞쪽에 위치한 뜰로 옥외생활을 즐길 수 있는 공간은?

① 안 뜰　② 앞 뜰
③ 뒤 뜰　④ 작업뜰

해설 주택정원의 공간
- 앞뜰 : 가족이나 손님이 출입하는 곳으로 대문에서 현관 사이의 공공공간을 말하며, 주 동선이 되는 원로를 설치한다.
- 안뜰 : 응접실이나 거실 쪽에 면한 뜰로 옥외생활을 즐길 수 있는 곳이며, 인상적인 공간을 조성하여 조망과 정적·동적 이용 및 기능, 식사 등 다목적으로 이용한다.
- 뒤뜰 : 사생활이 보장되도록 구성하고, 놀이터나 운동공간으로 이용한다.
- 작업뜰 : 되도록 주택정원 내 다른 공간과 시각적으로 차폐시키는 것이 좋고, 불결해지기 쉬운 건물의 뒤쪽에 자리 잡는 경우가 많으므로 통풍과 채광, 배수가 잘되도록 한다.

14 다음 중 사적인 정원이 공적인 공원으로 역할전환의 계기가 된 사례는?

① 에스테장　② 베르사유궁
③ 켄싱턴가든　④ 센트럴파크

해설 ④ 센트럴파크는 프레드릭 로 옴스테드(Frederick Law Olmsted)와 캘버트 보(Calvert Vaux)가 설계한 공원으로, 미국 식민지시대의 사유지 중심의 정원에서 공공적인 성격을 지닌 공원으로 전환되는 전기를 마련하였다.

15 색채와 자연환경에 대한 설명으로 옳지 않은 것은?

① 풍토색은 기후와 토지의 색, 즉 지역의 태양빛, 흙의 색 등을 의미한다.
② 지역색은 그 지역의 특성을 전달하는 색체와 그 지역의 역사, 풍속, 지형, 기후 등의 지방색과 합쳐서 표현된다.
③ 지역색은 환경색채계획 등 새로운 분야에서 사용되기 시작한 용어이다.
④ 풍토색은 지역의 건축물, 도로환경, 옥외광고물 등의 특징을 갖고 있다.

해설 풍토색 : 지방의 토지, 자연, 인간과 어울려 형성된 지방의 풍토를 두드러지게 드러내는 특색으로, 지역 내 생활이나 문화, 산업에 영향을 끼친다.

16 대형건물의 외벽도색을 위한 색채계획을 할 때 사용하는 컬러샘플(Color Sample)은 실제의 색보다 명도나 채도를 낮추어 사용하는 것이 좋다. 이는 색채의 어떤 현상 때문인가?

① 착시효과　② 동화현상
③ 대비효과　④ 면적효과

해설 면적대비 : 면적이 크고 작음에 따라 색이 다르게 보이는 현상
- 면적이 커지면 명도와 채도가 높아진 것처럼 느껴져 색은 밝고 선명해 보이지만, 반대로 면적이 작아지면 색은 어둡고 탁해 보인다.
- 작은 견본으로는 정확한 색상 선택이 어려우므로 벽면과 같이 큰 면적의 색을 고를 때는 원하는 색상보다 약간 어둡고 탁한 색을 고르는 것이 좋다.

정답 13 ① 14 ④ 15 ④ 16 ④

17 먼셀 색체계의 기본색인 5가지 주요 색상으로 바르게 짝지어진 것은?

① 빨강, 노랑, 초록, 파랑, 주황
② 빨강, 노랑, 초록, 파랑, 보라
③ 빨강, 노랑, 초록, 파랑, 청록
④ 빨강, 노랑, 초록, 남색, 주황

해설 먼셀 색체계의 5가지 기본색상 : R(Red, 빨강), Y(Yellow, 노랑), G(Green, 초록), B(Blue, 파랑), P(Purple, 보라)

18 표제란에 대한 설명으로 옳은 것은?

① 도면명은 표제란에 기입하지 않는다.
② 도면 제작에 필요한 지침을 기록한다.
③ 도면번호, 도명, 작성자명, 작성일자 등에 관한 사항을 기입한다.
④ 용지의 긴 쪽 길이를 가로 방향으로 설정할 때 표제란은 왼쪽 아래 구석에 위치한다.

해설 ③ 공사명, 도면명, 도면번호, 축척, 설계일시, 설계자명을 기입한다.

19 오른손잡이의 선긋기 연습에서 고려해야 할 사항이 아닌 것은?

① 수평선 긋기 방향은 왼쪽에서 오른쪽으로 긋는다.
② 수직선 긋기 방향은 위쪽에서 아래쪽으로 내려 긋는다.
③ 선은 처음부터 끝나는 부분까지 일정한 힘으로 한 번에 긋는다.
④ 선의 연결과 교차부분이 정확하게 되도록 한다.

해설 제도용구를 이용한 선 그리기
• 선을 처음 긋기 시작할 때는 긋고자 하는 선의 길이를 생각하고 긋는다.
• 선은 일관성과 통일성을 유지하며, 같은 목적으로 사용되는 선의 굵기와 진하기는 같아야 한다.
• 선을 긋는 방향은 왼쪽에서 오른쪽으로, 아래쪽에서 위쪽으로 한다.
• 선의 연결 부분과 교차 부분을 정확하게 작도한다.

20 건설재료의 골재의 단면표시 중 잡석을 나타낸 것은?

① 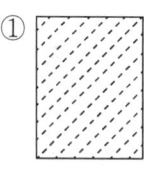 ②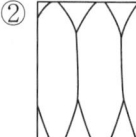
③ 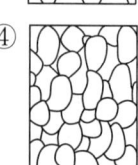 ④

해설 ① 강철, ③ 모래, ④ 자갈

21 굵은골재의 절대건조상태의 질량이 1,000g, 표면건조포화상태의 질량이 1,100g, 수중질량이 650g일 때 흡수율은 몇 %인가?(단, 시험온도에서의 물의 밀도는 1g/cm³이다)

① 10.0% ② 28.6%
③ 31.4% ④ 35.0%

해설 흡수율(%)
$= \dfrac{\text{표면건조포화상태의 질량} - \text{절대건조상태의 질량}}{\text{절대건조상태의 질량}}$
$= \dfrac{1,100 - 1,000}{1,000} \times 100 = 10$
∴ 10%

22 새끼(볏짚제품)의 용도 설명으로 가장 부적합한 것은?

① 더위에 약한 수목을 보호하기 위해서 줄기에 감는다.
② 옮겨 심는 수목의 뿌리분이 상하지 않도록 감아준다.
③ 강한 햇볕에 줄기가 타는 것을 방지하기 위하여 감아준다.
④ 천공성 해충의 침입을 방지하기 위하여 감아준다.

해설 새끼의 용도
- 볏짚, 풀 등 수목 주위의 토양을 덮음으로써 수분의 증발 억제, 잡초의 발생 방지, 가뭄해 방지, 겨울철 지온 보호, 동해 방지 등을 한다.
- 옮겨 심는 나무의 뿌리분이 상하지 않도록 감아 주거나, 줄기감기를 하는 데 사용한다.

23 내부진동기를 사용하여 콘크리트 다지기를 실시할 때 내부진동기를 찔러 넣는 간격은 얼마 이하를 표준으로 하는 것이 좋은가?

① 30cm ② 50cm
③ 80cm ④ 100cm

해설 콘크리트 내부진동기의 사용
- 타설한 콘크리트에 균일한 진동을 주기 위해 진동기의 찔러 넣는 간격 및 한 장소당 진동시간을 미리 규정하여 작업자에게 철저하게 주지시켜야 한다.
- 내부진동기는 될 수 있는 대로 연직으로, 일정한 간격으로 찔러 넣고 그 간격은 일반적으로 50cm 이하로 하며, 진동을 가하는 시간은 콘크리트의 윗면에 페이스트가 떠오를 때까지 하는데, 보통 5~15초 정도로 한다.

24 아스팔트의 물리적 성질과 관련된 설명으로 옳지 않은 것은?

① 아스팔트의 연성을 나타내는 수치를 신도라 한다.
② 침입도는 아스팔트의 컨시스턴시를 침의 관입 저항으로 평가하는 방법이다.
③ 아스팔트에는 명확한 융점이 있으며, 온도가 상승하는 데 따라 연화하여 액상이 된다.
④ 아스팔트는 온도에 따른 컨시스턴시의 변화가 매우 크며, 이 변화의 정도를 감온성이라 한다.

해설 ③ 아스팔트에는 명확한 융점이 존재하지 않으며, 온도가 상승함에 따라 액화하여 액상이 된다.

25 다음 [보기]가 설명하는 건설용 재료는?

┌─보기─────────────────────┐
- 갈라진 목재 틈을 메우는 정형 실링재이다.
- 단성복원력이 적거나 거의 없다.
- 일정 압력을 받는 섀시의 접합부 쿠션 겸 실링재로 사용되었다.
- 페인트칠 작업 시 때움 재료로서 적당하다.
└──────────────────────────┘

① 프라이머 ② 코 킹
③ 퍼 티   ④ 석 고

해설 ① 프라이머 : 아스팔트 방수재료로 이용
② 코킹 : 틈새를 충전하는 충전재료로 이용
④ 석고 : 방수제로 이용

26 조경공사의 돌쌓기용 암석을 운반하기에 가장 적합한 재료는?

① 철 근   ② 쇠파이프
③ 철 망   ④ 와이어로프

해설 와이어로프 : 철선을 여러 겹 꼬아 만든 밧줄로, 높은 강도와 유연성을 가지고 있어 토목, 건축, 기계 등에 많이 쓰이며, 항만 및 육상 운송시스템인 크레인, 엘리베이터 등 리프트를 사용하는 많은 장치들에 사용된다.

27 건설용 재료의 특징 설명으로 틀린 것은?

① 미장재료 : 구조재의 부족한 요소를 감추고 외벽을 아름답게 나타내 주는 것
② 플라스틱 : 합성수지에 가소제, 채움제, 안정제, 착색제 등을 넣어서 성형한 고분자 물질
③ 역청재료 : 최근에 환경 조형물이나 안내판 등에 널리 이용되고, 입체적인 벽면구성이나 특수지역의 바닥 포장재로 사용
④ 도장재료 : 구조재의 내식성, 방부성, 내마멸성, 방수성, 방습성 및 강도 등이 높아지고 광택 등 미관을 높여 주는 효과를 얻음

해설 역청재료 : 일반적으로 이황화탄소에 용해되는 탄화수소의 혼합물로서 고체 또는 반고체 물질이며, 이 역청을 주성분으로 하는 것을 역청재료라 한다. 역청재료의 종류에는 천연 아스팔트, 석유 아스팔트, 타르, 피치 등이 있고, 도로의 포장재료, 방수재료, 호안재료, 토질안정재료, 도료, 줄눈재료, 절연재료, 주입재료 등으로 사용한다.

28 다음 중 목재의 방부 또는 방충을 목적으로 하는 방법으로 가장 부적합한 것은?

① 표면탄화법 ② 약제도포법
③ 상압주입법 ④ 마모저항법

해설 ① 표면탄화법 : 목재 표면을 일정 깊이로 태워 탄화시키는 방법으로, 흡수성이 증가하는 단점이 있다.
② 약제도포법 : 건조재의 표면에 방부제를 바르거나 뿌려서 목재부후균의 침입을 방지하는 가장 간단한 처리방법이지만 효과는 상당히 크다.
③ 상압주입법 : 침지법과 유사하나, 가열한 약액에 방부할 목재를 일정 시간 담가 둔 후 다시 상온의 약액에 담가 침지시키는 방법이다.

29 쇠망치 및 날메로 요철을 대강 따내고, 거친 면을 그대로 두어 부풀린 느낌으로 마무리하는 것으로 중량감, 자연미를 주는 석재가공법은?

① 혹두기
② 정다듬
③ 도드락다듬
④ 잔다듬

해설
② 정다듬 : 혹두기한 면을 정으로 비교적 고르고 곱게 다듬는 작업으로 거친다듬, 중다듬, 고운다듬으로 구분된다.
③ 도드락다듬 : 정다듬한 표면을 도드락망치를 이용하여 1~3회 정도 두드려 곱게 다듬는 작업이다.
④ 잔다듬 : 외날망치나 양날망치로 정다듬면 또는 도드락다듬면을 일정 방향, 주로 평행하게 나란히 찍어 평탄하게 마무리하는 작업이며, 다듬횟수는 1~5회 정도이다.

30 시멘트의 강열감량(Ignition Loss)에 대한 설명으로 틀린 것은?

① 시멘트 중에 함유된 H_2O와 CO_2의 양이다.
② 클링커와 혼합하는 석고의 결정수량과 거의 같은 양이다.
③ 시멘트에 약 1,000℃의 강한 열을 가했을 때의 시멘트 감량이다.
④ 시멘트가 풍화하면 강열감량이 적어지므로 풍화의 정도를 파악하는 데 사용된다.

해설 강열감량(Ignition Loss) : 시료를 어떤 일정한 온도로 강열한 경우 감소되는 질량을 원래의 질량에 대한 백분율로 나타낸 값으로, 시멘트의 풍화도를 확인하는 척도로 쓰이며, KS규격에서는 3%로 규정하고 있다.

31 형상수(Topiary)를 만들기에 가장 적합한 수종은?

① 주 목
② 단풍나무
③ 개벗나무
④ 전나무

해설 ① 주목은 맹아력이 강하여 전정에 잘 견디므로 산울타리나 형상수로 많이 쓰인다.

32 다음 중 내염성이 가장 큰 수종은?

① 사철나무
② 목 련
③ 낙엽송
④ 일본목련

해설 내염성이 큰 수종 : 해송, 눈향나무, 해당화, 비자나무, 사철나무, 동백나무, 유카, 찔레나무, 회양목 등

33 다음 중 아황산가스에 강한 수종이 아닌 것은?

① 고로쇠나무
② 가시나무
③ 백합나무
④ 칠엽수

해설 대기오염(아황산가스)에 강한 수종 : 은행나무, 편백, 화백, 향나무, 비자나무, 태산목, 아왜나무, 가시나무, 녹나무, 사철나무, 벽오동, 능수버들, 플라타너스, 쥐똥나무, 돈나무, 호랑가시나무, 갈참나무, 무궁화, 칠엽수, 종려나무, 백합나무 등

34 화단에 심겨지는 초화류가 갖추어야 할 조건으로 가장 부적합한 것은?

① 가지 수는 적고 큰 꽃이 피어야 한다.
② 바람, 건조 및 병·해충에 강해야 한다.
③ 꽃의 색채가 선명하고 개화기간이 길어야 한다.
④ 성질이 강건하고 재배와 이식이 비교적 용이해야 한다.

해설 화단용 초화류의 조건
• 모양이 아름답고, 가급적 키가 작아야 한다.
• 가지가 많이 갈라져서 꽃이 많이 달려야 한다.
• 꽃의 색깔이 선명하고, 개화기간이 길어야 한다.
• 바람, 건조, 병해충에 견디는 힘이 강해야 한다.
• 성질이 강하고, 나쁜 환경에서도 잘 자라야 한다.

35 단풍나무과(科)에 해당되지 않는 수종은?
① 고로쇠나무
② 복자기
③ 소사나무
④ 신나무

해설 ③ 소사나무는 자작나무과(科)이다.

36 수종과 그 줄기 색의 연결이 틀린 것은?
① 벽오동은 녹색 계통이다.
② 곰솔은 흑갈색 계통이다.
③ 소나무는 적갈색 계통이다.
④ 흰말채나무는 흰색 계통이다.

해설 ④ 흰말채나무의 줄기 색은 붉은색 계통이다.

37 다음 중 양수에 해당하는 수종은?
① 일본잎갈나무
② 조록싸리
③ 식나무
④ 사철나무

해설 양수 : 소나무, 곰솔, 측백나무, 낙엽송, 향나무, 은행나무, 철쭉류, 삼나무, 느티나무, 포플러류, 가죽나무, 무궁화, 백목련, 모과나무, 두릅나무, 산수유 등

38 무너짐쌓기를 한 후 돌과 돌 사이에 식재하는 식물재료로 가장 적합한 것은?
① 장 미
② 회양목
③ 화살나무
④ 꽝꽝나무

해설 돌틈식재 : 돌틈에 비옥한 토양을 채워 관목류, 화훼류, 야생초 등을 식재하면 토사유출을 방지하고 석정의 느낌을 부드럽게 완화시킬 수 있는데, 주로 사용하는 관목류는 반송, 회양목, 철쭉 등이다.

39 귀룽나무(*Prunus padus* L.)에 대한 특성으로 맞지 않는 것은?
① 원산지는 한국, 일본이다.
② 꽃과 열매는 백색 계열이다.
③ Rosaceae과(科) 식물로 분류된다.
④ 생장속도가 빠르고 내공해성이 강하다.

해설 ② 귀룽나무의 꽃은 백색 계열이고, 열매는 붉은색으로 열려 검은색으로 여문다.

40 능소화(*Campsis grandifolia* K. Schum.)의 설명으로 틀린 것은?
① 낙엽활엽덩굴성이다.
② 잎은 어긋나며, 뒷면에 털이 있다.
③ 나팔모양의 꽃은 주홍색으로 화려하다.
④ 동양적인 정원이나 사찰 등의 관상용으로 좋다.

해설 ② 잎은 마주나며, 가장자리에 털이 있다.

41 해충의 체(體) 표면에 직접 살포하거나 살포된 물체에 해충이 접촉되어 약제가 체내에 침입하여 독(毒) 작용을 일으키는 약제는?

① 유인제
② 접촉살충제
③ 소화중독제
④ 화학불임제

해설 ① 유인제 : 곤충을 유인하는 작용이 있는 물질로 곤충이 분비하는 페로몬 등을 이용한 약제
③ 소화중독제 : 해충의 입을 통해 소화관에 들어가 중독작용을 일으켜 치사시키는 약제
④ 화학불임제 : 해충의 암컷 또는 수컷이 불임이 되게 하여 번식을 막는 목적으로 쓰이는 약제

42 수목을 장거리 운반할 때 주의해야 할 사항이 아닌 것은?

① 병충해 방제
② 수피 손상 방지
③ 분 깨짐 방지
④ 바람 피해 방지

해설 수목의 운반 도중 가지나 잎 또는 뿌리분이 손상되지 않도록 조치를 취해야 한다.

43 도시공원 녹지 중 수림지 관리에서 그 필요성이 가장 떨어지는 것은?

① 시비(施肥)
② 하예(下刈)
③ 제벌(除伐)
④ 병충해 방제

해설 ② 하예 : 임목 주변의 잡초를 제거해 주고, 덩굴 등을 잘라 내어 나무가 잘 자라도록 해 주는 작업

44 다음 설명에 해당하는 파종공법은?

- 종자, 비료, 파이버(Fiber), 침식방지제 등을 물과 교반하여 종자살포기로 살포한다.
- 비탈기울기가 급하고 토양조건이 열악한 급경사지에 기계와 기구를 사용해서 종자를 파종한다.
- 한랭도가 적고 토양조건이 어느 정도 양호한 비탈면에 한하여 적용한다.

① 식생매트공
② 볏짚거적덮기공
③ 종자분사파종공
④ 지하경 뿜어붙이기공

해설 ① 식생매트공 : 면상의 매트에 종자를 붙여 비탈면에 포설·부착하여 일시적인 조기녹화를 도모하는 공법
② 볏짚거적덮기공 : 절·성토면을 정리한 후 종자를 뿌리고 보온과 발아 촉진을 위해 볏집거적으로 덮어 주는 공법
④ 지하경 뿜어붙이기공 : 기계시공법 중 하나로, 펌프를 이용하여 지하경을 뿜어붙이는 공법

45 장미 검은무늬병은 주로 식물체 어느 부위에 발생하는가?

① 꽃
② 잎
③ 뿌리
④ 식물 전체

해설 ② 장미 검은무늬병은 주로 잎에 발생하는데, 처음에는 잎에 갈색 내지 자색의 작은 반점이 생기고, 점차 진전되면 흑색 병반에 중앙은 회색을 띠며, 병반 주위는 황색으로 변한다.

46 25% A유제 100mL를 0.05%의 살포액으로 만드는 데 소요되는 물의 양(L)으로 가장 가까운 것은?(단, 비중은 1.0이다)

① 5
② 25
③ 50
④ 100

해설 살포액의 희석

필요 수량 = 약량 × $\dfrac{원액\ 농도}{희석\ 농도}$

$= 100 \times \dfrac{25}{0.05} = 50{,}000\text{mL} = 50\text{L}$

※ 1L = 1,000mL

47 봄에 향나무의 잎과 줄기에 갈색의 돌기가 형성되고 비가 오면 한천모양이나 젤리모양으로 부풀어 오르는 병은?

① 향나무 가지마름병
② 향나무 그을음병
③ 향나무 붉은별무늬병
④ 향나무 녹병

해설 향나무 녹병 : 2~3월경 잎, 가지 및 줄기에 암갈색 돌기 형태의 겨울포자퇴가 형성되며, 4월에 비가 오면 겨울포자퇴가 부풀어서 오렌지색 젤리 모양의 담자포자를 형성하고, 담자포자는 장미과 수목으로 옮겨간 후 녹병정자에 의한 중복감염이 이루어진다. 6~7월에 장미과 식물에서 만들어진 녹포자가 다시 향나무의 잎과 줄기 속으로 침입해 균사로 월동한다.

48 수목의 이식 전 세근을 발달시키기 위해 실시하는 작업을 무엇이라 하는가?

① 가 식
② 뿌리돌림
③ 뿌리분 포장
④ 뿌리외과수술

해설 뿌리돌림의 목적 : 이식력이 약한 나무를 대상으로 굴취 전에 미리 잔뿌리를 발달시켜 이식력을 높이거나, 노목이나 쇠약목의 세력 회복을 위한 목적으로도 사용한다.

49 잔디의 병해 중 녹병의 방제약으로 옳은 것은?

① 만코제브(수)
② 테부코나졸(유)
③ 에마멕틴벤조에이트(유)
④ 글루포시네이트암모늄(액)

해설 ② 녹병의 방제약으로는 헥사코나졸 액상수화제, 트리플루미졸 수화제, 트리포린 유제, 트리아디메폰 수화제, 트리아디메놀 수화제, 테부코나졸 유제, 크레속심메틸 액상수화제, 이미벤코나졸 입상수화제, 이미벤코나졸 수화제 등이 있다.

50 진딧물의 방제를 위하여 보호하여야 하는 천적으로 볼 수 없는 것은?

① 무당벌레류
② 꽃등에류
③ 솔잎벌류
④ 풀잠자리류

해설 진딧물의 천적 : 무당벌레, 풀잠자리, 콜레마니진디벌, 진디혹파리, 꽃등에 등

46 ③ 47 ④ 48 ② 49 ② 50 ③

51 작업현장에서 작업물의 운반작업 시 주의사항으로 옳지 않은 것은?

① 어깨높이보다 높은 위치에서 하물을 들고 운반하여서는 안 된다.
② 운반시의 시선은 진행방향을 향하고 뒷걸음 운반을 하여서는 안 된다.
③ 무거운 물건을 운반할 때 무게 중심이 높은 하물은 인력으로 운반하지 않는다.
④ 단독으로 긴 물건을 어깨에 메고 운반할 때는 뒤쪽을 위로 올린 상태로 운반한다.

해설 ④ 단독으로 긴 물건을 어깨에 메고 운반할 때는, 앞부분 끝을 근로자 신장보다 약간 높게 하여 모서리나 곡선 등에 충돌하지 않도록 주의하여야 한다.

52 지형도상에서 2점 간의 수평거리가 200m이고, 높이 차가 5m라 하면 경사도는 얼마인가?

① 2.5%   ② 5.0%
③ 10.0%   ④ 50.0%

해설 경사도(%) = (수직높이 ÷ 수평거리) × 100
= (5 ÷ 200) × 100
= 2.5%

경사도의 표현
• 할 : (수직높이 ÷ 수평거리) × 10
• 백분율(%) : (수직높이 ÷ 수평거리) × 100
• 각도(°) : $\tan^{-1}$(수직높이 ÷ 수평거리)
• 비례식 : 수직높이 : 수평거리

53 다음 중 건설공사에서 마지막으로 행하는 작업은?

① 터닦기   ② 식재공사
③ 콘크리트공사 ④ 급배수 및 호안공

해설 건설공사의 시공순서 : 터파기 → 토사기초 → 뒤채움 및 다짐 → 포장 → 시설물공 → 식재공

54 예불기(예취기)작업 시 작업자 상호 간의 최소 안전거리는 몇 m 이상이 적합한가?

① 4m   ② 6m
③ 8m   ④ 10m

해설 예취기 작업 시 안전수칙
• 작업 중 예취기날이 돌 또는 굵은 나무 등에 부딪치지 않도록 주의하고, 부딪힌 경우에는 엔진을 정지시키고 톱날의 이상 유무를 확인한다.
• 예취기를 들고 작업장 이동 시 안전거리를 유지한다.
• 발 끝에 예취기날이 접촉되지 않게 주의하고, 작업자 간 안전거리는 10m 이상 유지한다.
• 예취기날이 넝쿨에 휘감기지 않도록 주의하고, 넝쿨 윗부분을 1차로 작업한 후 아랫부분을 작업한다.
• 작업방향은 예취기날의 회전방향이 좌측이므로 우측에서 좌측으로 실시한다.
• 경사방향으로 작업을 진행하고, 급경사지에서는 작업을 금지한다.

55 옥상녹화 방수소재에 요구되는 성능 중 가장 거리가 먼 것은?

① 식물의 뿌리에 견디는 내근성
② 시비, 방제 등에 대비한 내약품성
③ 박테리아에 의한 부식에 견디는 성능
④ 색상이 미려하고 미관상 보기 좋은 것

해설 옥상녹화 방수소재의 조건
• 식물의 뿌리에 견디는 내근성
• 시비, 방제 등에 대비한 내약품성
• 박테리아에 의한 부식에 견디는 내식성
• 수분에 의해 용해되지 않는 내수성
• 상부자중 및 시공하중에 견디는 내압성
• 이음부, 모서리부 등의 접착성
• 보수가 용이한 공법으로 시공

정답 51 ④ 52 ① 53 ② 54 ④ 55 ④

56 옹벽 자체의 자중으로 토압에 저항하는 옹벽의 종류는?

① L형 옹벽 ② 역T형 옹벽
③ 중력식 옹벽 ④ 반중력식 옹벽

해설 ①·② 캔틸레버 옹벽 : 형태를 본 따 이름을 지은 L형 옹벽과 역T형 옹벽이 있으며, 벽체와 밑판으로 구성된 가장 일반적인 형태의 철근콘크리트 옹벽이다. 캔틸레버를 이용해 옹벽의 재료를 절약하는 방식으로, 자중이 적어 배면의 뒷채움을 충분히 보강해 주어야 한다. 3~8m 높이의 다양한 경사면에 설치한다.
④ 반중력식 옹벽 : 중력식 옹벽과 캔틸레버 옹벽의 중간 형태로, 중력식 옹벽에 사용되는 콘크리트량을 절약하기 위해 소량의 철근을 넣어 만들며, 6m 정도 높이의 경사면에 설치한다.

57 철근의 피복두께를 유지하는 목적으로 틀린 것은?

① 철근량 절감
② 내구성능 유지
③ 내화성능 유지
④ 소요의 구조내력 확보

해설 철근의 피복두께를 유지하는 목적은 내구성·내화성, 부착력 및 골재의 유동성을 확보하고, 철근의 부식을 방지하기 위함이다.

58 내구성과 내마멸성이 좋으나, 일단 파손된 곳은 보수가 어려우므로 시공 때 각별한 주의가 필요하다. 다음 그림과 같은 원로 포장 방법은?

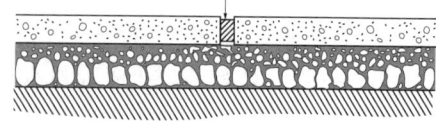

① 마사토 포장 ② 콘크리트 포장
③ 판석 포장 ④ 벽돌 포장

해설 콘크리트 포장 : 콘크리트로 노면을 덮는 도로 포장을 말하며 표층에 해당하는 콘크리트 슬래브와 중간층, 보조기층으로 구성되어 있다. 수명은 30~40년으로 아스팔트 포장(10~20년)에 비해 내구성이 좋고 시공이 간편하며 유지관리가 쉬우나, 공사비가 비싸다.

59 경사진 지형에서 흙이 무너지는 것을 방지하기 위하여 토양의 안식각을 유지하며 크고 작은 돌을 자연스러운 상태가 되도록 쌓아 올리는 방법은?

① 평석쌓기 ② 견치석쌓기
③ 디딤돌쌓기 ④ 자연석 무너짐쌓기

해설 ① 평석쌓기 : 넓고 평평한 돌을 켜켜이 쌓는 것
② 견치석쌓기 : 보통 모서리를 45° 돌려 쌓은 마름모 쌓기
③ 디딤돌쌓기 : 보행자의 편의를 위해 원로의 동선에 디딤돌을 놓는 것

60 인간이나 기계가 공사 목적물을 만들기 위하여 단위물량당 소요로 하는 노력과 물질을 수량으로 표현한 것을 무엇이라 하는가?

① 할 증 ② 품 셈
③ 견 적 ④ 내 역

해설 ① 할증 : 일정한 값에 대한 일정 비율을 가산하는 것
③ 견적 : 장래에 있을 거래가격을 사전에 계산하여 산출하는 것
④ 내역 : 물품이나 금액 따위의 분명하고 자세한 내용

56 ③ 57 ① 58 ② 59 ④ 60 ②

2016년 제4회 과년도 기출문제

01 조선시대 궁궐이나 상류주택 정원에서 가장 독특하게 발달한 공간은?
① 전 정
② 후 정
③ 주 정
④ 중 정

해설 ② 후정은 남성 중심의 유교사상으로 인해 전정을 사용하지 못했던 부녀자들을 위해 안채 뒤쪽에 만들어진 정원으로, 당시 부유층의 주택에만 조성된 독특한 공간이다.

02 영국 튜터왕조에서 유행했던 화단으로 낮게 깎은 회양목 등으로 화단을 여러 가지 기하학적 문양으로 구획 짓는 것은?
① 기식화단
② 매듭화단
③ 카펫화단
④ 경재화단

해설
① 기식화단 : 작은 면적의 잔디밭 가운데나 원로 주위에 만들어지는 화단으로, 가운데는 키가 큰 화초를 심고 가장자리로 갈수록 키가 작은 화초를 심어 입체적으로 바라볼 수 있는 화단을 말한다.
③ 카펫화단 : 모던화단이나 양탄자화단이라고도 하며, 키가 작은 초화류를 이용하여 양탄자에 새겨진 무늬처럼 기하학적으로 도안해서 만든 화단을 말한다.
④ 경재화단 : 건물, 담장, 울타리를 배경으로 그 앞쪽에다 장방형으로 길게 만들어진 화단을 말한다.

03 중정(Patio)식 정원의 가장 대표적인 특징은?
① 토피어리
② 색채타일
③ 동물 조각품
④ 수렵장

해설 중정식 정원의 특징 : 연못이나 분수를 중심으로 사방에 좁고 작은 수로나 내를 연결하였고, 주변에는 원시적 색채를 가진 타일이나 벽돌, 블록 등을 강한 대비를 두어 정교하게 포장하였으며, 화목류를 식재하거나 화분에 담아 장식하였다.

04 16세기 무굴제국의 인도정원과 가장 관련이 깊은 것은?
① 타지마할
② 퐁텐블로
③ 클로이스터
④ 알람브라궁원

해설 타지마할(Taj Mahal)
• 무굴인도의 샤자한 왕이 왕비 뭄타즈마할을 기념하기 위해 세운 묘소로, 아그라의 자무나강 서편에 위치한다.
• 중앙에는 수로에 의해 4등분된 정원이 있어 물의 반사성을 이용하였고, 그 뒤로 흰 대리석으로 꾸며진 대분천지가 있다.
• 높은 울담으로 둘러싸여 있고, 능묘 앞에는 긴 반사연못을 설치하여 건축물을 더욱 돋보이게 하였다.

정답 1 ② 2 ② 3 ② 4 ①

05
이탈리아의 노단건축식 정원, 프랑스의 평면기하학식 정원 등은 자연환경 요인 중 어떤 요인의 영향을 가장 크게 받아 발생한 것인가?
① 기 후 ② 지 형
③ 식 물 ④ 토 지

해설 ② 이탈리아는 구릉과 경사지가 많은 지형적 제약을 극복하기 위해 계단형의 노단건축식 정원양식이 발생하였고, 카레기의 메디치장(Villa Medici di Careggi), 에스테장(Villa d'Este), 랑테장(Villa Lante) 등이 그 대표적인 예이다.

06
중국 청나라시대 대표적인 정원이 아닌 것은?
① 원명원 이궁   ② 이화원 이궁
③ 졸정원   ④ 승덕피서산장

해설 ③ 중국 4대 정원 중 하나인 졸정원은 소주 동북쪽에 위치해 있고, 명나라의 정덕(鄭德) 4년(1509년)에 지어졌다.

07
정원요소로 징검돌, 물통, 세수통, 석등 등의 배치를 중시하던 일본의 정원양식은?
① 다정원
② 침전조정원
③ 축산고산수정원
④ 평정고산수정원

해설 다정원
- 다실과 다실에 이르는 길을 중심으로 좁은 공간에 꾸며지는 일종의 자연식 정원으로 대자연의 운치를 연상시킨다.
- 뜀돌이나 포석수법을 구사하여 풍우에 씻긴 산길을 나타내고, 수통이나 돌로 만든 물그릇으로 샘을 상징하였다.
- 오래된 석탑이나 석등을 놓아 수림 속에 쇠퇴해버린 고찰의 분위기를 재현시켰다.
- 마른 소나무잎을 깔아 지피를 나타내는 등 제한된 공간 속에 깊은 산골의 정서를 표현하였다.
- 소나무나 삼나무 등을 심고, 담쟁이넝쿨을 올려 가을 단풍이나 낙엽으로 산거(山居)의 분위기를 나타냈다.

08
다음 중 창경궁(昌慶宮)과 관련이 있는 건물은?
① 만춘전   ② 낙선재
③ 함화당   ④ 사정전

해설 ② 과거 창경궁과 창덕궁은 경계 없이 하나의 궁궐로 사용하였고, 두 궁을 합쳐 동궐이라 불렀는데, 낙선재 후원은 창덕궁에 속한 건물로 단청을 하지 않았으며, 5단의 계단식 화계가 있어 키 작은 식물을 식재하였다.

09
메소포타미아의 대표적인 정원은?
① 베다사원
② 베르사유궁원
③ 바빌론의 공중정원
④ 타지마할사원

해설 공중정원(Tel-Amran-Ibn-Ali, 추장 알리의 언덕)
- 기원전 600년 무렵 신바빌로니아의 네부카드네자르 2세가 왕비 아미티스를 위해 조성한 정원으로 세계 7대 불가사의의 하나이다.
- 성벽의 높은 노단 위에 수목과 덩굴식물을 식재하여 만든 최초의 옥상정원이다.
- 지구라트형의 피라미드가 계단층을 이루고 각 노단의 외부를 화랑으로 둘렀다.
- 화랑 주변에 크고 작은 방과 욕실을 배치했다.
- 각 노단마다 꽃과 나무를 식재하고, 강물을 끌어다 저수지에 저장·관수하였다.

10 경관요소 중 높은 지각강도(A)와 낮은 지각강도(B)의 연결이 옳지 않은 것은?

① A : 수평선, B : 사선
② A : 따뜻한 색채, B : 차가운 색채
③ A : 동적인 상태, B : 고정된 상태
④ A : 거친 질감, B : 섬세하고 부드러운 질감

해설 ① 사선은 높은 지각강도에 속한다.
※ 높은 지각강도 : 대각선, 큰 형태, 명확한 형태, 흰색, 날카로운 모양, 극단적인 대비, 인접되어 있는 상태

11 국토교통부장관이 규정에 의하여 공원녹지기본계획을 수립 시 종합적으로 고려해야 하는 사항으로 가장 거리가 먼 것은?

① 장래 이용자의 특성 등 여건의 변화에 탄력적으로 대응할 수 있도록 할 것
② 공원녹지의 보전·확충·관리·이용을 위한 장기 발전방향을 제시하여 도시민들의 쾌적한 삶의 기반이 형성되도록 할 것
③ 광역도시계획, 도시·군기본계획 등 상위계획의 내용과 부합되어야 하고, 도시·군기본계획의 부문별 계획과 조화되도록 할 것
④ 체계적·독립적으로 자연환경의 유지·관리와 여가활동의 장은 분리 형성하여 인간으로부터 자연의 피해를 최소화 할 수 있도록 최소한의 제한적 연결망을 구축할 수 있도록 할 것

해설 ④ 체계적·지속적으로 자연환경을 유지·관리하여 여가활동의 장이 형성되고, 인간과 자연이 공생할 수 있는 연결망을 구축할 수 있도록 할 것

12 다음 중 좁은 의미의 조경 또는 조원으로 가장 적합한 설명은?

① 복잡 다양한 근대에 이르러 적용되었다.
② 기술자를 조경가라 부르기 시작하였다.
③ 정원을 포함한 광범위한 옥외공간 전반이 주대상이다.
④ 식재를 중심으로 한 전통적인 조경기술로 정원을 만드는 일만을 말한다.

해설 조경의 의미
• 좁은 의미의 조경 : 집 주변의 정원을 만드는 일에 중점을 두는 것으로, 식재 중심의 전통적인 조경기술
• 넓은 의미의 조경 : 집 주변의 정원뿐만 아니라, 모든 옥외공간을 포함하는 환경을 조성하고 보존하는 종합과학예술

13 수목 또는 경사면 등의 주위 경관요소들에 의하여 자연스럽게 둘러싸여 있는 경관을 무엇이라 하는가?

① 파노라마 경관
② 지형경관
③ 위요경관
④ 관개경관

해설 ① 전경관(Panoramic Landscape) : 시야를 가리지 않고 멀리 퍼져 보이는 경관이다.
예) 넓은 초원, 수평선 등
② 지형경관(Feature Landscape) : 지형의 특징이 명확히 드러나 관찰자가 강한 인상을 받게 되는 경관이다.
예) 거대한 계곡, 높은 산봉우리 등
④ 관개경관(Canopied Landscape) : 수림의 가지와 잎들이 천장을 이루고 나무줄기가 기둥처럼 늘어서 있는 경관이다.
예) 숲속의 오솔길이나 밀림 속의 도로, 노폭이 좁은 곳의 가로수 등

14 조경양식에 대한 설명으로 틀린 것은?
① 조경양식에는 정형식, 자연식, 절충식 등이 있다.
② 정형식 조경은 영국에서 처음 시작된 양식으로 비스타 축을 이용한 중앙광로가 있다.
③ 자연식 조경은 동아시아에서 발달한 양식이며 자연상태 그대로를 정원으로 조성한다.
④ 절충식 조경은 한 장소에 정형식과 자연식을 동시에 지니고 있는 조경양식이다.

해설 ② 정형식 정원은 서아시아와 유럽지역에서 발달한 양식으로, 건물에서 뻗어 나가는 강한 축을 중심으로 좌우대칭형으로 구성되며, 수목의 전정은 기하학적 형태이다.

15 도시기본구상도의 표시기준 중 노란색은 어느 용지를 나타내는 것인가?
① 주거용지   ② 관리용지
③ 보존용지   ④ 상업용지

해설 도시계획지역의 구분과 표현색
• 주거지역 – 노란색
• 녹지지역 – 초록색
• 상업지역 – 빨간색
• 공업지역 – 보라색
• 미지정 – 무색

16 다음 그림과 같은 정투상도(제3각법)의 입체로 맞는 것은?

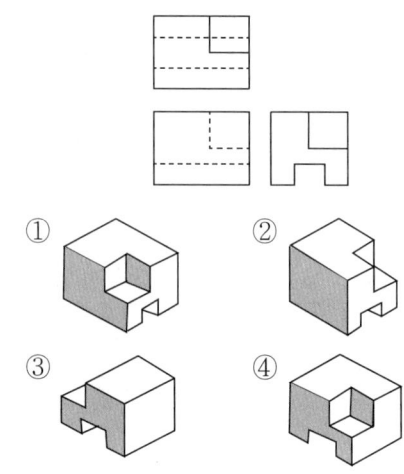

17 가법혼색에 관한 설명으로 틀린 것은?
① 2차색은 1차색에 비하여 명도가 높아진다.
② 빨강 광원에 녹색 광원을 흰 스크린에 비추면 노란색이 된다.
③ 가법혼색의 삼원색을 동시에 비추면 검정이 된다.
④ 파랑에 녹색 광원을 비추면 시안(Cyan)이 된다.

해설 ③ 가법혼색의 삼원색을 동시에 비추면 하양이 된다.

18 다음 중 직선의 느낌으로 가장 부적합한 것은?

① 여성적이다.
② 굳건하다.
③ 딱딱하다.
④ 긴장감이 있다.

해설 ① 직선은 강직, 명확, 단순, 남성적이고 단호해 보이며, 곡선은 유연, 활동, 부드러움, 여성적이고 모호해 보인다.

19 건설재료 단면의 경계표시 기호 중 지반면(흙)을 나타낸 것은?

해설
① 모래
② 일반면
③ 호박돌

20 [보기]의 괄호 안에 적합한 쥐똥나무 등을 이용한 생울타리용 관목의 식재간격은?

┤보기├
조경설계기준 상의 생울타리용 관목의 식재간격은 (~)m, 2~3줄을 표준으로 하되, 수목 종류와 식재장소에 따라 식재간격이나 줄 숫자를 적정하게 조정해서 시행해야 한다.

① 0.14~0.20
② 0.25~0.75
③ 0.8~1.2
④ 1.2~1.5

해설 수목유형에 의한 식재밀도(조경설계기준)
생울타리용 관목의 식재간격은 0.25~0.75m, 2~3줄을 표준으로 하되, 수목의 종류와 식재장소에 따라 식재간격이나 줄숫자를 적정하게 조정해서 시행해야 한다.

21 일반적인 합성수지(Plastics)의 장점으로 틀린 것은?

① 열전도율이 높다.
② 성형가공이 쉽다.
③ 마모가 적고 탄력성이 크다.
④ 우수한 가공성으로 성형이 쉽다.

해설 ① 열전도율이 낮다.

정답 18 ① 19 ④ 20 ② 21 ①

22 [보기]에 해당하는 도장공사의 재료는?

> ─보기─
> - 초화면(硝化綿)과 같은 용제에 용해시킨 섬유계 유도체를 주성분으로 하고 여기에 합성수지, 가소제와 안료를 첨가한 도료이다.
> - 건조가 빠르고 도막이 견고하며 광택이 좋고 연마가 용이하며, 불점착성·내마멸성·내수성·내유성·내후성 등이 강한 고급 도료이다.
> - 결점으로는 도막이 얇고 부착력이 약하다.

① 유성페인트 ② 수성페인트
③ 래 커 ④ 니 스

해설 래 커
- 자연 건조방법에 의해 상온(常溫)에서 경화된다.
- 도막의 건조시간이 빨라 백화를 일으키기 쉽다.
- 도막은 단단하고 불점착성이다.
- 내마모·내수성·내유성 등이 우수하다.
- 셀룰로스도료라고도 한다.

23 변성암의 종류에 해당하는 것은?

① 사문암 ② 섬록암
③ 안산암 ④ 화강암

해설 암석의 분류
- 화성암 : 화강암, 안산암, 현무암, 섬록암 등
- 수성암 : 응회암, 사암, 혈암, 점판암, 석회암 등
- 변성암 : 편마암, 대리암, 편암, 사문암 등

24 일반적으로 목재의 비중과 가장 관련이 있으며, 목재성분 중 수분을 공기 중에서 제거한 상태의 비중을 말하는 것은?

① 생목비중 ② 기건비중
③ 함수비중 ④ 절대건조비중

해설 ② 함수율에 따라 차이가 나는 비중에는 생목비중, 기건비중, 절대건조비중이 있으나 단순히 비중이라 하면 기건비중을 말한다.

25 조경에서 사용되는 건설재료 중 콘크리트의 특징으로 옳은 것은?

① 압축강도가 크다.
② 인장강도와 휨강도가 크다.
③ 자체 무게가 적어 모양변경이 쉽다.
④ 시공과정에서 품질의 양부를 조사하기 쉽다.

해설 ② 압축강도에 비해 인장강도와 휨강도가 작다.

26 시멘트 제조 시 응결시간을 조절하기 위해 첨가하는 것은?

① 광 재 ② 점 토
③ 석 고 ④ 철 분

해설 ③ 시멘트 제조 시 응결시간을 조절하기 위해 적정량의 석고를 첨가한다.

27 타일붙임재료의 설명으로 틀린 것은?

① 접착력과 내구성이 강하고 경제적이며, 작업성이 있어야 한다.
② 종류는 무기질 시멘트 모르타르와 유기질 고무계 또는 에폭시계 등이 있다.
③ 경량으로 투수율과 흡수율이 크고, 형상·색조의 자유로움 등이 우수하나 내화성이 약하다.
④ 접착력이 일정기준 이상 확보되어야만 타일의 탈락현상과 동해에 의한 내구성의 저하를 방지할 수 있다.

해설 ③ 타일은 패턴, 채색을 가미한 장식적 기능 이외에 내구성이 크고, 비흡수성·경량성·내화성이 뛰어나며, 대량생산이 용이하고, 시공이 간편하여 내·외장재로 널리 사용된다.

28 미장공사 시 미장재료로 활용될 수 없는 것은?

① 견치석   ② 석 회
③ 점 토   ④ 시멘트

해설 ① 견치돌은 주로 흙막이용 돌쌓기에 사용된다.

29 알루미늄의 일반적인 성질로 틀린 것은?

① 열의 전도율이 높다.
② 비중은 약 2.7 정도이다.
③ 전성과 연성이 풍부하다.
④ 산과 알칼리에 특히 강하다.

해설 ④ 산과 알칼리에 약하다.

30 콘크리트 혼화재의 역할 및 연결이 옳지 않은 것은?

① 단위수량, 단위시멘트량의 감소 : AE감수제
② 작업성능이나 동결융해 저항성능의 향상 : AE제
③ 강력한 감수효과와 강도의 대폭 증가 : 고성능 감수제
④ 염화물에 의한 강재의 부식을 억제 : 기포제

해설 ④ 염화물에 의한 강재의 부식을 억제 : 방청제
※ 기포를 발생시켜 충전성 향상 및 경량화 : 기포제, 발포제

31 공원식재 시공 시 식재할 지피식물의 조건으로 가장 거리가 먼 것은?

① 관리가 용이하고, 병충해에 잘 견뎌야 한다.
② 번식력이 왕성하고, 생장이 비교적 빨라야 한다.
③ 성질이 강하고, 환경조건에 대한 적응성이 넓어야 한다.
④ 토양까지의 강수전단을 위해 지표면을 듬성듬성 피복하여야 한다.

해설 ④ 지표면을 치밀하게 피복하여야 한다.

정답 27 ③ 28 ① 29 ④ 30 ④ 31 ④

32 줄기가 아래로 늘어지는 생김새의 수간을 가진 나무의 모양을 무엇이라 하는가?

① 쌍 간   ② 다 간
③ 직 간   ④ 현 애

해설 ④ 현애 : 고산지대의 높은 벼랑에 늘어져 생장하고 있는 형태를 묘사한 것으로, 묘목 때부터 밑 부분의 가지에 곡을 주어 아래로 늘어지게 만든 수형이다.
① 쌍간 : 같은 뿌리 밑부터 두 갈래로 균형감 있고 안정적으로 갈라져 자라는 수형으로, 두 가지 중 한 가지는 크고 굵어야 하며, 같은 방향으로 윗가지도 같이 자라게 한다.
② 다간 : 한 뿌리에서 3개 이상의 줄기가 나와 자라난 형태의 수형으로, 줄기 수는 반드시 홀수여야 하며, 줄기가 10개를 넘으면 줄기 수에 상관없고, 굵은 줄기를 주간으로 전체 수형이 삼각형을 이루듯 심는다.
③ 직간 : 하나의 곧은 줄기가 위로 솟은 나무로, 하부에서 상부로 올라가면서 자연스럽게 가늘어지고, 가지도 순서 있게 좌우전후로 엇갈려 뻗은 모양의 수형이다.

33 다음 중 광선(光線)과의 관계상 음수(陰樹)로 분류하기 가장 적합한 것은?

① 박달나무   ② 눈주목
③ 감나무   ④ 배롱나무

해설 눈주목 : 생태적 특성은 음수이며, 일본 원산으로 주목보다 생장속도가 느리고, 너비가 높이의 2배 정도로 퍼져 자란다.

34 가죽나무가 해당되는 과(科)는?

① 운향과   ② 멀구슬나무과
③ 소태나무과   ④ 콩 과

35 고로쇠나무와 복자기에 대한 설명으로 옳지 않은 것은?

① 복자기의 잎은 복엽이다.
② 두 수종의 열매는 모두 시과이다.
③ 두 수종은 모두 단풍색이 붉은색이다.
④ 두 수종은 모두 과명이 단풍나무과이다.

해설 ③ 고로쇠나무의 단풍은 황색이고, 복자기의 단풍은 붉은색이다.

36 수피에 아름다운 얼룩무늬가 관상요소인 수종이 아닌 것은?

① 노각나무   ② 모과나무
③ 배롱나무   ④ 자귀나무

해설 ④ 자귀나무의 수피는 회갈색으로, 살이 쪄서 피부가 터진 것과 같은 무늬이다.

37 열매를 관상목적으로 하는 조경수목 중 열매색이 적색(홍색) 계열이 아닌 것은?(단, 열매색의 분류 : 황색, 적색, 흑색)

① 주 목   ② 화살나무
③ 산딸나무   ④ 굴거리나무

해설 ④ 굴거리나무의 열매는 흑색이다.

38 흰말채나무의 특징 설명으로 틀린 것은?

① 노란색의 열매가 특징적이다.
② 층층나무과로 낙엽활엽관목이다.
③ 수피가 여름에는 녹색이나 가을, 겨울철의 붉은 줄기가 아름답다.
④ 잎은 대생하며 타원형 또는 난상타원형이고, 표면에 작은 털이 있으며 뒷면은 흰색의 특징을 갖는다.

해설 ① 흰말채나무의 열매는 흰색이다.

39 수목식재에 가장 적합한 토양의 구성비는?
(단, 구성은 토양 : 수분 : 공기의 순서임)

① 50% : 25% : 25%
② 50% : 10% : 40%
③ 40% : 40% : 20%
④ 30% : 40% : 30%

해설 ① 사질양토는 토심이 깊고 배수와 보수력이 좋아 재배에 적합한 토양으로, 구성비는 토양 50%, 수분 25%, 공기 25%이다.

40 차량의 통행이 잦은 지역의 가로수로 가장 부적합한 수목은?

① 은행나무   ② 층층나무
③ 양버즘나무 ④ 단풍나무

해설 ④ 단풍나무는 주로 경관장식용 수목으로 쓰인다.

41 지주목 설치에 대한 설명으로 틀린 것은?

① 수피와 지주가 닿는 부분은 보호조치를 취한다.
② 지주목을 설치할 때는 풍향과 지형 등을 고려한다.
③ 대형목이나 경관상 중요한 곳에는 당김줄형을 설치한다.
④ 지주는 뿌리 속에 박아 넣어 견고히 고정되도록 한다.

해설 ④ 지주는 아래를 뾰족하게 깎아서 땅속으로 30~50cm 정도의 깊이로 박는다.

42 조경공사의 유형 중 환경생태 복원 녹화공사에 속하지 않는 것은?

① 분수공사
② 비탈면 녹화공사
③ 옥상 및 벽체 녹화공사
④ 자연하천 및 저수지공사

해설 ① 분수공사는 수경시설공사에 속한다.

43 수목의 가식장소로 적합한 곳은?

① 배수가 잘 되는 곳
② 차량출입이 어려운 한적한 곳
③ 햇빛이 잘 안 들고 점질 토양인 곳
④ 거센 바람이 불거나 흙 입자가 날려 잎을 덮어 보온이 가능한 곳

해설 ③ 가식장소는 햇빛이 잘 들고, 사질양토로서 배수가 양호한 곳이어야 하며, 가급적 배수시설을 설치한다.

44 수목의 잎 조직 중 가스 교환을 주로 하는 곳은?

① 책상조직
② 엽록체
③ 표 피
④ 기 공

해설 기공 : 대기와 직접 가스를 교환하는 조직으로, 광합성을 위한 이산화탄소 흡수와 산소 방출 그리고 증산작용을 수행한다.

45 곤충이 빛에 반응하여 일정한 방향으로 이동하려는 행동습성은?

① 주광성(Phototaxis)
② 주촉성(Thigmotaxis)
③ 주화성(Chemotaxis)
④ 주지성(Geotaxis)

해설 ② 주촉성 : 곤충이 고형물에 접촉하려고 하는 성질
③ 주화성 : 곤충의 매질 속에 존재하는 화학물질의 농도 차가 자극이 되어 특정 행동을 하는 성질
④ 주지성 : 생물이 중력에 의해 특정 행동을 하는 성질

46 대추나무 빗자루병에 대한 설명으로 틀린 것은?

① 마름무늬매미충에 의하여 매개전염된다.
② 각종 상처, 기공 등의 자연개구를 통하여 침입한다.
③ 잔가지와 황록색의 아주 작은 잎이 밀생하고, 꽃봉오리가 잎으로 변화된다.
④ 전염된 나무는 옥시테트라사이클린 항생제를 수간주입한다.

해설 ② 대추나무 빗자루병은 파이토플라스마(마이코플라스마)에 의해 발병한다.

47 멀칭재료는 유기질, 광물질 및 합성재료로 분류할 수 있다. 유기질 멀칭재료에 해당하지 않는 것은?

① 볏 짚
② 마 사
③ 우드칩
④ 톱 밥

해설 멀칭재료의 종류
• 유기질재료 : 쌀겨, 옥수수속, 땅콩껍질, 볏짚, 잔디 깎기한 풀, 솔잎, 솔방울, 톱밥, 나무껍질(수피), 우드칩, 펄프, 이탄이끼 등
• 광물질재료 : 왕모래, 마사, 돌조각, 자갈, 조약돌 등
• 합성재료 : 토목섬유, 폴리프로필렌 부직포, 폴리에틸렌 필름(비닐) 등

43 ① 44 ④ 45 ① 46 ② 47 ②

48 1차 전염원이 아닌 것은?

① 균 핵 ② 분생포자
③ 난포자 ④ 균사속

해설 ② 자낭균은 자낭포자(1차 전염원)로 이루어지는 유성생식(완전세대)과 분생포자(2차 전염원)로 이루어지는 무성생식(불완전세대)으로 세대를 이어간다.

49 살충제에 해당되는 것은?

① 베노밀 수화제
② 페니트로티온 유제
③ 글리포세이트암모늄 액제
④ 아시벤졸라-에스-메틸·만코제브 수화제

해설 ①·④ 살균제, ③ 제초제

50 여름용(남방계) 잔디라고 불리며, 따뜻하고 건조하거나 습윤한 지대에서 주로 재배되는데 하루 평균기온이 10℃ 이상이 되는 4월 초순부터 생육이 시작되어 6~8월의 25~35℃ 사이에서 가장 생육이 왕성한 것은?

① 켄터키블루그래스
② 버뮤다그래스
③ 라이그래스
④ 벤트그래스

해설 잔디의 종류
- 난지형 잔디 : 한국잔디(들잔디, 금잔디, 갯잔디, 빌로드잔디), 버뮤다그래스 등
- 한지형 잔디 : 벤트그래스, 켄터키 블루그래스, 이탈리안 라이그래스 등

51 다음 설명에 적합한 조경공사용 기계는?

- 운동장이나 광장과 같이 넓은 대지나 노면을 판판하게 고르거나 필요한 흙쌓기 높이를 조절하는 데 사용
- 길이 2~3m, 너비 30~50cm의 배토판으로 지면을 긁어 가면서 작업
- 배토판은 상하좌우로 조절할 수 있으며, 각도를 자유롭게 조절할 수 있기 때문에 지면을 고르는 작업 이외에 언덕깎기, 눈치기, 도랑파기 작업 등도 가능

① 모터그레이더
② 차륜식 로더
③ 트럭크레인
④ 진동컴팩터

정답 48 ② 49 ② 50 ② 51 ①

52 콘크리트용 혼화재료에 관한 설명으로 옳지 않은 것은?

① 포졸란은 시공연도를 좋게 하고 블리딩과 재료분리현상을 저감시킨다.
② 플라이애시와 실리카흄은 고강도 콘크리트 제조용으로 많이 사용한다.
③ 알루미늄 분말과 아연 분말은 방동제로 많이 사용되는 혼화제이다.
④ 염화칼슘과 규산소다 등은 응결과 경화를 촉진하는 혼화제로 사용된다.

해설 ③ 알루미늄 분말과 아연 분말은 발포제로 많이 사용되는 혼화제이다.

54 다음 중 경관석놓기에 관한 설명으로 가장 부적합한 것은?

① 돌과 돌 사이는 움직이지 않도록 시멘트로 굳힌다.
② 돌 주위에는 회양목, 철쭉 등을 돌에 가까이 붙여 식재한다.
③ 시선이 집중하기 쉬운 곳, 시선을 유도해야 할 곳에 앉혀 놓는다.
④ 3, 5, 7 등의 홀수로 만들며, 돌 사이의 거리나 크기 등을 조정배치한다.

해설 경관석을 놓을 때는 시멘트를 사용하지 않고, 경관석 높이의 1/3 이상이 묻히도록 하며, 돌틈 사이로 관목류, 초화류 등을 심을 때는 배수조건도 고려한다.

53 콘크리트의 시공순서가 바르게 연결된 것은?

① 운반 → 제조 → 부어넣기 → 다짐 → 표면마무리 → 양생
② 운반 → 제조 → 부어넣기 → 양생 → 표면마무리 → 다짐
③ 제조 → 운반 → 부어넣기 → 다짐 → 양생 → 표면마무리
④ 제조 → 운반 → 부어넣기 → 다짐 → 표면마무리 → 양생

55 축척 1/1,000 도면의 단위면적이 10m²인 것을 이용하여, 축척 1/500 도면의 단위면적으로 환산하면 얼마인가?

① 20m²   ② 40m²
③ 80m²   ④ 120m²

해설 (축척비)²은 면적비이므로 $\left(\dfrac{1,000}{500}\right)^2 = 4$배

∴ 40m²

※ 축척이 감소하면 길이는 두 배로, 면적은 네 배로 증가하며, 축척이 증가하면 그 반대이다.

56 토공사(정지)작업 시 일정한 장소에 흙을 쌓아 일정한 높이를 만드는 일을 무엇이라 하는가?

① 객 토
② 절 토
③ 성 토
④ 경 토

해설
① 객토 : 성질이 다른 토양을 표토에 가하여 토지의 생산성을 높이는 방법
② 절토 : 토목공사에서 시설물을 세우기 위해 지형을 깎아내리거나 흙을 파내는 작업
③ 경토 : 경작하기에 적당한 땅

57 옥상녹화용 방수층 및 방근층 시공 시 "바탕체의 거동에 의한 방수층의 파손" 요인에 대한 해결방법으로 부적합한 것은?

① 거동 흡수 절연층의 구성
② 방수층 위에 플라스틱계 배수판 설치
③ 합성고분자계, 금속계 또는 복합계 재료 사용
④ 콘크리트 등 바탕체가 온도 및 진동에 의한 거동 시 방수층 파손이 없을 것

해설
② 방수층 위에 플라스틱계 배수판을 설치하는 것은 체류수의 원활한 흐름을 유도하기 위함이다.

58 지표면이 높은 곳의 꼭대기 점을 연결한 선으로, 빗물이 이것을 경계로 좌우로 흐르게 되는 선을 무엇이라 하는가?

① 능 선
② 계곡선
③ 경사변환점
④ 방향변환점

해설
② 계곡선 : 고도 0m에서부터 다섯 번째 선마다 굵게 표시한 등고선
③ 경사변환점 : 하곡 종단면이나 산지 사면의 경사가 급히 변하는 지점

59 수변의 디딤돌(징검돌)놓기에 대한 설명으로 틀린 것은?

① 보행에 적합하도록 지면과 수평으로 배치한다.
② 징검돌의 상단은 수면보다 15cm 정도 높게 배치한다.
③ 디딤돌 및 징검돌의 장축은 진행방향에 직각이 되도록 배치한다.
④ 물 순환 및 생태적 환경을 조성하기 위하여 투수지역에서는 가벼운 디딤돌을 주로 활용한다.

해설
④ 물 순환 및 생태적 환경을 조성하기 위하여 투수지역에서는 무거운 디딤돌을 주로 활용한다.

60 수경시설(연못)의 유지관리에 관한 내용으로 옳지 않은 것은?

① 겨울철에는 물을 2/3 정도만 채워둔다.
② 녹이 잘 스는 부분은 녹막이 칠을 수시로 해준다.
③ 수중식물 및 어류의 상태를 수시로 점검한다.
④ 물이 새는 곳이 있는지의 여부를 수시로 점검하여 조치한다.

해설
① 급수구와 배수구의 막힘 여부는 수시로 점검하고, 겨울 전에 물을 빼 연못에 가라앉았던 이물질을 제거하고 청소한다.

정답 56 ③ 57 ② 58 ① 59 ④ 60 ①

2017년 제1회 과년도 기출복원문제

※ 2017년부터는 CBT(컴퓨터 기반 시험)로 진행되어 수험자의 기억에 의해 문제를 복원하였습니다. 실제 시행문제와 일부 상이할 수 있음을 알려드립니다.

01 먼셀의 색상환에서 BG는 무슨 색인가?
① 연두색 ② 남색
③ 청록색 ④ 보라색

해설 먼셀의 색상환
- 기본색 : 빨강(R), 노랑(Y), 초록(G), 파랑(B), 보라(P)
- 중간색 : 주황(YR), 연두(GY), 청록(BG), 보라(PB), 붉은보라(RP)

02 수목의 표시를 할 때 주로 사용되는 제도용구는?
① 삼각자 ② 템플릿
③ 삼각축척 ④ 곡선자

해설 템플릿 : 셀룰로이드나 아크릴 등 얇은 판에 크기가 다른 원, 사각, 타원 또는 각종 기호 등을 뚫어 놓은 것으로, 수목을 표현할 때는 원형 템플릿 사용빈도가 가장 높다.

03 다음 중 조화(Harmony)의 설명으로 가장 적합한 것은?
① 각 요소들이 강약 장단의 주기성이나 규칙성을 가지면서 전체적으로 연속적인 운동감을 가지는 것
② 모양이나 색깔 등이 비슷비슷하면서도 실은 똑같지 않은 것끼리 모여 균형을 유지하는 것
③ 서로 다른 것끼리 모여 서로를 강조시켜 주는 것
④ 축선을 중심으로 하여 양쪽의 비중을 똑같이 만드는 것

해설 조화 : 두 가지 이상의 요소 또는 부분이 서로 분리되거나 배척하지 않고, 각 요소가 통일된 전체로서 종합적으로 고차의 감각적 효과를 발휘할 때 일어나는 현상이다.

04 다음 중 정형식 배식유형은?
① 부등변삼각형 식재
② 임의식재
③ 군 식
④ 교호식재

해설 배식설계방법
- 정형식(整形式) : 단식, 대식, 열식, 교호식재, 집단식재
- 자연식(自然式) : 부등변삼각형 식재, 임의식재, 모아심기, 배경식재
- 절충식

정답 1 ③ 2 ② 3 ② 4 ④

05 안정감, 포근함 등과 같은 정적인 느낌을 받을 수 있는 경관은?

① 파노라마경관　② 위요경관
③ 초점경관　　　④ 지형경관

해설 ① 전경관(Panoramic Landscape) : 시야를 가리지 않고 멀리 퍼져 보이는 경관이다.
예) 넓은 초원, 수평선 등
③ 초점경관(Focal Landscape) : 시선이 한곳으로 집중되는 경관이다.
예) 폭포, 기형의 수목이나 암석 등
④ 지형경관(Feature Landscape) : 지형의 특징이 명확히 드러나 관찰자가 강한 인상을 받게 되는 경관이다.
예) 거대한 계곡, 높은 산봉우리 등

06 도면작업에서 원의 지름을 표시할 때 숫자 앞에 사용하는 기호는?

① H　② D
③ R　④ W

해설 도면의 표현기호
L : 길이　　　　H : 높이
THK : 두께　　A : 면적
R : 반지름　　V : 용적
D, φ : 지름　　W : 폭

07 지형을 표시하는 데 가장 기본이 되는 등고선의 종류는?

① 조곡선　② 주곡선
③ 간곡선　④ 계곡선

해설 등고선의 종류
- 계곡선 : 고도 0m에서부터 다섯 번째 선마다 굵게 표시한 등고선
- 주곡선 : 계곡선과 계곡선 사이의 4개의 선으로 가장 기본이 되는 등고선
- 간곡선 : 주곡선 간격으로는 나타낼 수 없는 경사가 완만한 지형을 표현하기 위해 주곡선 간격의 1/2지점에 긋는 긴 점선
- 조곡선 : 간곡선 간격으로도 나타낼 수 없는 선상지나 평탄지를 표현하기 위해 주곡선과 간곡선 간격의 1/2지점에 긋는 짧은 점선

08 잉크로 인쇄를 할 때 색료의 삼원색이 아닌 것은?

① 청록색(사이안)
② 붉은보라(마젠타)
③ 황색(옐로)
④ 초록(그린)

해설 색의 3원색 : 각각의 색을 혼합하여 가장 많은 색을 만들 수 있는 세 가지 색인 자홍색(Magenta), 청록색(Cyan), 황색(Yellow)을 색의 3원색이라고 하며, 빛의 3원색과 다르게 감산혼합을 하기 때문에 색을 섞을수록 명도는 낮아진다.

09 조선시대 궁궐의 침전 후정에서 볼 수 있는 대표적인 것은?

① 자수화단(花壇)
② 비폭(飛瀑)
③ 경사지를 이용해서 만든 계단식의 노단
④ 정자수

해설 ③ 조선시대 궁궐의 침전(寢殿) 후정(后庭)에는 지형에 따라서 계단형의 노단식 조경을 조성하였다.

정답 5 ② 6 ② 7 ② 8 ④ 9 ③

10 중국 청나라시대 대표적인 정원이 아닌 것은?

① 원명원이궁   ② 이화원이궁
③ 졸정원   ④ 승덕피서산장

해설 ③ 중국 4대 정원 중 하나인 졸정원은 소주 동북쪽에 위치해 있고, 명나라의 정덕(鄭德) 4년(1509년)에 지어졌다.

11 스페인에 현존하는 이슬람정원 형태로 유명한 곳은?

① 베르사유궁전   ② 보르비콩트
③ 알람브라성   ④ 에스테장

해설 그라나다의 알람브라궁전
- 13세기 중반 무함마드 1세에 의해 창건되어 여러 대에 걸쳐 증축·개수되었고, 14세기 말에 궁전의 대부분이 완성되었으며, 무어양식의 극치라고 평가받는다.
- 알람브라는 아랍어로 '붉은 것'이라는 뜻이며, 주요 건물과 성채를 붉은 벽돌로 지은 데서 유래하였다.
- 이슬람이 멸망할 때까지 지켜진 최후의 유적지로 알베르카, 사자, 린다라하, 창격자 4개의 중정이 남아 있다.

12 조경계획과정에서 자연환경분석의 요인이 아닌 것은?

① 기 후   ② 지 형
③ 식 물   ④ 역사성

해설 환경분석대상
- 자연환경분석 : 지형, 토양, 수문, 식생, 야생동물, 기후, 경관 등
- 인문환경분석 : 인구, 토지이용, 교통, 시설물, 역사적 유물, 인간행태, 공간의 수요량 등

13 일본의 정원양식 중 다음 설명에 해당하는 것은?

- 5세기 후반에 바다의 경치를 나타내기 위해 사용하였다.
- 정원 소재로 왕모래와 몇 개의 바위만으로 정원을 꾸미고, 식물은 일체 쓰지 않았다.

① 다정양식
② 축산고산수양식
③ 평정고산수양식
④ 침전조정원양식

해설 ③ 고산수식 정원은 물을 전혀 사용하지 않고 바위, 왕모래, 나무만을 사용한 축산고산수식에서 나무조차 사용하지 않는 평정고산수식으로 발달하였다.
고산수식 정원
- 축산고산수식 정원 : 바위(섬·반도·폭포)를 중심으로 왕모래(물)와 다듬은 수목(산)을 사용해 꾸민 추상적인 정원
- 평정고산수식 정원 : 수목도 사용하지 않고 바위와 왕모래만으로 꾸민 정원

14 다음 중 사적인 정원이 공적인 공원으로 역할 전환의 계기가 된 사례는?

① 에스테장
② 베르사유궁
③ 켄싱턴가든
④ 센트럴파크

해설 ④ 센트럴파크는 프레드릭 로 옴스테드(Frederick Law Olmsted)와 캘버트 보(Calvert Vaux)가 설계한 공원으로, 미국 식민지시대의 사유지 중심의 정원에서 공공적인 성격을 지닌 공원으로 전환되는 전기를 마련하였다.

15 옛날 처사도(處士道)를 근간으로 한 은일사상(隱逸思想)이 가장 성행하였던 시대는?

① 고구려시대　② 백제시대
③ 신라시대　　④ 조선시대

해설 ④ 도가적 은일사상은 은일적 자연관으로 발전되어 전통사회, 특히 조선시대의 문학에서부터 조경양식에까지 깊은 영향을 미쳤다.

조선시대 조경양식의 특징
- 조선시대는 우리나라의 정원양식이 크게 발달한 시기로, 삼국시대부터 받아들여 왔던 중국의 정원양식에서 벗어나 한국 고유의 형태로 변모한 시기이다.
- 중엽 이후 풍수지리설에 따른 지형적인 제약으로 인해 안채의 뒤쪽에 정원을 조성하는 후원이 발달하였다.
- 후원은 우리나라의 독특한 정원양식으로, 건물 뒤편의 언덕을 계단 모양으로 다듬어 장대석을 앉혀 평지를 만들고, 키 작은 꽃나무를 심거나 괴석·세심석 또는 장식을 겸한 굴뚝 등을 세워 아름답게 꾸몄다.
- 전통정원에서의 물은 공간구성이나 경관상의 기본요소로 계류(溪流)와 지당(池塘)이 가장 보편적인 형태였고 그 외 석연지(石蓮池), 석간수(石澗水), 천정(泉井) 등이 도입되었다.

16 조선시대의 정원 중 연결이 올바른 것은?

① 양산보 - 다산초당
② 윤선도 - 부용동
③ 정약용 - 운조루
④ 유이주 - 소쇄원

해설 ① 양산보 : 소쇄원
③ 정약용 : 다산초당
④ 유이주 : 운조루

17 인도의 정원에 관한 설명 중 틀린 것은?

① 인도의 정원은 옥외실의 역할을 할 수 있게 꾸며졌다.
② 회교도들이 남부 스페인에 축조해 놓은 것과 유사한 모양을 갖고 있다.
③ 중국이나 일본, 한국과 같이 자연풍경식 정원으로 구성되어 있다.
④ 물과 녹음이 주요 정원 구성요소이며, 짙은 색채를 가진 화훼류와 향기로운 과수가 많이 이용되었다.

해설 ③ 정형식 정원으로 구성되어 있다.

18 미적인 형 그 자체로는 균형을 이루지 못하지만 시각적인 힘의 통합에 의해 균형을 이룬 것처럼 느끼게 하여, 동적인 감각과 변화 있는 개성적 감정을 불러 일으키며, 세련미와 성숙미 그리고 운동감과 유연성을 주는 미적 원리는?

① 비 례　② 비대칭
③ 집 중　④ 대 비

19 그리스시대 공공건물과 주랑으로 둘러싸인 다목적 열린 공간으로 무덤의 전실을 가리키기도 했던 곳은?

① 포 럼　② 빌 라
③ 테라스　④ 커 낼

해설 포럼 : 고대 로마의 도시에서 공공건물과 주랑으로 둘러싸인 구역의 한복판에 있는 다목적 열린 공간으로, 공공집회장소로 쓰인 포럼은 그리스의 아고라와 아크로폴리스를 질서정연한 공간으로 바꾼 것이다. 12표법에서 포럼은 무덤의 전실(前室)을 가리키는 낱말로 쓰였고, 로마 군대에서는 진영의 정문 옆에 있는 개활지를 가리켰다.

정답 15 ④　16 ②　17 ③　18 ②　19 ①

20 조경시설물 중 유리섬유 강화플라스틱(FRP)으로 만들기 가장 부적합한 것은?

① 인공암
② 화분대
③ 수목보호판
④ 수족관의 수조

해설 ④ 수족관의 수조는 주로 유리재질이나 아크릴재질로 만든다.

21 다음 [보기]의 설명에 해당하는 수종은?

┌─보기─────────────────┐
- 어린가지의 색은 녹색 또는 적갈색으로 엽흔이 발달하고 있다.
- 수피에서는 냄새가 나며, 약간 골이 파여 있다.
- 단풍나무 중 복엽이면서 가장 노란색 단풍이 든다.
- 내조성 속성수로서 조기녹화에 적당하며, 녹음수로 이용가치가 높으며, 폭이 없는 가로에 가로수로 심는다.
└──────────────────┘

① 복장나무
② 네군도단풍
③ 단풍나무
④ 고로쇠나무

해설 ② 네군도단풍은 단풍나무과에 속하는 낙엽활엽교목으로, 소엽이 5매 내외인 복엽이고, 생장이 빨라 공원의 속성조경에 가장 적합한 수종이다.

22 다음 중 파이토플라스마에 의한 수목병이 아닌 것은?

① 대추나무 빗자루병
② 뽕나무 오갈병
③ 벚나무 빗자루병
④ 오동나무 빗자루병

해설 ③ 벚나무 빗자루병은 진균 중 자낭균에 의한 수목병이다.

23 흰말채나무의 설명으로 옳지 않은 것은?

① 층층나무과로 낙엽활엽관목이다.
② 노란색의 열매가 특징적이다.
③ 수피가 여름에는 녹색이나 가을, 겨울철의 붉은 줄기가 아름답다.
④ 잎은 대생하며, 타원형 또는 난상 타원형이고, 표면에 작은 털, 뒷면은 흰색의 특징을 갖는다.

해설 ② 흰말채나무의 열매는 흰색이다.

24 다음 중 줄기의 수피가 얇아 옮겨 심은 직후 줄기감기를 반드시 하여야 되는 수종은?

① 배롱나무
② 소나무
③ 향나무
④ 은행나무

해설 줄기감기를 해 주어야 하는 나무
- 나무의 나이가 많고, 상당한 굵기를 가진 나무
- 일본목련이나 느티나무, 배롱나무와 같이 수피가 밋밋하고 얇은 나무
- 거의 모든 가지를 쳐서 이식한 나무
- 추위에 약한 나무와 식재지보다 따뜻한 고장으로부터 옮겨진 나무
- 쇠약한 나무와 뿌리가 적은 나무 등

25 다음 중 성목의 수간 질감이 가장 거칠고 줄기는 아래로 처지며, 수피가 회갈색으로 갈라져 벗겨지는 것은?

① 배롱나무
② 개잎갈나무
③ 벽오동
④ 주 목

해설 개잎갈나무: 히말라야시다・히말라야삼나무・설송(雪松)이라고도 하며, 높이는 30~50m, 지름은 약 3m 정도이다. 잎갈나무와 비슷하게 생겼으나 상록성이므로 개잎갈나무라고 부르는데, 가지가 수평으로 퍼지고 작은 가지에 털이 나며 밑으로 처진다. 잎은 짙은 녹색이고 끝이 뾰족하며 단면은 삼각형으로, 짧은 가지에 돌려난 것처럼 보이고 길이는 3~4cm 정도이다. 히말라야산맥 원산으로, 주로 관상용・공원수・가로수로 심으며 건축재・가구재로도 쓰인다.

26 다음 중 [보기]와 같은 특성을 지닌 정원수는?

┌─보기─────────────────────┐
• 형상수로 많이 이용되고, 가을에 열매가 붉게 된다.
• 내음성이 강하며, 비옥지에서 잘 자란다.
└──────────────────────────┘

① 주 목   ② 쥐똥나무
③ 화살나무   ④ 산수유

해설 ① 주목은 관상용 형상수로 많이 이용되고, 열매는 핵과이며, 과육은 종자의 일부만 둘러싸고 9~10월에 붉게 익는다.

27 92~96%의 철을 함유하고 나머지는 크롬, 규소, 망간, 유황, 인 등으로 구성되어 있으며, 창호, 철물, 자물쇠, 맨홀 뚜껑 등의 재료로 사용되는 것은?

① 선 철   ② 강 철
③ 주 철   ④ 순 철

해설 철의 종류
• 순철 : 탄소함유량이 0.035% 이하인 철로, 800~1,000℃ 내외에서 가단성(可鍛性)이 강한 연질이다.
• 선철 : 주철이라고도 하는 탄소함유량이 1.7% 이상인 철로, 주조성이 강한 경질이며 취성이 크다.
• 강철(탄소강) : 탄소함유량이 0.03~1.7% 정도인 철로, 가단성과 함께 주조성도 강하기 때문에 자동차, 건축, 기계 등 다양한 분야에서 가장 많이 쓰인다.
※ 특수강(합금강) : 탄소강에 특수한 원소를 첨가하여 성질을 개선시킨 것으로, 대표적인 특수강에는 니켈강, 니켈크롬강(스테인리스강) 등이 있다.

28 솔잎혹파리에 대한 설명 중 틀린 것은?

① 1년에 1회 발생한다.
② 유충으로 땅속에서 월동한다.
③ 우리나라에서는 1929년에 처음 발견되었다.
④ 유충은 솔잎을 밑에서부터 갉아 먹는다.

해설 ④ 유충은 솔잎 기부에 들어가서 즙액을 빨아 먹는다.

29 다음 중 개화기간이 길며, 줄기의 수피 껍질이 매끈하고, 적갈색 바탕에 백반이 있어 시각적으로 아름다우며 한 여름에 꽃이 드문 때 개화하는 부처꽃과(科)의 수종은?

① 배롱나무   ② 벚나무
③ 산딸나무   ④ 회화나무

해설 ② 벚나무 : 장미과
③ 산딸나무 : 층층나무과
④ 회화나무 : 콩과

30 감탕나무과(Aquifoliaceae)에 해당하지 않는 것은?

① 호랑가시나무   ② 먼나무
③ 꽝꽝나무   ④ 소태나무

해설 ④ 소태나무는 소태나무과이다.

정답 26 ① 27 ③ 28 ④ 29 ① 30 ④

31 반죽질기의 정도에 따라 작업의 쉽고 어려운 정도, 재료의 분리에 저항하는 정도를 나타내는 콘크리트 성질에 관련된 용어는?

① 성형성(Plasticity)
② 마감성(Finishability)
③ 시공성(Workbility)
④ 레이턴스(Laitance)

해설
① 성형성 : 거푸집 등의 형상에 순응하여 채우기 쉽고, 분리가 일어나지 않는 굳지 않은 콘크리트의 성질
② 마감성 : 굵은골재의 최대 치수, 잔골재율, 잔골재의 입도, 반죽질기 등에 따른 마무리하기 쉬운 정도를 말하는 굳지 않은 콘크리트의 성질
④ 레이턴스 : 콘크리트를 친 후에 양생물이 상승함에 따라 내부의 미세한 물질이 함께 부상하여 경화된 콘크리트 표면에 형성되는 흰색의 얇은 막

32 다음 중 목재에 유성페인트칠을 할 때 가장 관련이 없는 재료는?

① 건성유   ② 건조제
③ 방청제   ④ 희석제

해설
③ 방청제는 금속이 부식하기 쉬운 상태일 때 첨가하여 녹을 방지하기 위해 사용하는 물질이다.

33 화강석의 크기가 20cm × 20cm × 100cm 일 때 중량은?(단, 화강석의 비중은 평균 2.60이다)

① 약 50kg   ② 약 100kg
③ 약 150kg   ④ 약 200kg

해설
$20cm \times 20cm \times 100cm \times \dfrac{2.60}{1,000} = 104kg$

34 다음 [보기]의 설명에 해당하는 수종은?

┤보기├
- "설송(雪松)"이라 불리기도 한다.
- 천근성 수종으로 바람에 약하며, 수관폭이 넓고 속성수로 크게 자라기 때문에 적지 선정이 중요하다.
- 줄기는 아래로 처지며, 수피는 회갈색으로 얇게 갈라져 벗겨진다.
- 잎은 짧은 가지에 30개가 총생 3~4cm로 끝이 뾰족하며, 바늘처럼 찌른다.

① 잣나무   ② 솔송나무
③ 개잎갈나무   ④ 구상나무

35 경관석놓기의 설명으로 옳은 것은?

① 경관석은 항상 단독으로만 배치한다.
② 일반적으로 3, 5, 7 등 홀수로 배치한다.
③ 같은 크기의 경관석으로 조합하면 통일감이 있어 자연스럽다.
④ 경관석의 배치는 돌 사이의 거리나 크기 등을 조정 배치하여 힘이 분산되도록 한다.

해설 경관석놓기
- 경관석이란 시각의 초점이 되거나 중요하게 강조하고 싶은 장소에, 보기 좋은 자연석을 한 개 또는 여러 개 배치하여 감상효과를 높이는 데 쓰는 돌을 말한다.
- 경관석은 크기, 중량감, 외형, 색상, 질감 등이 배치 장소와 어우러지는 것을 선택해야 한다.
- 경관석을 단독으로 놓을 때는 위치, 높이, 길이, 기울기 등을 고려하여 그 경관석의 아름다움이 감상자에게 충분히 느껴지도록 하는 것이 중요하다.
- 경관석을 여러 개 짝지어 놓을 때는 중심이 되는 큰 주석과 보조역할을 하는 작은 부석을 잘 조화시켜야 하는데, 수량은 일반적으로 홀수로 하고, 돌 사이의 거리나 크기 등을 조정하여 힘이 분산되지 않고 짜임새가 있도록 한다.
- 경관석을 놓은 후에는 주변에 적당한 관목류, 초화류 등을 심어 경관석이 한층 돋보이도록 한다.

36 다음 중 수목의 분류상 교목으로 분류할 수 없는 것은?

① 일본목련
② 느티나무
③ 목 련
④ 병꽃나무

해설 ④ 병꽃나무는 관목이다.

37 암석재료의 특징에 관한 설명 중 틀린 것은?

① 외관이 매우 아름답다.
② 내구성과 강도가 크다.
③ 변형되지 않으며, 가공성이 있다.
④ 가격이 싸다.

해설 석질재료의 장단점

장 점	단 점
• 외관이 매우 아름답다. • 내구성과 강도가 크다. • 변형되지 않으며, 가공성이 있다. • 가공 정도에 따라 다양한 외양을 가질 수 있다. • 산지에 따라 다양한 색조와 질감을 갖는다. • 압축강도와 내화학성이 크고, 마모성은 작다.	• 무거워서 다루기 불편하다. • 타 재료에 비해 가공하기가 어렵다. • 경제적 부담이 크다. • 압축강도에 비해 휨강도나 인장강도가 작다. • 화열을 받을 경우 균열 또는 파괴되기가 쉽다.

38 농약 취급 시 주의할 사항으로 부적합한 것은?

① 농약을 살포할 때는 방독면과 방호용 옷을 착용하여야 한다.
② 쓰고 남은 농약은 변질 될 수 있으므로 즉시 주변에 버리거나 다른 용기에 담아둔다.
③ 피로하거나 건강이 나쁠 때는 작업하지 않는다.
④ 작업 중에 식사 또는 흡연을 금한다.

해설 ② 쓰고 남은 농약은 표시를 해 두어 혼동하지 않도록 하고, 서늘하고 어두운 곳에 농약전용 보관상자를 만들어 보관한다.

39 투명도가 높으므로 유기유리라는 명칭이 있고 착색이 자유로워 채광판, 도어판, 칸막이판 등에 이용되는 것은?

① 아크릴수지
② 멜라민수지
③ 알키드수지
④ 폴리에스테르수지

해설 아크릴수지 : 유기(有機)유리라고도 부르는데, 유리 이상의 투명도가 있고 성형가공이 쉬우며, 보통 유리에 비하여 무게는 약 반이다. 각종 강도·굳기·내열성은 작지만, 물·산·알칼리에 강하고, 유리 대신으로 쓰이는 경우가 많다.

40 다음 노박덩굴과(Celastraceae) 식물 중 상록 계열에 해당하는 것은?

① 노박덩굴 ② 화살나무
③ 참빗살나무 ④ 사철나무

해설 ① 노박덩굴 : 낙엽활엽덩굴
② 화살나무 : 낙엽활엽관목
③ 참빗살나무 : 낙엽활엽소교목

정답 36 ④ 37 ④ 38 ② 39 ① 40 ④

41 주차장법 시행규칙상 주차장의 주차단위 구획기준은?(단, 평행주차형식 외의 장애인 전용방식이다)

① 2.0m 이상×4.5m 이상
② 3.0m 이상×5.0m 이상
③ 2.3m 이상×4.5m 이상
④ 3.3m 이상×5.0m 이상

해설 주차장의 주차구획 – 평행주차형식 외의 경우

구 분	너 비	길 이
경 형	2.0m 이상	3.6m 이상
일반형	2.5m 이상	5.0m 이상
확장형	2.6m 이상	5.2m 이상
장애인 전용	3.3m 이상	5.0m 이상
이륜자동차 전용	1.0m 이상	2.3m 이상

※ 일반형 : 중형 및 중형SUV, 확장형 : 대형·대형 SUV·승합차·소형트럭

42 다음 중 전정을 할 때 큰 줄기나 가지자르기를 삼가야 하는 수종은?

① 벚나무 ② 수양버들
③ 오동나무 ④ 현사시나무

해설 ① 벚나무는 가지를 자르면 상처가 잘 아물지 않아서 병해충에 의한 피해를 입을 수 있으므로 가급적 전정을 하지 않는 것이 좋으며, 부득이하게 전정할 때는 방부 처리가 필요하다.

43 다음 배수관 중 가장 경사를 급하게 설치해야 하는 것은?

① ϕ100mm ② ϕ200mm
③ ϕ300mm ④ ϕ400mm

해설 ① 배수관의 경사는 관의 지름이 작을수록 급하게 설치해야 한다.

44 한 켜는 마구리쌓기, 다음 켜는 길이쌓기로 하고 길이 켜의 모서리와 벽 끝에 칠오토막을 사용하는 벽돌쌓기방법은?

① 네덜란드식 쌓기
② 영국식 쌓기
③ 프랑스식 쌓기
④ 미국식 쌓기

해설
② 영국식 쌓기 : 길이쌓기 켜와 마구리쌓기 켜를 반복하여 쌓고, 모서리의 벽 끝에는 이오토막을 쓰는 방법으로, 매우 견고하다.
③ 프랑스식 쌓기 : 켜마다 길이와 마구리가 번갈아 나오는 방법으로, 영국식 쌓기보다 아름다우나 견고성은 떨어진다.
④ 미국식 쌓기 : 5켜까지 길이쌓기로 하고, 그 위 1켜는 마구리쌓기로 하는 방법이다.

45 자연석 중 눕혀서 사용하는 돌로 불안감을 주는 돌을 받쳐서 안정감을 갖게 하는 돌의 모양은?

① 입 석 ② 평 석
③ 환 석 ④ 횡 석

해설 자연석의 모양

입 석	세워 쓰는 돌로 어디서나 관상할 수 있고, 키가 높아야 효과가 있음
횡 석	눕혀 쓰는 돌로 안정감이 있음
평 석	윗부분이 평평한 돌로 안정감을 주며, 주로 앞부분에 배석함
환 석	둥근 모양의 돌
각 석	각이 진 돌로 3각 또는 4각의 돌
사 석	비스듬히 세워서 쓰는 돌로 해안절벽의 표현 등에 사용함
와 석	소가 누운 형태로 횡석보다 안정감이 더 있음
괴 석	태호석, 제주도나 흑산도의 현무암 등

41 ④ 42 ① 43 ① 44 ① 45 ④

46 도시공원 및 녹지 등에 관한 법률에 의한 어린이공원의 기준에 관한 설명으로 옳은 것은?

① 유치거리는 500m 이하로 제한한다.
② 1개소 면적은 1,200m² 이상으로 한다.
③ 공원시설 부지면적은 전체 면적의 60% 이하로 한다.
④ 공원구역경계로부터 500m 이내에 거주하는 주민 250명 이상의 요청 시 어린이공원 조성계획의 정비를 요청할 수 있다.

해설 ① 유치거리는 250m 이하로 제한한다.
② 1개소 면적은 1,500m² 이상으로 한다.
④ 공원구역경계로부터 250m 이내에 거주하는 주민 500명 이상의 요청 시 어린이공원 조성계획의 정비를 요청할 수 있다.

47 다음 수목의 외과수술용 재료 중 동공충전물의 재료로 가장 부적합한 것은?

① 콜타르
② 에폭시수지
③ 불포화폴리에스테르수지
④ 우레탄고무

해설 동공충전물은 가급적 목재와의 접착력이 강해야 하는데, 최근에는 수지류나 우레탄 고무 등을 많이 사용한다.

48 시멘트의 저장과 관련된 설명 중 괄호 안에 해당하지 않는 것은?

- 시멘트는 ( )적인 구조로 된 사일로 또는 창고에 품종별로 구분하여 저장하여야 한다.
- 저장 중에 약간이라도 굳은 시멘트는 공사에 사용하지 않아야 하고, ( )개월 이상 장기간 저장한 시멘트는 사용하기에 앞서 재시험을 실시하여 그 품질을 확인한다.
- 포대 시멘트를 쌓아서 저장하면 그 질량으로 인해 하부 시멘트가 고결할 염려가 있으므로 시멘트를 쌓아 올리는 높이는 ( )포대 이하로 하는 것이 바람직하다.
- 시멘트의 온도는 일반적으로 ( ) 정도 이하를 사용하는 것이 좋다.

① 13   ② 6
③ 방습   ④ 50℃

해설
- 시멘트는 방습적인 구조로 된 사일로 또는 창고에 품종별로 구분하여 저장하여야 한다.
- 3개월 이상 장기간 저장한 시멘트는 사용하기에 앞서 재시험을 실시하여 그 품질을 확인한다.
- 시멘트를 쌓아 올리는 높이는 13포대 이하로 하는 것이 바람직하다.
- 시멘트의 온도는 일반적으로 50℃ 정도 이하를 사용하는 것이 좋다.

49 마운딩(Maunding)의 기능으로 옳지 않은 것은?

① 유효토심 확보
② 배수방향 조절
③ 공간 연결의 역할
④ 자연스러운 경관 연출

해설 마운딩의 기능
- 흙쌓기에 의해 지면 형상을 변화시켜 수목의 생장에 필요한 유효토심을 확보한다.
- 배수방향을 조절하고, 자연스러운 경관을 조성하며, 토지이용상 공간을 분할한다.

정답 46 ③ 47 ① 48 ② 49 ③

50 900m²의 잔디광장을 평떼로 조성하려고 할 때 필요한 잔디량은 약 얼마인가?(단, 잔디 1매의 규격은 30cm × 30cm × 3cm이다)

① 약 1,000매
② 약 5,000매
③ 약 10,000매
④ 약 20,000매

해설 필요 잔디량 = $\dfrac{\text{전체 면적}}{\text{뗏장 1장의 면적}}$
= $\dfrac{900m^2}{0.09m^2}$ = 10,000매

51 수목 외과수술의 시공순서로 옳은 것은?

㉠ 동공 가장자리의 형성층 노출
㉡ 부패부 제거
㉢ 표면경화 처리
㉣ 동공 충전
㉤ 방수 처리
㉥ 인공수피 처리
㉦ 소독 및 방부 처리

① ㉠ - ㉥ - ㉡ - ㉢ - ㉣ - ㉤ - ㉦
② ㉡ - ㉦ - ㉠ - ㉥ - ㉤ - ㉢ - ㉣
③ ㉠ - ㉡ - ㉢ - ㉣ - ㉤ - ㉥ - ㉦
④ ㉡ - ㉠ - ㉦ - ㉣ - ㉤ - ㉢ - ㉥

해설 외과수술의 순서 : 부패부 제거 → 동공 가장자리의 형성층 노출 → 살균·방부 처리 → 동공 충전 → 방수 처리 → 표면경화 처리 → 인공수피 처리

52 농약 혼용 시 주의하여야 할 사항으로 틀린 것은?

① 혼용 시 침전물이 생기면 사용하지 않아야 한다.
② 가능한 한 고농도로 살포하여 인건비를 절약한다.
③ 농약의 혼용은 반드시 농약혼용 가부표를 참고한다.
④ 농약을 혼용하여 조제한 약제는 될 수 있으면 즉시 살포하여야 한다.

해설 ② 농약 혼용 시에는 표준희석배수를 반드시 지켜 고농도로 살포하지 않도록 한다.

53 일반적인 동선의 성격과 기능을 설명한 것으로 부적합한 것은?

① 동선의 다양한 공간 내에서 사람 또는 사람의 이동경로를 연결하게 해 주는 기능을 갖는다.
② 동선은 가급적 단순하고 명쾌해야 한다.
③ 성격이 다른 동선은 혼합하여도 무방하다.
④ 이용도가 높은 동선의 길이는 짧게 해야 한다.

해설 ③ 성격이 다른 동선은 반드시 분리해야 하고, 가급적 동선의 교차를 피하도록 한다.

54 주거지역에 인접한 공장부지 주변에 공장경관을 아름답게 하고 가스·분진 등의 대기오염과 소음 등을 차단하기 위해 조성되는 녹지의 형태는?

① 차폐녹지   ② 차단녹지
③ 완충녹지   ④ 자연녹지

해설 녹지의 세분(도시공원 및 녹지 등에 관한 법률 제35조)
1. 완충녹지 : 대기오염, 소음, 진동, 악취, 그 밖에 이에 준하는 공해와 각종 사고나 자연재해, 그 밖에 이에 준하는 재해 등의 방지를 위하여 설치하는 녹지
2. 경관녹지 : 도시의 자연적 환경을 보전하거나 이를 개선하고 이미 자연이 훼손된 지역을 복원·개선함으로써 도시경관을 향상시키기 위하여 설치하는 녹지
3. 연결녹지 : 도시 안의 공원, 하천, 산지 등을 유기적으로 연결하고 도시민에게 산책공간의 역할을 하는 등 여가·휴식을 제공하는 선형(線型)의 녹지

55 액체상태나 용융상태의 수지에 경화제를 넣어 사용하며, 내산성·내알칼리성 등이 우수하여 콘크리트·항공기·기계부품 등의 접착에 사용되는 것은?

① 멜라민계 접착제
② 에폭시계 접착제
③ 페놀계 접착제
④ 실리콘계 접착제

해설 에폭시계 접착제 : 일반적으로 비스페놀과 에피클로로히드린의 반응으로 얻을 수 있고, 액체 상태나 용융 상태의 수지에 경화제를 넣어 사용하며, 금속과의 접착성이 크고 내약품성이 양호하며 내열성이 우수하다.

56 뿌리돌림은 현재의 생장지에서 적당한 범위로 뿌리를 절단하는 것을 말한다. 뿌리돌림에 관한 설명으로 틀린 것은?

① 한 장소에서 오랫동안 자랄 때 뿌리는 줄기로부터 상당히 떨어진 곳까지 뻗어나가며, 잔뿌리는 그곳에 분포되어 있다.
② 제한된 뿌리분으로 캐서 이식할 경우 잔뿌리는 대부분 끊어 나가고 굵은 뿌리만 남아 이식 활착이 어렵다.
③ 뿌리돌림을 하는 시기는 1년 내내 가능하고, 봄철보다 여름철이 끝나는 시기가 가장 좋으며, 낙엽수는 가을철이 적당하다.
④ 봄에 뿌리돌림을 한 낙엽수는 당년 가을이나 이듬 해 봄에 상록수는 이듬 해 봄이나 장마기에 이식할 수 있다.

해설 ③ 뿌리돌림을 하는 시기는 봄의 해토 직후부터 생장이 가장 활발한 시기에 하는 것이 적합하며, 혹서기와 혹한기는 피하는 것이 좋다.
뿌리돌림의 작업방법
• 뿌리돌림은 굴취작업과 유사하다.
• 뿌리분의 크기는 굴취 시와 마찬가지로 근원직경의 4~6배로 하는데, 보통 4배 정도를 기준으로 한다.
• 큰 나무의 경우 수목을 지탱하기 위해 3~4방향으로 굵은 뿌리를 하나씩 남겨 두고 15cm 정도의 폭으로 환상박피한다.
• 굵은 뿌리는 톱으로 깨끗이 절단하며, 바람에 쓰러지지 않게 지주목을 설치한 후 작업하는 것이 좋다.
• 작업 시 뿌리분이 깨질 위험이 있으면 새끼로 감아 뿌리분이 깨지는 것을 막는다.
• 잘 부식된 퇴비를 섞어 흙을 되묻은 후 관수를 실시하고 지주목을 설치한다.
• 뿌리돌림을 하면 많은 뿌리가 절단되어 영양과 수분의 수급균형이 깨지므로, 가지와 잎을 적당히 솎아 지상부와 지하부의 균형을 맞추어 준다.

57 체계적인 품질관리를 추진하기 위한 데밍(Deming's Cycle)의 관리로 가장 적합한 것은?

① 계획(Plan) – 추진(Do) – 조치(Action) – 검토(Check)
② 계획(Plan) – 검토(Check) – 추진(Do) – 조치(Action)
③ 계획(Plan) – 조치(Action) – 검토(Check) – 추진(Do)
④ 계획(Plan) – 추진(Do) – 검토(Check) – 조치(Action)

해설 ④ 데밍이 주장한 관리사이클 PDCA는 Plan – Do – Check – Action의 머리글자를 딴 것으로, 계획 – 추진 – 검토 – 조치가 반복적으로 이루어지는 순환의 과정을 논리적으로 연결한 모델이다.

58 다음 중 침상화단(Sunken Garden)에 관한 설명으로 가장 적합한 것은?

① 관상하기 편리하도록 지면을 1~2m 정도 파내려 가 꾸민 화단
② 중앙부를 낮게 하기 위하여 키 작은 꽃을 중앙에 심어 꾸민 화단
③ 양탄자를 내려다 보듯이 꾸민 화단
④ 경계부분을 따라서 1열로 꾸민 화단

해설 침상화단 : 기하학적인 정형식 화단의 일종으로, 관상의 편의를 위해 보도면보다 낮은 위치에 꾸민 화단

59 다음 중 무거운 돌을 놓거나, 큰 나무를 옮길 때 신속하게 운반과 적재를 동시에 할 수 있어 편리한 장비는?

① 체인블록   ② 모터그레이더
③ 트럭크레인   ④ 콤바인

해설
① 체인블록 : 무거운 물건을 들어 올리는 데 쓰이는 도드래형 장비
② 모터그레이더 : 주로 넓은 면적의 땅을 고르는 정지작업 등에 사용되는 토공기계
④ 콤바인 : 농경지를 주행하면서 수확물의 탈곡과 선별을 동시에 수행하는 수확기계

60 조경현장에서 사고가 발생하였다고 할 때 응급조치를 잘못 취한 것은?

① 기계의 작동이나 전원을 단절시켜 사고의 진행을 막는다.
② 현장에 관중이 모이거나 흥분이 고조되지 않도록 하여야 한다.
③ 사고현장은 사고조사가 끝날 때까지 그대로 보존하여야 한다.
④ 상해자가 발생 시는 관계 조사관이 현장을 확인 보존한 이후 전문의의 치료를 받게 한다.

해설 ④ 부상자가 발생한 경우에는 우선적으로 부상자에 대한 응급조치를 취한 다음, 연쇄사고 및 사고확대 방지를 위한 조치를 취한다.

2017년 제3회 과년도 기출복원문제

01 이탈리아 양식 중 노단식으로 넘어가게 된 시점은?
① 중세 ② 르네상스
③ 고대 ④ 19세기

02 회교문화의 영향을 입어 독특한 정원양식을 보이는 곳은?
① 이탈리아 정원 ② 프랑스 정원
③ 영국 정원 ④ 스페인 정원

[해설] ④ 스페인의 경우 이슬람(회교) 문화를 흡수하면서 독특한 양식의 정원이 발달하였다.

03 일본에서 고산수(枯山水) 수법이 가장 크게 발달 했던 시기는?
① 가마쿠라(鎌倉)시대
② 무로마치(室町)시대
③ 모모야마(桃山)시대
④ 에도(江戶)시대

[해설] ② 일본 무로마치시대에 등장한 고산수식 정원은 물을 전혀 사용하지 않고 바위, 왕모래, 나무만을 사용한 축산고산수식에서 나무조차 사용하지 않는 평정고산수식으로 발달하였다.

04 훌륭한 조경가가 되기 위한 자질에 대한 설명 중 틀린 것은?
① 건축이나 토목 등에 관련된 공학적인 지식도 요구된다.
② 합리적인 사고보다는 감성적 판단이 더욱 필요하다.
③ 토양, 지질, 지형, 수문(水文) 등 자연과학적 지식이 요구된다.
④ 인류학, 지리학, 사회학, 환경심리학 등에 관한 인문과학적 지식도 요구된다.

[해설] ② 조경가에게 예술성, 창조성과 같은 감성적 판단이 필요한 것은 사실이지만, 이는 합리적인 사고를 바탕으로 이루어져야 한다.

05 퍼걸러(Pergola) 설치장소로 적합하지 않은 것은?
① 건물에 붙여 만들어진 테라스 위
② 주택정원의 가운데
③ 통경선의 끝부분
④ 주택정원의 구석진 곳

[해설] 퍼걸러는 조경공간의 중심이나 경관의 초점이 되는 곳 또는 조망이 좋고 한적한 곳에 설치한다.

정답 1② 2④ 3② 4② 5②

06 제도에 있어서 도형의 표기방법 중 선의 형태에 따른 분류에 맞지 않는 것은?
① 쇄 선 ② 점 선
③ 실 선 ④ 굵은 선

해설 ④ 굵은 선은 선의 굵기에 따른 분류에 해당한다.

09 평판측량에서 제도용지의 도상점과 땅 위의 측점을 동일하게 맞추는 것은?
① 정 준 ② 자 침
③ 표 정 ④ 구 심

해설 평판측량의 3대 요소
- 정준(정치) : 평판을 수평으로 맞추는 작업
- 구심(치심) : 지상의 측점과 도상의 측점을 일치시키는 작업
- 표정(정위) : 평판을 일정한 방향으로 고정시키는 작업으로, 평판측량의 오차에 가장 큰 영향을 미친다.

07 평안함과 안정적임을 주는 색은?
① 한색 계열의 고채도 색상
② 난색 계열의 저채도 색상
③ 한색 계열의 저채도 색상
④ 난색 계열의 고채도 색상

해설 ④ 난색은 따뜻한 느낌을 주고, 고채도 색상은 안정감을 준다.

08 추운지역의 실내를 장식할 때 온도감이 따뜻하게 느껴지는 색상은?
① 보라색 ② 초록색
③ 주황색 ④ 남 색

해설 온도감에 따른 색의 분류
- 한색 : 차가운 느낌을 주는 파란색 계통의 색으로, 수축성과 후퇴성을 가지며 심리적으로 긴장감을 느끼게 한다.
- 난색 : 따뜻한 느낌을 주는 주황색 계통의 색으로, 팽창성과 진출성을 가지며 심리적으로 느슨함을 느끼게 한다.
- 중성색 : 녹색이나 보라색 계통의 색으로, 한색과 난색의 중간적인 성격을 가진다.

10 고대 로마의 정원 배치는 3개의 중정으로 구성되어 있었다. 그중 사적인 기능을 가진 제2중정에 속하는 곳은?
① 아트리움
② 지스터스
③ 페리스틸리움
④ 아고라

해설 고대 로마의 주택정원 : 2개의 중정과 1개의 후원으로 구성된 내향적인 양식으로, 제1중정인 아트리움은 손님 접대나 사무를 위한 공적 공간이고, 제2중정인 페리스틸리움은 가족을 위한 사적 공간이며, 지스터스는 뒤뜰에 위치한 후원이다.

11 다음 중국식 정원의 설명으로 틀린 것은?

① 차경수법을 도입하였다.
② 사실주의보다는 상징적 축조가 주를 이루는 사의주의에 입각하였다.
③ 유럽의 정원과 같은 건축식 조경수법으로 발달하였다.
④ 대비에 중점을 두고 있으며, 이것이 중국 정원의 특색을 이루고 있다.

해설 ③ 중국 정원은 풍경식 조경수법으로 발달하였다.
중국 정원의 특징
- 못을 파서 섬을 쌓아 선산으로 꾸미는 등 인위적으로 산수를 조성하였다.
- 축산기법의 발달로 더욱 압축된 산수경관을 조성하였다.
- 중국 정원은 자연풍경식이면서도 대비에 중점을 두고 있는 것이 특색이다.
- 하나의 정원 속에 부분적으로 여러 비율을 혼합하여 사용하였다.
- 기하학적 무늬의 전돌바닥 포장과 기괴한 모양의 괴석 사용으로 바닥면과 대조를 이루었다.
- 자연의 미와 인공의 미를 함께 사용하였다.
- 사실주의보다는 상징적 축조가 주를 이루는 사의주의(事意主義)에 입각하였다.

12 다음 중 사대부나 양반계급에 속했던 사람이 자연 속에 묻혀 야인으로서의 생활을 즐기던 별서정원이 아닌 것은?

① 소쇄원 ② 방화수류정
③ 부용동정원 ④ 다산정원

해설 방화수류정 : 수원성곽을 축조할 때 세운 누각 중 하나로, 성의 동북쪽 모서리에 위치하고 있어 동북각루(東北角樓)라 하였으며, 경관이 매우 뛰어나 방화수류정이라는 당호(堂號)가 붙었다.

13 영국인 Brown의 지도하에 덕수궁 석조전 앞뜰에 조성된 정원양식과 관계되는 것은?

① 빌라메디치 ② 보르비콩트정원
③ 분구원 ④ 센트럴파크

해설 ② 보르비콩트정원과 석조전정원 모두 평면기하학식 정원이다.

14 다음 도면 중 입체적이지 않은 도면은?

① 스케치도면
② 조감도
③ 평면도
④ 입면도와 단면도

해설 ③ 평면도 : 물체를 수직방향으로 내려다본 것을 가정하고 작도한 것으로, 모든 설계에 있어 가장 기본이 되는 도면
① 스케치 : 눈높이나 눈보다 조금 높은 위치에서 보여지는 공간을 실제 보이는 대로 자연스럽게 표현한 그림
② 조감도 : 하늘에서 새가 내려다본 것처럼 설계 대상지의 완성 후 모습을 공중에서 비스듬히 내려다보았을 때의 모양을 그린 그림
④ 입면도와 단면도 : 물체의 수직면과 수직적인 구성을 보여 주는 도면으로, 평면도와 관련시켜 보면 입체적인 공간구성을 이해할 수 있다.

15 다음 중 배식설계에 있어서 정형식 배식설계로 가장 적당한 것은?

① 부등변삼각형 식재
② 대 식
③ 임의랜덤식재
④ 배경식재

해설 배식설계방법
- 정형식(整形式) : 단식, 대식, 열식, 교호식재, 집단식재
- 자연식(自然式) : 부등변삼각형 식재, 임의식재, 모아심기, 배경식재
- 절충식

16 옥상정원의 환경조건에 대한 설명으로 적합하지 않은 것은?
① 토양수분의 용량이 적다.
② 토양온도의 변동폭이 크다.
③ 양분의 유실속도가 늦다.
④ 바람의 피해를 받기 쉽다.

해설 ③ 양분의 유실속도가 빠르다.

17 풍수에 영향을 받아 조경을 하였던 시대는?
① 조 선   ② 고 려
③ 고구려   ④ 신 라

해설 ① 조선시대 중엽 이후 풍수지리설에 따른 지형적인 제약으로 인해 안채의 뒤쪽에 정원을 조성하는 후원이 발달하였다.

18 도형의 색이 바탕색의 잔상으로 나타나는 심리보색의 방향으로 변화되어 지각되는 대비 효과를 무엇이라고 하는가?
① 색상대비   ② 명도대비
③ 채도대비   ④ 동시대비

해설
② 명도대비 : 어느 한 색이 주변 명도 차에 의해 달라져 보이는 현상
③ 채도대비 : 채도 차가 큰 두 색을 인접하여 배치하면 채도가 높은 색은 더욱 선명하게 보이고, 채도가 낮은 색은 더욱 탁해 보이는 현상
④ 동시대비 : 두 가지 이상의 색을 동시에 볼 때 실제의 색들과 달라 보이는 현상

19 다음 중 속명(屬名)이 *Trachelospernum*이고, 영명이 Chineses Jasmine이며, 한자명이 백화등(白花藤)인 것은?
① 으아리   ② 인동덩굴
③ 줄사철   ④ 마삭줄

해설 ④ 백화등은 마삭줄이라고도 하며, 가지가 적갈색인 상록만경식물로, 길이는 5m 정도이다.

20 감탕나무과(Aquifoliaceae)에 해당하지 않는 것은?
① 호랑가시나무   ② 먼나무
③ 꽝꽝나무   ④ 소태나무

해설 ④ 소태나무는 소태나무과이다.

21 낙엽활엽관목인 수종은?
① 낙상홍   ② 은행나무
③ 먼나무   ④ 회양목

해설
② 은행나무 : 낙엽침엽교목
③ 먼나무 : 상록활엽교목
④ 회양목 : 상록활엽관목

22 철재(鐵材)로 만든 놀이시설에 녹이 슬어 다시 페인트칠을 하려 한다. 그 작업순서로 옳은 것은?

① 녹닦기(샌드페이퍼) 등 → 연단(광명단) 칠하기 → 에나멜 페인트 칠하기
② 에나멜 페인트 칠하기 → 녹닦기(샌드페이퍼) 등 → 연단(광명단) 칠하기
③ 연단(광명단) 칠하기 → 녹닦기(샌드페이퍼) 등 → 바니시 칠하기
④ 수성페인트 칠하기 → 바니시 칠하기 → 녹닦기(샌드페이퍼) 등

23 화강암(Granite)에 대한 설명 중 옳지 않은 것은?

① 내마모성이 우수하다.
② 구조재로 사용이 가능하다.
③ 내화도가 높아 가열 시 균열이 적다.
④ 절리의 거리가 비교적 커서 큰 판재를 생산할 수 있다.

해설 ③ 화강암은 석질이 치밀하고 경질이어서 내구성과 내마모성이 좋아 조경공사 시 가장 보편적으로 많이 사용하는 석재이지만, 화염에 닿으면 균열이 생기고 석회암이나 대리암과 같이 분해가 일어나기도 한다.

24 주로 종자에 의하여 번식되는 잡초는?

① 올미   ② 가래
③ 피   ④ 너도방동사니

해설 잡초번식법에 따른 분류
• 종자번식잡초 : 피, 뚝새풀, 바랭이, 마디꽃
• 영양번식잡초 : 가래, 올방개, 미나리
• 종자영양번식잡초 : 너도방동사니, 산딸기
• 괴경 및 종자번식 : 올미

25 수목을 관상적인 측면에서 본 분류 중 열매를 감상하기 위한 수종에 해당되는 것은?

① 은행나무   ② 모과나무
③ 반 송   ④ 낙우송

해설 열매를 관상하는 나무 : 피라칸타, 낙상홍, 석류나무, 팥배나무, 탱자나무, 모과나무, 살구나무, 자두나무, 마가목, 산수유, 대추나무, 오미자, 감나무, 생강나무, 감탕나무, 사철나무, 화살나무, 포도나무 등

26 다음 중 가로수로 적당하지 않은 나무는?

① 플라타너스
② 느티나무
③ 은행나무
④ 반 송

해설 가로수용 수목 : 벚나무, 은행나무, 느티나무, 가중나무, 회화나무, 은단풍, 칠엽수, 메타세쿼이아, 플라타너스 등

27 개화·결실을 목적으로 실시하는 정지·전정방법 중 옳지 못한 것은?

① 약지(弱枝)는 길게, 강지(強枝)는 짧게 전정하여야 한다.
② 묵은 가지나 병충해 가지는 수액유동 전에 전정한다.
③ 작은 가지나 내측(內側)으로 뻗은 가지는 제거한다.
④ 개화결실을 촉진하기 위하여 가지를 유인하거나 단근작업을 실시한다.

해설 ① 약지는 짧게, 강지는 길게 전정하되 수세를 보아 가면서 적당한 길이로 전정한다.

28 흰가루병의 방제방법으로 맞는 것은?

① 병든 낙엽을 모아 태우거나 땅속에 묻는다.
② 토양을 건조시킨다.
③ 캡탄 같은 곰팡이 제거제를 토양에 살포한다.
④ 진딧물을 제거한다.

해설 흰가루병의 방제 : 병든 낙엽을 모아 태우거나 땅속에 묻어 전염원을 차단하는 것이 필요하고, 봄에 새눈이 나오기 전에는 석회황합제를 1~2회 살포하며, 여름에는 만코지수화제, 지오판수화제, 베노밀수화제 등을 2주 간격으로 살포한다.

29 다음 중 붉은색(홍색)의 단풍이 드는 수목들로 구성된 것은?

① 낙우송, 느티나무, 백합나무
② 칠엽수, 참느릅나무, 졸참나무
③ 감나무, 화살나무, 붉나무
④ 잎갈나무, 메타세쿼이아, 은행나무

해설 단 풍
- 홍색(안토시안 색소) : 감나무, 옻나무, 단풍나무류, 담쟁이덩굴, 붉나무, 화살나무, 산딸나무, 산벚나무 등
- 황색(카로티노이드 색소) : 갈참나무, 고로쇠나무, 낙우송, 느티나무, 백합나무, 은행나무, 일본잎갈나무, 칠엽수 등

30 다음 중 거푸집에 미치는 콘크리트의 측압 설명으로 틀린 것은?

① 경화속도가 빠를수록 측압이 크다.
② 시공연도가 좋을수록 측압은 크다.
③ 붓기속도가 빠를수록 측압이 크다.
④ 수평부재가 수직부재보다 측압이 작다.

해설 ① 경화속도가 빠를수록 측압이 작다.

31 다음 중 목재 내 할렬(Checks)은 어느 때 발생하는가?

① 목재의 부분별 수축이 다를 때
② 건조 초기에 상대습도가 높을 때
③ 함수율이 높은 목재를 서서히 건조할 때
④ 건조응력이 목재의 횡인장강도보다 클 때

해설 할렬(Checks) : 건조응력이 횡인장강도보다 클 때 섬유방향으로 터지는 현상으로 횡단면할렬, 표면할렬, 내부할렬이 있다.

32 다음 [보기]가 설명하는 합성수지의 종류는?

┤보기├
- 특히 내수성, 내열성이 우수하다.
- 내연성, 전기적 절연성이 있고 유리섬유판, 텍스, 피혁류 등 접착이 가능하다.
- 500℃ 이상 견디는 수지이다.
- 용도는 방수제, 도료, 접착제로 사용된다.

① 실리콘수지   ② 멜라민수지
③ 푸란수지   ④ 폴리에틸렌수지

해설
② 멜라민수지 : 경도가 크고 내열성·내수성이 강하며 마감재, 가구재, 전기부품 등에 사용된다.
③ 푸란수지 : 내약품성·접착성이 양호하며 금속도료, 금속접착제 등으로 사용된다.
④ 폴리에틸렌수지 : 전기절연성·내열성·내약품성이 좋고, 가압성형이 가능하며, 유리섬유를 보강재로 한 것은 대단히 강하다. 창틀, 덕트, 파이프, 욕조, 큰 성형품 등에 사용된다.

33 한국잔디의 특징을 설명한 것 중 옳은 것은?

① 약산성의 토양을 좋아한다.
② 그늘을 좋아한다.
③ 잔디를 깎으면 깎을수록 약해진다.
④ 습윤지를 좋아한다.

해설 한국잔디
- 조이시아속 잔디로 들잔디, 금잔디, 갯잔디, 빌로드 잔디 등이 있다.
- 한국잔디는 우리나라에서 자생하는 난지형 잔디로, 가는 줄기와 땅속 줄기에 의해 옆으로 퍼지는 특성이 있다.
- 5~9월 사이에 잎이 푸른 상태로 있어 녹색기간이 짧고, 그늘에서 잘 자라지 못한다.
- 추위, 더위, 건조, 병해충에 아주 강하고, 산성 토양이나 답압(밟는 압력)에도 강하여 축구장, 공항, 공원, 묘지 등에 많이 쓰인다.
- 잔디밭 조성에 많은 시간이 소요되고, 손상을 받은 후 회복속도가 느리며, 겨울 동안 황색 상태로 남아 있는 단점이 있다.
- ※ 잔디의 종류에 따라 차이가 있으나 일반적으로 알맞은 토양은 참흙이며, 토양산도가 pH 5.5~7.0인 토양에서 잘 자란다.

34 일반적으로 관목성 수목의 규격의 표시방법으로 가장 적합한 것은?

① 수고 × 흉고직경
② 수고 × 수관폭
③ 간장 × 근원직경
④ 근장 × 근원직경

해설 조경수목의 규격표시

구 분	교목성	관목성
내 용	• 수고(H) × 수관폭(W) • 수고(H) × 가슴높이지름(B) • 수고(H) × 근원지름(R)	• 수고(H) × 수관폭(W) • 수고(H) × 근원지름(R) • 수고(H) × 수관폭(W) × 수관길이(L) • 수고(H) × 가지 수 또는 줄기 수 • 수고(H) × 생장연수

35 파이토플라스마에 의한 주요 수목병에 해당하지 않는 것은?

① 오동나무 빗자루병
② 뽕나무 오갈병
③ 대추나무 빗자루병
④ 소나무 시들음병

해설 ④ 소나무 시들음병은 기생성 선충인 소나무재선충에 의해 발병한다.

36 자작나무과(科)의 물오리나무 잎으로 가장 적합한 것은?

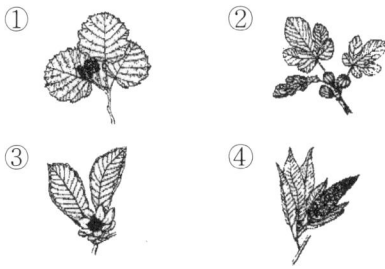

해설 물오리나무 잎은 길이 약 5~12cm 정도의 원형 또는 난형으로 어긋나기하며, 가장자리가 5~8로 얕게 갈라져 겹톱니가 발달한다. 잎의 표면은 녹색으로 매끈하며 가을이 되면 노랗게 물들고, 뒷면은 회백색으로 갈색 털이 있다.

정답 33 ① 34 ② 35 ④ 36 ①

37 다음 중 일반적인 콘크리트의 특징이 아닌 것은?

① 모양을 임의로 만들 수 있다.
② 임의대로 강도를 얻을 수 있다.
③ 내화·내구성이 강한 구조물을 만들 수 있다.
④ 경화 시 수축균열이 발생하지 않는다.

해설 콘크리트재료의 장단점

장점	• 모양을 임의로 만들 수 있으며, 재료의 채취와 운반이 용이하다. • 유지관리비가 적게 든다. • 철근을 피복하여 녹을 방지하고, 철근과의 부착력을 높인다.
단점	• 균열이 생기기 쉽고, 개조 및 파괴가 어렵다. • 무겁고, 인장강도 및 휨강도가 작다. • 품질 유지 및 시공관리가 어렵다.

38 다음 중 열경화성 수지의 종류와 특징 설명이 옳지 않은 것은?

① 페놀수지 : 감도·전기절연성·내산성·내수성 모두 양호하나 내알칼리성이 약하다.
② 멜라민수지 : 요소수지와 같으나 경도가 크고 내수성이 강하다.
③ 우레탄수지 : 투광성이 크고 내후성이 양호하며, 착색이 자유롭다.
④ 실리콘수지 : 열절연성이 크고 내약품성·내후성이 좋으며, 전기적 성능이 우수하다.

해설 우레탄수지 : 열에 대한 절연성이 있어 내열성이 크고, 내약품성이 우수하다.
※ 요소수지 : 무색투명하여 착색이 용이하지만, 내수성·내열성은 페놀수지나 멜라민수지에 비해 약하다.

39 잔디의 잡초 방제를 위한 방법으로 부적합한 것은?

① 파종 전 갈아엎기
② 잔디깎기
③ 손으로 뽑기
④ 비선택형 제초제의 사용

해설 ④ 잔디밭에 비선택성 제초제를 사용하게 되면 식물종과 상관없이 모든 식물을 고사시키므로 다른 제초제에 비해 더 많은 주의가 요구된다.

40 다음 [보기]가 설명하고 있는 것은?

┤보기├
• 열경화성 수지도료이다.
• 내수성이 크고, 열탕에서도 침식되지 않는다.
• 무색투명하고, 착색이 자유로우면 아주 굳고 내수성, 내약품성, 내용제성이 뛰어나다.
• 알키드수지로 변성하여, 도료, 내수베니어합판의 접착제 등에 이용된다.

① 석탄산수지도료
② 프탈산수지도료
③ 염화비닐수지도료
④ 멜라민수지도료

41 다음 시멘트의 종류 중 혼합시멘트가 아닌 것은?

① 알루미나 시멘트
② 플라이애시 시멘트
③ 고로 슬래그 시멘트
④ 포틀랜드 포졸란 시멘트

해설 시멘트의 종류
- 포틀랜드 시멘트 : 보통 포틀랜드 시멘트, 중용열 포틀랜드 시멘트, 조강 포틀랜드 시멘트, 백색 포틀랜드 시멘트
- 혼합 시멘트 : 슬래그 시멘트(고로 시멘트), 플라이애시 시멘트, 포졸란 시멘트(실리카 시멘트)
- 특수 시멘트 : 알루미나 시멘트, 백색 시멘트, 팽창질석을 사용한 단열 시멘트, 팽창성 수경 시멘트, 메이슨리 시멘트, 초조강 시멘트, 초속경 시멘트, 방통 시멘트, 유정 시멘트

42 비금속재료의 특성에 관한 설명 중 옳지 않은 것은?

① 납은 비중이 크고 연질이며 전성, 연성이 풍부하다.
② 알루미늄은 비중이 비교적 작고 연질이며, 강도도 낮다.
③ 아연은 산 및 알칼리에 강하나 공기 중 및 수중에서는 내식성이 작다.
④ 동은 상온의 건조공기 중에서 변화하지 않으나 습기가 있으면 광택을 소실하고 녹청색으로 된다.

해설 ③ 아연은 산·알칼리에 약하고, 공기 중이나 수중에서의 내식성이 강하여 철재의 내식도금재로 많이 쓰인다.

43 암거는 지하수위가 높은곳, 배수 불량 지반에 설치한다. 암거의 종류 중 중앙에 큰 암거를 설치하고, 좌우에 작은 암거를 연결시키는 형태로 넓이에 관계없이 경기장이나 어린이놀이터와 같은 소규모의 평탄한 지역에 설치할 수 있는 것은?

① 어골형   ② 빗살형
③ 부채살형 ④ 자연형

해설 ① 어골형은 경기장과 같이 전 지역의 배수가 균일하게 요구되는 곳이나 대규모의 평탄한 지역에 주로 설치한다.

44 조경관리에서 계절적·시간적 조건에 영향을 받지 않고 계속해서 관리해야 하는 것은?

① 자연석관리
② 잔디관리
③ 초화류관리
④ 배수관리

45 벽천을 구성하고 있는 요소의 명칭이라고 할 수 없는 것은?

① 벽 체
② 토수구
③ 수 반
④ 낙수받이

해설 벽천의 구조 : 벽천의 물은 벽체 속을 따라 토수구로 유도되어 그 밑의 수반에 떨어졌다가 다시 넘쳐 흐른다.

46 벽돌쌓기 시공에 대한 주의사항으로 틀린 것은?

① 굳기 시작한 모르타르는 사용하지 않는다.
② 붉은벽돌은 쌓기 전에 충분한 물축임을 실시한다.
③ 1일 쌓기높이는 1.2m를 표준으로 하고 최대 1.5m 이하로 한다.
④ 벽돌벽은 가급적 담장의 중앙 부분을 높게 하고 끝부분을 낮게 한다.

해설 ④ 벽돌쌓기 시에는 각 부를 가급적 동일한 높이로 쌓아 올리고, 벽면의 일부 또는 국부를 높게 쌓지 않는다.

47 도시공원 및 녹지 등에 관한 법규상 유치거리가 500m 이하의 근린생활권 근린공원 1개소의 유치 규모기준은?

① 1,500m² 이상
② 5,000m² 이상
③ 10,000m² 이상
④ 30,000m² 이상

해설 도시공원의 설치 및 규모의 기준 – 생활권 공원(도시공원 및 녹지 등에 관한 법률 시행규칙 [별표 3])

공원구분	설치기준	유치거리	규모
근린생활권 근린공원 : 주로 인근에 거주하는 자의 이용에 제공할 것을 목적으로 하는 근린공원	제한 없음	500m 이하	10,000m² 이상

48 녹지계통의 형태가 아닌 것은?

① 분산형, 산재형
② 환상형
③ 입체분리형
④ 방사형

해설 도시 내 공원녹지체계 9가지에는 집중형, 분산형, 대상형, 격자형, 원호형, 환상형, 방사형, 쐐기형, 거미줄형 등이 있다.

49 정원수의 이용상 분류 중 [보기]의 설명에 해당되는 것은?

┤보기├
• 가지 다듬기를 할 수 있을 것
• 아랫가지가 말라 죽지 않을 것
• 잎이 아름답고 가지가 치밀할 것

① 가로수　② 녹음수
③ 방풍수　④ 생울타리

해설 생울타리용 수목의 조건
• 다듬기작업에 견뎌야 한다.
• 아랫가지가 말라 죽지 않고 오래 살아야 한다.
• 잎이 아름답고, 가지가 치밀해야 한다.
• 맹아력이 양호해야 한다.
• 가지가 수관의 안쪽을 향해 자라야 한다.
• 잔가지와 잔잎이 많아야 한다.

50 분쇄목인 우드칩(Wood Chip)을 멀칭재료로 사용할 때의 효과가 아닌 것은?

① 미관효과 우수
② 잡초 억제기능
③ 배수 억제효과
④ 토양 개량효과

해설 우드칩의 멀칭효과
• 잡초의 발생을 방지한다.
• 수목에 양분을 공급한다.
• 토양의 수분 및 적정온도를 유지한다.
• 토사의 유실분진·비산먼지 및 흙튀김을 방지한다.

51 형상은 절두각추체에 가깝고, 전면은 거의 평면을 이루며 대략 정사각형으로서 뒷길이 접촉면의 폭, 뒷면 등이 규격화된 돌로서 4방락 또는 2방락의 것이 있다. 접촉면의 폭은 전면 1변의 길이의 1/10 이상이라야 하고, 접촉면의 길이는 1변의 평균길이의 1/2 이상인 돌은?

① 호박돌　② 마름돌
③ 견치돌　④ 각 석

해설　① 호박돌 : 하천에 있는 지름 20~30cm 정도의 둥근 자연석으로, 주로 자연스럽고 부드럽게 멋을 내고자 할 때 장식용으로 사용하지만, 포장용이나 기초용으로도 쓰인다.
② 마름돌 : 채석장에서 때어 낸 돌을 지정된 규격에 따라 직육면체가 되도록 각 면을 다듬은 석재로, 석재 중에서 가장 고급품이며, 시공비가 많이 들고, 미관과 내구성이 요구되는 구조물이나 쌓기용으로 사용된다.
④ 각석 : 폭이 두께의 3배 미만이고, 폭보다 길이가 긴 직육면체의 석재로 쌓기용, 기초용, 경계석 등으로 사용된다.

52 조경설계기준상 공동으로 사용되는 계단의 경우 높이가 2m를 넘는 계단에는 2m 이내마다 당해 계단의 유효폭이 상의폭으로 너비 얼마 이상의 참을 두어야 하는가?(단, 단높이는 18cm 이하, 단너비는 26cm 이상이다)

① 70cm　② 80cm
③ 100cm　④ 120cm

해설　④ 높이 2m를 넘는 계단에는 2m 이내마다 해당 계단의 유효 폭 이상의 폭으로 너비 120cm 이상인 참을 둔다.

53 90% BPMC 1kg을 2% 분제로 만들 때 필요한 증량제는 얼마인가?

① 44.5　② 4.5
③ 44　④ 445

해설
$$증량제량 = 분제\ 중량 \times \left(\frac{분제\ 농도}{희석\ 농도} - 1\right)$$
$$= 1 \times \left(\frac{90}{2} - 1\right) = 44$$

54 구조재료의 용도상 필요한 물리화학적 성질을 강화시키고, 미관을 증진시킬 목적으로 재료의 표면에 피막을 형성시키는 액체재료를 무엇이라고 하는가?

① 도 료　② 착 색
③ 강 도　④ 방 수

해설　도 료
• 재료의 부식을 방지하고, 아름다움을 증진시키기 위한 목적으로 사용한다.
• 재료의 내식성, 방부성, 내마멸성, 방수성, 강도 등을 증가시킨다.
• 광택과 미관을 높여 준다.
• 재료를 보호하고, 전도성을 조절하는 등의 역할을 한다.

55 다음 중 토양수분의 형태적 분류와 설명이 옳지 않은 것은?

① 결합수(結合水) - 토양 중의 화합물의 한 성분
② 흡습수(吸濕水) - 흡착되어 있어서 식물이 이용하지 못하는 수분
③ 모관수(毛管水) - 식물이 이용할 수 있는 수분의 대부분
④ 중력수(重力水) - 중력에 내려가지 않고, 표면장력에 의하여 토양입자에 붙어 있는 수분

해설　④ 중력수 : 비모관공극에서 중력에 의하여 흘러내려 식물이 이용 가능한 수분

정답　51 ③　52 ④　53 ③　54 ①　55 ④

56 다수진 25% 유제 100cc를 0.05%로 희석하려 할 때 필요한 물의 양은?

① 5L　② 25L
③ 50L　④ 100L

해설 살포액의 희석

필요 수량 = 약량 $\times \left(\dfrac{\text{원액 농도}}{\text{희석 농도}} - 1 \right) \times$ 원액 비중

$= 100\text{cc} \times \left(\dfrac{25\%}{0.05\%} - 1 \right) \times 1.0$

$= 49,900\text{cc}$

∴ 약 50L

※ 1,000cc = 1L

57 우리나라에서 사용하는 표준형 벽돌의 규격은?(단, 단위는 mm로 한다)

① 300 × 300 × 60
② 190 × 90 × 57
③ 210 × 100 × 60
④ 390 × 190 × 190

해설 벽돌의 규격 : 기존형 210mm × 100mm × 60mm, 표준형 190mm × 90mm × 57mm

58 녹화테이프 마대의 효과가 아닌 것은?

① 시간과 노동력이 감소된다.
② 인장강도가 볏짚제품보다 크다.
③ 미관에 좋고 가격이 저렴하다.
④ 천연소재로서 하자율이 많이 발생한다.

해설 ④ 천연소재로서 하자율이 크게 감소한다.

59 스프레이건(Spray Gun)을 쓰는 것이 가장 적합한 도료는?

① 수성페인트
② 유성페인트
③ 래 커
④ 에나멜

해설 래 커
- 자연건조방법에 의해 상온(常溫)에서 경화된다.
- 도막의 건조시간이 빨라 백화현상을 일으키기 쉽다.
- 도막은 단단하고, 불점착성이다.
- 내마모성·내수성·내유성 등이 우수하다.
- 니트로셀룰로스도료라고도 한다.

※ 스프레이건(Spray Gun) : 도료를 압축공기에 의해 분무상으로 뿜어붙이는 도장용 기구

60 공사원가에 의한 공사비 구성 중 안전관리비가 해당되는 것은?

① 간접재료비
② 간접노무비
③ 경 비
④ 일반관리비

해설 경비 : 공사의 시공을 위하여 소요되는 공사원가 중 재료비와 노무비를 제외한 비용

예 전력비, 수도광열비, 운반비, 기계경비, 특허권사용료, 기술료, 연구개발비, 품질관리비, 보험료, 보관비, 외주가공비, 산업안전보건관리비, 폐기물처리비, 도서인쇄비, 안전관리비 등

2018년 제1회 과년도 기출복원문제

부록 과년도 + 최근 기출복원문제

---

01 조경 분야 프로젝트 수행단계에 포함되지 않는 것은?

① 계획
② 설계
③ 시공
④ 제도

해설 조경프로젝트의 수행단계
- 계획 : 자료의 수집, 분석, 종합
- 설계 : 자료를 활용하여 기능적·미적인 3차원 공간 창조
- 시공 : 공학적 지식과 생물을 다룬다는 점에서 특수한 기술 필요
- 관리 : 식생과 시설물의 이용관리

02 조경제도에서 단면도를 그리기 위해 평면도에 절단위치를 표시하고자 한다. 사용할 선의 종류는?(단, KS F 1501을 기준으로 한다)

① 실선
② 파선
③ 2점쇄선
④ 1점쇄선

해설
④ 1점쇄선 : 물체의 중심축, 대칭축을 표시하는 데 사용하고, 물체의 절단한 위치를 표시할 때나 경계선으로도 사용한다.
① 실선 : 물체의 보이는 부분을 나타내는 선으로서, 단면선과 외형선으로 구별하여 사용하기도 한다.
② 파선 : 물체의 보이지 않는 부분의 모양을 표시하는 데 사용한다. 파선과 구별할 필요가 있을 때는 점선을 쓴다.
③ 2점쇄선 : 물체가 있는 것으로 생각되는 부분을 표시하거나 1점쇄선과 구별할 때 사용한다.

03 다음 중 색의 대비에 관한 설명이 틀린 것은?

① 보색인 색을 인접시키면 본래의 색보다 채도가 낮아져 탁해 보인다.
② 명도단계를 연속시켜 나열하면 각각 인접한 색끼리 두드러져 보인다.
③ 명도가 다른 두 색을 인접시키면 명도가 낮은 색은 더욱 어두워 보인다.
④ 채도가 다른 두 색을 인접시키면 채도가 높은 색은 더욱 선명해 보인다.

해설 보색대비 : 보색관계에 있는 두 가지색을 같이 놓았을 때, 서로의 영향으로 더 뚜렷하게 보이는 현상

04 보도나 지면보다 낮게 위치하도록 하고 기하학적 무늬의 화단을 설치하여 한눈에 볼 수 있도록 조성한 화단으로서 시각적 중심부에는 분수나 조각물 등을 배치하는 화단은?

① 옥상정원(Roof Garden)
② 공중정원(Hanging Garden)
③ 침상화단(Sunken Garden)
④ 기식화단(Mass Flower-Bed)

해설 침상화단 : 기하학적인 정형식 화단의 일종으로, 관상의 편의를 위해 보도면보다 낮은 위치에 꾸민 화단

정답 1 ④ 2 ④ 3 ① 4 ③

05 레드북(Red Book)에 정원 개조 전후의 모습을 스케치하여 의뢰인에게 보여 줌으로써 비교와 이해를 쉽게 한 조경가는 누구인가?

① 험프리 렙턴　② 브릿지맨
③ 윌리엄 켄트　④ 윌리엄 챔버

06 중국 송시대의 수법을 모방한 화원과 석가산 및 누각 등이 많이 나타난 시기는?

① 백제시대　② 신라시대
③ 고려시대　④ 조선시대

해설 ③ 고려시대에는 중국 송시대의 수법을 모방하여 화원과 석가산, 많은 누각 등을 배치한 관상 위주의 화려한 정원을 꾸몄다.

07 각 정원의 그 지역의 연결이 올바른 것은?

① 양산보 소쇄원 – 전남 영광
② 유이주 운조루 – 전남 담양
③ 정약용 다산초당 – 전남 강진
④ 윤선도 부용동 – 전남 구례

해설 ① 양산보의 소쇄원 : 전남 담양
② 유이주의 운조루 : 전남 구례
④ 윤선도의 부용동 : 전남 완도

08 조경의 기본계획에서 일반적으로 토지이용분류, 적지분석, 종합배분의 순서로 이루어지는 계획은?

① 동선계획
② 시설물배치계획
③ 토지이용계획
④ 식재계획

해설 기본계획
- 토지이용계획 : 토지이용 분류, 적지분석, 종합배분
- 교통동선계획 : 교통동선의 계획과정, 교통동선체계
- 시설물 배치계획 : 시설물 평면계획, 시설물의 배치 (시설물의 형태·재료·색채)
- 식재계획 : 수종 선택, 배식, 녹지체계
- 하부구조계획 : 가능한 한 지하로 매설하여 경관을 살리며, 안전성을 높이고 보수가 용이하도록 한다.
- 집행계획 : 투자계획, 법규검토, 유지관리계획

09 움베르토 에코의 소설「장미의 이름」에 나오는 건축양식은 무엇인가?

① 로코코양식
② 바로크양식
③ 베르사유양식
④ 고딕양식

해설 ② 움베르트 에코의 소설「장미의 이름」의 배경인 멜크 수도원은 바로크양식의 수도원으로, 건물의 화려함과 웅장함, 섬세함이 돋보이는 곳이다.

정답 5 ①　6 ③　7 ③　8 ③　9 ②

10 조선시대 사대부나 양반계급에 속했던 사람들이 시골 별서에 꾸민 정원의 유적이 아닌 것은?

① 양산보의 소쇄원
② 윤선도의 부용동원림
③ 정약용의 다산정원
④ 퇴계 이황의 도산서원

해설 퇴계 이황의 도산서원 : 제자들을 가르치던 도산서당(陶山書堂)과 기숙사의 역할을 했던 농운정사(隴雲精舍)를 직접 설계하였으며, 작은 화단에 매화나무, 대나무, 소나무, 국화를 심고 절우사라 이름 붙였다.
※ 서원조경
  • 소수서원, 남계서원, 도산서원, 옥산서원, 병산서원 등
  • 서원의 진입공간에는 홍살문을 세웠고, 하마비와 하마석을 놓았다.
  • 주렴계의 애련설의 영향으로 연못에 연꽃을 식재하였다(남계서원의 지당, 도산서원의 정우당).
  • 서원이라는 공간적 성격에 적합한 일부 수목만을 식재하였다(은행나무, 느티나무, 향나무 등).

11 고려시대 정원양식과 관련이 없는 것은?

① 석가산   ② 화 원
③ 격구장   ④ 포석정

해설 ④ 통일신라시대의 조경유적인 포석정은 흐르는 물에 술잔을 띄워 곡수연을 즐기던 곳으로, 왕희지의 난정고사를 본 따 만든 왕과 측근들의 유락공간이었다.

12 스페인 정원양식과 관련이 없는 것은?

① 비스타   ② 분 수
③ 색채타일 ④ 대리석과 벽돌

해설 ① 비스타는 통경선이라고도 하며, 좌우로의 시선을 제한하여 전방의 일정 지점으로 시선을 집중시키는 경관으로, 강한 축과 대칭성에 중점을 둔 프랑스의 평면기하학식 정원에 많이 쓰였다.

13 다음 중 위락·관광시설 분야의 조경에 해당되는 대상은?

① 골프장   ② 궁 궐
③ 실내정원 ④ 사 찰

해설 ① 위락·관광시설, ②·④ 문화재, ③ 정원
※ 위락·관광시설 : 골프장, 야영장, 경마장, 스키장, 해수욕장, 낚시터, 관광농원, 유원지, 휴양지, 삼림욕장 등

14 중국 조경의 시대별 연결이 옳은 것은?

① 명나라 – 이화원(頤和園)
② 전나라 – 화림원(華林園)
③ 송나라 – 만세산(萬歲山)
④ 명나라 – 태액지(太液池)

해설 ① 청나라 : 이화원(頤和園)
② 삼국시대 : 화림원(華林園)
④ 한나라 : 태액지(太液池)

15 다음 [보기]의 설명은 어느 시대의 정원에 관한 것인가?

┌보기┐
• 석가산과 원정, 화원 등이 특징이다.
• 대표적 유적으로 동지, 만월대, 수창궁원, 청평사 문수원 정원 등이 있다.
• 휴식·조망을 위한 정자를 설치하기 시작하였다.
• 송나라의 영향으로 화려한 관상위주의 이국적 정원을 만들었다.

① 조 선   ② 백 제
③ 고 려   ④ 통일신라

해설 ③ 고려시대의 정원에 관한 설명으로 대표적인 정원에는 동지, 문수원, 사원 등이 있으며 석가산, 정자, 누각 등을 적극 활용하였다.

정답 10 ④ 11 ④ 12 ① 13 ① 14 ③ 15 ③

16 체계적인 품질관리를 추진하기 위한 데밍(Deming's Cycle)의 관리로 가장 적합한 것은?

① 계획(Plan) – 추진(Do) – 조치(Action) – 검토(Check)
② 계획(Plan) – 검토(Check) – 추진(Do) – 조치(Action)
③ 계획(Plan) – 조치(Action) – 검토(Check) – 추진(Do)
④ 계획(Plan) – 추진(Do) – 검토(Check) – 조치(Action)

해설 ④ 데밍이 주장한 관리사이클 PDCA는 Plan – Do – Check – Action의 머리글자를 딴 것으로, 계획 – 추진 – 검토 – 조치가 반복적으로 이루어지는 순환의 과정을 논리적으로 연결한 모델이다.

17 다음 정원요소 중 인도정원에 가장 큰 영향을 미친 것은?

① 노 단
② 토피어리
③ 돌수반
④ 물

해설 ④ 종교의 영향으로 목욕을 위한 물이 정원의 주요 구성요소였다.

18 다음 중 일본의 축산고산수 수법이 아닌 것은?

① 왕모래를 깔아 냇물을 상징하였다.
② 낮게 솟아 잔잔히 흐르는 분수를 만들었다.
③ 바위를 세워 폭포를 상징하였다.
④ 나무를 다듬어 산봉우리를 상징하였다.

해설 축산고산수식 정원 : 바위(섬·반도·폭포)를 중심으로 왕모래(물)와 다듬은 수목(산)을 사용해 꾸민 추상적인 정원

19 설계도의 종류 중에서 3차원의 느낌이 가장 실제의 모습과 가깝게 나타나는 것은?

① 입면도
② 평면도
③ 투시도
④ 상세도

해설 ③ 투시도는 설계안이 완성되었을 경우를 가정하여 설계 내용을 실제 눈에 보이는 대로 입체적인 그림으로 나타낸 것이다.

20 도시공원 및 녹지 등에 관한 법률상 도시공원 설치 및 규모의 기준에서 어린이공원의 최소규모는 얼마인가?

① 500m²
② 1,000m²
③ 1,500m²
④ 2,000m²

해설 도시공원의 설치 및 규모의 기준 – 생활권공원(도시공원 및 녹지 등에 관한 법률 시행규칙 [별표 3])

공원 구분	설치기준	유치기준	규 모
어린이공원	제한 없음	250m 이하	1,500m² 이상

21 다음 중 그 해 자란 1년생 신초지(新梢枝)에서 꽃눈이 분화하여 그 해에 개화하는 화목류는?

① 무궁화
② 개나리
③ 목 련
④ 수 국

해설 ① 초여름부터 가을에 걸쳐 꽃이 피는 나무는 개화하는 그 해에 자란 가지에서 꽃눈이 분화하여 그 해 안에 꽃을 피우는데 능소화, 무궁화, 배롱나무, 장미, 찔레나무 등이 이에 속한다.
※ 그 해에 자란 가지에 꽃눈이 분화하여 월동 후 봄에 개화하는 형태의 수종 : 개나리, 기리시마철쭉, 단풍철쭉, 동백, 수수꽃다리, 왕벚, 목련, 철쭉 등이 있다.

22 다음 중 붉은색(홍색)의 단풍이 드는 수목들로 구성된 것은?

① 낙우송, 느티나무, 백합나무
② 칠엽수, 참느릅나무, 졸참나무
③ 감나무, 화살나무, 붉나무
④ 잎갈나무, 메타세쿼이아, 은행나무

해설
- 홍색(안토시안 색소) : 감나무, 옻나무, 단풍나무류, 담쟁이덩굴, 붉나무, 화살나무, 산딸나무, 산벚나무 등
- 황색(카로티노이드 색소) : 갈참나무, 고로쇠나무, 낙우송, 느티나무, 메타, 백합, 은행, 일본잎갈, 칠엽수 등

23 다음 중 열매를 관상하기 위해 식재하는 수목은?

① 모과나무   ② 곰 솔
③ 주 목   ④ 단풍나무

해설 열매를 관상하는 나무 : 피라칸타, 낙상홍, 석류나무, 팥배나무, 탱자나무, 모과나무, 살구나무, 자두나무, 마가목, 산수유, 대추나무, 오미자, 감나무, 생강나무, 감탕나무, 사철나무, 화살나무, 포도나무 등

24 다음 중 화성암이 맞는 것은?

① 화강암   ② 응회암
③ 편마암   ④ 대리암

해설 암석의 분류
- 화성암 : 화강암, 안산암, 현무암, 섬록암 등
- 퇴적암 : 응회암, 사암, 점판암, 혈암, 석회암 등
- 변성암 : 편마암, 대리암, 사문암, 결정편암 등

25 다음에서 설명하는 돌은 무엇인가?

> 시선이 집중되는 곳이나 중요한 자리에 한 개 또는 몇 개를 짜임새 있게 놓고 감상한다.

① 경관석   ② 디딤돌
③ 호박돌   ④ 각 석

해설
② 디딤돌 : 보행자의 편의를 위해 원로의 동선에 놓는 돌
③ 호박돌 : 하천에 있는 지름 20~30cm 정도의 둥근 자연석
④ 각석 : 쌓기용, 기초용, 경계석 등으로 사용되는 규격재

26 석가산을 만들고자 한다. 적당한 돌은?

① 잡 석   ② 산 석
③ 호박돌   ④ 자 갈

해설 산 석
- 산지나 땅속에서 산출한 돌로 일명 산돌이라고도 한다.
- 모가 난 것이 많고, 지상에 있는 돌은 이끼나 뜰녹이 생긴 것이 많다.
- 경관석으로 이용하는 산석은 화강암, 안산암, 현무암 등이 있다.

27 합성수지에 관한 설명 중 잘못된 것은?

① 기밀성, 접착성이 크다.
② 비중에 비하여 강도가 크다.
③ 착색이 자유롭고 가공성이 크므로 장식적 마감재에 적합하다.
④ 내마모성이 보통 시멘트콘크리트에 비교하면 극히 적어 바닥재료로는 적합하지 않다.

해설 ④ 합성수지는 내마모성과 탄력성이 커서 바닥재료 등에 적합하다.

정답 22 ③ 23 ① 24 ① 25 ① 26 ② 27 ④

28 한국형 잔디의 특징을 잘못 설명한 것은?
① 포복성이어서 밟힘에 강하다.
② 그늘에서도 잘 자란다.
③ 손상을 받으면 회복속도가 느리다.
④ 병해충과 공해에 비교적 강하다.

해설 ② 대부분의 한국잔디는 난지형 잔디로 그늘에서 잘 자라지 못한다.

29 개화결실을 목적으로 실시하는 정지, 전정방법 중 옳지 못한 것은?
① 약지(弱枝)는 길게, 강지(强枝)는 짧게 전정하여야 한다.
② 묵은 가지나 병충해 가지는 수액유동 전에 전정한다.
③ 작은 가지나 내측(內側)으로 뻗은 가지는 제거한다.
④ 개화결실을 촉진하기 위하여 가지를 유인하거나 단근작업을 실시한다.

해설 ① 약지는 짧게, 강지는 길게 전정하되 수세를 보아 가면서 적당한 길이로 전정한다.

30 다음 중 속명(屬名)이 *Trachelospernum*이고, 영명이 Chineses Jasmine이며, 한자명이 백화등(白花藤)인 것은?
① 으아리   ② 인동덩굴
③ 줄사철   ④ 마삭줄

해설 ④ 백화등은 마삭줄이라고도 하며, 가지가 적갈색인 상록만경식물로, 길이는 5m 정도이다.

31 크롬산 아연을 안료로 하고, 알키드 수지를 전색료로 한 것으로서 알루미늄 녹막이 초벌칠에 적당한 도료는?
① 광명단
② 파커라이징(Parkerizing)
③ 그라파이트(Graphite)
④ 징크로메이트(Zincromate)

해설 녹막이 페인트(방청용 페인트)
• 철재 녹막이 : 광명단
• 알루미늄재 녹막이 : 징크로메이트
• 목재 방부제 : 크레오소트유

32 감탕나무과(Aquifoliaceae)에 해당하지 않는 것은?
① 호랑가시나무   ② 먼나무
③ 꽝꽝나무   ④ 소태나무

해설 ④ 소태나무는 소태나무과이다.

33 재료가 외력을 받았을 때 작은 변형만 나타내도 파괴되는 현상을 무엇이라 하는가?
① 취 성   ② 탄 성
③ 인 성   ④ 소 성

해설 ② 탄성 : 재료에 외력을 가한 후 제거하면 원래의 형태로 돌아가는 성질
③ 인성 : 재료가 외력을 받으면 크게 변형되지만 파괴되지는 않는 성질
④ 소성 : 재료에 외력을 가한 후 제거하여도 원래의 형태로 돌아가지 않는 성질

정답 28 ② 29 ① 30 ④ 31 ④ 32 ④ 33 ①

34 다음 중 자작나무과(科)의 물오리나무 잎으로 가장 적합한 것은?

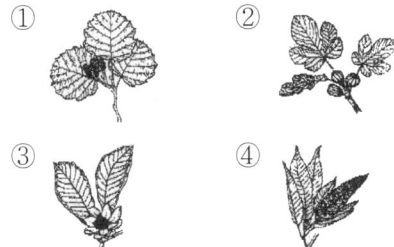

해설 물오리나무 잎은 길이 약 5~12cm 정도의 원형 또는 난형으로 어긋나기하며, 가장자리가 5~8로 얕게 갈라져 겹톱니가 발달한다. 잎의 표면은 녹색으로 매끈하며 가을이 되면 노랗게 물들고, 뒷면은 회백색으로 갈색털이 있다.

35 다음 중 물푸레나무과에 해당되지 않는 것은?

① 미선나무 ② 광나무
③ 이팝나무 ④ 식나무

해설 ④ 식나무는 층층나무과이다.

36 다음 시멘트의 성분 중 화합물상에서 발열량이 가장 많은 성분은?

① C_3A ② C_3S
③ C_4AF ④ C_2S

해설 발열량은 시멘트의 분말도가 클수록, 보통 포틀랜드 시멘트보다 조강시멘트가 수화열이 많이 발생하고, 화합물에서는 C_3A(알루민산3석회)의 발열량이 제일 많고 C_2S(규산 이석회)가 제일 적다.

37 다음 설계기호는 무엇을 표시한 것인가?

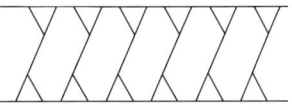

① 인조석다짐
② 잡석다짐
③ 보도블록 포장
④ 콘크리트 포장

38 주로 수량의 다소에 따라서 반죽이 되고 진 정도를 나타내는 굳지 않은 콘크리트의 성질은?

① Workability(시공성)
② Plasticity(성형성)
③ Consistency(반죽질기)
④ Finishability(마감성)

해설 ① Workability(시공성) : 콘크리트를 혼합한 후 운반, 타설, 다지기 및 마무리할 때까지 굳지 않은 콘크리트의 성질로, 콘크리트 시공 시 작업 난이도 및 재료분리에 저항하는 정도를 나타낸다.
② Plasticity(성형성) : 거푸집 등의 형상에 순응하여 채우기 쉽고, 분리가 일어나지 않는 굳지 않은 콘크리트의 성질
④ Finishability(마감성) : 굵은골재의 최대 치수, 잔골재율, 잘골재의 입도, 반죽질기 등에 따른 마무리하기 쉬운 정도를 말하는 굳지 않은 콘크리트의 성질

정답 34 ① 35 ④ 36 ① 37 ② 38 ③

39 다음 목재 접착제 중 내수성이 큰 순서대로 바르게 나열된 것은?

① 요소수지 > 아교 > 페놀수지
② 아교 > 페놀수지 > 요소수지
③ 페놀수지 > 요소수지 > 아교
④ 아교 > 요소수지 > 페놀수지

해설 목재 접착제
- 페놀수지 접착제 : 페놀과 폼알데하이드를 주재로 하는 합성수지로, 페놀수지로 만든 액상 접착제는 무색 투명하고, 내수성・내약품성・내열성이 가장 우수하며, 이종재 간의 접착에 사용된다.
- 요소수지 접착제 : 경화제로 염화암모늄을 사용하며, 가격이 싸고, 접착력이 우수하다. 상온에서 경화되어 합판, 집성목재, 파티클보드, 가구 등에 널리 쓰인다.
- 아교 : 비교적 접착성능이 우수하나, 내수성이 떨어지고, 단시간의 접착조작을 요하며, 가격이 비교적 비싸다.

40 정원수의 이용상 분류 중 [보기]의 설명에 해당되는 것은?

┤보기├
- 가지다듬기를 할 수 있을 것
- 아랫가지가 말라 죽지 않을 것
- 잎이 아름답고 가지가 치밀할 것

① 가로수   ② 녹음수
③ 방풍수   ④ 생울타리

해설 생울타리용 수목의 조건
- 다듬기작업에 견뎌야 한다.
- 아랫가지가 말라 죽지 않고 오래 살아야 한다.
- 잎이 아름답고, 가지가 치밀해야 한다.
- 맹아력이 양호해야 한다.
- 가지가 수관의 안쪽을 향해 자라야 한다.
- 잔가지와 잔잎이 많아야 한다.

41 바람으로 인해 병원체가 기주식물에 운반되는 것이 아닌 것은?

① 배나무 붉은별무늬병
② 잣나무 털녹병균
③ 밤나무 줄기마름병균
④ 참나무 시들음병균

해설 ④ 참나무 시들음병균은 광릉긴나무좀에 의해 전반된다.

42 다음 중 도시화가 진전되면서 도시에 생기는 변화에 대한 설명으로 틀린 것은?

① 도시화가 진전되면서 환경오염이 증대되고 있다.
② 도시화가 진전되면서 기온은 상승되고 있다.
③ 도시화된 지역이 넓어지면서 도시지역의 강우량은 줄어들었다.
④ 도시화되면서 하천의 범람 횟수는 더 많아지고 있다.

해설 미국항공우주국(NASA) 고다드 우주비행센터는 2002년 6월 18일, "건물이나 인간활동의 집중으로 도시 중심부의 온도가 올라가는 열섬현상(Heat Island)이 일어나고 있는 지역 주변에서는 강우량이 증가한다는 것을 발견했다"고 발표했다.

43 잔디의 잡초 방제를 위한 방법으로 부적합한 것은?

① 파종 전 갈아엎기
② 잔디깎기
③ 손으로 뽑기
④ 비선택형 제초제의 사용

해설 ④ 잔디밭에 비선택성 제초제를 사용하게 되면 식물종과 상관없이 모든 식물을 고사시키므로, 다른 제초제에 비해 더 많은 주의가 요구된다.

39 ③ 40 ④ 41 ④ 42 ③ 43 ④

44 마운딩(Maunding)의 기능으로 옳지 않은 것은?

① 유효토심 확보
② 배수방향 조절
③ 공간연결의 역할
④ 자연스러운 경관 연출

해설 마운딩의 기능
- 흙쌓기에 의해 지면 형상을 변화시켜 수목의 생장에 필요한 유효토심을 확보한다.
- 배수방향을 조절하고, 자연스러운 경관을 조성하며, 토지이용상 공간을 분할한다.

45 벽돌쌓기 방식 중 시공이 편리하고 쌓을 때 모서리 끝에 칠오토막을 써서 안정감을 주며, 우리나라에서 대부분 사용하는 방식은?

① 영국식 쌓기
② 프랑스식 쌓기
③ 네덜란드식 쌓기
④ 미국식 쌓기

해설
① 영국식 쌓기 : 길이쌓기 켜와 마구리쌓기 켜를 반복하여 쌓고, 모서리의 벽 끝에는 이오토막을 쓰는 방법으로, 매우 견고하다.
② 프랑스식 쌓기 : 켜마다 길이와 마구리가 번갈아 나오는 방법으로, 영국식 쌓기보다 아름다우나 견고성은 떨어진다.
④ 미국식 쌓기 : 5켜까지 길이쌓기로 하고, 그 위 1켜는 마구리쌓기로 하는 방법이다.

46 성인이 이용할 정원의 디딤돌놓기 방법으로 틀린 것은?

① 납작하면서도 가운데가 약간 두둑하여 빗물이 고이지 않는 것이 좋다.
② 디딤돌의 간격은 느린 보행폭을 기준으로 하여 35~50cm 정도가 좋다.
③ 디딤돌은 가급적 사각형에 가까운 것이 자연미가 있어 좋다.
④ 디딤돌 및 징검돌의 장축은 진행방향에 직각이 되도록 배치한다.

해설 디딤돌은 보통 한 면이 넓적하고 평평한 자연석을 많이 쓰나, 가공한 화강암 판석이나 점판암 판석 또는 통나무 등을 쓰는 경우도 있다.

47 50m² 면적에 전면붙이기로 잔디식재를 하려 할 때 필요한 잔디소요매수는?(단, 잔디 1매의 규격은 20cm×20cm×3cm이다)

① 200매
② 555매
③ 1,250매
④ 1,500매

해설 필요 잔디량 = $\frac{전체\ 면적}{뗏장\ 1장의\ 면적}$ = $\frac{50m^2}{0.04m^2}$
= 1,250매

48 파이토플라스마에 의한 주요 수목병에 해당하지 않는 것은?

① 오동나무 빗자루병
② 뽕나무 오갈병
③ 대추나무 빗자루병
④ 소나무 시들음병

해설 ④ 소나무 시들음병은 기생성 선충인 소나무재선충에 의해 발병한다.

49 농약의 사용 시 확인할 농약 방제 대상별 포장지의 색깔과 구분이 올바른 것은?

① 살균제 - 청색
② 제초제 - 분홍색
③ 살충제 - 초록색
④ 생장조절제 - 노란색

해설 농약제의 포장지 색깔
• 살균제 : 분홍색
• 살충제 : 초록색
• 살균·살충제 : 위쪽 - 분홍색, 아래쪽 - 초록색
• 제초제 : 노란색
• 비선택성 제초제 : 빨간색
• 생장조절제 : 파란색

50 반죽질기의 정도에 따라 작업의 쉽고 어려운 정도, 재료의 분리에 저항하는 정도를 나타내는 콘크리트성질에 관련된 용어는?

① 성형성(Plasticity)
② 마감성(Finishability)
③ 시공성(Workability)
④ 레이턴스(Laitance)

해설 ① 성형성 : 거푸집 등의 형상에 순응하여 채우기 쉽고, 분리가 일어나지 않는 굳지 않은 콘크리트의 성질
② 마감성 : 굵은골재의 최대 치수, 잔골재율, 잔골재의 입도, 반죽질기 등에 따른 마무리하기 쉬운 정도를 말하는 굳지 않은 콘크리트의 성질
④ 레이턴스 : 콘크리트를 친 후에 양생물이 상승함에 따라 내부의 미세한 물질이 함께 부상하여 경화된 콘크리트 표면에 형성되는 흰색의 얇은 막

51 매미목 해충으로 짝지어진 것은?

① 진딧물, 벼멸구
② 끝동매미충, 노린재류
③ 온실가루깍지벌레, 밤바구미
④ 애멸구, 솔잎혹파리

해설 ② 노린재류 : 노린재목
③ 밤바구미 : 딱정벌레목
④ 솔잎혹파리 : 파리목
※ 매미목 해충으로는 진딧물, 벼멸구, 끝동매미충, 온실가루깍지벌레, 애멸구, 복숭아혹진딧물 등이 있다.

52 잠복소를 설치하는 목적으로 가장 적합한 것은?

① 동해의 방지를 위해
② 월동벌레를 유인하여 봄에 태우기 위해
③ 겨울의 가뭄 피해를 막기 위해
④ 동해나 나무의 생육조절을 위해

해설 ② 잠복소는 월동장소를 제공하여 월동벌레를 유인하기 위해 수간에 감은 짚이나 수목 주변에 깔아 놓는 짚 등을 말하는데, 보통 월동을 끝내기 전 봄에 이를 모아 태운다.

53 다음 설명에 적합한 수목은?

- 감탕나무과 식물이다.
- 상록활엽소교목으로 열매가 적색이다.
- 잎은 호생으로 타원상의 6각형이며 가장자리에 바늘 같은 각점(角點)이 있다.
- 자웅이주이다.
- 열매는 구형으로서 지름 8~10cm이며, 적색으로 익는다.

① 감탕나무
② 낙상홍
③ 먼나무
④ 호랑가시나무

[해설] ① 감탕나무 : 상록활엽소교목으로, 잎은 양끝이 좁은 장타원형이고 가장자리는 거의 밋밋하다.
② 낙상홍 : 낙엽활엽관목으로, 잎 끝이 뾰족하고 가장자리에 잔 톱니가 있다.
③ 먼나무 : 상록활엽교목으로, 잎은 타원형 또는 긴 타원형이고 가장자리는 밋밋하다.

54 다음 중 구배(경사도)가 가장 큰 것은?

① 100% 경사   ② 45° 경사
③ 1할 경사   ④ 1 : 0.7

[해설] ④ 1 : 0.7이므로 수직높이는 1이고 수평거리는 0.7이다. 따라서 $\tan^{-1}(1/0.7) = 55°$
① 경사도가 100%이므로 수직높이와 수평거리가 같다는 의미이다. 따라서 $\tan^{-1}(1/1) = 45°$
③ 1할의 의미는 1/10이므로 수직높이가 1이면 수평거리는 10이다. 따라서 $\tan^{-1}(1/10) ≒ 5°$

55 표준품셈에서 수목을 인력시공 식재 후 지주목을 세우지 않을 경우 인력품의 몇 %를 감하는가?

① 5%   ② 10%
③ 15%   ④ 20%

[해설] ② 지주목을 세우지 않을 때는 인력시공 시 인력품의 10%, 기계시공 시 인력품의 20%의 요율을 감한다.

56 돌쌓기의 종류 중 찰쌓기에 대한 설명으로 옳은 것은?

① 뒤채움에 콘크리트를 사용하고, 줄눈에 모르타르를 사용하여 쌓는다.
② 돌만을 맞대어 쌓고 잡석, 자갈 등으로 뒤채움을 하는 방법이다.
③ 마름돌을 사용하여 돌 한 켠의 가로줄눈이 수평적 직선이 되도록 쌓는다.
④ 막돌, 깬돌, 깬잡석을 사용하여 줄눈을 파상 또는 골을 지어 가며 쌓는 방법이다.

[해설] ② 메쌓기, ③ 켜쌓기, ④ 골쌓기

57 외벽을 아름답게 나타내는 데 사용하는 미장 재료는?

① 타르
② 벽토
③ 니스
④ 래커

해설 ② 벽토는 진흙에 고운 모래·짚여물·착색안료와 물을 혼합하여 반죽한 것으로, 목조 외벽에 바름으로써 자연스러운 분위기를 살릴 수 있으며, 주로 전통성을 강조하는 고유 토담집의 흙벽이나 울타리, 담 등에 사용한다.

58 다음 중 호박돌쌓기의 방법에 대한 설명으로 부적합한 것은?

① 표면이 깨끗한 돌을 사용한다.
② 크기가 비슷한 것이 좋다.
③ 불규칙하게 쌓는 것이 좋다.
④ 기초공사 후 찰쌓기로 시공한다.

해설 ③ 호박돌쌓기는 규칙적인 모양으로 하는 것이 보기에 자연스럽다.

59 여러해살이 화초에 해당되는 것은?

① 베고니아
② 금어초
③ 맨드라미
④ 금잔화

해설 여러해살이 화초 : 넝쿨장미, 튤립, 초롱꽃, 베고니아, 수선화, 아네모네, 제라늄, 히아신스, 국화, 부용, 꽃창포, 도라지꽃 등

60 다수진 25% 유제 100cc를 0.05%로 희석하려 할 때 필요한 물의 양은?

① 약 5L
② 약 25L
③ 약 50L
④ 약 100L

해설 살포액의 희석

$$필요 수량 = 약량 \times \left(\frac{원액\ 농도}{희석\ 농도} - 1 \right)$$
$$= 100cc \times \left(\frac{25\%}{0.05\%} - 1 \right)$$
$$= 49,900cc$$

∴ 약 50L
※ 1,000cc = 1L

2018년 제3회 과년도 기출복원문제

01 다음 중 줄기의 색채가 백색 계열에 속하는 수종은?

① 모과나무 ② 자작나무
③ 노각나무 ④ 해 송

해설 　수피가 아름다운 수종
- 흰색 : 자작나무, 동백나무, 백송, 분비나무, 서어나무
- 청색 : 식나무, 대나무, 황매, 벽오동, 산겨릅나무, 협죽도
- 갈색 : 배롱나무, 편백, 명자나무, 철쭉류
- 적색 : 주목, 소나무, 노각나무, 모과나무, 흰말채나무
- 흑색 : 해송, 오죽, 금송, 황피느릅나무

02 좁은 의미의 조경계획으로 볼 수 없는 것은?

① 목표설정 ② 자료분석
③ 기본계획 ④ 기본설계

해설
- 좁은 의미의 조경계획 : 목표 설정, 자료 분석, 기본계획
- 좁은 의미의 조경설계 : 기본설계, 실시설계

03 고대 그리스의 광장 이름은?

① 바빌로니아 ② 플레이스
③ 수렵원 ④ 아고라

해설 　④ 아고라는 고대 그리스 폴리스의 중심에 있던 광장으로, 정치와 사상의 토론장이자 사람들이 물건을 사고파는 시장의 역할을 하였다.

04 계단폭포, 물무대, 분수, 정원극장, 동굴 등이 가장 많이 나타나는 정원은?

① 영국 정원 ② 프랑스 정원
③ 스페인 정원 ④ 이탈리아 정원

해설 　이탈리아의 에스테장(Villa d'Este)
- 건축과 조경은 리고리오, 수경은 올리비에가 설계하였고, 이폴리토 데스테(Ippolito d'Este) 추기경의 의뢰로 중세 수도원을 바탕으로 건축하였다.
- 4개의 노단으로 구성되어 있으며, 최저 노단 중앙의 중심축선을 최고 노단까지 연결하였고, 축선과 직교하여 정원의 각 부분을 전개하였다.
- 아니에네 강을 끌어와 연못, 물 풍금(제1노단), 용의 분수(제2노단), 100개의 분수(제3노단) 등 다양한 수경시설을 조성하여 물의 정원이라고도 불린다.

05 영국의 스토우(Stowe)원을 설계했으며, 정원 내에 하하(Ha-ha)의 기교를 생각해 낸 조경가는?

① 찰스 브릿지맨 ② 윌리엄 켄트
③ 험프리 렙턴 ④ 이안 맥하그

해설 　① 찰스 브릿지맨은 치즈윅 하우스, 루스햄, 스투어헤드를 설계하고 하하(Ha-Ha)기법을 도입한 조경가이다.

정답 1 ② 2 ④ 3 ④ 4 ④ 5 ①

06 앙드레 르 노트르(Andre Le Notre)가 유명하게 된 것은 어떤 정원을 만든 후부터인가?

① 베르사유(Versailles)
② 센트럴파크(Central Park)
③ 토스카나장(Villa Toscana)
④ 알람브라(Alhambra)

해설 르 노트르에 의해 세계 최대 규모의 정형식 정원이 꾸며졌다. 르 노트르는 이탈리아 여행 중 노단건축식 정원을 배웠으나 귀국한 후에는 프랑스의 지형과 풍토에 알맞은 평면기하학식 정원수법을 고안하였다. 루이 14세와 앙드레 르 노트르는 군주와 신민으로서 왕을 위한 신민의 창작품인 베르사유(Versailles)를 통하여 영원히 결합되었다. 베르사유궁전과 궁원은 르 노트르와 루이 14세의 이름과 가장 밀접한 연관이 있으며, 루이 14세 스스로 그렇게 불리우기를 바랐던 위대한 태양왕의 실질적 상징으로 널리 알려져 있다.

07 조선시대 조경양식에 영향을 주지 않은 것은?

① 신선사상
② 정토사상
③ 음양사상
④ 유교사상

해설 유교사상은 조선의 정치이념, 양반의 주택양식, 사원의 위계적 공간분할 등에 영향을 끼친 사상이다.

08 서울 종로구의 구 원각사지에 조성된 탑골(파고다)공원을 설계한 사람은?

① 브라운
② 파 웰
③ 스티븐
④ 케 빈

해설 탑골공원은 우리나라 최초의 근대식 대중공원으로 탑동공원, 파고다공원이라고도 하며, 1897년 영국인 브라운이 고문으로서 참여하였다.

09 선의 분류 중 나머지 세 개와 다른 분류는?

① 실 선
② 가는 선
③ 파 선
④ 쇄 선

해설 ①·③·④ 모양에 따른 분류, ② 굵기에 따른 분류

10 임해공업단지의 조경용 수종으로 적합한 것은?

① 소나무
② 목 련
③ 사철나무
④ 히말라야시다

해설 내염성이 큰 수종 : 해송, 눈향나무, 해당화, 비자나무, 사철나무, 동백나무, 유카, 찔레나무, 회양목 등

11 일반적으로 관목성 수목의 규격의 표시방법으로 가장 적합한 것은?

① 수고×흉고직경
② 수고×수관폭
③ 간장×근원직경
④ 근장×근원직경

해설 조경수목의 규격표시

구 분	교목성	관목성
내 용	• 수고(H)×수관폭(W) • 수고(H)×가슴높이지름(B) • 수고(H)×근원지름(R)	• 수고(H)×수관폭(W) • 수고(H)×근원지름(R) • 수고(H)×수관폭(W)×수관길이(L) • 수고(H)×가지 수 또는 줄기 수 • 수고(H)×생장연수
주요 수목	• 대부분의 침엽수 • 대부분의 단간·쌍간 활엽수 • 대부분의 다간 활엽수	• 대부분의 관목류 • 오래되어 줄기가 굵은 관목 • 눈향처럼 수관 길이가 있는 것 • 개나리, 쥐똥나무 등 • 장미, 모란 등

12 휴게공간의 입지조건으로 적합하지 않은 것은?

① 경관이 양호한 곳
② 시야에 잘 띄지 않는 곳
③ 보행동선이 합쳐지는 곳
④ 기존 녹음수가 조성된 곳

해설 ② 시야에 잘 띄는 곳에 설치한다.

13 다음 중 목재에 유성페인트 칠을 할 때 가장 관련이 없는 재료는?

① 건성유   ② 건조제
③ 방청제   ④ 희석제

해설 ③ 방청제는 금속이 부식하기 쉬운 상태일 때 첨가하여 녹을 방지하기 위해 사용하는 물질이다.

14 점토제품 중 돌을 빻아 빚은 것을 1,300℃ 정도의 온도로 구웠기 때문에 거의 물을 빨아들이지 않으며, 마찰이나 충격에 견디는 힘이 강한 것은?

① 벽돌제품   ② 토관제품
③ 타일제품   ④ 도자기제품

해설
• 토관제품 : 논밭의 하층토와 같은 저급점토를 원료로 모양을 만든 후 유약을 처리하지 않고 그대로 구운 제품
• 타일제품 : 양질의 점토에 장석, 규석, 석회석 등의 가루를 배합하여 성형한 후 유약을 입혀 건조시킨 다음 1,100~1,400℃ 정도로 소성한 제품

15 자연석 공사 시 돌과 돌 사이에 붙여 심는 것으로 적합하지 않은 것은?

① 회양목   ② 철 쭉
③ 맥문동   ④ 향나무

해설 돌틈식재 : 돌틈에 비옥한 토양을 채워 관목류, 화훼류, 야생초 등을 식재하면 토사유출을 방지하고 석정의 느낌을 부드럽게 완화시킬 수 있는데, 주로 사용하는 관목류는 회양목과 철쭉, 야생초는 맥문동 등이다.

16 다음 중 인공폭포, 인공암 등을 만드는 데 사용되는 플라스틱 제품은?

① ILP   ② FRP
③ MDF   ④ OSB

해설 ② 유리섬유 강화플라스틱(FRP ; Fiberglass Reinforced Plastic)은 최근 가장 많이 쓰이는 플라스틱재료로, 강도가 약한 플라스틱에 강화제인 유리섬유를 넣어 성질을 개량한 플라스틱이며 벤치, 미끄럼대의 미끄럼판, 인공폭포, 인공암, 화분대, 수목보호판 등에 사용된다.

17 항공사진 측량 시 낙엽수와 침엽수, 토양의 습윤도 등의 판독에 쓰이는 요소는?

① 질 감   ② 음 영
③ 색 조   ④ 모 양

해설 색조는 대상물이 반사하는 빛의 강도에 따라 나타나는 명암의 차이이다. 침엽수림은 낙엽수림보다 어둡게 보이고, 습윤한 토양은 건조한 토양보다 어둡게 나타나는 특징을 이용해 판독한다.

18 화강석의 크기가 20cm×20cm×100cm일 때 중량은?(단, 화강석의 비중은 평균 2.60이다)

① 약 50kg ② 약 100kg
③ 약 150kg ④ 약 200kg

해설 $20cm \times 20cm \times 100cm \times \dfrac{2.60}{1,000} = 104kg$

19 비탈면 경사의 표시에서 1 : 2.5에서 2.5는 무엇을 뜻하는가?

① 수직고
② 수평거리
③ 경사면의 길이
④ 안식각

해설 경사도의 표현
- 할 : (수직높이 ÷ 수평거리) × 10
- 백분율(%) : (수직높이 ÷ 수평거리) × 100
- 각도(°) : tan^{-1}(수직높이 ÷ 수평거리)
- 비례식 : 수직높이 : 수평거리

20 수목의 생리상 이식시기로 가장 적당한 시기는?

① 뿌리활동이 시작되기 직전
② 뿌리활동이 시작된 후
③ 새 잎이 나온 후
④ 한창 생장이 왕성한 때

해설 ① 수목의 이식시기로는 뿌리의 활동이 시작하기 직전이 좋으며, 활착이 어려운 하절기나 동절기는 피한다.

21 디딤돌놓기 방법 중 돌 표면이 지표면보다 얼마 정도 높게 앉히면 되는가?

① 1~3cm ② 3~6cm
③ 6~9cm ④ 9~12cm

해설 ② 돌 표면이 지표면보다 3~6cm 정도 높게 앉힌다.

22 다음 중 재료별 할증률(%)의 크기가 가장 작은 것은?

① 조경용 수목
② 경계블록
③ 잔디 및 초화류
④ 수장용 합판

해설
① 조경용 수목 : 10%
② 경계블록 : 3%
③ 잔디 및 초화류 : 10%
④ 수장용 합판 : 5%

23 조경공사에서 이식적기가 아닌 때 식재공사를 하는 방법으로 틀린 것은?

① 가지의 일부를 쳐내서 증산량을 줄인다.
② 뿌리분을 작게 만들어 수분조절을 해준다.
③ 증산억제제를 나무에 살포한다.
④ 봄철의 이식 적기보다 늦어질 경우 이른 봄에 미리 굴취하여 가식한다.

해설 ② 일반적으로 크기가 큰 수종, 상록수, 이식이 어려운 수종, 희귀한 수종 등은 뿌리분을 크게 만들어 옮긴다.

24 다음 중 수목에서 잘라야 할 가지가 아닌 것은?

① 수관 안으로 향한 가지
② 한 부위에서 평행하게 나오는 가지
③ 아래로 향한 가지
④ 수목의 주지

해설 잘라 주어야 할 가지
- 웃자란 가지(도장지)
- 말라 죽은 가지(고사지)
- 병해충의 피해를 입은 가지
- 밑에서 움돋은 가지와 줄기에서 돋은 가지
- 아래로 향한 가지
- 안으로 향한 가지
- 얽힌 가지와 교차한 가지
- 그 밖의 가지
  - 같은 부위에 같은 방향으로 평행하게 나 있는 두 가지 중 하나
  - 나무 맨 위의 새 가지가 둘 이상 나온 경우 하나만 남긴 나머지

25 영국 정형식 정원의 특징 중 매듭화단이란 무엇인가?

① 낮게 깎은 회양목 등으로 화단을 기하학적 문양으로 구획한 화단
② 수목을 전정하여 정형적 모양으로 만든 미로
③ 가늘고 긴 형태로 한쪽 방향에서만 관상할 수 있는 화단
④ 카펫을 깔아 놓은 듯 화려하고 복잡한 문양이 펼쳐진 화단

해설 매듭화단 : 영국 튜더왕조에서 유행했던 화단으로, 낮게 깎은 회양목 등을 여러 가지 기하학적 문양으로 구획지어 식재한 화단이다.

26 다음 그림과 같이 구릉지의 맨 위쪽에 세워진 건물은 토지의 이용방법 중 어떠한 것에 속하는가?

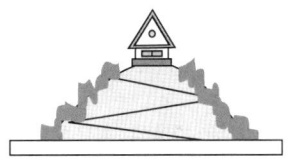

① 강 조   ② 통 일
③ 대 비   ④ 보 존

해설 강조(Accent)
- 비슷한 형태나 색감들 사이에 이와 상반되는 것을 넣어 강조하면 시각적으로 산만함을 막고 통일감을 조성할 수 있다.
- 강조를 위해서는 대상의 외관(外觀)을 단순화시켜야 한다.
- 자연경관에서는 구조물이 강조의 수단으로 사용되는 경우가 많다.
- 강조하는 것이 수적으로 많고 흩어져 있게 되면 오히려 통일감을 잃게 된다.

27 명암순응(明暗順應)에 대한 설명으로 틀린 것은?

① 눈이 빛의 밝기에 순응해서 물체를 본다는 것을 명암순응이라 한다.
② 맑은 날 색을 본 것과 흐린 날 색을 본 것이 같이 느껴지는 것이 명순응이다.
③ 터널에 들어갈 때와 나갈 때의 밝기가 급격히 변하지 않도록 명암순응 식재를 한다.
④ 명순응에 비해 암순응은 장시간을 필요로 한다.

해설
- 명순응 : 어두운 곳에서 밝은 곳으로 옮기면 처음에는 눈이 부시나 차차 적응하여 정상 상태로 돌아가는 현상이다.
- 암순응 : 밝은 곳에서 어두운 곳으로 들어가면 처음에는 보이지 않던 것이 시간이 지남에 따라 차차 보이기 시작하는 현상이다.

28 다음 중 낙엽활엽관목으로만 짝지어진 것은?

① 동백나무, 섬잣나무
② 회양목, 아왜나무
③ 생강나무, 화살나무
④ 느티나무, 은행나무

해설 ① 동백나무(상록활엽교목), 섬잣나무(상록침엽교목)
② 회양목(상록활엽관목), 아왜나무(상록활엽교목)
④ 느티나무(낙엽활엽교목), 은행나무(낙엽침엽교목)

29 침엽수로만 짝지어진 것이 아닌 것은?

① 향나무, 주목
② 낙우송, 잣나무
③ 가시나무, 구실잣밤나무
④ 편백, 낙엽송

해설 ③ 가시나무는 상록침엽교목이고, 구실잣밤나무는 상록활엽교목이다.

30 자연석 중 전후좌우 사방 어디에서나 볼 수 있으며, 키가 높아야 효과적인 돌의 형태는?

① 입석(立石)   ② 횡석(橫石)
③ 평석(平石)   ④ 와석(臥石)

해설 ② 횡석 : 눕혀 쓰는 돌로 안정감이 있음
③ 평석 : 윗부분이 평평한 돌로 안정감을 주며, 주로 앞부분에 배석함
④ 와석 : 소가 누운 형태로 횡석보다 안정감이 더 있음

31 반죽질기의 정도에 따라 작업의 쉽고 어려운 정도, 재료의 분리에 저항하는 정도를 나타내는 콘크리트 성질에 관련된 용어는?

① 성형성(Plasticity)
② 마감성(Finishability)
③ 시공성(Workability)
④ 레이턴스(Laitance)

해설 ① 성형성 : 거푸집 등의 형상에 순응하여 채우기 쉽고, 분리가 일어나지 않는 굳지 않은 콘크리트의 성질
② 마감성 : 굵은골재의 최대 치수, 잔골재율, 잘골재의 입도, 반죽질기 등에 따른 마무리하기 쉬운 정도를 말하는 굳지 않은 콘크리트의 성질
④ 레이턴스 : 콘크리트를 친 후에 양생물이 상승함에 따라 내부의 미세한 물질이 함께 부상하여 경화된 콘크리트 표면에 형성되는 흰색의 얇은 막

32 다음 중 미장재료에 속하는 것은?

① 페인트   ② 니 스
③ 회반죽   ④ 래 커

해설 ①·②·④ 도장재료, ③ 미장재료
※ 회반죽 : 소석회에 모래, 여물이나 해초풀을 넣어 반죽한 풀 형태의 미장재료, 벽이나 천장 등을 미장하는 데 사용한다.

33 "이 금속"은 복잡한 형상의 제작 시 품질도 좋고 작업이 용이하며, 내식성이 뛰어나다. 탄소 함유량이 약 1.7~6.6%, 용융점은 1,100~1,200℃로서 선철에 고철을 섞어서 용광로에서 재용해하여 탄소 성분을 조절하여 제조하는 "이 금속"은 무엇인가?

① 동합금　　② 주 철
③ 중 철　　　④ 강 철

해설 철의 종류
- 순철 : 탄소함유량이 0.035% 이하인 철로, 800~1,000℃ 내외에서 가단성(可鍛性)이 강한 연질이다.
- 선철 : 주철이라고도 하는 탄소함유량이 1.7% 이상인 철로, 주조성이 강한 경질이며 취성이 크다.
- 강철(탄소강) : 탄소함유량이 0.03~1.7% 정도인 철로, 가단성과 함께 주조성도 강하기 때문에 자동차, 건축, 기계 등 다양한 분야에서 가장 많이 쓰인다.
※ 특수강(합금강) : 탄소강에 특수한 원소를 첨가하여 성질을 개선시킨 것으로, 대표적인 특수강에는 니켈강, 니켈크롬강(스테인리스강) 등이 있다.

34 크롬산 아연을 안료로 하고, 알키드 수지를 전색료로 한 것으로서 알루미늄 녹막이 초벌칠에 적당한 도료는?

① 광명단
② 파커라이징(Parkerizing)
③ 그라파이트(Graphite)
④ 징크로메이트(Zincromate)

해설 녹막이 페인트(방청용 페인트)
- 철재 녹막이 : 광명단
- 알루미늄재 녹막이 : 징크로메이트
- 목재 방부제 : 크레오소트유

35 조경공사에서 작은 언덕을 조성하는 흙쌓기 용어는?

① 사 토　　② 절 토
③ 마운딩　　④ 정 지

해설 ③ 마운딩 : 경관에 변화를 주거나, 방음·방풍·방설 등을 위한 목적으로 작은 동산을 만드는 경우를 마운딩(Mounding)이라고 하며, 가산 조성 또는 조산, 축산작업이라고도 한다.
① 사토 : 공사현장에서 사용하고 남은 흙 중 현장 외부로 반출하는 토량을 말한다.
② 절토 : 토목공사에서 시설물을 세우기 위해 지형을 깎아내리거나 흙을 파내는 작업을 말한다.
④ 정지 : 시공도면에 의거하여 계획된 등고선과 표고대로 부지를 골라 시공기준면을 만드는 일이다.

36 다음 중 호박돌쌓기의 방법에 대한 설명으로 부적합한 것은?

① 표면이 깨끗한 돌을 사용한다.
② 크기가 비슷한 것이 좋다.
③ 불규칙하게 쌓는 것이 좋다.
④ 기초공사 후 찰쌓기로 시공한다.

해설 ③ 호박돌쌓기는 규칙적인 모양으로 하는 것이 보기에 자연스럽다.

정답 33 ② 34 ④ 35 ③ 36 ③

37 토공사용 기계에 대한 설명으로 부적당한 것은?

① 불도저는 일반적으로 60m 이하의 배토 작업에 사용한다.
② 드래그라인은 기계 위치보다 낮은 연질 지반의 굴착에 유리하다.
③ 클램셸은 좁은 곳의 수직터파기에 쓰인다.
④ 파워셔블은 기계가 위치한 면보다 낮은 곳의 흙파기에 쓰인다.

해설 ④ 파워셔블 : 기계를 장치한 위치보다 높은 데를 굴삭하는 데 적합하고, 비교적 단단한 토질을 굴삭할 수 있으며, 파기와 싣기 모두 가능하다.

38 가는 가지자르기 방법에 대한 설명으로 옳은 것은?

① 자를 가지의 바깥쪽 눈 바로 위를 비스듬히 자른다.
② 자를 가지의 바깥쪽 눈과 평행하게 멀리서 자른다.
③ 자를 가지의 안쪽 눈 바로 위를 비스듬히 자른다.
④ 자를 가지의 안쪽 눈과 평행한 방향으로 자른다.

해설 ① 안쪽 눈 위를 자르면 그 눈에서 나온 새 가지가 안쪽으로 자라 통풍·수광을 나쁘게 하므로 가지를 자를 때는 반드시 바깥 눈 위를 잘라 가지를 바깥으로 자라게 유도한다. 눈 위를 자를 때는 바깥쪽 눈의 7~10mm 위를 비스듬히 자른다.

39 다음 중 조경수목에 거름을 줄 때의 방법에 대한 설명으로 틀린 것은?

① 윤상 거름주기 : 수관폭을 형성하는 가지 끝 아래의 수관선을 기준으로 환상으로 깊이 20~25cm, 너비 20~30cm로 둥글게 판다.
② 방사상 거름주기 : 파는 도랑의 깊이는 바깥쪽일수록 깊고 넓게 파야 하며, 선을 중심으로 하여 길이는 수관폭의 1/3 정도로 한다.
③ 선상 거름주기 : 수관선상에 깊이 20cm 정도의 구멍을 군데군데 뚫고 거름을 주는 방법으로, 액비를 비탈면에 줄 때 적용한다.
④ 전면 거름주기 : 한 그루씩 거름을 줄 경우, 뿌리가 확장되어 있는 부분을 뿌리가 나오는 곳까지 전면으로 땅을 파고 거름을 주는 방법이다.

해설 ③ 천공 거름주기
※ 선상 거름주기 : 산울타리처럼 수목이 띠 모양으로 군식되었을 때, 식재된 수목을 따라 밑동으로부터 일정한 간격을 두고 도랑처럼 길게 구덩이를 파서 거름을 주는 방법이다.

40 해충 중에서 잎에 주사바늘과 같은 침으로 식물체 내에 있는 즙액을 빨아먹는 종류가 아닌 것은?

① 응애   ② 깍지벌레
③ 측백하늘소   ④ 매미

해설 가해 습성에 따른 해충의 분류
• 식엽성 해충 : 회양목명나방, 풍뎅이, 잎벌, 집시나방, 느티나무벼룩바구미 등
• 흡즙성 해충 : 응애, 진딧물, 깍지벌레, 방패벌레 등
• 천공성 해충 : 소나무좀, 노랑무늬송마구미, 하늘소, 박쥐나방 등
• 충영형성 해충 : 솔잎혹파리, 밤나무혹벌, 혹응애, 혹진딧물 등
• 종실 해충 : 밤바구미, 복숭아명나방 등

41 계단의 설계 시 고려해야 할 기준으로 옳지 않은 것은?

① 계단의 경사는 최대 30~35°가 넘지 않도록 해야 한다.
② 단높이를 h, 단너비를 b로 할 때 $2h + b = 60~65cm$가 적당하다.
③ 진행 방향에 따라 중간에 1인용일 때 단너비 90~110cm 정도의 계단참을 설치한다.
④ 계단의 높이가 5m 이상이 될 때에만 중간에 계단참을 설치한다.

해설 계단(주택건설기준 등에 관한 규정 제16조 제2항)
계단은 다음에서 정하는 바에 따라 적합하게 설치하여야한다.
1. 높이 2m를 넘는 계단(세대 내 계단은 제외)에는 2m(기계실 또는 물탱크실의 계단의 경우에는 3m) 이내마다 해당 계단의 유효 폭 이상의 폭으로 너비 120cm 이상인 계단참을 설치할 것. 다만, 각 동 출입구에 설치하는 계단은 1층에 한정하여 높이 2.5m 이내마다 계단참을 설치할 수 있다.
2. 계단의 바닥은 미끄럼을 방지할 수 있는 구조로 할 것

42 상록수의 주요한 기능으로 부적합한 것은?

① 시각적으로 불필요한 곳을 가려준다.
② 겨울철에는 바람막이로 유용하다.
③ 신록과 단풍으로 계절감을 준다.
④ 변화되지 않는 생김새를 유지한다.

해설 ③ 상록수란 계절에 관계없이 잎의 색이 항상 푸른 나무를 말한다.

43 우리나라 후원양식의 정원수법이 형성되는 데 영향을 미친 것이 아닌 것은?

① 불교의 영향 ② 음양오행설
③ 유교의 영향 ④ 풍수지리설

해설 ① 불교사상은 사찰정원을 중심으로 극락정토사상에 근거한 극락의 세계관을 현세에 조형시키고자 하였다.

44 조경계획의 과정을 기술한 것 중 가장 잘 표현한 것은?

① 자료분석 및 종합 → 목표설정 → 기본계획 → 실시설계 → 기본설계
② 목표설정 → 기본설계 → 자료분석 및 종합 → 기본계획 → 실시설계
③ 기본계획 → 목표설정 → 자료분석 및 종합 → 기본설계 → 실시설계
④ 목표설정 → 자료분석 및 종합 → 기본계획 → 기본설계 → 실시설계

해설 조경계획의 과정 : 목표 설정 → 현황자료 분석(자연환경분석, 인문환경분석) 및 종합 → 기본구상 → 기본계획(토지이용계획, 교통동선계획, 시설물 배치계획, 식재계획, 하부구조계획, 집행계획) → 기본설계 → 실시설계 → 시공 및 감리 → 유지관리

45 수목 식재에 가장 적합한 토양의 구성비(토양 : 수분 : 공기)는?

① 50% : 25% : 25%
② 50% : 10% : 40%
③ 40% : 40% : 20%
④ 30% : 40% : 30%

해설 ① 사질양토는 토심이 깊고 배수와 보수력이 좋아 재배에 적합한 토양으로, 구성비는 토양 50%, 수분 25%, 공기 25%이다.

정답 41 ④ 42 ③ 43 ① 44 ④ 45 ①

46 이용행태를 조사하기 위한 방법으로 적절한 조사방법은 무엇인가?

① 설문조사 ② 면담조사
③ 사례조사 ④ 현장관찰법

해설 ④ 현장관찰법은 실제 이용행태를 조사하여 설문을 통한 태도조사의 보완책으로 사용한다.

47 조경 설계과정에서 가장 먼저 이루어져야 하는 것은?

① 구상개념도 작성
② 실시설계도 작성
③ 평면도 작성
④ 내역서 작성

해설 ① 조경 설계도면을 작성하기 위해서는 구상개념도를 작성하거나 혹은 이해할 수 있어야 한다. 직접적으로 작성하여 제출하는 경우도 있으며, 그렇지 않더라도 전체적인 설계개념을 이끌어내는 데 매우 필요한 단계이다.

48 다음 중 배식설계에 있어서 정형식 배식설계로 가장 적당한 것은?

① 부등변 삼각형 식재
② 대 식
③ 임의(랜덤)식재
④ 배경식재

해설 배식설계방법
• 정형식(整形式) : 단식, 대식, 열식, 교호식재, 집단식재
• 자연식(自然式) : 부등변삼각형 식재, 임의식재, 모아심기, 배경식재
• 절충식

49 조경식재 설계도를 작성할 때 수목명, 규격, 본수 등을 기입하기 위한 인출선 사용의 유의사항으로 올바르지 않은 것은?

① 가는 선으로 명료하게 긋는다.
② 인출선의 수평부분은 기입 사항의 길이와 맞춘다.
③ 인출선 간의 교차나 치수선의 교차를 피한다.
④ 인출선의 방향과 기울기는 자유롭게 표기하는 것이 좋다.

해설 인출선의 표시방법
• 가는 실선을 사용하여 표시한다.
• 한 도면 내에서 사용하는 모든 인출선의 굵기와 질은 동일하게 유지한다.
• 긋는 방향과 기울기를 통일한다.

50 A2 도면의 크기 치수로 옳은 것은?(단, 단위는 mm이다)

① 841×1,189 ② 549×841
③ 420×594   ④ 210×297

해설 도면의 치수
• A0 : 841×1,189
• A1 : 594×841
• A2 : 420×594
• A3 : 297×420
• A4 : 210×297

46 ④ 47 ① 48 ② 49 ④ 50 ③ 정답

51 대나무를 조경재료로 사용 시 어느 시기에 잘라서 쓰는 것이 좋은가?

① 봄 철
② 여름철
③ 가을이나 겨울철
④ 장마철

해설 ③ 대나무의 이식시기는 5월, 절단시기는 가을이나 겨울철이 가장 좋다.

52 다음 중 내풍성이 약하여 바람에 잘 쓰러지는 수종은?

① 느티나무　② 갈참나무
③ 가시나무　④ 미루나무

해설 • 내풍력이 큰 수종 : 갈참나무, 떡갈나무, 느티나무, 상수리나무, 밤나무, 가시나무 등
• 내풍력이 작은 수종 : 미루나무, 버드나무, 아까시, 양버들 등

53 겨울화단에 심을 수 있는 식물은?

① 팬 지　② 메리골드
③ 다알리아　④ 꽃양배추

해설 ④ 꽃양배추 : 유럽 원산의 관상용 양배추로서 겨울의 화단이나 화분에 심기에 적당하다.

54 목재에 수분이 침투되지 못하도록 하여 부패를 방지할 수 있는 방법은?

① 표면탄화법
② 니스도장법
③ 약제주입법
④ 비닐포장법

해설 ② 도장법은 표면에 페인트, 니스, 콜타르 등의 방수용 도장제를 발라 목재에 수분이 침투되지 못하도록 하여 목재의 부패를 방지하는 방법이다.

55 다음 석재 중 일반적으로 내구연한이 가장 짧은 것은?

① 석회암　② 화강석
③ 대리석　④ 석영암

해설 내구연한 : 화강석(200년) > 석영암(75~200년) > 대리석(100년) > 석회암(40년)

56 돌이 풍화·침식되어 표면이 자연적으로 거칠어진 상태를 뜻하는 것은?

① 돌의 뜰녹　② 돌의 절리
③ 돌의 조면　④ 돌의 이끼바탕

해설 ③ 야면이라고도 하며 돌이 비나 바람, 다른 돌 등에 의하여 풍화·침식되어 그 표면이 삭아서 거칠어진 상태이다.
① 돌이 장구한 세월을 거쳐 풍화작용을 받으면 조면에 고색을 띤 뜰녹이 생기는데, 뜰녹이 훌륭한 경관석은 관상가치가 매우 높다.
② 돌을 구성하고 있는 여러 가지 광물의 배열상태를 절리라 한다. 절리로 인하여 돌에는 선이나 무늬가 생겨 방향감을 주고 예술적 가치가 생기는데, 절리는 섬세하면서도 조잡스럽지 않은 것이 좋다.
④ 이끼가 낀 돌은 자연미를 한층 더해 준다. 경관석을 놓은 곳이 음지라면 음지에서 이끼 낀 돌을 고르고, 양지라면 양지에서 이끼 낀 돌을 고르는 것이 좋다.

정답　51 ③　52 ④　53 ④　54 ②　55 ①　56 ③

57 시멘트 보관 및 창고의 구비조건 설명으로 옳은 것은?

① 간단한 나무구조로 통풍이 잘되게 한다.
② 시멘트를 쌓을 마루높이는 지면에서 10cm 정도로 유지한다.
③ 창고 둘레 주위에는 비가 내릴 때 물을 담아 공사 시 이용할 장소를 파 놓는다.
④ 시멘트쌓기는 최대 높이 13포대로 한다.

해설 시멘트 창고의 기준과 보관방법
- 창고의 바닥높이는 지면에서 30cm 이상으로 한다.
- 지붕은 비가 새지 않는 구조로 하고, 벽이나 천장은 기밀하게 한다.
- 창고 주위는 배수도랑을 두고 우수의 침입을 방지한다.
- 출입구 채광창 이외의 환기창은 두지 않는다.
- 반입구와 반출구를 따로 두어 먼저 쌓는 것부터 사용하도록 한다.
- 시멘트쌓기의 높이는 13포(1.5m) 이내로 하고, 장기간 쌓아 두는 것은 7포 이내로 한다.
- 저장 중에 약간이라도 굳은 시멘트는 공사에 사용하지 않아야 한다.
- 3개월 이상 장기간 저장한 시멘트는 사용하기에 앞서 재시험을 실시하여 그 품질을 확인하여야 한다.
- 시멘트의 온도가 너무 높을 때는 그 온도를 낮추어서 사용하여야 하고, 일반적으로 50℃ 정도의 시멘트를 사용하는 것이 좋다.

58 다음 중 괄호 안에 들어갈 말로 옳게 나열된 것은?

> 콘크리트가 단단히 굳어지는 것은 시멘트와 물의 화학반응에 의한 것인데, 시멘트와 물이 혼합된 것을 (   )라 하고, 시멘트와 모래 그리고 물이 혼합된 것을 (   )라 한다.

① 콘크리트, 모르타르
② 모르타르, 콘크리트
③ 시멘트 페이스트, 모르타르
④ 모르타르, 시멘트 페이스트

해설
- 시멘트 페이스트(Cement Paste, 시멘트풀) : 시멘트에 물을 넣어 혼합한 것
- 모르타르(Mortar) : 시멘트와 모래를 섞어서 물로 반죽한 것

59 비금속재료의 특성에 관한 설명 중 옳지 않은 것은?

① 납은 비중이 크고 연질이며 전성, 연성이 풍부하다.
② 알루미늄은 비중이 비교적 작고 연질이며 강도도 낮다.
③ 아연은 산 및 알칼리에 강하나 공기 중 및 수중에서는 내식성이 작다.
④ 동은 상온의 건조공기 중에서 변화하지 않으나 습기가 있으면 광택을 소실하고 녹청색으로 띤다.

해설 ③ 아연은 산·알칼리에 약하고, 공기 중이나 수중에서의 내식성이 강하여 철재의 내식도금재로 많이 쓰인다.

60 안전사고 방지대책에 대한 내용 중 옳지 않은 것은?

① 구조나 재질에 결함이 있으면 철거하거나 개량 조치를 한다.
② 공원은 휴양, 휴식시설이므로 안전사고는 이용자 자신의 과실이다.
③ 위험한 장소에는 감시원, 지도원의 배치를 한다.
④ 정기적인 순시 점검과 시설이용을 관찰·지도한다.

해설 ② 공원 이용에 있어 발생한 안전사고는 이용자와 관리행정당국이 함께 문제를 해결해야 한다.

정답 57 ④ 58 ③ 59 ③ 60 ②

2019년 제1회 과년도 기출복원문제

01 영국의 스토우(Stowe)원을 설계했으며, 정원 내에 하하(Ha-ha)의 기교를 생각해 낸 조경가는?

① 찰스 브릿지맨
② 윌리엄 켄트
③ 험프리 렙턴
④ 이안 맥하그

해설 ① 찰스 브릿지맨은 치즈윅 하우스, 루스햄, 스투어헤드를 설계하고 하하(Ha-Ha)기법을 도입한 조경가이다.

02 우리나라 후원양식의 정원수법이 형성되는 데 영향을 미친 것이 아닌 것은?

① 불교의 영향
② 음양오행설
③ 유교의 영향
④ 풍수지리설

해설 ① 불교사상은 사찰정원을 중심으로 극락정토사상에 근거한 극락의 세계관을 현세에 조형시키고자 하였다.

03 조선시대 선비들이 즐겨 심고 가꾸었던 사절우(四節友)에 해당하는 식물이 아닌 것은?

① 난 초
② 대나무
③ 국 화
④ 매화나무

해설
• 사군자(四君子) : 매화나무, 난초, 국화, 대나무
• 사절우(四節友) : 매화나무, 소나무, 국화, 대나무

04 수집한 자료들을 종합한 후에 이를 바탕으로 개략적인 계획안을 결정하는 단계는?

① 목표설정
② 기본구상
③ 기본설계
④ 실시설계

해설 ② 기본구상은 제반자료의 분석종합을 기초로 하고, 프로그램에서 제시된 계획방향에 의거하여 계획안의 개념을 정립하는 단계이다.

05 다음 중 녹나무과(科)로 봄에 가장 먼저 개화하는 수종은?

① 치자나무
② 호랑가시나무
③ 생강나무
④ 무궁화

해설
① 치자나무 : 꼭두서니과
② 호랑가시나무 : 감탕나무과
④ 무궁화 : 아욱과

06 다음 재료 중 연성(延性, Ductility)이 가장 큰 것은?

① 금
② 철
③ 납
④ 구 리

해설 연성이 큰 순서 : 금(Au) > 은(Ag) > 백금(Pt) > 철(Fe) > 구리(Cu) > 알루미늄(Al) > 주석(Sn) > 납(Pb)

정답 1 ① 2 ① 3 ① 4 ② 5 ③ 6 ①

07 다음 설명하는 열경화성 수지는?

- 강도가 우수하며, 베이클라이트를 만든다.
- 내산성, 전기 절연성, 내약품성, 내수성이 좋다.
- 내알칼리성이 약한 결점이 있다.
- 내수합판 접착제 용도로 사용된다.

① 요소계 수지
② 메타아크릴수지
③ 염화비닐계수지
④ 페놀계 수지

해설 ④ 페놀수지 접착제는 페놀과 폼알데하이드를 주재로 하는 합성수지로, 페놀수지로 만든 액상 접착제는 무색투명하고, 내수성·내약품성·내열성이 가장 우수하며, 이종재 간의 접착에 사용된다.

08 질량 113kg의 목재를 절대건조시켜서 100kg로 되었다면 전건량기준 함수율은?

① 0.13%   ② 0.30%
③ 3.00%   ④ 13.00%

해설 목재의 함수율 = $\dfrac{건조\ 전\ 중량 - 건조중량}{건조중량} \times 100(\%)$

$= \dfrac{113 - 100}{100} \times 100(\%) = 13\%$

09 다음 중 비료의 3요소에 해당하지 않는 것은?

① N   ② K
③ P   ④ Mg

해설 비료의 구성
- 비료의 3요소 : 질소(N), 인(P), 칼륨(K)
- 비료의 4요소 : 질소, 인, 칼륨, 칼슘(Ca)
- 비료의 5요소 : 질소, 인산, 칼륨, 칼슘, 마그네슘(Mg)

10 진딧물이나 깍지벌레의 분비물에 곰팡이가 감염되어 발생하는 병은?

① 흰가루병
② 녹 병
③ 잿빛곰팡이병
④ 그을음병

해설 그을음병 : 깍지벌레, 진딧물 등의 배설물에서 발생하며, 생육이 불량한 나무의 잎, 가지, 줄기에 그을음이 퍼져 식물의 광합성을 방해한다.

11 구상나무(*Abies koreana* Wilson)와 관련된 설명으로 틀린 것은?

① 한국이 원산지이다.
② 측백나무과(科)에 해당한다.
③ 원추형의 상록침엽교목이다.
④ 열매는 구과로 원통형이며 길이 4~7cm, 지름 2~3cm의 자갈색이다.

해설 ② 소나무과(科)에 해당한다.

12 다음 중 조경시공에 활용되는 석재의 특징으로 부적합한 것은?

① 내화성이 뛰어나고 압축강도가 크다.
② 내수성·내구성·내화학성이 풍부하다.
③ 색조와 광택이 있어 외관이 미려·장중하다.
④ 천연물이기 때문에 재료가 균일하고, 갈라지는 방향성이 없다.

해설 ④ 천연물이기 때문에 재료가 불균일하고 갈라지는 방향성이 있다.

13 목재를 방부제 속에 일정기간 담가두는 방법으로 크레오소트(Creosote)를 많이 사용하는 방부법은?

① 표면탄화법 ② 직접유살법
③ 상압주입법 ④ 약제도포법

해설 상압주입법 : 침지법과 유사하나, 가열한 약액에 방부할 목재를 일정 시간 담가 둔 후 다시 상온의 약액에 담가 침지시키는 방법
※ 크레오소트 : 방부효과가 크고, 철재류의 부식이 작으며, 침투성이 양호하다.

14 시공관리의 3대 목적이 아닌 것은?

① 원가관리 ② 노무관리
③ 공정관리 ④ 품질관리

해설 시공관리 : 시공계획에 따라 공사가 원활히 진행되도록 공사를 관리하는 모든 노력을 말하며, 이를 위해서는 시공관리의 목표가 되는 품질관리, 원가관리, 공정관리뿐만 아니라 안전관리 및 자원관리 역시 계획성을 가지고 효율적으로 수행하여야 한다.

15 병의 발생에 필요한 3가지 요인을 정량화하여 삼각형의 각 변으로 표시하고, 이들 상호 관계에 의한 삼각형의 면적을 발병량으로 나타내는 것을 병삼각형이라 한다. 여기에 포함되지 않는 것은?

① 병원체 ② 환 경
③ 기 주   ④ 저항성

해설 식물병의 발병에 관여하는 3대 요인 : 병원체(주인), 환경(유인), 기주(소인)

16 일반적인 식물 간 양료 요구도(비옥도)가 높은 것부터 차례로 나열된 것은?

① 활엽수 > 유실수 > 소나무류 > 침엽수
② 유실수 > 침엽수 > 활엽수 > 소나무류
③ 유실수 > 활엽수 > 침엽수 > 소나무류
④ 소나무류 > 침엽수 > 유실수 > 활엽수

해설 ③ 수목 간 양료 요구도는 농작물 > 유실수 > 활엽수 > 침엽수 > 소나무류 순이다.

17 다음 중 주택정원의 작업뜰에 위치할 수 있는 시설물로 가장 부적합한 것은?

① 장독대   ② 빨래 건조장
③ 퍼걸러   ④ 채소밭

해설 ③ 퍼걸러는 지붕 없이 골조만 갖추고 있는 시설물로, 덩굴류의 식물 등을 이용해 여름에는 그늘을 조성하고, 겨울에는 채광이 가능하도록 설치한다.

18 다음 중 가로수로 식재하며, 주로 봄에 꽃을 감상할 목적으로 식재하는 수종은?

① 팽나무   ② 마가목
③ 협죽도   ④ 벚나무

해설
• 가로수용 수목 : 벚나무, 은행나무, 느티나무, 가죽나무, 회화나무, 은단풍, 칠엽수, 메타세쿼이아, 플라타너스 등
• 봄꽃을 관상하는 나무 : 진달래, 벚나무, 철쭉, 동백나무, 목련, 조팝나무, 산사나무, 매화나무, 개나리, 산수유, 등나무, 수수꽃다리, 모란, 박태기나무 등

정답 13 ③ 14 ② 15 ④ 16 ③ 17 ③ 18 ④

19 피라칸타와 해당화의 공통점으로 옳지 않은 것은?

① 과명은 장미과이다.
② 열매는 붉은 색으로 성숙한다.
③ 성상은 상록활엽관목이다.
④ 줄기나 가지에 가시가 있다.

해설 ③ 피라칸타는 상록활엽관목이고, 해당화는 낙엽활엽관목이다.

20 수준측량의 용어 설명 중 높이를 알고 있는 기지점에 세운 표척눈금의 읽은 값을 무엇이라 하는가?

① 후 시   ② 전 시
③ 전환점   ④ 중간점

해설 후시 : 표고를 이미 알고 있는 점, 즉 기지점에 세운 표척의 읽음 값
※ 전시 : 표고를 구하려는 점, 즉 미지점에 세운 표척을 읽음 값

21 자유, 우아, 섬세, 간접적, 여성적인 느낌을 갖는 선은?

① 직 선   ② 절 선
③ 곡 선   ④ 점 선

해설 곡선 : 구릉지, 하천, 소로를 따라 굽이굽이 뻗어 가는 곡선은 부드럽고 여성적이며 우아한 느낌을 준다.

22 다음 중 가로수용으로 가장 적합한 수종은?

① 회화나무
② 돈나무
③ 호랑가시나무
④ 풀명자

해설 가로수용 수목 : 벚나무, 은행나무, 느티나무, 가죽나무, 회화나무, 은단풍, 칠엽수, 메타세쿼이아, 플라타너스 등

23 다음 중 열가소성 수지에 해당되는 것은?

① 페놀수지
② 멜라민수지
③ 폴리에틸렌수지
④ 요소수지

해설 합성수지의 분류
- 열가소성 수지 : 성형 후 열이나 용제를 가하면 소성 변형하고, 냉각하면 고결하는 고체상의 고분자 물질로 구성된 수지
  예 폴리에틸렌수지, 폴리프로필렌수지, 폴리스타이렌수지, 폴리염화비닐수지, 아크릴수지, 불소수지, 폴리아미드수지(나일론, 아라미드), 폴리에스테르수지, 아세탈수지 등
- 열경화성 수지 : 성형 후 열이나 용제를 가해도 형태가 변하지 않는, 비교적 저분자 물질로 구성된 수지
  예 페놀수지, 멜라민수지, 불포화폴리에스테르수지, 에폭시수지, 우레아(요소)수지, 실리콘수지, 푸란수지 등

정답 19 ③ 20 ① 21 ③ 22 ① 23 ③

24 다음 중 경사도에 관한 설명으로 틀린 것은?

① 45° 경사는 1 : 1이다.
② 25% 경사는 1 : 4이다.
③ 1 : 2는 수평거리 1, 수직거리 2를 나타낸다.
④ 경사면은 토양의 안식각을 고려하여 안전한 경사면을 조성한다.

해설 경사도의 표현
- 할 : (수직높이 ÷ 수평거리) × 10
- 백분율(%) : (수직높이 ÷ 수평거리) × 100
- 각도(°) : $\tan^{-1}$(수직높이 ÷ 수평거리)
- 비례식 : 수직높이 : 수평거리

25 다음 중 시멘트와 그 특성이 바르게 연결된 것은?

① 조강 포틀랜드 시멘트 : 조기강도를 요하는 긴급공사에 적합하다.
② 백색 포틀랜드 시멘트 : 시멘트 생산량의 90% 이상을 선점하고 있다.
③ 고로슬래그 시멘트 : 건조수축이 크며, 보통시멘트보다 수밀성이 우수하다.
④ 실리카 시멘트 : 화학적 저항성이 크고 발열량이 적다.

해설
① 조강(早强) 포틀랜드 시멘트 : 보통 포틀랜드 시멘트 원료와 거의 같으나 급경성(急硬性)을 갖게 한 고급 시멘트로서 단기에 높은 강도를 내고, 수밀성이 좋으며, 저온에서도 강도발현이 우수해 겨울철, 수중, 해중 공사 등에 적합하다. 수화열의 축적으로 콘크리트에 균열이 가기 쉬운 것이 단점이다.
② 백색 포틀랜드 시멘트 : 산화철(Fe_2O_3)의 함량(0.3%)이 보통 시멘트(3.0%)보다 적어 건축물 도장, 타일 및 인조대리석 가공, 조각품이나 표식 등에 주로 쓰인다.
③ 고로(高爐)슬래그 시멘트 : 보통 포틀랜드 시멘트에 비하여 분말도가 높고 응결 및 강도발현이 약간 느리지만, 화학적 저항성이 크고 발열량이 적어 해수나 기름의 작용을 받는 구조물이나 공장폐수·오수의 배수로 구축 등에 쓰인다.
④ 실리카 시멘트(Silica Cement) : 동결융해작용에 대한 저항성은 작지만 화학적 저항성은 커서 해수나 공장폐수, 하수 등을 취급하는 구조물이나 광산과 같은 특수목적 구조물에 사용된다.

26 소나무 순자르기에 대한 설명으로 틀린 것은?

① 매년 5~6월경에 실시한다.
② 중심 순만 남기고 모두 자른다.
③ 새순이 5~10cm 길이로 자랐을 때 실시한다.
④ 남기는 순도 힘이 지나칠 경우 1/2~1/3 정도로 자른다.

해설 소나무의 순지르기
- 소나무류는 가지 끝에 여러 개의 눈이 있어, 봄에 그대로 두면 중심의 눈이 길게 자라고 나머지 눈은 사방으로 뻗어 마치 바퀴살과 같은 모양을 이루어 운치가 사라진다.
- 원하는 모양을 만들기 위해서는 5~6월에 새순이 5~10cm 길이로 자랐을 때 1~2개의 순을 남기고 중심순을 포함한 나머지는 다 따 버리는 것이 좋다.
- 남긴 순의 자라는 힘이 지나치다고 생각될 때는 1/3~1/2 정도만 남겨 두고 끝부분을 따 준다.

27 토양 및 수목에 양분을 처리하는 방법의 특징 설명이 틀린 것은?

① 액비관주는 양분흡수가 빠르다.
② 수간주입은 나무에 손상이 생긴다.
③ 엽면시비는 뿌리 발육 불량지역에 효과적이다.
④ 천공시비는 비료 과다투입에 따른 염류장해 발생 가능성이 없다.

해설 ④ 천공시비도 비료를 과다하게 투입하면 염류장해가 발생할 가능성이 있다.
※ 천공 거름주기 : 수관선상에 깊이 20cm 정도의 구멍을 군데군데 뚫고 거름을 주는 방법으로, 주로 비탈면에 물거름을 줄 때 적용하고, 물거름이 아닌 것은 거름을 넣고 가볍게 덮어 준다.

정답 24 ③ 25 ① 26 ② 27 ④

28 조경수목은 식재기의 위치나 환경조건 등에 따라 적절히 선정하여야 한다. 다음 중 수목의 구비조건으로 가장 거리가 먼 것은?

① 병충해에 대한 저항성이 강해야 한다.
② 다듬기작업 등 유지관리가 용이해야 한다.
③ 이식이 용이하며, 이식 후에도 잘 자라야 한다.
④ 번식이 힘들고 다량으로 구입이 어려워야 희소성 때문에 가치가 있다.

해설 조경수목의 구비조건
- 관상가치와 실용적 가치가 높아야 한다.
- 이식이 용이하고, 이식 후에도 잘 자라야 한다.
- 불리한 환경에서도 견딜 수 있는 적응성이 커야 한다.
- 병해충에 대한 저항성이 강해야 한다.
- 번식이 잘되고, 손쉽게 다량으로 구입할 수 있어야 한다.
- 다듬기작업 등의 유지관리가 용이해야 한다.
- 사용목적에 적합해야 하고, 주변 경관과의 조화가 잘 이루어져야 한다.

29 다음 중 철쭉, 개나리 등 화목류의 전정시기로 가장 알맞은 것은?

① 가을 낙엽 후 실시한다.
② 꽃이 진 후에 실시한다.
③ 이른 봄 해동 후 바로 실시한다.
④ 시기와 상관없이 실시할 수 있다.

해설 ② 진달래, 목련, 철쭉 등의 화목류는 개화가 끝나고 꽃이 진 후 바로 전정하되, 화아분화시기와 분화 후 꽃 피는 습성에 따라 전정시기를 달리한다.

30 수준측량에서 표고(標高 Elevation)라 함은 일반적으로 어느 면(面)으로부터의 연직거리를 말하는가?

① 해면(海面)   ② 기준면(基準面)
③ 수평면(水平面)   ④ 지평면(地平面)

해설 ② 지반면의 높이를 비교할 때 기준이 되는 면을 기준면이라고 한다.

31 먼셀 색체계의 기본색인 5가지 주요 색상으로 바르게 짝지어진 것은?

① 빨강, 노랑, 초록, 파랑, 주황
② 빨강, 노랑, 초록, 파랑, 보라
③ 빨강, 노랑, 초록, 파랑, 청록
④ 빨강, 노랑, 초록, 남색, 주황

해설 먼셀의 색체계의 5가지 기본색상 : R(Red, 빨강), Y(Yellow, 노랑), G(Green, 초록), B(Blue, 파랑), P(Purple, 보라)

32 다음 중 양수에 해당하는 수종은?

① 일본잎갈나무   ② 조록싸리
③ 식나무   ④ 사철나무

해설 양수 : 소나무, 곰솔, 측백나무, 낙엽송, 향나무, 은행나무, 철쭉류, 삼나무, 느티나무, 포플러류, 가죽나무, 무궁화, 백목련, 모과나무, 두릅나무, 산수유 등

정답 28 ④ 29 ② 30 ② 31 ② 32 ①

33 내구성과 내마멸성이 좋으나, 일단 파손된 곳은 보수가 어려우므로 시공 때 각별한 주의가 필요하다. 다음 그림과 같은 원로포장 방법은?

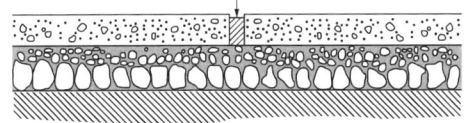

① 마사토 포장
② 콘크리트 포장
③ 판석 포장
④ 벽돌 포장

[해설] 콘크리트 포장 : 콘크리트로 노면을 덮는 도로 포장을 말하며 표층에 해당하는 콘크리트 슬래브와 중간층, 보조기층으로 구성되어 있다. 수명은 30~40년으로 아스팔트 포장(10~20년)에 비해 내구성이 좋고 시공이 간편하며 유지관리가 쉬우나, 공사비가 비싸다.

34 조선시대 궁궐이나 상류주택 정원에서 가장 독특하게 발달한 공간은?

① 전 정   ② 후 정
③ 주 정   ④ 중 정

[해설] ② 후정은 남성 중심의 유교사상으로 인해 전정을 사용하지 못했던 부녀자들을 위하여 안채 뒤쪽에 만들어진 정원으로, 당시 부유층의 주택에만 조성된 독특한 공간이다.

35 도시기본구상도의 표시기준 중 노란색은 어느 용지를 나타내는 것인가?

① 주거용지   ② 관리용지
③ 보존용지   ④ 상업용지

[해설] 도시계획지역의 구분과 표현색
• 주거지역 – 노란색
• 녹지지역 – 초록색
• 상업지역 – 빨간색
• 공업지역 – 보라색
• 미지정 – 무색

36 경사진 지형에서 흙이 무너지는 것을 방지하기 위하여 토양의 안식각을 유지하며 크고 작은 돌을 자연스러운 상태가 되도록 쌓아 올리는 방법은?

① 평석쌓기
② 견치석쌓기
③ 디딤돌쌓기
④ 자연석 무너짐쌓기

[해설] ① 평석쌓기 : 넓고 평평한 돌을 켜켜이 쌓는 것을 말한다.
② 견치석쌓기 : 보통 모서리를 45° 돌려 쌓은 마름모 쌓기를 말한다.
③ 디딤돌쌓기 : 보행자의 편의를 위해 원로의 동선에 디딤돌을 놓는 것을 말한다.

37 시멘트의 제조 시 응결시간을 조절하기 위해 첨가하는 것은?

① 광 재   ② 점 토
③ 석 고   ④ 철 분

[해설] ③ 시멘트 제조 시 응결 시간을 조절하기 위해 적정량의 석고를 첨가한다.

정답 33 ② 34 ② 35 ① 36 ④ 37 ③

38 공원식재 시공 시 식재할 지피식물의 조건으로 가장 거리가 먼 것은?

① 관리가 용이하고, 병충해에 잘 견뎌야 한다.
② 번식력이 왕성하고, 생장이 비교적 빨라야 한다.
③ 성질이 강하고, 환경조건에 대한 적응성이 넓어야 한다.
④ 토양까지의 강수전단을 위해 지표면을 듬성듬성 피복하여야 한다.

해설 ④ 지표면을 치밀하게 피복하여야 한다.

39 수피에 아름다운 얼룩무늬가 관상 요소인 수종이 아닌 것은?

① 노각나무 ② 모과나무
③ 배롱나무 ④ 자귀나무

해설 ④ 자귀나무의 수피는 회갈색으로, 살이 쪄서 피부가 터진 것과 같은 무늬이다.

40 수목 식재에 가장 적합한 토양의 구성비는? (단, 구성은 토양 : 수분 : 공기의 순서임)

① 50% : 25% : 25%
② 50% : 10% : 40%
③ 40% : 40% : 20%
④ 30% : 40% : 30%

해설 ① 사질양토는 토심이 깊고 배수와 보수력이 좋아 재배에 적합한 토양으로, 구성비는 토양 50%, 수분 25%, 공기 25%이다.

41 다음 중 줄기의 수피가 얇아 옮겨 심은 직후 줄기감기를 반드시 하여야 되는 수종은?

① 배롱나무 ② 소나무
③ 향나무   ④ 은행나무

해설 줄기감기를 해주어야 하는 나무
• 나무의 나이가 많고, 상당한 굵기를 가진 나무
• 일본목련이나 느티나무, 배롱나무와 같이 수피가 밋밋하고 얇은 나무
• 거의 모든 가지를 쳐서 이식한 나무
• 추위에 약한 나무와 식재지보다 따뜻한 고장으로부터 옮겨진 나무
• 쇠약한 나무와 뿌리가 적은 나무
※ 줄기감기를 한 것은 3~4년 정도 그대로 두고, 심은 나무가 완전히 활착한 후에는 되도록 빨리 제거한다.

42 마운딩(Maunding)의 기능으로 옳지 않은 것은?

① 유효토심 확보
② 배수방향 조절
③ 공간 연결의 역할
④ 자연스러운 경관연출

해설 마운딩의 기능
• 흙쌓기에 의해 지면 형상을 변화시켜 수목의 생장에 필요한 유효토심을 확보한다.
• 배수방향을 조절하고, 자연스러운 경관을 조성하며, 토지이용상 공간을 분할한다.

43 차량 통행이 잦은 지역의 가로수로 가장 부적합한 수목은?

① 은행나무   ② 층층나무
③ 양버즘나무 ④ 단풍나무

해설 ④ 단풍나무는 주로 경관장식용 수목으로 쓰인다.

44 주차장법 시행규칙상 주차장의 주차단위 구획기준은?(단, 평행주차형식 외의 장애인 전용방식이다)

① 2.0m 이상 × 4.5m 이상
② 3.0m 이상 × 5.0m 이상
③ 2.3m 이상 × 4.5m 이상
④ 3.3m 이상 × 5.0m 이상

해설 주차장의 주차구획 – 평행주차형식 외의 경우

구 분	너 비	길 이
경 형	2.0m 이상	3.6m 이상
일반형	2.5m 이상	5.0m 이상
확장형	2.6m 이상	5.2m 이상
장애인 전용	3.3m 이상	5.0m 이상
이륜자동차 전용	1.0m 이상	2.3m 이상

※ 일반형 : 중형 및 중형SUV, 확장형 : 대형·대형SUV·승합차·소형트럭

45 도형의 색이 바탕색의 잔상으로 나타나는 심리보색의 방향으로 변화되어 지각되는 대비 효과를 무엇이라고 하는가?

① 색상대비   ② 명도대비
③ 채도대비   ④ 동시대비

해설
② 명도대비 : 어느 한 색이 주변 명도 차에 의해 달라져 보이는 현상
③ 채도대비 : 채도 차가 큰 두 색을 인접하여 배치하면 채도가 높은 색은 더욱 선명하게 보이고, 채도가 낮은 색은 더욱 탁해 보이는 현상
④ 동시대비 : 두 가지 이상의 색을 동시에 볼 때 실제의 색들과 달라 보이는 현상

46 화강암(Granite)에 대한 설명 중 옳지 않은 것은?

① 내마모성이 우수하다.
② 구조재로 사용이 가능하다.
③ 내화도가 높아 가열 시 균열이 적다.
④ 절리의 거리가 비교적 커서 큰 판재를 생산할 수 있다.

해설 ③ 화강암은 석질이 치밀하고 경질이어서 내구성과 내마모성이 좋아 조경공사 시 가장 보편적으로 많이 사용하는 석재이지만, 화염에 닿으면 균열이 생기고 석회암이나 대리암과 같이 분해가 일어나기도 한다.

47 조경공사의 유형 중 환경 생태복원 녹화공사에 속하지 않는 것은?

① 분수공사
② 비탈면 녹화공사
③ 옥상 및 벽체 녹화공사
④ 자연하천 및 저수지공사

해설 ① 분수공사는 수경시설공사에 속한다.

정답 44 ④ 45 ① 46 ③ 47 ①

48 다음 중 [보기]와 같은 특성을 지닌 정원수는?

┌─보기─────────────────────────┐
· 형상수로 많이 이용되고, 가을에 열매가 붉게 된다.
· 내음성이 강하며, 비옥지에서 잘 자란다.
└──────────────────────────────┘

① 주 목　　　② 쥐똥나무
③ 화살나무　　④ 산수유

해설　① 주목은 관상용 형상수로 많이 이용되고, 열매는 핵과이며, 과육은 종자의 일부만 둘러싸고 9~10월에 붉게 익는다.

49 토공사(정지)작업 시 일정한 장소에 흙을 쌓아 일정한 높이를 만드는 일을 무엇이라 하는가?

① 객 토　　　② 절 토
③ 성 토　　　④ 경 토

해설　① 객토 : 성질이 다른 토양을 표토에 가하여 토지의 생산성을 높이는 방법
② 절토 : 토목공사에서 시설물을 세우기 위해 지형을 깎아내리거나 흙을 파내는 작업
④ 경토 : 경작하기에 적당한 땅

50 소나무류의 순따기에 알맞은 적기는?

① 1~2월　　　② 3~4월
③ 5~6월　　　④ 7~8월

해설　소나무의 순지르기
· 소나무류는 가지 끝에 여러 개의 눈이 있어, 봄에 그대로 두면 중심의 눈이 길게 자라고 나머지 눈은 사방으로 뻗어 마치 바퀴살과 같은 모양을 이루어 운치가 사라진다.
· 원하는 모양을 만들기 위해서는 5~6월에 새순이 5~10cm 길이로 자랐을 때 1~2개의 순을 남기고 중심순을 포함한 나머지는 다 따 버리는 것이 좋다.
· 남긴 순의 자라는 힘이 지나치다고 생각될 때는 1/3~1/2 정도만 남겨 두고 끝부분을 따 준다.

51 다음 중 물체가 있는 것으로 가상되는 부분을 표시하는 선의 종류는?

① 실 선　　　② 파 선
③ 1점쇄선　　④ 2점쇄선

해설　④ 2점쇄선 : 물체가 있는 것으로 생각되는 부분을 표시하거나 1점쇄선과 구별할 때 사용한다.
① 실선 : 물체의 보이는 부분을 나타내는 선으로서, 단면선과 외형선으로 구별하여 사용하기도 한다.
② 파선 : 물체의 보이지 않는 부분의 모양을 표시하는 데 사용한다. 파선과 구별할 필요가 있을 때는 점선을 쓴다.
③ 1점쇄선 : 물체의 중심축, 대칭축을 표시하는 데 사용하고, 물체의 절단한 위치를 표시할 때나 경계선으로도 사용한다.

52 도시공원 및 녹지 등에 관한 법률에 의한 어린이공원의 기준에 관한 설명으로 옳은 것은?

① 유치거리는 500m 이하로 제한한다.
② 1개소 면적은 1,200m² 이상으로 한다.
③ 공원시설 부지면적은 전체 면적의 60% 이하로 한다.
④ 공원구역경계로부터 500m 이내에 거주하는 주민 250명 이상의 요청 시 어린이공원 조성계획의 정비를 요청할 수 있다.

해설　① 유치거리는 250m 이하로 제한한다.
② 1개소 면적은 1,500m² 이상으로 한다.
④ 공원구역경계로부터 250m 이내에 거주하는 주민 500명 이상의 요청 시 어린이공원 조성계획의 정비를 요청할 수 있다.

정답 48 ①　49 ③　50 ③　51 ④　52 ③

53 먼셀의 색상환에서 BG는 무슨 색인가?

① 연두색 ② 남 색
③ 청록색 ④ 보라색

해설 먼셀의 색상환
• 기본색 : 빨강(R), 노랑(Y), 초록(G), 파랑(B), 보라(P)
• 중간색 : 주황(YR), 연두(GY), 청록(BG), 보라(PB), 붉은보라(RP)

54 공장을 중심으로 한 주변의 녹지대 조성에 대한 설명 중 틀린 것은?

① 내륙지방과 임해공장, 매립지와 산지 및 평지, 도시지역과 농촌지역 등의 위치에 따라 수종 선정을 구분하여야 하고 공장의 규모에 따라 수종 선정을 달리한다.
② 공장녹화용수로 사용되는 수목은 침엽수류가 상록활엽수류보다 내연성이 크다.
③ 임해공장의 경우 내조성을 가진 수종을 배식한다.
④ 배식수종은 녹지 조성 후 유지관리에 손이 적게 드는 것으로 식재 뒤에도 가급적 천연갱신을 도모할 수 있는 것이 좋다.

해설 ② 일반적으로 내연성은 침엽수류보다 상록활엽수류가 강하다.

55 다음 중 어린이공원의 설계 시 공간구성 설명으로 옳은 것은?

① 동적인 놀이공간에는 아늑하고 햇빛이 잘 드는 곳에 잔디밭, 모래밭을 배치하여 준다.
② 정적인 놀이공간에는 각종 놀이시설과 운동시설을 배치하여 준다.
③ 감독 및 휴게를 위한 공간은 놀이공간이 잘 보이는 곳으로 아늑한 곳으로 배치한다.
④ 공원 외곽은 보행자나 근처 주민이 들여다 볼 수 없도록 밀식한다.

해설 ③ 휴게·감독공간은 놀이공간의 시계가 확보되고, 직사광선을 피할 수 있는 장소로 계획한다.

56 다음 중 조화(Harmony)의 설명으로 가장 적합한 것은?

① 각 요소들이 강약 장단의 주기성이나 규칙성을 가지면서 전체적으로 연속적인 운동감을 가지는 것
② 모양이나 색깔 등이 비슷비슷하면서도 실은 똑같지 않은 것끼리 모여 균형을 유지하는 것
③ 서로 다른 것끼리 모여 서로를 강조시켜 주는 것
④ 축선을 중심으로 하여 양쪽의 비중을 똑같이 만드는 것

해설 조화 : 두 가지 이상의 요소 또는 부분이 서로 분리되거나 배척하지 않고, 각 요소가 통일된 전체로서 종합적으로 고차의 감각적 효과를 발휘할 때 일어나는 현상이다.

정답 53 ③ 54 ② 55 ③ 56 ②

57 수목을 관상적인 측면에서 본 분류 중 열매를 감상하기 위한 수종에 해당되는 것은?

① 은행나무
② 모과나무
③ 반 송
④ 낙우송

해설 열매를 관상하는 나무 : 피라칸타, 낙상홍, 석류나무, 팥배나무, 탱자나무, 모과나무, 살구나무, 자두나무, 마가목, 산수유, 대추나무, 오미자, 감나무, 생강나무, 감탕나무, 사철나무, 화살나무, 포도나무 등

58 농약 혼용 시 주의하여야 할 사항으로 틀린 것은?

① 혼용 시 침전물이 생기면 사용하지 않아야 한다.
② 가능한 한 고농도로 살포하여 인건비를 절약한다.
③ 농약의 혼용은 반드시 농약혼용 가부표를 참고한다.
④ 농약을 혼용하여 조제한 약제는 될 수 있으면 즉시 살포하여야 한다.

해설 ② 농약 혼용 시에는 표준희석배수를 반드시 지켜 고농도로 살포하지 않도록 한다.

59 안정감과 포근함 등과 같은 정적인 느낌을 받을 수 있는 경관은?

① 파노라마경관
② 위요경관
③ 초점경관
④ 지형경관

해설 ① 전경관(Panoramic Landscape) : 시야를 가리지 않고 멀리 퍼져 보이는 경관이다.
예) 넓은 초원, 수평선 등
③ 초점경관(Focal Landscape) : 시선이 한곳으로 집중되는 경관이다.
예) 폭포, 기형의 수목이나 암석 등
④ 지형경관(Feature Landscape) : 지형의 특징이 명확히 드러나 관찰자가 강한 인상을 받게 되는 경관이다.
예) 거대한 계곡, 높은 산봉우리 등

60 조선시대의 정원 중 연결이 올바른 것은?

① 양산보 – 다산초당
② 윤선도 – 부용동
③ 정약용 – 운조루
④ 유이주 – 소쇄원

해설 ① 양산보 : 소쇄원
③ 정약용 : 다산초당
④ 유이주 : 운조루

2019년 제3회 과년도 기출복원문제

01 무리지어 나는 철새, 설경 또는 수면에 투영된 영상 등에서 느껴지는 경관은?

① 초점경관 ② 관개경관
③ 세부경관 ④ 일시경관

해설
① 초점경관(Focal Landscape) : 시선이 한곳으로 집중되는 경관이다.
  예 폭포, 기형의 수목이나 암석 등
② 관개경관(Canopied Landscape) : 수림의 가지와 잎들이 천장을 이루고 나무줄기가 기둥처럼 늘어서 있는 경관이다.
  예 숲속의 오솔길이나 밀림 속의 도로, 노폭이 좁은 곳의 가로수 등
③ 세부경관(Detail Landscape) : 관찰자가 가까이 접근하여 감상하는 경관이다.
  예 식물의 꽃, 잎, 열매 등

02 설계도면에서 표제란에 위치한 막대축척이 1/200이다. 도면에서 1cm는 실제 몇 m인가?

① 0.5m ② 1m
③ 2m   ④ 4m

해설 실제거리 = 도상길이 ÷ 축척
         = 0.01m ÷ (1/200)
         = 2m

03 경사로를 설치할 경우 유효폭은 얼마 이상으로 하는 것이 적당한가?

① 100cm ② 120cm
③ 140cm ④ 160cm

해설 경사로 : 평지가 아닌 곳에 보행로를 설치할 때는 경사로를 설계하여 장애인과 같은 이용자가 안전하게 이용할 수 있도록 한다.
• 바닥표면은 미끄럽지 않은 재료를 채용하고 평탄한 마감으로 설계한다.
• 장애인의 통행이 가능한 경사로의 종단기울기는 1/18 이하로 한다. 다만, 지형조건이 합당하지 않을 때는 종단기울기를 1/12까지 완화할 수 있다.
• 휠체어 사용자가 통행할 수 있도록 경사로의 유효폭은 120cm 이상으로 하고, 연속 경사로의 길이 30m마다 1.5m×1.5m 이상의 수평면으로 된 참을 설치한다.
※ 고저차가 75cm를 넘을 때는 중간에 휴식을 위한 참을 설치한다.

04 청(靑)나라 때의 대표적인 정원은?

① 원명원 이궁 ② 온천궁
③ 상림원   ④ 사자림

해설
② 온천궁 : 당(唐)나라
③ 상림원 : 한(漢)나라
④ 사자림 : 원(元)나라

정답 1 ④ 2 ③ 3 ② 4 ①

05 자연식 조경 중 물을 전혀 사용하지 않고 나무, 바위, 왕모래 등으로 상징적인 정원을 만드는 양식은?

① 전원풍경식 ② 회유임천식
③ 고산수식 ④ 중정식

해설 고산수식 정원 : 물을 전혀 사용하지 않고 바위, 나무, 왕모래만을 사용하여 만드는 일본의 자연식 정원양식으로, 초기에는 나무를 사용한 축산고산수식이 유행하였으나 이후 나무조차 배제하고 오로지 돌과 모래만을 사용한 평정고산수식이 발달하였다.

06 경관의 시각적 구성요소를 우세요소와 가변요소로 구분할 때 가변요소에 해당하지 않는 것은?

① 광 선 ② 기상조건
③ 질 감 ④ 계 절

해설 경관구성의 요소
• 우세요소 : 선, 형태, 질감, 색채 등
• 가변요소 : 광선, 기상조건, 계절, 시간 등

07 우리나라 고려시대 궁궐 정원을 맡아보던 곳은?

① 내원서 ② 삼림원
③ 장원서 ④ 원 야

해설 정원관리서의 변천 : 궁원(고구려) → 내원서(고려) → 상림원(조선 태조) → 장원서(조선 세조)

08 1858년에 조경가(Landscape Architect)라는 말을 처음으로 사용하기 시작한 사람이나 단체는?

① 세계조경가협회(IFLA)
② 옴스테드(F.L.Olmsted)
③ 르 노트르(Le Notre)
④ 미국조경가협회(ASLA)

해설 ② 옴스테드는 뉴욕시의 센트럴파크를 설계할 당시 정원사는 정원만을 대상으로 하는 좁은 뜻을 지니고 있어서 다양한 전문성을 대변하는 데 한계가 있다고 생각하여 경관건축가, 즉 조경가라고 부르게 되었다.

09 인출선에 대한 설명으로 옳지 않은 것은?

① 수목명, 본수, 규격 등을 기입하기 위하여 주로 이용되는 선이다.
② 도면의 내용물 자체에 설명을 기입할 수 없을 때 사용하는 선이다.
③ 인출선의 긋는 방향과 기울기는 서로 다르게 하는 것이 효과적이다.
④ 인출선은 가는 실선을 사용하며, 한 도면 내에서는 그 굵기와 질은 동일하게 유지한다.

해설 ③ 인출선의 긋는 방향과 기울기는 통일하는 것이 효과적이다.

10 사절우(四節友)에 해당되지 않는 것은?

① 난 초 ② 소나무
③ 국 화 ④ 대나무

해설 • 사군자(四君子) : 매화나무, 난초, 국화, 대나무
• 사절우(四節友) : 매화나무, 소나무, 국화, 대나무

정답 5 ③ 6 ③ 7 ① 8 ② 9 ③ 10 ①

11 주택정원에 설치하는 시설물 중 수경시설에 해당하는 것은?

① 퍼걸러　② 미끄럼틀
③ 정원등　④ 벽 천

해설 ① 휴게시설, ② 유희시설, ③ 조명시설

12 도면상 선적인 요소에 해당되는 것은?

① 분 수　② 벤 치
③ 계 단　④ 화 단

해설 ①·②는 점적인 요소이고, ④는 면적인 요소이다.

13 이탈리아 정원의 가장 큰 특징은?

① 평면기하학식
② 노단건축식
③ 자연풍경식
④ 중정식

해설 이탈리아 정원의 특징
- 별장형식의 빌라가 유행하였고, 구릉과 경사지가 많은 지형적 제약을 극복하기 위해 계단형의 노단건축식 정원이 발달하였다.
- 높이가 다른 여러 개의 노단(테라스)을 조화시켜 높은 곳에서 낮은 곳을 내려다보는 인위적인 전망을 살리고자 하였다.
- 수학적 계산을 이용하여 엄격한 고전적 비례를 추구하는 정원을 조성하였다.
- 강한 축선을 중심으로 한 정형적인 대칭을 중시하였고, 대비효과를 강조했으며, 원근법을 적용하였다.
- 명확한 이론에 입각하여 빌라의 부지를 선정·계획하였고(알베르티의 빌라부지 선정과 계획이론), 설계자의 이름이 정식으로 등장하기 시작하였다.

14 네덜란드 정원의 특징과 거리가 먼 것은?

① 국토가 좁아 소규모 정원이 발달하였다.
② 운하가 발달하여 운하식 정원이 발달하였다.
③ 이탈리아의 영향으로 노단건축식 정원이 발달하였다.
④ 토피어리, 창살울타리 등을 이용한 장식적 정원이 발달하였다.

해설 네덜란드 정원
- 15C 말 채소나 약초를 가꾸기 위한 가사용(家事用) 정원을 시작으로 정원문화가 발달하였고, 16C 정치적 요인으로 인해 이탈리아의 영향을 받으며 뒤늦게 르네상스정원이 도입되었다.
- 이탈리아의 영향을 받았다고 하더라도, 대부분이 산지인 이탈리아와는 달리 지면이 해면보다 낮고 평평한 네덜란드는 노단건축식 정원이나 캐스케이드는 배제하였다.
- 운하가 발달하여 수로를 통해 배수하거나 도시의 구획을 나누었으며, 이와 함께 운하식 정원이 발달하였다.
- 국토가 좁고 인구집약적이어서 소규모 정원이 발달하였고, 한정된 공간에서 다양한 변화를 추구하기 위해 토피어리, 창살울타리, 서머하우스(Summer House), 조각품, 화분 등을 이용한 장식적 정원이 발달하였다.

15 수용성 목재 방부제이지만 성분상의 맹독성 때문에 사용을 금지하고 있는 것은?

① CCA계 방부제
② 크레오소트유
③ 콜타르
④ 오일스테인

해설 CCA계 방부제 : 크롬·구리·비소화합물로 수용성 방부제이며, 중금속 위해성으로 인해 2007년부터 생산 및 사용이 금지되었다.

정답　11 ④　12 ③　13 ②　14 ③　15 ①

16 조선시대 사대부나 양반 계급에 속했던 사람들이 시골 별서에 꾸민 정원의 유적이 아닌 것은?

① 양산보의 소쇄원
② 윤선도의 부용동원림
③ 정약용의 다산정원
④ 퇴계 이황의 도산서원

해설 퇴계 이황의 도산서원 : 제자들을 가르치던 도산서당(陶山書堂)과 기숙사의 역할을 했던 농운정사(濃雲精舍)를 직접 설계하였으며, 작은 화단에 매화나무, 대나무, 소나무, 국화를 심고 절우사라 이름 붙였다.
※ 서원조경
- 소수서원, 남계서원, 도산서원, 옥산서원, 병산서원 등
- 서원의 진입공간에는 홍살문을 세웠고, 하마비와 하마석을 놓았다.
- 주렴계의 애련설의 영향으로 연못에 연꽃을 식재하였다(남계서원의 지당, 도산서원의 정우당).
- 서원이라는 공간적 성격에 적합한 일부 수목만을 식재하였다(은행나무, 느티나무, 향나무 등).

17 공기 중에 환원력이 커서 산화가 쉽고, 이온화 경향이 가장 큰 금속은?

① Pb   ② Fe
③ Al   ④ Cu

해설 금속의 이온화 경향
K > Ca > Na > Mg > Al > Zn > Fe > Ni > Sn > Pb > (H$^+$) > Cu > Ag > Pt > Au

18 우리나라에서 식물의 천연분포를 결정짓는 가장 주된 요인은?

① 광 선   ② 온 도
③ 바 람   ④ 토 양

해설 기 온
- 우리나라에서 식물의 천연분포를 결정짓는 가장 주된 요인은 기후 인자이며, 그중에서도 온도조건이 식물의 천연분포를 결정한다.
- 식물의 천연분포는 위도와 고도에 따라 다르고 수종분포도 띠에 따라 변한다.
- 산림대는 온도조건에 의해서 난대림, 온대림, 한대림으로 나뉘며 온대림은 그 범위가 넓어 남부, 중부, 북부로 나뉜다.

19 콘크리트용 혼화재료로 사용되는 플라이애시에 대한 설명 중 틀린 것은?

① 입자가 구형이고 표면조직이 매끄러워 단위수량을 감소시킨다.
② 플라이애시의 비중은 보통포틀랜드 시멘트보다 작다.
③ 포졸란 반응에 의해서 중성화 속도가 저감된다.
④ 플라이애시는 이산화규소(SiO_2)의 함유율이 가장 많은 비결정질 재료이다.

해설 플라이애시(Fly Ash)
- 화력발전소의 미분탄 연소 시 발생하는 미립분으로, 대표적인 인공포졸란이며 포졸란 반응을 통해 콘크리트의 성질을 개량한다.
- 콘크리트에 혼합 시 워커빌리티를 개선하고, 수화열이 감소하며, 내구성·수밀성·저항성이 증가하지만 조기강도를 저하시키는 단점이 있다.
- 고분말일수록 포졸란 반응을 크게 활성화시켜 콘크리트의 내구성을 향상시키지만, 중성화를 촉진하는 단점이 있다.

정답 16 ④　17 ③　18 ②　19 ③

20 산울타리 및 은폐용 수종으로 적당하지 않은 것은?

① 꽝꽝나무 ② 호랑가시나무
③ 사철나무 ④ 눈향나무

해설 산울타리 및 은폐용 수종
- 산울타리 : 살아 있는 수목을 이용해서 도로나 옆집과의 경계 또는 담장 역할을 하는 수목이다.
- 은폐용 : 시각적으로 아름답지 못하거나 불쾌감을 주는 장소를 가려 주는 역할을 하는 수목이다.
- 적용 수종 : 주로 상록수로서 지엽이 치밀해야 하고, 적당한 높이로 아랫가지가 오래도록 말라죽지 않으며, 맹아력이 크고 불량한 환경 조건에도 잘 견디는 수종으로 외관이 아름답고 번식이 용이해야 한다.
- 수목의 종류 : 측백나무, 화백, 사철나무, 개나리, 명자나무, 피라칸타, 무궁화, 회양목, 탱자나무, 꽝꽝나무, 향나무, 호랑가시나무 등이 있다.

22 목재의 구조에는 춘재와 추재가 있는데 추재(秋材)를 바르게 설명한 것은?

① 세포는 막이 얇고 크다.
② 봄에 자란 부분이다.
③ 빛깔이 짙고 재질이 치밀하다.
④ 성장속도가 빠르다.

해설
- 춘재(春材) : 봄과 여름에 자란 부분으로, 성장 속도가 빨라 세포가 크고 세포막이 얇으며, 색이 연하고 유연한 목질부이다.
- 추재(秋材) : 가을과 겨울에 자란 부분으로, 성장 속도가 느려 세포가 작고 세포막이 두꺼우며, 색이 진하고 단단한 목질부이다.

21 1년 내내 푸른 잎을 달고 있으며, 잎이 바늘처럼 뾰족한 나무를 가리키는 명칭은?

① 상록활엽수 ② 상록침엽수
③ 낙엽활엽수 ④ 낙엽침엽수

해설 식물의 형태로 본 조경수목의 분류
- 잎의 모양
  - 침엽수 : 겉씨식물, 나자식물에 속하는 나무들로 일반적으로 잎이 좁다.
  - 활엽수 : 속씨식물, 피자식물에 속하는 나무들로 일반적으로 잎이 넓다.
- 잎의 생태
  - 상록수 : 항상 푸른 잎을 가지고 있는 나무로 시각적으로 보기 흉한 것을 가리어 주거나 겨울철 바람막이로 유용하게 쓰인다.
  - 낙엽수 : 가을철 생리현상으로 잎이 모두 떨어지거나 고엽이 일부 붙어 있는 나무로 겨울에는 햇빛을, 여름에는 시원한 그늘을 얻는 데 적합하므로 주로 가로수용으로 많이 쓰인다.

23 화강암(Granite)의 특징 설명으로 옳지 않은 것은?

① 조직이 균일하고 내구성 및 강도가 크다.
② 내화성이 우수하여 고열을 받는 곳에 적당하다.
③ 외관이 아름답기 때문에 장식재로 쓸 수 있다.
④ 자갈·쇄석 등과 같은 콘크리트용 골재로도 많이 사용 된다.

해설 ② 화강암은 석질이 치밀하고 경질이어서 내구성과 내마모성이 좋아 조경공사 시 가장 보편적으로 많이 사용하는 석재이지만, 화염에 닿으면 균열이 생기고 석회암이나 대리암과 같이 분해가 일어나기도 한다.

정답 20 ④ 21 ② 22 ③ 23 ②

24 시공 시 설계도면에 수목의 치수를 구분하고자 한다. 다음 중 흉고직경을 표시하는 기호는?

① B
② C.L
③ F
④ W

해설 조경수목의 기호 및 단위

구 분	수 고	수관폭	흉고직경	근원직경	수관길이
기 호	H	W	B	R	L
단 위	m	m	cm	cm	m

※ 흉고직경(가슴높이지름) : 줄기의 굵기를 측정하는 것으로 일반적인 가슴높이 정도인 지상 1.2m 높이에 있는 나무줄기의 지름을 말한다. 단, 쌍간일 경우 각 간의 흉고직경 합의 70%나 당해 수목의 최대 흉고직경 중 큰 것을 택한다.

25 재료에 외력을 가했을 때 작은 변형만으로도 파괴되는 성질은?

① 탄 성
② 소 성
③ 취 성
④ 연 성

해설 ① 탄성 : 재료에 외력을 가한 후 제거하면 원래의 형태로 돌아가는 성질
② 소성 : 재료에 외력을 가한 후 제거하여도 원래의 형태로 돌아가지 않는 성질
④ 연성 : 재료에 외력을 가하면 파괴되지 않고 길게 늘어나며 연구변형되는 성질

26 시멘트의 저장방법 중 주의사항에 해당하지 않는 것은?

① 시멘트 창고 설치 시 주위에 배수도랑을 두고 누수를 방지한다.
② 저장 중 굳은 시멘트로부터 가급적 빠른 시간 내에 공사에 사용한다.
③ 포대 시멘트는 땅바닥에서 30cm 이상 띄우고 방습 처리한다.
④ 시멘트의 온도가 너무 높을 때는 그 온도를 낮추어서 사용해야 한다.

해설 시멘트 창고의 기준과 보관방법
- 창고의 바닥높이는 지면에서 30cm 이상으로 한다.
- 지붕은 비가 새지 않는 구조로 하고, 벽이나 천장은 기밀하게 한다.
- 창고 주위는 배수도랑을 두고 우수의 침입을 방지한다.
- 출입구 채광창 이외의 환기창은 두지 않는다.
- 반입구와 반출구를 따로 두어 먼저 쌓는 것부터 사용하도록 한다.
- 시멘트쌓기의 높이는 13포(1.5m) 이내로 하고, 장기간 쌓아 두는 것은 7포 이내로 한다.
- 저장 중에 약간이라도 굳은 시멘트는 공사에 사용하지 않아야 한다.
- 3개월 이상 장기간 저장한 시멘트는 사용하기에 앞서 재시험을 실시하여 그 품질을 확인하여야 한다.
- 시멘트의 온도가 너무 높을 때는 그 온도를 낮추어서 사용하여야 하고, 일반적으로 50℃ 정도의 시멘트를 사용하는 것이 좋다.

27 한국의 전통조경 소재 중 하나로 자연의 모습이나 형상석으로 궁궐 후원 점경물로 석분에 꽃을 심듯이 꽂거나 화계 등에 많이 도입되었던 경관석은?

① 각 석
② 괴 석
③ 비 석
④ 수수분

해설 ② 후원에는 키 작은 꽃나무를 심거나 괴석·세심석 또는 장식을 겸한 굴뚝 등을 세워 아름답게 꾸몄다.

28 흙막이용 돌쌓기에 일반적으로 가장 많이 사용되는 것으로 앞면의 길이를 기준으로 하여 길이는 1.5배 이상, 접촉부의 너비는 1/10 이상으로 하는 시공재료는?

① 호박돌   ② 각 석
③ 판 석   ④ 견치돌

해설 ① 호박돌 : 주로 하천에 있는 지름 20~30cm 정도의 둥근 자연석으로, 자연스럽고 부드럽게 멋을 내고자 할 때 이용된다.
② 각석 : 폭이 두께의 3배 미만이고, 폭보다 길이가 긴 직육면체의 석재로, 쌓기용, 기초용, 경계석 등에 이용된다.
③ 판석 : 두께가 15cm 미만이고, 폭이 두께의 3배 이상인 판 모양의 석재로, 디딤돌, 원로포장용, 계단 설치용 등에 이용된다.

29 지피식물로 지표면을 덮을 때 유의할 조건으로 부적합한 것은?

① 지표면을 치밀하게 피복해야 한다.
② 식물체의 키가 높고, 일년생이어야 한다.
③ 번식력이 왕성하고, 생장이 비교적 빨라야 한다.
④ 관리가 용이하고, 병충해에 잘 견뎌야 한다.

해설 지피식물의 조건
• 지표면을 치밀하게 피복하고, 부드러워야 한다.
• 식물체의 키가 낮고, 다년생이어야 한다.
• 번식력이 왕성하고, 생장이 비교적 빨라야 한다.
• 성질이 강하고, 환경조건에 적응을 잘해야 한다.
• 병해충에 대한 저항성과 내답압성을 갖추어야 한다.
• 식물적 특성을 고루 갖추고, 관리가 용이해야 한다.

30 다음 중 한지형(寒地形) 잔디에 속하지 않는 것은?

① 벤트그래스
② 버뮤다그래스
③ 라이그래스
④ 켄터키 블루그래스

해설
• 난지형 잔디 : 한국잔디(들잔디, 금잔디, 갯잔디, 빌로드잔디), 버뮤다그래스 등
• 한지형 잔디 : 벤트그래스, 켄터키 블루그래스, 이탈리안 라이그래스

31 다음 중 목재에 유성페인트 칠을 할 때 가장 관련이 없는 재료는?

① 건성유   ② 건조제
③ 방청제   ④ 희석제

해설 ③ 방청제는 금속이 부식하기 쉬운 상태일 때 첨가하여 녹을 방지하기 위해 사용하는 물질이다.

32 수목을 관상적인 측면에서 본 분류 중 열매를 감상하기 위한 수종에 해당되는 것은?

① 은행나무   ② 모과나무
③ 벽오동   ④ 낙우송

해설 ① 단풍을 감상하는 나무
③·④ 잎을 감상하는 나무

33 합성수지 중에서 열경화성 수지로만 짝지어진 것은?

① 아세탈수지, 아라미드
② 나일론, 아크릴수지
③ 멜라민수지, 불소수지
④ 페놀수지, 에폭시수지

해설 합성수지
- 열가소성 수지 : 성형 후 열이나 용제를 가하면 소성 변형하고, 냉각하면 고결하는 고체상의 고분자 물질로 구성된 수지
  예) 폴리에틸렌수지, 폴리프로필렌수지, 폴리스타이렌수지, 폴리염화비닐수지, 아크릴수지, 불소수지, 폴리아미드수지(나일론, 아라미드), 폴리에스테르수지, 아세탈수지 등
- 열경화성 수지 : 성형 후 열이나 용제를 가해도 형태가 변하지 않는, 비교적 저분자 물질로 구성된 수지
  예) 페놀수지, 멜라민수지, 불포화폴리에스테르수지, 에폭시수지, 우레아(요소)수지, 실리콘수지, 푸란수지 등

34 여름에 황색 계통의 꽃을 감상할 수 있는 수종은?

① 개나리 ② 능소화
③ 부용   ④ 싸리

해설
① 개나리 : 봄 – 황색 계통
③ 부용 : 가을 – 적색 계통
④ 싸리 : 가을 – 자색 계통
※ 여름에 황색 계통의 꽃을 피우는 수종 : 장미, 황매, 황색철쭉, 능소화 등

35 압력탱크 속에서 고압으로 방부제를 주입시키는 방법으로 목재의 방부처리 방법 중 가장 효과적인 것은?

① 표면탄화법   ② 침투법
③ 가압주입법   ④ 도포법

해설
① 표면탄화법 : 목재 표면을 일정 깊이로 태워 탄화시키는 방법으로, 흡수성이 증가하는 단점이 있다.
② 침투법 : 상온에서 CCA방부제, 크레오소트유 등에 목재를 담가 방부제를 침투시키는 방법이다.
④ 도포법 : 건조재의 표면에 방부제를 바르거나 뿌려서 목재부후균의 침입을 방지하는 가장 간단한 처리방법이지만 효과는 상당히 크다.

36 기본계획 수립 시 도면으로 표현되는 작업이 아닌 것은?

① 동선계획
② 집행계획
③ 시설물 배치계획
④ 식재계획

해설 집행계획
- 프로젝트 안이 결정된 후 실행하기 위한 계획이다.
- 투자계획 : 주어진 예산의 범위에서 실현 가능성 있게 계획하고, 자금의 출처와 단계별 투자액을 계산하며 시공비, 자금조달방법, 사업성 등을 경제적 측면에서 검토한다.
- 법규검토 : 토지개발에 관련되는 법규를 검토하고 이에 준하여 계획, 설계한다.
- 유지관리계획 : 유지관리의 효율성, 편의성, 경제성을 고려하고, 유지관리의 지침, 허용행위, 규제행위 등 연중관리 일지를 작성한다.

37 다음 중 순공사원가에 속하지 않는 것은?

① 재료비
② 경 비
③ 노무비
④ 일반관리비

해설 순공사원가 = 재료비 + 노무비 + 경비

정답 33 ④ 34 ② 35 ③ 36 ② 37 ④

38 시공관리의 3대 기능이 아닌 것은?
① 원가관리
② 노무관리
③ 공정관리
④ 품질관리

해설 시공관리 : 시공계획에 따라 공사가 원활히 진행되도록 공사를 관리하는 모든 노력을 말하며, 이를 위해서는 시공관리의 목표가 되는 품질관리, 원가관리, 공정관리 뿐만 아니라 안전관리 및 자원관리 역시 계획성을 가지고 효율적으로 수행하여야 한다.

39 그림의 도면 표시기호가 의미하는 것은?

① 철재
② 벽돌
③ 석재
④ 블록

40 진딧물류 방제에 효과적인 농약은?
① 메타시스톡스 유제
② 트리아디메폰 수화제
③ 트리클로르폰 수화제
④ 메티다티온 유제

해설 ① 진딧물류의 방제를 위해서는 발생 초기에 마라톤 유제나 메타시스톡스 유제를 수관에 살포하거나 무당벌레류, 꽃등에류, 풀잠자리류, 기생벌 등 천적을 보호한다.

41 약제가 식물체나 충체에 붙는 성질을 무엇이라 하는가?
① 침투성
② 고착성
③ 현수성
④ 부착성

해설 ① 침투성 : 약제가 식물체나 충체에 스며드는 성질
② 고착성 : 약제가 이슬이나 빗물에 씻기지 않고 식물체 표면에 묻어 있는 성질
③ 현수성 : 수화제 현탁액의 고체 미립자가 균일하게 분산하여 부유하는 성질

42 다음 [보기]의 잔디종자 파종작업들을 순서대로 바르게 나열한 것은?

┤보기├
㉠ 기비 살포   ㉡ 정지작업
㉢ 파 종   ㉣ 멀 칭
㉤ 전 압   ㉥ 복 토
㉦ 경 운

① ㉡ → ㉢ → ㉤ → ㉥ → ㉠ → ㉣ → ㉦
② ㉠ → ㉢ → ㉡ → ㉥ → ㉣ → ㉤ → ㉦
③ ㉦ → ㉠ → ㉡ → ㉢ → ㉥ → ㉤ → ㉣
④ ㉢ → ㉠ → ㉡ → ㉥ → ㉤ → ㉦ → ㉣

해설 잔디종자 파종작업의 순서 : 경운 → 기비 살포 → 정지작업 → 파종 → 복토 → 전압 → 멀칭

43 다음 중 보행에 큰 어려움을 느낄 수 있는 지형에서 약 얼마의 경사도를 넘을 때 계단을 설치해야 하는가?
① 3%
② 6%
③ 9%
④ 18%

해설 ④ 경사가 18%를 초과하는 경우는 보행에 어려움이 발생되지 않도록 계단을 설치한다.

정답 38 ② 39 ③ 40 ① 41 ④ 42 ③ 43 ④

44 물 20L를 가지고 500배액을 만들 경우 필요한 약량은?

① 30mL ② 40mL
③ 50mL ④ 60mL

해설 살포액의 희석
필요 약량 = 수량 ÷ 희석배수
= 20L ÷ 500 = 0.04L
∴ 40mL
※ 1L = 1,000mL

45 다음 중 토양수분의 형태적 분류와 설명이 옳지 않은 것은?

① 결합수 - 점토광물에 결합되어 있어 식물이 이용하지 못하는 수분
② 흡습수 - 흡착되어 있어서 식물이 이용하지 못하는 수분
③ 모관수 - 식물이 이용할 수 있는 수분의 대부분
④ 중력수 - 표면장력에 의하여 토양입자에 붙어 있는 수분

해설 토양수분의 형태
- 결합수 : 점토광물에 결합되어 있어 분리시킬 수 없어 식물이 이용할 수 없는 수분
- 흡습수 : 토양입자 표면에 피막상으로 흡착되어 식물이 거의 이용할 수 없는 수분
- 모관수 : 토양공극에서 표면장력으로 유지되며, 모관현상에 의해 공극을 따라 상승하여 식물이 주로 이용하는 수분
- 중력수 : 비모관공극에서 중력에 의하여 흘러내려 식물이 이용 가능한 수분
- 지하수 : 지하에 정지하여 모관수의 근원이 되는 수분

46 표준품셈에서 수목 굴취 시 야생일 경우 굴취품의 몇 %를 가산하는가?

① 5% ② 10%
③ 15% ④ 20%

해설 표준품셈 - 수목이식공사
- 굴취 시 야생일 경우에는 굴취품의 20%를 가산하고, 분이 없는 경우에는 굴취품의 20%를 감한다.
- 식재 시 지주목을 세우지 않을 때는 다음의 요율을 감한다.

인력시공 시	기계시공 시
인력품의 10%	인력품의 20%

47 줄기감기를 하는 목적이 아닌 것은?

① 수분 증발을 활성화시키고자
② 병해충의 침입을 막고자
③ 강한 태양광선으로부터 피해를 방지하고자
④ 물리적 힘으로부터 수피의 손상을 방지하고자

해설 줄기감기(줄기싸기, 수피감기) : 줄기로부터의 수분 증산을 억제하고, 해충의 침입을 방지하며, 강한 햇빛과 추위로부터 수피를 보호하기 위하여 새끼나 마대로 줄기를 감아 주는 것을 줄기감기라고 하는데, 감은 줄기나 마대 위에 진흙을 발라 주기도 한다.

정답 44 ② 45 ④ 46 ④ 47 ①

48 농약의 사용 시 확인할 농약 방제대상별 포장지의 색깔과 구분이 올바른 것은?

① 살균제 – 청색
② 제초제 – 분홍색
③ 살충제 – 초록색
④ 생장조절제 – 노란색

해설 농약제의 포장지 색깔
- 살균제 : 분홍색
- 살충제 : 초록색
- 살균·살충제 : 위쪽 – 분홍색, 아래쪽 – 초록색
- 제초제 : 노란색
- 비선택성 제초제 : 빨간색
- 생장조절제 : 파란색

49 각 재료의 할증률로 맞는 것은?

① 조경용 수목 : 10%
② 원형철근 : 3%
③ 소형형강 : 7%
④ 콘크리트블록 : 5%

해설 ② 원형철근 : 5%
③ 소형형강 : 5%
④ 콘크리트블록 : 4%

50 굵은골재의 최대치수, 잔골재율, 잔골재의 입도, 반죽질기등에 따르는 마무리하기 쉬운 정도를 말하는 굳지 않은 콘크리트의 성질은?

① Workability
② Plasticity
③ Consistency
④ Finishability

해설 ① Workability(시공성) : 콘크리트를 혼합한 후 운반, 타설, 다지기 및 마무리할 때까지 굳지 않은 콘크리트의 성질로, 콘크리트 시공 시 작업 난이도 및 재료분리에 저항하는 정도를 나타낸다.
② Plasticity(성형성) : 거푸집 등의 형상에 순응하여 채우기 쉽고, 분리가 일어나지 않는 굳지 않은 콘크리트의 성질
③ Consistency(반죽질기) : 콘크리트 반죽질기의 정도에 따라 작업의 난이도 및 재료 분리의 다소 정도를 나타내는 굳지 않은 콘크리트의 성질

51 흙을 이용하여 3m 높이로 마운딩하려 할 때, 더돋기를 고려해 실제 쌓아야 하는 높이로 가장 적합한 것은?

① 2m
② 2m 20cm
③ 3m
④ 3m 30cm

해설 여성토 : 흙쌓기 시 압축과 침하에 의해 성토높이가 계획높이보다 줄어들 것을 예상하여 이를 방지하고자 미리 더 쌓는 흙을 여성토라 하고, 이러한 작업을 더돋기라 한다. 토질, 성토높이, 시공방법 등에 따라 다르지만 일반적으로 계획높이의 10~15% 미만으로 쌓아 올린다.

정답 48 ③ 49 ① 50 ④ 51 ④

52 설계도서 중 일위대가표를 작성할 때 설계서의 총액의 금액의 단위기준은?

① 1원
② 10원
③ 100원
④ 1,000원

해설 금액의 단위기준

품 목	단 위	끝자리	비 고
설계서의 총액	원	1,000	이하 버림 (단, 10,000원 이하의 공사는 100원 이하 버림)
설계서의 소계	원	1	미만 버림
설계서의 금액란	원	1	미만 버림
일위대가표의 계금	원	1	미만 버림
일위대가표의 금액란	원	0.1	미만 버림

53 조경수목에 거름을 주는 방법 중 윤상 거름주기에 대해 옳게 설명한 것은?

① 수목의 밑동으로부터 밖으로 방사상 모양으로 땅을 파고 거름을 주는 방식이다.
② 수관폭을 형성하는 가지 끝 아래의 수관선을 기준으로 하여 환상으로 둥글게 하고 거름을 주는 방식이다.
③ 수목의 밑동부터 일정한 간격을 두고 도랑처럼 길게 구덩이를 파서 거름을 주는 방식이다.
④ 수관선상에 구멍을 군데군데 뚫고 거름을 주는 방식으로 주로 액비를 비탈면에 줄 때 적용한다.

해설 ① 방사상 거름주기
③ 선상 거름주기
④ 천공 거름주기

54 관수의 효과가 아닌 것은?

① 토양 중의 양분을 용해하고 흡수하여 신진대사를 원활하게 한다.
② 증산작용으로 인한 잎의 온도 상승을 막고 식물체의 온도를 유지한다.
③ 지표와 공중의 습도가 높아져 증산량이 증대된다.
④ 토양의 건조를 막고 생육환경을 형성하여 나무의 생장을 촉진시킨다.

해설 ③ 지표와 공중의 습도가 높아져 증발량이 감소한다.

55 AE콘크리트의 성질 및 특징 설명으로 틀린 것은?

① 수밀성이 향상된다.
② 콘크리트 경화에 따른 발열이 커진다.
③ 철근과의 부착강도가 약해지는 단점이 있다.
④ 보통 콘크리트에 비해 워커빌리티의 개선효과가 크다.

해설 ② 발열·증발이 적고, 수축균열이 감소한다.
※ AE(Air-Entrained)콘크리트 : 콘크리트를 비빌 때 AE제를 혼합하여 내부에 미세한 기포를 포함시킨 콘크리트로, 공기연행 콘크리트라고도 한다. 동일 조합과 수량의 보통 콘크리트에 비해서 워커빌리티가 좋고 내구성이 증가하지만, 압축 및 철근과의 부착강도는 상당히 약하다.

56 2.0B 벽두께로 표준형 벽돌쌓기를 실시할 때 기준량(m²당)은?

① 195장　　② 224장
③ 260장　　④ 298장

해설 1m²당 벽돌의 소요매수

구 분	0.5B	1.0B	1.5B	2.0B
기존형(210×100×60)	65	130	195	260
표준형(190×90×57)	75	149	224	298

57 호박돌 쌓기에 이용되는 쌓기법으로 가장 적합한 것은?

① 十자 줄눈 쌓기
② 줄눈 어긋나게 쌓기
③ 이음매 경사지게 쌓기
④ 평석 쌓기

해설 ② 호박돌을 쌓을 때는 불규칙하게 쌓는 것보다 규칙적인 모양을 갖도록 쌓는 것이 보기에 좋고 안전성이 있으며, 돌을 서로 어긋나게 놓아 十자 줄눈이 생기지 않도록 한다.

58 전정의 목적을 설명한 것 중 옳지 않은 것은?

① 희귀한 수종의 번식에 중점을 두고 한다.
② 미관에 중점을 두고 한다.
③ 실용적인 면에 중점을 두고 한다.
④ 생리적인 면에 중점을 두고 한다.

해설 전정의 목적은 미관 향상, 기능 부여, 개화 촉진에 있다.

59 자연상태(N), 흐트러진 상태(S), 다져진 상태(H)의 부피를 비교한 것으로 올바른 것은?

① H > N > S
② N > H > S
③ S > N > H
④ S > H > N

해설 ③ 자연상태의 흙을 기준으로 할 경우 부피는 흐트러진 상태 > 자연상태 > 다져진 상태 순이다.

60 공사의 설계 및 시공을 의뢰하는 사람을 뜻하는 용어는?

① 설계자　　② 시공자
③ 발주자　　④ 시공주

해설 ① 설계자 : 발주자와 계약을 체결한 후 충분한 자료를 수집하여 계획하고, 지식과 경험을 바탕으로 설계도면과 시방서 등을 작성하는 사람
② 시공주 : 직영공사의 경우 시행주 자체가 시공주가 되지만 도급공사의 시행을 위한 입찰 또는 계약을 체결하여 이를 집행하는 자로 개인, 기업, 법인, 공공단체, 정부기관 등이 시공주가 된다.
④ 시공자 : 직영공사의 경우 시공주 자체가 시공자가 되지만 도급공사의 경우 시공주와 도급계약을 체결하여 공사를 위임받은 자 또는 회사가 시공자(도급자라 함)가 된다.

정답 56 ④ 57 ② 58 ① 59 ③ 60 ③

2020년 제1회 과년도 기출복원문제

01 중국 송시대의 수법을 모방한 화원과 석가산 및 누각 등이 많이 나타난 시기는?

① 백제시대
② 신라시대
③ 고려시대
④ 조선시대

해설 ③ 고려시대에는 중국 송시대의 수법을 모방하여 화원과 석가산, 많은 누각 등을 배치한 관상 위주의 화려한 정원을 꾸몄다.

02 우리나라에서 최초의 유럽식 정원이 도입된 곳은?

① 장충단 공원
② 파고다 공원
③ 덕수궁 석조전 앞 정원
④ 구 중앙정부청사 주위 정원

해설 덕수궁 석조전 정원
- 1909년에 지어진 우리나라 최초의 이오니아식 석조전인 양식 건물이다.
- 정관헌 : 지붕과 난간은 한국적이고 기둥과 내부구조는 서양적이다.
- 침상원 : 석조전 앞의 좌우 대칭적인 기하학식 정원으로 우리나라 최초의 유럽식 정원이다.

03 미국 식민지 개척을 통한 유럽 각국의 다양한 사유지 중심의 정원양식이 공공적인 성격으로 전환되는 계기에 영향을 끼친 것은?

① 스토우정원
② 보르비콩트정원
③ 스투어헤드정원
④ 버컨헤드공원

해설 버컨헤드공원 : 조셉 팩스턴이 설계하고 시민의 힘으로 설립된 최초의 공원으로, 사적 주택단지와 공적 위락단지로 나눠 택지를 분양한 자금으로 시공하여 재정적·사회적으로 성공한 공원이며, 센트럴파크의 공원개념 형성에 큰 영향을 주었다.

04 조선시대 사대부나 양반계급에 속했던 사람들이 시골 별서에 꾸민 정원의 유적이 아닌 것은?

① 양산보의 소쇄원
② 윤선도의 부용동원림
③ 정약용의 다산정원
④ 퇴계 이황의 도산서원

해설 퇴계 이황의 도산서원 : 제자들을 가르치던 도산서당(陶山書堂)과 기숙사의 역할을 했던 농운정사(濃雲精舍)를 직접 설계하였으며, 작은 화단에 매화나무, 대나무, 소나무, 국화를 심고 절우사라 이름 붙였다.
※ 서원조경
- 소수서원, 남계서원, 도산서원, 옥산서원, 병산서원 등
- 서원의 진입공간에는 홍살문을 세웠고, 하마비와 하마석을 놓았다.
- 주렴계의 애련설의 영향으로 연못에 연꽃을 식재하였다(남계서원의 지당, 도산서원의 정우당).
- 서원이라는 공간적 성격에 적합한 일부 수목만을 식재하였다(은행나무, 느티나무, 향나무 등).

정답 1 ③ 2 ③ 3 ④ 4 ④

05 고려시대에 궁궐 내의 조경을 담당하던 관청은?

① 장원서 ② 내원서
③ 상림원 ④ 화림원

06 이탈리아의 노단건축식 정원양식이 생긴 원인으로 가장 적합한 것은?

① 식 물 ② 암 석
③ 지 형 ④ 역 사

해설 이탈리아는 구릉과 경사지가 많은 지형적 제약 때문에 경사지를 계단형으로 만드는 노단건축식 정원양식이 발생하였다. 이탈리아의 노단건축식 최초의 빌라는 미켈로지에 의해 설계된 피렌체에 있는 메디치가문의 메디치장(Villa Medici di Careggi)이다.
※ 르네상스시대 이탈이아 3대 별장 : 에스테장(Villa d'Este), 란테장(Villa Lante), 파르네제장(Villa Farnese)

07 다음 중국식 정원의 설명으로 틀린 것은?

① 차경수법을 도입하였다.
② 사실주의보다는 상징적 축조가 주를 이루는 사의주의에 입각하였다.
③ 유럽의 정원과 같은 건축식 조경수법으로 발달하였다.
④ 대비에 중점을 두고 있으며, 이것이 중국 정원의 특색을 이루고 있다.

해설 ③ 중국 정원은 풍경식 조경수법으로 발달하였다.
중국 정원의 특징
• 지역마다 재료를 달리한 정원양식이 생겼다.
• 건물과 정원이 한 덩어리가 되는 형태로 발달했다.
• 기하학적인 무늬가 그려져 있는 원로가 있다.
• 대비에 중점을 둔 조경수법이다.
• 묘석들이 공통적으로 사용된다.
• 정원 주변에는 화려한 꽃나무들을 많이 심는 것이 특징이다.

08 영국인 Brown의 지도하에 덕수궁 석조전 앞 뜰에 조성된 정원양식과 관계되는 것은?

① 빌라메디치
② 보르비콩트정원
③ 분구원
④ 센트럴파크

해설 ② 보르비콩트정원과 석조전정원 모두 평면기하학식 정원이다.

09 지형도에서 U자(字) 모양으로 그 바닥이 낮은 높이의 등고선을 향하면 이것은 무엇을 의미하는가?

① 계 곡 ② 능 선
③ 현 애 ④ 동 굴

해설 등고선의 형태(계곡에서 볼 때)
• U자형 : 능선을 횡(橫)으로 그어진 등고선 형태로 U자가 종(縱)으로 나열된 형태가 능선이다. 이 능선들은 밑으로 갈수록 여러 갈래로 나누어지다가 산기슭에 가서는 대등한 위치에 나열된다(정상이나 봉우리에서 볼 때 ∩형).
• V자형 : 계곡(하천)의 형태로 능선(U자형)과 반대 방향으로 나열된 형태이다. 중첩된 V자의 뾰족한 부분을 따라가면 산정(山頂)이 나온다(정상이나 봉우리에서 볼 때 V자형).
• M자형 : 계곡과 계곡이 합류되는 지역, 즉 계곡의 교차점을 횡단하는 등고선이다(정상이나 봉우리에서 볼 때 W형).

정답 5 ② 6 ③ 7 ③ 8 ② 9 ②

10 다음 도시공원 중 주제공원에 해당되는 않는 것은?(단, 도시공원 및 녹지 등에 관한 법률을 적용한다)

① 체험공원　② 역사공원
③ 문화공원　④ 수변공원

해설 도시공원의 세분 및 규모(도시공원 및 녹지 등에 관한 법률 제15조)
1. 국가도시공원
2. 생활권공원 : 소공원, 어린이공원, 근린공원
3. 주제공원 : 역사공원, 문화공원, 수변공원, 묘지공원, 체육공원, 도시농업공원, 방재공원, 그 밖에 특별시·광역시·특별자치시·도·특별자치도 또는 지방자치법에 따른 서울특별시·광역시 및 특별자치시를 제외한 인구 50만 이상 대도시의 조례로 정하는 공원

11 옥상정원의 환경조건에 대한 설명으로 적합하지 않은 것은?

① 토양 수분의 용량이 적다.
② 토양 온도의 변동 폭이 크다.
③ 양분의 유실속도가 늦다.
④ 바람의 피해를 받기 쉽다.

해설 옥상은 계절에 따라 햇빛이 강할 때에는 복사열에 의하여 온도가 쉽게 올라가고 겨울에는 토양을 단단히 얼게 하여 수분의 부족을 가져오므로 양분의 유실속도가 빠르다.

12 죽(竹)은 대나무류, 조릿대류, 밤부류로 분류할 수 있다. 그 중 조릿대류로 길게 자라며, 생장 후에도 껍질이 떨어지지 않고 붙어 있는 종류는?

① 죽순대　② 오 죽
③ 신이대　④ 마디대

해설 죽(竹)의 종류와 품종
- 대나무류 : 죽순대, 왕대, 오죽, 사각죽, 업평죽
  ※ 오죽 : 땅속 줄기가 옆으로 뻗으면서 죽순이 나와서 높이 2~20m, 지름 2~5cm 정도로 자라며 속이 비어 있다. 줄기가 첫해에는 녹색이고, 2년째부터 검은 자색으로 짙어져 간다. 잎은 바소 모양이고 잔톱니가 있으며 어깨털은 5개 내외로 곧 떨어진다. 검정이 고르지 못하고 얼룩이 지면 "반죽(얼룩대)"이라고 한다.
- 조릿대류 : 이대, 조릿대, 신이대, 섬대, 제주조릿대, 금대죽, 적단죽, 외죽, 한죽, 한산죽, 어여도죽
- 밤부류 : 봉래죽, 태산죽, 봉황죽

13 소나무류의 순따기에 알맞은 적기는?

① 1~2월　② 3~4월
③ 5~6월　④ 7~8월

해설 소나무 순따기는 해마다 5~6월경 새순이 6~9cm 자라난 무렵에 실시한다.

14 먼셀 표색계의 10색상환에서 서로 마주보고 있는 색상의 짝이 잘못 연결된 것은?

① 빨강(R) – 청록(BG)
② 노랑(Y) – 남색(PB)
③ 초록(G) – 자주(RP)
④ 주황(YR) – 보라(P)

해설 보 색
- 색상환에서 반대편의 색
- 노란색 ↔ 남색, 녹색 ↔ 자주색, 파란색 ↔ 주황색, 보라색 ↔ 연두색

정답　10 ①　11 ③　12 ③　13 ③　14 ④

15 비탈면 경사의 표시 1 : 2.5에서 2.5는 무엇을 뜻하는가?

① 수직고   ② 수평거리
③ 경사면의 길이   ④ 안식각

해설 비탈경사 = 수직 : 수평

16 평판측량의 3요소에 해당하지 않는 것은?

① 정 준   ② 구 심
③ 수 준   ④ 표 정

해설 평판측량의 3조건(요소)
- 정준 : 수준기를 이용해 평판을 수평으로 하는 것
- 구심 : 도판상의 측점과 지상의 측점을 일치시키는 것, 즉 제도용지의 도상점과 땅 위의 측점을 동일하게 맞추는 것
- 표정 : 도판상의 측선 방향과 지상의 측선 방향을 일치시키는 것

17 파란색 조명에 빨간색과 초록색 조명을 동시에 켰더니 하얀색으로 보였다. 이처럼 빛에 의한 색채의 혼합원리는?

① 가법혼색
② 병치혼색
③ 회전혼색
④ 감법혼색

해설 빛의 3원색 : 빛을 가하여 색을 혼합하면 원래의 색보다 명도가 증가하는 현상을 가산혼합 또는 가법혼색이라고 하는데 빨강, 초록, 파랑은 모두 혼합하면 흰색이 되고, 각기 혼합하면 많은 색을 얻을 수 있어 이 세 가지 색을 빛의 3원색이라고 한다.

18 우리나라에서 사용하는 표준형 벽돌의 규격은?(단, 단위는 mm로 한다)

① 300×300×60
② 190×90×57
③ 210×100×60
④ 390×190×190

해설 벽돌의 규격 : 표준형 190mm×90mm×57mm, 기존형 210mm×100mm×60mm

19 다음 설명의 A, B에 적합한 용어는?

> 인간의 눈은 원추세포를 통해 (A)을(를) 지각하고, 간상세포를 통해 (B)을(를) 지각한다.

① A : 색채, B : 명암
② A : 밝기, B : 채도
③ A : 명암, B : 색채
④ A : 밝기, B : 색조

해설 원추세포와 간상세포의 차이점

특 징	원추세포	간상세포
형태	굵고 짧음	가늘고 김
적합 자극	강한 빛 (0.1Lux 이상)	약한 빛 (0.1Lux 이하)
기능	형태와 색깔	형태와 명암
분포	망막의 중심(황반)	망막 주변
수	700만 개 (한쪽 눈)	1억 3천만 개 (한쪽 눈)
색소	이오돕신(요돕신)	로돕신(시홍)
이상 증세	색맹	야맹증

정답 15 ② 16 ③ 17 ① 18 ② 19 ①

20 그림과 같은 축도기호가 나타내고 있는 것으로 옳은 것은?

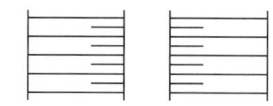

① 등고선 ② 성 토
③ 절 토 ④ 과수원

해설 축도기호

성 토	절 토

21 수목의 가슴높이 지름을 나타내는 기호는?

① F ② S.D
③ B ④ W

해설 조경수목의 규격 표시기준
- 수고(H) : 나무의 높이, 표시단위 m
- 수관(W) : 나무의 폭, 표시단위 m
- 근원지름(R) : 나무 밑동 제일 아랫부분의 지름, 표시단위 cm
- 흉고지름(B) : 가슴높이의 줄기지름, 단위 cm
- 지하고(BH) : 바닥에서 가지가 있는 곳까지의 높이, 표시단위 m

22 과다사용 시 병에 대한 저항력을 감소시키므로 특히 토양의 비배관리에 주의해야 하는 무기성분은?

① 질 소 ② 규 산
③ 칼 륨 ④ 인 산

해설 질소비료를 과다사용하면 작물체가 연약해지고, 병충해나 냉해에 대한 저항력이 약화된다.

23 다음 중 수명이 가장 긴 전등은?

① 형광등 ② 수은등
③ 백열전구 ④ 할로겐등

24 설계도면에 표시하기 어려운 재료의 종류나 품질, 시공방법, 재료 검사방법 등에 대해 충분히 알 수 있도록 글로 작성하여 설계상의 부족한 부분을 규정하여 보충한 문서는?

① 일위대가표 ② 설계설명서
③ 시방서 ④ 내역서

해설 시방서는 설계도면에 표시하기 어려운 사항을 설명하는 시공지침이다.

25 다음 중 미기후에 대한 설명으로 가장 거리가 먼 것은?

① 호수에서 바람이 불어오는 곳은 겨울에는 따뜻하고 여름에는 서늘하다.
② 야간에는 언덕보다 골짜기의 온도가 낮고, 습도는 높다.
③ 야간에 바람은 산 위에서 계곡을 향해 분다.
④ 계곡의 맨 아래쪽은 비교적 주택지로서 양호한 편이다.

26 추운지역의 실내를 장식할 때 온도감이 따뜻하게 느껴지는 색상은?

① 보라색 ② 초록색
③ 주황색 ④ 남 색

[해설] 온도감에 따른 색의 분류
- 한색 : 차가운 느낌을 주는 파란색 계통의 색으로, 수축성과 후퇴성을 가지며 심리적으로 긴장감을 느끼게 한다.
- 난색 : 따뜻한 느낌을 주는 주황색 계통의 색으로, 팽창성과 진출성을 가지며 심리적으로 느슨함을 느끼게 한다.
- 중성색 : 녹색이나 보라색 계통의 색으로, 한색과 난색의 중간적인 성격을 가진다.

27 다음 그림 중 수목의 가지에서 마디 위 다듬기의 요령으로 가장 좋은 것은?

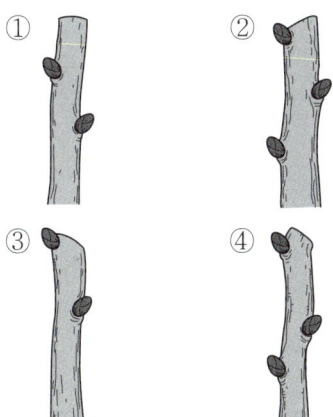

[해설] 일반적으로 눈에서 7~10mm 위쪽에서 눈과 나란한 방향이 되도록 비스듬히 자른다.
마디 위 자르는 요령
눈 위에서 자르면 그 눈에서 나온 새 가지는 안쪽으로 자라 통풍, 수광을 나쁘게 하고, 바깥쪽 위를 자르면 가지가 밖으로 자라 나무가 건실하게 자라게 된다. 따라서 반드시 바깥 눈 위에서 자르도록 한다. 눈 위를 자를 때에는 다음 그림과 같이 자른다.

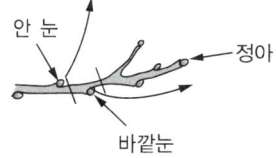

28 낙엽활엽소교목으로 양수이며, 잎이 나오기 전 3월경 노란색으로 개화하고, 빨간 열매를 맺어 아름다운 수종은?

① 산수유 ② 생강나무
③ 개나리 ④ 풍년화

[해설] ② 생강나무 : 낙엽활엽관목, 노란색 꽃, 검은색 열매
③ 개나리 : 낙엽활엽관목, 노란색 꽃, 갈색 열매
④ 풍년화 : 낙엽활엽관목·소교목, 노란색-붉은색 꽃, 갈색 열매

29 조경의 기본계획에서 일반적으로 토지이용분류, 적지분석, 종합배분의 순서로 이루어지는 계획은?

① 동선계획
② 시설물 배치계획
③ 토지이용계획
④ 식재계획

[해설] 기본계획
- 토지이용계획 : 토지이용 분류, 적지분석, 종합배분
- 교통동선계획 : 교통동선의 계획과정, 교통동선체계
- 시설물 배치계획 : 시설물 평면계획, 시설물의 배치(시설물의 형태·재료·색채)
- 식재계획 : 수종 선택, 배식, 녹지체계
- 하부구조계획 : 가능한 한 지하로 매설하여 경관을 살리며, 안전성을 높이고 보수가 용이하도록 한다.
- 집행계획 : 투자계획, 법규검토, 유지관리계획

30 수목 외과수술의 시공순서로 옳은 것은?

> ㉠ 동공 가장자리의 형성층 노출
> ㉡ 부패부 제거
> ㉢ 표면경화 처리
> ㉣ 동공 충전
> ㉤ 방수 처리
> ㉥ 인공수피 처리
> ㉦ 소독 및 방부 처리

① ㉠ - ㉥ - ㉡ - ㉢ - ㉣ - ㉤ - ㉦
② ㉡ - ㉦ - ㉠ - ㉥ - ㉤ - ㉣ - ㉣
③ ㉠ - ㉡ - ㉢ - ㉣ - ㉤ - ㉥ - ㉦
④ ㉡ - ㉠ - ㉦ - ㉣ - ㉤ - ㉢ - ㉥

해설 외과수술의 순서 : 부패부 제거 → 동공 가장자리의 형성층 노출 → 살균·방부 처리 → 동공 충전 → 방수 처리 → 표면경화 처리 → 인공수피 처리

31 다음 중 가로수로 적당하지 않은 나무는?

① 플라타너스 ② 느티나무
③ 은행나무 ④ 반 송

해설 ④ 반송은 소나무의 한 품종으로, 정원수로 많이 심는다.
가로수용 수목 : 벚나무, 은행나무, 느티나무, 가중나무, 회화나무, 은단풍, 칠엽수, 메타세쿼이아, 플라타너스 등

32 다음 설명에 가장 적합한 수종은?

> • 교목으로 꽃이 화려하다.
> • 전정을 싫어하고 대기오염에 약하며, 토질을 가리는 결점이 있다.
> • 매우 다방면으로 이용되며, 열식 또는 군식으로 많이 식재된다.

① 왕벚나무 ② 수양버들
③ 전나무 ④ 벽오동

해설 ② 수양버들 : 낙엽활엽교목으로, 내한성과 공해에 대한 저항성이 크다.
③ 전나무 : 상록침엽교목으로, 추위에 강하여 노지월동이 가능하고, 서늘하고 다습한 고산지대에서 잘 자란다.
④ 벽오동 : 낙엽활엽교목으로, 내한성이 약해 1년생 지상부는 종종 동해를 입지만 연수가 경과하면 추위에 강해지고, 대기오염에 강해 도심지 식재가 가능하다.

33 분쇄목인 우드칩(Wood Chip)을 멀칭재료로 사용할 때의 효과가 아닌 것은?

① 미관효과 우수
② 잡초 억제기능
③ 배수 억제효과
④ 토양 개량효과

해설 우드칩의 멀칭효과
• 잡초의 발생을 방지한다.
• 수목에 양분을 공급한다.
• 토양의 수분 및 적정온도를 유지한다.
• 토사의 유실분진·비산먼지 및 흙 튀김을 방지한다.

34 목재의 구조에는 춘재와 추재가 있다. 추재를 바르게 설명한 것은?

① 세포는 막이 얇고 크다.
② 빛깔이 엷고 재질이 연하다.
③ 빛깔이 짙고 재질이 치밀하다.
④ 춘재보다 자람의 폭이 넓다.

해설 추재(秋材)와 춘재(春材)
- 추재(秋材) : 가을과 겨울에 자란 부분으로 성장속도가 느리므로, 세포가 작으며, 세포막이 두껍고, 색깔이 진하고, 단단한 목질부이다.
- 춘재(春材) : 봄, 여름에 자란 부분으로 성장속도가 빠르므로 세포가 크고, 세포막이 얇으며, 색이 연하며, 유연한 목질부이다.
- 춘재와 추재의 두 부분을 합친 것을 나이테라 한다.

35 도시기본구상도의 표시기준 중 노란색은 어느 용지를 나타내는 것인가?

① 주거용지   ② 관리용지
③ 보존용지   ④ 상업용지

해설 도시계획지역의 구분과 표현색
- 주거지역 – 노란색
- 녹지지역 – 초록색
- 상업지역 – 빨간색
- 공업지역 – 보라색
- 미지정 – 무색

36 실내정원을 구성할 때 사용되는 인공토양에 관한 설명으로 옳은 것은?

① 펄라이트(Perlite)는 화강암 속의 흑운모를 1,100℃ 정도의 고온에서 수증기를 가하여 팽창시킨 것이다.
② 버미큘라이트(Vermiculite)는 황토와 톱밥을 섞어서 둥글게 뭉쳐 고온 처리한 것이다.
③ 하이드로볼(Hydro Ball)은 진주암을 870℃ 정도의 고온으로 가열하여 팽창시켜 만든 백색의 가벼운 입자로 만든 것으로 무균상태이다.
④ 피트모스(Peatmoss)는 습지의 수태가 퇴적하여 만들어진 것으로 유기질 용토이다.

해설 ① 버미큘라이트(Vermiculite)는 화강암 속의 흑운모를 1,100℃ 정도의 고온에서 수증기를 가하여 팽창시킨 것이다.
② 하이드로볼(Hydro Ball)은 황토와 톱밥을 섞어서 둥글게 뭉쳐 고온 처리한 것이다.
③ 펄라이트(Perlite)는 진주암을 870℃ 정도의 고온으로 가열하여 팽창시켜 만든 백색의 가벼운 입자로 만든 것으로 무균상태이다.

37 공원식재 시공 시 식재할 지피식물의 조건으로 가장 거리가 먼 것은?

① 관리가 용이하고, 병충해에 잘 견뎌야 한다.
② 번식력이 왕성하고, 생장이 비교적 빨라야 한다.
③ 성질이 강하고, 환경조건에 대한 적응성이 넓어야 한다.
④ 토양까지의 강수전단을 위해 지표면을 듬성듬성 피복하여야 한다.

해설 ④ 지표면을 치밀하게 피복하여야 한다.

정답 34 ③ 35 ① 36 ④ 37 ④

38 실내조경 식물의 잎이나 줄기에 백색 점무늬가 생기고 점차 퍼져서 흰 곰팡이 모양이 되는 원인으로 옳은 것은?

① 탄저병
② 무름병
③ 흰가루병
④ 모자이크병

해설 흰가루병
- 수목에 치명적인 병은 아니지만 발생하면 생육이 위축되고 외관을 나쁘게 된다.
- 장미, 단풍나무, 배롱나무, 벚나무 등에 많이 발생한다.
- 병든 낙엽을 모아 태우거나 땅속에 묻음으로써 전염원을 차단하는 것이 필수적이다.
- 통기불량, 일조부족, 질소과다 등이 발병유인이다.

39 습지식물 재료 중 서식환경 분류상 물속에서 자라며, 미나리아재비목으로 여러해살이 식물인 것은?

① 붕어마름
② 부들
③ 속새
④ 솔잎사초

해설
① 붕어마름 : 쌍떡잎식물, 미나리아재비목 붕어마름과의 여러해살이풀
② 부들 : 외떡잎식물, 부들목 부들과의 여러해살이풀
③ 속새 : 양치식물, 관다발식물, 속새목, 속새과의 여러해살이풀
④ 솔잎사초 : 사초목 사초과의 여러해살이풀

40 전정(剪定)을 함으로써 얻어지는 결과라고 볼 수 없는 것은?

① 수세의 조절
② 개화 결실의 조정
③ 일광, 통풍의 양호
④ 지상부의 약화

해설 정지 전정의 효과
- 생장 촉진 및 억제로 발육을 조절한다.
- 수관을 균형 있게 발육시킴으로써 수종 고유의 관상과 미적 가치를 높인다.
- 화목류에 있어 분화기 이전에 분화에 필요한 조건을 만들어 개화 결실을 촉진시켜 준다.
- 난잡한 수형을 정비하고 나무의 크기를 조절할 수 있다.
- 통풍·통광을 증대하여 병충해 발생의 원인을 제거할 수 있으며, 허약한 가지의 발육을 촉진시킨다.
- 나무의 내부까지 햇빛을 고루 들게 하여 꽃눈형성을 돕는다.
- 보호 관리를 편하게 한다.

41 콘크리트의 표준 배합비가 1 : 3 : 6일 때, 이 배합비의 순서에 맞는 각각의 재료를 바르게 나열한 것은?

① 모래 : 자갈 : 시멘트
② 자갈 : 시멘트 : 모래
③ 자갈 : 모래 : 시멘트
④ 시멘트 : 모래 : 자갈

42 표준형 벽돌을 사용하여 줄눈 10mm로 시공할 때 2.0B벽돌 벽의 두께는?(단, 공간쌓기는 아니다)

① 210mm
② 390mm
③ 320mm
④ 430mm

해설 벽돌의 크기는 기존형이 210×100×60cm, 표준형은 190×90×57cm이다.
총벽두께 = 190 + 10 + 190 = 390mm

43 수경시설(연못)의 유지관리에 관한 내용으로 옳지 않은 것은?

① 겨울철에는 물을 2/3 정도만 채워 둔다.
② 녹이 잘 스는 부분은 녹막이 칠을 수시로 해 준다.
③ 수중식물 및 어류의 상태를 수시로 점검한다.
④ 물이 새는 곳이 있는지의 여부를 수시로 점검하여 조치한다.

해설 급수구와 배수구의 막힘 여부는 수시로 점검하고, 겨울 전에 물을 빼 연못에 가라앉았던 이물질을 제거하고 청소한다.

44 농약의 사용 시 확인할 농약 방제 대상별 포장지의 색깔과 구분이 올바른 것은?

① 살균제 - 청색
② 제초제 - 분홍색
③ 살충제 - 초록색
④ 생장조절제 - 노란색

해설 농약제의 포장지 색깔
• 살균제 : 분홍색
• 살충제 : 초록색
• 살균·살충제 : 위쪽 - 분홍색, 아래쪽 - 초록색
• 제초제 : 노란색
• 비선택성 제초제 : 빨간색
• 생장조절제 : 파란색

45 지주목 설치에 대한 설명으로 틀린 것은?

① 수피와 지주가 닿는 부분은 보호조치를 취한다.
② 지주목을 설치할 때는 풍향과 지형 등을 고려한다.
③ 대형목이나 경관상 중요한 곳에는 당김줄형을 설치한다.
④ 지주는 뿌리 속에 박아 넣어 견고히 고정되도록 한다.

해설 ④ 지주는 아래를 뾰족하게 깎아서 땅속으로 30~50cm 정도의 깊이로 박는다.

46 체계적인 품질관리를 추진하기 위한 데밍(Deming's Cycle)의 관리로 가장 적합한 것은?

① 계획(Plan) - 추진(Do) - 조치(Action) - 검토(Check)
② 계획(Plan) - 검토(Check) - 추진(Do) - 조치(Action)
③ 계획(Plan) - 조치(Action) - 검토(Check) - 추진(Do)
④ 계획(Plan) - 추진(Do) - 검토(Check) - 조치(Action)

해설 데밍이 주장한 관리사이클 PDCA는 Plan - Do - Check - Action의 머리글자를 딴 것으로, 계획 - 추진 - 검토 - 조치가 반복적으로 이루어지는 순환의 과정을 논리적으로 연결한 모델이다.

정답 43 ① 44 ③ 45 ④ 46 ④

47 식물의 아랫잎에서 황화현상이 일어나고 심하면 잎 전면에 나타나며, 잎이 작지만 잎수가 감소하며 초본류의 초장이 작아지고 조기낙엽이 비료결핍의 원인이라면 어느 비료 요소와 관련된 설명인가?

① P
② N
③ Mg
④ K

해설 비료의 역할
- 질소(N) : 광합성작용을 촉진하여 수목의 잎이나 줄기 등의 생장에 도움을 주는데, 부족하면 생장이 위축되고 성숙이 빨라진다.
- 인(P) : 세포분열을 촉진하거나 꽃·열매·뿌리의 발육에 관여하는데, 부족하면 성숙이 빨라져 수확량이 감소한다.
- 칼륨(K) : 꽃과 열매의 향기나 색깔을 조절하는데, 부족하면 황화현상이 나타나고 잎이 고사한다.
- 칼슘(Ca) : 단백질을 합성하고 식물체 유기산을 중화하는데, 부족하면 생장점이 파괴되어 갈변한다.
- 마그네슘(Mg) : 엽록소의 구성성분이며 각종 효소를 활성화하는데, 부족하면 잎이 얇아지고 황백화현상이 나타난다.

48 토양수분 중 식물이 생육에 주로 이용하는 유효수분은?

① 결합수
② 흡습수
③ 모세관수
④ 중력수

해설 토양수분의 형태
- 결합수 : 점토광물에 결합되어 있어 분리시킬 수 없어 식물이 이용할 수 없는 수분
- 흡습수 : 토양입자 표면에 피막상으로 흡착되어 식물이 거의 이용할 수 없는 수분
- 모관수 : 토양공극에서 표면장력으로 유지되며, 모관현상에 의해 공극을 따라 상승하여 식물이 주로 이용하는 수분
- 중력수 : 비모관공극에서 중력에 의하여 흘러내려 식물이 이용 가능한 수분
- 지하수 : 지하에 정지하여 모관수의 근원이 되는 수분

49 잔디밭의 관수시간으로 가장 적당한 것은?

① 오후 2시경에 실시하는 것이 좋다.
② 정오경에 실시하는 것이 좋다.
③ 오후 6시 이후 저녁이나 일출 전에 한다.
④ 아무 때나 잔디가 타면 관수한다.

해설 관수시간은 주로 이른 아침이나 늦은 오후가 좋고 초저녁이나 늦은 저녁에는 잔디잎의 물이 마르지 않기 때문에 가급적 피하는 것이 좋다.

50 수간과 줄기 표면의 상처에 침투성 약액을 발라 조직 내로 약효성분이 흡수되게 하는 농약사용법은?

① 도포법
② 관주법
③ 도말법
④ 분무법

해설
② 관주법 : 땅속에서 서식하고 있는 병해충을 방제하기 위하여 땅속에 약액을 주입하는 방법
③ 도말법 : 종자 소독을 위해 분제나 수화제를 건조한 종자에 입혀 살균·살충하는 방법
④ 분무법 : 분무기를 이용하여 다량의 액제를 살포하는 방법

51 다음 선의 종류와 선긋기의 내용이 잘못 짝지어진 것은?

① 가는 실선 : 수목인출선
② 파선 : 단면
③ 1점쇄선 : 경계선
④ 2점쇄선 : 중심선

해설
③ 1점쇄선 : 중심선, 경계선, 절단선
④ 2점쇄선 : 가상선, 경계선

정답 47 ② 48 ③ 49 ③ 50 ① 51 ④

52 토양환경을 개선하기 위해 유공관을 지면과 수직으로 뿌리 주변에 세워 토양 내 공기를 공급하여 뿌리호흡을 유도하는데, 유공관의 깊이는 수종, 규격, 식재지역의 토양상태에 따라 다르게 할 수 있으나, 평균깊이는 몇 m 이내로 하는 것이 바람직한가?

① 1m   ② 1.5m
③ 2m   ④ 3m

[해설] ① 유공관의 설치깊이는 평균적으로 1m 이내로 하는 것이 바람직하다.

53 해충의 방제방법 중 기계적 방제방법에 해당하지 않는 것은?

① 경운법
② 유살법
③ 소살법
④ 방사선이용법

[해설] ①·②·③은 기계적 방제법이고, ④는 물리적 방제법이다.
기계적 방제법
- 포살법 : 해충을 손이나 도구를 이용하여 잡아 죽이는 방법
- 유살법 : 300~400μm의 단파장 광선을 이용하는 유아등을 설치하거나, 미끼 등으로 해충을 직접 유인하여 잡아 죽이는 방법
- 소살법 : 해충 군서 시 경유 등을 사용하여 불로 태워 죽이는 방법
- 진동법 : 손이나 막대기 등으로 나무를 흔들어 떨어진 곤충을 잡아 죽이는 방법으로, 살충제가 들어 있는 수집용기에 채집하거나 손으로 직접 제거한다.
- 경운법 : 땅을 갈아엎어 땅속에 숨은 해충의 유충이나 애벌레, 성충 등을 표층으로 노출시켜 서식환경을 파괴하는 방법

54 아황산가스에 민감하지 않은 수종은?

① 단풍나무   ② 겹벚나무
③ 소나무   ④ 화백

[해설] 대기오염(아황산가스)에 강한 수종 : 은행나무, 편백, 화백, 향나무, 비자나무, 태산목, 아왜나무, 가시나무, 녹나무, 사철나무, 벽오동, 능수버들, 플라타너스, 쥐똥나무, 돈나무, 호랑가시나무, 갈참나무, 무궁화, 칠엽수, 종려나무, 백합나무 등

55 다음에서 설명하는 잡초로 옳은 것은?

- 일년생 광엽잡초
- 논잡초로 많이 발생할 경우는 기계수확이 곤란
- 줄기 기부가 비스듬히 땅을 기며 뿌리가 내리는 잡초

① 메꽃   ② 한련초
③ 가막사리   ④ 사마귀풀

[해설] 사마귀풀 : 종자로 번식하는 닭의장풀과 일년생 잡초로 논둑 옆에서 많이 발생한다. 4월경부터 발생하기 시작하여 11월까지 피해를 주며 줄기의 재생력이 강하여 제초 시 줄기가 남아 있으면 마디로부터 뿌리가 내려 재생한다.

56 인간이나 기계가 공사 목적물을 만들기 위하여 단위물량당 소요하는 노력과 물질을 수량으로 표현한 것을 무엇이라 하는가?

① 할증   ② 품셈
③ 견적   ④ 내역

[해설] ① 할증 : 일정한 값에 대한 일정 비율을 가산하는 것
③ 견적 : 장래에 있을 거래가격을 사전에 계산하여 산출하는 것
④ 내역 : 물품이나 금액 따위의 분명하고 자세한 내용

57 다음 중 무거운 돌을 놓거나 큰 나무를 옮길 때 신속하게 운반과 적재를 동시에 할 수 있어 편리한 장비는?

① 체인블록
② 모터그레이더
③ 트럭크레인
④ 콤바인

해설 ① 체인블록 : 무거운 물건을 들어 올리는 데 쓰이는 도드래형 장비
② 모터그레이더 : 주로 넓은 면적의 땅을 고르는 정지작업 등에 사용되는 토공기계
④ 콤바인 : 농경지를 주행하면서 수확물의 탈곡과 선별을 동시에 수행하는 수확기계

58 공사원가에 의한 공사비 구성 중 안전관리비가 해당되는 것은?

① 간접재료비
② 간접노무비
③ 경 비
④ 일반관리비

해설 경비 : 공사의 시공을 위하여 소요되는 공사원가 중 재료비와 노무비를 제외한 비용
예 전력비, 수도광열비, 운반비, 기계경비, 특허권사용료, 기술료, 연구개발비, 품질관리비, 보험료, 보관비, 외주가공비, 산업안전보건관리비, 폐기물처리비, 도서인쇄비, 안전관리비 등

59 AE콘크리트의 성질 및 특징 설명으로 틀린 것은?

① 수밀성이 향상된다.
② 콘크리트 경화에 따른 발열이 커진다.
③ 철근과의 부착강도가 약해지는 단점이 있다.
④ 보통 콘크리트에 비해 워커빌리티의 개선효과가 크다.

해설 ② 발열·증발이 적고, 수축균열이 감소한다.
※ AE(Air-Entrained)콘크리트 : 콘크리트를 비빌 때 AE제를 혼합하여 내부에 미세한 기포를 포함시킨 콘크리트로, 공기연행 콘크리트라고도 한다. 동일 조합과 수량의 보통 콘크리트에 비해서 워커빌리티가 좋고 내구성이 증가하지만, 압축 및 철근과의 부착강도는 상당히 약하다.

60 도시공원 및 녹지 등에 관한 법률에 의한 어린이공원의 기준에 관한 설명으로 옳은 것은?

① 유치거리는 500m 이하로 제한한다.
② 1개소 면적은 1,200m^2 이상으로 한다.
③ 공원시설 부지면적은 전체 면적의 60% 이하로 한다.
④ 공원구역경계로부터 500m 이내에 거주하는 주민 250명 이상의 요청 시 어린이공원 조성계획의 정비를 요청할 수 있다.

해설 ① 유치거리는 250m 이하로 제한한다.
② 1개소 면적은 1,500m^2 이상으로 한다.
④ 공원구역경계로부터 250m 이내에 거주하는 주민 500명 이상의 요청 시 어린이공원 조성계획의 정비를 요청할 수 있다.

2020년 제3회 과년도 기출복원문제

01 다음 중 교통표지판의 색상을 결정할 때 가장 중요하게 고려하여야 할 것은?

① 심미성 ② 명시성
③ 경제성 ④ 양질성

해설 명시성 : 두 가지 이상의 색·선·모양을 대비시켰을 때 금방 눈에 띠는 성질을 말하며, 명도나 채도의 차이가 클수록 명시성이 강해진다. 특히, 노랑과 검정은 명시성이 강해 교통표지판 등에 주로 쓰인다.

02 먼셀 표색계의 10색상환에서 서로 마주보고 있는 색상의 짝이 잘못 연결된 것은?

① 빨강(R) - 청록(BG)
② 노랑(Y) - 남색(PB)
③ 초록(G) - 자주(RP)
④ 주황(YR) - 보라(P)

해설 보 색
- 색상환에서 반대편의 색
- 노란색 ↔ 남색, 녹색 ↔ 자주색, 파란색 ↔ 주황색, 보라색 ↔ 연두색

03 다음 중 창덕궁 후원 내 옥류천 일원에 위치하고 있는 궁궐 내 유일의 초정은?

① 애련정 ② 부용정
③ 관람정 ④ 청의정

해설 옥류천의 청의정은 창덕궁 후원 내에 현존하는 유일한 초정으로, 초가지붕으로 되어 있으며 주변에는 논이 있어 임금이 그 해의 작황을 관찰하기 위해 직접 벼를 길렀다.

04 다음 중 조선시대 중엽 이후 정원양식에 가장 큰 영향을 미친 사상은?

① 음양오행설
② 신선설
③ 자연복귀설
④ 임천회유설

해설 조선시대 중엽 이후 음양오행설을 기초로 하는 풍수지리설의 영향을 받아 후원이 주가 되는 정원양식이 생겼다.

05 다음 고서에서 조경식물에 대한 기록이 다루어지지 않은 것은?

① 고려사
② 악학궤범
③ 양화소록
④ 동국이상국집

해설 악학궤범 : 1493년에 왕명에 따라 제작된 악전(樂典)으로, 가사가 한글로 실려 있고, 궁중음악은 물론 당악이나 향악에 관한 이론 및 제도, 법식 등을 그림과 함께 설명하고 있다.

정답 1 ② 2 ④ 3 ④ 4 ① 5 ②

06 경사도(勾配, Slope)가 15%인 도로면상의 경사거리 135m에 대한 수평거리는?

① 130.0m
② 132.0m
③ 133.5m
④ 136.5m

해설
- 경사도(%) = $(h/L) \times 100$
  여기서, h : 수직높이, L : 수평거리
  ∴ $h = 0.15 \times L$
- (경사거리)$^2 = L^2 + h^2$ (∵ 피타고라스의 정리)
  $135^2 = L^2 + (0.15 \times L)^2$
  $135^2 = L^2 + 0.0225L^2 = 1.0225L^2$
  $L^2 = 17823.96$
  ∴ L = 약 133.5m

07 네덜란드 정원에 관한 설명으로 가장 거리가 먼 것은?

① 운하식이다.
② 프랑스와 이탈리아의 규모보다 보통 2배 이상 크다.
③ 튤립, 히아신스, 아네모네, 수선화 등의 구근류로 장식했다.
④ 테라스를 전개시킬 수 없었으므로 분수나 캐스케이드가 채택될 수 없었다.

해설 ② 네덜란드 정원은 소규모 정원이 많다.

08 다음 중 대칭(Symmetry)의 미를 사용하지 않은 것은?

① 영국의 자연풍경식
② 프랑스의 평면기하학식
③ 이탈리아의 노단 건축식
④ 스페인의 중정식

09 중국 송시대의 수법을 모방한 화원과 석가산 및 누각 등이 많이 나타난 시기는?

① 백제시대
② 신라시대
③ 고려시대
④ 조선시대

해설 고려시대에는 중국 송시대의 수법을 모방하여 화원과 석가산, 많은 누각 등을 배치한 관상 위주의 화려한 정원을 꾸몄다.

10 조선시대 사대부나 양반계급에 속했던 사람들이 시골 별서에 꾸민 정원의 유적이 아닌 것은?

① 양산보의 소쇄원
② 윤선도의 부용동원림
③ 정약용의 다산정원
④ 퇴계 이황의 도산서원

해설 퇴계 이황의 도산서원 : 제자들을 가르치던 도산서당(陶山書堂)과 기숙사의 역할을 했던 농운정사(濃雲精舍)를 직접 설계하였으며, 작은 화단에 매화나무, 대나무, 소나무, 국화를 심고 절우사라 이름 붙였다.
※ 서원조경
  - 소수서원, 남계서원, 도산서원, 옥산서원, 병산서원 등
  - 서원의 진입공간에는 홍살문을 세웠고, 하마비와 하마석을 놓았다.
  - 주렴계의 애련설의 영향으로 연못에 연꽃을 식재하였다(남계서원의 지당, 도산서원의 정우당).
  - 서원이라는 공간적 성격에 적합한 일부 수목만을 식재하였다(은행나무, 느티나무, 향나무 등).

11 황금비는 단변이 1일 때 장변은 얼마인가?

① 1.681　② 1.618
③ 1.186　④ 1.861

해설 황금비는 보통 소수점 세번째 자리까지인 1.618을 사용한다.

12 수목의 규격을 표시하는 방법 중 옳은 것은?

① 흉고직경(R) : 지표면 줄기의 굵기
② 근원직경(B) : 가슴높이 정도의 줄기의 지름
③ 수고(W) : 지표면으로부터 수관의 하단부까지의 수직높이
④ 지하고(BH) : 지표면에서 수관의 맨 아랫가지까지의 수직높이

해설 조경수목의 규격 표시기준
- 수고(H) : 나무의 높이, 표시단위 m
- 수관(W) : 나무의 폭, 표시단위 m
- 근원지름(R) : 나무 밑둥 제일 아랫부분의 지름, 표시단위 cm
- 흉고지름(B) : 가슴높이의 줄기지름, 단위 cm
- 지하고(BH) : 바닥에서 가지가 있는 곳까지의 높이, 표시단위 m

13 진비중이 1.5, 전건비중이 0.54인 목재의 공극율은?

① 66%　② 64%
③ 62%　④ 60%

해설 공극률 = [1 − (가비중 / 진비중)] × 100
　　　　 = [1 − (0.54 / 1.5)] × 100
　　　　 = 64%

14 조경프로젝트의 수행단계 중 식생의 이용 및 시설물의 효율적 이용 유지, 보수 등 전체적인 것을 다루는 단계는?

① 조경관리　② 조경설계
③ 조경계획　④ 조경시공

해설 조경분야 프로젝트 수행단계의 순서
- 계획 : 자료의 수집, 분석, 종합
- 설계 : 자료를 활용하여 기능적·미적인 3차원 공간을 창조
- 시공 : 공학적 지식과 생물을 다룬다는 점에서 특수한 기술의 요구
- 관리 : 식생과 시설물의 이용관리

15 암거는 지하수위가 높은 곳, 배수 불량 지반에 설치한다. 암거의 종류 중 중앙에 큰 암거를 설치하고, 좌우에 작은 암거를 연결시키는 형태로 넓이에 관계없이 경기장이나 어린이놀이터와 같은 소규모의 평탄한 지역에 설치할 수 있는 것은?

① 어골형　② 빗살형
③ 부채살형　④ 자연형

해설 암거 배수망의 배치
- 어골형 : 경기장 같은 평탄한 지역에 적합
- 빗살형(즐치형) : 비교적 좁은 면적의 전 지역에 균일하게 배수할 때 이용
- 자연형(자유형) : 전면 배수가 요구되지 않는 지역
- 차단법 : 경사면 위나 자체의 유수를 막기 위해 사용

정답 11 ② 12 ④ 13 ② 14 ① 15 ①

16 흰말채나무의 특징 설명으로 틀린 것은?

① 노란색의 열매가 특징적이다.
② 층층나무과로 낙엽활엽관목이다.
③ 수피가 여름에는 녹색이나 가을, 겨울철의 붉은 줄기가 아름답다.
④ 잎은 대생하며 타원형 또는 난상타원형이고, 표면에 작은 털이 있으며 뒷면은 흰색의 특징을 갖는다.

해설 ① 흰말채나무의 열매는 흰색이다.

17 이탈리아 정원양식의 특성과 가장 관계가 먼 것은?

① 테라스 정원
② 노단식 정원
③ 평면기하학식 정원
④ 축선상에 여러 개의 분수 설치

해설 ③ 평면기하학식 정원 : 프랑스 정원양식

18 다음 중 본격적인 프랑스식 정원으로서 루이 14세 당시의 니콜라스 푸케와 관련있는 정원은?

① 보르비콩트(Vaux-le-Vicomte)
② 베르사유(Versailles)궁원
③ 퐁텐블로(Fontainebleau)
④ 생-클루(Saint-Cloud)

해설 프랑스 보르비콩트(Vaux-le-Vicomte) 정원
이 정원은 루이 14세의 재정담당이었던 니콜라스 푸케(Nicolas Fouquet)가 유명한 정원가인 앙드레 르 노트르(Andre Le Notre)를 정원사로 임명하여 본인의 부와 권세를 과시하기 위해 만든 것이다. 정원에 초대받았던 당시 왕인 루이 14세가 푸케를 체포하여 감옥에 보내고 르 노트르에게 자신을 위한 베르사유궁을 만들도록 지시하여 대표적인 평면기하학식 정원인 베르사유궁원이 만들어지게 되었다.

19 우리나라에서 최초의 유럽식 정원이 도입된 곳은?

① 장충단 공원
② 파고다 공원
③ 덕수궁 석조전 앞 정원
④ 구 중앙정부청사 주위 정원

해설 덕수궁 석조전 정원
• 1909년에 지어진 우리나라 최초의 이오니아식 석조전인 양식 건물이다.
• 정관헌 : 지붕과 난간은 한국적이고 기둥과 내부구조는 서양적이다.
• 침상원 : 석조전 앞의 좌우 대칭적인 기하학식 정원으로 우리나라 최초의 유럽식 정원이다.

20 일본의 모모야마(桃山)시대에 새롭게 만들어져 발달한 정원양식은?

① 회유임천식
② 축산고산수식
③ 홍교수법
④ 다 정

해설 일본 조경양식의 발달
• 8~11세기 : 헤이안시대, 임천식 정원
• 12~14세기 : 가마쿠라시대, 회유임천식 정원(침전건물 중심)
• 14세기 : 무로마치시대, 축산고산수식 정원(선사상과 화목의 영향)
• 15세기 후반 : 무로마치시대, 평정고산수식 정원(바다의 경치 표현)
• 16세기 : 안도·모모야마시대, 다정양식 정원(노지식, 곡선이 많이 사용)
• 17세기 : 에도 초기, 지천임천식 또는 회유식 정원(임천식과 다정양식의 결합)
• 에도 후기 : 축경식(縮景式, 풍경을 축소시켜 좁은 공간 내에 표현)

21 화강암(Granite)에 대한 설명 중 옳지 않은 것은?

① 내마모성이 우수하다.
② 구조재로 사용이 가능하다.
③ 내화도가 높아 가열 시 균열이 적다.
④ 절리의 거리가 비교적 커서 큰 판재를 생산할 수 있다.

해설 화강암은 내화성이 약해 고열을 받는 곳에 부적합하고, 가공이 어려워 세밀한 조각에 적당하지 않다.

22 플라스틱 제품의 특성이 아닌 것은?

① 비교적 산과 알칼리에 견디는 힘이 콘크리트나 철 등에 비해 우수하다.
② 접착이 자유롭고 가공성이 크다.
③ 열팽창계수가 작아 저온에서도 파손이 안 된다.
④ 내열성이 약하여 열가소성수지는 60℃ 이상에서 연화된다.

해설 ③ 플라스틱 제품은 열팽창계수가 커서 내열, 내화성이 작다.

23 다음 중 낙엽활엽관목으로만 짝지어진 것은?

① 동백나무, 섬잣나무
② 회양목, 아왜나무
③ 생강나무, 화살나무
④ 느티나무, 은행나무

해설
① 동백나무(상록활엽교목), 섬잣나무(상록침엽교목)
② 회양목(상록활엽관목), 아왜나무(상록활엽교목)
④ 느티나무(낙엽활엽교목), 은행나무(낙엽침엽교목)

24 종류로는 수용형, 용제형, 분말형 등이 있으며 목재, 금속, 플라스틱 및 이들 이종재(異種材) 간의 접착에 사용되는 합성수지 접착제는?

① 페놀수지 접착제
② 카세인 접착제
③ 요소수지 접착제
④ 폴리에스터수지 접착제

해설 페놀수지 접착제 : 페놀과 폼알데하이드를 주재로 하는 합성수지로, 페놀수지로 만든 액상 접착제는 무색 투명하고, 내수성·내약품성·내열성이 가장 우수하며, 이종재 간의 접착에 사용된다.

25 콘크리트 공사 시의 슬럼프시험은 무엇을 측정하기 위한 것인가?

① 반죽질기
② 피니셔빌리티
③ 성형성
④ 블리딩

해설 슬럼프시험(Slump Test)은 굳지 않은 콘크리트의 반죽질기를 시험하는 방법으로 콘크리트 타설 시 시공성을 측정하는 방법이다.

26 중국 옹정제가 제위 전 하사받은 별장으로 영국에 중국식 정원을 조성하게 된 계기가 된 곳은?

① 원명원   ② 기창원
③ 이화원   ④ 외팔묘

해설 원명원 : 1709년 강희제(康熙帝)가 네 번째 아들 윤진에게 하사한 별장이었으나, 윤진이 옹정제(雍正帝)로 즉위하자 1725년 황궁의 정원으로 조성하였다.

정답 21 ③ 22 ③ 23 ③ 24 ① 25 ① 26 ①

27 여름에 꽃피는 알뿌리 화초인 것은?

① 히아신스
② 글라디올러스
③ 수선화
④ 백합

해설 알뿌리 초화류(구근 초화류)
- 여름부터 가을까지 꽃을 감상할 수 있는 알뿌리 화초 (춘식구근) : 다알리아, 칸나, 아마릴리스, 글라디올러스, 상사화, 투베로즈, 진저 등
- 추식구근 : 히아신스, 아네모네, 튤립, 수선화, 크로커스, 백합, 아이리스 등

28 다음 중 마이코플라스마에 의한 수목병이 아닌 것은?

① 대추나무 빗자루병
② 뽕나무 오갈병
③ 벚나무 빗자루병
④ 오동나무 빗자루병

해설 ③은 진균 중 자낭균에 의한 수목병이다.

29 다음 중 잎이나 가지에 붙어서 즙액을 빨아먹기 때문에 잎이 황색으로 변하게 되고 2차적으로 그을음병을 유발시키며, 감나무, 동백나무, 호랑가시나무, 사철나무, 치자나무 등에 공통적으로 발생하기 쉬운 충해는?

① 흰불나방
② 측백나무하늘소
③ 깍지벌레
④ 진딧물

해설 ① 미국흰불나방 : 집단 서식하며 잎이나 가지에 거미줄, 애벌레가 노숙해지면 분산해서 가해
② 측백나무 하늘소 : 애벌레가 줄기 속을 가해
④ 진딧물류 : 잎, 가지를 가해하여 황화현상, 그을음병 유발(소나무 등에 발생)

30 식물의 아랫잎에서 황화현상이 일어나고 심하면 잎 전면에 나타나며, 잎이 작지만 잎수가 감소하며 초본류의 초장이 작아지고 조기 낙엽이 비료결핍의 원인이라면 어느 비료 요소와 관련된 설명인가?

① P
② N
③ Mg
④ K

해설 비료의 역할
- 질소(N) : 광합성작용을 촉진하여 수목의 잎이나 줄기 등의 생장에 도움을 주는데, 부족하면 생장이 위축되고 성숙이 빨라진다.
- 인(P) : 세포분열을 촉진하거나 꽃·열매·뿌리의 발육에 관여하는데, 부족하면 성숙이 빨라져 수확량이 감소한다.
- 칼륨(K) : 꽃과 열매의 향기나 색깔을 조절하는데, 부족하면 황화현상이 나타나고 잎이 고사한다.
- 칼슘(Ca) : 단백질을 합성하고 식물체 유기산을 중화하는데, 부족하면 생장점이 파괴되어 갈변한다.
- 마그네슘(Mg) : 엽록소의 구성성분이며 각종 효소를 활성화하는데, 부족하면 잎이 얇아지고 황백화현상이 나타난다.

31 소나무류의 순따기에 알맞은 적기는?

① 1~2월
② 3~4월
③ 5~6월
④ 7~8월

해설 소나무 순따기는 해마다 5~6월경 새순이 6~9cm 자란 무렵에 실시한다.

32 다음 중 조경공간의 포장용으로 주로 쓰이는 가공석은?

① 견치돌(간지석)
② 각 석
③ 판 석
④ 강석(하천석)

해설 ③ 판석 : 두께 15cm 미만이고, 폭이 두께의 3배 이상인 판 모양의 석재로 디딤돌, 원로 포장용, 계단 설치용 등으로 사용된다.
① 견치돌 : 돌을 뜰 때 앞면, 길이, 뒷면, 접촉부 등의 치수를 지정하여 마름모꼴이나 사각형 뿔 모양으로 깨낸 석재로, 면에서 직각으로 잰 길이가 최소 변의 1.5배 이상이고, 접촉부의 너비는 1/10 이상이다. 주로 흙막이용 돌쌓기에 사용된다.
② 각석 : 폭이 두께의 3배 미만이고, 폭보다 길이가 긴 직육면체의 석재로 쌓기용, 기초용, 경계석 등으로 사용된다.
④ 강석 : 50~100cm 정도의 돌로 주로 경관석이나 석가산용 등으로 사용된다.

33 수목 외과수술의 시공순서로 옳은 것은?

```
㉠ 동공 가장자리의 형성층 노출
㉡ 부패부 제거
㉢ 표면경화 처리
㉣ 동공 충전
㉤ 방수 처리
㉥ 인공수피 처리
㉦ 소독 및 방부 처리
```

① ㉠ - ㉥ - ㉡ - ㉢ - ㉣ - ㉤ - ㉦
② ㉡ - ㉦ - ㉠ - ㉥ - ㉤ - ㉢ - ㉣
③ ㉠ - ㉡ - ㉢ - ㉣ - ㉤ - ㉥ - ㉦
④ ㉡ - ㉠ - ㉦ - ㉣ - ㉤ - ㉢ - ㉥

해설 외과수술의 순서 : 부패부 제거 → 동공 가장자리의 형성층 노출 → 살균 · 방부 처리 → 동공 충전 → 방수 처리 → 표면경화 처리 → 인공수피 처리

34 분쇄목인 우드칩(Wood Chip)을 멀칭재료로 사용할 때의 효과가 아닌 것은?

① 미관효과 우수
② 잡초 억제기능
③ 배수 억제효과
④ 토양 개량효과

해설 우드칩의 멀칭효과
• 잡초의 발생을 방지한다.
• 수목에 양분을 공급한다.
• 토양의 수분 및 적정온도를 유지한다.
• 토사의 유실분진 · 비산먼지 및 흙튀김을 방지한다.

35 습지식물 재료 중 서식환경 분류상 물속에서 자라며, 미나리아재비목으로 여러해살이 식물인 것은?

① 붕어마름   ② 부 들
③ 속 새   ④ 솔잎사초

해설 ① 붕어마름 : 쌍떡잎식물, 미나리아재비목 붕어마름과의 여러해살이풀
② 부들 : 외떡잎식물, 부들목 부들과의 여러해살이풀
③ 속새 : 양치식물, 관다발식물, 속새목, 속새과의 여러해살이풀
④ 솔잎사초 : 사초목 사초과의 여러해살이풀

36 지주목 설치에 대한 설명으로 틀린 것은?

① 수피와 지주가 닿는 부분은 보호조치를 취한다.
② 지주목을 설치할 때는 풍향과 지형 등을 고려한다.
③ 대형목이나 경관상 중요한 곳에는 당김줄형을 설치한다.
④ 지주는 뿌리 속에 박아 넣어 견고히 고정되도록 한다.

해설 ④ 지주는 아래를 뾰족하게 깎아서 땅속으로 30~50cm 정도의 깊이로 박는다.

정답 32 ③ 33 ④ 34 ③ 35 ① 36 ④

37 목재가공 작업과정 중 소지조정, 눈막이(눈메꿈), 샌딩실러 등은 무엇을 하기 위한 것인가?

① 도 장 ② 연 마
③ 접 착 ④ 오버레이

해설 목재도장의 공정과정 : 소지공정 → 표백 → 착색 → 눈메꿈도장 → 하도도장 → 중도도장 → 상도도장

38 여러해살이 화초에 해당되는 것은?

① 베고니아 ② 금어초
③ 맨드라미 ④ 금잔화

해설 여러해살이 화초 : 넝쿨장미, 튤립, 초롱꽃, 베고니아, 수선화, 아네모네, 제라늄, 히아신스, 국화, 부용, 꽃창포, 도라지꽃 등

39 다음 그림과 같은 땅깎기 공사 단면의 절토면적은?

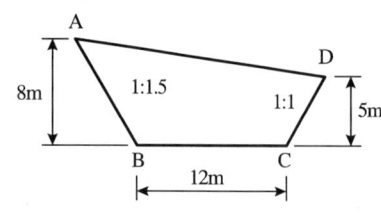

① 64m² ② 80m²
③ 102m² ④ 128m²

해설

전체 사각형에서 경사비는 수직 : 수평임을 감안하여 삼각형 ㉠, ㉡, ㉢의 넓이를 빼면 된다.

$(8 \times 29) - \left(8 \times 12 \times \frac{1}{2}\right) - \left(3 \times 29 \times \frac{1}{2}\right) - \left(5 \times 5 \times \frac{1}{2}\right)$
$= 128m^2$

40 인출선에 대한 설명으로 옳지 않은 것은?

① 수목명, 본수, 규격 등을 기입하기 위하여 주로 이용되는 선이다.
② 도면의 내용물 자체에 설명을 기입할 수 없을 때 사용하는 선이다.
③ 인출선의 긋는 방향과 기울기는 서로 다르게 하는 것이 효과적이다.
④ 인출선은 가는 실선을 사용하며, 한 도면 내에서는 그 굵기와 질은 동일하게 유지한다.

해설 ③ 인출선의 긋는 방향과 기울기는 통일하는 것이 효과적이다.

41 선의 분류 중 모양에 따른 분류가 아닌 것은?

① 실 선 ② 파 선
③ 1점쇄선 ④ 치수선

해설 ④ 치수선이란 제도에서 물품의 치수 숫자를 적기 위해 긋는 선을 말한다.

42 일반적으로 수목을 뿌리돌림할 때, 분의 크기는 근원지름의 몇 배 정도가 적당한가?

① 2배 ② 4배
③ 8배 ④ 12배

해설 일반적으로 뿌리분지름은 근원지름의 4배 정도를 기준으로 한다.

43 비탈면 경사의 표시 1 : 2.5에서 2.5는 무엇을 뜻하는가?

① 수직고　　② 수평거리
③ 경사면의 길이　④ 안식각

해설 비탈경사 = 수직 : 수평

44 다음 그림은 지하배수를 위한 유공관 설치에 관한 그림이다. 각 부분에 들어가는 재료로 틀린 것은?

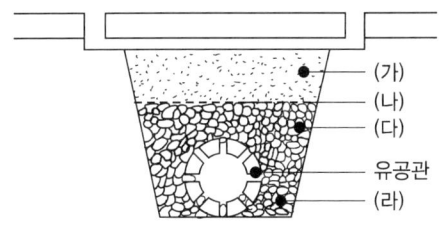

① (가) – 흙
② (나) – 필터
③ (다) – 잔자갈
④ (라) – 호박돌

45 다음 중 물푸레나무과에 해당되지 않는 것은?

① 이팝나무
② 광나무
③ 미선나무
④ 식나무

해설 ④ 식나무는 층층나무과이다.

46 목재의 구조에는 춘재와 추재가 있다. 추재를 바르게 설명한 것은?

① 세포는 막이 얇고 크다.
② 빛깔이 엷고 재질이 연하다.
③ 빛깔이 짙고 재질이 치밀하다.
④ 춘재보다 자람의 폭이 넓다.

해설 추재(秋材)와 춘재(春材)
• 추재(秋材) : 가을과 겨울에 자란 부분으로 성장속도가 느리므로, 세포가 작으며, 세포막이 두껍고, 색깔이 진하고, 단단한 목질부이다.
• 춘재(春材) : 봄, 여름에 자란 부분으로 성장속도가 빠르므로 세포가 크고, 세포막이 얇으며, 색이 연하며, 유연한 목질부이다.
• 춘재와 추재의 두 부분을 합친 것을 나이테라 한다.

47 다음 중 플래니미터를 바르게 설명한 것은?

① 설계도상 부정형 지역의 면적 측정 시 주로 사용되는 기구이다.
② 수목 흉고 직경 측정 시 사용되는 기구이다.
③ 수목의 높이를 관측하는 기구이다.
④ 설계도상의 곡선 길이를 측정하는 기구이다.

해설 플래니미터는 지도나 도면 위에서 토지면적을 기계적으로 측정하는 기구이다.

48 다음 설명에 적합한 수목은?

- 감탕나무과 식물이다.
- 상록활엽소교목으로 열매가 적색이다.
- 잎은 호생으로 타원상의 6각형이며 가장자리에 바늘 같은 각점(角點)이 있다.
- 자웅이주이다.
- 열매는 구형으로서 지름 8~10mm이며, 적색으로 익는다.

① 감탕나무
② 낙상홍
③ 먼나무
④ 호랑가시나무

49 조경공사에서 바닥포장인 판석시공에 관한 설명으로 틀린 것은?

① 판석은 점판암이나 화강석을 잘라서 사용한다.
② Y형의 줄눈은 불규칙하므로 통일성 있게 +자형의 줄눈이 되도록 한다.
③ 기층은 잡석다짐 후 콘크리트로 조성한다.
④ 가장자리에 놓을 판석은 선에 맞춰 절단하여 사용한다.

해설 줄눈은 +자형보다 Y자형이 시각적으로 좋다.
판석 포장
- 점판암, 화강암을 쓰고, 두께가 얇고 작아 횡력에 약하므로 모르타르로 고정시킨다(모르타르 배합비 1:1~1:2).
- 줄눈은 +자형보다 Y자형이 시각적으로 좋다.
- 줄눈의 폭은 설계도면에 의하는데, 보통 10~20mm 정도로 하고, 깊이는 5~10mm 정도로 하거나 또는 깊이를 없애기도 한다.
- 시멘트와 모래를 1:1~1:3 비율로 배합하여 판석 밑을 채운다.

50 울타리는 종류나 쓰이는 목적에 따라 높이가 다른데 일반적으로 사람의 침입을 방지하기 위한 울타리의 경우 높이는 어느 정도가 가장 적당한가?

① 160~180cm
② 180~200cm
③ 80~100cm
④ 50~60cm

해설 울타리 및 담장의 규모(조경설계기준)
- 단순한 경계표시 기능이 필요한 곳은 0.5m 이하의 높이로 설계한다.
- 소극적 출입 통제를 위해서는 0.8~1.2m의 높이로 설계한다.
- 적극적 침입방지를 위해서는 1.5~2.1m의 높이로 설계한다.

51 인공적인 수형을 만드는 데 적합한 수목의 특징으로 틀린 것은?

① 자주 다듬어도 자라는 힘이 쇠약해지지 않는 나무
② 병이나 벌레 등에 견디는 힘이 강한 나무
③ 되도록 잎이 작고 잎의 양이 많은 나무
④ 다듬어 줄 때마다 잔가지와 잎보다는 굵은 가지가 잘 자라는 나무

해설 인공적 수형에 적합한 나무는 다듬어 줄 때마다 굵은 가지보다 잔가지와 잎가지가 잘 자라는 나무이다.

52 다음 중 모란의 이식 적기는?

① 2월 상순~3월 상순
② 3월 상순~4월 상순
③ 6월 상순~7월 중순
④ 9월 중순~10월 중순

해설 모란의 이식 적기는 9~10월이 좋고 봄철 이식은 생육과 개화에 좋지 않다.

53 수경시설(연못)의 유지관리에 관한 내용으로 옳지 않은 것은?

① 겨울철에는 물을 2/3 정도만 채워 둔다.
② 녹이 잘 스는 부분은 녹막이 칠을 수시로 해 준다.
③ 수중식물 및 어류의 상태를 수시로 점검한다.
④ 물이 새는 곳이 있는지의 여부를 수시로 점검하여 조치한다.

[해설] 급수구와 배수구의 막힘 여부는 수시로 점검하고, 겨울 전에 물을 빼 연못에 가라앉았던 이물질을 제거하고 청소한다.

54 다음 중 어린이공원의 설계 시 공간구성 설명으로 옳은 것은?

① 동적인 놀이공간에는 아늑하고 햇빛이 잘 드는 곳에 잔디밭, 모래밭을 배치하여 준다.
② 정적인 놀이공간에는 각종 놀이시설과 운동시설을 배치하여 준다.
③ 감독 및 휴게를 위한 공간은 놀이공간이 잘 보이는 곳으로 아늑한 곳으로 배치한다.
④ 공원 외곽은 보행자나 근처 주민이 들여다볼 수 없도록 밀식한다.

[해설] 휴게 및 감독공간은 놀이공간의 시계가 확보되고, 직사광선을 피할 수 있는 장소로 계획한다.

55 열효율이 높고 물체의 투시성이 좋은 광질(光質)의 특성 때문에 안개지역 조명, 도로 조명, 터널 조명 등에 적합한 전등은?

① 할로겐등   ② 형광등
③ 수은등   ④ 나트륨등

[해설] 나트륨등 : 안개 속에서도 빛을 잘 투과하여 장애물 발견에 유효하다는 점에서 교량, 고속도로, 일반도로, 터널 내의 조명 등에 사용된다.

56 체계적인 품질관리를 추진하기 위한 데밍(Deming's Cycle)의 관리로 가장 적합한 것은?

① 계획(Plan) - 추진(Do) - 조치(Action) - 검토(Check)
② 계획(Plan) - 검토(Check) - 추진(Do) - 조치(Action)
③ 계획(Plan) - 조치(Action) - 검토(Check) - 추진(Do)
④ 계획(Plan) - 추진(Do) - 검토(Check) - 조치(Action)

[해설] 데밍이 주장한 관리사이클 PDCA는 Plan - Do - Check - Action의 머리글자를 딴 것으로, 계획 - 추진 - 검토 - 조치가 반복적으로 이루어지는 순환의 과정을 논리적으로 연결한 모델이다.

[정답] 53 ① 54 ③ 55 ④ 56 ④

57 콘크리트의 용적배합 시 1 : 2 : 4에서 2는 어느 재료의 배합비를 표시한 것인가?

① 물
② 모래
③ 자갈
④ 시멘트

해설 용적 배합
- 콘크리트 $1m^3$ 제작에 필요한 재료를 부피로 표시한다.
- 시멘트 : 모래 : 자갈의 비는 1 : 2 : 4, 1 : 3 : 6 등이 있다.

58 다음 중 소형 고압블록포장의 시공방법이 아닌 것은?

① 보도의 가장자리는 보통 경계석을 설치하여 형태를 규정짓는다.
② 기존 지반을 잘 다진 후 모래를 3~5cm 정도 깔고 보도블록을 포장한다.
③ 일반적으로 원로의 종단 기울기가 5% 이상인 구간의 포장은 미끄럼방지를 위하여 거친면으로 마감한다.
④ 보도블록의 최종 높이는 경계석의 높이보다 약간 높게 설치한다.

해설 보도블록의 최종 높이는 경계석의 높이와 일치되도록 하여야 한다.

59 다음 중 여성토의 정의로 가장 알맞은 것은?

① 가라앉을 것을 예측하여 흙을 계획높이보다 더 쌓는 것
② 중앙분리대에서 흙을 볼록하게 쌓아 올리는 것
③ 옹벽 앞에 계단처럼 콘크리트를 쳐서 옹벽을 보강하는 것
④ 잔디밭에서 잔디에 주기적으로 뿌려 뿌리가 노출되지 않도록 준비하는 토양

해설 더돋기(여성토) : 토적의 축소에 대하여 충분한 높이와 용적을 가지게 하기 위하여 미리 흙을 더 쌓는 작업

60 평판측량에서 도면상에 없는 미지점에 평판을 세워 그 점(미지점)의 위치를 결정하는 측량방법은?

① 원형교선법
② 후방교선법
③ 측방교선법
④ 복전진법

해설 교선법(교회법) : 측량 구역 내외에 적당한 기준점(기지점)을 취하고 기준점들로부터 미지점을 지나는 방향선을 도면 위에서 교차시킴으로써 도상에 미지점의 위치를 결정하는 방법
- 전방교회법 : 기지점에서 미지점의 위치를 도면상에 결정하는 방법
- 측방교회법 : 기지의 두 점 중 한 점에 접근하기 곤란한 경우에 기지의 두 점을 이용하여, 미지의 한 점을 구하는 방법
- 후방교회법 : 도면상에 그 위치가 알려져 있는 두 개 이상의 기지점들을 시준하여 현재 도면에 기재되어 있지 않은 평판이 세워져 있는 미지점의 위치를 방향선의 교차에 의하여 도면상에서 구하는 방법

57 ② 58 ④ 59 ① 60 ②

2021년 제1회 과년도 기출복원문제

부록 과년도 + 최근 기출복원문제

01 다음 중 경주 월지(안압지, 雁鴨池)에 있는 섬의 모양으로 가장 적당한 것은?
① 육각형 ② 사각형
③ 한반도형 ④ 거북이형

해설 ④ 안압지의 물길이 시작되는 입수구는 물을 끌어들이는 장치인데, 북동쪽에 있는 하천에서 물을 끌어와 이 장치를 거쳐 안압지로 들어간다. 마치 거북이를 음각한 것 같은 두 개의 수조가 아래위로 위치해 있는데, 이는 물에 섞여 있는 자갈이나 모래를 걸러 내기 위함이다. 입수구 근처의 거북이형 인공섬은 입수구를 통해 들어온 물의 흐름을 느리게 만들어서 연못의 침식을 막아 주고, 물이 자연스럽게 순환하게 하는 역할을 한다.

02 이탈리아 조경양식에 대한 설명으로 틀린 것은?
① 별장이 구릉지에 위치하는 경우가 많아 정원의 주류는 노단식
② 노단과 노단은 계단과 경사로에 의해 연결
③ 축선을 강조하기 위해 원로의 교점이나 원점에 분수 등을 설치
④ 대표적인 정원으로는 베르사유궁원

해설 ④ 베르사유궁원은 대표적인 프랑스의 조경양식이다.

03 우리나라에서 최초의 유럽식 정원이 도입된 곳은?
① 장충단 공원
② 파고다 공원
③ 덕수궁 석조전 앞 정원
④ 구 중앙정부청사 주위 정원

해설 덕수궁 석조전 정원
- 1909년에 지어진 우리나라 최초의 이오니아식 석조전인 양식 건물이다.
- 정관헌 : 지붕과 난간은 한국적이고 기둥과 내부구조는 서양적이다.
- 침상원 : 석조전 앞의 좌우 대칭적인 기하학식 정원으로 우리나라 최초의 유럽식 정원이다.

04 스페인 정원의 특징과 관계가 먼 것은?
① 건물로서 완전히 둘러싸인 가운데 뜰 형태의 정원
② 정원의 중심부는 분수가 설치된 작은 연못 설치
③ 웅대한 스케일의 파티오 구조의 정원
④ 난대, 열대 수목이나 꽃나무를 화분에 심어 중요한 자리에 배치

해설 스페인 정원의 특징
- 고온·건조한 기후와 외적의 침입을 방어하기 위해 건축물과 다른 건축물이 두꺼운 벽을 공유하여 입구 협소
- 정원은 건물로 둘러싸인 중정(파티오)의 형태
- 이슬람 문화의 영향으로 대리석과 물을 이용한 정원 발달
- 단순한 건축미가 돋보이는 정원 및 정적인 물의 연출

정답 1 ④ 2 ④ 3 ③ 4 ③

05 다음 중국식 정원의 설명으로 가장 거리가 먼 것은?

① 차경수법을 도입하였다.
② 사실주의보다는 상징적 축조가 주를 이루는 사의주의에 입각하였다.
③ 다정(茶庭)이 정원구성 요소에서 중요하게 작용하였다.
④ 대비에 중점을 두고 있으며, 이것이 중국정원의 특색을 이루고 있다.

해설 ③ 다정은 다실에 이르는 길을 중심으로 하여 좁은 공간에 조성한 정원양식으로 일본의 모모야마시대에 등장하였다.

06 도면작업에서 원의 반지름을 표시할 때 숫자 앞에 사용하는 기호는?

① φ
② D
③ R
④ △

해설 도면의 표현기호
L : 길이   H : 높이
THK : 두께   A : 면적
R : 반지름   V : 용적
D, φ : 지름   W : 폭

07 도면상에서 식물재료의 표기방법으로 바르지 않은 것은?

① 덩굴성 식물의 규격은 길이로 표시한다.
② 같은 수종은 인출선을 연결하여 표시하도록 한다.
③ 수종에 따라 규격은 H×W, H×B, H×R 등의 표기방식이 다르다.
④ 수목에 인출선을 사용하여 수종명, 규격, 관목·교목을 구분하여 표시하고 총 수량을 함께 기입한다.

해설 배식평면도상 인출선에 수종, 규격, 수량을 구체적으로 표기하고, 수량표를 작성한다. 그러나 교목, 관목, 지피의 식재 계획도는 별도로 작성한다.

08 다음 중 시방서에 포함되어야 할 내용으로 가장 부적합한 것은?

① 재료의 종류 및 품질
② 시공방법의 정도
③ 재료 및 시공에 대한 검사
④ 계약서를 포함한 계약 내역서

해설 시방서 : 공사의 진행순서를 적은 문서이자 설계도면으로 표현할 수 없는 세부사항을 명시한 것으로, 설계도면과 함께 공사시행의 기초가 되며, 일반적으로 다음의 내용을 포함한다.
• 공사의 순서 및 개요
• 시공조건
• 재료의 종류·규격 및 품질
• 시공방법의 정도 및 완성도
• 시공에 필요한 각종 설비
• 재료 및 시공에 대한 검사
• 시공 시 주의사항
※ 단위공사의 공사량, 입찰방법 및 입찰금액, 경제성 등은 기재하지 않는다.

09 다음 중 색의 잔상(殘像, Afterimage)과 관련한 설명으로 틀린 것은?

① 잔상은 원래 자극의 세기, 관찰시간과 크기에 비례한다.
② 주위 색의 영향을 받아 주위 색에 근접하게 변화하는 것이다.
③ 주어진 자극이 제거된 후에도 원래의 자극과 색, 밝기가 같은 상이 보인다.
④ 주어진 자극이 제거된 후에도 원래의 자극과 색, 밝기가 반대인 상이 보인다.

해설 ② 색의 동화에 대한 내용으로, 주변의 색으로 인해 본래의 색이 다르게 보이거나 주변의 색과 같게 보이는 현상을 말한다.

10 중세 클로이스터 가든에 나타나는 사분원(四分園)의 기원이 된 회교 정원양식은?

① 차하르 바그
② 페리스타일 가든
③ 아라베스크
④ 행잉 가든

해설 ① 이슬람의 차하르 바그(Chahar-Bagh)는 4개의 정원이라는 뜻으로, 수로를 이용하여 정원을 같은 면적으로 4등분한 정원양식을 말한다.

11 조경 양식 중 노단식 정원양식을 발전시키게 한 자연적인 요인은?

① 기 후   ② 지 형
③ 식 물   ④ 토 질

해설 이탈리아에서는 경사지 지형을 잘 활용하여 노단식 정원양식을 발전시켰다.

12 다음 중 직선과 관련된 설명으로 옳은 것은?

① 절도가 없어 보인다.
② 표현 의도가 분산되어 보인다.
③ 베르사유 궁원은 직선이 지나치게 강해서 압박감이 발생한다.
④ 직선 가운데에 중개물(仲介物)이 있으면 없는 때보다도 짧게 보인다.

해설 베르사유 궁원은 정원의 강한 중심축을 기준으로, 거대하지만 한정되고 제한된 영역에서 명료한 선을 따라 기하학적으로 정리된 정원이다.
※ 직선의 특징
 • 직선은 강직, 명확, 단순, 남성적이고 단호해 보인다.
 • 직선이 명확하면 피로감이 생긴다.
 • 직선은 중심적이기 때문에 환경에 융화되기 쉽다.
 • 직선은 균형의 성질을 가지고 있다.

13 다음 중 단순미(單純美)와 가장 관련이 없는 것은?

① 잔디밭
② 독립수
③ 형상수(Topiary)
④ 자연석 무너짐쌓기

해설 단순미 : 특징 있는 개체의 단순한 자태를 균형과 조화 속에 나타내는 아름다움을 말한다.
※ 자연석 무너짐쌓기는 암석이 자연적으로 무너져 내려 안정되게 쌓여 있는 것을 그대로 묘사하는 가장 일반적인 방법이다.

14 짐을 운반하여야 한다. 다음 중 같은 크기의 짐을 어느 색으로 포장했을 때 가장 덜 무겁게 느껴지는가?

① 청 색   ② 노란색
③ 녹 색   ④ 빨간색

해설 ② 색의 중량감은 고명도일수록 가볍게 느껴지고, 저명도일수록 무겁게 느껴진다.

15 다음 중 녹나무과(科)로 봄에 가장 먼저 개화하는 수종은?

① 치자나무
② 호랑가시나무
③ 생강나무
④ 무궁화

해설 ③ 생강나무 : 녹나무과, 3월, 노란색 꽃
① 치자나무 : 꼭두서니과, 6~7월, 백색 꽃
② 호랑가시나무 : 감탕나무과, 4~5월, 백색 꽃
④ 무궁화 : 아욱과, 7~10월, 분홍색 또는 붉은색 꽃

정답 10 ① 11 ② 12 ③ 13 ④ 14 ② 15 ③

16 수집한 자료들을 종합한 후에 이를 바탕으로 개략적인 계획안을 결정하는 단계는?

① 목표설정 ② 기본구상
③ 기본설계 ④ 실시설계

해설 ② 기본구상은 제반자료의 분석종합을 기초로 하고, 프로그램에서 제시된 계획방향에 의거하여 계획안의 개념을 정립하는 단계이다.

17 조경제도에서 단면도를 그리기 위해 평면도에 절단 위치를 표시하고자 한다. 사용할 선의 종류는?(단, KS F 1501을 기준으로 한다)

① 실 선 ② 파 선
③ 2점 쇄선 ④ 1점 쇄선

해설 ④ 1점 쇄선 : 제도에서 사용되는 물체의 중심선, 절단선, 경계선 등을 표시하는 선
① 실선 : 물체의 보이는 부분을 나타내는 선
② 파선 : 물체의 보이지 않는 부분을 나타내는 선
③ 2점 쇄선 : 이동하는 부분의 이동 후의 위치를 가상하여 나타내는 선

18 컴퓨터를 사용하여 조경제도작업을 할 때의 작업 특징으로 가장 거리가 먼 것은?

① 도덕성 ② 응용성
③ 정확성 ④ 신속성

19 콘크리트의 응결경화 조절의 목적으로 사용되는 혼화제에 대한 설명 중 틀린 것은?

① 콘크리트용 응결경화 조정제는 시멘트의 응결경화속도를 촉진시키거나 지연시킬 목적으로 사용되는 혼화제이다.
② 촉진제는 그라우트에 의한 지수공법 및 뿜어붙이기 콘크리트에 사용된다.
③ 지연제는 조기 경화현상을 보이는 서중 콘크리트나 수송거리가 먼 레디믹스트 콘크리트에 사용된다.
④ 급결제를 사용한 콘크리트의 조기강도 증진은 매우 크나 장기강도는 일반적으로 떨어진다.

해설 ② 그라우트에 의한 지수공법 및 뿜어붙이기 콘크리트에 사용되는 것은 급결제이다.

20 시멘트의 응결에 대한 설명으로 옳지 않은 것은?

① 시멘트와 물이 화학반응을 일으키는 작용이다.
② 수화에 의하여 유동성과 점성을 상실하고 고화하는 현상이다.
③ 시멘트 겔이 서로 응집하여 시멘트 입자가 치밀하게 채워지는 단계로서 경화하여 강도를 발휘하기 직전의 상태이다.
④ 저장 중 공기에 노출되어 공기 중의 습기 및 탄산가스를 흡수하고 가벼운 수화반응을 일으켜 탄산화하여 고화되는 현상이다.

해설 ④는 풍화(Aeration)현상을 말한다.

21 마운딩(Maunding)의 기능으로 옳지 않은 것은?

① 유효 토심확보
② 배수 방향 조절
③ 공간 연결의 역할
④ 자연스러운 경관 연출

해설 마운딩의 기능
- 흙쌓기에 의하여 지면 형상을 변화시켜 수목 생장에 필요한 유효 토심을 확보하는 기능
- 배수 방향을 조절하고, 자연스러운 경관을 조성하며 토지 이용상 공간을 분할하는 기능

22 다음 석재 중 흡수율이 가장 큰 것은?

① 화강암   ② 안산암
③ 응회암   ④ 대리석

23 다음 설명에 가장 적합한 수종은?

- 교목으로 꽃이 화려하다.
- 전정을 싫어하고 대기오염에 약하며, 토질을 가리는 결점이 있다.
- 매우 다방면으로 이용되며, 열식 또는 군식으로 많이 식재된다.

① 왕벚나무   ② 수양버들
③ 전나무   ④ 벽오동

해설 ② 수양버들 : 낙엽활엽교목으로, 내한성과 공해에 대한 저항성이 크다.
③ 전나무 : 상록침엽교목으로, 추위에 강하여 노지월동이 가능하고, 서늘하고 다습한 고산지대에서 잘 자란다.
④ 벽오동 : 낙엽활엽교목으로, 내한성이 약해 1년생 지상부는 종종 동해를 입지만 연수가 경과하면 추위에 강해지고, 대기오염에 강해 도심지 식재가 가능하다.

24 다음 중 산울타리 수종이 갖추어야 할 조건으로 틀린 것은?

① 전정에 강할 것
② 아랫가지가 오래갈 것
③ 지엽이 치밀할 것
④ 주로 교목활엽수일 것

해설 ④ 상록수가 바람직하다.

25 다음 중 붉은색 계통의 단풍이 드는 나무가 아닌 것은?

① 백합나무   ② 벚나무
③ 화살나무   ④ 검양옻나무

해설 단 풍
- 붉은색(안토시안 색소) : 감나무, 옻나무, 단풍나무류, 담쟁이덩굴, 붉나무, 화살나무, 산딸나무, 산벚나무 등
- 노란색(카로티노이드, 플라본계의 색소) : 계수나무, 자작나무, 층층나무, 갈참나무, 고로쇠, 낙우송, 느티나무, 백합나무, 은행나무, 일본잎갈, 칠엽수 등

26 물체의 앞이나 뒤에 화면을 놓은 것으로 생각하고, 시점에서 물체를 본 시선과 그 화면이 만나는 각 점을 연결하여 물체를 그리는 투상법은?

① 사투상법   ② 투시도법
③ 정투상법   ④ 표고투상법

해설 ① 사투상법 : 경사투상법이라고도 하며, 기준선 위에 물체의 정면을 실물로 그리고 각 꼭짓점에서 기준선과 일정한 각도를 이루는 사선을 나란히 그어 물체의 안쪽 길이를 나타내 물체를 표현하는 방법
③ 정투상법 : 물체의 각 면을 투상면에 나란하게 놓고 직각방향에서 본 물체의 모양을 표현하는 방법
④ 표고투상법 : 지형의 높고 낮음을 표시하는 것과 같이 기준면 위에 수직투상한 물체의 모양을 표현하는 방법

정답 21 ③ 22 ③ 23 ① 24 ④ 25 ① 26 ②

27 다음 중 어린이 공원의 설계 시 공간구성 설명으로 옳은 것은?

① 동적인 놀이공간에는 아늑하고 햇빛이 잘 드는 곳에 잔디밭, 모래밭을 배치하여 준다.
② 정적인 놀이공간에는 각종 놀이시설과 운동시설을 배치하여 준다.
③ 감독 및 휴게를 위한 공간은 놀이공간이 잘 보이는 곳으로 아늑한 곳으로 배치한다.
④ 공원 외곽은 보행자나 근처 주민이 들여다 볼 수 없도록 밀식한다.

해설 ③ 휴게·감독공간은 놀이공간의 시계가 확보되고 직사광선을 피할 수 있는 장소로 계획한다.

28 다음 중 콘크리트 소재의 미끄럼대를 시공할 경우 일반적으로 지표면과 미끄럼판의 활강부분이 수평면과 이루는 각도로 가장 적합한 것은?

① 70° ② 55°
③ 35° ④ 15°

해설 미끄럼판
- 미끄럼틀을 북향 또는 동향으로 배치한다.
- 미끄럼판의 기울기는 30~35°로 재질을 고려하여 설계한다.
- 1인용 미끄럼판의 폭은 40~50cm를 기준으로 한다.
- 미끄럼판과 상계판의 연결부는 틈이 생기지 않도록 밀착 또는 연속되어야 한다.
- 미끄럼판 출입구의 폭은 미끄럼판의 폭과 같은 크기로 한다.

29 퍼걸러(Pergola) 설치장소로 적합하지 않은 것은?

① 건물에 붙여 만들어진 테라스 위
② 주택정원의 가운데
③ 통경선의 끝부분
④ 주택정원의 구석진 곳

해설 퍼걸러는 조경공간의 중심이나 경관의 초점이 되는 곳 또는 조망이 좋고 한적한 곳에 설치한다.

30 수목 규격의 표시는 수고, 수관폭, 흉고직경, 근원직경, 수관길이를 조합하여 표시할 수 있다. 표시법 중 "H×W×R"로 표시할 수 있는 가장 적합한 수종은?

① 은행나무   ② 사철나무
③ 주 목   ④ 소나무

해설 수목의 표시방법

교목성	• H×B : 은행나무, 버즘나무, 왕벚나무, 은단풍 등 • H×R : 단풍나무, 감나무, 느티나무, 모과나무, 만경류 등 • H×W : 잣나무, 전나무, 오엽송, 독일가문비, 금송 등 • H×W×R : 소나무, 눈향 등
관목성	• H×W : 회양목, 수수꽃다리, 철쭉 등 대다수 관목류 • H×지 : 개나리, 쥐똥나무 등 • H×W×지 : 해당화, 덩굴장미 등

27 ③   28 ③   29 ②   30 ④

31 돌을 뜰 때 앞면, 뒷면, 길이 접촉부 등의 치수를 지정해서 깨낸 돌을 무엇이라 하는가?

① 견치돌 ② 호박돌
③ 사괴석 ④ 평 석

해설 ② 호박돌 : 하천에 있는 둥근 형태의 돌로 지름이 20~30cm 정도의 크기의 자연석
③ 사괴석 : 한식건물의 벽체나 돌담을 쌓는 데 주로 사용하는 15~25cm의 각진 돌
④ 평석 : 윗부분이 평평한 돌로 안정감을 주며 주로 앞부분에 배석한다.

32 명암순응(明暗順應)에 대한 설명으로 틀린 것은?

① 눈이 빛의 밝기에 순응해서 물체를 본다는 것을 명암순응이라 한다.
② 맑은 날 색을 본 것과 흐린 날 색을 본 것이 같이 느껴지는 것이 명순응이다.
③ 터널에 들어갈 때와 나갈 때의 밝기가 급격히 변하지 않도록 명암순응 식재를 한다.
④ 명순응에 비해 암순응은 장시간을 필요로 한다.

해설 명순응은 어두운 곳에서 밝은 곳으로 옮기면 처음에는 눈이 부시나 차차 적응하여 정상상태로 돌아가는 현상을 말한다.

33 등고선 간격이 20m인 축척 1/10,000 지도가 있다. 인접한 등고선에 직각인 평면거리가 2.5cm일 때 경사도는?

① 6% ② 8%
③ 10% ④ 12%

해설 축척 1/10,000에서 2.5cm는
2.5 × 10,000 = 25,000cm = 250m

$$경사도(\%) = \frac{표고차(단차)}{거리} \times 100(\%)$$
$$= \frac{20}{250} \times 100(\%) = 8\%$$

34 목재를 방부제 속에 일정기간 담가두는 방법으로 크레오소트(Creosote)를 많이 사용하는 방부법은?

① 표면탄화법
② 직접유살법
③ 상압주입법
④ 약제도포법

해설 상압주입법 : 침지법과 유사하나, 가열한 약액에 방부할 목재를 일정 시간 담가 둔 후 다시 상온의 약액에 담가 침지시키는 방법
※ 크레오소트 : 방부효과가 크고, 철재류의 부식이 작으며, 침투성이 양호하다.

35 우리나라 전통조경의 설명으로 옳지 않은 것은?

① 신선사상에 근거를 두고 여기에 음양오행설이 가미되었다.
② 연못의 모양은 조롱박형, 목숨수자형, 마음심자형 등 여러 가지가 있다.
③ 네모진 연못은 땅, 즉 음을 상징하고 있다.
④ 둥근 섬은 하늘, 즉 양을 상징하고 있다.

해설 중국이나 일본 등의 연못 형태가 자연스러운 곡선을 띠고 있는 데 비해 우리나라의 경우 직선 형태를 띤 것은 이러한 음양오행사상의 영향이 크다. 즉, 우리나라의 연못 조경형태는 "천원지방(天圓地方, 하늘은 둥글고 땅은네모짐)"의 사상을 담아 사각형태의 못 가운데에 둥근 섬을 만든 연못을 지역 곳곳에 볼 수 있다.

정답 31 ① 32 ② 33 ② 34 ③ 35 ②

36 농약살포가 어려운 지역과 솔잎혹파리 방제에 사용되는 농약 사용법은?

① 도포법
② 수간주사법
③ 입제살포법
④ 관주법

해설
① 도포법 : 나무 줄기에 환상으로 약액을 처리하여 이동하는 해충을 잡는 방법과 가지를 절단했을 때 상처 부위를 병균이 침입하지 못하도록 약제를 처리하는 방법이다.
③ 입제살포법 : 손에 고무장갑을 끼고 직접 뿌릴 수 있어 다른 약제에 비해 살포가 간편하다.
④ 관주법 : 토양 내에서 서식하고 있는 병해충을 방제하기 위하여 땅속에 약액을 주입하는 방법이다.

37 소나무의 순따기에 관한 설명 중 바르지 못한 것은?

① 해마다 5~6월경 새순이 6~9cm 자라난 무렵 실시한다.
② 손 끝으로 따주어야 하고, 가을까지 끝내면 된다.
③ 노목이나 약해보이는 나무는 다소 빨리 실시한다.
④ 순따기를 한 후에는 토양이 과습하지 않아야 한다.

38 능소화(*Campsis grandifolia* K. Schum.)의 설명으로 틀린 것은?

① 낙엽활엽덩굴성이다.
② 잎은 어긋나며, 뒷면에 털이 있다.
③ 나팔모양의 꽃은 주홍색으로 화려하다.
④ 동양적인 정원이나 사찰 등의 관상용으로 좋다.

해설 ② 잎은 마주나며, 가장자리에 털이 있다.

39 수분 요구도가 낮아 건조지에 가장 잘 견디는 수목은?

① 낙우송
② 물푸레나무
③ 대추나무
④ 가중나무

해설 가중나무는 내한성과 내조성, 내건성이 강하여 해변가에서도 생장이 양호하며 대기오염에도 강하지만 미국흰불나방의 피해가 심하다.

40 자동차 배기가스에 강한 수목으로만 짝지어진 것은?

① 화백, 향나무
② 삼나무, 금목서
③ 자귀나무, 수수꽃다리
④ 산수국, 자목련

해설
• 자동차 배기가스에 강한 수종 : 비자나무, 편백, 가이즈까향나무, 향나무, 눈향나무, 화백, 굴거리나무, 녹나무, 태산목, 후피향나무, 아왜나무, 졸가시나무, 협죽도, 벽오동, 참느릅나무, 버드나무류, 석류나무, 가중나무, 등나무, 송악, 대나무류, 종려나무
• 자동차 배기가스에 약한 수종 : 삼나무, 소나무, 전나무, 금목서, 은목서, 단풍나무, 고로쇠나무, 왕벚나무, 목련, 백합(튤립)나무, 팽나무, 감나무, 매실나무, 무궁화, 수수꽃다리, 무화과나무, 자목련, 자귀나무, 고광나무, 명자꽃, 산수국, 화살나무

41 다음 중 추위에 견디는 힘과 짧은 예취에 견디는 힘이 강하며, 골프장의 그린을 조성하기에 가장 적합한 잔디의 종류는?

① 들잔디
② 벤트그래스
③ 버뮤다그래스
④ 라이그래스

해설 벤트그래스는 잔디의 종류 중에서 가장 품질이 좋아 골프장의 그린에 많이 사용한다. 특히 그늘에서 잘 자라지 못하고 건조에도 약하여 관수를 자주 해주어야 한다. 잔디의 종류 중에서 병해충에 가장 약하며, 여름철 방제에 힘써야 한다.

정답 36 ② 37 ② 38 ② 39 ④ 40 ① 41 ②

42 벽 뒤로부터의 토압에 의한 붕괴를 막기 위한 공사는?
① 옹벽쌓기 ② 기슭막이
③ 견치석쌓기 ④ 호안공

해설
② 기슭막이 : 황폐한 계천에서 유수에 의한 계안의 횡침식 방지 및 산각의 안정을 도모하기 위하여 계류 흐름 방향에 따라서 구축하는 계천사방공종
③ 견치석쌓기 : 돌로 축대를 만드는 것
④ 호안공 : 물이 흐르는 계곡의 기슭이 침식되는 것을 막기 위해 돌이나 콘크리트를 이용하여 계곡의 기슭을 막는 공작물

43 한 켜는 마구리쌓기, 다음 켜는 길이쌓기로 하고 길이 켜의 모서리와 벽 끝에 칠오토막을 사용하는 벽돌쌓기방법은?
① 네덜란드식 쌓기
② 영국식 쌓기
③ 프랑스식 쌓기
④ 미국식 쌓기

해설
② 영국식 쌓기 : 길이쌓기 켜와 마구리쌓기 켜를 반복하여 쌓고, 모서리의 벽 끝에는 이오토막을 쓰는 방법으로, 매우 견고하다.
③ 프랑스식 쌓기 : 켜마다 길이와 마구리가 번갈아 나오는 방법으로, 영국식 쌓기보다 아름다우나 견고성은 떨어진다.
④ 미국식 쌓기 : 5켜까지 길이쌓기로 하고, 그 위 1켜는 마구리쌓기로 하는 방법이다.

44 대표적인 난지형 잔디로 내답압성이 크며 관리하기가 가장 용이한 것은?
① 버뮤다그래스 ② 금잔디
③ 톨 페스큐 ④ 라이그래스

해설 버뮤다그래스는 난지형 잔디로, 내답압성이 크며 회복 속도가 빨라 경기장용 식재에 사용된다.

45 다음 중 이식하기 어려운 수종이 아닌 것은?
① 소나무 ② 자작나무
③ 섬잣나무 ④ 은행나무

해설 은행나무는 뿌리를 내리는 힘이 좋아 큰 나무를 다른 장소로 이식해도 비교적 잘 생장한다.
※ 이식이 어려운 수종 : 소나무, 전나무, 오동나무, 오엽송, 녹, 왜금송, 목련, 태산목, 탱자, 생강, 서향, 칠엽수, 진달래, 목부용, 주목, 가시나무, 굴거리나무, 느티나무, 백합나무, 감나무, 자작나무, 섬잣나무, 맹종죽 등

46 진딧물이나 깍지벌레의 분비물에 곰팡이가 감염되어 발생하는 병은?
① 흰가루병
② 녹 병
③ 잿빛곰팡이병
④ 그을음병

해설 그을음병 : 깍지벌레, 진딧물 등의 배설물에서 발생하며, 생육이 불량한 나무의 잎, 가지, 줄기에 그을음이 퍼져 식물의 광합성을 방해한다.

47 농약의 사용목적에 따른 분류 중 응애류에만 효과가 있는 것은?
① 살충제 ② 살균제
③ 살비제 ④ 살초제

해설
③ 살비제 : 응애만을 죽이는 농약
① 살충제 : 해충을 방제할 목적으로 쓰이는 약제
② 살균제 : 병원균을 죽이는 목적으로 쓰이는 약제
④ 살초제 : 잡초를 제거하는 데 쓰이는 약제

정답 42 ① 43 ① 44 ① 45 ④ 46 ④ 47 ③

48 해충의 방제방법 중 기계적 방제에 해당되지 않는 것은?

① 포살법   ② 진동법
③ 경운법   ④ 온도처리법

해설 ①·②·③ 기계적 방제법
④ 물리적 방제법
기계적 방제법
- 포살법 : 해충을 손이나 도구를 이용하여 잡아 죽이는 방법
- 유살법 : 유아등이나 미끼 등으로 해충을 유인하여 잡아 죽이는 방법

51 곤충이 빛에 반응하여 일정한 방향으로 이동하려는 행동습성은?

① 주광성(Phototaxis)
② 주촉성(Thigmotaxis)
③ 주화성(Chemotaxis)
④ 주지성(Geotaxis)

해설 ② 주촉성 : 곤충이 고형물에 접촉하려고 하는 성질
③ 주화성 : 곤충의 매질 속에 존재하는 화학물질의 농도 차가 자극이 되어 특정 행동을 하는 성질
④ 주지성 : 생물이 중력에 의해 특정 행동을 하는 성질

49 $50m^2$ 면적에 전면붙이기로 잔디식재를 하려 할 때 필요한 잔디 소요 매수는?(단, 잔디 1매의 규격은 20cm×20cm×3cm이다)

① 200매
② 555매
③ 1,250매
④ 1,500매

해설 $1m^2$당 필요한 잔디량은 25장이다. 따라서 $50m^2$에는 1,250매가 필요하다.

50 다음 중 생리적 산성비료는?

① 요 소   ② 용성인비
③ 석회질소   ④ 황산암모늄

해설 비료의 생리적 반응
- 생리적 산성비료 : 황산암모늄, 황산칼륨, 염화칼륨 등
- 생리적 중성비료 : 질산암모늄, 요소, 과인산석회, 중과인석회, 석회질소 등
- 생리적 염기성비료 : 퇴구비, 용성인비, 재, 칠레초석 등

52 다음 중 방제 대상별 농약 포장지 색깔이 옳은 것은?

① 살충제 - 노란색
② 살균제 - 초록색
③ 제초제 - 분홍색
④ 생장조절제 - 청색

해설 농약제의 포장지 색깔
- 살균제 : 분홍색
- 살충제 : 초록색
- 살균·살충제 : 위쪽 - 분홍색, 아래쪽 - 초록색
- 제초제 : 노란색
- 비선택성 제초제 : 빨간색
- 생장조절제 : 파란색

53 이종기생균이 그 생활사를 완성하기 위하여 기주를 바꾸는 것을 무엇이라고 하는가?

① 기주교대　② 중간기주
③ 이종기생　④ 공생교환

해설 ② 중간기주 : 서로 다른 기주식물 중 경제적 가치가 적은 것
③ 이종기생 : 전혀 다른 두 종류의 기주식물을 옮겨 가며 생활하는 것
④ 공생교환 : 둘 또는 그 이상의 종이 어떤 형태로든지 서로 이익을 교환하며 생활하는 것

54 용광로에서 나오는 광석 찌꺼기를 석고와 함께 시멘트에 섞은 것으로서 하수도 공사에 쓰이는 것은?

① 실리카 시멘트
② 고로 시멘트
③ 중용열 포틀랜드 시멘트
④ 조강 포틀랜드 시멘트

해설 **고로 시멘트**
- 보통포틀랜드 시멘트에 비하여 분말도가 높고 응결 및 강도 발생이 약간 느리지만 화학적 저항성이 크고 발열량이 적으므로 바닷물, 기름의 작용을 받은 구조물이나 공장폐수, 오수로의 구축 등에 쓰인다.
- 용광로에서 선철을 제조할 때 나온 광석 찌꺼기를 석고와 함께 시멘트에 섞은 것으로서 수화열이 낮고, 내구성이 높으며, 화학적 저항성이 큰 한편, 투수가 적은 특징을 가졌다.

55 안전관리 사고의 유형은 설치, 관리, 이용자·보호자·주최자 등의 부주의, 자연재해 등에 의한 사고로 분류된다. 다음 중 관리하자에 의한 사고의 종류에 해당하지 않는 것은?

① 위험물 방치에 의한 것
② 시설의 노후 및 파손에 의한 것
③ 시설의 구조 자체의 결함에 의한 것
④ 위험장소에 대한 안전대책 미비에 의한 것

해설 ③은 설치하자에 의한 사고이다.

56 개화·결실을 목적으로 실시하는 정지·전정의 방법으로 틀린 것은?

① 약지는 짧게, 강지는 길게 전정하되 수세를 보아 가면서 적당한 길이로 전정한다.
② 묵은 가지나 병충해 가지는 수액유동 후에 전정한다.
③ 작은 가지나 내측으로 뻗은 가지는 제거한다.
④ 개화결실을 촉진하기 위하여 가지를 유인하거나 단근작업을 실시한다.

해설 ② 묵은 가지나 병충해 가지는 수액유동 전에 전정한다.

정답 53 ① 54 ② 55 ③ 56 ②

57 옥상정원 인공지반 상단의 식재 토양층 조성 시 경량재로 사용하기 가장 부적당한 것은?

① 버미큘라이트
② 펄라이트
③ 피트모스
④ 석 회

해설 경량재로는 버미큘라이트, 펄라이트, 피트모스, 화산재 등이 있다.

58 다음 중 무거운 돌을 놓거나, 큰 나무를 옮길 때 신속하게 운반과 적재를 동시에 할 수 있어 편리한 장비는?

① 체인블록
② 모터그레이더
③ 트럭크레인
④ 콤바인

해설
① 체인블록 : 무거운 물건을 들어 올리는 데 쓰이는 도드래형 장비
② 모터그레이더 : 주로 넓은 면적의 땅을 고르는 정지작업 등에 사용되는 토공기계
④ 콤바인 : 농경지를 주행하면서 수확물의 탈곡과 선별을 동시에 수행하는 수확기계

59 다음 중 합판에 관한 설명으로 틀린 것은?

① 합판을 베니어판이라 하고, 베니어란 원래 목재를 얇게 한 것을 말하며, 이것을 단판이라고도 한다.
② 슬라이스드 베니어(Sliced Veneer)는 끌로서 각목을 얇게 절단한 것으로 아름다운 결을 장식용으로 이용하기에 좋은 특징이 있다.
③ 합판의 종류에는 섬유판, 조각판, 적층판 및 강화적층재 등이 있다.
④ 합판의 특징은 동일한 원재로부터 많은 정목판과 나무결 무늬판이 제조되며, 팽창 수축 등에 의한 결점이 없고 방향에 따른 강도 차이가 없다.

해설 ③ 합판의 종류에는 용도에 따라 내수합판, 방화합판, 방충합판, 방부합판 등이 있다.

60 다음 중 농약의 보조제가 아닌 것은?

① 증량제
② 협력제
③ 유인제
④ 유화제

해설 농약보조제로는 증량제(희석제), 협력제, 유화제, 전착제 등이 있다.

2022년 제1회 과년도 기출복원문제

부록 과년도 + 최근 기출복원문제

01 고대 로마의 정원 배치는 3개의 중정으로 구성되어 있었다. 그중 사적인 기능을 가진 제2중정에 속하는 곳은?

① 아트리움 ② 지스터스
③ 페리스틸리움 ④ 아고라

해설 고대 로마의 주택정원 : 2개의 중정과 1개의 후원으로 구성된 내향적인 양식으로, 제1중정인 아트리움은 손님 접대나 사무를 위한 공적 공간이고, 제2중정인 페리스틸리움은 가족을 위한 사적 공간이며, 지스터스는 뒤뜰에 위치한 후원이다.

02 일본의 정원양식 중 다음 설명에 해당하는 것은?

- 5세기 후반에 바다의 경치를 나타내기 위해 사용하였다.
- 정원 소재로 왕모래와 몇 개의 바위만으로 정원을 꾸미고, 식물은 일체 쓰지 않았다.

① 다정양식
② 축산고산수양식
③ 평정고산수양식
④ 침전조정원양식

해설 ③ 고산수식 정원은 물을 전혀 사용하지 않고 바위, 왕모래, 나무만을 사용한 축산고산수식에서 나무조차 사용하지 않는 평정고산수식으로 발달하였다.
고산수식 정원
- 축산고산수식 정원 : 바위(섬·반도·폭포)를 중심으로 왕모래(물)와 다듬은 수목(산)을 사용해 꾸민 추상적인 정원
- 평정고산수식 정원 : 수목도 사용하지 않고 바위와 왕모래만으로 꾸민 정원

03 조선시대 중엽 이후 풍수설에 따라 주택조경에서 새로이 중요한 부분으로 강조된 것은?

① 앞뜰(前庭) ② 가운데뜰(中庭)
③ 뒤뜰(後庭) ④ 안뜰(主庭)

해설 ③ 조선시대 중엽 이후 풍수지리설에 따른 지형적인 제약으로 인해 안채의 뒤쪽에 정원을 조성하는 후원이 발달하였다.

04 부귀나 영화를 등지고 자연과 벗하며 농사를 경영하고 살기 위해 세운 주거를 별서(別墅)정원이라 한다. 우리나라에 현존하는 대표적인 것은?

① 윤선도의 부용동 원림
② 강릉의 선교장
③ 이덕유의 평천산장
④ 구례의 운조루

해설 ① 보길도 부용동 정원은 논에 물을 대듯 개울물을 막아 세연지(洗然池)라는 연못을 만들고, 그 연못 가운데에 섬을 또 만들어 지은 정원이다.
② 조선 시대 사대부의 살림집
③ 당나라의 민간정원
④ 조선 중기의 양반 가옥

05 다음 중 무어족의 옥외공간 처리 솜씨를 엿볼 수 있는 대표적인 것은?

① Melbourne Hall
② Villa d'Este
③ Alhambra Palace
④ Belvedere Garden

정답 1 ③ 2 ③ 3 ③ 4 ① 5 ③

06 감법혼색으로 옐로(Y)와 사이안(C)을 조합하여 혼색한 결과로 옳은 것은?
① 흰색(W) ② 초록(G)
③ 빨강(R) ④ 파랑(B)

해설 감법혼색
- 마젠타(M) + 옐로(Y) = 빨강(R)
- 옐로(Y) + 사이안(C) = 초록(G)
- 사이안(C) + 마젠타(M) = 파랑(B)
- 마젠타(M) + 옐로(Y) + 사이안(C) = 검정(B)

07 미선나무(*Abeliophyllum distichum* Nakai)의 설명으로 틀린 것은?
① 1속1종
② 낙엽활엽관목
③ 잎은 어긋나기
④ 물푸레나무과(科)

해설 ③ 미선나무의 잎은 마주나기

08 다음과 같은 특성을 지닌 정원수는?

- 형상수로 많이 이용되고, 가을에 열매가 붉게 된다.
- 내음성이 강하며, 비옥지에서 잘 자란다.

① 쥐똥나무 ② 주 목
③ 화살나무 ④ 산수유

해설 주 목
- 9~10월 붉은색의 열매가 열린다.
- 수피가 적갈색으로 관상가치가 높다.
- 맹아력이 강하며, 음수이나 양지에서 생육이 가능하다.

09 항공사진 측량 시 낙엽수와 침엽수, 토양의 습윤도 등의 판독에 쓰이는 요소는?
① 질 감
② 음 영
③ 색 조
④ 모 양

해설 색조는 대상물이 반사하는 빛의 강도에 따라 나타나는 명암의 차이이다. 침엽수림은 낙엽수림보다 어둡게 보이고, 습윤한 토양은 건조한 토양보다 어둡게 나타나는 특징을 이용해 판독한다.

10 조감도는 소점이 몇 개 인가?
① 1개
② 2개
③ 3개
④ 4개

해설
- 1소점
- 2소점
- 3소점

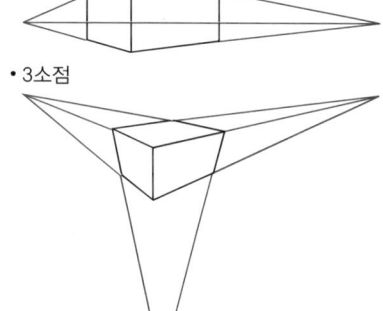

11 1982년 유네스코가 지정한 국제 생물권보전지역으로 옳은 것은?

① 한라산 생물권보전지역
② 설악산 생물권보전지역
③ 지리산 생물권보전지역
④ 내장산 생물권보전지역

해설 우리나라 생물권보전지역
- 설악산 생물권보전지역(1982년)
- 제주도 생물권보전지역(2002년)
- 신안 다도해 생물권보전지역(2009년)
- 광릉숲 생물권보전지역(2010년)
- 고창 생물권보전지역(2013년)
- 순천 생물권보전지역(2018년)
- 강원생태평화 생물권보전지역(2019년)
- 연천 임진강 생물권보전지역(2019년)
- 완도 생물권보전지역(2021년)
- 강진·해남·영암 생물권보전지역(2023년)

12 조경 제도 용품 중 곡선자라고 하여 각종 반지름의 원호를 그릴 때 사용하기 가장 적합한 재료는?

① 운형자   ② 원호자
③ 삼각자   ④ T자

해설
① 운형자 : 여러 가지 곡선 모양을 본떠 만든 것으로 컴퍼스로 그리기 어려운 곡선을 그리는 데 사용한다.
③ 삼각자 : 45°의 사선과 30°, 60°의 사선을 그을 수 있는 두 종류가 한 세트로 되어 있다.
④ T자 : 주로 평행선을 긋거나, 삼각자와 조합하여 수직선과 사선을 그을 때 사용한다.

13 40m²의 면적에 팬지를 20cm×20cm 간격으로 심고자 한다. 팬지 묘의 필요 본수로 가장 적당한 것은?

① 100   ② 250
③ 500   ④ 1,000

해설 1m에 심을 팬지 수는 $\frac{100cm}{20cm}=5$이므로 1m²에는 25본, 25본 × 40m² = 1,000본이 적당하다.

14 가죽나무(가중나무)와 물푸레나무에 대한 설명으로 옳은 것은?

① 가죽나무와 물푸레나무 모두 물푸레나무과(科)이다.
② 잎 특성은 가죽나무는 복엽이고, 물푸레나무는 단엽이다.
③ 열매 특성은 가죽나무와 물푸레나무 모두 날개 모양의 시과이다.
④ 꽃 특성은 가죽나무와 물푸레나무 모두 한 꽃에 암술과 수술이 함께 있는 양성화이다.

해설 가죽나무와 물푸레나무

구 분	가죽나무	물푸레나무
과(科)	소태나무과	물푸레나무과
잎 특성	호생, 기수1회 우상복엽	대생, 기수1회 우상복엽
꽃 특성	자웅이가화	자웅이주, 양성화

15 화단에 초화류를 식재하는 방법으로 옳지 않은 것은?

① 식재할 곳에 1m²당 퇴비 1~2kg, 복합비료 80~120g을 밑거름으로 뿌리고 20~30cm 깊이로 갈아 준다.
② 큰 면적의 화단은 바깥쪽부터 시작하여 중앙부위로 심어 나가는 것이 좋다.
③ 식재하는 줄이 바뀔 때마다 서로 어긋나게 심는 것이 보기에 좋고 생장에 유리하다.
④ 심기 한나절 전에 관수해 주면 캐낼 때 뿌리에 흙이 많이 붙어 활착에 좋다.

정답 11 ② 12 ② 13 ④ 14 ③ 15 ②

16 다른 지방에서 자생하는 식물을 도입한 것을 무엇이라 하는가?

① 재배식물 ② 귀화식물
③ 외국식물 ④ 외래식물

해설 ① 재배식물 : 이용할 목적을 가지고 인위적으로 재배하는 식물
② 귀화식물 : 본래 생육하지 않은 지역에 자연적·인위적 원인에 의하여 2차적으로 도래·침입한 후 야생화가 되어 기존 식물과 어느 정도 안정된 상태를 이루는 식물
③ 외국식물 : 국내가 아닌 국외에서 자생하는 식물

17 다음 중 그 해 자란 1년생 신초지(新梢枝)에서 꽃눈이 분화하여 그 해에 개화하는 화목류는?

① 무궁화 ② 개나리
③ 목련   ④ 수국

해설 ① 초여름부터 가을에 걸쳐 꽃이 피는 나무는 개화하는 그 해에 자란 가지에서 꽃눈이 분화하여 그 해 안에 꽃을 피우는데 능소화, 무궁화, 배롱나무, 장미, 찔레나무 등이 이에 속한다.
※ 그 해에 자란 가지에 꽃눈이 분화하여 월동 후 봄에 개화하는 형태의 수종 : 개나리, 기리시마철쭉, 단풍철쭉, 동백, 수수꽃다리, 왕벚, 목련, 철쭉 등이 있다.

18 다음 관용색명 중 색상의 속성이 다른 것은?

① 이끼색   ② 라벤더색
③ 솔잎색   ④ 풀색

해설 ①·③·④ 녹색계통, ② 보라색계통
관용색명 : 사물의 이름을 빗대어서 붙인 색깔의 이름으로, 동식물이나 광물, 음식, 지명(地名), 인명(人名) 등에서 유래한 이름이 많다.
※ 이끼색, 솔잎색, 어린풀색은 표준에서 제외된 관용색명이다.

19 지주세우기에서 일반적으로 대형 나무에 적용하며, 경관적 가치가 요구되는 곳에 설치하는 지주 형태는?

① 이각형
② 삼발이형
③ 삼각 및 사각지주형
④ 당김줄형

해설 ① 이각형 : 수고 2m 이하의 교목, 삼각, 사각지주 사용이 곤란한 좁은 장소일 경우
② 삼발이형 : 2m 이상의 나무에 적용, 사람의 통행이 많지 않고 경관상 주요 지점이 아닌 곳
③ 삼각 및 사각지주 : 중대형 수목에 적용

20 다음 중 산울타리 수종으로 적합하지 않은 것은?

① 측백나무
② 향나무
③ 단풍나무
④ 무궁화

해설 ③ 단풍나무는 주로 경관장식용으로 쓰인다.
산울타리용 수목 : 측백나무, 화백, 편백, 사철나무, 개나리, 명자나무, 피라칸타, 무궁화, 회양목, 탱자나무, 꽝꽝나무, 향나무, 호랑가시나무, 쥐똥나무 등

정답 16 ④ 17 ① 18 ② 19 ④ 20 ③

21 수목의 규격을 표시하는 방법 중 옳은 것은?

① 흉고직경(R) : 지표면 줄기의 굵기
② 근원직경(B) : 가슴 높이 정도의 줄기의 지름
③ 수고(W) : 지표면으로부터 수관의 하단부까지의 수직높이
④ 지하고(BH) : 지표면에서 수관의 맨 아랫가지까지의 수직높이

해설 조경수목의 규격 표시기준
- 수고(H) : 나무의 높이, 표시단위 m
- 수관(W) : 나무의 폭, 표시단위 m
- 근원지름(R) : 나무 밑둥 제일 아랫부분의 지름, 표시단위 cm
- 흉고지름(B) : 가슴높이의 줄기지름, 단위 cm
- 지하고(BH) : 바닥에서 가지가 있는 곳까지의 높이, 표시단위 m

22 조경 분야의 기능별 대상 구분 중 위락·관광시설로 가장 적합한 것은?

① 오피스빌딩정원
② 어린이공원
③ 골프장
④ 군립공원

해설 ③ 위락·관광시설, ① 정원, ②·④ 공원
※ 위락·관광시설 : 골프장, 야영장, 경마장, 스키장, 해수욕장, 낚시터, 관광농원, 유원지, 휴양지, 삼림욕장 등

23 큰 나무이거나 장거리에 운반할 나무를 운반 시 고려할 사항으로 바르지 못한 것은?

① 운반할 나무는 줄기에 새끼나 거적으로 감싸주어 운반 도중 물리적인 상처로부터 보호한다.
② 밖으로 넓게 퍼진 가지는 가지런히 여미어 새끼줄로 묶어 줌으로써 운반 도중의 손상을 막는다.
③ 장거리 운반이나 큰 나무인 경우에는 뿌리분을 거적으로 다시 감싸 주고 새끼줄 또는 고무줄로 묶어준다.
④ 나무를 싣는 방향은 반드시 뿌리분이 차의 뒤쪽으로 오게 하여 싣고, 내릴 때 편리하게 한다.

해설 수목의 지엽 부분은 뒤쪽으로 가도록 하고, 불필요한 가지는 제거하며 가마니로 수피를 보호, 수관부는 밧줄 등으로 묶어 운반 시 손상을 방지한다.

24 다음에서 설명하고 있는 수종은?

- 17세기 체코 선교사를 기념하는데서 유래되었다.
- 상록활엽수 교목으로 수형은 구형이다.
- 꽃은 한 개씩 정생 또는 액생, 꽃받침과 꽃잎은 5~7개이다.
- 열매는 삭과, 둥글며 3개로 갈라지고, 지름 3~4cm 정도이다.
- 짙은 녹색의 잎과 겨울철 붉은색 꽃이 아름다우며, 음수로서 반음지나 음지에 식재, 전정에 잘 견딘다.

① 생강나무
② 동백나무
③ 노각나무
④ 후박나무

25 다음 중 콘크리트의 공사에 있어서 거푸집에 작용하는 콘크리트 측압의 증가요인이 아닌 것은?

① 타설속도가 빠를수록
② 슬럼프가 클수록
③ 다짐이 많을수록
④ 빈배합일 경우

해설 거푸집에 작용하는 콘크리트 측압에 영향을 주는 요인

증가요인	감소요인
• 콘크리트 타설속도가 빠를수록 • 반죽이 묽은 콘크리트일수록 • 콘크리트 비중이 클수록 • 다짐이 많을수록 • 대기습도가 높을수록 • 거푸집 단면이 클수록 • 부배합일수록 • 수평부재보다는 수직부재일수록	• 응결시간이 빠를수록 • 철골 또는 철근의 양이 많을수록 • 온도가 높을수록(경화가 빠를수록)

26 다음 중 잔디밭에 많이 발생하는 클로버 방제에 가장 적합한 약제는?

① 이사-디 액제(이사디아민염)
② 패러쾃디클로라이드 액제(그라목손)
③ 디코폴 수화제(켈센)
④ 글리포세이트 액제(근사미)

27 대추나무에 발생하는 전신병으로 마름무늬매미충에 의해 전염되는 병은?

① 갈반병 ② 잎마름병
③ 혹 병   ④ 빗자루병

해설 빗자루병
• 벚나무, 오동나무, 대추나무 등에 감염된다.
• 가지의 일부에 잔가지가 많이 생겨 빗자루 모양으로 변형된다.
• 7~9월에 파라티온 수화제, 메타 유제 1,000배액을 2주 간격으로 살포한다.
※ 곤충에 의한 전반 : 참나무 시들음병(광릉긴나무좀), 오동나무 빗자루병(담배장님노린재), 대추나무 빗자루병 · 뽕나무 오갈병(마름무늬매미충)

28 유실수 중에서 밤나무의 종실(種實)을 가해하는 해충은?

① 밤나무혹벌
② 밤나무재주나방
③ 밤나무왕진딧물
④ 복숭아명나방

29 가을에 그윽한 향기를 가진 등황색 꽃이 피는 수종은?

① 금목서   ② 남 천
③ 팔손이나무 ④ 생강나무

해설 ② 6~7월 흰색, ③ 11월 흰색, ④ 3월 노란색

30 생울타리를 전지·전정하려고 한다. 태양의 광선을 가장 골고루 받지 못하는 생울타리 단면의 모양은?

① 원주형 ② 원뿔형
③ 역삼각형 ④ 달걀형

31 일반적으로 수목의 단풍은 적색과 황색계열로 구분하는데, 황색 단풍이 아름다운 수종으로만 짝지어진 것은?

① 은행나무, 붉나무
② 백합나무, 고로쇠나무
③ 담쟁이덩굴, 감나무
④ 검양옻나무, 매자나무

[해설] 노란색 단풍이 드는 수종은 갈참나무, 고로쇠, 낙우송, 느티나무, 메타, 백합, 은행, 일본잎갈, 칠엽수 등이다.

32 다음 조경시설 소재 중 도로 절·성토면의 녹화공사, 해안매립 및 호안공사, 하천제방 및 급류부위의 법면보호공사 등에 사용되는 코코넛 열매를 원료로 한 천연섬유 재료는?

① 코이어메시 ② 우드칩
③ 테라소브 ④ 그린블록

[해설]
② 우드칩 : 목재펄프의 원료
③ 테라소브 : 강력흡수제로, 비가 올 때 빠르게 수분을 흡수하여 간직하고 있다가 수분이 부족할 때 뿌리에 수분을 공급하여 식물의 잔뿌리를 발달시키는 데 도움을 준다.
④ 그린블록 : 차량 및 보행자의 하중을 지지하여 잔디를 보호하며, 개방식 열주구조로 포복형 잔디 생육에도 유리하다.

33 잔디에 관한 설명으로 틀린 것은?

① 잔디는 생육온도에 따라 난지형 잔디와 한지형 잔디로 구분된다.
② 잔디의 번식방법에는 종자파종과 영양번식 등이 있다.
③ 종자파종은 뗏장심기에 비하여 균일하고 치밀한 잔디면을 만들 수 있다.
④ 한국잔디는 일반적으로 종자번식이 잘 되기 때문에 건설현장에서 종자파종으로 잔디밭을 조성한다.

[해설] 한국잔디의 경우 종자로 번식되는 경우보다는 땅속줄기와 지표면을 덮듯이 신장하는 포복경으로 번식한다. 서양잔디는 종자파종에 의하여 쉽게 잔디밭이 조성되며 여름 고온기를 제외하고는 언제라도 파종할 수 있는 이점이 있다.

34 터파기 공사를 할 경우 평균부피가 굴착 전보다 가장 많이 증가하는 것은?

① 모 래 ② 보통흙
③ 자 갈 ④ 암 석

[해설] 흐트러진 상태의 부피 : 공극의 양에 따라 암석 > 자갈 > 보통흙 > 모래

35 다음 중 고광나무(Philadelphus schrenkii)의 꽃 색깔은?

① 적 색 ② 자주색
③ 백 색 ④ 황 색

[해설] 고광나무는 4~5월에 개화하며, 지름 3.0~3.5mm의 은은한 꽃이 피어 향기로운 백색의 꽃잎과 노란색 수술이 아름다운 조화를 이룬다.

정답 30 ③ 31 ② 32 ① 33 ④ 34 ④ 35 ③

36 주로 수량의 다소에 따라서 반죽이 되고 진 정도를 나타내는 굳지 않은 콘크리트의 성질은?

① Workability(시공성)
② Plasticity(성형성)
③ Consistency(반죽질기)
④ Finishability(마감성)

해설
① Workability(시공성) : 콘크리트를 혼합한 후 운반, 타설, 다지기 및 마무리할 때까지 굳지 않은 콘크리트의 성질로, 콘크리트 시공 시 작업 난이도 및 재료분리에 저항하는 정도를 나타낸다.
② Plasticity(성형성) : 거푸집 등의 형상에 순응하여 채우기 쉽고, 분리가 일어나지 않는 굳지 않은 콘크리트의 성질
④ Finishability(마감성) : 굵은골재의 최대 치수, 잔골재율, 잘골재의 입도, 반죽질기 등에 따른 마무리하기 쉬운 정도를 말하는 굳지 않은 콘크리트의 성질

37 공기 중에 환원력이 커서 산화가 쉽고, 이온화 경향이 가장 큰 금속은?

① Pb
② Fe
③ Cu
④ Al

해설 금속의 이온화 경향
K > Ca > Na > Mg > Al > Zn > Fe > Ni > Sn > Pb > (H$^+$) > Cu > Ag > Pt > Au

38 흙을 굴착하는 데 사용하는 것으로 기계가 서 있는 위치보다 높은 곳의 굴삭을 하는 데 효과적인 토공기계는?

① 모터그레이더
② 파워셔블
③ 드래그라인
④ 클램셸

해설
② 파워셔블(Power Shovel) : 기체의 위치보다 위쪽의 흙을 퍼 올려 선회하여 덤프트럭 등에 싣는 굴착용 기계로 동력삽이라고도 하는데, 하부 구동체와 360°회전이 가능한 상부 회전체로 이루어진 본체에 작업장치가 연결되어 있다. 흙·모래·자갈 등을 파서 싣는 굴착기로 파기와 싣기가 모두 가능하다.
① 모터그레이더(Motor Grader) : 정지작업에 주로 사용되는 장비로 정지장치를 가진 자주식의 것을 말하며 작업범위는 땅 고르기, 배수파기, 파이프 묻기, 경사면 절삭, 제설작업 등 여러 작업에 사용된다.
③ 드래그라인(Drag Line) : 기계가 서 있는 위치보다 낮은 곳의 굴착에 좋다.
④ 클램셸(Clam Shell) : 조개껍질처럼 양쪽으로 열리는 버킷을 흙을 집는 것처럼 굴착하는 기계

39 다음 중 방위각 150°를 방위로 표시하면 어느 것인가?

① N 30°E
② S 30°E
③ S 30°W
④ N 30°W

해설 S 180° − 방위각 E → S 180° − 150°E = S 30°E
방위각과 방위

방위각	방 위
0~90°	N 방위각 E
90~180°	S 180° − 방위각 E
180~270°	S 방위각 − 180°W
270~360°	N 360° − 방위각 W

40 다음 중 등고선의 성질에 대한 설명으로 맞는 것은?

① 지표의 경사가 급할수록 등고선 간격이 넓어진다.
② 같은 등고선 위의 모든 점은 높이가 서로 다르다.
③ 등고선은 지표의 최대 경사선의 방향과 직교하지 않는다.
④ 높이가 다른 두 등고선은 동굴이나 절벽의 지형이 아닌 곳에서는 교차하지 않는다.

해설 등고선의 성질
- 등고선상의 모든 점은 같은 높이이다.
- 등고선은 도면 안팎에서 반드시 만나며, 사라지지 않는다.
- 등고선이 도면 안에서 만나는 지점은 산꼭대기나 요지(凹地)이다.
- 높이가 다른 등고선은 절벽이나 동굴을 제외하고는 교차하거나 만나지 않는다.
- 급경사지는 간격이 좁고, 완경사지는 간격이 넓다.
- 경사가 같으면 간격도 같다.

41 지표면이 높은 곳의 꼭대기 점을 연결한 선으로, 빗물이 이것을 경계로 좌우로 흐르게 되는 선을 무엇이라 하는가?

① 능 선
② 계곡선
③ 경사변환점
④ 방향변환점

해설 ② 계곡선 : 고도 0m에서부터 다섯 번째 선마다 굵게 표시한 등고선
③ 경사변환점 : 하곡 종단면이나 산지 사면의 경사가 급히 변하는 지점

42 흙을 이용하여 3m 높이로 마운딩하려 할 때, 더돋기를 고려해 실제 쌓아야 하는 높이로 가장 적합한 것은?

① 2m ② 2m 20cm
③ 3m ④ 3m 30cm

해설 더돋기(여성토) : 흙쌓기 시 압축과 침하에 의해 성토 높이가 계획높이보다 줄어들 것을 예상하여 이를 방지하고자 미리 더 쌓는 흙을 여성토라 하고, 이러한 작업을 더돋기라 한다. 토질, 성토높이, 시공방법 등에 따라 다르지만 일반적으로 계획높이의 10~15% 미만으로 쌓아 올린다.

43 우리나라에서 사용하는 표준형 벽돌의 규격은?(단, 단위는 mm로 한다)

① 300×300×60
② 190×90×57
③ 210×100×60
④ 390×190×190

해설 벽돌의 규격(단위 : mm)
- 기존형 210×100×60
- 표준형 190×90×57

44 석재의 가공방법 중 혹두기작업의 바로 다음 후속작업으로 작업면을 비교적 고르고 곱게 처리할 수 있는 작업은?

① 물갈기 ② 잔다듬
③ 정다듬 ④ 도드락다듬

해설 석재가공순서 : 혹두기 → 정다듬 → 도드락다듬 → 잔다듬 → 물갈기

정답 40 ④ 41 ① 42 ④ 43 ② 44 ③

45 골재의 함수상태에 관한 설명 중 틀린 것은?

① 골재를 110℃ 정도의 온도에서 24시간 이상 건조시킨 상태를 절대건조상태 또는 노건조상태(Oven Dry Condition)라 한다.
② 골재를 실내에 방치할 경우, 골재입자의 표면과 내부의 일부가 건조된 상태를 공기 중 건조상태라 한다.
③ 골재입자의 표면에 물은 없으나 내부의 공극에는 물이 꽉 차있는 상태를 표면건조포화상태라 한다.
④ 절대건조상태에서 표면건조상태가 될 때까지 흡수되는 수량을 표면수량(Surface Moisture)이라 한다.

해설 ④ 절대건조상태에서 표면건조상태가 될 때까지 흡수되는 수량은 흡수량이다.
골재의 함수상태
- 절건상태(Oven-dry Condition) : 105±5℃ 정도의 온도에서 24시간 이상 골재를 건조시켜 표면 및 골재 내부에 포함되어 있는 수분이 완전히 제거된 상태
- 기건상태(Air-dry Condition) : 골재를 공기 중에 오래 건조하여 골재 내 온습도와 대기의 온습도가 평형을 이룬 상태
- 표건상태(Saturated Surface-dry Condition) : 골재 내부는 포화상태이고, 골재 표면은 건조한 상태
- 습윤상태(Damp or Wet Condition) : 골재 내부는 이미 포화상태이고, 표면에도 수분이 드러난 상태

46 물 200L를 가지고 제초제 1,000배액을 만들 경우 필요한 약량은 몇 mL인가?

① 10　　② 100
③ 200　　④ 500

해설 살포액의 희석
필요 약량 = 수량 ÷ 희석배수
= 200L ÷ 1,000 = 0.2L
∴ 200mL
※ 1L = 1,000mL

47 시멘트 500포대를 저장할 수 있는 가설창고의 최소 필요 면적은?(단, 쌓기 단수는 최대 13단으로 한다)

① $15.4m^2$　　② $16.5m^2$
③ $18.5m^2$　　④ $20.4m^2$

해설 $500 ÷ 13 × 0.4 ≒ 15.4m^2$

48 다음 중 콘크리트 내구성에 영향을 주는 아래 화학반응식의 현상은?

$$Ca(OH)_2 + CO_2 \rightarrow CaCO_3 + H_2O \uparrow$$

① 콘크리트 염해
② 동결융해현상
③ 알칼리 골재반응
④ 콘크리트 중성화

해설 중성화의 화학반응식
$Ca(OH)_2 + CO_2 \rightarrow CaCO_3 + H_2O \uparrow$
※ 수화작용 : $CaO + H_2O \rightarrow Ca(OH)_2$

49 다음 중 건설공사에서 마지막으로 행하는 작업은?

① 터닦기
② 식재공사
③ 콘크리트공사
④ 급배수 및 호안공

해설 건설공사의 시공순서 : 터파기 → 토사기초 → 뒤채움 및 다짐 → 포장 → 시설물공 → 식재공

정답 45 ④　46 ③　47 ①　48 ④　49 ②

50 다음 중 대나무에 대한 설명으로 틀린 것은?
① 외관이 아름답다.
② 탄력이 있다.
③ 잘 썩지 않는다.
④ 벌레의 피해를 쉽게 받는다.

해설 대나무의 특징
• 외관이 아름답고 탄력이 있다.
• 잘 쪼개지고 썩기 쉬우며 병충해에 약하다.

53 목재의 심재와 비교한 변재의 일반적인 특징 설명으로 틀린 것은?
① 재질이 단단하다.
② 흡수성이 크다.
③ 수축변형이 크다.
④ 내구성이 작다.

해설 심재의 재질은 변재보다 단단하고 변형이 적으며 내구성이 있어 이용상의 가치가 크고, 변재보다 신축이 작다.

51 데발 시험기(Deval Abrasion Tester)란?
① 석재의 휨강도 시험기
② 석재의 인장강도 시험기
③ 석재의 압축강도 시험기
④ 석재의 마모에 대한 저항성 측정시험기

해설 데발 시험기는 골재의 마모율(%)을 측정하기 위한 장치로서, 한 번에 여러 종류의 시험을 동시에 할 수 있으며 자동정지장치가 부착되어 있다.

54 벽 뒤로부터의 토압에 의한 붕괴를 막기 위한 공사는?
① 옹벽쌓기
② 기슭막이
③ 견치석쌓기
④ 호안공

해설 ② 기슭막이 : 황폐한 계천에서 유수에 의한 계안의 횡침식 방지 및 산각의 안정을 도모하기 위하여 계류 흐름 방향에 따라서 구축하는 계천사방공종
③ 견치석쌓기 : 돌로 축대를 만드는 것
④ 호안공 : 물이 흐르는 계곡의 기슭이 침식되는 것을 막기 위해 돌이나 콘크리트를 이용하여 계곡의 기슭을 막는 공작물

52 공원의 종류 중 여러가지 폐품이나 재료 등을 제공해 주어 어린이들이 직접 자르고, 맞추고, 조립하는 놀이를 통해 창의력을 가지도록 하는 공원은?
① 모험공원　　② 교통공원
③ 조각공원　　④ 운동공원

정답 50 ③ 51 ④ 52 ① 53 ① 54 ①

55 합성수지 중에서 열경화성 수지로만 짝지어진 것은?

① 아세탈수지, 아라미드
② 나일론, 아크릴수지
③ 멜라민수지, 불소수지
④ 페놀수지, 에폭시수지

해설 합성수지
- 열가소성 수지 : 성형 후 열이나 용제를 가하면 소성변형하고, 냉각하면 고결하는 고체상의 고분자 물질로 구성된 수지
  예) 폴리에틸렌수지, 폴리프로필렌수지, 폴리스타이렌수지, 폴리염화비닐수지, 아크릴수지, 불소수지, 폴리아미드수지(나일론, 아라미드), 폴리에스테르수지, 아세탈수지 등
- 열경화성 수지 : 성형 후 열이나 용제를 가해도 형태가 변하지 않는, 비교적 저분자 물질로 구성된 수지
  예) 페놀수지, 멜라민수지, 불포화폴리에스테르수지, 에폭시수지, 우레아(요소)수지, 실리콘수지, 푸란수지 등

56 공사원가에 의한 공사비 구성 중 안전관리비가 해당되는 것은?

① 간접재료비
② 간접노무비
③ 경비
④ 일반관리비

해설 경비 : 공사의 시공을 위하여 소요되는 공사원가 중 재료비와 노무비를 제외한 비용
예) 전력비, 수도광열비, 운반비, 기계경비, 특허권사용료, 기술료, 연구개발비, 품질관리비, 보험료, 보관비, 외주가공비, 산업안전보건관리비, 폐기물처리비, 도서인쇄비, 안전관리비 등

57 노외주차장의 구조·설비기준으로 틀린 것은?(단, 주차장법 시행규칙을 적용한다)

① 노외주차장의 출구와 입구에서 자동차의 회전을 쉽게 하기 위하여 필요한 경우에는 차로와 도로가 접하는 부분을 곡선형으로 하여야 한다.
② 노외주차장의 출구 부근의 구조는 해당 출구로부터 2m를 후퇴한 노외주차장의 차로의 중심선상 1.0m의 높이에서 도로의 중심선에 직각으로 향한 왼쪽·오른쪽 각각 45°의 범위에서 해당 도로를 통행하는 자를 확인할 수 있도록 하여야 한다.
③ 노외주차장의 출입구 너비는 3.5m 이상으로 하여야 하며, 주차대수 규모가 50대 이상인 경우에는 출구와 입구를 분리하거나 너비 5.5m 이상의 출입구를 설치하여 소통이 원활하도록 하여야 한다.
④ 노외주차장에서 주차에 사용되는 부분의 높이는 주차바닥면으로부터 2.1m 이상으로 하여야 한다.

해설 노외주차장의 구조·설비기준(주차장법 시행규칙 제6조 제1항 제2호)
노외주차장의 출구 부근의 구조는 해당 출구로부터 2m(이륜자동차전용 출구의 경우에는 1.3m)를 후퇴한 노외주차장의 차로의 중심선상 1.4m의 높이에서 도로의 중심선에 직각으로 향한 왼쪽·오른쪽 각각 60°의 범위에서 해당 도로를 통행하는 자를 확인할 수 있도록 하여야 한다.

55 ④ 56 ③ 57 ②

58 도시 내부와 외부의 관련이 매우 좋으며, 재난 시 시민들의 빠른 대피에 큰 효과를 발휘하는 녹지 형태는?

① 분산식 ② 방사식
③ 환상식 ④ 평행식

해설 그린벨트 녹지계통의 형식
- 방사식 : 도시 중심에서 외부로 내뻗는 형태로 배치
- 분산식 : 여기저기에 여러 형태로 배치
- 환상식 : 도시를 중심으로 한 둥근 띠 모양의 형태로 도시 확대를 방지하는 데 효과적
- 방사분산식 : 분산식 녹지대를 방사 형태로 질서 있게 배치
- 방사환상식 : 방사식과 환상식을 결합한 형태로 가장 이상적인 도시녹지 형태
- 위성식 : 주로 대도시에만 적용되는 형태로 녹지대 안에 시가지 조성
- 평행식 : 도시 형태가 띠 모양일 때 도시를 따라 평행하게 배치

60 다음 중 잔디밭의 넓이가 50평 이상으로 잔디의 품질이 아주 좋지 않아도 되는 골프장의 러프(Rough)지역, 공원의 수목지역 등에 많이 사용하는 잔디 깎는 기계는?

① 핸드모어(Hand Mower)
② 그린모어(Green Mower)
③ 로터리모어(Rotary Mower)
④ 갱모어(Gang Mower)

해설
③ 로터리모어 : 프로펠러 날이 수평으로 돌아서 잔디가 깎이며 깎이는 면이 거칠게 되므로 보통 50평 이상의 골프장의 러프(Rough), 공원의 수목지역 등 잔디의 품질이 거칠어도 되는 곳에 사용한다.
① 핸드모어 : 인력으로 바퀴가 돌아가면서 잔디깎는 날이 돌아서 깎도록 한 것으로 50평 미만의 잔디밭 관리에 사용한다.
② 그린모어 : 골프장의 그린, 테니스코트 등 잔디면이 섬세한 곳을 깎는다.
④ 갱모어 : 골프장, 운동장, 경기장 등 5,000평 이상의 대면적의 잔디를 깎는 기계로 트럭, 짚차나 기타 견인차에 달아 사용하며 경사지나 잔디면이 평탄치 않은 곳도 균일하게 잔디를 깎을 수 있고 잔디도 양호하게 깎여진다.

59 벽돌쌓기법에서 한 켜는 마구리쌓기, 다음 켜는 길이쌓기로 하고 모서리 벽 끝에 이오토막을 사용하는 벽돌쌓기 방법인 것은?

① 미국식 쌓기
② 영국식 쌓기
③ 프랑스식 쌓기
④ 네덜란드식 쌓기

해설
② 영국식 쌓기 : 길이쌓기 켜와 마구리쌓기 켜를 반복하여 쌓고, 모서리의 벽 끝에는 이오토막을 쓰는 방법으로, 매우 견고하다.
① 미국식 쌓기 : 5켜까지 길이쌓기로 하고, 그 위 1켜는 마구리쌓기로 하는 방법이다.
③ 프랑스식 쌓기 : 켜마다 길이와 마구리가 번갈아 나오는 방법으로, 영국식 쌓기보다 아름다우나 견고성은 떨어진다.
④ 네덜란드식 쌓기 : 벽돌쌓기 방식 중 시공이 편리하고 쌓을 때 모서리 끝에 칠오토막을 써서 안정감을 주며, 우리나라에서 대부분 사용하는 방식이다.

2022년 제3회 과년도 기출복원문제

01 영국 튜더(Tudor) 왕조에서 유행했던 화단으로, 낮게 깎은 회양목 등으로 화단을 여러 가지 기하학적 문양으로 구획짓는 것은?

① 기식화단
② 경재화단
③ 카펫화단
④ 매듭화단

해설
① 기식화단 : 작은 면적의 잔디밭 가운데나 원로 주위의 공간에 만들어지는 화단으로서, 가운데에는 키가 큰 화초를 심고, 가장자리는 갈수록 키가 작은 화초를 심어 입체적으로 바라볼 수 있는 화단
② 경재화단 : 건물, 담장, 울타리를 배경으로 그 앞쪽에 장방형으로 길게 만들어진 화단
③ 카펫화단(모던화단, 양탄자화단) : 키가 작은 초화류를 이용하여 양탄자 무늬처럼 기하학적으로 도안해서 만든 화단

02 16세기 이탈리아의 대표적인 정원인 빌라 에스테(Villa d'Este)의 특징 설명으로 바르지 못한 것은?

① 사이프러스의 열식
② 감탕나무 총림
③ 물풍금
④ 용의 분수

해설 빌라 에스테(Villa d'Este)
최저 노단 내 연못들 뒤 감탕나무 총림이 위치하고 물을 다양하게 사용하여 100개의 분수로 물풍금, 용의 분수 등을 조성했다.

03 독일 쾰른(Köln)에서 보여주는 녹지계통은?

① 방사식
② 환상식
③ 방사환상식
④ 평행식

해설
③ 방사환상식 : 방사식과 환상식을 결합한 형태로 가장 이상적인 도시녹지 형태
① 방사식 : 도시 중심에서 외부로 내뻗는 형태로 배치
② 환상식 : 도시를 중심으로 한 둥근 띠 모양의 형태로 도시 확대를 방지하는 데 효과적
④ 평행식 : 도시 형태가 띠 모양일 때 도시를 따라 평행하게 배치

04 다음 중 사대부나 양반계급에 속했던 사람이 자연 속에 묻혀 야인으로서의 생활을 즐기던 별서정원이 아닌 것은?

① 소쇄원
② 방화수류정
③ 부용동정원
④ 다산정원

해설 방화수류정 : 수원성곽을 축조할 때 세운 누각 중 하나로, 성의 동북쪽 모서리에 위치하고 있어 동북각루(東北角樓)라 하였으며, 경관이 매우 뛰어나 방화수류정이라는 당호(堂號)가 붙었다.

정답 1 ④ 2 ① 3 ③ 4 ②

05 조선시대 왕릉의 공간구성 순서를 바르게 나열한 것은?

① 진입공간 – 제향공간 – 전이공간 – 능침공간
② 진입공간 – 제향공간 – 능침공간 – 전이공간
③ 진입공간 – 능침공간 – 전이공간 – 제향공간
④ 진입공간 – 전이공간 – 능침공간 – 제향공간

해설 조선왕릉의 공간구성
진입공간은 왕릉의 시작 공간으로, 관리자(참봉 또는 영)가 머물면서 왕릉을 관리하고 제향을 준비하는 재실(齋室)에서부터 시작된다. 제향공간은 제례의식이 이루어지는 공간으로 산 자(왕)와 죽은 자(능에 계신 왕이나 왕비)의 만남의 공간이다. 능침공간은 봉분이 있는 왕릉의 핵심 공간으로 평상시에는 누구도 접근할 수 없는 공간이다.

06 다음은 조경계획 과정을 나열한 것이다. 가장 바른 순서로 된 것은?

① 기초조사 – 식재계획 – 동선계획 – 터가르기
② 기초조사 – 터가르기 – 동선계획 – 식재계획
③ 기초조사 – 동선계획 – 식재계획 – 터가르기
④ 기초조사 – 동선계획 – 터가르기 – 식재계획

해설 조경계획 과정 : 기초조사 – 터가르기 – 동선계획 – 식재계획

07 우리나라 최초의 국립공원은?

① 설악산 ② 한라산
③ 지리산 ④ 내장산

해설
- 한국 최초로 지정된 국립공원은 지리산이고, 세계 최초로 지정된 국립공원은 옐로스톤(Yellow Stone)이다.
- 국립공원은 자연경치가 뛰어난 지역의 자연과 문화적 가치를 보호하기 위하여 국가에서 지정하여 관리하는 공원이다.

08 일본 조경양식의 발달 순서로 옳은 것은?

① 임천식 – 축산고산수식 – 평정고산수식 – 다정식
② 임천식 – 평정고산수식 – 축산고산수식 – 다정식
③ 임천식 – 다정식 – 축산고산수식 – 평정고산수식
④ 임천식 – 다정식 – 평정고산수식 – 축산고산수식

해설 일본 정원양식의 변천과정
임천식(헤이안시대) → 회유임천식(가마쿠라시대) → 축산고산수식(14세기) → 평정고산수식(15세기 후반) → 다정식(모모야마시대) → 지천임천식(에도시대 초기) → 축경식(에도시대 후기)

09 고려시대에 궁궐 내의 조경을 담당하던 관청은?

① 내원서 ② 상림원
③ 장원서 ④ 화림원

해설 고려시대 정원을 맡아보던 관서는 내원서(內園署)이며 고려 25대 충렬왕 34년(1308)에 모든 궁궐의 원화(園花)를 맡아보던 관서로서 사농서 관할하에 만들어졌다.

10 미국에서 하워드의 전원 도시의 영향을 받아 도시 교외에 개발된 주택지로서 보행자와 자동차를 완전히 분리하고자 한 것은?

① 웰린(Welwyn)
② 요세미티
③ 레치워스(Letch Worth)
④ 래드번(Rad Burn)

11 지형도에서 U자(字) 모양으로 그 바닥이 낮은 높이의 등고선을 향하면 이것은 무엇을 의미하는가?

① 계 곡   ② 현 애
③ 능 선   ④ 동 굴

해설 등고선의 형태(계곡에서 볼 때)
• U자형 : 능선을 횡(橫)으로 그어진 등고선 형태로 U자가 종(縱)으로 나열된 형태가 능선이다. 이 능선들은 밑으로 갈수록 여러 갈래로 나누어지다가 산기슭에 가서는 대등한 위치에 나열된다(정상이나 봉우리에서 볼 때 ∩형).
• V자형 : 계곡(하천)의 형태로 능선(U자형)과 반대 방향으로 나열된 형태이다. 중첩된 V자의 뽀족한 부분을 따라가면 산정(山頂)이 나온다(정상이나 봉우리에서 볼 때 V자형).
• M자형 : 계곡과 계곡이 합류되는 지역, 즉 계곡의 교차점을 횡단하는 등고선이다(정상이나 봉우리에서 볼 때 W형).

12 4배색을 하면서 동일 색상에서 톤의 명도 차이를 주어 사용하는 배색 방법은?

① 토널 배색
② 톤 온 톤 배색
③ 톤 인 톤 배색
④ 도미넌트 배색

해설 ② 톤 온 톤(Tone on tone) 배색 : 동일한 색상의 톤을 조절하여 배치하는 방법으로, 그러데이션 배색이라고도 한다.
① 토널(Tonal) 배색 : 도미넌트 톤 배색이나 톤 인 톤 배색과 같은 종류의 배색 방법으로, 기본 톤으로 중명도, 중채도인 탁한 톤을 사용한 배색 방법으로 전체적으로 안정되며 편안한 느낌을 준다.
③ 톤 인 톤(Tone in Tone) 배색 : 서로 다른 색상들을 동일한 톤으로 배치하는 방법을 말한다.
④ 도미넌트(Dominant) 배색 : 색상을 통일하고 톤의 변화를 주거나, 톤을 동일하게 하고 색상에 변화는 주는 등 색을 통제하여 통일감을 주는 배색을 의미한다.

13 채도대비에 의해 주황색 글씨를 보다 선명하게 보이도록 하려면 바탕색으로 어떤 색이 가장 적합한가?

① 빨간색
② 노란색
③ 파란색
④ 회 색

해설 채도대비 : 색상, 명도와 함께 색의 주요 속성이며, 색이 선명할수록 채도가 높고, 무채색(흰색, 회색, 검정색)일수록 채도가 낮다. 채도 차가 큰 두 색을 인접하여 배치하면 채도가 높은 색은 더욱 선명하게 보이고, 채도가 낮은 색은 더욱 탁해 보이는데, 이를 채도대비라고 한다.

14 다음 중 정신집중을 요구하는 사무공간에 어울리는 색은?

① 빨 강
② 노 랑
③ 난 색
④ 한 색

해설 온도감에 따른 색의 분류
• 한색 : 차가운 느낌을 주는 파란색 계통의 색으로 수축성과 후퇴성을 가지며 심리적으로 긴장감을 느끼게 한다.
• 난색 : 따뜻한 느낌을 주는 주황색 계통의 색으로 팽창성과 진출성을 가지며, 심리적으로 느슨함을 느끼게 한다.
• 중성색 : 녹색이나 보라색 계통의 색으로, 한색과 난색의 중간적인 성격을 가진다.

15 다음 중 오픈스페이스의 효용성과 가장 관련이 먼 것은?

① 도시개발 형태의 조절
② 도시 내 자연을 도입
③ 도시 내 레크레이션을 위한 장소를 제공
④ 도시 기능 간 완충효과의 감소

해설 오픈스페이스의 효용성
• 도시개발 형태의 조절 : 도시개발의 촉진, 도시의 확산의 방지
• 도시환경의 질 개설 : 도시생태의 기반조성, 환경조절(화재와 공해방지, 미기후 조절 등)
• 시민생활의 질 개선 : 창조적 생활의 기틀 제공, 도시경관의 질 고양

16 오른손잡이의 선긋기 연습에서 고려해야 할 사항이 아닌 것은?

① 수평선 긋기 방향은 왼쪽에서 오른쪽으로 긋는다.
② 수직선 긋기 방향은 위쪽에서 아래쪽으로 내려 긋는다.
③ 선은 처음부터 끝나는 부분까지 일정한 힘으로 한 번에 긋는다.
④ 선의 연결과 교차부분이 정확하게 되도록 한다.

해설 제도용구를 이용한 선 그리기
• 선을 처음 긋기 시작할 때는 긋고자 하는 선의 길이를 생각하고 긋는다.
• 선은 일관성과 통일성을 유지하며, 같은 목적으로 사용되는 선의 굵기와 진하기는 같아야 한다.
• 선을 긋는 방향은 왼쪽에서 오른쪽으로, 아래쪽에서 위쪽으로 한다.
• 선의 연결 부분과 교차 부분을 정확하게 작도한다.

17 옥상정원의 환경조건에 대한 설명으로 적합하지 않은 것은?

① 토양 수분의 용량이 적다.
② 토양 온도의 변동 폭이 크다.
③ 양분의 유실속도가 늦다.
④ 바람의 피해를 받기 쉽다.

해설 옥상은 계절에 따라 햇빛이 강할 때에는 복사열에 의하여 온도가 쉽게 올라가고 겨울에는 토양을 단단히 얼게 하여 수분의 부족을 가져오므로 양분의 유실속도가 빠르다.

정답 14 ④ 15 ④ 16 ② 17 ③

18 계단의 축상(蹴上)높이가 12cm일 때 답면(踏面)의 너비는 다음 중 어느 것이 가장 적합한가?

① 20~25cm
② 26~31cm
③ 31~36cm
④ 36~41cm

해설 계단설계 시 축상(R)과 답면(T)의 관계는 $2h + b = 60~65cm$이다.
$(2 \times 12) + x = 60~65cm$
$x = (60 - 24)~(65 - 24) = 36~41cm$

19 A2 도면의 크기 치수로 옳은 것은?(단, 단위는 mm이다)

① 841×1,189
② 549×841
③ 420×594
④ 210×297

해설 도면의 치수(단위 : mm)
- A0 : 841×1,189
- A1 : 594×841
- A2 : 420×594
- A3 : 297×420
- A4 : 210×297

20 공사의 설계 및 시공을 의뢰하는 사람을 뜻하는 용어는?

① 설계자
② 발주자
③ 시공자
④ 감독자

해설
① 설계자 : 발주자와 계약을 체결한 후 충분한 자료를 수집하여 계획하고, 지식과 경험을 바탕으로 설계도면과 시방서 등을 작성하는 사람
③ 시공자 : 직영공사의 경우 시공주 자체가 시공자가 되지만 도급공사의 경우 시공주와 도급계약을 체결하여 공사를 위임받은 자 또는 회사가 시공자(도급자)가 된다.
④ 감독자 : 시공현장에서 일상적인 업무를 수행하고 단기일정을 관리하는 사람

21 흰말채나무의 설명으로 옳지 않은 것은?

① 수피가 여름에는 녹색이나 가을, 겨울철의 붉은 줄기가 아름답다.
② 잎은 대생하며, 타원형 또는 난상 타원형이고, 표면에 작은 털, 뒷면은 흰색의 특징을 갖는다.
③ 층층나무과로 낙엽활엽관목이다.
④ 노란색의 열매가 특징적이다.

해설 ④ 흰말채나무의 열매는 흰색이다.

22 여름의 연보라 꽃과 초록의 잎 그리고 가을에 검은 열매를 감상하기 위한 지피식물은?

① 영산홍
② 꽃잔디
③ 맥문동
④ 칡

23 주목(*Taxus Cuspidata* S. et Z.)에 관한 설명으로 부적합한 것은?

① 9월경 붉은 색의 열매가 열린다.
② 큰 줄기가 적갈색으로 관상가치가 높다.
③ 맹아력이 강하며, 음수이나 양지에서도 생육이 가능하다.
④ 생장속도가 매우 빠르다.

해설 ④ 주목은 생장속도가 매우 느려 10년 동안 1m 남짓 자란다.

24 다음 조경식물 중 생장속도가 가장 느린 것은?

① 배롱나무 ② 쉬나무
③ 눈주목   ④ 층층나무

해설 ③ 눈주목은 일본 원산으로 주목보다 생장속도가 느리고, 너비가 높이의 2배 정도로 퍼져 자란다.
① 배롱나무의 새순은 세력이 좋아 도장하려는 경향이 있으므로, 일찍 아래로 구부려 생장을 억제한다.
② 쉬나무는 수형이 아름답고, 대기오염에 강하며, 생장속도가 빠른 속성수이다.
④ 층층나무는 그늘진 곳에서도 잘 자라고, 생장속도가 빠르며, 병충해·공해·추위에 강하다.

25 다음 중 연못가나 습지 등에서 가장 잘 견디는 수목은?

① 오리나무   ② 향나무
③ 신갈나무   ④ 자작나무

해설 오리나무는 메마른 땅에도 잘 견디나, 습한 땅을 좋아하는 나무이다.

26 소철(*Cycas revoluta* Thunb.)과 은행나무(*Ginkgo biloba* L.)의 공통점으로 옳은 것은?

① 속씨식물
② 자웅이주
③ 낙엽침엽교목
④ 우리나라 자생식물

해설

구 분	소 철	은행나무
번식방법	겉씨식물	겉씨식물
성 상	상록침엽관목·소교목	낙엽침엽교목
원산지	동아시아, 일본, 중국, 대만	중국 동부

27 경관의 유형 중 일시적 경관에 해당하지 않는 것은?

① 기상변화에 따른 변화
② 물 위에 투영된 영상(影像)
③ 동물의 출현
④ 산 중 호수

해설 산림경관의 유형
• 전 경관(Panoramic Landscape) : 넓은 초원과 같이 시야가 가리지 않고 멀리 퍼져 보임
• 지형 경관(Feature Landscape) : 지형의 특징이 나타나고 있어 관찰자가 강한 인상을 받게 되는 경관
• 위요 경관(Enclosed Landscape) : 평탄한 중심공간이 있고 그 주위는 숲이나 산들로 둘러싸여 있는 경관, 숲속의 호수 등
• 초점 경관(Focal Landscape) : 시설이 한곳으로 집중되는 경관
• 관개 경관(Canopied Landscape) : 노폭 좁은 지역의 가로수, 터널경관, 밀림 속의 도로, 나뭇잎 사이의 햇빛과 그늘의 대비로 인한 신비 등
• 세부 경관(Detail Landscape) : 관찰자가 가까이 접근하여 감상하는 경관
• 일시적 경관(Ephemeral Landscape) : 대기권의 상황변화에 따라 모습이 달라지는 경관(눈으로 덮여 있는 설경, 동물의 일시적 출현, 안개, 수면에 투영된 영상 등)

정답 23 ④ 24 ③ 25 ① 26 ② 27 ④

28 그림과 같은 축도기호가 나타내고 있는 것으로 옳은 것은?

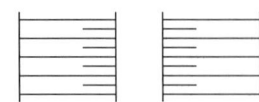

① 등고선
② 성 토
③ 절 토
④ 과수원

해설 축도기호

성 토	절 토

29 수목 이식 후에 수간보호용 자재로 부피가 가장 작고 운반이 용이하며 도시 미관 조성에 가장 적합한 재료는?

① 짚   ② 새 끼
③ 거 적   ④ 녹화마대

해설 녹화마대 : 나무에 붕대를 감은 듯한 마대로 수목 굴취 시 뿌리분을 감는 데 사용하며, 포트(Pot) 역할을 하여 잔뿌리 형성에 도움을 주는 환경친화적인 재료이다.

30 목재의 방부제로 쓰이는 CCA 방부제는 어떤 성분을 주로 배합하여 만든 것인가?

① 크롬, 칼슘, 비소
② 구리, 비소, 크롬
③ 칼륨, 구리, 크롬
④ 칼슘, 칼륨, 구리

해설 방부제 이름인 CCA는 크롬(Chrome)과 구리(Copper), 비소(Arsenic)의 머릿글자를 딴 것이다.

31 우리나라 골프장 그린에 가장 많이 이용되는 잔디는?

① 블루그래스
② 벤트그래스
③ 라이그래스
④ 버뮤다그래스

해설 벤트그래스
잔디의 종류 중에서 가장 품질이 좋아 골프장의 그린에 많이 사용한다. 특히 그늘에서 잘 자라지 못하고 건조에도 약하여 관수를 자주 해주어야 한다. 잔디의 종류 중에서 병해충에 가장 약하며, 여름철 방제에 힘써야 한다.

32 다음 도료 중 건조가 가장 빠른 것은?

① 오일페인트   ② 바니시
③ 래 커   ④ 레이크

해설 래 커
• 자연 건조방법에 의해 상온(常溫)에서 경화된다.
• 도막의 건조시간이 빨라 백화를 일으키기 쉽다.
• 도막은 단단하고 불점착성이다.
• 내마모·내수성·내유성 등이 우수하다.
• 셀룰로스도료라고도 한다.

정답 28 ② 29 ④ 30 ② 31 ② 32 ③

33 도료의 성분에 의한 분류로 틀린 것은?

① 수성페인트 : 합성수지 + 용제 + 안료
② 유성바니시 : 수지 + 건성유 + 희석제
③ 합성수지도료(용제형) : 합성수지 + 용제 + 안료
④ 생칠 : 옻나무에서 채취한 그대로의 것

해설 수성페인트는 안료를 물과 아라비아고무에 녹여 용제와 건조제 등을 고루 섞은 도료이다.

34 일반적인 금속재료의 장점이라고 볼 수 없는 것은?

① 여러 가지 하중에 대한 강도가 크다.
② 재질이 균일하고 불연재이다.
③ 각기 고유의 광택이 있다.
④ 가열에 강하고 질감이 따뜻하다.

해설 금속재료의 장단점

장점	• 다양한 형상의 제품을 만들 수 있고, 대규모의 공업 생산품을 공급할 수 있다. • 각기 고유한 광택이 있고, 하중에 대한 강도가 크며 재질이 균일하고 불에 타지 않는 등 물리적 성질이 우수하다.
단점	• 가열하면 역학적 성질이 저하된다. • 녹이 슬고 부식이 되는 등 화학적 결함이 있다. • 색채와 질감이 차가운 느낌을 주며 비중이 크다.

35 석회암이 변화되어 결정화한 것으로 석질이 치밀하고 견고할 뿐 아니라 외관이 미려하여 실내장식재 또는 조각재로 사용되는 것은?

① 응회암
② 사문암
③ 대리석
④ 점판암

해설 ① 응회암은 화산재가 쌓여 생성된 암석이다.
② 사문암은 감람석이 변질된 것이다.
④ 점판암은 셰일이 변성되어 생성된 암석이다.

36 옥외조경공사 지역의 배수관 설치에 관한 설명으로 잘못된 것은?

① 관에 소켓이 있을 때는 소켓이 관의 상류쪽으로 향하도록 한다.
② 관의 이음부는 관 종류에 따른 적합한 방법으로 시공하며, 이음부의 관 내부는 매끄럽게 마감한다.
③ 경사는 관의 지름이 작은 것일수록 급하게 한다.
④ 배수관의 깊이는 동결심도 바로 위쪽에 설치한다.

해설 옥외배관은 동결심도(Freezing Depth) 이하의 깊이로 한다. 설계도면에서 특별히 정한 바가 없는 경우에는 옹벽 찰쌓기를 할 때 배수구는 PVC관(경질염화 비닐관)을 $3m^3$당 1개가 적당하다.

정답 33 ① 34 ④ 35 ③ 36 ④

37 다음 중 유자격자는 모두 입찰에 참여할 수 있으며, 균등한 기회를 제공하고, 공사비 등을 절감할 수 있으나 부적격자에게 낙찰될 우려가 있는 입찰방식은?

① 특명입찰
② 일반경쟁입찰
③ 지명경쟁입찰
④ 수의계약

해설 ① 특명입찰 : 건축주가 해당 공사에 가장 적격한 단일 도급업자를 지명하여 입찰시키는 방식
③ 지명경쟁입찰 : 건축주가 공사에 적격하다고 인정되는 3~7곳의 시공회사를 선정하여 입찰시키는 방식
④ 수의계약 : 경쟁이나 입찰에 따르지 아니하고, 일방적으로 상대편을 골라서 맺는 계약
※ 일괄입찰 : 설계와 시공을 함께 하는 입찰방식

38 표준품셈에서 조경용 초화류 및 잔디의 할증률은 몇 %인가?

① 1%   ② 3%
③ 5%   ④ 10%

해설 조경용 수목, 조경용 잔디의 할증률은 10%이다.

39 잔디의 잎에 갈색 냉반이 동그랗게 생기고, 특히 6~9월경에 벤트그래스에 주로 나타나는 병해는?

① 녹 병
② 황화병
③ 브라운 패치
④ 설부병

해설 브라운패치(Brown Patch)는 서양잔디의 대표적인 병으로, 6월 하순부터 7월 사이에 기온이 20℃ 이상 다습할 때 발생하며, 한국잔디에는 거의 나타나지 않는다.

40 자연상태의 흙을 파내면 공극으로 인하여 그 부피가 늘어나게 되는데 가장 크게 부피가 늘어나는 것은?

① 모 래
② 진 흙
③ 보통흙
④ 암 석

41 소나무류의 순지르기에 알맞은 적기는?

① 1~2월
② 3~4월
③ 5~6월
④ 7~8월

해설 소나무 순따기는 해마다 5~6월경 새순이 6~9cm 자란 무렵에 실시한다.

42 흙은 같은 양이라 하더라도 자연상태(N)와 흐트러진 상태(S), 인공적으로 다져진 상태(H)에 따라 각각 그 부피가 달라진다. 자연상태의 흙의 부피(N)를 1.0으로 할 경우 부피가 많은 순서로 적당한 것은?

① S > N > H
② S > H > N
③ N > S > H
④ N > H > S

43 조경수목에 사용되는 농약과 관련된 내용으로 부적합한 것은?

① 농약은 다른 용기에 옮겨 보관하지 않는다.
② 살포작업은 아침·저녁 서늘한 때를 피하여 한낮 뜨거운 때 살포한다.
③ 살포작업 중에는 음식을 먹거나 담배를 피우면 안된다.
④ 농약 살포작업은 한 사람이 2시간 이상 계속하지 않는다.

해설 ② 살포작업은 비가 오지 않고 바람이 불지 않는 맑은 날, 한 낮의 뜨거운 때를 피해 아침이나 저녁 등 서늘하고 바람이 적을 때 실시한다.

44 다음 중 잔디깎기의 설명이 잘못된 것은?

① 잘려진 잎은 한곳에 모아서 버린다.
② 가뭄이 계속될 때는 짧게 깎아준다.
③ 일정한 주기로 깎아준다.
④ 일반적으로 난지형 잔디는 고온기에 잘 자라므로 여름에 자주 깎아야 한다.

해설 잔디깎기 작업
- 지나치게 길게 자라도록 방치하지 않는다.
- 잘려진 잎은 작업이 끝나는 대로 갈퀴로 긁어모아 걷어낸다. 다만, 가뭄이 심할 때에는 그대로 방치하여 건조방지에 도움이 되게 한 후 걷어낸다.
- 깎은 뒤에는 거름을 준다.
- 잔디깎는 높이와 빈도는 규칙적이어야 하며, 불규칙한 잔디깎기는 오히려 해롭다.
- 잔디깎는 기계의 방향이 계획적이고 규칙적이어야 하며, 날이 잘 안들어 잎이 찢어지는 일이 없도록 해야 한다.

45 지반검사를 통해 알 수 있는 정보가 아닌 것은?

① 토 질
② 지층 N값
③ 지하수위
④ 기상상태

해설 지반조사 : 지반을 구성하는 지층 및 토층의 형성, 지하수의 상태, 각 층의 토질 등을 알아내 구조물을 계획, 설계 및 시공하는데 필요한 기초 자료를 구하는 조사

46 흙쌓기 작업 시 가라앉을 것을 예측하여 더돋기를 하는데, 이때 일반적으로 계획된 높이보다 어느 정도 더 높이 쌓아 올리는가?

① 1~5%
② 10~15%
③ 20~25%
④ 30~35%

해설 토질, 성토높이, 시공방법 등에 따라 다르나 대개는 높이 10~15% 미만이다.

47 벽면적 4.8m² 크기에 1.5B 두께로 붉은벽돌을 쌓고자 할 때 벽돌의 소요매수는?(단, 줄눈의 두께는 10mm이고, 할증률을 고려한다)

① 925매　② 963매
③ 1,109매　④ 1,245매

해설 1m²당 벽돌의 소요매수는 224장이므로,
224매/m² × 4.8m² = 1,075.2매
할증률은 3%이므로,
1,075.2매 × 1.03 = 1,107.456매 ≒ 1,109매

48 다음 중 시멘트의 응결시간에 가장 영향이 적은 것은?

① 수량(水量)
② 온도
③ 분말도
④ 골재의 입도

해설 ④ 시멘트는 분말도가 클수록, 온도가 높을수록, 단위수량이 적을수록 응결시간이 단축되며, 골재의 입도는 응결시간보다는 콘크리트의 워커빌리티에 미치는 영향이 더 크다.
※ 워커빌리티에 영향을 미치는 요인 : 시멘트의 성질(종류·분말도·풍화도), 단위시멘트량, 단위수량, 물-시멘트비, 골재의 입형·입도, 잔골재율, 공기량, 혼화재료, 비빔시간, 온도 등

49 일반 콘크리트는 타설 뒤 몇 주일 정도 지나야 콘크리트가 지니게 될 강도의 80% 정도에 해당 되는가?

① 1주일　② 2주일
③ 3주일　④ 4주일

해설 사주 압축 강도(Four Week Age Compressive Strength)는 시멘트·콘크리트의 재령(材齡) 4주일 때의 강도로, 설계상의 기준 강도로 되어 있다.

50 인공폭포, 수목보호판을 만드는 데 가장 많이 이용되는 제품은?

① 유리섬유 강화플라스틱
② 식생호안블록
③ 콘크리트격자블록
④ 유리블록제품

해설 유리섬유 강화플라스틱(FRP ; Fiberglass Reinforced Plastic) : 최근 가장 많이 쓰이는 플라스틱재료로, 강도가 약한 플라스틱에 강화제인 유리섬유를 넣어 성질을 개량한 플라스틱이며 벤치, 미끄럼대의 미끄럼판, 인공폭포, 인공암, 화분대, 수목보호판 등에 사용된다.

51 다음 비오톱에 관한 설명 중 잘못 된 것은?

① 도시(농촌) 비오톱 지도는 도시(농촌)경관생태계획의 핵심적 기초자료이다.
② 도시 비오톱은 생물 서식 공간을 의미하기도 한다.
③ 도시 비오톱은 도시민에게 중요한 휴양 및 자연체험 공간을 제공해 준다.
④ 벽면 녹화 및 옥상정원 등은 소규모 비오톱공간으로 볼 수 없다.

해설 비오톱(Biotope)
그리스어로 생명을 의미하는 비오스(Bios)와 땅을 의미하는 토포스(Topos)가 결합하여 만들어진 말로, 다양한 생물종의 서식 공간을 제공하기 위하여 인공적으로 조성한 설치물이나 장소를 말한다.

47 ③　48 ④　49 ④　50 ①　51 ④

52 다음 설명하는 해충으로 가장 적합한 것은?

- 유충은 적색, 분홍색, 검은색이다.
- 끈끈한 분비물을 분비한다.
- 식물의 어린잎이나 새가지, 꽃봉오리에 붙어 수액을 빨아먹어 생육을 억제한다.
- 점착성 분비물을 배설하여 그을음병을 발생시킨다.

① 응 애 ② 솜벌레
③ 진딧물 ④ 깍지벌레

53 조경설계기준 상의 계단설계 기준으로 옳지 않은 것은?

① 계단의 바닥은 미끄러움을 방지할 수 있는 구조로 한다.
② 옥외에 설치하는 계단은 최소 2단 이상을 설치하여야 한다.
③ 계단의 경사는 최대 30~35°가 넘지 않도록 해야 한다.
④ 계단의 높이가 5m 이상이 될 때에만 중간에 계단참을 설치한다.

해설 ④ 높이 2m를 넘는 계단에는 2m 이내마다 해당 계단의 유효폭 이상의 폭으로 너비 120cm 이상인 참을 둔다.

54 표면건조 내부 포수상태의 골재에 포함하고 있는 흡수량의 절대 건조상태의 골재 중량에 대한 백분율은 다음 중 무엇을 기초로 하는가?

① 골재의 함수율
② 골재의 조립률
③ 골재의 표면수율
④ 골재의 흡수율

55 일반적으로 돌쌓기 시공상 유의할 점으로 틀린 것은?

① 밑돌은 가장 큰 돌을 쌓고, 아래 부위에 쌓을수록 비교적 큰 돌을 쌓아 안전도를 높인다.
② 돌끼리 접촉이 좋도록 하고, 굄돌을 사용하여 안정되게 놓는다.
③ 줄눈 두께는 9~12mm로 통줄눈이 되도록 한다.
④ 모르타르 배합비는 보통 1:2~1:3으로 한다.

해설 돌쌓기의 세로줄눈이 일직선이 되는 통줄눈을 피하고, 막힘줄눈이 되도록 쌓는다.

56 도시공원 및 녹지 등에 관한 법률에 의한 어린이공원의 기준에 관한 설명으로 옳은 것은?

① 유치거리는 500m 이하로 제한한다.
② 1개소 면적은 1,200m² 이상으로 한다.
③ 공원시설 부지면적은 전체 면적의 60% 이하로 한다.
④ 공원구역경계로부터 500m 이내에 거주하는 주민 250명 이상의 요청 시 어린이공원 조성계획의 정비를 요청할 수 있다.

해설 ① 유치거리는 250m 이하로 제한한다.
② 1개소 면적은 1,500m² 이상으로 한다.
④ 공원구역경계로부터 250m 이내에 거주하는 주민 500명 이상의 요청 시 어린이공원 조성계획의 정비를 요청할 수 있다.

정답 52 ③ 53 ④ 54 ④ 55 ③ 56 ③

57 다음 설명하는 특징을 갖는 조명등은?

- 조명등 중 전기효율이 높은 편이다.
- 빛이 먼 거리까지 잘 비쳐 가로등이나 각종 시설조명으로 사용된다.
- 발광색은 노란색이어서 매우 특징적이므로 미적효과를 연출하기 용이하다.
- 곤충들이 모여 들지 않는 특징이 있다.

① 할로겐등
② 형광등
③ 수은등
④ 나트륨등

해설 나트륨등은 안개 속에서도 빛을 잘 투과하여 장애물 발견에 유효하다는 점에서 교량, 고속도로, 일반도로, 터널 내의 조명 등에 사용된다.

58 다음 중 시방서의 기재사항이 아닌 것은?

① 재료의 종류 및 품질
② 건물인도의 시기
③ 재료의 검사에 관한 방법
④ 시공방법의 정도 및 완성에 관한 사항

해설 시방서
- 공사의 개요, 도면에 기재할 수 없는 공사내용을 기재한 것이며 시공상의 일반적인 주의사항을 쓴 것으로, 공사시행의 기초가 되며 내역서 작성의 기초 자료가 된다.
- 설계도면에 표시하기 어려운 재료의 종류나 품질, 시공방법, 재료 검사방법 등에 대해 충분히 알 수 있도록 글로 작성하여 설계상의 부족한 부분을 규정하여 보충한 문서이다.

59 다음에 해당하는 벌칙 기준은?

보기
- 규정을 위반하여 도시공원에 입장하는 사람으로부터 입장료를 징수한 자
- 허가를 받지 아니하거나 허가받은 내용을 위반하여 도시공원 또는 녹지에서 시설·건축물 또는 공작물을 설치한 자

① 2년 이하의 징역 또는 3,000만원 이하의 벌금
② 1년 이하의 징역 또는 1,000만원 이하의 벌금
③ 1년 이하의 징역 또는 500만원 이하의 벌금
④ 1년 이하의 징역 또는 3,000만원 이하의 벌금

해설 벌칙(도시공원 및 녹지 등에 관한 법률 제53조)
다음의 어느 하나에 해당하는 자는 1년 이하의 징역 또는 1,000만원 이하의 벌금에 처한다.
1. 위탁 또는 인가를 받지 아니하고 도시공원 또는 공원시설을 설치하거나 관리한 자
2. 허가를 받지 아니하거나 허가받은 내용을 위반하여 도시공원 또는 녹지에서 시설·건축물 또는 공작물을 설치한 자
3. 거짓이나 그 밖의 부정한 방법으로 따른 허가를 받은 자
4. 규정을 위반하여 도시공원에 입장하는 사람으로부터 입장료를 징수한 자

60 어린이 놀이시설물 설치에 대한 설명으로 옳지 않은 것은?

① 시소는 출입구에 가까운 곳, 휴게소 근처에 배치하도록 한다.
② 미끄럼대의 미끄럼판 각도는 일반적으로 30~40° 정도의 범위로 한다.
③ 그네는 통행이 많은 곳을 피하여 동서방향으로 설치한다.
④ 모래터는 하루 4~5시간의 햇볕이 쬐고 통풍이 잘 되는 곳에 위치한다.

57 ④　58 ②　59 ②　60 ③

2023년 제1회 과년도 기출복원문제

01 조선시대 창덕궁의 후원(비원, 秘苑)을 가리키던 용어로 가장 거리가 먼 것은?

① 북원(北苑)
② 후원(後園)
③ 금원(禁苑)
④ 유원(留園)

해설 창덕궁 후원의 명칭 변화
후원(後園, 태종실록) → 후원(後苑, 세종실록, 동국여지승람, 애연정기) → 북원(北苑, 세종실록) → 금원(禁苑, 영조실록) → 비원(秘苑, 순종실록)

02 다음 자연식 조경 중 물을 전혀 사용하지 않고 나무, 바위와 왕모래 등으로 상징적인 정원을 만드는 양식은?

① 전원풍경식
② 회유임천식
③ 고산수식
④ 중정식

해설 일본의 고산수식(枯山水式) 정원
- 일본의 고산수식 정원은 잦은 전란으로 재정적 여유가 없어져 축소 지향적인 일본의 민족성과 극도의 상징성이 반영된 정원양식이다.
- 대선원은 초기의 고산수식 정원이며 그 표현 내용은 정토세계, 신선사상이었다.
- 선(禪)사상이 정원축조의 의도에 강한 영향을 미쳐 경관의 상징화 내지는 추상화의 경향이 나타났다.

03 '사자(死者)의 정원'이라는 이름의 묘지정원을 조성한 고대 정원은?

① 그리스 정원
② 바빌로니아 정원
③ 페르시아 정원
④ 이집트 정원

해설 고대 이집트 조경에는 주택정원, 신전정원, 묘지정원(사자의 정원) 등이 있다.
※ 사자(死者)의 정원 : 이집트에서 죽은 자를 위해서 무덤 앞에 소정원을 꾸몄다.

04 스페인 정원양식과 관련이 없는 것은?

① 비스타
② 분수
③ 색채타일
④ 대리석과 벽돌

해설 ① 비스타는 통경선이라고도 하며, 좌우로의 시선을 제한하여 전방의 일정 지점으로 시선을 집중시키는 경관으로, 강한축과 대칭성에 중점을 둔 프랑스의 평면기하학식 정원에 많이 쓰였다.
스페인 정원의 특징
- 중정 구성이 독특하고 물과 분수를 풍부하게 이용
- 대리석과 벽돌을 이용한 기하학적 형태
- 다채로운 색채를 도입한 섬세한 장식
- 스페인의 남부지방인 안달루시아에서 번영

정답 1 ④ 2 ③ 3 ④ 4 ①

05 각 국가별로 중요 조경유적의 연결이 바른 것은?

① 고구려 – 궁남지(宮南池)
② 신라 – 임류각(臨流閣)
③ 고려 – 동지(東池)
④ 백제 – 감은사(感恩寺)

해설
① 백제 무왕 : 궁남지(宮南池)
② 백제 동성왕 : 임류각(臨流閣)
④ 신라 문무왕 : 감은사(感恩寺)

06 19세기 미국에서 식민지 시대의 사유지 중심의 정원에서 공공적인 성격을 지닌 조경으로 전환되는 전기를 마련한 것은?

① 버큰헤드파크
② 센트럴파크
③ 프랭클린파크
④ 프로스펙트파크

해설 센트럴파크는 프레드릭 로 옴스테드(Frederick Law Olmsted)와 캘버트 보(Calvert Vaux)가 설계한 공원으로, 미국에서 재정적으로 성공하였으며 도시공원의 효시로 국립공원운동의 계기를 마련한 공원이다.

07 원야(園冶)는 누구의 저술서인가?

① 주돈이   ② 구영수
③ 계성   ④ 문진향

해설 계성의 원야(園冶, 1634) : 중국 정원에 대한 기록물로 3권 10항목으로 구성되어 있다.

08 실선의 굵기에 따른 종류(굵은선, 중간선, 가는선)와 용도가 바르게 연결되어 있는 것은?

① 굵은선 – 도면의 윤곽선
② 중간선 – 치수선
③ 가는선 – 단면선
④ 가는선 – 파선

해설 굵기에 따른 선의 종류
• 굵은 선 : 도면의 윤곽선, 건물의 외곽선, 단면선 등
• 중간 선 : 작은 규모의 단면선, 물체의 외곽선, 경계선, 파선 등
• 가는 선 : 문자 보조선, 질감, 치수선, 지시선, 해칭선, 인출선 등

09 설계안이 완공되었을 경우를 가정하여 설계 내용을 실제 눈에 보이는 대로 절단한 면에서 먼 곳에 있는 것은 작게, 가까이 있는 것은 크고 깊이가 있게 하나의 화면에 그리는 것은?

① 평면도   ② 조감도
③ 투시도   ④ 상세도

해설
① 평면도 : 조경설계의 가장 기본적인 도면으로 물체를 위에서 바라 본 것을 가정하고 작도하는 설계도
② 조감도 : 설계 대상지 전체를 내려다 볼 수 있을 정도의 높은 곳에서 보이는 모습을 투시도 작도법으로 그린 그림
④ 상세도 : 일반 평면도나 단면도에서 잘 나타나지 않는 세부 사항을 시공이 가능하도록 표현한 도면

10 KS규격에서 정하는 설계 도면상 표현되는 대상물의 치수를 보여주는 기본단위는 무엇인가?

① 밀리미터(mm)
② 센티미터(cm)
③ 미터(m)
④ 인치(inch)

11 다음 중 어린이들의 물놀이를 위해서 만든 얕은 물놀이터는?

① 도섭지   ② 포석지
③ 폭포지   ④ 천수지

해설 도섭지 : 발물놀이터라고도 하며, 여름철 어린이들의 물놀이를 위해 만든 얕은 연못이나 수로 형태의 수경 시설물이다.

12 채도대비에 의해 주황색 글씨를 보다 선명하게 보이도록 하려면 바탕색으로 어떤 색이 가장 적합한가?

① 빨간색   ② 노란색
③ 파란색   ④ 회 색

해설 채도대비 : 색상, 명도와 함께 색의 주요 속성이며, 색이 선명할수록 채도가 높고, 무채색(흰색, 회색, 검정색)일수록 채도가 낮다. 채도 차가 큰 두 색을 인접하여 배치하면 채도가 높은 색은 더욱 선명하게 보이고, 채도가 낮은 색은 더욱 탁해 보이는데, 이를 채도대비라고 한다.

13 독도는 광활한 바다에 우뚝 솟은 바위섬이다. 독도의 전망대에서 바라보는 경관의 유형으로 가장 적합한 것은?

① 파노라마 경관   ② 지형경관
③ 위요경관   ④ 초점경관

해설 파노라마 경관 : 시야를 제한받지 않고 멀리까지 트인 경관으로 전 경관이라고도 한다.

14 주로 장독대, 쓰레기통, 빨래건조대 등을 설치하는 주택정원의 적합 공간은?

① 안 뜰   ② 앞 뜰
③ 작업뜰   ④ 뒤 뜰

해설 주택정원
- 주정(안뜰) : 거실과 인접한 공간으로 주택내에서 가장 중요한 공간이다. 가족의 휴식이 이루어지는 장소로써 테라스, 연못, 화단, 산책길, 수영장 등 가장 특색있게 꾸며야 한다.
- 전정(앞뜰) : 대문과 현관 사이에 끼어있는 공간으로 대문, 진입로, 주차장, 차고 등으로 구성되며 수목이나 초화류, 분수 등으로 과장되게 처리하지 말고 단순하고 경쾌하게 치장하는 것이 좋다.
- 작업정 : 주방, 세탁실, 다용도실 등과 연결되어 장독대, 건조장, 쓰레기장 등으로 사용되므로 전정이나 주정과는 시각적으로 차단되면서 동선의 연결이 필요하다.
- 후정 : 침실에 인접한 공간으로써 정숙한 분위기를 갖는 공간이다. 외국의 경우 일광욕실 등 폐쇄된 외딴 장소로 이용하는 경우가 흔히 있다.

정답 10 ① 11 ① 12 ④ 13 ① 14 ③

15 주택단지의 대지를 이용형태에 따라 분류한 것으로 틀린 것은?

① 건축용 ② 교통용
③ 녹지용 ④ 도보용

해설 주택단지의 대지는 이용형태에 따라 건축용, 교통용, 녹지용으로 나뉜다.

16 다음 중 몰(Mall)에 대한 설명으로 옳지 않은 것은?

① 도시환경을 개선하는 한 방법이다.
② 차량은 전혀 들어갈 수 없게 만들어진다.
③ 보행자 위주의 도로이다.
④ 원래의 뜻은 나무그늘이 있는 산책길이란 뜻이다.

해설 몰(Mall)은 '나무그늘이 있는 산책로'란 뜻이며, 최근에는 단순히 통행을 위한 도로만이 아니라 광장, 벤치, 분수 등 가로장치물을 배치하여 휴식, 놀이, 모임 등의 기능을 부여한 것을 가리킨다. 최근에는 상점가 등에 설치되어 있는 보행자 전용의 쇼핑몰(Pedestrian Mall)을 말할 때가 많다. 또한 일반의 자동차교통을 배제하고 버스, 노면전차 등 공공 교통수단을 배치하여 보행자의 안전과 교통수단을 모두 확보한 것을 트랜짓몰(Transit Mall)이라 한다.

17 조경계획과정에서 자연환경분석의 요인이 아닌 것은?

① 기 후 ② 지 형
③ 식 물 ④ 역사성

해설 환경분석대상
• 자연환경분석 : 지형, 토양, 수문, 식생, 야생동물, 기후, 경관 등
• 인문환경분석 : 인구, 토지이용, 교통, 시설물, 역사적 유물, 인간행태, 공간의 수요량 등

18 평판을 정치(세우기)하는 데 오차에 가장 큰 영향을 주는 항목은?

① 수평맞추기(정준)
② 중심맞추기(구심)
③ 방향맞추기(표정)
④ 모두 같다.

해설 방향맞추기 오차는 평판측량에서 평판을 정치하는 데 생기는 오차 중 측량결과에 가장 큰 영향을 주므로 특히 주의해야 한다.
※ 평판측량 시 표정(標定)조건
• 정치 : 수평을 맞춤
• 정위 : 방위를 맞춤
• 치심 : 수직을 맞춤

19 골프장 코스를 구성하는 요소 중 페어웨이와 그린 주변에 모래 웅덩이를 조성해 놓은 곳은?

① 티 ② 벙 커
③ 헤저드 ④ 러 프

해설 ② 벙커(Bunker) : 모래를 깔아 놓은 요지(凹地)로서 골프장 코스 내에 있는 장애물의 일종으로, 그린 근처에 있는 그린 벙커(Green Bunker)와 페어웨이 중간에 있는 크로스 벙커(Cross Bunker)로 구분함
① 티(Tee) : 출발점 지역
③ 헤저드(Hazard) : 코스 내에 설치된 개천이나 연못이나 벙커 등의 장애물
④ 러프(Rough) : 그린이나 페어웨이 등의 주변의 잔디풀이 길게 자라고 있는 곳

20 조경의 기본계획에서 일반적으로 토지이용 분류, 적지분석, 종합배분의 순서로 이루어지는 계획은?

① 동선계획
② 시설물 배치계획
③ 토지이용계획
④ 식재계획

해설 기본계획
- 토지이용계획 : 토지이용 분류, 적지분석, 종합배분
- 교통동선계획 : 교통동선의 계획과정, 교통동선체계
- 시설물 배치계획 : 시설물 평면계획, 시설물의 배치 (시설물의 형태·재료·색채)
- 식재계획 : 수종 선택, 배식, 녹지체계
- 하부구조계획 : 가능한 한 지하로 매설하여 경관을 살리며, 안전성을 높이고 보수가 용이하도록 한다.
- 집행계획 : 투자계획, 법규검토, 유지관리계획

21 여러해살이 화초에 해당되는 것은?

① 베고니아 ② 금어초
③ 맨드라미 ④ 금잔화

해설 여러해살이 화초 : 넝쿨장미, 튤립, 초롱꽃, 베고니아, 수선화, 아네모네, 제라늄, 히아신스, 국화, 부용, 꽃창포, 도라지꽃 등

22 일반적으로 제재된 목재의 기건상태는 함수율이 몇 %일 때인가?

① 약 5%   ② 약 15%
③ 약 30% ④ 약 50%

해설 대기 중에서의 목재의 평균 함수율은 약 15%이다.

23 다음 중 기준점 및 규준틀에 관한 설명으로 틀린 것은?

① 규준틀은 공사가 완료된 후에 설치한다.
② 규준틀은 토공의 높이, 너비 등의 기준을 표시한 것이다.
③ 기준점은 이동의 염려가 없는 곳에 설치한다.
④ 기준점은 최소 2개소 이상의 여러 곳에 설치한다.

해설 규준틀은 공사 착수에 있어서 대지에 건축물의 위치를 결정하기 위해 설치한다.

24 가죽나무가 해당되는 과(科)는?

① 운향과   ② 멀구슬나무과
③ 소태나무과 ④ 콩 과

정답 20 ③ 21 ① 22 ② 23 ① 24 ③

25 이팝나무와 조팝나무에 대한 설명으로 옳지 않은 것은?

① 이팝나무의 열매는 타원형의 핵과이다.
② 환경이 같다면 이팝나무가 조팝나무보다 꽃이 먼저 핀다.
③ 과명은 이팝나무는 물푸레나무과(科)이고, 조팝나무는 장미과(科)이다.
④ 성상은 이팝나무는 낙엽활엽교목이고, 조팝나무는 낙엽활엽관목이다.

해설 ② 조팝나무가 4~5월에 개화를 하므로 5월경에 개화를 하는 이팝나무에 비하여 약간 이르게 피는 셈이다.

26 줄기가 아래로 늘어지는 생김새의 수간을 가진 나무의 모양을 무엇이라 하는가?

① 쌍 간   ② 다 간
③ 직 간   ④ 현 애

해설 ④ 현애 : 고산지대의 높은 벼랑에 늘어져 생장하고 있는 형태를 묘사한 것으로, 묘목 때부터 밑 부분의 가지에 곡을 주어 아래로 늘어지게 만든 수형이다.
① 쌍간 : 같은 뿌리 밑부터 두 갈래로 균형감 있고 안정적으로 갈라져 자라는 수형으로, 두 가지 중 한 가지는 크고 굵어야 하며, 같은 방향으로 윗가지도 같이 자라게 한다.
② 다간 : 한 뿌리에서 3개 이상의 줄기가 나와 자라난 형태의 수형으로, 줄기 수는 반드시 홀수여야 하며, 줄기가 10개를 넘으면 줄기 수에 상관없고, 굵은 줄기를 주간으로 전체 수형이 삼각형을 이루듯 심는다.
③ 직간 : 하나의 곧은 줄기가 위로 솟은 나무로, 하부에서 상부로 올라가면서 자연스럽게 가늘어지고, 가지도 순서 있게 좌우전후로 엇갈려 뻗은 모양의 수형이다.

27 땅속 줄기가 옆으로 뻗으면서 죽순이 나와서 높이 2~20m, 지름 2~5cm 정도로 자라며 속이 비어 있다. 줄기가 첫해에는 녹색이고, 2년째부터 검은 자색이 짙어져 간다. 잎은 바소 모양이고 잔톱니가 있으며 어깨털은 5개 내외로 곧 떨어지는 반죽이라고 불리는 수종은?

① 왕 대   ② 조릿대
③ 오 죽   ④ 맹종죽

28 다음 [보기]에서 설명하는 수종은?

┌ 보기 ┐
• 낙엽활엽교목으로 부채꼴형 수형이다.
• 야합수(夜合樹)라 불리기도 한다.
• 여름에 피는 꽃은 분홍색으로 화려하다.
• 천근성 수종으로 이식에 어려움이 있다.

① 자귀나무   ② 치자나무
③ 은목서   ④ 서 향

29 소나무 이식 후 줄기에 새끼를 감고 진흙을 바르는 가장 주된 목적은?

① 건조로 말라 죽는 것을 막기 위하여
② 줄기가 햇빛에 타는 것을 막기 위하여
③ 추위에 얼어 죽는 것을 막기 위하여
④ 소나무좀의 피해를 예방하기 위하여

해설 소나무 이식 후 줄기에 새끼를 감고 진흙을 바르는 가장 주된 목적은 소나무좀의 피해를 방지하기 위함이다.

30 다음 수종들 중 단풍이 붉은색이 아닌 것은?

① 신나무 ② 복자기
③ 화살나무 ④ 고로쇠나무

[해설] 단 풍
- 홍색(안토시안 색소) : 감나무, 옻나무, 단풍나무류, 담쟁이덩굴, 붉나무, 화살나무, 산딸나무, 산벚나무 등
- 황색(카로티노이드 색소) : 갈참나무, 고로쇠나무, 낙우송, 느티나무, 백합나무, 은행나무, 일본잎갈나무, 칠엽수 등

31 자연석의 설명으로 틀린 것은 어느 것인가?

① 산석 및 강석은 50~100cm 정도의 돌로 주로 경관석, 석가산용으로 쓰인다.
② 호박돌은 수로의 사면보호, 연못바닥, 원로의 포장 등에 주로 쓰인다.
③ 자연잡석은 지름 30~50cm 정도의 돌로 주로 견치석 쌓기에 쓰인다.
④ 자갈은 지름 2~3cm 정도이며, 콘크리트의 골재, 석축의 메움돌 등으로 주로 쓰인다.

[해설] ③ 자연잡석은 지름 20~30cm 정도의 돌로 주로 기초용 및 뒤채움용으로 많이 사용한다.

32 다음 골재의 입도(粒度)에 대한 설명 중 옳지 않은 것은?

① 입도시험을 위한 골재는 4분법이나 시료 분취기에 의하여 필요한 양을 채취한다.
② 입도란 크고 작은 골재립(粒)이 혼합되어있는 정도를 말하며 체가름시험에 의하여 구할 수 있다.
③ 입도가 좋은 골재를 사용한 콘크리트는 공극이 커지기 때문에 강도가 저하한다.
④ 입도곡선이란 골재의 체가름시험 결과를 곡선으로 표시한 것이며 입도곡선이 표준입도곡선 내에 들어가야 한다.

[해설] ③ 입도가 좋은 골재를 사용한 콘크리트는 공극이 작아져 강도가 증가한다.

33 접착제로 사용되는 다음 수지 중 접착력이 제일 우수한 것은?

① 요소수지 ② 에폭시수지
③ 멜라민수지 ④ 페놀수지

[해설] 에폭시수지는 금속의 접착성이 크고, 내약품성이 양호하며 내열성이 우수하다.

정답 30 ④ 31 ③ 32 ③ 33 ②

34 시멘트의 강열감량(Ignition Loss)에 대한 설명으로 틀린 것은?

① 시멘트 중에 함유된 H_2O와 CO_2의 양이다.
② 클링커와 혼합하는 석고의 결정수량과 거의 같은 양이다.
③ 시멘트에 약 1,000℃의 강한 열을 가했을 때의 시멘트 감량이다.
④ 시멘트가 풍화하면 강열감량이 적어지므로 풍화의 정도를 파악하는 데 사용된다.

> **해설** 강열감량(Ignition Loss) : 시료를 어떤 일정한 온도로 강열한 경우 감소되는 질량을 원래의 질량에 대한 백분율로 나타낸 값으로, 시멘트의 풍화도를 확인하는 척도로 쓰이며, KS규격에서는 3%로 규정하고 있다.

35 단위용적중량이 1,700kgf/m³, 비중이 2.6인 골재의 공극률은 약 얼마인가?

① 34.6% ② 52.94%
③ 3.42% ④ 5.53%

> **해설** 공극률 = $\frac{(2.6-1.7)}{2.6} \times 100 = 34.6\%$
> ※ 단위중량 단위 : 1g/cm³ = 1ton/m³ = 9.81kN/m³ = 0.0361lbf/in³
> (∵ 1ton = 1,000kgf)

36 다음 중 여성토의 정의로 가장 알맞은 것은?

① 가라앉을 것을 예측하여 흙을 계획높이보다 더 쌓는 것
② 중앙분리대에서 흙을 볼록하게 쌓아 올리는 것
③ 옹벽 앞에 계단처럼 콘크리트를 쳐서 옹벽을 보강하는 것
④ 잔디밭에서 잔디에 주기적으로 뿌려 뿌리가 노출되지 않도록 준비하는 토양

> **해설** 더돋기(여성토) : 토적의 축소에 대하여 충분한 높이와 용적을 가지게 하기 위하여 미리 흙을 더 쌓는 작업

37 주차장법 시행규칙상 주차장의 주차단위 구획기준은?(단, 평행주차형식 외의 장애인 전용방식이다)

① 2.0m 이상×4.5m 이상
② 3.0m 이상×5.0m 이상
③ 2.3m 이상×4.5m 이상
④ 3.3m 이상×5.0m 이상

> **해설** 주차장의 주차구획 – 평행주차형식 외의 경우
>
> | 구 분 | 너 비 | 길 이 |
> |---|---|---|
> | 경 형 | 2.0m 이상 | 3.6m 이상 |
> | 일반형 | 2.5m 이상 | 5.0m 이상 |
> | 확장형 | 2.6m 이상 | 5.2m 이상 |
> | 장애인 전용 | 3.3m 이상 | 5.0m 이상 |
> | 이륜자동차 전용 | 1.0m 이상 | 2.3m 이상 |
>
> ※ 일반형 : 중형 및 중형SUV, 확장형 : 대형·대형SUV·승합차·소형트럭

38 돌쌓기의 종류 가운데 돌만을 맞대어 쌓고 뒷채움은 잡석, 자갈 등으로 하는 방식은?

① 찰쌓기　② 메쌓기
③ 골쌓기　④ 켜쌓기

해설　① 찰쌓기 : 뒤채움에 콘크리트를 사용하고, 줄눈에 모르타르를 사용하여 쌓는다.
③ 골쌓기 : 막돌, 깬돌, 깬잡석을 사용하여 줄눈을 파상 또는 골을 지어 가며 쌓는 방법이다.
④ 켜쌓기 : 마름돌을 사용하여 돌 한 켠의 가로줄눈이 수평적 직선이 되도록 쌓는다.

39 도시공원 및 녹지 등에 관한 법률에서 규정한 편익시설로만 구성된 공원시설들은?

① 주차장, 매점
② 박물관, 휴게소
③ 야외음악당, 식물원
④ 그네, 미끄럼틀

해설　공원시설 중 편익시설
- 우체통, 공중전화실, 휴게음식점, 일반음식점, 약국, 수화물 예치소, 전망대, 시계탑, 음수장, 제과점 및 사진관, 그 밖에 이와 유사한 시설로서 공원이용객에게 편리함을 제공하는 시설
- 유스호스텔
- 선수 전용 숙소, 운동시설 관련 사무실, 대형마트 및 쇼핑센터

40 조경공사의 시공자 선정방법 중 일반 공개경쟁입찰방식에 관한 설명으로 옳은 것은?

① 예정가격을 비공개로 하고 견적서를 제출하여 경쟁입찰에 단독으로 참가하는 방식
② 계약의 목적, 성질 등에 따라 참가자의 자격을 제한하는 방식
③ 신문, 게시 등의 방법을 통하여 다수의 희망자가 경쟁에 참가하여 가장 유리한 조건을 제시한 자를 선정하는 방식
④ 공사 설계서와 시공도서를 작성하여 입찰서와 함께 제출하여 입찰하는 방식

해설　① 수의계약, ② 제한경쟁입찰, ④ 일괄입찰

41 다음 [보기]가 설명하는 특징의 건설장비는?

|보기|
- 기동성이 뛰어나고, 대형목의 이식과 자연석의 운반, 놓기, 쌓기 등에 가장 많이 사용된다.
- 기계가 서 있는 지반보다 낮은 곳의 굴착에 좋다.
- 파는 힘이 강력하고 비교적 경질지반도 적응한다.
- Drag Shovel이라고도 한다.

① 로더(Loader)
② 백호(Back Hoe)
③ 불도저(Bull Dozer)
④ 덤프트럭(Dump Truck)

해설　① 상차용 기계
③ 배토정지용 기계
④ 운반용 기계

42 줄기감기를 하는 목적이 아닌 것은?

① 수분 증발을 활성화시키고자
② 병해충의 침입을 막고자
③ 강한 태양광선으로부터 피해를 방지하고자
④ 물리적 힘으로부터 수피의 손상을 방지하고자

해설 줄기감기(줄기싸기, 수피감기) : 줄기로부터의 수분 증산을 억제하고, 해충의 침입을 방지하며, 강한 햇빛과 추위로부터 수피를 보호하기 위하여 새끼나 마대로 줄기를 감아 주는 것을 줄기감기라고 하는데, 감은 줄기나 마대 위에 진흙을 발라 주기도 한다.

43 생울타리처럼 수목이 대상으로 군식 되었을 때 거름 주는 방법으로 가장 적당한 것은?

① 전면 거름주기
② 방사상 거름주기
③ 천공 거름주기
④ 선상 거름주기

해설 ① 전면 거름주기 : 한 그루씩 거름을 줄 경우, 뿌리가 확장되어 있는 부분을 뿌리가 나오는 곳까지 전면으로 땅을 파고 거름을 주는 방법이다.
② 방사상 거름주기 : 파는 도랑의 깊이는 바깥쪽일수록 깊고 넓게 파야 하며, 선을 중심으로 하여 길이는 수관폭의 1/3 정도로 한다.
③ 천공 거름주기 : 수관선상에 깊이 20cm 정도의 구멍을 군데군데 뚫고 거름을 주는 방법으로, 액비를 비탈면에 줄 때 적용한다.

44 배롱나무, 장미 등과 같은 내한성이 약한 나무의 지상부를 보호하기 위하여 쓰이는 월동 방법으로 가장 적합한 것은?

① 흙묻기 ② 새끼감기
③ 연기씌우기 ④ 짚싸기

해설 내한성이 약한 수목은 지제부와 수간을 볏짚이나 새끼끈으로 싸주고, 상열을 막기 위해 유지나 녹화마대로 수간 전체를 감싸는 것이 바람직하다.

45 다음 중 순공사원가를 가장 바르게 표시한 것은?

① 재료비 + 노무비 + 경비
② 재료비 + 노무비 + 일반관리비
③ 재료비 + 일반관리비 + 이윤
④ 재료비 + 노무비 + 경비 + 일반관리비 + 이윤

46 잔디밭에서 많이 발생하는 잡초인 클로버(토끼풀)를 제초하는 데 가장 효율적인 것은?

① 베노밀 수화제
② 캡탄 수화제
③ 디코폴 수화제
④ 디캄바 액제

해설 잔디밭의 클로버를 효과적으로 방제하는 제초제에는 디캄바 액제(반벨), 메코프로프 액제(영일엠시피피), 메코프로프-피 액제(초병)가 있으며, 트리클로피르티이에이 액제(뉴갈론)도 살초력이 높은 편이다.

정답 42 ① 43 ④ 44 ④ 45 ① 46 ④

47 진딧물의 방제를 위하여 보호하여야 하는 천적으로 볼 수 없는 것은?

① 무당벌레류   ② 꽃등에류
③ 솔잎벌류   ④ 풀잠자리류

해설 진딧물의 천적 : 무당벌레, 풀잠자리, 콜레마니진디벌, 진디혹파리, 꽃등에 등

48 다져진 잔디밭에 공기 유통이 잘되도록 구멍을 뚫는 기계는?

① 론스파이크(Lawn Spike)
② 론모어(Lawn Mower)
③ 소드바운드(Sod Bound)
④ 레이크(Rake)

49 다음 중 한국잔디류에 가장 많이 발생하는 병은?

① 탄저병   ② 녹 병
③ 브라운 패치   ④ 설부병

해설 녹병은 한국잔디에 가장 많이 발병하고, 잎에 적갈색 반점과 가루가 나타나며, 5~6월 또는 9~10월 정도의 기온에서 습윤 시 다발하고 영양불량, 시비의 불균형, 과도한 답압 및 배수불량 등의 원인으로도 발생하기 쉽다.

50 식물이 이용 가능한 토양의 유효수분 pF값 범위로 가장 적합한 것은?

① 0~1.4
② 1.5~2.5
③ 2.7~4.2
④ 4.5~7.0

해설 유효수분(pF)
토양수분이 토양 입자와의 결합력을 나타내는 방법으로, 식물에 유효한 유효수의 범위는 pF 2.7~4.2이다.

51 세포분열을 촉진하여 식물체의 각 기관들의 수를 증가, 특히 꽃과 열매를 많이 달리게 하고, 뿌리의 발육, 녹말 생산, 엽록소의 기능을 높이는 데 관여하는 영양소는?

① N   ② P
③ K   ④ Ca

해설 비료의 4대 원소
- 질소(N) : 광합성작용 촉진으로 잎이나 줄기 등 수목의 생장에 도움을 준다.
- 인(P) : 세포분열을 촉진하여 식물체의 각 기관들의 수를 증가, 특히 꽃과 열매를 많이 달리게 하고, 뿌리의 발육, 녹말 생산, 엽록소의 기능을 높이는 데 관여한다.
- 칼륨(K) : 식물의 광합성작용에 영향을 미치며 뿌리를 튼튼하게 하고, 병해·서리·한발에 대한 저항성 향상, 꽃과 열매의 향기 색깔조절 등에 영향을 준다.
- 칼슘(Ca) : 식물체 유기산 중화, 단백질 합성, 뿌리혹박테리아의 질소고정 등을 돕는다.

정답 47 ③ 48 ① 49 ② 50 ③ 51 ②

52 병해충 방제를 목적으로 쓰이는 농약의 포장지 표기 형식 중 색깔이 분홍색을 나타내는 것은 어떤 종류의 농약을 가리키는가?

① 살균제　　② 살충제
③ 제초제　　④ 살비제

해설　농약제의 포장지 색깔
- 살균제 : 분홍색
- 살충제 : 초록색
- 살균·살충제 : 위쪽 – 분홍색, 아래쪽 – 초록색
- 제초제 : 노란색
- 비선택성 제초제 : 빨간색
- 생장조절제 : 파란색

53 제초제 1,000ppm은 몇 %인가?

① 0.01%　　② 0.1%
③ 1%　　④ 10%

해설　$1\% : 10,000\text{ppm} = x\% : 1,000\text{ppm}$
∴ $x = 0.1$
※ 1% = 10,000ppm

54 주로 종자에 의하여 번식되는 잡초는?

① 올미　　② 가래
③ 피　　④ 너도방동사니

해설　잡초번식법에 따른 분류
- 종자번식잡초 : 피, 뚝새풀, 바랭이, 마디꽃
- 영양번식잡초 : 가래, 올방개, 미나리
- 종자영양번식잡초 : 너도방동사니, 산딸기
- 괴경 및 종자번식 : 올미

55 배수공사 중 지하층 배수와 관련된 설명으로 옳지 않은 것은?

① 지하층 배수는 속도랑을 설치해 줌으로써 가능하다.
② 암거배수의 배치형태는 어골형, 평행형, 빗살형, 부채살형, 자유형 등이 있다.
③ 속도랑의 깊이는 심근성보다 천근성 수종을 식재할 때 더 깊게 한다.
④ 큰 공원에서는 자연 지형에 따라 배치하는 자연형 배수방법이 많이 이용된다.

56 다음 중 수목에서 잘라야 할 가지가 아닌 것은?

① 수관 안으로 향한 가지
② 한 부위에서 평행하게 나오는 가지
③ 아래로 향한 가지
④ 수목의 주지

해설　전정 시 반드시 잘라 버려야 할 가지
- 웃자란 가지(도장지) : 수형, 통풍, 수광에 나쁜 영향을 준다.
- 안으로 향한 가지 : 통풍을 막고 모양을 나쁘게 한다.
- 아래로 향한 가지 : 나무 모양을 나쁘게 하고 가지를 혼잡하게 한다.
- 말라죽은 가지와 병충해를 입은 가지
- 줄기에 움돋은 가지
- 교차한 가지와 얽힌 가지 : 주가 되는 굵은 가지와 서로 교차되는 가지는 잘라 버린다.
- 평행한 가지 : 같은 장소에서 같은 방향으로 평행하게 나 있는 가지는 둘 중 하나를 잘라 버려야 생리활동에 경쟁이 안된다.
- 밑에서 움돋은 가지
- 위로 자란 가지

정답　52 ①　53 ②　54 ③　55 ③　56 ④

57 다음 중 시설물의 관리를 위한 방법으로 적합하지 못한 것은?

① 콘크리트 포장의 갈라진 부분은 파손된 재료 및 이물질을 완전히 제거한 후 조치한다.
② 배수시설은 정기적인 점검을 실시하고, 배수구의 잡물을 제거한다.
③ 벽돌 및 자연석 등의 원로포장 파손 시 많은 부분을 철저히 조사한다.
④ 유희시설물 점검은 용접부분 및 움직임이 많은 부분을 철저히 조사한다.

해설 ③ 벽돌 및 자연석 등의 원로포장 파손 시 파손된 부분을 보수한다.

58 표준품셈에서 수목 굴취 시 야생일 경우 굴취품의 몇 %를 가산하는가?

① 15%   ② 20%
③ 5%   ④ 10%

해설 표준품셈 – 수목이식공사
굴취 시 야생일 경우에는 굴취품의 20%를 가산하고, 분이 없는 경우에는 굴취품의 20%를 감한다.

59 하수도시설기준에 따라 오수관거의 최소관경은 몇 mm를 표준으로 하는가?

① 100mm   ② 150mm
③ 200mm   ④ 250mm

해설
• 분류식 오수관 : 200mm 이상
• 우수관이나 합류식 오수관 : 250mm 이상

60 시방서의 설명으로 옳은 것은?

① 설계도면에 필요한 예산계획서이다.
② 공사계약서이다.
③ 평면도, 입면도, 투시도 등을 볼 수 있도록 그려 놓은 것이다.
④ 공사개요, 시공방법, 특수재료 및 공법에 관한 사항 등을 명기한 것이다.

해설 시방서
• 공사의 개요, 도면에 기재할 수 없는 공사내용을 기재한 것이며 시공상의 일반적인 주의사항을 쓴 것으로, 공사시행의 기초가 되며 내역서 작성의 기초 자료가 된다.
• 설계도면에 표시하기 어려운 재료의 종류나 품질, 시공방법, 재료 검사방법 등에 대해 충분히 알 수 있도록 글로 작성하여 설계상의 부족한 부분을 규정하여 보충한 문서이다.

정답 57 ③ 58 ② 59 ③ 60 ④

2023년 제3회 과년도 기출복원문제

01 백제시대에 정원의 점경물로 만들어졌고, 물을 담아 연꽃을 심고 부들, 개구리밥, 마름 등의 부엽식물을 곁들이며 물고기도 넣어 키웠던 것은?

① 석연지 ② 석조전
③ 안압지 ④ 포석정

해설 석연지 : 돌로 만든 작은 연못으로, 물을 담아 연꽃을 띄워두던 조경석

02 16세기 무굴제국의 인도 정원과 가장 관련이 있는 것은?

① 타지마할 ② 지구라트
③ 지스터스 ④ 알람브라 궁원

해설 무굴제국의 5대 황제 샤 자한은 건축광이었다. 델리의 붉은 성, 자마 마스지드 등을 건축하였고, 아그라성을 궁전으로 시작, 22년만에 완공한 것이 타지마할이다. 타지마할은 무덤, 사원, 정원, 출입문, 연못 등을 포함한 종합 건축물이다.

03 고대 그리스조경에 관한 설명 중 틀린 것은?

① 구릉이 많은 지형에 영향을 받았다.
② 짐나지움(Gymnasium)과 같은 공공적인 정원이 발달하였다.
③ 히포다무스에 의해 도시계획에서 격자형이 채택되었다.
④ 서민들의 정원은 발달을 보지 못했으나 왕이나 귀족의 저택은 대규모이며 사치스러운 정원을 가졌다.

04 비교적 좁은 지역에서 대축척으로 세부 측량을 할 경우 효율적이며, 지역 내에 장애물이 없는 경우 유리한 평판 측량 방법은?

① 전진법 ② 전방교회법
③ 방사법 ④ 후방교회법

05 영국의 스토우(Stowe)원을 설계했으며, 정원 내에 하하(Ha-ha)의 기교를 생각해 낸 조경가는?

① 윌리엄 켄트 ② 브릿지맨
③ 험프리 렙턴 ④ 이안 맥하그

해설 브릿지맨(Charles Bridgeman)
- 영국의 풍경식 정원가로 버킹검의 스토우 가든을 설계하고, 담장 대신 정원부지의 경계선에 도랑을 파서 외부로부터의 침입을 막은 Ha-ha 수법을 실현하게 하였다.
- 작품으로는 치즈윅 하우스, 루스햄, 스투어헤드를 설계하였다.

정답 1 ① 2 ① 3 ④ 4 ③ 5 ②

06 원명원 이궁과 만수산 이궁은 어느 시대의 대표적 정원인가?

① 명나라 ② 당나라
③ 송나라 ④ 청나라

해설 청나라 대표 정원 : 자금성 금원, 원명원 이궁, 만수산 이궁(이화원)

07 조경 제도 용품 중 곡선자라고 하여 각종 반지름의 원호를 그릴 때 사용하기 가장 적합한 재료는?

① 운형자 ② 원호자
③ 삼각자 ④ T자

해설 ① 운형자 : 여러 가지 곡선 모양을 본떠 만든 것으로 컴퍼스로 그리기 어려운 곡선을 그리는 데 사용한다.
③ 삼각자 : 45°의 사선과 30°, 60°의 사선을 그을 수 있는 두 종류가 한 세트로 되어 있다.
④ T자 : 주로 평행선을 긋거나, 삼각자와 조합하여 수직선과 사선을 그을 때 사용한다.

08 다음 그림에서 A점과 B점의 차는 얼마인가?(단, 등고선 간격은 5m이다)

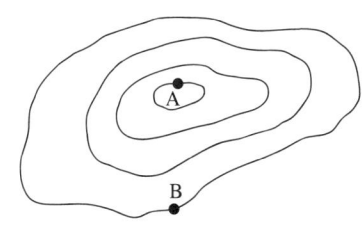

① 10m ② 15m
③ 20m ④ 25m

09 다음 중국식 정원의 설명으로 틀린 것은?

① 차경수법을 도입하였다.
② 사실주의보다는 상징적 축조가 주를 이루는 사의주의에 입각하였다.
③ 유럽의 정원과 같은 건축식 조경수법으로 발달하였다.
④ 대비에 중점을 두고 있으며, 이것이 중국 정원의 특색을 이루고 있다.

해설 ③ 중국 정원은 풍경식 조경수법으로 발달하였다.
중국 정원의 특징
• 지역마다 재료를 달리한 정원양식이 생겼다.
• 건물과 정원이 한 덩어리가 되는 형태로 발달했다.
• 기하학적인 무늬가 그려져 있는 원로가 있다.
• 대비에 중점을 둔 조경수법이다.
• 묘석들이 공통적으로 사용된다.
• 정원 주변에는 화려한 꽃나무들을 많이 심는 것이 특징이다.

10 치수선 및 치수에 대한 기본적인 설명으로 부적합한 것은?

① 단위는 mm로하고, 단위표시를 반드시 기입한다.
② 치수를 표시할 때에는 치수선과 치수보조선을 사용한다.
③ 치수선은 치수보조선에 직각이 되도록 긋는다.
④ 치수의 기입은 치수선에 따라 도변에 평행하게 기입한다.

해설 ① mm 단위로 하되 단위는 제외하고 숫자만 기입한다.

정답 6 ④ 7 ② 8 ② 9 ③ 10 ①

11 다수의 대상이 존재할 때 어느 색이 보다 쉽게 지각되는지 또는 쉽게 눈에 띄는지의 정도를 나타내는 용어는?
① 유목성　　② 시인성
③ 식별성　　④ 가독성

해설　유목성 : 사람들의 주의를 끌거나 시선을 끄는 특성

12 다음 보기의 (　)안에 들어갈 디자인 요소는?

> 형태, 색채와 더불어 (　)은(는) 디자인의 필수 요소로서 물체의 조성 성질을 말하며, 이는 우리의 감각을 통해 형태에 대한 지식을 제공한다.

① 질감　　② 광선
③ 공간　　④ 입체

해설　질감이란 물체의 표면을 보거나 만짐으로써 느껴지는 감각을 말한다.

13 작은 색견본을 보고 색을 선택한 다음 아파트 외벽에 칠했더니 명도와 채도가 높아져보였다. 이러한 현상을 무엇이라고 하는가?
① 색상대비　　② 한난대비
③ 면적대비　　④ 보색대비

해설　면적대비 : 색이 차지하고 있는 면적에 따라 색이 다르게 보이는 현상

14 짐을 운반하여야 한다. 다음 중 같은 크기의 짐을 어느 색으로 포장했을 때 가장 덜 무겁게 느껴지는가?
① 청 색　　② 노란색
③ 녹 색　　④ 빨간색

해설　② 색의 중량감은 고명도일수록 가볍게 느껴지고, 저명도일수록 무겁게 느껴진다.

15 다음 중 색의 3속성이 아닌 것은?
① 색 상　　② 명 도
③ 채 도　　④ 대 비

해설　색의 3속성 : 색상(Hue), 명도(Value), 채도(Chroma)

정답　11 ②　12 ①　13 ③　14 ②　15 ④

16 다음 중 골프장 용지로서 부적당한 곳은?
① 기복이 있어 지형에 변화가 있는 곳
② 모래참흙인 곳
③ 부지가 동서로 길게 잡은 곳
④ 클럽하우스의 대지가 부지의 북쪽에 자리 잡은 곳

해설 ③ 코스는 남북방향, 방위는 잔디의 생육을 위해 남사면 또는 남동사면일 것

17 다음 중 인공지반을 만들려고 할 때 사용되는 경량토로 부적합한 것은?
① 버미큘라이트 ② 모 래
③ 펄라이트   ④ 부엽토

해설 경량재로는 버미큘라이트, 펄라이트, 피트모스, 화산재 등이 있다.

18 조경분야 프로젝트 수행단계의 순서가 올바른 것은?
① 계획 - 시공 - 설계 - 관리
② 계획 - 관리 - 시공 - 설계
③ 계획 - 관리 - 설계 - 시공
④ 계획 - 설계 - 시공 - 관리

해설 조경분야 프로젝트 수행단계의 순서 : 계획 - 설계 - 시공 - 관리

19 정형식 배식 방법에 대한 설명이 옳지 않은 것은?
① 단식 : 생김새가 우수하고, 중량감을 갖춘 정형수를 단독으로 식재
② 대식 : 시선축의 좌우에 같은 형태, 같은 종류의 나무를 대칭 식재
③ 열식 : 같은 형태와 종류의 나무를 일정한 간격으로 직선상에 식재
④ 교호식재 : 서로 마주보게 배치하는 식재

해설 ④ 교호식재 : 같은 간격으로 서로 어긋나게 식재

20 수목의 규격을 수고와 근원직경으로 표시하는 수종은 어느 것인가?
① 목 련   ② 은행나무
③ 잣나무   ④ 전나무

해설 수고와 근원직경에 의한 품 : 흉고직경 측정이 곤란한 수종, 소나무, 감나무, 꽃사과나무, 낙우송, 느티나무, 대추나무, 모과나무, 배롱나무, 목련나무, 산수유, 자귀나무, 단풍나무 등 대부분의 교목
②는 수고와 흉고직경으로, ③·④는 수고와 수관 폭으로 표시한다.

정답 16 ③ 17 ② 18 ④ 19 ④ 20 ①

21 다음 중 물푸레나무과에 해당되지 않는 것은?

① 미선나무 ② 광나무
③ 이팝나무 ④ 식나무

해설 ④ 식나무는 층층나무과이다.

22 다음 중 일반적인 토양의 상태에 따른 뿌리 발달의 특징 설명으로 옳지 않은 것은?

① 비옥한 토양에서는 뿌리목 가까이에서 많은 뿌리가 갈라져 나가고 길게 뻗지 않는다.
② 척박지에서는 뿌리의 갈라짐이 적고 길게 뻗어 나간다.
③ 건조한 토양에서는 뿌리가 짧고 좁게 퍼진다.
④ 습한 토양에서는 호흡을 위하여 땅 표면 가까운 곳에 뿌리가 퍼진다.

23 조경 수목 중 아황산가스에 대해 강한 수종은?

① 양버즘나무 ② 단풍나무
③ 전나무 ④ 삼나무

해설 아황산가스(이산화황)에 강한 수종 : 편백, 화백, 가이즈까향나무, 가시나무, 굴거리나무, 사철나무, 벽오동, 능수버들, 플라타너스(양버즘나무), 은행나무, 쥐똥나무 등

24 다음 설명에 적합한 수목은?

- 감탕나무과 식물이다.
- 상록활엽소교목으로 열매가 적색이다.
- 잎은 호생으로 타원상의 6각형이며 가장자리에 바늘 같은 각점(角點)이 있다.
- 자웅이주이다.
- 열매는 구형으로서 지름 8~10cm이며, 적색으로 익는다.

① 감탕나무 ② 낙상홍
③ 먼나무 ④ 호랑가시나무

해설 ① 감탕나무 : 상록활엽소교목으로, 잎은 양끝이 좁은 장타원형이고 가장자리는 거의 밋밋하다.
② 낙상홍 : 낙엽활엽관목으로, 잎 끝이 뾰족하고 가장자리에 잔 톱니가 있다.
③ 먼나무 : 상록활엽교목으로, 잎은 타원형 또는 긴 타원형이고 가장자리는 밋밋하다.

25 다음 중 9월 중순~10월 중순에 성숙된 열매 색이 흑색인 것은?

① 마가목 ② 생강나무
③ 남 천 ④ 살구나무

해설 ① 마가목 : 적색
③ 남천 : 적색
④ 살구나무 : 황색

26 다른 지방에서 자생하는 식물을 도입한 것을 무엇이라 하는가?

① 재배식물   ② 귀화식물
③ 외국식물   ④ 외래식물

해설 ① 재배식물 : 이용할 목적을 가지고 인위적으로 재배하는 식물
② 귀화식물 : 본래 생육하지 않은 지역에 자연적·인위적 원인에 의하여 2차적으로 도래·침입한 후 야생화가 되어 기존 식물과 어느 정도 안정된 상태를 이루는 식물
③ 외국식물 : 국내가 아닌 국외에서 자생하는 식물

27 고로쇠나무와 복자기에 대한 설명으로 옳지 않은 것은?

① 복자기의 잎은 복엽이다.
② 두 수종의 열매는 모두 시과이다.
③ 두 수종은 모두 단풍색이 붉은색이다.
④ 두 수종은 모두 과명이 단풍나무과이다.

해설 ③ 고로쇠나무의 단풍은 황색이고, 복자기의 단풍은 붉은색이다.

28 골담초(*Caragana sinica* Rehder)에 대한 설명으로 틀린 것은?

① 콩과(科) 식물이다.
② 꽃은 5월에 피고 단생한다.
③ 생장이 느리고 덩이뿌리로 위로 자란다.
④ 비옥한 사질양토에서 잘 자라나 토박지에서도 잘 자란다.

해설 ③ 잔뿌리가 길게 자라며, 위를 향한 가지는 사방으로 늘어져 자란다.

29 스테인리스강이라고 하면 최소 몇 % 이상의 크롬이 함유된 것을 말하는가?

① 4.5%   ② 6.5%
③ 8.5%   ④ 10.5%

해설 스테인리스강(Stainless Steel)은 10.5% 이상의 크롬을 첨가하여 녹이 잘 슬지 않게 만든 합금강이다.

30 스프레이건(Spray Gun)을 쓰는 것이 가장 적합한 도료는?

① 래 커   ② 유성페인트
③ 수성페인트   ④ 에나멜

해설 래 커
• 자연건조방법에 의해 상온(常溫)에서 경화된다.
• 도막의 건조시간이 빨라 백화현상을 일으키기 쉽다.
• 도막은 단단하고, 불점착성이다.
• 내마모성·내수성·내유성 등이 우수하다.
• 니트로셀룰로스도료라고도 한다.
※ 스프레이건(Spray Gun) : 도료를 압축공기에 의해 분무상으로 뿜어붙이는 도장용 기구

정답 26 ④ 27 ③ 28 ③ 29 ④ 30 ①

31 마그마가 지하 10km 정도의 깊이에서 서서히 굳은 화강암의 주요 구성광물이 아닌 것은?

① 장 석　　② 석 영
③ 석 회　　④ 운 모

[해설] 화강암은 석영·장석·운모를 주요 구성광물로 하며 통기성·보수성이 양호하다.

32 다음 중 석탄을 235~315℃에서 고온건조하여 얻은 타르제품으로서 독성이 적고 자극적인 냄새가 있는 유성 목재방부제는?

① 콜타르
② 크레오소트유
③ 플루오르화나트륨
④ 펜타클로로페놀(PCP)

[해설] 크레오소트유는 방부력이 우수한 흑갈색 용액으로 외부의 기둥, 토대 등에 사용되지만 가격이 비싼 것이 단점이다.

33 진비중이 2.6이고 가비중이 1.2인 토양의 공극률은 얼마인가?

① 34.2%　　② 46.5%
③ 53.8%　　④ 66.4%

[해설] 공극률 = [1 − (가비중/진비중)] × 100
　　　　 = [1 − (1.2/2.6)] × 100
　　　　 ≒ 53.84%

34 골재의 표면수는 없고, 골재 내부에 빈틈이 없도록 물로 차 있는 상태는?

① 절대건조상태
② 기건상태
③ 습윤상태
④ 표면건조포화상태

[해설] ① 절건상태 : 105±5℃ 정도의 온도에서 24시간 이상 골재를 건조시켜 표면 및 골재 내부에 포함되어 있는 수분이 완전히 제거된 상태
② 기건상태 : 골재를 공기 중에 오래 건조하여 골재 내 온습도와 대기의 온습도가 평형을 이룬 상태
③ 습윤상태 : 골재 내부는 이미 포화상태이고, 표면에도 수분이 드러난 상태

35 다음 콘크리트와 관련된 설명 중 옳은 것은?

① 콘크리트의 굵은 골재 최대치수는 20mm이다.
② 물-결합재비는 원칙적으로 60% 이하이어야 한다.
③ 콘크리트는 원칙적으로 공기연행제를 사용하지 않는다.
④ 강도는 일반적으로 표준양생을 실시한 콘크리트 공시체의 재령 30일 일 때 시험값을 기준으로 한다.

36 다음 중 열경화성 수지인 것은?

① 폴리에틸렌수지
② 폴리염화비닐수지
③ 아크릴수지
④ 멜라민수지

해설 합성수지의 종류
• 주요 열가소성 수지 : 염화비닐수지, 아크릴, 폴리에틸렌, 폴리스티렌 등이 있으며, 열을 가하면 연화 또는 용융하여 가소성 또는 점성이 발생한다.
• 주요 열경화성 수지 : 요소수지, 멜라민수지, 폴리에스테르수지, 실리콘, 우레탄, 푸란 등 3차원적인 축합반응에 의해 생성되는 수지류를 말한다. 열을 가해도 유동성이 없다는 특성이 있다.

37 다음 중 (가), (나) 안에 들어갈 말로 옳게 나열된 것은?

> 콘크리트가 단단히 굳어지는 것은 시멘트와 물의 화학반응에 의한 것인데, 시멘트와 물이 혼합된 것을 (가)라 하고, 시멘트와 모래 그리고 물이 혼합된 것을 (나)라 한다.

① (가) 콘크리트, (나) 모르타르
② (가) 모르타르, (나) 콘크리트
③ (가) 시멘트 페이스트, (나) 모르타르
④ (가) 모르타르, (나) 시멘트 페이스트

해설
• 시멘트 페이스트(Cement Paste, 시멘트풀) : 시멘트에 물을 넣어 혼합한 것
• 모르타르(Mortar) : 시멘트와 모래를 섞어서 물로 반죽한 것

38 벽돌쌓기 방법 중 가장 견고하고 튼튼한 것은?

① 영국식 쌓기
② 미국식 쌓기
③ 네덜란드식 쌓기
④ 프랑스식 쌓기

해설 영국식 쌓기 : 길이쌓기 켜와 마구리쌓기 켜를 반복하여 쌓고, 모서리의 벽 끝에는 이오토막을 쓰는 방법으로, 매우 견고하다.

39 데발 시험기(Deval Abrasion Tester)란?

① 석재의 휨강도 시험기
② 석재의 인장강도 시험기
③ 석재의 압축강도 시험기
④ 석재의 마모에 대한 저항성 측정시험기

해설 데발 시험기는 골재의 마모율(%)을 측정하기 위한 장치로서, 한 번에 여러 종류의 시험을 동시에 할 수 있으며 자동정지장치가 부착되어 있다.

40 석재의 가공방법 중 혹두기작업의 바로 다음 후속작업으로 작업면을 비교적 고르고 곱게 처리할 수 있는 작업은?

① 물갈기
② 잔다듬
③ 정다듬
④ 도드락다듬

해설 석재가공순서 : 혹두기 → 정다듬 → 도드락다듬 → 잔다듬 → 물갈기

정답 36 ④ 37 ③ 38 ① 39 ④ 40 ③

41 토공작업 시 지반면보다 낮은 면의 굴착에 사용하는 기계로 깊이 6m 정도의 굴착에 적당하며, 백호(Back Hoe)라고도 불리는 기계는?

① 클램셸
② 드래그셔블
③ 파워셔블
④ 드래그라인

해설
① 클램셸(Clam Shell) : 조개껍질처럼 양쪽으로 열리는 버킷을 흙을 집는 것처럼 굴착하는 기계
③ 파워셔블(Power Shovel) : 기계를 장치한 위치보다 높은 데를 굴삭하는 데 적합하고, 비교적 단단한 토질을 굴삭할 수 있으며, 파기와 싣기 모두 가능하다.
④ 드래그라인(Drag Line) : 기계가 서 있는 위치보다 낮은 곳의 굴착에 좋다.

42 다음 중 시비시기와 관련된 설명 중 틀린 것은?

① 온대지방에서는 수종에 관계없이 가장 왕성한 생장을 하는 시기가 봄이며, 이 시기에 맞게 비료를 주는 것이 가장 바람직하다.
② 시비효과가 봄에 나타나게 하려면 겨울눈이 트기 4~6주 전인 늦은 겨울이나 이른 봄에 토양에 시비한다.
③ 질소비료를 제외한 다른 대량원소는 연중 필요할 때 시비하면 되고, 미량원소를 토양에 시비할 때는 가을에 실시한다.
④ 우리나라의 경우 고정생장을 하는 소나무, 전나무, 가문비나무 등은 9~10월보다는 2월에 시비가 적절하다.

해설
④ 소나무나 전나무, 가문비나무, 참나무 등의 경우 고정생장을 하므로 2월보다는 9~10월에 시비하는 것이 적절하다.

43 오늘날 세계 3대 수목병에 속하지 않는 것은?

① 소나무류 리지나뿌리썩음병
② 잣나무 털녹병
③ 느릅나무 시들음병
④ 밤나무 줄기마름병

해설 세계 3대 수목병 : 잣나무 털녹병, 느릅나무 시들음병, 밤나무 줄기마름병

44 다음 [보기]의 잔디종자 파종작업들을 순서대로 바르게 나열한 것은?

┌보기├
㉠ 기비 살포   ㉡ 정지작업
㉢ 파 종   ㉣ 멀 칭
㉤ 전 압   ㉥ 복 토
㉦ 경 운

① ㉡ → ㉢ → ㉤ → ㉥ → ㉠ → ㉣ → ㉦
② ㉠ → ㉡ → ㉢ → ㉥ → ㉤ → ㉣ → ㉦
③ ㉦ → ㉠ → ㉡ → ㉢ → ㉥ → ㉤ → ㉣
④ ㉢ → ㉠ → ㉡ → ㉥ → ㉣ → ㉦ → ㉤

해설 잔디종자 파종작업의 순서 : 경운 → 기비 살포 → 정지작업 → 파종 → 복토 → 전압 → 멀칭

41 ② 42 ④ 43 ① 44 ③

45 생물분류학적으로 거미강에 속하며 덥고, 건조한 환경을 좋아하고 뾰족한 입으로 즙을 빨아먹는 해충은?

① 진딧물 ② 나무좀
③ 응 애 ④ 가루이

해설 응애류 : 흡즙성 해충으로 초봄부터 한여름까지 고온 건조기에 소나무, 감나무, 사철나무 등에서 많이 발생하며 가지가 말라서 죽거나 잎이 변색되어 떨어진다.

46 페니트로티온 45% 유제 원액 100cc를 0.05%로 희석 살포액을 만들려고 할 때 필요한 물의 양은 얼마인가?(단, 유제의 비중은 1.0이다)

① 69,900cc ② 79,900cc
③ 89,900cc ④ 99,900cc

해설 살포액의 희석

필요 수량 = 약량 × $\left(\dfrac{원액\ 농도}{희석\ 농도} - 1\right)$ × 원액 비중

= 100cc × $\left(\dfrac{45\%}{0.05\%} - 1\right)$ × 1.0

= 89,900cc

47 수목의 동해 발생에 관한 설명 중 틀린 것은?

① 큰나무보다는 어린 나무에서 많이 발생한다.
② 건조한 토양에서보다 과습한 토양에서 많이 발생한다.
③ 늦은 가을과 이른 봄에 많이 발생한다.
④ 일교차가 심한 북쪽 경사면보다 일교차가 심한 남쪽 경사면에서 피해가 많이 발생한다.

해설 동해의 원인
- 오목한 지형에 있는 수목에서 동해가 더 많이 발생한다.
- 북쪽 경사면보다는 일교차가 심한 남쪽 경사면에서 더 많이 발생한다.
- 맑고 바람 없는 날 발생하기 쉽다.
- 성목보다는 나이 어린 유목에 많이 발생한다.
- 건조한 토양보다는 과습한 토양에서 더 많이 발생한다.
- 늦가을과 이른 봄, 몹시 추운 겨울에 많이 발생한다.
- 찬 바람의 해는 9부능선이나 들판 가운데 고립된 임야에서 발생된다.
- 북서쪽이 터진 곳이나 북서쪽이 경사면 높은 지역, 토양이 어는 응달지역으로 강우나 강설이 적고 북서계절풍이 심한 엄동기에 수형에 관계없이 발생한다.

48 다음 중 식엽성 해충으로만 짝지어진 것은?

① 흰불나방, 소나무좀
② 솔나방, 흰불나방
③ 진딧물, 깍지벌레
④ 솔잎혹파리, 밤나무혹벌

해설 가해 습성에 따른 해충의 분류
- 식엽성 해충 : 흰불나방, 솔나방, 집시나방, 회양목명나방, 잎벌류, 풍뎅이류 등
- 흡즙성 해충 : 응애, 진딧물, 깍지벌레, 방패벌레 등
- 천공성 해충 : 소나무좀, 노랑무늬송바구미, 하늘소, 박쥐나방 등
- 충영형성 해충 : 솔잎혹파리, 밤나무혹벌, 혹응애, 혹진딧물 등
- 종실 해충 : 밤바구미, 복숭아명나방 등

정답 45 ③ 46 ③ 47 ④ 48 ②

49 생울타리를 전지·전정하려고 한다. 태양의 광선을 가장 골고루 받지 못하는 생울타리 단면의 모양은?

① 원주형   ② 원뿔형
③ 역삼각형 ④ 달걀형

50 다음 중 잔디밭의 넓이가 50평 이상으로 잔디의 품질이 아주 좋지 않아도 되는 골프장의 러프(Rough)지역, 공원의 수목지역 등에 많이 사용하는 잔디 깎는 기계는?

① 핸드모어(Hand Mower)
② 그린모어(Green Mower)
③ 로터리모어(Rotary Mower)
④ 갱모어(Gang Mower)

[해설] ③ 로터리모어 : 프로펠러 날이 수평으로 돌아서 잔디가 깎이며 깎이는 면이 거칠게 되므로 보통 50평 이상의 골프장의 러프(Rough), 공원의 수목지역 등 잔디의 품질이 거칠어도 되는 곳에 사용한다.
① 핸드모어 : 인력으로 바퀴가 돌아가면서 잔디깎는 날이 돌아서 깎도록 한 것으로 50평 미만의 잔디밭 관리에 사용한다.
② 그린모어 : 골프장의 그린, 테니스코트 등 잔디면이 섬세한 곳을 깎는다.
④ 갱모어 : 골프장, 운동장, 경기장 등 5,000평 이상의 대면적의 잔디를 깎는 기계로 트럭, 짚차나 기타 견인차에 달아 사용하며 경사지나 잔디면이 평탄치 않은 곳도 균일하게 잔디를 깎을 수 있고 잔디도 양호하게 깎여진다.

51 장미의 한 가지에 많은 봉우리가 있을 때 솎아낸다든지, 열매를 따버리는 작업의 목적은?

① 생장조장을 돕는 가지 다듬기
② 세력을 갱신하는 가지 다듬기
③ 착화 촉진을 위한 가지 다듬기
④ 생장을 억제하는 가지 다듬기

[해설] 개화 결실을 많게 하기 위한 전정 : 감나무와 각종 과수나무, 장미의 여름전정 등

52 재래종 잔디의 특성이 아닌 것은?

① 양지를 좋아한다.
② 병해에 강하다.
③ 뗏장으로 번식한다.
④ 자주 깎아 주어야 한다.

[해설] 한국잔디
• 난지형 잔디로, 기는줄기와 땅속줄기에 의해 옆으로 퍼진다.
• 5~9월 사이에 잎이 푸른 상태로 있어 녹색 기간이 짧고 그늘에서 잘 자라지 못한다.
• 잔디밭 조성에 많은 시간이 소요되고 손상을 받은 후 회복속도가 느린 단점이 있으나, 포복성으로 밟힘에 강하고 병해충과 공해에도 강한 장점이 있다.
• 잔디의 종류에 따라 차이가 있으나 대체적으로 알맞은 토양은 참흙이며, 토양 산도는 pH 5.5~7.0이 알맞다.

정답 49 ③ 50 ③ 51 ③ 52 ④

53 수간과 줄기 표면의 상처에 침투성 약액을 발라 조직 내로 약효성분이 흡수되게 하는 농약사용법은?

① 도포법　② 관주법
③ 도말법　④ 분무법

해설
② 관주법 : 땅속에서 서식하고 있는 병해충을 방제하기 위하여 땅속에 약액을 주입하는 방법
③ 도말법 : 종자 소독을 위해 분제나 수화제를 건조한 종자에 입혀 살균·살충하는 방법
④ 분무법 : 분무기를 이용하여 다량의 액제를 살포하는 방법

54 합성수지 놀이시설물의 관리요령으로 가장 적합한 것은?

① 자체가 무거워 균열 발생 전에 보수한다.
② 정기적인 보수와 도료 등을 칠해 주어야 한다.
③ 회전하는 축에는 정기적으로 그리스를 주입한다.
④ 겨울철 저온기 때 충격에 의한 파손을 주의한다.

해설 합성수지 시설에서 점검해야 할 사항
- 합성수지재는 강한 힘이나 열 등의 영향을 받으면 변형, 파손되는데 떨어지거나 갈라진 부분은 접착제로 붙여 주고 사포로 문질러 표면을 매끄럽게 한다.
- 색이 탈색된 부위에는 합성수지 페인트를 칠한다.
- 금이 생기고 보수가 어려울 정도로 파손된 것은 교체한다.
- 겨울철 낮은 온도에서는 충격에 의한 파손을 주의한다.

55 지하층의 배수를 위한 시스템 중 넓고 평탄한 지역에 주로 사용되는 것은?

① 어골형, 평행형
② 즐치형, 선형
③ 자연형
④ 차단법

해설 심토층 배수설계
- 어골형 : 평탄한 지역에서 전지역의 배수가 균일하게 요구되는 곳에 주로 이용되는 심토층 배수방법
- 빗살형 : 비교적 좁은 면적의 전 지역에 균일하게 배수할 때 이용
- 자연형 : 전면 배수가 요구되지 않는 지역
- 차단법 : 경사면 위나 자체의 유수를 막기 위해 사용

56 다음 [보기]에서 입찰의 순서로 옳은 것은?

┌보기─────────────┐
ⓘ 입찰공고　ⓛ 입 찰
ⓒ 낙 찰　　ⓡ 계 약
ⓜ 현장설명　ⓗ 개 찰
└───────────────┘

① ㉠ → ㉡ → ㉢ → ㉣ → ㉤ → ㉥
② ㉠ → ㉤ → ㉡ → ㉥ → ㉢ → ㉣
③ ㉠ → ㉡ → ㉥ → ㉢ → ㉣ → ㉤
④ ㉤ → ㉥ → ㉠ → ㉡ → ㉢ → ㉣

해설 입찰의 순서
입찰공고 → 현장설명 → 입찰 → 개찰 → 낙찰 → 계약

정답 53 ① 54 ④ 55 ① 56 ②

57 건설재료의 할증률이 틀린 것은?

① 붉은 벽돌 : 3%
② 이형철근 : 5%
③ 조경용 수목 : 10%
④ 석재판붙임용재(정형돌) : 10%

해설 ② 이형철근 : 3%

58 도급받은 건설공사의 전부 또는 일부를 도급하기 위해 수급인이 제3자와 체결하는 계약은?

① 도 급
② 발 주
③ 재도급
④ 하도급

해설 정의(건설산업기본법 제2조)
10. 발주자란 건설공사를 건설사업자에게 도급하는 자를 말한다. 다만, 수급인으로서 도급받은 건설공사를 하도급하는 자는 제외한다.
11. 도급이란 원도급, 하도급, 위탁 등 명칭과 관계없이 건설공사를 완성할 것을 약정하고, 상대방이 그 공사의 결과에 대하여 대가를 지급할 것을 약정하는 계약을 말한다.
12. 하도급이란 도급받은 건설공사의 전부 또는 일부를 다시 도급하기 위하여 수급인이 제3자와 체결하는 계약을 말한다.
13. 수급인이란 발주자로부터 건설공사를 도급받은 건설사업자를 말하고, 하도급의 경우 하도급하는 건설사업자를 포함한다.

59 설계도서 중 일위대가표를 작성할 때 일위대가표의 금액란의 금액 단위 표준은?

① 0.1원
② 1원
③ 10원
④ 100원

해설 금액의 단위
• 설계서의 총계 : 단위(원), 지위(1,000), 이하 버림 (단, 만원 이하일 때 100원까지)
• 설계서의 금액 : 단위(원), 지위(1), 미만 버림
• 일위대가표의 총계 : 단위(원), 지위(1), 미만 버림
• 일위대가표의 금액 : 단위(원), 지위(0.1), 미만 버림

60 사람, 동물 또는 기계가 어떠한 일을 하는 데 있어서 단위당 필요한 노력과 물질이 얼마가 되는지를 수량으로 작성해 놓은 것을 무엇이라 하는가?

① 투 자
② 적 산
③ 품 셈
④ 견 적

해설 품셈 : 단위물량당 소요인력 및 장비의 소요량을 수량으로 표시한 것

2024년 제1회 과년도 기출복원문제

부록 과년도 + 최근 기출복원문제

---

01 우리나라 고려시대 궁궐 정원을 맡아보던 곳은?

① 내원서 ② 상림원
③ 장원서 ④ 원야

해설 정원관리서의 변천 : 궁원(고구려) → 내원서(고려) → 상림원(조선 태조) → 장원서(조선 세조)

---

02 조선시대 왕릉의 공간구성 순서를 바르게 나열한 것은?

① 진입공간 – 제향공간 – 전이공간 – 능침공간
② 진입공간 – 제향공간 – 능침공간 – 전이공간
③ 진입공간 – 능침공간 – 전이공간 – 제향공간
④ 진입공간 – 전이공간 – 능침공간 – 제향공간

해설 조선왕릉의 공간구성
진입공간은 왕릉의 시작 공간으로, 관리자(참봉 또는 영)가 머물면서 왕릉을 관리하고 제향을 준비하는 재실(齋室)에서부터 시작된다. 제향공간은 제례의식이 이루어지는 공간으로 산 자(왕)와 죽은 자(능에 계신 왕이나 왕비)의 만남의 공간이다. 능침공간은 봉분이 있는 왕릉의 핵심 공간으로 평상시에는 누구도 접근할 수 없는 공간이다.

---

03 16세기 이탈리아의 대표적인 정원인 빌라 에스테(Villa d'Este)의 특징 설명으로 바르지 못한 것은?

① 방지연못 ② 미 로
③ 자수화단 ④ 사이프러스 열식

해설 빌라 에스테(Villa d'Este)
최저 노단 내 연못들 뒤 감탕나무 총림이 위치하고 물을 다양하게 사용하여 100개의 분수로 물풍금, 용의 분수 등을 조성했다.

---

04 그리스시대 공공건물과 주랑으로 둘러싸인 다목적 열린공간으로 무덤의 전실을 가리키기도 했던 곳은?

① 포 럼 ② 빌 라
③ 테라스 ④ 커 낼

해설 포럼 : 고대 로마의 도시에서 공공건물과 주랑으로 둘러싸인 구역의 한복판에 있는 다목적의 열린 공간, 공공집회 장소로 쓰인 포럼은 그리스의 아고라와 아크로폴리스를 질서정연한 공간으로 바꾼 것이다. 12표법에서 포럼은 무덤의 전실(前室)을 가리키는 낱말로 쓰였고, 로마 군대에서는 진영의 정문 옆에 있는 개활지를 가리켰다. 따라서 이 용어는 원래 공공건물이나 입구 앞에 있는 공간에 널리 적용되었다.

---

05 동양정원에서 연못을 파고 그 가운데 섬을 만드는 수법에 가장 큰 영향을 준 것은?

① 자연지형 ② 기상요인
③ 신선사상 ④ 생활양식

해설 신선사상의 배경 : 지중(池中)이나 섬에 괴석배치, 정원과 담, 굴뚝에 십장생

정답 1 ① 2 ① 3 ③ 4 ① 5 ③

06 조선시대 마을숲에 대한 설명으로 옳지 않은 것은?

① 마을숲 내에 솟대, 돌탑, 장승 등을 설치하였다.
② 기능적인 이유만으로 수구막이를 만들었다.
③ 소나무, 느티나무 등을 식재하였다.
④ 조선시대 마을숲은 600여 개가 있었다.

해설 ② 마을숲은 마을의 풍수형국을 완성하기 위한 수단으로 '마을 앞부분의 흘러나가는 물줄기를 가로막는다'고 하여 수구막이라고 부르기도 한다.

07 다음 중 중국 정원의 특징에 해당하는 것은?

① 정형식
② 태호석
③ 침전조정원
④ 직선미

해설 중국 정원의 특징
- 지역마다 재료를 달리한 정원양식이 생겼다.
- 건물과 정원이 한덩어리가 되는 형태로 발달했다.
- 기하학적인 무늬가 그려져 있는 원로가 있다.
- 조경수법이 대비에 중점을 두고 있다.
- 경수법을 도입하였다.
- 사실주의보다는 상징적 축조가 주를 이루는 사의주의(寫意主義)에 입각하였다.

08 중국 청조(淸朝)의 원림 중 3산5원에 해당하지 않는 것은?

① 만수산 소원(小園)
② 옥천산 정명원(靜明園)
③ 만수산 창춘원(暢春園)
④ 만수산 원명원(圓明園)

해설 중국 청조(淸朝)의 원림 중 3산5원
- 만수산 이화원, 원명원, 장춘원
- 옥천산 정명원
- 향산 정의원

09 미적인 형 그 자체로는 균형을 이루지 못하지만 시각적인 힘의 통합에 의해 균형을 이룬 것처럼 느끼게 하여, 동적인 감각과 변화 있는 개성적 감정을 불러 일으키며, 세련미와 성숙미 그리고 운동감과 유연성을 주는 미적 원리는?

① 비례
② 비대칭
③ 집중
④ 대비

10 미국에서 하워드의 전원 도시의 영향을 받아 도시 교외에 개발된 주택지로서 보행자와 자동차를 완전히 분리하고자 한 것은?

① 웰린(Welwyn)
② 요세미티
③ 레치워스(Letch Worth)
④ 래드번(Rad Burn)

11 다음 선의 종류와 선긋기의 내용이 잘못 짝지어진 것은?

① 가는 실선 : 수목인출선
② 파선 : 단면
③ 1점쇄선 : 경계선
④ 2점쇄선 : 중심선

해설 ③ 1점쇄선 : 중심선, 경계선, 절단선
④ 2점쇄선 : 가상선, 경계선

12 비탈면 경사의 표시에서 1 : 2.5에서 2.5는 무엇을 뜻하는가?

① 수직고
② 수평거리
③ 경사면의 길이
④ 안식각

해설 경사도의 표현
• 할 : (수직높이 ÷ 수평거리) × 10
• 백분율(%) : (수직높이 ÷ 수평거리) × 100
• 각도(°) : tan-1(수직높이 ÷ 수평거리)
• 비례식 : 수직높이 : 수평거리

13 평판측량의 3요소에 해당하지 않는 것은?

① 정 준   ② 구 심
③ 수 준   ④ 표 정

해설 평판측량의 3조건(요소)
• 정준 : 수준기를 이용해 평판을 수평으로 하는 것
• 구심 : 도판상의 측점과 지상의 측점을 일치시키는 것, 즉 제도용지의 도상점과 땅 위의 측점을 동일하게 맞추는 것
• 표정 : 도판상의 측선 방향과 지상의 측선 방향을 일치시키는 것

14 4배색을 하면서 동일 색상에서 톤의 명도 차이를 주어 사용하는 배색 방법은?

① 토널 배색
② 톤 온 톤 배색
③ 톤 인 톤 배색
④ 도미넌트 배색

해설 ② 톤 온 톤(Tone on tone) 배색 : 동일한 색상의 톤을 조절하여 배치하는 방법으로, 그러데이션 배색이라고도 한다.
① 토널(Tonal) 배색 : 도미넌트 톤 배색이나 톤 인 톤 배색과 같은 종류의 배색 방법으로, 기본 톤으로 중명도, 중채도인 탁한 톤을 사용한 배색 방법으로 전체적으로 안정되며 편안한 느낌을 준다.
③ 톤 인 톤(Tone in Tone) 배색 : 서로 다른 색상들을 동일한 톤으로 배치하는 방법을 말한다.
④ 도미넌트(Dominant) 배색 : 색상을 통일하고 톤의 변화를 주거나, 톤을 동일하게 하고 색상에 변화는 주는 등 색을 통제하여 통일감을 주는 배색을 의미한다.

15 식물의 생육에 가장 알맞은 토양의 용적 비율(%)은?(단, 광물질 : 수분 : 공기 : 유기질의 순서로 나타낸다)

① 50 : 20 : 20 : 10
② 45 : 30 : 20 : 5
③ 40 : 30 : 15 : 15
④ 40 : 30 : 20 : 10

해설 • 식물생육에 이상적인 흙의 용적 비율은 광물질 45%, 수분 30%, 공기 20%, 유기질 5%이다.
• 영구위조점은 포화습도 공기 중에서 회복되지 않는 수분량(15bar)으로 토성에 따라 다르다(사토 2~4%, 식질토 20%, 이탄토 100%).

16 야생동물의 조사와 관련된 설명 중 틀린 것은?

① 식생도면은 야생동물의 서식처에 관한 기초자료이다.
② 상대적으로 중요한 희귀종을 조사한다.
③ 주민의 안전을 위험하는 위험종을 조사한다.
④ 야생동물이 만나는 곳을 에코톤(Eco-tone)이라 한다.

해설 ④ 에코톤 : 성질이 다른 두 환경이 인접하고 그 사이에 환경 제반조건이나 식물군락, 동물군집의 이동이 보이는 부분

17 CAD의 효과로 바르지 않은 것은?

① 설계 변경이 쉽다.
② 설계의 표준화로 설계시간을 단축할 수 있다.
③ 도면의 수정과 재활용이 용이하다.
④ 오류의 발견이 어렵다.

해설 ④ CAD 사용 시 오류의 발견이 쉬운 장점이 있다.

18 조경계획의 과정을 나열한 것 중 가장 바른 순서로 된 것은?

① 기초조사 → 식재계획 → 동선계획 → 터가르기
② 기초조사 → 터가르기 → 동선계획 → 식재계획
③ 기초조사 → 동선계획 → 식재계획 → 터가르기
④ 기초조사 → 동선계획 → 터가르기 → 식재계획

해설 조경계획의 과정 : 기초조사 → 터가르기 → 동선계획 → 식재계획

19 경관의 유형 중 일시적 경관에 해당하지 않는 것은?

① 숲 속의 호수
② 무리지어 날아가는 철새
③ 동물의 일시적 출현
④ 눈으로 덮여 있는 설경

해설 ① 숲 속의 호수는 위요경관에 해당한다.
일시적 경관(Ephemeral Landscape) : 대기권의 상황변화에 따라 모습이 달라지는 경관

20 조경 프로젝트의 수행단계 중 주로 공학적인 지식을 바탕으로 다른 분야와는 달리 생물을 다룬다는 특수한 기술이 필요한 단계로 가장 적합한 것은?

① 조경계획   ② 조경설계
③ 조경관리   ④ 조경시공

해설 조경분야 프로젝트 수행단계의 순서
• 계획 : 자료의 수집, 분석, 종합
• 설계 : 자료를 활용하여 기능적·미적인 3차원 공간을 창조
• 시공 : 공학적 지식과 생물을 다룬다는 점에서 특수한 기술 요구
• 관리 : 식생과 시설물의 이용관리

16 ④   17 ④   18 ②   19 ①   20 ④

21 도급받은 건설공사의 전부 또는 일부를 도급하기 위하여 수급인이 제3자와 체결하는 계약

① 도급
② 재하도급
③ 발주
④ 하도급

해설 정의(건설산업기본법 제2조)
10. 발주자란 건설공사를 건설사업자에게 도급하는 자를 말한다. 다만, 수급인으로서 도급받은 건설공사를 하도급하는 자는 제외한다.
11. 도급이란 원도급, 하도급, 위탁 등 명칭과 관계없이 건설공사를 완성할 것을 약정하고, 상대방이 그 공사의 결과에 대하여 대가를 지급할 것을 약정하는 계약을 말한다.
12. 하도급이란 도급받은 건설공사의 전부 또는 일부를 다시 도급하기 위하여 수급인이 제3자와 체결하는 계약을 말한다.
13. 수급인이란 발주자로부터 건설공사를 도급받은 건설사업자를 말하고, 하도급의 경우 하도급하는 건설사업자를 포함한다.

22 소철(*Cycas revoluta* Thunb.)과 은행나무(*Ginkgo biloba* L.)의 공통점으로 옳은 것은?

① 속씨식물
② 자웅이주
③ 낙엽침엽교목
④ 우리나라 자생식물

해설

구분	소철	은행나무
번식방법	겉씨식물	겉씨식물
성상	상록침엽관목·소교목	낙엽침엽교목
원산지	동아시아, 일본, 중국, 대만	중국 동부

23 다음 중 열매가 붉은색으로만 짝지어진 것은?

① 쥐똥나무, 팥배나무
② 주목, 칠엽수
③ 피라칸다, 낙상홍
④ 매실나무, 무화과나무

해설
① 쥐똥나무 열매 : 흑색
② 칠엽수 열매 : 황색
④ 매실나무 열매 : 녹색

24 다음 중 가로수로 적당하지 않은 나무는?

① 플라타너스
② 느티나무
③ 은행나무
④ 반송

해설 ④ 반송은 소나무의 한 품종으로, 정원수로 많이 심는다.
가로수용 수목 : 벚나무, 은행나무, 느티나무, 가중나무, 회화나무, 은단풍, 칠엽수, 메타세쿼이아, 플라타너스 등

25 다음에서 설명하고 있는 수종으로 가장 적합한 것은?

- 꽃은 지난해에 형성되었다가 3월에 잎보다 먼저 총상꽃차례로 달린다.
- 물푸레나무과로 원산지는 한국이며, 세계적으로 1속 1종뿐이다.
- 열매의 모양이 둥근 부채를 닮았다.

① 미선나무
② 조록나무
③ 비파나무
④ 명자나무

해설 열매 모양이 둥근 부채와 닮아서 미선나무라는 이름이 붙었다.

정답 21 ④ 22 ② 23 ③ 24 ④ 25 ①

26 이식할 수목의 가식장소와 그 방법의 설명으로 틀린 것은?

① 공사의 지장이 없는 곳에 감독관의 지시에 따라 가식장소를 정한다.
② 그늘지고 점토질 성분이 풍부한 토양을 선택한다.
③ 나무가 쓰러지지 않도록 세우고 뿌리분에 흙을 덮는다.
④ 필요한 경우 관수시설 및 수목 보양시설을 갖춘다.

[해설] 가식장소는 가급적 그늘진 곳으로 사질양토로써 배수가 잘 되는 곳이어야 한다.

27 벽돌쌓기의 내용이 옳지 않은 것은?

① 가능한한 막힌 줄눈으로 쌓는다.
② 하루에 쌓는 높이는 2.0m 이하로 한다.
③ 벽돌은 어느 부분이든 균일한 높이로 쌓아 올라간다.
④ 치장줄눈은 되도록 빠르게 한다.

[해설] ② 하루에 1.5m 이하로 쌓는 데 보통 1.2m 정도가 좋다.

28 잔디 뗏장 붙이는 방법 중 조기에 잔디경관을 조성해야 할 곳에 쓰이며 뗏장이 가장 많이 소요되는 방법은?

① 줄떼 붙이기
② 전면 붙이기
③ 어긋나게 붙이기
④ 이음매 붙이기

[해설] 잔디 붙이기에 따른 뗏장 소요량
- 이음매 붙이기 : 4cm 간격을 잡을 때 잔디밭 면적의 70%에 해당하는 양이다.
- 전면 붙이기 : 잔디밭 면적만큼의 뗏장 수이다.
- 줄 붙이기 : 뗏장 너비와 같은 너비로 떼어 붙일 때는 피복면적의 50%, 반너비를 뗄 때는 75%에 해당하는 양이다.

29 옥상녹화 방수소재에 요구되는 성능 중 가장 거리가 먼 것은?

① 식물의 뿌리에 견디는 내근성
② 시비, 방제 등에 대비한 내약품성
③ 박테리아에 의한 부식에 견디는 성능
④ 색상이 미려하고 미관상 보기 좋은 것

[해설] 옥상녹화 방수소재의 조건
- 식물의 뿌리에 견디는 내근성
- 시비, 방제 등에 대비한 내약품성
- 박테리아에 의한 부식에 견디는 내식성
- 수분에 의해 용해되지 않는 내수성
- 상부자중 및 시공하중에 견디는 내압성
- 이음부, 모서리부 등의 접착성
- 보수가 용이한 공법으로 시공

30 다음 흙의 성질 중 점토와 사질토의 비교 설명으로 틀린 것은?

① 투수계수는 사질토가 점토보다 크다.
② 압밀속도는 사질토가 점토보다 빠르다.
③ 내부마찰각은 점토가 사질토보다 크다.
④ 동결피해는 점토가 사질토보다 크다.

해설 ③ 내부마찰각은 점토층보다 사질층 면이 크다. 또 점토질은 사질층 지반에 비해서 침하시간이 길 뿐 아니라 침하량도 크다.

31 재료가 외력을 받아서 변형을 일으킨 뒤 외력을 제거하면 다시 원형으로 돌아가는 성질은?

① 소 성   ② 연 성
③ 탄 성   ④ 강 성

해설 ① 소성 : 재료에 외력이 작용하면 변형이 생기며 외력 제거시에도 변형된 상태로 남는 성질
② 연성 : 탄성한계 이상의 외력을 받아도 파괴되지 않고 가늘고 길게 늘어나는 성질
④ 강성 : 재료가 외력을 받아도 잘 변형되지 않는 성질

32 기존의 퇴적암 또는 화성암이 지열, 지각의 변동에 의한 압력작용 및 화학작용 등에 의해 조직이 변화한 암석은?

① 화성암   ② 퇴적암
③ 변성암   ④ 석회질암

해설 석재의 성인(成因)에 의한 분류
• 화성암 : 화강암, 안산암, 현무암, 섬록암 등
• 퇴적암 : 응회암, 사암, 점판암, 혈암, 석회암 등
• 변성암 : 편마암, 대리암, 사문암, 결절편암 등

33 다음 중 목재의 방화제(防火劑)로 사용될 수 없는 것은?

① 염화암모늄   ② 황산암모늄
③ 제2인산암모늄   ④ 질산암모늄

해설 암모늄염으로는 제2인산암모늄, 제1인산암모늄, 브롬화암모늄, 붕산암모늄, 염화암모늄, 설파민암모늄, 황산암모늄 등이 있고 목재의 방화제로 사용한다.

34 시멘트의 성질 및 특성에 대한 설명으로 틀린 것은?

① 분말도는 일반적으로 비표면적으로 표시한다.
② 강도시험은 시멘트 페이스트 강도시험으로 측정한다.
③ 응결이란 시멘트 풀이 유동성과 점성을 상실하고 고화하는 현상을 말한다.
④ 풍화란 시멘트가 공기 중의 수분 및 이산화탄소와 반응하여 가벼운 수화반응을 일으키는 것을 말한다.

해설 ② 강도시험은 휨시험과 압축시험으로 측정하며, 주로 재령 28일 압축강도를 기준으로 3일, 7일, 28일 시험을 행한다.

정답 30 ③ 31 ③ 32 ③ 33 ④ 34 ②

35 플라스틱 제품 제작 시 첨가하는 재료가 아닌 것은?
① 가소제 ② 안정제
③ 충진제 ④ AE제

해설 플라스틱이란 합성수지에 가소제, 충진제(채움제), 착색제, 안정제 등을 넣어서 성형한 고분자 물질이다.

36 건설표준품셈에서 시멘트 벽돌의 할증률은 얼마까지 적용할 수 있는가?
① 3%   ② 5%
③ 10% ④ 15%

해설 시멘트 벽돌의 할증률은 5%이고, 붉은 벽돌의 할증률은 3%이다.

37 다음 중 시멘트가 풍화작용과 탄산화작용을 받은 정도를 나타내는 척도로 고온으로 가열하여 시멘트 중량의 감소율을 나타내는 것은?
① 경 화   ② 위응결
③ 강열감량 ④ 수화반응

해설 강열감량(Ignition Loss) : 시료를 어떤 일정한 온도로 강열한 경우 감소되는 질량을 원래의 질량에 대한 백분율로 나타낸 값으로, 시멘트의 풍화도를 확인하는 척도로 쓰이며, KS규격에서는 3%로 규정하고 있다.

38 살충제 50% 유제 100cc를 0.05%로 희석하려 할 때 요구되는 물의 양은?(단, 비중은 1이다)
① 29,900cc ② 39,900cc
③ 49,900cc ④ 99,900cc

해설 살포액의 희석

필요 수량 = 원액 약량 × $\left(\dfrac{원액\ 농도}{희석\ 농도} - 1\right)$ × 원액 비중

= 100cc × $\left(\dfrac{50\%}{0.05\%} - 1\right)$ × 1.0

= 99,900cc

39 다음 중 차나무과 수종이 아닌 것은?
① 후박나무   ② 동백나무
③ 노각나무   ④ 사스레피나무

해설 차나무과(Theaceae)
노각나무, 후피향나무, 차나무, 동백나무, 섬쥐똥나무, 비쭈기나무, 사스레피나무 등

40 다음 목재의 구조부 중 수축변형이 큰 순서대로 바르게 나열된 것은?

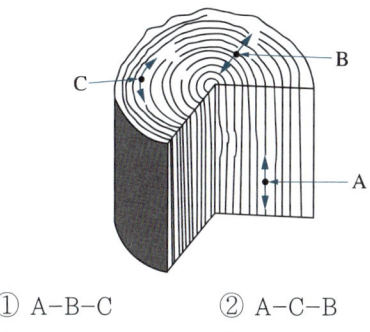

① A-B-C ② A-C-B
③ C-A-B ④ C-B-A

해설 목재 수축률 정도

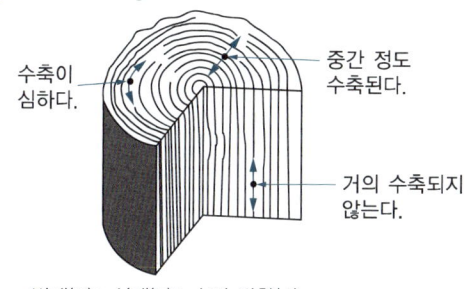

- 변재(C) > 심재(B) > 수직 방향(A)
- 변재가 심재보다 수축이 크다.

41 다음 중 흡즙성 해충으로만 짝지어진 것은?

① 소나무좀, 하늘소류
② 진딧물, 응애류
③ 잎벌, 풍뎅이류
④ 밤바구미, 나방류

해설 가해방법에 따른 해충의 분류
- 흡즙성 해충 : 진딧물, 깍지벌레, 방패벌레, 응애류
- 갉아먹는 해충 : 나방류, 황금충
- 구멍을 뚫는 해충 : 소나무좀, 박쥐나방, 하늘소류

42 파이토플라스마에 의한 수목병이 아닌 것은?

① 벚나무 빗자루병
② 붉나무 빗자루병
③ 오동나무 빗자루병
④ 대추나무 빗자루병

해설 ① 벚나무 빗자루병은 병원성 곰팡이인 *Taphrina wiesneri*에 의해 발병한다.

43 다음 중 오리나무 갈색무늬병균의 전반에 대한 설명으로 옳은 것은?

① 곤충 및 소동물에 의해서 전반된다.
② 물에 의해서 전반된다.
③ 종자의 표면에 부착해서 전반된다.
④ 바람에 의해서 전반된다.

해설 ③ 오리나무 갈색무늬병균은 종피에 붙어 전반된다.

44 다음식에서 A에 해당하는 것은?

용적률 = A/대지면적

① 건축면적 ② 연면적
③ 1호당 면적 ④ 평균층수

해설 용적률은 대지면적에 대한 연면적(대지에 건축물이 둘 이상 있는 경우에는 이들 연면적의 합계)의 비율(건축법 제56조)

정답 40 ④ 41 ② 42 ① 43 ③ 44 ②

45 도시공원 및 녹지 등에 관한 법규에 의한 어린이공원의 설계기준으로 부적합한 것은?

① 유치거리는 250m 이하
② 녹지면적은 60% 이상
③ 공원시설 부지면적은 60% 이하
④ 규모는 1,500m² 이상

해설 ② 녹지면적은 40% 이상

46 다음 중 줄기감기를 하는 목적이 아닌 것은?

① 잡초 방제
② 수분증발 억제
③ 피소방지
④ 동해방지

해설 줄기감기
이식한 나무의 줄기로부터 수분의 증산을 억제하거나 해충의 침입을 방지하기 위하여 새끼나 마대로 줄기를 감아주며, 그 위에 진흙을 발라주기도 한다.

47 콘크리트 공사 시의 슬럼프시험은 무엇을 측정하기 위한 것인가?

① 반죽질기
② 피니셔빌리티
③ 성형성
④ 블리딩

해설 슬럼프시험(Slump Test)은 굳지 않은 콘크리트의 반죽질기를 시험하는 방법으로 콘크리트 타설 시 시공성을 측정하는 방법이다.

48 다음 중 인공적 수형을 만드는 데 적당한 수종이 아닌 것은?

① 꽝꽝나무
② 아왜나무
③ 주 목
④ 벚나무

해설 벚나무는 맹아력이 약해 형상수에 적합하지 않다.

49 다음 중 한 가지에 많은 봉우리가 생긴 경우 솎아 낸다든지, 열매를 따버리는 등의 작업 목적으로 가장 적당한 것은?

① 생장조장을 돕는 가지 다듬기
② 세력을 갱신하는 가지 다듬기
③ 착화 및 착과 촉진을 위한 가지 다듬기
④ 생장을 억제하는 가지 다듬기

해설 개화 결실을 많게 하기 위한 전정 : 감나무와 각종 과수나무, 장미의 여름전정 등

정답 45 ② 46 ① 47 ① 48 ④ 49 ③

50 다음 중 콘크리트 내구성에 영향을 주는 아래 화학반응식의 현상은?

$$Ca(OH)_2 + CO_2 \rightarrow CaCO_3 + H_2O \uparrow$$

① 콘크리트 염해
② 동결융해현상
③ 알칼리 골재반응
④ 콘크리트 중성화

해설 중성화의 화학반응식
$Ca(OH)_2 + CO_2 \rightarrow CaCO_3 + H_2O \uparrow$
※ 수화작용 : $CaO + H_2O \rightarrow Ca(OH)_2$

51 강의 열처리란 금속재료에 필요한 성질을 주기 위하여 가열 또는 냉각하는 조작을 말하는데 다음 중 강의 열처리 방법에 해당하지 않는 것은?

① 뜨임질 ② 불 림
③ 풀 림   ④ 늘 림

해설 강의 일반 열처리에는 담금질, 뜨임, 풀림, 불림 등이 있다.

52 우리나라 정원에서 홍예문의 성격을 띤 구조물이라 할 수 있는 것은?

① 정 자   ② 테라스
③ 트렐리스 ④ 아 치

해설 홍예문(虹霓門) : 인천광역시 소재 유형문화재로 1908년에 일본이 화강암으로 축조한 아치형 터널이다.

53 조경수목의 연간관리 작업계획표를 작성하려고 한다. 작업 내용의 분류상 성격이 다른 하나는?

① 병해충 방제 ② 시 비
③ 떼밥주기   ④ 수관 손질

해설 떼밥주기는 잔디 연간관리 작업계획표에 속한다.

54 다음 중 시설물의 관리를 위한 방법으로 적합하지 못한 것은?

① 콘크리트 포장의 갈라진 부분은 파손된 재료 및 이물질을 완전히 제거한 후 조치한다.
② 배수시설은 정기적인 점검을 실시하고, 배수구의 잡물을 제거한다.
③ 벽돌 및 자연석 등의 원로포장 파손 시 많은 부분을 철저히 조사한다.
④ 유희시설물 점검은 용접부분 및 움직임이 많은 부분을 철저히 조사한다.

해설 ③ 벽돌 및 자연석 등의 원로포장 파손 시 파손된 부분을 보수한다.

정답 50 ④ 51 ④ 52 ④ 53 ③ 54 ③

55 다음 측구들 중 산책로나 보도에서 자연경관과 가장 잘 어울리는 것은?

① 콘크리트 측구
② U형 측구
③ 호박돌 측구
④ L형 측구

56 잔디재배 관리방법 중 칼로 토양을 베어 주는 작업으로, 잔디의 포복경 및 지하경도 잘라 주는 효과가 있으며 레노베이어, 론에어 등의 장비가 사용되는 작업은?

① 스파이킹
② 롤 링
③ 버티컬 모잉
④ 슬라이싱

해설 슬라이싱 : 칼로 토양을 베어 주는 작업으로 잔디의 포복경과 지하경을 잘라 주는 효과가 있으며, 통기작업과 유사하나 그 정도가 약하여 피해가 적다.

57 기계가 서 있는 위치보다 낮은 곳의 굴착을 하는 데 효과적인 토공기계는?

① 모터그레이더
② 파워셔블
③ 드래그라인
④ 클램셀

해설 드래그라인(Drag Line) : 굴착할 장소가 기계를 장치한 지반보다 낮을 때, 굴착해야 할 흙이 고결되어 있지 않을 때나 수중 굴착 시 적당하다.

58 농약 취급 시 주의할 사항으로 부적합한 것은?

① 농약을 살포할 때는 방독면과 방호용 옷을 착용하여야 한다.
② 쓰고 남은 농약은 변질될 수 있으므로 즉시 주변에 버리거나, 다른 용기에 담아 둔다.
③ 피로하거나 건강이 나쁠 때는 작업하지 않는다.
④ 작업 중에 식사 또는 흡연을 금한다.

해설 사용하고 남은 희석한 농약은 미련 없이 버린다. 음료수병에 보관하는 것은 절대금지이며, 사용 후 남은 원액은 그대로 밀봉하여 어린이의 손이 닿지 않는 장소에 보관한다.

정답 55 ③ 56 ④ 57 ③ 58 ②

59 골프장의 잔디밭에 뗏밥넣기의 두께로 가장 적당한 것은?

① 0.3~0.7cm
② 1.6~2.5cm
③ 1.0~1.5cm
④ 0.1~0.2cm

해설 뗏밥의 두께는 가정(일반으로 사용)은 0.5~1.0cm, 골프장은 0.3~0.7cm가 적당하다.

60 다음 중 정원의 관리 요령이 잘못된 것은?

① 분수나 폭포에 대한 급수관이 노출되어 있을 때는 짚이나 거적으로 싸준다.
② 다듬기 작업은 적어도 늦봄과 초가을에 두 번 실시하되, 겨울에도 한 번은 해야 좋다.
③ 지나치게 우거지지 않도록 1년에 두 번은 가지솎기를 해준다.
④ 디딤돌의 보수는 앞뒤에 놓인 디딤돌의 높이를 최대한 고려한다.

해설 ② 겨울에는 다듬기 작업을 하지 않는다.

정답 59 ① 60 ②

2024년 제3회 과년도 기출복원문제

01 다음 중 사대부나 양반계급에 속했던 사람이 자연 속에 묻혀 야인으로서의 생활을 즐기던 별서정원이 아닌 것은?

① 소쇄원
② 방화수류정
③ 부용동정원
④ 다산정원

해설 방화수류정 : 수원성곽을 축조할 때 세운 누각 중 하나로, 성의 동북쪽 모서리에 위치하고 있어 동북각루(東北角樓)라 하였으며, 경관이 매우 뛰어나 방화수류정이라는 당호(堂號)가 붙었다.

02 중국 정원의 가장 중요한 특색이라 할 수 있는 것은?

① 조 화
② 대 비
③ 반 복
④ 대 칭

해설 중국 정원의 특징
- 지역마다 재료를 달리한 정원양식이 생겼다.
- 건물과 정원이 한덩어리가 되는 형태로 발달했다.
- 기하학적인 무늬가 그려져 있는 원로가 있다.
- 조경수법이 대비에 중점을 두고 있다.
- 경수법을 도입하였다.
- 사실주의보다는 상징적 축조가 주를 이루는 사의주의(寫意主義)에 입각하였다.

03 발해의 상류저택에 대규모로 심겨졌던 식물로 옳은 것은?

① 석 류
② 매 화
③ 모 란
④ 앵 두

해설 「발해국지」에 '저택에 원지와 수백 주의 모란꽃 화원이 있었다'는 기록이 있다.

04 다음 이슬람 정원 중 알람브라궁전에 없는 것은?

① 알베르카 중정
② 사자 중정
③ 사이프러스 중정
④ 헤네랄리페 중정

해설 헤네랄리페(Generalife) 이궁
- 그라나다 왕의 피서를 위한 은둔처로서 경사지의 계단식 처리와 기하학적인 구성으로 되어 있다.
- 수로가 있는 중정으로, 연꽃 모양의 수반과 회양목으로 구성하여 3면은 건물이고, 한쪽은 아케이드로 둘러싸여 있다.
- 건물 입구까지 길 양쪽의 분수가 아치 모양을 이루고, 좌우에 꽃과 수목이 식재되었다.

05 다음 중 여러 단을 만들어 그 곳에 물을 흘러내리게 하는 이탈리아 정원에서 많이 사용되었던 조경기법은?

① 캐스케이드
② 토피어리
③ 록가든
④ 커 낼

해설 르네상스 시대 이탈리아 정원의 특징
- 높이가 다른 여러 개의 노단을 잘 조화시켜 좋은 전망을 살렸다.
- 강한 축을 중심으로 정형적 대칭을 이루도록 꾸몄다.
- 원로의 교차점이나 종점에는 조각, 분천, 연못, 캐스케이드 벽천, 장식화분 등이 배치되었다.

정답 1 ② 2 ② 3 ③ 4 ④ 5 ①

06 덕수궁 석조전 앞 분수와 연못을 중심으로 한 정원과 가장 가까운 양식으로 옳은 것은?

① 영국의 절충식
② 프랑스의 정형식
③ 독일의 풍경식
④ 이탈리아의 노단건축식

해설 석조전 앞 분수와 연못을 중심으로 조성된 정원인 침상원(침상경원)은 우리나라 최초의 유럽식(프랑스 정형식) 정원이다.

07 다음 제시된 색 중 같은 면적에 적용했을 경우 가장 좁아 보이는 색은?

① 옅은 하늘색
② 선명한 분홍색
③ 밝은 노란 회색
④ 진한 파랑

해설 색의 팽창과 수축
밝고 따뜻한 색은 팽창해 보이고 어둡고 차가운 색은 수축해 보인다. 같은 면적에 적용했을 때 흰색, 노랑, 주황, 빨강, 녹색, 보라, 파랑 순으로 크기가 커 보인다.

08 다음 중 가장 채도가 높은 것은?

① 빨강(5R)
② 파랑(5B)
③ 초록(5G)
④ 주황(5YR)

해설 가장 채도가 높은 색은 노랑, 빨강의 순색으로 채도는 14단계까지 이른다.

09 GPS에서 수신 시 필요한 최소한의 위성 수는?

① 1개   ② 2개
③ 3개   ④ 5개

해설 GPS 측량 시 위도와 경도를 확인하기 위하여 최소 3개의 위성이 필요하고, 4개 이상이면 위도, 경도, 고도를 알 수 있다.

10 황금비는 단변이 1일 때 장변은 얼마인가?

① 1.681   ② 1.618
③ 1.186   ④ 1.861

해설 황금비는 보통 소수점 세번째 자리까지인 1.618을 사용한다.

정답 6 ② 7 ④ 8 ① 9 ③ 10 ②

11 시공 후 전체적인 모습을 알아보기 쉽도록 그린 다음 같은 형태의 그림은?

① 평면도　② 입면도
③ 조감도　④ 상세도

해설 조감도 : 설계 대상지의 완성 후의 모습을 공중에서 내려다 본 그림

12 다음 중 등고선의 성질에 대한 설명으로 맞는 것은?

① 지표의 경사가 급할수록 등고선 간격이 넓어진다.
② 같은 등고선 위의 모든 점은 높이가 서로 다르다.
③ 등고선은 지표의 최대 경사선의 방향과 직교하지 않는다.
④ 높이가 다른 두 등고선은 동굴이나 절벽의 지형이 아닌 곳에서는 교차하지 않는다.

해설 등고선의 성질
- 등고선상의 모든 점은 같은 높이이다.
- 등고선은 도면 안팎에서 반드시 만나며, 사라지지 않는다.
- 등고선이 도면 안에서 만나는 지점은 산꼭대기나 요지(凹地)이다.
- 높이가 다른 등고선은 절벽이나 동굴을 제외하고는 교차하거나 만나지 않는다.
- 급경사지는 간격이 좁고, 완경사지는 간격이 넓다.
- 경사가 같으면 간격도 같다.

13 다음 중 배식설계에 있어서 정형식 배식설계가 아닌 것은?

① 열 식　② 임의식재
③ 대 식　④ 교호식재

해설 배식기법
- 정형식(整形式) : 단식, 대식, 열식, 교호식재(지그재그식재), 집단식재
- 자연식(自然式) : 부등변삼각형 식재, 임의식재, 무리심기, 배경식재
- 절충식

14 다음 중 인공지반을 만들기 위해 사용되는 경량재가 아닌 것은?

① 부엽토　② 화산재
③ 펄라이트　④ 버미큘라이트

해설 경량재로는 버미큘라이트, 펄라이트, 피트모스, 화산재 등이 있다.

15 조경의 내용 범위에 포함하기 어려운 것은?

① 공원의 조성
② 자연보호
③ 경관보존
④ 도시지역의 확대

해설 조경은 크게 나누어 인위적인 경관의 조성과 자연경관의 이용 및 관리로 구분할 수 있는데, 인위적인 조경은 어떤 일정한 목적을 가지고 유용성과 미(美)를 고려하여 인간의 힘으로 창조한 경관을 말하며, 정원이나 공원, 기타 인공시설물 등이 포함될 수 있다.

11 ③　12 ④　13 ②　14 ①　15 ④

16 다음 중 E. Hall이 설명한 공적인 거리로 옳은 것은?

① 80cm
② 100cm
③ 360cm
④ 720cm

해설
- 친밀한 거리 : 0~45cm, 가족이나 연인사이의 거리
- 개인적 거리 : 45~120cm, 친구 등 가까운 사이에서 일상적인 대화를 할 때 거리
- 사회적 거리) : 120~360cm, 업무상 대화 등을 할 때 유지하는 거리
- 공적인 거리 : 360cm 이상, 연설·강연이나 공연 등 개인과 청중 사이의 거리

17 건물의 외벽도색을 위한 색채계획을 할 때 사용하는 컬러샘플(Color Sample)은 실제의 색보다 명도나 채도를 낮추어 사용하는 것이 좋다. 이는 색채의 어떤 현상 때문인가?

① 착시효과
② 동화현상
③ 대비효과
④ 면적효과

해설 면적대비 : 면적이 크고 작음에 따라 색이 다르게 보이는 현상
- 면적이 커지면 명도와 채도가 높아진 것처럼 느껴져 색은 밝고 선명해 보이지만, 반대로 면적이 작아지면 색은 어둡고 탁해 보인다.
- 작은 견본으로는 정확한 색상 선택이 어려우므로 벽면과 같이 큰 면적의 색을 고를 때는 원하는 색상보다 약간 어둡고 탁한 색을 고르는 것이 좋다.

18 다음 중 순공사원가를 가장 바르게 표시한 것은?

① 재료비 + 노무비 + 경비
② 재료비 + 노무비 + 일반관리비
③ 재료비 + 일반관리비 + 이윤
④ 재료비 + 노무비 + 경비 + 일반관리비 + 이윤

19 시공계획의 4대 목표를 구성하는 요소가 아닌 것은?

① 원 가
② 안 전
③ 관 리
④ 공 정

해설 공사관리의 기본에는 공정관리, 품질관리, 원가관리, 안전관리 등이 있다.

20 기존의 레크리에이션 기회에 참여 또는 소비하고 있는 수요(需要)를 무엇이라 하는가?

① 표출수요
② 잠재수요
③ 유효수요
④ 유도수요

해설 레크리에이션 수요(Demand)의 종류
- 유도수요 : 광고, 선전, 교육 등을 통해 이용을 유도시킬 수 있는 수요
- 잠재수요 : 사람들에게 내재되어 있는 수요로 적당한 시설, 접근수단, 정보가 제공되면 참여가 기대되는 수요
- 표출수요 : 기존의 레크리에이션 기회에 참여 또는 소비하고 있는 수요
- 유효수요 : 재화에 대한 욕구가 실제로 그 재화를 구입할 만큼 구매력의 뒷받침이 있을 경우의 수요

정답 16 ③ 17 ④ 18 ① 19 ③ 20 ①

21 생태복원을 목적으로 사용하는 재료로서 가장 거리가 먼 것은?

① 색생매트 ② 잔디블록
③ 녹화마대 ④ 식생자루

해설 녹화마대 : 나무에 붕대를 감은 듯한 마대로 수목 굴취 시 뿌리분을 감는 데 사용하며, 포트(Pot) 역할을 하여 잔뿌리 형성에 도움을 주는 환경친화적인 재료이다.

22 다음 입찰계약 순서 중 옳은 것은?

① 입찰공고 → 낙찰 → 계약 → 개찰 → 입찰 → 현장설명
② 입찰공고 → 현장설명 → 입찰 → 계약 → 낙찰 → 개찰
③ 입찰공고 → 현장설명 → 입찰 → 개찰 → 낙찰 → 계약
④ 입찰공고 → 계약 → 낙찰 → 개찰 → 입찰 → 현장설명

23 화강암 중 회백색 계열을 띠고 있는 돌은?

① 진안석 ② 포천석
③ 문경석 ④ 철원석

해설 화강암의 색채
• 회백색 계열 : 포천석, 신북석, 일동석, 거창석 등
• 담홍색 계열 : 진안석, 운천석, 문경석, 철원석 등

24 다음 [보기]에서 설명하는 수종은?

┤보기├
• 원산지는 중국이다.
• 줄기 색채가 녹색이고, 6월경에 개화하며 꽃색은 황색이다.
• 성상이 낙엽활엽교목으로 열매는 5개의 분과로 익기 전에 벌어져서 완두콩 같은 종자가 보이고 10월에 익는다.

① 태산목 ② 황매화
③ 벽오동 ④ 노각나무

해설 벽오동은 수고가 15~20m에 달하고, 수피가 푸른색을 나타낸다.

25 흰말채나무의 특징을 설명한 것으로 틀린 것은?

① 노란색의 열매가 특징적이다.
② 층층나무과로 낙엽활엽관목이다.
③ 수피가 여름에는 녹색이나 가을, 겨울철의 붉은 줄기가 아름답다.
④ 잎은 대생하며 타원형 또는 난상타원형이고, 표면에 작은 털이 있으며 뒷면은 흰색의 특징을 갖는다.

해설 ① 열매가 하얗게 익어서 흰말채나무라고 한다.

정답 21 ③ 22 ③ 23 ② 24 ③ 25 ①

26 여러해살이 화초에 해당되는 것은?

① 베고니아 ② 금어초
③ 맨드라미 ④ 금잔화

해설 여러해살이 화초 : 넝쿨장미, 튤립, 초롱꽃, 베고니아, 수선화, 아네모네, 제라늄, 히아신스, 국화, 부용, 꽃창포, 도라지꽃 등

27 다음에서 설명하는 벽돌쌓기 방법은?

> 길이쌓기 켜와 마구리쌓기 켜가 번갈아 반복되게 쌓는 방법으로 모서리나 벽이 끝나는 곳에는 반절이나 이오토막이 쓰인다.

① 영국식 쌓기 ② 프랑스식 쌓기
③ 영롱쌓기   ④ 미국식 쌓기

해설
② 프랑스식 쌓기 : 켜마다 길이와 마구리가 번갈아 나오는 방법으로, 영국식 쌓기보다 아름다우나 견고성은 떨어진다.
③ 영롱쌓기 : 벽돌담에 구멍을 내어 장식성을 높인 것
④ 미국식 쌓기 : 5켜까지 길이쌓기로 하고, 그 위 1켜는 마구리쌓기로 하는 방법이다.

28 목재가공 작업과정 중 소지조정, 눈막이(눈메꿈), 샌딩실러 등은 무엇을 하기 위한 것인가?

① 접착 ② 연마
③ 도장 ④ 오버레이

해설 목재도장의 공정과정 : 소지공정 → 표백 → 착색 → 눈메꿈도장 → 하도도장 → 중도도장 → 상도도장

29 다음 중 석재의 비중을 구하는 식은?

> • A : 공시체의 건조무게(g)
> • B : 공시체의 침수 후 표면 건조포화 상태의 공시체의 무게(g)
> • C : 공시체의 수중무게(g)

① $\dfrac{A}{B+C}$ ② $\dfrac{A}{B-C}$

③ $\dfrac{C}{A-B}$ ④ $\dfrac{B}{A+C}$

해설 표면 건조포화 상태의 비중 = $\dfrac{B}{A+C}$

30 콘크리트 제작방법에 의해서 행하는 시험비빔(Trial Mixing) 시 검토해야 할 항목이 아닌 것은?

① 인장강도
② 비빔온도
③ 공기량
④ 워커빌리티

해설 콘크리트 제작방법에 의해서 행하는 시험비빔 시 검토해야 할 항목(KS F 4009 규정)은 레미콘규격, 슬럼프시험, 공기량시험, 비빔온도, 압축강도 등이 있다.

정답 26 ① 27 ① 28 ③ 29 ② 30 ①

31 다음 중 시설물의 사용연수로 가장 부적합한 것은?

① 철재 시소 : 10년
② 목재 벤치 : 7년
③ 철재 퍼걸러 : 40년
④ 원로의 모래자갈 포장 : 10년

해설 ③ 철재 퍼걸러 : 20년

32 다음 중 임해공업단지에 공장조경을 하려 할 때 가장 적합한 수종은?

① 광나무   ② 히말라야시다
③ 감나무   ④ 왕벚나무

해설 내염성이 큰 수종 : 해송, 노간주나무, 눈향나무, 광나무, 비자나무, 사철나무, 동백나무, 해당화, 찔레나무, 회양목, 유카 등

33 혼화재의 설명 중 옳은 것은?

① 혼화재는 혼화제와 같은 것이다.
② 종류로는 포졸란, AE제 등이 있다.
③ 종류로는 슬래그, 감수제 등이 있다
④ 혼화재는 그 사용량이 비교적 많아서 그 자체의 부피가 콘크리트의 배합계산에 관계된다.

해설 혼화재와 혼화제
• 혼화재 : 시멘트의 성질을 개량할 목적으로 사용하는 재료로서, 시멘트량의 5% 이상을 첨가하므로 그 부피가 배합계산에 포함되는 것
예 고로슬래그, 천연포졸란, 플라이애시 등
• 혼화제 : 혼화재와 같이 시멘트의 성질 개량을 목적으로 사용하지만, 시멘트량의 1% 이하만 첨가하므로 그 부피가 배합계산에 포함되지 않는 것
예 AE제, 감수제, 급결제, 지연제, 방수제 등

34 벤치, 인공폭포, 인공암, 수목보호판 등으로 이용하기에 가장 적합한 것은?

① 경질염화비닐판
② 유리섬유 강화플라스틱
③ 폴리스티렌수지
④ 염화비닐수지

해설 인공폭포의 외장재료는 일반적으로 자연석, 유리섬유 강화플라스틱(FRP), 기와, 토관(土管), 인조목 등이 주로 사용되며, 물에 변색되지 않고 수압에 강한 재료로서 폭포가 설치될 장소의 주위경관과 조화될 수 있는 재료를 선택하여야 한다.

35 물체의 전면에 작용하는 하중의 분포 상태가 하중 적용 방향으로 일정한 하중은?

① 집중하중
② 등분포하중
③ 경사분포하중
④ 모멘트하중

36 다음 중 건설재료의 할증률로 맞는 것은?

① 이형철근 : 5%
② 경계블록 : 3%
③ 붉은 벽돌 : 5%
④ 수장용 합판 : 10%

해설 ①・③ 이형철근, 붉은 벽돌 : 3%
④ 수장용 합판 : 5%

37 굵은골재의 절대건조상태의 질량이 1,000g, 표면건조포화상태의 질량이 1,100g, 수중질량이 650g일 때 흡수율은 몇 %인가?(단, 시험온도에서의 물의 밀도는 1g/cm³이다)

① 10.0%
② 28.6%
③ 31.4%
④ 35.0%

해설 흡수율(%) = $\dfrac{\text{표면건조포화상태의 질량} - \text{절대건조상태의 질량}}{\text{절대건조상태의 질량}}$

$= \dfrac{1,100 - 1,000}{1,000} \times 100 = 10$

38 식물의 아래 잎에서 황화현상이 일어나고 심하면 잎 전면에 나타나며, 잎이 작지만 잎수가 감소하며 초본류의 초장이 작아지고 조기낙엽이 비료결핍의 원인이라면 어느 비료 요소와 관련된 설명인가?

① P
② N
③ Mg
④ K

해설 비료의 역할
- 질소(N) : 광합성작용을 촉진하여 수목의 잎이나 줄기 등의 생장에 도움을 주는데, 부족하면 생장이 위축되고 성숙이 빨라진다.
- 인(P) : 세포분열을 촉진하거나 꽃·열매·뿌리의 발육에 관여하는데, 부족하면 성숙이 빨라져 수확량이 감소한다.
- 칼륨(K) : 꽃과 열매의 향기나 색깔을 조절하는데, 부족하면 황화현상이 나타나고 잎이 고사한다.
- 칼슘(Ca) : 단백질을 합성하고 식물체 유기산을 중화하는데, 부족하면 생장점이 파괴되어 갈변한다.
- 마그네슘(Mg) : 엽록소의 구성성분이며 각종 효소를 활성화하는데, 부족하면 잎이 얇아지고 황백화현상이 나타난다.

39 가을에 그윽한 향기를 가진 등황색 꽃이 피는 수종은?

① 금목서
② 남 천
③ 팔손이나무
④ 생강나무

해설
② 6~7월 흰색
③ 11월 흰색
④ 3월 노란색

40 다음 중 성형, 가공이 용이하지만 온도변화에 약한 재질은?

① 목 재
② 금 속
③ 플라스틱
④ 콘크리트

해설 플라스틱제품의 특성
- 가벼우며, 강도와 탄력성이 크다.
- 소성, 가공성이 좋아 복잡한 모양의 제품으로 성형이 가능하다.
- 내산성, 내알칼리성이 크고 녹슬지 않는다.
- 착색, 광택이 좋고, 접착력이 크다.
- 내화성, 내열성, 내후성, 내광성이 부족하다.
- 전기와 열의 절연성이 있다.

41 다음 제초제 중 잡초와 작물 모두를 사멸시키는 비선택성 제초제는?

① 디캄바 액제
② 글리포세이트 액제
③ 펜티온 유제
④ 에테폰 액제

해설 ①·③·④ 선택성 제초제

42 병해충 방제를 목적으로 쓰이는 농약의 포장지 표기 형식 중 색깔이 분홍색을 나타내는 것은 어떤 종류의 농약을 가리키는가?

① 살균제　　② 살충제
③ 제초제　　④ 살비제

해설 농약제의 포장지 색깔
- 살균제 : 분홍색
- 살충제 : 초록색
- 살균·살충제 : 위쪽 - 분홍색, 아래쪽 - 초록색
- 제초제 : 노란색
- 비선택성 제초제 : 빨간색
- 생장조절제 : 파란색

43 다음 조경 식물의 주요 해충 중 천공성 해충은?

① 매미나방　　② 박쥐나방
③ 흰불나방　　④ 솔잎혹파리

해설 천공성 해충 : 소나무좀, 측백하늘소, 박쥐나방, 버들바구미 등
①·③ 매미나방, 흰불나방 : 식엽성 해충
④ 솔잎혹파리 : 충영형성 해충

44 다음 중 봄에 꽃이 피는 진달래 등의 꽃나무류를 전정하는 시기로 가장 적당한 것은?

① 꽃이 진 직후
② 여름에 도장지가 무성할 때
③ 늦가을
④ 장마 이후

해설 꽃나무류는 꽃이 진 후 바로 하되, 화아분화 시기와 분화한 후 꽃피는 습성에 따라 전정시기가 다르게 된다.

45 식물에 발생하는 동해(凍害)에 대한 설명으로 옳은 것은?

① 봄철 식물의 발육시작 후 갑자기 0℃ 이하로 떨어지면서 받는 피해를 말한다.
② 0℃ 이하의 기온에서 받는 피해이다.
③ 0℃ 근처에서 받는 생리적 영향으로 인한 피해를 말한다.
④ 초가을에 계절에 맞지 않게 추운 날씨가 계속되어 받는 피해이다.

해설 ① 만상(晚霜, Spring Frost)
③ 냉해(冷害)
④ 조상(早霜, Autumn Frost)

46 밤나무의 종실을 가해하여 피해를 주는 해충은?

① 버들바구미
② 어스렝이나방
③ 복숭아명나방
④ 참나무재주나방

해설 종실 해충 : 밤바구미, 복숭아명나방 등

47 다음 중 산울타리의 다듬기 방법으로 옳은 것은?

① 전정하는 횟수는 생장이 완만한 수종의 경우 1년에 5~6회이다.
② 생장이 빠르고 맹아력이 강한 수종은 1년에 8~10회 실시한다.
③ 일반 수종은 장마 때와 가을 등 2회 정도 전정한다.
④ 화목류는 꽃이 피기 바로 전에 실시하고, 덩굴식물의 경우는 여름에 전정한다.

해설 ③ 산울타리 등 관목류는 5~6월과 9월에 전정하는 것이 좋다.

48 40m²의 면적에 팬지를 20cm×20cm 간격으로 심고자 한다. 팬지 묘의 필요 본수로 가장 적당한 것은?

① 100   ② 250
③ 500   ④ 1,000

해설 1m에 심을 팬지 수는 100cm/20cm = 5이므로 1m²에는 25본, 25본 × 40m² = 1,000본이 적당하다.

49 다음 중 충영을 형성하는 해충은?

① 응애   ② 깍지벌레
③ 솔나방   ④ 혹진딧물

해설 충영형성 해충 : 솔잎혹파리, 밤나무혹벌, 혹응애, 혹진딧물 등

50 40%(비중=1)의 어떤 유제가 있다. 이 유제를 1,000배로 희석하여 10a당 9L를 살포하고자 할 때, 유제의 소요량은 몇 mL인가?

① 7   ② 8
③ 9   ④ 10

해설 살포액의 희석
• 사용 농도 = 원액 농도 ÷ 희석배수
  = 40% ÷ 1,000 = 0.04%
• ha당 필요 약량 = 사용 농도 × $\dfrac{살포량}{원액\ 농도}$

  = $0.04\% \times \dfrac{9L}{40\%}$

  = 0.009L = 9mL(∵ 1L = 1,000mL)

51 진딧물의 방제를 위하여 보호하여야 하는 천적으로 볼 수 없는 것은?

① 무당벌레류   ② 꽃등에류
③ 솔잎벌류   ④ 풀잠자리류

해설 진딧물의 천적 : 무당벌레, 풀잠자리, 콜레마니 진디벌, 진디혹파리, 꽃등에 등

정답 47 ③ 48 ④ 49 ④ 50 ③ 51 ③

52 다음 중 조경수목에 거름을 줄 때의 방법에 대한 설명으로 틀린 것은?

① 윤상 거름주기 : 수관폭을 형성하는 가지 끝 아래의 수관선을 기준으로 환상으로 깊이 20~25cm, 너비 20~30cm로 둥글게 판다.
② 방사상 거름주기 : 파는 도랑의 깊이는 바깥쪽일수록 깊고 넓게 파야 하며, 선을 중심으로하여 길이는 수관폭의 1/3 정도로 한다.
③ 선상 거름주기 : 수관선상에 깊이 20cm 정도의 구멍을 군데군데 뚫고 거름을 주는 방법으로, 액비를 비탈면에 줄 때 적용한다.
④ 전면 거름주기 : 한 그루씩 거름을 줄 경우, 뿌리가 확장되어 있는 부분을 뿌리가 나오는 곳까지 전면으로 땅을 파고 거름을 주는 방법이다.

해설 ③은 천공거름주기이다.

53 자연상태(N), 흐트러진 상태(S), 다져진 상태(H)의 부피를 비교한 것으로 올바른 것은?

① H>N>S
② N>H>S
③ S>N>H
④ S>H>N

해설 ③ 자연상태의 흙을 기준으로 할 경우 부피는 흐트러진 상태>자연상태>다져진 상태 순이다.

54 다음 중 관리하자에 의한 사고에 해당되지 않는 것은?

① 시설의 구조자체의 결함에 의한 것
② 시설의 노후·파손에 의한 것
③ 위험장소에 대한 안전대책 미비에 의한 것
④ 위험물 방치에 의한 것

해설 ①은 설치하자에 의한 사고이다.

55 관리업무의 수행 중 도급방식의 대상으로 옳은 것은?

① 긴급한 대응이 필요한 업무
② 금액이 적고 간편한 업무
③ 연속해서 행할 수 없는 업무
④ 규모가 크고, 노력·재료 등을 포함하는 업무

해설 도급방식의 대상업무
• 장기에 걸쳐 단순작업을 행하는 업무
• 전문지식, 기능, 자격을 요하는 업무
• 규모가 크고, 노력·재료 등을 포함하는 업무
• 관리주체가 보유한 설비로는 불가능한 업무
• 직업의 관리인원으로는 부족한 업무

56 조경시설물 유지관리 연간 작업계획에 포함되지 않는 작업내용은?

① 수선, 교체
② 개량, 신설
③ 복구, 방제
④ 제초, 전정

해설 ④ 제초나 전정은 식물관리 작업계획에 포함되는 사항이다.

57 호박돌 쌓기에 이용되는 쌓기법으로 가장 적합한 것은?

① 十자 줄눈 쌓기
② 줄눈 어긋나게 쌓기
③ 이음매 경사지게 쌓기
④ 평석 쌓기

해설 ② 호박돌을 쌓을 때는 불규칙하게 쌓는 것보다 규칙적인 모양을 갖도록 쌓는 것이 보기에 좋고 안전성이 있으며, 돌을 서로 어긋나게 놓아 十자 줄눈이 생기지 않도록 한다.

58 조경수목의 관리계획에는 정기 관리작업, 부정기 관리작업, 임시 관리작업으로 분류할 수 있다. 그 중 정기 관리작업에 속하는 것은?

① 고사목 제거
② 토양 개량
③ 세 척
④ 거름주기

해설 조경수목의 관리계획
• 정기 관리작업 : 청소, 점검, 식물의 손질(수목의 전정, 병충해 방제), 거름주기, 페인트칠 등
• 부정기 관리작업 : 고사목 제거, 보식, 시설물 보수 등
• 임시 관리작업 : 태풍에 휩쓸려 오거나 사람들이 버린 오물을 제거하는 청소작업

59 조경수목의 하자로 판단되는 기준은?

① 수관부의 가지가 약 1/2 이상 고사 시
② 수관부의 가지가 약 2/3 이상 고사 시
③ 수관부의 가지가 약 3/4 이상 고사 시
④ 수관부의 가지가 약 3/5 이상 고사 시

해설 조경공사표준시방서의 기준 상 수목은 수관부 가지의 약 2/3 이상이 고사하는 경우에 고사목으로 판정하고 지피・초본류는 해당 공사의 목적에 부합되는가를 기준으로 감독자의 육안검사 결과에 따라 고사여부를 판정한다.

60 토양환경을 개선하기 위해 유공관을 지면과 수직으로 뿌리 주변에 세워 토양 내 공기를 공급하여 뿌리호흡을 유도하는데, 유공관의 깊이는 수종, 규격, 식재지역의 토양상태에 따라 다르게 할 수 있으나, 평균깊이는 몇 m 이내로 하는 것이 바람직한가?

① 1m ② 1.5m
③ 2m ④ 3m

해설 ① 유공관의 설치깊이는 평균적으로 1m 이내로 하는 것이 바람직하다.

정답 57 ② 58 ④ 59 ② 60 ①

2025년 제1회 최근 기출복원문제

01 백제시대에 정원의 점경물로 만들어졌고, 물을 담아 연꽃을 심고 부들, 개구리밥, 마름 등의 부엽식물을 곁들이며 물고기도 넣어 키웠던 것은?

① 석연지 ② 석조전
③ 안압지 ④ 포석정

해설 석연지 : 돌로 만든 작은 연못으로, 물을 담아 연꽃을 띄워두던 조경석

02 다음 중 중국 4대 명원(四大名園)에 포함되지 않는 것은?

① 작 원 ② 사자림
③ 졸정원 ④ 창랑정

해설 소주의 4대 명원 : 졸정원, 사자림, 유원, 창랑정

03 레드북(Red Book)에 정원 개조 전후의 모습을 스케치하여 의뢰인에게 보여 줌으로써 비교와 이해를 쉽게 한 조경가는 누구인가?

① 윌리엄 켄트 ② 브릿지맨
③ 험프리 렙턴 ④ 윌리엄 챔버

해설 험프리 렙턴(Humphrey Repton)
풍경식 정원을 완성한 사람으로 정원의 개조 전후의 모습을 스케치한 '레드북'을 의뢰인에게 보여주었다.

04 중세 유럽의 조경 형태로 볼 수 없는 것은?

① 과수원 ② 약초원
③ 공중정원 ④ 회랑식 정원

해설 공중정원(Tel-Amran-Ibn-Ali, 추장 알리의 언덕)
- 기원전 600년 무렵 신바빌로니아의 네부카드네자르 2세가 왕비 아미티스를 위해 조성한 정원으로 세계 7대 불가사의 중 하나이다.
- 성벽의 높은 노단 위에 수목과 덩굴식물을 식재하여 만든 최초의 옥상정원이다.
- 지구라트형의 피라미드가 계단층을 이루고 각 노단의 외부를 화랑으로 둘렀다.
- 화랑 주변에 크고 작은 방과 욕실을 배치했다.
- 각 노단마다 꽃과 나무를 식재하고, 강물을 끌어다 저수지에 저장·관수하였다.

05 조선시대 왕릉의 공간구성 순서를 바르게 나열한 것은?

① 진입공간 - 제향공간 - 전이공간 - 능침공간
② 진입공간 - 제향공간 - 능침공간 - 전이공간
③ 진입공간 - 능침공간 - 전이공간 - 제향공간
④ 진입공간 - 전이공간 - 능침공간 - 제향공간

해설 조선왕릉의 공간구성
진입공간은 왕릉의 시작 공간으로, 관리자(참봉 또는 영)가 머물면서 왕릉을 관리하고 제향을 준비하는 재실(齋室)에서 부터 시작된다. 제향공간은 제례의식이 이루어지는 공간으로 산 자(왕)와 죽은 자(능에 계신 왕이나 왕비)의 만남의 공간이다. 능침공간은 봉분이 있는 왕릉의 핵심 공간으로 평상시에는 누구도 접근할 수 없는 공간이다.

정답 1 ① 2 ① 3 ③ 4 ③ 5 ①

06 설계도의 종류 중에서 3차원의 느낌이 가장 실제의 모습과 가깝게 나타나는 것은?

① 입면도 ② 평면도
③ 투시도 ④ 상세도

해설 ③ 투시도는 설계안이 완성되었을 경우를 가정하여 설계내용을 실제 눈에 보이는 대로 입체적인 그림으로 나타낸 것이다.

07 오방색 중 황(黃)의 오행과 방위가 바르게 짝지어진 것은?

① 금(金) - 서쪽
② 목(木) - 동쪽
③ 토(土) - 중앙
④ 수(水) - 북쪽

해설 오방정색(五方正色)
- 황(黃) : 토(土), 중앙을 상징하며 황제의 옷이나 중요한 의례에 사용되었다.
- 청(靑) : 목(木), 동쪽을 상징하며 만물이 생성하는 봄, 창조와 생명, 복을 기원하는 색으로 사용되었다.
- 적(赤) : 불(火), 남쪽을 상징하며 강한 양기와 생명을 상징하고, 나쁜 기운을 물리치는 벽사(辟邪)의 의미가 있어 혼례식 등에 사용되었다.
- 백(白) : 금(金), 서쪽을 상징하며 순수, 결백, 진실을 뜻한다.
- 흑(黑) : 물(水), 북쪽을 상징하고 인간의 지혜를 나타내는 색으로 여겨졌다.

08 '사재(死者)의 정원'이라는 이름의 묘지정원을 조성한 고대 정원은?

① 그리스 정원
② 바빌로니아 정원
③ 페르시아 정원
④ 이집트 정원

해설 고대 이집트 조경에는 주택정원, 신전정원, 묘지정원(사자의 정원) 등이 있다.
※ 사자(死者)의 정원 : 이집트에서 죽은 자를 위해서 무덤 앞에 소정원을 꾸몄다.

09 좌우로 시선이 제한되어 일정한 지점으로 시선이 모이도록 구성하는 경관요소는?

① 전 망   ② 통경선(Vista)
③ 랜드마크   ④ 질 감

해설 통경선 : 비스타라고도 하며, 좌우로의 시선을 제한하여 전방의 일정 지점으로 시선을 집중시키는 경관이다.

10 회색의 시멘트 블록들 가운데에 놓인 붉은 벽돌은 실제의 색보다 더 선명해 보인다. 이러한 현상을 무엇이라고 하는가?

① 색상대비   ② 명도대비
③ 채도대비   ④ 보색대비

해설 채도대비 : 색상, 명도와 함께 색의 주요 속성이며, 색이 선명할수록 채도가 높고, 무채색(흰색, 회색, 검정색)일수록 채도가 낮다. 채도 차가 큰 두 색을 인접하여 배치하면 채도가 높은 색은 더욱 선명하게 보이고, 채도가 낮은 색은 더욱 탁해 보이는데, 이를 채도대비라고 한다.

정답 6 ③ 7 ③ 8 ④ 9 ② 10 ③

11 다음 중 방풍용 수종에 관한 설명으로 가장 거리가 먼 것은?
① 심근성이면서 줄기나 가지가 강인한 것
② 주로 녹나무, 삼나무, 편백, 후박나무 등을 사용
③ 실생보다는 삽목으로 번식한 수종일 것
④ 바람을 막기 위해 식재되는 수목은 잎이 치밀할 것

해설 종자파종(실생)으로 가꾸어낸 나무는 일반적으로 수명이 길고 뿌리가 제대로 자라기 때문에 바람에 견디는 힘이 강하므로 방풍을 위해 심어지는 나무나 가로수는 종자파종(씨뿌림, 실생)으로 가꾸어낸 나무를 심도록 하는 것이 좋다.

14 우리나라에서 사용하는 표준형 벽돌의 규격은?(단, 단위는 mm로 한다)
① 300×300×60
② 190×90×57
③ 210×100×60
④ 390×190×190

해설 벽돌의 규격(단위 : mm)
• 기존형 210×100×60
• 표준형 190×90×57

12 다음 그림에서 A점과 B점의 차는 얼마인가?(단, 등고선 간격은 5m이다)

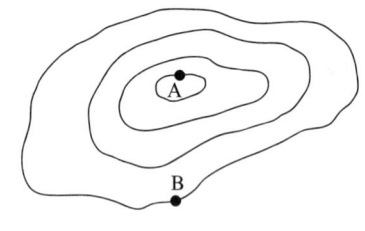

① 10m ② 15m
③ 20m ④ 25m

15 위험을 알리는 표시에 가장 적합한 배색은?
① 흰색-노랑   ② 노랑-검정
③ 빨강-파랑   ④ 파랑-검정

해설 명시성
두 가지 이상의 색·선·모양을 대비시켰을 때 금방 눈에 뜨이는 성질을 말하며, 명도나 채도의 차이가 클수록 명시성은 강해진다. 특히, 노랑과 검정은 명시성이 강해 교통표지판 등에 주로 쓰인다.

13 다음 기구 중 수목의 흉고직경을 측정할 때 사용하는 것은?
① 경 척   ② 덴드로미터
③ 와이제측고기 ④ 윤 척

해설 나무의 직경을 측정하는 기구는 윤척(Caliper), 직경테이프 등이 있다.

16 다음 중 9월 중순~10월 중순에 성숙된 열매 색이 흑색인 것은?
① 마가목   ② 살구나무
③ 남 천   ④ 생강나무

해설 ① 마가목 : 적색
② 살구나무 : 황색
③ 남천 : 적색

17 다음 중 연못가나 습지 등에서 가장 잘 견디는 수목은?

① 향나무 ② 신갈나무
③ 자작나무 ④ 오리나무

해설 오리나무는 메마른 땅에도 잘 견디나, 습한 땅을 좋아하는 나무이다.

18 조경 제도 용품 중 곡선자라고 하여 각종 반지름의 원호를 그릴 때 사용하기 가장 적합한 재료는?

① 운형자 ② 원호자
③ 삼각자 ④ T자

해설
① 운형자 : 여러 가지 곡선 모양을 본떠 만든 것으로 컴퍼스로 그리기 어려운 곡선을 그리는 데 사용한다.
③ 삼각자 : 45°의 사선과 30°, 60°의 사선을 그을 수 있는 두 종류가 한 세트로 되어 있다.
④ T자 : 주로 평행선을 긋거나, 삼각자와 조합하여 수직선과 사선을 그을 때 사용한다.

19 건설재료의 할증률이 틀린 것은?

① 붉은 벽돌 : 3%
② 이형철근 : 5%
③ 조경용 수목 : 10%
④ 석재판붙임용재(정형돌) : 10%

해설 ② 이형철근 : 3%

20 사람, 동물 또는 기계가 어떠한 일을 하는 데 있어서 단위당 필요한 노력과 물질이 얼마가 되는지를 수량으로 작성해 놓은 것을 무엇이라 하는가?

① 투 자 ② 적 산
③ 품 셈 ④ 견 적

해설 품셈 : 단위물량당 소요인력 및 장비의 소요량을 수량으로 표시한 것

21 수목의 규격을 수고와 근원직경으로 표시하는 수종은 어느 것인가?

① 목 련 ② 은행나무
③ 잣나무 ④ 전나무

해설 수고와 근원직경에 의한 품 : 흉고직경 측정이 곤란한 수종, 소나무, 감나무, 꽃사과나무, 낙우송, 느티나무, 대추나무, 모과나무, 배롱나무, 목련나무, 산수유, 자귀나무, 단풍나무 등 대부분의 교목
②는 수고와 흉고직경으로, ③·④는 수고와 수관 폭으로 표시한다.

22 골담초(*Caragana sinica* Rehder)에 대한 설명으로 틀린 것은?

① 콩과(科) 식물이다.
② 꽃은 5월에 피고 단생한다.
③ 생장이 느리고 덩이뿌리로 위로 자란다.
④ 비옥한 사질양토에서 잘 자라나 토박지에서도 잘 자란다.

해설 ③ 잔뿌리가 길게 자라며, 위를 향한 가지는 사방으로 늘어져 자란다.

정답 17 ④ 18 ② 19 ② 20 ③ 21 ① 22 ③

23 생물재료의 특성으로 맞는 것은?
① 균일성 ② 불변성
③ 자연성 ④ 가공성

해설 생물재료의 특성 : 자연성, 연속성, 조화성, 비규격성

24 거실이나 응접실 또는 식당 앞에 건물과 잇대어서 만든 시설물은?
① 정 자 ② 테라스
③ 모래터 ④ 트렐리스

해설 테라스(Terrace)
건물에서 실내 공간과 연결된 외부 공간을 말한다. 주로 1층에 위치하며 지붕이 없고 실내 바닥보다 낮은 형태로 조성된다.

25 토공사에서 흐트러진 상태의 토량변환율이 1.1일 때 터파기량이 $10m^3$, 되메우기량이 $7m^3$이라면 잔토처리량은?
① $3m^3$ ② $3.3m^3$
③ $7m^3$ ④ $17m^3$

해설 되메우기 후 잔토처리량
= (터파기량 − 되메우기량) × 흐트러진 상태의 토량변화율
= (10 − 7) × 1.1
= $3.3m^3$

26 관상하기 편리하도록 땅을 1~2m 파내려가 그 바닥에 꾸민 화단은?
① 살피화단 ② 모둠화단
③ 기식화단 ④ 침상화단

해설 침상화단(Sunken Garden)
보도나 지면보다 낮게 위치하도록 하고 기하학적 무늬의 화단을 설치하여 한눈에 볼 수 있도록 조성한 화단으로서 시각적 중심부에는 분수나 조각물 등을 배치한다.

27 다음 중 인공지반을 만들려고 할 때 사용되는 경량토로 부적합한 것은?
① 버미큘라이트
② 모 래
③ 펄라이트
④ 부엽토

해설 경량재로는 버미큘라이트, 펄라이트, 피트모스, 화산재 등이 있다.

28 돌쌓기의 종류 가운데 돌만을 맞대어 쌓고 뒷채움은 잡석, 자갈 등으로 하는 방식은?
① 찰쌓기 ② 메쌓기
③ 골쌓기 ④ 켜쌓기

해설 ① 찰쌓기 : 뒤채움에 콘크리트를 사용하고, 줄눈에 모르타르를 사용하여 쌓는다.
③ 골쌓기 : 막돌, 깬돌, 깬잡석을 사용하여 줄눈을 파상 또는 골을 지어 가며 쌓는 방법이다.
④ 켜쌓기 : 마름돌을 사용하여 돌 한 켠의 가로줄눈이 수평적 직선이 되도록 쌓는다.

29 다음 중 산성토양에서 잘 견디는 수종은?
① 해 송 ② 단풍나무
③ 물푸레나무 ④ 조팝나무

해설 산성 토양에 강한 수종 : 진달래, 소나무류, 밤나무, 잣나무, 가문비나무, 전나무, 아까시나무

정답 23 ③ 24 ② 25 ② 26 ④ 27 ② 28 ② 29 ①

30 진비중이 2.6이고 가비중이 1.2인 토양의 실적률(%)은 얼마인가?

① 34.2% ② 46.2%
③ 53.8% ④ 66.4%

해설 실적률(%) = (가비중/진비중) × 100
※ 실적률 = 100 − 공극률

31 암거는 지하수위가 높은 곳, 배수 불량 지반에 설치한다. 암거의 종류 중 중앙에 큰 암거를 설치하고, 좌우에 작은 암거를 연결시키는 형태로 넓이에 관계없이 경기장이나 어린이놀이터와 같은 소규모의 평탄한 지역에 설치할 수 있는 것은?

① 어골형 ② 빗살형
③ 부채살형 ④ 자연형

해설 암거 배수망의 배치
- 어골형 : 경기장 같은 평탄한 지역에 적합
- 빗살형(즐치형) : 비교적 좁은 면적의 전 지역에 균일하게 배수할 때 이용
- 자연형(자유형) : 전면 배수가 요구되지 않는 지역
- 차단법 : 경사면 위나 자체의 유수를 막기 위해 사용

32 다음 벽돌의 줄눈 종류 중 우리나라의 전통 담장의 사고석 시공에서 흔히 볼 수 있는 줄눈의 형태는?

① 오목줄눈 ② 둥근줄눈
③ 빗줄눈 ④ 내민줄눈

해설 사고석(四顧石) 담장은 네모나게 다듬은 돌을 쌓아 만드는 방식으로, 전통 담장이나 석축 등에서 많이 사용된다. 이때 줄눈은 오목줄눈으로 마감하여 돌의 입체감을 살리고 안정감을 준다.

33 다음 중 열가소성 수지에 해당되는 것은?

① 페놀수지
② 멜라민수지
③ 에폭시수지
④ 폴리염화비닐수지

해설 합성수지의 분류
- 열가소성 수지 : 성형 후 열이나 용제를 가하면 소성변형하고, 냉각하면 고결하는 고체상의 고분자 물질로 구성된 수지
  예 폴리에틸렌수지, 폴리프로필렌수지, 폴리스타이렌수지, 폴리염화비닐수지, 아크릴수지, 불소수지, 폴리아미드수지(나일론, 아라미드), 폴리에스테르수지, 아세탈수지 등
- 열경화성 수지 : 성형 후 열이나 용제를 가해도 형태가 변하지 않는, 비교적 저분자 물질로 구성된 수지
  예 페놀수지, 멜라민수지, 불포화폴리에스테르수지, 에폭시수지, 우레아(요소)수지, 실리콘수지, 푸란수지 등

34 플라스틱의 장점에 해당하지 않는 것은?

① 가공이 우수하다.
② 경량 및 착색이 용이하다.
③ 내수 및 내식성이 강하다.
④ 전기 절연성이 없다.

해설 플라스틱제품의 특성
- 가벼우며, 강도와 탄력성이 크다.
- 소성, 가공성이 좋아 복잡한 모양의 제품으로 성형이 가능하다.
- 내산성, 내알칼리성이 크고 녹슬지 않는다.
- 착색, 광택이 좋고, 접착력이 크다.
- 내화성, 내열성, 내후성, 내광성이 부족하다.
- 전기와 열의 절연성이 있다.

정답 30 ② 31 ① 32 ① 33 ④ 34 ④

35 다음 중 시멘트가 풍화작용과 탄산화작용을 받은 정도를 나타내는 척도로 고온으로 가열하여 시멘트 중량의 감소율을 나타내는 것은?

① 경 화 ② 위응결
③ 강열감량 ④ 수화반응

해설 강열감량(Ignition Loss)
시료를 어떤 일정한 온도로 강열한 경우 감소되는 질량을 원래의 질량에 대한 백분율로 나타낸 값으로, 시멘트의 풍화도를 확인하는 척도로 쓰이며, KS규격에서는 3%로 규정하고 있다.

36 마그마가 지하 10km 정도의 깊이에서 서서히 굳은 화강암의 주요 구성광물이 아닌 것은?

① 장 석 ② 석 영
③ 석 회 ④ 운 모

해설 화강암은 석영·장석·운모를 주요 구성광물로 하며 통기성·보수성이 양호하다.

37 어떤 목재의 함수율이 50%일 때 목재중량이 3,000g이라면 전건중량은 얼마인가?

① 1,000g ② 2,000g
③ 4,000g ④ 5,000g

해설 목재의 함수율 = $\frac{\text{목재중량} - \text{전건중량}}{\text{전건중량}} \times 100$

$50\% = \frac{(3,000 - x)}{x} \times 100$

∴ $x = 2,000g$

38 주택정원에 설치하는 시설물 중 수경시설에 해당하는 것은?

① 퍼걸러 ② 미끄럼틀
③ 정원등 ④ 벽 천

해설 ① 휴게시설, ② 유희시설, ③ 조명시설

39 친환경적 생태하천에 호안을 복구하고자 할 때 생물의 종다양성과 자연성 향상을 위해 이용되는 소재로 가장 부적합한 것은?

① 섶 단 ② 소형 고압블록
③ 돌망태 ④ 야자롤

해설 ② 소형 고압블록은 보·차도용 콘크리트제품으로, 일정한 크기의 골재와 시멘트를 배합하여 높은 열과 압력으로 처리한 블록제품이다.

40 강의 열처리란 금속재료에 필요한 성질을 주기 위하여 가열 또는 냉각하는 조작을 말하는데 다음 중 강의 열처리 방법에 해당하지 않는 것은?

① 뜨임질 ② 불 림
③ 풀 림 ④ 늘 림

해설 강의 일반 열처리에는 담금질, 뜨임, 풀림, 불림 등이 있다.

41 굳지 않은 콘크리트의 성질을 표시하는 용어 중 거푸집 등의 형상에 순응하여 채우기 쉽고, 분리가 일어나지 않는 성질을 가리키는 것은?

① 워커빌리티(Workability)
② 컨시스턴시(Consistency)
③ 플라스티시티(Plasticity)
④ 펌퍼빌리티(Pumpability)

해설 플라스티시티(Plasticity, 성형성)
거푸집이나 기타 형상에 콘크리트가 잘 채워지고, 다져 넣었을 때 분리되지 않으면서도 형태를 유지하는 성질을 의미한다.

42 석재의 가공방법 중 혹두기작업의 바로 다음 후속작업으로 작업면을 비교적 고르고 곱게 처리할 수 있는 작업은?

① 물갈기 ② 잔다듬
③ 정다듬 ④ 도드락다듬

해설 석재가공순서 : 혹두기 → 정다듬 → 도드락다듬 → 잔다듬 → 물갈기

43 스테인리스강이라고 하면 최소 몇 % 이상의 크롬이 함유된 것을 말하는가?

① 4.5% ② 6.5%
③ 8.5% ④ 10.5%

해설 스테인리스강(Stainless Steel)은 10.5% 이상의 크롬을 첨가하여 녹이 잘 슬지 않게 만든 합금강이다.

44 다음 잘라야 할 가지들 중 얽힌 가지는?

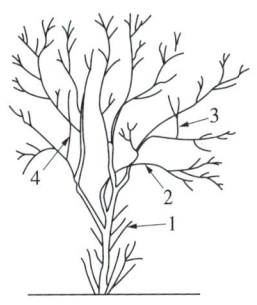

① 1 ② 2
③ 3 ④ 4

해설 ① 맹아지 : 줄기에 움돋은 가지와 지제부에서 움이 돋는 새싹
③ 교차한 가지 : 주가 되는 굵은 가지와 서로 교차되는 가지
④ 평행지 : 같은 방향으로 평행한 가지

45 세포분열을 촉진하여 식물체의 각 기관들의 수를 증가, 특히 꽃과 열매를 많이 달리게 하고, 뿌리의 발육, 녹말 생산, 엽록소의 기능을 높이는 데 관여하는 영양소는?

① N ② P
③ K ④ Ca

해설 비료의 4대 원소
- 질소(N) : 광합성작용 촉진으로 잎이나 줄기 등 수목의 생장에 도움을 준다.
- 인(P) : 세포분열을 촉진하여 식물체의 각 기관들의 수를 증가, 특히 꽃과 열매를 많이 달리게 하고, 뿌리의 발육, 녹말 생산, 엽록소의 기능을 높이는 데 관여한다.
- 칼륨(K) : 식물의 광합성작용에 영향을 미치며 뿌리를 튼튼하게 하고, 병해·서리·한발에 대한 저항성 향상, 꽃과 열매의 향기 색깔조절 등에 영향을 준다.
- 칼슘(Ca) : 식물체 유기산 중화, 단백질 합성, 뿌리혹박테리아의 질소고정 등을 돕는다.

정답 41 ③ 42 ③ 43 ④ 44 ② 45 ②

46 다음 중 과일나무가 늙어서 꽃맺음이 나빠지는 경우에 실시하는 전정은 어느 것인가?

① 생리를 조절하는 전정
② 생장을 돕기 위한 전정
③ 생장을 억제하는 전정
④ 세력을 갱신하는 전정

해설 세력을 갱신하는 전정
- 맹아력이 강한 나무가 늙어서 생기를 잃거나 꽃맺음이 나빠지는 겨울에 줄기나 가지를 잘라 내어 새 줄기나 가지로 갱신하는 것을 말한다.
- 늙은 과일나무, 장미, 배롱나무, 팔손이나무 등의 밑동을 자르면 새로운 줄기가 나와 새로운 형태의 나무를 만들 수 있다.

47 수목 식재에 가장 적합한 토양의 구성비는? (단, 구성은 토양 : 수분 : 공기의 순서임)

① 50% : 25% : 25%
② 50% : 10% : 40%
③ 40% : 40% : 20%
④ 30% : 40% : 30%

해설 일반적으로 토양 50%, 수분 25%, 공기 25%일 때 수목의 뿌리가 호흡하고 양분을 흡수하는 데 최적의 환경을 제공한다. 하지만 수종마다 각 토양에 대한 선호도가 다르고, 생육 단계 및 계절에 따라 필요로 하는 수분량이 다르며, 토양의 종류에 따라 물리적 성질이 다르므로 이 비율이 절대적인 것은 아니다.

48 수간과 줄기 표면의 상처에 침투성 약액을 발라 조직 내로 약효성분이 흡수되게 하는 농약사용법은?

① 도포법
② 관주법
③ 도말법
④ 분무법

해설 ② 관주법 : 땅속에서 서식하고 있는 병해충을 방제하기 위하여 땅속에 약액을 주입하는 방법
③ 도말법 : 종자 소독을 위해 분제나 수화제를 건조한 종자에 입혀 살균·살충하는 방법
④ 분무법 : 분무기를 이용하여 다량의 액제를 살포하는 방법

49 흙을 굴착하는 데 사용하는 것으로 기계가 서 있는 위치보다 높은 곳의 굴삭을 하는 데 효과적인 토공기계는?

① 모터그레이더
② 파워셔블
③ 드래그라인
④ 클램셸

해설 ② 파워셔블(Power Shovel) : 기체의 위치보다 위쪽의 흙을 퍼 올려 선회하여 덤프트럭 등에 싣는 굴착용 기계로 동력삽이라고도 하는데, 하부 구동체와 360° 회전이 가능한 상부 회전체로 이루어진 본체에 작업장치가 연결되어 있다. 흙·모래·자갈 등을 파서 싣는 굴착기로 파기와 싣기가 모두 가능하다.
① 모터그레이더(Motor Grader) : 정지작업에 주로 사용되는 장비로 정지장치를 가진 자주식의 것을 말하며 작업범위는 땅 고르기, 배수파기, 파이프 묻기, 경사면 절삭, 제설작업 등 여러 작업에 사용된다.
③ 드래그라인(Drag Line) : 기계가 서 있는 위치보다 낮은 곳의 굴착에 좋다.
④ 클램셸(Clam Shell) : 조개껍질처럼 양쪽으로 열리는 버킷을 흙을 집는 것처럼 굴착하는 기계

50 도시공원 및 녹지 등에 관한 법규에 의한 어린이공원의 설계기준으로 부적합한 것은?

① 유치거리는 250m 이하
② 녹지면적은 60% 이상
③ 공원시설 부지면적은 60% 이하
④ 규모는 1,500m^2 이상

해설 ② 녹지면적은 40% 이상

51 목재의 심재와 비교한 변재의 일반적인 특징 설명으로 틀린 것은?

① 재질이 단단하다.
② 흡수성이 크다.
③ 수축변형이 크다.
④ 내구성이 작다.

해설 심재의 재질은 변재보다 단단하고 변형이 적으며 내구성이 있어 이용상의 가치가 크고, 변재보다 신축이 작다.

52 병의 발생에 필요한 3가지 요인을 정량화하여 삼각형의 각 변으로 표시하고, 이들 상호 관계에 의한 삼각형의 면적을 발병량으로 나타내는 것을 병삼각형이라 한다. 여기에 포함되지 않는 것은?

① 병원체
② 환 경
③ 기 주
④ 저항성

해설 식물병의 발병에 관여하는 3대 요인 : 병원체(주인), 환경(유인), 기주(소인)

53 장미 검은무늬병은 주로 식물체 어느 부위에 발생하는가?

① 꽃
② 잎
③ 뿌 리
④ 식물 전체

해설 장미 검은무늬병
처음에는 잎에 갈색 내지 자색의 작은 반점이 생기고, 점차 진전되면 흑색 병반에 중앙은 회색을 띠며, 병반 주위는 황색으로 변한다.

54 오늘날 세계 3대 수목병에 속하지 않는 것은?

① 소나무류 리지나뿌리썩음병
② 잣나무 털녹병
③ 느릅나무 시들음병
④ 밤나무 줄기마름병

해설 세계 3대 수목병 : 잣나무 털녹병, 느릅나무 시들음병, 밤나무 줄기마름병

55 해충 중에서 잎에 주사바늘과 같은 침으로 식물체 내에 있는 즙액을 빨아먹는 종류가 아닌 것은?

① 응 애
② 깍지벌레
③ 측백하늘소
④ 매 미

해설 측백하늘소는 천공성 해충이다.

56 합성수지 놀이시설의 관리요령으로 가장 적합한 것은?

① 자체가 무거워 균열 발생 전에 보수한다.
② 정기적인 보수와 도료 등을 칠해 주어야 한다.
③ 회전하는 축에는 정기적으로 그리스를 주입한다.
④ 겨울철 저온기 때 충격에 의한 파손을 주의한다.

해설 합성수지 시설에서 점검해야 할 사항
• 합성수지재는 강한 힘이나 열 등의 영향을 받으면 변형, 파손되는데 떨어지거나 갈라진 부분은 접착제로 붙여 주고 사포로 문질러 표면을 매끄럽게 한다.
• 색이 탈색된 부위에는 합성수지 페인트를 칠한다.
• 금이 생기고 보수가 어려울 정도로 파손된 것은 교체한다.
• 겨울철 낮은 온도에서는 충격에 의한 파손을 주의한다.

정답 51 ① 52 ④ 53 ② 54 ① 55 ③ 56 ④

57 목재의 방부제로 쓰이는 CCA 방부제는 어떤 성분을 주로 배합하여 만든 것인가?

① 크롬, 칼슘, 비소
② 구리, 비소, 크롬
③ 칼륨, 구리, 크롬
④ 칼슘, 칼륨, 구리

해설 방부제 이름인 CCA는 크롬(Chrome)과 구리(Copper), 비소(Arsenic)의 머리글자를 딴 것이다.

58 조경관리의 범위에 포함되지 않는 것은?

① 주택정원
② 도시공원
③ 학교정원
④ 화훼단지

해설 조경관리의 범위
- 일반 주택정원부터 대규모 국립자연공원까지 조경공간에 형성되는 모든 조경시설물과 자연물이 대상이 된다.
- 개인정원, 학교정원, 자연공원, 도시공원, 공공건물 뿐만 아니라 도로, 철도, 공업단지의 시설 내 조경공간도 대상이 될 수 있다.
- 화훼단지는 조경관리의 대상공간에 포함되지 않는다.

59 콘크리트 공사 시의 슬럼프시험은 무엇을 측정하기 위한 것인가?

① 반죽질기
② 피니셔빌리티
③ 성형성
④ 블리딩

해설 슬럼프시험(Slump Test)은 굳지 않은 콘크리트의 반죽질기를 시험하는 방법으로 콘크리트 타설 시 시공성을 측정하는 방법이다.

60 아스팔트량의 과잉, 골재의 입도불량 등 아스팔트 침입도가 부적합한 역청재료 사용 시 도로에서 나타나는 파손현상은?

① 균 열
② 국부침하
③ 표면연화
④ 박 리

해설 ③ 표면연화에 대한 설명으로, 표면연화 발생 시 발생지역에 석분이나 모래를 균등하게 살포하여 전압해야 한다.

정답 57 ② 58 ④ 59 ① 60 ③

2025년 제3회 최근 기출복원문제

부록 과년도 + 최근 기출복원문제

01 조선시대 사대부나 양반계급에 속했던 사람들이 시골 별서에 꾸민 정원이 아닌 것은?

① 양산보의 소쇄원
② 윤선도의 부용동정원
③ 정약용의 다산초당
④ 이규보의 사륜정

해설 사륜정(四輪亭)은 고려시대 문인 이규보의 「동국이상국집」에 등장하는 바퀴 달린 이동식 정자이다.

02 미국 식민지 개척을 통한 유럽 각국의 다양한 사유지 중심의 정원양식이 공공적인 성격으로 전환되는 계기에 영향을 끼친 것은?

① 스토우정원
② 보르비콩트정원
③ 스투어헤드정원
④ 버컨헤드공원

해설 버컨헤드공원(Birkenhead Park)
조셉 팩스턴이 설계하고 시민의 힘으로 설립된 최초의 공원으로, 사적 주택단지와 공적 위락단지로 나눠 택지를 분양한 자금으로 시공하여 재정적·사회적으로 성공한 공원이며, 센트럴파크의 공원개념 형성에 큰 영향을 주었다.

03 중국 청조(淸朝)의 원림 중 3산5원에 해당하지 않는 것은?

① 만수산 소원(小園)
② 옥천산 정명원(靜明園)
③ 만수산 창춘원(暢春園)
④ 만수산 원명원(圓明園)

해설 중국 청조(淸朝)의 원림 중 3산5원
- 만수산 이화원, 원명원, 장춘원
- 옥천산 정명원
- 향산 정의원

04 회교문화의 영향을 입어 독특한 정원양식을 보이는 곳은?

① 이탈리아 정원
② 프랑스 정원
③ 영국 정원
④ 스페인 정원

해설 ④ 스페인의 경우 이슬람(회교) 문화를 흡수하면서 독특한 양식의 정원이 발달하였다.

05 아미산 후원 교태전의 굴뚝에 장식된 문양이 아닌 것은?

① 반송
② 매화
③ 호랑이
④ 해태

해설 아미산 후원 교태전의 굴뚝에 장식된 문양에는 반송(반원의 형태로 가지가 여러 개 있는 형태)의 형태가 아닌 우리나라 전통 고유 수종인 적송(줄기가 휘어진 형태)의 그림이 있다.

정답 1 ④ 2 ④ 3 ① 4 ④ 5 ①

06 정형식 조경 중에서 르네상스시대의 프랑스 정원이 속하는 형식은 무엇인가?
① 평면기하학식 ② 노단식
③ 중정식 ④ 전원풍경식

07 감법혼색으로 옐로(Y)와 사이안(C)을 조합하여 혼색한 결과로 옳은 것은?
① 흰색(W) ② 초록(G)
③ 빨강(R) ④ 파랑(B)

해설 감법혼색
- 마젠타(M) + 옐로(Y) = 빨강(R)
- 옐로(Y) + 사이안(C) = 초록(G)
- 사이안(C) + 마젠타(M) = 파랑(B)
- 마젠타(M) + 옐로(Y) + 사이안(C) = 검정(B)

08 지형도상에서 2점 간의 수평거리가 200m이고, 높이 차가 5m라 하면 경사도는 얼마인가?
① 2.5% ② 5.0%
③ 10.0% ④ 50.0%

해설 경사도(%) = (수직높이 ÷ 수평거리) × 100
= (5 ÷ 200) × 100
= 2.5%
경사도의 표현
- 할 : (수직높이 ÷ 수평거리) × 10
- 백분율(%) : (수직높이 ÷ 수평거리) × 100
- 각도(°) : $\tan^{-1}$(수직높이 ÷ 수평거리)
- 비례식 : 수직높이 : 수평거리

09 조선시대 선비들이 즐겨 심고 가꾸었던 사절우(四節友)에 해당하는 식물이 아닌 것은?
① 난 초 ② 대나무
③ 국 화 ④ 매화나무

해설
- 사군자(四君子) : 매화나무, 난초, 국화, 대나무
- 사절우(四節友) : 매화나무, 소나무, 국화, 대나무

10 다음 중 색의 3속성이 아닌 것은?
① 색 상 ② 명 도
③ 채 도 ④ 대 비

해설 색의 3속성 : 색상(Hue), 명도(Value), 채도(Chroma)

11 평판측량에서 도면상에 없는 미지점에 평판을 세워 그 점(미지점)의 위치를 결정하는 측량방법은?
① 원형교선법 ② 후방교선법
③ 측방교선법 ④ 복전진법

해설 교선법(교회법) : 측량 구역 내외에 적당한 기준점(기지점)을 취하고 기준점들로부터 미지점을 지나는 방향선을 도면 위에서 교차시킴으로써 도상에 미지점의 위치를 결정하는 방법
- 전방교회법 : 기지점에서 미지점의 위치를 도면상에 결정하는 방법
- 측방교회법 : 기지의 두 점 중 한 점에 접근하기 곤란한 경우에 기지의 두 점을 이용하여, 미지의 한 점을 구하는 방법
- 후방교회법 : 도면상에 그 위치가 알려져 있는 두 개 이상의 기지점들을 시준하여 현재 도면에 기재되어 있지 않은 평판이 세워져 있는 미지점의 위치를 방향선의 교차에 의하여 도면상에서 구하는 방법

6 ① 7 ② 8 ① 9 ① 10 ④ 11 ② **정답**

12 다음 그림과 같은 형태를 보이는 수목은?

① 일본목련   ② 복자기
③ 팔손이   ④ 물푸레나무

해설 복자기
높이 20m 내외로 자라며, 수피는 회백색 또는 회갈색으로 세로로 얇게 벗겨져 너덜너덜해진다. 마주달리는 잎은 3출엽이고, 측면부의 작은 잎은 넓은 피침형으로 가장자리 끝부분에 2~4개의 큰 톱니가 있다. 가운데 끝의 작은 잎 표면과 가장자리에 털이 있고 뒷면에 뚜렷한 엽맥이 있다.

13 다음 중 그 해 자란 1년생 신초지(新梢枝)에서 꽃눈이 분화하여 그 해에 개화하는 화목류는?

① 무궁화   ② 개나리
③ 목련   ④ 수국

해설 ① 초여름부터 가을에 걸쳐 꽃이 피는 나무는 개화하는 그 해에 자란 가지에서 꽃눈이 분화하여 그 해 안에 꽃을 피우는데 능소화, 무궁화, 배롱나무, 장미, 찔레나무 등이 이에 속한다.
※ 그 해에 자란 가지에 꽃눈이 분화하여 월동 후 봄에 개화하는 형태의 수종 : 개나리, 기리시마철쭉, 단풍철쭉, 동백, 수수꽃다리, 왕벚, 목련, 철쭉 등이 있다.

14 프로젝트의 수행단계 중 주로 자료의 수집, 분석 종합에 초점을 맞추는 단계는?

① 조경설계   ② 조경시공
③ 조경계획   ④ 조경관리

해설 조경분야 프로젝트 수행단계의 순서
• 계획 : 자료의 수집, 분석, 종합
• 설계 : 자료를 활용하여 기능적·미적인 3차원 공간을 창조
• 시공 : 공학적 지식과 생물을 다룬다는 점에서 특수한 기술 요구
• 관리 : 식생과 시설물의 이용관리

15 다음 중 주택정원에 식재하여 여름에 꽃을 관상할 수 있는 수종은?

① 식나무   ② 능소화
③ 진달래   ④ 수수꽃다리

해설 능소화 : 금등화(金藤花)라고도 하며 중국이 원산지이다. 옛날에는 능소화를 양반집 마당에만 심을 수 있었다는 이야기가 있어 양반꽃이라고 부르기도 하고, 꽃은 7~8월에 피며, 주로 관상용으로 식재한다.

16 다음 평판측량 방법과 관계가 없는 것은?

① 방사법   ② 전진법
③ 좌표법   ④ 교회법

해설 평판측량 방법
• 전진법 : 단전진법, 복전진법
• 교회법 : 전방 교회법, 측방 교회법, 후방 교회법, 방사법

17 CAD의 효과로 바르지 않은 것은?

① 설계 변경이 쉽다.
② 설계의 표준화로 설계시간을 단축할 수 있다.
③ 도면의 수정과 재활용이 용이하다.
④ 오류의 발견이 어렵다.

해설 ④ CAD 사용 시 오류의 발견이 쉬운 장점이 있다.

18 다른 지방에서 자생하는 식물을 도입한 것을 무엇이라 하는가?

① 재배식물   ② 귀화식물
③ 외국식물   ④ 외래식물

해설 ① 재배식물 : 이용할 목적을 가지고 인위적으로 재배하는 식물
② 귀화식물 : 본래 생육하지 않은 지역에 자연적·인위적 원인에 의하여 2차적으로 도래·침입한 후 야생화가 되어 기존 식물과 어느 정도 안정된 상태를 이루는 식물
③ 외국식물 : 국내가 아닌 국외에서 자생하는 식물

19 비탈면에 교목과 관목을 식재하기에 적합한 비탈면 경사로 모두 옳은 것은?

① 교목 1 : 2 이하, 관목 1 : 3 이하
② 교목 1 : 3 이하, 관목 1 : 2 이하
③ 교목 1 : 2 이상, 관목 1 : 3 이상
④ 교목 1 : 3 이상, 관목 1 : 2 이상

해설 비탈면에 교목을 식재하려면 1 : 3보다 완만해야 하고, 관목을 식재하려면 1 : 2보다 완만해야 한다.

20 도급받은 건설공사의 전부 또는 일부를 도급하기 위해 수급인이 제3자와 체결하는 계약은?

① 도 급   ② 발 주
③ 재도급   ④ 하도급

해설 '하도급'이란 도급받은 건설공사의 전부 또는 일부를 다시 도급하기 위하여 수급인이 제3자와 체결하는 계약을 말한다(건설산업기본법 제2조 제12호).

21 정형식 배식 방법에 대한 설명이 옳지 않은 것은?

① 단식 : 생김새가 우수하고, 중량감을 갖춘 정형수를 단독으로 식재
② 대식 : 시선축의 좌우에 같은 형태, 같은 종류의 나무를 대칭 식재
③ 열식 : 같은 형태와 종류의 나무를 일정한 간격으로 직선상에 식재
④ 교호식재 : 서로 마주보게 배치하는 식재

해설 ④ 교호식재 : 같은 간격으로 서로 어긋나게 식재

22 다음 수목 중 일반적으로 생장속도가 가장 느린 것은?

① 네군도단풍   ② 층층나무
③ 개나리   ④ 비자나무

해설 생장속도가 매우 느린 나무 : 비자나무, 주목

정답 17 ④　18 ④　19 ②　20 ④　21 ④　22 ④

23 차폐용 수목의 구비조건이 아닌 것은?

① 맹아력이 커야 한다.
② 가지와 잎이 치밀해야 한다.
③ 수관이 크고, 지하고가 높아야 한다.
④ 아래가지가 오랫동안 말라죽지 않아야 한다.

해설 차폐용 수목은 전정에 강하고, 비엽이 밀실하며, 수관이 크고 지하고가 낮아야 시설의 차폐가 용이하다.

24 다음 설명의 ( ) 안에 들어갈 시설물은?

> 시설지역 내부의 포장지역에도 ( )을/를 이용하여 낙엽성 교목을 식재하면 여름에도 그늘을 만들 수 있다.

① 볼라드(Bollard)
② 펜스(Fence)
③ 벤치(Bench)
④ 수목보호대(Grating)

해설
④ 수목보호대(Grating) : 도로와 보도를 경계하고, 도시미관을 미려하게 유지하며, 보도에 식재되어 있는 수목을 보호하기 위해 설치한다.
① 볼라드(Bollard) : 차량과 보행인들의 통행을 조절하거나 차량공간과 보행공간을 분리시키기 위하여 설치하는 시설로, 30~70cm 정도 높이의 기둥 모양 가로장치물
② 펜스(Fence) : 울타리라는 뜻으로, 구역을 나누기는 하나 안팎을 훤히 들여다볼 수 있으며, 공간을 배타적으로 구별하지 않는다.
③ 벤치(Bench) : 많은 사람들이 모여 있는 장소나 오고 가는 곳에 편하게 앉아서 쉴 수 있도록 하는 편의를 제공하기 위한 의자를 말한다.

25 우리나라 최초의 국립공원은?

① 설악산   ② 한라산
③ 지리산   ④ 내장산

해설
• 한국 최초로 지정된 국립공원은 지리산이고, 세계 최초로 지정된 국립공원은 옐로스톤(Yellowstone)이다.
• 국립공원은 자연경치가 뛰어난 지역의 자연과 문화적 가치를 보호하기 위하여 국가에서 지정하여 관리하는 공원이다.

26 토피어리(Topiary)란?

① 분수의 일종
② 형상수(形狀樹)
③ 조각된 정원석
④ 휴게용 그늘막

해설 토피어리(Topiary, 형상수) : 자연 그대로의 식물을 여러 가지 모양으로 자르고 다듬어 보기 좋게 만드는 기술 또는 작품

27 다음 그림과 같은 돌쌓기에 가장 적합한 재료는?

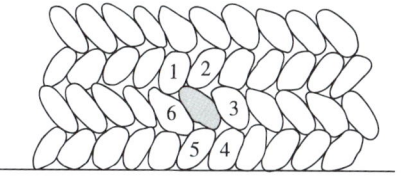

① 견치석   ② 마름돌
③ 잡 석   ④ 호박돌

해설 호박돌은 자연석이고, ①·②·③은 규격재이다.

정답 23 ③ 24 ④ 25 ③ 26 ② 27 ④

28 조적공사 중 중간에 공간을 두고 앞뒤에 면이 보이게 옆 세워 놓고 다음은 마구리 1장을 옆 세워 가로 걸쳐대어 쌓는 방법은?

① 공간벽쌓기 ② 세워쌓기
③ 옆세워쌓기 ④ 장식쌓기

해설 옆세워쌓기

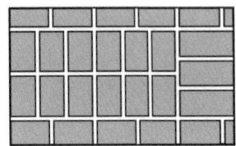

31 다음 목재의 구조부 중 수축변형이 큰 순서대로 바르게 나열된 것은?

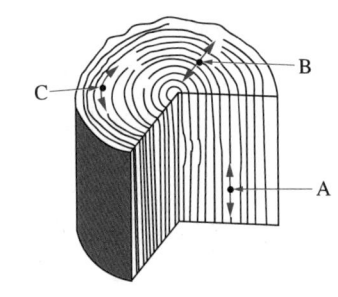

① A-B-C ② A-C-B
③ C-A-B ④ C-B-A

해설 목재 수축률 정도

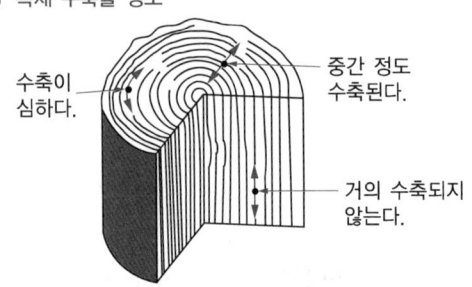

• 변재(C) > 심재(B) > 수직 방향(A)
• 변재가 심재보다 수축이 크다.

29 다음 중 인공적 수형을 만드는 데 적당한 수종이 아닌 것은?

① 꽝꽝나무 ② 아왜나무
③ 주 목   ④ 벚나무

해설 벚나무는 맹아력이 약해 형상수에 적합하지 않다.

30 다음 중 줄기감기를 하는 목적이 아닌 것은?

① 잡초 방제 ② 수분증발 억제
③ 피소방지   ④ 동해방지

해설 줄기감기
이식한 나무의 줄기로부터 수분의 증산을 억제하거나 해충의 침입을 방지하기 위하여 새끼나 마대로 줄기를 감아주며, 그 위에 진흙을 발라주기도 한다.

32 경관의 유형 중 일시적 경관에 해당하지 않는 것은?

① 숲속의 호수
② 무리지어 날아가는 철새
③ 동물의 일시적 출현
④ 눈으로 덮여 있는 설경

해설 ① 숲속의 호수는 위요경관에 해당한다.
일시적 경관(Ephemeral Landscape) : 대기권의 상황변화에 따라 모습이 달라지는 경관

28 ③ 29 ④ 30 ① 31 ④ 32 ①

33 다음에서 설명하는 특징을 갖는 조명등은?

> - 조명등 중 전기효율이 높은 편이다.
> - 빛이 먼 거리까지 잘 비쳐 가로등이나 각종 시설조명으로 사용된다.
> - 발광색은 노란색이어서 매우 특징적이므로 미적효과를 연출하기 용이하다.
> - 곤충들이 모여 들지 않는 특징이 있다.

① 할로겐등 ② 형광등
③ 수은등   ④ 나트륨등

해설 나트륨등은 안개 속에서도 빛을 잘 투과하여 장애물 발견에 유효하다는 점에서 교량, 고속도로, 일반도로, 터널 내의 조명 등에 사용된다.

34 농약 취급 시 주의할 사항으로 부적합한 것은?

① 농약을 살포할 때는 방독면과 방호용 옷을 착용하여야 한다.
② 쓰고 남은 농약은 변질될 수 있으므로 즉시 주변에 버리거나, 다른 용기에 담아 둔다.
③ 피로하거나 건강이 나쁠 때는 작업하지 않는다.
④ 작업 중에 식사 또는 흡연을 금한다.

해설 사용하고 남은 희석한 농약은 미련 없이 버린다. 음료수병에 보관하는 것은 절대금지이며, 사용 후 남은 원액은 그대로 밀봉하여 어린이의 손이 닿지 않는 장소에 보관한다.

35 다음식에서 A에 해당하는 것은?

$$용적률 = A/대지면적$$

① 건축면적 ② 연면적
③ 1호당 면적 ④ 평균층수

해설 용적률은 대지면적에 대한 연면적(대지에 건축물이 둘 이상 있는 경우에는 이들 연면적의 합계)의 비율(건축법 제56조)

36 재료가 외력을 받았을 때 작은 변형만 나타내도 파괴되는 현상을 무엇이라 하는가?

① 취성   ② 강성
③ 인성   ④ 전성

해설
② 강성 : 재료가 외력을 받아도 변형되지 않고 파괴되지도 않는 성질
③ 인성 : 재료가 외력을 받으면 크게 변형되지만 파괴되지는 않는 성질
④ 전성 : 재료에 외력을 가하면 파괴되지 않고 얇게 펴지며 영구변형되는 성질

37 금속을 활용한 제품으로서 철금속제품에 해당하지 않는 것은?

① 철근, 강판
② 형강, 강관
③ 볼트, 너트
④ 도관, 가도관

해설 ④ 점토제품에는 벽돌, 도관, 타일, 도자기, 기와 등이 있다.

정답 33 ④ 34 ② 35 ② 36 ① 37 ④

38 다음 중 단위용적중량이 1.4t/m³이고 굵은 골재의 비중이 2.8일 때, 이 골재의 공극률(A)과 실적률(B)은 얼마인가?

① A : 50%, B : 50%
② A : 52%, B : 48%
③ A : 54%, B : 46%
④ A : 57%, B : 43%

해설
- 공극률 : $\left(1 - \dfrac{1.4}{2.8}\right) \times 100 = 50\%$
- 실적률 : 100 − 공극률 = 50%

39 인공폭포, 수목보호판을 만드는 데 가장 많이 이용되는 제품은?

① ILP
② FRP
③ MDF
④ OSB

해설 유리섬유 강화플라스틱(FRP ; Fiberglass Reinforced Plastic)
최근 가장 많이 쓰이는 플라스틱재료로, 강도가 약한 플라스틱에 강화제인 유리섬유를 넣어 성질을 개량한 플라스틱이며 벤치, 미끄럼대의 미끄럼판, 인공폭포, 인공암, 화분대, 수목보호판 등에 사용된다.

40 92~96%의 철을 함유하고 나머지는 크롬, 규소, 망간, 유황, 인 등으로 구성되어 있으며, 창호, 철물, 자물쇠, 맨홀 뚜껑 등의 재료로 사용되는 것은?

① 선 철
② 강 철
③ 주 철
④ 순 철

해설 철의 종류
- 순철 : 탄소함유량이 0.035% 이하인 철로, 800~1,000℃ 내외에서 가단성(可鍛性)이 강한 연질이다.
- 선철 : 주철이라고도 하는 탄소함유량이 1.7% 이상인 철로, 주조성이 강한 경질이며 취성이 크다.
- 강철(탄소강) : 탄소함유량이 0.03~1.7% 정도인 철로, 가단성과 함께 주조성도 강하기 때문에 자동차, 건축, 기계 등 다양한 분야에서 가장 많이 쓰인다.
※ 특수강(합금강) : 탄소강에 특수한 원소를 첨가하여 성질을 개선시킨 것으로, 대표적인 특수강에는 니켈강, 니켈크롬강(스테인리스강) 등이 있다.

41 운반 거리가 먼 레미콘이나 무더운 여름철 콘크리트의 시공에 사용하는 혼화제는 어느 것인가?

① 지연제
② 감수제
③ 방수제
④ 경화촉진제

해설 지연제
혼화제의 일종으로 시멘트의 응결시간을 늦추기 위하여 사용하는 재료이며, 지연형 감수제 및 무기질의 규불화물 등이 있다. 지연제를 사용하면 서중 콘크리트의 시공이나 레디믹스트 콘크리트의 장시간 운반이 용이하여 콜드조인트를 방지할 수 있다.

42 골프장 코스를 구성하는 요소 중 페어웨이와 그린 주변에 모래 웅덩이를 조성해 놓은 곳은?

① 티 ② 벙커
③ 헤저드 ④ 러프

[해설] 벙커(Bunker)
모래를 깔아 놓은 요지(凹地)로서 골프장 코스 내에 있는 장애물의 일종이다. 그린 근처에 있는 그린벙커(Green Bunker)와 페어웨이 중간에 있는 크로스벙커(Cross Bunker)로 나뉜다.

43 다음 중 콘크리트 측압에 영향을 미치는 요인에 대한 설명으로 옳지 않은 것은?

① 콘크리트의 타설 높이가 높으면 측압은 커지게 된다.
② 콘크리트의 타설 속도가 빠르면 측압은 커지게 된다.
③ 콘크리트의 슬럼프가 커질수록 측압은 커지게 된다.
④ 콘크리트의 온도가 높을수록 측압은 커지게 된다.

[해설] 타설 높이가 높을수록, 타설 속도가 빠를수록, 슬럼프가 클수록, 온도가 낮을수록 측압이 커진다.

44 염분 피해가 많은 임해공업지대에 가장 생육이 양호한 수종은?

① 노간주나무 ② 단풍나무
③ 목련 ④ 개나리

[해설] 임해공업단지에는 내염성이 크고 공해에 대한 저항성이 강한 수종인 해송, 노간주나무, 광나무, 비자나무, 사철나무 등이 적합하다.

45 개화를 촉진하는 정원수 관리에 관한 설명으로 옳지 않은 것은?

① 햇빛을 충분히 받도록 해준다.
② 전정할 때에는 꽃이 진 직후 시든 꽃을 즉시 제거해 준다.
③ 깻묵, 닭똥, 요소, 두엄 등을 15일 간격으로 시비한다.
④ 너무 많은 꽃봉오리는 솎아낸다.

[해설] ③ 너무 잦은 간격으로 시비하면 오히려 영양생장이 과도해져 꽃눈의 형성을 방해하고 개화가 지연되거나 꽃이 적게 필 수 있다.

46 다음 중 골프장 용지로서 부적당한 곳은?

① 기복이 있어 지형에 변화가 있는 곳
② 모래참흙인 곳
③ 부지가 동서로 길게 잡은 곳
④ 클럽하우스의 대지가 부지의 북쪽에 자리 잡은 곳

[해설] ③ 코스는 남북방향, 방위는 잔디의 생육을 위해 남사면 또는 남동사면일 것

정답 42 ② 43 ④ 44 ① 45 ③ 46 ③

47 다수의 대상이 존재할 때 어느 색이 보다 쉽게 지각되는지 또는 쉽게 눈에 띄는지의 정도를 나타내는 용어는?

① 유목성　　② 시인성
③ 식별성　　④ 가독성

해설 유목성 : 사람들의 주의를 끌거나 시선을 끄는 특성

48 다음 중 수목에서 잘라야 할 가지가 아닌 것은?

① 수관 안으로 향한 가지
② 한 부위에서 평행하게 나오는 가지
③ 아래로 향한 가지
④ 수목의 주지

해설 전정 시 반드시 잘라 버려야 할 가지
- 웃자란 가지(도장지) : 수형, 통풍, 수광에 나쁜 영향을 준다.
- 안으로 향한 가지 : 통풍을 막고 모양을 나쁘게 한다.
- 아래로 향한 가지 : 나무 모양을 나쁘게 하고 가지를 혼잡하게 한다.
- 말라죽은 가지와 병충해를 입은 가지
- 줄기에 움돋은 가지
- 교차한 가지와 얽힌 가지 : 주가 되는 굵은 가지와 서로 교차되는 가지는 잘라 버린다.
- 평행한 가지 : 같은 장소에서 같은 방향으로 평행하게 나 있는 가지는 둘 중 하나를 잘라 버려야 생리활동에 경쟁이 안 된다.
- 밑에서 움돋은 가지
- 위로 자란 가지

49 주로 종자에 의하여 번식되는 잡초는?

① 올 미　　② 가 래
③ 피　　　④ 너도방동사니

해설 잡초번식법에 따른 분류
- 종자번식잡초 : 피, 뚝새풀, 바랭이, 마디꽃
- 영양번식잡초 : 가래, 올방개, 미나리
- 종자영양번식잡초 : 너도방동사니, 산딸기
- 괴경 및 종자번식 : 올미

50 콘크리트가 굳은 후 거푸집 판을 콘크리트 면에서 잘 떨어지게 하기 위해 거푸집 판에 처리하는 것은?

① 박리제　　② 동바리
③ 프라이머　④ 쉘 락

해설
① 박리제 : 콘크리트의 해체를 용이하게 하기 위하여 거푸집 표면에 박리제를 도포하고 시공을 한다.
② 동바리(받침기둥) : 거푸집의 일부로서, 콘크리트가 소정의 형상 치수가 되도록 거푸집을 고정 또는 지지하기 위한 지주이다. 간주, 사주, 이음재 등으로 되어 있다.
③ 프라이머 : 칠하고자 하는 소재와 페인트 층간 밀착을 높혀주는 것을 목적으로 사용하는 도료이다.
④ 쉘락 : 기타의 표면도장을 최대한 얇게 할 수 있는 도료이다.

51 생물분류학적으로 거미강에 속하며 덥고, 건조한 환경을 좋아하고 뾰족한 입으로 즙을 빨아먹는 해충은?

① 진딧물　　② 나무좀
③ 응 애　　④ 가루이

해설 응애류 : 흡즙성 해충으로 초봄부터 한여름까지 고온 건조기에 소나무, 감나무, 사철나무 등에서 많이 발생하며 가지가 말라서 죽거나 잎이 변색되어 떨어진다.

정답 47 ①　48 ④　49 ③　50 ①　51 ③

52 다음 중 시설물의 관리를 위한 방법으로 적합하지 못한 것은?

① 콘크리트 포장의 갈라진 부분은 파손된 재료 및 이물질을 완전히 제거한 후 조치한다.
② 배수시설은 정기적인 점검을 실시하고, 배수구의 잡물을 제거한다.
③ 벽돌 및 자연석 등의 원로포장 파손 시 많은 부분을 철저히 조사한다.
④ 유희시설물 점검은 용접부분 및 움직임이 많은 부분을 철저히 조사한다.

[해설] ③ 벽돌 및 자연석 등의 원로포장 파손 시 파손된 부분을 보수한다.

53 지반검사를 통해 알 수 있는 정보가 아닌 것은?

① 토 질
② 지층 N값
③ 지하수위
④ 기상상태

[해설] 지반조사 : 지반을 구성하는 지층 및 토층의 형성, 지하수의 상태, 각 층의 토질 등을 알아내 구조물을 계획, 설계 및 시공하는 데 필요한 기초 자료를 구하는 조사

54 20L 들이 분무기 한통에 1,000배액의 농약 용액을 만들고자 할 때 필요한 농약의 약량은?

① 10mL
② 20mL
③ 30mL
④ 50mL

[해설] ha당 원액 소요량 = $\dfrac{총소요량}{희석배수}$

$= \dfrac{20}{1,000} = 0.02L = 20mL$

55 다음에서 설명하는 해충은?

- 가해 수종으로는 향나무, 편백, 삼나무 등이 있다.
- 똥을 줄기 밖으로 배출하지 않기 때문에 발견하기 어렵다.
- 기생성 천적인 좀벌류, 맵시벌류, 기생파리류로 생물학적 방제를 한다.

① 박쥐나방
② 측백나무하늘소
③ 미끈이하늘소
④ 장수하늘소

[해설] 측백나무하늘소
- 천공성해충으로 향나무, 편백, 삼나무 등을 가해하며 똥을 줄기 밖으로 배출하지 않기 때문에 발견하기 어렵다.
- 측백나무하늘소를 방제 시기는 봄이 가장 적합하다.
- 기생성 천적인 좀벌류, 맵시벌류, 기생파리류로 생물학적 방제를 한다.

[정답] 52 ③ 53 ④ 54 ② 55 ②

56 곤충이 빛에 반응하여 일정한 방향으로 이동하려는 행동습성은?

① 주광성(Phototaxis)
② 주촉성(Thigmotaxis)
③ 주화성(Chemotaxis)
④ 주지성(Geotaxis)

해설 ② 주촉성 : 곤충이 고형물에 접촉하려고 하는 성질
③ 주화성 : 곤충의 매질 속에 존재하는 화학물질의 농도 차가 자극이 되어 특정 행동을 하는 성질
④ 주지성 : 생물이 중력에 의해 특정 행동을 하는 성질

57 다음 중 석탄을 235~315℃에서 고온건조하여 얻은 타르제품으로서 독성이 적고 자극적인 냄새가 있는 유성 목재방부제는?

① 콜타르
② 크레오소트유
③ 플루오린화나트륨
④ 펜타클로로페놀(PCP)

해설 크레오소트유는 방부력이 우수한 흑갈색 용액으로 외부의 기둥, 토대 등에 사용되지만 가격이 비싼 것이 단점이다.

58 다음 중 흡즙성 해충이 아닌 것은?

① 진딧물   ② 깍지벌레
③ 거품벌레 ④ 풍뎅이

해설 풍뎅이는 주로 잎이나 꽃잎 등을 갉아먹는 저작성(씹어먹는) 해충이다.

59 다음 중 정원의 관리 요령이 잘못된 것은?

① 분수나 폭포에 대한 급수관이 노출되어 있을 때는 짚이나 거적으로 싸준다.
② 다듬기 작업은 적어도 늦봄과 초가을에 두 번 실시하되, 겨울에도 한 번은 해야 좋다.
③ 지나치게 우거지지 않도록 1년에 두 번은 가지솎기를 해준다.
④ 디딤돌의 보수는 앞뒤에 놓인 디딤돌의 높이를 최대한 고려한다.

해설 ② 겨울에는 다듬기 작업을 하지 않는다.

60 다음 조경시설 중 보수사이클이 가장 짧은 것은?

① 분수의 전기, 기계 등의 조정·점검
② 벤치의 도장
③ 시계탑의 분해점검
④ 분수의 물 교체, 청소, 낙엽 등의 제거

해설 ①·②·③은 단기계획이고, ④는 수시계획으로 보수사이클이 가장 짧다.

정답 56 ① 57 ② 58 ④ 59 ② 60 ④

지식에 대한 투자가 가장 이윤이 많이 남는 법이다.

– 벤자민 프랭클린 –

참 / 고 / 문 / 헌

- 교육부, NCS 학습모듈(조경설계), 한국직업능력연구원, 2024
- 교육부, NCS 학습모듈(조경시공), 한국직업능력연구원, 2024
- 교육부, NCS 학습모듈(조경관리), 한국직업능력연구원, 2024
- 김광래, 조경관리학, 대한교과서, 1988
- 김수봉, 환경과 조경, 학문사, 2003
- 김용식, 한국조경수목도감, 광일문화사, 2000
- 농촌진흥청, 과수병해원색도감, 1993
- 농촌진흥청, 과수해충생태와 방제, 1991
- 심경구 외, 조경관리학, 문운당, 1990
- 연중 정원수 관리법, 도서출판 효성, 1993
- 윤평섭, 조경학, 문운당, 2008
- 이경준 외, 조경수 식재관리기술, 서울대학교 출판부, 2001
- 이규목·조경진, 현대조경작가연구, 누리에, 1998
- 이범영·정영진, 한국수목해충, 성안당, 1999
- 조경기술 Ⅰ·Ⅱ, 교육인적자원부, 2007
- 체르카소프 편저, 김영빈 편역, 가로·주택조경 및 공원설계도설, 가톨릭대학출판부, 1995
- 최대희·오혁준, 조경기사·산업기사 한권으로 끝내기, 시대고시기획, 2009
- 최상범, 실내조경, 기문당, 2001
- 토목 제도 교과서, 교육인적자원부, 2006
- (수목식재관리를 위한) 학교조경 길라잡이, 충청남도교육청 교육시설과, 2005

- Lorenc Bonet, Urban Landscape Architecture, Rockport Publishers, 2007
- Meto J. Vroom, Lexicon of Garden and Landscape Architecture, Birkhäuser Basel; 1 edition, 2006
- P.P.Pirone, Tree maintenance, New York, Oxford, 1988
- Paul Cooper, Gardens Without Boundaries, Mitchell Beazley, 2003
- 文部省, 造園施工·管理, 東京 電幾 大學出版局, 1977
- 일본조원학회, 造園 Handbook, 報堂出版社, 1985

조경기능사 필기 한권으로 끝내기

개정20판1쇄 발행	2026년 01월 05일 (인쇄 2025년 09월 30일)
초 판 발 행	2008년 01월 03일 (인쇄 2007년 12월 04일)
발 행 인	박영일
책 임 편 집	이해욱
편 저	최광희
편 집 진 행	윤진영·장윤경
표지디자인	권은경·길전홍선
편집디자인	정경일·심혜림
발 행 처	(주)시대고시기획
출 판 등 록	제10-1521호
주 소	서울시 마포구 큰우물로 75 [도화동 538 성지 B/D] 9F
전 화	1600-3600
홈 페 이 지	www.sdedu.co.kr
I S B N	979-11-434-0036-9(13520)
정 가	29,000원

※ 저자와의 협의에 의해 인지를 생략합니다.
※ 이 책은 저작권법의 보호를 받는 저작물이므로 동영상 제작 및 무단전재와 배포를 금합니다.
※ 잘못된 책은 구입하신 서점에서 바꾸어 드립니다.

산림 · 조경 · 농업
국가자격 시리즈

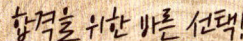
합격을 위한 바른 선택!

산림기사 · 산업기사 필기 한권으로 끝내기	4×6배판 / 45,000원
산림기사 필기 기출문제해설	4×6배판 / 24,000원
산림기사 · 산업기사 실기 한권으로 끝내기	4×6배판 / 25,000원
산림기능사 필기 한권으로 끝내기	4×6배판 / 28,000원
산림기능사 필기 기출문제해설	4×6배판 / 25,000원
조경기사 · 산업기사 필기 한권으로 합격하기	4×6배판 / 42,000원
조경기사 필기 기출문제해설	4×6배판 / 37,000원
조경기사 · 산업기사 실기 한권으로 끝내기	국배판 / 41,000원
조경기능사 필기 한권으로 끝내기	4×6배판 / 29,000원
조경기능사 필기 기출문제집	4×6배판 / 27,000원
조경기능사 실기 [조경작업]	8절 / 27,000원
식물보호기사 · 산업기사 필기 한권으로 끝내기	4×6배판 / 37,000원
식물보호기사 · 산업기사 실기 한권으로 끝내기	4×6배판 / 20,000원
농산물품질관리사 1차 한권으로 끝내기	4×6배판 / 40,000원
농산물품질관리사 2차 필답형 실기	4×6배판 / 32,000원
농 · 축 · 수산물 경매사 한권으로 끝내기	4×6배판 / 40,000원
축산기사 · 산업기사 필기 한권으로 끝내기	4×6배판 / 36,000원
축산기사 · 산업기사 실기 한권으로 끝내기	4×6배판 / 28,000원
Win-Q(윙크) 화훼장식기능사 필기	별판 / 23,000원
Win-Q(윙크) 원예기능사 필기	별판 / 25,000원
Win-Q(윙크) 버섯종균기능사 필기	별판 / 22,000원
Win-Q(윙크) 축산기능사 필기+실기	별판 / 24,000원
무단벌 조경기능사 필기+무료 동영상	별판 / 26,000원
유기농업기능사 필기+실기 가장 빠른 합격	별판 / 32,000원
기출이 답이다 종자기사 필기 [최빈출 기출 1000제 + 최근 기출복원문제 3개년]	별판 / 28,000원
기출이 답이다 유기농업기사 필기 [최빈출 기출 1000제 + 최근 기출복원문제 2개년]	별판 / 34,000원

산림·조경 국가자격 시리즈

합격을 위한 모든 전략! 시대에듀와 함께 맞춤형 학습으로 빠르게 합격하세요!

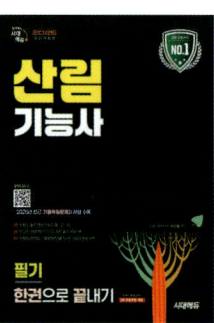

산림기능사 필기 한권으로 끝내기
최근 기출복원문제 및 해설 수록

- 빨리보는 간단한 키워드 : 시험 전 필수 핵심 키워드
- 최고의 산림전문가가 되기 위한 필수 핵심이론
- 적중예상문제와 기출복원문제를 자세한 해설과 함께 수록
- 4×6배판 / 620p / 28,000원

산림기사·산업기사 필기 한권으로 끝내기
최근 기출복원문제 및 해설 수록

- 핵심이론 + 기출문제 무료 특강 제공
- 〈핵심이론 + 적중예상문제 + 과년도, 최근 기출복원문제〉의 이상적인 구성
- 농업직·환경직·임업직 공무원 특채 응시자격 및 공채시험 가산점 인정
- 기사 20학점, 산업기사 16학점 인정
- 4×6배판 / 1,232p / 45,000원

식물보호기사·산업기사 필기 한권으로 끝내기

- 한권으로 식물보호기사·산업기사 필기시험 대비
- 〈핵심이론 + 적중예상문제 + 과년도, 최근 기출복원문제〉의 최적화 구성
- 농업직·환경직·임업직 공무원 특채 응시자격 및 공채시험 가산점 인정
- 기사 20학점, 산업기사 16학점 인정
- 4×6배판 / 980p / 37,000원

도서구입 및 내용문의 1600-3600

전문 저자진과 시대에듀가 제시하는
합격전략 코디네이트

조경기능사 필기 한권으로 끝내기
최근 기출복원문제 및 해설 수록
- 빨리보는 간단한 키워드 : 시험 전 필수 핵심 키워드
- 중요 핵심이론 + 출제 가능성 높은 적중예상문제 수록
- 각 문제별 상세한 해설을 통한 고득점 전략 제시
- 조경의 이해를 돕는 사진과 이미지 수록
- 4×6배판 / 852p / 29,000원

유튜브 무료 특강이 있는
조경기사·산업기사 필기 한권으로 합격하기
최근 기출복원문제 및 해설 수록
- 중요 핵심이론 + 적중예상문제 수록
- '기출 Point', '시험에 이렇게 나왔다'로 전략적 학습방향 제시
- 저자 유튜브 채널(홍선생 학교가자) 무료 특강 제공
- 4×6배판 / 1,304p / 42,000원

조경기사·산업기사 실기 한권으로 끝내기
도면작업 + 필답형 대비
- 사진과 그림, 예제를 통한 쉬운 설명
- 각종 표현기법과 설계에 필요한 테크닉 수록
- 최근 기출복원도면 + 필답형 기출복원문제 수록
- 저자가 직접 작도한 도면 다수 포함
- 국배판 / 1,020p / 41,000원

※ 도서의 구성 및 가격은 변동될 수 있습니다.

시대에듀가 준비한 합격공식 콘텐츠
조경기능사

유망 자격증

동영상 강의 →

합격을 위한 동반자,
시대에듀 동영상 강의와 함께하세요!

---

www.sdedu.co.kr

수강회원을 위한 특별한 혜택

모바일 강의 제공
이동 중 스마트폰 스트리밍 서비스로 수강 가능!

기간 내 무제한 수강
교재포함 기간 내 강의 무제한 반복 수강!

1:1 맞춤 학습 Q&A 제공
온라인 피드백 서비스로 빠른 답변 제공

FHD 고화질 강의 제공
업계 최초로 선명하게 고화질로 수강!

※ 강의 커리큘럼 및 혜택은 변동될 수 있습니다.